建筑•室内•景观设计

SketchUp 2014
从入门到精通

麓山文化　编著

机械工业出版社

本书通过大量专业实例，由浅入深，循序渐进地讲解了建筑草图大师的基本操作，以及使用 SketchUp 2014 进行室内、建筑、园林景观设计的方法和技巧。

本书分 3 篇共 13 章，第 1 篇为软件基础篇（第 1 章~第 5 章），从熟悉操作界面开始，逐个介绍了 SketchUp 常用和高级工具的用法，读者可以了解和掌握 SketchUp 的基本操作，深刻领会 SketchUp 建模的思路和流程，然后通过酒柜、木桥、欧式凉亭、廊架、景观塔等绘制实例，综合练习前面所学知识，提高绘图技能；第 2 篇为行业应用篇（第 6 章~第 10 章），详细讲解了使用 SketchUp 进行鸟瞰户型图设计、客厅室内设计、别墅建筑设计、欧式办公楼建筑设计、广场景观设计的方法和技巧；第 3 篇为渲染输出篇（第 11 章~第 13 章），介绍了如何使用 3ds max、VRay 渲染器、彩绘大师与 SketchUp 软件进行结合，渲染输出高品质效果图的方法和技巧。

本书配套 DVD 光盘共 2 张，内容极其丰富，包含全书所有实例的素材和源文件，以及 1200 分钟的高清语音视频教学，专业讲师手把手地讲解，可以大幅提高学习兴趣和效率。此外，还随盘赠送了大量模型、贴图等实用资源，让您花一本书的钱，享受多本书的价值。

本书内容翔实，实例丰富，结构严谨，深入浅出，适合广大室内设计、建筑设计、城市规划设计、景观设计的工作人员与相关专业的大中专院校学生学习使用，也可供房地产开发策划人员、效果图与动画公司的从业人员以及希望使用 SketchUp 来进行作图的图形图像爱好者作为参考。

图书在版编目（CIP）数据

建筑、室内、景观设计 SketchUp 2014 从入门到精通/麓山文化编著. —2 版. —北京：机械工业出版社，（2016.4 重印）

ISBN 978-7-111-47699-3

Ⅰ. ①建… Ⅱ. ①麓… Ⅲ. ①建筑设计—计算机辅助设计—应用软件 Ⅳ. ①TU201.4②TP317

中国版本图书馆 CIP 数据核字(2014)第 188792 号

机械工业出版社（北京市百万庄大街 22 号　邮政编码 100037）
责任编辑：曲彩云
印　　刷：北京兰星球彩色印刷有限公司
2016 年 4 月第 2 版第 2 次印刷
184mm×260mm · 25.75 印张 · 638 千字
4001－7000 册
标准书号：ISBN 978-7-111-47699-3
　　　　　ISBN 978-7-89405-486-9（光盘）
定价：89.00 元（含 1DVD）
凡购本书，如有缺页、倒页、脱页，由本社发行部调换
销售服务热线电话（010）68326294　编辑热线电话（010）68327259
购书热线电话（010）88379639　88379641　88379643
封面无防伪标均为盗版

前　言

关于 SketchUp

SketchUp 是一个直接面向设计过程的三维软件，区别于追求模型造型与渲染表现真实度的其他三维软件，SketchUP 更多地关注于设计，软件的应用方法类似于现实中的铅笔绘画。SketchUp 软件可以让使用者非常容易地在三维空间中画出尺寸精准的图形，并能够快速生成 3D 模型。因此通过短期的认真学习，即可熟练掌握该软件的使用，并在设计工作中发掘出该软件的无限潜力。

本书内容

本书首先从易到难、由浅及深地介绍了 SketchUp 软件各方面的基本操作，然后结合室内、建筑、园林景观等实际案例，深入讲解了 SketchUp 在各设计行业的应用方法和技巧，最后介绍了 SketchUp 与 VRay 渲染器以及彩绘大师结合，进行渲染输出的技巧。

本书共 13 章，各章具体内容如下：

第 1 章为“SketchUp 快速入门”，主要介绍 SketchUp 软件的功能特点，并熟悉软件的基本界面与操作。

第 2 章为“SketchUp 常用工具”，主要介绍 SketchUp 常用的工具栏，使读者掌握软件最为常用的一些模型建立方法，快速上手。

第 3 章为“SketchUp 高级工具”，主要介绍 SketchUp 实体工具、剖切工具以及地形工具等高级功能，使读者进一步掌握 SketchUp 建模方法。

第 4 章为“SketchUp 导入与导出”，主要介绍 SketchUp 与 AutoCAD、3ds max 等软件文件间的互转，方便在实际工作中使用相关文件。

第 5 章为“SketchUp 基本建模练习”，主要通过介绍一些常用的模型组件建立的方法，使读者具备初步的软件应用能力，如下图所示。

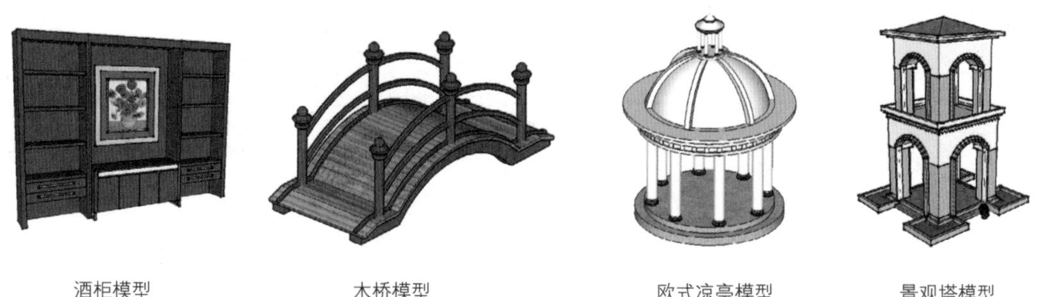

酒柜模型　　木桥模型　　欧式凉亭模型　　景观塔模型

第 6 章为“室内户型图设计”，介绍利用一张平面布置图建立户型图三维模型的方法与技巧，如下图所示。

导入平面布局图

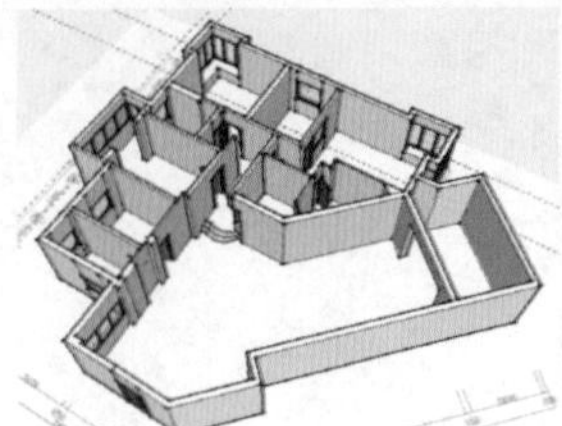
建立框架

细化空间

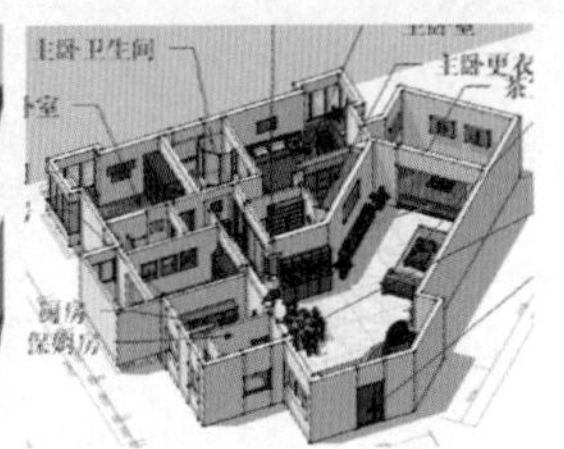
户型图最终效果

第 7 章为“欧式别墅客厅室内设计”，介绍通过 AutoCAD 平面纸推敲高细节的室内装饰三维模型的方法与技巧，如下图所示。

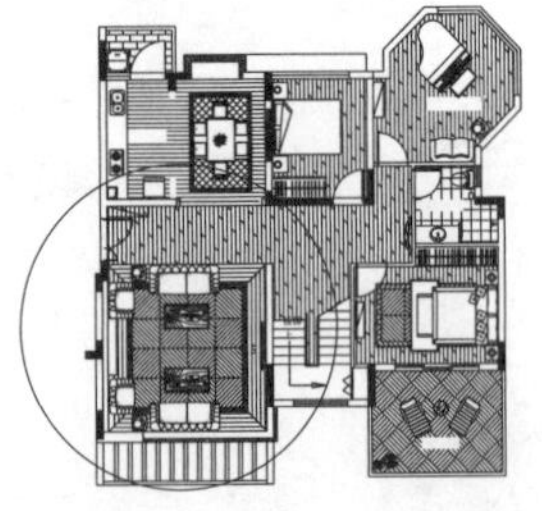

导入 CAD 平面布置图

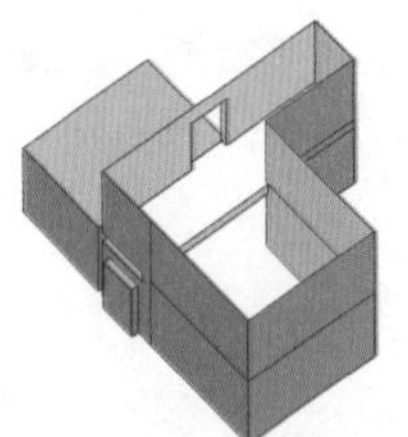
建立框架

细化立面与合并家具

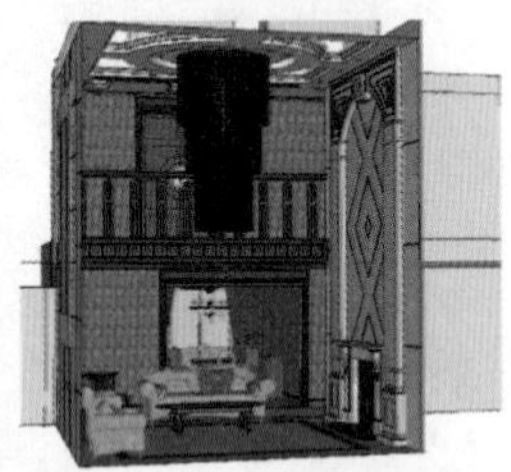
最终完成效果

第 8 章为“室外别墅建筑照片建模”，介绍通过图片建立匹配的三维模型的方法与技巧，如下图所示。

导入图片

进行图片匹配

创建建筑

最终完成效果

第 9 章为“欧式办公楼建筑设计”，介绍通过 AutoCAD 施工图建立高细节的三维模型的方法与技巧，如下图所示。

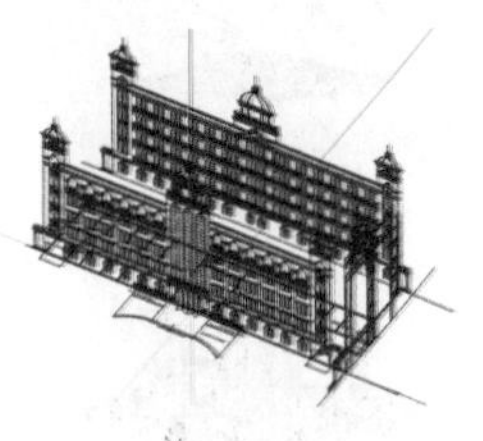
导入施工图

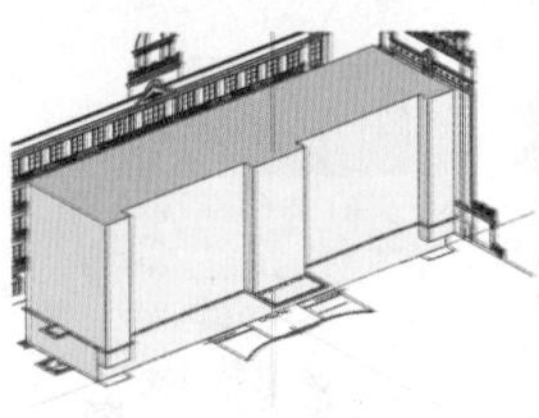
创建轮廓

细化立面

最终完成效果

第 10 章为“广场景观方案设计”，介绍通过彩平图建立广场景观的方法与技巧，如下图所示。

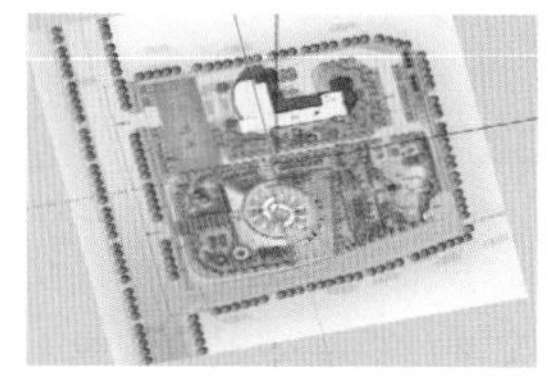

导入彩平图　　创建景观　　创建建筑与环境　　最终完成效果

第 11 章为“VRay for 3ds max 渲染表现”，介绍通过将 SU 文件导入 3ds max 并使用 VRay 渲染器进行写实渲染的方法与技巧，如下图所示。

导入 3ds max　　赋予模型材质　　测试灯光　　最终完成效果

第 12 章为“彩绘大师 prianesi 后期表现”，介绍 SketchUp 输出图像后，通过彩绘大师进行彩绘效果制作的方法与技巧，如下图所示。

输出图片　　导入彩绘大师　　初步处理效果　　最终完成效果

第 13 章为“VRay for SketchUp 渲染表现”，介绍 VRay for SketchUp 渲染器材质、灯光和渲染面板的基本知识，然后通过客厅渲染具体案例，讲解效果图的渲染流程和方法。

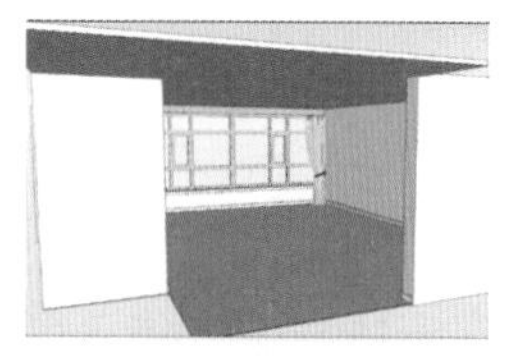

初始模型　　布置完场景模型　　初步渲染效果　　最终渲染效果

关于版本

在功能大幅改进的同时，SketchUp 2014 对工作界面和一些概念名称也进行了规范和调整，使其更符合国人的使用习惯。比如【镜头】菜单更改为【相机】菜单，状态栏的【度量】框更改为【数值】框，【颜料桶】工具更改为【材质】工具，【使用层颜色材料】面板更改为【材质】面板。

虽然菜单和工具的名称发生了变化，但其功能和作用是一样的。因此本书虽然以 SketchUp 2014 为蓝本进行讲解，但 SketchUp 8.0 和 SketchUp 2013 用户，也可以顺利使用本书。为了方便读者学习，本书附录提供了 SketchUP

8.0、2013 和 2014 三个版本的菜单和工具名称对比，读者可随时查阅。

读者群体

本书内容翔实，实例丰富，结构严谨，深入浅出，适合广大室内设计、建筑设计、城市规划设计、景观设计的工作人员与相关专业的大中专院校学生学习使用，也可供房地产开发策划人员、效果图与动画公司的从业人员以及希望使用 SketchUp 进行作图的图形图像爱好者作为参考。

本书编者

本书由麓山文化编著，参加编写的有：陈志民、江凡、张洁、马梅桂、戴京京、骆天、胡丹、陈运炳、申玉秀、李红萍、李红艺、李红术、陈云香、陈文香、陈军云、彭斌全、林小群、刘清平、钟睦、刘里锋、朱海涛、廖博、喻文明、易盛、陈晶、张绍华、黄柯、何凯、黄华、陈文轶、杨少波、杨芳、刘有良等。

由于编者水平有限，书中错误、疏漏之处在所难免。在感谢您选择本书的同时，也希望您能够把对本书的意见和建议告诉我们。

读者服务邮箱：lushanbook@qq.com
读 者 QQ 群：327209040

麓山文化

目　　录

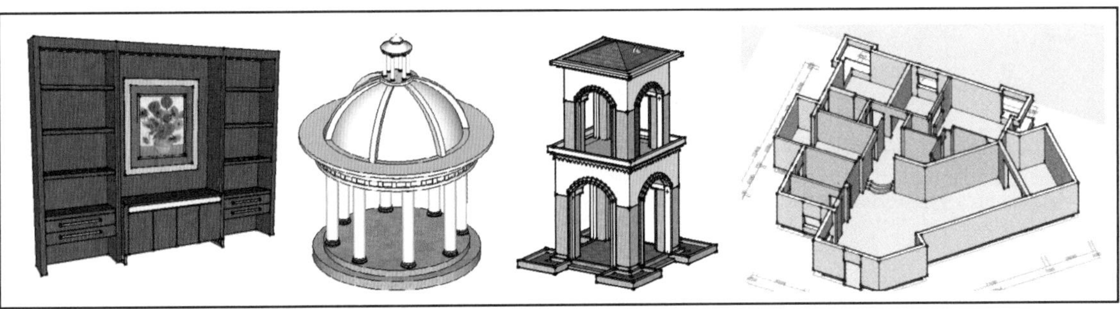

第 2 篇　行业应用篇

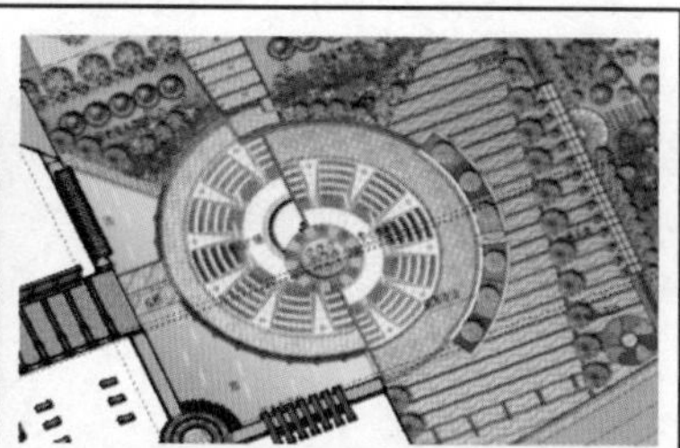

第 3 篇 渲染输出篇

第 1 篇 基础知识篇

第 1 章

SketchUp 快速入门

本章重点：

- 认识 SketchUp
- 了解 SketchUp 界面构成
- SketchUp 视图的控制
- SketchUp 对象的选择
- SketchUp 对象的显示
- 设置 SketchUp 绘图环境

SketchUp 最初由@AtLast Software 公司开发，是一款直接面向设计方案创作过程的设计工具。由于其使用简便、容易上手，直接面向设计过程，在设计时可以进行直观的构思，满足与客户即时交流的需要，并且能随着构思的深入不断增加设计细节，因此被形象地比喻为计算机设计中的“铅笔”。

目前 SketchUp 已经广泛用于室内、建筑以及园林景观等设计领域，如图 1-1~图 1-3 所示。本章介绍 SketchUp 的工作界面、视图控制、对象选择、视图显示和环境设置等基本内容。

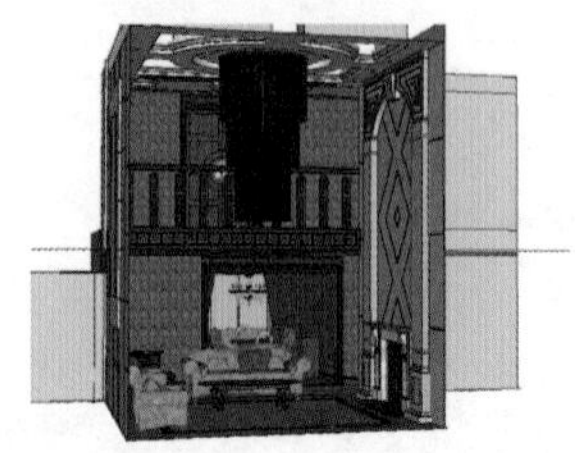

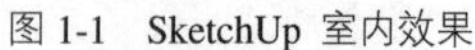

图 1-1　SketchUp 室内效果

图 1-2　SketchUp 建筑效果

图 1-3　SketchUp 景观效果

1.1 认识 SketchUp

SketchUp 在 2006 年 3 月被 Google 收购，现已推出最新版本 SketchUp Pro 2014，其软件开启界面与默认工作界面分别如图 1-4 与图 1-5 所示。

图 1-4　SketchUpPro 2014 开启界面

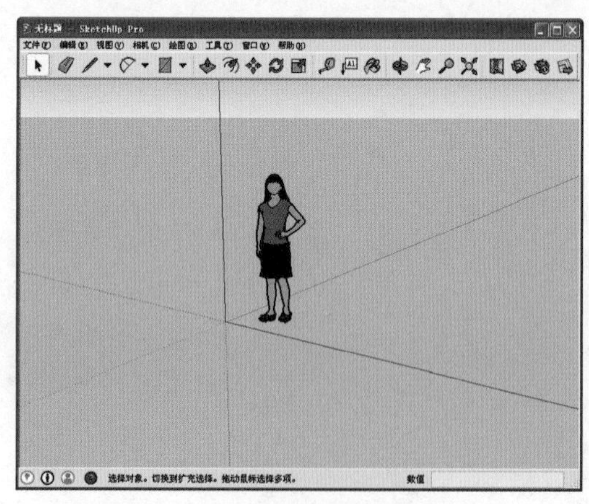

图 1-5　SketchUpPro 2014 工作界面

SketchUp 之所以能快速、全面地被室内设计、建筑设计、园林景观、城市规划等诸多设计领域设计人员接受并推崇，主要有以下几个明显区别于其他三维软件的特点。

1.1.1 直观的显示效果

在使用 SketchUp 进行设计创作时，可以实现“所见即所得”，设计过程中的任何阶段都可以作为直观的三维成品，如图 1-6 所示，并能快速切换不同的显示样式，如图 1-7 所示。不但摆脱了传统的绘图方法的繁重与枯燥，而且能与客户进行更为直接、灵活和有效的交流。

1.1.2 便捷的操作性

观察图 1-5 可以发现，SketchUp 的界面十分简洁，所有的功能都可以通过界面菜单与按钮完成。对于初学者来说，很快即可上手运用。而经过一段时间的练习，成熟的设计师使用鼠标能像拿着铅笔一样灵活，不再受到软件繁杂操作的束缚，而专心于设计的构思与实现。

图 1-6　SketchUp 隐藏线显示效果

图 1-7　SketchUp 贴图显示效果

1.1.3 优秀的方案深化能力

SketchUp 三维模型的建立基于最简单的推拉等操作，同时由于其有着十分直观的显示效果，因此使用 SketchUp 可以方便地进行方案的修改与深化，直至完成最终的方案效果，如图 1-8 所示。

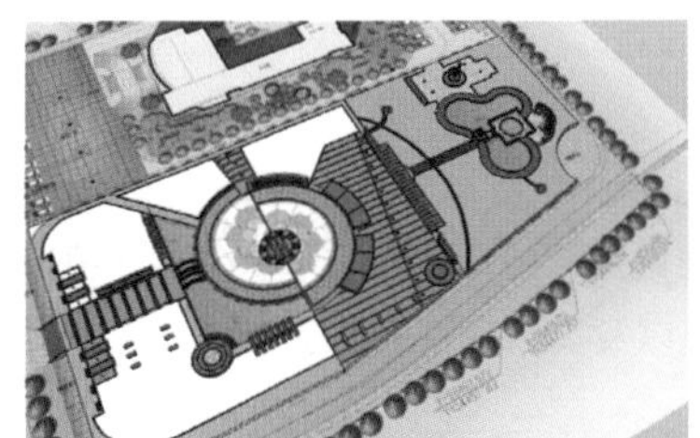

初步方案

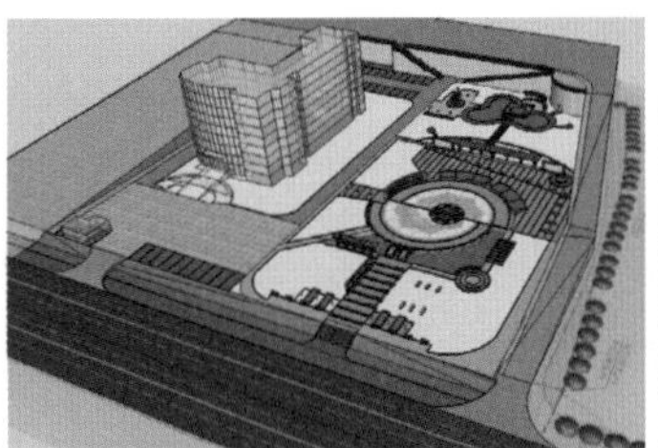

深化方案

最终方案

图 1-8　方案设计过程

1.1.4 全面的软件支持与互转

SketchUp 虽然俗称“草图大师”，但其功能远远不局限于方案设计的草图阶段。SketchUp 不但能在模型的建立上满足建筑制图高精确度的要求，还能完美地结合 VRay、Piranesi 、Artlantis 等渲染器实现如图 1-9 与图 1-10 所示的多种样式的表现效果。此外 SketchUp 与 AutoCAD、3dsmax、Revit 等常用设计软件能进行十分快捷的文件转换互用，能满足多个设计领域的需求。

1.1.5 自主的二次开发功能

SketchUp 的使用者可以通过 Ruby 语言进行创建性应用功能的自主开发，通过开发的插件可以全面提升 SketchUp 的使用效率或突出延伸其在某个设计领域的功能。

图 1-9　VRay 渲染效果

图 1-10　Prianesi 渲染效果

1.1.6 SketchUp 2014 新增功能

与 SketchUp 2013 相比，SketchUp 2014 主要新增及改善了以下功能：

1. 全新外观的 3D 模型库

SketchUp 2014 重新建设了 3D 模型库。新的模型库比以往任何时候都更加容易使用，外观也更好。用户可以快速地从中查找到自己所需的模型、创建自己的收藏以组织内容，并可以通过与世界共享作品而成为模型大师。

2. WebGL 查看器

新型 3D 模型库上的每个模型现在都能与软件集成的 WebGL 查看器配合工作。这意味着，将它们下载到自己的项目之前，用户可以在全 3D 下预览模型。甚至可以在其他网页上嵌入 3D 模型，这样访问者就可以使用 SketchUp 的标准浏览工具或自己预设的情景来搜索项目。

3. 直接上载模型

有了全新的 3D 模型库，用户就可以直接从网络浏览器上载 3D 模型，无需先在 SketchUp 中打开它们。

4. 增加了上载模型尺寸限制

增加了用户在 3D 模型库以 5MB 为单位（10 ~ 50 MB 之间）上传和存储的模型大小。

5. 新产品目录

添加目录之后，在 3D 模型库中寻找某个旋塞或某台洗衣机更加方便了。

6. Ruby 2.0

SketchUp 2014 将应用程序接口升级至 Ruby 2.0 标准，为二次开发者提供了一种创建新 SketchUp 工具的闪亮平台。应用程序接口目前提供对非英语字符、剖面插件、文本和轮廓工具以及其他项目的改进支持。

7. 新的画弧工具

现在用户可以使用三种不同方法中的任何一种来画弧。默认的两点弧形工具允许用户选取两个终点，然后选取第三个点来定义“凸出部分”。新增的工具则通过先选取弧形的中心点，然后在边缘选取两个点，根据其角度定义用户的弧形。饼图工具以同样的方式运行，但生成的是一个楔形面。

8. 大型模型中的更快阴影

当用户处理真正大型、复杂的模型时，阴影的生成更快、更稳定。新版本深入挖掘了 SketchUp 的阴影引擎代码，可以加快阴影显示速度。

9. 智能标签

正如在 SketchUp 中一样，用户在布局中添加的标签会自动预填充相关文本。当用户为组或组件贴标签时，其名称就会出现。为面贴标签会显示其面积，为边缘贴标签会提供其长度，为点贴标签会生成其坐标。

10. 改进的矢量渲染

SketchUp 2014 的矢量渲染功能进行了大幅的提速，当用户在操作大型视口时，矢量渲染功能可以提供清爽、洁净的线画和更加理想的性能。

1.1.7 SketchUp 2014 界面改进

在功能大幅改进的同时，SketchUp 2014 对工作界面和一些概念名称也进行了调整。比如 SketchUp 2014 使用了折叠式工具栏，一些工具按钮被集合到一个工具按钮组中，以节省界面空间，如图 1-11 和图 1-12 所示。

同时【镜头】菜单更为为【相机】菜单，状态栏的【度量】框更改为【数值】框。SketchUp 2013 各菜单命令如图 1-13 所示，SketchUp 2014 各菜单命令如图 1-14 所示。虽然菜单和工具的名称发生了变化，但其功能和作用是一样的。因此本书虽然以 SketchUp 2014 为蓝本进行讲解，但 SketchUp 8.0 和 SketchUp 2013 用户，也可以顺利使用本书。为了方便读者学习，本书附录提供了 SketchUP 8.0、2013 和 2014 三个版本的菜单和工具名称对比，读者可随时查阅。

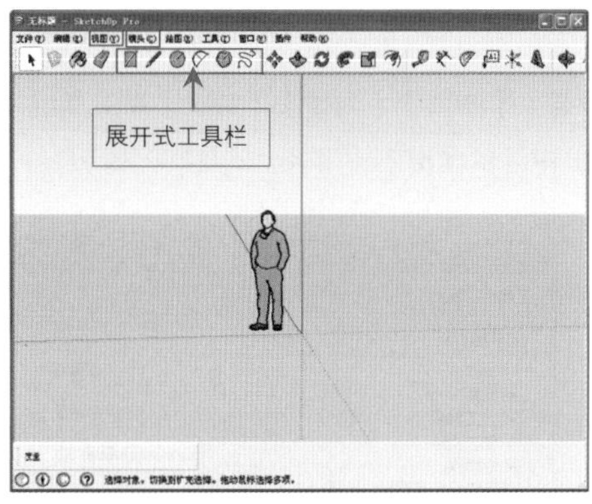

图 1-11　SketchUp 2013 操作界面

图 1-12　SketchUp 2014 操作界面

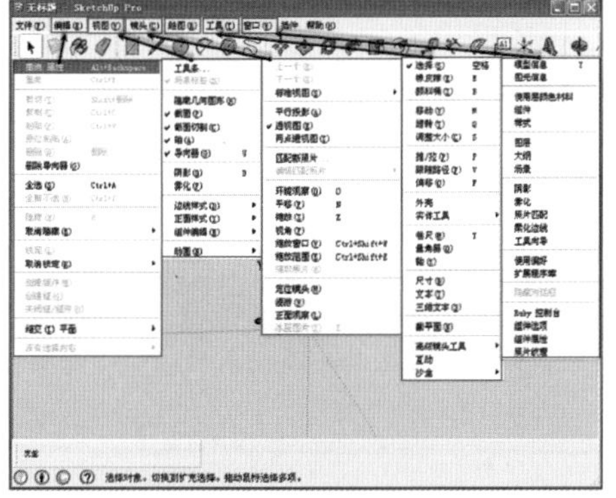

图 1-13　SketchUp 2013 菜单

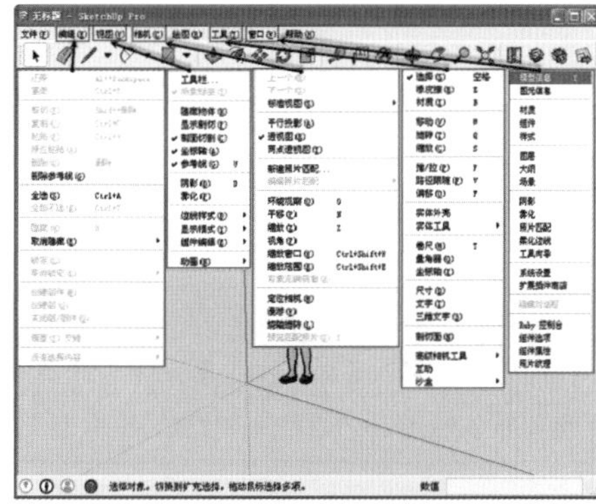

图 1-14　SketchUp 2014 菜单

1.2 了解 SketchUp2014 界面构成

SketchUp 2014 默认工作界面十分简洁，如图 1-15 所示。主要由【菜单栏】、【主要】、【状态栏】、【数值输入框】以及中间空白处的【绘图区】构成。

1.2.1 菜单栏

SketchUp 2014 菜单栏由【文件】、【编辑】、【视图】、【相机】、【绘图】、【工具】、【窗口】、【插件】(需要安装插件以后才能显示)以及【帮助】9 个主菜单构成，单击这些主菜单可以打开相应的子菜单以及次级主菜单，如图 1-16 所示。

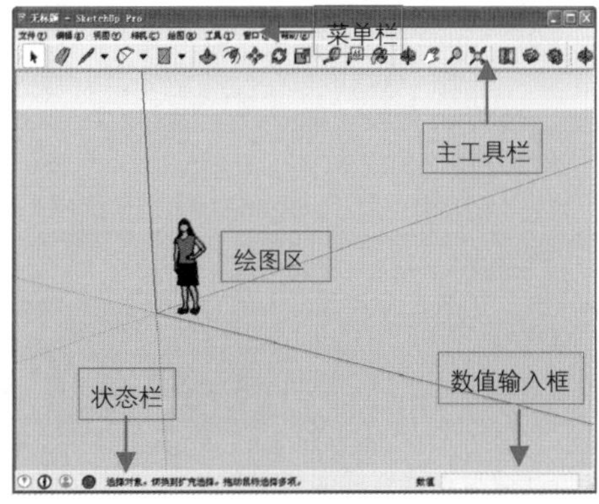

图 1-15　SketchUp 2014 默认工作界面

1.2.2 主工具栏

默认状态下 SketchUp 2014 仅有横向【主要】工具栏，主要为【绘图】、【测量】、【编辑】等工具组按钮，通过调用【视图】|【工具栏】命令，在弹出的【工具栏】对话框中可以调出或关闭某个工具栏，如图 1-17 所示。

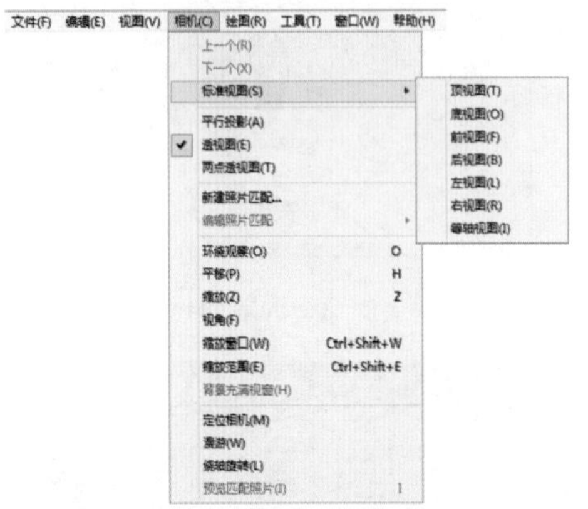

图 1-16　子菜单与次级子菜单

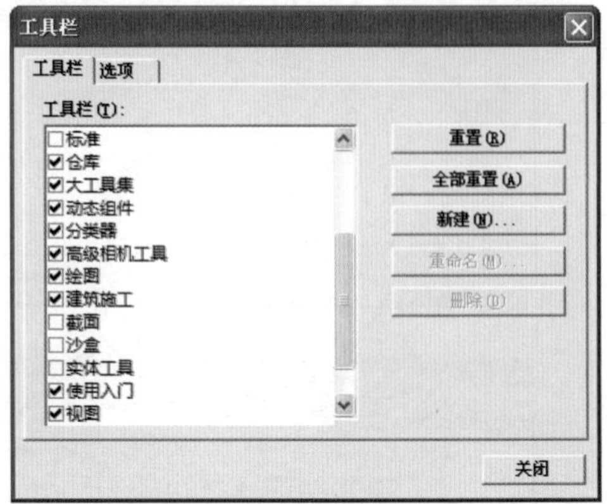

图 1-17　【工具栏】对话框

技 巧

执行【窗口】|【工具向导】菜单命令，如图 1-18 所示，即可打开工具指导动画面板，观看操作演示，以方便初学者了解工具的功能和用法，如图 1-19 所示。

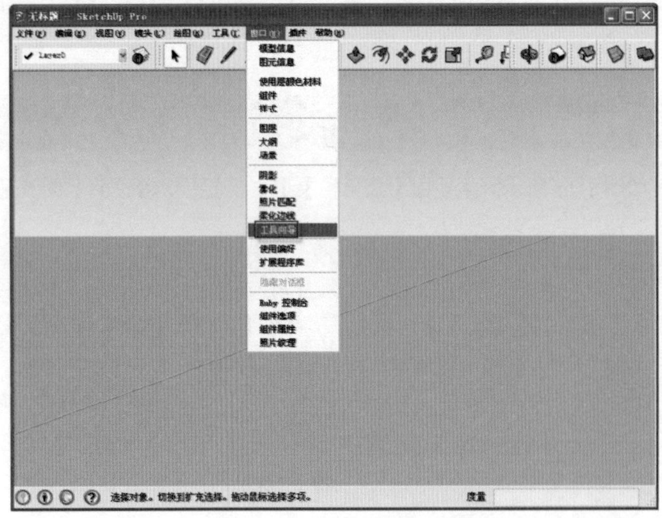

图 1-18　执行工具向导命令

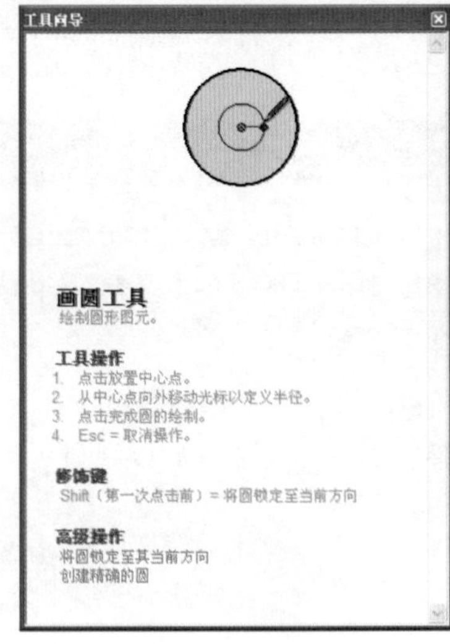

图 1-19　工具指导演示

1.2.3 状态栏

当操作者在绘图区进行任意操作时，状态栏会出现相应的文字提示，根据这些提示，操作者可以更准确地完成操作，如图 1-20 所示。

1.2.4 数值输入框

在进行精确模型创建时，可以通过键盘直接在输入框内输入“长度”、“半径”、“角度”、“个数”等数值，以准确指定所绘图形的大小，如图 1-21 所示。

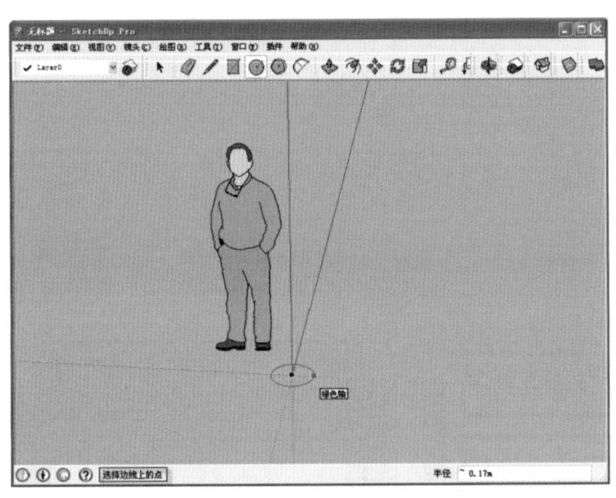

图 1-20　状态栏内的操作提示

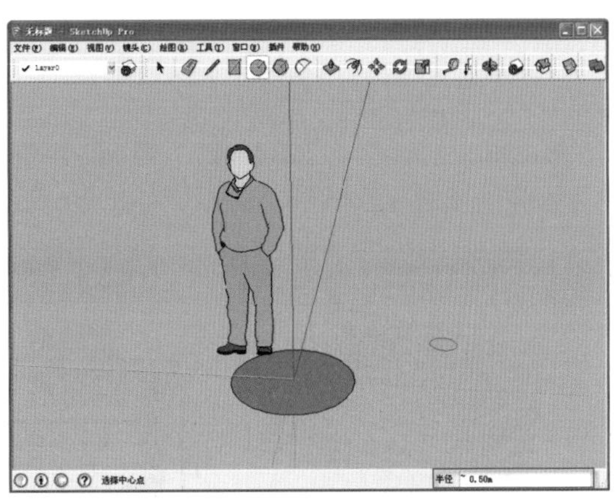

图 1-21　直接输入半径数值

1.2.5 绘图区

绘图区占据了 SketchUp 工作界面大部分的空间，与 Maya、3ds max 等大型三维软件平面图、立面图、剖面图及透视多视口显示方式不同，SketchUp 为了界面的简洁，仅设置了单视口，通过对应的工具按钮或快捷键，可以快速地进行各个视图的切换，如图 1-22~图 1-24 所示，有效节省系统显示的负载。而通过 SketchUp 独有的【剖面】工具，还能快速实现如图 1-25 所示的剖面图效果。

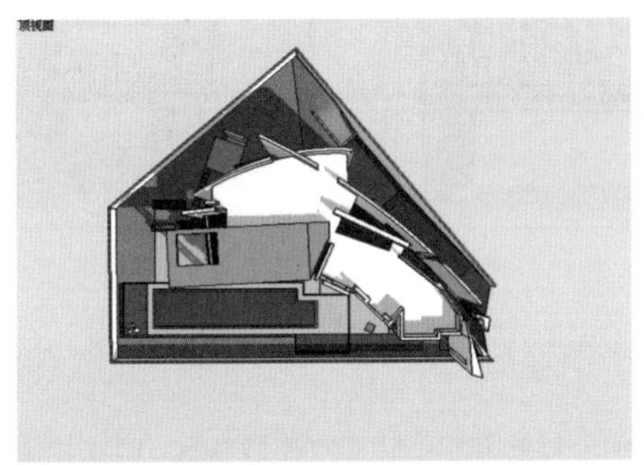

图 1-22　俯视图

图 1-23　主视图

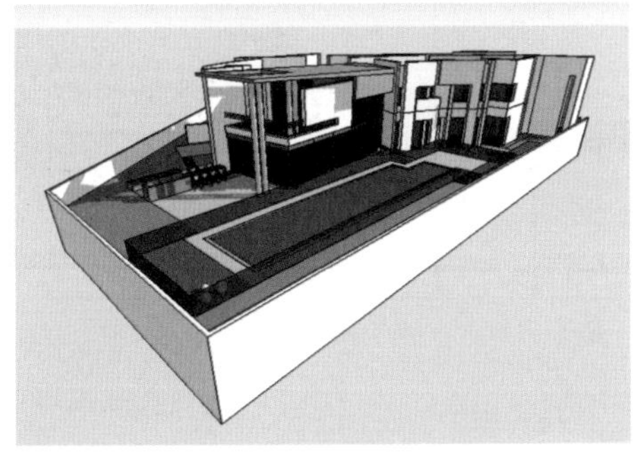

图 1-24　透视图

图 1-25　剖面图

1.3 SketchUp 视图的控制

在使用 SketchUp 进行方案推敲的过程中，会经常需要通过视图的切换、缩放、旋转、平移等操作，以确定模型的创建位置或观察当前模型的细节效果，因此可以说，熟练地对视图进行操控是掌握 SketchUp 其他功能的前提。

1.3.1 切换视图

SketchUp 主要通过【视图】工具栏 6 个视图按钮进行快速切换，单击某按钮即可切换至相应的视图，如图 1-26~图 1-31 所示。

图 1-26　等轴视图

图 1-27　俯视图

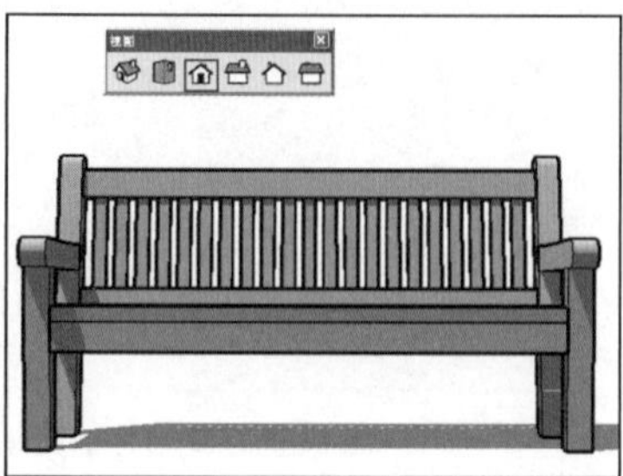

图 1-28　主视图

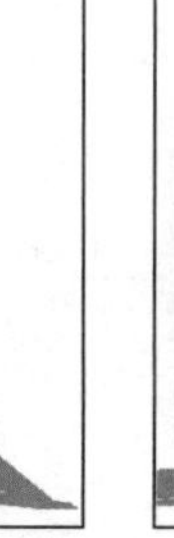

图 1-29　右视图

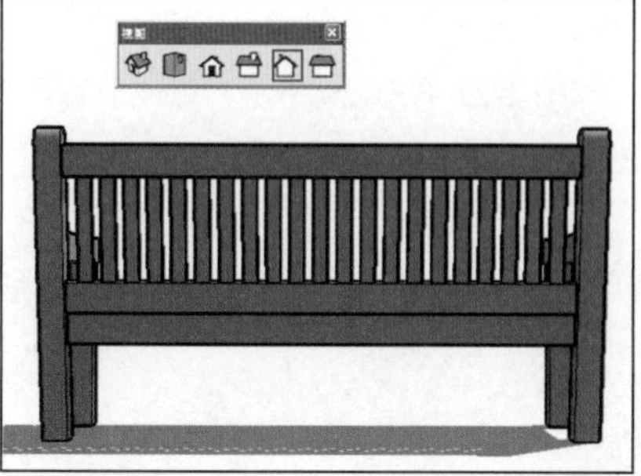

图 1-30　后视图

图 1-31　左视图

注 意

SketchUp 默认设置为“透视显示”，因此所得到的平面与立面视图都非绝对的投影效果，执行【相机】|【平行投影】菜单命令即可得到绝对的投影视图，如图 1-32~图 1-34 所示。

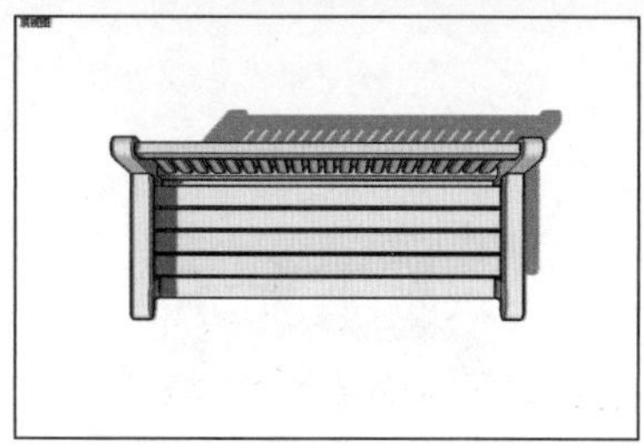

图 1-32　透视显示下的俯视图

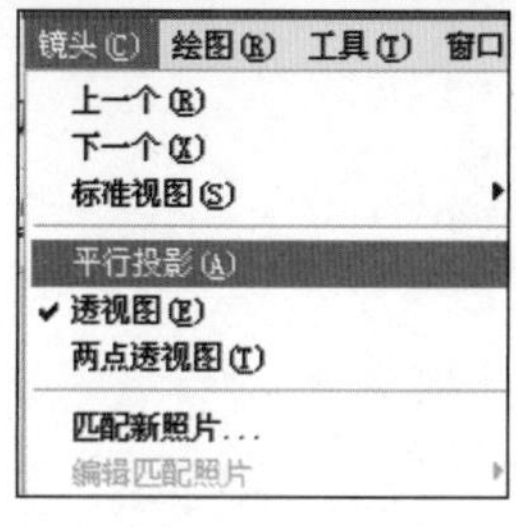

图 1-33　调整为平行投影

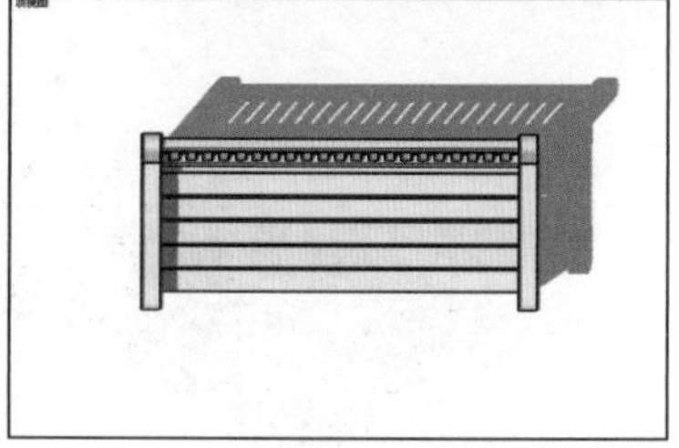

图 1-34　平行投影下的俯视图

在建立三维模型时，平面视图（俯视图）通常用于模型的定位与轮廓的制作，而各个立面图则用于创建对应立面的细节，透视图则用于整体模型的特征与比例的观察与调整。为了能快捷、准确地绘制三维模型，应该多加练习，以熟练掌握各个视图的作用。

1.3.2 旋转视图

在任意视图中旋转，可以快速观察模型各个角度的效果，单击【相机/镜头】工具栏环绕按钮，按住鼠标左键进行拖动，即可对视图进行旋转，如图 1-35~图 1-37 所示。

技 巧

默认设置下【旋转】工具的快捷键为“0”，此外按住鼠标的滚轮不放拖动鼠标同样可以进行旋转操作。

图 1-35　旋转角度 1

图 1-36　旋转角度 2

图 1-37　旋转角度 3

1.3.3 缩放视图

通过缩放工具可以调整模型在视图中的显示大小，从而进行整体效果或局部细节的观察，SketchUp 在【相机/镜头】工具栏内提供了多种视图缩放工具。

1. 【缩放】工具

【缩放】用于调整整个模型在视图中大小。单击【相机/镜头】工具栏【缩放】按钮，按住鼠标左键不放，从屏幕下方往上方移动是扩大视图，从屏幕上方往下方移动是缩小视图，如图 1-38~图 1-40 所示。

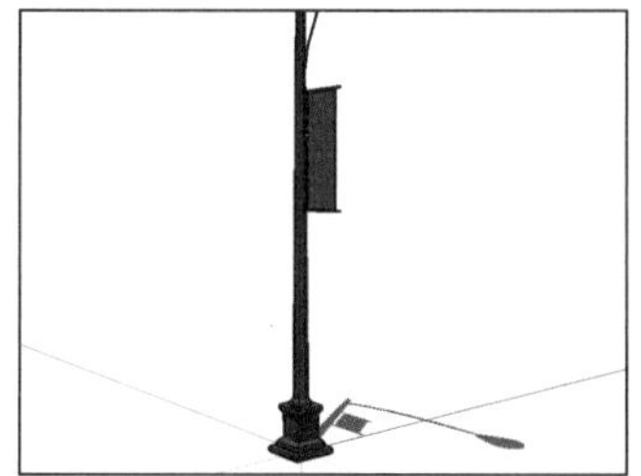

图 1-38　原模型显示效果

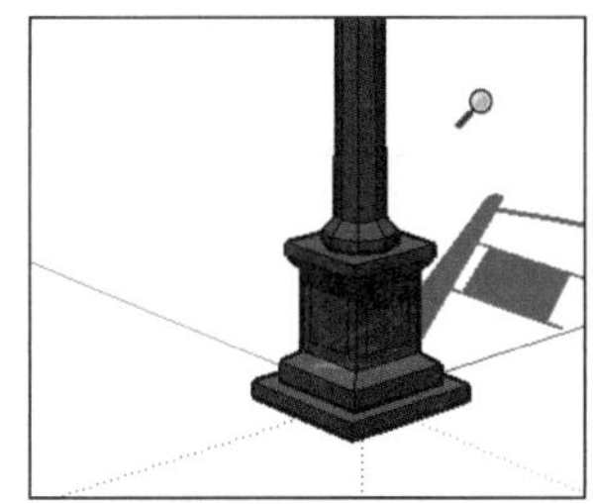

图 1-39　放大模型显示观察细节

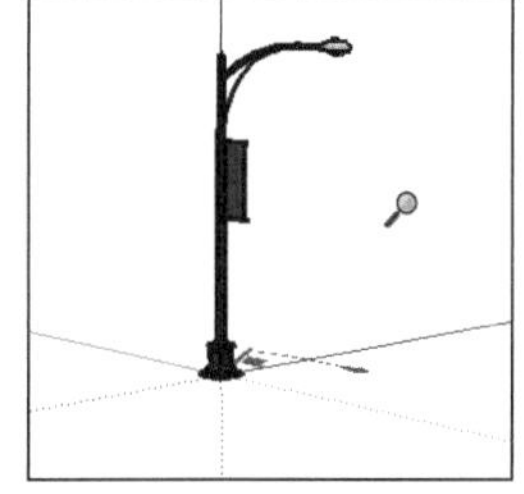

图 1-40　缩小模型显示观察整体

技 巧

默认设置下【缩放】工具的快捷键为 Z，此外前后滚动鼠标的滚轮同样可以进行缩放操作。

2. 【缩放窗口】工具

【缩放窗口】工具可以划定一个显示区域，位于划定区域内的模型将在视图内最大化显示。单击【相机/镜头】工具栏【缩放窗口】按钮，然后在视图中划定一个区域即可进行缩放，如图 1-41~图 1-43 所示。

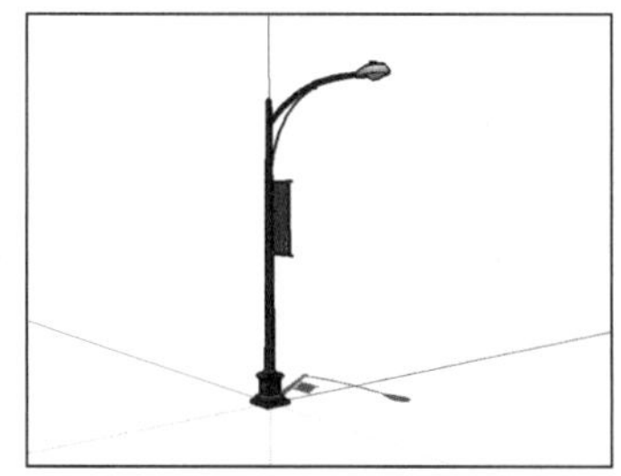

图 1-41　原模型显示效果

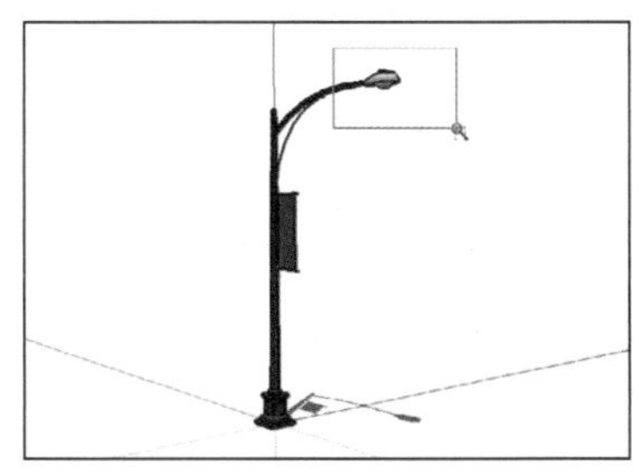

图 1-42　划定缩放窗口

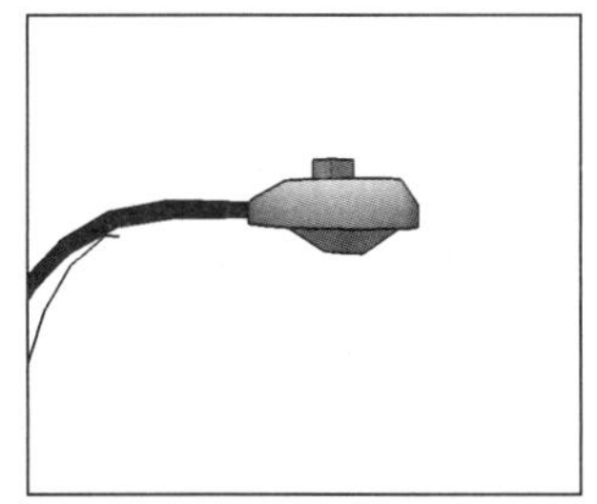

图 1-43　窗口缩放效果

技 巧

【窗口缩放】工具默认快捷键为 Ctrl+Shift+W。

3. 【充满视窗】工具

【充满视窗】工具可以快速地将场景中所有可见模型以屏幕的中心为中心进行最大化显示。其操作步骤非常简单，直接单击【相机/镜头】工具栏【充满视窗】按钮即可，如图 1-44~图 1-45 所示。

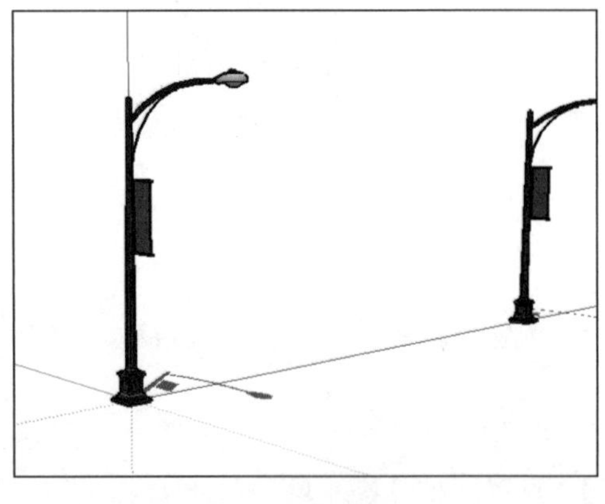

图 1-44　原视图

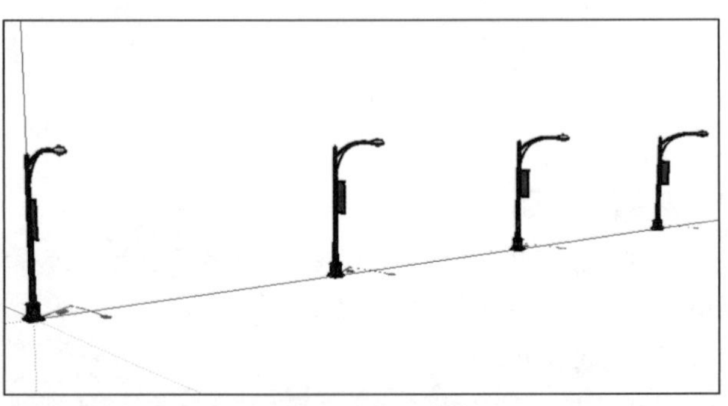

图 1-45　充满视窗显示

技 巧

【充满视窗】工具默认快捷键为 Shift+Z 或 Ctrl+Shift+E。

1.3.4 平移视图

【平移】工具可以保持当主视图内模型显示大小比例不变，整体拖动视图进行任意方向的调整，以观察到当前未显示在视窗内的模型。单击【相机/镜头】工具栏【平移】按钮，当视图中出现抓手图标时，拖动鼠标即可进行视图的平移操作，如图 1-46~图 1-48 所示。

图 1-46　原视图

图 1-47　向左平移视图

图 1-48　向下平移视图

技 巧

默认设置下【平移】工具的快捷键为 H，此外按住 Shift 键同时按住滚动鼠标滚轮进行拖动，同样可以进行平移操作。

1.3.5 撤销、返回视图工具

在进行视图操作时，难免出现误操作，使用【相机/镜头】工具栏【上一个】按钮，可以进行视图的撤销与返回，如图 1-49~图 1-51 所示。

图 1-49 当前视图

图 1-50 返回上一视图

图 1-51 返回原视图

技 巧

【上一视图】默认快捷键为 F8，如果需要多步撤销或返回，连续单击对应按钮即可。

1.3.6 设置视图背景与天空颜色

默认设置下 SketchUp 视图的天空与背景颜色如图 1-52 所示，不同的使用者可以根据个人喜好进行两者颜色的设置，具体方法如下：

01 单击【窗口】菜单，选择其下的【样式】子菜单，如图 1-53 所示，弹出【样式】设置面板。

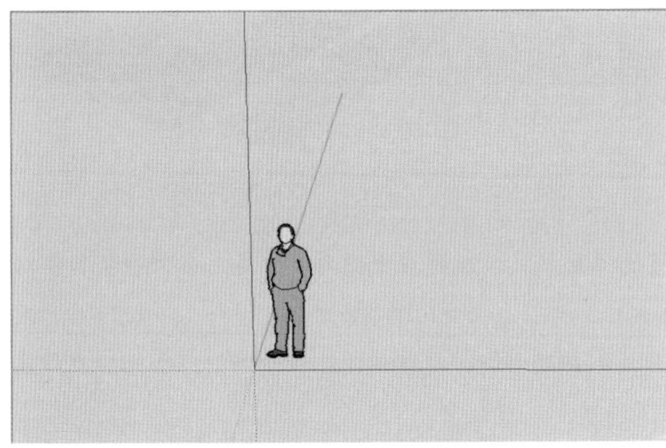
图 1-52 默认天空与背景

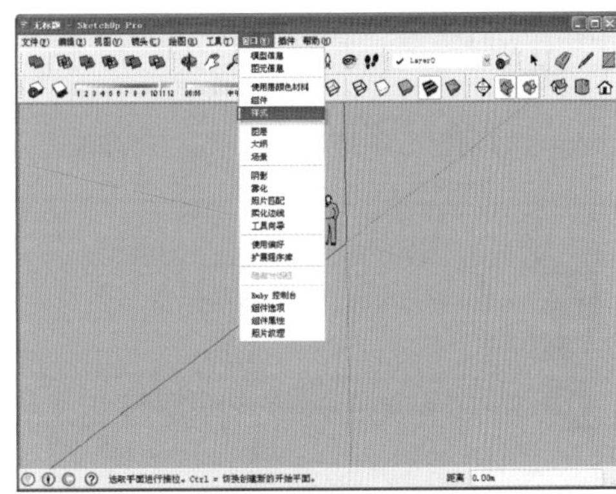
图 1-53 单击样式菜单

02 在【样式】面板选择【编辑】选项卡，单击【背景设置】图标，即可单击其中各项参数后的色块进行颜色的调整，如图 1-54 所示，此时的背景效果如图 1-55 所示。

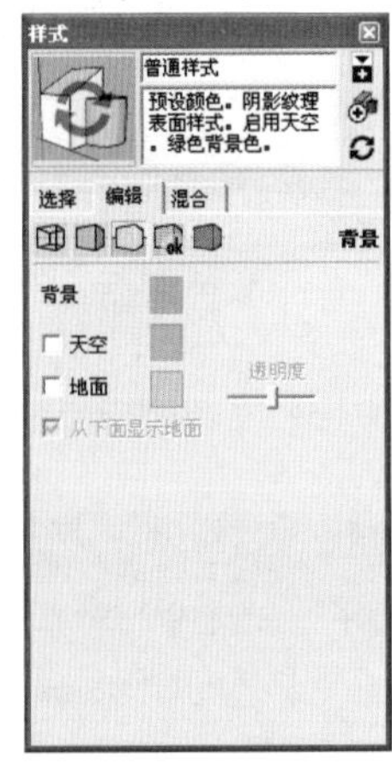

图 1-54 调整背景颜色

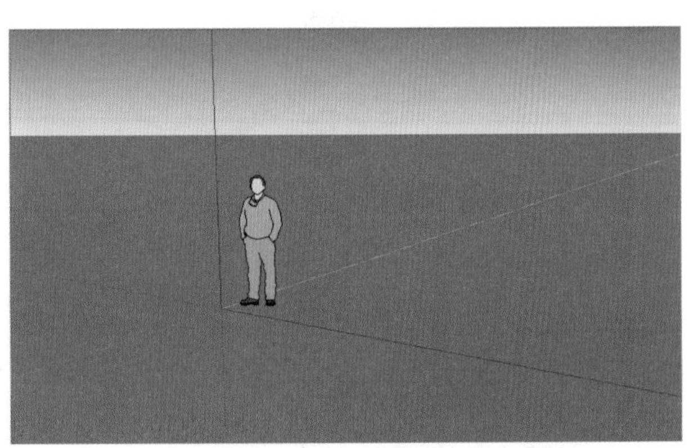
图 1-55 调整后的背景与天空

1.4 SketchUp 对象的选择

SketchUp 是一个面向对象的软件，即首先创建简单的模型，再选择模型进行深入细化等后续工作，因此在工作中能否快速、准确地选择到目标对象，对工作效率有着很大的影响。SketchUp 常用的选择方式有一般选择、框选与叉选、扩展选择三种。

1.4.1 一般选择

SketchUp 中【选择】命令可以通过单击工具栏选择按钮 或直接按空格键激活，下面以实例操作进行说明。

01 启动 SketchUp Pro 2014，执行【文件】|【打开】命令，弹出【打开】对话框，所示。打开配套光盘“对象选择”模型，本实例为一套由多个构件组成的户外桌椅模型，如图 1-57 所示。

图 1-56 打开文件

图 1-57 户外桌椅模型

02 单击选择按钮 ，或直接按空格键，激活【选择】工具，此时在视图内将出现一个“箭头”图标，如图 1-58 所示。

03 此时在任意对象上单击均可将其选择，这里选择左侧的木板，观察视图可以看到被选择的对象以高亮显示，以区别于其他对象，如图 1-59 所示。

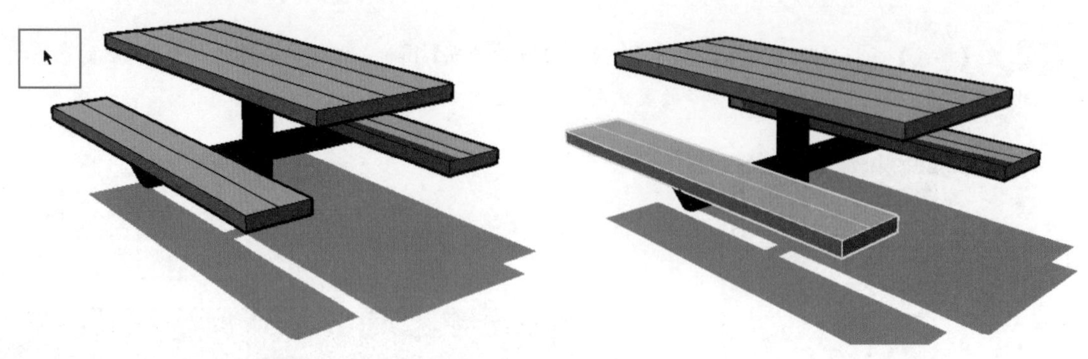

图 1-58 激活选择工具

图 1-59 选择左侧木板

注 意

SketchUp 中最小的可选择单位为“线”，其次分别是“面”与“组件”，光盘中“对象选择”文件中的桌椅模型左右两侧的木板以及支架均为“组件”，因此无法直接选择到“面”或“线”。但如果选择“组件”，执行鼠标右键快捷菜单中的“分解”命令，如图 1-60 所示，就可以选择到“线”或“面”，如图 1-61 所示。

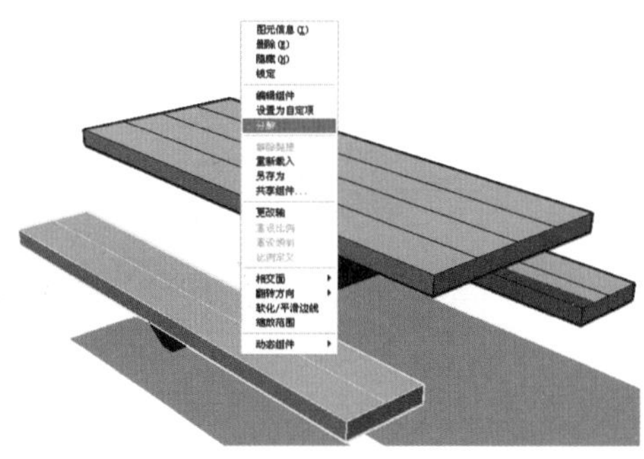

图 1-60　分解组件

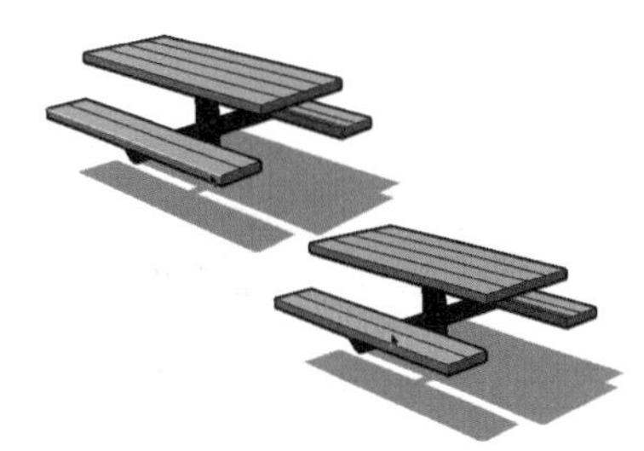

图 1-61　选择线或面

04 在选择了一个目标对象后，如果要继续选择其他对象，则首先要按住 Ctrl 键不放，待视图中的光标变成 + 时，再单击下一个目标对象，即可将其加入选择。利用该方法加选支架与右侧木板，如图 1-62 所示。

05 如果误选了某个对象而需要将其从选择范围中去除时，可以按住 Ctrl+Shift 键不放，待视图中的光标变成 − 时，单击误选对象即可将其进行减选。利用该种方法减选支架，如图 1-63 所示。

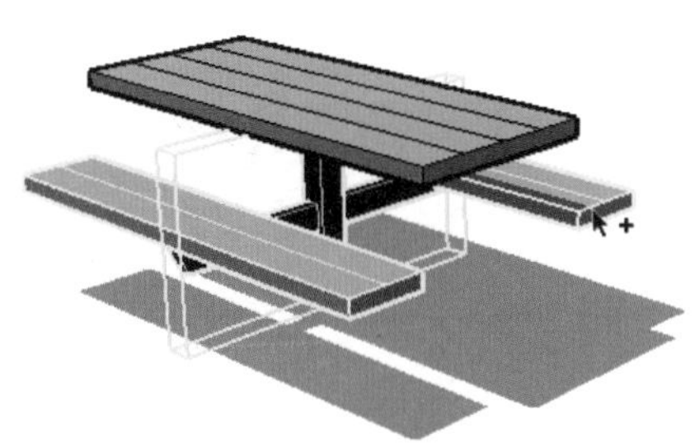

图 1-62　单击加选支架与右侧木板

图 1-63　减选支架

06 如果单独按住 Shift 键不放，待视图中的光标变成 +/− 时，单击当前未选择的对象，则将自动进行加选，如图 1-64 所示。单击当前已选择的对象，则自动进行减选，如图 1-65 所示。

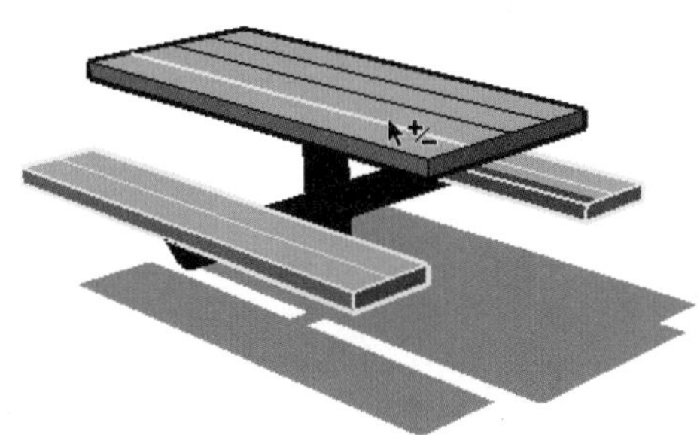

图 1-64　单击加选桌面木板线条

图 1-65　单击减选右侧木板

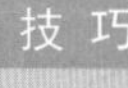

技 巧

进行减选时不可直接单击组件黄色高亮的范围框，而需单击模型表面方能成功进行减选。

1.4.2 框选与叉选

以上介绍的选择方法均为单击鼠标进行完成，因此每次只能选择单个对象，而使用【框选】与【叉选】，可以一次性完成多个对象的选择。

【框选】是指在激活【选择】工具后，使用光标从左至右划出如图 1-66 所示的实线选择框，完全被该选择框包围的对象则将被选择，如图 1-67 所示。

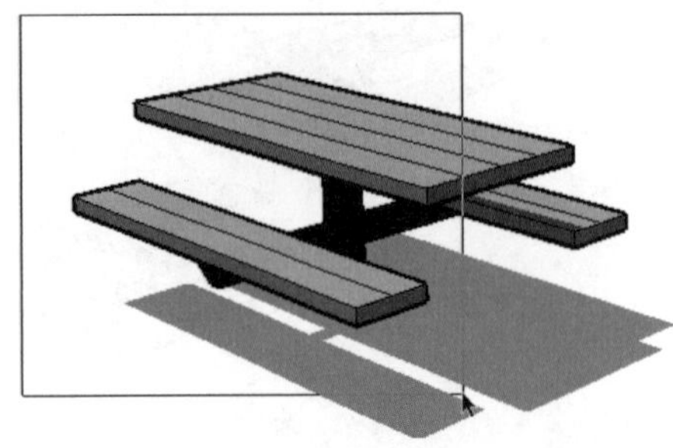
图 1-66 框选前

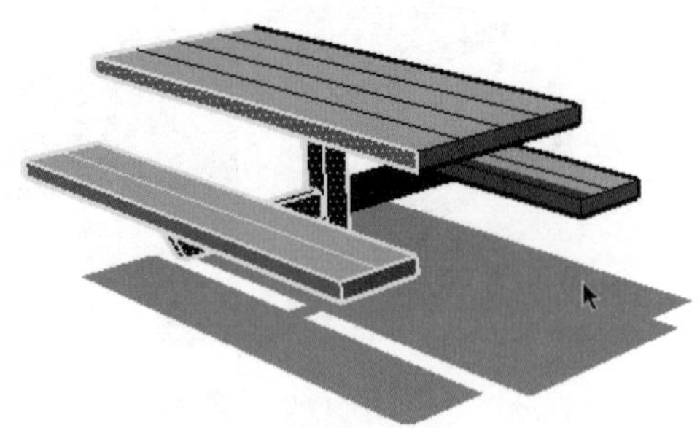
图 1-67 框选后

【叉选】是指在激活【选择】工具后，使用光标从右至左划出如图 1-68 所示的虚线选择框，全部或部分位于选择框内的对象都将被选择，如图 1-69 所示。

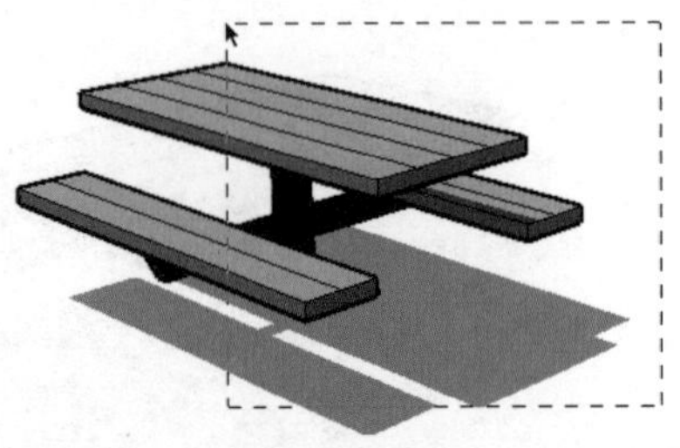
图 1-68 叉选前

图 1-69 叉选后

注 意

选择完成后，单击视图任意空白处，将取消当前所有选择。

按 Ctrl+A 键将全选所有对象，无论是否显示在当前的视图范围内。

上一节所讲述的加选与减选的方法对于【框选】与【叉选】同样适用。

1.4.3 扩展选择

在 SketchUp 中，“线”是最小的可选择单位，“面”则是由“线”组成的基本建模单位，通过扩展选择，可以快速选择关联的面或线。

单击某个“面”，这个面就会被单独选择，如图 1-70 所示。

双击某个“面”，则与这个面相关的“线”同时也将被选择，如图 1-71 所示。

三击某个“面”，则与这个面相关的其他“面”与线都将被选择，如图 1-72 所示。

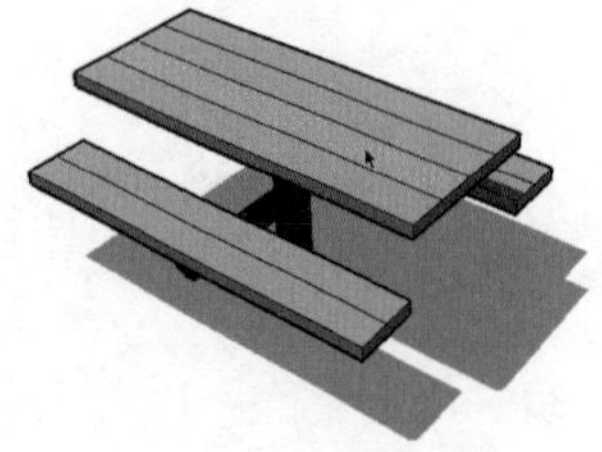
图 1-70 单击选择面

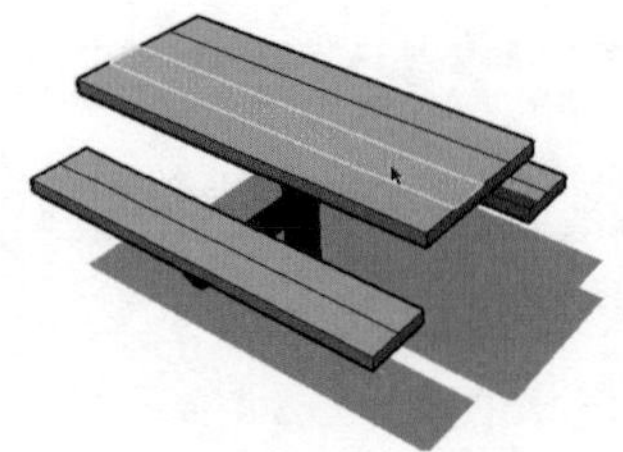
图 1-71 双击选择面与关联边线

注 意

在选择对象上单击右键，可以通过弹出快捷菜单进行关联的“边线”“平面”或其他对象的选择，如图 1-73 所示。

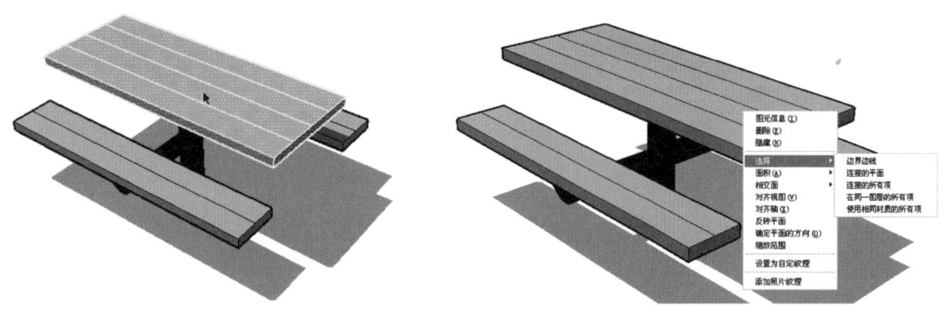

图 1-72　三击选择所有关联面　　　　图 1-73　鼠标右键菜单

1.5 SketchUp 对象的显示

SketchUp 是一个直接面向设计的软件，提供了多种对象显示效果以满足设计方案的表达需求，让用户能够更好地了解方案，理解设计意图。

1.5.1 7 种显示模式

单击【样式】工具栏按钮，可以快速切换不同的显示模式，以满足不同的观察要求，如图 1-74 所示。从左至右分别为【X 射线】、【后边线】、【线框】、【隐藏线】、【阴影】、【阴影纹理】以及【单色】7 种显示模式。

图 1-74　SketchUp 显示模式工具栏

1. X 射线显示模式

在进行室内或建筑等设计时，有时需要直接观察室内构件以及配饰等效果，此时单击【X 射线】按钮，即可马上实现如图 1-75 所示的显示效果，不用进行任何模型的隐藏，即可对内部效果一览无余。

2. 后边线显示模式

【后边线】是一种附加的显示模式，单击该按钮可以在当前显示效果的基础上以虚线的形式显示模型背面无法观察的线条，如图 1-76 所示。但在当前为【X 射线】与【线框】显示效果时，该附加显示无效。

图 1-75　X 射线显示模式

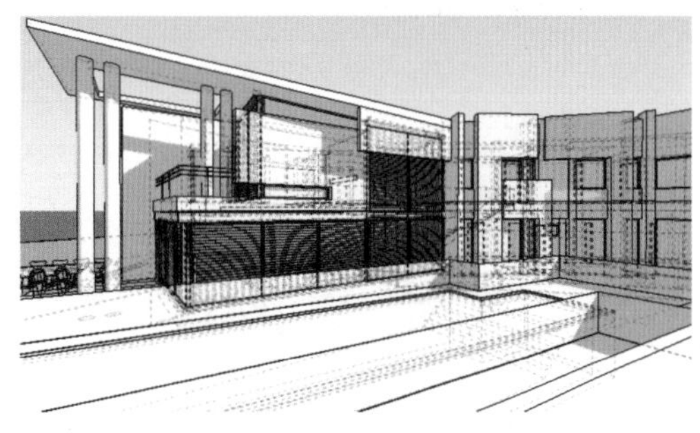

图 1-76　后边线显示模式

3. 线框显示模式

【线框】是 SketchUp 中最节省系统资源的显示模式，其效果如图 1-77 所示。在该种显示模式下，场景中所有对象均以实线条显示，材质、贴图等效果也将暂时失效。在进行视图的缩放、平移等操作时，大型场景最好能切换到该模式，可以有效避免卡屏、迟滞等现象。

4. 隐藏线显示模式

【隐藏线】模式将仅显示场景中可见的模型面，此时大部分的材质与贴图会暂时失效，仅在视图中体现实体与透明的材质区别，因此是一种比较节省资源的显示方式，如图 1-78 所示。

5. 阴影显示模式

【阴影】是一种介于【隐藏线】与【阴影纹理】之间的显示模式，该模式在可见模型面的基础上，根据场景已经赋予的材质，自动在模型面上生成相近的色彩，如图 1-79 所示。在该模式下，实体与透明的材质区别也有所体现，因此显示的模型空间感比较强烈。

技 巧

如果场景模型没有指定任何材质，则在【阴影】模式下模型仅以黄、蓝两色表明模型的正反面。

图 1-77 线框显示模式

图 1-78 隐藏线显示模式

6. 阴影纹理显示模式

【阴影纹理】是 SketchUp 中最全面的显示模式，该模式下材质的颜色、纹理及透明效果都将得到完整的体现，如图 1-80 所示。

图 1-79 阴影显示模式

图 1-80 阴影纹理显示模式

技 巧

【阴影纹理】显示模式十分占用系统资源，因此该模式通常用于观察材质以及模型整体效果，在建立模式、旋转、平衡视图等操作时，则应尽量使用其他模式，以避免卡屏、迟滞等现象。此外，如果场景中模型没有赋予任何材质，该模式将无法应用。

7. 单色显示模式

【单色】是一种在建模过程中经常使用到的显示模式，该种模式用纯色显示场景中的可见模型面，以黑色实线显示模型的轮廓线，在较少占用系统资源的前提下，有十分强的空间立体感，如图 1-81 所示。

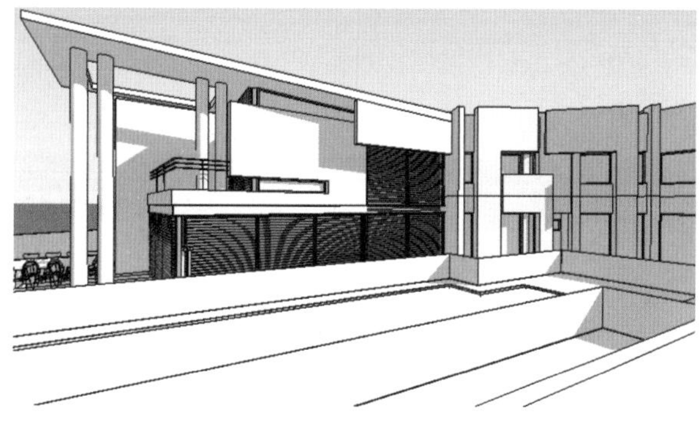

图 1-81　单色显示模式

1.5.2 边线显示效果

SketchUp 中文俗称“草图大师”，能得到这样的一个称谓，其主要原因是 SketchUp 通过设置边线显示参数，可以显示出类似于手绘草图样式的效果，如图 1-82 与图 1-83 所示。

图 1-82　建筑手绘草图

图 1-83　SketchUp 草图显示效果

1．设置边线显示类型

在 SketchUp 中打开【视图】|【边线样式】子菜单，选择其下的命令，可以快速设置【轮廓】、【深度暗示】以及【延长】的效果，如图 1-84 所示。

轮廓：【轮廓】默认为勾选，取消其勾选后，场景中模型边线将淡化或消失，如图 1-85 所示。

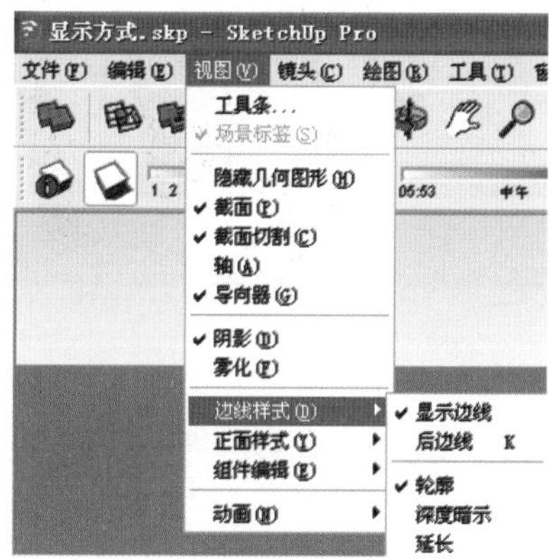

图 1-84　边线类型菜单设置

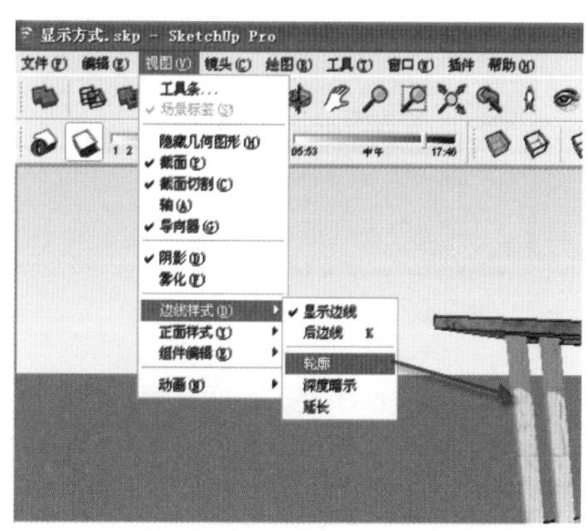

图 1-85　轮廓线效果对比

深度暗示：勾选【深度暗示】后，边线将以比较粗的深色线条进行显示。由于该种效果影响模型细节的观察，因此通常不予勾选，如图 1-86 所示。

延长：在实际手绘草图的绘制过程中，两条相交的直线通常会稍微延伸出头，在 SketchUp 中勾选【延长】参数，即可实现该种效果，如图 1-87 所示。

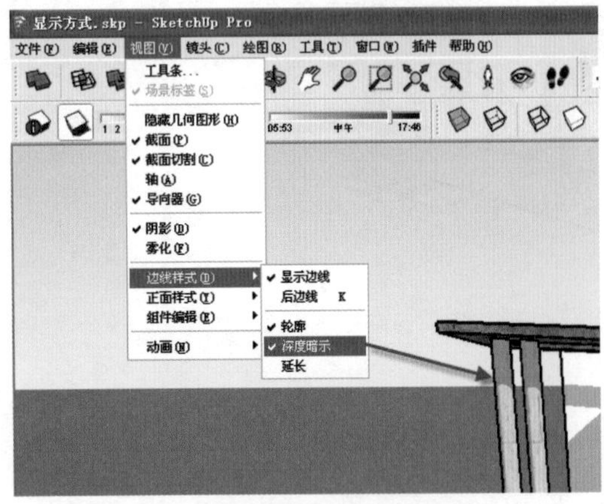

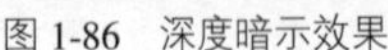
图 1-86 深度暗示效果

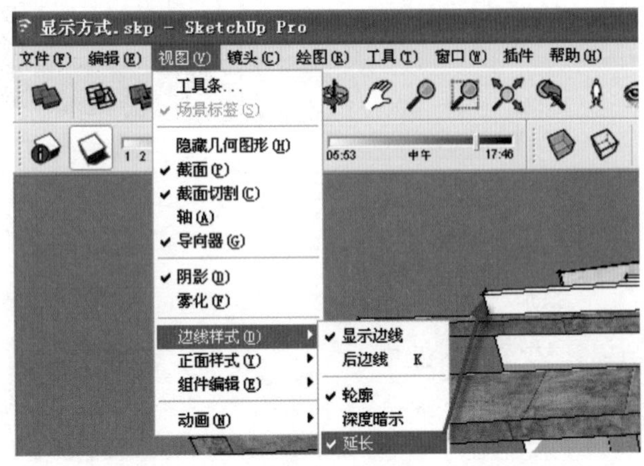

图 1-87 延长效果

在【边线类型】菜单中，仅能简单地设置各种边线效果，对边线的宽度、长度、颜色等特征都无法进行控制。执行【窗口】|【样式】命令，打开【样式】对话框，在【编辑】选项卡中单击【边线设置】按钮，即可进行更加丰富的边界线类型与效果的设置，如图 1-88 所示。

端点：勾选【端点】复选框后，边线与边线的交接处将以较粗的线条显示，如图 1-89 所示，通过其后的参数可以设置线条的宽度。

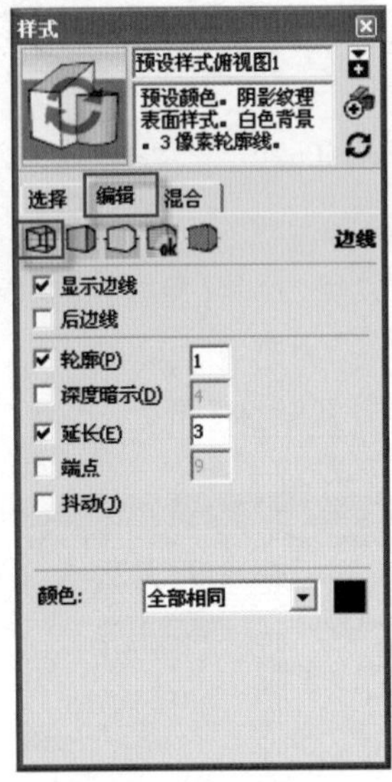

图 1-88 样式设置面板

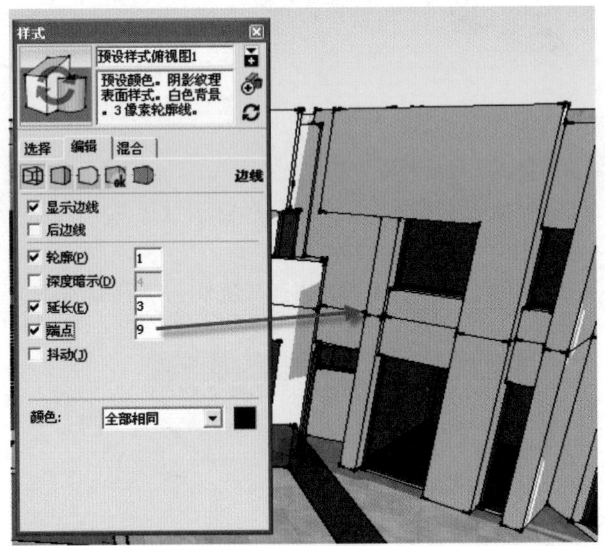

图 1-89 端点效果

注 意

在【样式】对话框中，各种边线类型后面都有数值输入框，除了【延长】参数框用于控制延伸长度外，其他参数框均用于控制线条自身宽度，如图 1-90 与图 1-91 所示。

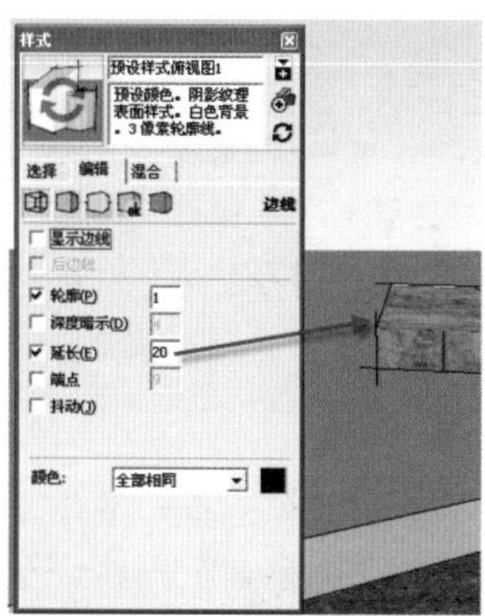
图 1-90　延长为 20 时的效果

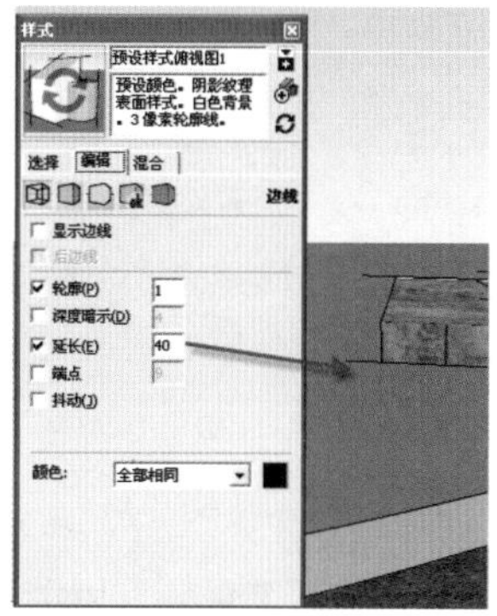
图 1-91　延长为 40 时的效果

抖动：勾选【抖动】复选框后，笔直的边界线将以稍微弯曲的线条进行显示，如图 1-92 所示。该种效果用于模拟手绘中真实的线段细节。

2．设置边线显示颜色

默认设置下边线以深灰色显示，单击【样式】对话框【颜色】下拉按钮，可以选择三种不同的边线颜色设置类型，如图 1-93 所示。

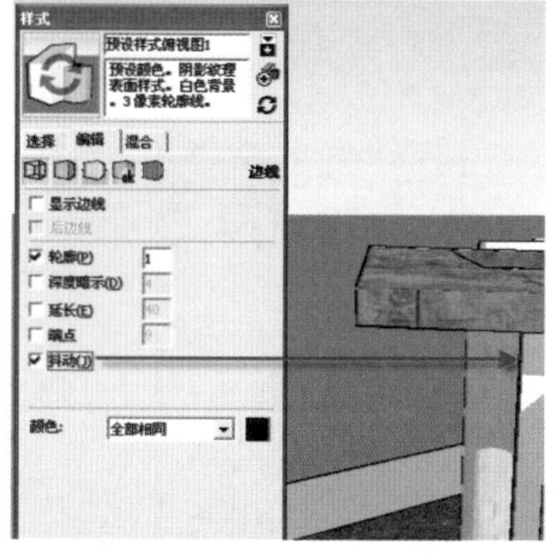
图 1-92　抖动效果

图 1-93　颜色下拉按钮设置

完全相同：默认边线颜色选项为【完全相同】，单击其后的色块可以自由调整色彩，如图 1-94~图 1-97 所示。

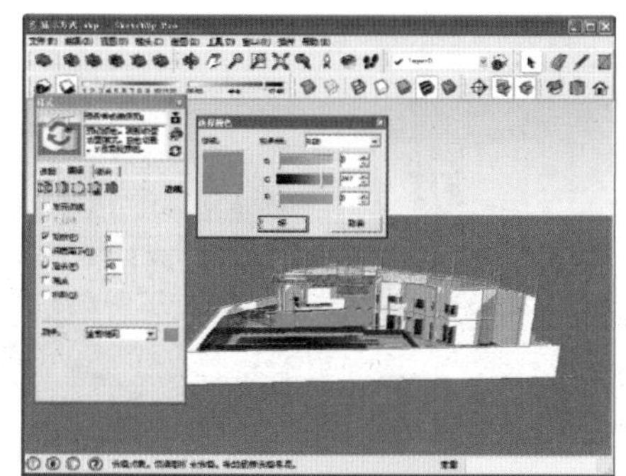
图 1-94　绿色边线效果

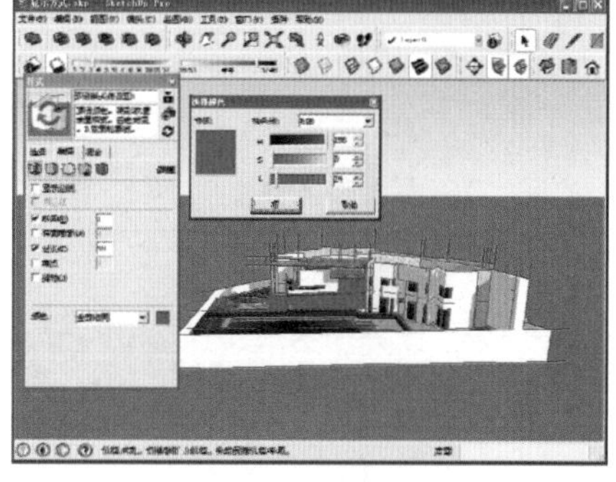
图 1-95　红色边线效果

❑　按材质

选择【按材质】选项后，系统将自动调整模型边线为与自身材质颜色一致的颜色，如图 1-96 所示。

按坐标轴：选择【按坐标轴】选项后，系统将分别将 X、Y、Z 三个轴向上的边线以红、绿、蓝三种颜色显示，如图 1-97 所示。

注 意

SketchUp 无法分别设置边线颜色，唯有利用【按材质】或【按坐标轴】才能使边线颜色有所差别，但即使这样，颜色效果的区分也不是绝对的，因为即使不设置任何边形类型，场景的模型仍可以显示出部分黑色边线。

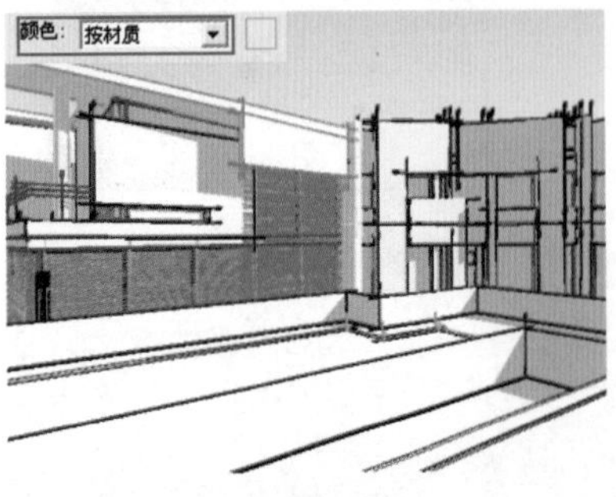

图 1-96 按材质显示边线效果

图 1-97 按轴显示边线效果

注 意

除了调整以上类似铅笔黑白素描的效果外，通过【样式】对话框中的下拉按钮，还可以选择诸如【手绘边线】、【颜色集】等其他效果，如图 1 98～图 1 100 所示。

图 1-98 样式列表

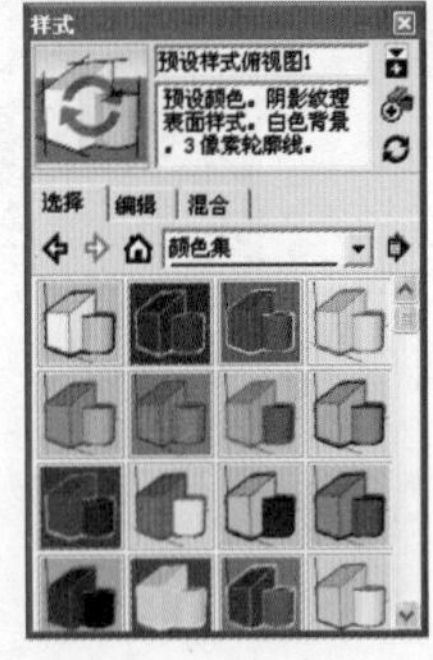

图 1-99 颜色集样式列表

图 1-100 颜色集样式效果

1.6 设置 SketchUp 绘图环境

正如每个设计者有不同的设计观念一样，每个 SketchUp 用户都会有自己的操作习惯，根据自己习惯设置

SketchUp 的单位、工具栏、快捷键等绘图环境，可以有效地提高工作效率。

1.6.1 设置绘图单位

SketchUp 默认以英寸（美制）为绘图单位，而我国设计规范均以毫米（公制）为单位，精度则通常保持 0mm。因此在使用 SketchUp 时，第一步就应该将系统单位调整好，具体的步骤如下：

01 执行【窗口】|【模型信息】命令，打开【模型信息】设置面板，选择其中的【单位】选项，可以发现默认单位为英寸（美制），如图 1-101 所示。

02 单击【格式】下拉按钮，选择【十进制】，在其后下拉按钮中选择【mm】，最后单击【精确度】下拉按钮，选择【0mm】，如图 1-102 所示。

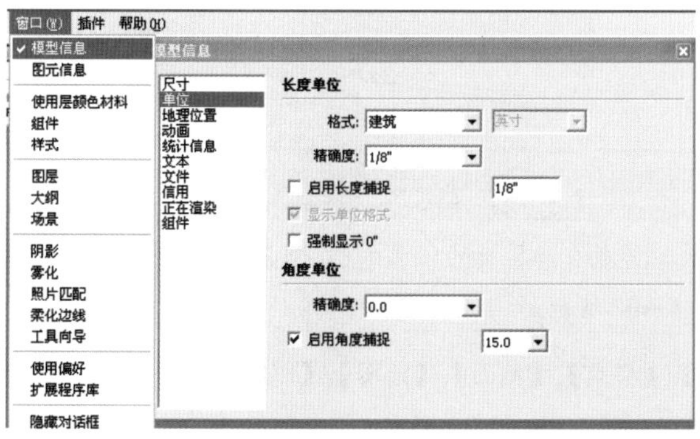

图 1-101 默认单位设置

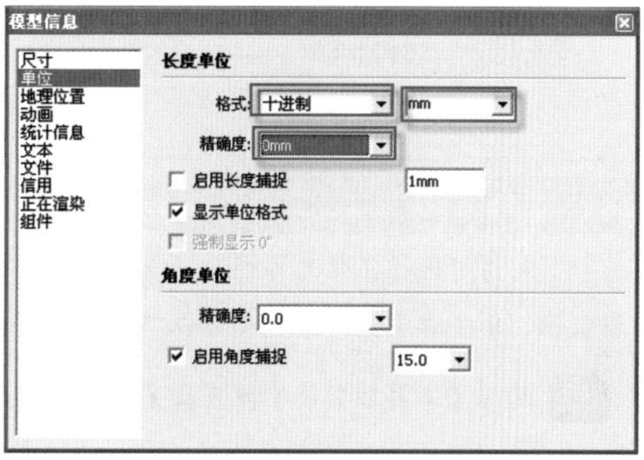

图 1-102 设置单位

> **技 巧**
>
> 在开启 SketchUp 时，会弹出如图 1-103 所示的启动面板，单击【选择模板】按钮，可以直接选择毫米制的建筑绘图模板，如图 1-104 所示。

图 1-103 SketchUp 启动面板

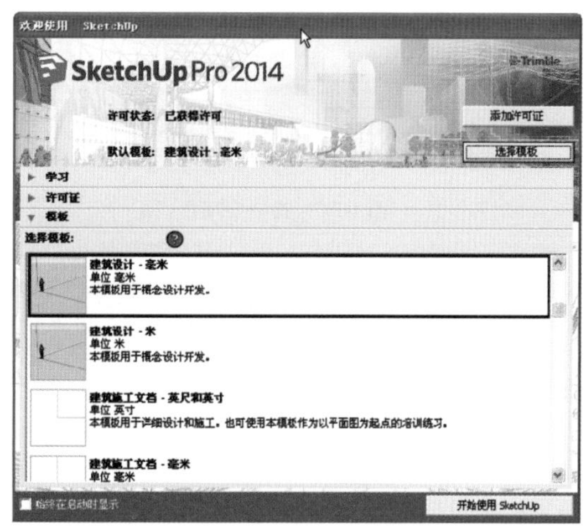

图 1-104 选择毫米制建筑绘图模板

1.6.2 设置工具栏

默认设置下 SketchUp 仅有一行横向的工具栏，如图 1-105 所示。该工具栏罗列了一些常用的工具按钮，用户可以根据需要调整出更多的工具栏，具体步骤如下：

01 执行【视图】|【工具栏】菜单命令，弹出【工具栏】对话框，如图 1-106 所示。

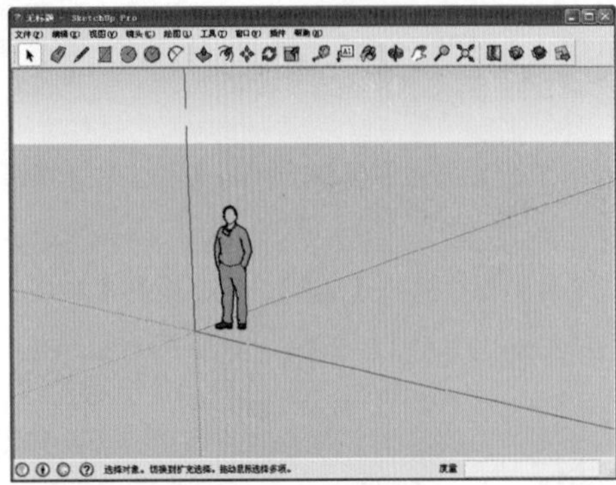

图 1-105　默认工具栏

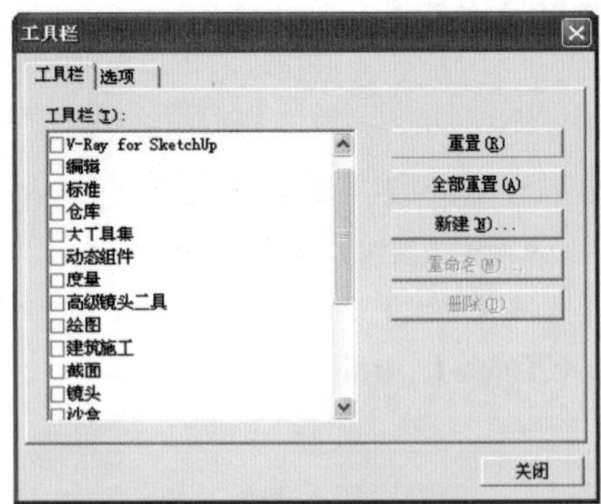

图 1-106　【工具栏】对话框

技 巧

鼠标左键按住任意工具栏进行拖动，可以将工具栏停放在屏幕上的任意位置，当靠近绘图区四周时则会自动吸附，单击右上角的☒图标可以将其关闭，如图 1-107 所示。

02 通过【工具栏】菜单调整出【标准】、【视图】、【样式】、【截面】、【绘图】、【图层】、【相机/镜头】等工具栏，如图 1-108 所示，将其吸附在绘图区上方与左侧，如图 1-109 所示。

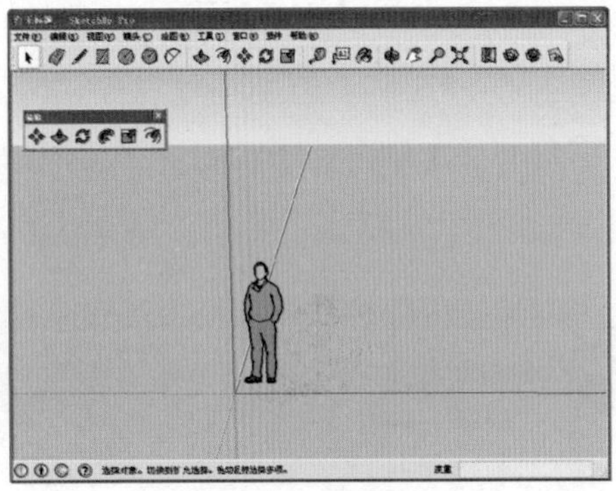

图 1-107　拖动并关闭

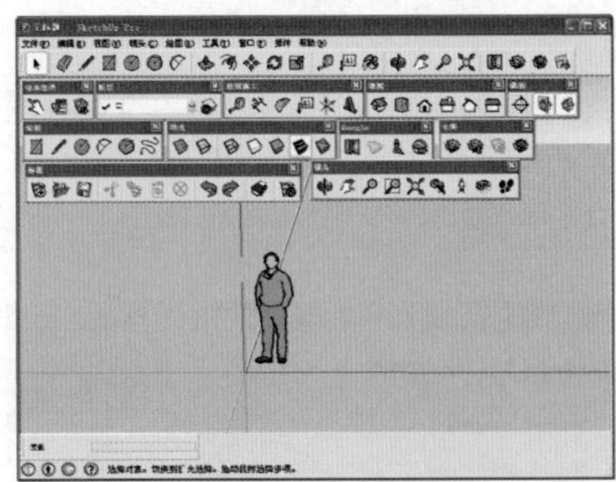

图 1-108　常用工具设置

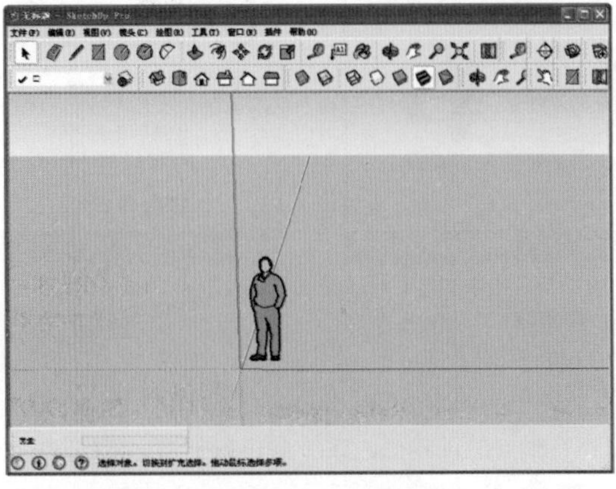

图 1-109　吸附结果

1.6.3 自定义快捷键

SketchUp 为一些常用工具设置了默认快捷键，如图 1-110 所示。用户也可以自定义快捷键，以符合个人的操作习惯，具体步骤如下：

01 执行【窗口】|【使用偏好】菜单命令，在弹出的【系统使用偏好】面板中选择【快捷方式】选项，在列表中选择对应的命令，即可在右侧的【添加快捷方式】文本框内自定义快捷键，如图 1-111 所示。

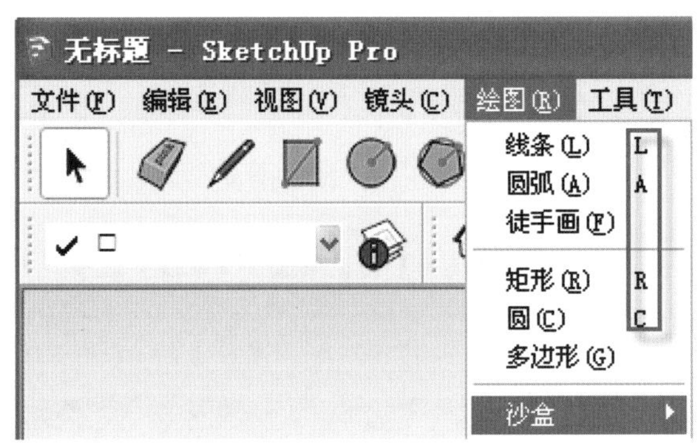

图 1-110　默认快捷键

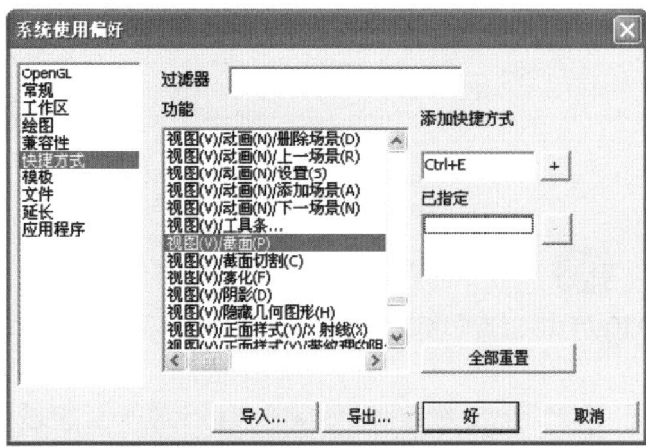

图 1-111　选择快捷键选项卡

02 输入快捷键后，单击【添加】按钮即可，如果该快捷键已被其他命令占用，将弹出如图 1-112 所示的提示面板，此时单击【是】选项将其替代。然后单击【系统使用偏好】面板中的【确定】按钮即可生效。

03 如果要删除已经设置好的快捷键，只需要选择对应的命令，然后选择快捷键，单击【删除】按钮即可，如图 1-113 所示。

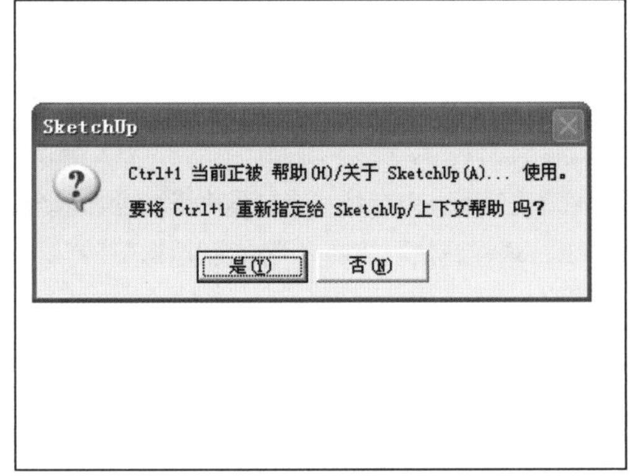

图 1-112　重新定义快捷键

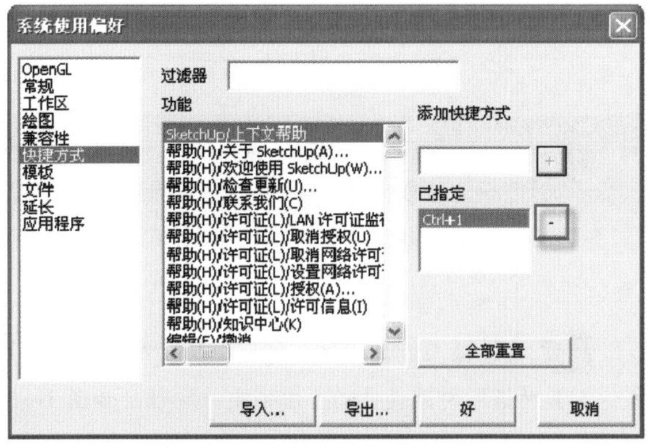

图 1-113　删除快捷键

> **技巧**
>
> 单击【系统使用偏好】面板中的【导出】按钮，弹出如图 1-114 所示的【输出预置】对话框，在其中设置好文件名并单击【导出】按钮，即可将自定义好的快捷键以 dat 文件进行保存。而当重装系统或在他人计算机上应用 SketchUp 时，再单击【导入】按钮，在弹出的【输入预置】对话框中选择快捷键文件，单击【导入】按钮，即可快速加载之前自定义的所有快捷键，如图 1-115 所示。

1.6.4 设置文件自动备份

为了防止因为断电等突发情况造成文件的丢失，SketchUp 提供文件自动备份与保存的功能，设置步骤如下：

图 1-114　导出快捷键

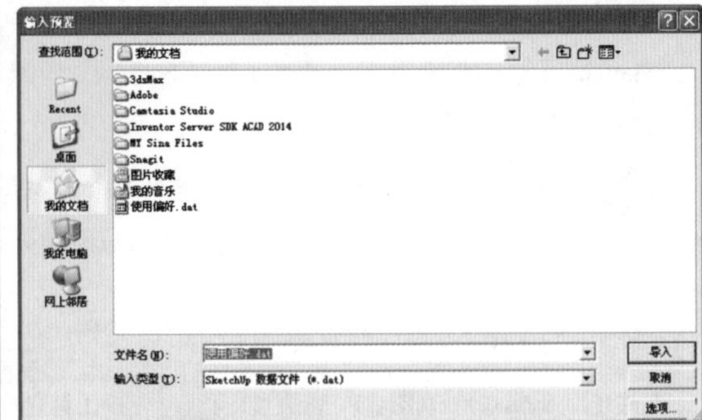

图 1-115　导入快捷键

01 执行【窗口】|【使用偏好】菜单命令，在弹出的【系统使用偏好】面板中选择【常规】选项，如图 1-116 所示，即可设置保存备份以及间隔时间，如图 1-117 所示。

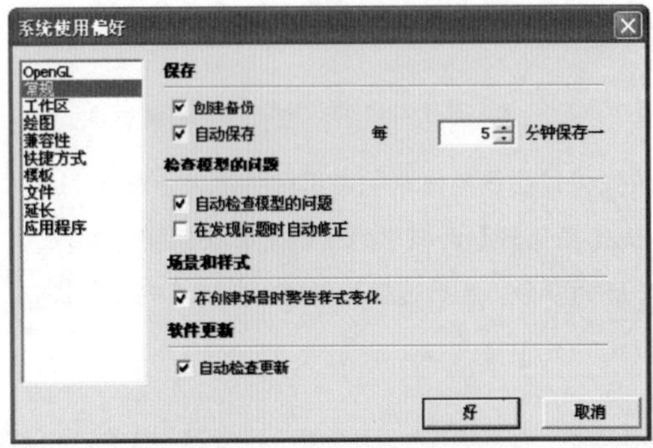

图 1-116　概要选项卡设置

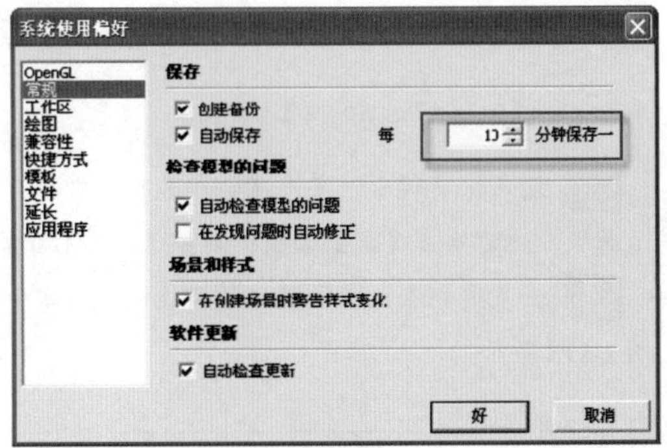

图 1-117　设置备份保存间隔时间

注 意

创建备份与自动保存是两个概念，如果只勾选【自动保存】复选框，则数据将直接保存在打开的文件上。只有同时勾选【自动备份】，才能将数据另存在一个新的文件上，这样即使打开的文件出现损坏，还可以使用备份文件。

02 选择【文件】选项，如图 1-118 所示，单击【模型】选项右侧【设置路径】按钮，在弹出的【浏览文件夹】对话框内设置自动备份的文件路径，如图 1-119 所示。

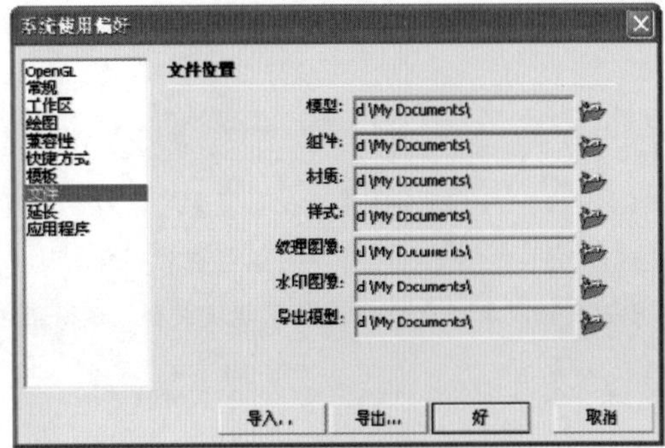

图 1-118　文件选项卡

图 1-119　设置模型保存文件夹

1.6.5 保存与调用模板

设置好以上的绘图环境后，还可以将其保存为模板文件，在以后的工作中可以随时调用，具体的步骤如下：

01 执行【文件】|【另存为模板】菜单命令，在弹出的【保存为模板】面板中设置模板名称和保存路径，单击【保存】按钮即可，如图 1-120 所示。

02 保存完成后关闭当前文件，再次打开 SketchUp，即可在开启界面中选择保存好的模板文件，进行直接调用，如图 1-121 所示。

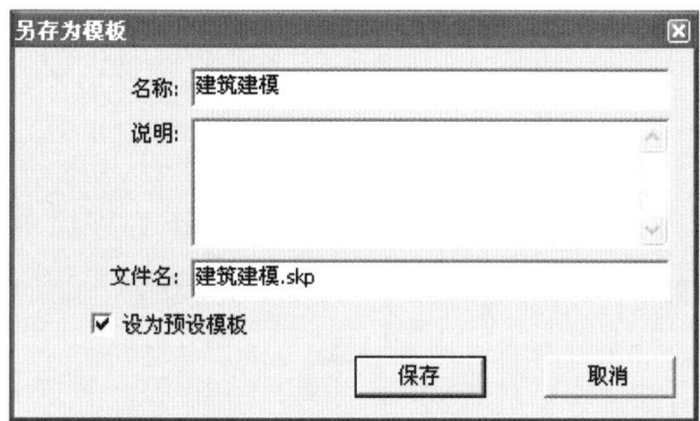

图 1-120 保存至模板文件夹

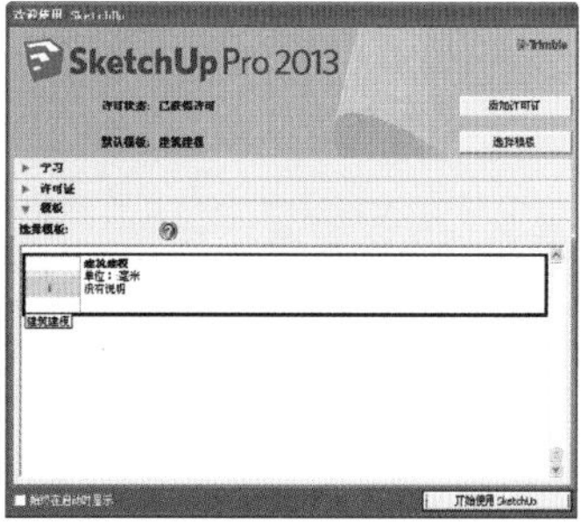

图 1-121 开启时选用保存模板

技 巧

如果在开启 SketchUp 时忘记调用模板，可以在【系统使用偏好】面板中选择【模板】选项卡，如图 1-122 所示，然后单击【浏览】按钮，选择之前保存的模板文件打开，如图 1-123 所示。

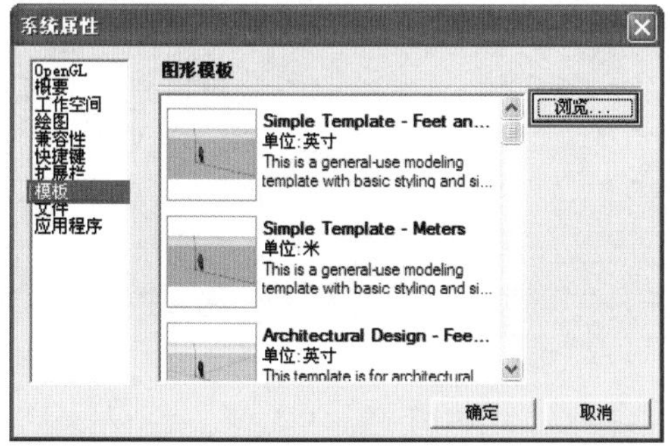

图 1-122 进入模板选项卡

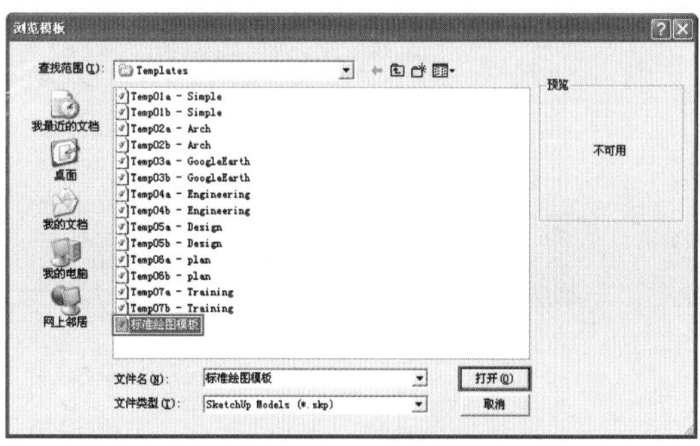

图 1-123 调用保存模板

第2章

SketchUp 常用工具

本章重点：

- SketchUp 绘图工具栏
- SketchUp 编辑工具栏
- SketchUp 主要工具栏
- SketchUp 建筑施工工具栏
- SketchUp 漫游工具栏

本章介绍 SketchUp 的常用工具，包括绘图工具栏、编辑工具栏、主要工具栏、建筑施工工具栏和漫游工具栏中的工具。通过学习这些工具的用法，可以掌握 SketchUp 基本模型的创建和编辑方法。

2.1 SketchUp 绘图工具栏

SketchUp 2014【绘图】工具栏如图 2-1 所示，包含了【矩形】、【直线】、【圆】、【圆弧】、【多边形】和【手绘线】共 8 种二维图形绘制工具。

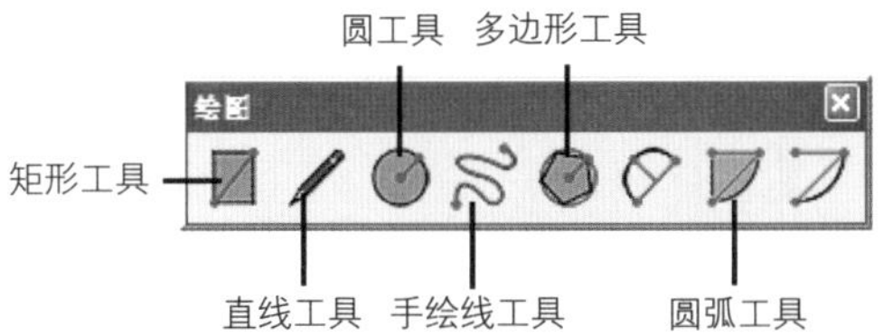

图 2-1 SketchUp 绘图工具栏

三维建模的一个最重要的方式就是从“二维到三维”。即首先使用【绘图】工具栏中的二维绘图工具绘制好平面轮廓，然后通过“推/拉”等编辑工具生成三维模型。因此绘制出精确的二维平面图形是建好三维模型的前提。

2.1.1 矩形工具

【矩形】创建工具通过两个对角点的定位生成规则的矩形，绘制完成将自动生成封闭的矩形平面。单击【绘图】工具栏▨按钮或执行【绘图】|【矩形】菜单命令均可启用该命令。

技巧

【矩形】创建工具默认快捷键为 R。

1. 通过鼠标新建矩形

01 启用【矩形】绘图命令，待光标变成✎时在绘图区单击，确定矩形的第一个角点，然后任意方向拖动光标确定矩形对角点，如图 2-2 所示。

02 确定对角点位置后，再次单击，即可完成矩形绘制，SketchUp 将自动生成一个等大的矩形平面，如图 2-3 所示。

注意

1、在创建二维图形时，SketchUp 自动将封闭的二维图形生成等大的平面，此时可以选择并删除自动生成的“面”，如图 2-4 所示。

2、当绘制的【矩形】长宽比接近 0.618 的黄金分割比率时，矩形内部将出现一条虚线，如图 2-5 所示，此时单击鼠标即可创建满足黄金分割比的矩形，如图 2-6 所示。

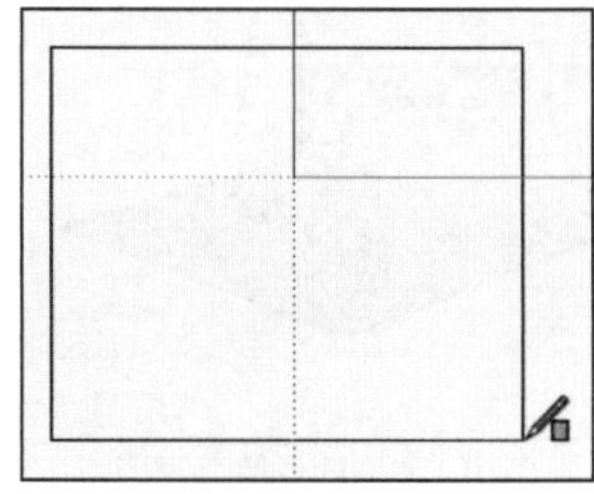

图 2-2 绘制矩形

图 2-3 自动生成矩形平面

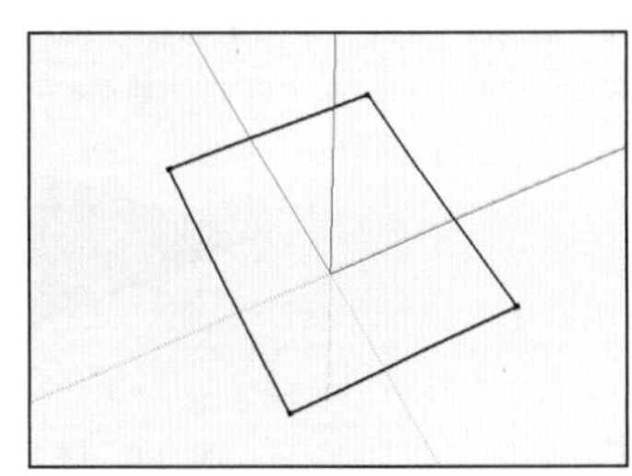

图 2-4 删除面后的矩形

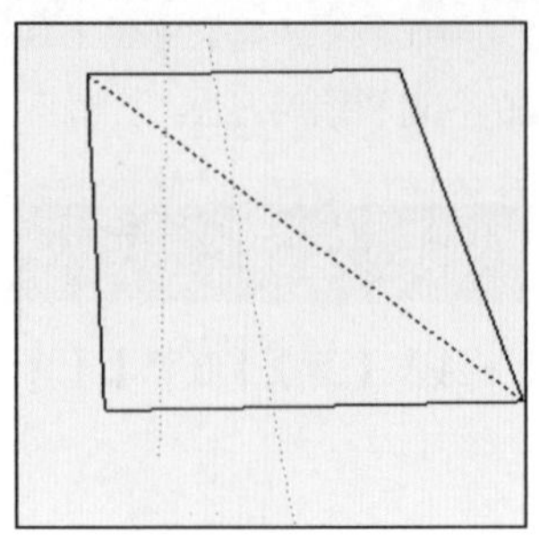

图 2-5　矩形内部虚线

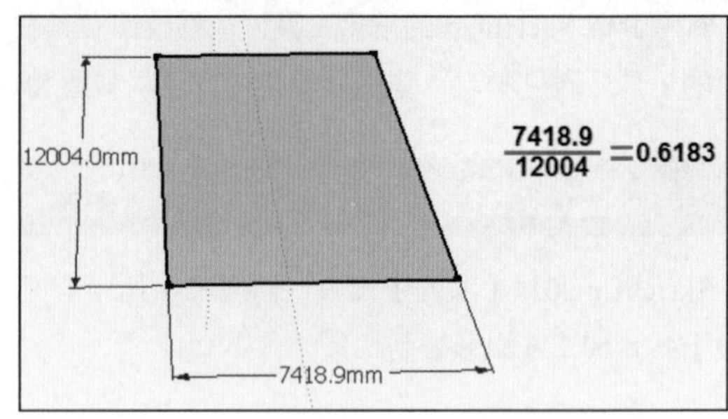

图 2-6　满足黄金分割比的矩形

2．通过输入新建矩形

在没有图纸进行参考时，直接使用鼠标难以完成准确尺寸的矩形绘制，此时需要结合键盘输入的方法进行精确图形的绘制，操作步骤如下：

01 启用【矩形】绘图命令，待光标变成时在绘图区单击，确定矩形的第一个角点，然后在尺寸标注框内输入长宽数值，数值中间使用逗号进行分隔，如图 2-7 所示。

02 输入完长宽数值后，按下 Enter 键进行确认，即可生成准确大小的矩形，如图 2-8 所示。

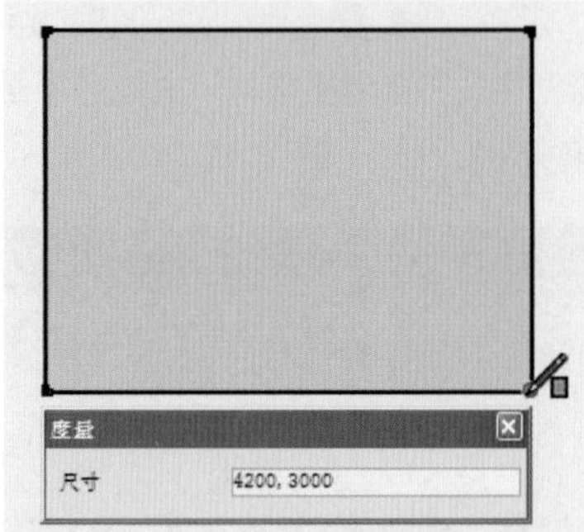

图 2-7　输入长宽数值

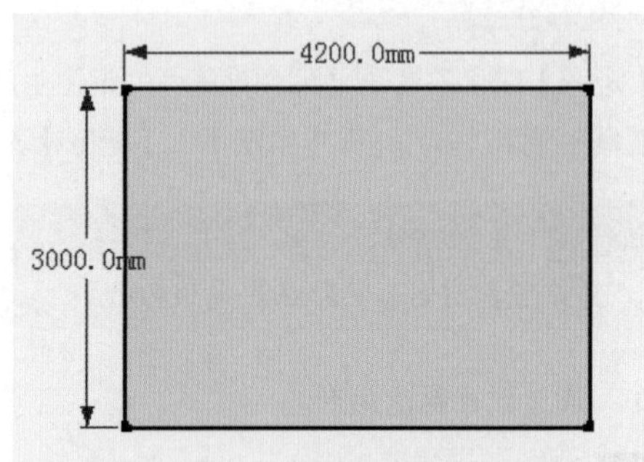

图 2-8　矩形绘制完成

3．绘制立面上的矩形

在默认情况下，矩形是绘制在 XY 平面中，通过透视图可以绘制立面方向上的矩形，具体步骤如下：

01 启用【矩形】绘图命令，待光标变成时，在绘图区单击确定矩形的第一个角点，然后拖动光标至第二个角点在 XY 平面的投影点处。

02 控制鼠标在 Z 轴方向上移动，如图 2-9 所示，找到目标后再单击，完成矩形绘制，如图 2-10 所示。

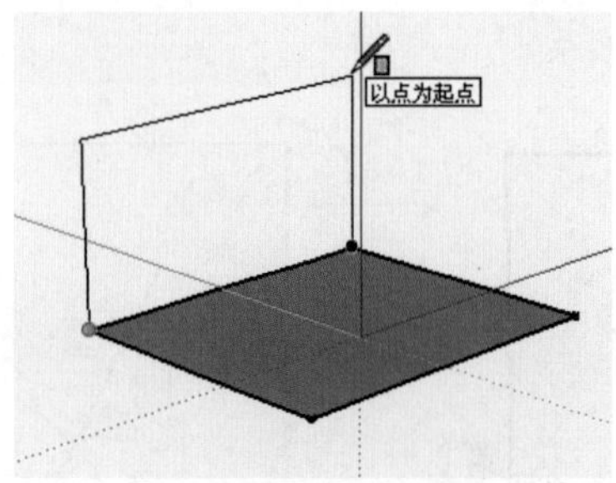

图 2-9　往 Z 轴方向拖动鼠标

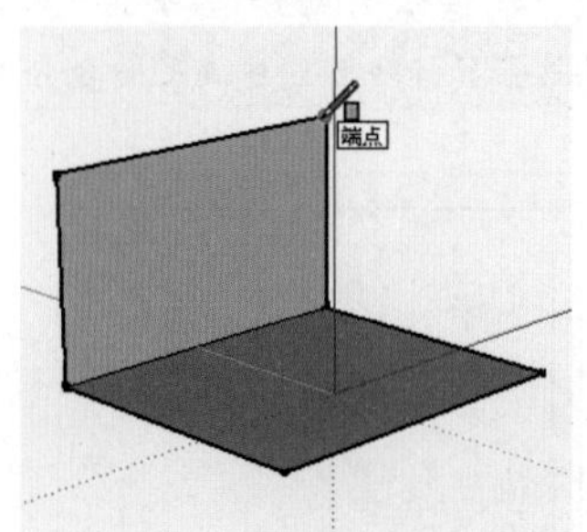

图 2-10　立面矩形绘制完成

4. 绘制空间内的矩形

除了可以绘制立面方向上的矩形，SketchUp 还允许用户直接绘制处于空间任何平面上的矩形，具体方法如下：

01 启用【矩形】绘图命令，待光标变成时，移动光标确定矩形第一个角点在平面上的投影点。

02 将光标往 Z 轴上方移动，按住 Shift 键锁定轴向，确定空间内的第一个角点，如图 2-11 所示。

03 确定空间内第一个角点后，即可自由绘制空间内平面或立面矩形，如图 2-12 与图 2-13 所示。

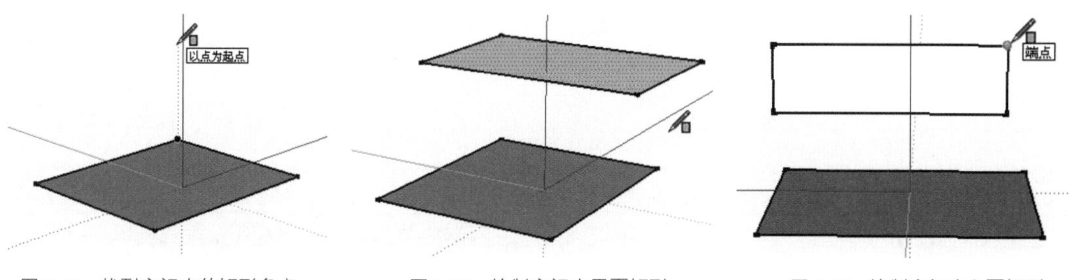

图 2-11　找到空间内的矩形角点　　图 2-12　绘制空间内平面矩形　　图 2-13　绘制空间内立面矩形

技 巧

按住 Shift 键不但可以进行轴向的锁定，如果当光标放置于某个“面”上，并出现“在表面上”的提示后，再按住 Shift 键，还可以将要画的点或其他图形锁定在该表面内进行创建。

注 意

在绘制空间内的【矩形】时，一定要通过蓝色轴线进行第一个角点位置的确定，否则只能绘制在同一平面内的【矩形】，如图 2-14 与图 2-15 所示。此外，可在已有的“面”上直接绘制【矩形】，以进行面的分割，如图 2-16 所示。

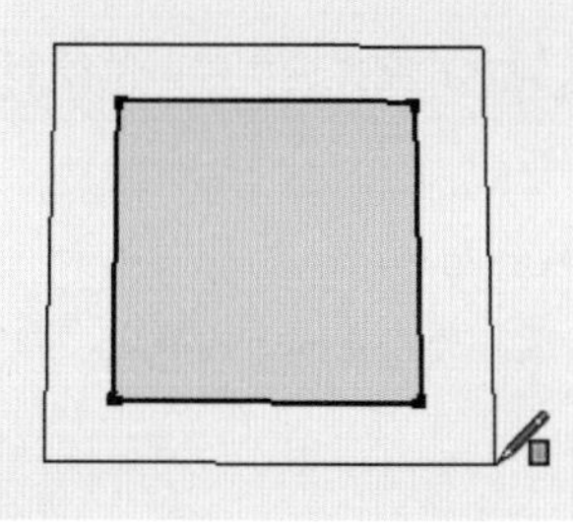

图 2-14　未出现蓝色轴线

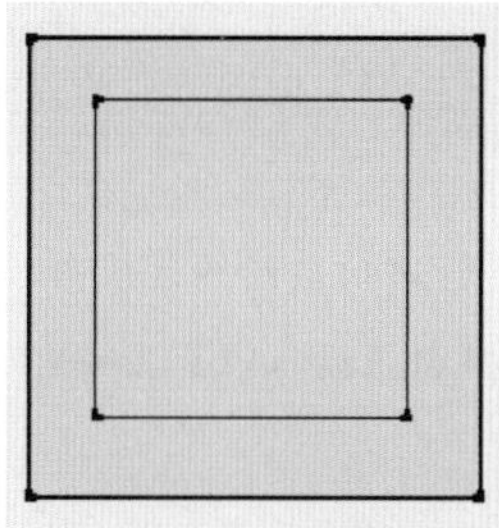

图 2-15　绘制完成效果

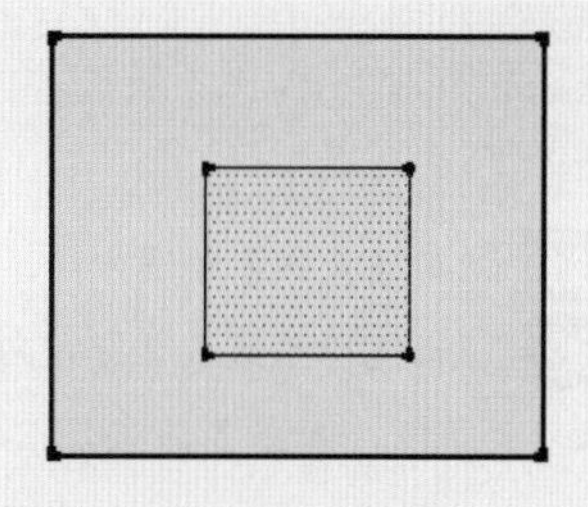

图 2-16　用矩形分割表面

2.1.2 直线工具

SketchUp【直线】工具功能十分强大，除了可以使用鼠标直接绘制外，还能通过尺寸、坐标点、捕捉和追踪功能进行精确绘制。单击【绘图】工具栏按钮或执行【绘图】|【直线】菜单命令，均可启用该绘制命令。

技 巧

【直线】创建工具默认的快捷键为 L。

1. 通过鼠标绘制直线

01 启用【直线】绘图命令，待光标变成时，在绘图区单击确定线段的起点，如图 2-17 所示。

02 沿着线段目标方向拖动光标，同时观察屏幕右下角【数值输入框】内的数值，确定好线段长度后再次单击，即完成目标线段的绘制，如图 2-18 所示。

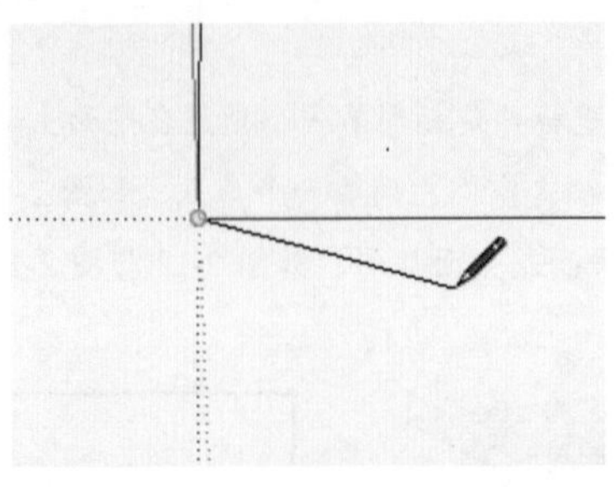

图 2-17　确定线段起点

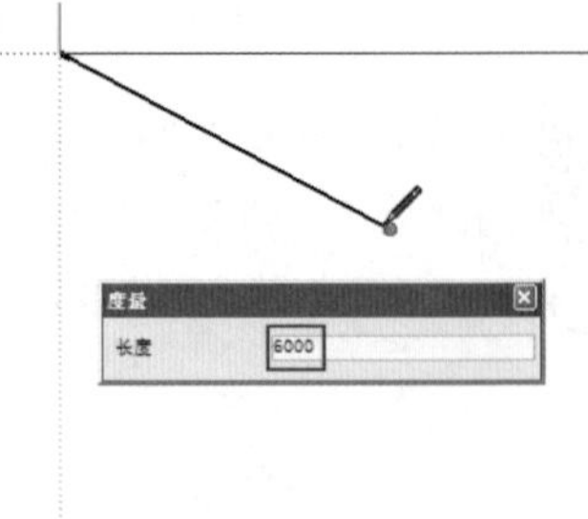

图 2-18　完成线段绘制

技 巧

在线段的绘制过程中，确定线段终点前按下 Esc 键，可取消该次操作。如果连续绘制线段，则上一条线段的终点即为下一条线段的起点，因此利用连续线段可以绘制出任意多边形，如图 2-19 ~ 图 2-21 所示。

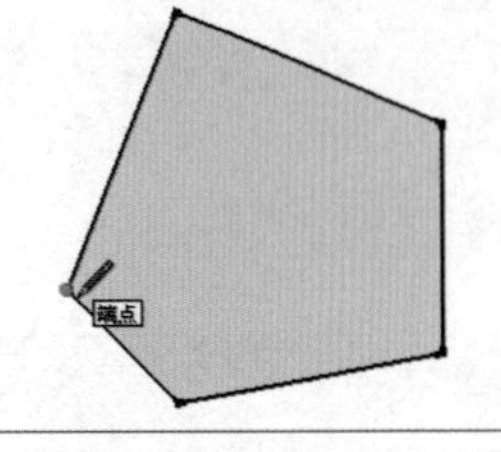

图 2-19　绘制五边形

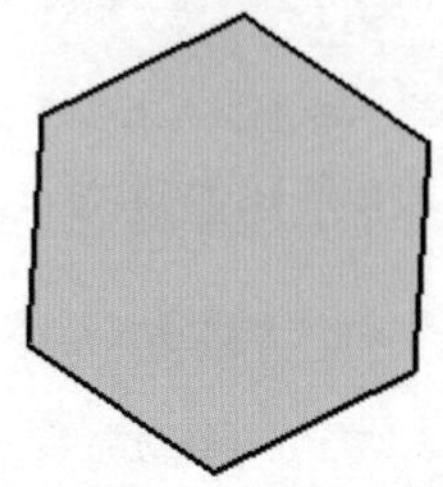

图 2-20　绘制六边形

图 2-21　绘制五角星

2. 通过输入绘制直线

在实际的工作中，经常需要绘制精确长度的线段，此时可以通过键盘输入的方式完成这类线段的绘制，具体的方法如下：

01 启用【直线】绘图命令，待光标变成 时在绘图区单击，确定线段的起点，如图 2-22 所示。

02 拖动光标至线段目标方向，然后在【数值输入框】直接输入线段长度，并按 Enter 键确定，即可绘制精确长度的线段，如图 2-23 与图 2-24 所示。

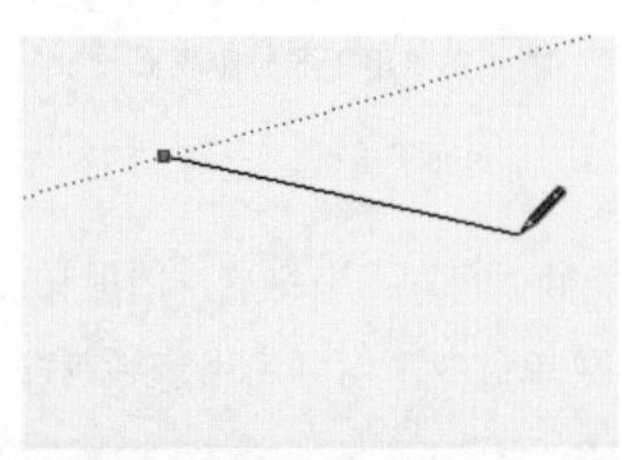

图 2-22　确定线段起点

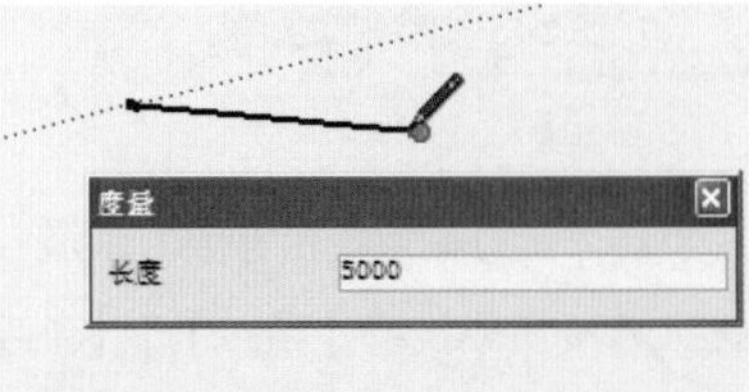

图 2-23　输入线段长度

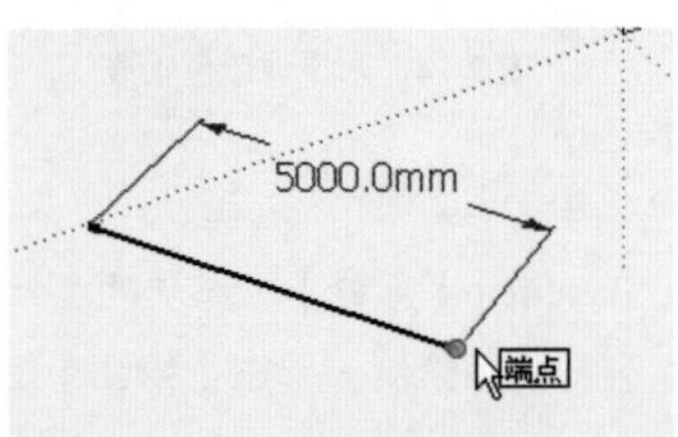

图 2-24　精确长度的线段

3. 绘制空间直线

直接绘制的线段都将处于 XY 平面内，接下来学习绘制垂直或平行 XY 平面的线段的方法：

01 启用【直线】绘图命令，待光标变成✏时，在绘图区单击，确定线段的起点，在起点位置向上移动光标，此时会出现“在蓝轴上”的提示，如图 2-25 所示。

02 找到线段终点单击确定，或直接输入线段长度，按下 Enter 键，即可创建垂直 XY 平面的线段，如图 2-26 所示。

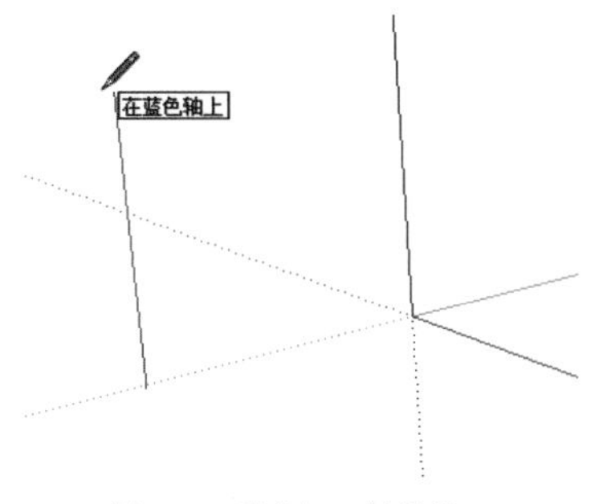

图 2-25　确定与 Z 轴平行

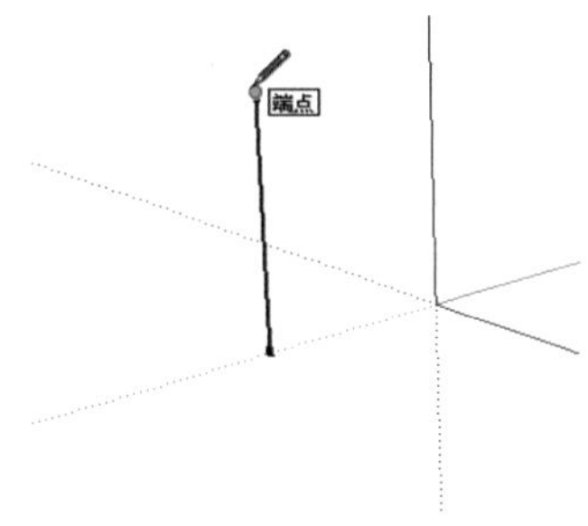

图 2-26　绘制垂直 XY 平面的线段

03 绘制线段，如图 2-27 和图 2-28 所示，为了绘制出平行 XY 平面的线段，必须出现“在红色轴上”或“在绿色轴上”的提示。

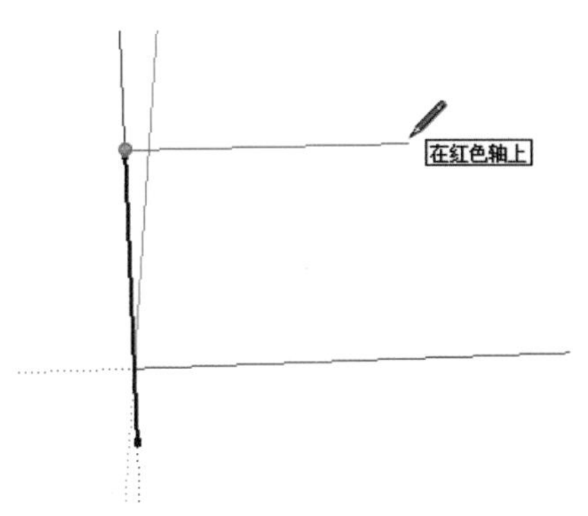

图 2-27　确定与 X 轴平行

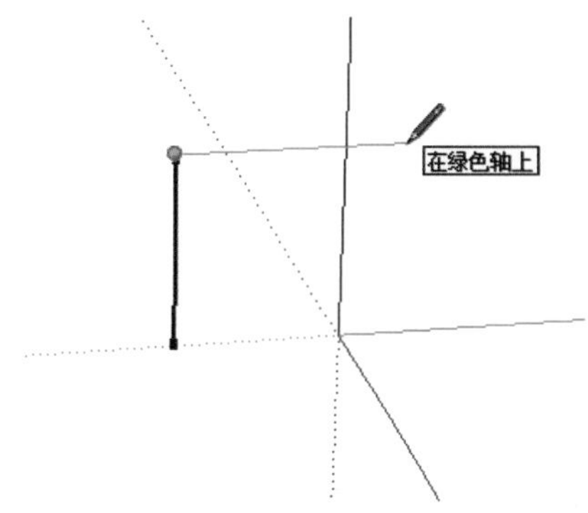

图 2-28　确定与 Y 轴平行

技 巧

在绘制任意图形时，如果出现“在蓝色轴上”提示，则当前对象与 Z 轴平行，如果出现“在红色轴上”提示，则当前对象与 X 轴平行，如果出现在“在绿色轴上”提示，则当前对象与 Y 轴平行。

04 根据图 2-27 提示绘制的线段效果如图 2-29 所示，根据图 2-28 提示绘制完成的线段效果如图 2-30 所示。

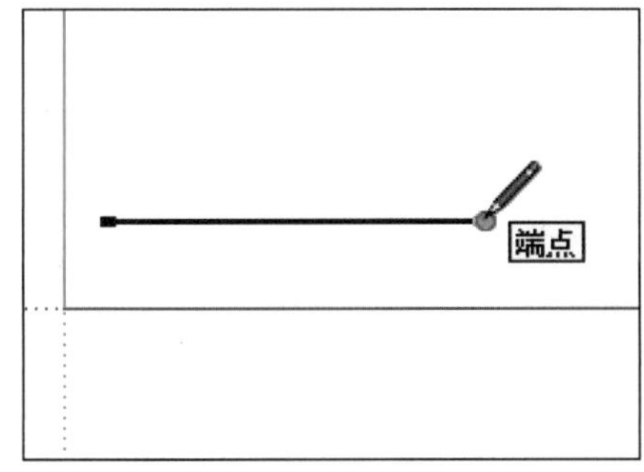

图 2-29　在 X 轴上方平行 XY 平面的线段

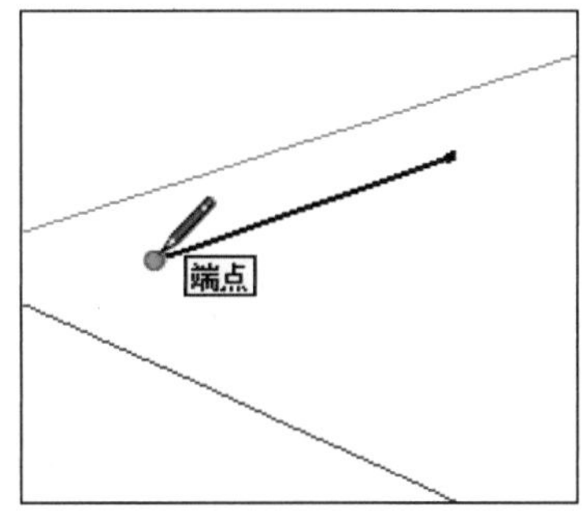

图 2-30　在 Y 轴上方平行 XY 平面的线段

4. 直线的捕捉与追踪功能

与 AutoCAD 类似，SketchUp 也具有自动捕捉和追踪功能，并且默认为开启状态，在绘图的过程中可以直接运用，以提高绘图的准确度与工作效率。

捕捉是一种绘图模式，即在定位点时，系统能够自动定位到图形的端点、中点、交点等特殊几何点。SketchUp 可以自动捕捉到直线的端点与中点，如图 2-31 与图 2-32 所示。

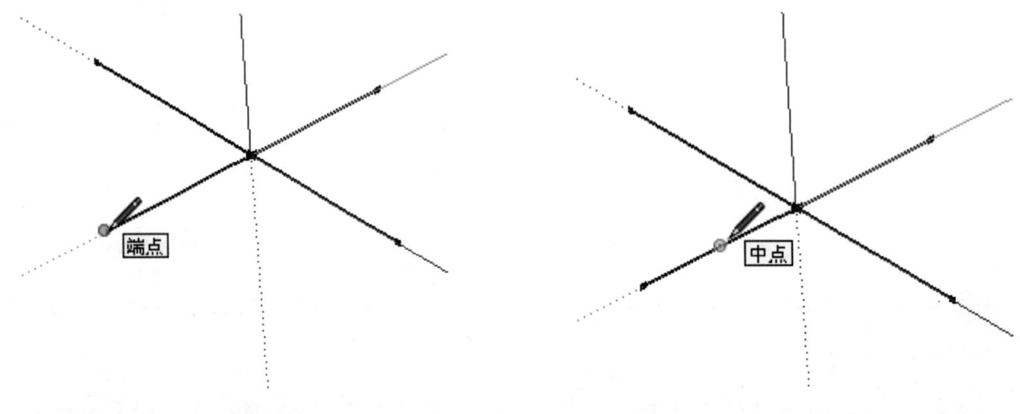

图 2-31　捕捉线段端点　　图 2-32　捕捉线段中点

注 意

相交线段在交点处将一分为二，此时线段中点的位置将发生改变，如图 2-32 所示，可以进行分段删除，如图 2-33 和图 2-34 所示。此外，如果一条相交线段被删除，另外一条线段将恢复原状，如图 2-35 所示。

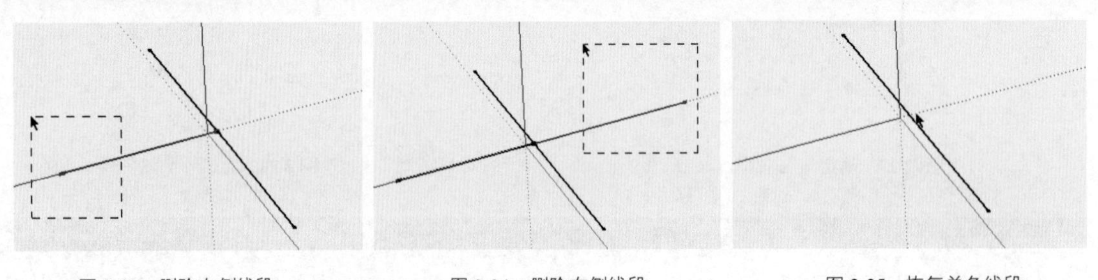

图 2-33　删除左侧线段　　图 2-34　删除右侧线段　　图 2-35　恢复单条线段

追踪的功能相当于辅助线，将光标放置到直线的中点或端点，在垂直或水平方向移动光标即可进行追踪，从而轻松绘制出长度为一半且与之平行的线段。如图 2-36~图 2-38 所示。

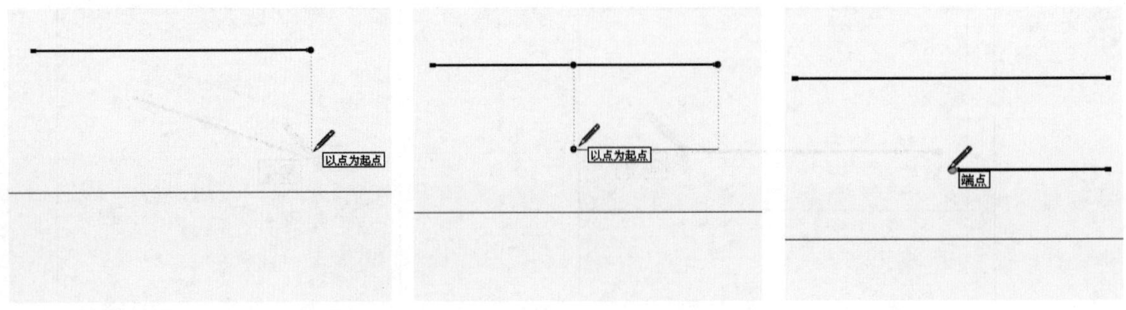

图 2-36　跟踪起点　　图 2-37　跟踪中点　　图 2-38　绘制完成

5. 拆分线段

SketchUp 可以对线段进行快捷的拆分操作，具体的步骤如下：

01 选择创建好的线段，单击鼠标右键，在弹出快捷菜单中选择【拆分】命令，如图 2-39 所示。

02 默认将线段拆分为两段，如图 2-40 所示。向上轻轻推动光标即可逐步增加拆分段数，如图 2-41 所示。

图 2-39 执行拆分命令

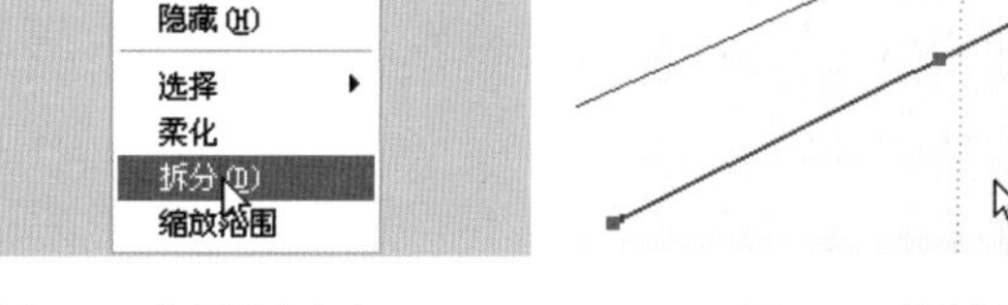

图 2-40 拆分为两段

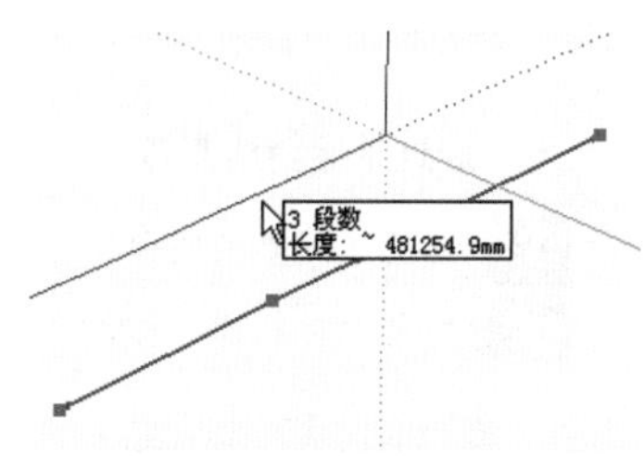

图 2-41 拆分为三段

6. 使用直线分割模型面

在 SketchUp 中，直线不但可以相互分段，而且可以用于模型面的分割。

01 启用【直线】绘图命令，待光标变成✏时，将其置于“面”的边界线上，当出现“在边线上”的提示时单击，创建线段起点如图 2-42 所示。

02 将光标置于模型另侧边线，同样在出现“在边线上”的提示时单击，创建线段端点，如图 2-43 所示。

03 在模型面上单击选择，可发现其已经被分割成左右两个“面”，如图 2-44 所示。

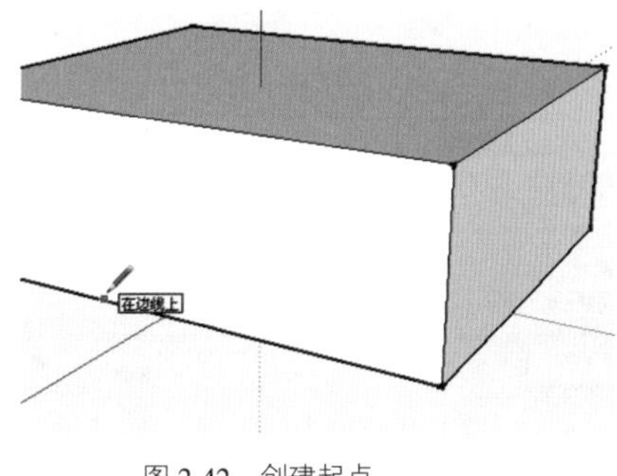

图 2-42 创建起点

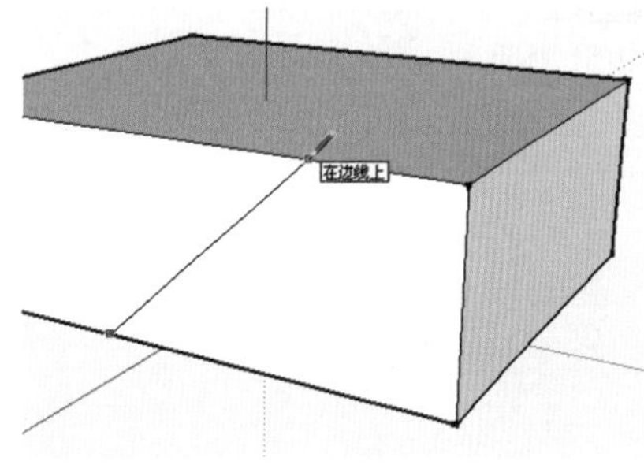

图 2-43 创建端点

技 巧

在 SketchUp 中，用于分割模型面的线段为细实线，普通线段为粗实线，如图 2-45 所示。

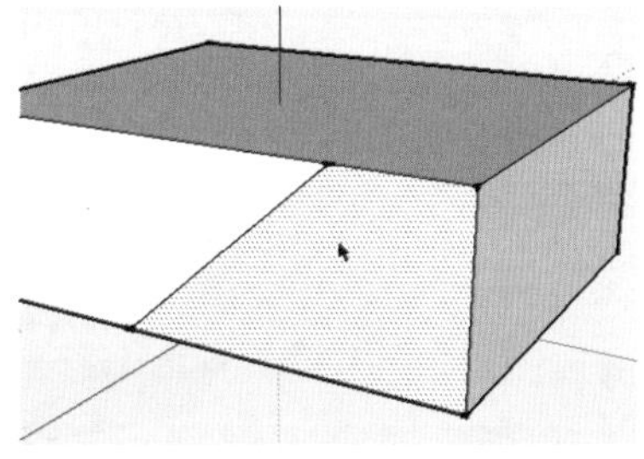

图 2-44 分割的模型面

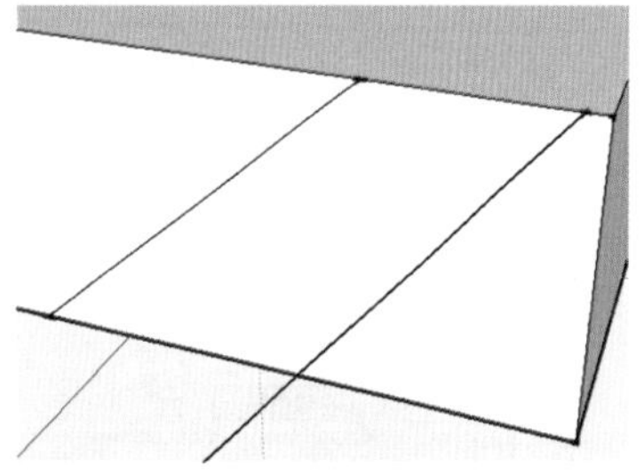

图 2-45 分割线与普通线段的显示区别

2.1.3 圆工具

圆广泛应用于各种设计中，单击【绘图】工具栏按钮，或执行【绘图】|【圆】命令均可启用该绘制命令。

技 巧

【圆】创建工具默认快捷键为 C。

1. 通过鼠标新建圆形

01 启用【圆】绘图命令，待光标变成时，在绘图区单击确定圆心位置，如图 2-46 所示。

02 拖动光标拉出圆形的半径，再次单击即可创建出圆形平面，如图 2-47 与图 2-48 所示

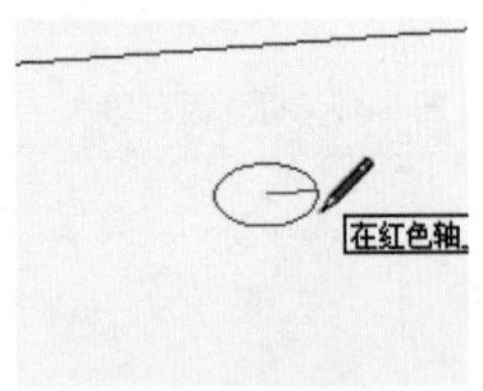

图 2-46 确定圆心

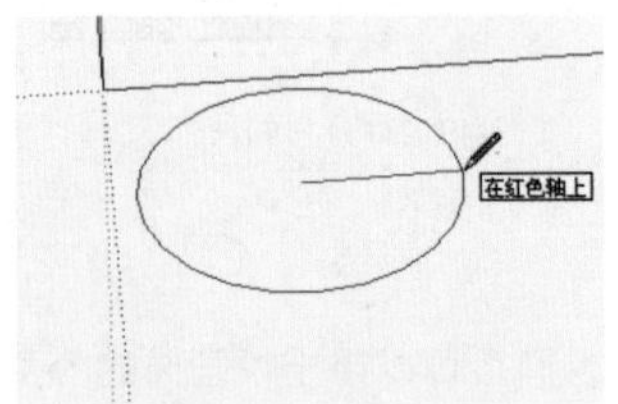

图 2-47 拖出半径大小

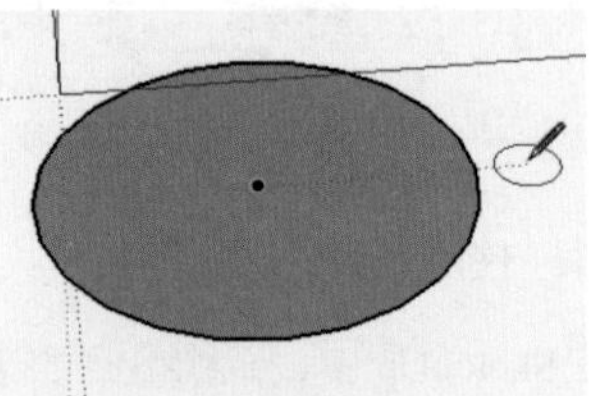

图 2-48 圆形平面绘制完成

2. 通过输入新建圆形

01 启用【圆】绘图命令，待光标变成时在绘图区单击确定圆心位置，如图 2-49 所示。

02 直接在键盘上输入【半径】数值，然后按下 Enter 键即可创建精确大小的圆形平面，如 图 2-50 与图 2-51 所示。

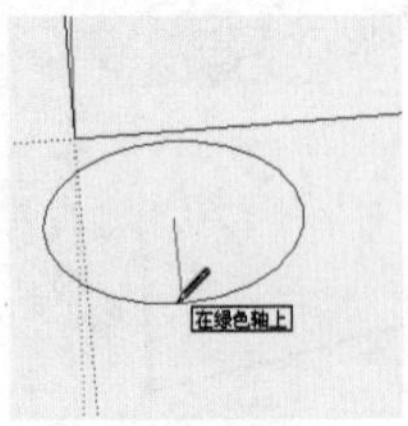

图 2-49 确定圆心

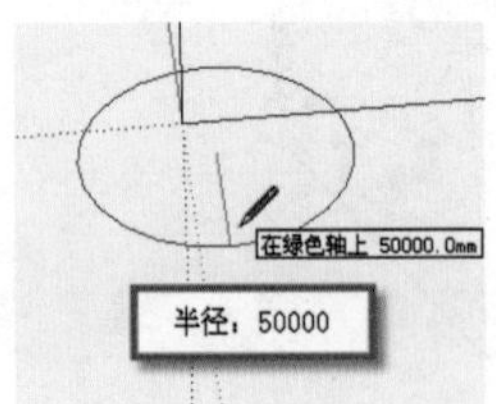

图 2-50 输入半径值

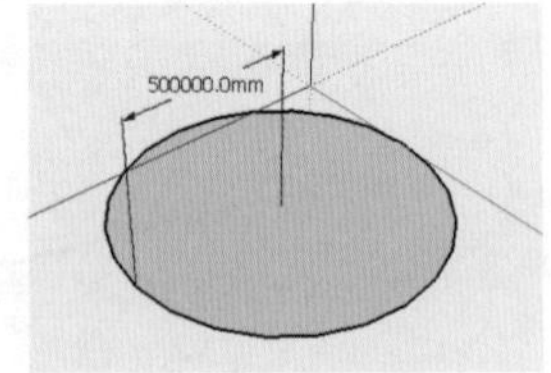

图 2-51 圆形平面绘制完成

技 巧

在三维软件中，【圆】除了【半径】这个几何特征外，还有【边数】的特征，【边数】越大，【圆】越平滑，所占用的内存也越大，SketchUp 也是如此。在 SketchUp 中如果要设置【边数】，可以在确定好【圆心】后，输入“数量 S”即可控制，如图 2-52 ~ 图 2-54 所示。

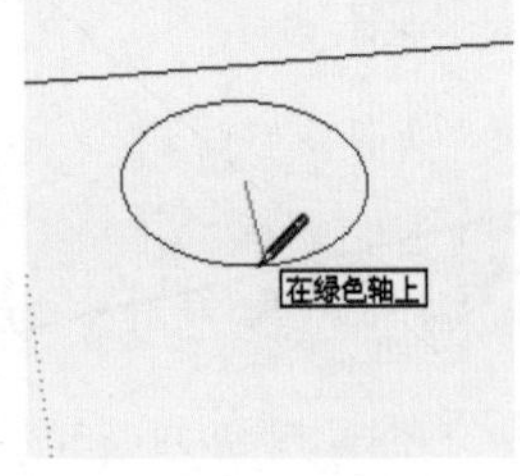

图 2-52 确定圆心

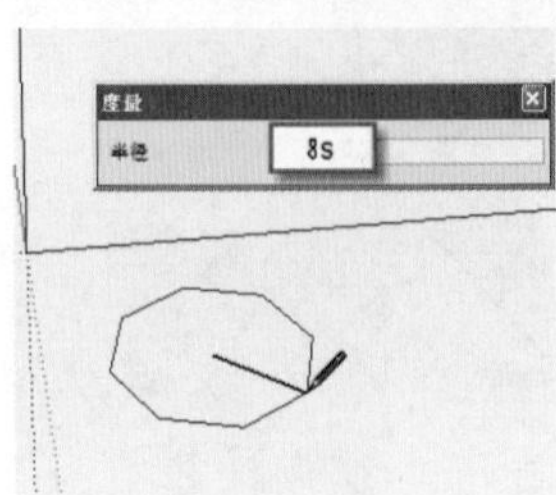

图 2-53 输入圆形边数

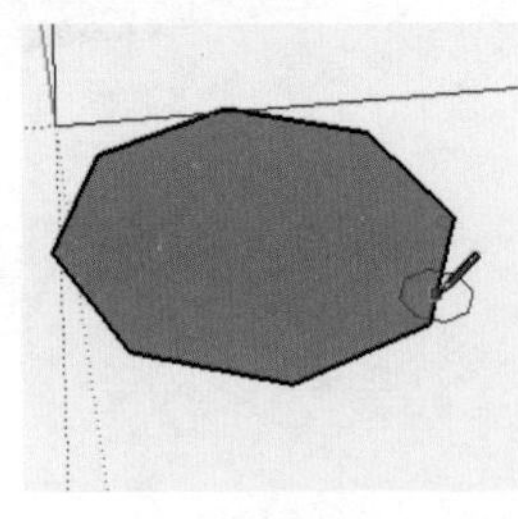

图 2-54 圆形平面绘制完成

2.1.4 圆弧工具

【圆弧】虽然只是【圆】的一部分，但其可以绘制更为复杂的曲线，因此在使用与控制上更有技巧性。单击【绘图】工具栏按钮或执行【绘图】|【圆弧】菜单命令，均可启用该绘制命令，常用的圆形绘制方法如下：

技 巧

【圆弧】创建工具默认快捷键为 A。

1. 通过鼠标新建圆弧

01 启用【圆弧】绘图命令，待光标变成时在绘图区单击确定圆弧起点，如图 2-55 所示。

02 拖动光标拉出圆弧的弦长后单击，往左或右拉出凸距即可创建出圆弧，如图 2-56 与图 2-57 所示。

图 2-55 确定圆弧起点

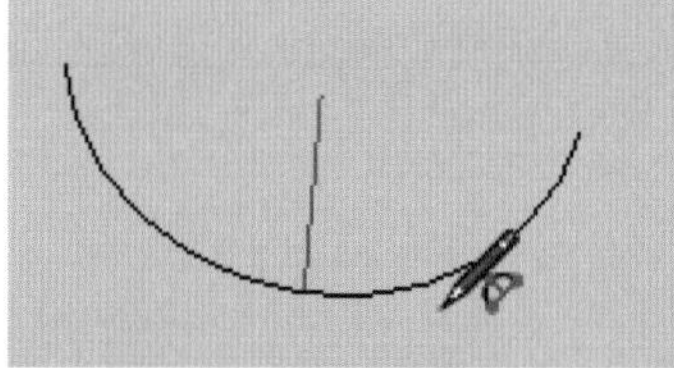

图 2-56 拉出圆弧弧高

图 2-57 圆弧绘制完成

技 巧

如果要绘制半圆弧段，则需要在拉出弧长后，往左或右移动光标，待出现“半圆”提示时再单击确定，如图 2-58～图 2-60 所示。

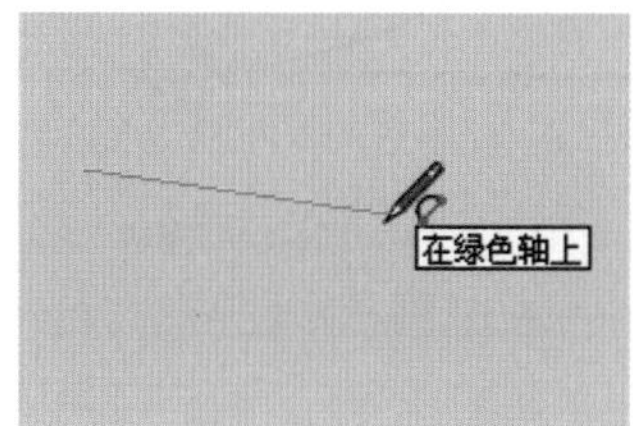

图 2-58 确定圆弧起点

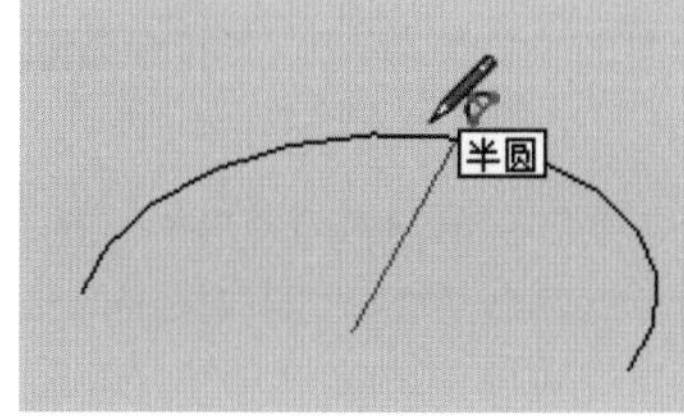

图 2-59 半圆提示

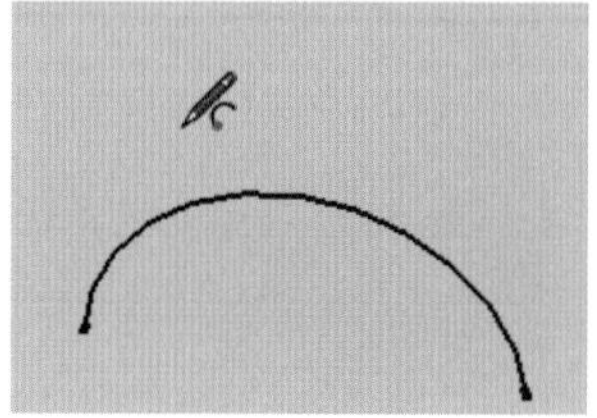

图 2-60 半圆绘制完成

2. 通过输入新建圆弧

01 启用【圆弧】绘图命令，待光标变成时，在绘图区单击确定圆弧起点，如图 2-61 所示。

02 首先输入【长度】数值并按下 Enter 键确认弦长、然后重复操作确定【边数】，如图 2-62 与图 2-63 所示。

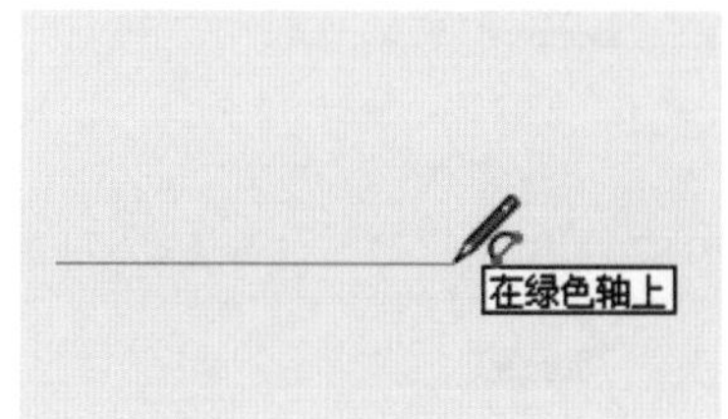

图 2-61 确定圆弧起点

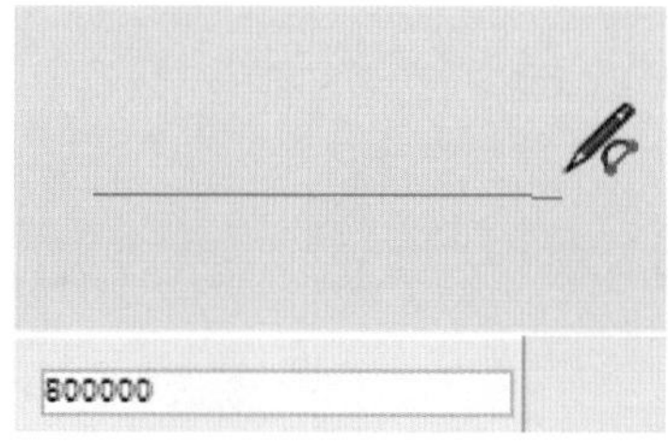

图 2-62 输入弦长

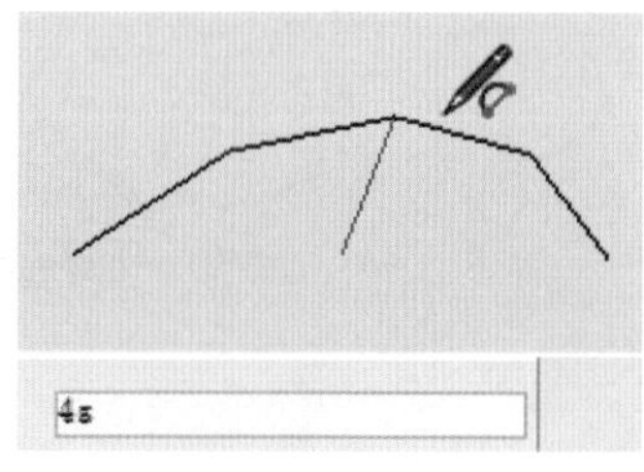

图 2-63 输入边数

03 输入【凸距】数值并按下 Enter 键，然后通过鼠标确定凸出方向，单击确定后即可创建精确大小的圆弧，如图 2-64 与图 2-65 所示。

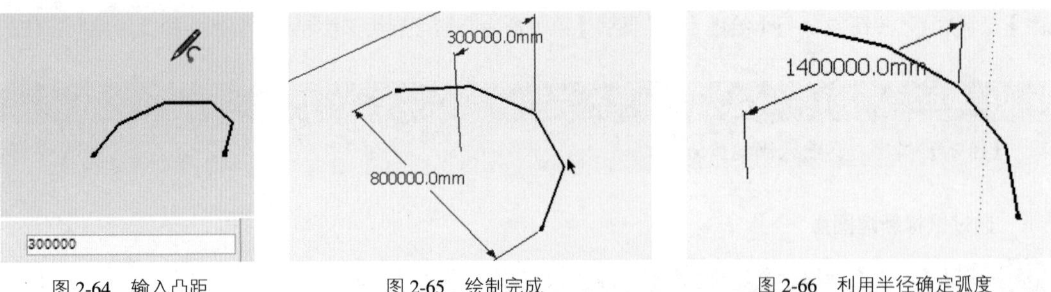

图 2-64 输入凸距　　图 2-65 绘制完成　　图 2-66 利用半径确定弧度

注 意

除了直接输入【凸距】数值决定圆弧的度数外，如果以“数字 R”格式进行输入，还可以半径数值确定弧度，如图 2-66 所示。

3. 绘制相切圆弧

如果要绘制与已知图形相切的圆弧，首先需要保证圆弧的起点位于某个图形的端点外，然后移动光标拉出凸距，当出现“正切到顶点”的提示时单击，即可创建相切圆弧，如图 2-67~图 2-69 所示。

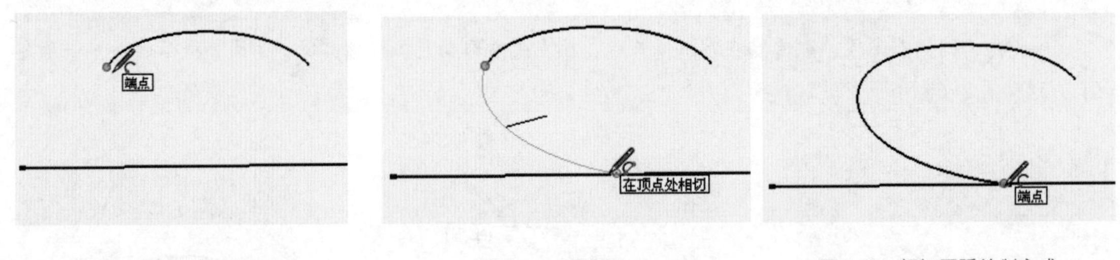

图 2-67 确定圆弧起点　　图 2-68 系统提示　　图 2-69 相切圆弧绘制完成

2.1.5 多边形工具

使用【多边形】工具，可以绘制边数在 3~100 间的任意多边形。单击【绘图】工具栏按钮或执行【绘图】|【多边形】菜单命令，均可启用该绘制命令。接下来以绘制正 12 边形以例，讲解该工具的使用方法：

01 启用【多边形】绘图命令，待光标变成时，在绘图区单击确定中心位置，如图 2-70 所示。

02 移动光标确定【多边形】的切向，再输入“12S”并按 Enter 键确定多边形的边数为 12，如图 2-71 所示。

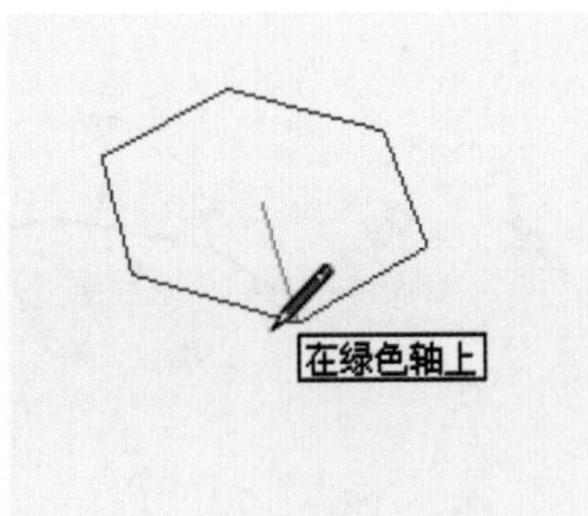

图 2-70 确定多边形中心点

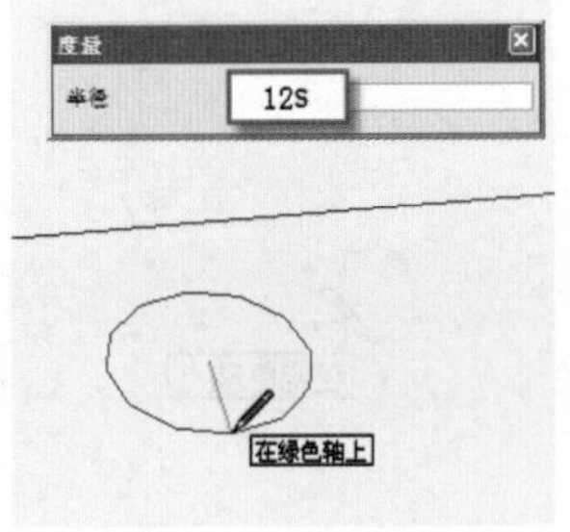

图 2-71 输入多边形边数

03 输入【多边形】外接圆半径大小并按 Enter 键确定，创建精确大小的正 12 边形平面，如图 2-72 与图 2-73 所示。

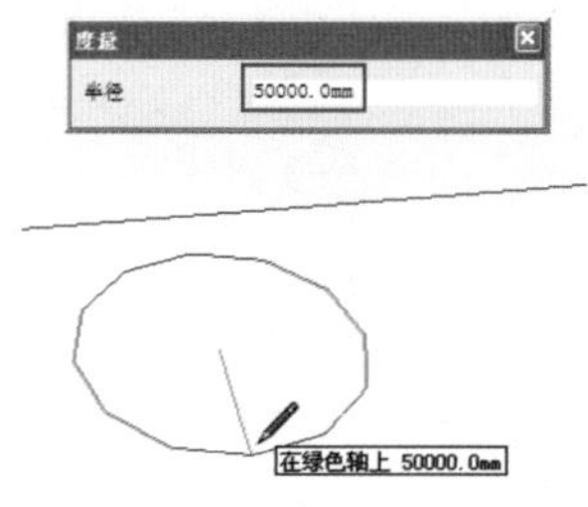

图 2-72　输入外接圆半径值

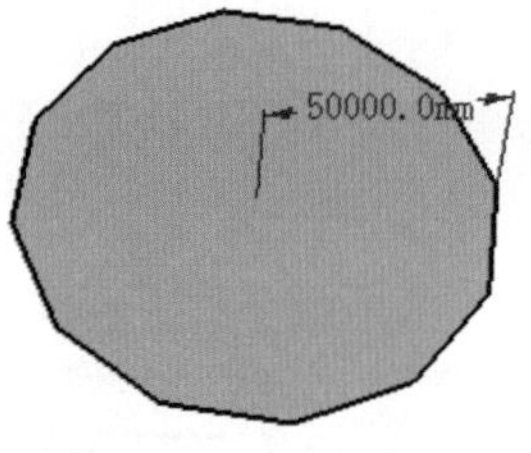

图 2-73　正 12 边形平面绘制完成

注 意

【多边形】与【圆】之间可以进行相互转换，当【多边形】的边数较多时，整个图形就十分圆滑了，接近于圆形的效果。同样当【圆】的边数设置较少时，其形状也会变成对应边数的【多边形】，如图 2-74~图 2-76 所示。

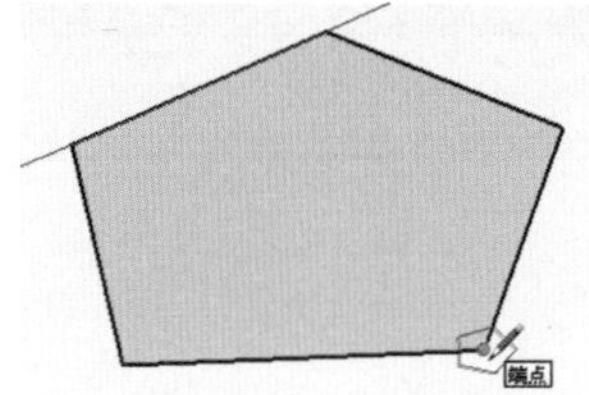

图 2-74　正 5 边形

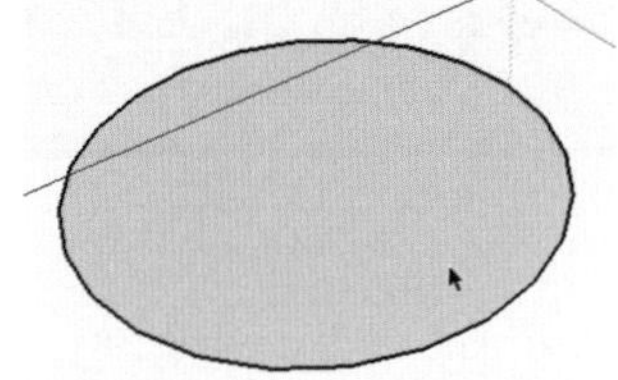

图 2-75　正 24 边形

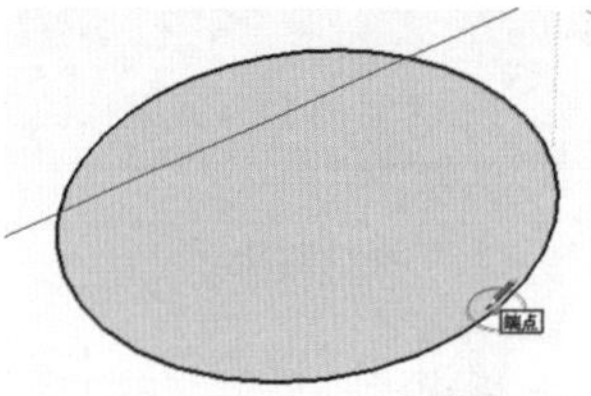

图 2-76　圆形

2.1.6 手绘线工具

【手绘线】工具用于绘制凌乱的、不规则的曲线平面。单击【绘图】工具栏按钮或执行【绘图】|【手绘线】菜单命令，均可启用该绘制命令。

01 启用【手绘线笔】绘图命令，待光标变成时，在绘图区单击确定绘制起点（此时应保持左键为按下状态），如图 2-77 所示。

02 任意移动光标创建所需要的曲线，如图 2-78 所示，最终移动至起点处闭合图形，以生成不规则的面，如图 2-79 所示。

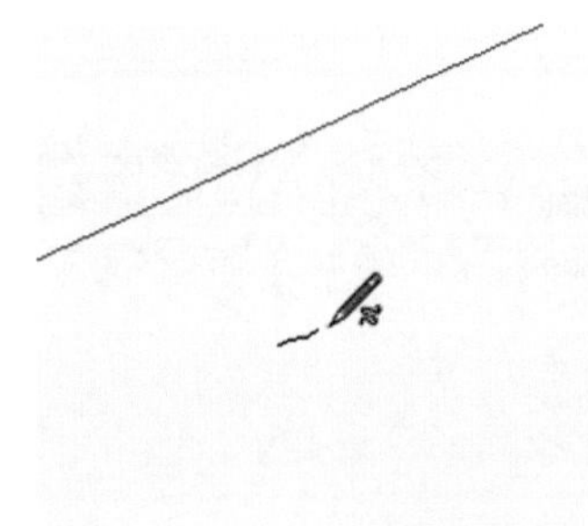

图 2-77　确定绘制起点

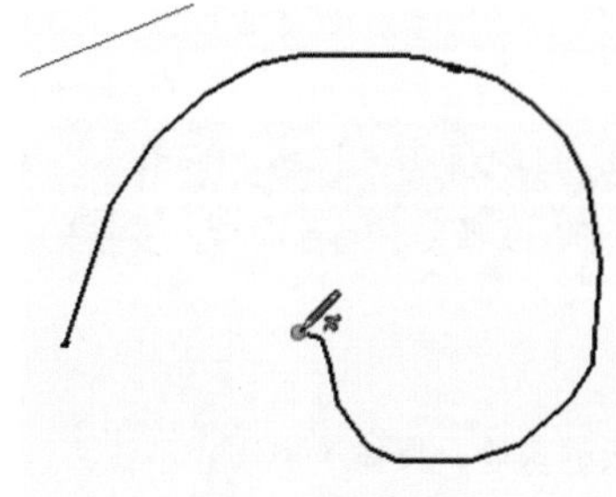

图 2-78　绘制曲线

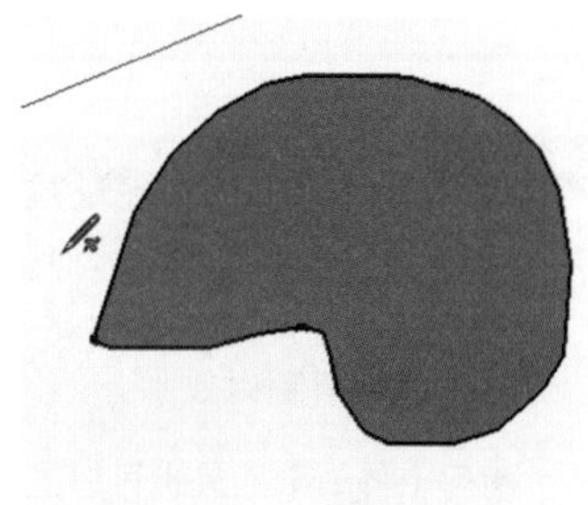

图 2-79　闭合曲线

2.2 SketchUp 编辑工具栏

SketchUp【编辑】工具栏如图 2-80 所示，包含了【移动】、【推/拉】、【旋转】、【跟随路径】、【拉伸】以及【偏移】共 6 种工具。其中【移动】、【旋转】、【拉伸】和【偏移】4 个工具用于对象位置、形态的变换与复制，而【推/拉】、【跟随路径】两个工具则用于将二维图形转变成三维实体。

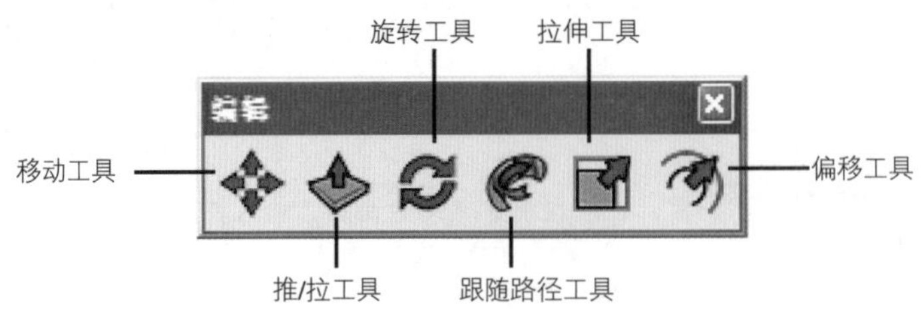

图 2-80　编辑工具栏

2.2.1 移动工具

【移动】工具不但可以进行对象的移动，同时还兼具复制功能。单击【编辑】工具栏按钮或执行【工具】|【移动】菜单命令，均可启用该命令。

技 巧

【移动】工具默认快捷键为 M。

1. 移动对象

01 打开配套光盘“第 02 章 | 移动原始.skp”模型，如图 2-81 所示为一个树木组件。

02 选择模型再启用【移动】工具，待光标变成时，在模型上单击，确定移动起始点，再拖动光标即可在任意方向移动选择对象，如图 2-82 所示。

03 将光标置于移动目标点再次单击，即完成对象的移动，如图 2-83 所示。

图 2-81　树木组件

图 2-82 在 X 轴上移动

图 2-83　移动完成

技 巧

如果要进行精确距离的移动，可以在确定移动方向后，直接输入精确的数值，然后再按 Enter 键确定。

2. 移动复制对象

使用【移动】工具也可以进行对象的复制，具体的操作如下：

01 选择目标对象，启用【移动】工具，如图 2-84 所示。

02 按住 Ctrl 键，待光标将变成时，再确定移动起始点，此时拖动光标可以进行移动复制，如图 2-85

与图 2-86 所示。

图 2-84　树木组件

图 2-85　移动复制

图 2-86　移动复制完成

03 如果要精确控制移动复制的距离，可以在确定移动方向后，输入指定的数值，然后按 Enter 键确定，如图 2-87 与图 2-88 所示。

图 2-87　输入移动数值

图 2-88　精确移动完成

技 巧

如果需要以指定的距离复制多个对象，可以先输入距离数值并按 Enter 键确定，然后以“个数 X”的形式输入复制数目并按 Enter 键确定即可，如图 2-89 ~ 图 2-91 所示。

图 2-89　输入移动距离

图 2-90　输入复制数量

图 2-91　等距复制多个对象

三维模型“面”同样可以使用【移动】工具进行移动复制，如图 2-92~图 2-94 所示。

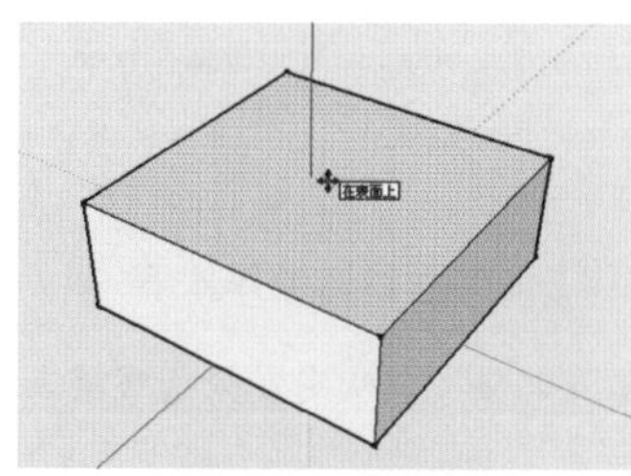

图 2-92　选择模型面

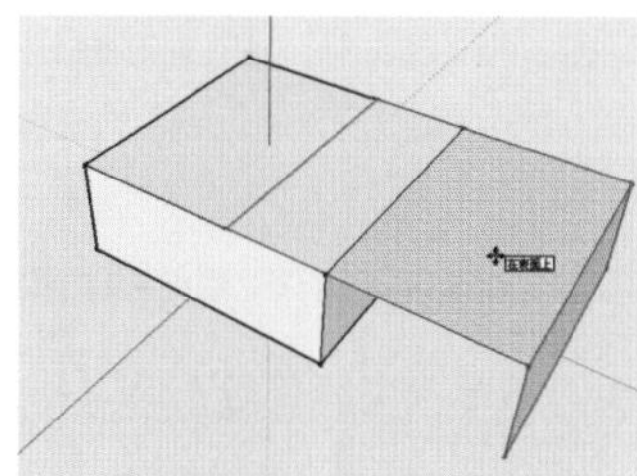

图 2-93　移动复制

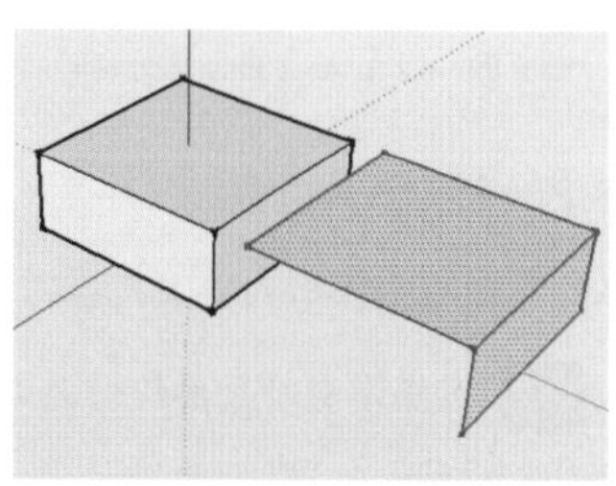

图 2-94　移动完成

2.2.2 旋转工具

【旋转】工具用于旋转对象，同样也可以完成旋转复制。单击【编辑】工具栏按钮或执行【工具】|【旋转】菜单命令，均可启用该命令。

技 巧

【旋转】工具默认快捷键为 Q。

1. 旋转对象

01 打开配套光盘“第 02 章 | 旋转原始.skp”模型，如图 2-95 所示。

02 选择模型并启用【旋转】工具，待光标变成时拖动光标确定旋转平面，然后在模型表面确定旋转轴心点与轴心线，如图 2-96 所示。

03 拖动光标即可进行任意角度的旋转，此时可以观察数值框数值，也可以直接输入旋转度数，确定角度后再次单击，即可完成旋转，如图 2-97 所示。

图 2-95 打开模型

图 2-96 确定旋转面

图 2-97 旋转完成

技 巧

启用【旋转】工具后，按住鼠标左键不放，往不同方向拖动将产生不同的旋转平面，从而使用目标对象产生不同的旋转效果。其中当旋转平面显示为蓝色时，对象将以 Z 轴为轴心进行旋转，如图 2-96 所示；而显示为红色或绿色时，将分别以 Y 轴或 Z 轴为轴心进行旋转，如图 2-98 与图 2-99 所示。如果以其他位置作为轴心则以灰色显示，如图 2-100 所示。

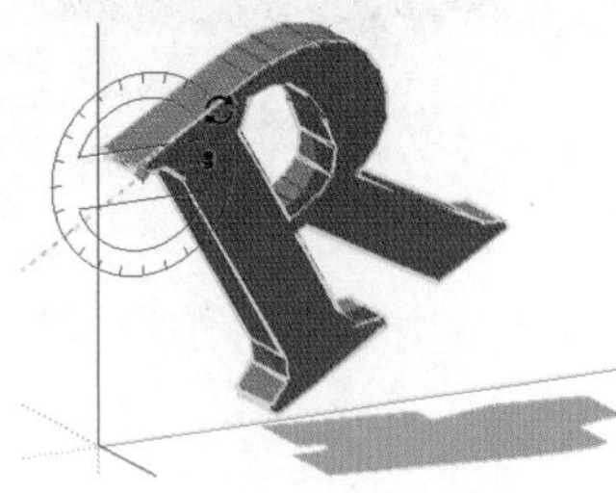

图 2-98 以 Y 轴为轴心进行旋转

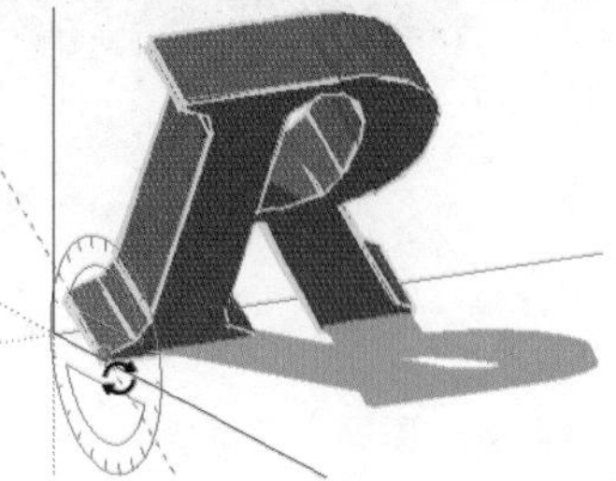

图 2-99 以 X 轴为轴心进行旋转

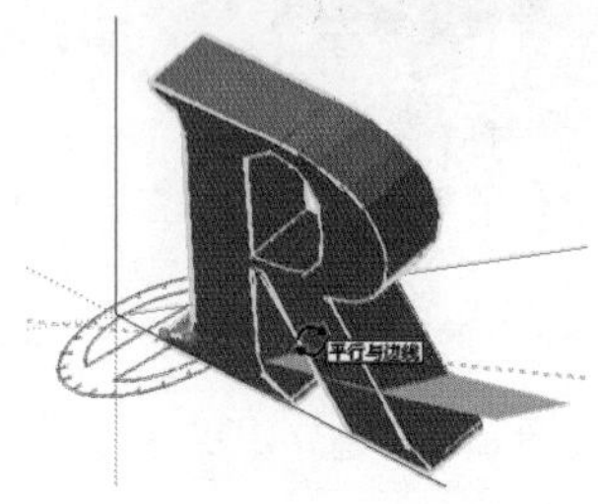

图 2-100 以其他位置为轴心

2. 旋转部分模型

除了对整个模型对象进行旋转外，还可以对表面已经分割好的模型进行部分旋转，具体操作如下：

01 选择模型对象要旋转的部分表面，然后确定好旋转平面，并将轴心点与轴心线确定在分割线端点，如图 2-101 所示。

02 拖动鼠标确定旋转方向，直接输入旋转角度，按下 Enter 键确定完成一次旋转，如图 2-102 所示。

03 选择最上方的“面”，重新确定轴心点与轴心线，再次输入旋转角度并按下 Enter 键完成旋转，如图 2-103 所示。

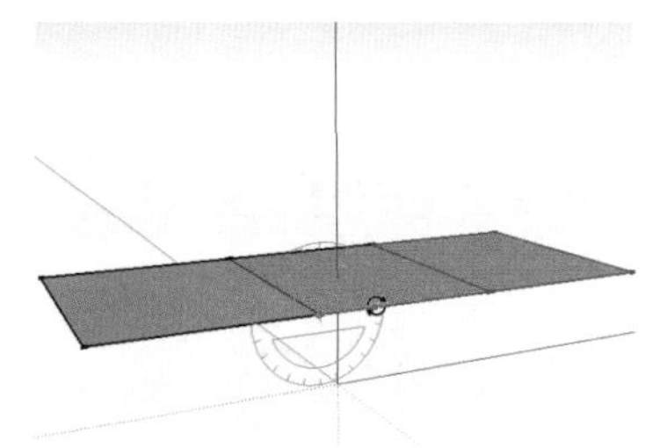

图 2-101 选择旋转面

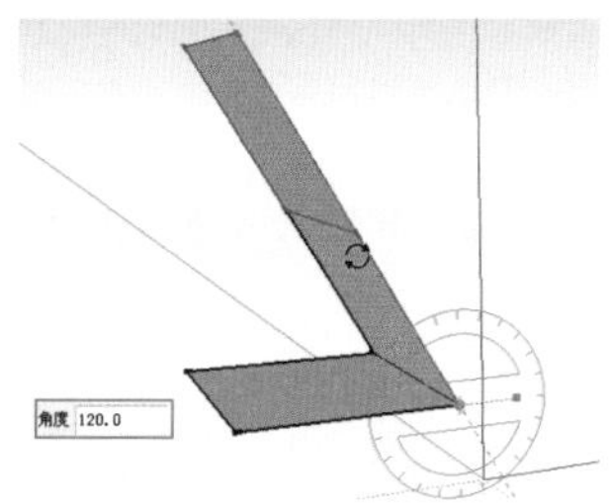

图 2-102 输入旋转角度

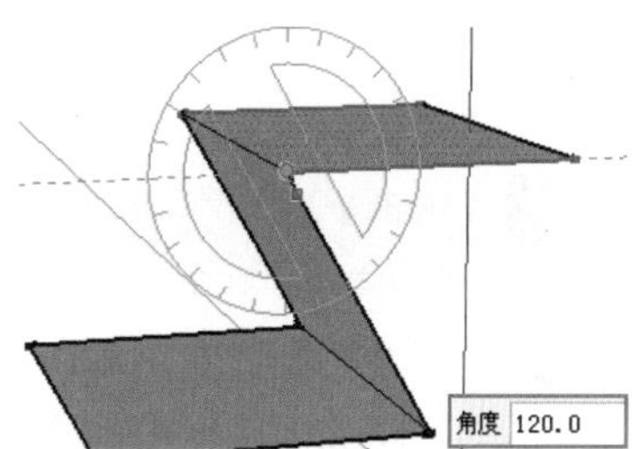

图 2-103 旋转完成

3. 旋转复制对象

01 选择目标对象，启用【旋转】工具，确定旋转平面、轴心点与轴心线。

02 按住 Ctrl 键，待光标将变成后输入旋转角度数值，如图 2-104 所示。

03 按下 Enter 键确定旋转数值，再以“数量 X”的格式输入要复制的对象数目，按下 Enter 键即可完成复制，如图 2-105 与图 2-106 所示。

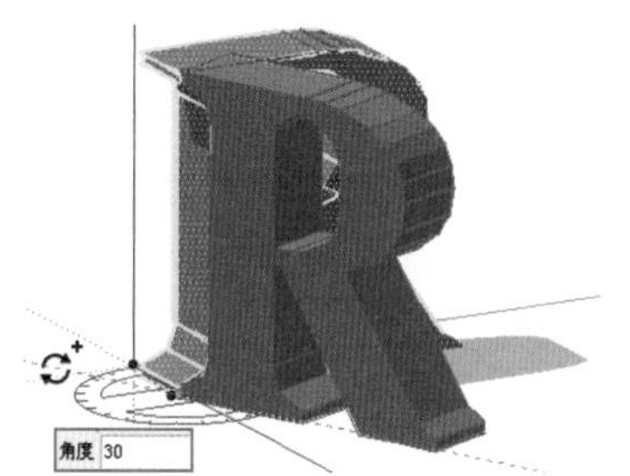

图 2-104 输入旋转角度

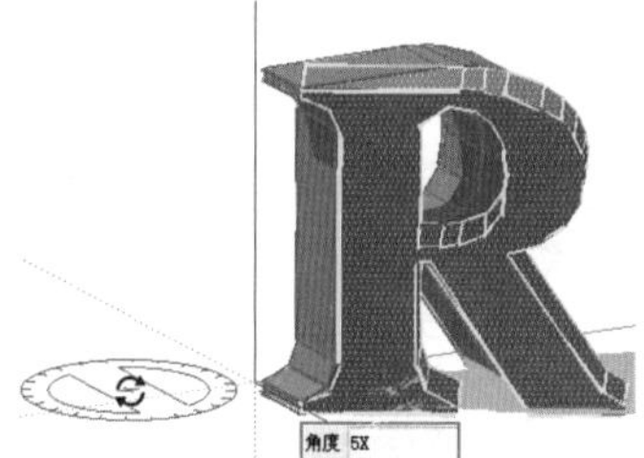

图 2-105 输入复制数量

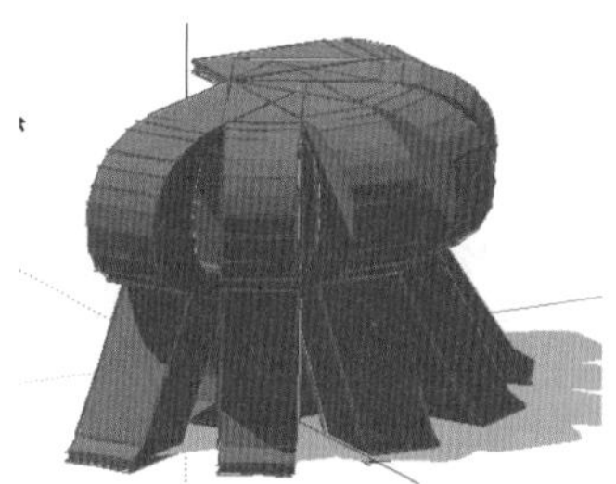

图 2-106 旋转复制完成

技 巧

除了以上的复制方法外，还可以首先复制出多个复制对象之间首尾的模型，然后以“/数量”的形式输入要复制的对象数目并按下 Enter 键，此时就会以平均角度进行旋转复制，如图 2-107 ~ 图 2-109 所示。

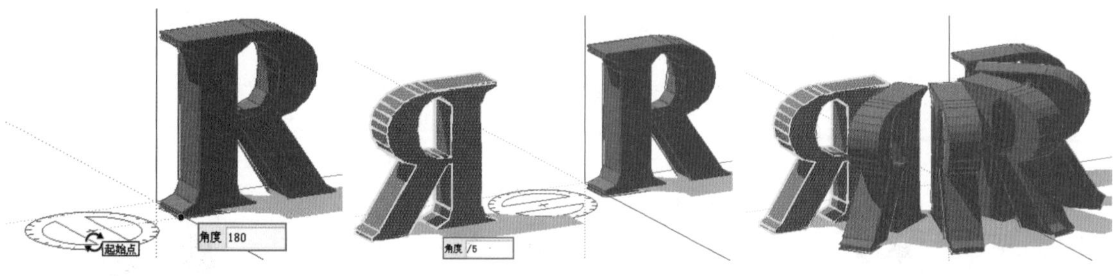

图 2-107 输入旋转角度　　图 2-108 输入复制数量　　图 2-109 旋转复制完成

2.2.3 拉伸工具

【拉伸】工具用于对象的缩小或放大，既可以进行 X、Y、Z 三个轴向等比的缩放，也可以进行任意两个轴向的非等比缩放。单击【工具】工具栏按钮或执行【工具】|【调整大小】菜单命令，均可启用该命令，下面来学习其具体的使用方法与技巧。

技 巧

【拉伸】工具默认快捷键为 S。

1. 等比缩放

01 打开配套光盘“第 02 章 | 缩放原始.skp”模型，选择右侧的足球模型，启用【拉伸】工具，模型周围出现用于缩放的栅格，如图 2-110 所示。

02 待光标变成 时，选择任意一个位于顶点的栅格点，即出现“等比缩放”提示，此时按住鼠标左键并进行拖动，即可进行模型的等比缩放，如图 2-111 与图 2-112 所示。

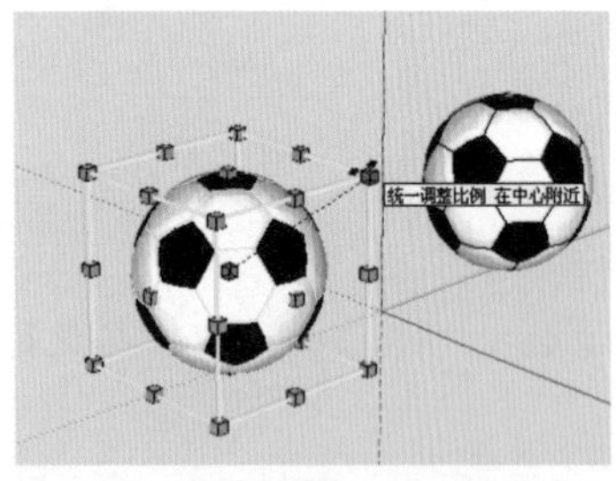

图 2-110 选择缩放栅格顶点

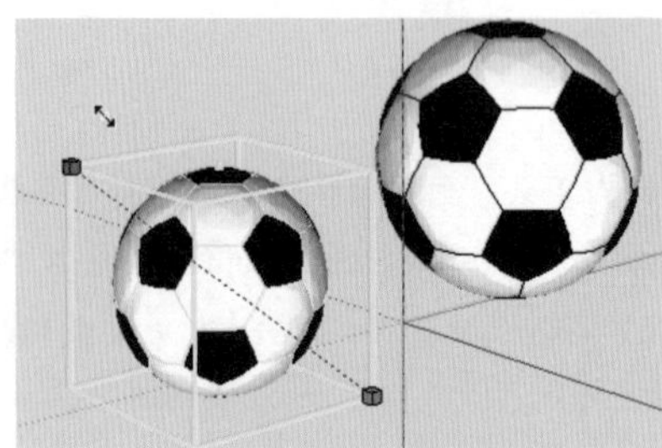

图 2-111 等比缩放

图 2-112 等比缩放完成

技 巧

选择缩放栅格后，按住鼠标向上推动为放大模型，向下推动则为缩小模型。此外，在进行二维平面模型等比缩放时，同样需要选择四周的栅格点，方可进行等比缩放，如图 2-113 ~ 图 2-115 所示。

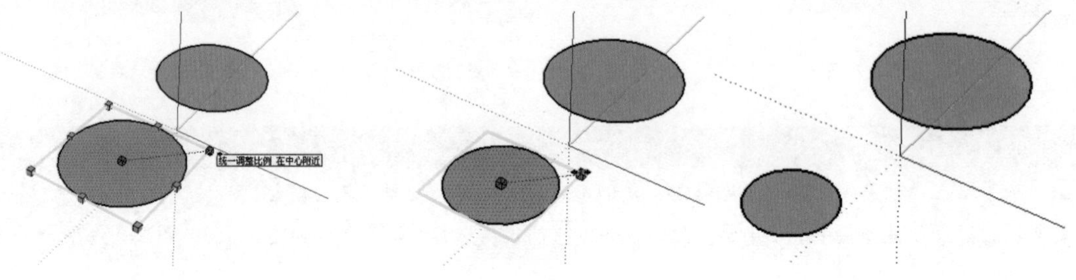

图 2-113 选择缩放栅格顶点　图 2-114 进行等比缩放　图 2-115 等比缩放完成

03 除了直接通过鼠标进行缩放外，在确定好缩放栅格点后，输入缩放比例，按下 Enter 键可完成指定比例的缩放，如图 2-116~图 2-118 所示。

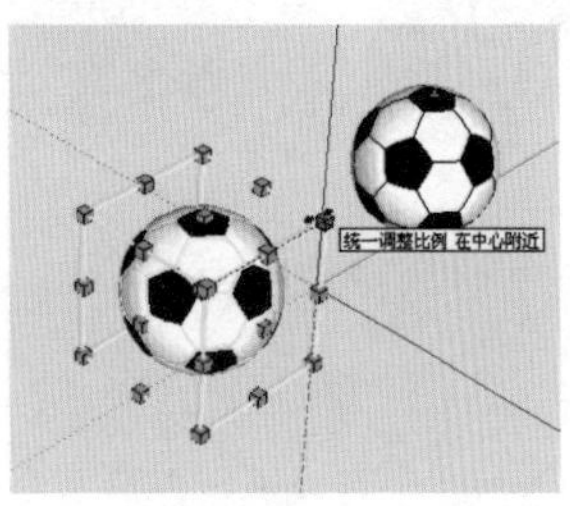

图 2-116 选择缩放栅格顶点

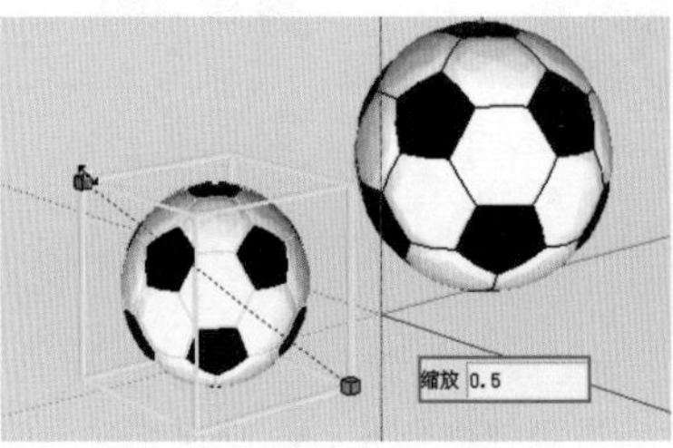

图 2-117 输入缩放比例

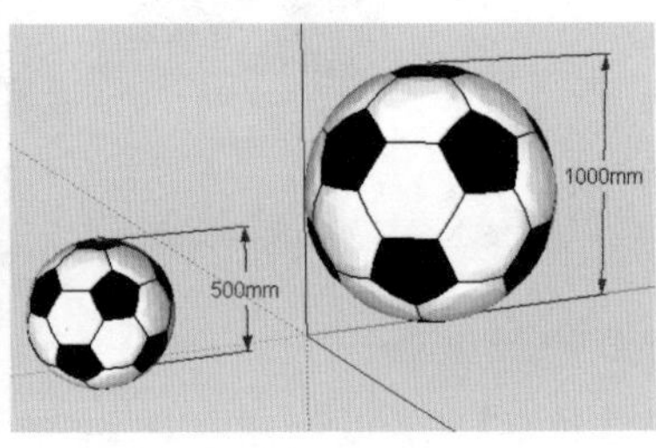

图 2-118 精确等比缩放完成

技巧

在进行精确比例的等比缩放时，数量小于 1 则为缩小、大于 1 则为放大。如果输入负值，则对象不但会进行比例的调整，其位置也会发生翻转改变，如图 2-119~图 2-121 所示。因此如果输入-1，将得到【翻转】的效果。

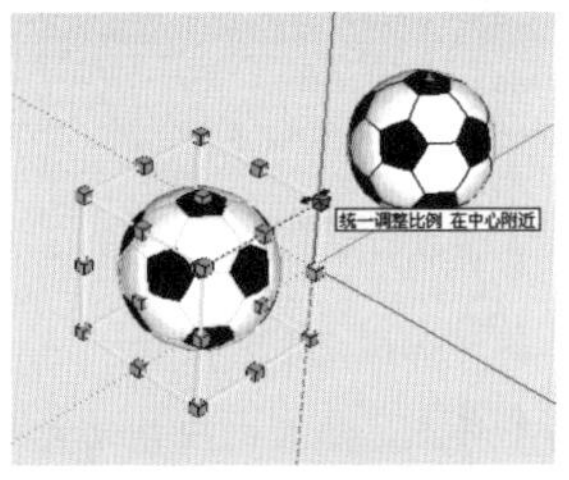

图 2-119 选择缩放栅格顶点

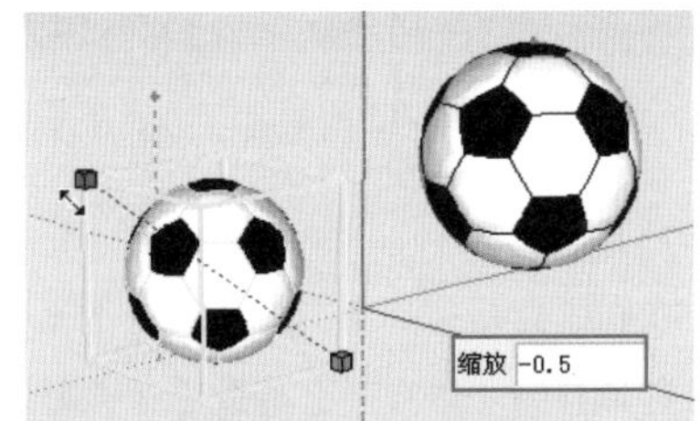

图 2-120 输入负值缩放比例

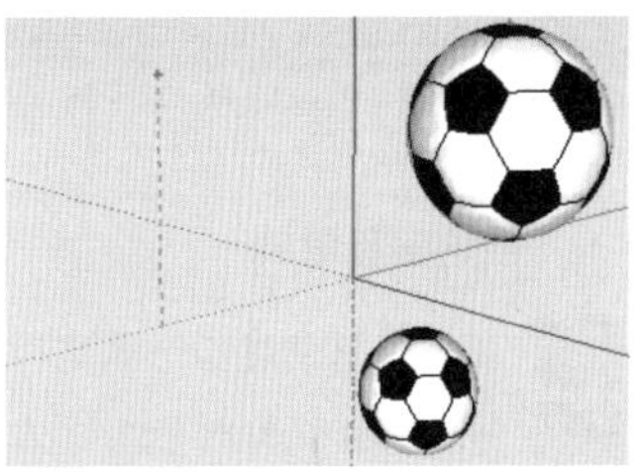

图 2-121 完成效果

2. 非等比缩放

【等比缩放】均匀改变对象的尺寸大小，其整体造型不会发生改变，通过【非等比缩放】则可以在改变对象尺寸的同时改变其造型。

01 选择用于缩放的足球模型，启用【拉伸】工具，选择位于栅格线中间的栅格点，即可出现“绿 | 蓝色轴”或类似提示，如图 2-122 所示。

02 确定栅格点后单击，然后拖动鼠标即可进行缩放，确定缩放大小后单击，即可完成缩放，如图 2-123 与图 2-124 所示。

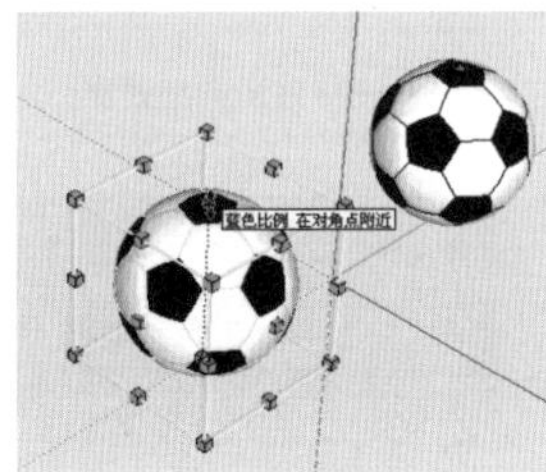

图 2-122 选择缩放栅格线中点

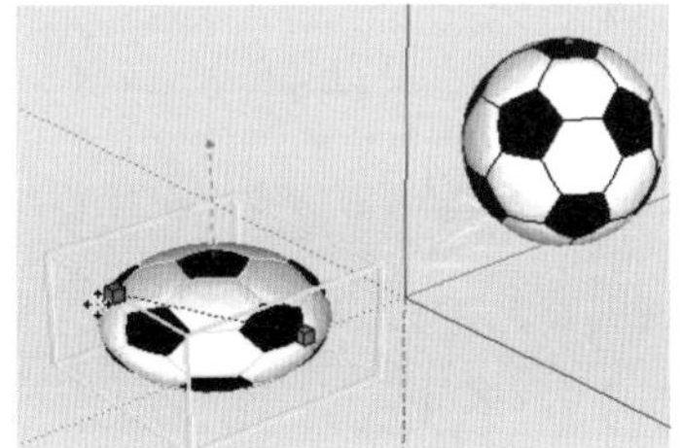

图 2-123 非等比缩放

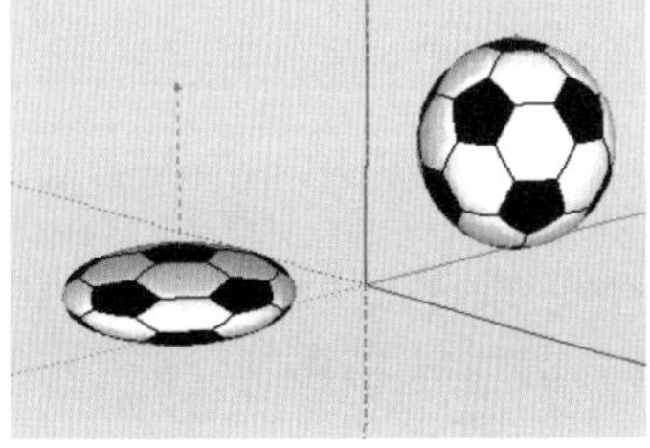

图 2-124 非等比缩放完成

技巧

除了“绿 | 蓝色轴”的提示外，选择其他栅格点还可出现“红/蓝色轴”或“红/绿色轴”的提示，出现这些提示时都可以进行【非等比缩放】，如图 2-125 与图 2-126 所示。此外，选择某个位于面中心的栅格点，还可进行 X、Y、Z 任意单个轴向上的【非等比缩放】，如图 2-127 所示为 Y 轴向上的【非等比缩放】。

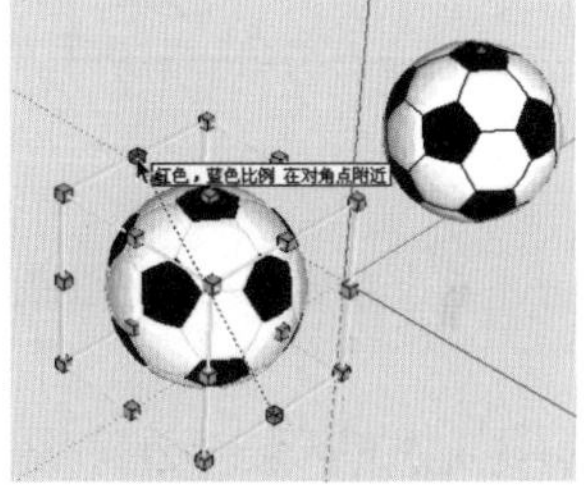

图 2-125 绿/蓝色轴非等比缩放

图 2-126 红/绿色轴非等比缩放

图 2-127 中心点单轴非等比缩放

2.2.4 偏移工具

【偏移】工具可以同时将对象进行移动与复制，单击【工具】工具栏按钮或执行【工具】|【偏移】菜单命令均可启用该命令。在实际的工作中，【偏移】工具可以对任意形状的“面”进行偏移复制，但对于“线”的偏移复制则有一定的前提，接下来进行具体的了解。

技 巧

【偏移】工具默认快捷键为 F。

1. 面的偏移复制

01 在视图中创建一个长宽约为 1500mm 的矩形平面，然后启用【偏移】工具，如图 2-128 所示。

02 待光标变成形状时，在要进行偏移的“平面”上单击，以确定偏移的参考点，然后向内拖动光标即可进行偏移复制，如图 2-129 所示。

03 确定偏移大小后再次单击，即可同时完成偏移与复制，如图 2-130 所示。

图 2-128　创建矩形平面

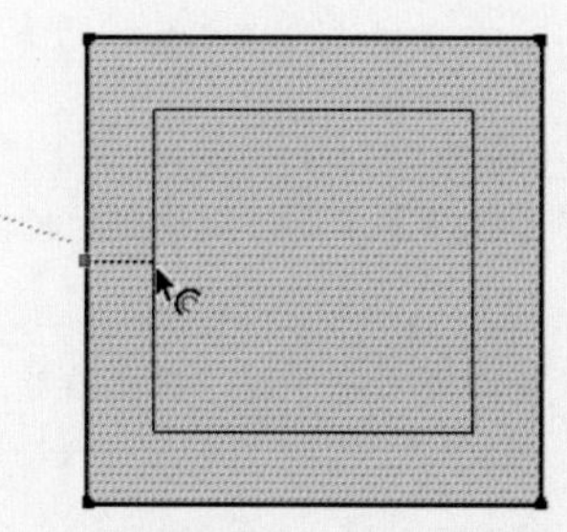

图 2-129　向内偏移复制

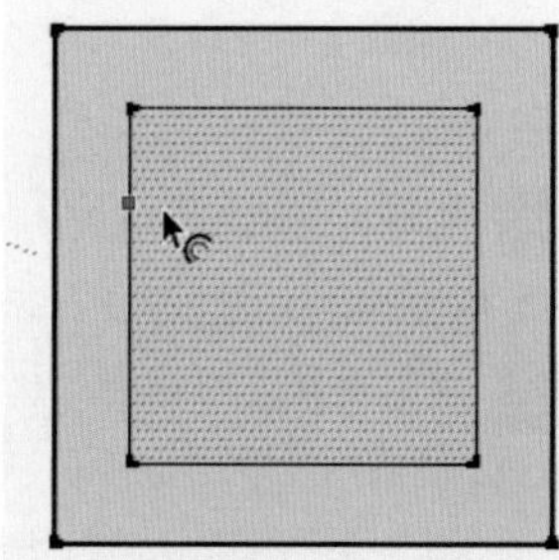

图 2-130　偏移复制完成效果

注 意

【偏移】工具不仅可以向内进行收缩复制，还可以向外进行放大复制。在“平面”上单击确定偏移参考点后，向外推动光标即可，如图 2-131 ~ 图 2-133 所示。

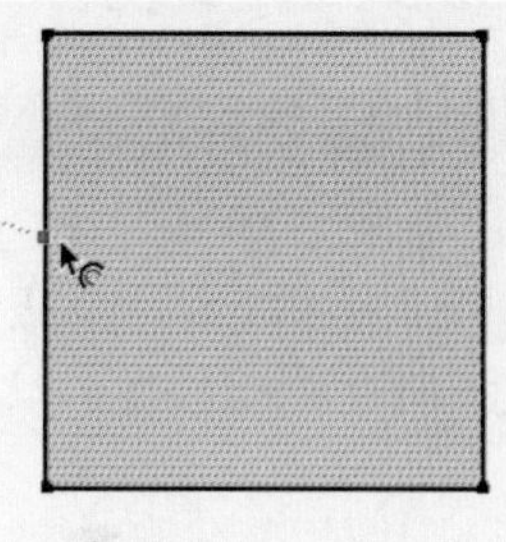

图 2-131　确定偏移参考点

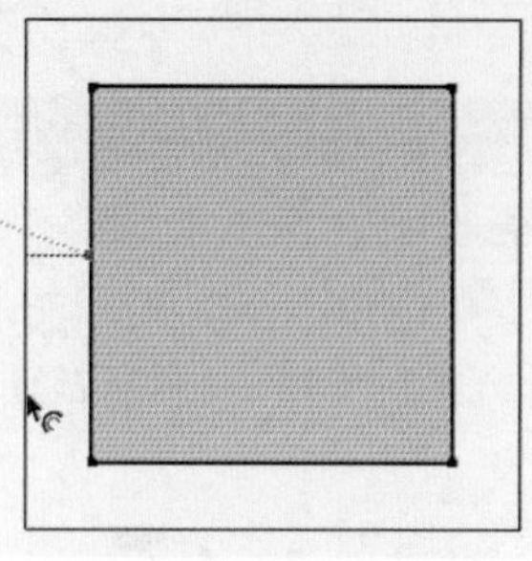

图 2-132　向外偏移复制

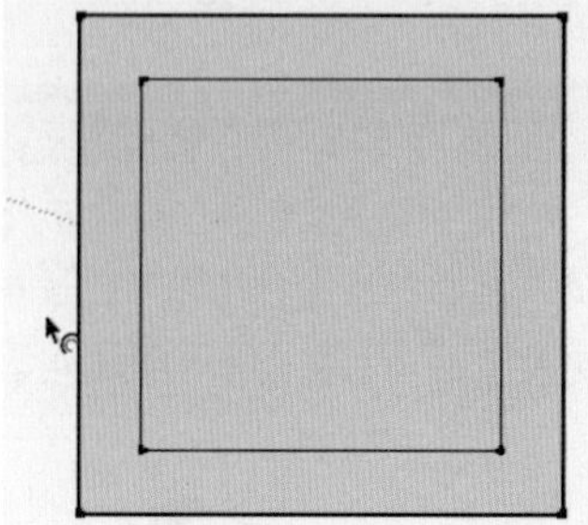

图 2-133　完成效果

04 如果要进行指定距离的偏移复制，可以在“平面”上单击确定偏移参考点后，直接输入偏移数值，再按下 Enter 键确认即可，如图 2-134~图 2-136 所示。

05 如果偏移的“面”不是正方形、圆或其他多边形，则当光标向内拖动距离大于其一半边长时，所复制出的“面”的长宽比例将对调，如图 2-137~图 2-139 所示。

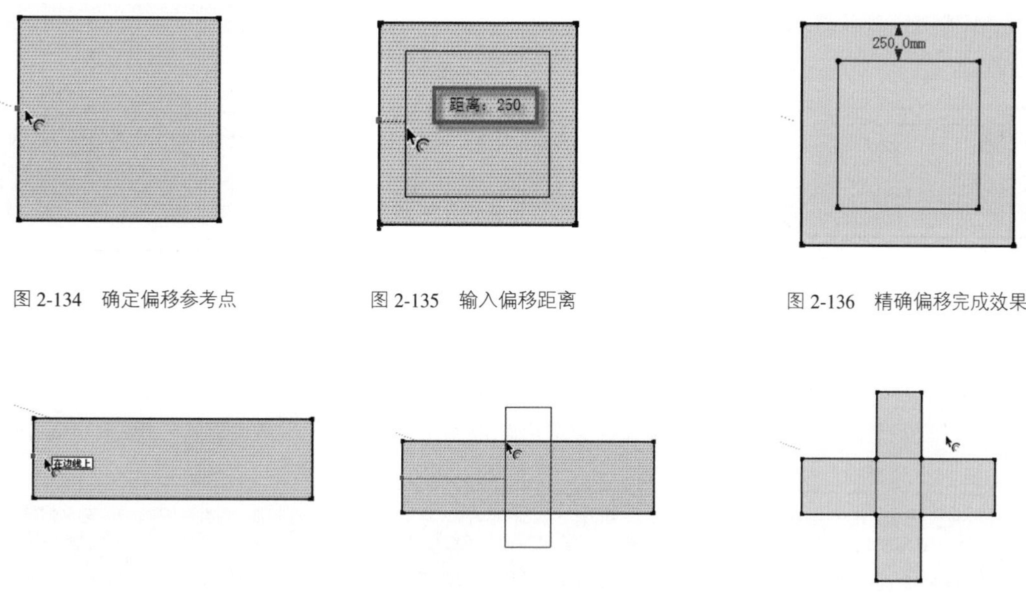

图 2-134　确定偏移参考点　图 2-135　输入偏移距离　图 2-136　精确偏移完成效果

图 2-137　确定偏移参考点　图 2-138　对调长宽比例　图 2-139　偏移复制完成

【偏移】工具对任意造型的“面”均可进行偏移与复制，如图 2-140~图 2-142 所示。但对于“线”的复制则有所要求，接下来进行了解。

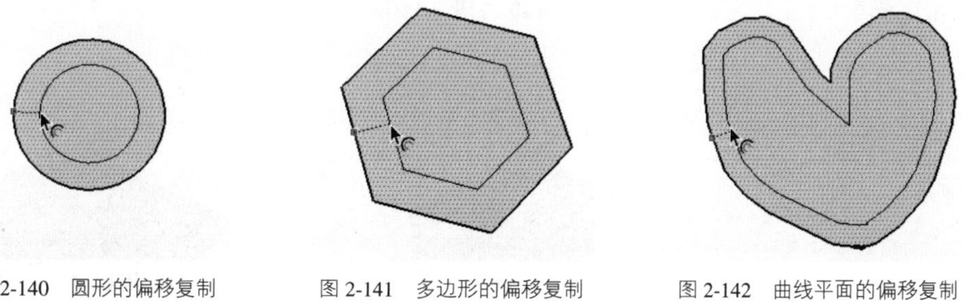

图 2-140　圆形的偏移复制　图 2-141　多边形的偏移复制　图 2-142　曲线平面的偏移复制

2．线段的偏移复制

【偏移】工具无法对单独的线段以及交叉的线段进行偏移与复制，如图 2-143 与图 2-144 所示。

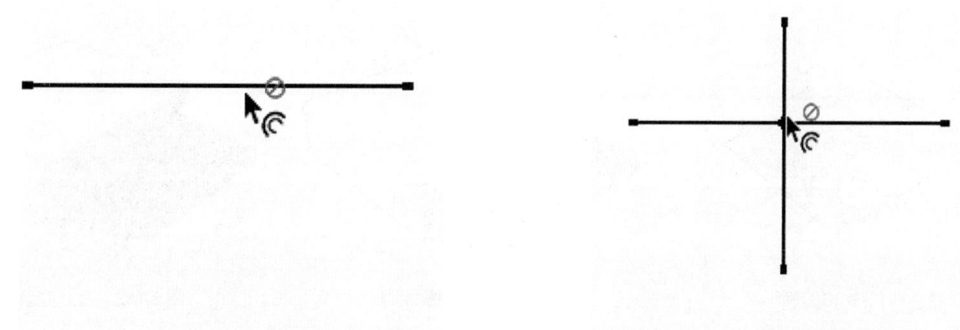

图 2-143　无法偏移复制单独线段　图 2-144　无法偏移复制交叉线段

而对于多条线段组成的转折线、弧线以及线段与弧形组成的线形，均可以进行偏移与复制，如图 2-145~图

2-147 所示。其具体操作方法与功能与“面”的操作类似，这里就不再赘述了。

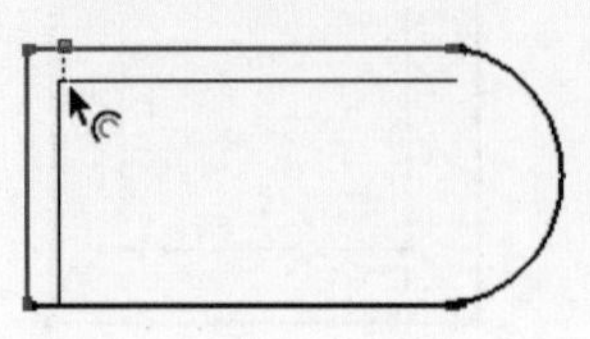

图 2-145　偏移复制转折线

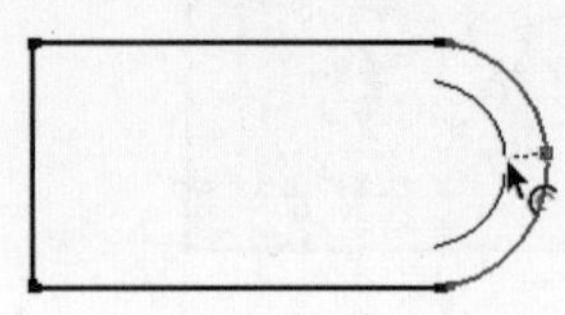

图 2-146　偏移复制弧线

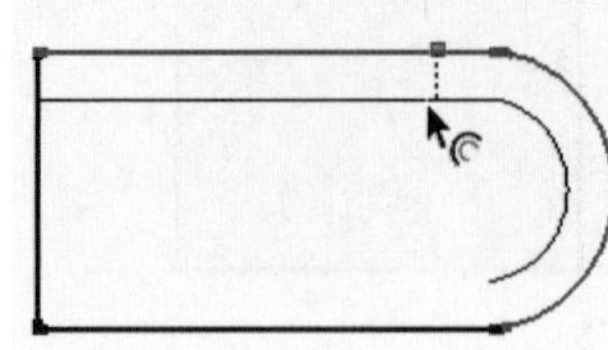

图 2-147　偏移复制混合线形

2.2.5 推/拉工具

【推/拉】工具是二维平面生成三维实体模型最为常用的工具。单击【工具】工具栏按钮或执行【工具】|【推/拉】菜单命令，均可启用该命令。

技 巧

【推/拉】工具默认快捷键为 P。

1. 推拉单面

01 在场景中创建一个长宽约为 2000 的矩形，如图 2-148 所示，然后启用【推/拉】工具。

02 待光标变成时，将其置于将要拉伸的“面”表面并单击确定，然后拖动鼠标拉伸出三维实体，拉伸出合适的高度后再次单击，完成拉伸，如图 2-149 与图 2-150。

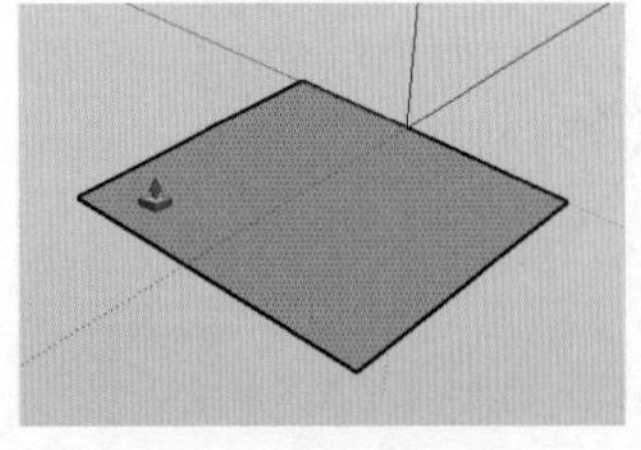

图 2-148　选择矩形平面

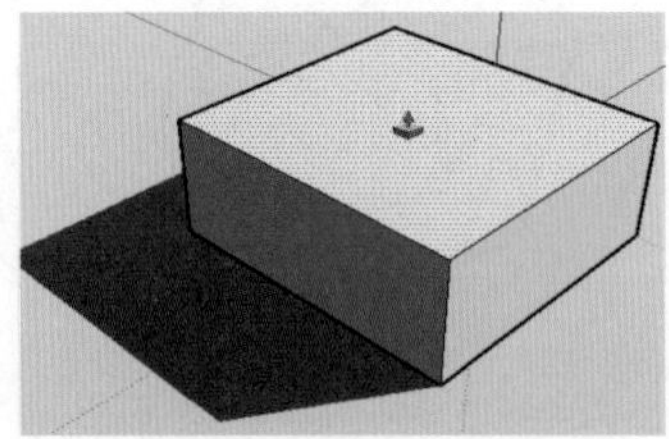

图 2-149　向上拉伸平面

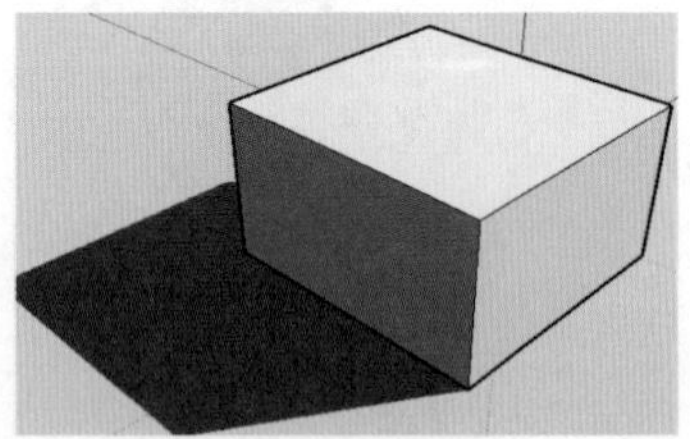

图 2-150　完成效果

03 如果要进行精确的拉抻，则可以在拉伸完成前输入长度数值，并按下 Enter 键确认，如图 2-151~图 2-153 所示。

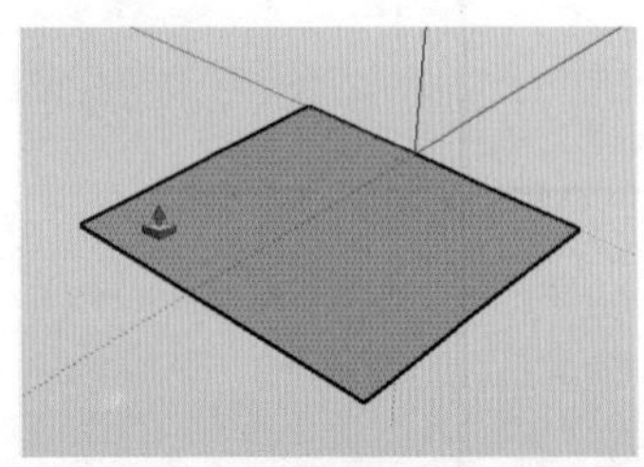

图 2-151　选择矩形平面

图 2-152　输入推拉数值

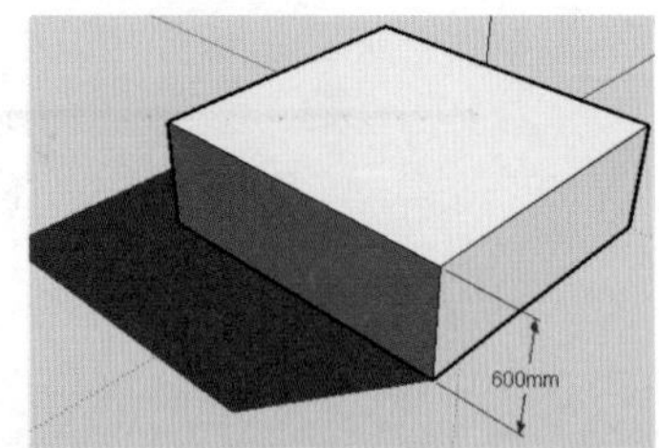

图 2-153　完成效果

技 巧

在拉伸完成后，再次启用【推/拉】工具，可以直接进行拉伸，如图 2-154 与图 2-155 所示。如果此时按住 Ctrl 键，拉伸则会以复制的形式进行，如图 2-156 所示。

2. 推拉实体面

【推/拉】工具不仅可以将平面转换成三维实体，还可以将三维实体的分割“面”进行拉伸或挤压，以形成凸出或凹陷的造型。

01 启用【推/拉】工具，待光标变成◆时，将其置于将要拉伸的模型表面并单击确定，如图 2-157 所示。

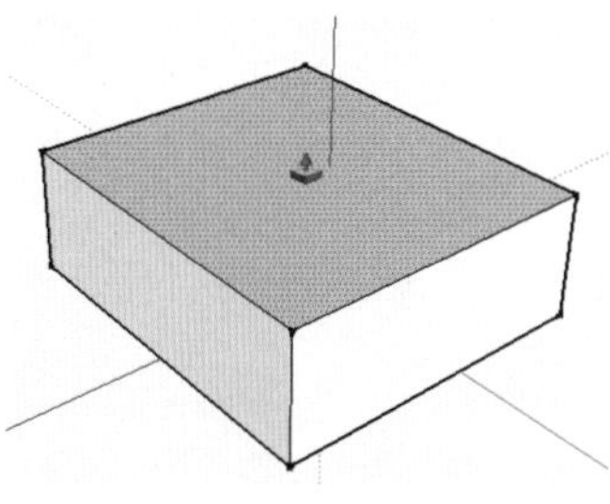
图 2-154 选择已拉伸出的平面

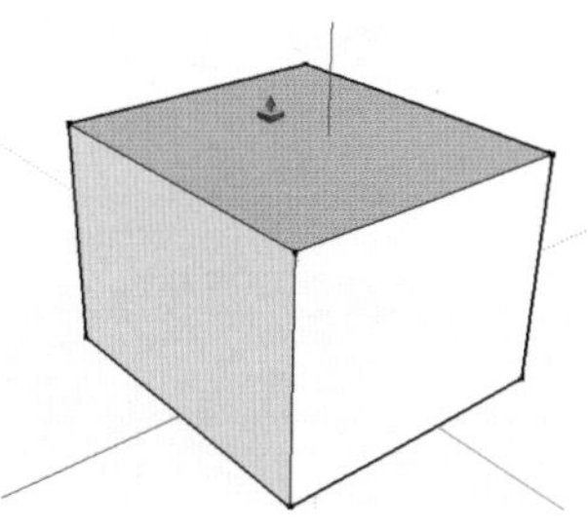
图 2-155 继续拉伸效果

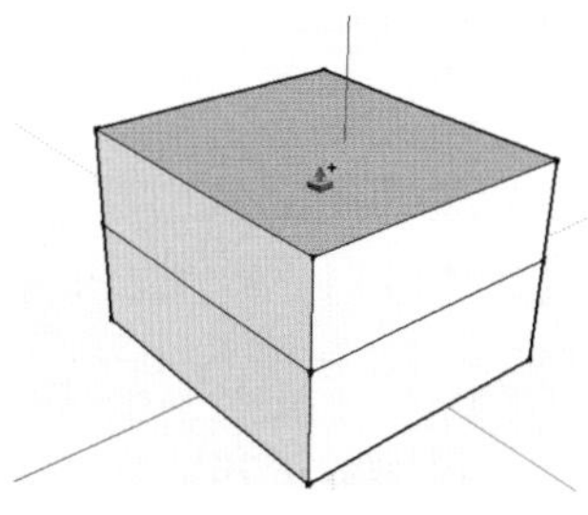
图 2-156 拉伸复制效果

02 向上推动光标，即可进行任意高度的拉伸，再次单击即可完成拉伸，如图 2-158 与图 2-159 所示。

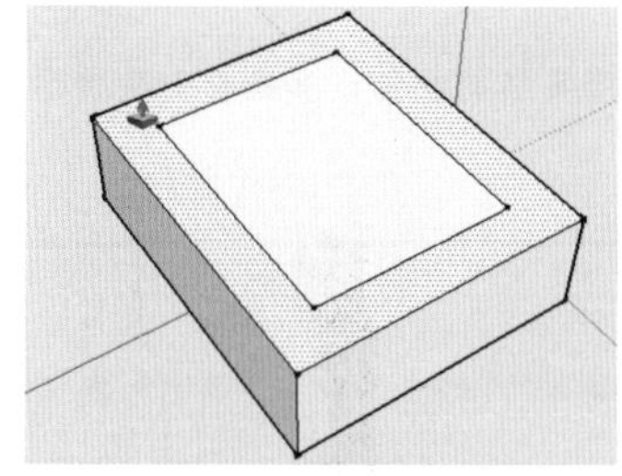
图 2-157 选择分割模型面

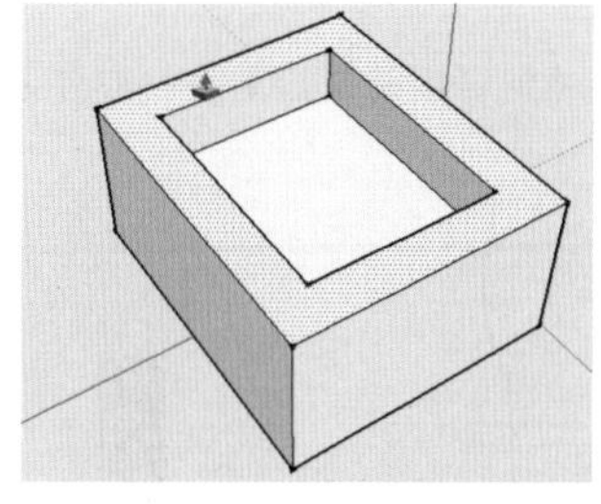
图 2-158 进行拉伸

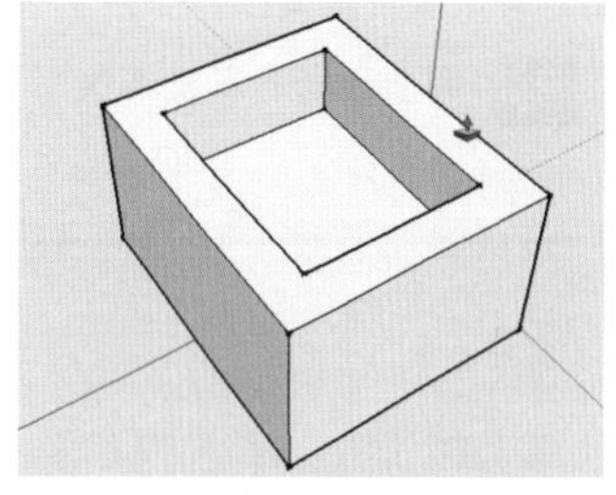
图 2-159 拉伸完成效果

注 意

单击确定拉伸面之后，向下拖动光标，则将得到凹陷效果，如图 2-160 所示。

03 如果要进行指定距离的拉伸或凹陷，只需要在单击确定拉伸面之后输入相关数值即可，如图 2-161 与图 2-162 所示。

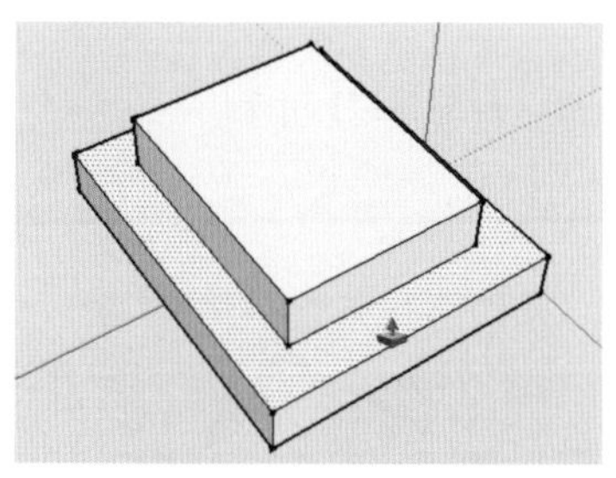
图 2-160 向下推拉效果

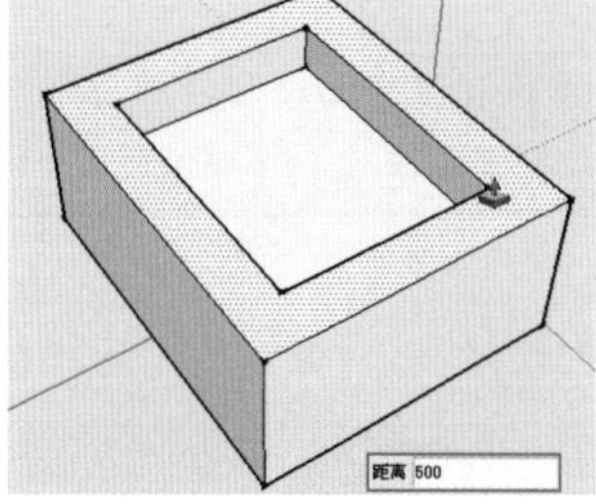

图 2-161 输入精确数值

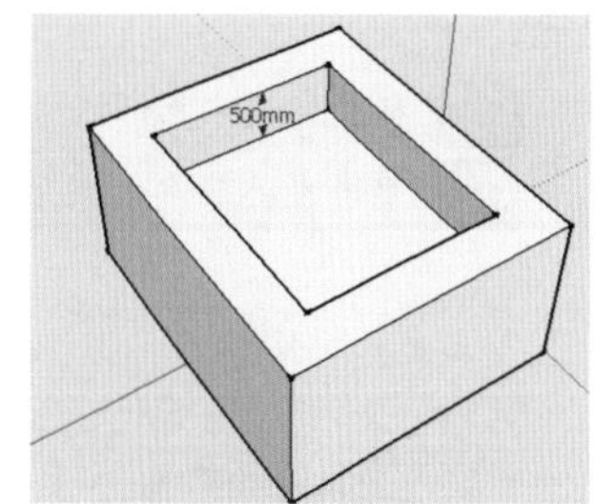

图 2-162 精确拉伸完成效果

技 巧

如果有多个面的推拉深度相同，则在完成其中某一个面的推拉之后，在其他面上使用【推/拉】工具直接双击，即可快速完成相同的推拉效果，如图 2-163 ~ 图 2-165 所示。

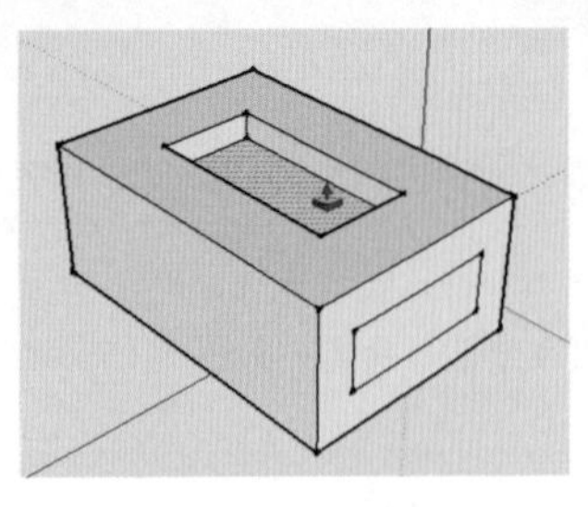

图 2-163　向下挤压面

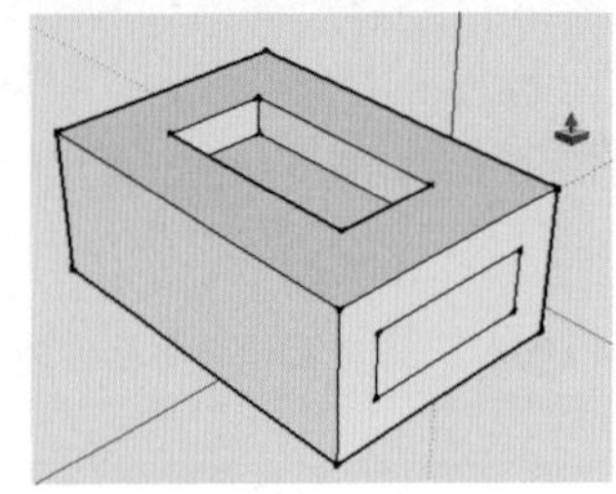

图 2-164　挤压完成

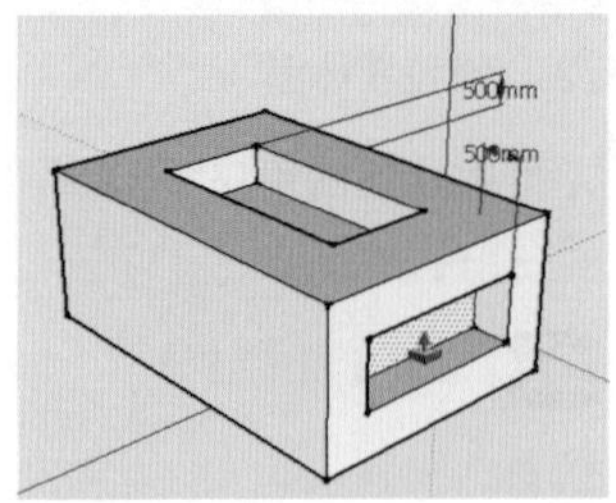

图 2-165　快速完成相同挤压

2.2.6 跟随路径工具

【跟随路径】工具可以利用两个二维线形或平面生成三维实体。单击【工具】工具栏按钮或执行【工具】|【跟随路径】菜单命令，均可启用该命令。

1. 面与线的应用

01 打开配套光盘“第 02 章 | 跟随路径.skp”文件，场景中有一个平面图形和二维线型，如图 2-166 所示。

02 启用【跟随路径】工具，待光标变成时，单击选择其中的二维平面，如图 2-167 所示。

03 移动光标至线形附近，此时在线形上会出现一个红色的捕捉点，二维平面也会根据该点至线形下方端点的走势生成三维实体，如图 2-168 所示。

04 向上推动光标直至线形的端点，确定实体效果后单击，即可完成三维实体的制作，如图 2-169 所示。

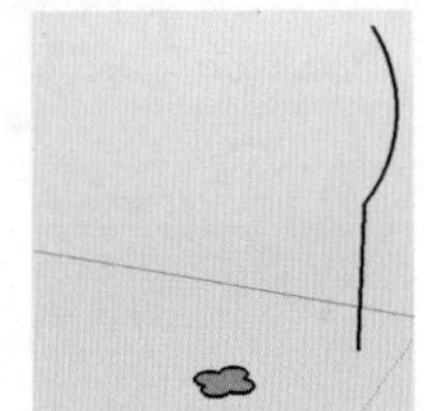

图 2-166　打开跟随路径文件

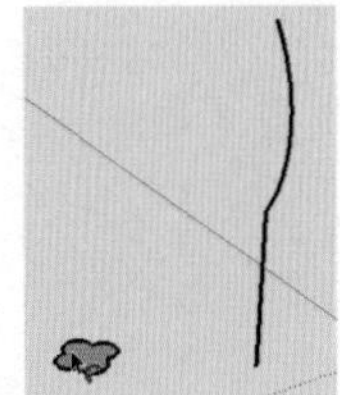

图 2-167　选择截面图形

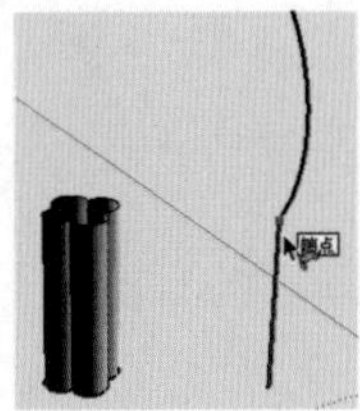

图 2-168　捕捉路径

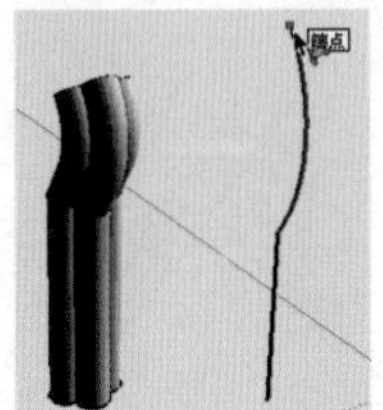

图 2-169　跟随完成效果

2. 面与面的应用

在 SketchUp 中利用【跟随路径】工具，通过“面”与“面”的应用，可以绘制出室内具有线脚的天花板等常用构件。

01 在视图中绘制角线截面与天花板平面二维图形，然后启用【跟随路径】工具并单击选择截面，如图 2-170 所示。

02 待光标变成时，将其移动至天花板平面图形，然后跟随其捕捉一周，如图 2-171 所示。

03 单击左键确定捕捉完成，最终效果如图 2-172 所示。

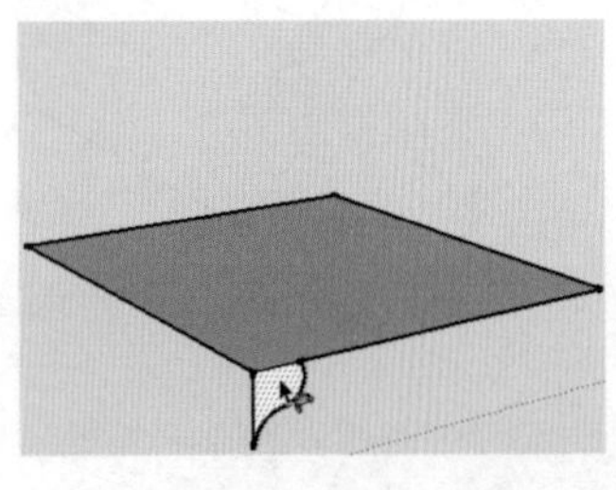

图 2-170　选择角线截面

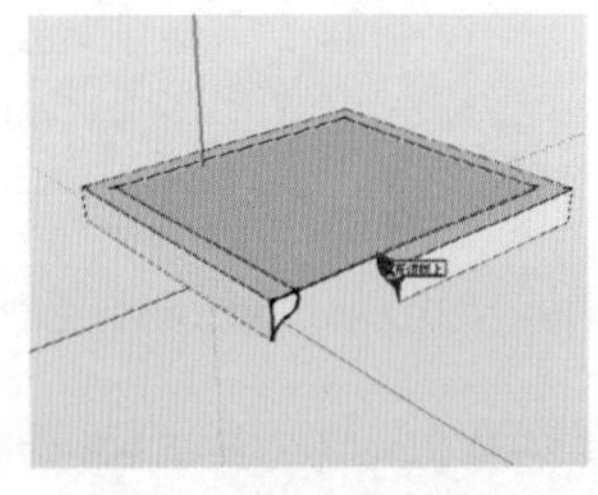

图 2-171　捕捉天花板平面

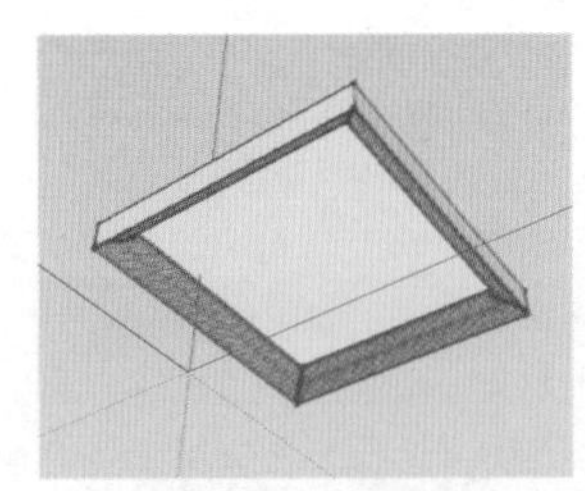

图 2-172　完成效果

技 巧

SketchUp 并不能直接创建球体、棱锥、圆锥等几何形体，通常在“面”与“面”上应用【跟随路径】工具进行创建，其中球体的创建步骤如图 2-173～图 2-175 所示。

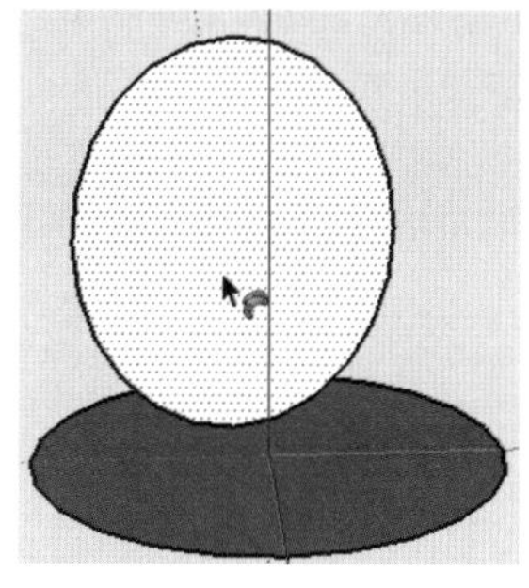

图 2-173 选择圆形平面

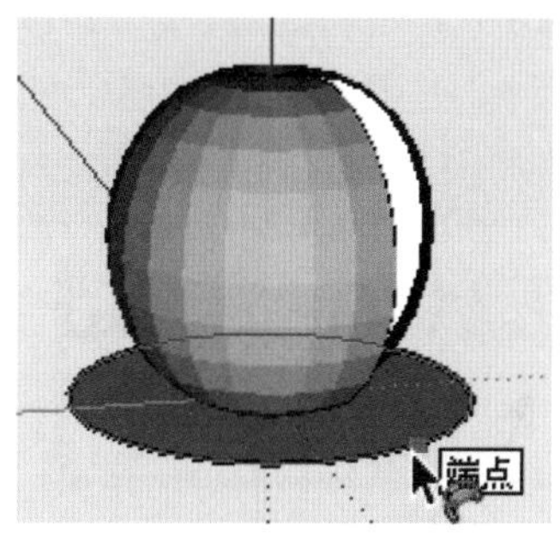

图 2-174 捕捉底部圆形

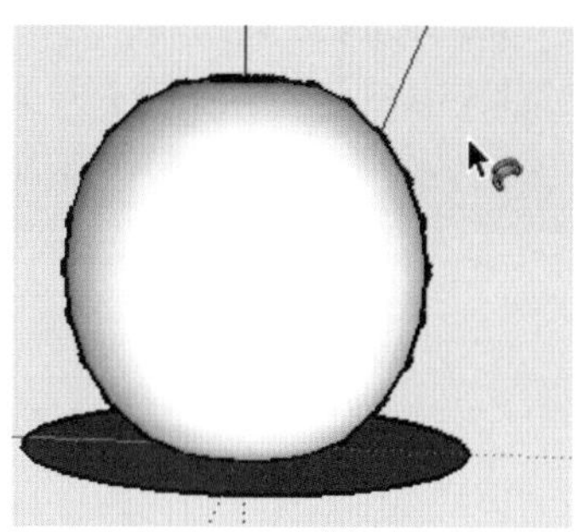

图 2-175 完成效果

3. 实体上的应用

利用【跟随路径】工具，还可以在实体模型上直接制作出边角细节，具体的操作方法如下：

01 在实体表面上直接绘制好边角轮廓，然后启用【跟随路径】工具并单击选择，如图 2-176 所示。

02 待光标变成时，单击选择边角轮廓，将其光标置于实体轮廓线上，此时就可以参考出现的虚线确定跟随效果，如图 2-177 所示。

03 确定好跟随效果后单击，完成实体边角效果如图 2-178 所示。

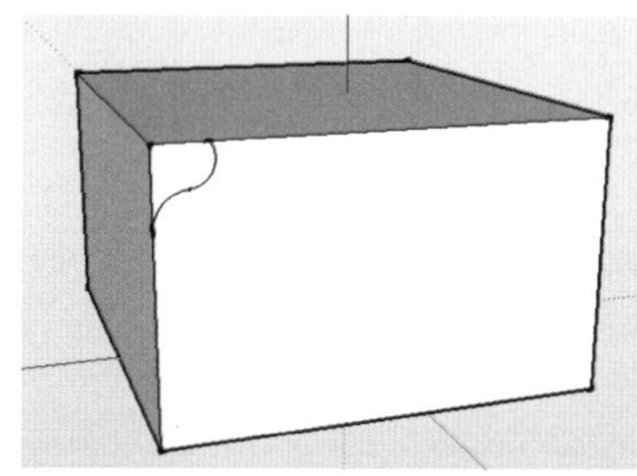

图 2-176 选择边角截面

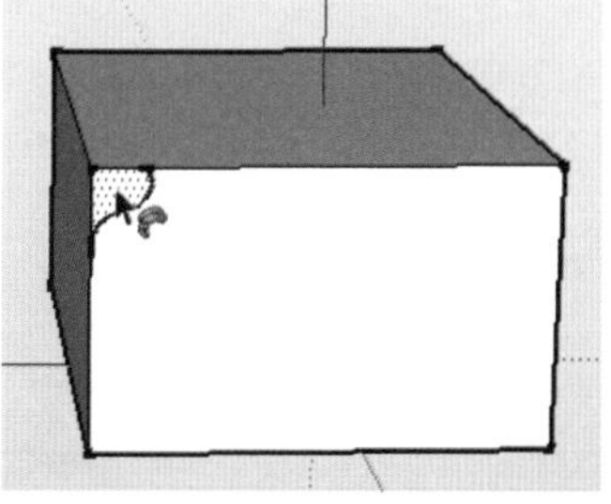

图 2-177 捕捉实体模型边线

图 2-178 完成效果

技 巧

利用【跟随路径】工具直接在实体模型上创建边角效果时，如果捕捉完整的一周，将制作出如图 2-179 所示的效果。此外还可以任意捕捉实体轮廓线进行效果的制作，如图 2-180 与图 2-181 所示。

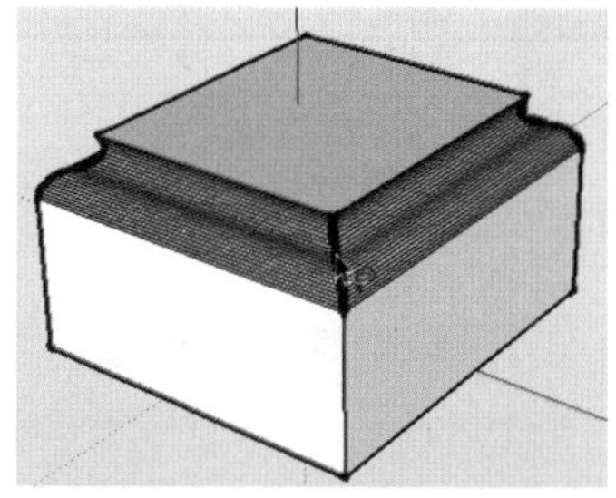

图 2-179 捕捉一周的效果

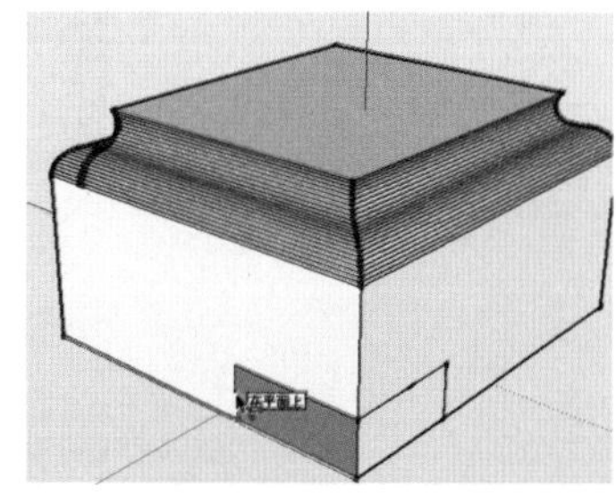

图 2-180 捕捉效果

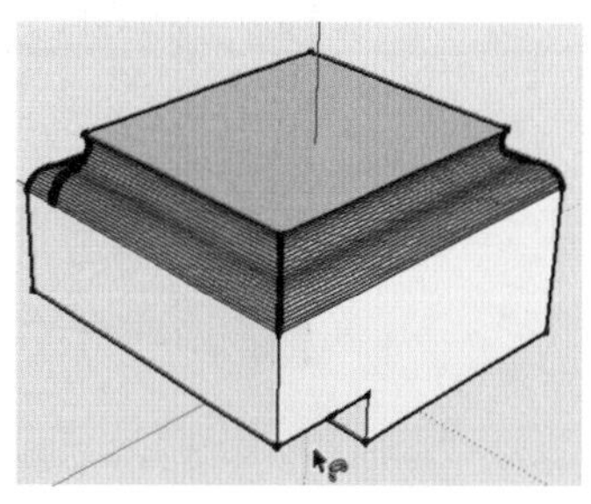

图 2-181 完成效果

2.3 SketchUp 主要工具栏

SketchUp【主要】工具栏如图 2-182 所示，其中包含了【选择】、【制作组件】、【材质】以及【擦除】共 4 种工具，其中【选择】工具在第 1 章已经进行了详细介绍，本节介绍另外三个工具的使用方法与技巧。

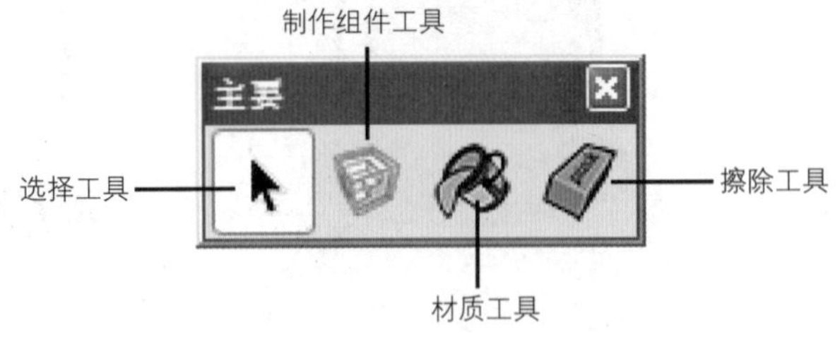

图 2-182 SketchUp 主要工具栏

2.3.1 制作组件工具

【制作组件】工具用于管理场景中的模型，当在场景中制作好了某个模型套件（如由拉手、门页、门框、组成的门模型）时，通过将其制作成【制作组件】，不但可以精简模型个数，方便模型的选择，而且如果复制了多个，在修改其中的一个时，其他模型也会发生相同的改变，从而提高了工作效率。

此外，模型【制作组件】可以单独导出，这样不但可以方便地与他人分享，自己也可以随时再导入使用，接下来介绍【制作组件】的制作方法。

1. 创建与分解组件

01 打开配套光盘“组件原始.skp”模型，如图 2-183 所示，场景中有一个由拉手、门页、门框组成的门模型。

02 按 Ctrl+A 组合键选择所有模型构件，单击组件工具按钮，或者单击鼠标右键，在快捷菜单中选择“创建组件”命令，如图 2-184 所示。

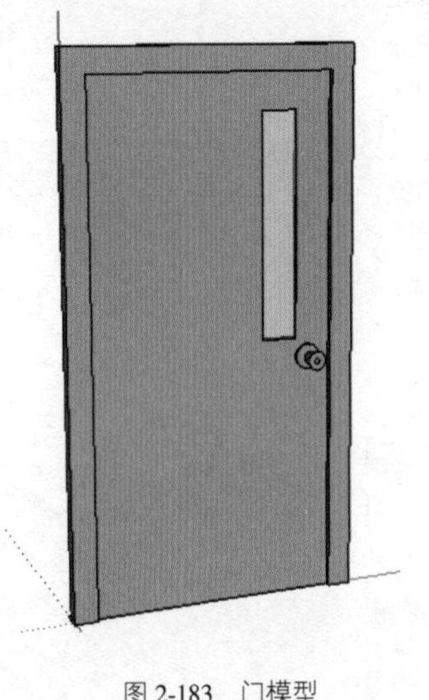

图 2-183 门模型

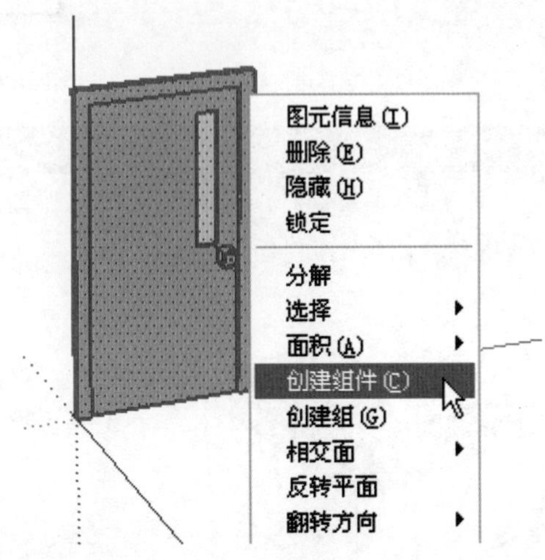

图 2-184 单击制作组件命令

03 弹出如图 2-185 所示的【创建组件】面板，设置【名称】等参数，完成后单击【创建】按钮，即可创建如图 2-186 所示的组件。

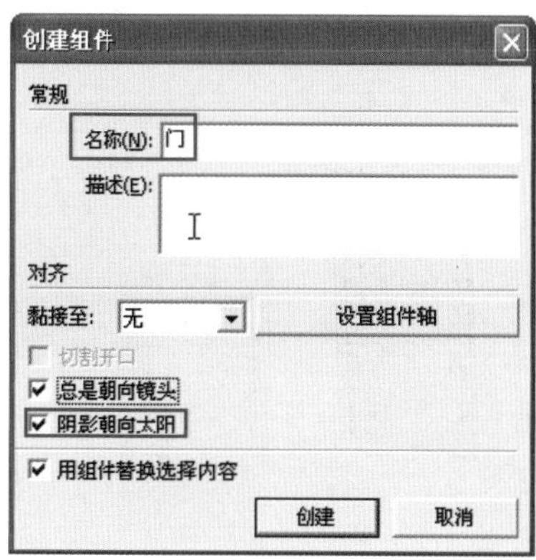

图 2-185　创建组件面板

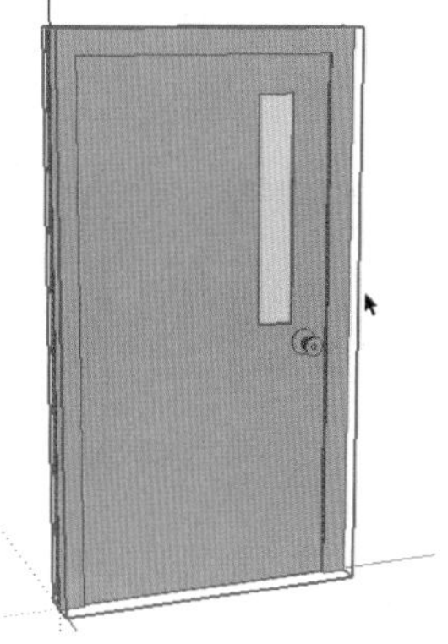

图 2-186　创建门组件

技 巧

选择【创建组件】面板【总是朝向相机/相机】复选框，随着相机的移动，植物组件也会保持转动，使其始终以正面面向相机，避免出现不真实的单面渲染效果，如图 2-187～图 2-189 所示。

图 2-187　原始效果

图 2-188　设置参数

图 2-189　调整效果

04 组件创建完成后，复制组件如图 2-190 所示。在方案推敲的过程中如果要进行统一修改，在组件上方单击鼠标右键，选择快捷菜单【编辑组件】命令，如图 2-191 所示。

05 选择门页模型，进行如图 2-192 所示的缩放，可以发现复制的模型同时发生了改变，如图 2-193 所示。

图 2-190　复制组件

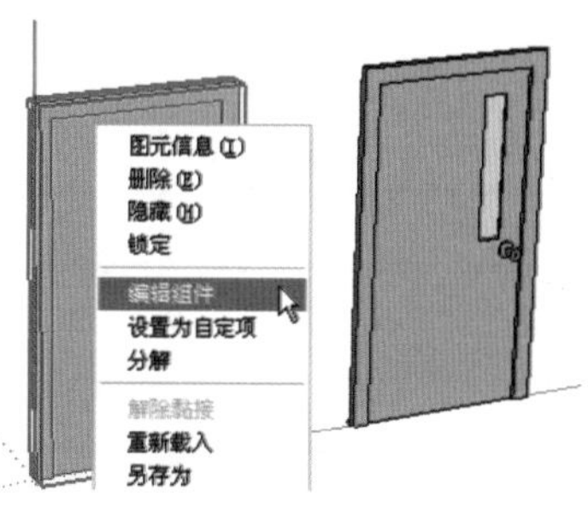

图 2-191　编辑组件

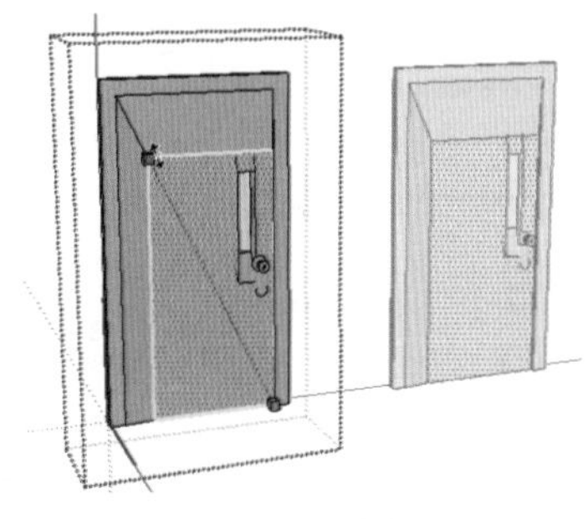

图 2-192　缩小门页

技 巧

如果要单独对某个组件进行调整，可以单击鼠标右键，选择快捷菜单【设置为自定项】命令，此时再编辑模型，将不影响其他复制组件，如图 2-194~图 2-196 所示。

06 选择【制作组件】，在其上方单击鼠标右键，选择快捷菜单【分解】命令，即可打散制作好的【制作组件】。

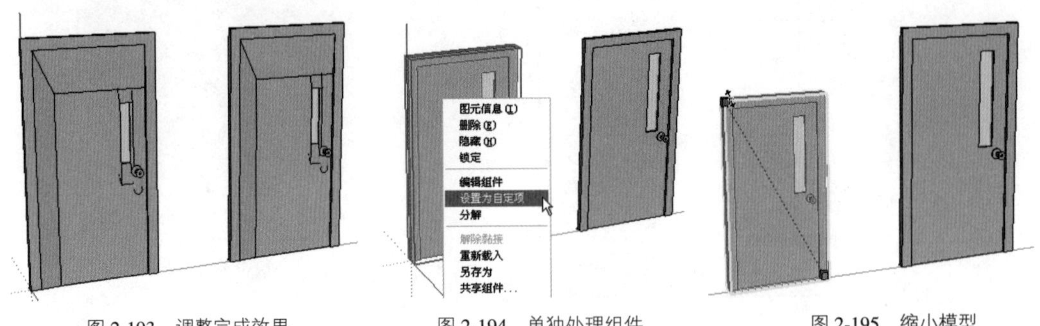

图 2-193 调整完成效果　　图 2-194 单独处理组件　　图 2-195 缩小模型

2. 导出与导入组件

【制作组件】制作完成后，首先应该将其导出为单独的模型，以方便调用，具体的操作如下：

01 选择制作好的【制作组件】，在其上方单击鼠标右键，在快捷菜单中选择【另存为】命令，如图 2-197 所示。

02 在弹出的【另存为】对话框中输入【文件名】，单击【保存】按钮保存，如图 2-198 所示。

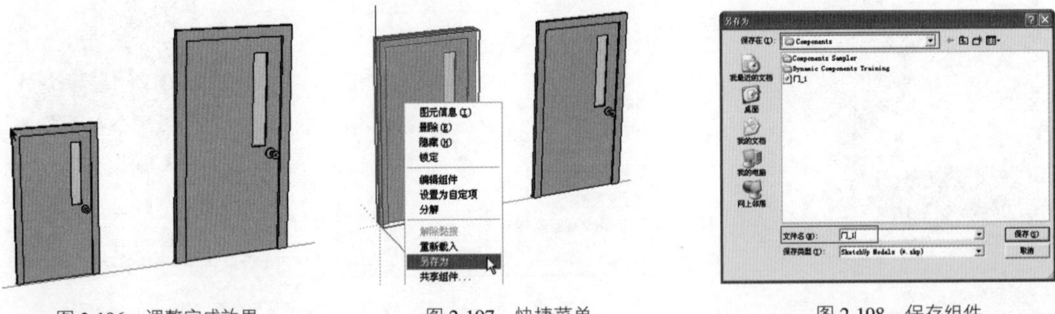

图 2-196 调整完成效果　　图 2-197 快捷菜单　　图 2-198 保存组件

03 【制作组件】保存完成后，执行【窗口】|【组件】菜单命令，系统弹出【组件】面板，单击选择保存的【制作组件】，即可直接插入场景，如图 2-199~图 2-201 所示。

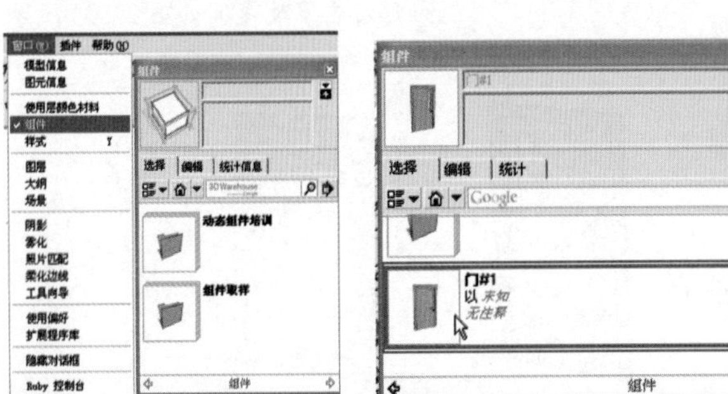

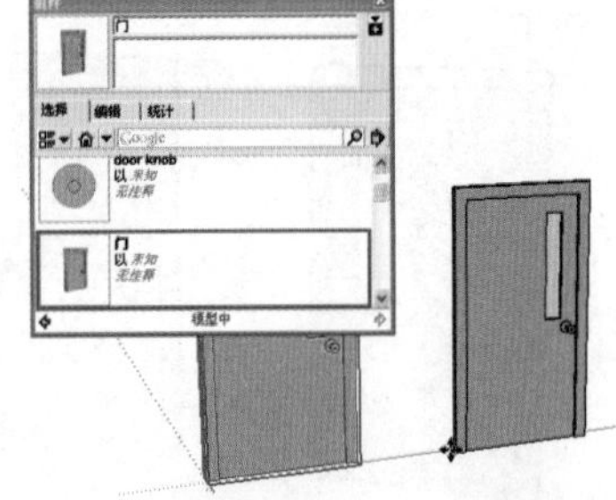

图 2-199 选择【组件】命令　　图 2-200 直接选择保存的组件　　图 2-201 插入组件

技 巧

只有将【制作组件】保存在 SketchUp 安装路径中名为“Components”（组件）的文件夹内，才可以通过【制作组件】面板进行直接调用。

3. 组件库

个人或者团队制作的【组件】通常都比较有限，Google 公司在收购 SketchUp 后，结合其强大的搜索功能，可以使 SketchUp 用户直接在网上搜索【组件】，同时也可以将自己制作好的组件上传到互联网供其他用户使用，这样全世界的 SketchUp 用户就构成了一个十分庞大的网络【组件库】。在网上搜索以及上传【组件】的具体方法如下：

01 单击【组件】面板中的下拉按钮，在弹出的菜单中选择对应的组件类型名称，如图 2-202 所示。

02 此时就会自动进入 Google 3D 模型库进行搜索，如图 2-203 所示。

图 2-202 组件下拉按钮菜单

图 2-203 搜索 Google 3D 模型库

03 除了搜索下拉按钮中默认的【制作组件】类型外，用户还可以如图 2-204 所示进行自定义搜索。

04 搜索完成后，单击搜索结果中的目标【制作组件】，进入如图 2-205 所示的模型下载场景，单击【下载】按钮并确认，将其加入 Google SketchUp 模型库。

05 下载完成后即可将其直接插入场景，如图 2-206 所示。

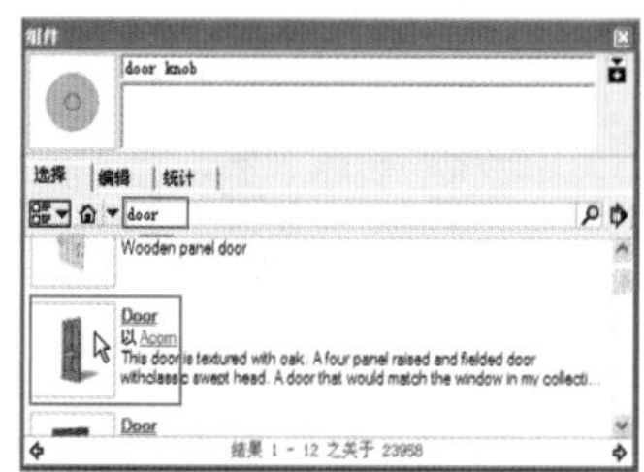

图 2-204 单独搜索门模型

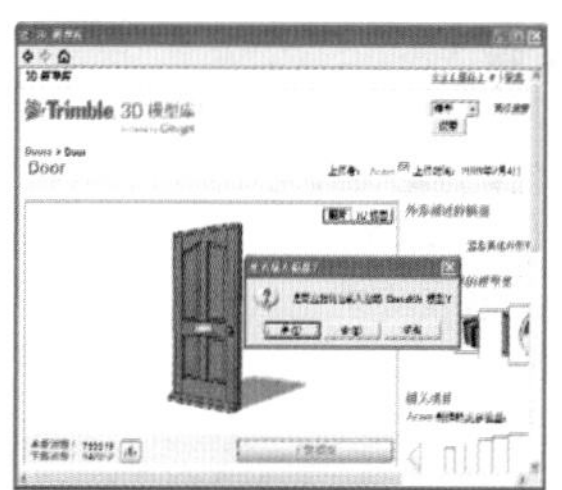

图 2-205 下载并保存至组件库

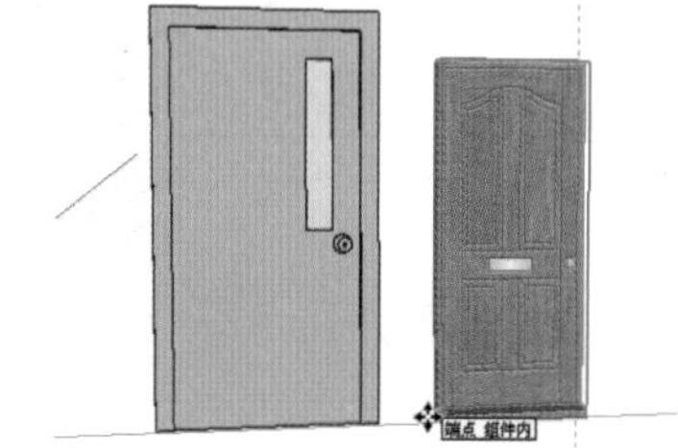

图 2-206 插入下载组件

06 如果要上传制作好的【制作组件】，则首先将其选择，然后选择快捷菜单【共享组件】命令，如图 2-207 所示。

07 进入【3D 模型库】上传对话框，如图 2-208 所示，单击【上传】按钮即可进行上传。上传成功后，其他用户即可通过互联网进行搜索与下载，如图 2-209 所示。

图 2-207 选择【共享组件】命令

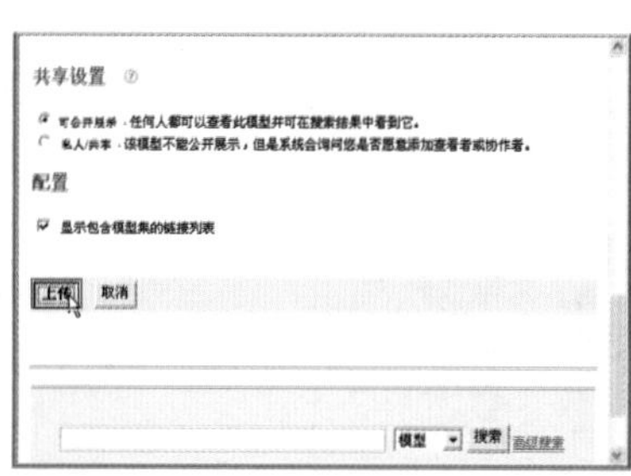

图 2-208 上传组件

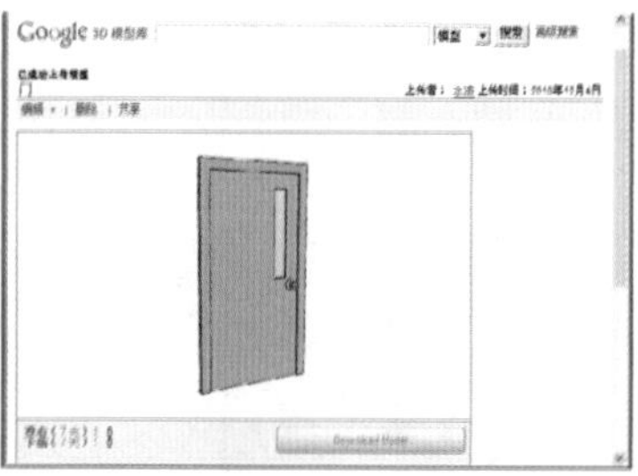

图 2-209 上传完成

注 意

使用 Google 3D 模型库进行【制作组件】上传前，需注册 Google 用户并同意上传协议。

2.3.2 材质工具

材质是模型在渲染时产生真实质感的前提，配合灯光系统能使模型表面体现出颜色、纹理、明暗等效果，从而使虚拟的三维模型具备真实物体所具备的质感细节。

SketchUp 软件的特色在于设计方案的推敲与草绘效果的表现，在写实渲染方面能力并不出色，一般只需为模型添加颜色或是纹理即可，然后通过风格设置得到各个草绘效果。

本节重点讲解 SketchUp【材质】赋予方法、【使用层颜色材料】的功能以及【纹理图像】的编辑技巧，模拟材质真实质感的方法，将在本书的渲染实例章节进行详细的探讨。

1. 赋予材质的方法

01 打开配套光盘“第 02 章 | 材质原始.skp”，如图 2-210 所示，这是一个没有任何材质效果的垃圾桶模型。

02 单击【材质】工具按钮，或执行【工具】|【材质】菜单命令，打开如图 2-211 所示的【使用层颜色材料】面板。

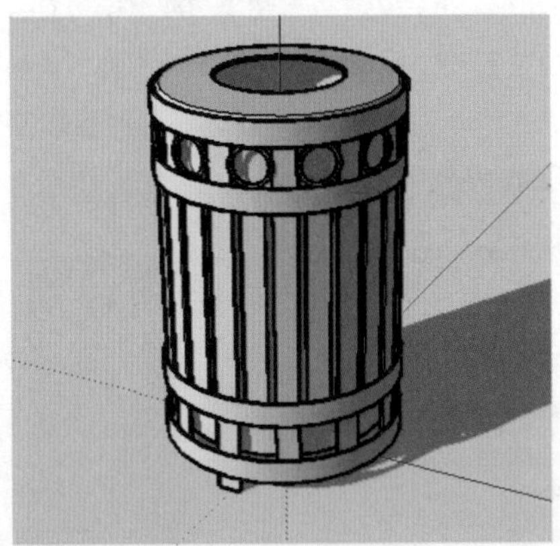

图 2-210 材质原始模型

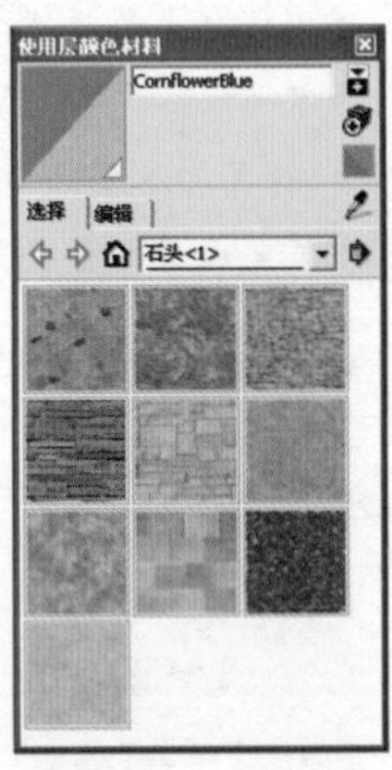

图 2-211 使用层颜色材料面板

03 SketchUp 分门别类地制作好了一些材质，直接单击文件夹或通过下拉按钮均可进入该类材质，如图 2-212 与图 2-213 所示。

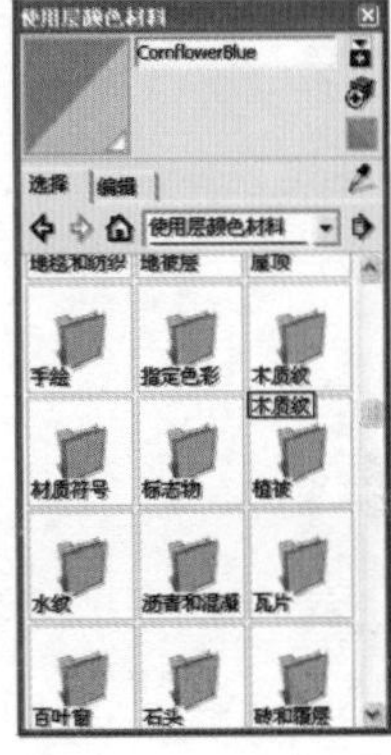

图 2-212 单击文件夹

图 2-213 选择下拉列表

图 2-214 选择材质目标对象

04 为了避免错赋材质，首先选择要赋予材质的对象，如图 2-214 所示，然后进入名为“木质纹”的文件夹，选择其中的“结节胶合板”材质，如图 2-215 所示。

技 巧

【材质】工具默认快捷键为 B。

05 此时光标将变成形状，将其置于选择对象表面并单击，即可赋予选择的材质，如图 2-216 与图 2-217 所示。

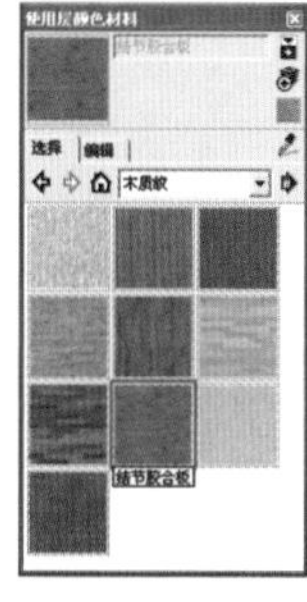

图 2-215 选择材质

图 2-216 将光标置于模型表面

图 2-217 单击赋予材质

06 选择名为“金属”文件夹的“粗糙金属”材质，如图 2-218 所示，重复之前的操作，将其赋予场景中垃圾桶的其他部件，如图 2-219 与图 2-220 所示。

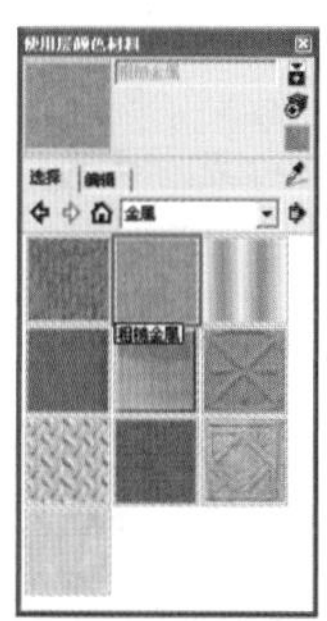

图 2-218 选择金属材质

图 2-219 赋予材质

图 2-220 材质赋予完成效果

技 巧

如果场景模型已指定了材质，可以单击【模型中】按钮进行查看，如图 2-221 与图 2-222 所示。此外，还可以单击【样板颜料】按钮，直接在模型表面吸取其所具有的材质，如图 2-223 所示。

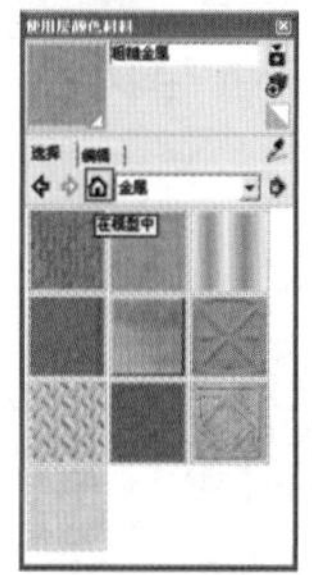

图 2-221 单击模型中按钮

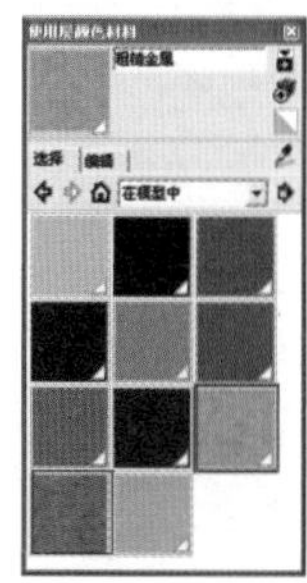

图 2-222 显示场景已有材质

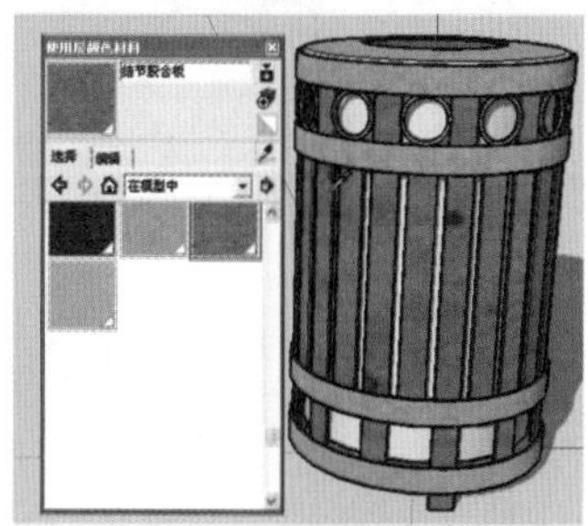

图 2-223 吸取模型已有材质

SketchUp 虽然提供了许多材质，但并不一定能满足各类设计的需要，此时可以通过选择已有材质，再进入【编辑】选项卡进行修改，也可以直接单击【创建材质】按钮制作新的材质。由于【编辑】选项卡与【创建材质】选项卡的参数一致，因此接下来将直接讲解【创建材质】选项卡的功能与使用方法。

2. 材质编辑器的功能

单击【创建材质】按钮，即可弹出【创建材质】面板，其具体的功能如图 2-224 所示。

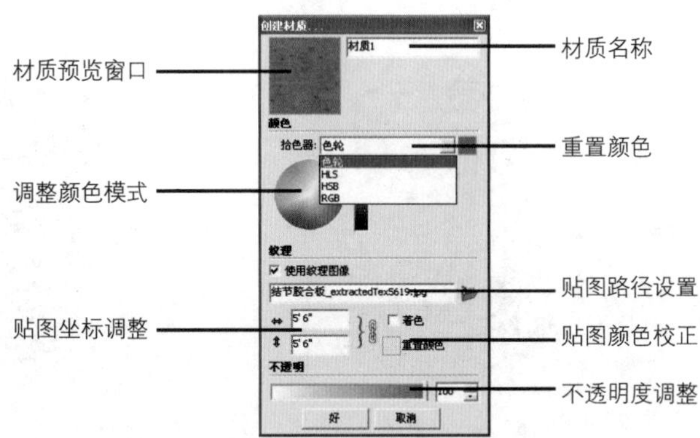

图 2-224　材质编辑器功能图解

❑ 材质名称

新建材质第一件事就是为材质起一个易于识别的名称，材质的命名应该正规、简短，如“木纹”“玻璃”等，也可以以拼音首字母进行命令，如“MW”“BL”等。

如果场景中有多个类似的材质，则应该添加后缀，加以区分，如“玻璃_半透明”“玻璃_磨砂”等，此外也可以根据材质模型的对象进行区分，如“木纹_地板”“木纹_书桌”等。

❑ 材质预览

通过“材质预览”可以快速查看当前新建的材质效果，在预览窗口内可以对颜色、纹理以及透明度进行实时的预览，如图 2-225~图 2-227 所示。

图 2-225　颜色预览

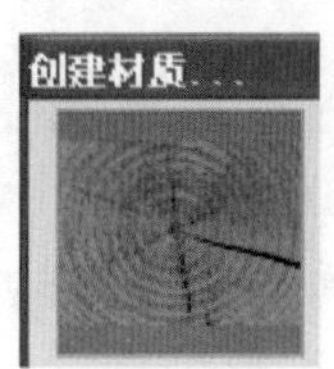

图 2-226　纹理预览

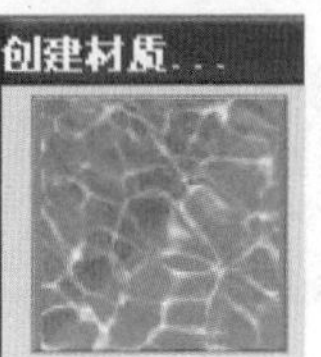

图 2-227　透明度预览

❑ 颜色模式

按下“颜色模式”下拉按钮，可以选择默认颜色模式外的“HLS”“HSB”以及“RGB”三种模式，如图 2-228~图 2-230 所示。

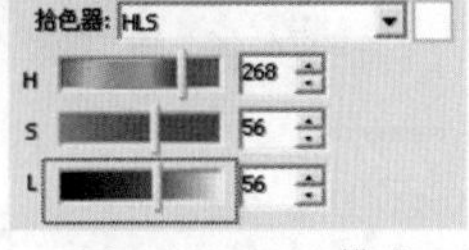

图 2-228　HLS 模式

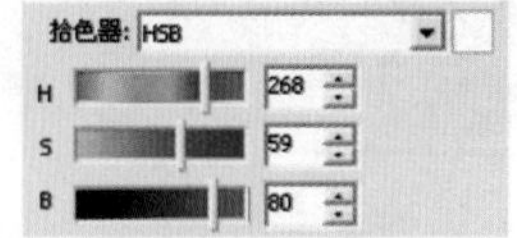

图 2-229　HSB 模式

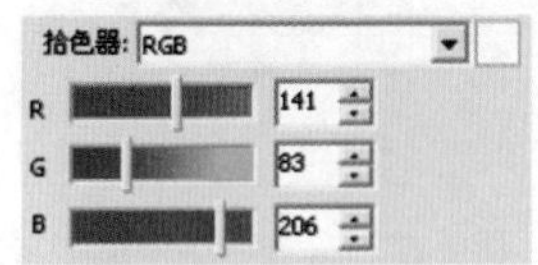

图 2-230　RGB 模式

注 意

这 4 种颜色模式在色彩的表现能力上并没有任何区别，读者可以根据自己的习惯进行选择。但由于“RGB 模式”使用红色（R）、绿色（G）、蓝色（B）3 种光原色进行颜色的调整，比较直观，应用较广。

❑ 重置颜色

按下“重置颜色”色块，系统将恢复颜色的 RGB 值为 255、255、255。

❑ 纹理图像路径

按下“纹理图像路径”后的【浏览材质图像文件】按钮，将打开【选择图像】面板进行纹理图像的加载，如图 2-231 和图 2-232 所示。

注 意

通过上述的过程添加纹理图像之后，【使用纹理图像】复选框将自动勾选，此外通过勾选【使用纹理图像】复选框，也可以直接进入【选择图像】面板。如果要取消纹理图像的使用，则将该复选框勾选取消即可。

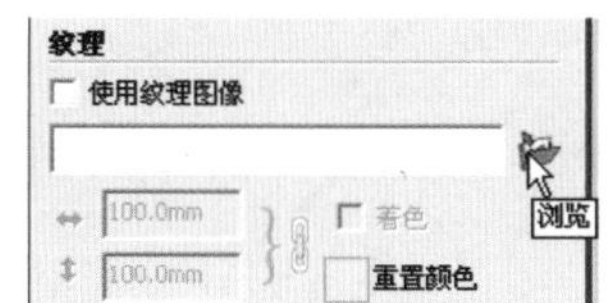

图 2-231　单击浏览材质图像文件按钮

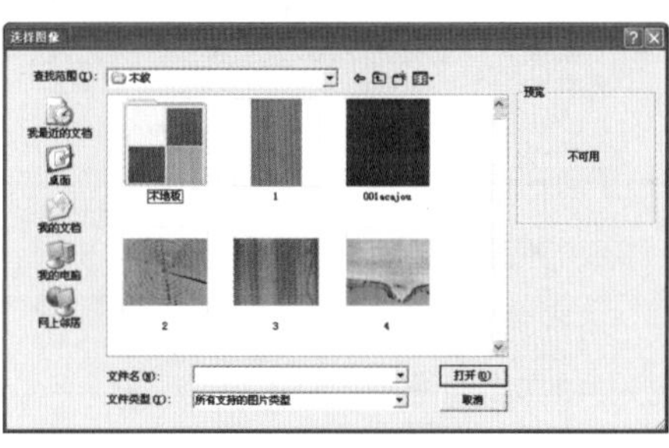

图 2-232　选择图像面板

❑ 纹理图像坐标

默认的纹理图像尺寸并不一定适合场景对象，如图 2-233 所示，此时可通过调整“纹理图像坐标”，以得到比较理想的显示效果，如图 2-234 所示。

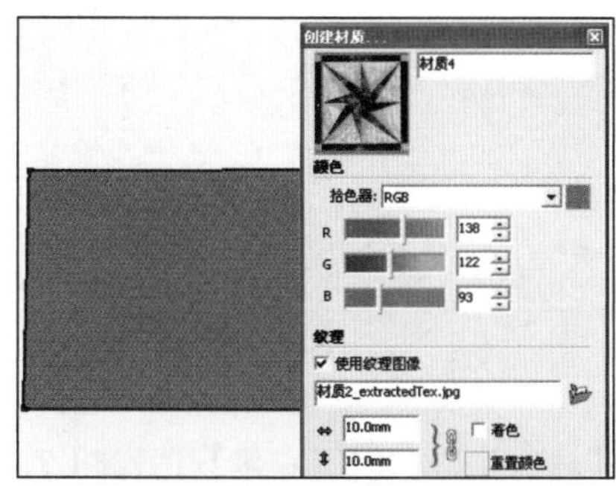

图 2-233　纹理图像原始尺寸效果

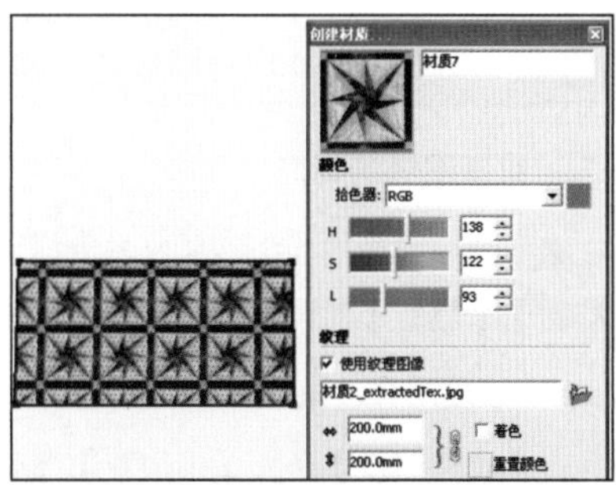

图 2-234　调整尺寸后的效果

默认设置下，纹理图像长宽比例保持锁定，例如将图 2-234 中的纹理图像宽度调整为 20000，其长度会自动调整为 20000，如图 2-235 所示，以保持长宽比不变。如果需要单独调整纹理图像长度和宽度，可以单击其后的【解锁】按钮，分别输入长度和宽度，如图 2-236 与图 2-237 所示。

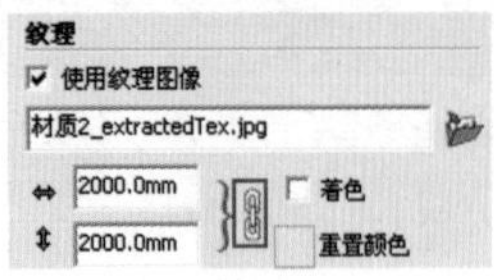

图 2-235　保持原始比例

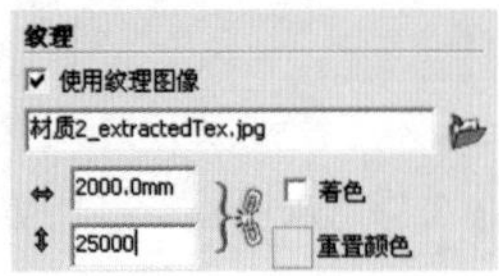

图 2-236　解锁

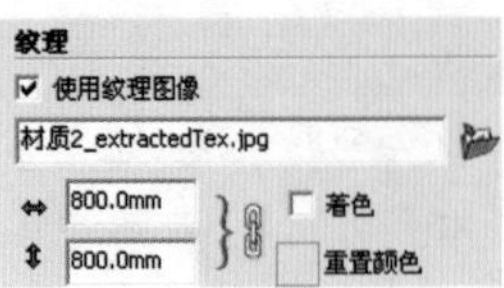

图 2-237　输入新的宽度

注 意

SketchUp【材质编辑器】只能改变纹理图像尺寸与比例，如果调整纹理图像位置、角度等，则需要通过【纹理图像菜单】命令完成，读者可参阅本节“材质纹理图像编辑”的内容。

❑　纹理图像色彩校正

除了可以调整纹理图像尺寸与比例，勾选【着色】复选框，还可以校正纹理图像的色彩，如图 2-238 与图 2-239 所示。单击其下的【重置颜色】色块，颜色即可还原，如图 2-240 所示。

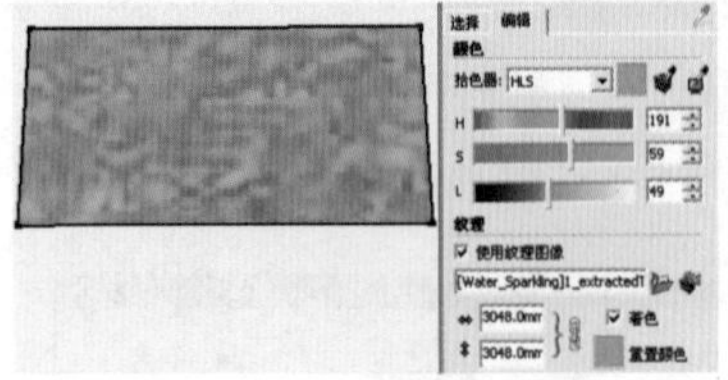

图 2-238　勾选【着色】复选框

图 2-239　调整颜色

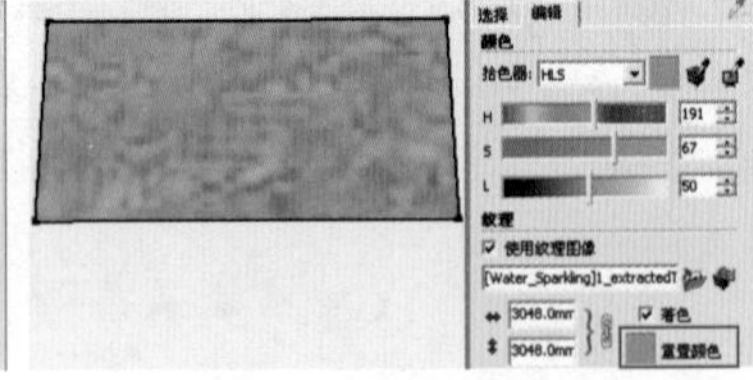

图 2-240　还原颜色

❑　不透明度

“不透明度”数值越高，材质越不透明，如图 2-241 与图 2-242 所示。在调整时可以通过滑块进行，有利于透明效果的实时观察。

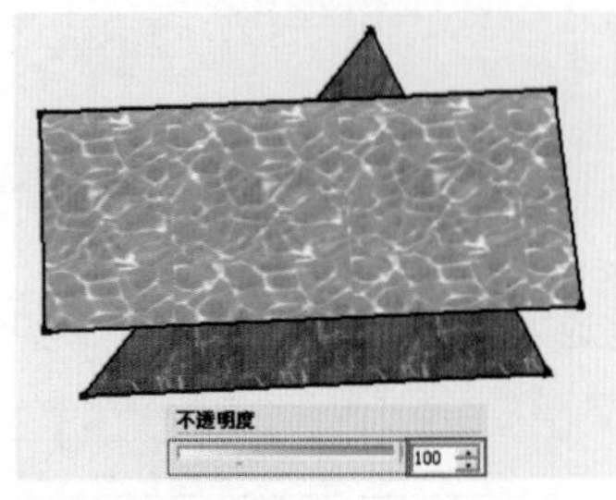

图 2-241　不透明度为 100 时的材质效果

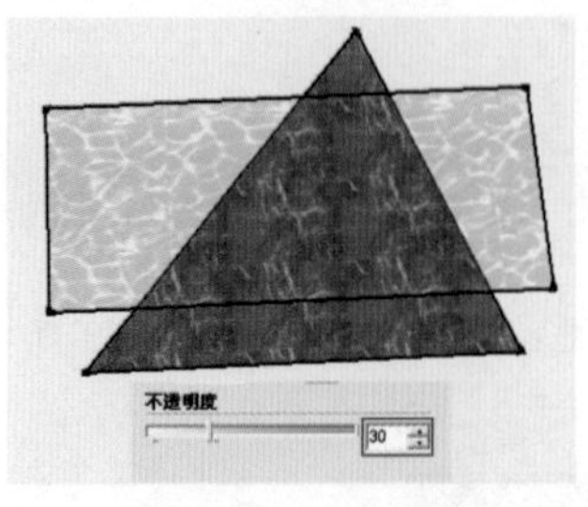

图 2-242　不透明度为 30 时的材质效果

图 2-243　纹理图像菜单命令

3. 纹理图像的调整

在赋予纹理图像的模型表面单击鼠标右键，选择【纹理图像】子菜单中的各个命令，可以对纹理图像进行诸如【旋转】、【翻转】等调整，如图 2-243 所示。

❑　纹理图像位置

通过【纹理图像】子菜单【位置】命令，可以对纹理图像进行【移动】、【旋转】、【扭曲】、【拉伸】等操作，具体操作方法如下：

01 打开本书配套光盘“第 02 章 | 纹理图像编辑.skp”模型，选择赋予纹理图像的屋顶模型表面，单击鼠标右键，选择【位置】命令，显示出用于调整纹理图像的半透明平面与四色别针，如图 2-244 与图 2-245 所示。

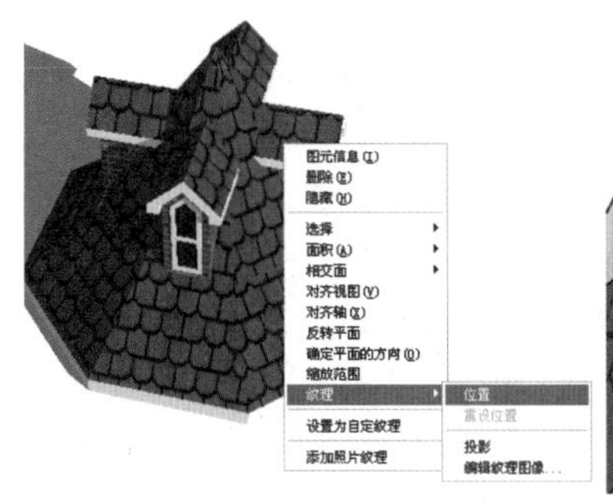

图 2-244　选择位置菜单命令

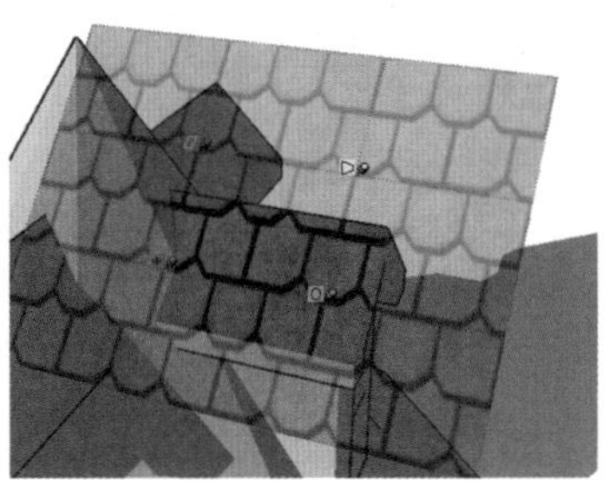

图 2-245　显示半透明平面与四色别针

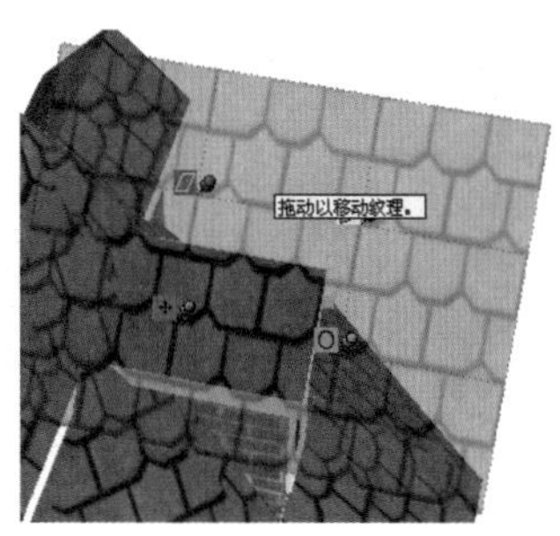

图 2-246　平移半透明平面

02 默认状态下光标为平移抓手图标，此时按住鼠标即可平移纹理图像位置，而如果将光标置于某个别针上，系统将显示该别针的功能，如图 2-246 与图 2-247 所示。

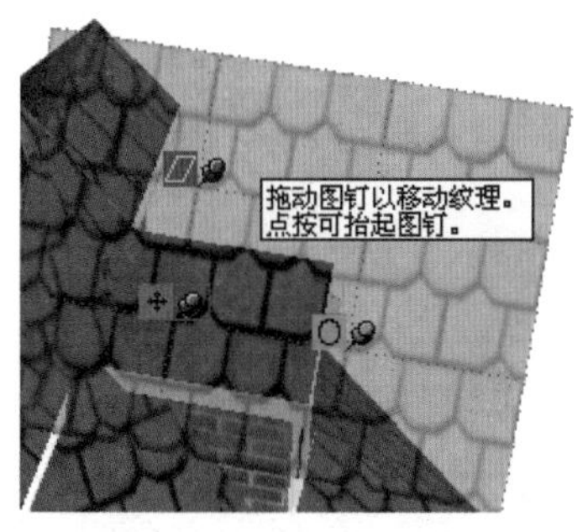

图 2-247　显示别针功能

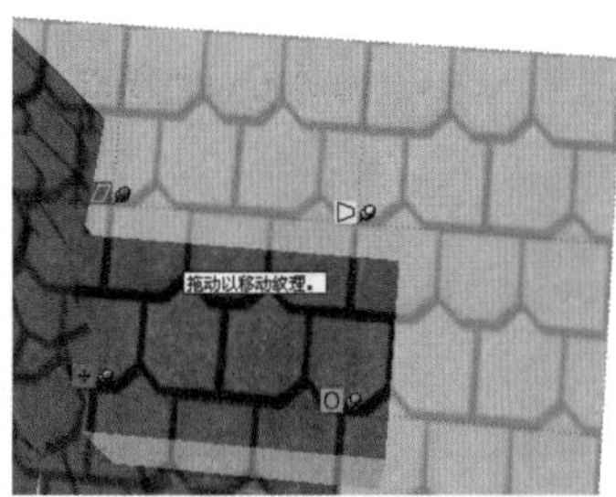

图 2-248　原始纹理图像位置

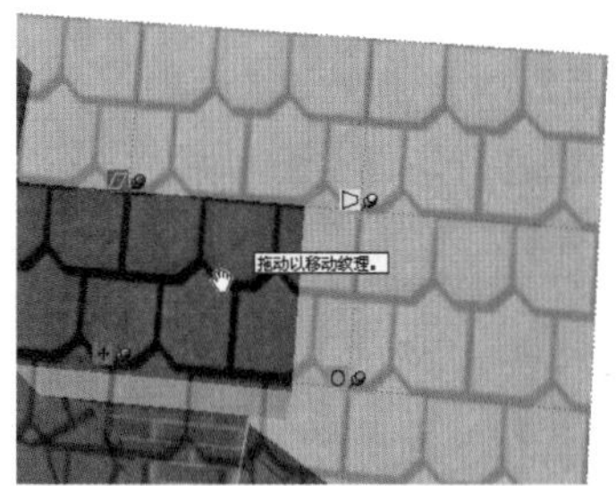

图 2-249　向左平移纹理图像

03 四色别针中红色别针为纹理图像【移动】工具，单击【位置】命令后默认即启用该功能，此时可以拖动鼠标进行任意方向的移动，如图 2-248~图 2-250 所示。

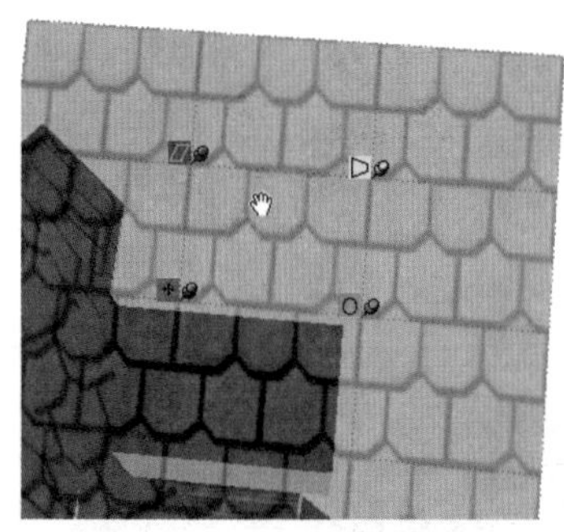

图 2-250　向上平移纹理图像

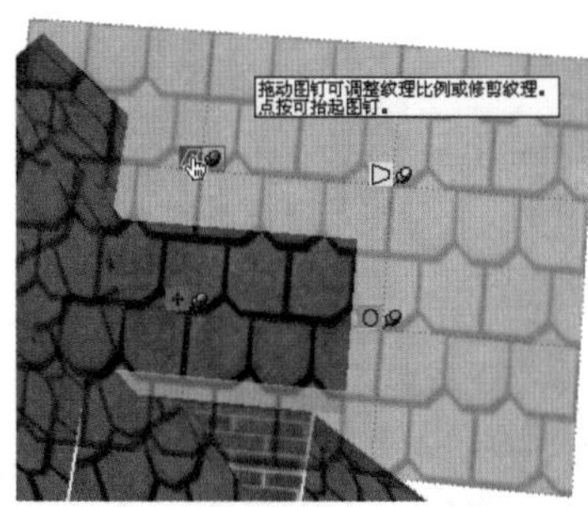

图 2-251　选择缩放剪切别针

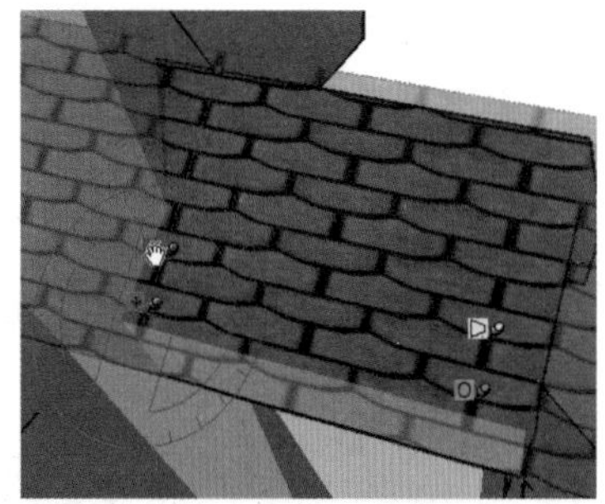

图 2-252　向下推动鼠标

技 巧

半透明平面内显示了整个纹理图像的分布，可以配合纹理图像【移动】工具，轻松地将目标纹理图像区域移动至模型表面。

04 四色别针中红色别针为纹理图像【缩放/移动】工具，鼠标左键按住该按钮上下拖动，可以增加纹理图像竖向重复次数，左右拖动则改变纹理图像平铺角度，如图 2-251~图 2-253 所示。

图 2-253　向右移动鼠标

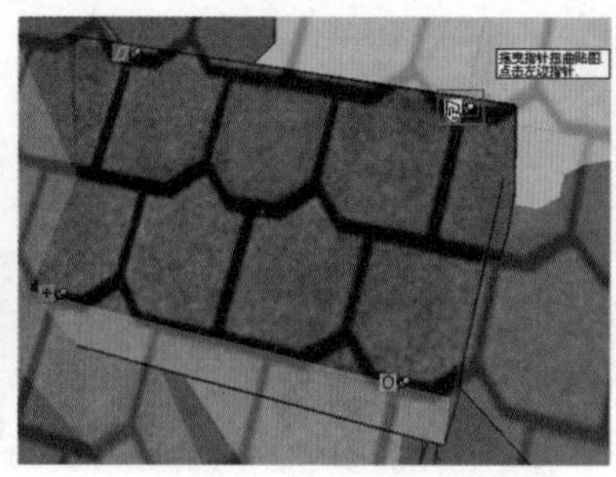
图 2-254　选择扭曲别针

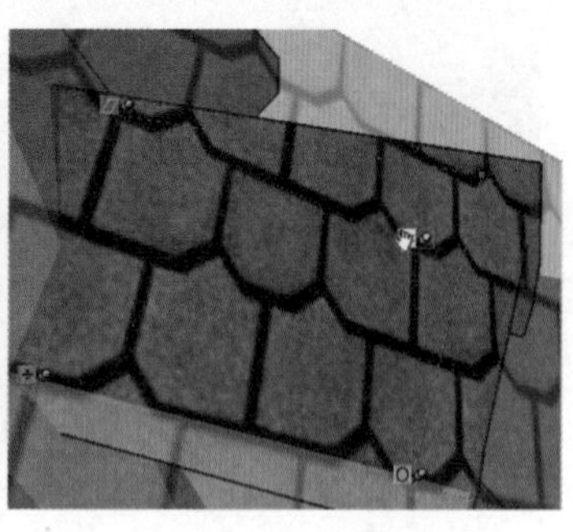
图 2-255　向右上角推动鼠标

05 四色别针中黄色别针为纹理图像【扭曲】工具，鼠标左键按住该按钮向任意方向拖动，鼠标将对纹理图像进行对应方向的扭曲，如图 2-254~图 2-256 所示。

06 四色别针中绿色别针为纹理图像【缩放/旋转】工具，鼠标左键按住该按钮在水平方向移动，将对纹理图像进行等比缩放，上下移动则将对纹理图像进行旋转，如图 2-257~图 2-259 所示。

07 调整完成后单击鼠标右键，将弹出如图 2-260 所示的快捷菜单，单击【完成】则结束调整，单击【重设】按钮则取消当前的调整，恢复至调整前状态。

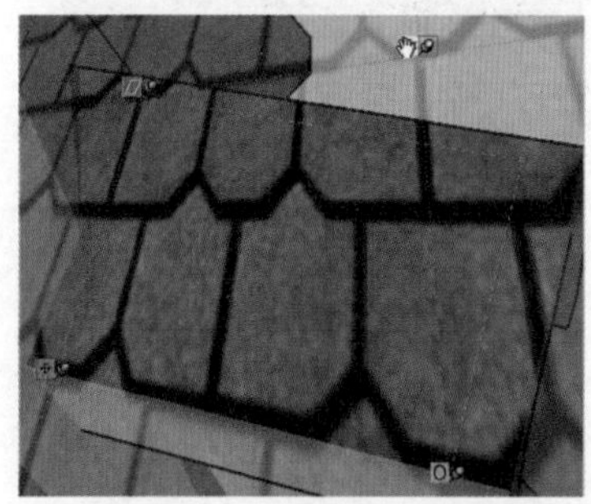
图 2-256　向右下角推动鼠标

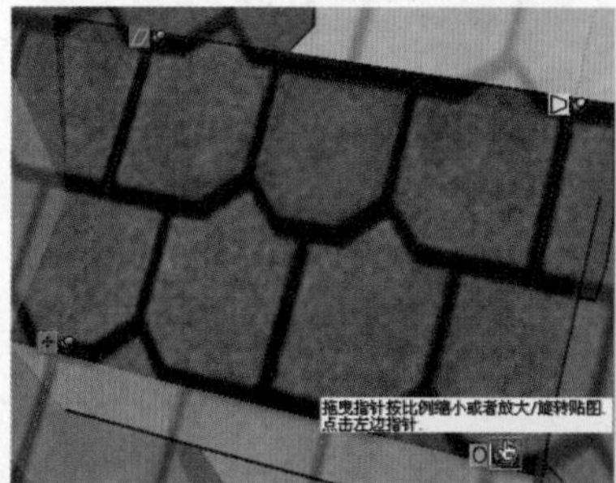
图 2-257　选择缩放 | 旋转别针

图 2-258　水平缩放纹理图像

技 巧

如果已经通过【完成】菜单结束调整，此时如果要返回调整前效果，可以选择【纹理图像】菜单下的【重设位置】命令。

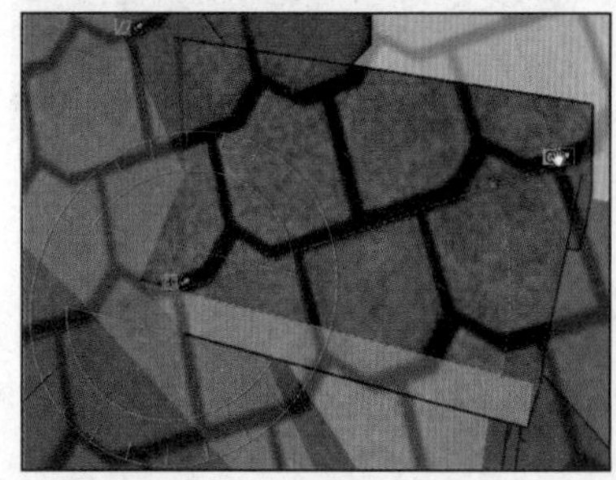
图 2-259　上下旋转纹理图像

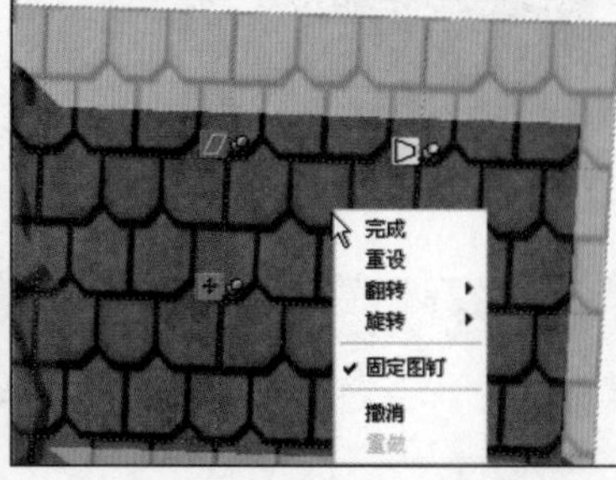

图 2-260　右击鼠标弹出快捷菜单

图 2-261　精确测量数值

08 通过【翻转】子菜单，可以快速对当前纹理图像进行【左/右】或【上/下】翻转操作，如图 2-261~图 2-264 所示。

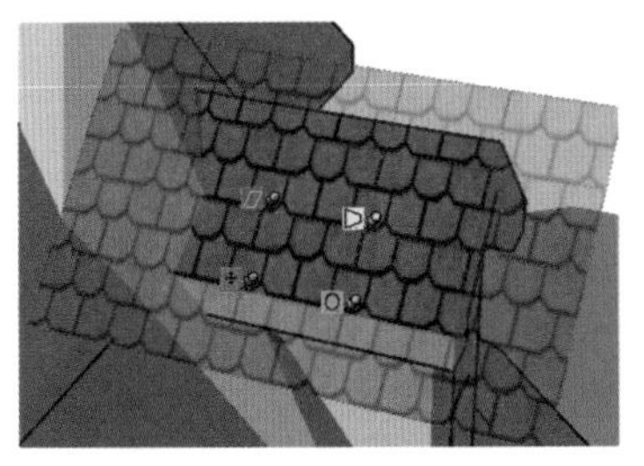

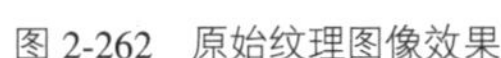
图 2-262　原始纹理图像效果

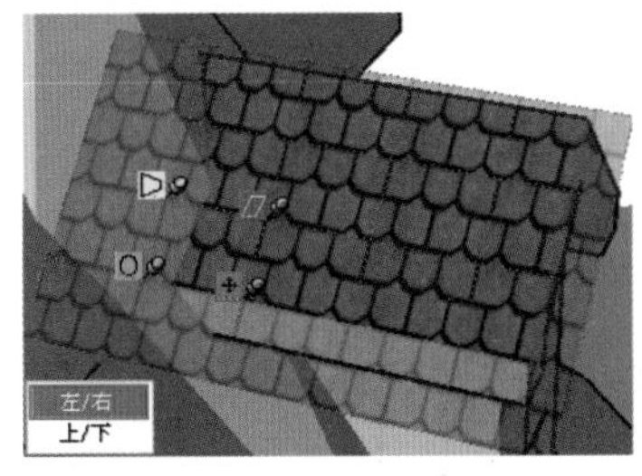

图 2-263　左 | 右翻转纹理图像效果

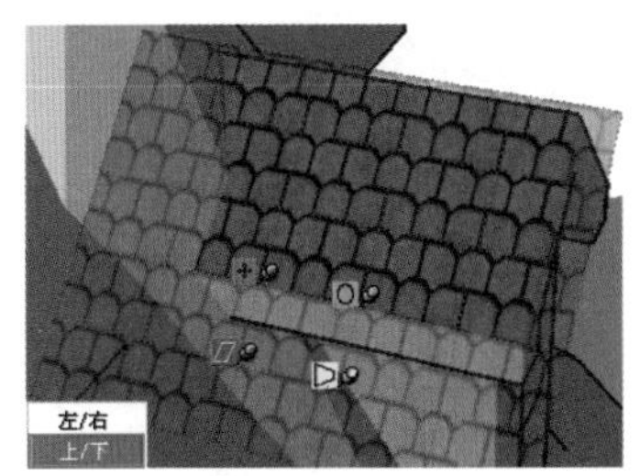

图 2-264　上下翻转纹理图像效果

09 通过【旋转】子菜单，可以快速对当前纹理图像进行 90、180、270 三种角度的旋转，如图 2-265~图 2-267 所示。

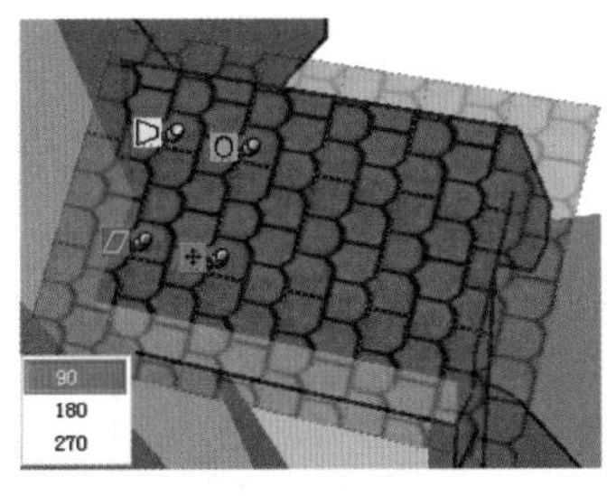

图 2-265　旋转 90° 后的纹理图像效果

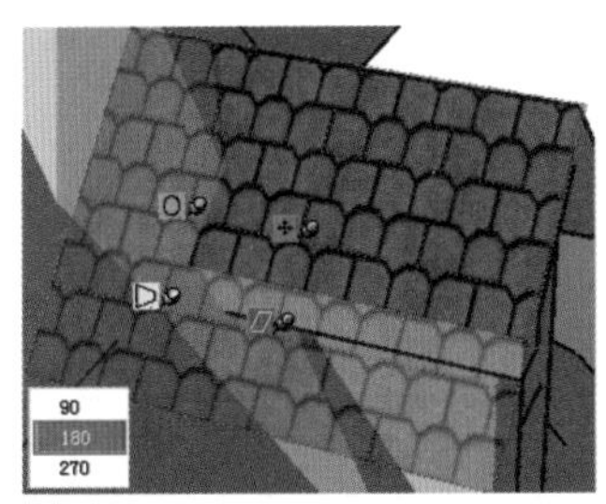

图 2-266　旋转 180° 后的纹理图像效果

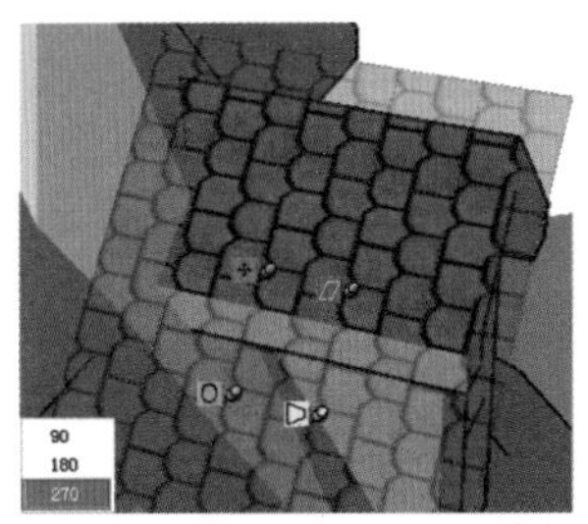

图 2-267　旋转 270° 后的纹理图像效果

- 投影

【纹理图像】菜单下的【投影】命令用于在曲面上制作贴合的纹理图像效果，具体使用方法如下：

01 打开本书配套光盘“第 02 章 | 纹理图像投影.skp”模型，如图 2-268 所示。此时如果直接在其表面赋予纹理图像，将得到凌乱的拼贴效果，如图 2-269 所示。

02 为了在曲面上得到贴合的纹理图像效果，首先在其正前方创建一个宽度相等的长方形平面，如图 2-270 所示。

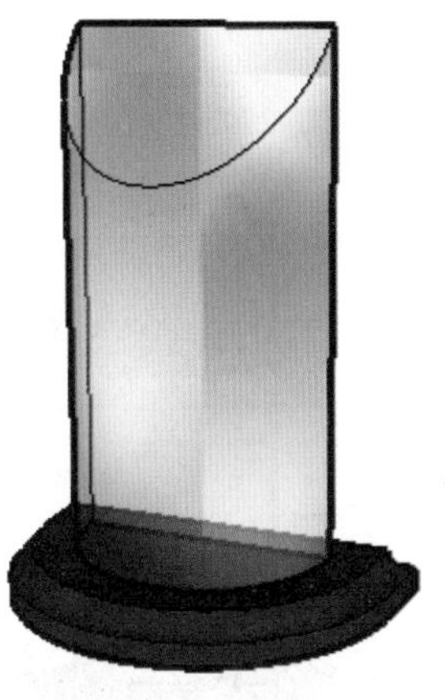
图 2-268　打开模型

图 2-269　直接赋予纹理图像的效果

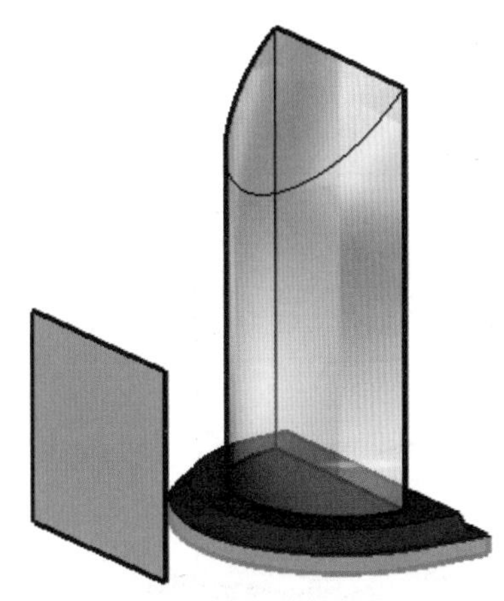
图 2-270　创建平面

03 执行【视图】|【正面样式】|【X 射线】菜单命令，使场景模型产生透明效果，以便于观察纹理图像，如图 2-271 所示。然后将材质纹理图像赋予平面模型，并调整好拼贴效果如图 2-272 所示。

04 选择平面模型并单击鼠标右键，单击【纹理图像】菜单【投影】命令，如图 2-273 所示。

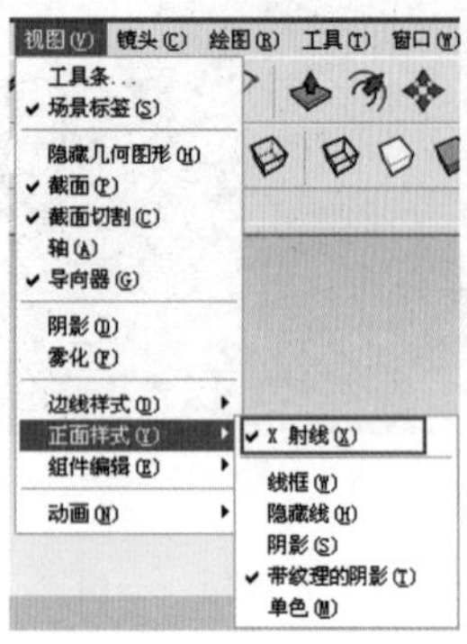

图 2-271　进入 X 射线模式

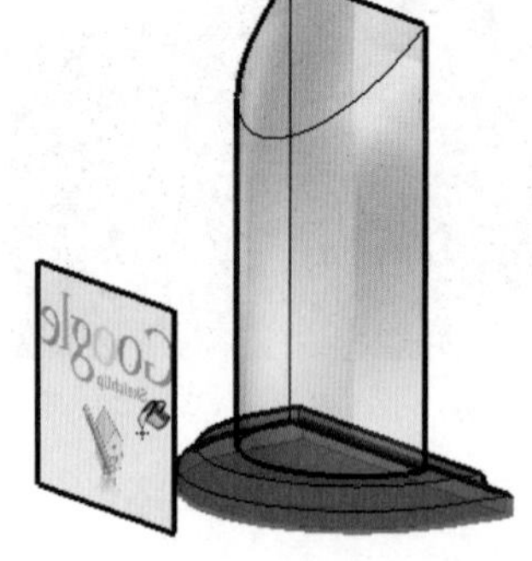

图 2-272　赋予纹理图像至平面

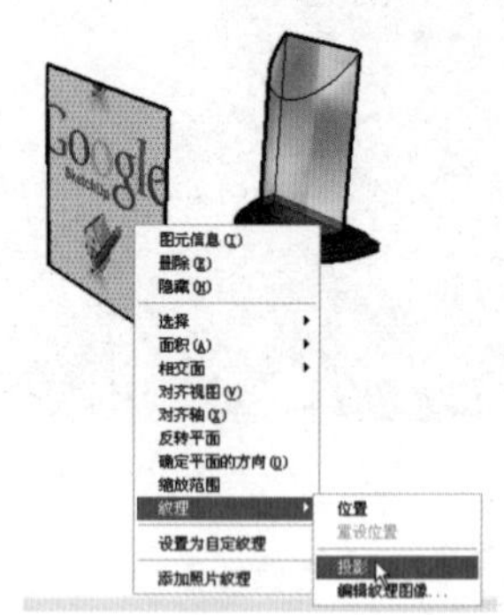

图 2-273　选择投影命令

05 单击【材质】编辑器【样本颜料】按钮，按住 Alt 键，吸取赋予在平面模型上的材质，如图 2-274 所示。

06 松开 Alt 键，当光标变成时，将材质赋予曲面，此时在曲面上出现贴合的纹理图像效果，如图 2-275 所示。

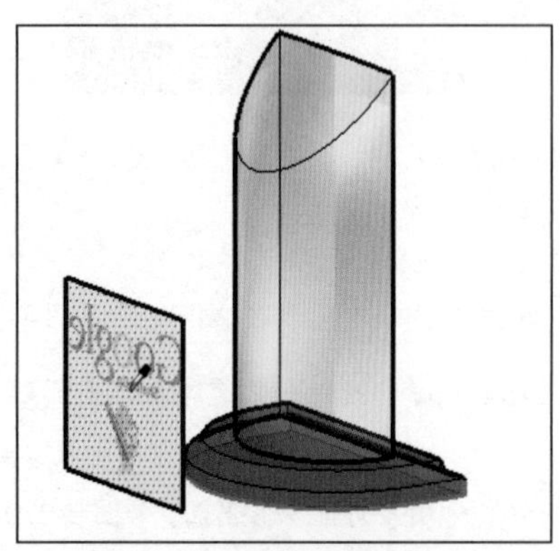

图 2-274　按住 Alt 键吸取材质

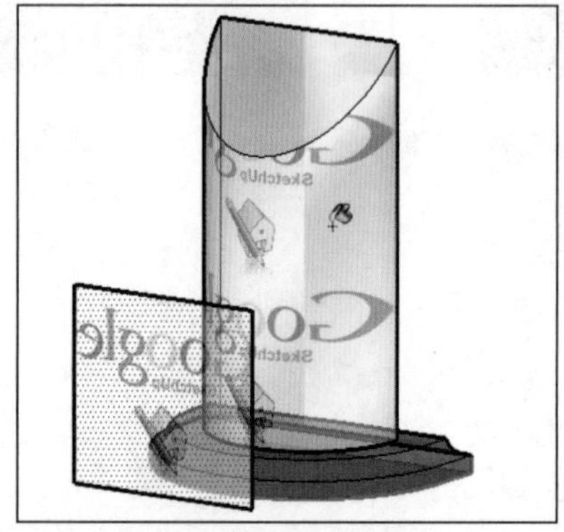

图 2-275　投影至曲面

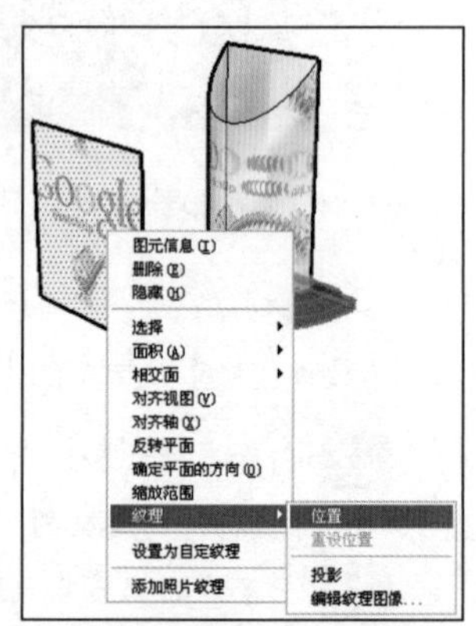

图 2-276　选择【位置】菜单命令

07 此时纹理图像如果出现方向错误，可以选择平面并单击鼠标右键，选择快捷菜单【位置】命令，使用前一节介绍过的【翻转】命令进行翻转，如图 2-276 与图 2-277 所示。

08 执行纹理图像【投影】操作，即可得到正确的纹理图像效果，如图 2-278 与图 2-279 所示。

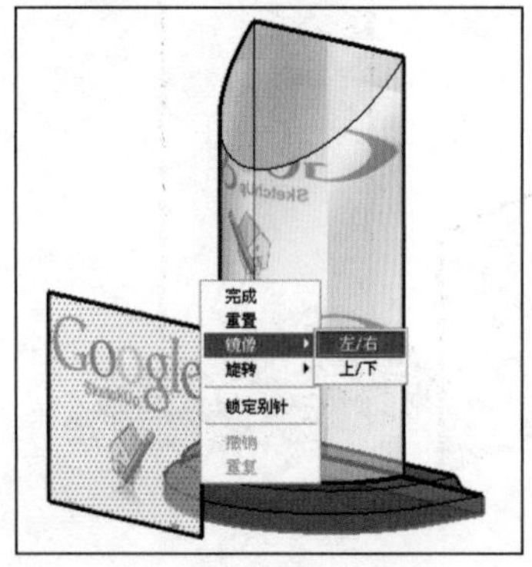

图 2-277　翻转纹理图像位置

图 2-278　投影纹理图像

图 2-279　投影完成效果

2.4 SketchUp 建筑施工工具栏

SketchUp 建模可以达到很高的精确度，这得益于功能强大的辅助定位【建筑施工】工具。【建筑施工】工具栏包含【卷尺】、【尺寸标注】、【量角器】、【文本标注】、【坐标轴】及【三维文本】工具，如图 2-280 所示。其中【卷尺】与【量角器】工具用于尺寸与角度的精确测量与辅助定位，其他工具则用于进行各种标识与文字创建。

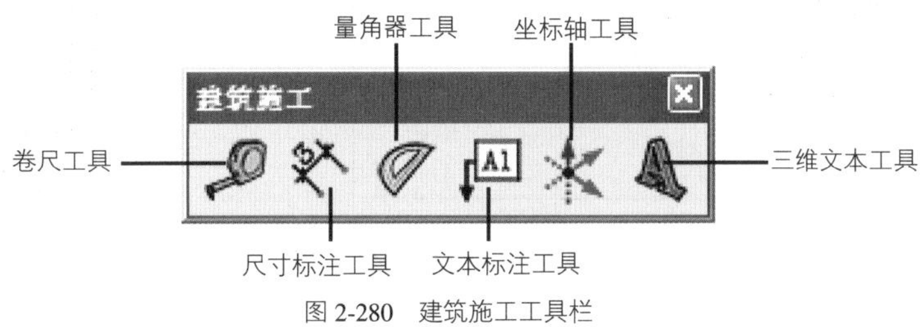

图 2-280　建筑施工工具栏

2.4.1 卷尺工具

【卷尺】工具不仅可用于距离的精确测量，也可以用于制作精准的辅助线。单击【建筑施工】工具栏按钮，或执行【工具】|【卷尺】菜单命令，均可启用该命令。

> **技 巧**
>
> 【卷尺】工具默认快捷键为 T。

1. 测量距离工具使用方法

01 打开配套光盘“第 02 章 | 测量.skp”模型，如图 2-281 所示，该场景为一个窗户模型。

02 启用【卷尺】工具，当光标变成时单击确定测量起点，拖动光标至测量端点并再次单击确定，即可在输入数值框中看到长度数值，如图 2-282 与图 2-283 所示。

> **技 巧**
>
> 图 2-283 中显示的测量数值为大约值，这是因为 SketchUp 根据单位精度进行了四舍五入。进入【模型信息】面板，选择【单位】选项卡，调整【精确度】参数，如图 2-284 所示，再次测量即可得到精确的长度数值，如图 2-285 所示。

图 2-281　打开测量模型

图 2-282　确定测量起点

图 2-283　测量完成效果

图 2-284　调整精确度

图 2-285　精确测量数值

2. 测量距离的辅助线功能

使用【卷尺】工具可以制作出【延长】辅助线与【偏移】辅助线。

01 启用【卷尺】工具，单击鼠标确定【延长】辅助线起点，如图 2-286 所示。

02 拖动鼠标确定【延长】辅助线方向，输入延长数值并按 Enter 键确定，即可生成【延长】辅助线，如图 2-287 与图 2-288 所示。

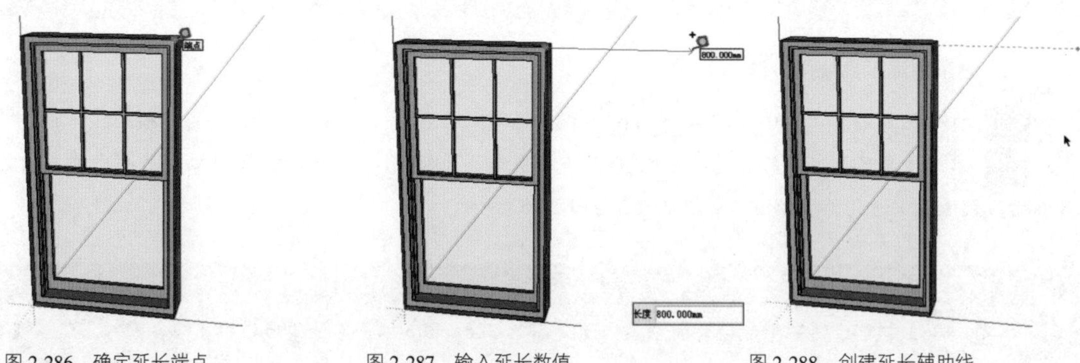

图 2-286　确定延长端点　　图 2-287　输入延长数值　　图 2-288　创建延长辅助线

03 创建【偏移】辅助线。启用【卷尺】工具，在偏移参考线两侧单点以外的任意位置单击，确定【偏移】辅助线起点，如图 2-289 所示。

04 拖动光标确定【偏移】辅助线方向，如图 2-290 所示，输入偏移数值并按 Enter 键确定，即可生成【偏移】辅助线，如图 2-291 所示。

图 2-289　选择偏移起点

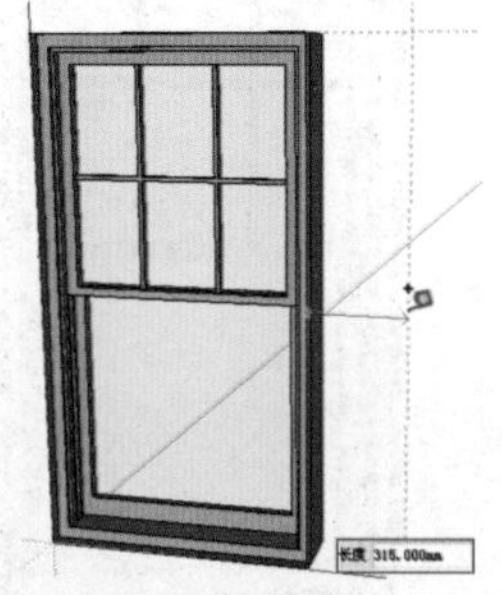

图 2-290　输入偏移数值

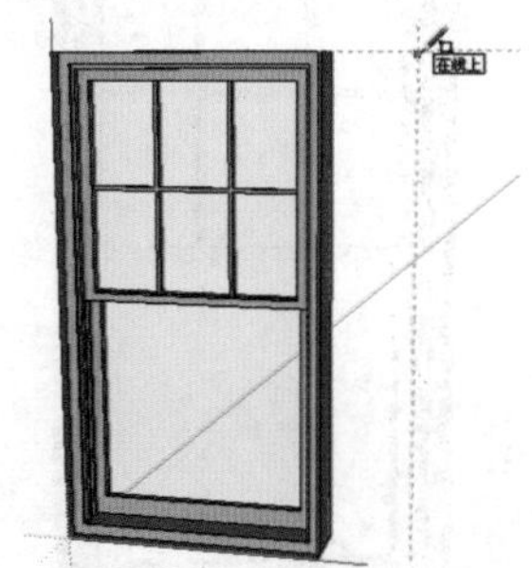

图 2-291　创建偏移辅助线

05 辅助线之间的交点、辅助线与线、平面以及实体的交点均可用于捕捉。选择【隐藏】与【取消隐藏】

菜单命令，可以隐藏或显示辅助线，如图 2-292 与图 2-293 所示。也可以使用如图 2-294 所示的【删除参考线】菜单命令进行删除。

图 2-292　隐藏菜单命令

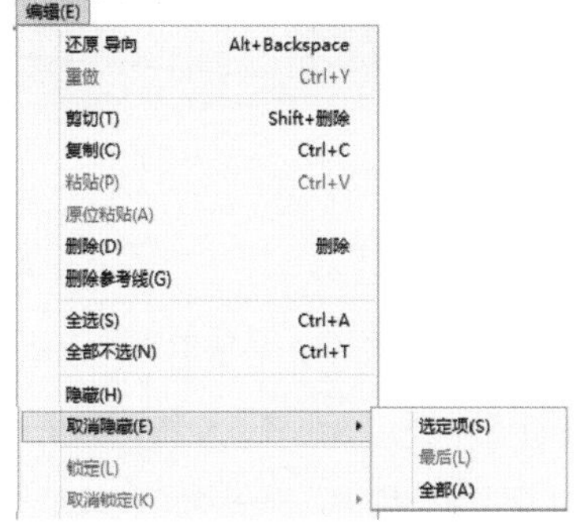

图 2-293　取消隐藏子菜单

图 2-294　删除参考线命令

2.4.2 删除工具

单击 SketchUp【使用入门】工具栏【擦除】工具按钮，待光标变成时，将其置于目标线段上方，单击鼠标即可直接将其删除，如图 2-295 与图 2-296 所示。但该工具不能直接进行“面”的删除，如图 2-297 所示。

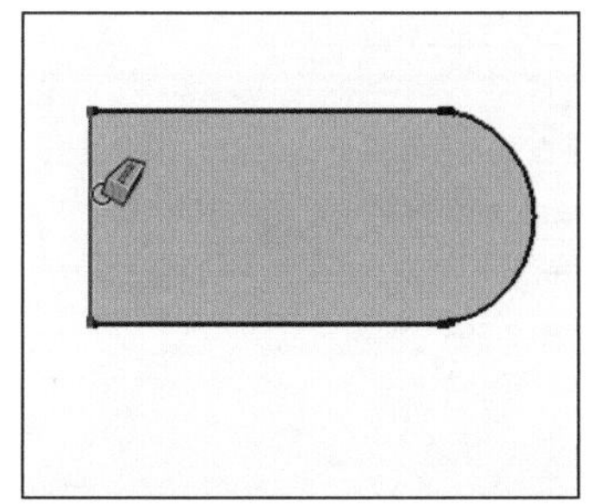

图 2-295　单击删除线段

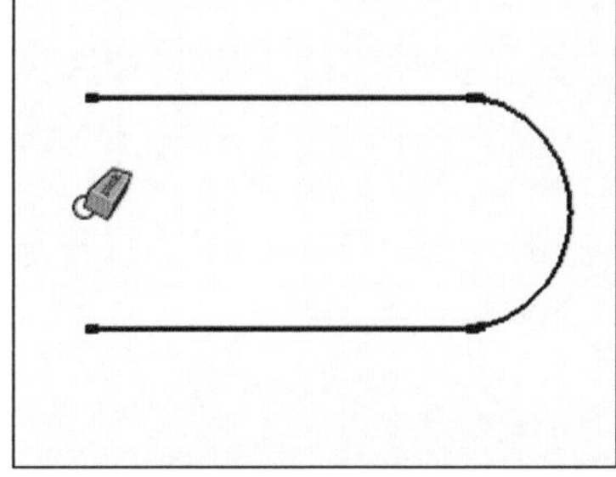

图 2-296　删除完成

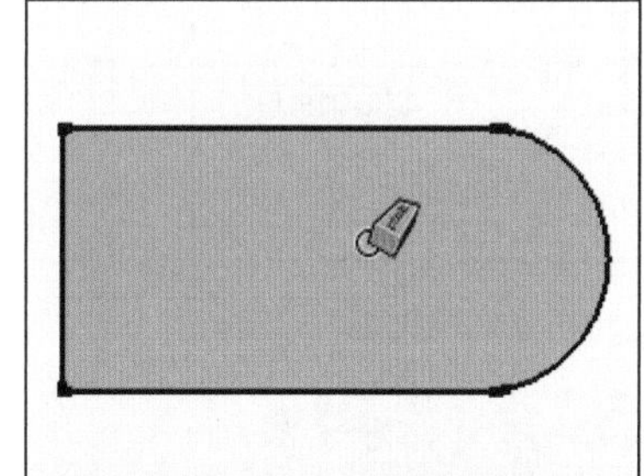

图 2-297　不能直接删除面

技 巧

【擦除】工具默认快捷键为 E。

2.4.3 量角器工具

【量角器】工具具有角度测量与创建角度辅助线的功能。单击【建筑施工】工具栏按钮，或执行【工具】|【量角器】菜单命令，均可启用该命令，接下来学习其使用方法。

1. 量角器工具使用方法

01 启用【量角器】工具，待光标变成后，单击鼠标确定目标测量角的顶点，如图 2-298 所示。

02 拖动光标捕捉目标测量角任意一条边线，如图 2-299 所示，单击鼠标确定，然后捕捉到另一条边线单击确定，即可在数值输入框内观察到测量角度，如图 2-300 所示。

注 意

通过相应精度的调整，测量出的角度值也可以显示出非常精确的数值，具体调整方法可以参考上一节的内容。

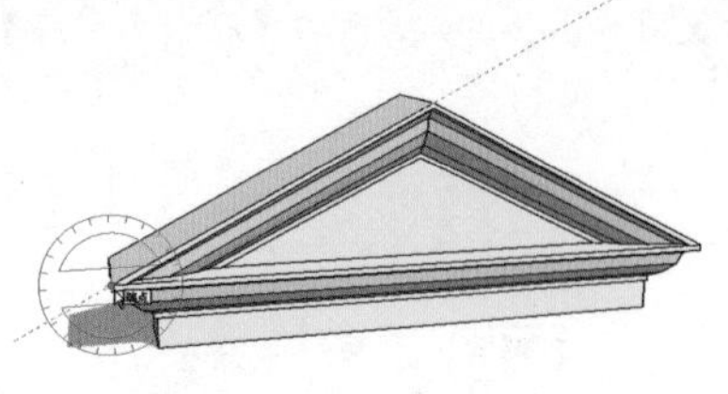
图 2-298　确定测量顶点

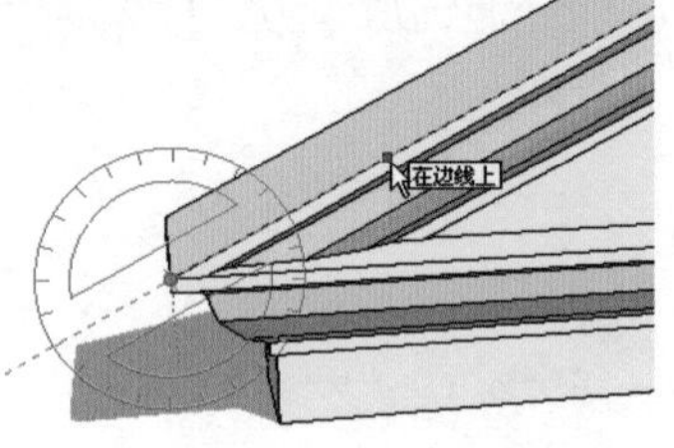

图 2-299　确定一条边线

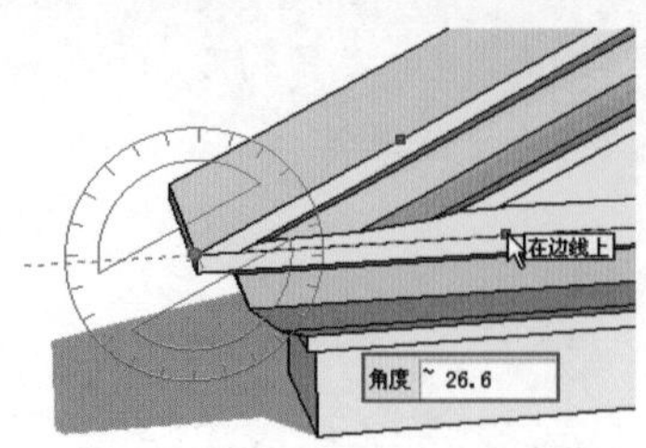

图 2-300　测量角度完成

2. 量角器的角度辅助线功能

使用【量角器】工具可以创建任意值的角度辅助线，具体的操作方法如下：

01 启用【量角器】工具，在目标位置单击，确定顶点位置，如图 2-301 所示。

02 拖动光标创建角度起始线，如图 2-302 所示。在实际的工作中可以创建任意角度的斜线，以进行相对测量。

03 在数值输入框中输入角度数值，并按 Enter 键确定，将以起始线为参考，创建相对角度的辅助线，如图 2-303 所示。

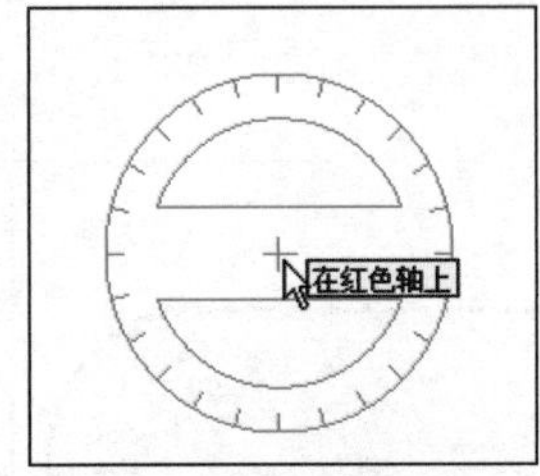

图 2-301　确定测量位置

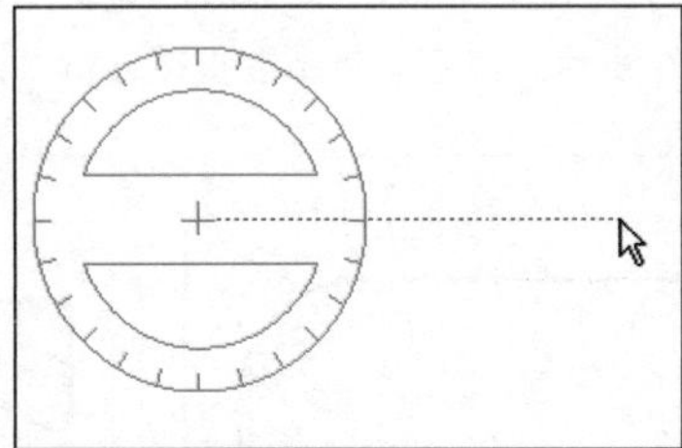
图 2-302　确定起始线

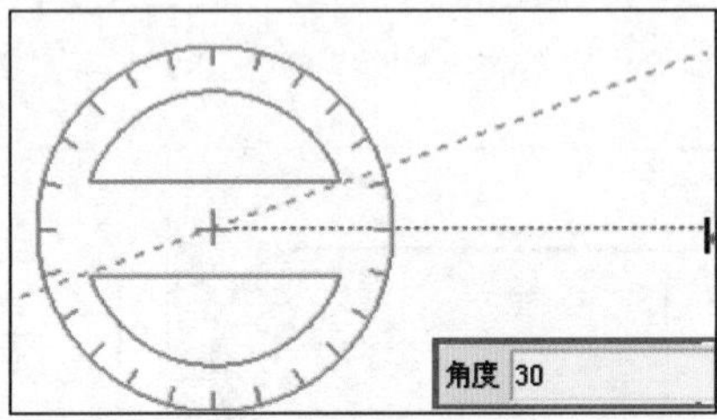

图 2-303　绘制角度辅助线

2.4.4 尺寸标注工具

SketchUp 具有十分强大的【标注】功能，能够创建满足施工要求的尺寸标注，这也是 SketchUp 区别于其他三维软件的一个明显优势。单击【建筑施工】工具栏按钮，或执行【工具】|【尺寸】菜单命令，均可启用该命令，接下来学习【长度】标注、【半径】标注以及【直径】标注的操作方法与技巧。

1. 长度标注

01 启用【尺寸】工具，然后选定标注起点，如图 2-304 所示。

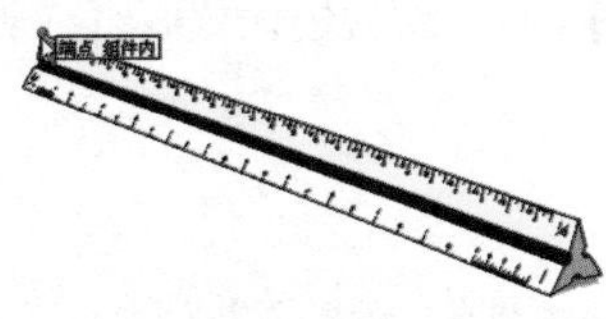
图 2-304　确定标注起点

图 2-305　确定标注端点

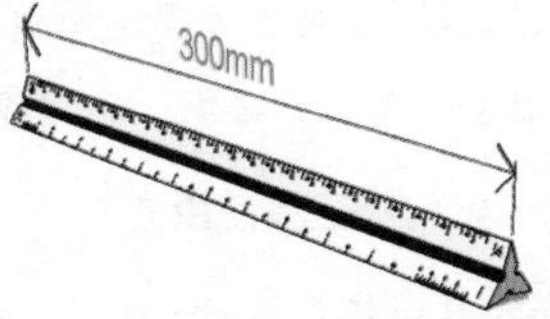

图 2-306　标注完成

02 拖动光标至标注端点单击确定，如图 2-305 所示。向上推动光标放置标注，标注结果如图 2-306 所示。

注 意

在 SketchUp 中，可以在多个位置放置标注，实现三维标注的效果，如图 2-307 ~ 图 2-309 所示。此外，调整【模型信息】面板中的精确度，可以标注出十分精确的数值。

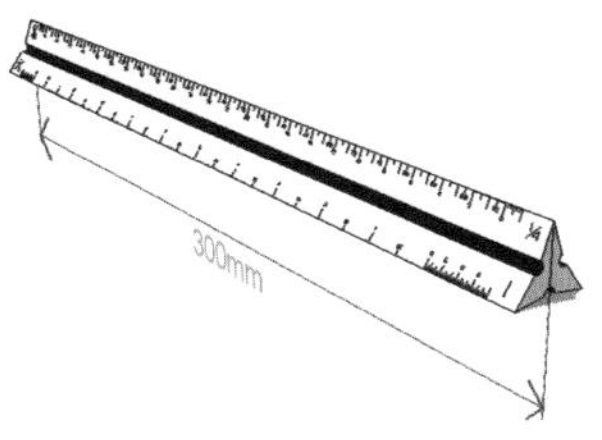

图 2-307　向下放置标注

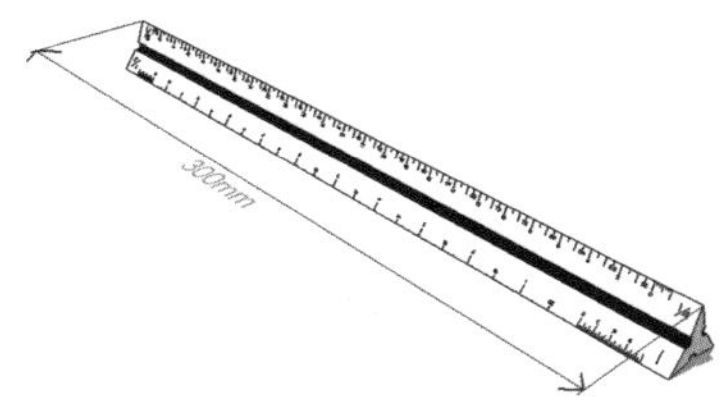

图 2-308　向左旋转标注

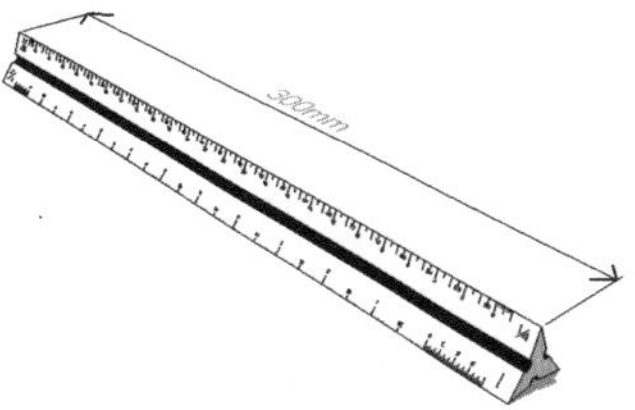

图 2-309　向右放置标注

2. 半径标注

01 启用【尺寸】工具，在目标弧线上单击，确定标注对象，如图 2-310 所示。

02 往任意方向拖动光标放置标注，即可完成半径标注，如图 2-311 所示。

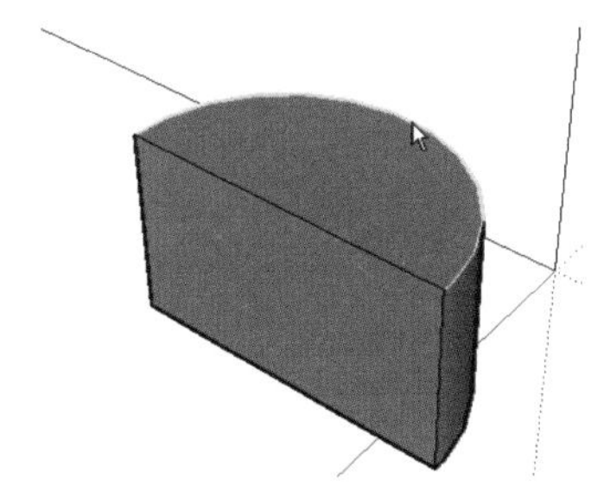
图 2-310　选择弧形边线

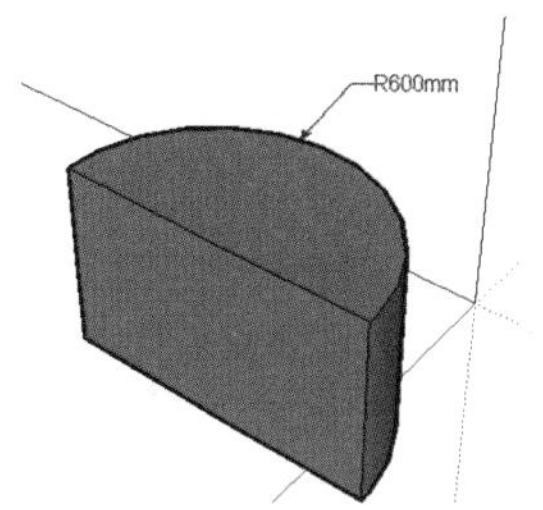

图 2-311　半径标注完成

3. 直径标注

01 启用【尺寸】工具，在目标圆形边线上单击，确定标注对象，如图 2-312 所示。

02 往任意方向拖动光标放置标注，即可完成直径标注，如图 2-313 所示。

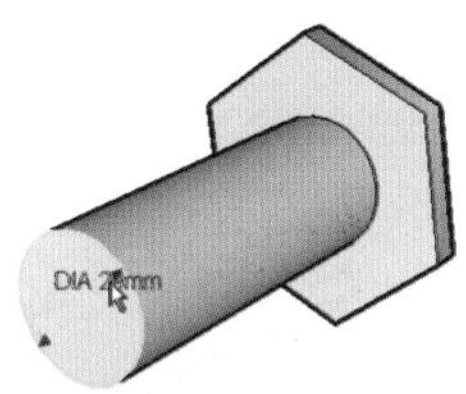
图 2-312　选择圆形边线

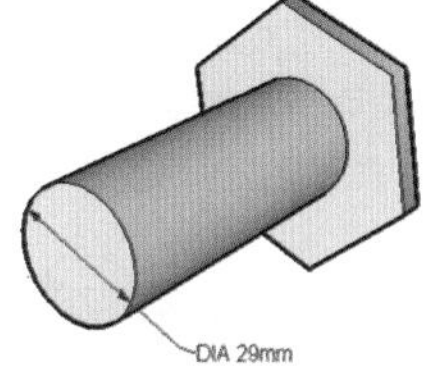

图 2-313　标注完成效果

4. 设置标注样式

【标注】由【箭头】、【标注线】以及【标注文字】构成，进入【模型信息】面板，选择【尺寸】选项，可以进行【标注】样式的调整，如图 2-314 与图 2-315 所示。

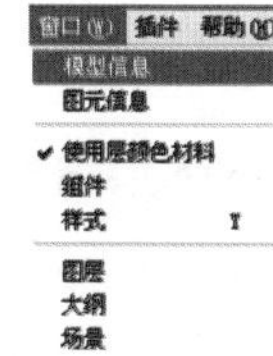

图 2-314　选择【模型信息】菜单

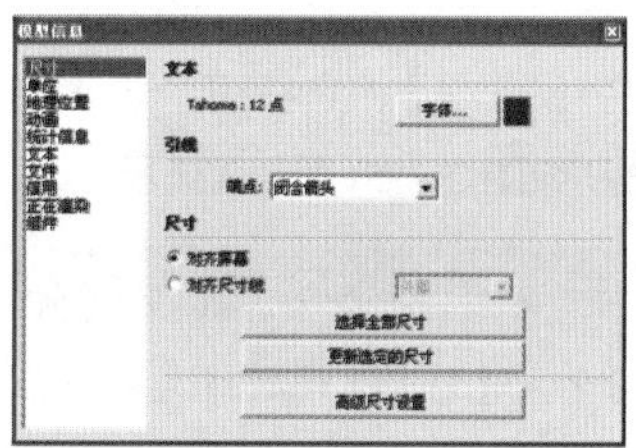

图 2-315　选择尺寸标注选项卡

单击【文本】参数组【字体】按钮，可以打开如图 2-316 所示的【字体】设置面板，通过该面板可以设置标注文字的【字体】、【样式】、【大小】，调整出不同的标注文字效果，如图 2-317 所示。

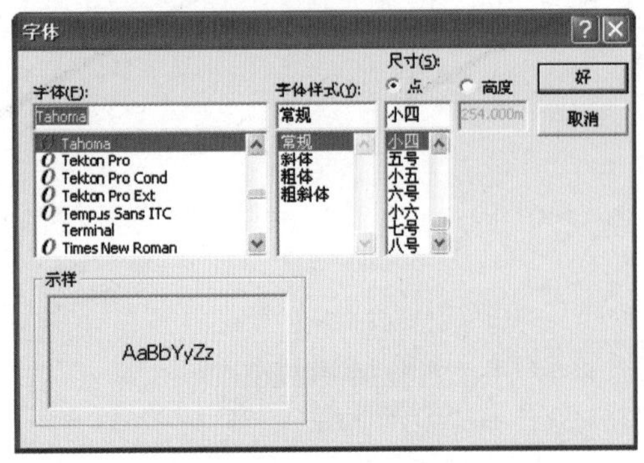

图 2-316　字体面板

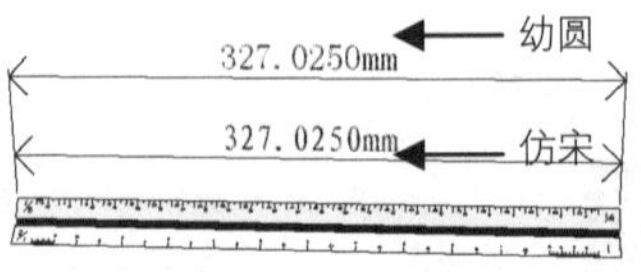

图 2-317　不同字体的标注效果

选择【引线】参数组【端点】下拉按钮，可以选择【无】、【斜线】、【点】、【开放箭头】4 种标注端点效果，如图 2-318 所示。

默认设置下为【开放箭头】，三种端点效果如图 2-319~图 2-321 所示。

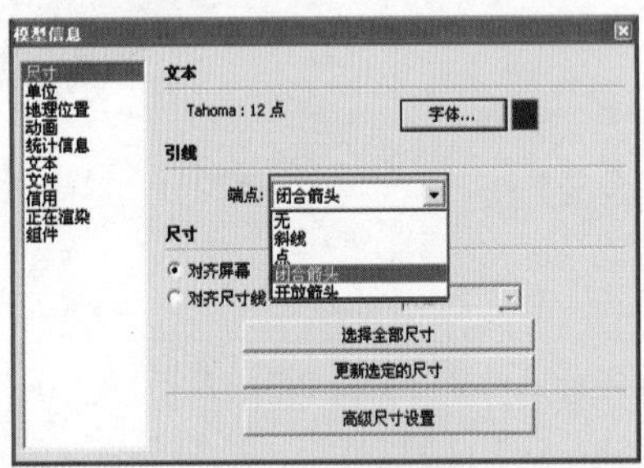

图 2-318　端点下拉按钮

图 2-319　斜线标注

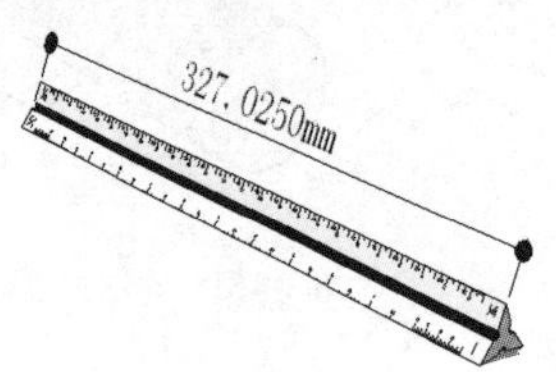

图 2-320　点标注

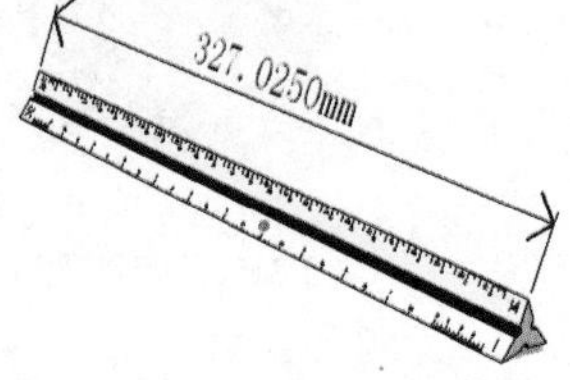

图 2-321　开放箭头

在【尺寸】参数组内，可以调整【标注文字】与【尺寸线】的位置关系，如图 2-322 所示。其中【对齐到屏幕】选项的效果如图 2-323 所示，此时标注文字始终平行于屏幕。

选择【对齐尺寸线】单选按钮，则可以通过下拉按钮切换【上方】、【居中】、【外部】三种方式，如图 2-324 所示，效果分别如图 2-325~图 2-327 所示。

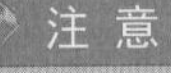

注 意

【上方】与【外部】两种方式有类似的地方，但对比观察图 2-325 与图 2-327 可以发现，在任何情况下【上方】方式中【标注文字】始终位于【尺寸线】上方，而【外部】方式中【标注文字】则始终位于【尺寸线】外侧。

图 2-322　选择对齐屏幕

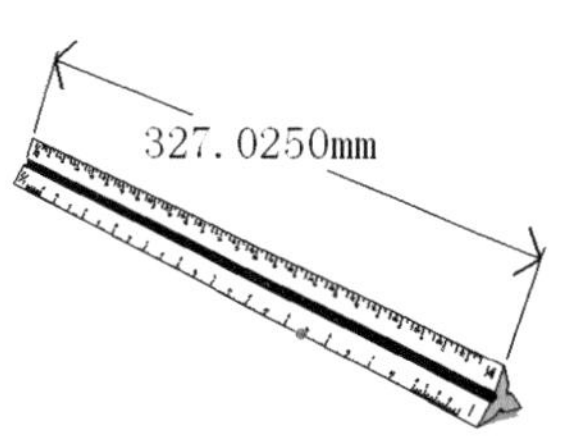

图 2-323　对齐屏幕标注效果

图 2-324　三种尺寸线对齐方式

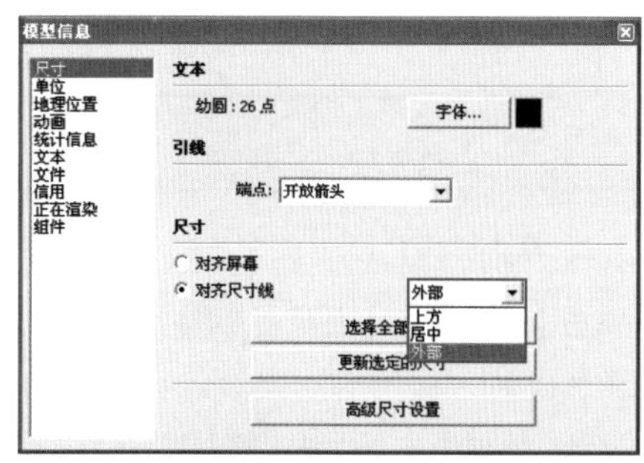

图 2-325　上方对齐效果

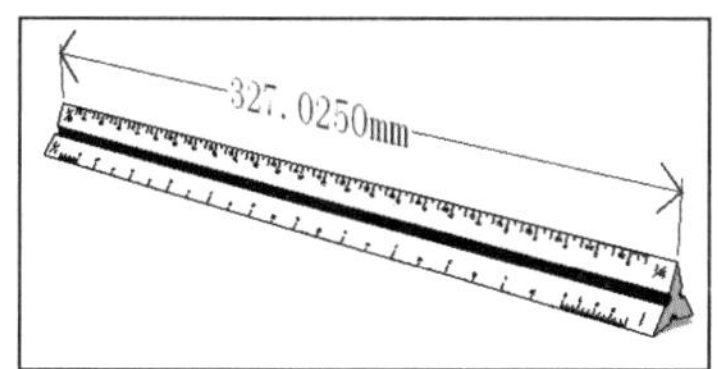

图 2-326　居中对齐效果

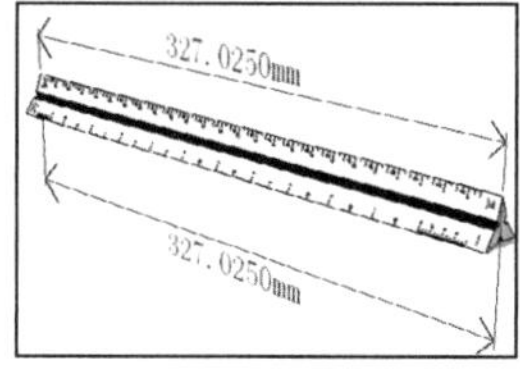

图 2-327　外部对齐效果

5. 修改标注

SketchUp2014 改进了标注样式的修改方式，如果需要修改场景中所有标注，可以在设置好【标注样式】后，单击【尺寸】选项卡【选择全部尺寸】按钮进行统一修改。如果只需要修改部分标注，则可以通过【更新选定的尺寸】按钮进行部分更改，如图 2-328 所示。

图 2-328　选择与更新按钮

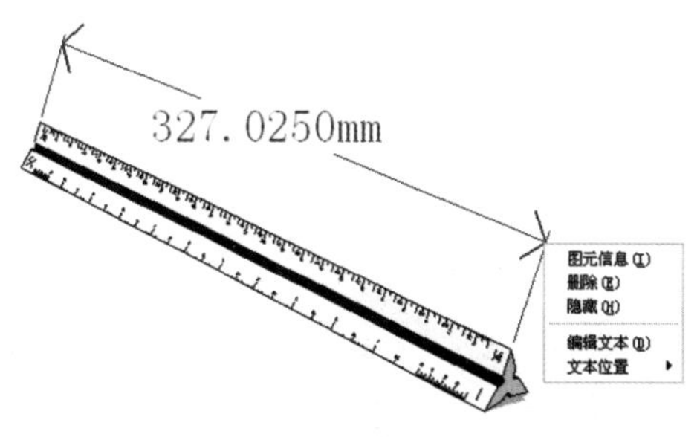

图 2-329　选择编辑文字

技 巧

如果是修改单个或几个标注，可以通过如图 2-329 与图 2-330 所示的鼠标右键快捷菜单完成，此外双击标注文字可以直接修改文字内容，如图 2-331 所示。

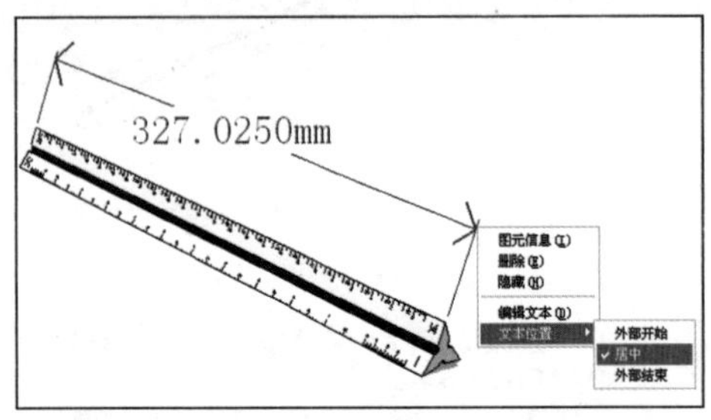

图 2-330 文字位置子菜单

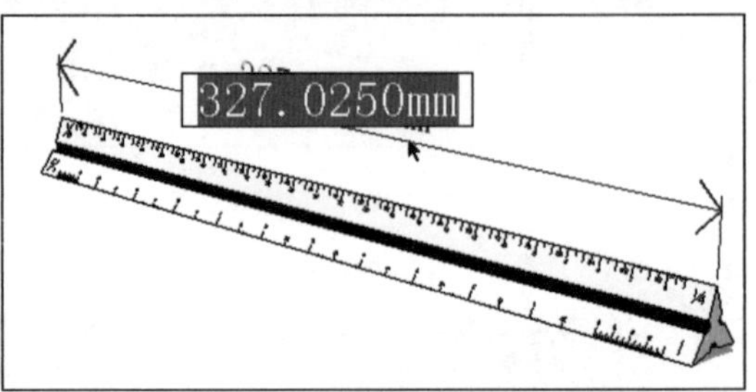

图 2-331 双击修改文字内容

2.4.5 文本标注工具

单击【建筑施工】工具栏按钮，或执行【工具】|【文本】菜单命令，可以启用【文本标注】命令，从而对图形面积、线段长度、定点坐标进行文字标注。

此外，通过【文本标注】的【用户标注】功能还可以对材料类型、特殊做法以及细部构造进行详细的文字说明。

1. 系统标注

SketchUp 系统设置的【文本标注】可以直接对【面积】、【长度】、【定点坐标】进行文字标注，具体操作方法如下：

01 启用【文本标注】功能，待光标变成时，将光标移动至目标平面对象表面，如图 2-332 所示。

02 双击后在当前位置直接显示【文本标注】内容，如图 2-333 所示。此外，还可以首先单击确定【文本标注】端点位置，然后拖动光标到任意位置放置【文本标注】，再次单击，确定，如图 2-334 所示。

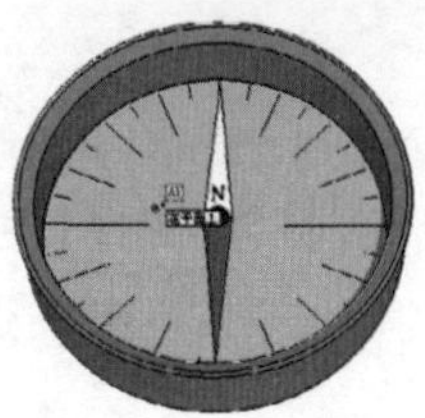

图 2-332 选择标注表面

图 2-333 双击标注效果

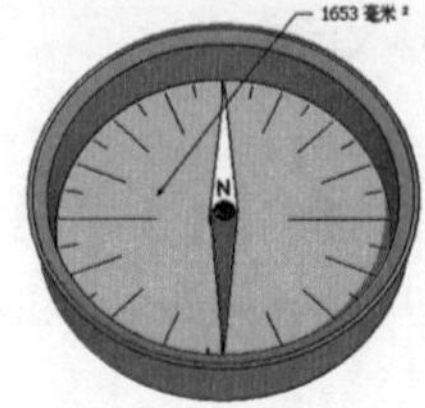

图 2-334 单击拉出标注效果

03 线段长度与点坐标标注方法基本相同，如图 2-335 ~图 2-338 所示作。

图 2-335 选择标注线形

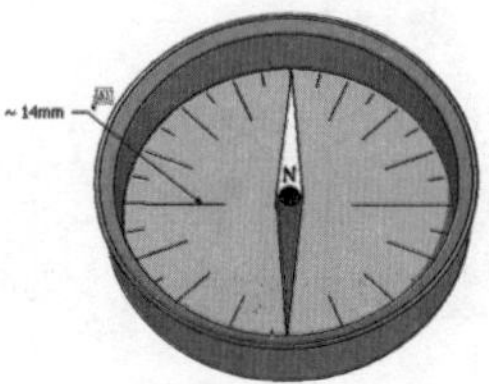

图 2-336 线形文字标注效果

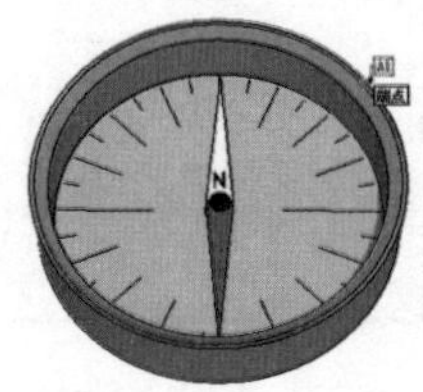

图 2-337 选择标注圆形

2. 用户标注

用户在使用【文本标注】时，可以轻松地编写文字内容，具体操作方法如下：

01 启用【文本标注】功能，待光标变成 时，将光标移动至目标平面对象表面，如图 2-339 所示。

02 单击【文本标注】端点位置，然后拖动光标在任意位置放置【文本标注】，此时即可自行进行标注内容的编写，如图 2-340 与图 2-341 所示。

03 完成标注内容编写单击后，完成自定义标注。

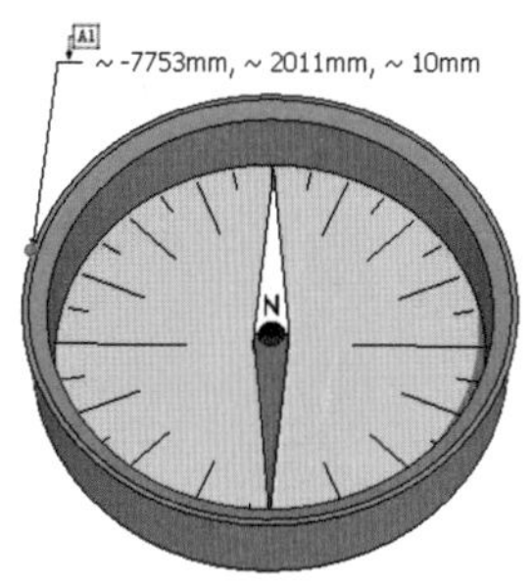

图 2-338　圆形定点文字标注效果

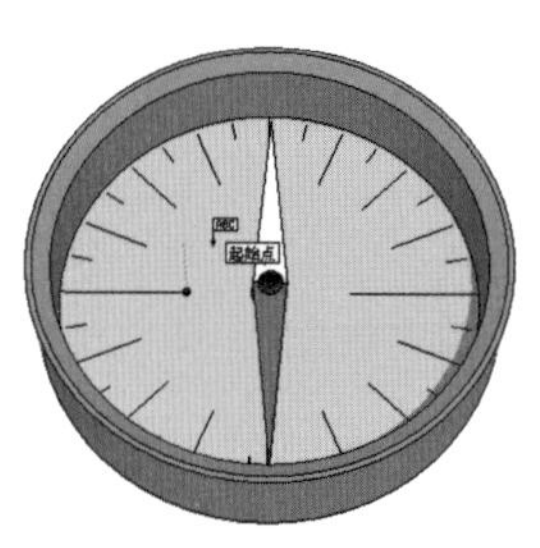

图 2-339　选择标注平面

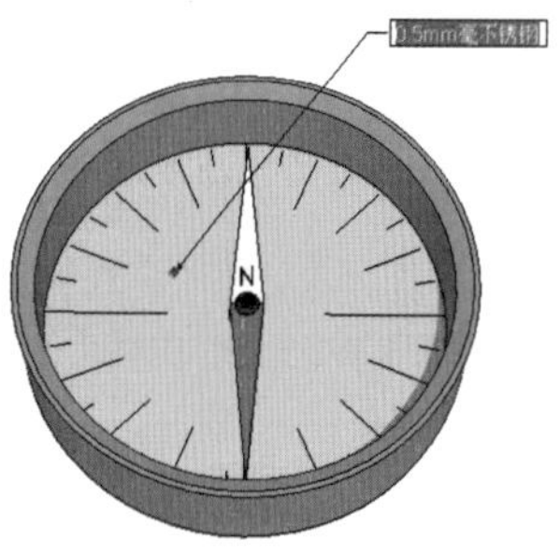

图 2-340　进行材质文本标注

3. 修改文本标注

修改【文本标注】十分简单，可以双击【文本标注】进行文字内容的修改，如图 2-342 与图 2-343 所示。也可以单击鼠标右键通过快捷菜单进行修改，如图 2-344 所示。

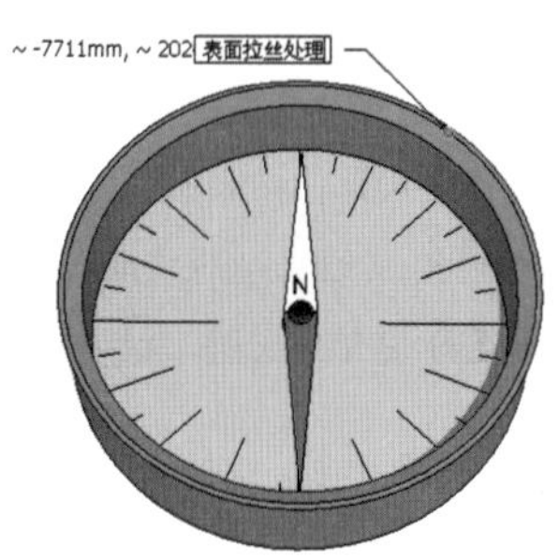

图 2-341　进行工艺文本标注

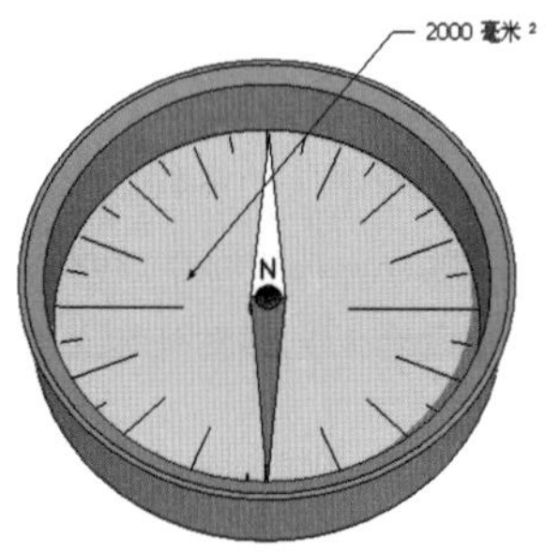

图 2-342　当前标注

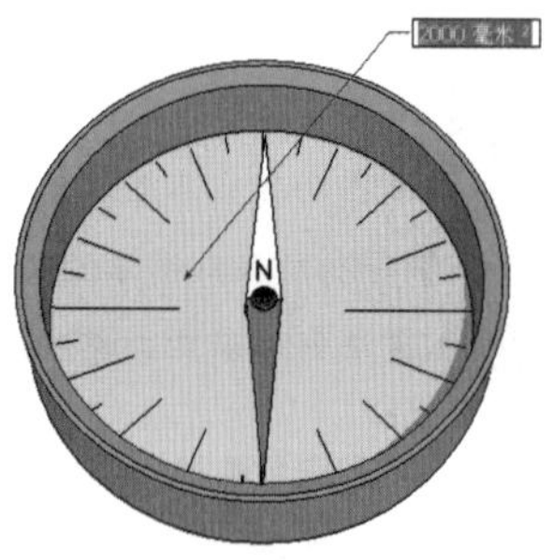

图 2-343　双击修改标注内容

2.4.6 轴工具

SketchUp 和其他三维软件一样，都是通过【轴】进行位置定位，如图 2-345 所示。为了方便模型创建，SketchUp 还可以自定义【轴】，单击【建筑施工】工具栏 按钮，或执行【工具】|【轴】菜单命令，即可启用【轴】自定义功能，具体操作步骤如下：

01 启用【轴】工具，待光标变成 时，移动光标至目标位置单击，如图 2-346 所示。

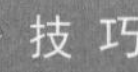

技 巧

在实际的工作中，可以将轴放置于模型的某个顶点，这样有利于轴向的调整。

02 确定目标位置后，可以左右拖动鼠标，自定义轴 X、Y 的轴向，调整到目标方向后单击即可，如图 2-347 所示。

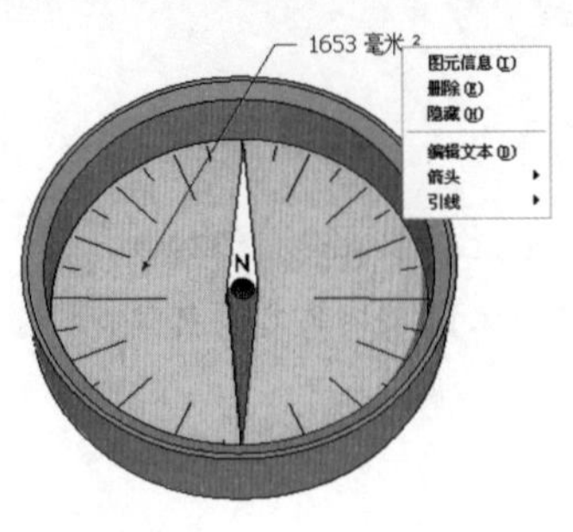

图 2-344　文字标注快捷菜单

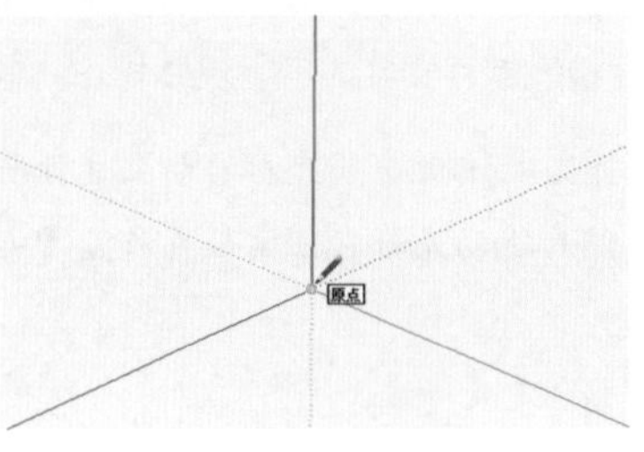

图 2-345　默认轴

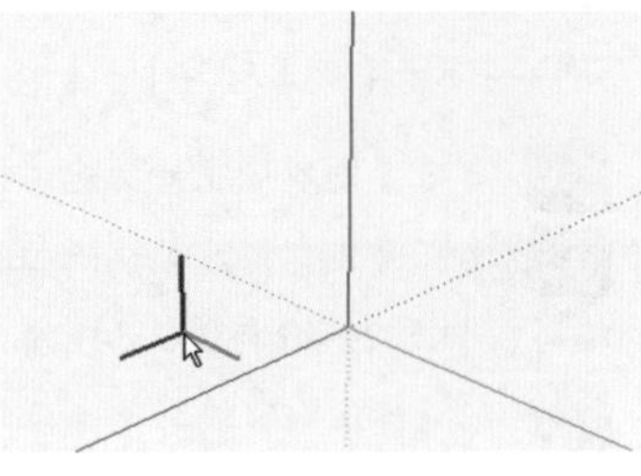

图 2-346　启用轴工具

03 确定 X、Y 的轴向后，可以上下拖动光标自定义 Z 轴方向，如图 2-348 所示。调整完成后再次单击，即可完成轴的自定义，如图 2-349 所示。

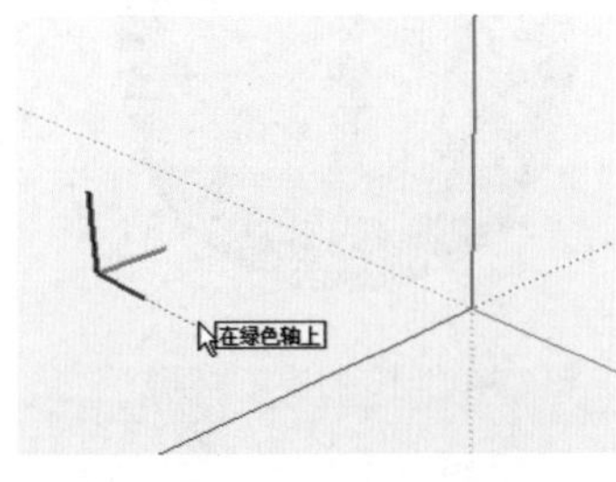

图 2-347　确定 XY 轴轴向

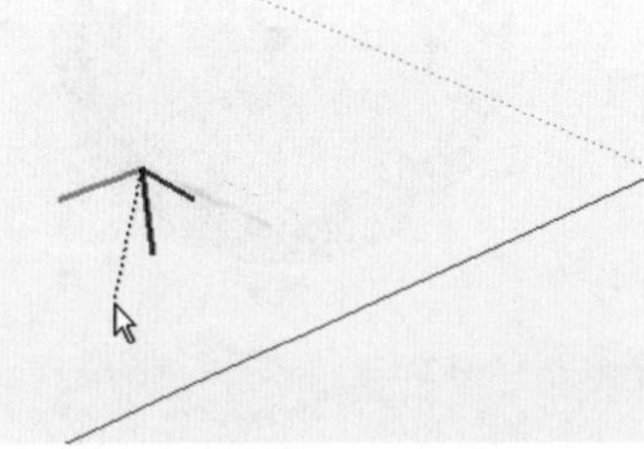

图 2-348　确定 Z 轴轴向

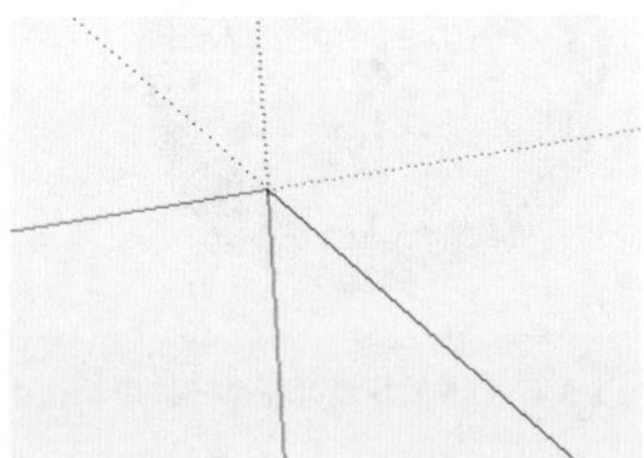

图 2-349　新的轴

2.4.7 三维文本工具

通过【三维文本】工具，可以快速创建三维或平面的文字效果，单击【建筑施工】工具栏按钮或执行【工具】|【三维文本】菜单命令，即可启用该功能。

01 启用【三维文本】工具，系统弹出【放置三维文字】面板，如图 2-350 所示。

02 单击面板文本输入框可以输入文字，通过其下的参数，可以自定义【文字样式】、【排列】、【高度】以及【挤压】等参数，如图 2-351 所示。

03 设置好参数后，单击【放置】按钮，再移动光标到目标点单击，即可创建好具有厚度的三维文字，如图 2-352 所示。

图 2-350　三维文字创建面板

图 2-351　调整参数

图 2-352　三维文字效果

注 意

创建好的三维文字默认即为【制作组件】，如图 2-353 所示。如果不勾选【填充】复选框，将无法【挤压】出文字厚度，所创建的文字将为线形，如图 2-354 所示；如果仅勾选【填充】复选框，则创建的文字为平面，如图 2-355 所示。

图 2-353　三维文字组件

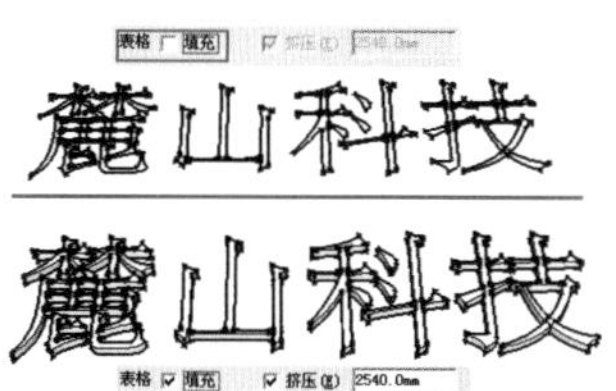

图 2-354　非填充效果

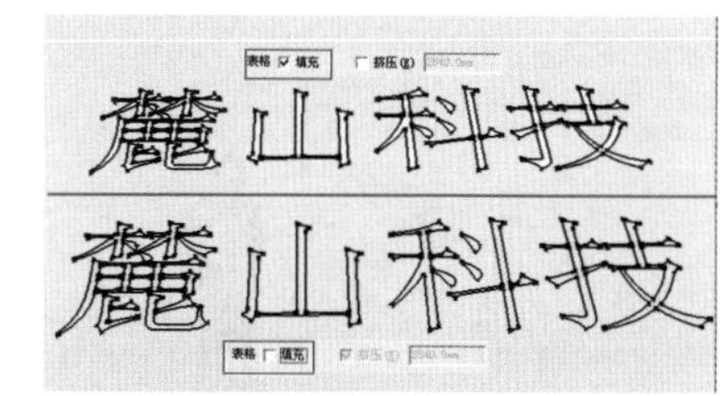

图 2-355　非挤压效果

2.5 SketchUp 相机/相机工具栏

SketchUp【相机/相机】工具栏如图 2-356 所示，前面 4 个工具已在前面进行了介绍，本节只介绍【定位相机】、【绕轴观察】以及【漫游】三个工具按钮，其中【定位相机】与【绕轴观察】工具用于相机位置与观察方向的确定，【漫游】工具则用于制作漫游动画。

2.5.1 定位相机与绕轴观察工具

单击【定位相机】工具栏 按钮，或执行【相机】|【定位相机】菜单命令，此时光标将变成形状，将光标移动至相机目标放置点单击即可。此外，通过【数值输入框】可进行视高的设置，通常保持默认的 1676.4mm 即可，如图 2-357 与图 2-358 所示。

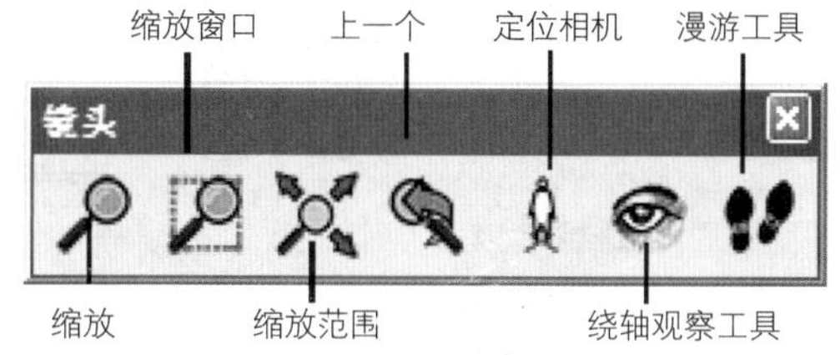

图 2-356　相机/相机工具栏

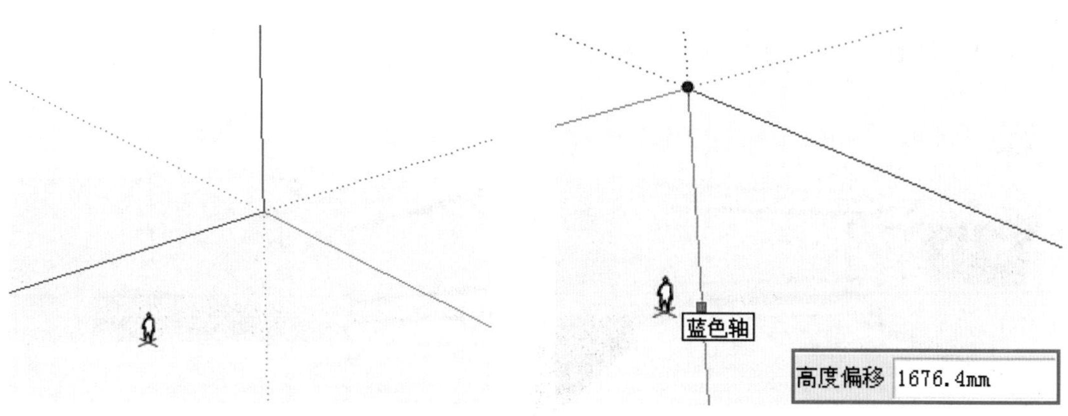

图 2-357　移动相机至目标放置点

图 2-358　输入相机视高

设置好视高后，按下 Enter 键系统将自动开启【绕轴观察】工具，此时光标将变成 状，拖动光标即可进行视角的转换，如图 2-359 与图 2-360 所示。

接下来通过一个实例的制作掌握【定位相机】与【绕轴观察】工具的使用，并学会在 SketchUp 中创建【场景】保持设置好的相机视角的方法。

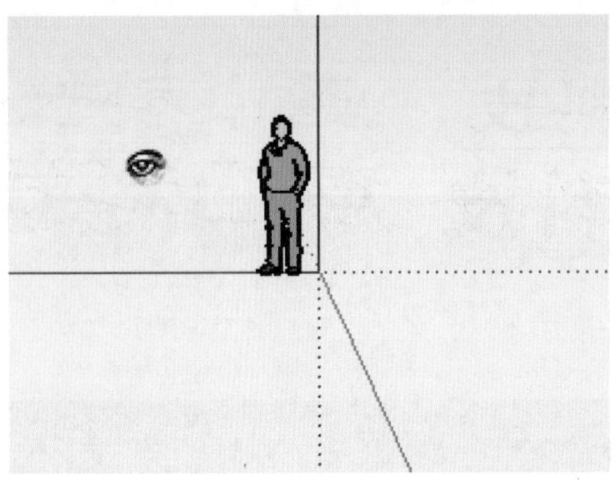
图 2-359　自动切换至绕轴观察

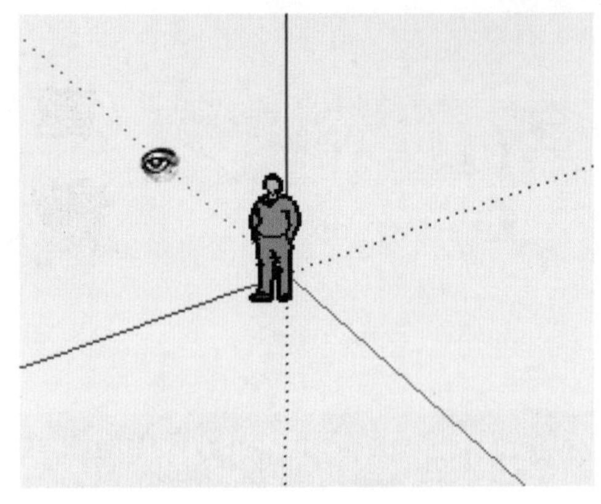
图 2-360　旋转视角

2.5.2 相机设置实例

01 打开配套光盘“第 02 章 | 相机原始.skp”文件，如图 2-361 所示，接下来设置向右观察电视柜的相机视角。

02 启用【定位相机】工具，待光标变成 时，在左侧单击，确定观察点，如图 2-362 所示。按住鼠标向右上拖动确定观察方向，如图 2-363 所示。

图 2-361　原始相机视角

图 2-362　确定相机位置

03 松开鼠标，系统将自动转换到设置的相机视角，通常此时的相机高度都不太理想，如图 2-364 所示。

图 2-363　确定相机观察方向

图 2-364　默认相机高度

04 可以在数值输入框内输入 1700，如图 2-365 所示，然后按 Enter 键拉高相机。使用【绕轴观察】工具调整好视角，如图 2-366 所示。

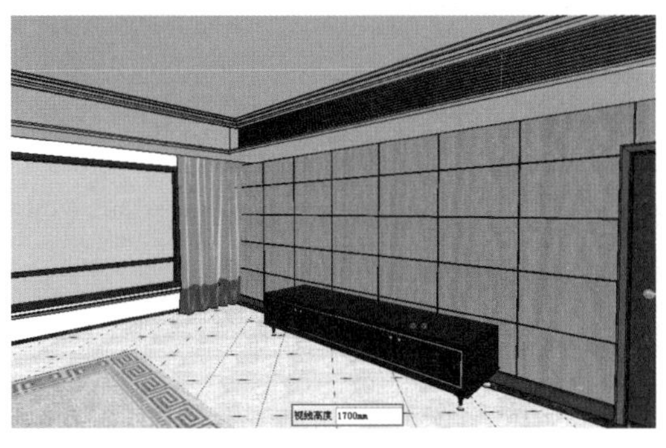

图 2-365 输入相机高度

图 2-366 调整完成效果

05 相机调整完成后，为了便于以后的其他操作，执行【视图】|【动画】|【添加场景】菜单命令，如图 2-367 所示，建立一个单独的【场景】进行保存，如图 2-368 所示。

06 将当前设置好的相机视角添加到新的【场景】后，可以在其名称上单击鼠标右键进行移动、删除、添加等操作，如图 2-369 所示。

07 如果要进行【场景】的重命名，则首先需要执行右键菜单【场景管理器】菜单命令，如图 2-370 所示，打开【场景】设置面板。

08 在【场景】设置面板中单击选中要重命名的场景，在其下的名称框中输入名称，如图 2-371 所示。

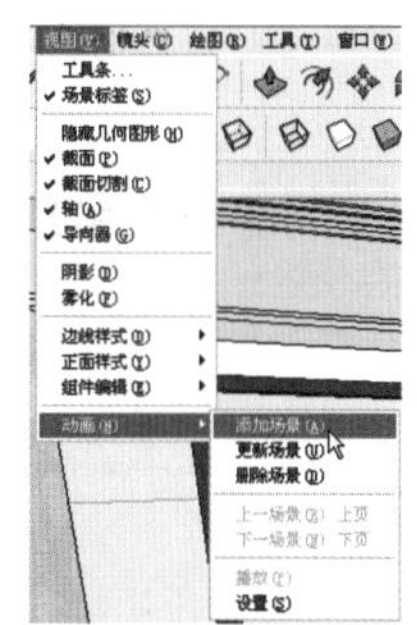
图 2-367 选择添加场景命令

图 2-368 添加场景

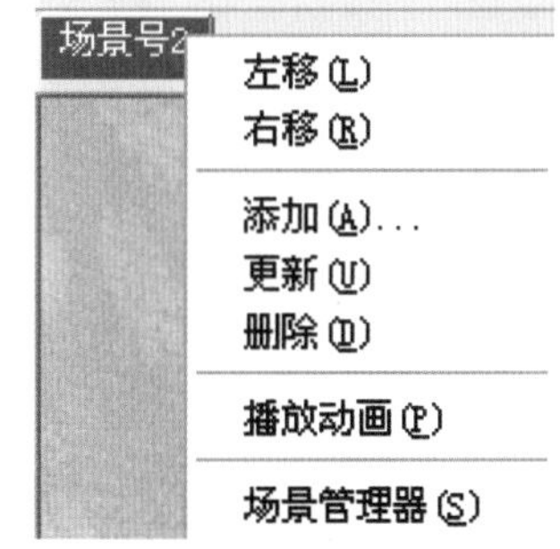

图 2-369 场景右键菜单

09 输入完成，按下 Enter 键确定，即可成功重命名【场景】，如图 2-372 所示。

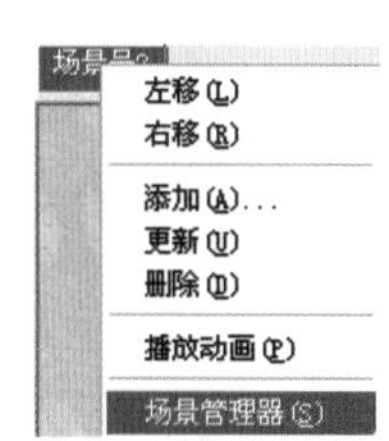

图 2-370 选择场景管理菜单命令

图 2-371 场景重命名

图 2-372 重命名完成

2.5.3 漫游工具基本操作

通过【漫游】工具，可以模拟出跟随观察者移动，在相机视图内产生连续变化的漫游动画效果。单击【漫游】

工具栏👣按钮，或执行【相机】|【漫游】菜单命令，即可启用该命令。

启用【漫游】工具后光标将变成👣状，此时通过鼠标及 Ctrl 键与 Shift 键，即可完成前进、上移、加速、转向等漫游动作，具体的操作如下：

01 启用【漫游】工具，光标将变成👣形状，如图 2-373 所示。在视图内按住鼠标左键向前推动摄影机，即可产生前进的效果，如图 2-374 所示。

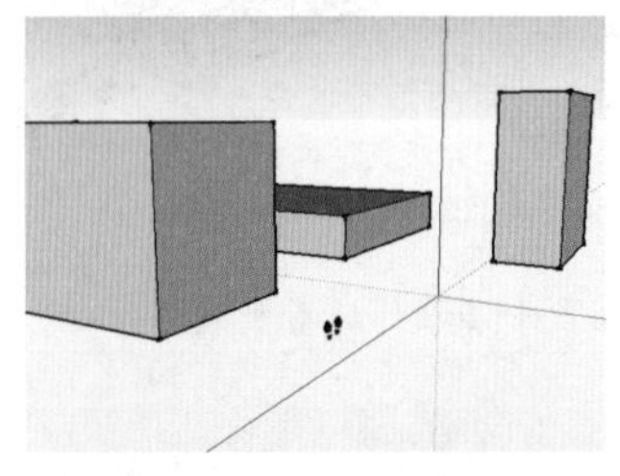

图 2-373　启用漫游工具

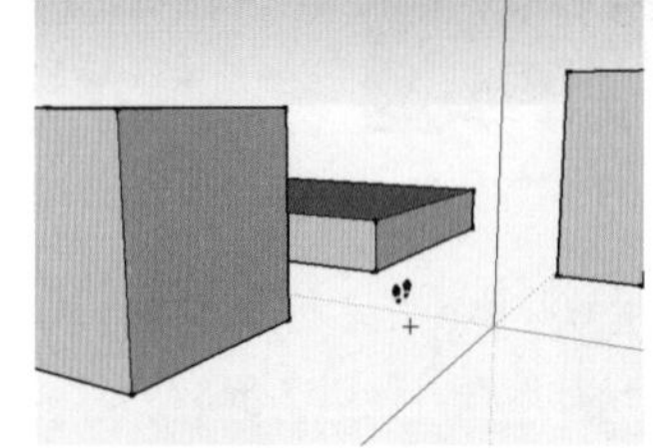

图 2-374　向前漫游

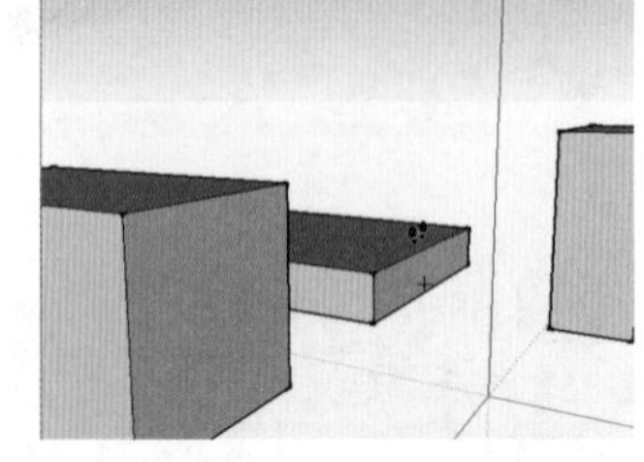

图 2-375　向上调整漫游高度

02 按住 Shift 键上、下移动鼠标，则可以升高或降低相机视点，如图 2-375 与图 2-376 所示。

03 如果按住 Ctrl 键推动鼠标，则会产生加速前进的效果，如图 2-377 所示。

04 按住鼠标左右移动光标，则可以产生转向的效果，如图 2-378 所示。接下来通过一个漫游实例，掌握【漫游】工具的使用与 SketchUp 中场景动画的制作与输出。

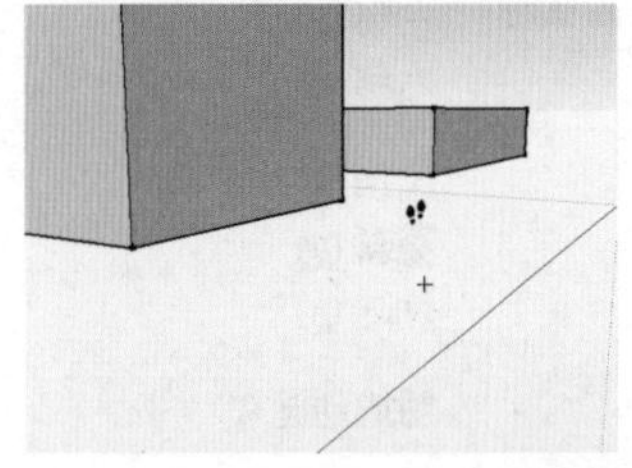

图 2-376　向下调整漫游高度

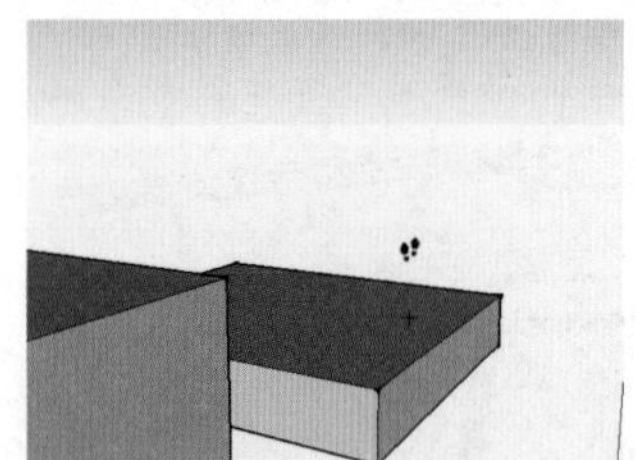

图 2-377　加快漫游速度

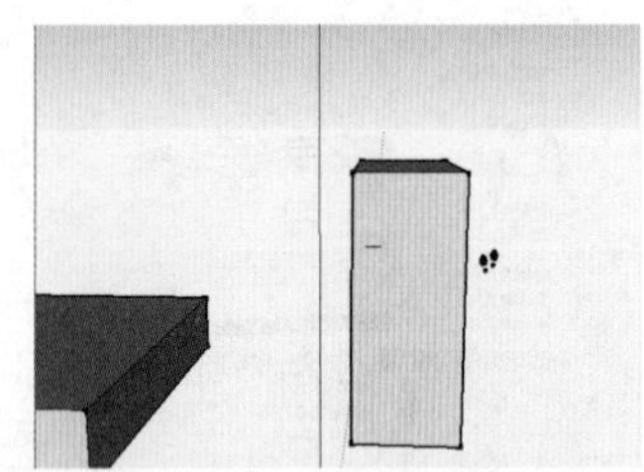

图 2-378　改变漫游方向

2.5.4 设置漫游动画实例

打开配套光盘“第 02 章 | 漫游原始.skp”文件，按照如图 2-379 所示的漫游线路设置动画效果。

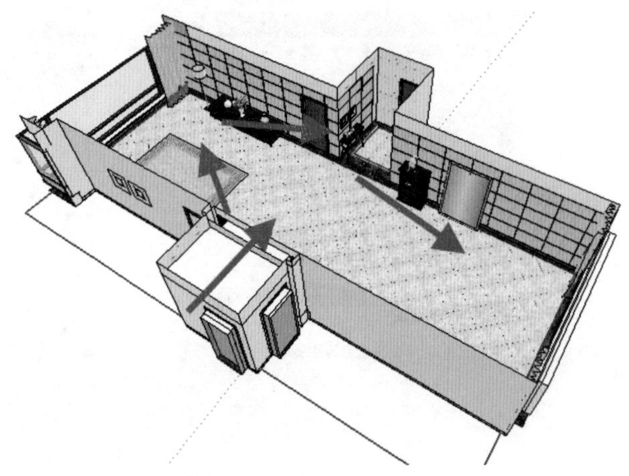

图 2-379　漫游路线

01 当前的相机视角效果如图 2-380 所示，为了避免操作失误，造成相机视角无法返回，首先新建一个【场景】，如图 2-381 所示。

02 启用【漫游】工具，待光标变成👣状后，按住鼠标左键推动使其前进，如图 2-382 所示。

03 前进到如图 2-383 所示的画面时，往左移动鼠标产生转向，转到如图 2-384 所示的画面时，松开鼠标并添加一个【场景】，以保存当前设置好的漫游效果。

图 2-380　漫游起始画面

图 2-381　添加场景

图 2-382　向前漫游

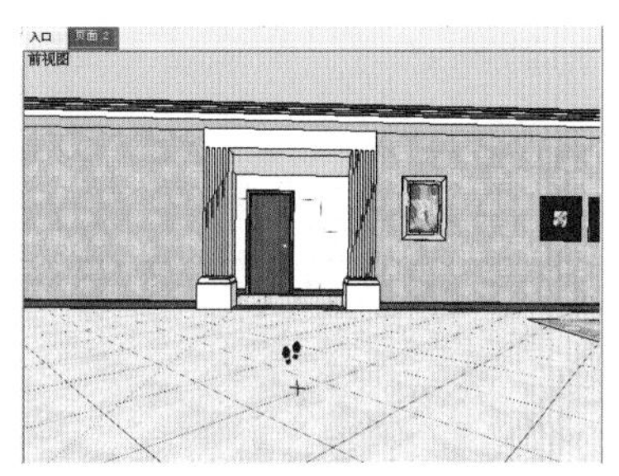

图 2-383　漫游转向位置

04 再次按住鼠标左键向前推动一段较小的距离，然后往右移动鼠标，使画面向右转向，如图 2-385 示。

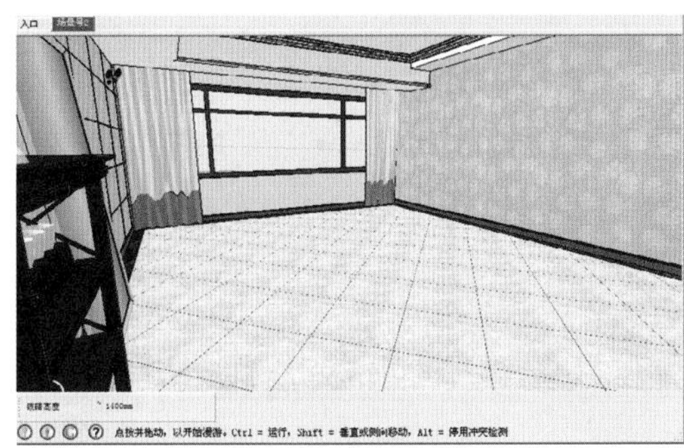

图 2-384　添加新的场景

图 2-385　再次转向

05 转动至如图 2-386 所示的画面时再次松开鼠标，然后添加【场景 3】，从而在【场景 2】内保存之前设置好的转动效果。

06 按住鼠标左键向前一直推动到窗户前，完成漫游设置，如图 2-387 所示。

07 漫游设置完成后，可以通过右键单击【场景】名称或执行【视图】|【动画】|【播放】菜单命令进行播放，如图 2-388 与图 2-389 所示。

08 默认的参数设置下动画播放效果通常速度过快，此时可以执行【查看】|【动画】|【演示设置】菜单命令，如图 2-390 所示，直进入【模型信息】面板中的【动画】选项进行参数调整，如图 2-391 所示。

技 巧

在【动画】选项卡中，【场景转换】下的时间设定值为每个【场景】内所设置的漫游动作完成的时间，【场景延时】下的时间则为【场景】之间进行衔接的停顿时间。

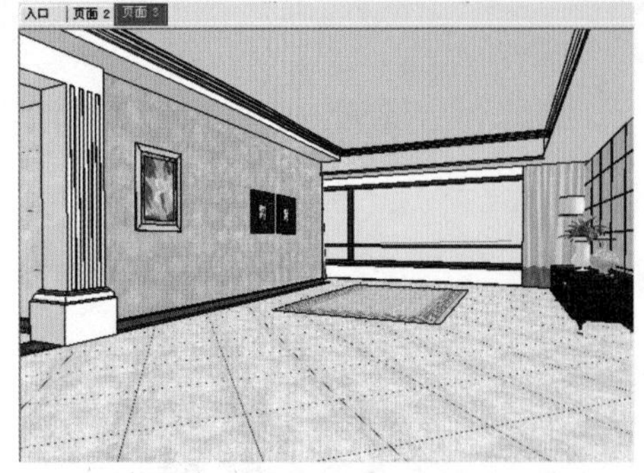

图 2-386　添加新的场景

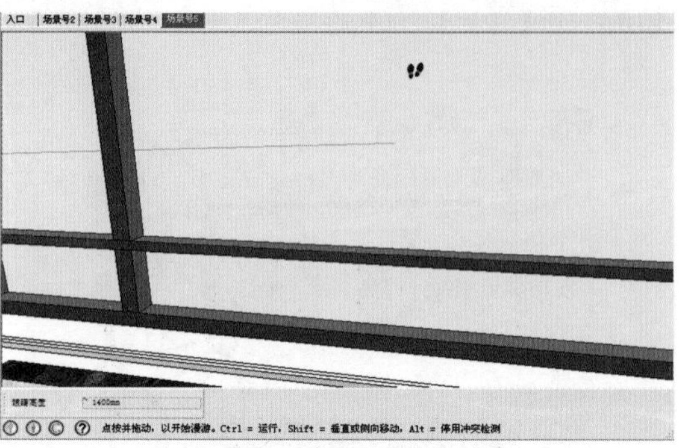

图 2-387　漫游完成位置

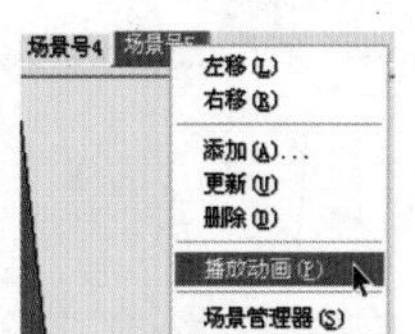

图 2-388　通过场景右击菜单播放

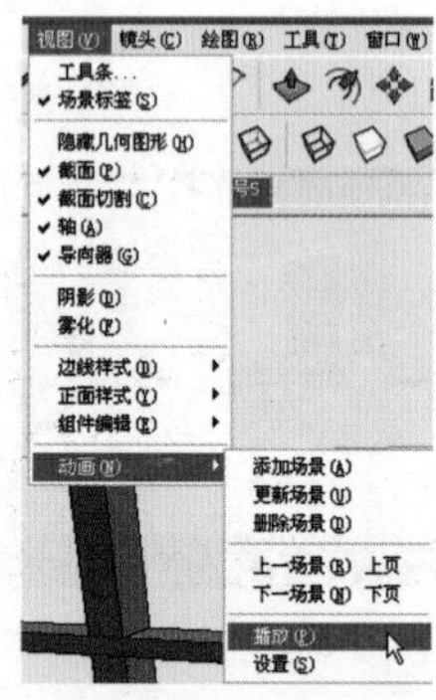

图 2-389　通过菜单命令播放

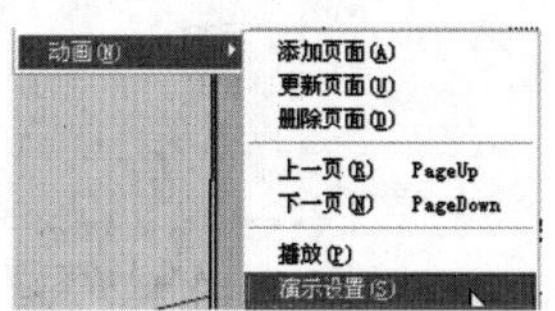

图 2-390　选择演示设置菜单命令

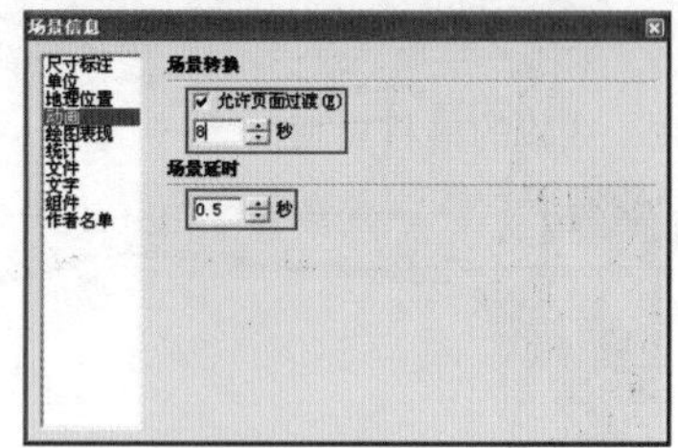

图 2-391　设置动画选项

2.5.5 输出漫游动画

通过修改【模型信息】面板【动画】选项时间，调整好整个漫游动画的速度与节奏后，即可输出为 AVI 等常用视频格式，便于后期特效添加以及非 SketchUp 用户观看。

01 执行【文件】|【导出】|【动画】|【视频】菜单命令，如图 2-392 所示，打开【导出动画】对话框。

02 在【导出动画】对话框设置文件名与文件类型，单击【选项】按钮，打开【动画导出选项】面板，设置视频【分辨率】、【压缩格式】等参数，如图 2-393 与图 2-394 所示。

03 设置好【动画导出选项】参数后，单击【导出】按钮即开始输出，并显示如图 2-395 所示的进度对话框。

04 输出完成后，通过播放器即可观赏动画效果，如图 2-396 所示。

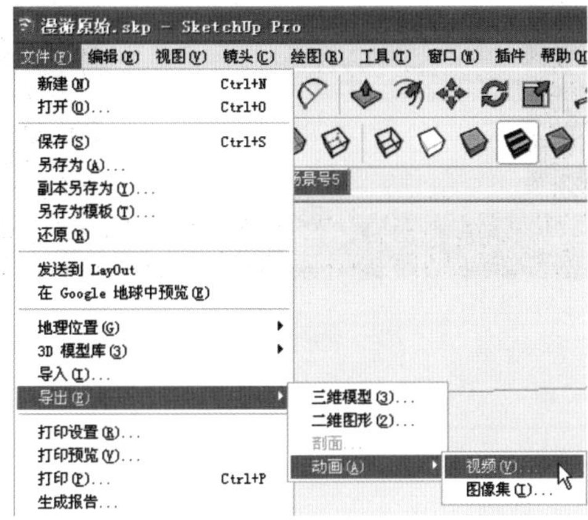

图 2-392 选择菜单命令

图 2-393 设置动画选项

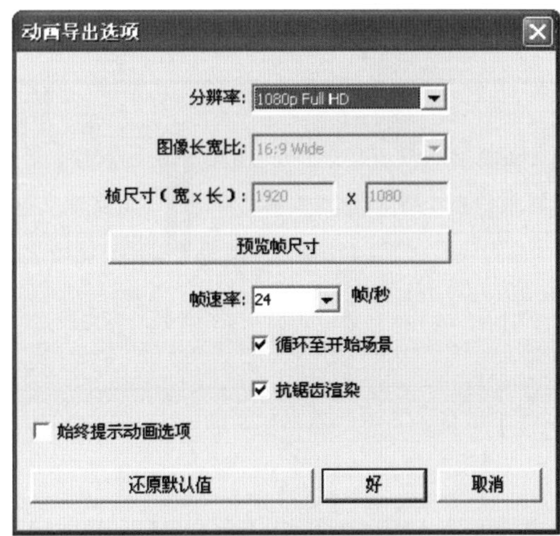

图 2-394 动画导出选项面板

技 巧

【分辨率】：视频的分辨率数值越高，输出的动画图像越清晰，所需要的输出时间与占用的储存空间也越多。

【图像长宽比】：图像的长宽比也就是分辨率，常用的为 4:3 与 16:9，其中 16:9 是现代宽屏比例，有着更好的视觉观赏效果。

【帧速率】：常用的帧数设置为 24 帧/秒或 30 帧/每秒，前者为国内 PAL 制式标准，后者则为美制 NTSC 标准。

【抗锯齿渲染】：勾选该复选框，视频图像更为光滑，可以减少图像中的锯齿、闪烁、虚化等品质问题。

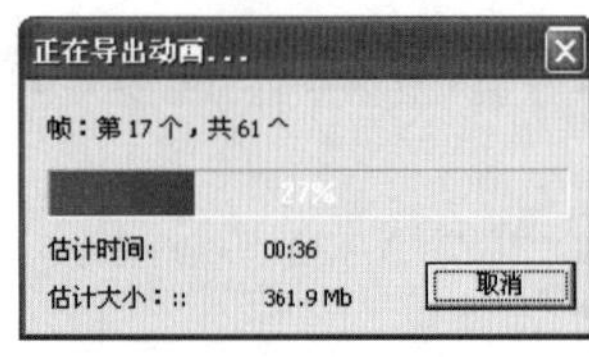

图 2-395　动画导出进程面板

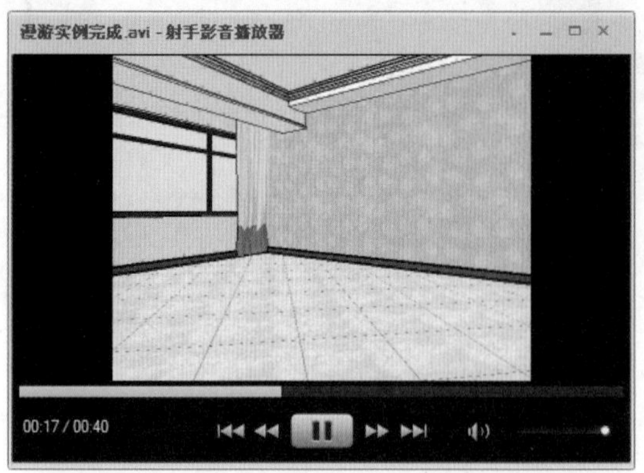

图 2-396　播放动画视频

第3章

SketchUp 高级工具

本章重点：

- SketchUp 组工具
- SketchUp 图层工具
- SketchUp 截面工具
- SketchUp 光影设置
- SketchUp 雾化特效
- SketchUp 实体工具
- SketchUp 沙盒地形工具
- SketchUp 中文建筑插件 Suapp

本书第 2 章介绍了 SketchUp 基本建模和辅助工具的使用方法，本章将学习 SketchUp 的一些高级建模功能和场景管理工具，具体如下：

SketchUp 模型管理工具：包括【组】与【图层】工具，学习场景模型管理的技巧。

SketchUp 特色功能：包括【截面】工具、真实的光影设置、【雾化】特效，如图 3-1~图 3-3 所示。

SketchUp 高级建模工具及插件：包括实体工具、【沙盒】地形工具以及中文建筑插件 Suapp，如图 3-4~图 3-6 所示。

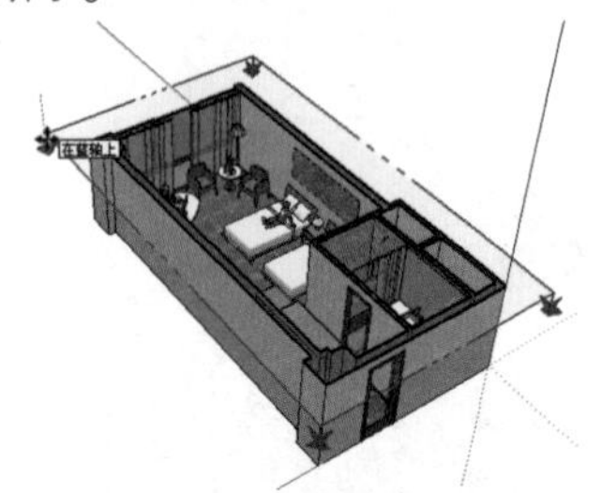

图 3-1 截面工具

图 3-2 真实的阴影设置

图 3-3 雾化特效

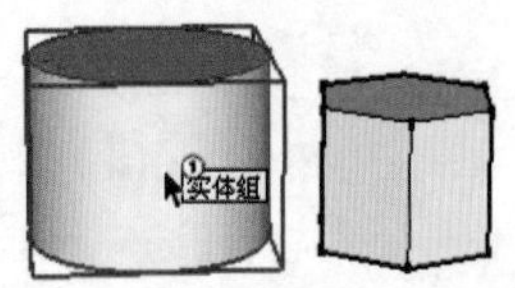

图 3-4 实体工具

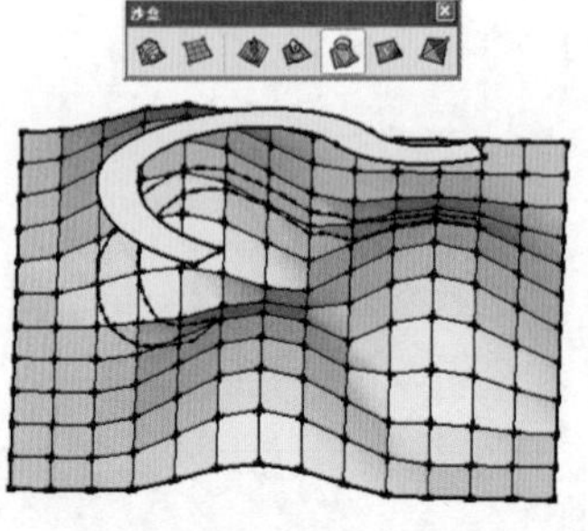

图 3-5 沙盒地形工具

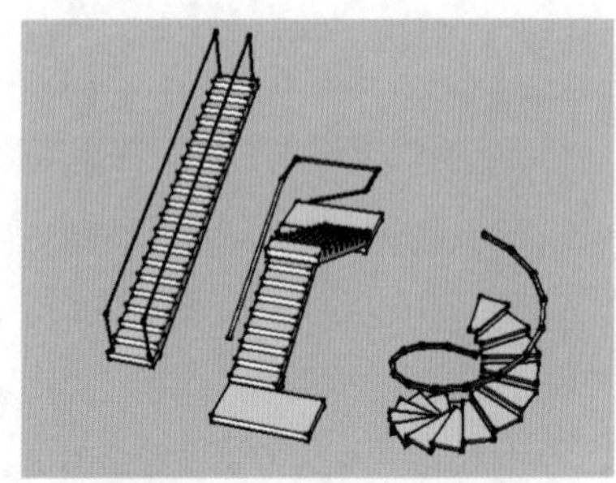

图 3-6 中文建筑插件 Suapp

3.1 SketchUp 组工具

使用【组】工具，可以将相关的模型进行组合，这样既可减少场景中模型的数量，又便于相关模型的选择与调整。此外，模型在【组】之后，执行简单的命令仍可以进行单独的调整。

3.1.1 创建与分解组

01 打开配套光盘“第 03 章\组.skp”文件，该场景包含椅子、餐桌及玻璃杯模型，如图 3-7 所示。

02 此时模型还未创建【组】，单击选择时只能选择到部分模型面，如图 3-8 所示。如果进行移动，则会破坏模型相对关系，如图 3-9 所示。

图 3-7 打开场景模型

图 3-8 单击选择

03 创建椅子组。选择椅子所有模型面，单击鼠标右键，选择快捷菜单【创建组】菜单命令，如图 3-10 所示。

04 椅子组创建完成后，单击即可选择到椅子整体，如图 3-11 所示。此时可以进行整体的【移动】、【拉伸】等操作，如图 3-12 所示。

图 3-9 移动模型面

图 3-10 选择创建组命令

图 3-11 移动椅子组

图 3-12 拉伸椅子组

05 如果想取消组，选择该组后单击鼠标右键，如图 3-13 所示，选择【分解】命令即可，如图 3-14 所示。

图 3-13 选择分解组命令

图 3-14 分解组

3.1.2 嵌套组

如果场景模型较为复杂，还可以使用嵌套【组】，即将现有【组】进行组合，创建得到新的【组】，以进一步简化模型数量，具体操作方法如下：

01 利用前面介绍的方法，分别创建各个椅子、杯子组，如图 3-15 所示。

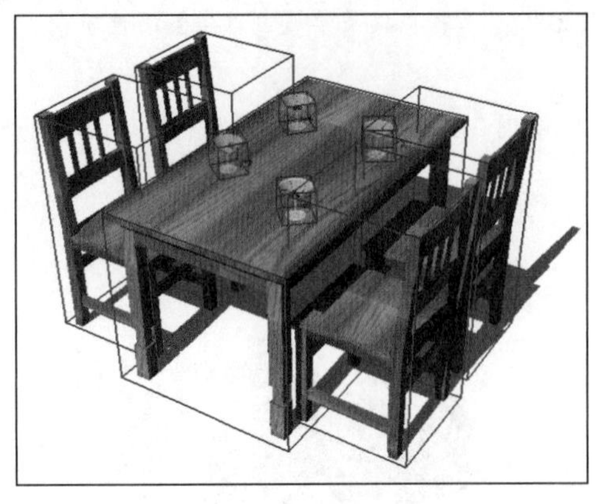

图 3-15　组场景模型

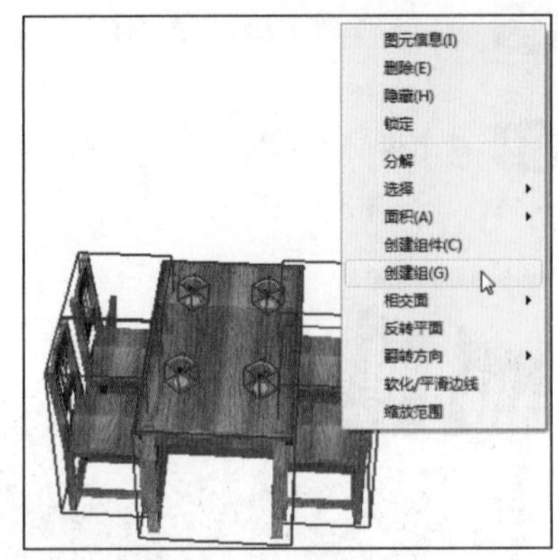

图 3-16　打开快捷菜单

02 选择场景所有组，单击鼠标右键，选择快捷菜单【创建组】命令，如图 3-16 所示。

03 此时椅子与餐桌就组成了一个整体，如图 3-17 所示，根据场景的需要可以快速调整摆放效果，如图 3-18 所示。

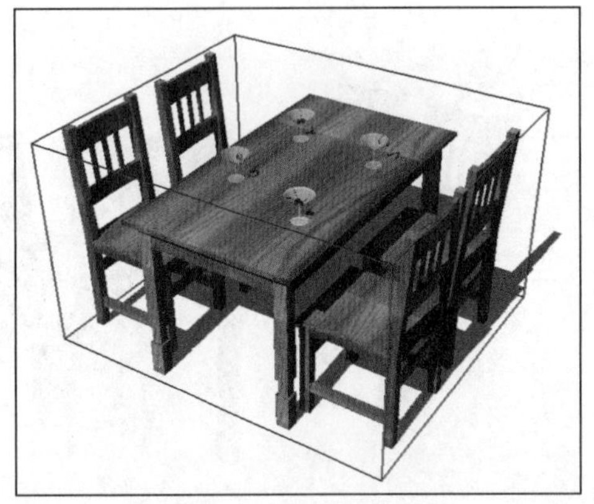

图 3-17　嵌套组完成

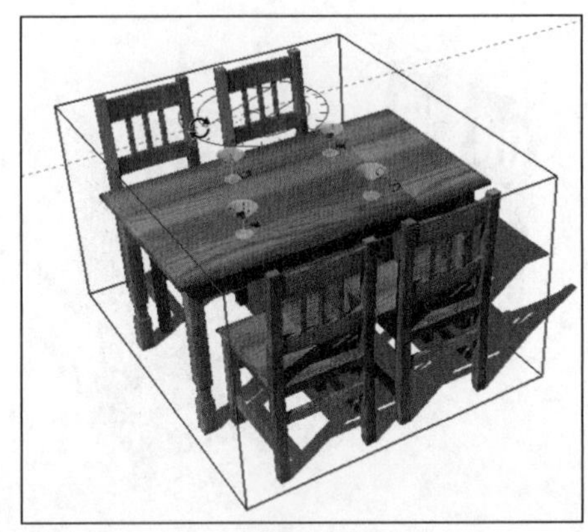

图 3-18　旋转嵌套组

04 【组】嵌套创建完成后，如果选择【分解】命令，如图 3-19 所示，只能还原到下一层的【组】，如图 3-20 所示。

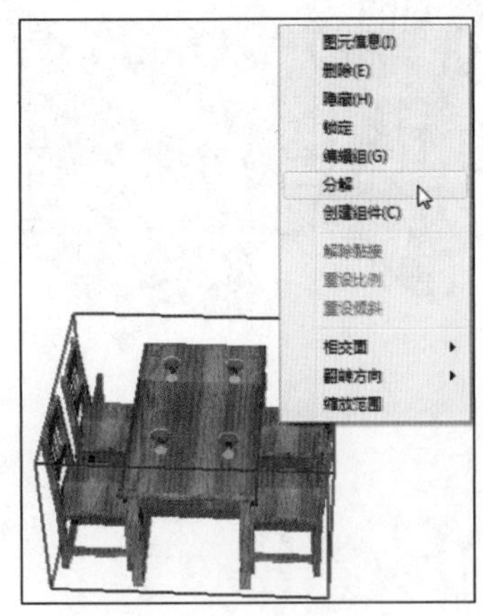

图 3-19　分解嵌套组

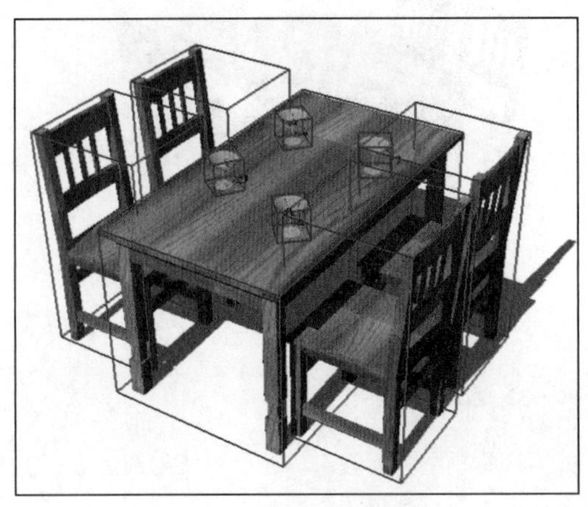

图 3-20　嵌套组分解效果

技 巧

【组】可以进行多次嵌套，但如果需要对组最底层模型进行编辑，则同样需要执行多步【分解】才能进行。

3.1.3 编辑组

通过【编辑组】命令，可以暂时打开【组】，从而对【组】内的模型进行单独调整，调整完成后又可以恢复到【组】状态。

01 选择上一节创建的【组】模型，单击鼠标右键，选择其中的【编辑组】菜单命令，如图 3-21 所示。

02 暂时打开的【组】以虚线框进行标示，如图 3-22 所示，此时可以单独选择组内的模型进行调整，如图 3-23 所示。

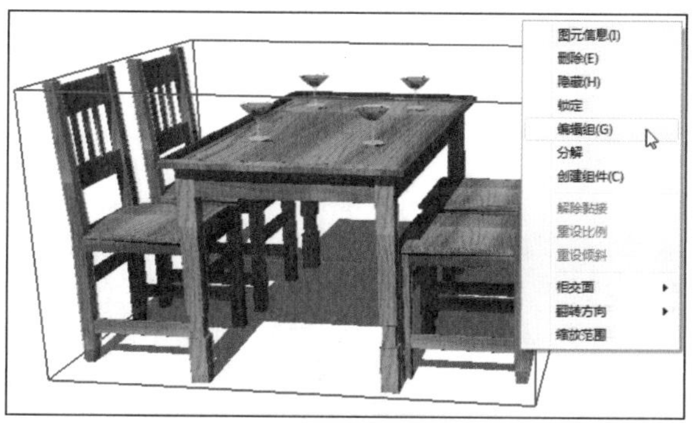

图 3-21 选择编辑组命令

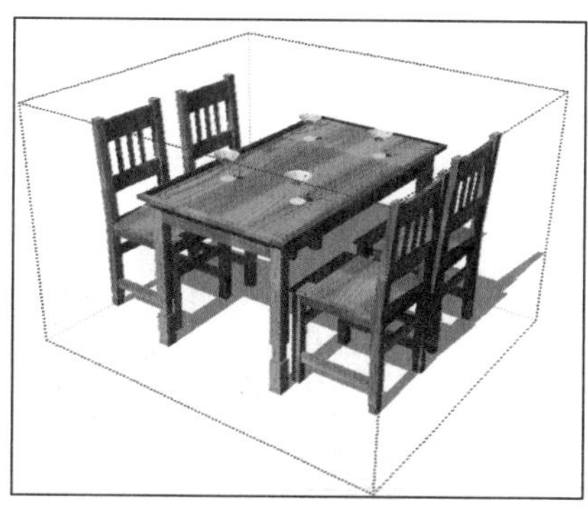

图 3-22 虚线显示打开组

技 巧

在【组】上快速双击，可以快速执行【编辑组】命令。

03 调整完成后，在视图空白处单击，即可恢复【组】，如图 3-24 所示。

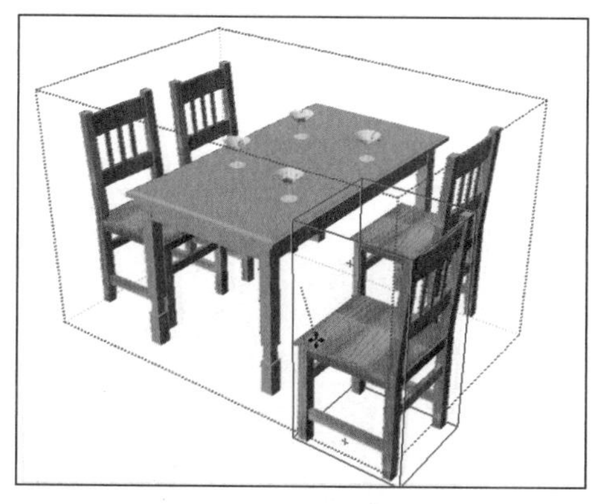

图 3-23 调整打开模型

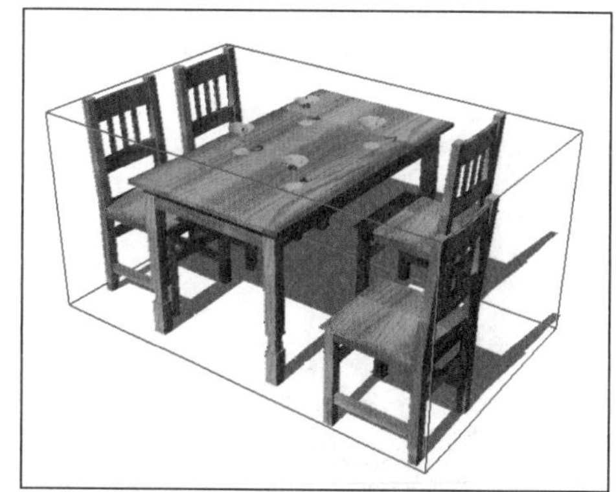

图 3-24 调整完成效果

04 在【组】打开后，选择其中的模型（或组），如图 3-25 所示，然后按下 Ctrl+X 组合键，可以暂时将其剪切出组，如图 3-26 所示。

05 此时在空白处单击，关闭【组】，按下 Ctrl+V 组合键，将剪切的模型（或组）粘贴进场景，即可将其移出【组】，如图 3-27 所示。

图 3-25　选择打开模型

图 3-26　剪切模型

06 如果要将模型（或组）加入到某个已有【组】内，可以按下 Ctrl+X 组合键将其剪切，然后双击打开目标【组】，再按下 Ctrl+V 组合键将其粘贴即可，如图 3-28 所示。

图 3-27　移出组

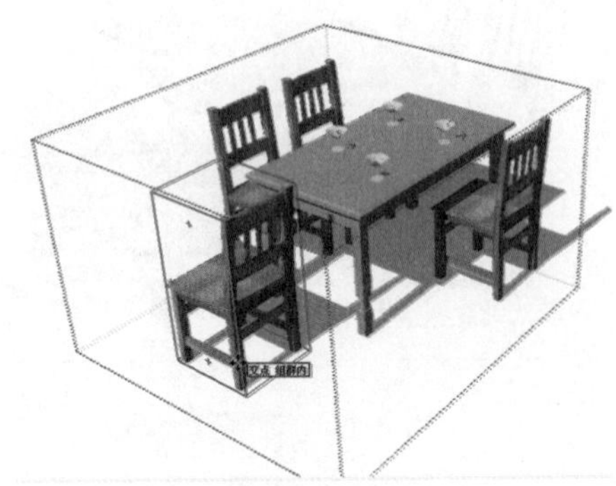
图 3-28　加入组

3.1.4 锁定组

暂时不需要编辑的组可以将其锁定，以避免误操作。

01 选择需要锁定的【组】，单击鼠标右键，选择快捷菜单的【锁定】命令，即可锁定当前组，如图 3-29 所示。

02 锁定后的【组】以红色线框显示，此时不可对其进行选择以及其他操作，如图 3-30 所示

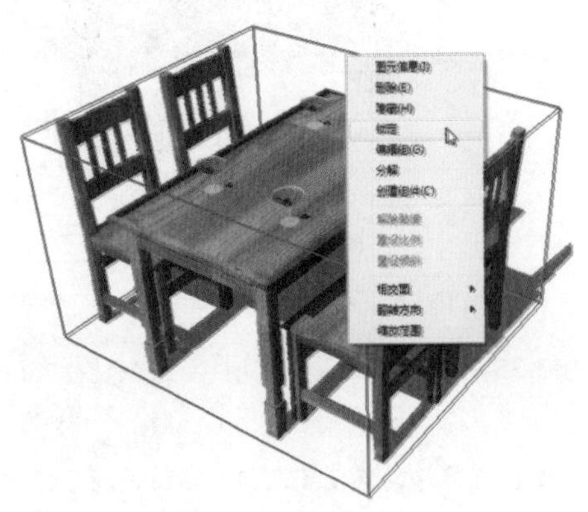
图 3-29　选择锁定命令

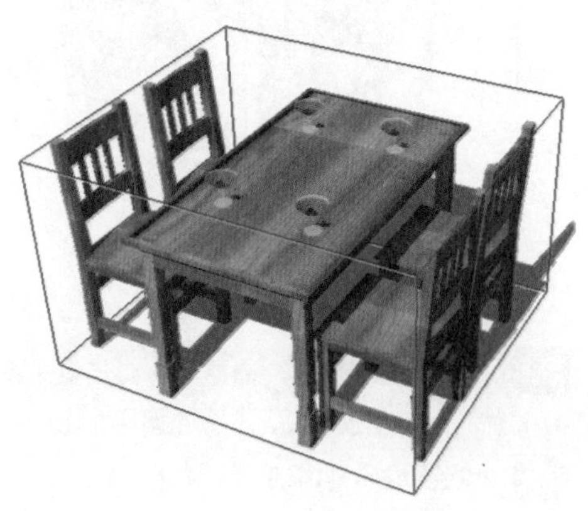
图 3-30　锁定的组

03 如果要解锁【组】，可以在组上方单击鼠标右键，选择【解锁】命令，如图 3-31 所示。

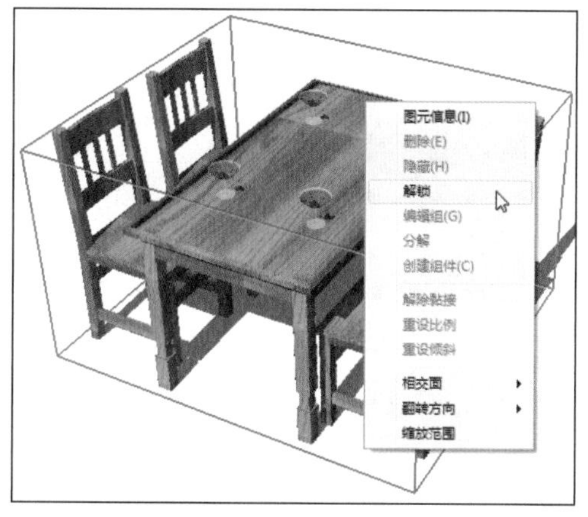

图 3-31 选择解锁命令

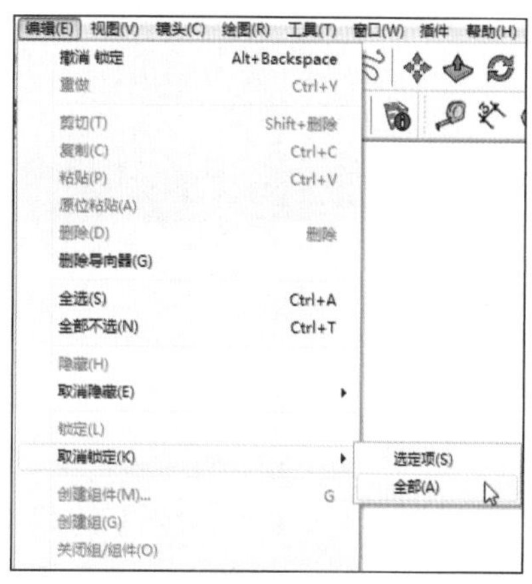

图 3-32 通过菜单锁定或解锁

注 意

除了可以使用鼠标右键快捷菜单进行【锁定】与【解锁】处，也可以直接执行【编辑】|【锁定】(【取消锁定】) 命令，如图 3-32 所示。

3.2 SketchUp 图层工具

【图层】是一个强有力的模型管理工具，可以对场景模型进行有效的归类，以方便进行【隐藏】、【取消隐藏】等操作。执行【视图】|【工具栏】命令，弹出如图 3-33 所示【工具栏】对话框，打开【图层】工具栏如图 3-34 所示。

单击【图层】工具栏右侧【图层管理】按钮，可以打开如图 3-35 所示【图层】面板，图层的管理均通过【图层】面板完成。

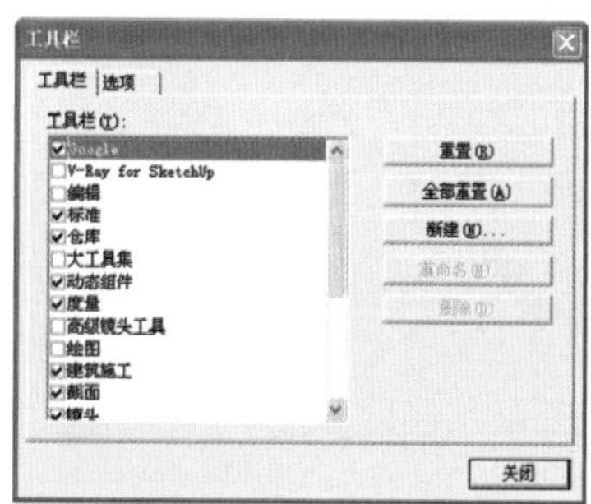

图 3-33 【工具栏】对话框

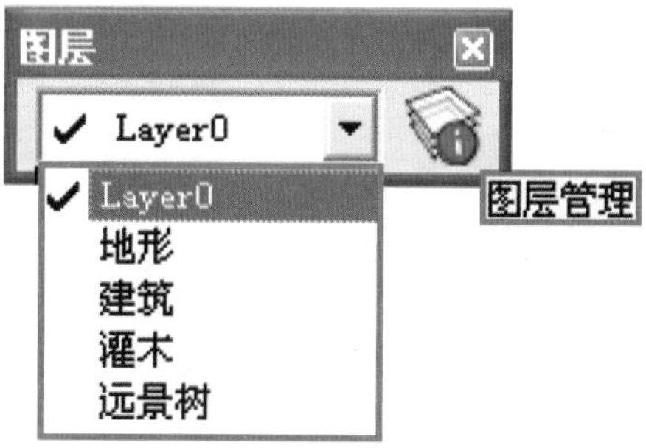

图 3-34 图层工具栏

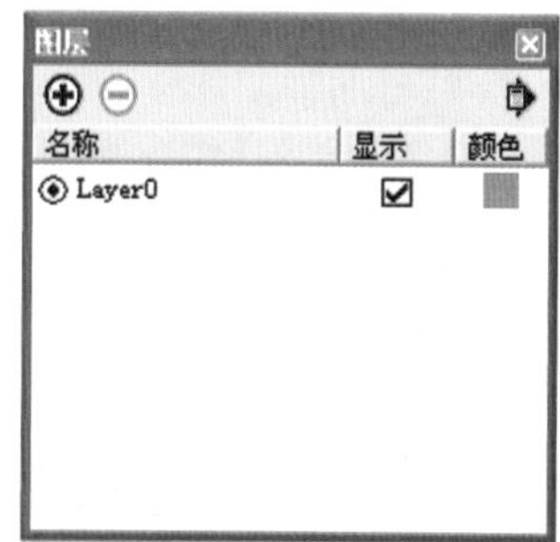

图 3-35 图层面板

3.2.1 图层的显示与隐藏

01 打开配套光盘“第 03 章\图层.skp”模型，如图 3-36 所示，该场景是一个由建筑、地形、远景树木以及近景灌木组成的场景。

02 打开【图层】工具栏【图层】面板，可以发现当前场景已经创建了【建筑】、【地形】、【远景树】及【灌木】图层，如图 3-37 所示。

图 3-36 打开场景模型

图 3-37 打开图层面板

技 巧

1、单击【图层】面板右侧【详细信息】按钮，选择【图层颜色】选项，可以使同一图层所有对象均以【图层】颜色显示，从而快速区分各个图层模型对象，如图 3-38 与图 3-39 所示。

2、单击【图层】面板【颜色】色块，可以修改各【图层】的颜色，如图 3-40 与图 3-41 所示。

图 3-38 选择使用图层颜色

图 3-39 图层颜色显示效果

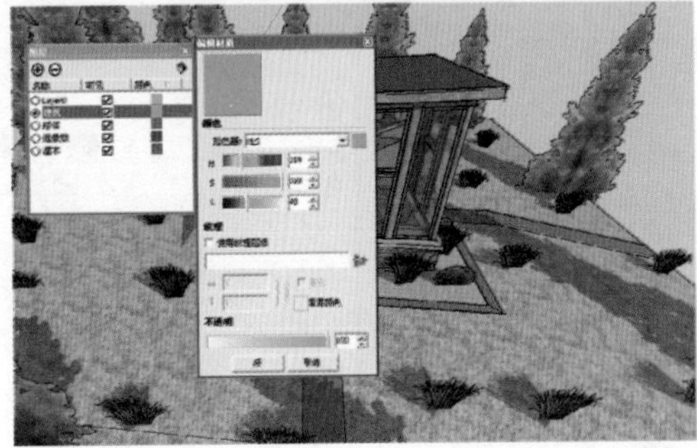

图 3-40 更改图层显示颜色

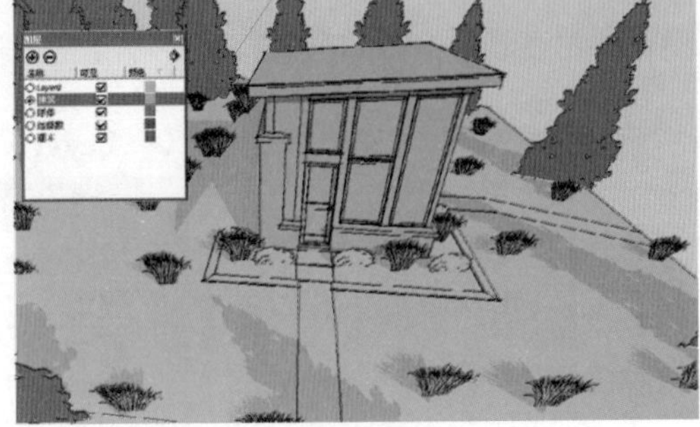

图 3-41 图层颜色更改效果

03 如果要关闭某个图层，使其不显示在视图中，只需单击取消该图层【显示】复选框勾选即可，如图 3-42 所示。再次启动复选框，则该图层又会重新显示，如图 3-43 所示。

注 意

“当前层”不可进行隐藏，默认的当前图层为 0 图层（Layer0）。在图层名称前单击，即可将其置为当前层。如果将隐藏图层置为“当前层”，则隐藏图层将自动【显示】。

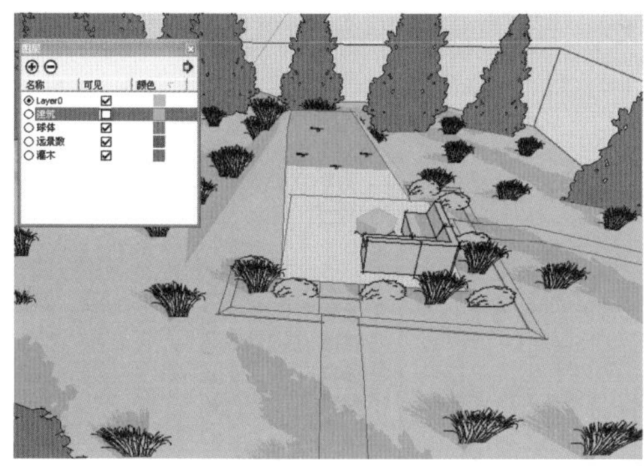

图 3-42　隐藏建筑图层

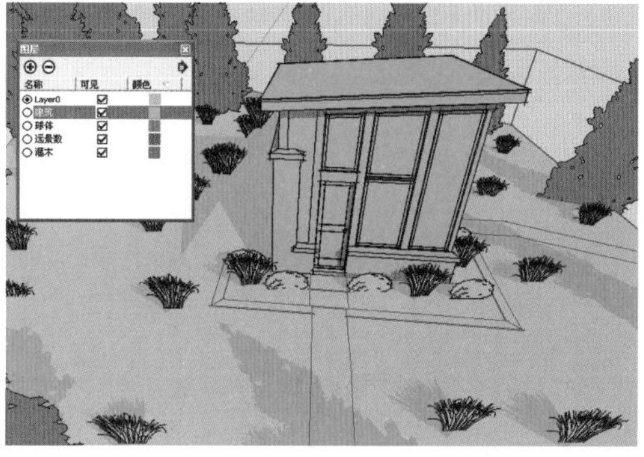

图 3-43　显示建筑图层

04 如果要同时隐藏或显示多个图层，可以按住 Ctrl 键进行多选，然后单击【显示】复选框即可，如图 3-44 与图 3-45 所示。

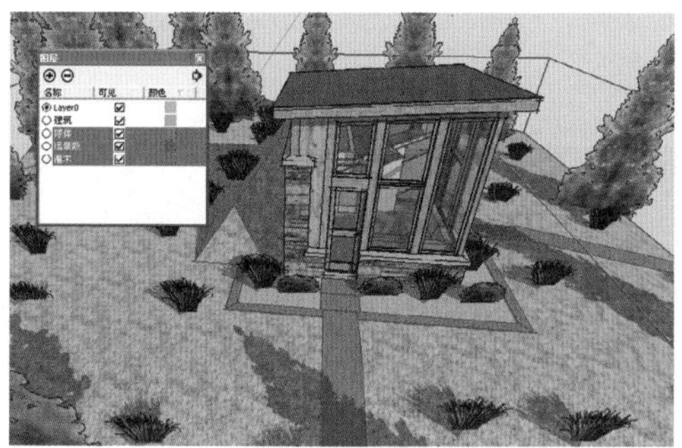

图 3-44　选择多个图层

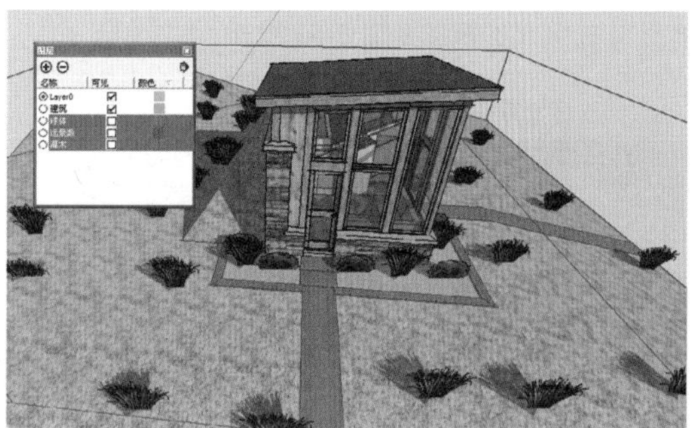

图 3-45　隐藏多个图层

技 巧

按住 Shift 键可以进行连续多选，单击【图层】面板右侧【详细信息】按钮，可以全选所有图层，如图 3-46 与图 3-47 所示。

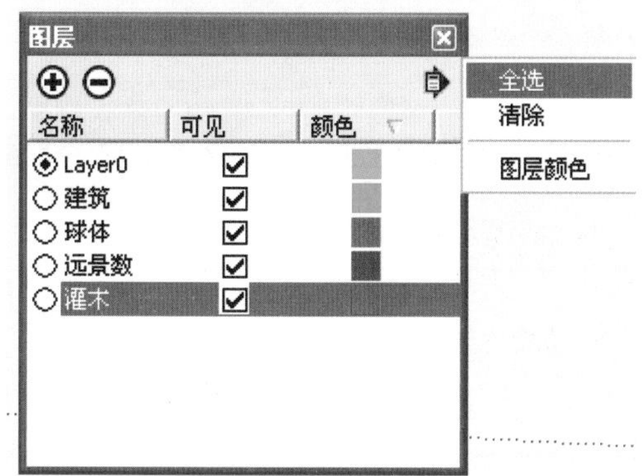

图 3-46　执行【全选】命令

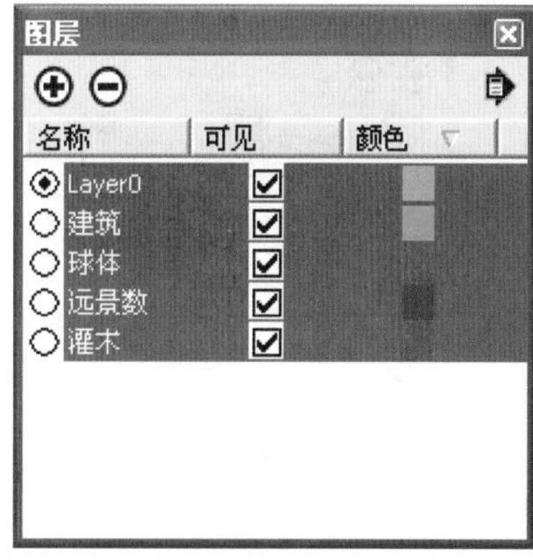

图 3-47　全选所有图层

3.2.2 增加与删除图层

接下来为如图 3-48 所示的场景新建【人物】图层，并添加人物组件，学习增加图层的方法与技巧，然后学习【删除】图层的方法。

01 打开【图层】面板，单击左上角【添加图层】按钮⊕，即可新建【图层】，将新建图层命名为“人物”，并将其置为“当前层”，如图 3-49 所示。

图 3-48　打开场景

图 3-49　添加人物图层

02 插入人物组件，此时插入的组件即位于新建的“人物”图层内，如图 3-50 所示。可以通过该图层对其进行隐藏或显示，如图 3-51 所示。

图 3-50　插入人物组件

图 3-51　隐藏人物图层

03 当某个图层不再需要时，可以将其删除。选择要删除的图层，单击【图层】面板左上角【删除图层】按钮⊖，如图 3-52 所示。

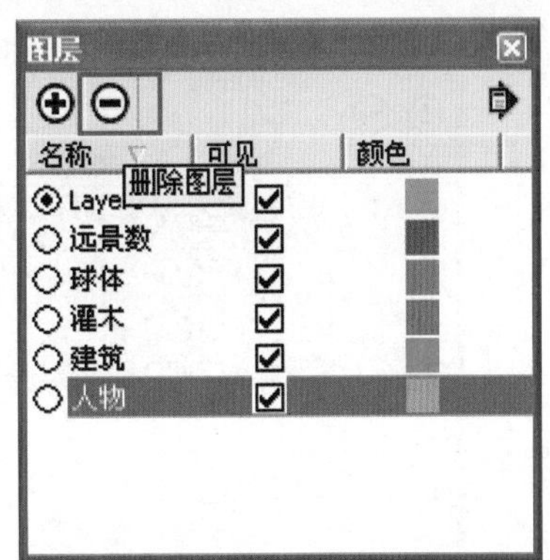

图 3-52　单击删除图层按钮

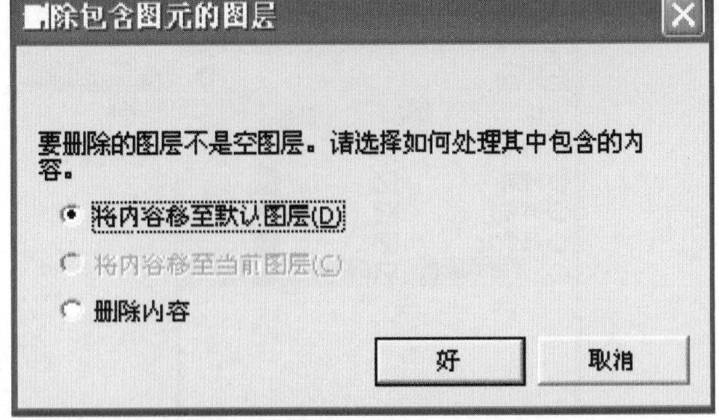

图 3-53　删除含有物体的图层提示面板

04 如果删除图层没有包含物体，系统将直接将其删除。如果图层内包含物体，则将弹出【删除包含物体的图层】提示面板，如图 3-53 所示。

05 此时选择【将内容移至默认图层】选项，该图层内的物体将自动转移至 Layer 0 内，如图 3-54 与图 3-55 所示。如果选择【删除内容】选项，则将图层与物体同时进行删除。

图 3-54　Layer0 为默认图层

图 3-55　隐藏 Layer0 的效果

06 如果要将删除层内的物体转移至非 Layer0 层，可以先将另一图层设为“当前层”，然后在【删除包含物体的图层】面板内选择【移至当前图层】选项，如图 3-56 与图 3-57 所示。

图 3-56　设置灌木层为当前层

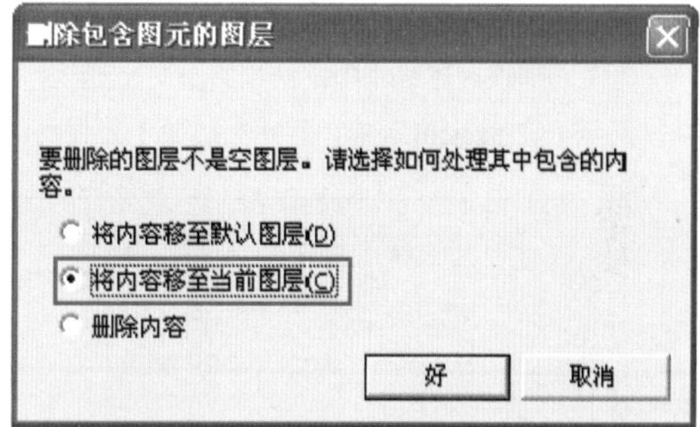

图 3-57　选择【将内容移至当前图层】选项

技 巧

如果场景内包含空白图层，可以单击【图层】面板右侧【详细信息】按钮，选择【清除】选项，如图 3-58 所示，即可自动删除所有空白图层，如图 3-59 所示。

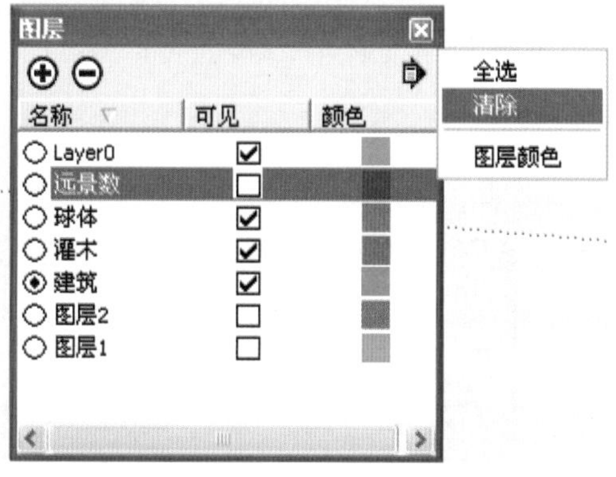

图 3-58　选择清理选项

图 3-59　清理空白图层

3.2.3 改变对象所处图层

通过【图元信息】面板可以快速改变对象所处的【图层】位置，操作步骤如下：

01 选择要改变图层的对象，单击鼠标右键，选择快捷菜单中的【图元信息】命令，如图 3-60 所示。

02 在弹出的【图元信息】面板中单击【图层】下拉按钮，更换图层如图 3-61 所示。

图 3-60 打开快捷菜单

图 3-61 调整建筑模型至球体图层

3.3 SketchUp 截面工具

为了准确表达建筑物内部结构关系与交通组织关系，通常需要绘制平面布局及立面截面图，如图 3-62 与图 3-63 所示。在 SketchUp 中，利用【截面】工具可以快速获得当前场景模型的平面布局与立面截面效果。

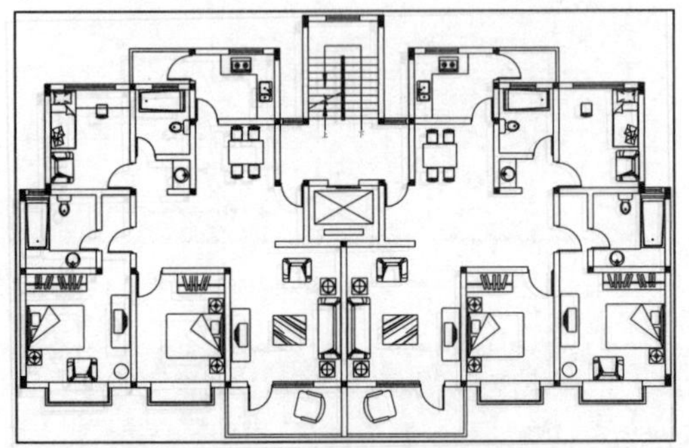

图 3-62 AutoCAD 中的平面布局图纸

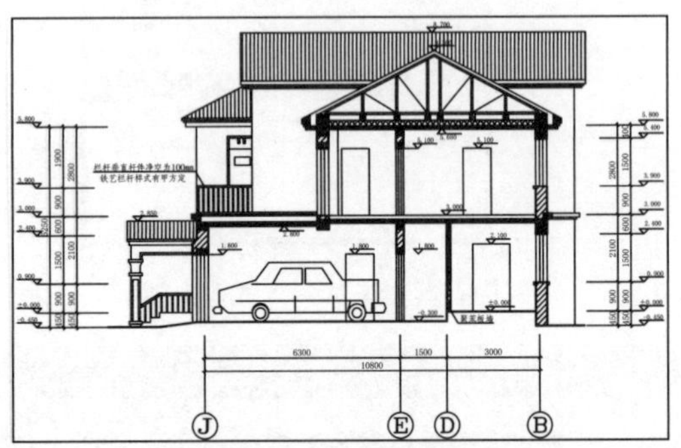

图 3-63 AutoCAD 中的立面截面图纸

3.3.1 创建截面

01 打开配套光盘“第 03 章\截面.skp”场景文件，该场景为一个封闭的空间，如图 3-64 所示，接下来通过【截面】工具查看其内部布局。

02 执行【视图】|【工具栏】菜单命令，在弹出的工具栏选项板中调出【截面】工具栏，如图 3-65 所示。

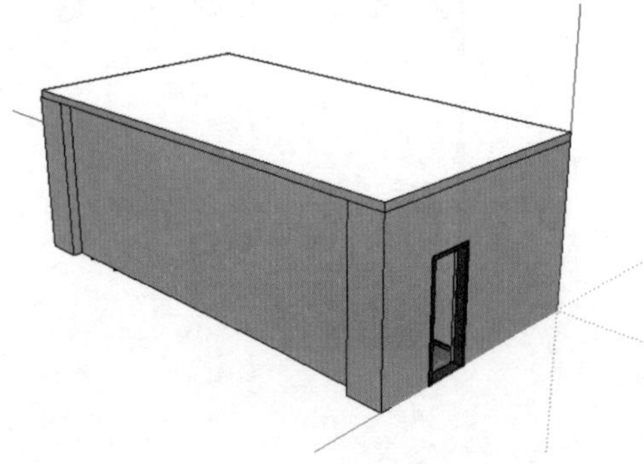

图 3-64 打开场景模型

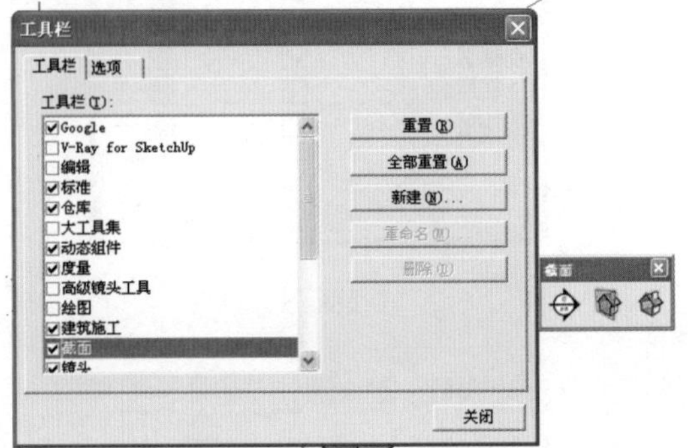

图 3-65 调出截面工具栏

03 在【截面】工具栏中单击添加截面按钮，在场景中拖动鼠标即可创建【截面】，如图 3-66 所示。

注 意

【截面】创建完成后，将自动调整到与当前模型面积大小接近的形状，如图 3-67 所示。

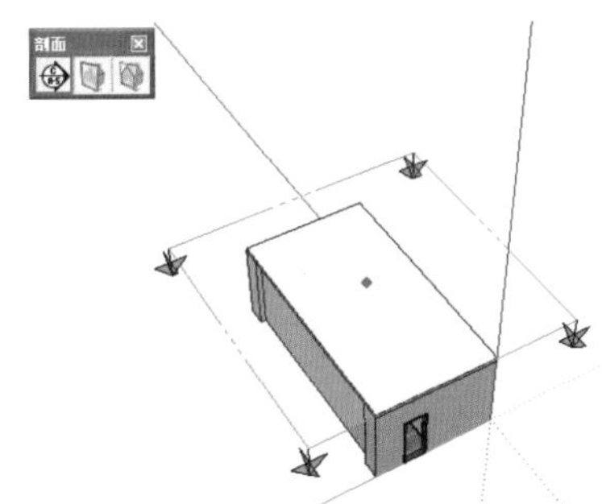

图 3-66　创建截面

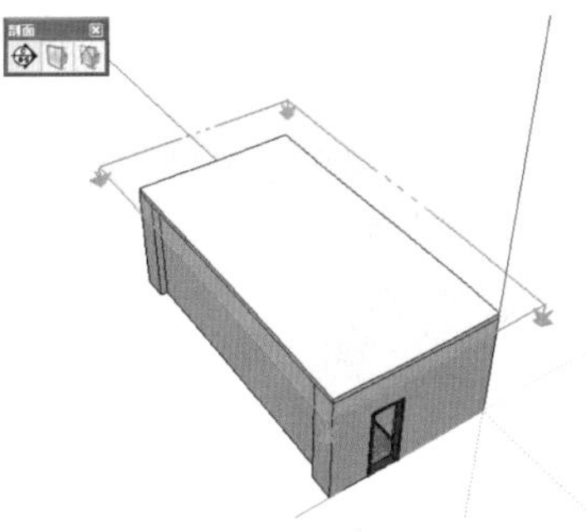

图 3-67　截面创建完成

04 启用【移动】工具，单击选择【截面】，将其往箭头方向推动，当【截面】与模型接触时即可动态显示截面平面效果，如图 3-68 所示。

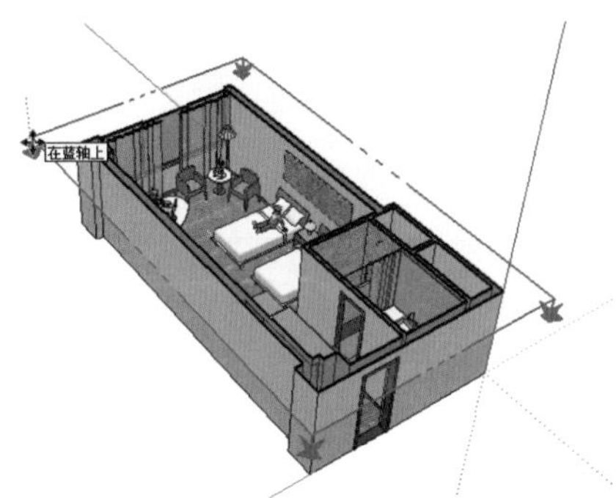

图 3-68　调整截面位置

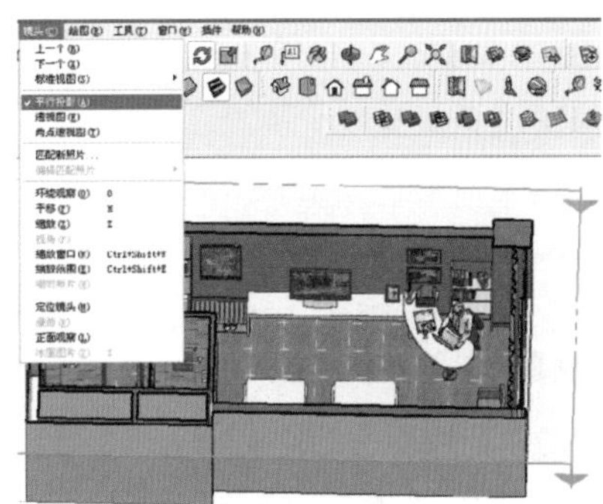

图 3-69　截面投影视图

技 巧

截面确定好截面位置后，除了可以在 SketchUp 中直观观看外，还可以切换至顶视图，选择【平行投影】，然后利用导出【二维截面】命令，导出对应的 DWG 文件，通过加工即可制作出完整的平面布局图纸，如图 3-69 与图 3-70 所示。

05 除了可以移动【截面】外，使用【旋转】工具还可以旋转【截面】，以得到不同的截面效果，如图 3-71 所示。

图 3-70　输出截面 DWG 文件

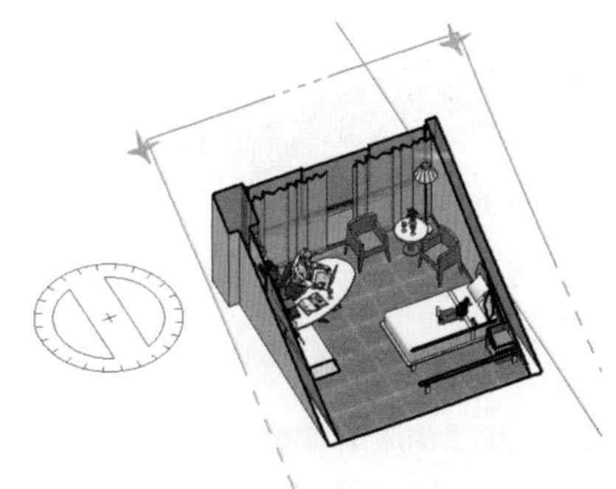

图 3-71　旋转截面

3.3.2 截面常用操作与功能

1. 截面的隐藏与显示

创建【截面】并调整好截面位置后，单击【截面】工具栏中的【显示截平面】按钮，即可将【截面】隐藏而保留截面效果，如图 3-72~图 3-74 所示。再次单击按钮，又可重新显示之前隐藏的【截面】。

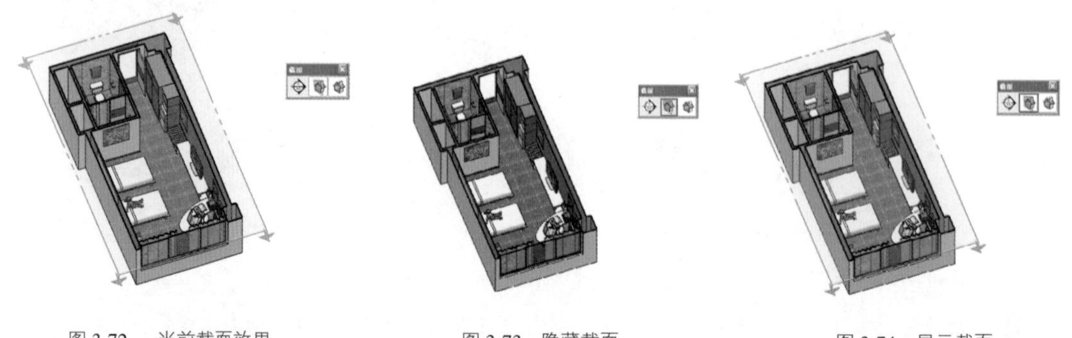

图 3-72　当前截面效果　　图 3-73　隐藏截面　　图 3-74　显示截面

此外在【截面】上单击鼠标右键并选择快捷菜单中的【隐藏】命令，同样可以进行【截面】的隐藏，如图 3-75 与图 3-76 所示。此外执行【编辑】|【取消隐藏】|【全部】菜单命令，如图 3-77 所示，同样可以重新显示隐藏的【截面】。

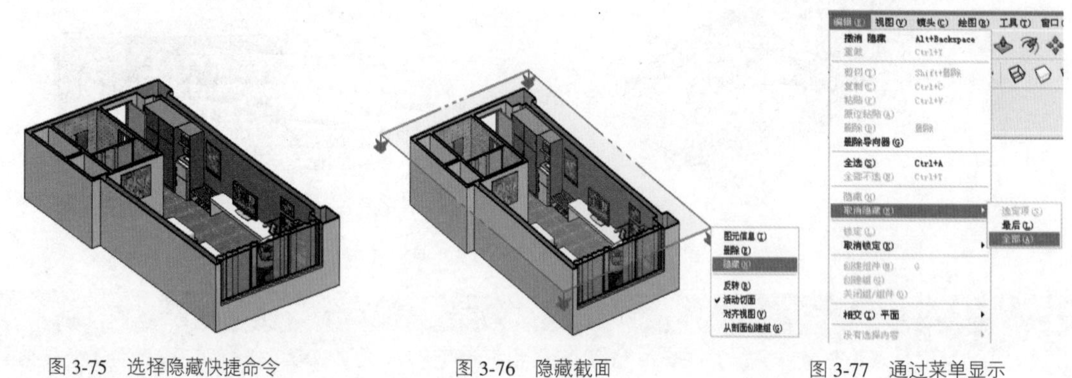

图 3-75　选择隐藏快捷命令　　图 3-76　隐藏截面　　图 3-77　通过菜单显示

2. 翻转截面

在【截面】上单击鼠标右键，选择快捷菜单中的【反转】命令，可以使【截面】反向截面，如图 3-78~图 3-80 所示。

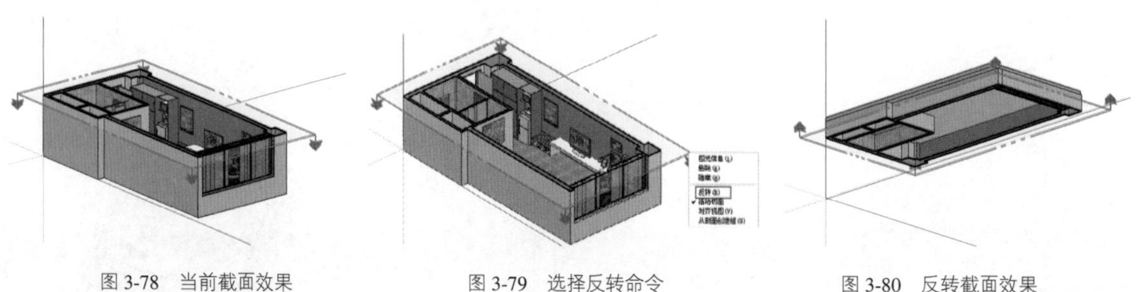

图 3-78　当前截面效果　　图 3-79　选择反转命令　　图 3-80　反转截面效果

3. 截面的激活与冻结

在【截面】上单击鼠标右键，取消快捷菜单【激活剖切】勾选，可以使截面效果暂时失效，如图 3-81~图 3-83 所示。再次勾选，即可恢复截面效果。

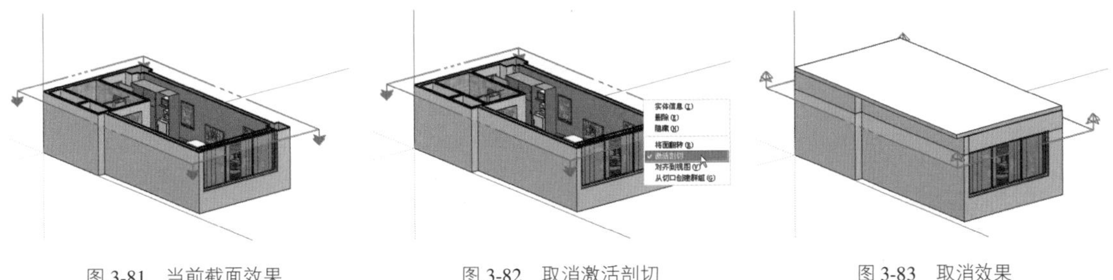

图 3-81　当前截面效果　　图 3-82　取消激活剖切　　图 3-83　取消效果

技 巧

在【截面】工具栏内单击【显示截面切剖】按钮，或在【截面】上直接双击鼠标右键，可以快速进行激活与冻结。

4. 对齐到视口

在【截面】上单击鼠标右键，选择快捷菜单中的【对齐视口】命令，可以将视图自动对齐到【截面】的投影视图，如图 3-84 与图 3-85 所示。

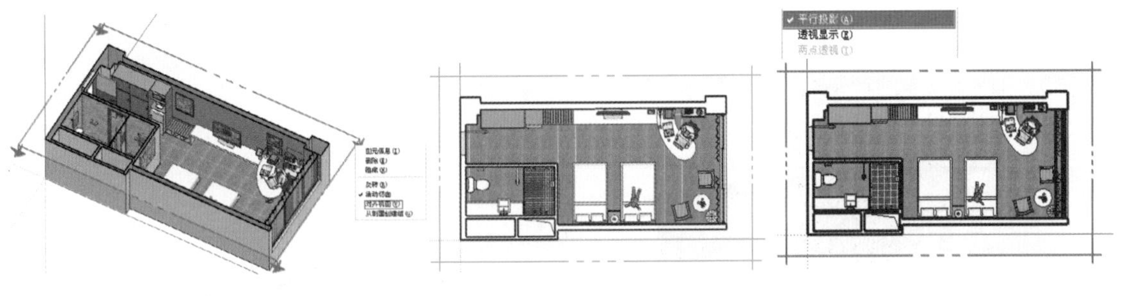

图 3-84　选择对齐到视口快捷菜单　　图 3-85　默认透视显示效果　　图 3-86　平行投影显示效果

注 意

默认设置下 SketchUp 为【透视显示】，因此只有在执行【镜头】|【平行投影】菜单命令后，才能产生绝对的正投影视图效果，如图 3-86 所示。

5. 从切口创建组

在【截面】上单击鼠标右键，选择快捷菜单中的【从剖面创建组】命令，如图 3-87 所示，可以在截面位置产生单独截面线效果，并能进行移动、拉伸等操作，如图 3-88 所示。

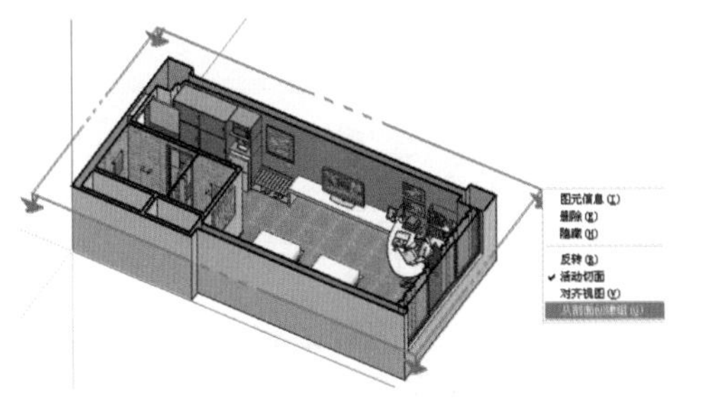

图 3-87　选择从剖面创建组

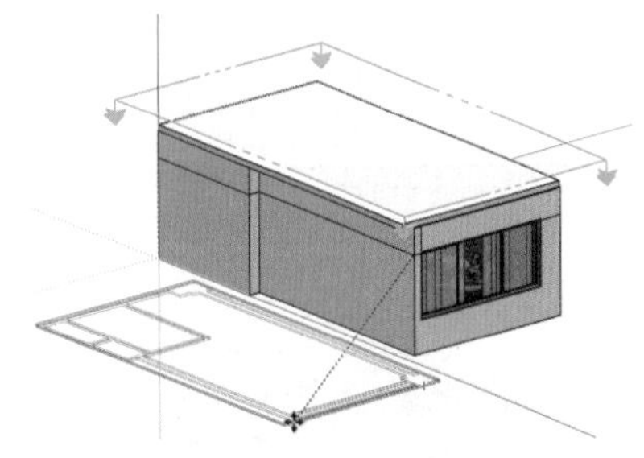

图 3-88　移动截面线实体

6. 创建多个截面

在 SketchUp 中，允许创建多个【截面】，如图 3-89 所示在侧面创建出【截面】，可以观察到模型的立面截面效果。

需要注意的是，SketchUp 默认只支持其中一个【截面】产生作用，即最后创建的【截面】将产生截面效果。此时可以通过选择激活不同的【截面】，即可切换截面效果，如图 3-90 所示。

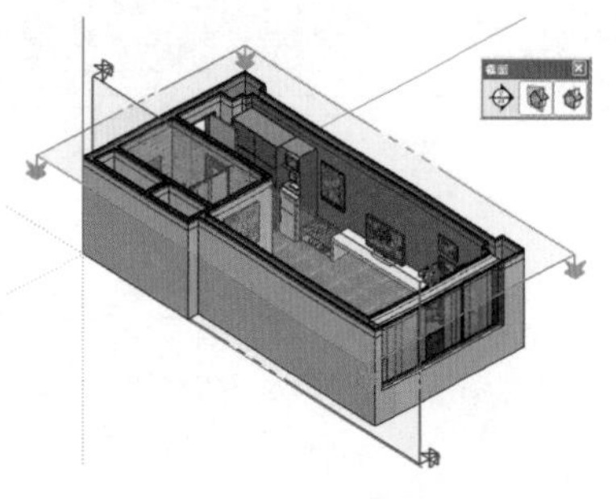

图 3-89　创建侧面截面

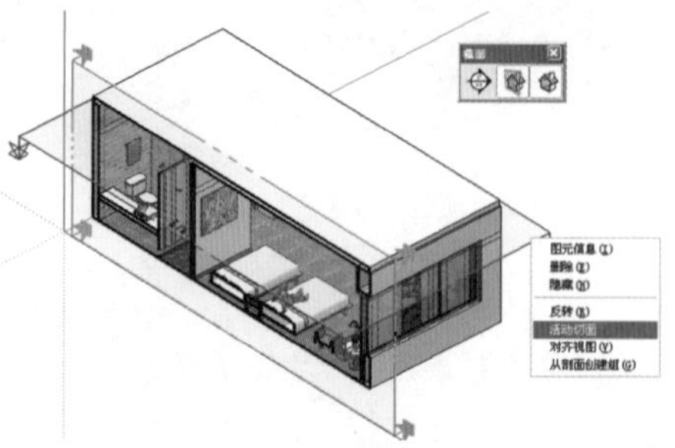

图 3-90　激活剖切

3.4 SketchUp 光影设置

基于 Google 地球对 SketchUp 场景模型的精确坐标定位，SketchUp 可以模拟出十分准确的阳光光影效果。在 Google 3D 模型库内，可以找到世界各国一些标志性的建筑模型，这些模型都设置了十分精确的经纬坐标与时区，因此所表现的阳光光影效果十分准确，本节目即学习 SketchUp 光影设置的具体操作方法。

图 3-91　Google 3D 模型库中天坛模型

图 3-92　Google 3D 模型库中自由女神像模型

3.4.1 设置地理参照

设置准确的场景模型地理位置，是 SketchUp 产生准确光影效果的前提，通过【模型信息】面板可以进行模型精确的定位，具体操作方法如下：

01 打开配套光盘“第 03 章\阴影设置.skp”模型，如图 3-93 所示。执行【窗口】|【模型信息】菜单命令，打开【模型信息】面板，如图 3-94 所示。

图 3-93　打开场景模型

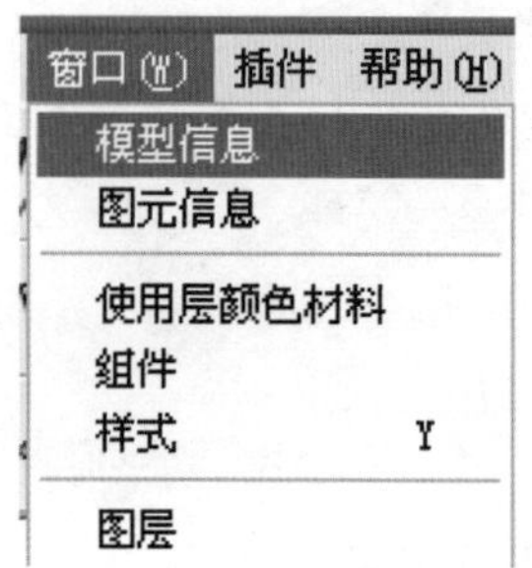

图 3-94　执行窗口 | 模型信息菜单命令

02 在【模型信息】面板中选择【地理位置】选项卡，此时在【地理位置】选项下，可以看到当前场景并未准确定位，如图 3-95 所示。

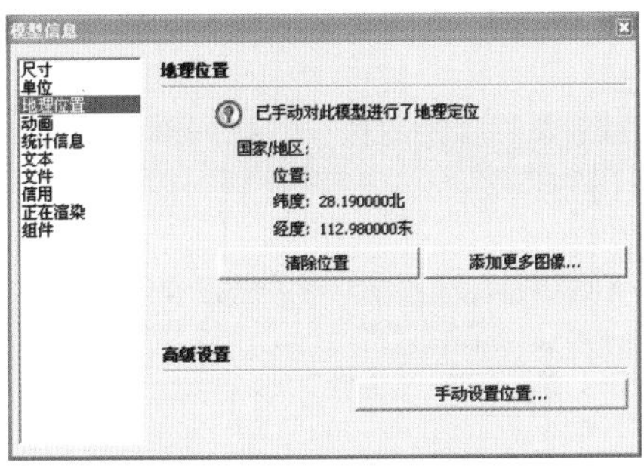

图 3-95 显示未进行地理参照信息

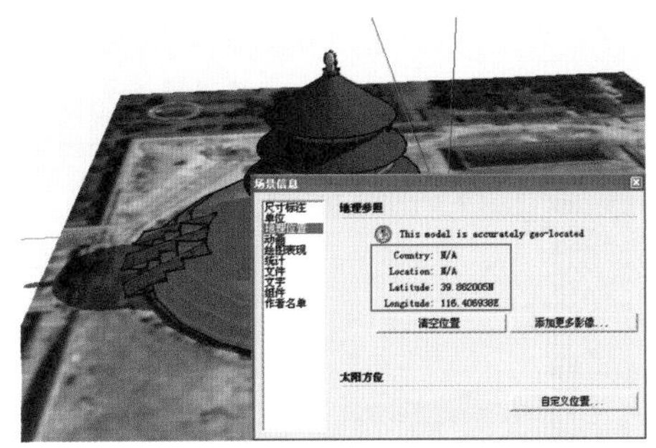

图 3-96 已进行地理参照的显示

技 巧

通过 Google 3D 模型库下载的标志性建筑，通常已经进行了准确的【地理参照】定位，如图 3-96 所示。

03 单击【高级设置】参数栏的【手动设置位置】按钮，打开【手动设置地理位置】面板，如图 3-97 所示。

04 此时在【纬度】、【经度】框内可以输入准确的经纬度坐标，这里输入湖南省长沙市经纬度坐标，如图 3-98 所示。

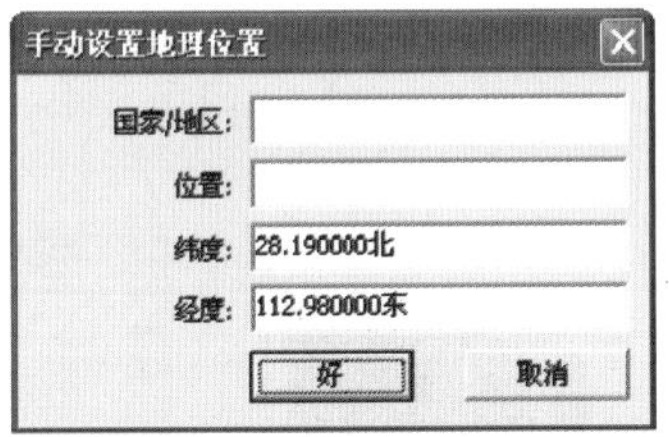

图 3-97 设置自定义位置面板

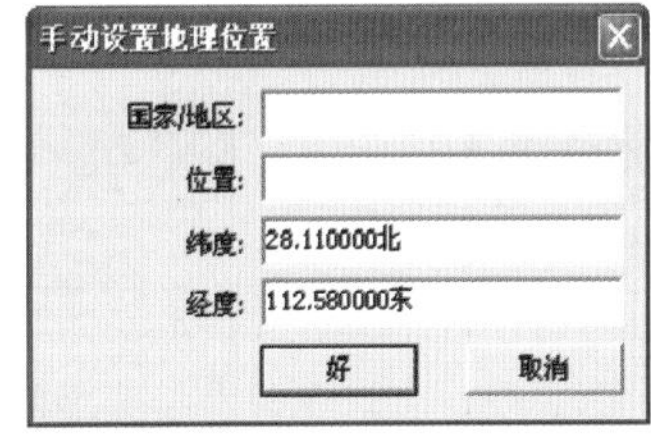

图 3-98 输入经纬度

注 意

在【手动设置地理位置】面板中，还可以设置【国家/地区】与【位置】，在有准确的经纬度数据的前提下，这两项参数可以留白。经纬度不但有数值之分，还要准确输入后缀方向，以表明处于南北半球以及东西经度。

05 设置好场景地理位置后，即可发现场景中模型阴影已经发生了变化，如图 3-99 所示。而【地理位置】选项卡内【地理参照】一栏中，也出现了设置的经纬值，如图 3-100 所示。

图 3-99 调整地理位置后的阴影变化

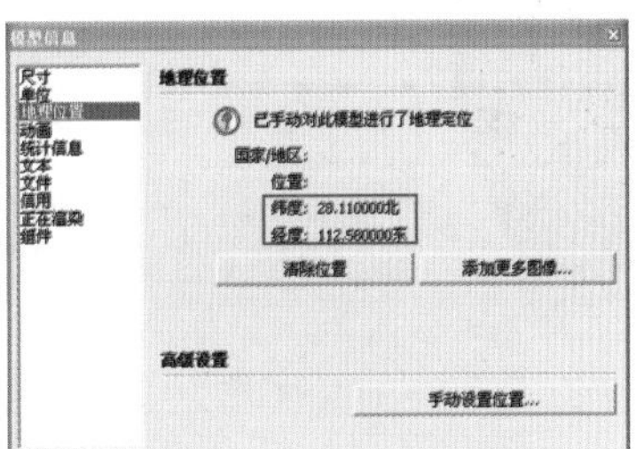

图 3-100 地理参照设置完成

3.4.2 设置阴影工具栏

通过【阴影】工具栏可以对时区、日期、时间等参数进行十分细致的调整，从而模拟出十分准确的光影效果，执行【视图】|【工具栏】菜单，调出【阴影】工具栏，如图 3-101 与图 3-102 所示。

图 3-101　调出阴影工具栏

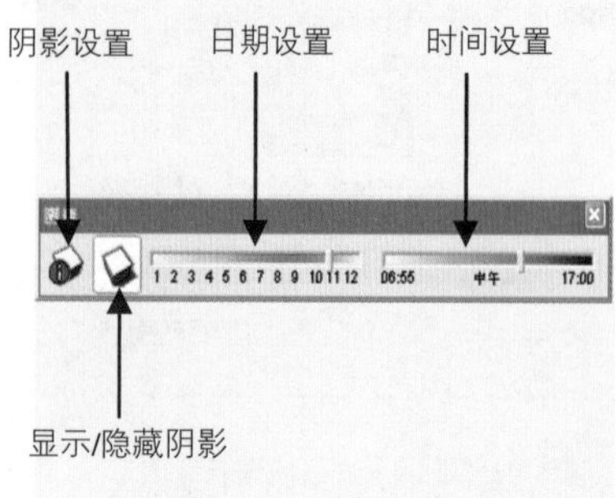

图 3-102　阴影工具栏功能

1. 阴影对话框

单击【阴影】对话框按钮，即可打开【阴影设置】面板，如图 3-103 所示。

【阴影设置】面板第一个参数为 UTC 调整，UTC 是协调世界时(Universal Time Coordinated)英文缩写。UTC 以本初子午线(即经度 0°)上的平均太阳时为统一参考标准，各个地区根据所处的经度差异进行调整以设置本地时间。在中国统一使用北京时间（东八区）为本地时间，因此以 UTC 参照标准，北京时间先于 UTC8 个小时，在 SketchUp 中则对应的调整其为 UTC+08:00，如图 3-104 所示。

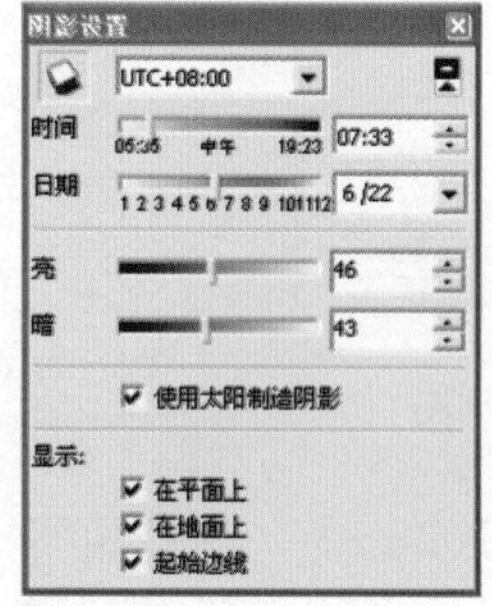

图 3-103　阴影设置面板

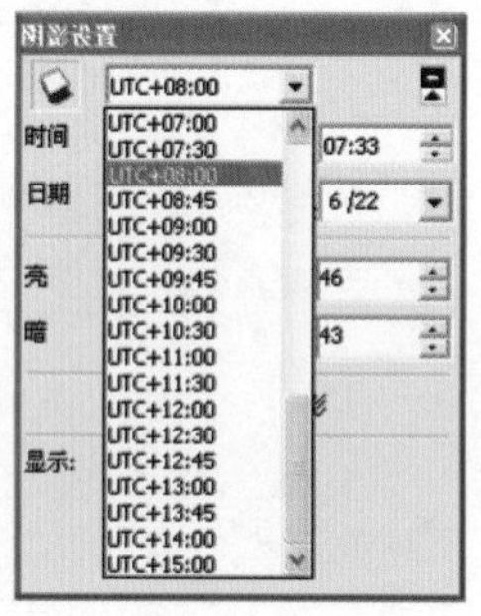

图 3-104　调整 UTC 时间

图 3-105　早上 9 点 30 的阴影

设置好 UTC 时间后，拖动【阴影设置】面板【时间】滑块即可产生对应的阴影效果，如图 3-105 ~图 3-107 所示。

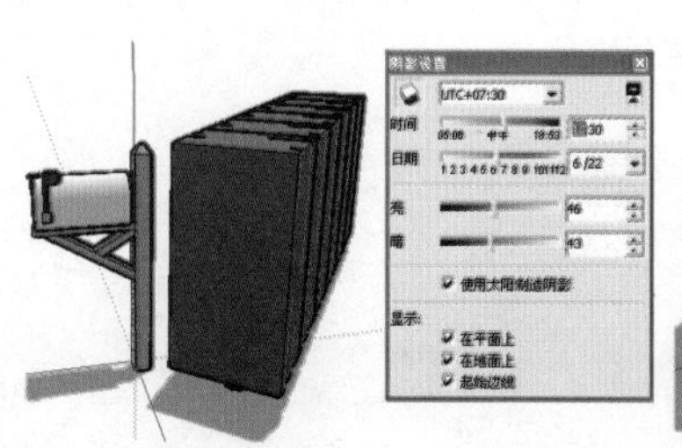

图 3-106　中午 12 点 30 的阴影

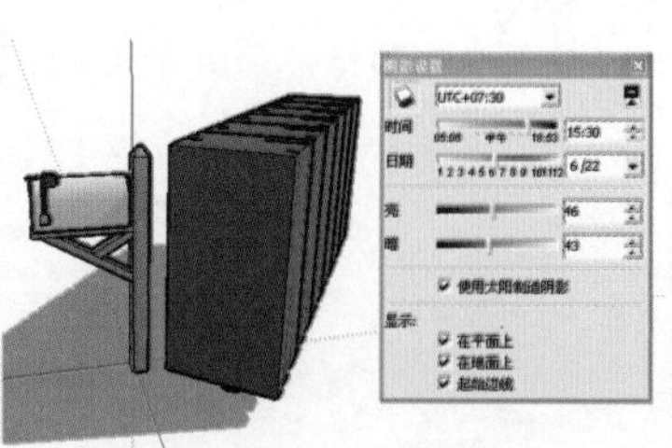

图 3-107　下午 15 点 30 的阴影

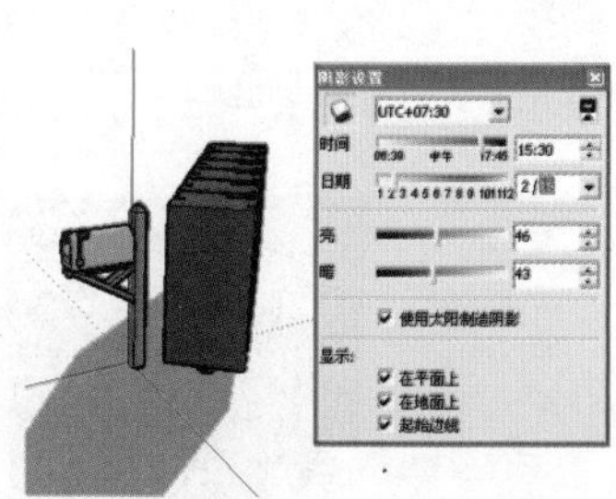

图 3-108　2 月 15 的阴影

注 意

只有在场景设置的 UTC 时间与地理位置相符合的前提下，调整【时间】滑块才可能产生正确的阴影效果。

而在同一【时间】参数的设定下，拖动【日期】滑块也能产生阴影效果的变化，如图 3-108 与图 3-109 所示

在其他参数相同的前提下，调整【亮】参数的滑块，可以调整场景整体亮度，数值越小场景整体越暗，如图 3-110 与图 3-111 所示。

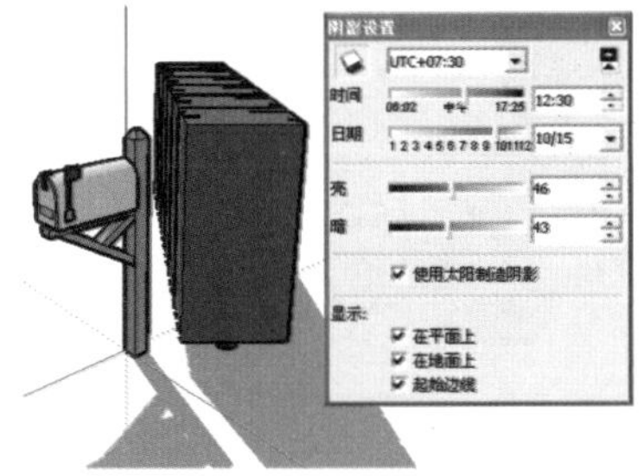

图 3-109　10 月 15 的阴影

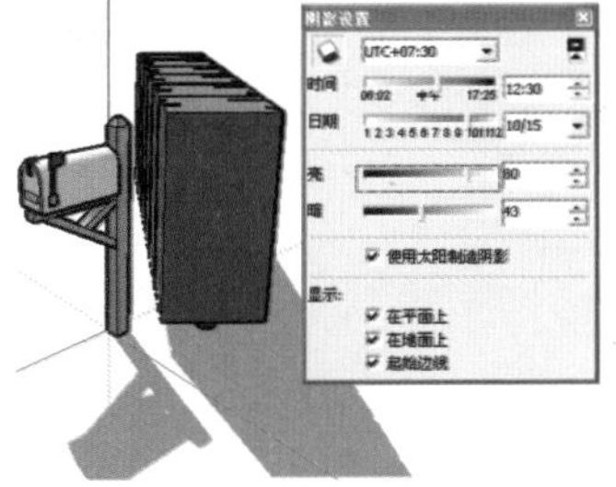

图 3-110　亮为 80 的场景亮度

图 3-111　亮为 20 的场景亮度

在其他参数相同的前提下，调整【暗】参数的滑块，可以调整场景阴影的亮度，数值越小阴影越暗，如图 3-112 与图 3-113 所示。

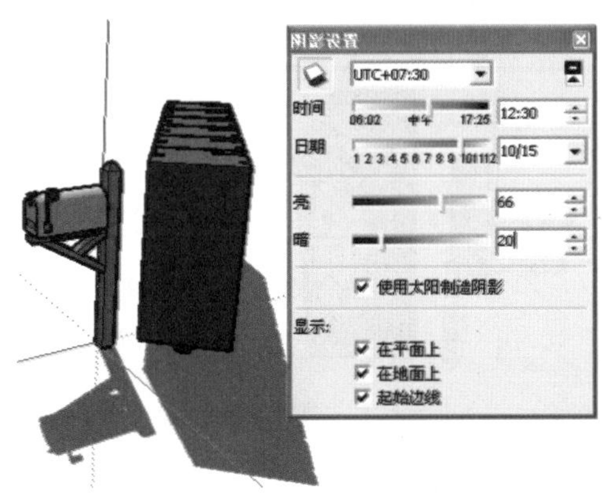

图 3-112　暗为 20 时的对比度

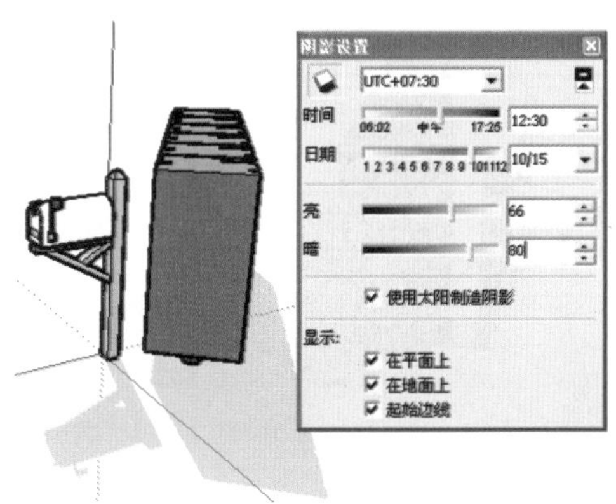

图 3-113　暗为 80 时的对比度

此外，通过设置【显示】参数选项，可以控制场景模型【在平面上】以及【在地面上】是否接收阴影，只有在勾选对应参数的前提下，模型表面与地面才能接收到其他物体产生的投影，如图 3-114 与图 3-115 所示。

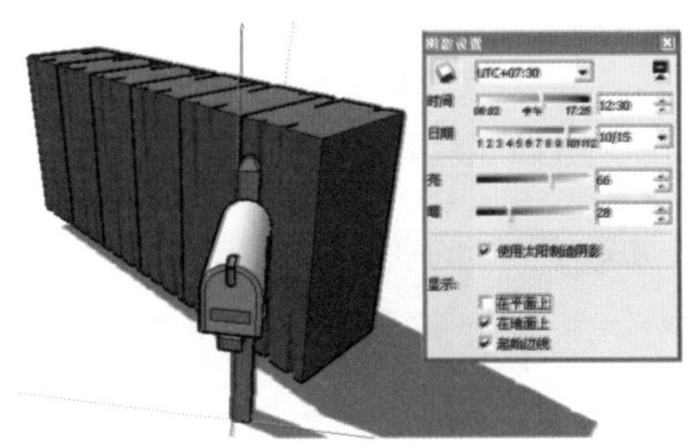

图 3-114　取消在平面上阴影

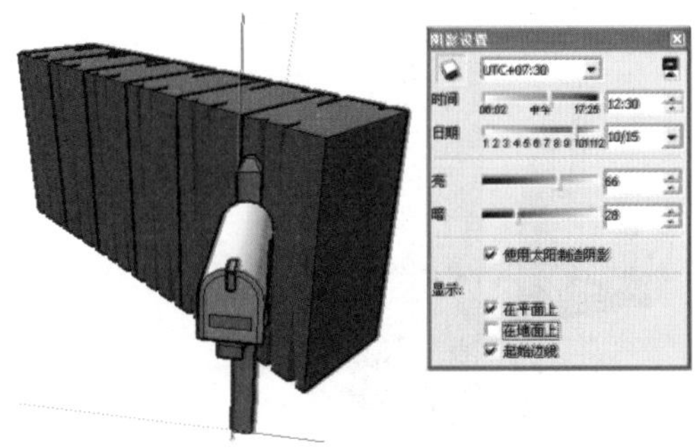

图 3-115　取消在地面上阴影

注 意

在 SketchUp 中，不可同时取消【在平面上】及【在地面上】对阴影的接收。此外，默认设置下单独的线段也能产生影响，如图 3-116 所示。取消【起始边线】复选框勾选，即可关闭边线阴影，如图 3-117 所示。

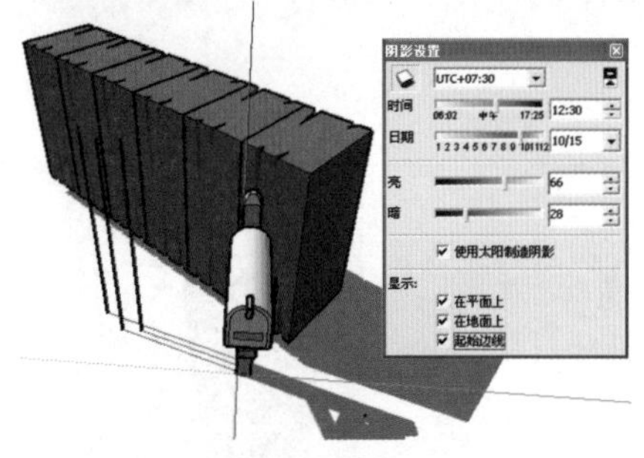

图 3-116 单独线段产生的阴影

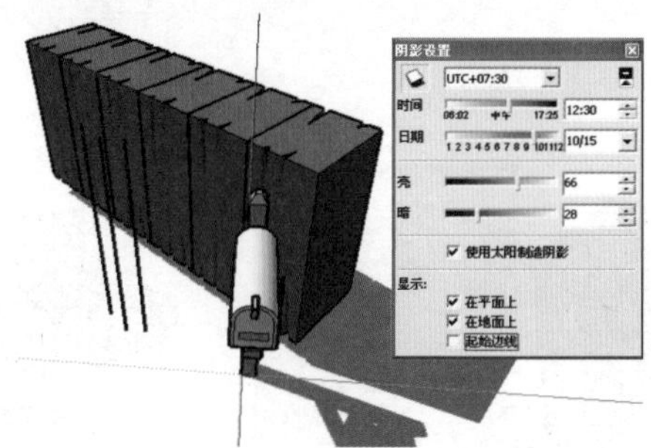

图 3-117 取消线段产生的阴影

2. 阴影显示切换

在 SketchUp 中，可以通过单击【阴影】工具栏【阴影显示切换】按钮，可以快速对整个场景的阴影进行显示与隐藏，如图 3-118 与图 3-119 所示。

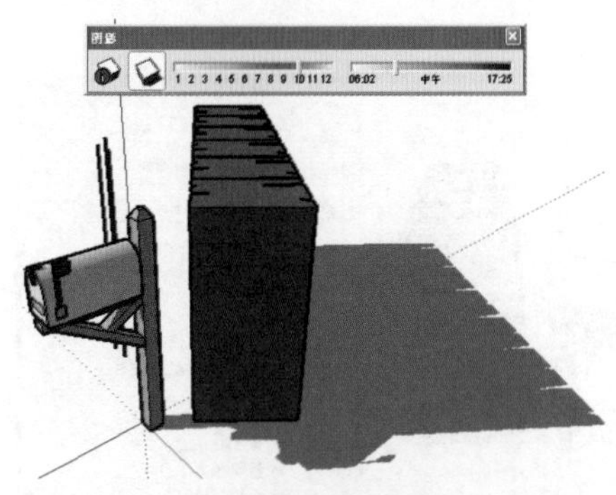

图 3-118 显示阴影

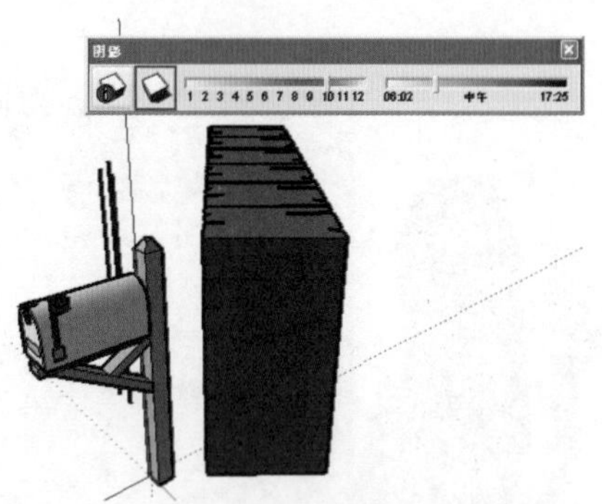

图 3-119 隐藏阴影

3. 日期与时间

【阴影】工具栏【日期】与【时间】滑块与【阴影设置】对话框的同名滑块功能一致，且两者为联动设置，调整滑块即可实时调整阴影效果，如图 3-120 与图 3-121 所示，比【阴影设置】对话框调整更为方便、快捷。

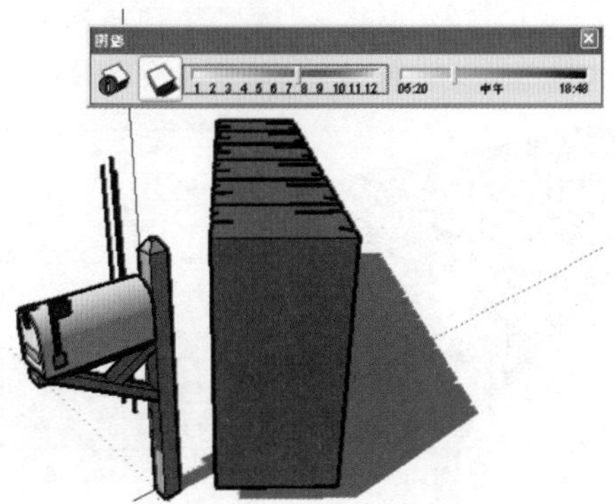

图 3-120 原始阴影效果

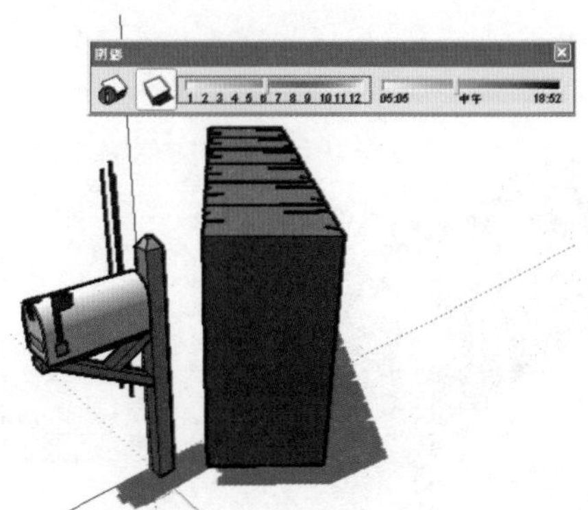

图 3-121 调整后的阴影效果

注 意

手动调整【阴影】工具栏【日期】滑块时，【时间】滑块将自动进行小幅度的调整。而手动调整【时间】滑块时，则不会影响【日期】滑块。

3.4.3 物体的投影与受影

在现实的物理世界中，除非是非常透明的物体，否则在灯光的照射下都会产生或接受阴影效果。在 SketchUp 中有时为了美化图像，保持整洁感与鲜明的明暗对比效果，可以人为地取消一些附属模型的投影与受影，具体的操作方法如下：

01 将前一节中的“阴影设置”模型的阴影效果调整如图 3-122 所示，使其中的“投递箱”和“邮箱”在其后方的模型表面与地面均产生阴影，而后方的模型仅在地面产生阴影。

02 选择“投递箱”单击鼠标右键，在弹出的快捷菜单中选择【图元信息】命令，如图 3-123 所示。

03 在弹出的【图元信息】面板中单击【隐藏详细信息】图标即可找到【投射阴影】与【接收阴影】参数项，如图 3-124 所示。

图 3-1232　原始阴影效果

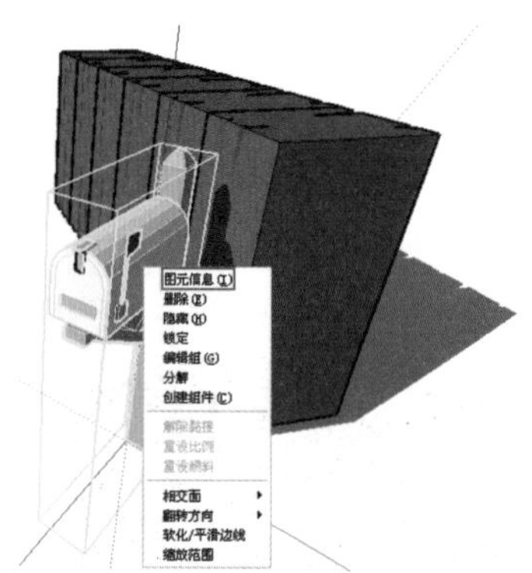

图 3-123　选择图元信息命令

04 如果取消“投递箱”模型【图元信息】面板中的【投射阴影】选项，“投递箱”模型即失去投影能力，如图 3-125 所示。

图 3-124　【曲面投射】与【接收阴影】选项

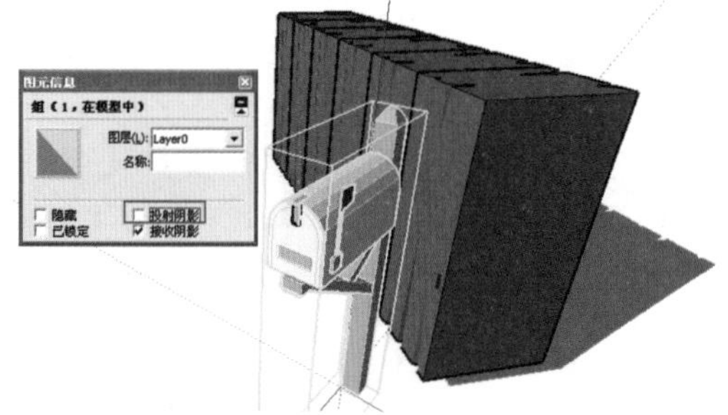

图 3-125　取消邮箱投射阴影

05 选择“邮箱”，取消其【接收阴影】选项，“邮箱”表面即不会接受“投递箱”模型的投影，如图 3-126 所示。

06 如果同时取消勾选“邮箱”模型【接收阴影】与【投射阴影】选项。由于其不能接受阴影，“邮箱”所投射的阴影将透过其表面直接投射在地面上，其自身在地面上的投影也将消失，如图 3-127 所示。

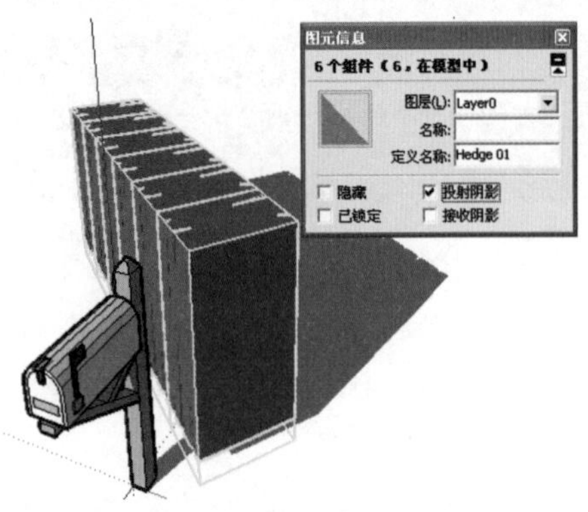

图 3-126　取消邮箱受影

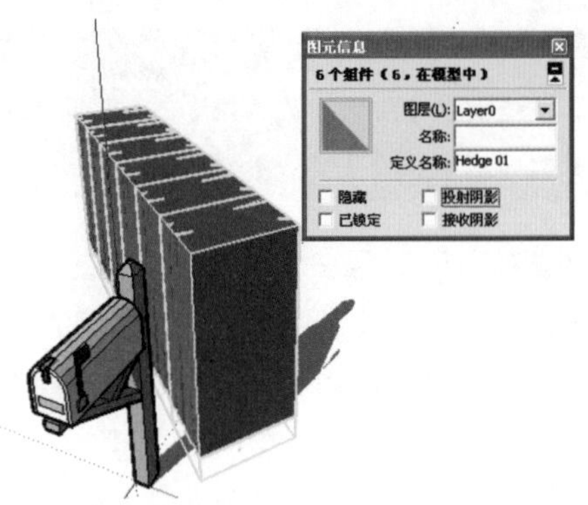

图 3-127　取消邮箱投影与受影

3.5 SketchUp 雾化特效

在 SketchUp 中，可以为场景添加【雾化】特效，以增强环境氛围，具体的操作方法如下：

01 打开配套光盘中本章文件夹中的“雾化”场景，如图 3-128 所示当前场景的场景内阳光明媚，接下来为其制作【雾化】特效。

02 执行【窗口】|【雾化】菜单命令，打开【雾化】面板，如图 3-129 与图 3-130 所示。

图 3-128　打开场景模型

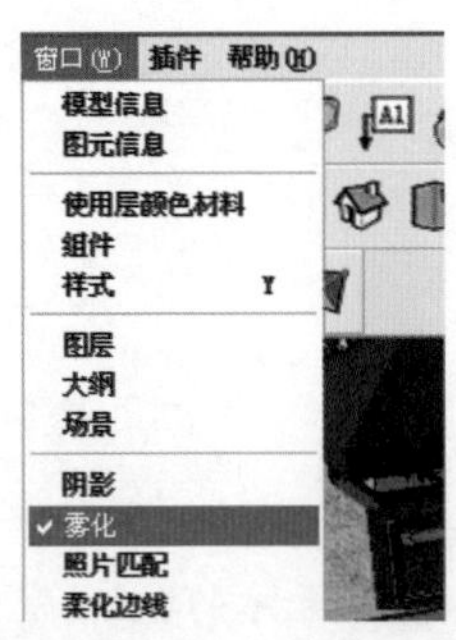

图 3-129　执行窗口 | 雾化菜单命令

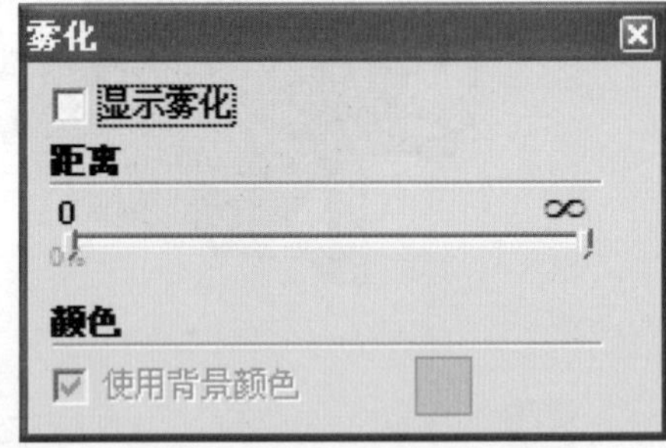

图 3-130　雾化面板

03 勾选【雾化】面板中的【显示雾化】选项，然后往左调整【距离】下方右侧的滑块，使场景由远及近产生浓雾效果，如图 3-131 与图 3-132 所示。

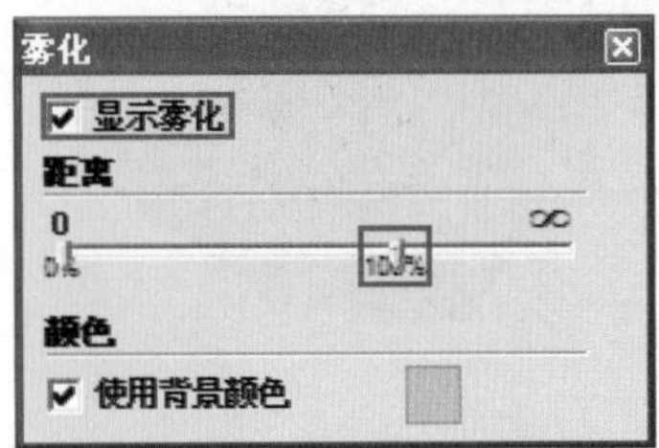

图 3-141　调整右侧滑块

图 3-142　调整雾气效果

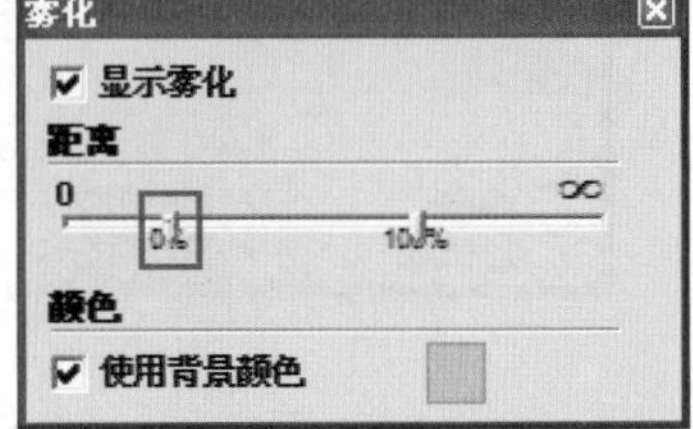

图 3-143　调整左侧滑块

04 向右拖动调整【距离】下方左侧的滑块，调整近处的雾气细节，如图 3-133 与图 3-134 所示。

05 默认设置下雾气的颜色与背景颜色一致，取消【使用背景颜色】参数的勾选，然后调整其后色块的颜色即可随意改变雾气颜色，如图 3-135 所示。

图 3-134 雾化完成效果

图 3-135 调整雾气颜色

3.6 SketchUp 实体工具

执行【视图】|【工具栏】菜单命令，在弹出的【工具栏】对话框中选择【实体工具】即可弹出【实体工具】工具栏，如图 3-136 所示，工具栏从左到右，依次为【外壳】、【相交】、【联合】、【减去】、【剪辑】、【拆分】。

【实体工具】工具栏中常用工具为进行布尔运算的【相交】、【联合】以及【减去】工具。此外还有【外壳】、【剪辑】以及【拆分】三个工具，接下来了解每个工具的使用方法与技巧。

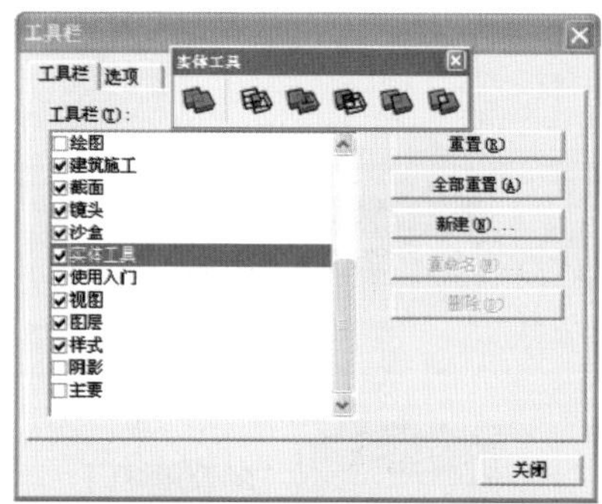

图 3-136 调出实体工具操作

3.6.1 外壳工具

【外壳】实体工具可以快速将多个单独的“实体”模型合并成一个“实体”，具体的操作方法与技巧如下：

01 打开 SketchUp 后创建两个几何体，如图 3-137 所示。此时如果直接启用实体工具对几何体进行修改，将出现“不是实体”的提示，如图 3-138 所示。

02 为左侧圆柱体添加【创建组】菜单命令，再次启用【实体工具】进行编辑则可出现“实体组”的提示，如图 3-139 与图 3-140 所示。

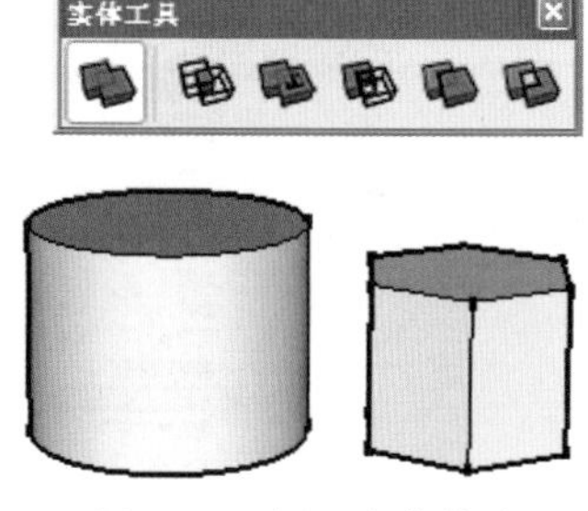

图 3-137 建立几何体模型

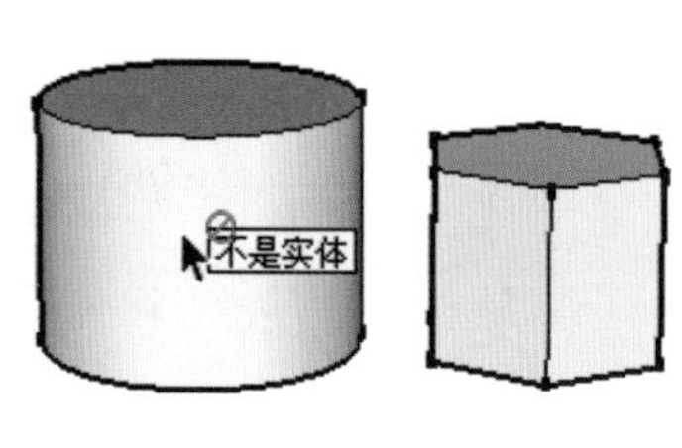

图 3-138 无法直接对几何进行实体编辑

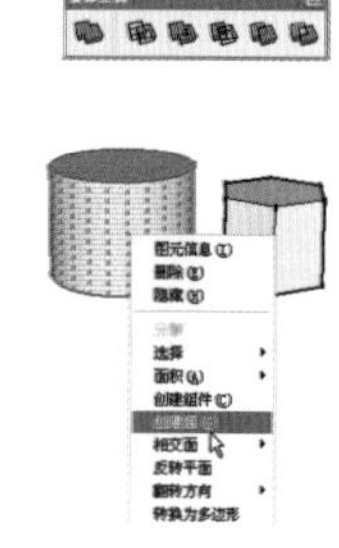
图 3-139 将几何体创建组

注 意

区别于其他常用的图形软件，在 SketchUp 中几何体并非“实体”，在该软件中模型只有在添加【创建组】命令后才被认可为“实体”。

03 使用同样方法将右侧几何体转换为实体，然后单击【外壳】工具按钮 。此时将鼠标移动至“实体”模型表面将出现①的提示，表明当前进行合并的“实体”数量，如图 3-141 与图 3-142 所示。

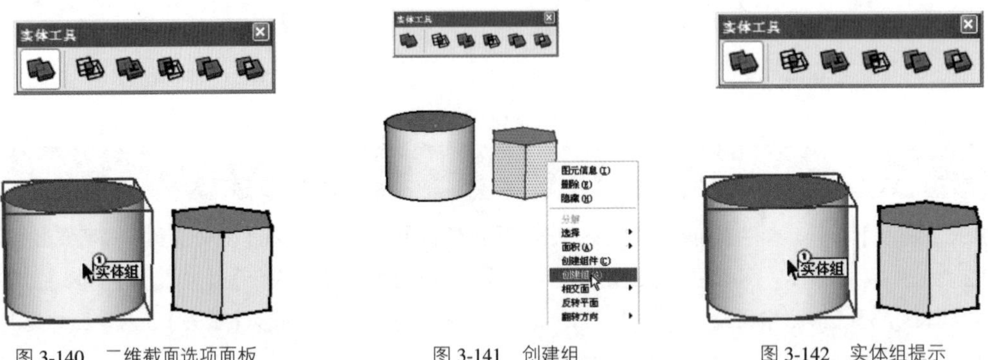

图 3-140　二维截面选项面板　　图 3-141　创建组　　图 3-142　实体组提示

04 在第一个“实体”表面单击后，再在第二个“实体”表面单击即可将两者组成一个大的“实体”，如图 3-143 与图 3-144 所示。

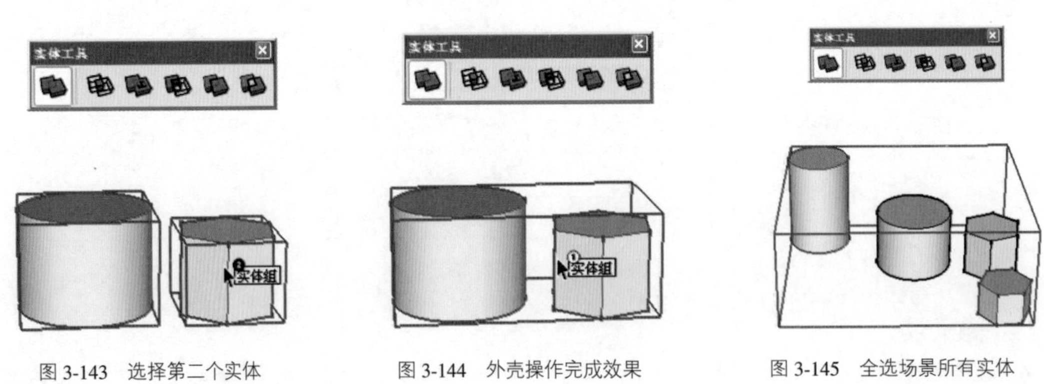

图 3-143　选择第二个实体　　图 3-144　外壳操作完成效果　　图 3-145　全选场景所有实体

05 如果场景中有比较多的“实体”需要进行合并，可以在将所有“实体”全选后再单击【外壳】工具按钮，这样可以快速进行合并，如图 3-145~图 3-147 所示。

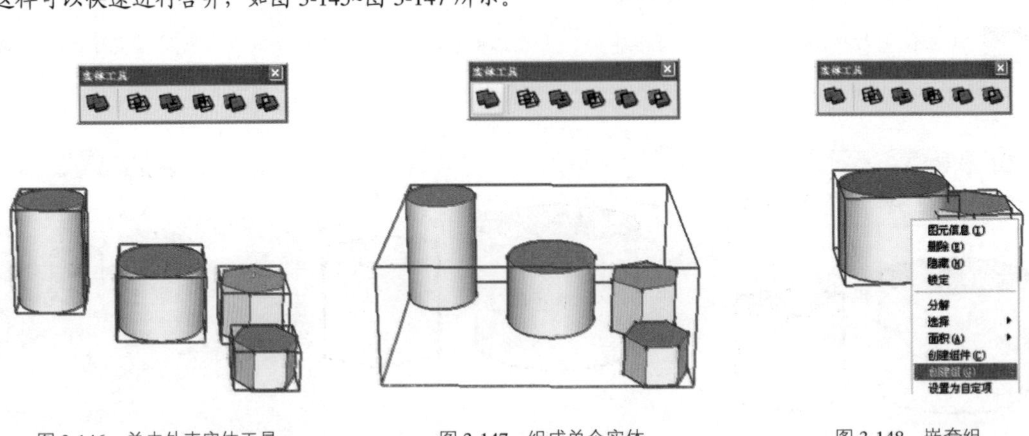

图 3-146　单击外壳实体工具　　图 3-147　组成单个实体　　图 3-148　嵌套组

注 意

在 SketchUp 中【外壳】工具的功能与之前介绍过的【组】嵌套有类似的地方，都可以将多个“实体（或组）”组建成一个大的对象。但要注意的是使用【组】嵌套的“实体（或组）”在打开后仍可以进行单独的编辑，如图 3-148 ~ 图 3-150 所示。

06 使用【外壳】工具进行组合的“实体（或组）”将变成一个单独的“实体”，打开后之前所有的“实体（或组）”将被分解，模型将无法进行单独的编辑，如图 3-151 ~ 图 3-153 所示。

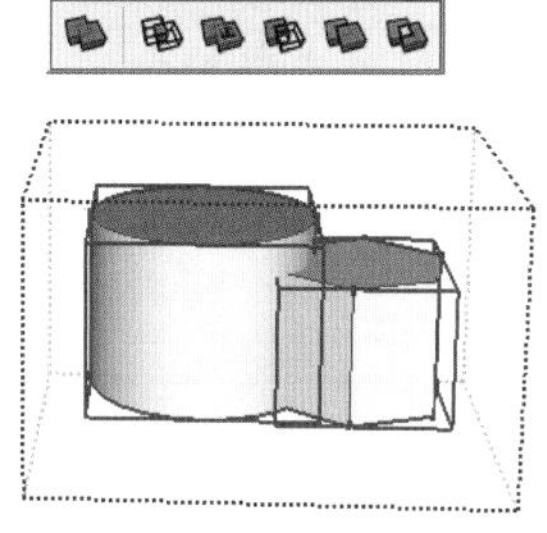

图 3-149 编辑组

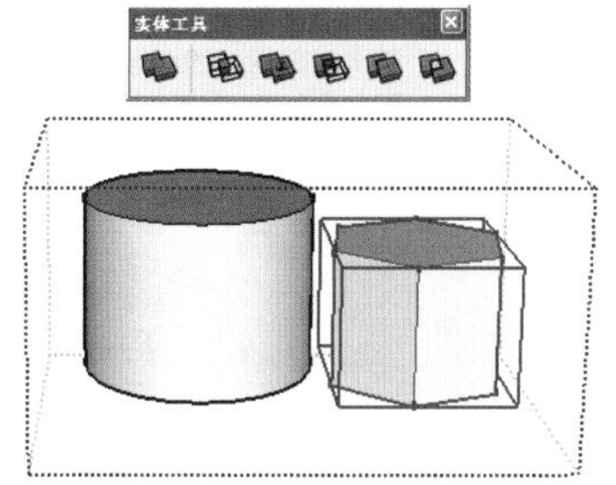

图 3-150 单独编辑组

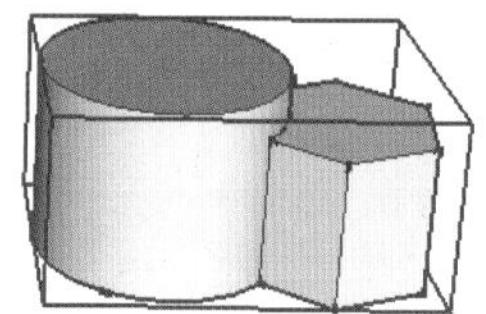

图 3-151 使用外套工具合并

3.6.2 相交工具

布尔运算是大都数三维图形软件都具有的功能，其中【相交】运算可以将快速获取“实体”间相交的部分模型，具体的操作方法与技巧如下：

01 使“实体”之间产生相交区域，然后启用【相交】运算工具并单击选择其中一个“实体”，如图 3-154 与图 3-155 所示。

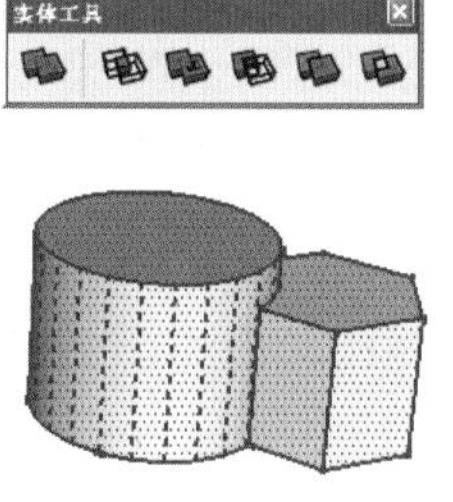

图 3-152 打开外壳

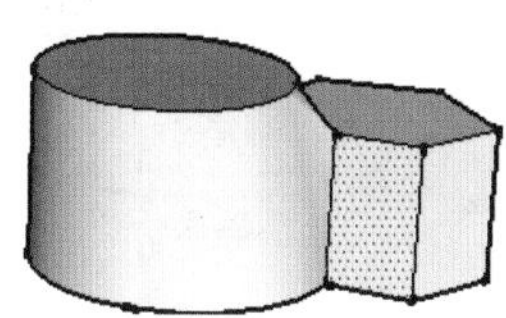

图 3-153 无法进行单独编辑

图 3-154 使实体相交

02 在另一个“实体”上单击，即可获得两个“实体”相交部分的模型，同时之前的“实体”模型将被删除，如图 3-156 与图 3-157 所示。

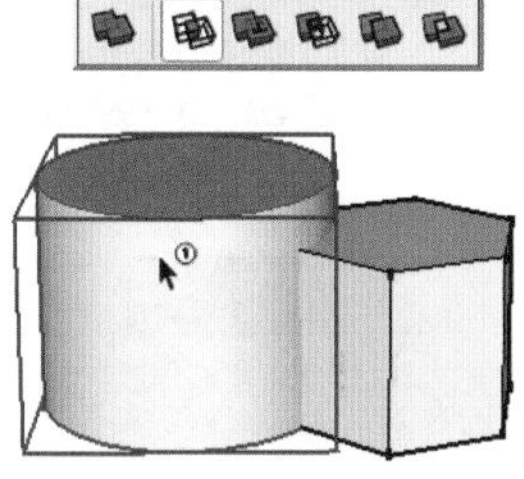

图 3-155 单击选择实体

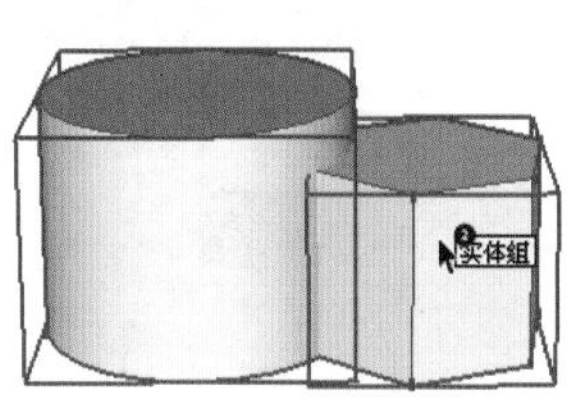

图 3-156 单击选择另一个实体

图 3-157 相交运算完成效果

注 意

多个相交“实体”间的【相交】运算可以先全选相关“实体”，然后再单击【相交】工具按钮进行快速的运算。

3.6.3 联合工具

布尔运算中的【联合】运算可以将多个“实体”进行合并，如图 3-158~图 3-160 所示。在 SketchUp2014 中【联合】工具与之前介绍的【外壳】工具功能没有明显的区别。

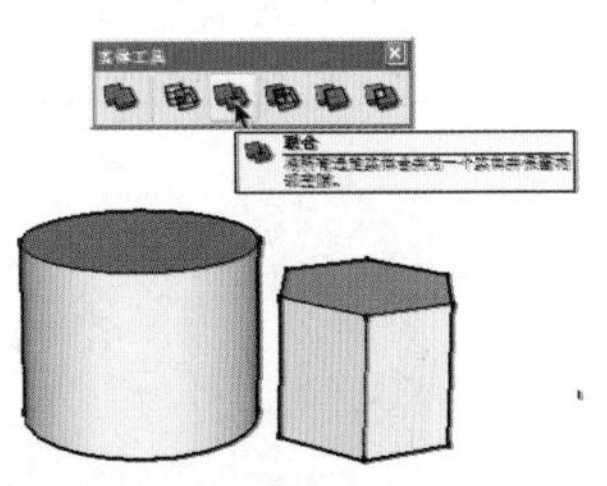
图 3-158 单击联合运算按钮

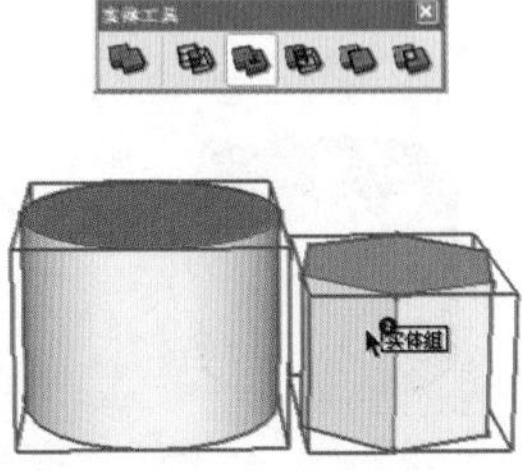

图 3-159 选择实体

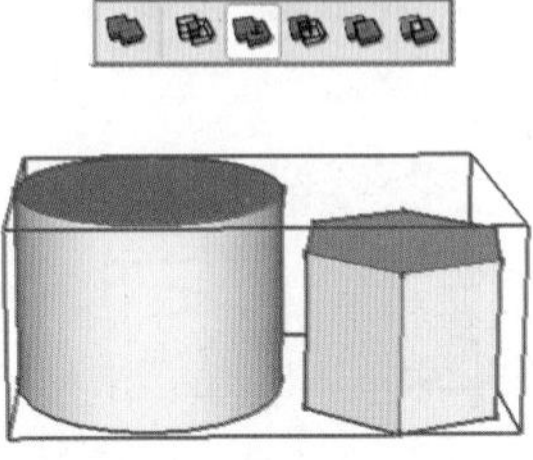
图 3-160 联合运算完成效果

3.6.4 减去工具

布尔运算【减去】运算可以快速将某个“实体”与其他“实体”相交的部分进行切除，具体的操作方法与技巧如下：

01 首先使“实体”之间产生相交区域，然后启用【减去】运算工具并逐次单击进行运算的“实体”，如图 3-161 与图 3-162 所示。

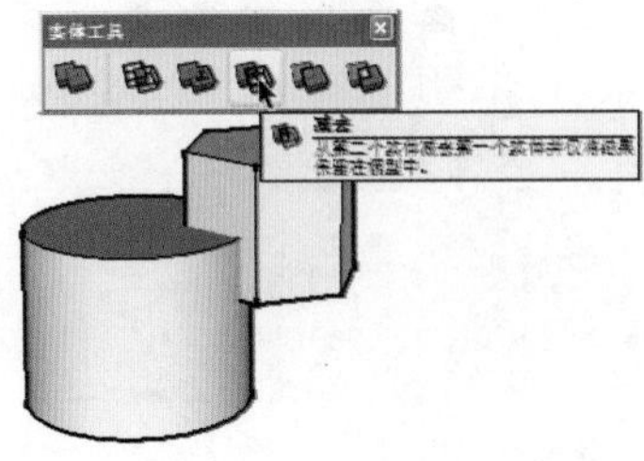
图 3-161 单击减去运算按钮

图 3-162 选择第一个实体

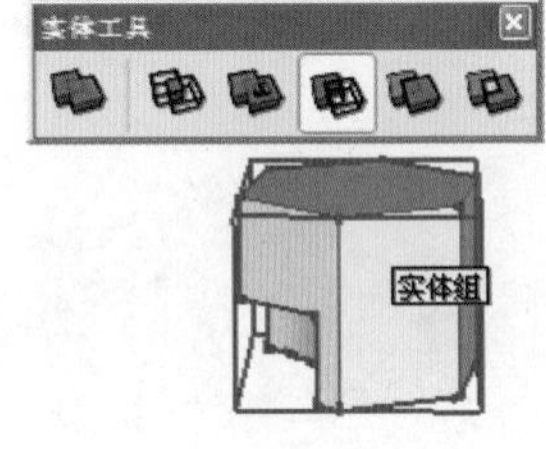

图 3-163 减去运算完成效果

02 【减去】运算完成之后将保留后选择的“实体”，而删除先选择的实体以及相关的部分，如图 3-163 所示。因此同一场景在进行【减去】运算时，“实体”的选择顺序可以改变最后的运算结果，如图 3-164~图 3-166 所示。

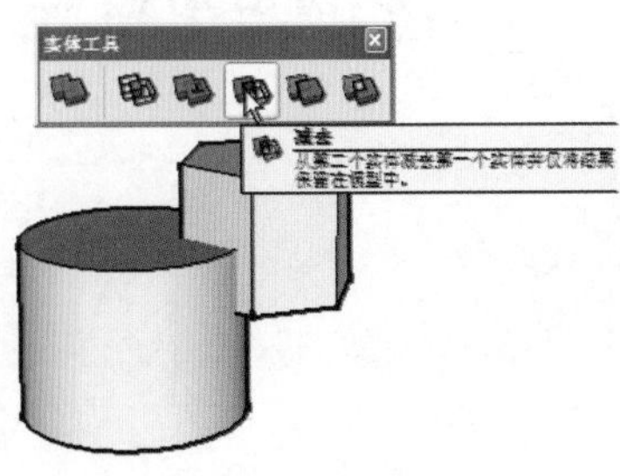
图 3-164 单击减去运算按钮

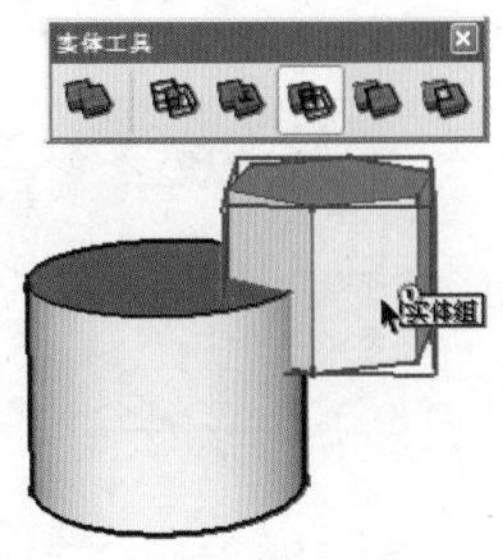

图 3-165 选择第一个实体

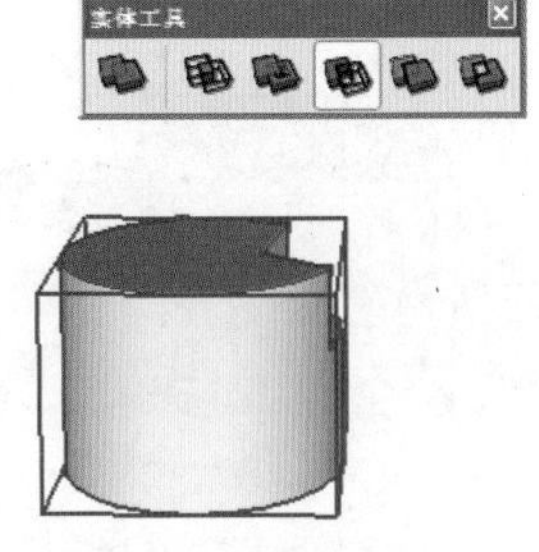
图 3-166 减去运算完成效果

3.6.5 剪辑工具

在 SketchUp 中【剪辑】工具的功能类似于布尔运算中的【减去】工具，但其在进行“实体”接触部分切除时，不会删除掉用于切除的实体，如图 3-167~图 3-169 所示。

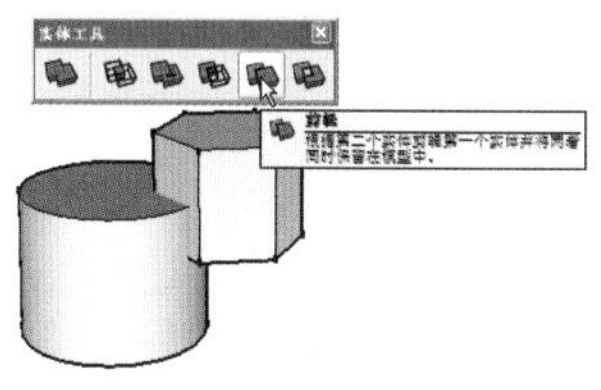
图 3-167　使用剪辑工具

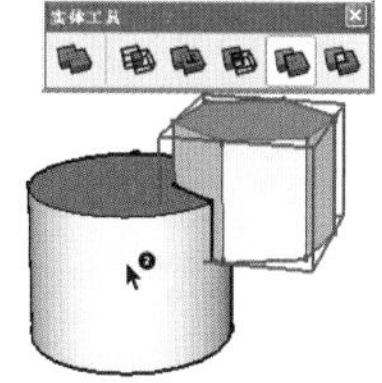
图 3-168　实体修剪完成

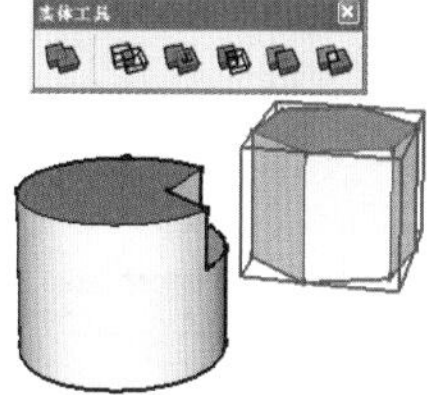
图 3-169　实体修剪效果

注 意

与【减去】工具的运用类似，在使用【剪辑】工具时“实体”单击次序的不同将产生不同的【剪辑】效果。

3.6.6 拆分工具

在 SketchUp 中【拆分】工具的功能类似于布尔运算中的【相交】工具，但其在获得“实体”间相接触的部分的同时仅删除之前“实体”间相接触的部分，如图 3-170~图 3-172 所示。

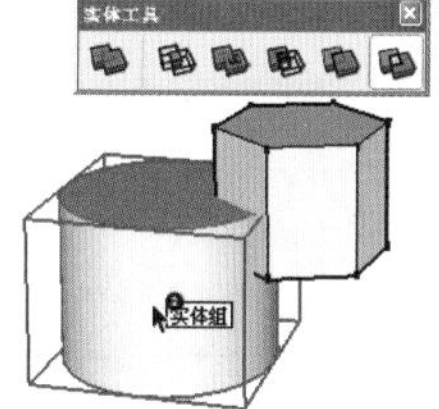
图 3-170　使用拆分工具

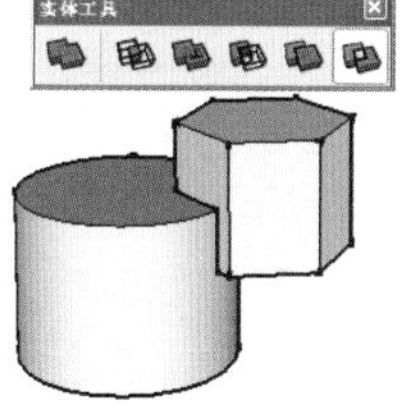
图 3-171　实体拆分完成

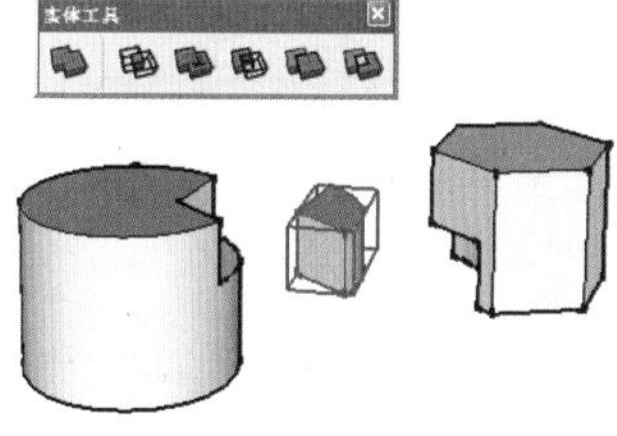
图 3-172　实体拆分效果

3.7 SketchUp 沙盒地形工具

【沙盒】工具是 SketchUp 内置的一个地形工具，用于制作三维地形效果。执行【视图】|【工具栏】菜单命令，在弹出的【工具栏】对话框中选择【沙盒】即可弹出【沙盒】工具栏如图 3-173 所示。

【沙盒】工具栏内按钮的各个功能如图 3-174 所示，其主要通过【根据等高线创建】与【根据网格创建】创建地形，然后通过【曲面拉伸】、【曲面平整】、【曲面投射】、【添加细部】以及【翻转边线】工具进行细节的处理。接下来了解具体的使用方法与技巧.

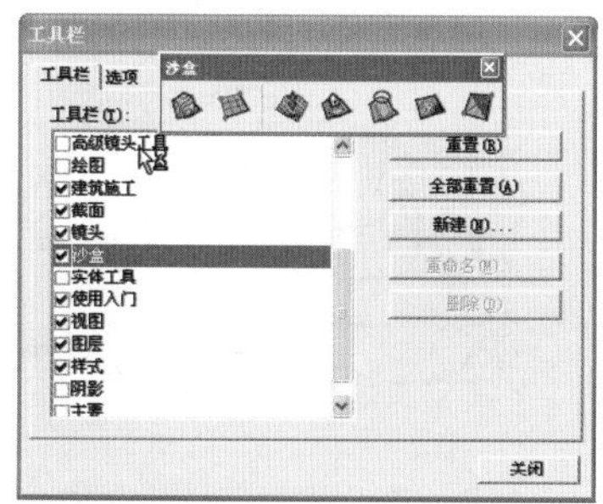
图 3-173　调出沙盒工具栏操作

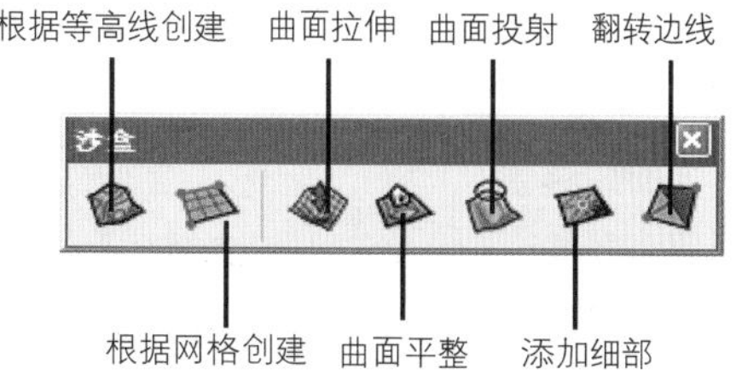

图 3-174　沙盒工具栏按钮功能

3.7.1 根据等高线建模

01 调出【沙盒】工具栏，然后在场景中使用【徒手画】工具绘制出一个曲线平面，如图 3-175 所示。

02 选择平面，启用【推/拉】工具按住 Ctrl 键向上推拉复制，完成效果至如图 3-176 所示。

03 选择推拉出的平面进行删除，仅保留边线效果作为等高线，如图 3-177 所示。

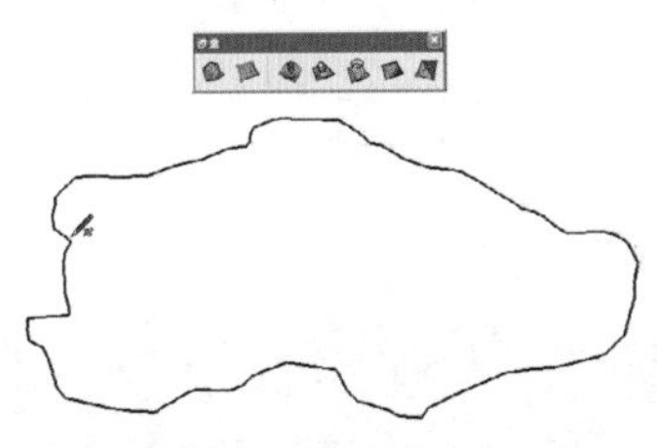

图 3-175　绘制曲线平面

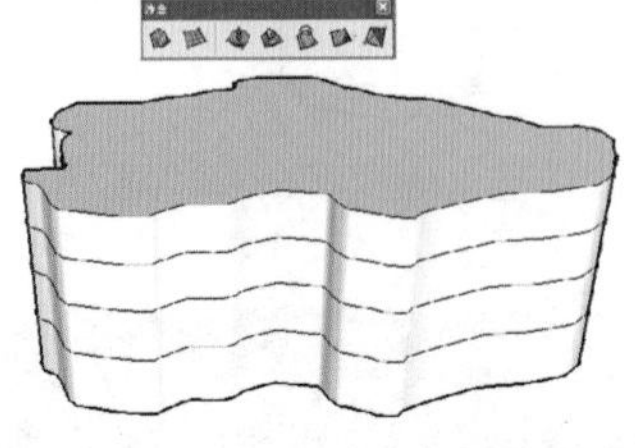

图 3-176　移动复制平面

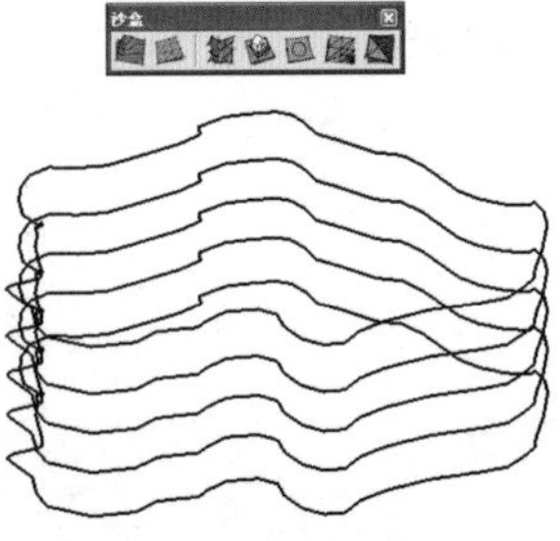

图 3-177　删除所有的面

04 启用【拉伸】工具，从下至上选择边线逐次进行缩小，如图 3-178 所示。在缩小时可以按住 Ctrl 键以进行中心拉伸，最终得到如图 3-179 所示的效果。

05 逐步拉伸完成后全选所有边线，如图 3-180 所示。

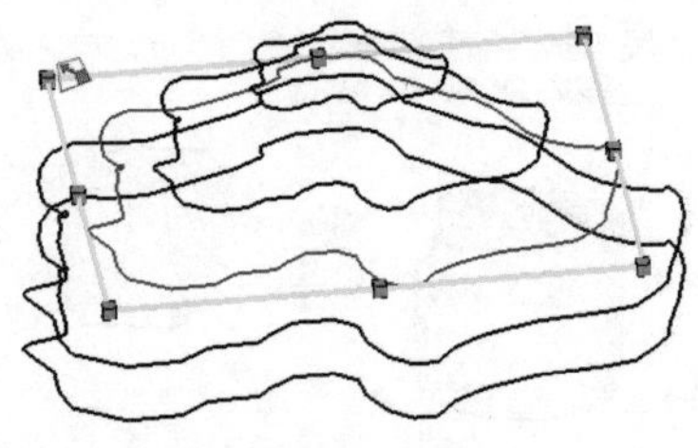

图 3-178　中心拉伸边线

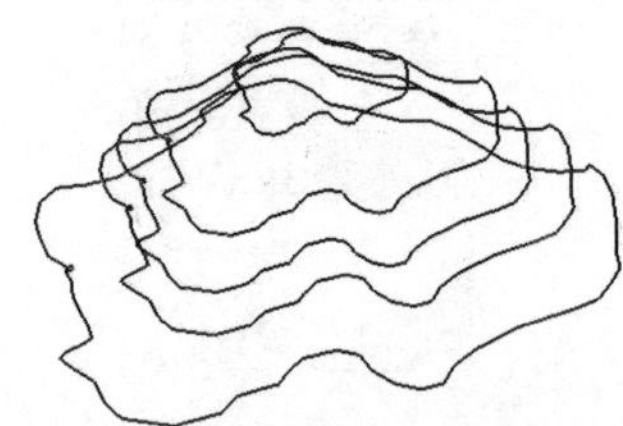

图 3-179　边线拉伸完成效果

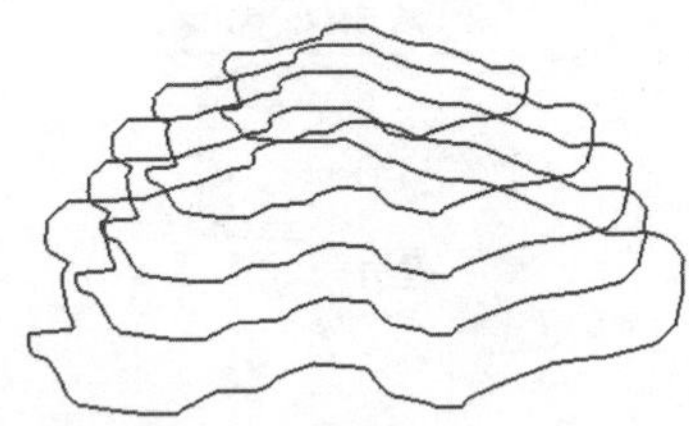

图 3-180　全选边线

06 单击【根据等高线创建】按钮，根据制作好的等高线，SketchUp 将生成对应的地形效果，如图 3-181 所示。

07 选择地形模型单击鼠标右键，选择其中的【编辑组】菜单命令，如图 3-182 所示。

08 逐步选择地形上方保留的边线进行删除，删除完成后即获得单独的地形模型，如图 3-183 与图 3-184 所示。

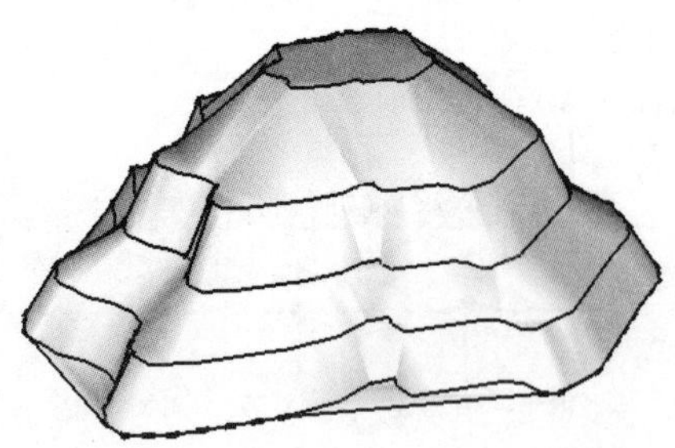

图 3-181　生成地形

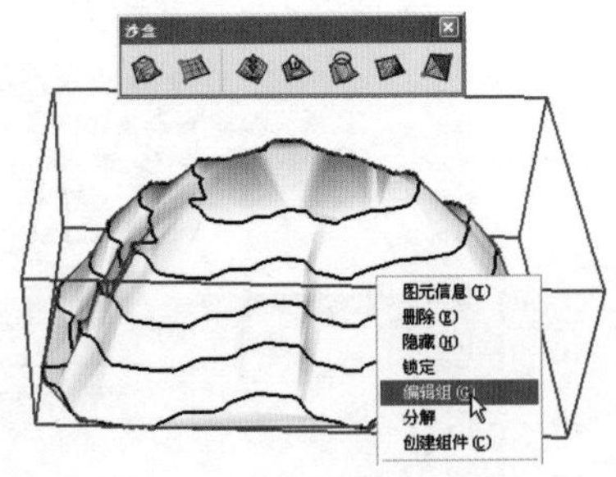

图 3-182　选择编辑组命令

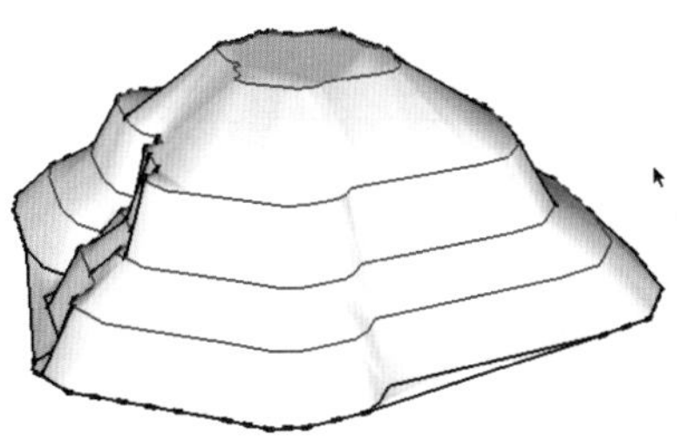

图 3-137 删除边线

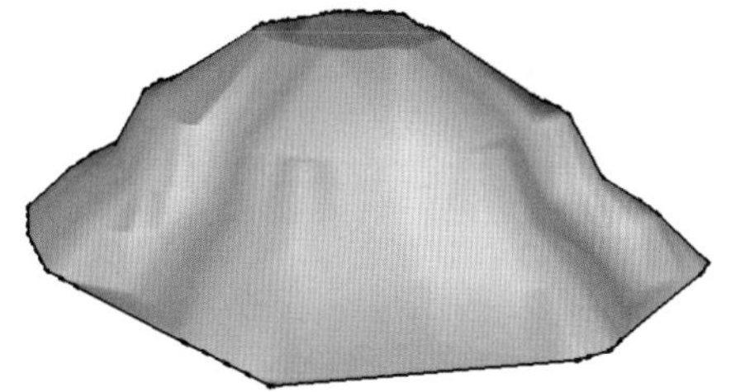

图 3-184 地形模型

利用【根据等高线创建】制作出的地形细节效果完全取决于等高线的精细程度，等高线越紧密制作的地形也越细致。在 SketchUp 中更为常用的地形为【根据网格创建】地形，接下来就了解其创建的方法与技巧。

3.7.2 根据网格创建建模

01 启用【沙盒】工具后单击【从网格】按钮，等光标变成在【网格间距】内输入单个网格的长度，然后按 Enter 键确定，如图 3-185 所示。

02 在绘图区目标位置单击，确定【根据网格创建】绘制起点，然后拖动光标以绘制网络的总宽度并按 Enter 键确定，如图 3-186 与图 3-187 所示。

图 3-185 启用从网格工具　　图 3-186 绘制网格宽度　　图 3-187 绘制网络长度

03 【根据网格创建】总宽度确定好后再横向拖动光标，绘制出网络的长度，最后按下 Enter 键确定即可完成绘制，如图 3-188 与图 3-189 所示。

【根据网格创建】绘制好完成后，使用【沙盒】工具栏中其他工具进行调整与修改才能产生地形效果。首先了解【曲面拉伸】工具的使用方法与技巧。

技 巧

在输入【网格间距】并确定后，绘制网络时每个刻度之间的距离即为设定间距宽度。

3.7.3 曲面拉伸

01 绘制好的【根据网格创建】默认为【组】，无法使用【沙盒】工具栏中的工具进行调整。选择【根据网格创建】模型后单击鼠标右键并选择【分解】命令使其变成"面"，如图 3-189 与图 3-190 所示。

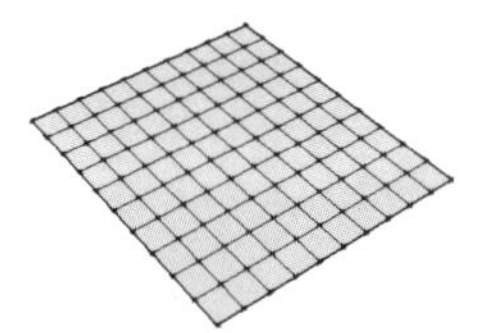

图 3-188 网格绘制完成

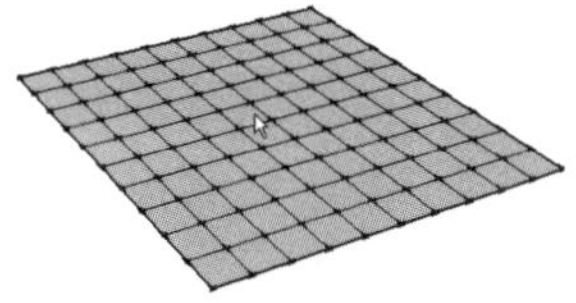

图 3-189 无法修改默认网格

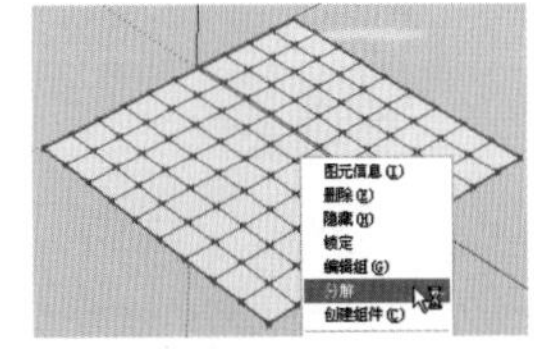

图 3-190 分解网格

02 单击【根据网格创建】即可发现其已经成为了一个由细分面组成的大型平面，如图 3-191 所示。

03 此时启用【曲面拉伸】命令即可发现其光标已经变成了状并能自动捕捉【根据网格创建】上的交

点，如图 3-192 所示。

技 巧

【曲面拉伸】图标下方的红色圆圈为其影响的范围大小，在启用该工具后即可输入数值自定义其【半径】大小。

04 单击选择网格上任意一个交点，然后推拉鼠标即可产生地形的起伏效果，如图 3-193 与图 3-194 所示。

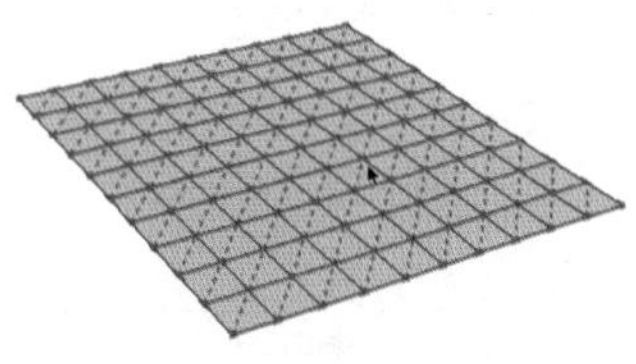
图 3-191 分解后的网格效果

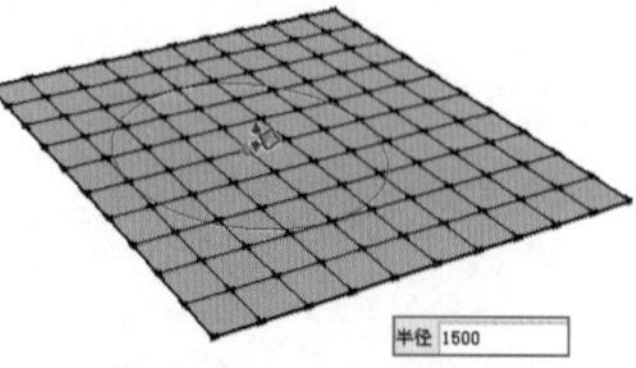

图 3-192 启用曲面拉伸工具

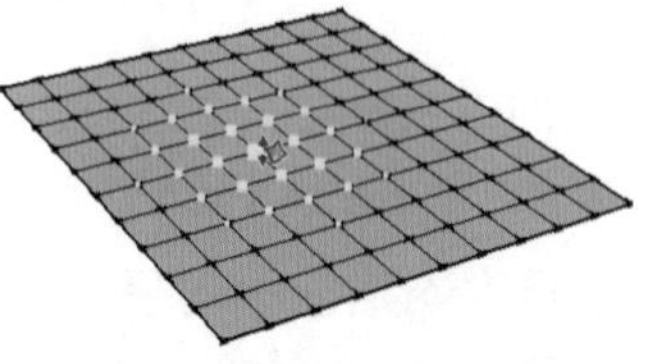
图 3-193 选择交点

05 确定好地形起伏效果后在再次单击鼠标即可完成该处地形效果的制作，如图 3-195 所示。

【曲面拉伸】工具是制作【根据网格创建】地形起伏效果的主要工具，因此通过对【根据网格创建】的点、线、面进行不同的选择，可以制作出丰富的地形效果，接下来进行具体的了解。

技 巧

在单击确定地形起伏效果前直接输入数值可以得到精确的高度，如图 3-196 所示，如果输入负值则将产生凹陷效果。此外对于通过【根据等高线创建】工具创建的地形，同样需要先将其【分解】方可以进行编辑，如图 3-197、图 3-198 所示。

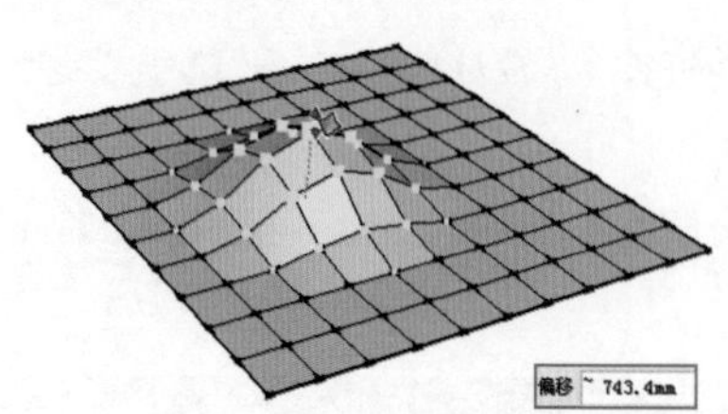

图 3-194 制作地形起伏效果

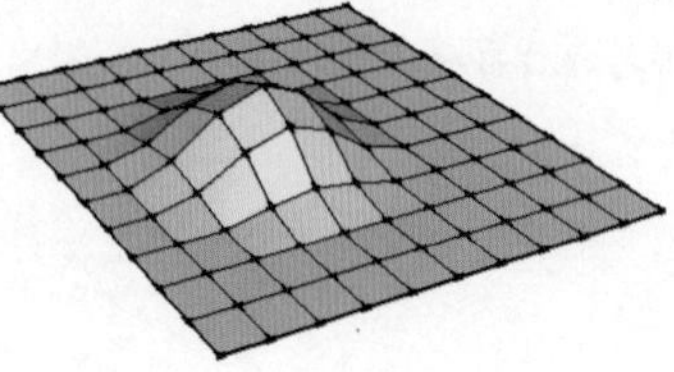
图 3-195 起伏效果制作完成

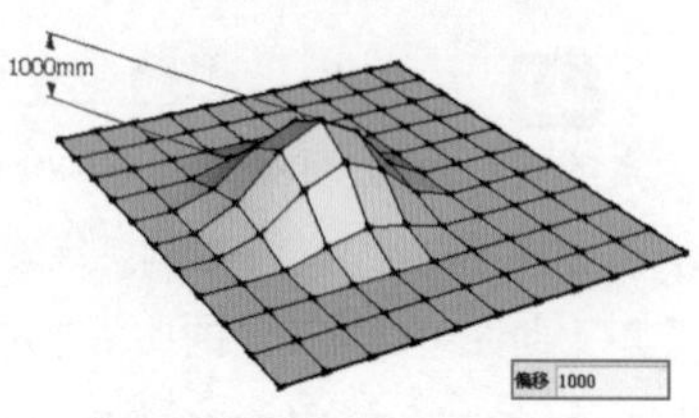

图 3-196 制作精确起伏高度

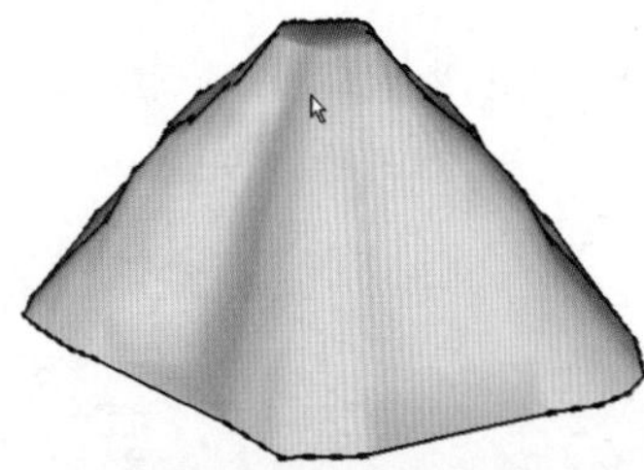
图 3-197 等高线地形

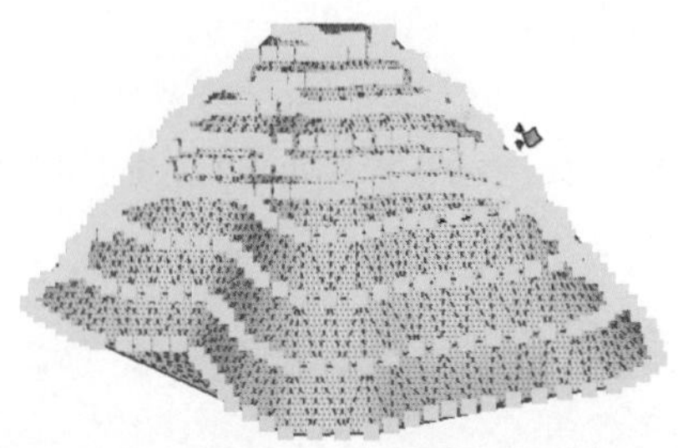
图 3-198 执行分解菜单命令

1. 点拉伸

默认设置下启用【曲面拉伸】工具后，其将自动捕捉【根据网格创建】的交点与边线。此时如果选择任意一个交点进行拉伸即可制作出具有明显“顶点”的地形起伏效果，如图 3-199 与图 3-200 所示。

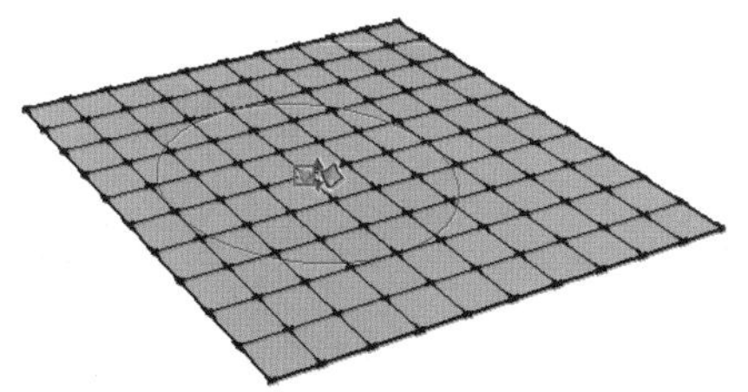
图 3-199 选择单个交点

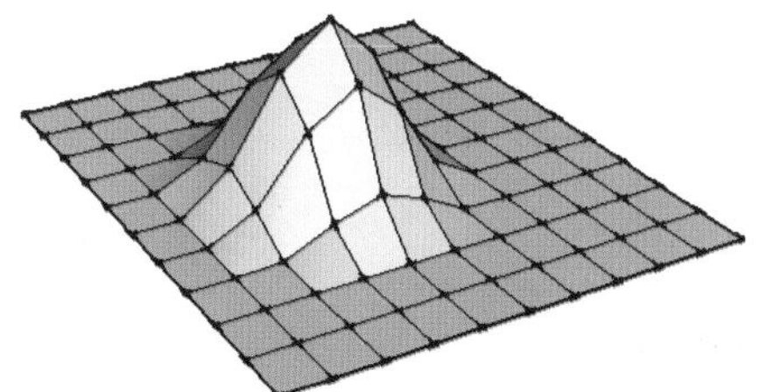
图 3-200 拉伸地形效果

技 巧

选择的交点在拉伸后即为地形起伏的“顶点”。使用这种方法一次只能选择一个顶点，因此所制作出的地形起伏比较单调，接下来学习【线】与【面】的拉伸。

2. 线拉伸

01 启用【曲面拉伸】工具后选择到任意一条边线，推动鼠标即可制作比较平缓的地形起伏效果，如图 3-201 与图 3-202 所示。

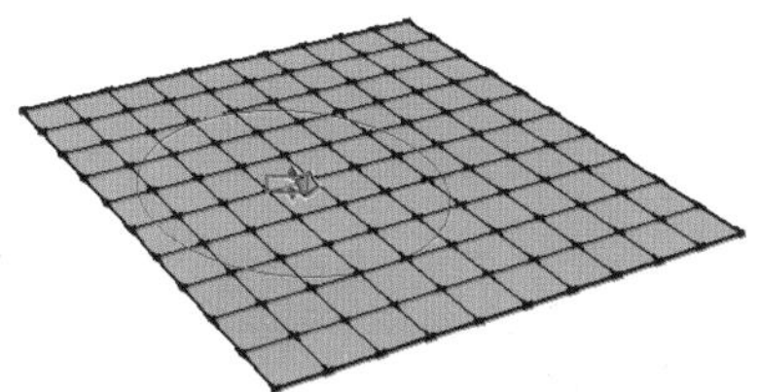
图 3-201 选择单个边线

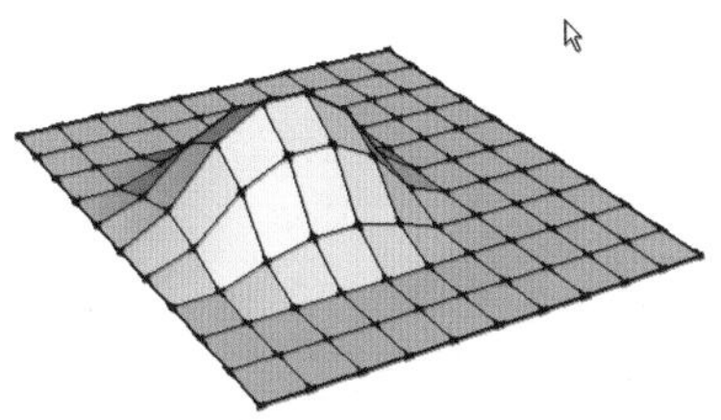
图 3-202 地形起伏效果

02 如果在启用【曲面拉伸】工具前选择到【根据网格创建】面上的连续边线，然后再启用【曲面拉伸】工具进行拉伸，则可得到具有“山脊”特征的地形起伏效果，如图 3-203~图 3-205 所示。

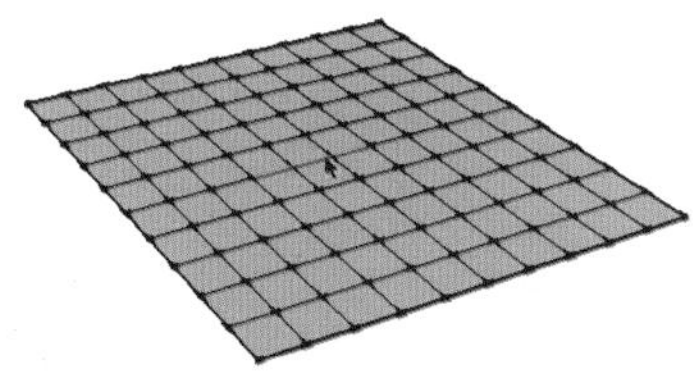
图 3-203 选择连续边线

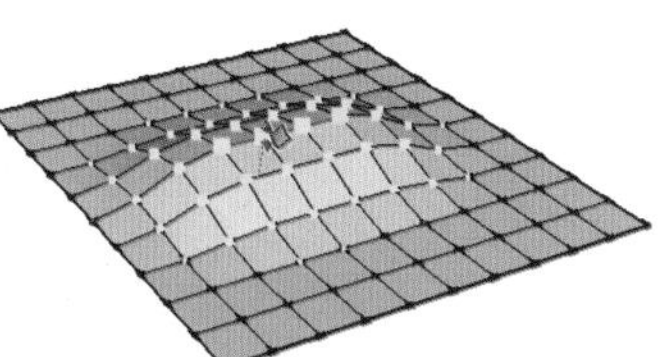
图 3-204 拉伸连续边线

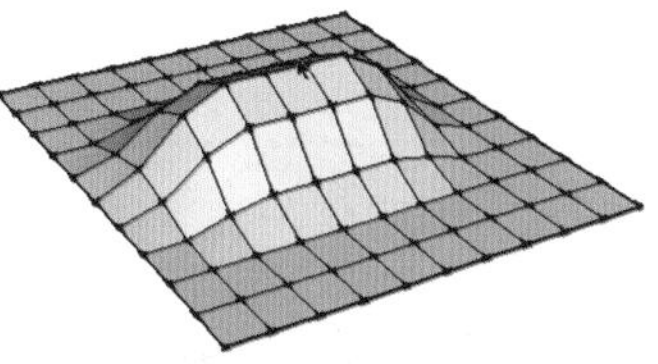
图 3-205 拉伸完成效果

03 如果在启用【曲面拉伸】工具前在【根据网格创建】面上选择间隔的多条边线，然后再启用【曲面拉伸】工具进行拉伸，则可得到连绵起伏的地形效果，如图 3-206~图 3-208 所示。

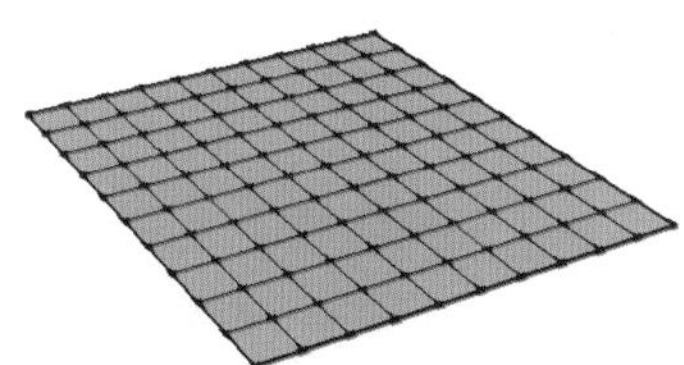
图 3-206 选择间隔边线

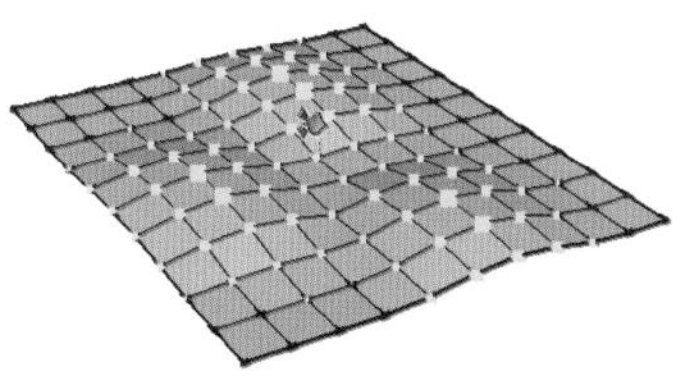
图 3-207 拉伸间隔边线

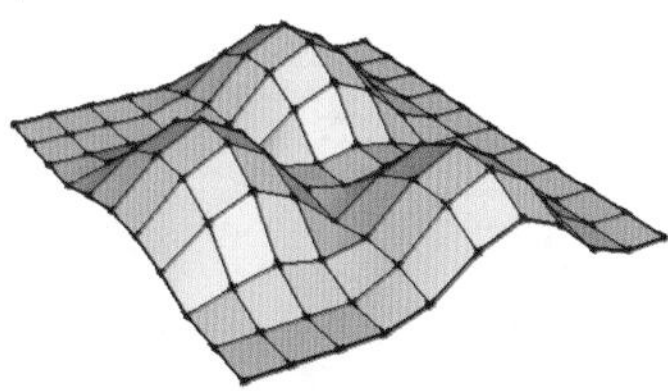
图 3-208 拉伸完成效果

04 执行【视图】|【隐藏几何图形】菜单命令，可以将【根据网格创建】中隐藏的对角边线进行虚显，

选择对角边线后启用【曲面拉伸】工具进行拉伸，可以得到斜向的起伏效果，如图 3-209~图 3-211 所示。

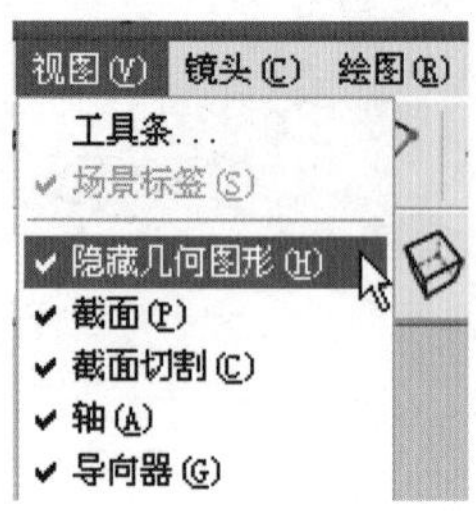

图 3-209 虚显隐藏物体

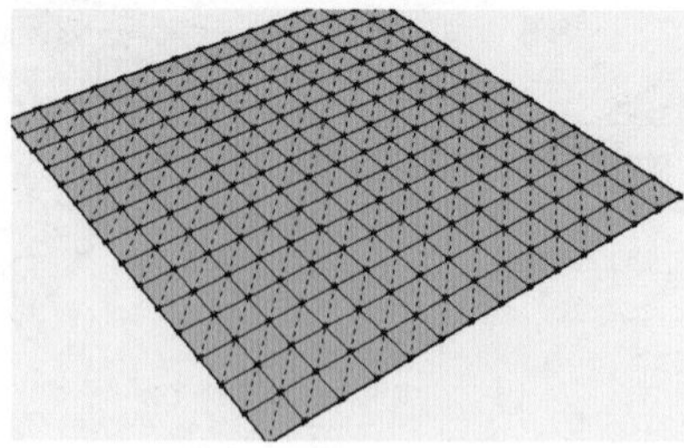

图 3-210 选择对角边线

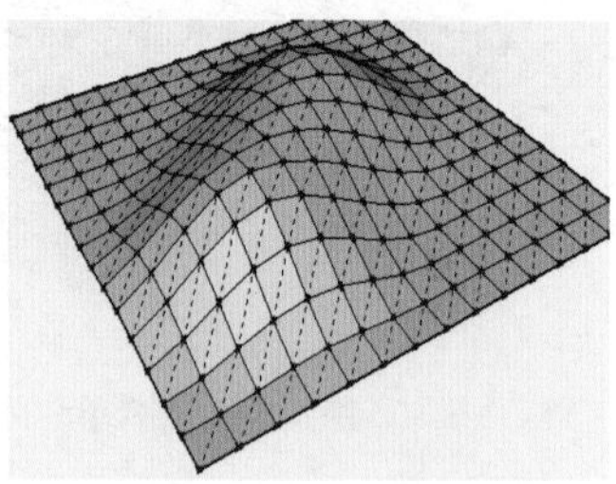

图 3-211 拉伸完成效果

技巧

在使用【曲面拉伸】工具制作【根据网格创建】地形起伏效果时，【线】拉伸是主要手段。在制作过程中应该根据连续边线、间隔边线以及对角线的位伸特点，灵活的进行结合运用。

3. 面拉伸

01 在启用【曲面拉伸】工具前在【根据网格创建】面上选择任意一个面即可制作具有“顶部平面”的地形起伏效果，如图 3-212~图 3-214 所示。

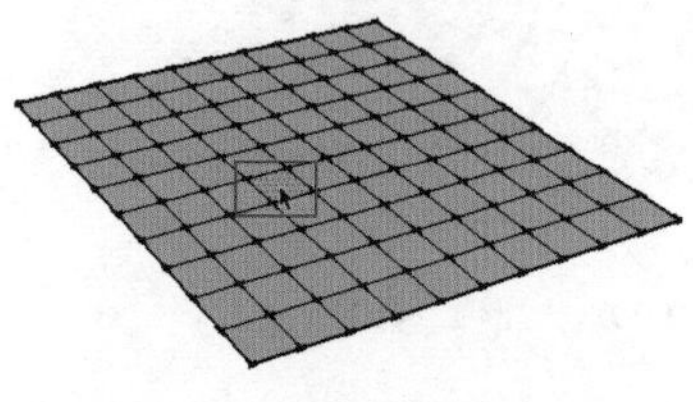

图 3-212 选择面

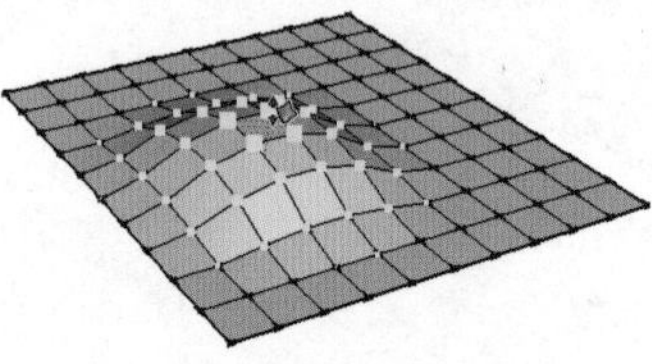

图 3-213 拉伸面

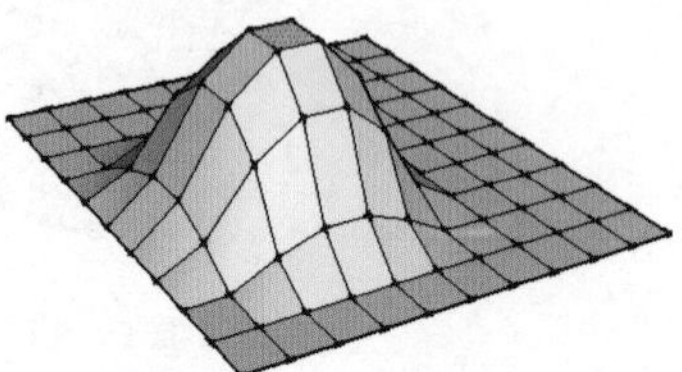

图 3-214 拉伸完成效果

02 同样进行【面】拉伸时可以选择多个顶面同时拉伸，以制作出连绵起伏的地形效果，如图 3-215~图 3-217 所示。

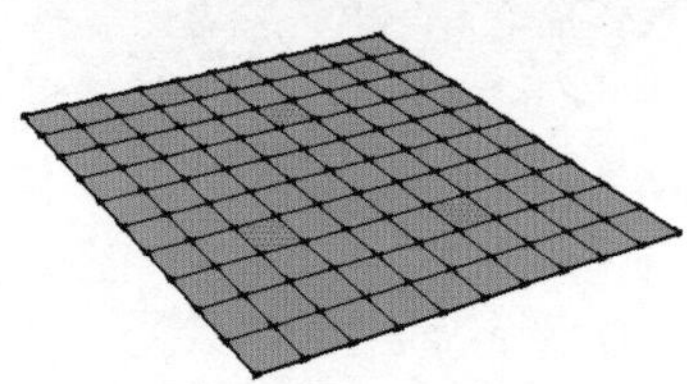

图 3-215 选择多个面

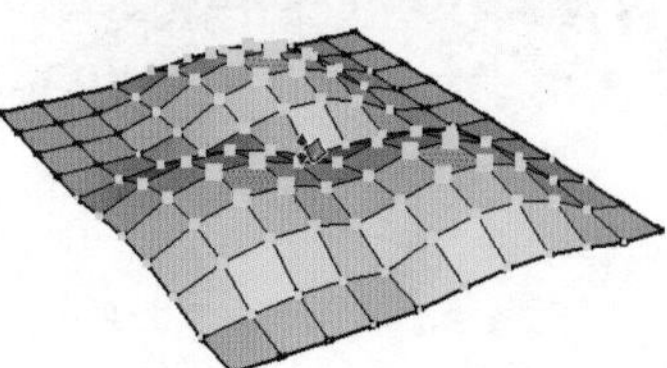

图 3-216 拉伸多个面

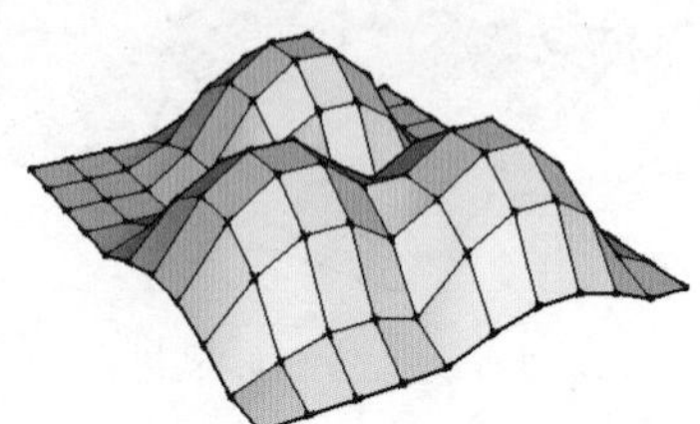

图 3-217 拉伸完成效果

3.7.4 曲面平整

在实际项目的制作中经常会遇到需要在起伏的地形上放置规则的建筑物的情况，此时使用【曲面平整】工具可以快速制作出放置建筑物的平面，接下来了解操作方法与技巧。

01 打开本书配套光盘中的“曲面平整”文件，如图 3-218 所示。接下来使用【曲面平整】工具使场景中的记到模型贴合的放置在山顶上。

02 选择房屋模型，然后启用【曲面平整】工具，如图 3-219 所示。

03 启用【曲面平整】工具后选择的“房屋”模型下方即会出现一个矩形，如图 3-220 所示。该矩形范围即其对下方地形产生影响的范围。

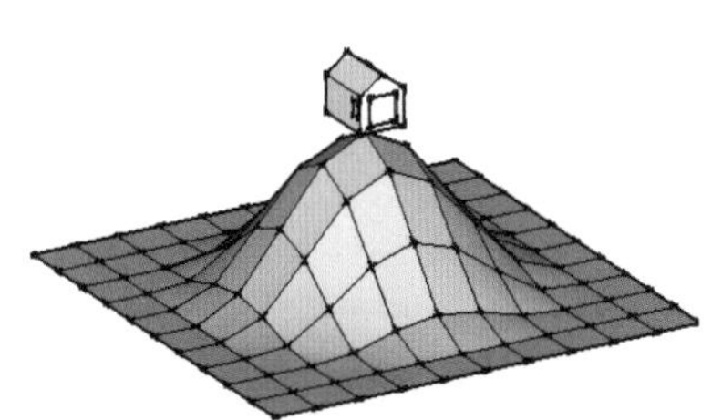
图 3-218　打开场景模型

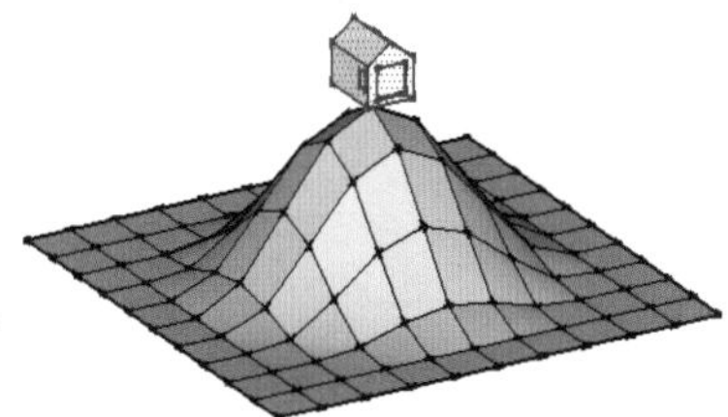
图 3-219　选择房屋并启用曲面平整工具

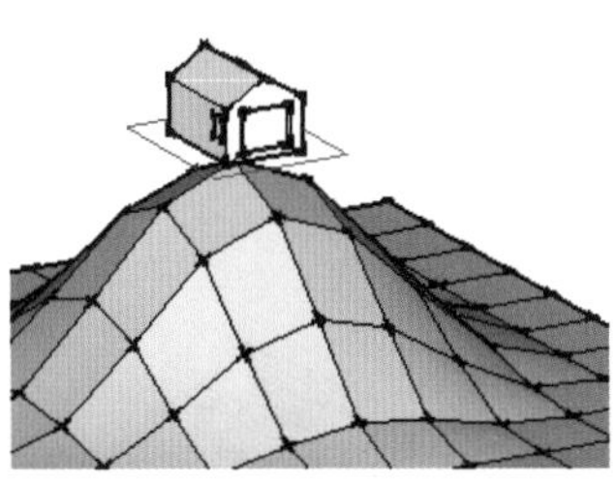
图 3-220　出现矩形

04 光标移动至【根据网格创建】地形上方时将变成 状，而【根据网格创建】地形也将显示细分面效果，如图 3-221 所示。

05 在【根据网格创建】地形上单击鼠标进行确定，【根据网格创建】地形会出现如图 3-222 所示的平面。

06 选择其上方的“房屋”将其移动其产生的平面上即可，如图 3-223 所示。

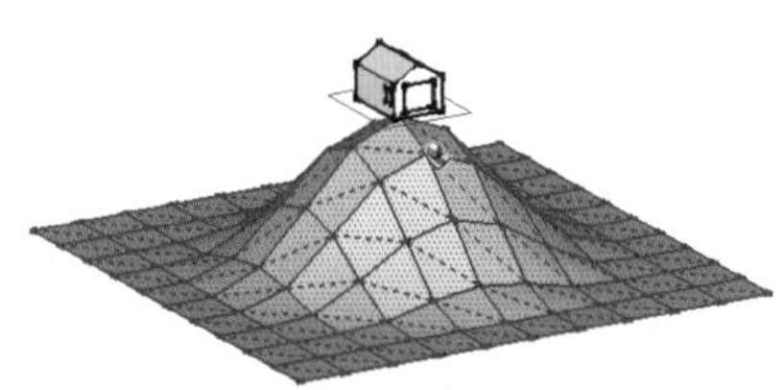
图 3-221　网格地形细分面

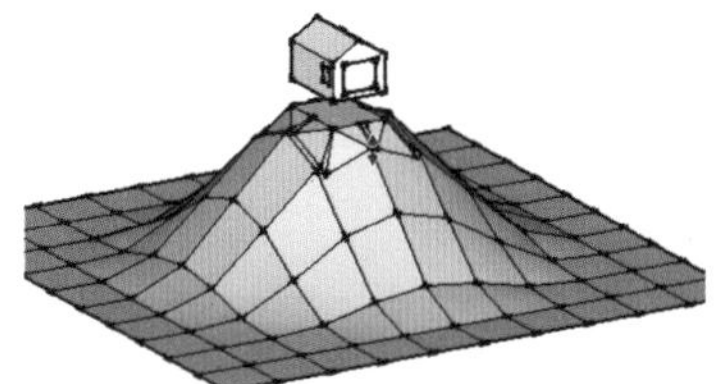
图 3-222　生成平面

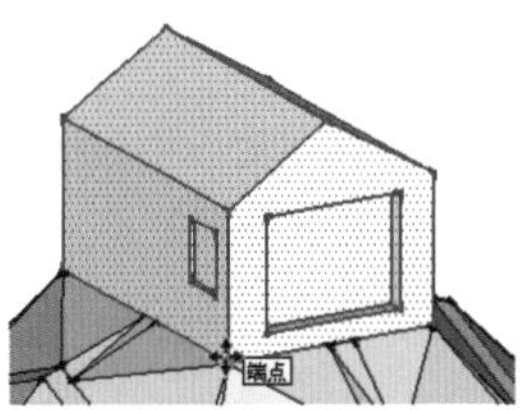

图 3-223　移动房屋至平面

注 意

在【根据网格创建】地形上单击鼠标形成平面后，应该在空白处单击确定平面效果。如果此时将平面向上拉伸至与房屋底面贴合，将地形将产生生硬的边缘现象，如图 3-224 所示。

07 如果在启用【曲面平整】工具后输入较大的偏移数值，再单击【根据网格创建】地形将会产生更大的平整范围，如图 3-225 与图 3-226 所示。但此时绝对的平整区域将仍保持与房屋底面等大，仅在周边产生更多的三角细分面，因此通常保持默认即可。

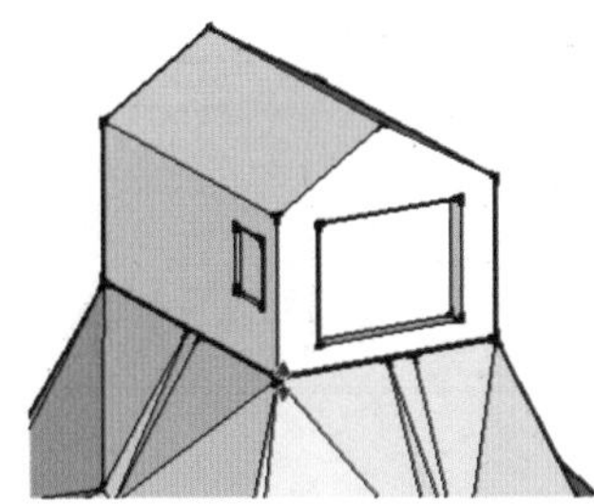
图 3-224　拉伸平面至房屋

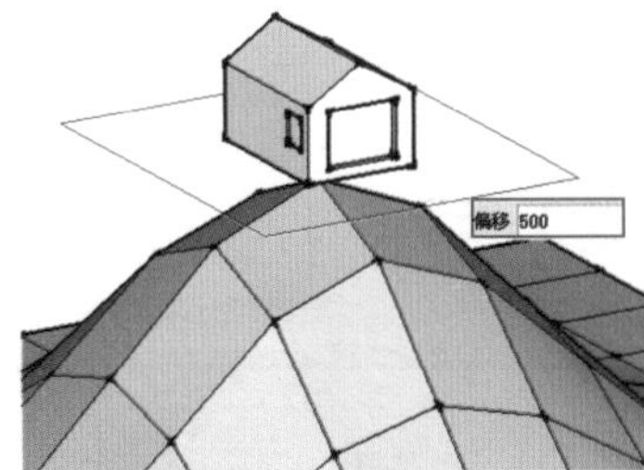

图 3-225　增大影响范围

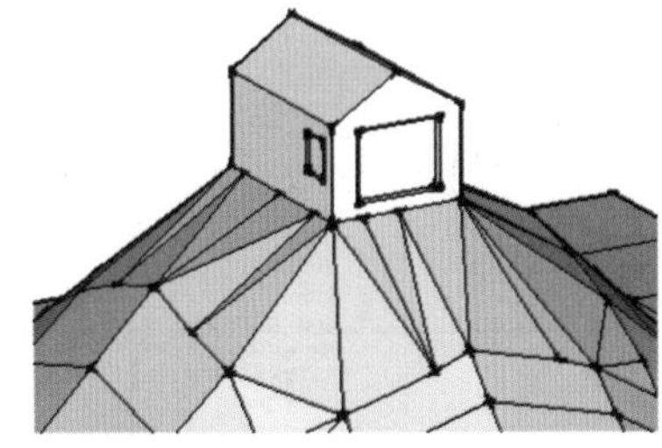
图 3-226　更大的平整影响区域

3.7.5 创建道路

在使用 SketchUp 进行城市规划等场景的制作时，通常会遇到需要在连绵起伏的地形上制作公路的情况，此时使用【曲面投射】工具可以快速制作出山间公路等效果，具体操作方法与技巧如下：

01 打开本书配套光盘中本章文件夹中的“创建道路”模型，如图 3-227 所示。接下来利用【曲面投射】工具在地形表面制作出一条公路的效果。

02 首先使用【徒手画】工具在其上方绘制出公路的平面模型，然后将其移动至【曲面】地形正上方，如图 3-228 与图 3-229 所示。

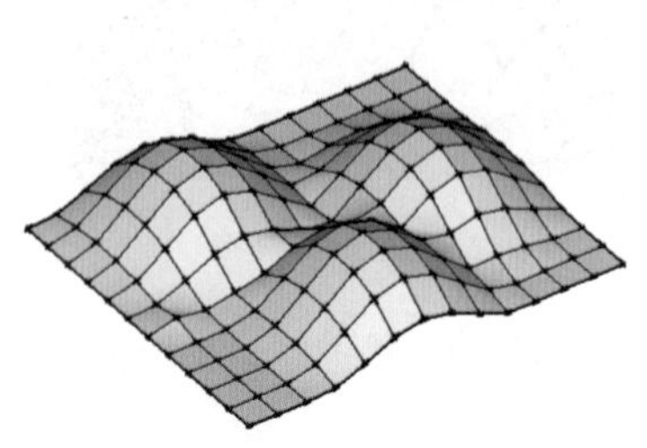
图 3-227　打开场景模型

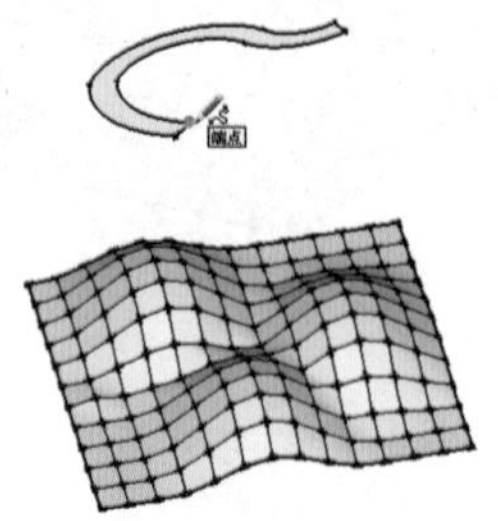

图 3-228　绘制公路平面

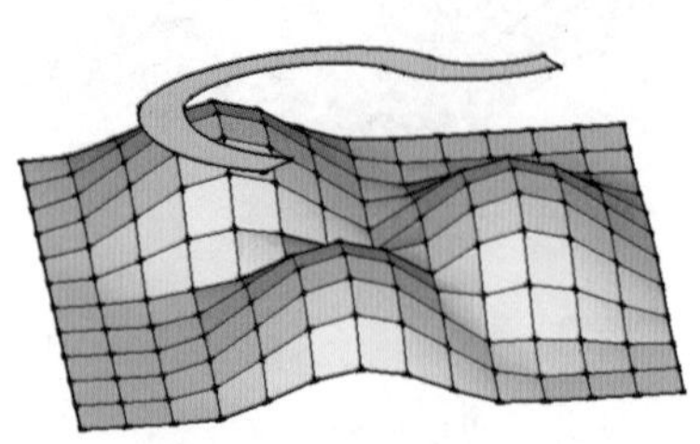
图 3-229　移动公路平面至地形正上方

03 选择公路模型平面后启用【曲面投射】工具，此时将光标置于【根据网格创建】地形上时将变成 状，而【根据网格创建】地形也将显示细分面效果，如图 3-230 与图 3-231 所示。

04 在【根据网格创建】地形上单击鼠标进行【曲面投射】，投影完成即生成如图 3-232 所示的效果，可以看到在【根据网格创建】地形出现了公路的轮廓边线效果。

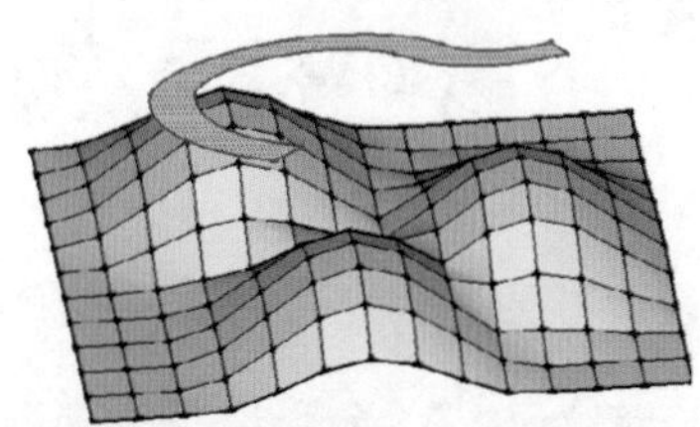
图 3-230　选择公路平面并启用投影工具

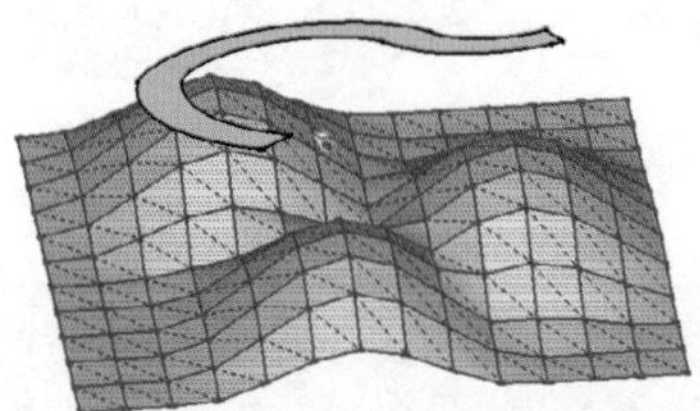
图 3-231　将光标置于网格地形上方

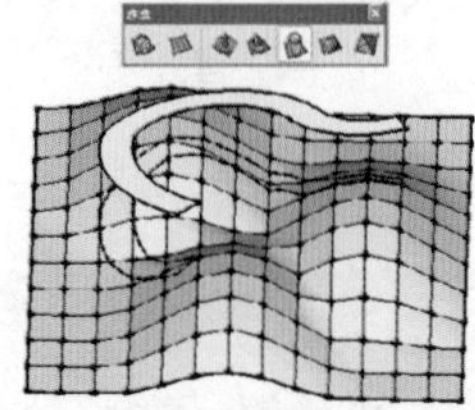
图 3-232　在网格地形表面投影出公路轮廓

技 巧

如果要在投影完成后使【根据网格创建】地形上仅出现公路的轮廓边线效果，可以在进行投影前先对【根据网格创建】地形进行边线软化，图 3-233~图 3-235 所示。

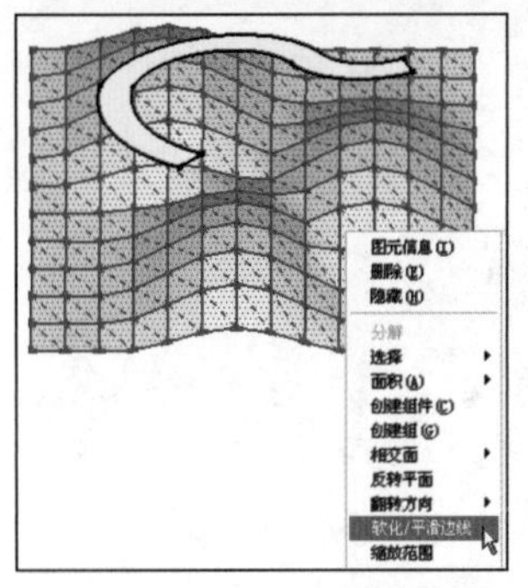

图 3-233　选择网格地形进行软化

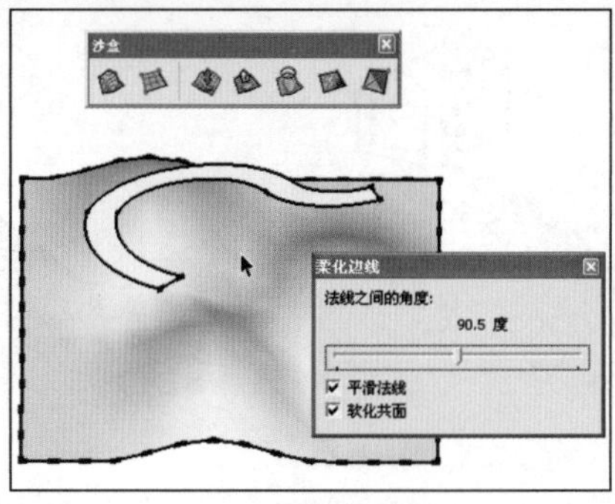

图 3-234　软化参数设置

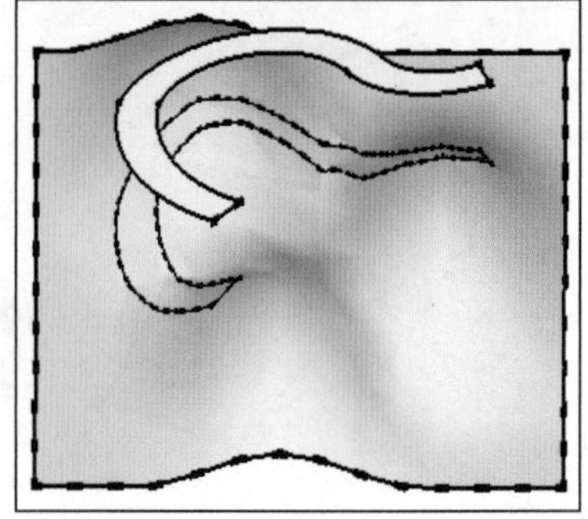
图 3-235　投影完成效果

3.7.6 细分地形

在使用【根据网格创建】进行地形效果的制作时，过少的细分面将使地形效果显得生硬，过多的细分面则会增大系统显示与计算负担。使用【添加细部】工具可以在需要表现细节的地方增大细分面，而其他区域将保持较少的细分面，具体的操作方法如下：

01 在 SketchUp 中以 500mm 的网格宽度创建一个【根据网格创建】地形平面，如图 3-236 所示。

02 直接使用【曲面拉伸】工具选择交点进行拉伸，可以发现起伏边缘比较生硬，如图 3-237 所示。

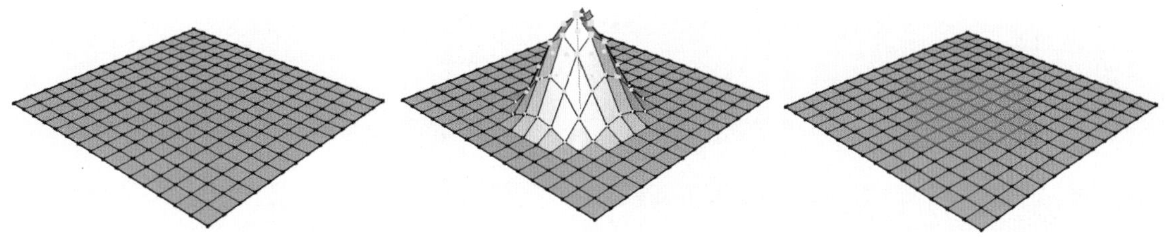

图 3-236 绘制网格地形平面　　图 3-237 直接拉伸地形效果　　图 3-238 选择将要拉伸的细分面

03 为了使边缘显得平滑可以在使用【曲面拉伸】工具前选择将要进行拉伸的网格面，然后再单击【添加细部】工具对选择面进行细分，如图 3-238 与图 3-239 所示。

04 细分完成后再使用【曲面拉伸】工具进行拉伸，即可得到平滑的拉伸边缘，如图 3-240 与图 3-241 所示。

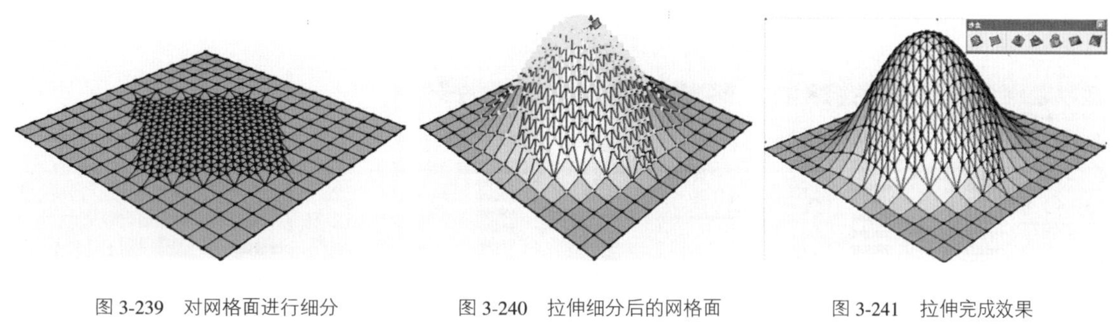

图 3-239 对网格面进行细分　　图 3-240 拉伸细分后的网格面　　图 3-241 拉伸完成效果

3.7.7 翻转边线

在虚显【根据网格创建】地形的对角边线后，启用【翻转边线】工具可以根据地势走向对应改变对角边线方向，从而使地形变得平缓一些，如图 3-242 与图 3-243 所示。

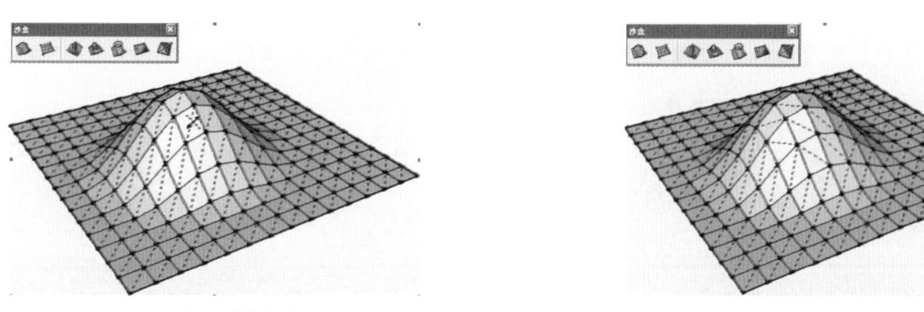

图 3-242 启用反转角线工具　　图 3-243 反转对角线朝向

3.8 SketchUp 中文建筑插件 Suapp

Suapp 是一款功能十分全面的 SketchUp 插件，在正确安装了该插件后执行【插件】菜单命令即可进入其子菜单选择对应的功能命令，如图 3-244 与图 3-245 所示。

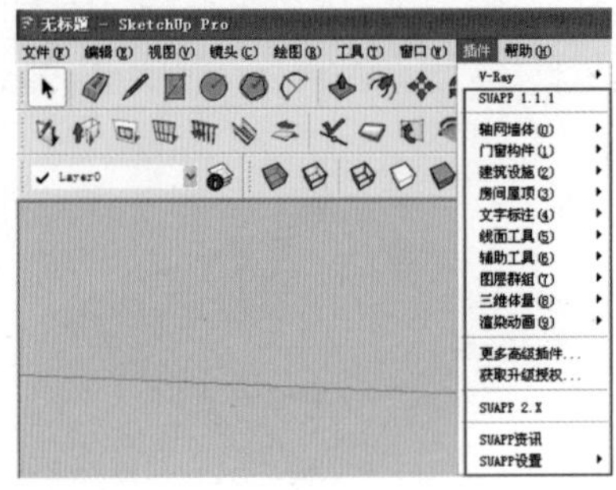

图 3-244　插件菜单中的 Suaap 子菜单

Suapp 的功能命令十分庞大，限于篇幅接下来笔者将通过其使用方式区别对其功能进行简单的概述。

3.8.1 通过插件直接生成参数模型

通过 Suapp 中的一些命令可以直接创建建筑墙体、门窗、支柱、屋顶等常用结构，接下来以创建墙体为例介绍其操作方法：

01 执行【插件】/【轴网墙体】/【绘制墙体】菜单命令，即弹出【墙体参数】创建面板，如图 3-246 与图 3-247 所示。

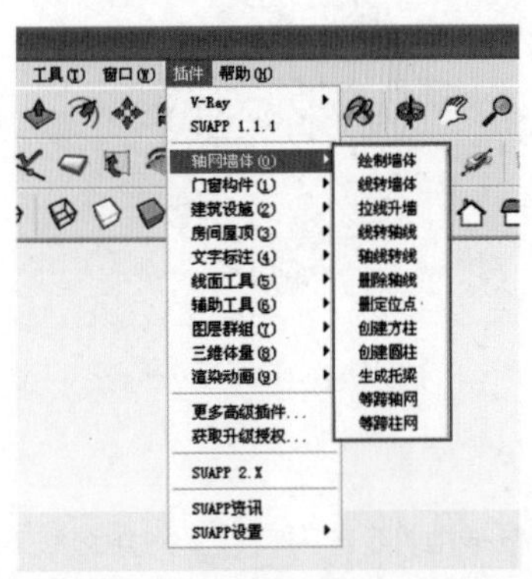

图 3-245　Suaap 子菜单中的功能命令

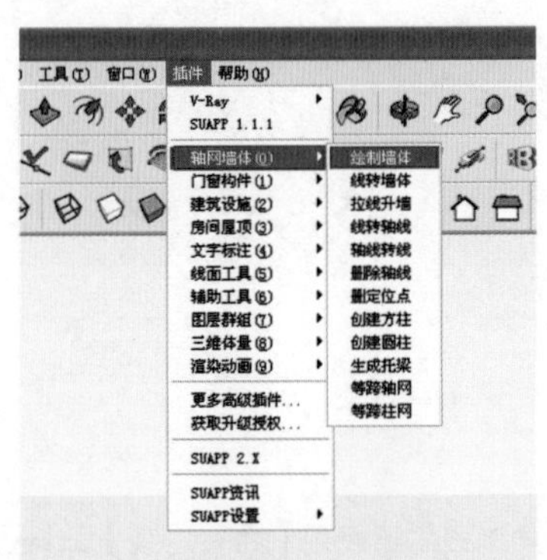

图 3-246　执行绘制墙体菜单命令

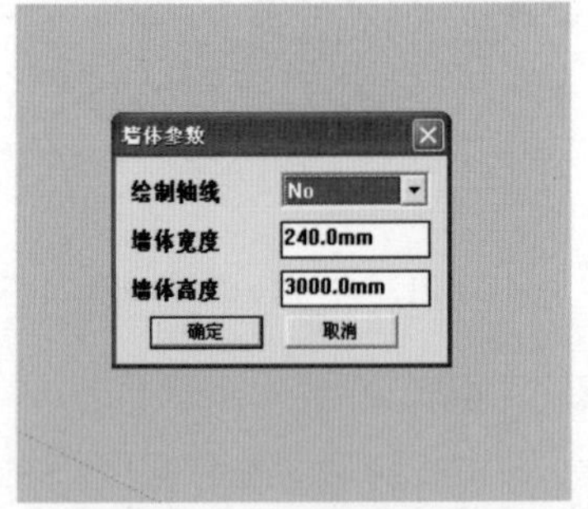

图 3-247　墙体参数面板

02 在【墙体参数】创建面板中设置好【墙体宽度】与【墙体高度】数值后单击【确定】按钮，然后在视图中按住鼠标进行拖动确定墙体方向与长度，如图 3-248 所示。

03 松开鼠标左键即可自动生成墙体，如图 3-249 所示。通过该种方式选择菜单中对应的命令即可创建常用的建筑构件等模型，如图 3-250 图 3-253 所示。

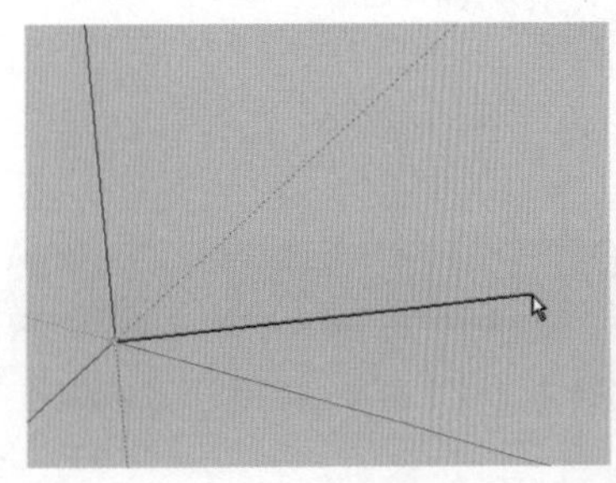

图 3-248　拖动鼠标创建墙体

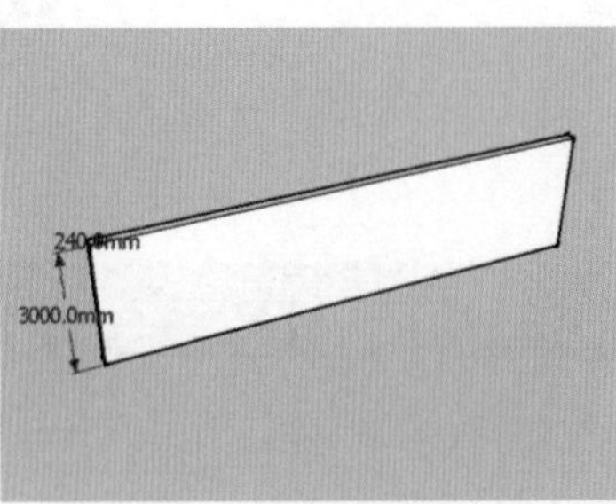

图 3-249　墙体创建完成效果

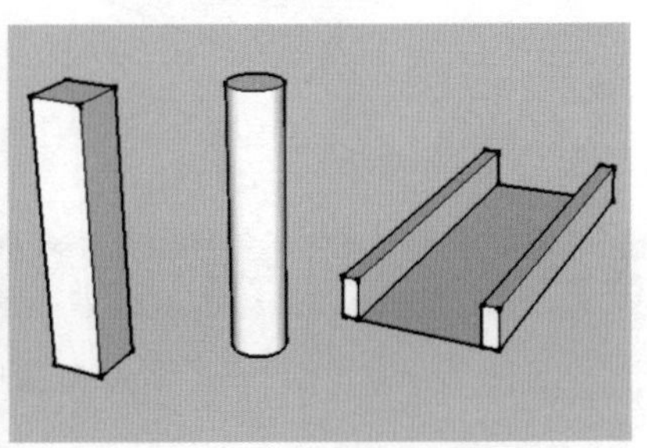

图 3-250　建筑结构创建效果

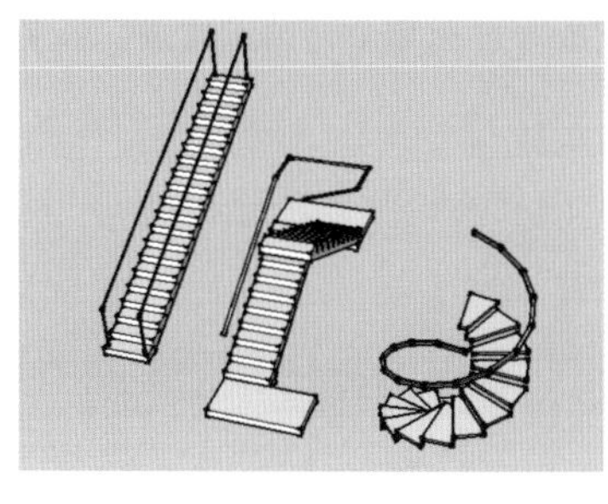

图 3-251　各式楼梯创建效果

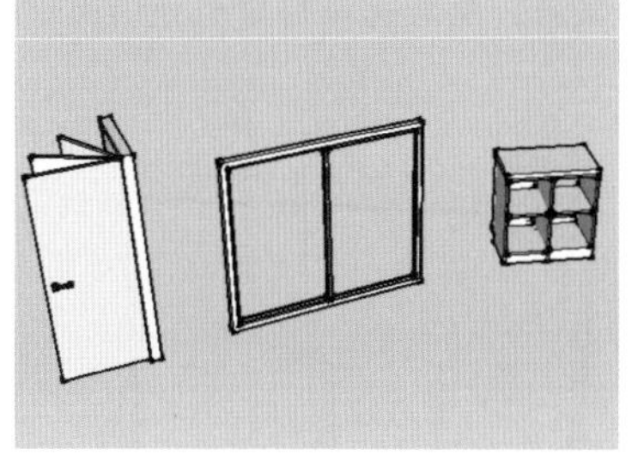

图 3-252　门窗及常用家具创建效果

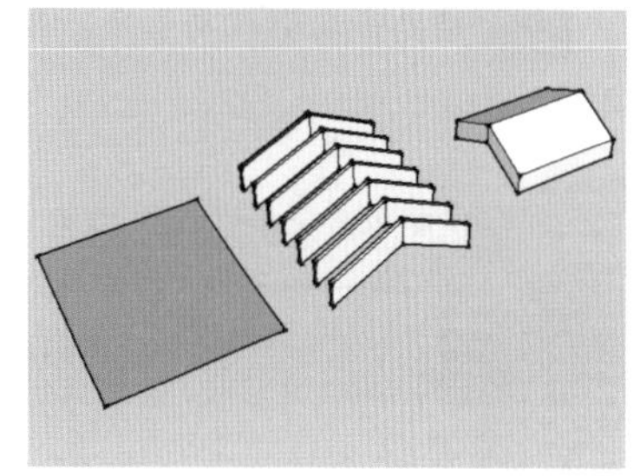

图 3-253　房屋屋顶结构创建效果

04 通过【三维体量】中的菜单命令还可以快速绘制出一些常用的几何体模型，如图 3-254 与图 3-255 所示。

3.8.2 通过插件修改生成模型

Suapp 除了通过参数生成一些常用的模型与几何体外，还可以通过当前创建的简单模型生成如玻璃幕墙，斜坡屋顶等三维模型，笔者以生成玻璃幕墙为例为大家介绍使用方法：

01 在视图中创建一个平面，然后执行【插件】/【门窗构件】/【玻璃幕墙】菜单命令，如图 3-256 所示。

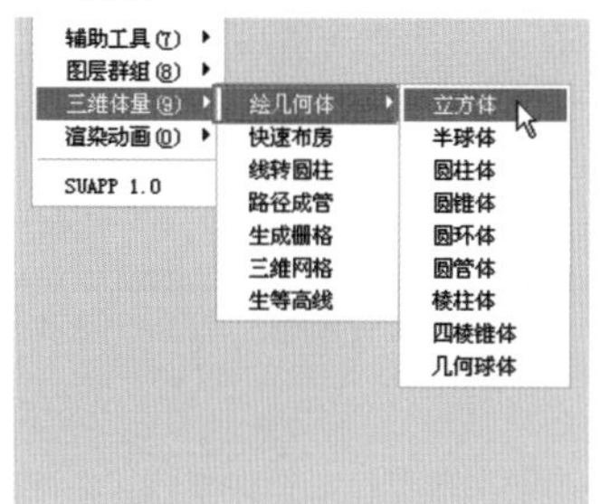

图 3-254　执行绘几何体菜单命令

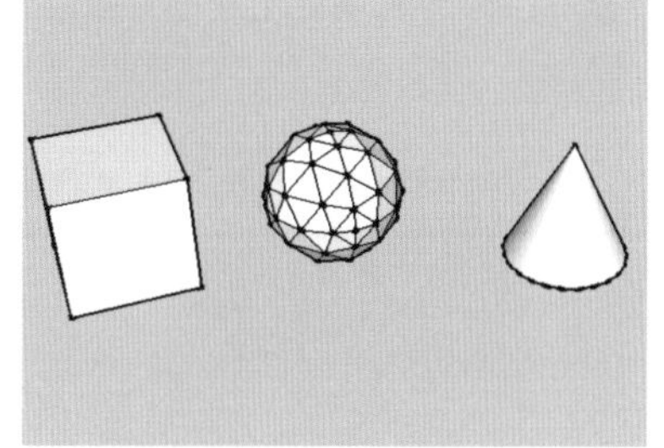

图 3-255　绘制常用的几何体

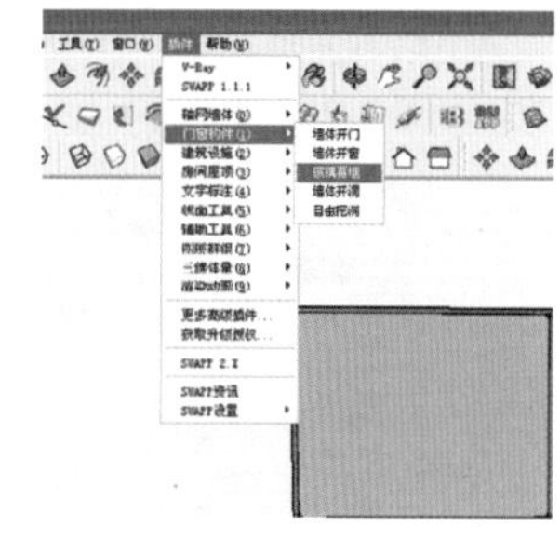

图 3-256　执行玻璃幕墙菜单命令

02 在弹出的【玻璃幕墙参数设置】面板中设置好玻璃幕墙模型的各个特征，如图 3-257 所示。

03 单击【确定】按即可将之前创建的平面转变为对应参数设定的玻璃幕墙模型，如图 3-258 所示。通过类似的方法还可以生成多种屋顶模型，如图 3-259 所示。

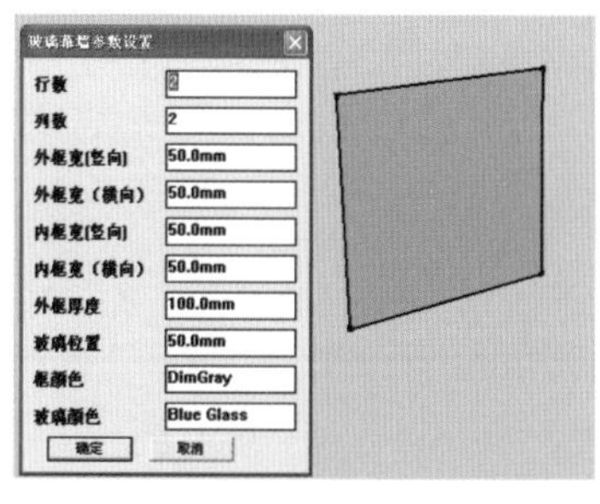

图 3-257　设置玻璃幕墙参数

图 3-258　玻璃幕墙生成效果

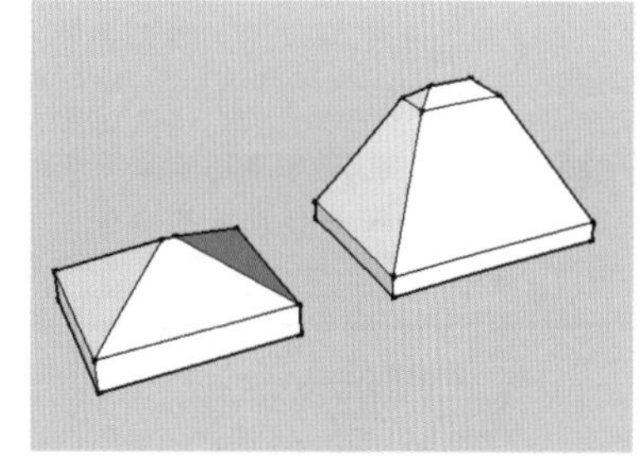

图 3-259　各种屋顶生成效果

3.8.3 通过插件进行模型修改

通过 Suapp 中的一些命令可以快速对已经创建的模型进行修改，不但可以轻松创建出门洞、窗洞等结构，还能快速进行圆角、倒角等细节修改，操作步骤如下：

01 执行【插件】/【门窗构件】/【自由挖洞】菜单命令，然后选择一面墙体创建出开洞的形状与大小，如图 3-260 与图 3-261 所示。

02 确定开洞形状与大小后松开鼠标，然后选择创建的分割面进行删除即可创建出门洞或窗洞，如图 3-262 所示。

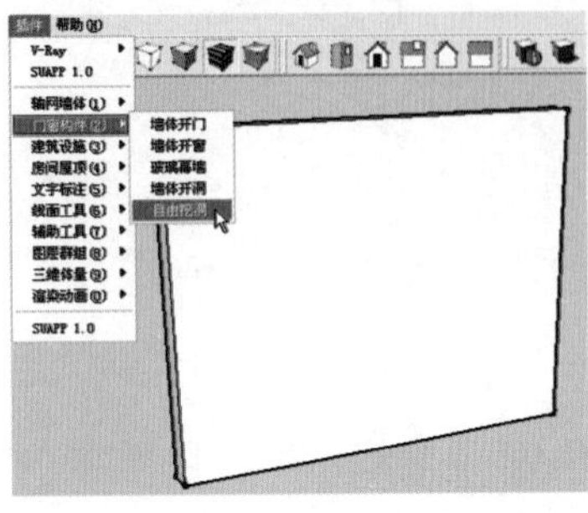
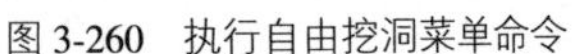

图 3-260 执行自由挖洞菜单命令

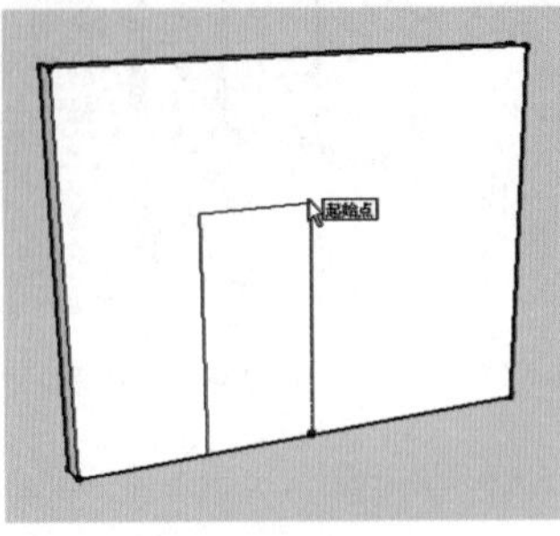

图 3-261 划定开洞开关与大小

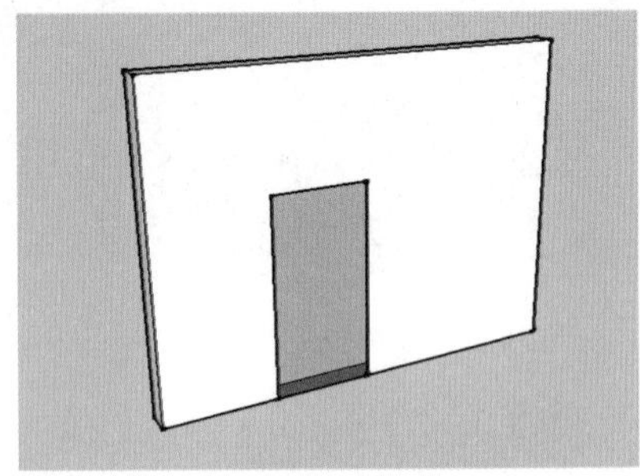

图 3-262 开洞完成

如果要进行线形或面细节的修改则可以通过【线面工具】子菜单实现，笔者以进行圆角效果的处理为例为大家介绍操作方法：

03 选择要进行圆角处理的线段，然后执行【插件】/【线面工具】/【线倒圆角】菜单命令，如图 3-263 所示。

04 直线输入圆角半径，然后按"Enter"键确定生成圆角线段，删除多余的线段即可生成圆角，如图 3-264 与图 3-265 所示。

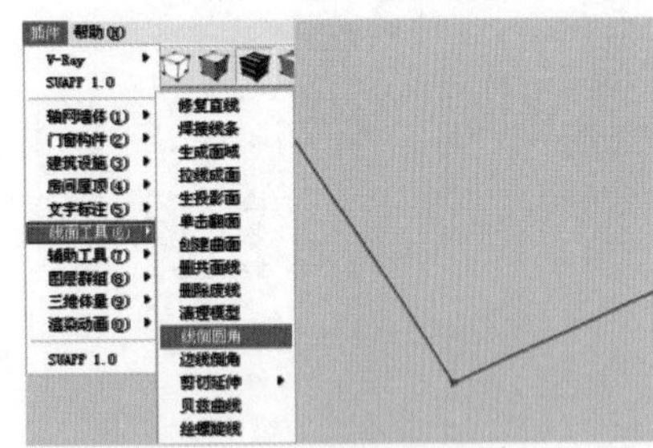

图 3-263 执行线倒圆角菜单命令

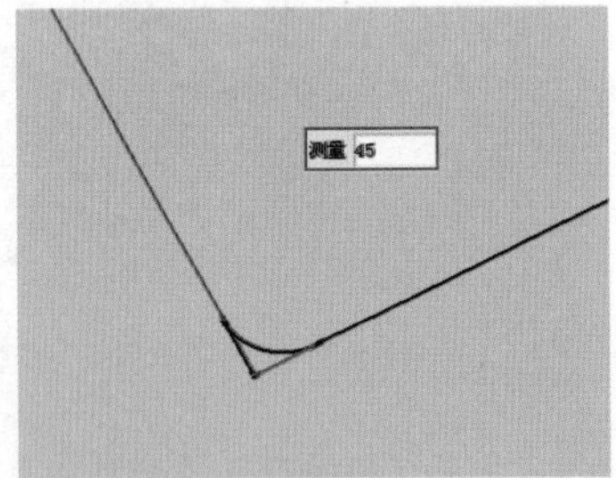

图 3-264 输入圆角半径

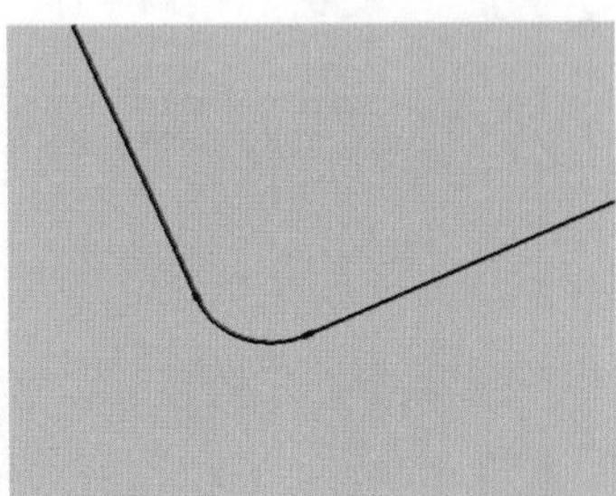

图 3-265 圆角完成

3.8.4 插件的其他功能

通过 Suapp 还可以进行模型调整、标注、图层群组管理以及渲染动画等辅助操作，如图 3-266~图 3-271 所示。

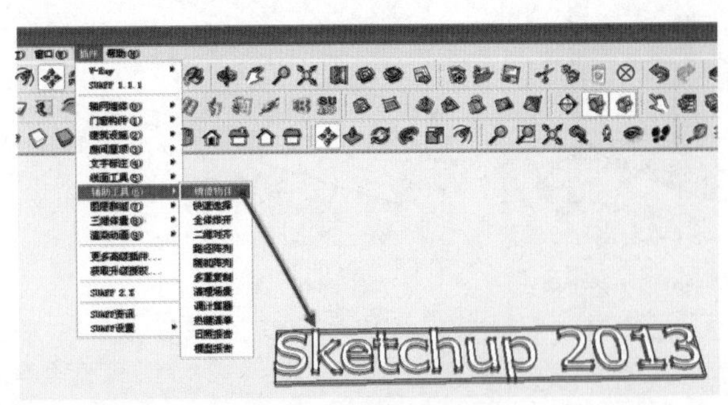

图 3-266 对模型进行镜像

图 3-267 镜像完成效果

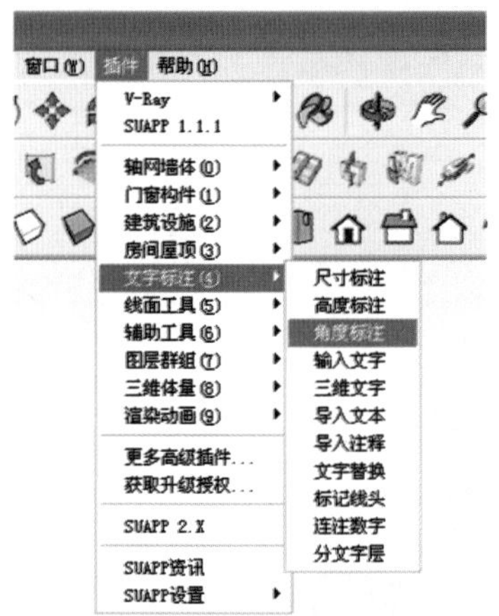

图 3-268　进行角度标注

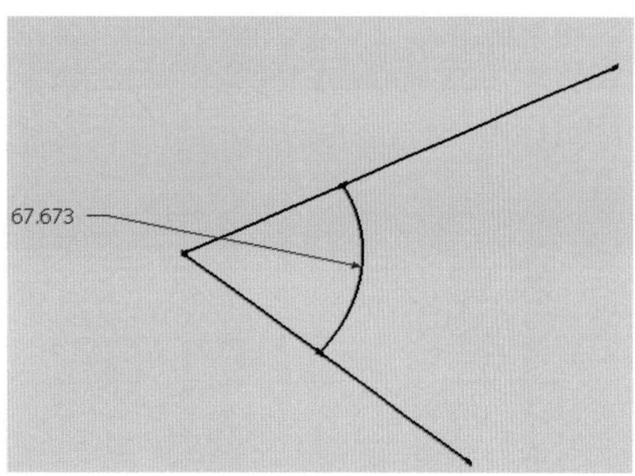

图 3-269　角度标注完成效果

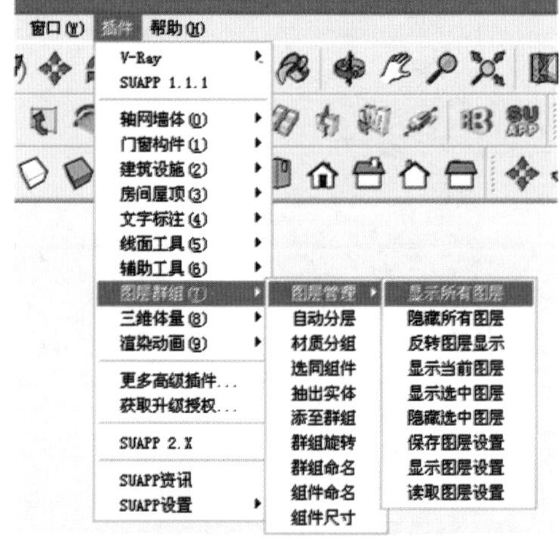

图 3-270　图层群组管理子菜单

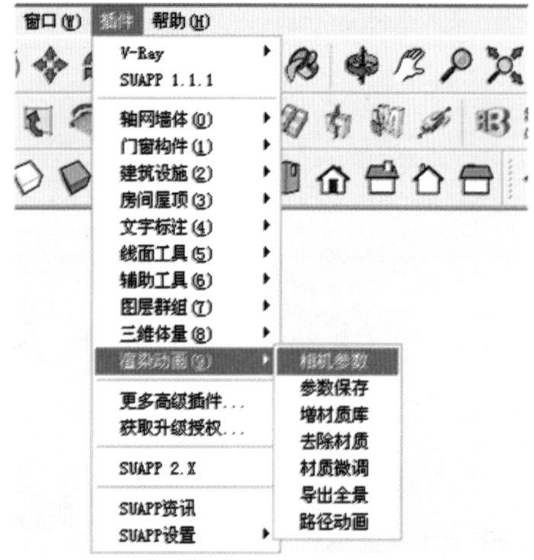

图 3-271　渲染动画子菜单

第4章

SketchUp 导入与导出

本章重点：

- SketchUp 导入功能
- SketchUp 导出功能

SketchUp 软件虽然是一个面向方案设计的软件，但通过其文件的导入与导出功能，可以很好地与 AutoCAD、3ds max、Photoshop 以及 Piranesi 常用图形图像软件进行紧密协作。

4.1 SketchUp 导入功能

4.1.1 导入 AutoCAD 文件

SketchUp 作为真正的方案推敲工具，支持方案设计的全过程。除了抽象的建筑形体推敲，在 SketchUP 中导入精确的 AutoCAD 图纸，完全可以制作出高精度、高细节的三维模型，如图 4-1 与图 4-2 所示。

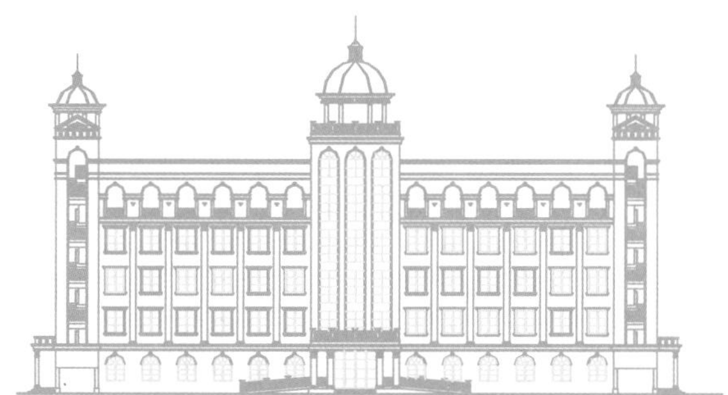

图 4-1　导入 AutoCAD 图纸

图 4-2　在 SketchUp 中制作细节模型

1. DWG/DXF 文件导入方法

SketchUp 支持 AutoCAD 中 DWG/DXF 两种格式文件的导入，具体的操作方法如下：

01 执行【文件】/【导入】菜单命令，如图 4-3 所示。打开【打开】面板，选择文件类型为【AutoCAD 文件】，如图 4-4 所示。

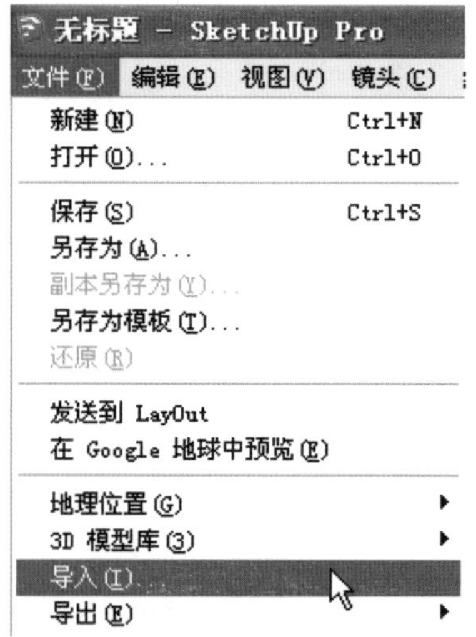

图 4-3　执行文件/导入命令

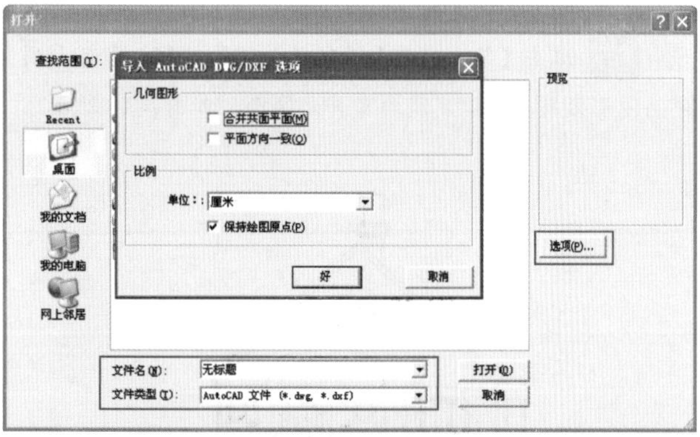

图 4-4　选择文件类型

02 单击【打开】面板【选项】按钮，打开【AutoCAD DWG/DXF 导入选项】面板，如图 4-5 所示。

03 根据要求设置好【AutoCAD DWG/DXF 导入选项】面板参数后，双击目标文件即可进行导入，如图 4-6 与图 4-7 所示。

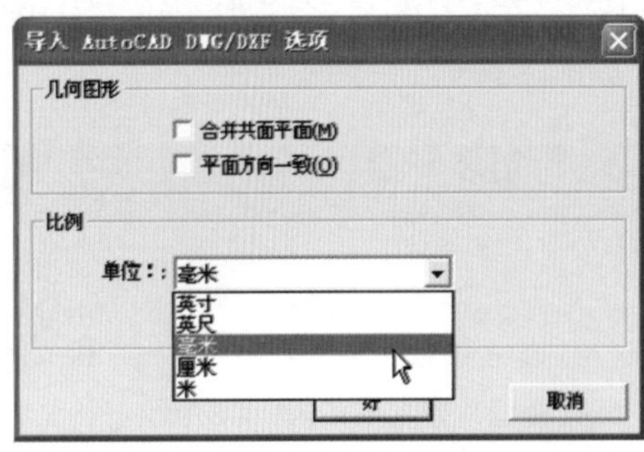

图 4-5　AutoCAD DWG/DXF 导入选项面板

图 4-6　选择目标打开文件

技 巧

【AutoCAD DWG/DXF 导入选项】面板参数含义如下：

【合并共面平面】：导入 DWG/DXF 文件时如果在一些平面上出现三角形的划分线，勾选该复选框，SketchUp 将自动删除多余的划分线。

【平面方向一致】：勾选复选框，SketchUp 将自动分析导入表面的朝向，并统一表面的法线方向。

【单位】：根据导入要求选择对应单位即可，通常为【毫米】。

04 文件成功导入后，将弹出【导入结果】面板，显示导入与简化的实体与元件，如图 4-8 所示。

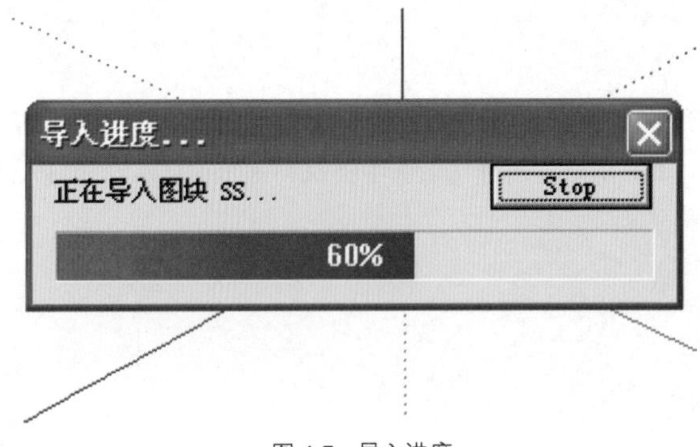

图 4-7　导入进度

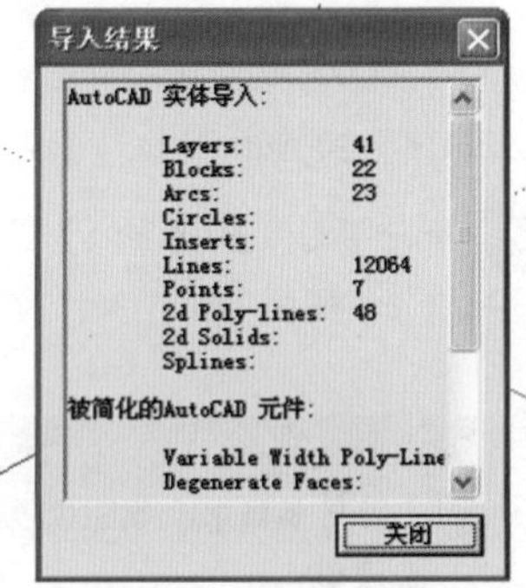

图 4-8　导入结果面板

05 单击【导入结果】面板【关闭】按钮，即可利用鼠标放置导入的文件，如图 4-9 所示。对比 AutoCAD 中的图形效果，可以发现两者并无区别，如图 4-10 所示。

图 4-9　SketchUp 导入效果

图 4-10　AutoCAD 中的效果

注 意

如果在导入之前，SketchUp 中已经有了别的实体，所有导入的几何体将合并为一个组，以免干扰（粘住）已有的几何体，导入到空白文件则不会创建组。导入完成后，可以单击全屏缩放按钮来显示所有图形。

导入不太复杂的 AutoCAD 文件，通常不会出现问题，但如果文件中包含实心体、区域、Splines、锥形宽度的多义线等 AutoCAD 图元，SketchUp 就有可能不能成功导入。因此接下来具体了解 DWG/DXF 文件导入的技巧，这样就可以在导入前有针对性地简化 AutoCAD 图形，避免出错。

2. DWG/DXF 文件导入技巧

SketchUp 目前支持的 AutoCAD 图形元素包括：线、圆弧、圆、多段线、面、有厚度的实体、三维面、嵌套的图块等，还能支持 CAD 图层。但 AutoCAD 实心体、区域、Splines、锥形宽度的多义线、XREFS、填充图案、尺寸标注、文字和 ADT/ARX 等物体，在导入时将被 SketchUp 忽略。

技 巧

如果工作中必须导入这些未被支持的图形元素，可以先在 AutoCAD 中将其分解变成线、圆弧等支持的图形元素。如果并不需要这些图形元素，则可以直接删除。

在将 AutoCAD 图形元素导入 SketchUp 前，除了处理好不支持的图形元素外，还应尽量使导入的文件简化。由于 SketchUp 对图形实体必须进行分析，导入复杂的 AutoCAD 文件时，一般需要较长的时间。

而且复杂的 AutoCAD 文件也会拖慢 SketchUp 的系统性能，因为 SketchUp 智能化的线和表面需要占用较多的系统资源，因此在导入之前，在 AutoCAD 中根据上述要求清理好图形文件是至关重要的一步。

此外，SketchUp 只能识别平面大小超过 0.0001 平方单位的图形，如果导入的模型只有 0.01 单位长度的边线，由于 0.01×0.01 = 0.0001 平方单位，因此其将不能被导入。

技 巧

如果必须要保留一些细小的模型面，可以先指定模型单位为米，以大尺寸将模型成功导入，再在 SketchUp 中缩放模型到正确的尺寸。

4.1.2 导入 3ds 文件

1. 3DS 文件导入方法

SketchUp 支持 3ds 格式的三维文件导入，具体的操作方法如下：

01 执行【文件】/【导入】菜单命令，在【打开】面板中选择【3DS 文件】文件类型，如图 4-11 与图 4-12 所示。

图 4-11 执行文件/导入命令

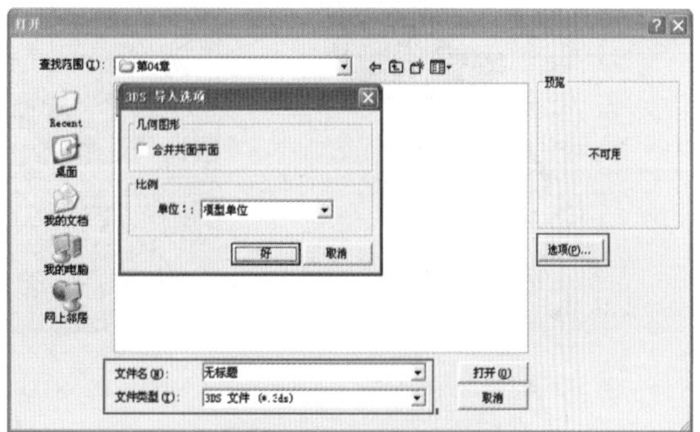

图 4-12 选择 3DS 文件类型

02 单击【打开】面板【选项】按钮，打开对应的【3DS 导入选项】面板，如图 4-13 所示。

03 根据要求设置【3DS 导入选项】面板参数，双击目标打开文件，即可进行导入，如图 4-14 与图 4-15 所示。

04 文件成功导入后的效果如图 4-16 所示。

图 4-13 【3DS 导入选项】面板

图 4-14 双击打开导入文件

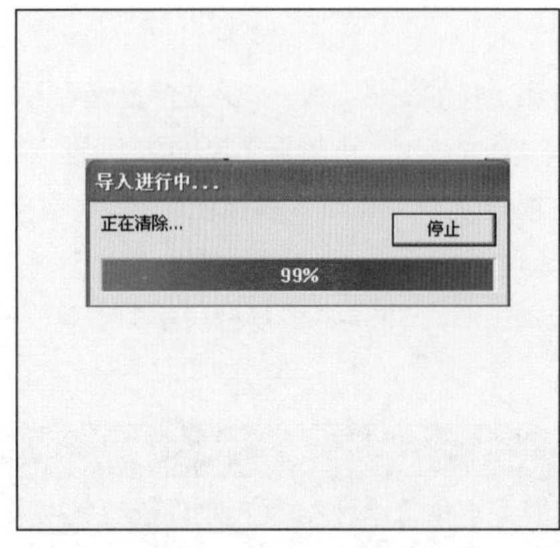

图 4-15 导入 3DS 文件进度

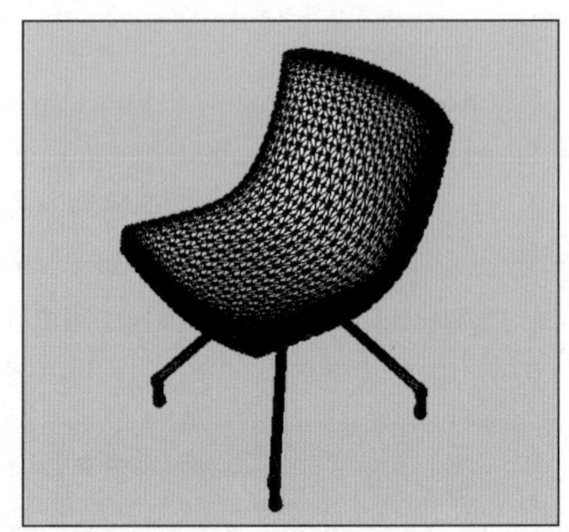

图 4-16 导入完成

2. 3DS 文件导入技巧

在 SketchUP 中导入 3DS 文件最容易出现模型移位的问题，如图 4-17 所示。最好的解决方法就是在 3dsmax 中将模型转换为【可编辑多边形】，然后利用【附加】命令，将所要导入的模型结合为一个多边形整体，如图 4-18 与图 4-19 所示。

图 4-17 模型移位

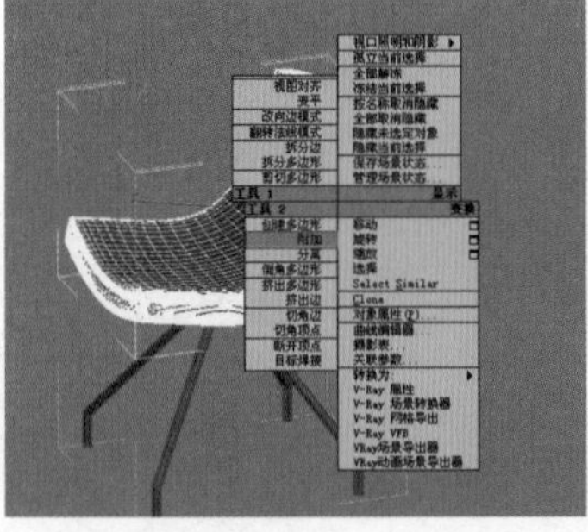

图 4-18 在 3dsmax 中进行附加

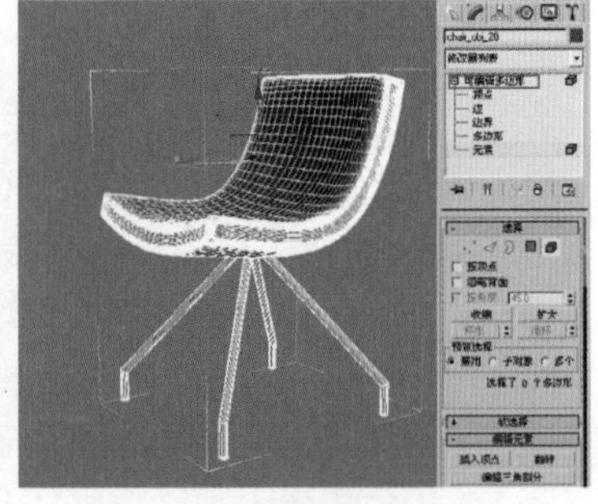

图 4-19 附加为整体

另外一个比较常见的问题就是在模型表面出现三角面的现象，如图 4-20 所示。对于结构本来较为简单的模型，勾选【3DS 导入选项】面板中的【合并共面平面】复选框，可以有效解决该问题，如图 4-21 与图 4-22 所示。

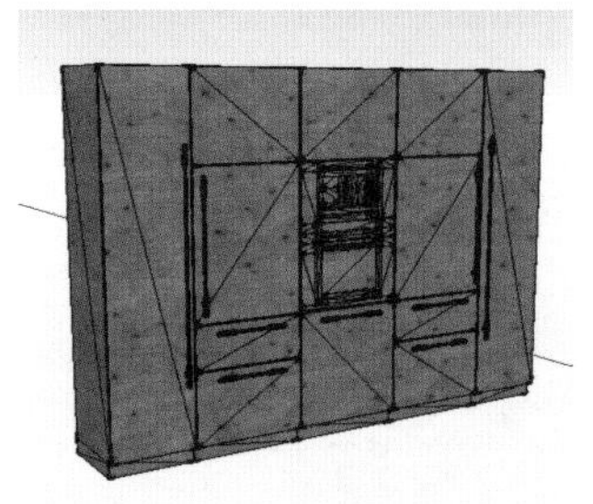

图 4-20 模型三角面

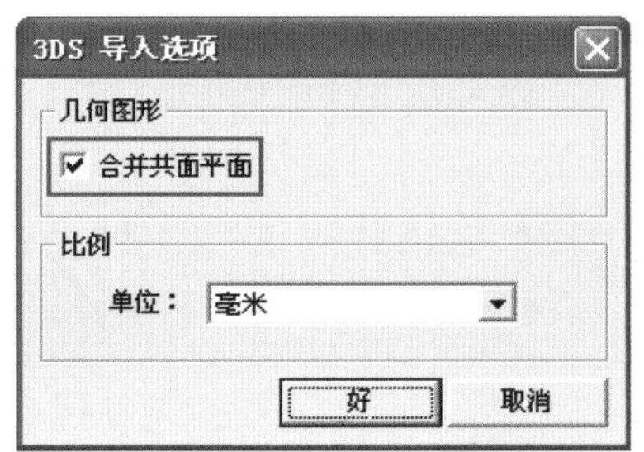

图 4-21 勾选合并共面复选框

图 4-22 调整效果

4.1.3 导入二维图像

1. 二维图像导入方法

SketchUp 支持 JPG、PNG、TIF、TGA 等常用二维图像文件导入，操作步骤如下：

01 执行【文件】/【导入】菜单命令，如图 4-23 所示。打开【打开】面板，在文件类型下拉列表中可以选择多种二维图像格式，通常直接选择【所有支持的图片类型】，如图 4-24 所示。

图 4-23 执行文件 | 导入命令

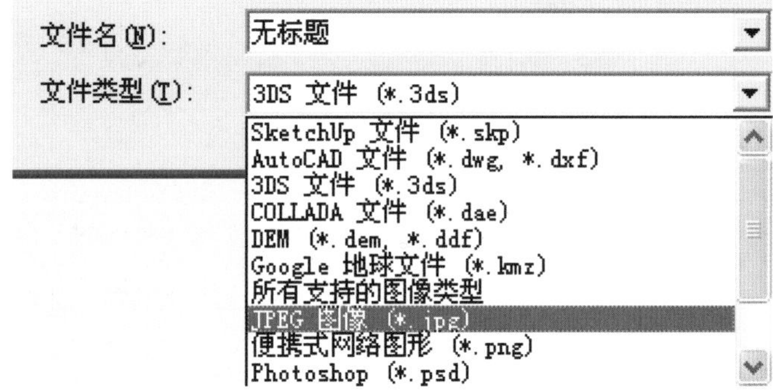

图 4-24 选择导入二维图像类型

02 选择图片导入类型后，可以在【打开】面板右侧选择图片导入功能，如图 4-25 所示，这里保持默认的【用作图像】选项。

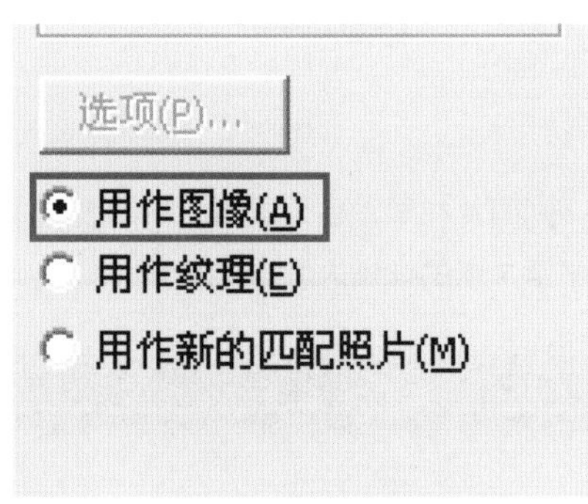

图 4-25 选择二维图片导入作用

图 4-26 双击目标导入文件

03 双击目标图片文件，或单击【打开】按钮，如图 4-26 所示，然后拖动光标将其放置于原点附近，如图 4-27 所示。

04 二维图像放置好后，即可作为参考底图，用于 SketchUp 辅助建模，如图 4-28 所示。

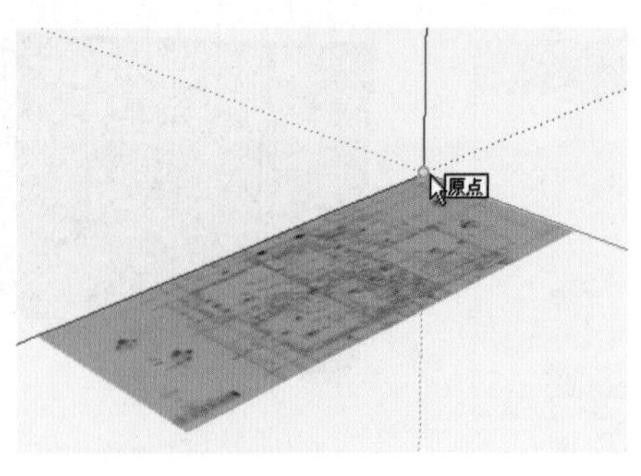

图 4-27 放置导入图片

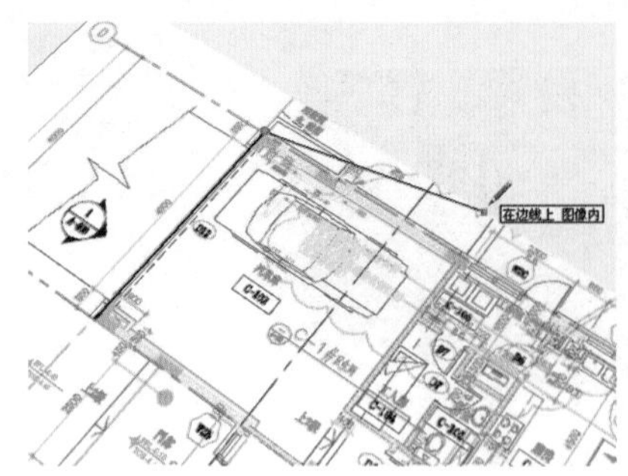

图 4-28 利用导入图片进行捕捉

2. 二维图像导入技巧

将二维图像成功导入 SketchUP 后，将自动生成一个与图片长宽比例一致的平面，如图 4-29 所示。而在确定该平面第一个放置点后，按住 Shift 键拖动，可以改变平面的长宽比例，如图 4-30 所示。如果按住 Ctrl 键，则平面中心将与放置点自动对齐，如图 4-31 所示。

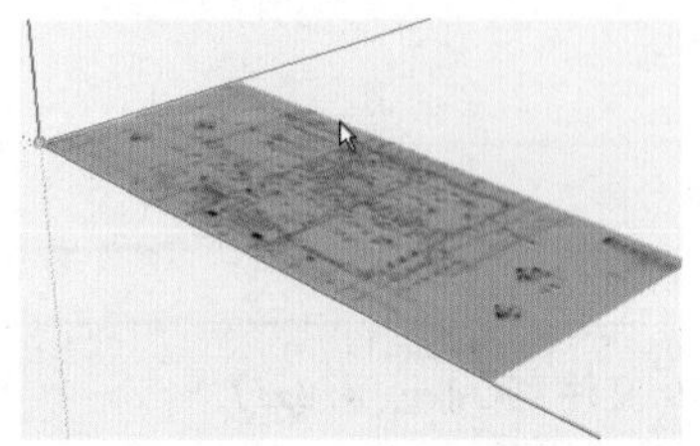

图 4-29 生成平面

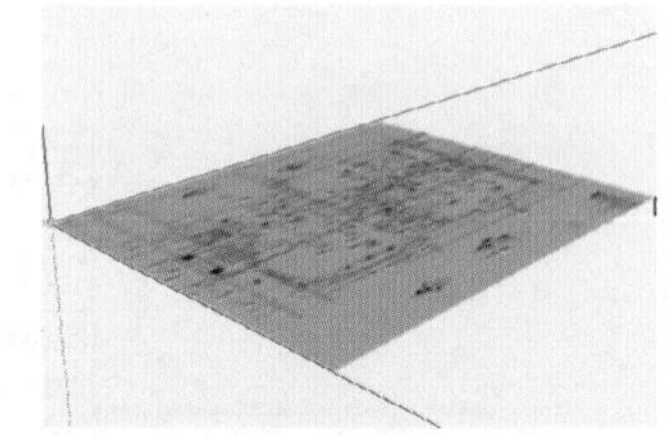

图 4-30 改变平面比例

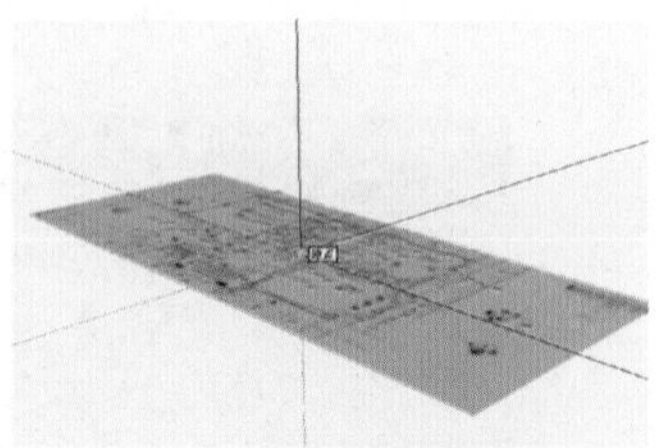

图 4-31 中心对齐放置点

此外，如果在【打开】面板中选择将图片导入为材质，则可以将其赋予至场景模型表面，如图 4-32~ 图 4-34 所示。

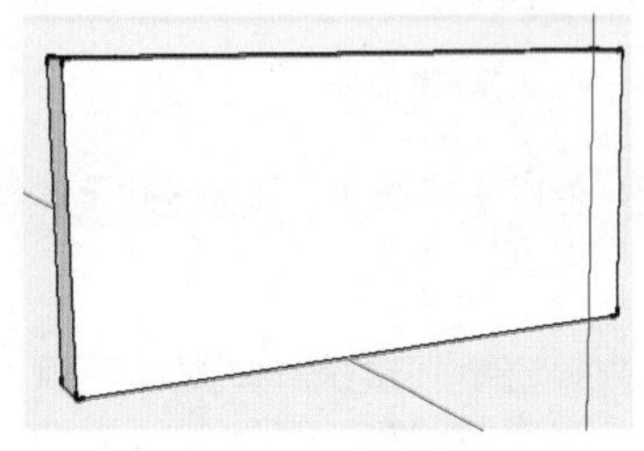

图 4-32 空白模型面

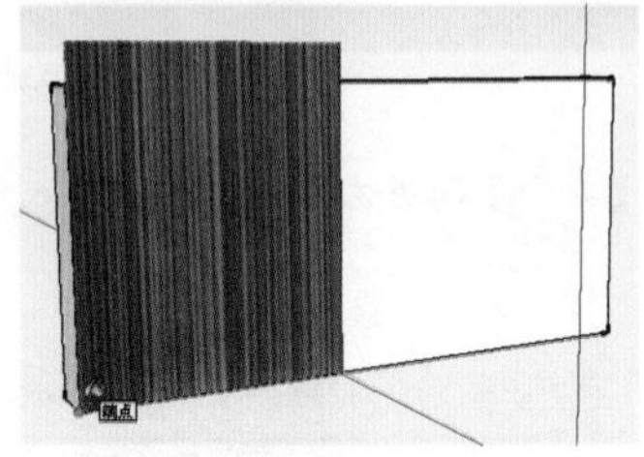

图 4-33 放置材质图片

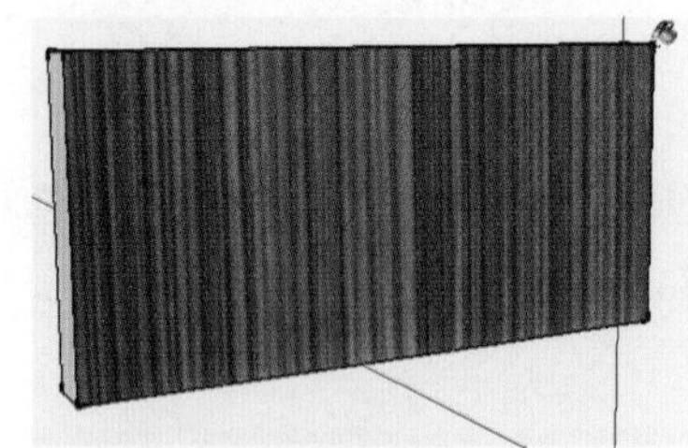

图 4-34 材质完成效果

如果在【打开】面板右侧选择将图片导入作为新的照片匹配，则图片在导入后，SketchUp 将出现如图 4-35 所示的界面，以进行配置调整，具体照片匹配方法请读者参考本书第 7 章的详细内容。

4.2 SketchUp 导出功能

4.2.1 导出 AutoCAD 文件

SketchUp 可以将场景内的三维模型（包括单面对象）以 DWG/DXF 两种格式导出为 AutoCAD 可用文件，本节以导出 DWG 格式文件为例，讲解具体的操作方法。

1. DWG 文件导出方法

01 打开配套光盘“第 04 章 | 导出 dwg.skp”模型文件，如图 4-36 所示，该场景为一个中型的城市规划模型。

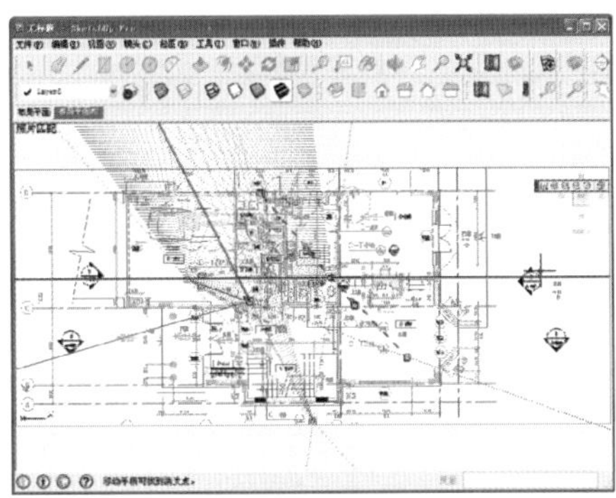

图 4-35　照片匹配界面

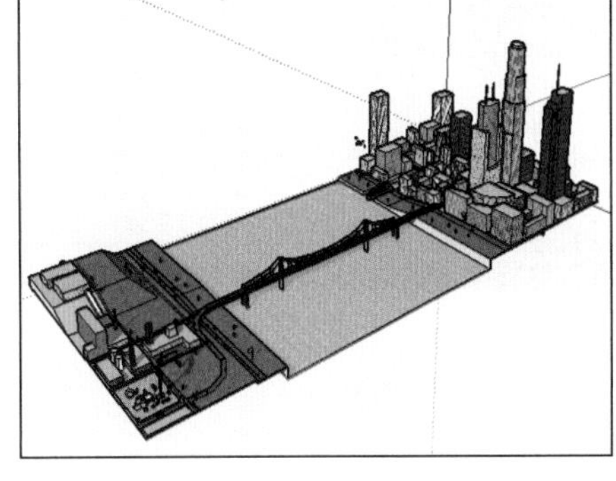

图 4-36　打开模型

02 执行【文件】/【导出】/【三维模型】菜单命令，打开【导出模型】面板，如图 4-37 所示。

03 选择【文件类型】为“DWG”，单击【导出模型】面板【选项】按钮，如图 4-38 所示。

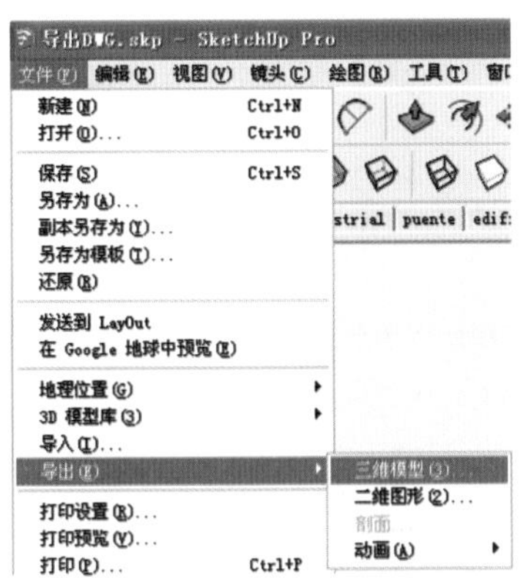

图 4-37　执行文件/导出/3D 模型

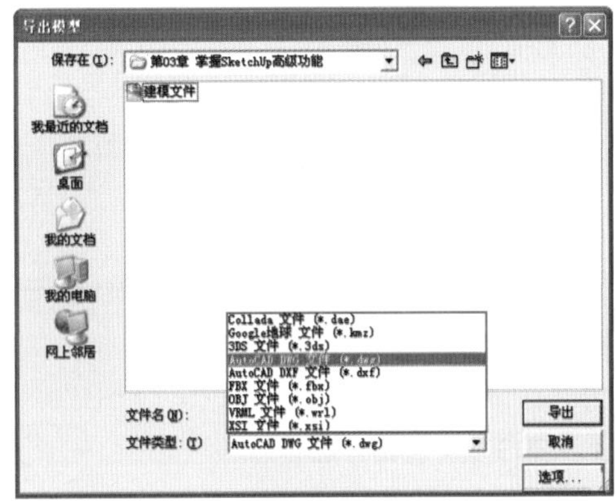

图 4-38　选择 DWG 文件格式

04 打开【AutoCAD 导出选项】面板，根据导出要求设置参数，单击【确定】按钮确认，如图 4-39 所示。

05 在【导出模型】面板单击【导出】按钮，即可导出 DWG 文件，成功导出 DWG 文件后，SketchUp 将弹出如图 4-40 所示的提示。

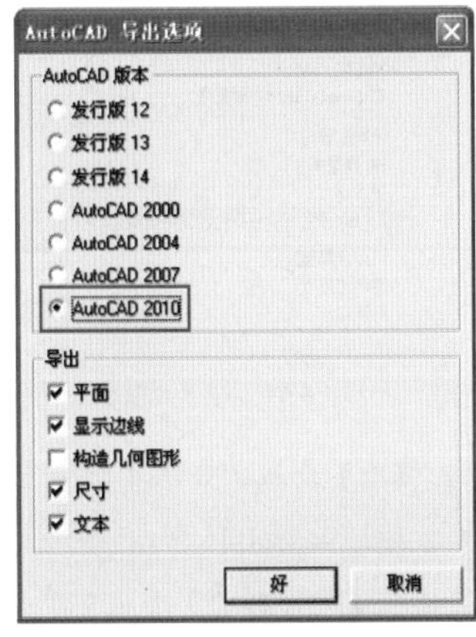

图 4-39　AutoCAD 导出选项面板

图 4-40　成功导出

06 在导出路径中找到导出的 DWG 文件，即可使用 AutoCAD 打开与查看，如图 4-41 所示。

2. AutoCAD 导出选项面板参数功能

在导出 AutoCAD 文件时，用户可以根据需要设置相应的 AutoCAD 导出选项参数，如图 4-42 所示，其中各项参数含义如下：

【AutoCAD 版本】：用户可以根据当前系统安装的 AutoCAD 版本单击选择对应的版本号。

【导出】：通过勾选其下的各个复选框，可以导出 SketchUp 中对应的图像元素，通常勾选其下的【平面】复选框即可，这样既能快速导出 DWG 文件，又能降低模型文件的大小。

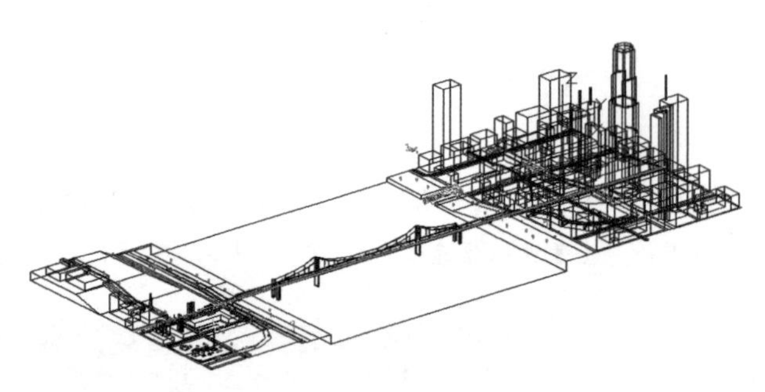

图 4-41　导出 DWG 文件效果

图 4-42　AutoCAD 导出选项面板参数设置

4.2.2 导出常用三维文件

SketchUp 除了可以导出 DWG 文件格式外，还可以导出 3DS、OBJ、WRL、XSI 等常用三维格式文件。由于 SketchUp 经常使用 3ds max 进行后期渲染处理，因此这里以导出 3DS 文件为例，讲解 SketchUp 导出三维格式文件的方法。

1. 3DS 文件导出方法

01 打开配套光盘“第 04 | 导出 3DS.skp”模型文件，如图 4-43 所示，该场景为一个高层楼体模型。

图 4-43　打开场景模型

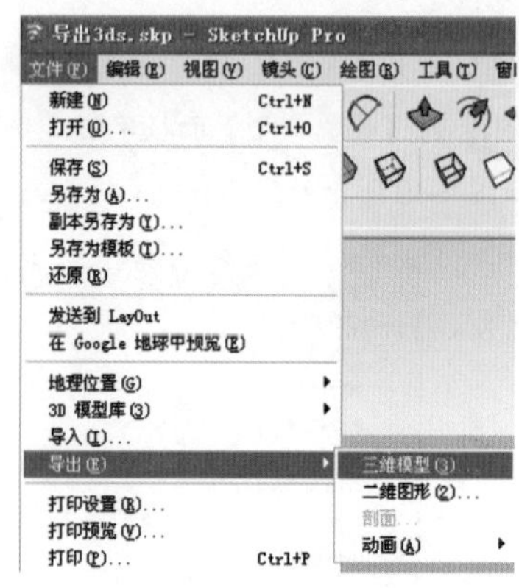

图 4-44　导出三维模型操作

02 执行【文件】/【导出】/【三维模型】菜单命令，打开【导出模型】面板，如图 4-44 所示。

03 选择【文件类型】为 3DS，单击【导出模型】面板【选项】按钮，如图 4-45 所示。

04 在弹出的【3DS 导出选项】面板中根据要求设置选项并确定，在【导出模型】面板中单击【导出】按钮即可进行导出，如图 4-46 与图 4-47 所示。

05 成功导出“3DS”文件后，SketchUp 将弹出如图 4-48 所示的【3DS 导出结果】面板，罗列导出的详细信息。

图 4-45 选择 3DS 文件格式

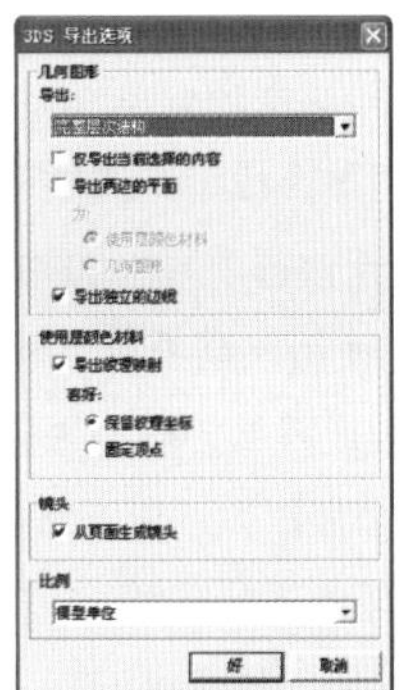

图 4-46 3DS 导出选项面板

图 4-47 3DS 文件导出进度

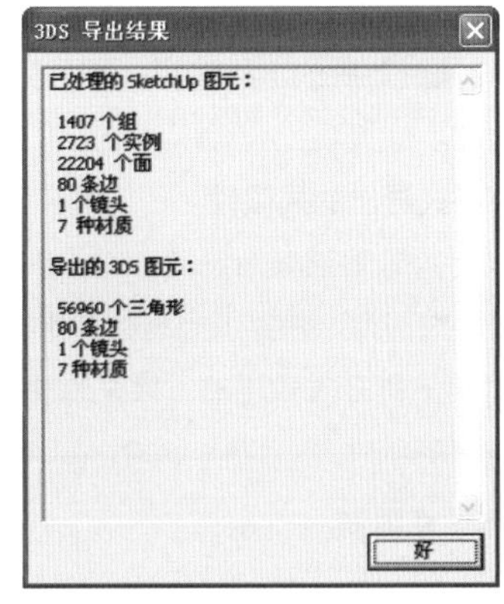

图 4-48 3DS 文件导出结果面板

06 在导出路径中找到导出的“3DS”文件，即可使用 3dsmax 进行打开，如图 4-49 所示。

07 导出的“3DS”文件不但有完整的模型文件，还创建了对应的【摄影机】，调整构图比例进行默认渲染，渲染效果如图 4-50 所示，可以看到模型相当完好。

图 4-49 打开导出的 3DS 文件

图 4-50 3DS 文件默认渲染效果

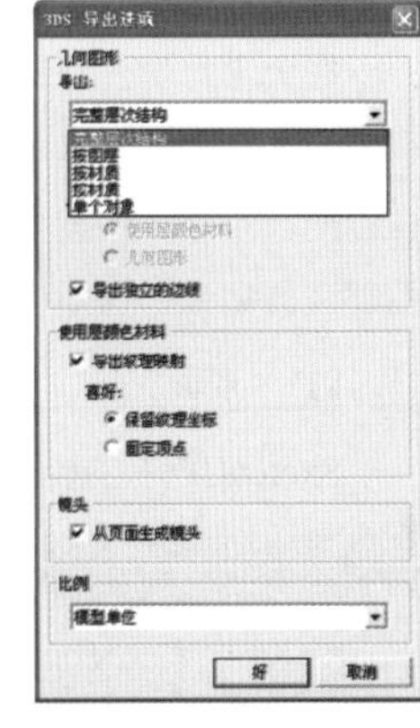

图 4-51 3DS 导出选项面板

2. 3DS 导出选项面板参数功能

在导出 3DS 文件如图 4-51 所示的【3DS 导出选项】面板中可以设置相应的参数，以得到所需的 3ds 模型，该面板各项参数的含义如下：

【完整层次结构】:使用该选项导出 3DS 格式文件时，SketchUp 将自动进行分析，按几何体、组和组件定义来导出各个物体。但由于 3DS 格式不支持 SketchUp 的图层功能，因此输出时只有最高一级的物体会转化为物体。

【按图层】: 使用该选项导出 3DS 格式文件时，将以 SketchUp 组件层级的形式导出模型，在同一个组件内的所有模型将转化成单个模型，而处于最高层次的组件将被处理成一个选择集。

【按材质】: 使用该选项导出 3DS 格式文件时，将以材质类型进行模型的分类。

【单个对象】: 使用该选项导出模型时，将合并为单个对象，如果场景比较大，应该避免选择该选项，否则可能会导致导出失败或者部分模型丢失

【导出独立的边线】:大部分三维程序都不支持独立边线的功能，3DS 格式也是如此。勾选此复选框后，导出的 3DS 格式文件将创建非常细长的矩形来模拟边线，但这样会造成贴图坐标出错，甚至整个 3DS 文件无效。因此通常情况下是关闭该复选框的。

【导出纹理映射】:默认该复选框为勾选，这样在导出 3DS 文件时，SketchUp 的材质也会被同时导出。

【从页面生成镜头】:默认该复选框为勾选，此时导出的 3DS 文件将将以当前视图创建摄影机。

【单位】: 通过其后的下拉按钮，可以指定导出模型使用的测量单位。默认设置是“模型单位”，即 SketchUp 指定的当前单位。

3. 3DS 格式导出的局限性

SketchUp 专为方案推敲而设计，因此其自身特性必然有区别于其他三维软件的地方，SketchUp 虽然可以自动处理一些限制性问题，并提供一系列导出选项以适应不同的需要，但在导出 3DS 文件后，仍将丢失一些信息。此外 3DS 格式是一种开发较早的三维文件格式，本身即存在局限性（如不能保存贴图等），以下是需要注意的内容:

- **物体顶点限制**

3DS 格式的单个模型最多为 64,000 个顶点与 64,000 个面，如果导出的 SketchUp 模型超出这个限制，导出的 3DS 文件可能无法在其他三维程序中导入，同时 SketchUp 会自动监视并显示警告对话框。在【3DS 导出选项】面板使用“按几何体导出”选项，然后把复杂的模型分解成较小的组或组件，可以有效解决这个问题。

- **嵌套的组或组件**

SketchUp 不能导出多层次组件的层级关系到 3DS 文件中，组中嵌套的组会被打散，并附属于最高层级的组。

- **双面的表面**

在大多数的三维软件中，默认情况下多边形只有表面的正面可见，这样能提高渲染效率。而 SketchUp 中一个表面的两个面都可见，默认设置下多边形的外表面为棕色，而内表面为蓝色。如果导出的模型没有统一法线，在别的应用程序中就可能出现“丢失”表面的现象。此时使用翻转法线命令对表面进行手工复位，或者使用同一相邻表面命令，将所有相邻表面的法线方向统一，都可以修正多个表面法线的问题。

- **双面贴图**

SketchUP 中的模型表面有正反两面，但在 3DS 文件中只有正面的 UV 贴图可以导出。

注 意

新版本 Autodesk 3ds max 2011 ~ 2013 可以有效导入 SketchUp 的文件，不但支持 SketchUp 实体、图层、群组、组件、材料、照相机和日光系统，并允许使用者直接由 Google 3D Warehouse 导入 SketchUp 文件，因此如果安装了 Autodesk 3ds max 2011，可以直接通过这种新的功能快速完成 SketchUp 文件的导入。

4.2.3 导出二维图像文件

SketchUp 可以导出的二维图像文件格式很多，如常用的 JPG、BMP 、TGA、TIF、PNG 等图像格式，这里以最常见的 JPG 格式为例，介绍 SketchUp 导出二维图像的导出方法，具体操作步骤如下:

1．JPG 图像文件导出方法

01 打开配套光盘 JPG 导出文件，如图 4-52 所示其为一个别墅场景。

02 执行【文件】|【导出】|【二维图形】菜单命令，打开【导出二维消隐线】面板，如图 4-53 与图 4-54 所示。

图 4-52 打开场景

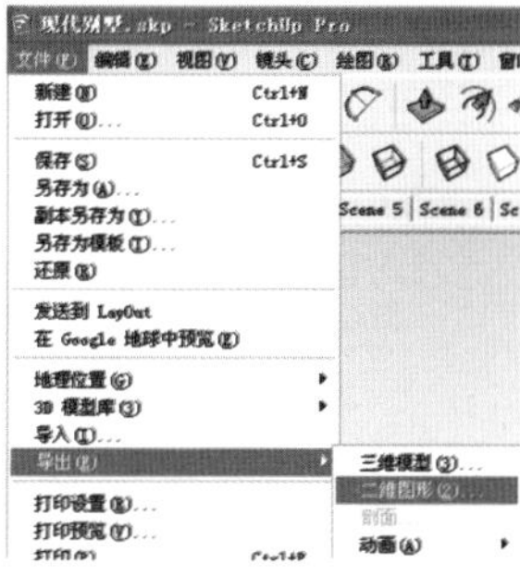

图 4-53 执行文件/导出/二维图形命令

图 4-54 选择二维图片导出格式

03 在【导出二维消隐线】面板中选择【文件类型】为 JPG，单击【选项】按钮弹出【导出 JPG 选项】面板，如图 4-55 所示。

04 根据导出要求设置【导出 JPG 选项】面板图像大小参数，在【导出二维消隐线】面板中单击【导出】按钮，即可将 SketchUp 当前视图效果导出为 JPG 文件，如图 4-56 所示。

2．导出二维消隐线面板参数功能

如果对导出二维图像的尺寸、清晰度等有较高的要求，可以通过【导出 JPG 选项】面板进行设置，如图 4-57 所示。

【使用视图大小】:默认情况下该参数为勾选，此时导出的二维图像的尺寸大小等同于当前视图窗口的大小。取消该项，则可以自定义图像尺寸。

【宽度/高度】：取消【使用视图大小】参数后，即可通过这两个参数设置导出图像尺寸的大小。

【消除锯齿】：开启该参数后，SketchUp 会对导出图像做平滑处理，从而减少图像中的线条锯齿，同时需要更多的导出时间。

【JPEG】压缩：通过该参数下的滑杠，可以控制导出的 JPG 文件的质量，越往右质量越高，导出时间越多，图像效果越理想。

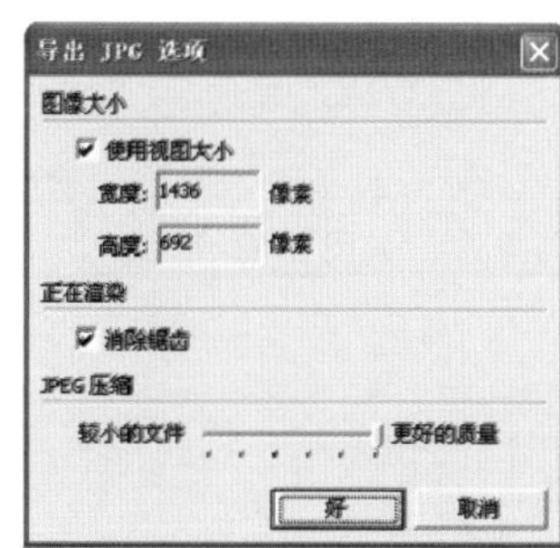

图 4-55 导出 JPG 选项面板

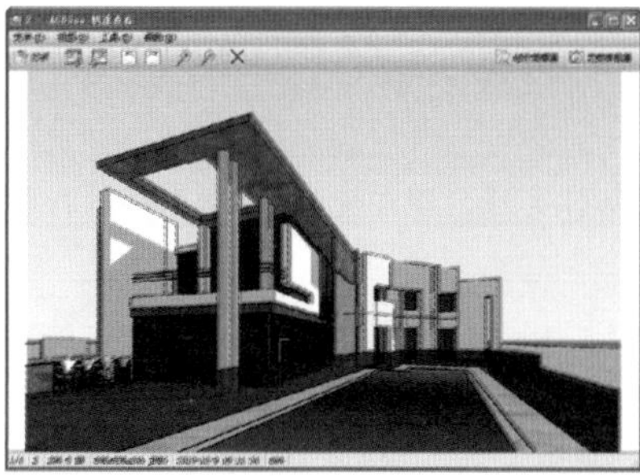

图 4-56 导出的 JPG 文件

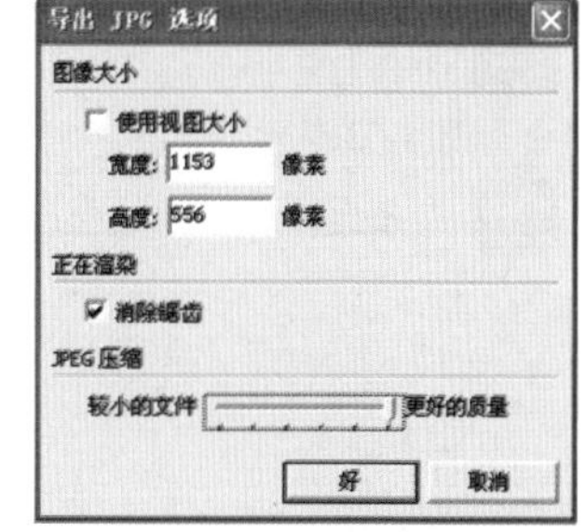

图 4-57 导出 JPG 选项面板

4.2.4 导出二维截面文件

通过【剖面】导出命令，可以将 SketchUp 中截面到的图形导出为 AutoCAD 可用的 DWG/DXF 格式文件，从而在 AutoCAD 中加工成施工图。

1. AutoCAD文件导出方法

01 打开配套光盘“第04章/导出二维截面.skp”模型文件，如图4-58所示，该场景为一个已经应用了【截面】工具的场景，在视图中已经能看到其内部布局。

02 执行【文件】/【导出】/【剖面】菜单命令，打开【导出二维剖切】面板，选择“DWG”【文件类型】，如图4-59与图4-60所示。

03 单击【导出二维剖切】面板【选项】按钮，打开【二维剖面选项】面板，如图4-61所示。根据导出要求设置相关参数，单击【确定】按钮。

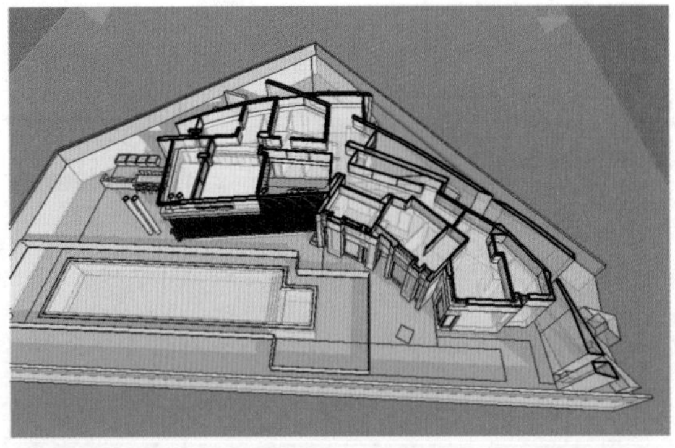

图4-58 打开模型

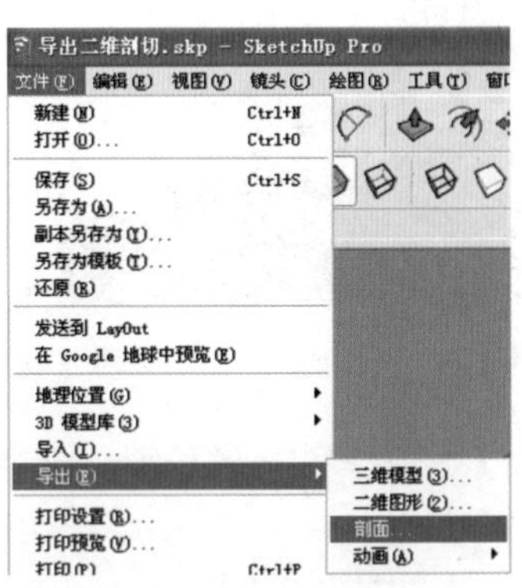

图4-59 执行剖面操作

图4-60 选择导出文件类型

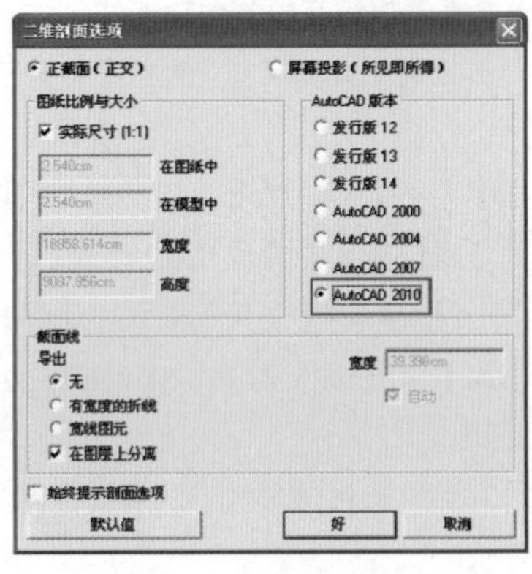

图4-61 二维剖切选项面板

04 单击【导出二维剖切】面板【导出】按钮，即可导出“DWG”文件，成功导出“DWG”文件后，SketchUp将弹出如图4-62所示的提示。

05 在导出路径中找到导出的DWG文件，即可使用AutoCAD进行打开与查看，如图4-63所示。

图4-62 导出DWG文件成功

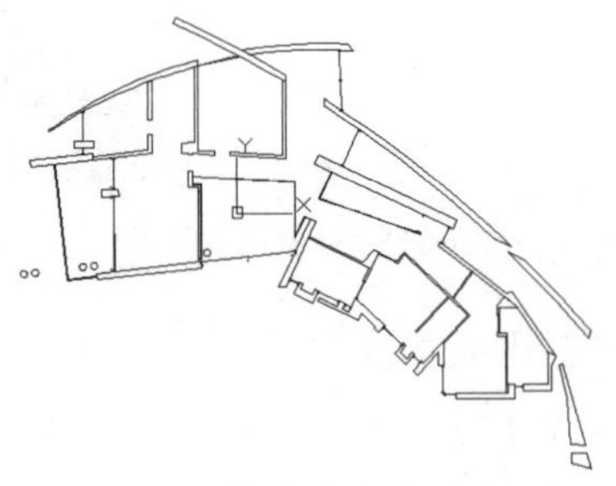

图4-63 导出DWG文件效果

2. 二维剖面选项面板参数功能

【二维剖面选项】面板各项参数含义如下:

【正截面（正交）】:默认该参数为勾选，此时无论视图中模型有多么倾斜，导出的 DWG 图纸均以截面切片的正交视图为参考，该文件在 AutoCAD 中可用于加工出施工图，以及其他精确可测的图。

【屏幕投影(所见即所得)】:勾选该参数后，导出的 DWG 图纸将以屏幕上看到的剖面视图为参考，该种情况下导出的 DWG 图纸会保留透视的角度，因此其尺寸将失去价值，如图 4-64 与图 4-65 所示。

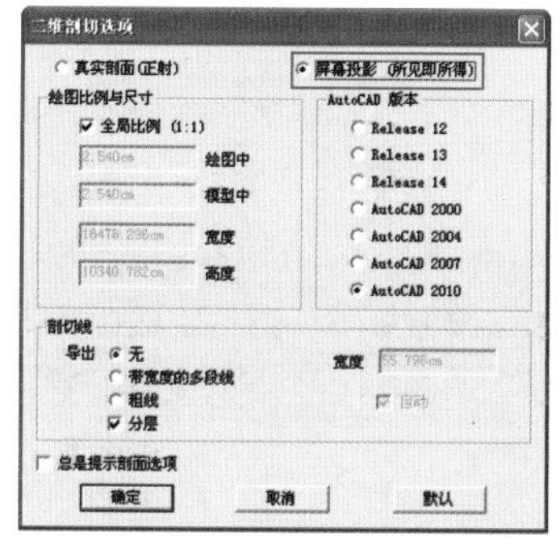

图 4-64　选择屏幕投影方式

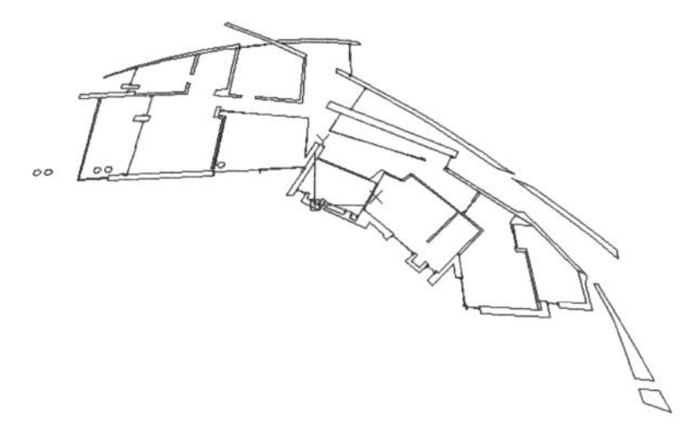

图 4-65　导出的 DWG 文件效果

【全局比例（1:1）】: 默认该参数为勾选，导出的 DWG 图纸中尺寸大小与当前模型尺寸一致。取消该项参数勾选，可以通过其下的参数进行比例的缩放以及自定义设置。

【AutoCAD 版本】: 根据当前使用的 AutoCAD 版本选择对应版本号。

【导出】:该参数用于选择是否将截面线同时输出在 DWG 图纸内，默认选择为【无】，此时将不导出截面线。

【带宽度的多段线】: 选择该选项，截面线将导出为多段线实体，取消其后的【自动】复选框勾选，可自定义线段宽度。

【宽线】: 选择该选项，截面线将导出为粗实线实体，此外该选项只有在高于 R14 以上的 AutoCAD 版本中才有效。

【分层】: 勾选该参数后，截面线与其截面到的图形将分别置于不同的图层。

【总是提示剖面选项】: 默认该参数为不勾选，因此每次导出 DWG 文件时需要打开该面板进行设置。如果勾选该项，则 SketchUp 将以上次导出设置进行 DWG 文件的输出。

第5章

SketchUp 基本建模练习

本章重点：

- 制作酒柜模型
- 制作木桥模型
- 制作欧式凉亭模型
- 制作喷水池模型
- 制作廊架模型
- 制作景观塔模型

在系统学习了 SketchUp 的常用工具及高级功能后，从本章开始，将按照从简单到复杂、从室内到室外的顺序，实战演练前面所学知识，以提高 SketchUp 的应用能力和水平。

本章将通过酒柜、木桥、欧式凉亭、喷水池、廊架和景观塔模型创建练习，逐步掌握并精通 SketchUp 建模的方法与技巧。

5.1 制作酒柜模型

本节将制作如图 5-1 所示的酒柜模型，主要学习【矩形】、【线条】、【推/拉】、【偏移】及【卷尺】工具的使用方法，并进一步了解与掌握【材质编辑器】的使用方法。

5.1.1 制作酒柜轮廓

01 打开 SketchUp 后进入【模型信息】面板，选择【单位】选项卡，设置【长度】参数组如图 5-2 所示。

图 5-1 酒柜模型

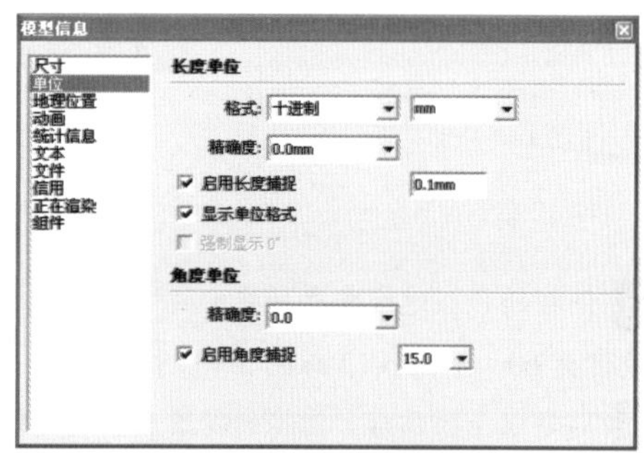

图 5-2 设置单位

02 启用【矩形】创建工具，通过跟踪 Z 轴创建起点，输入“3230,2400”创建一个立面矩形，如图 5-3 所示。

03 启用【推/拉】工具，将【矩形】推/拉出 300 的厚度，创建出酒柜的轮廓大小，如图 5-4 所示。

04 通过细化【矩形】创建酒柜模型的框架，启用【卷尺】工具，单击选择左侧的边线，如图 5-5 所示。

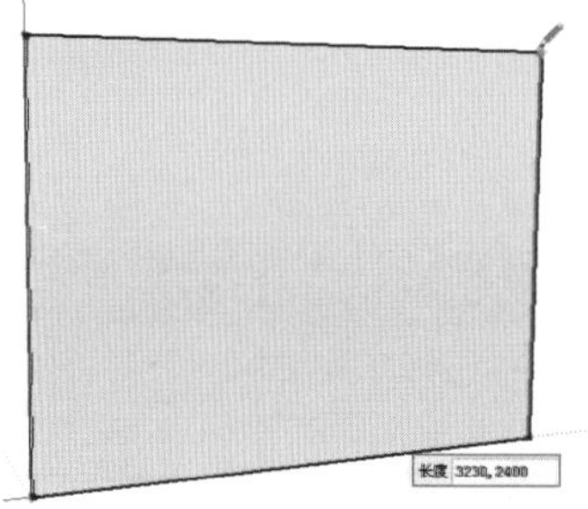

图 5-3 绘制矩形

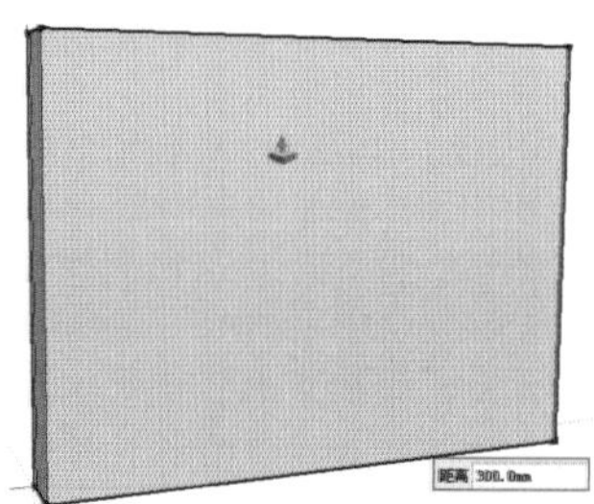

图 5-4 拉伸矩形

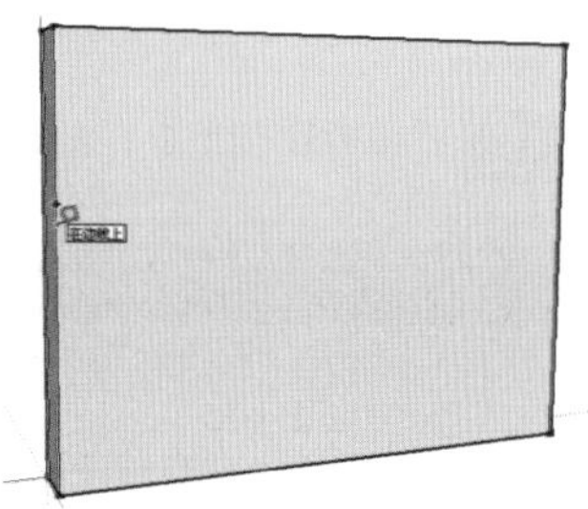

图 5-5 启用距离测量工具

05 往右创建距离为 900 的一条辅助线，再选择左侧的边线重复类似的操作，往右创建同样距离的一条辅助线，如图 5-6 与图 5-7 所示。

06 启用【线条】创建工具，通过捕捉辅助线与边线的交点，将矩形正面切割为三部分，如图 5-8 与如图 5-9 所示。

07 启用【偏移】工具，选择左侧的细分面向内偏移 60，然后直接双击另外两个面，获得同样的偏移效果，如图 5-10 与 图 5-11 所示。

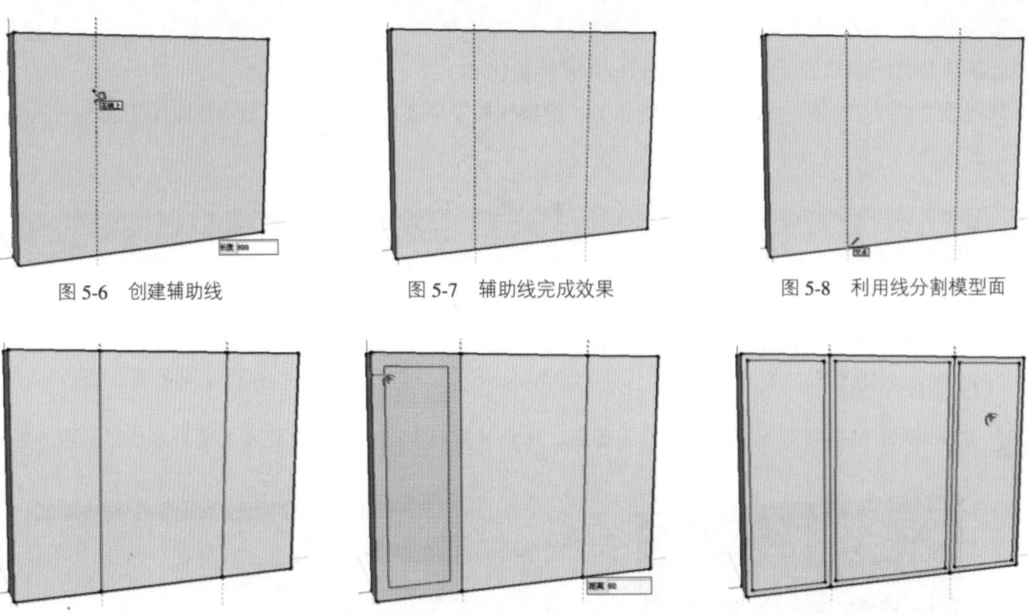

图 5-6　创建辅助线　　图 5-7　辅助线完成效果　　图 5-8　利用线分割模型面

图 5-9　模型面分割完成　　图 5-10　往内偏移复制分割面　　图 5-11　双击分割面

08 酒柜的顶板通常要厚一些，因此选择顶部偏移边线向下移动 40，得到 100 的厚度，然后将酒柜内部隔板的厚度调为 60，如图 5-12 与图 5-13 所示。

09 通过以上操作后，酒柜的轮廓已经初具雏形，如图 5-14 所示，接下来进行进一步细分。

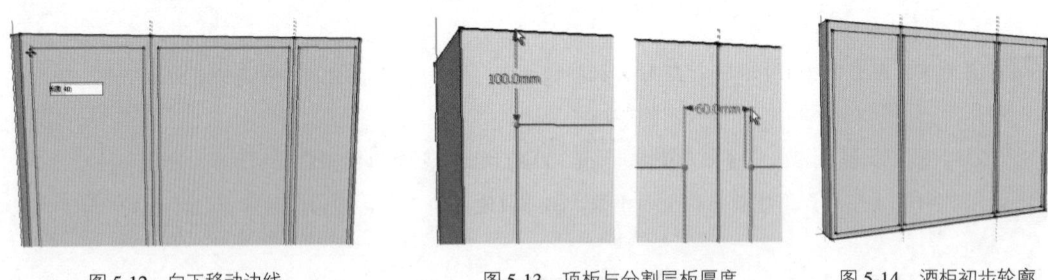

图 5-12　向下移动边线　　图 5-13　顶板与分割层板厚度　　图 5-14　酒柜初步轮廓

10 旋转到模型背面，选择删除背部模型面，如图 5-15 与图 5-16 所示。

注 意

在 SketchUp 中进行推/拉时，如果推/拉面与背部面相接触，将形成自动打通的效果，如图 5-17 所示。因此删除酒柜模型背面，不但可以省面，也可以避免推/拉时形成打通的效果。

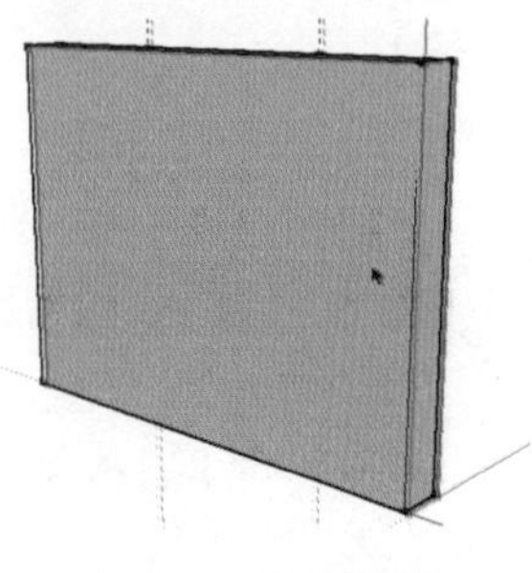

图 5-15　选择背部面

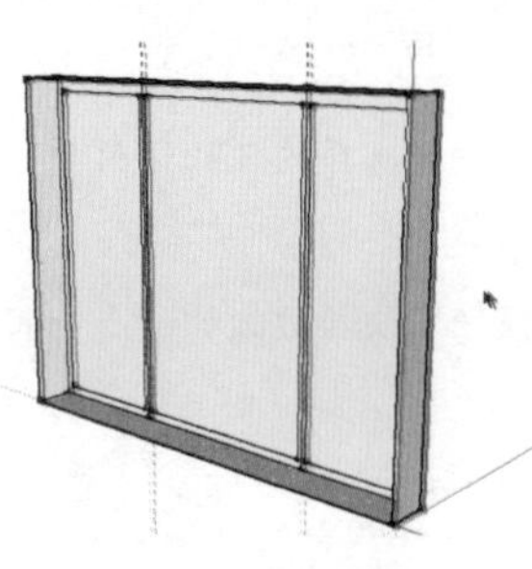

图 5-16　删除背部面

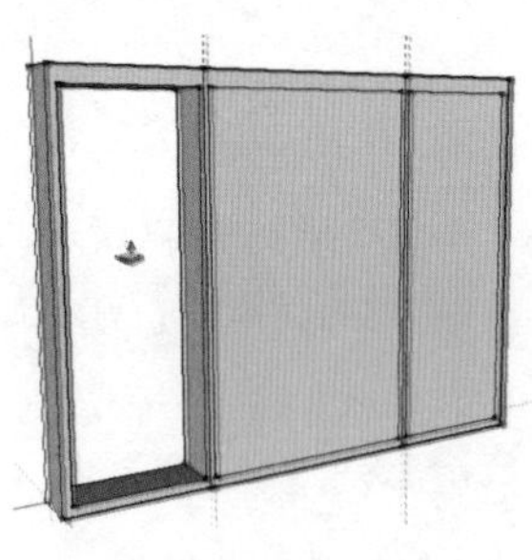

图 5-17　推/拉打通效果

11 启用【推/拉】工具，选择左侧细分面往内推/拉295，如图 5-18 所示。在另外两个细分面上双击鼠标，进行同样的处理，如图 5-19 所示。

12 由于酒柜下沿直接与地面接触，因此选择底部模型面向下推/拉，形成打通的效果，如图 5-20 与图 5-21 所示。

13 直接双击另外两个底面，将酒柜下沿完全打通，如图 5-22 所示。

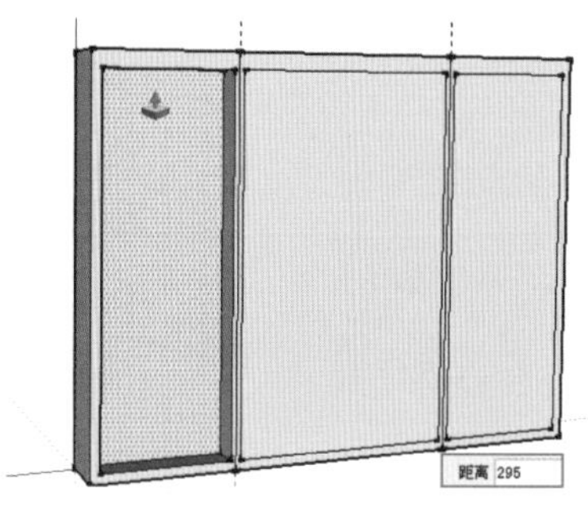

图 5-18　向内推/拉细分面

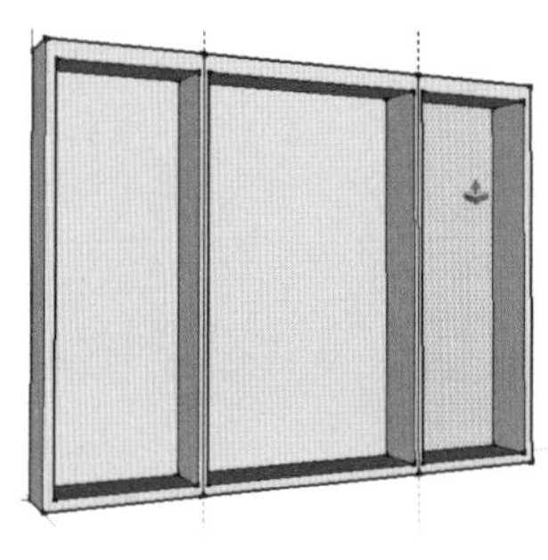

图 5-19　双击其他细分面

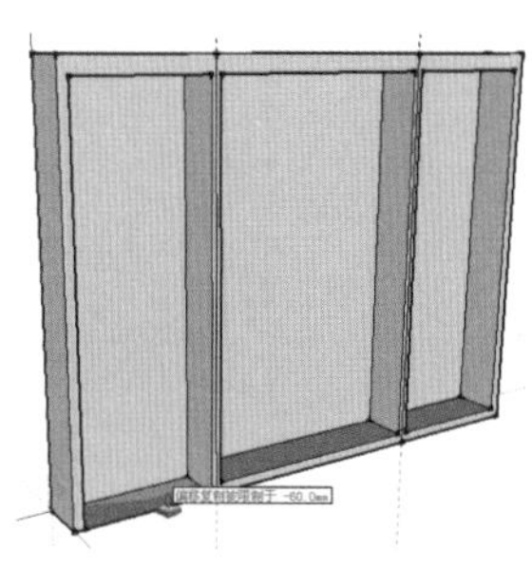

图 5-20　向下推/拉底面

14 打开【使用层颜色材料】面板，选择【木质纹】材质类型中的【原色樱桃木质纹】，如图 5-23 所示，将其赋予当前模型，如图 5-24 所示。

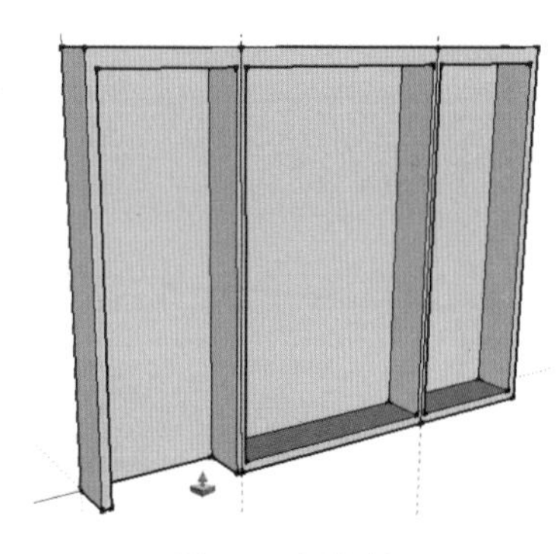

图 5-21　打通底面

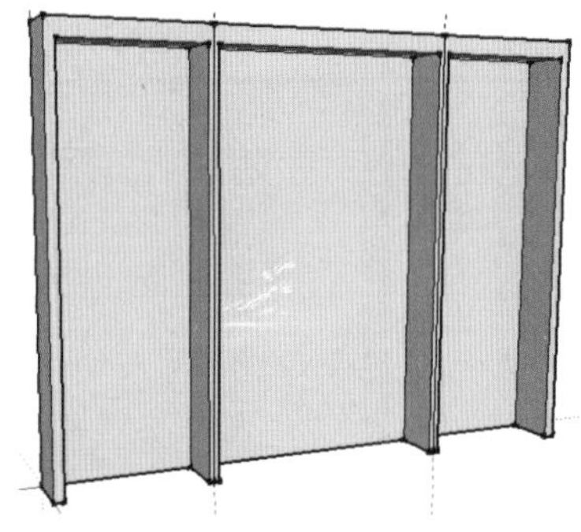

图 5-22　底面打通完成效果

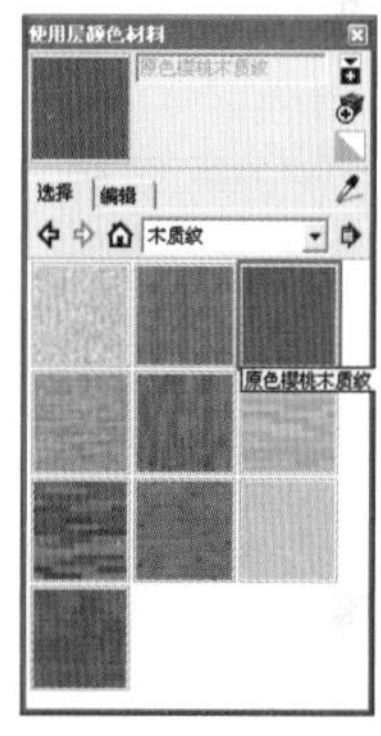

图 5-23　选择原色樱桃木质纹

15 在进一步细化模型前，为了避免影响当前模型，首先将其创建为【组】，如图 5-25 所示。

5.1.2 制作酒柜层板等细节

01 执行【视图】/【正面样式】/【X 射线】菜单命令，将当前模型透明化，以便于其他部件模型的对位，如图 5-26 所示。

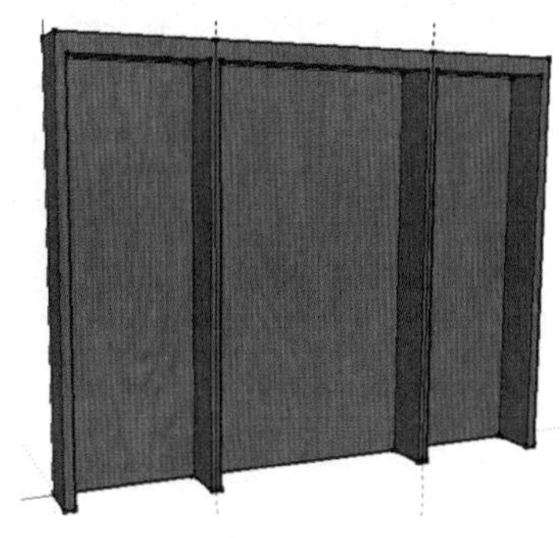

图 5-24　赋予原色樱桃木材质

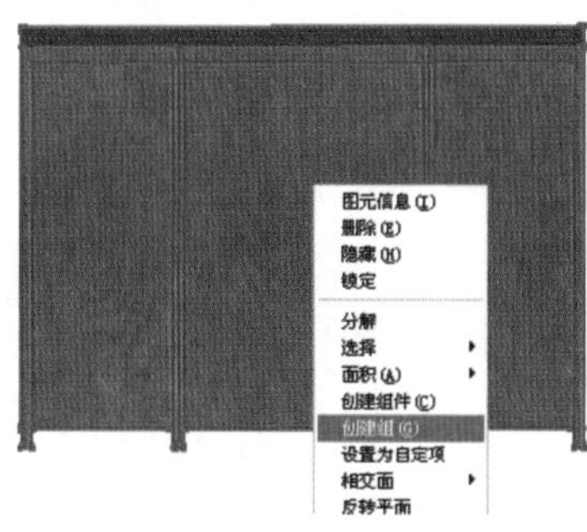

图 5-25　创建组

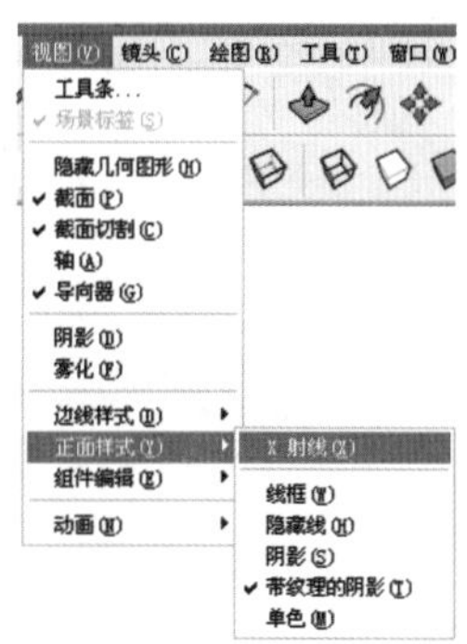

图 5-26　选择 X 射线

02 启用【卷尺】工具，选择底部边线向上偏移，创建两条距离 300 的辅助线，用于酒柜其他模型的对位，如图 5-27 所示。

03 制作酒柜两侧的柜子，启用【矩形】创建工具，捕捉辅助线与边线的交点，创建一个平面，如图 5-28 所示，将其向内推出 275 的厚度，如图 5-29 所示。

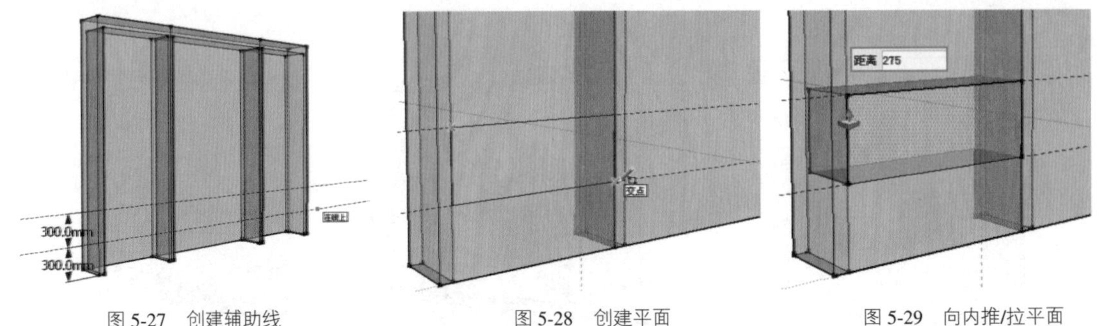

图 5-27 创建辅助线　　图 5-28 创建平面　　图 5-29 向内推/拉平面

04 以新创建的【矩形】底部边线为参考，准确创建如图 5-30 所示的辅助线，然后以此为参考，使用【线条】创建工具完成面的细分。

05 启用【推/拉】工具，依次选择宽度为 5 的两个细分面，往内推进 20，得到柜子抽屉、缝隙以及顶板细节，如图 5-31 与图 5-32 所示。

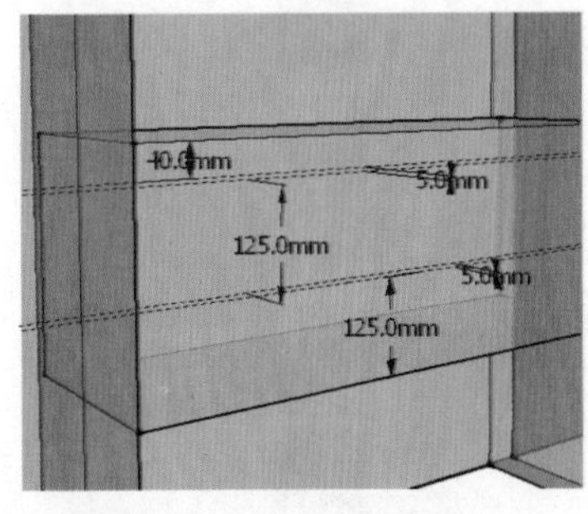

图 5-30 创建柜子细分辅助线

图 5-31 向内推/拉缝隙

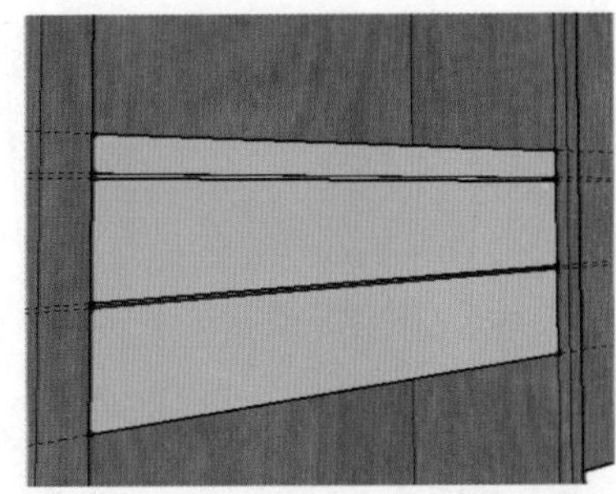

图 5-32 柜子模型完成效果

06 柜子模型创建完成后，为其赋予“原色樱桃木质纹”材质，并制作出拉手模型，如图 5-33 所示。

07 拉手制作完成后，将其与柜子整体创建【组】，然后将【组】往后移动 20，进行准确的对位，如图 5-34 与图 5-35 所示。

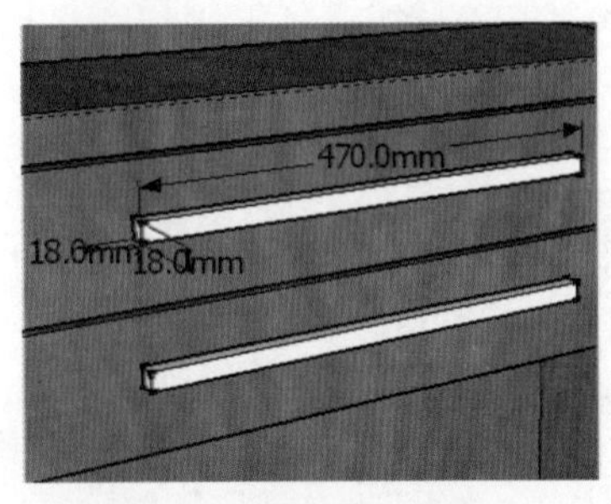

图 5-33 赋予材质并制作拉手

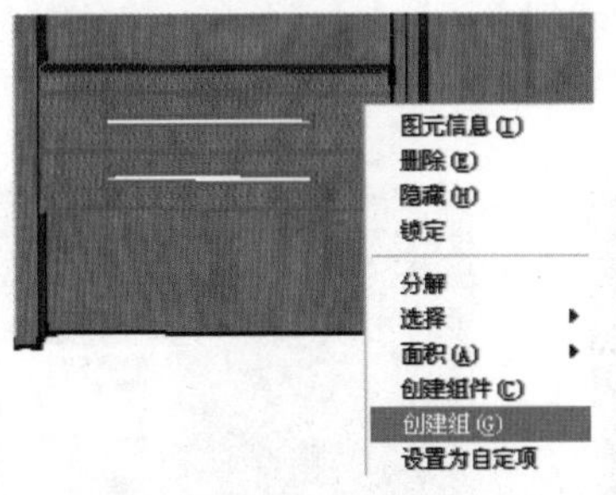

图 5-34 整体创建为组

图 5-35 对位柜子模型

08 创建如图 5-36 所示的酒柜层板模型，通过辅助线与【移动】工具进行准确的对位与复制，如图 5-37 与图 5-38 所示。

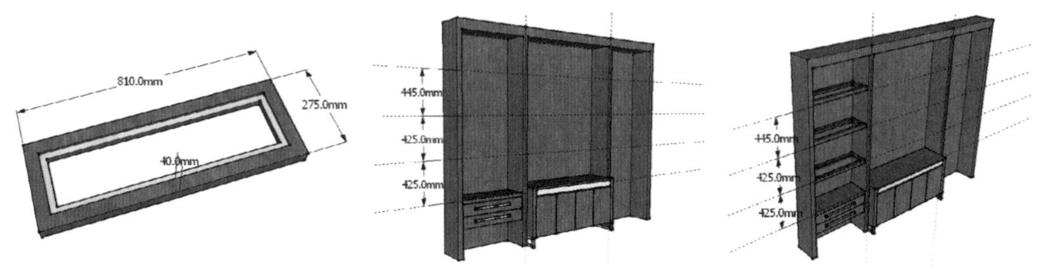

图 5-36 创建层板模型　　图 5-37 创建层板对位辅助线　　图 5-38 对位层板

09 酒柜左侧的柜子与层板创建好后，将其整体选择，通过【移动】工具复制至右侧，如图 5-39 与图 5-40 所示。

图 5-39 移动复制右侧模型　　图 5-40 复制完成效果

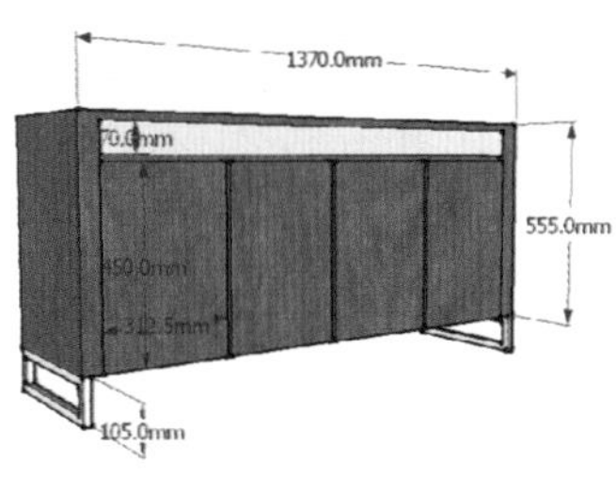

图 5-41 创建中部柜子模型

10 酒柜两侧的模型细节制作完成后，再通过【矩形】、【线条】及【推/拉】工具，创建酒柜中部如图 5-41 所示的柜子模型，然后将其进行对位，如图 5-42 所示。

5.1.3 制作酒柜其他细节

01 使用【圆】、【偏移】及【推/拉】工具制作如图 5-43 所示筒灯灯头模型，按照如图 5-44 所示尺寸进行复制与对位。

图 5-42 对位中部柜子模型

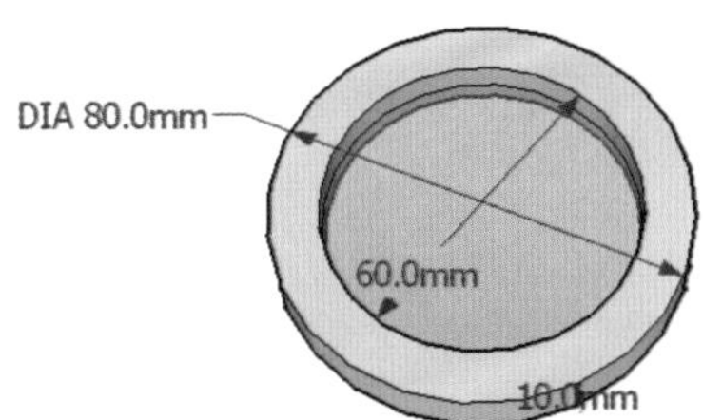

图 5-43 创建筒灯灯头

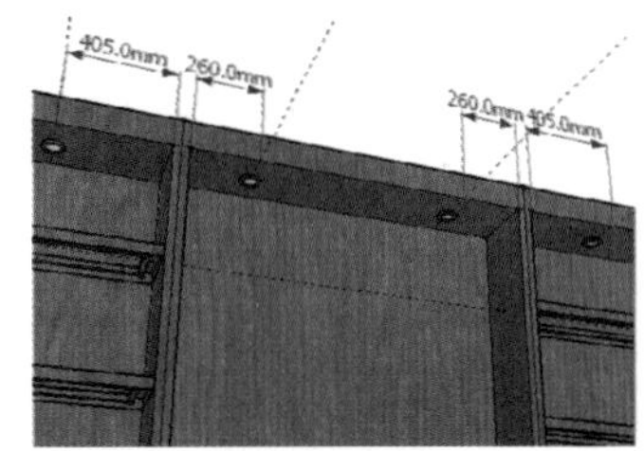

图 5-44 复制并对位筒灯

02 参考如图 5-45 所示尺寸创建画框模型，将其放置至酒柜中央的位置，如图 5-46 所示。

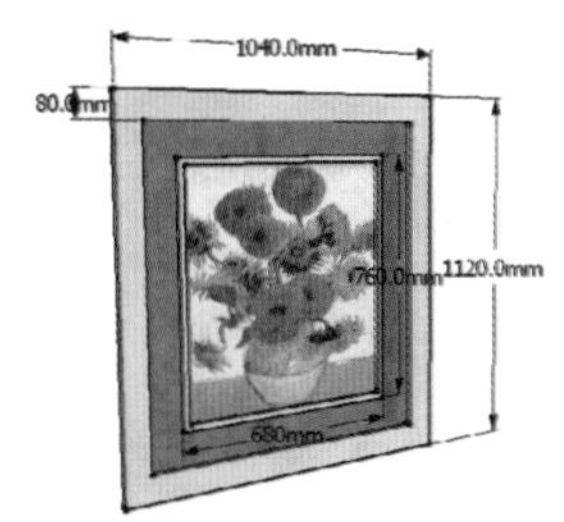

图 5-45 创建油画模型

图 5-46 放置油画

图 5-47 酒柜模型最终效果

03 最终创建好的酒柜模型效果如图 5-47 所示。

5.2 制作木桥模型

本节将制作如图 5-48 所示的木桥模型，主要练习【线条】、【圆弧】、【圆】、【推/拉】、【跟随路径】等工具，其中【圆弧】、【圆】及【跟随路径】工具是学习的重点。

5.2.1 制作桥身骨架

01 启动 SketchUp，进入【模型信息】面板，选择【单位】选项卡，设置【长度】参数组如图 5-49 所示。

图 5-48　木桥模型

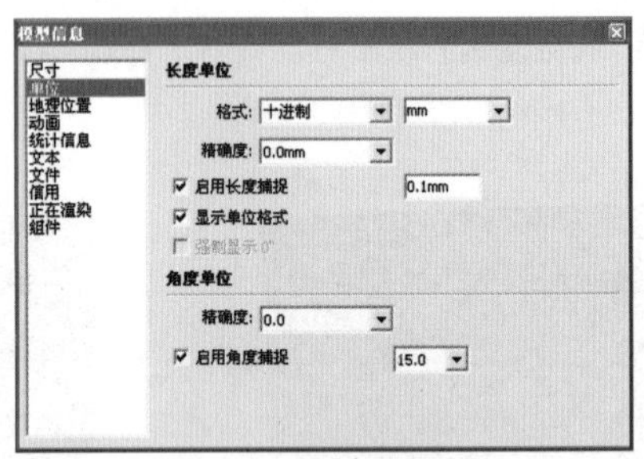

图 5-49　设置场景单位

02 启用【线条】创建工具，确定起点后通过输入长度值，创建三条连续的线段，如图 5-50 与图 5-51 所示。

技 巧

为了精确创建圆弧，这里创建三条连续线段，而不是一条直线段。

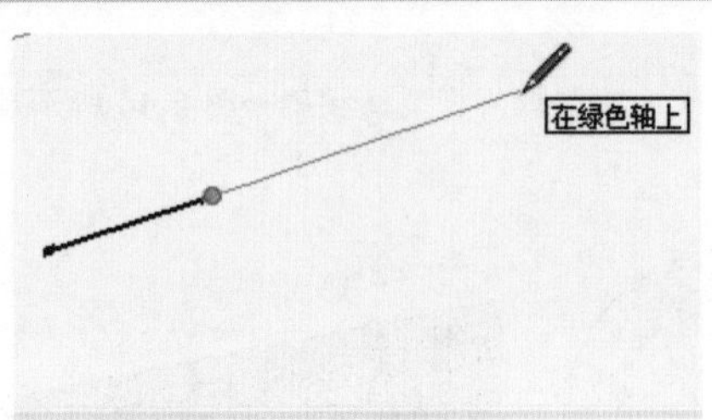

图 5-50　启用线创建工具

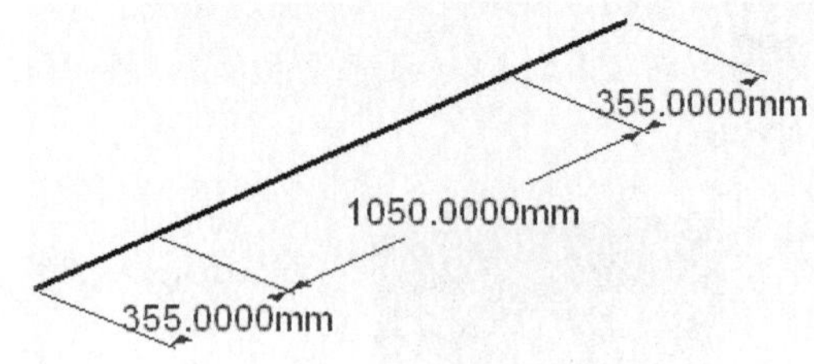

图 5-51　绘制连续线段

03 启用【圆弧】创建工具，分别捕捉中间线段两侧端点，如图 5-52 与图 5-53 所示。

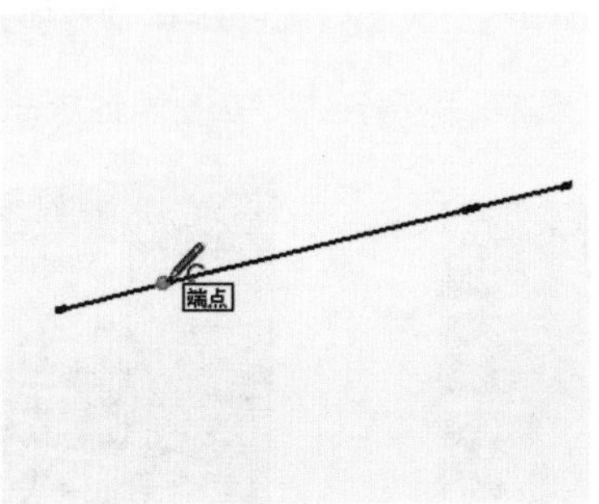

图 5-52　捕捉线段起点

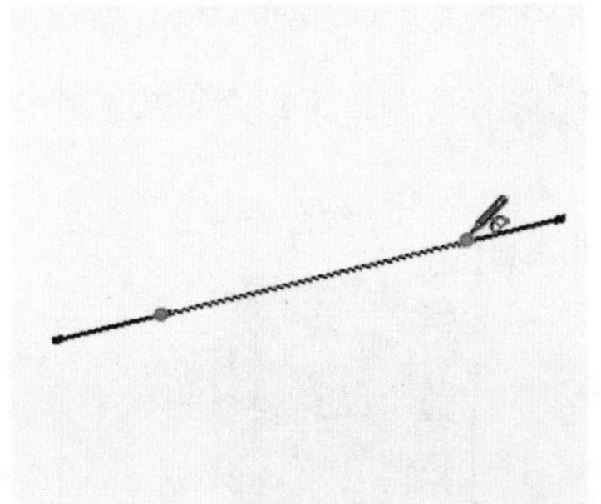

图 5-53　捕捉线段终点

04 向上拖动鼠标，输入距离值 235 创建圆弧，删除中间用于捕捉的线段，如图 5-54~图 5-56 所示。

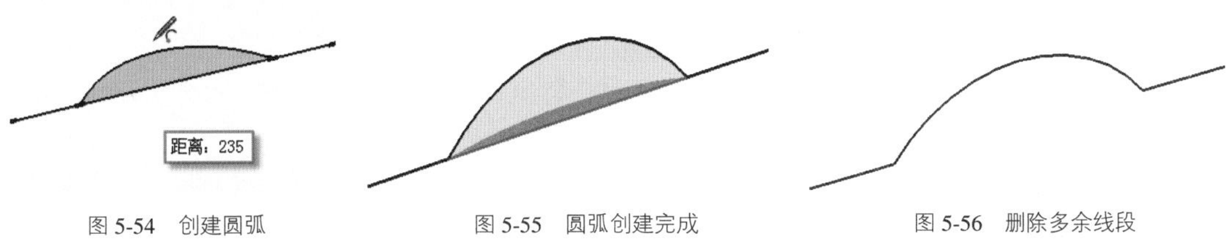

图 5-54 创建圆弧　　图 5-55 圆弧创建完成　　图 5-56 删除多余线段

05 启用【偏移】工具，将之前创建好的线段向上偏移 85，如图 5-57 所示。

06 利用【卷尺】与【线条】创建工具，封闭线段，形成木桥主支架的平面图形，具体细节如图 5-58 所示。

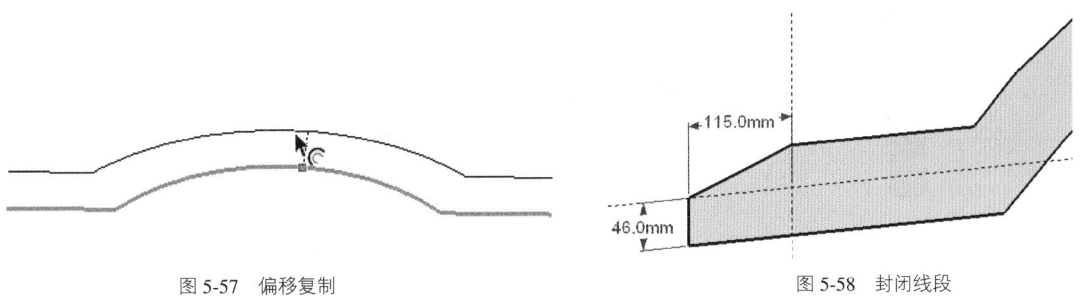

图 5-57 偏移复制　　图 5-58 封闭线段

07 启用【推/拉】工具，将创建好的平面推/拉出 85 的厚度，如图 5-59 所示。为其指定“原色樱桃木质纹”材质，如图 5-60 与图 5-61 所示。

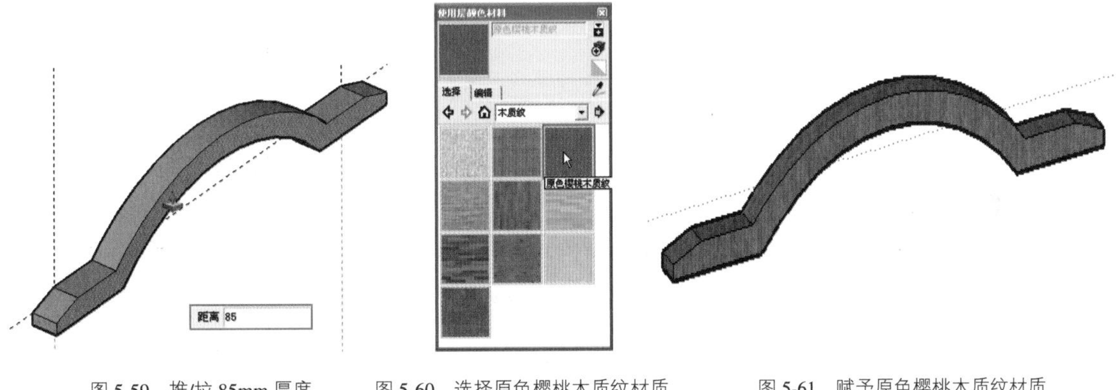

图 5-59 推/拉 85mm 厚度　　图 5-60 选择原色樱桃木质纹材质　　图 5-61 赋予原色樱桃木质纹材质

08 选择支架模型，创建为【组】，如图 5-62 所示。将其往右复制一份，距离为 620mm，如图 5-63 所示。

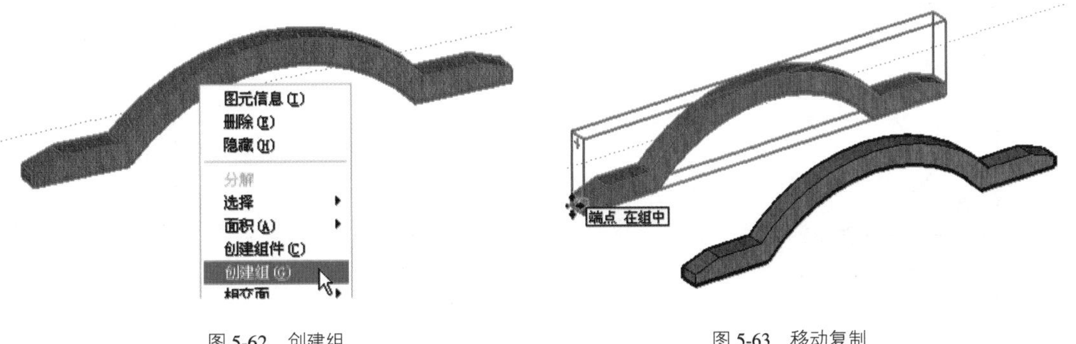

图 5-62 创建组　　图 5-63 移动复制

5.2.2 制作木桥栏杆

01 创建如图 5-64 所示的栏杆模型，首先创建其上部结构，如图 5-65 所示。

02 启用【线条】创建工具，创建如图 5-66 所示的四条连续线段用于捕捉。然后以长度为 48mm 的线段下侧端点为起点往右创建一条线段，如图 5-67 所示。

图 5-64 栏杆整体模型　　图 5-65 栏杆上部细节　　图 5-66 创建连续线段

03 启用【圆弧】创建工具，捕捉如图 5-68 所示两条线段的端点，输入距离值 20.8mm，创建一段圆弧。

04 重复类似的操作，创建其他圆弧，最后绘制线段形成封闭平面，如图 5-69~图 5-71 所示。

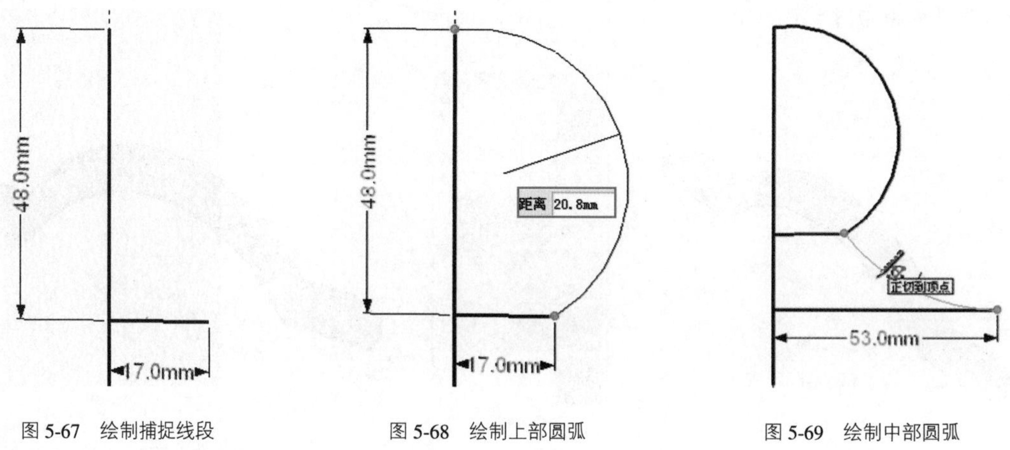

图 5-67 绘制捕捉线段　　图 5-68 绘制上部圆弧　　图 5-69 绘制中部圆弧

05 启用【圆】创建工具，捕捉平面两侧端点创建一个圆形平面，如图 5-72 所示。

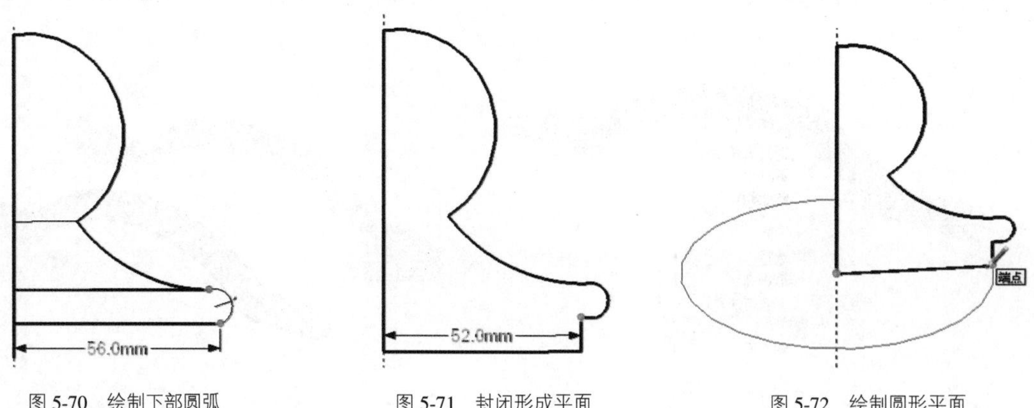

图 5-70 绘制下部圆弧　　图 5-71 封闭形成平面　　图 5-72 绘制圆形平面

06 启用【跟随路径】工具，选择【圆弧】及【线条】创建平面，如图 5-73 所示。

07 移动鼠标捕捉创建的圆形平面周边，如图 5-74 所示。捕捉一圈后，得到如图 5-75 所示的模型效果。

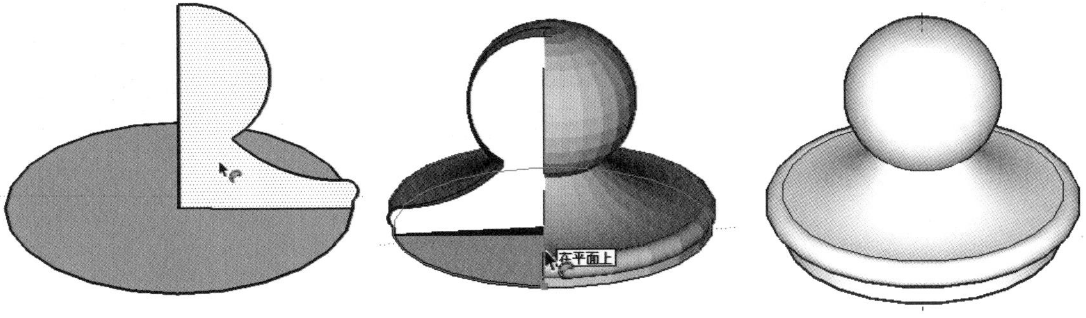

图 5-73　启用跟随路径工具　　图 5-74　进行跟随路径　　图 5-75　完成效果

08 制作栏杆下半部分，启用【线条】工具创建截面，如图 5-76 与图 5-77 所示。

09 启用【圆】创建工具，捕捉截面两侧创建圆形，如图 5-78 所示。

10 启用【跟随路径】工具，如图 5-79 和图 5-80 所示创建出栏杆下部。

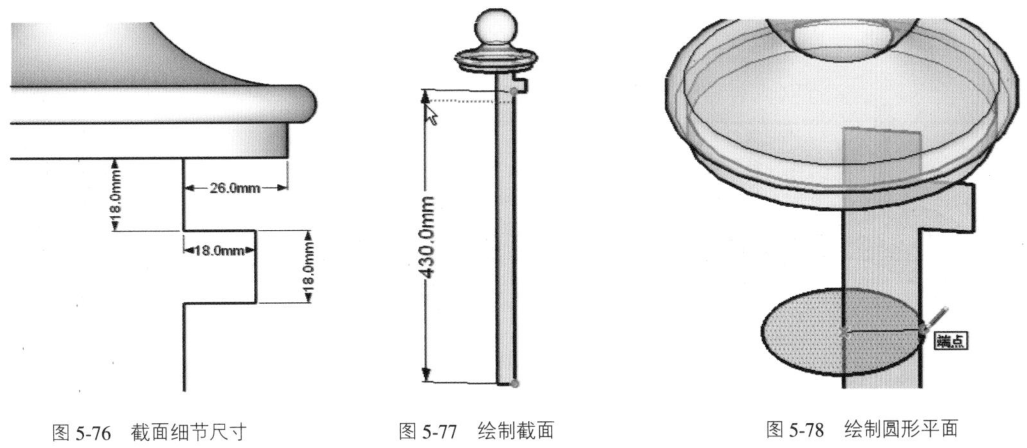

图 5-76　截面细节尺寸　　图 5-77　绘制截面　　图 5-78　绘制圆形平面

11 栏杆模型整体创建完成后，进入【使用层颜色材料】面板，为其指定“原色樱桃木质纹”，如图 5-81 所示，然后创建【组】，如图 5-82 所示。

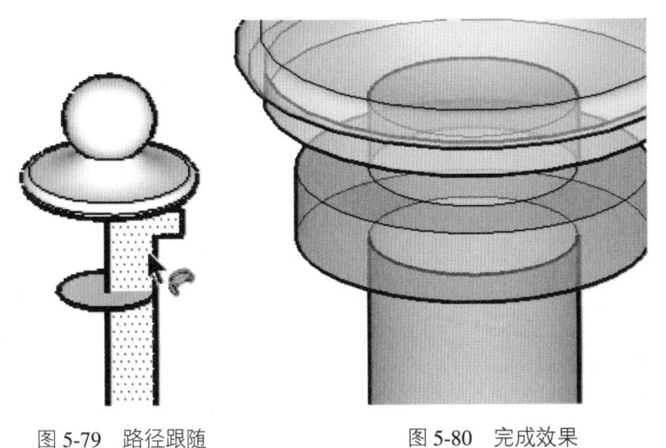

图 5-79　路径跟随　　图 5-80　完成效果

图 5-81　选择并赋予原色樱桃木质纹材质

12 将创建的栏杆模型移动到木桥支架中央部分，然后复制出其他位置栏杆，如图 5-83 与图 5-84 所示。

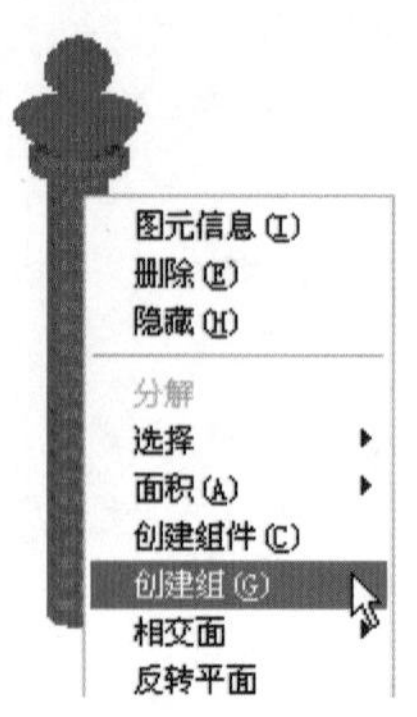

图 5-82　创建组

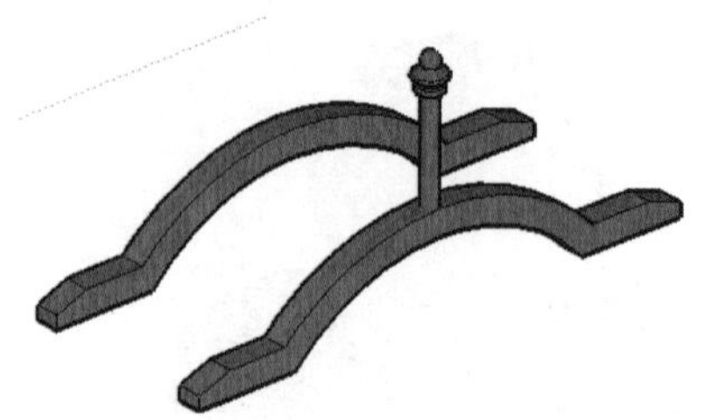

图 5-83　对位栏杆模型

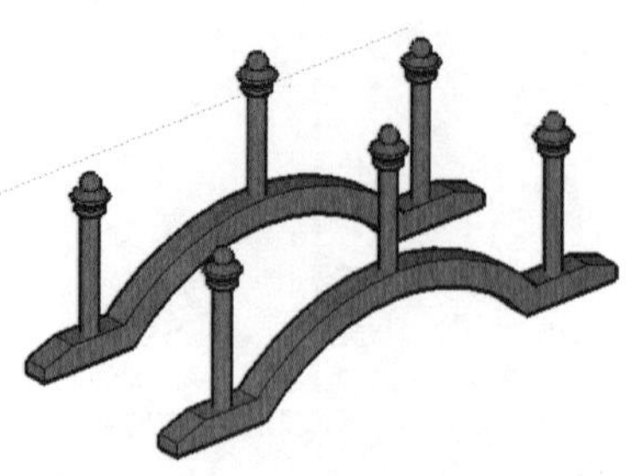

图 5-84　复制栏杆模型

5.2.3 完成桥面细节

01 制作桥面木板模型，首先利用【线条】与【圆弧】创建工具捕捉支架模型边线创建出一条线段。

02 启用【偏移】工具，将创建好的线段向上偏移 20，如图 5-85 所示，然后启用【线条】创建工具封闭平面，如图 5-86 所示。

03 启用【推/拉】工具，将封闭平面往右推/拉出 30 厚度，如图 5-87 所示，然后选择另一侧的面，往左推/拉出 735 厚度，如图 5-88 所示。

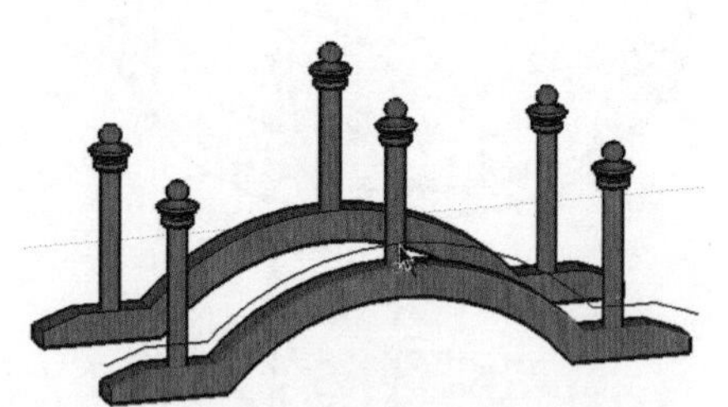

图 5-85　偏移线段

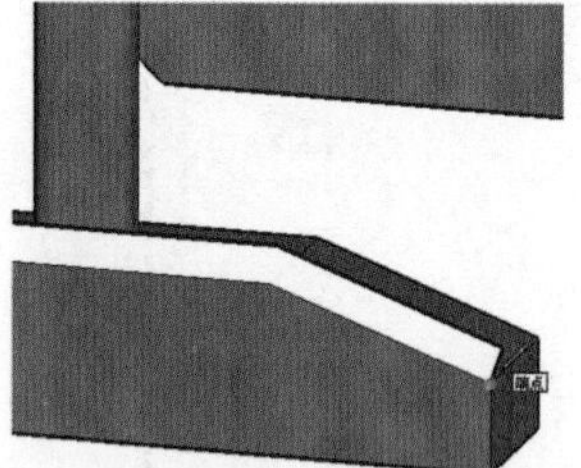

图 5-86　封闭形成平面

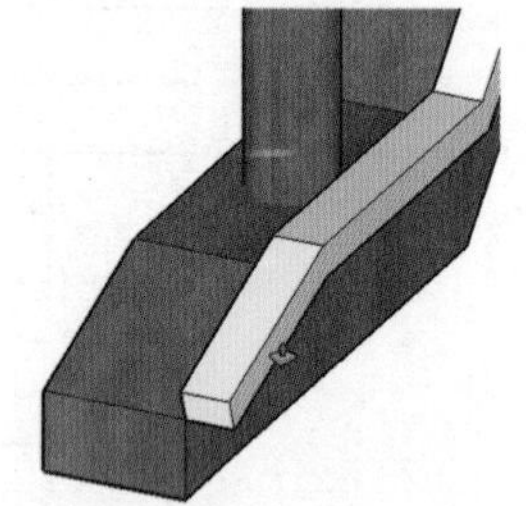

图 5-87　往右推/拉 30

04 桥面通常由多块木板拼接而成，这里使用贴图进行快速模拟。进入【使用层颜色材料】面板，创建一个新的材质，在其贴图通道内加载一张木板拼贴贴图，如图 5-89 所示。

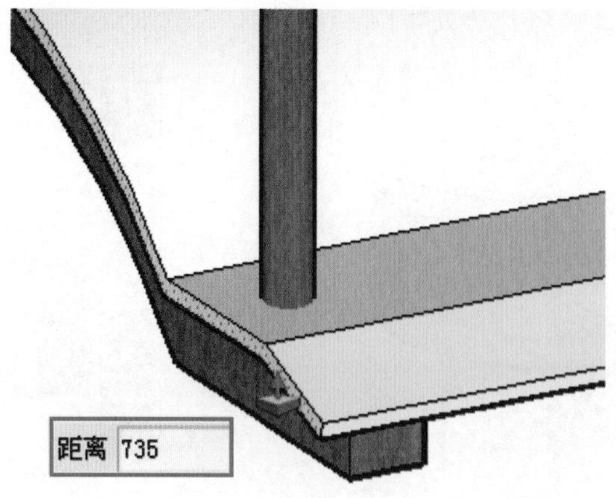

图 5-88　往左推/拉 375

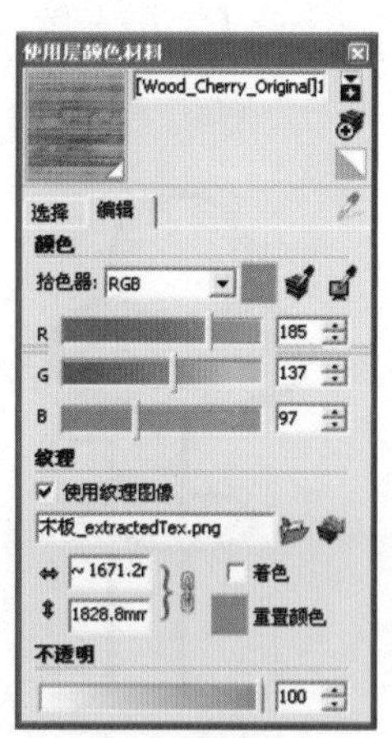

图 5-89　制作桥面木纹材质

技 巧

往两侧推/拉生成模型，可以避免模型位置的调整。

05 将创建的材质赋予桥面模型，效果如图 5-90 所示，可以发现默认的贴图拼贴效果很不理想，接下来进行调整。

06 在【使用层颜色材料】面板调整贴图尺寸为 800，如图 5-91 所示，此时贴图大小合适，但方向不正确，如图 5-92 所示。

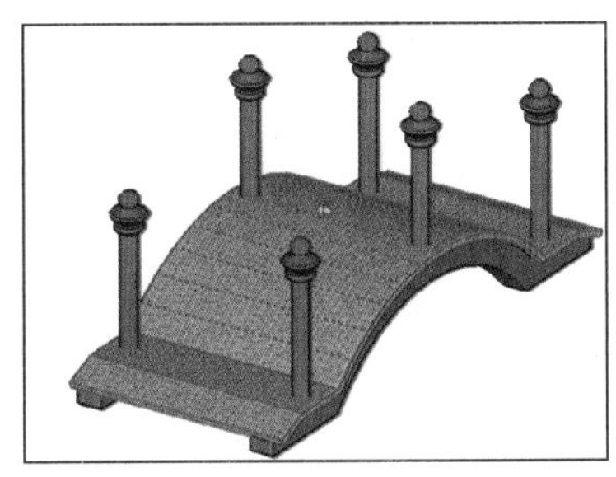

图 5-90 材质默认效果

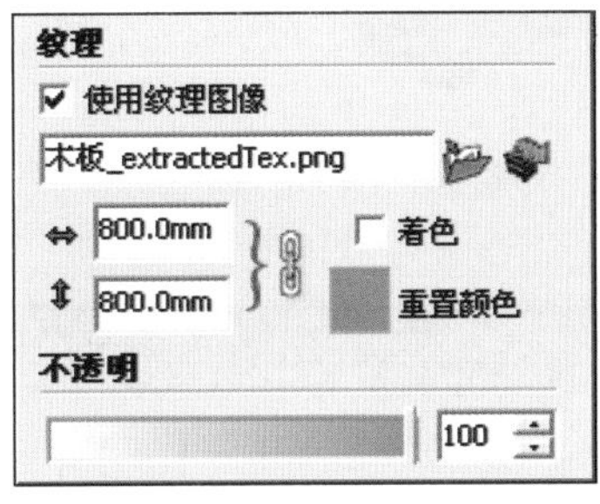

图 5-91 增大贴图尺寸

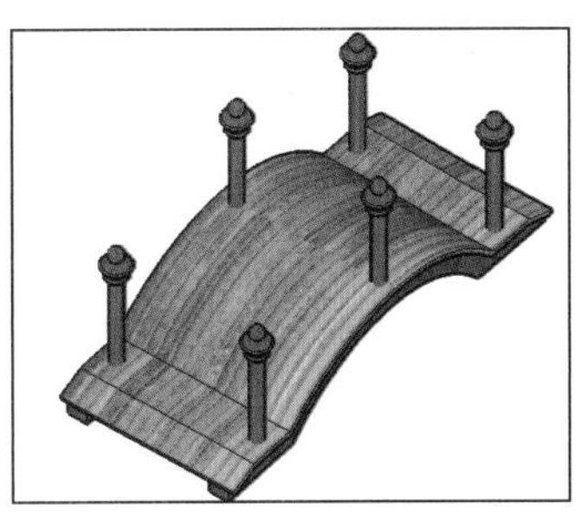

图 5-92 调整效果

07 单击贴图参数【在外部编辑器中编辑纹理图像】按钮，如图 5-93 所示。在打开的贴图编辑窗口中将贴图旋转 90°，以得到正确的纹理走向，如图 5-95 所示。

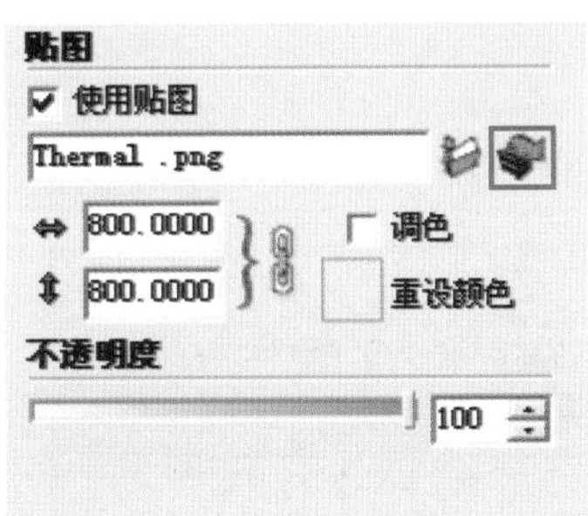

图 5-93 单击按钮

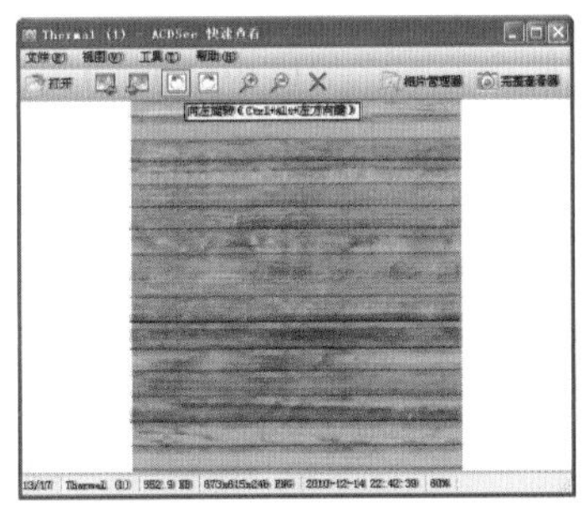

图 5-94 旋转贴图

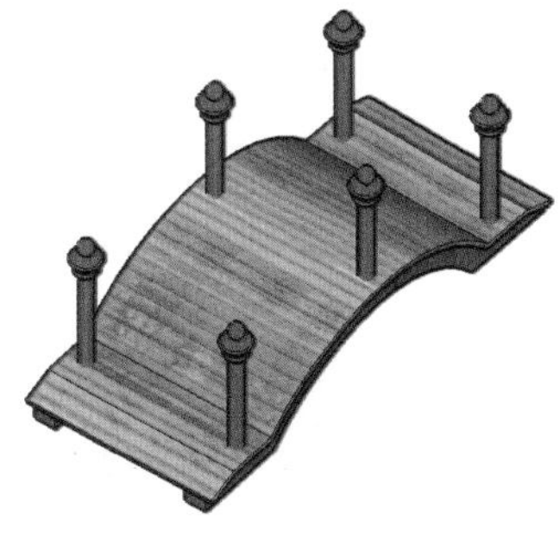

图 5-95 调整完成效果

08 重复之前类似的操作，创建出如图 5-96 所示的压条模型，最后制作用于横向连接的护栏模型。

09 启用【圆弧】创建工具，通过捕捉栏杆创建一条连接弧线，如图 5-97 所示。

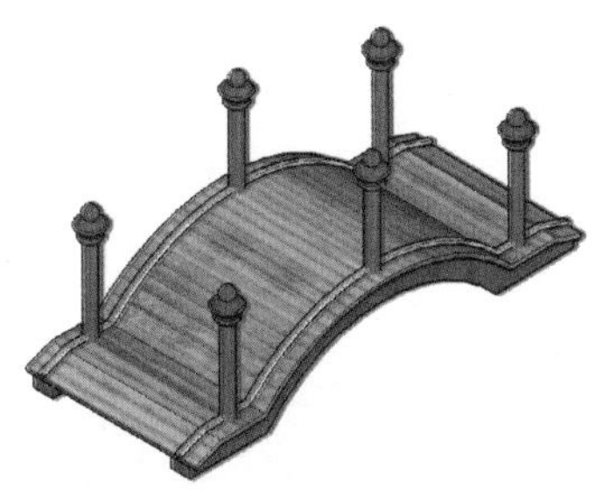

图 5-96 制作桥面压条模型

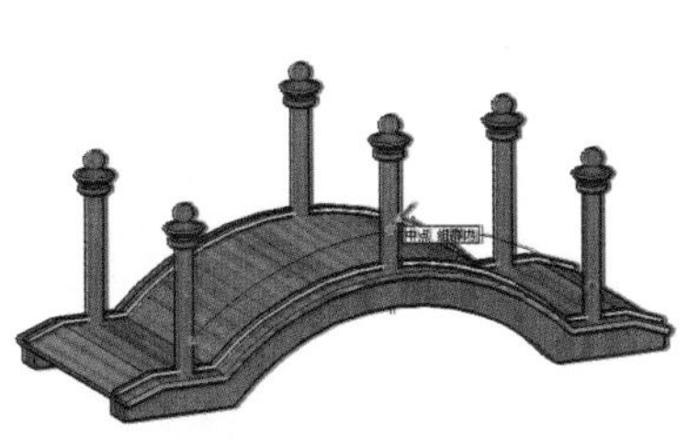

图 5-97 创建圆弧

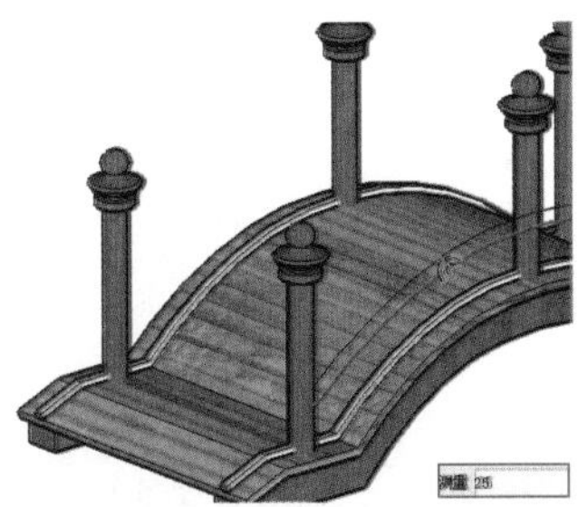

图 5-98 制作封闭平面

10 启用【偏移】工具，将创建好的连接弧线向上偏移 25，如图 5-98 所示。启用【推/拉】工具为其制作 25 的厚度，如图 5-99 所示。

11 启用【移动复制】工具，如图 5-100 所示复制出其他连接栏杆，为其赋予木纹材质，最终得到如图 5-101 所示的木桥效果。

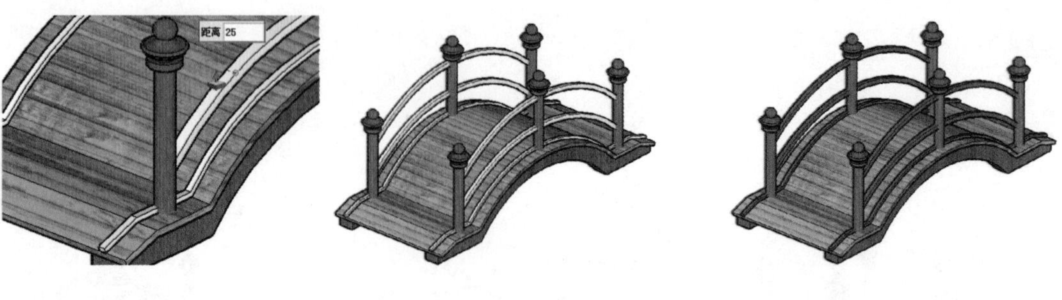

图 5-99　推/拉 25 的厚度　　图 5-100　复制连接栏杆　　图 5-101　木桥完成效果

5.3 制作欧式凉亭模型

本节制作如图 5-102 所示的欧式凉亭模型，主要使用了【圆】、【圆弧】、【线条】、【推/拉】、【旋转】及【跟随路径】等工具，其中【旋转】和【跟随路径】工具是本节学习的重点。

5.3.1 制作凉亭平台

01 启动 SketchUp，进入【模型信息】面板，选择【单位】选项卡，设置【长度】参数组如图 5-103 所示。

02 启用【圆】绘制工具，绘制凉亭底部圆形平面，如图 5-104 所示。启用【推/拉】工具，拉出 265 的厚度，如图 5-105 所示。

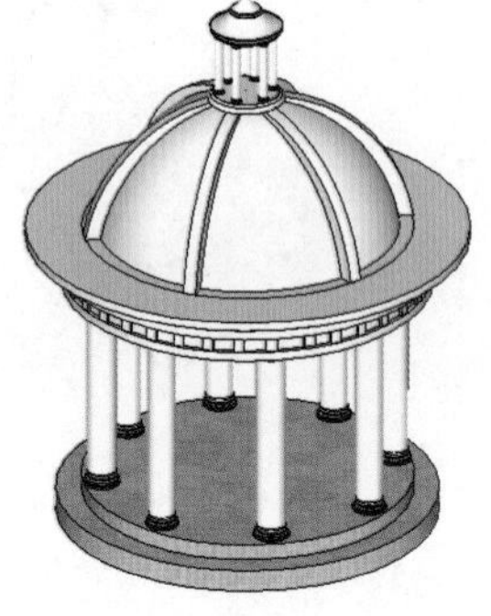

图 5-102　欧式凉亭模型

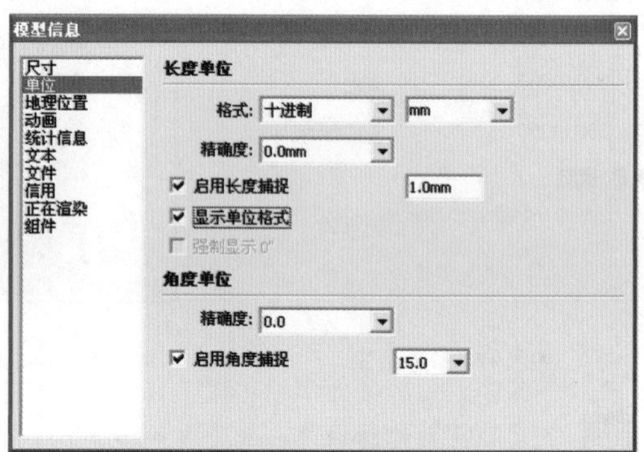

图 5-103　设置场景单位

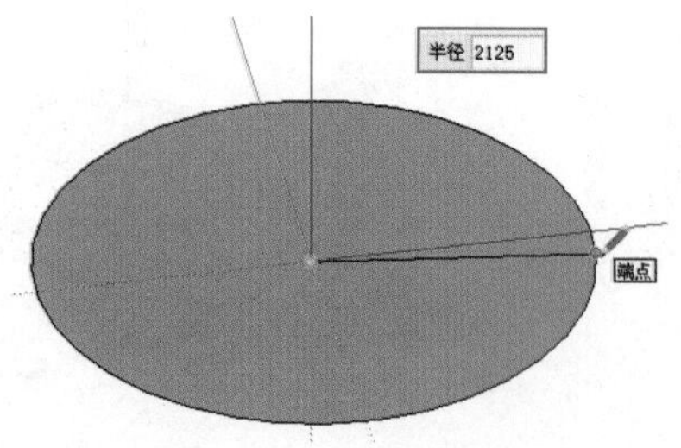

图 5-104　绘制圆形平面

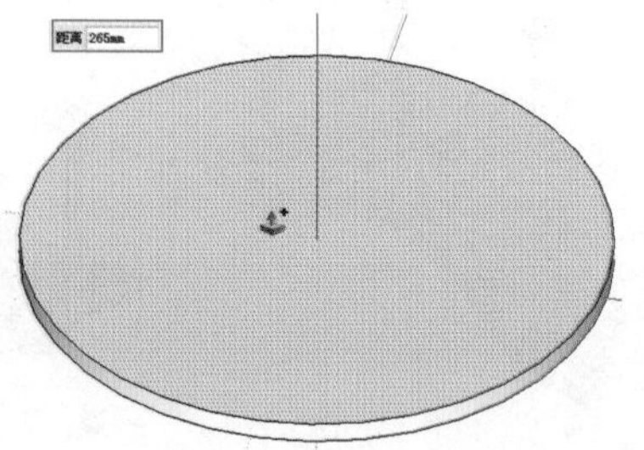

图 5-105　启用推/拉工具

03 启用【偏移】工具，将顶部平面向内偏移 275，制作出台阶宽度，如图 5-106 所示。

04 启用【推/拉】工具，制作出台阶的高度，如图 5-107 所示。进入【使用层颜色材料】面板，为底部模型赋予“黄褐色碎石”材质，如图 5-108 所示。

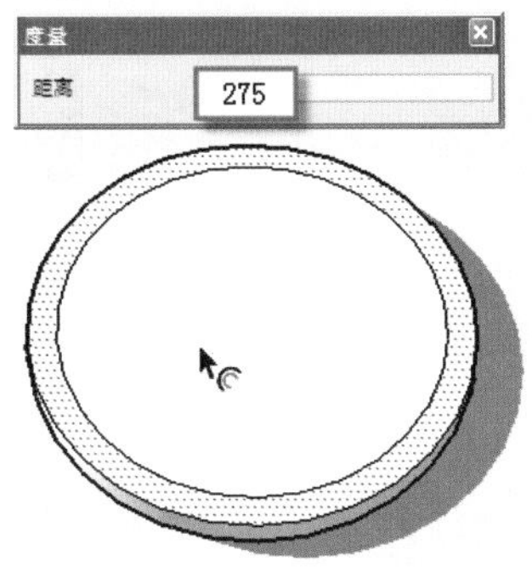

图 5-106 偏移复制

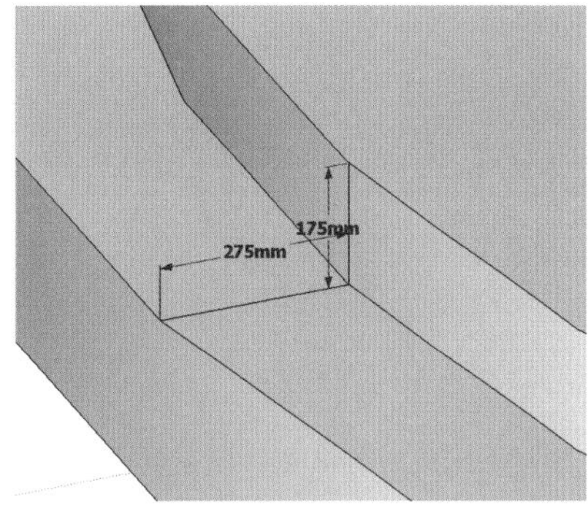

图 5-107 制作台阶

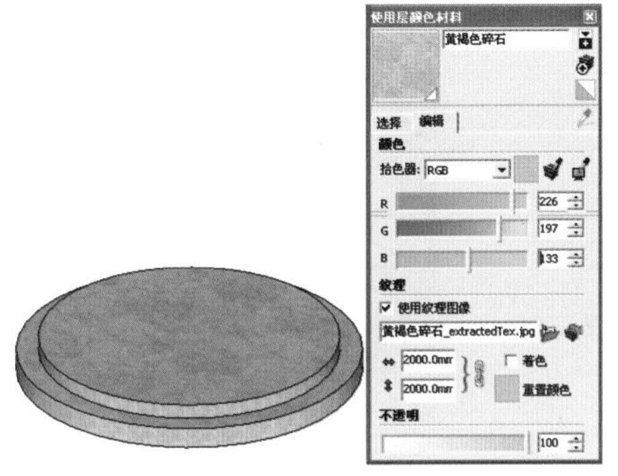

图 5-108 赋予材质

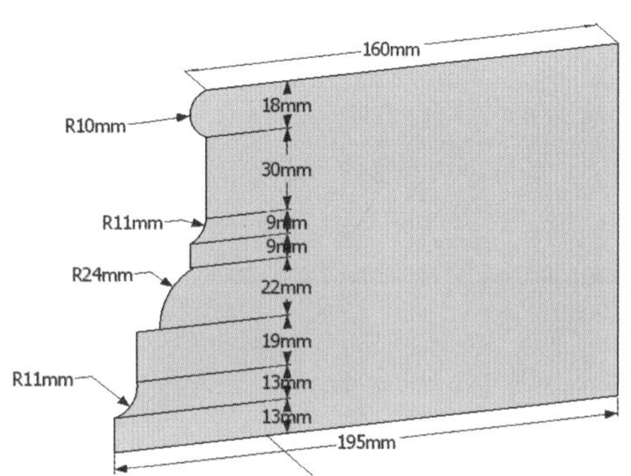

图 5-109 圆柱截面

5.3.2 制作凉亭支柱与连接角线

01 制作凉亭圆形支柱模型，结合使用【线条】与【圆弧】创建工具，绘制出支柱底部细节截面，如图 5-109 所示。

02 启用【圆形】创建工具，以支柱底部截面为参考，绘制一个圆形平面，如图 5-110 所示。启用【路径跟随】工具，选择截面制作底部模型，如图 5-111 所示，完成效果如图 5-112 所示。

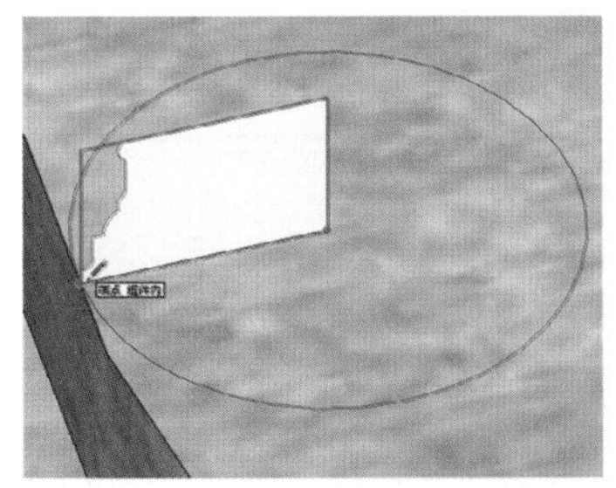

图 5-110 绘制圆

图 5-111 启用路径跟随工具

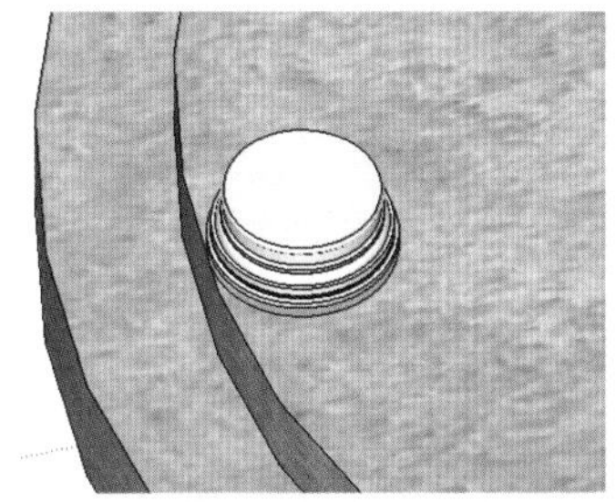

图 5-112 圆柱底座完成效果

03 启用【推/拉】工具，拉出支柱 2000 的高度，如图 5-113 所示。

04 启用【移动】工具，并按 Ctrl 键，选择支柱底座模型向上复制，如图 5-114 所示。利用【镜像】菜单命令调整其朝向，完成支柱模型的制作如图 5-115 所示。

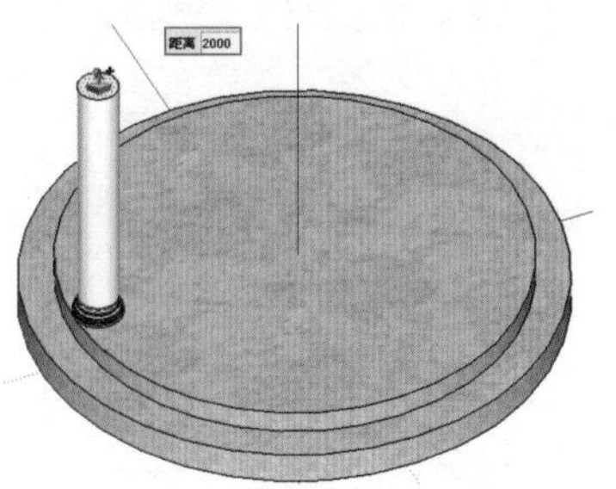

图 5-113　推/拉出柱体高度

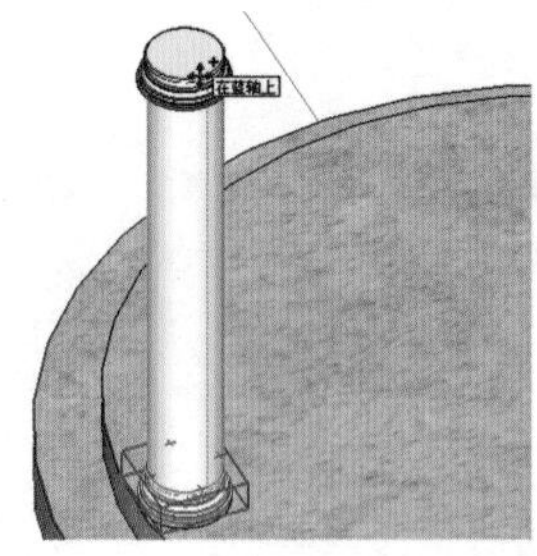

图 5-114　移动复制底座模型

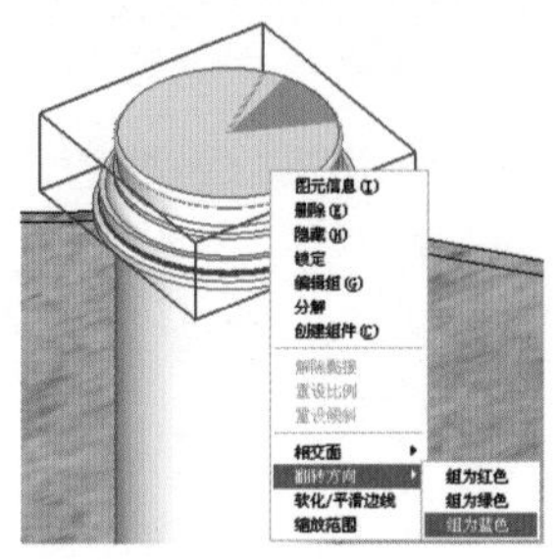

图 5-115　调整方向

05 将制作完成的圆形支柱模型创建为【组】，如图 5-116 所示。启用【旋转】工具，选择凉亭底座中心为旋转中心，如图 5-117 所示。

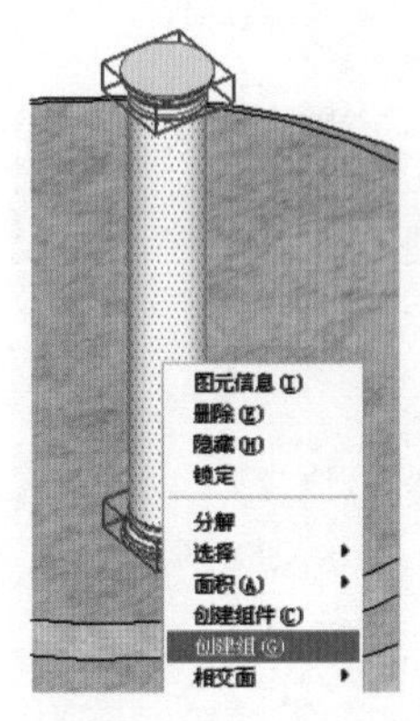

图 5-116　将圆柱成组

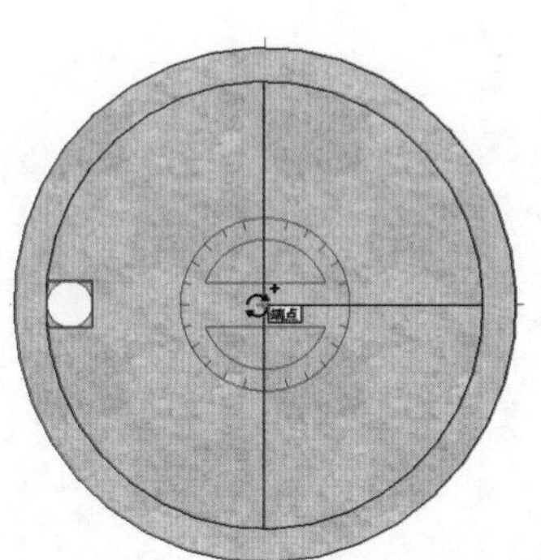

图 5-117　启用旋转工具

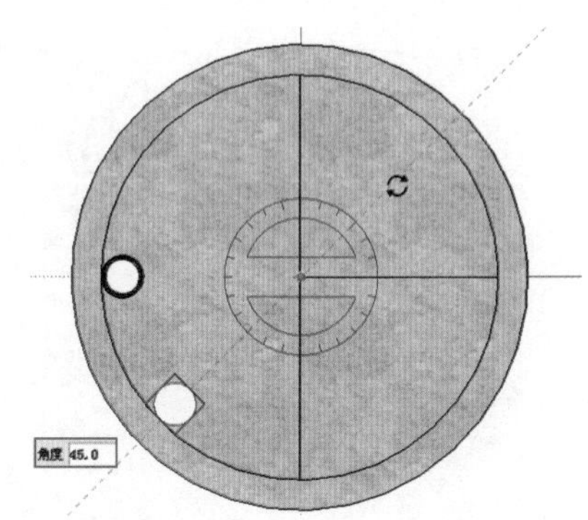

图 5-118　进行旋转复制

06 在数值输入框内输入 45，如图 5-118 所示，完成第一个支柱模型的制作。再输入 7x，同时复制多个模型，得到凉亭其他支柱模型，此时顶面图如图 5-119 所示，透视图如图 5-120 所示。

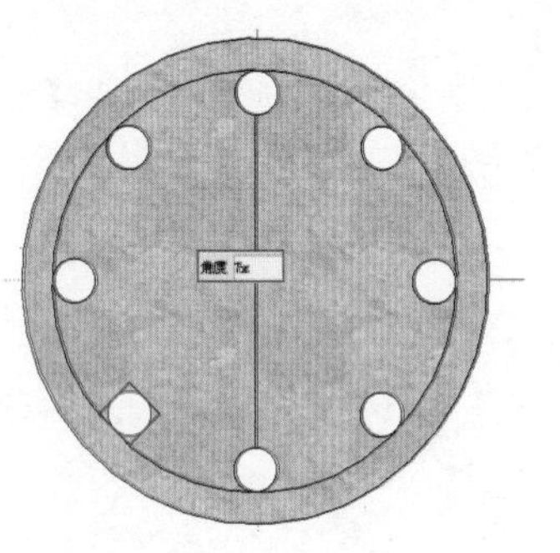

图 5-119　复制多个对象

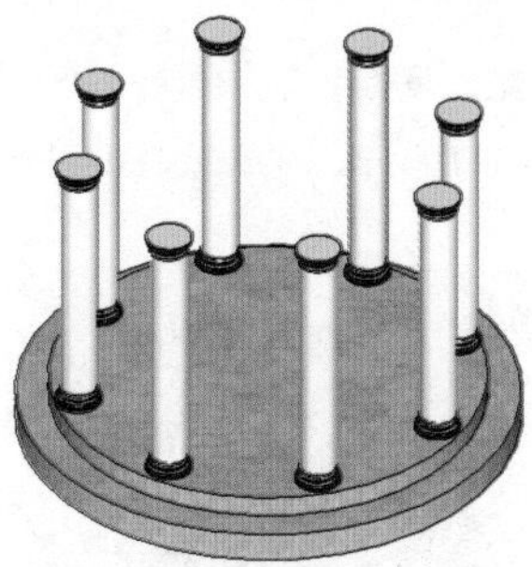
图 5-120　圆柱复制完成效果

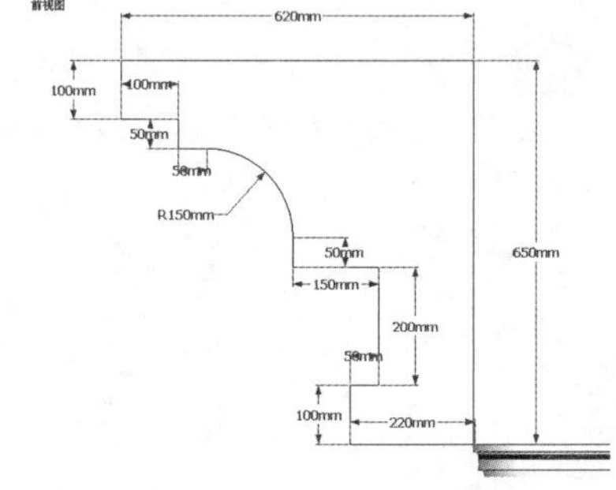

图 5-121　绘制角线截面

07 绘制凉亭顶部连接处的角线。结合使用【线条】和【圆弧】创建工具绘制角线截面，如图 5-121 所示。

08 启用【线条】创建工具，捕捉凉亭底座中心向上绘制一条直线，启用【圆】创建工具，以其为圆心绘制一个圆形平面，如图 5-122 所示。

09 启用【路径跟随】工具，先选择角线截面，然后捕捉圆形平面进行路径跟随，完成角线的制作，如图 5-123 与图 5-124 所示。

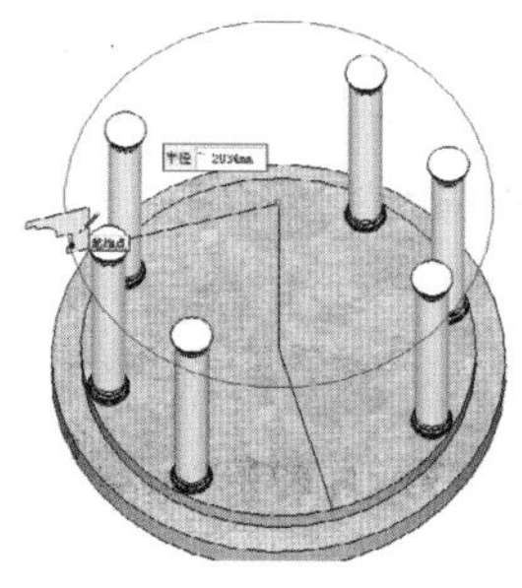

图 5-122　绘制圆形平面

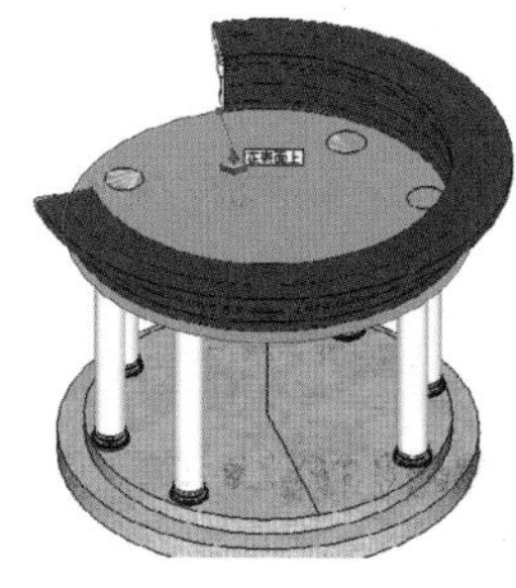

图 5-123　启用路径跟随工具

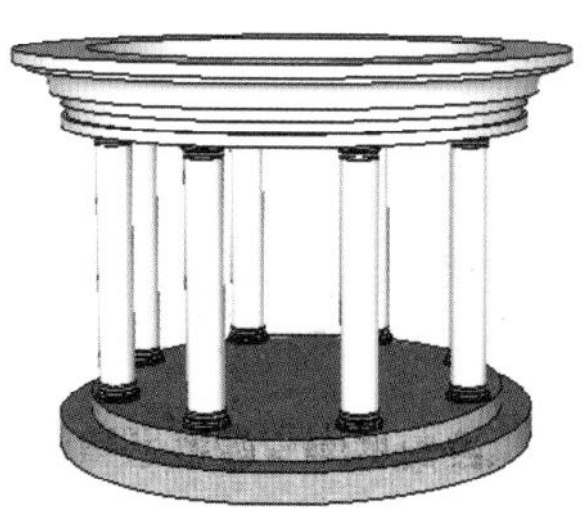

图 5-124　当前凉亭模型效果

5.3.3 制作凉亭屋顶

01 结合使用【圆弧】、【线条】以及【圆】创建工具，绘制好屋顶截面与圆形跟随路径，启用【路径跟随】工具绘制出弧形亭顶，如图 5-125 ~图 5-127 所示。

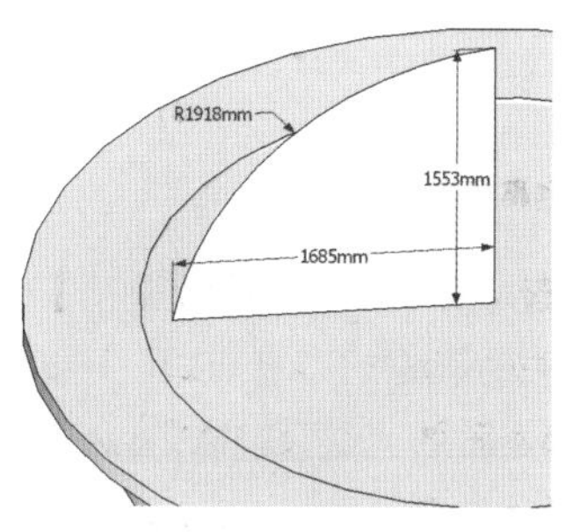

图 5-125　绘制圆弧截面

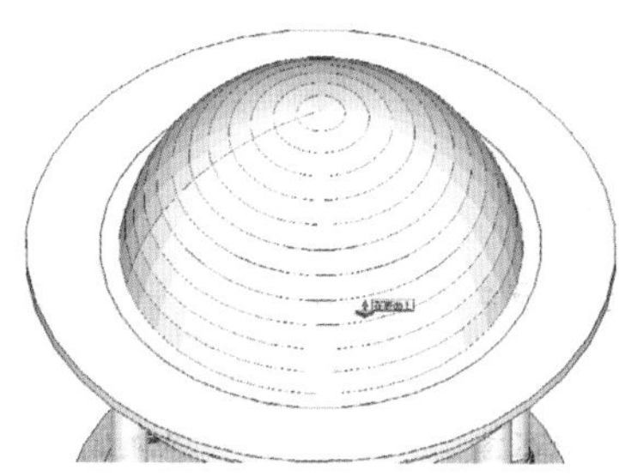

图 5-126　启用路径跟随工具

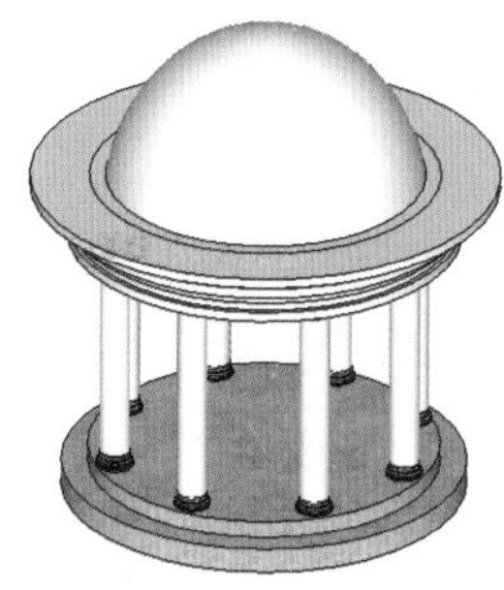

图 5-127　凉亭顶部效果

02 弧形亭顶绘制完成后，结合使用【圆弧】与【线条】创建工具，绘制出装饰弧形线条截面，如图 5-128 ~图 5-130 所示。

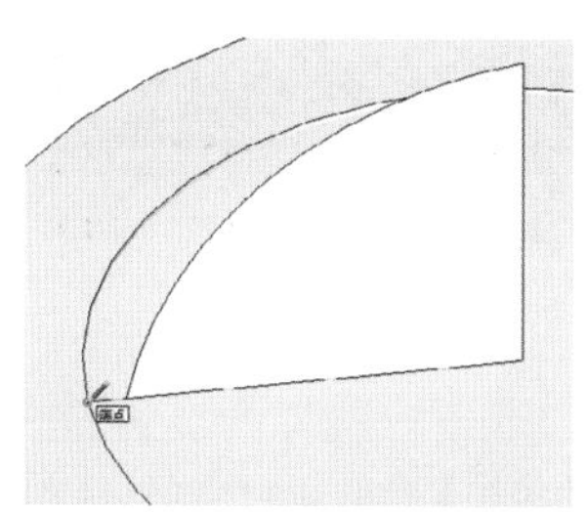

图 5-128　启用圆弧工具

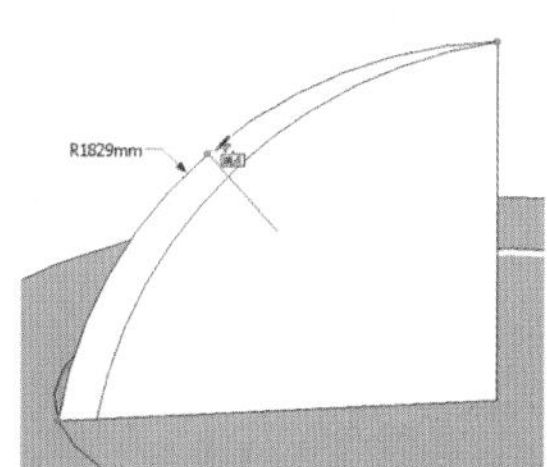

图 5-129　绘制圆弧

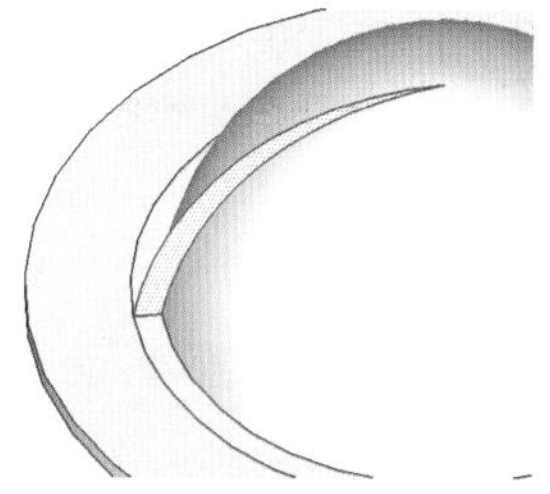

图 5-130　圆弧截面

03 启用【推/拉】工具，推/拉弧形平面，制作出 150 的厚度。启用【旋转】工具，旋转复制出其他弧形装饰线条，如图 5-131~图 5-133 所示。接下来制作角线内的装饰块。

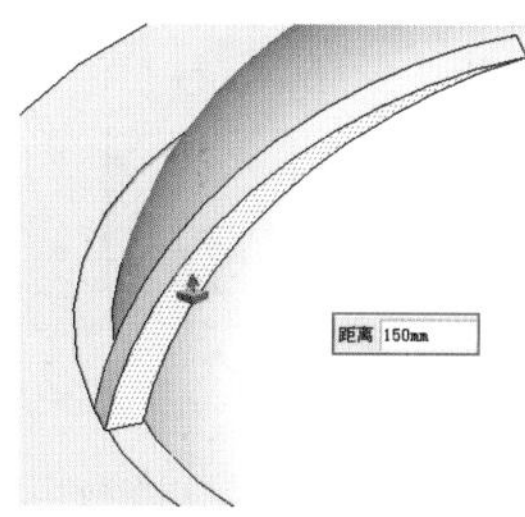

图 5-131　启用推/拉工具

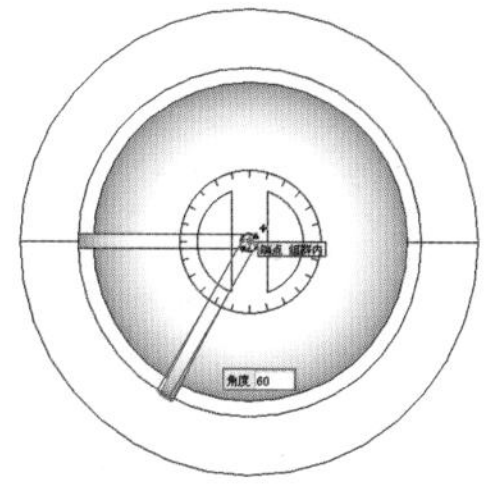

图 5-132　进行旋转复制

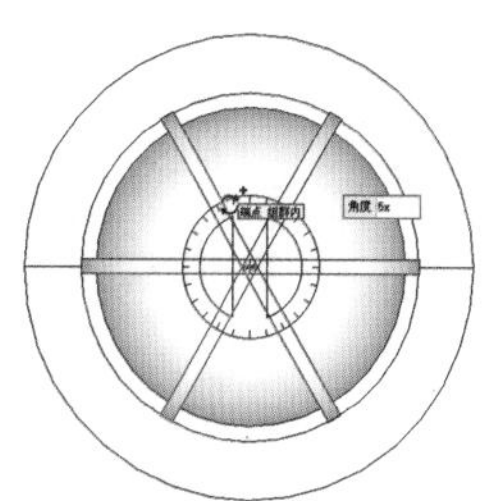

图 5-133　同时复制多个对象

04 结合使用【矩形】与【推/拉】工具创建装饰块，启用【旋转】工具旋转复制出其他装饰块，如图 5-134~图 5-136 所示。

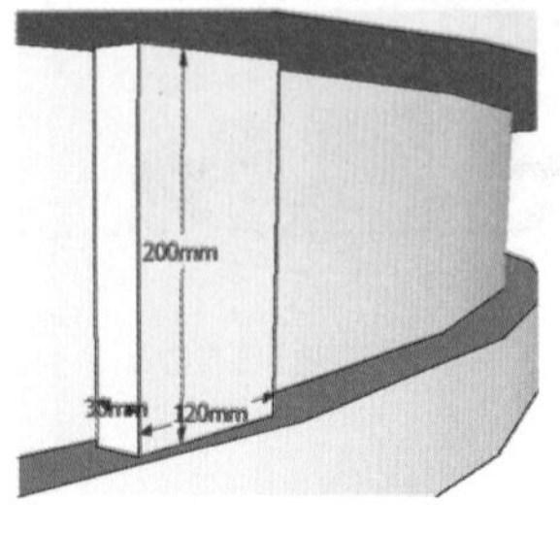

图 5-134 绘制装饰块

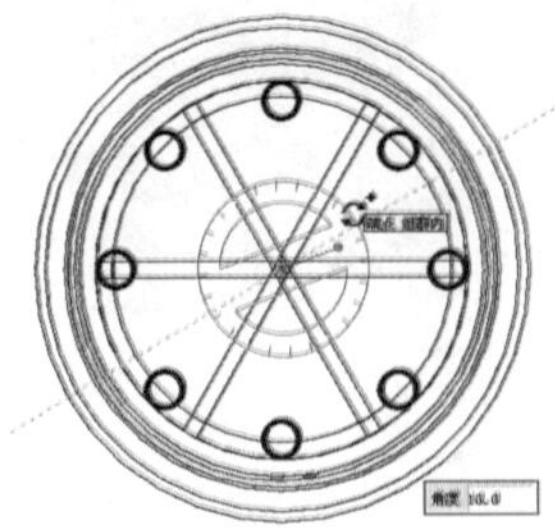
图 5-135 进行旋转复制

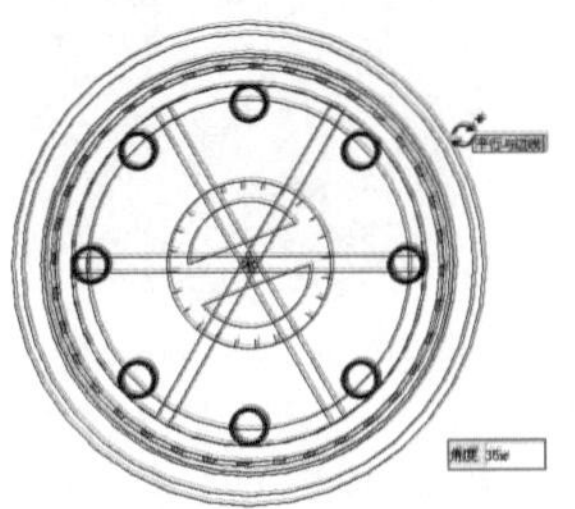
图 5-136 同时复制多个对象

05 欧式凉亭的主要模型绘制完成，效果如图 5-137 所示。

06 使用类似的方法绘制出凉亭顶部的装饰构件，如图 5-138 所示，得到欧式凉亭最终模型效果如与图 5-139 所示。

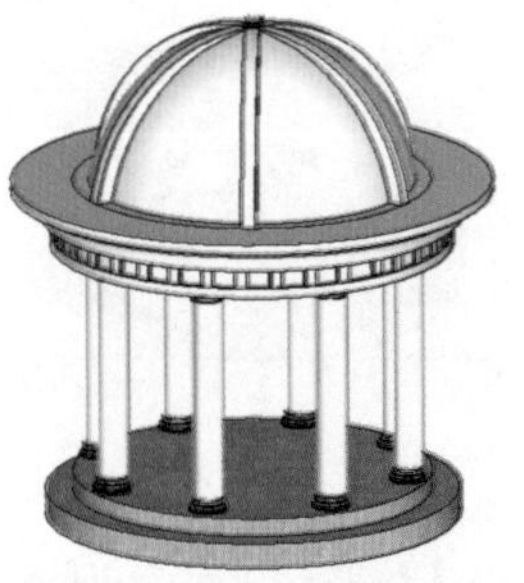
图 5-137 当前凉亭模型效果

图 5-138 凉亭顶部装饰构件

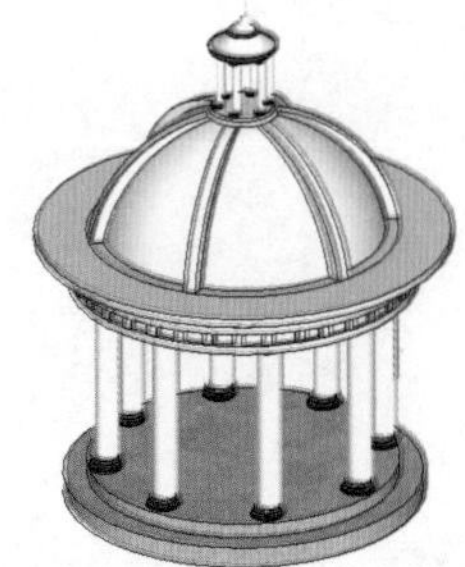
图 5-139 欧式凉亭模型完成效果

5.4 制作喷水池模型

本节制作如图 5-140 所示的喷水池模型，主要使用了【圆】、【圆弧】、【线条】、【推/拉】和【跟随路径】等工具，其中【圆】和【跟随路径】工具是本节的学习重点。

5.4.1 制作喷泉底部水池

01 启动 SketchUp，进入【模型信息】面板，选择【单位】选项卡，设置【长度】参数组如图 5-141 所示。

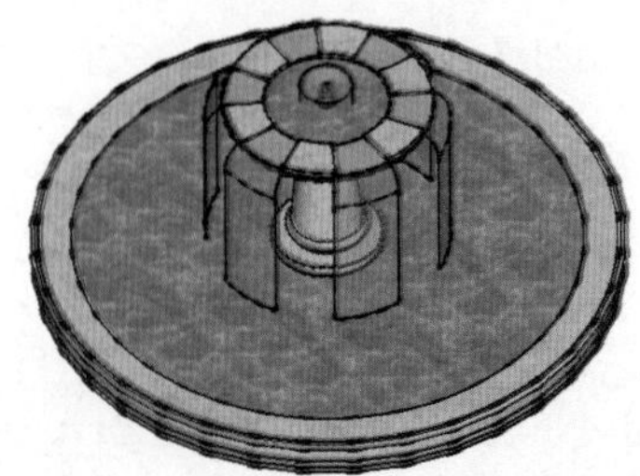
图 5-140 喷水池模型

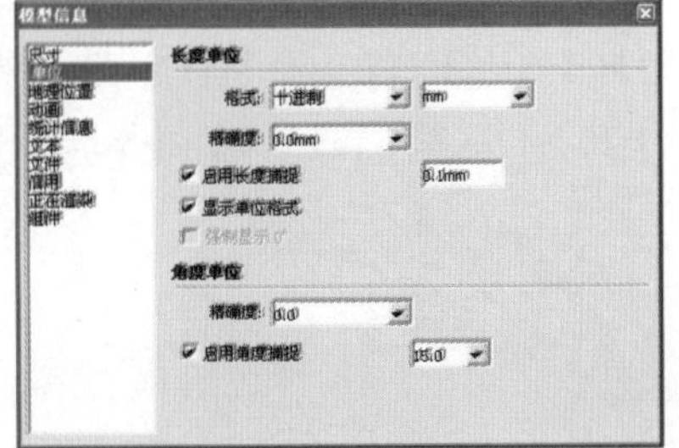

图 5-141 设置场景单位

02 首先制作如图 5-142 所示的圆形底部水池。启用【线条】与【圆弧】创建工具，参考图 5-143 与图 5-144 所示尺寸创建截面。

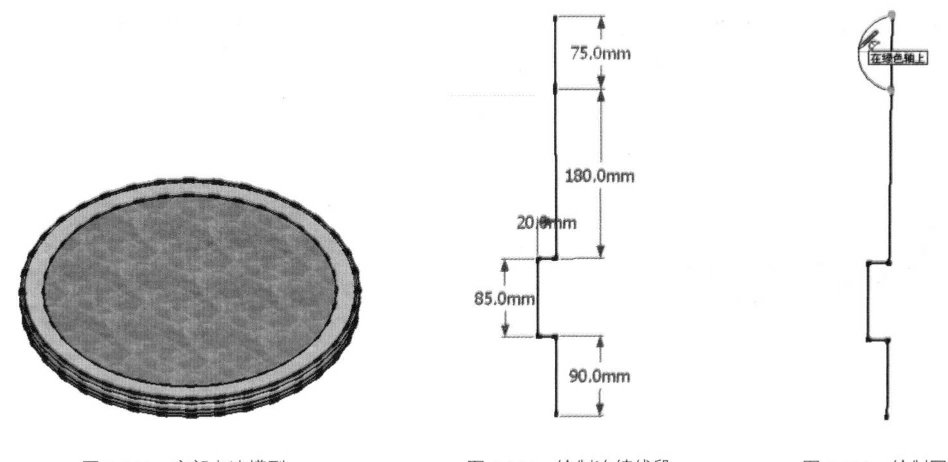

图 5-142　底部水池模型　　图 5-143　绘制连续线段　　图 5-144　绘制圆弧

03 启用【卷尺】工具，参考截面最左侧的线段向右偏移 3500，得到用于捕捉圆心的辅助线，如图 5-145 所示。

04 启用【圆】创建工具，捕捉辅助线端点圆心，创建一个半径为 3500 的圆形平面，在创建过程中将分段提高到 36，以得到较为圆滑的边缘，如图 5-146 所示。

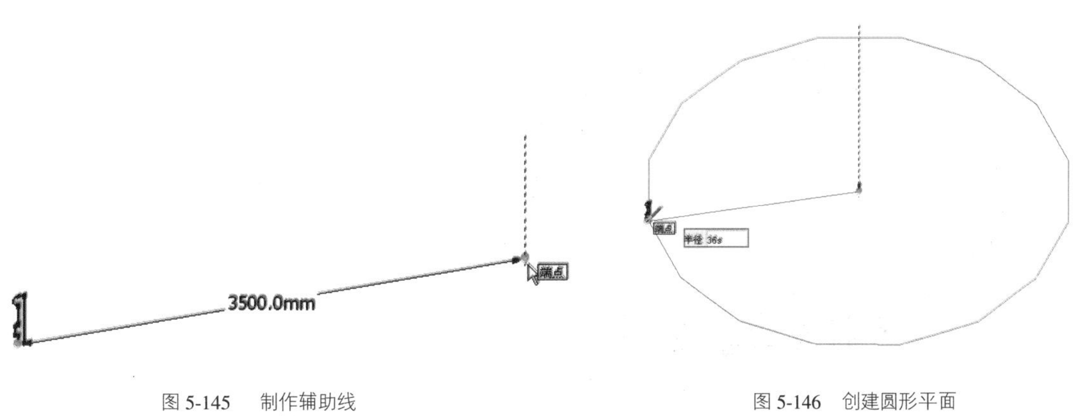

图 5-145　制作辅助线　　图 5-146　创建圆形平面

05 启用【路径跟随】工具，选择创建好的截面如图 5-147 所示捕捉圆周，创建出底部水池轮廓造型，如图 5-148 所示。

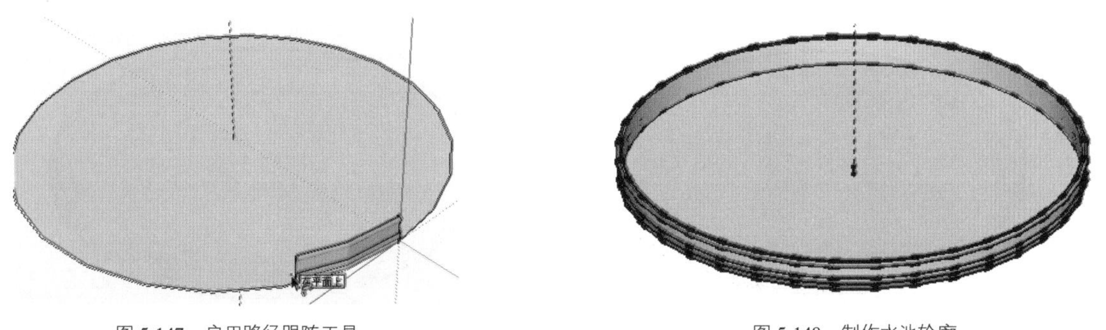

图 5-147　启用路径跟随工具　　图 5-148　制作水池轮廓

06 启用【推/拉】工具，选择圆形平面向上推/拉 422，如图 5-149 所示。启用【偏移】工具，将其往内偏移 400，如图 5-150 所示。

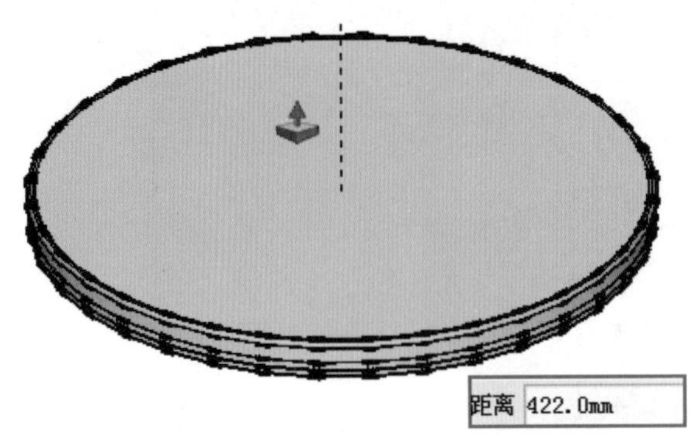

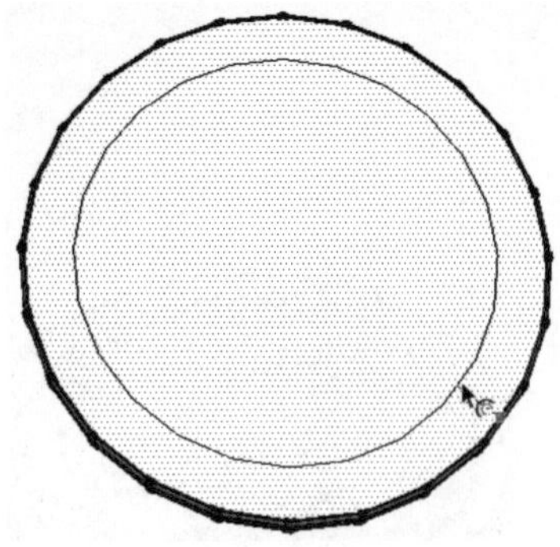

图 5-149　推/拉圆形平面

图 5-150　向内偏移圆形平面

07 启用【推/拉】工具，选择偏移形成的内部圆形平面，向下推/拉 200，制作出水池的边沿细节，如图 5-151 所示。

08 进入【使用层颜色材料】面板，选择【石头】材质类型中的“黄褐色碎石”材质，如图 5-152 所示，将其赋予创建好的底部水池模型，如图 5-153 所示。

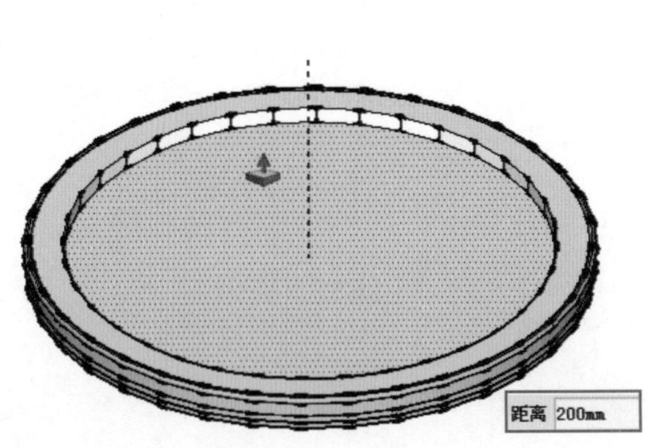

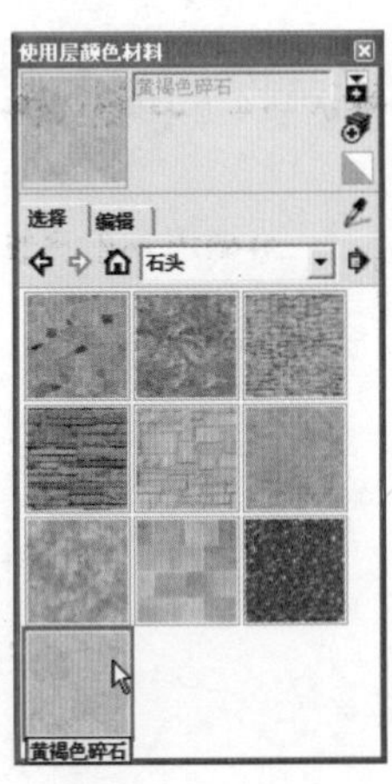

图 5-151　向下推/拉圆形平面

图 5-152　选择黄褐色碎石材质

09 启用【移动】工具，按下 Ctrl 键，选择内部圆形平面，将其往上以 160 的距离复制一份，用于制作水面，如图 5-154 所示。

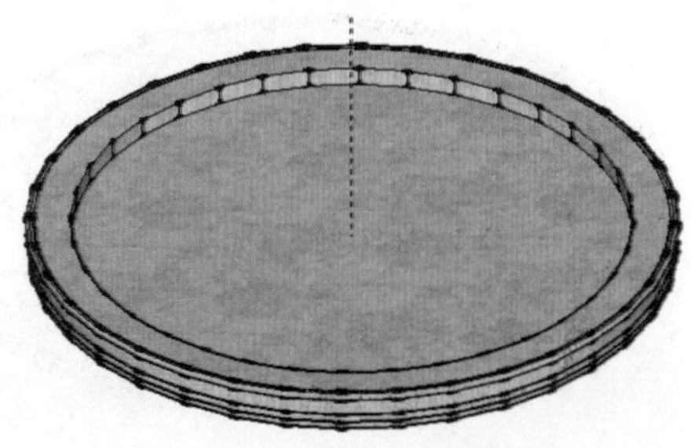

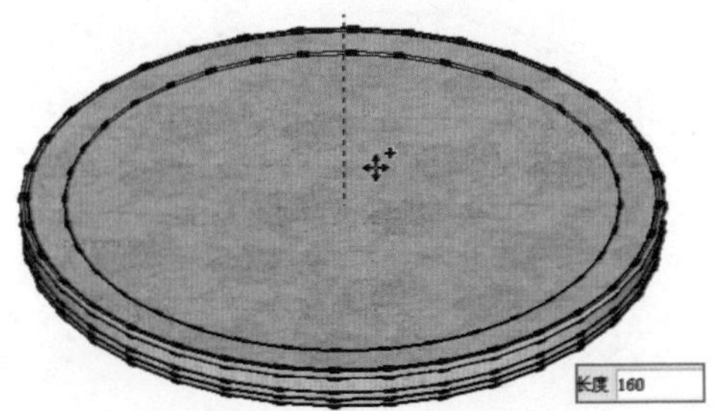

图 5-153　赋予黄褐色碎石材质

图 5-154　移动复制圆形平面

10 进入【使用层颜色材料】面板，选择【水】材质类型中的“水池水纹”材质，如图 5-155 所示。赋予复制得到的圆形平面，制作出水面效果，与图 5-156 所示。

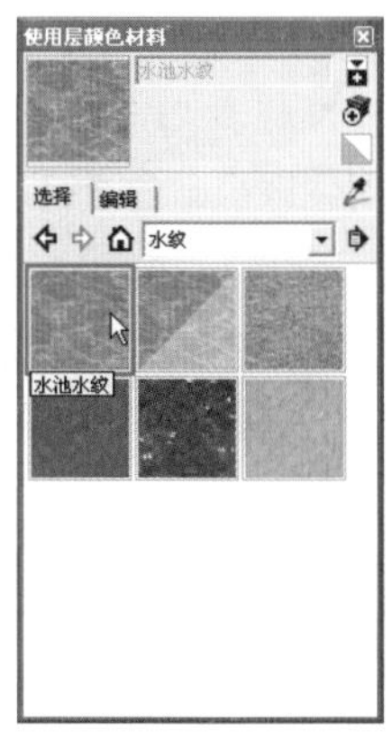

图 5-155　选择水池水纹材质

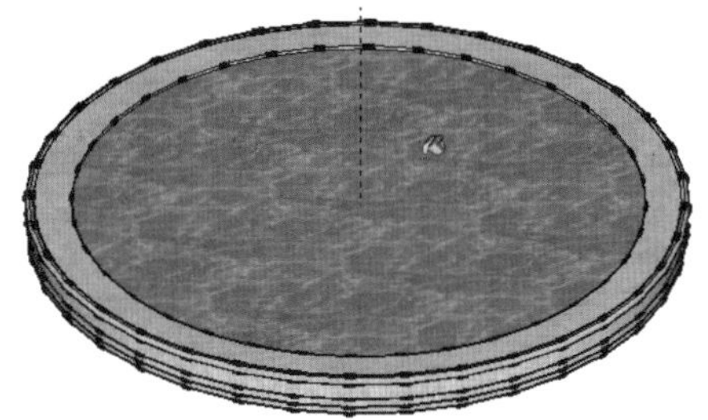

图 5-156　赋予水池材质

5.4.2 制作喷泉水盆

01 制作如图 5-159 所示的连接构件，首先利用【线条】与【圆弧】创建工具绘制截面，具体尺寸如图 5-158 所示。

02 启用【圆】创建工具，以截面底部左右两侧的端点为参考，绘制一个圆形平面，如图 5-159 所示。

03 启用【路径跟随】工具，选择截面平面后跟随圆形周长，如图 5-160 所示，创建出连接体模型，如图 5-161 所示。

04 制作连接构件上方如图 5-162 所示的水盆模型。

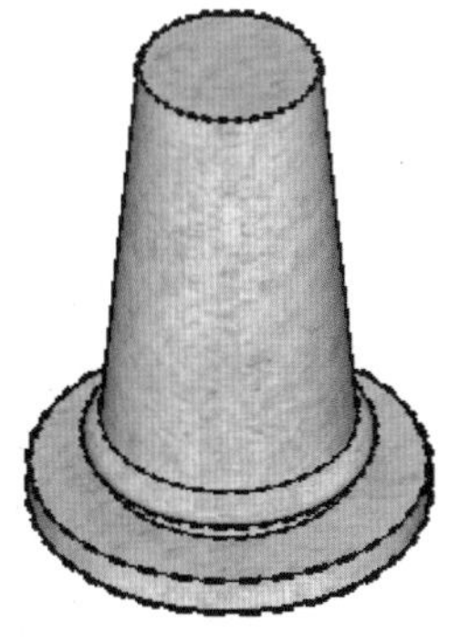

图 5-157　水池连接构件模型

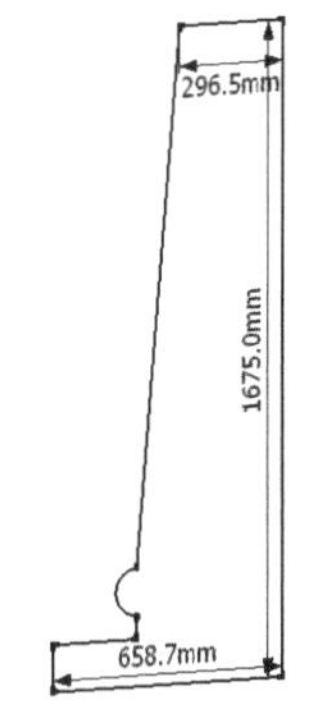

图 5-158　连接构件平面

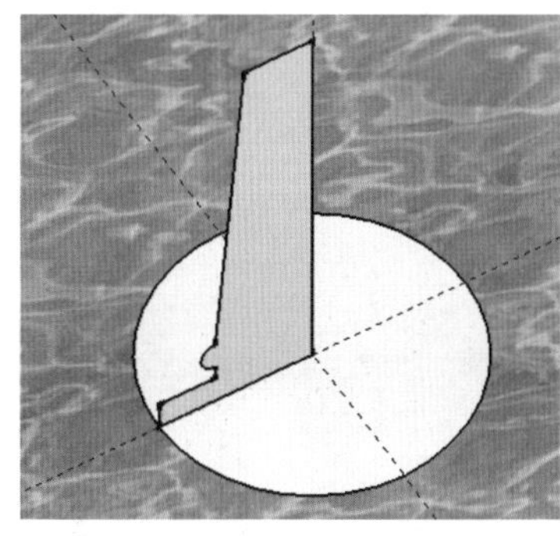

图 5-159　绘制圆形平面

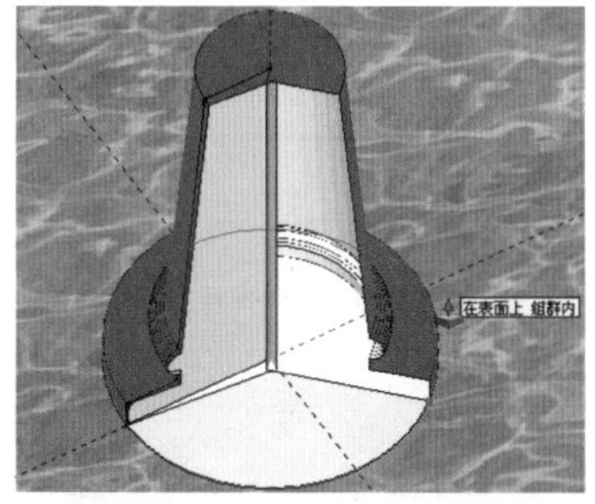

图 5-160　启用路径跟随工具

图 5-161　制作好连接构件模型

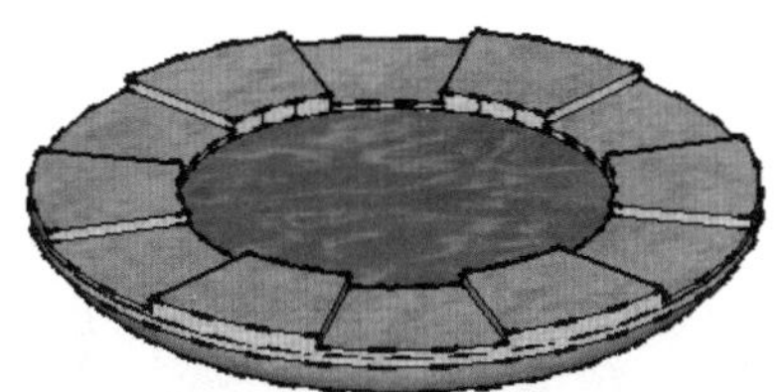

图 5-162　水盆模型

05 参考图 5-163 所示尺寸创建截面，然后重复类似的操作，使用【路径跟随】工具创建出如图 5-164 所示的喷水盆模型轮廓。

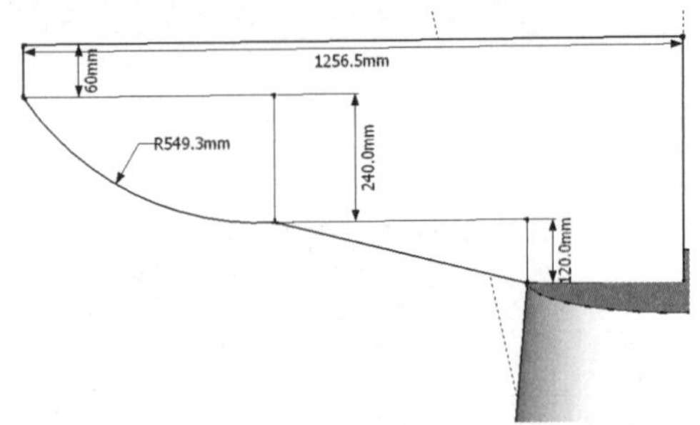

图 5-163　水盆截面参数

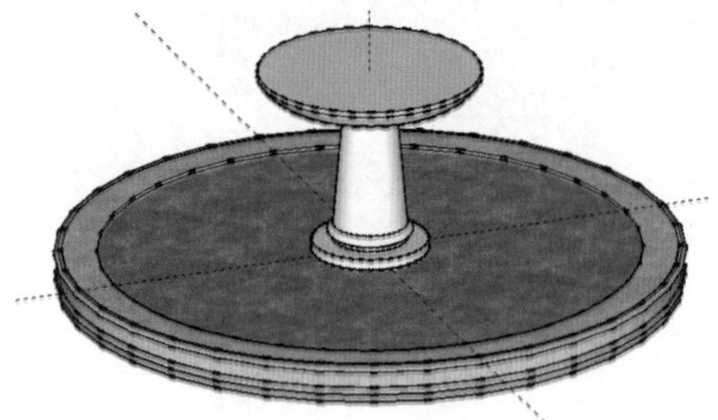

图 5-164　创建喷水盆

06 细化水盆模型，启用【偏移】工具，将其上端的圆形平面往内偏移 500，如图 5-165 所示。

07 启用【推/拉】工具，将偏移得到的内部圆形平面向下推/拉 75，如图 5-166 所示。

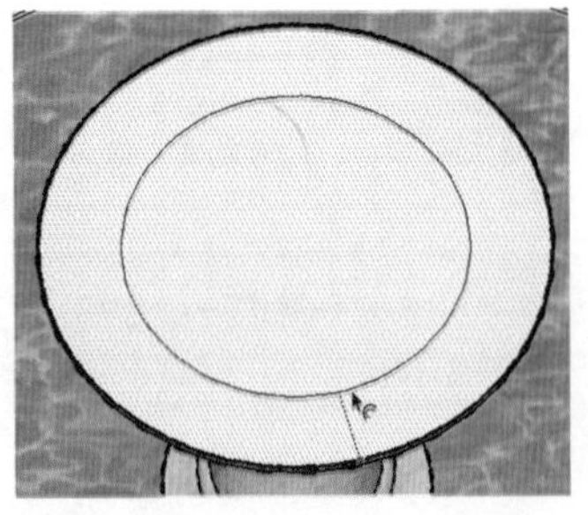

图 5-165　向内偏移圆形平面

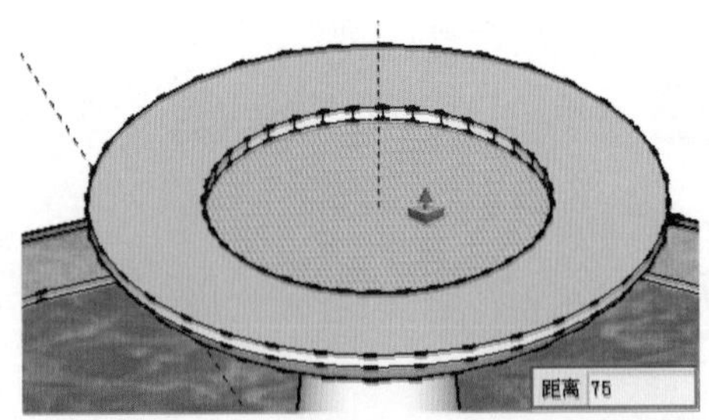

图 5-166　向下推/拉圆形平面

08 为水盆模型赋予“黄褐色碎石”材质，如图 5-167 所示。然后参考底部水池水面的制作方法，制作出水盆的水面效果，如图 5-168 所示，赋予水面材质效果如图 5-169 所示。

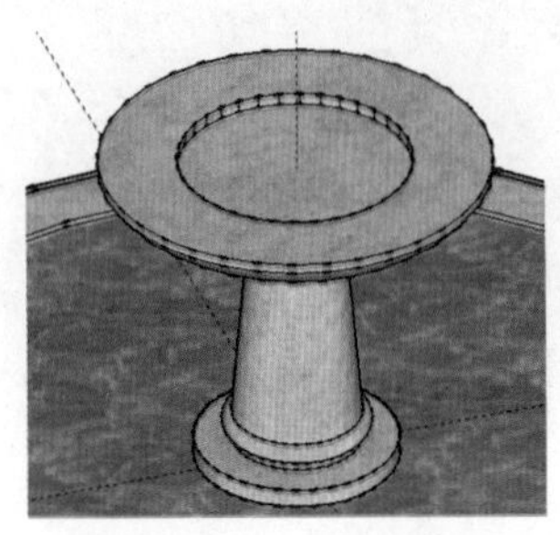

图 5-167　赋予材质

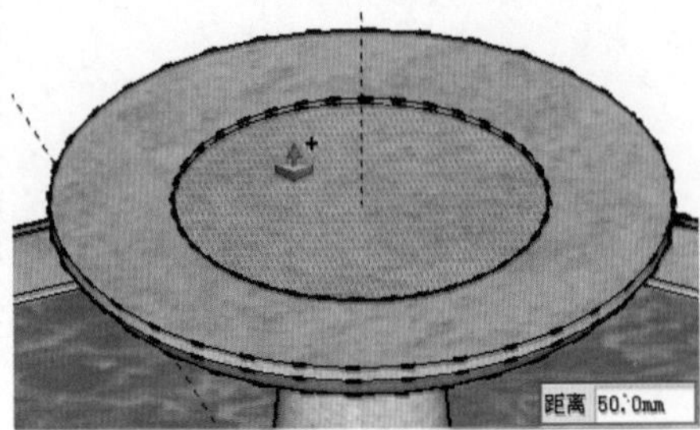

图 5-168　制作水盆池水

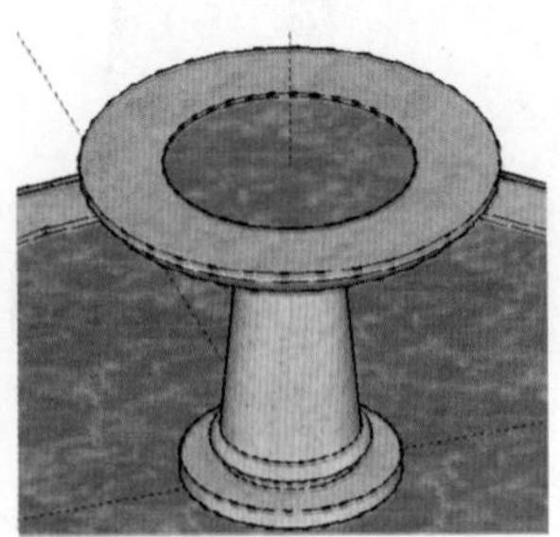

图 5-169　赋予池水材质

09 启用【线条】创建工具，将水盆边沿分割成均等的 12 份，如图 5-170 所示。

10 启用【推/拉】工具，将分割面间隔拉高 40，如图 5-171 与图 5-172 所示。

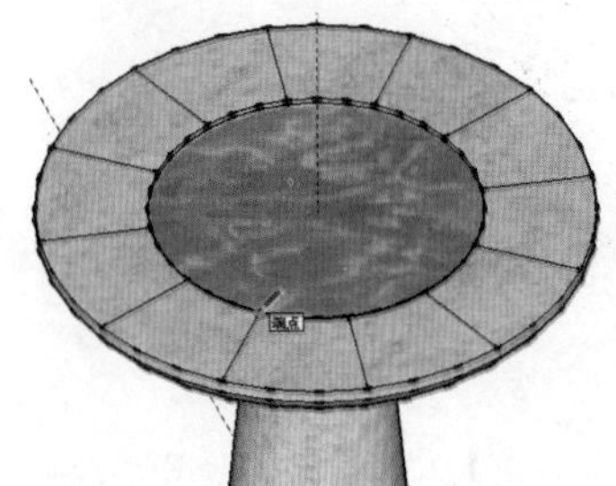

图 5-170　细分水盆边沿

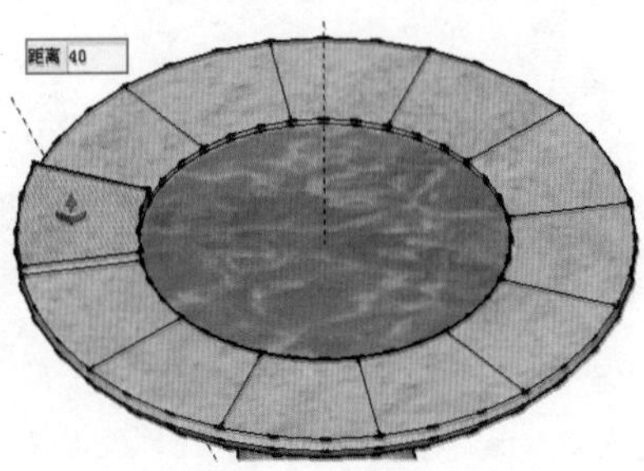

图 5-171　推/拉细分面

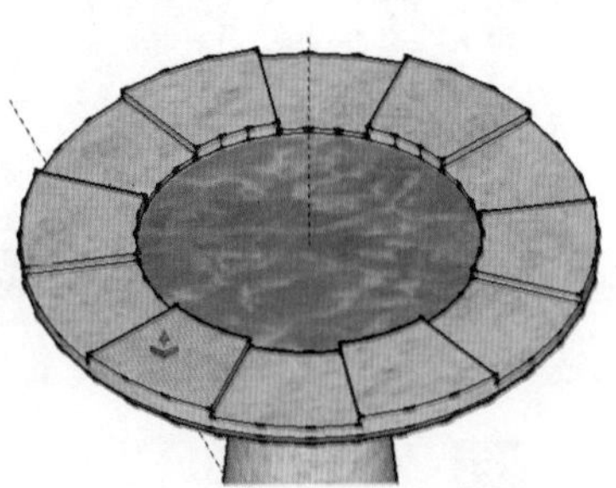

图 5-172　拉伸其他面

11 制作水盆中央的喷嘴模型。参考图 5-173 所示尺寸创建其截面，使用【路径跟随】工具创建出如图 5-174 所示的模型。

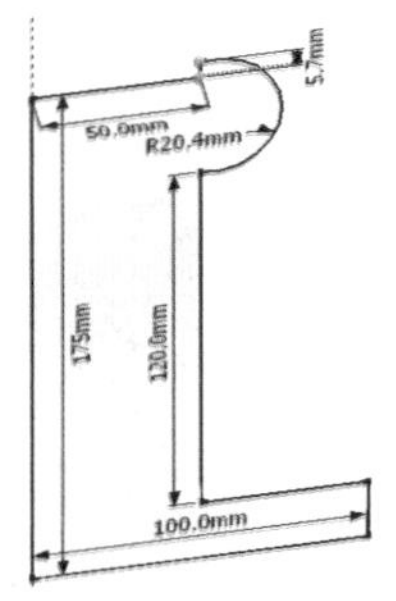

图 5-173 喷嘴截面参数

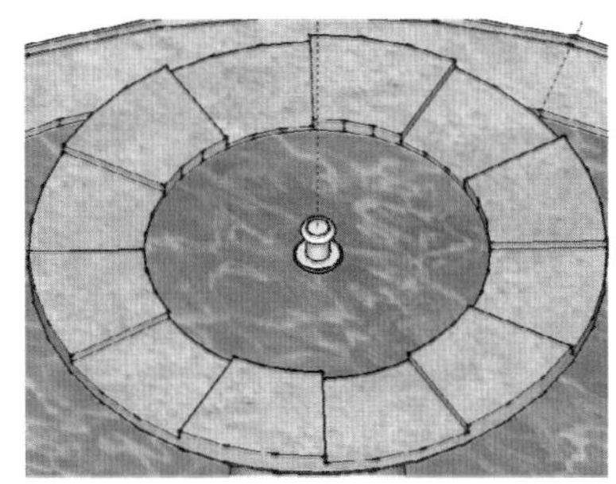
图 5-174 喷嘴模型完成效果

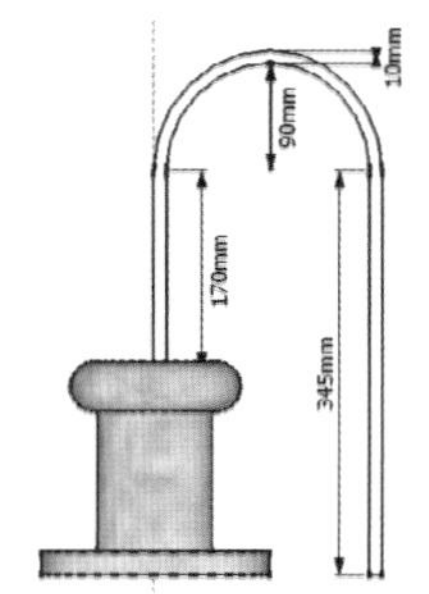

图 5-175 喷漆水幕截面参数

5.4.3 制作喷泉水幕

01 制作喷洒水幕模型。参考如图 5-175 所示尺寸绘制水幕截面，使用【路径跟随】工具创建水幕模型如图 5-176 所示。

02 水幕制作单面模型即可，因此选择删除其外部的面，如图 5-177 所示，为其赋予“浅水池材质”，如图 5-178 所示。

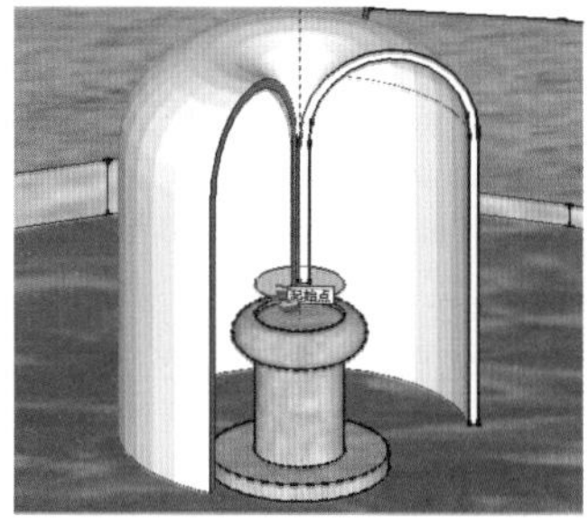
图 5-176 启用路径跟随工具

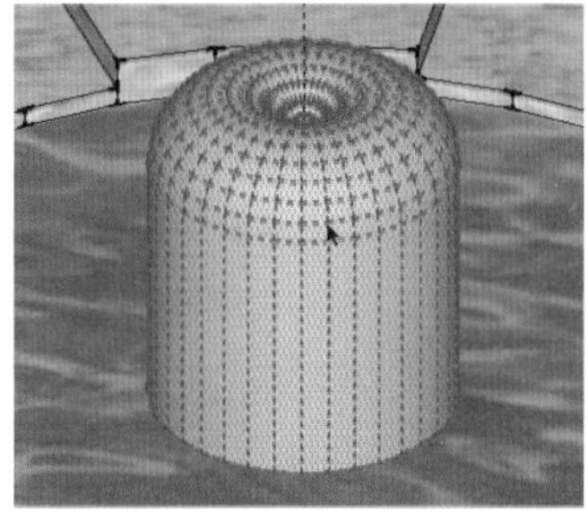
图 5-177 选择外部模型面进行删除

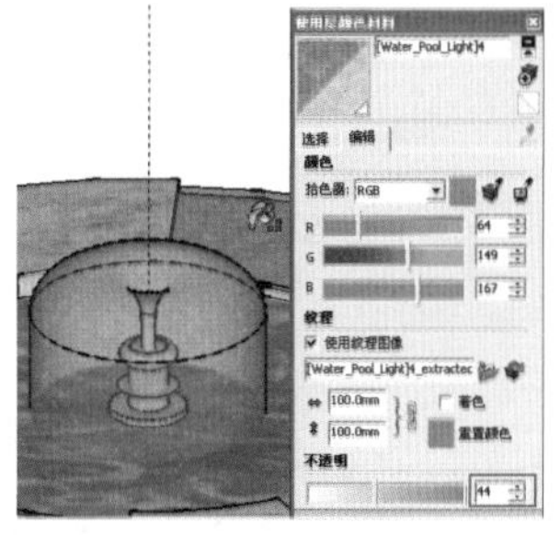
图 5-178 赋予半透明池水材质

注 意

水幕材质的不透明度应该降低，以体现水幕的透明感。此外如果水幕模型的大小不太理想，可以在赋予材质后将其创建【组】，然后启用【拉伸】工具调整其大小即可，如图 5-179 所示。

03 喷洒水幕创建完成后，启用【线条】、【圆弧】创建工具以及【偏移】与【路径跟随】等工具，制作出如图 5-180 所示的下跌水幕。

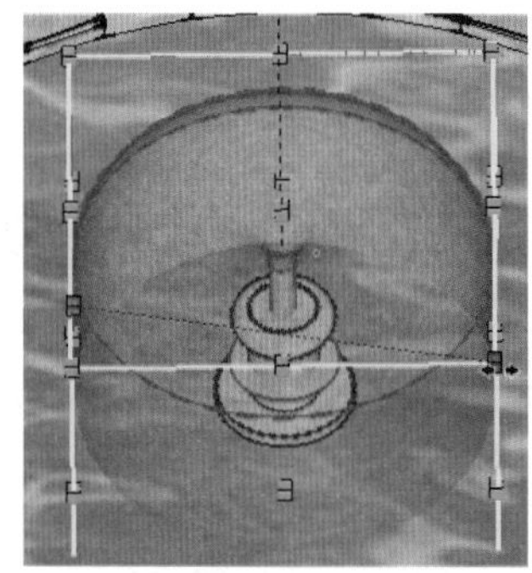
图 5-179 拉伸喷洒水幕

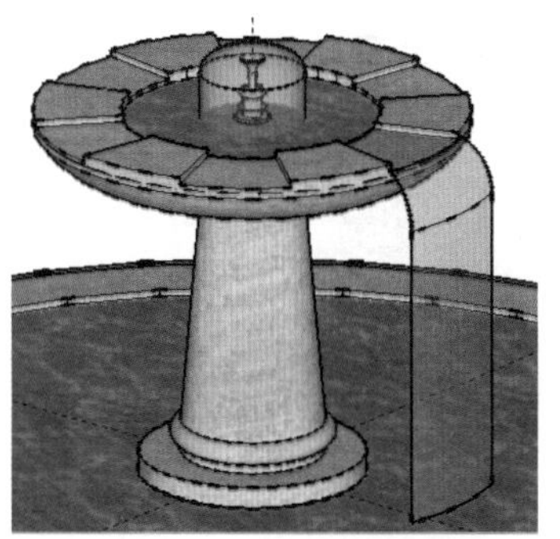
图 5-180 制作下跌水幕

04 启用【旋转】工具，选择下跌水幕模型，以水盆中心为旋转中心进行旋转复制，如图 5-181 与图 5-182 所示。

05 创建完成的喷水池模型最终效果如图 5-183 所示。

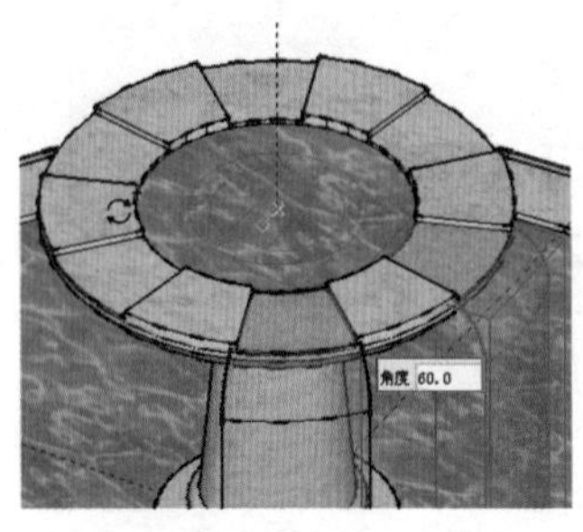

图 5-181 旋转复制下跌水幕

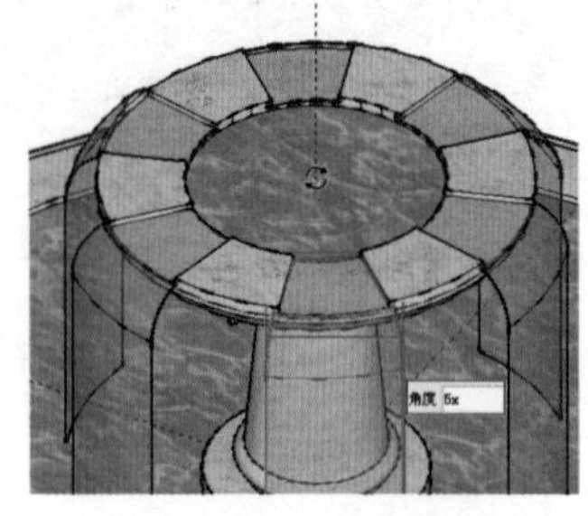

图 5-182 下跌水幕完成效果

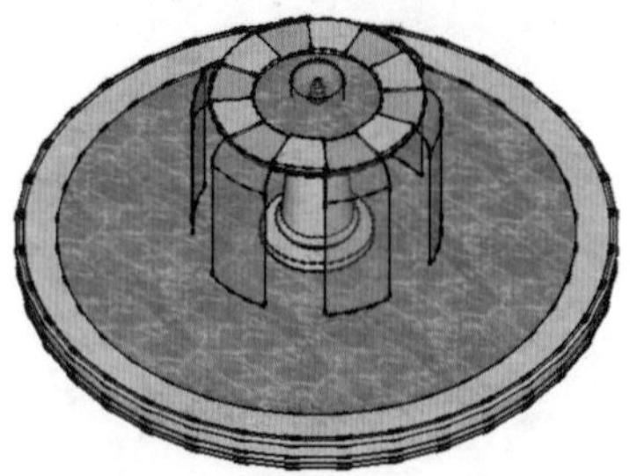

图 5-183 最终喷水池模型效果

5.5 制作廊架模型

本节制作如图 5-184 所示的室外廊架模型，廊架是供游人休息、游赏用的建筑，它既有简单的使用功能，又有优美的建筑造型。本实例主要使用了【线条】、【圆弧】、【推/拉】、【移动】，其中【推/拉】与【移动】工具是本节学习的重点。

5.5.1 制作廊架底部平台

01 启动 SketchUp，进入【模型信息】面板，选择【单位】选项卡，设置【长度】参数组如图 5-185 所示。

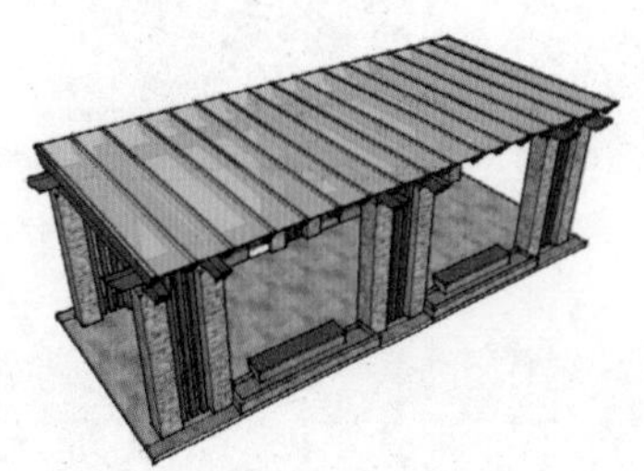

图 5-184 室外廊架模型

图 5-185 设置场景单位

02 室外廊架模型相对比较复杂，主要由支柱、长椅与支架部件构成，如图 5-186~图 5-188 所示。因此本节重点讲解模型的精准复制、拉伸等技巧。

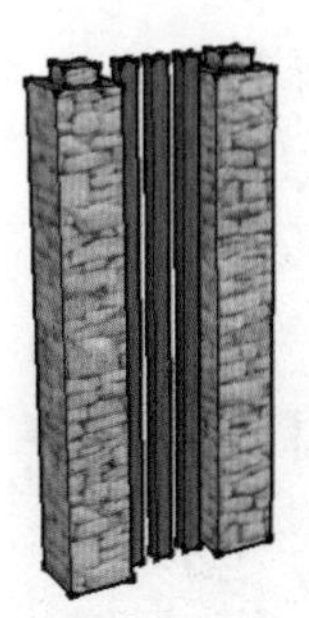

图 5-186 支柱模型构件

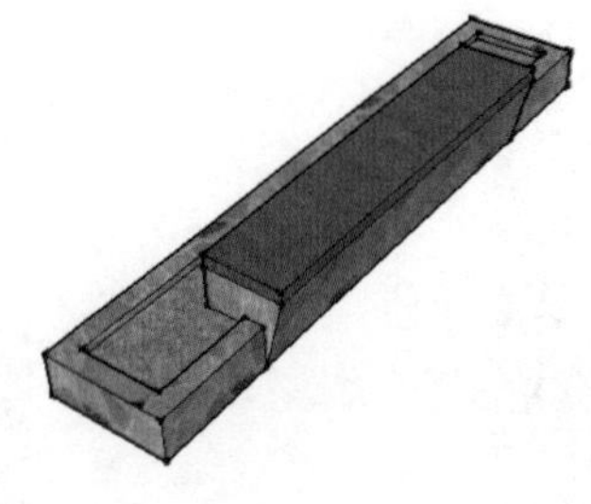

图 5-187 长椅模型构件

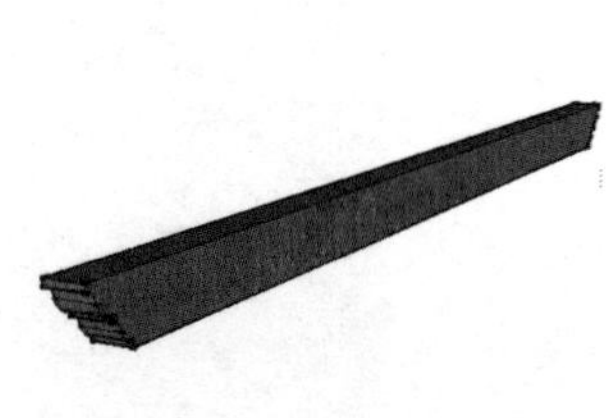

图 5-188 下跌水幕完成效果

03 启用【矩形】创建工具，绘制一个 11000×4600 大小的矩形，如图 5-189 所示。

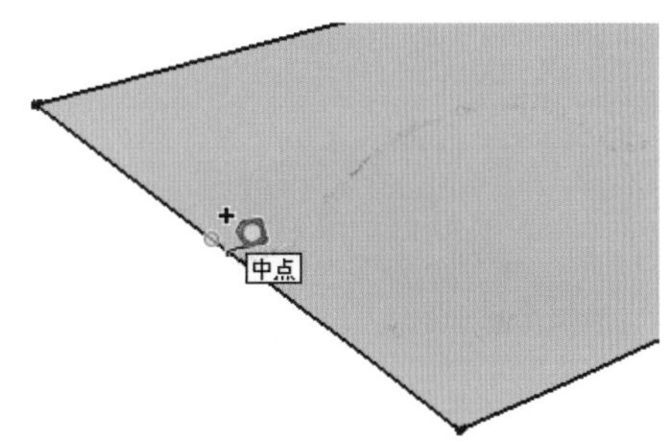

图 5-189 创建矩形平面　　图 5-190 启用测量距离工具

04 启用【卷尺】工具，通过参考矩形平面四周边线，创建出用于定位的辅助线，如图 5-190 与图 5-191 所示。

05 辅助线创建完成后，启用【推/拉】工具，将平面向下推/拉出 100 的厚度，如图 5-192 所示。

技 巧

由于廊架呈中心对称，所以在图 5-191 中只标出了部分数据，其他数据根据对称关系推导即可。

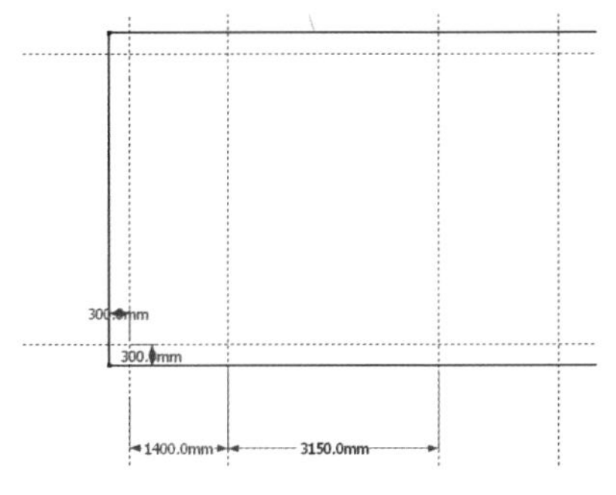

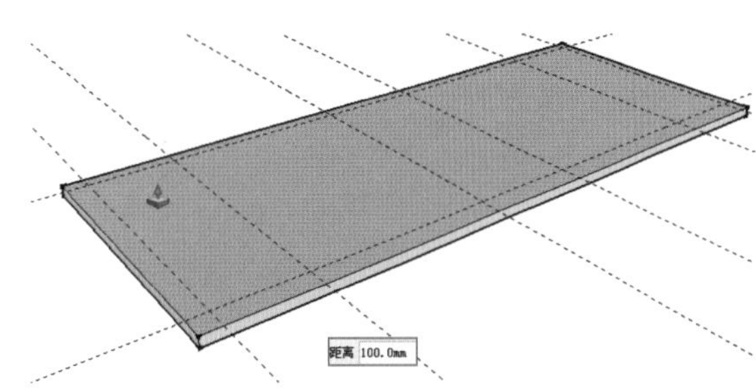

图 5-191 创建辅助线　　图 5-192 向下推/拉

06 启用【线条】创建工具，捕捉两侧的参考线分割平面，如图 5-193 所示。分割完成后，执行【视图】/【导向器】菜单命令，将辅助线暂时隐藏，以便于下面的操作，如图 5-194 所示。

07 进入【使用层颜色材料】面板，选择“人行道铺路石”材质，如图 5-195 所示。将其赋予两侧的分割小平面，如图 5-196 所示。

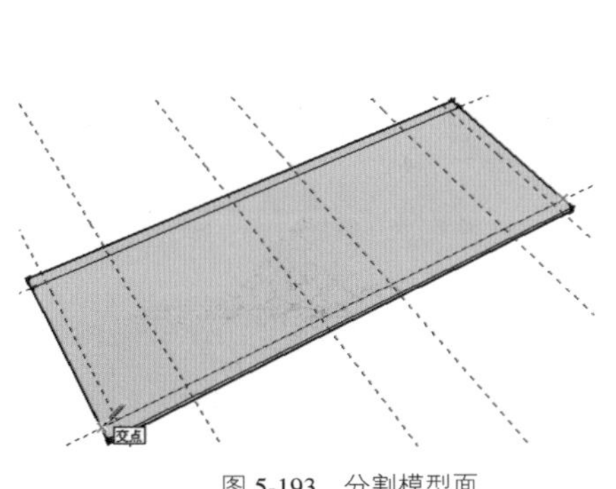

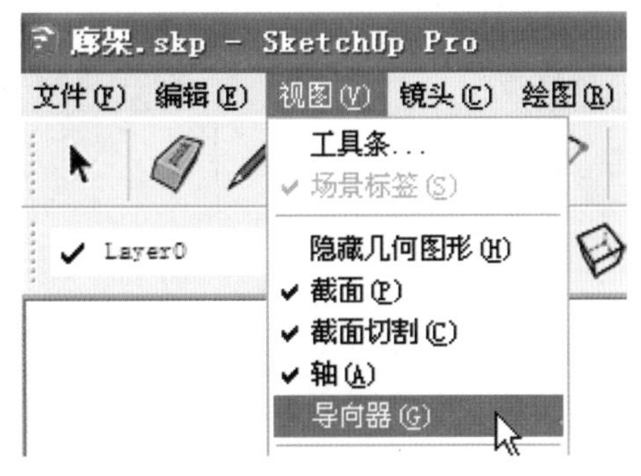

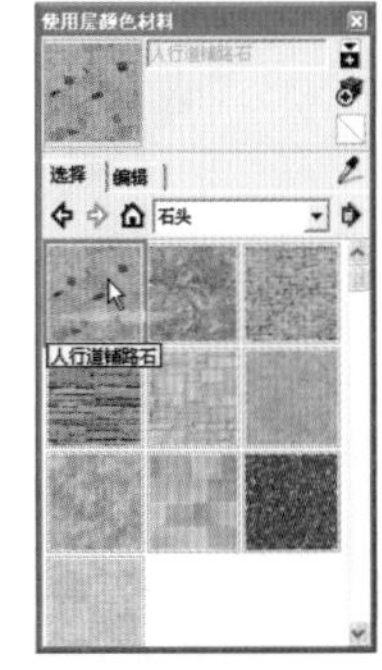

图 5-193 分割模型面　　图 5-194 隐藏辅助线　　图 5-195 进入材质面板

08 选择“砖石建筑”材质，如图 5-197 所示，将其赋予中间的平面，如图 5-198 所示。

图 5-196　赋予材质

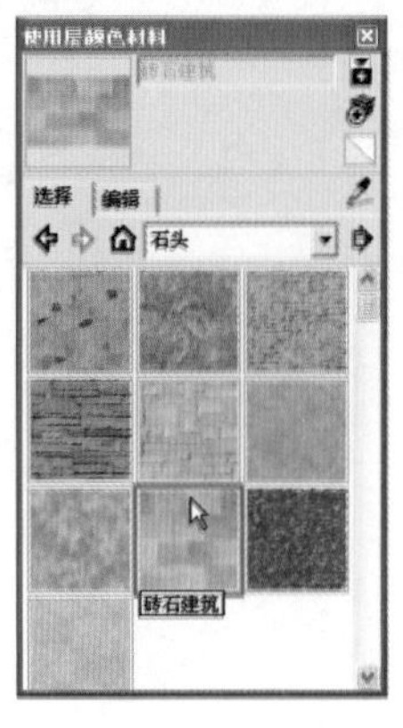

图 5-197　进入材质面板

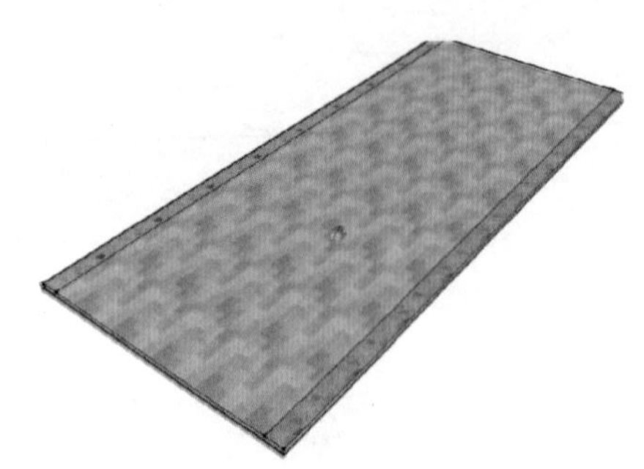

图 5-198　赋予材质

09 默认的“砖石建筑”材质贴图大小与方向都不理想，在其中间平面表面单击鼠标右键，选择【位置】菜单命令进行调整，如图 5-199~图 5-201 所示。

图 5-199　选择位置菜单命令

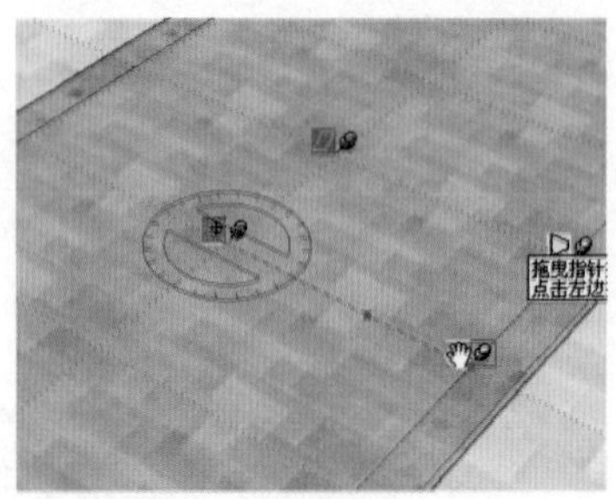

图 5-200　旋转并缩小贴图

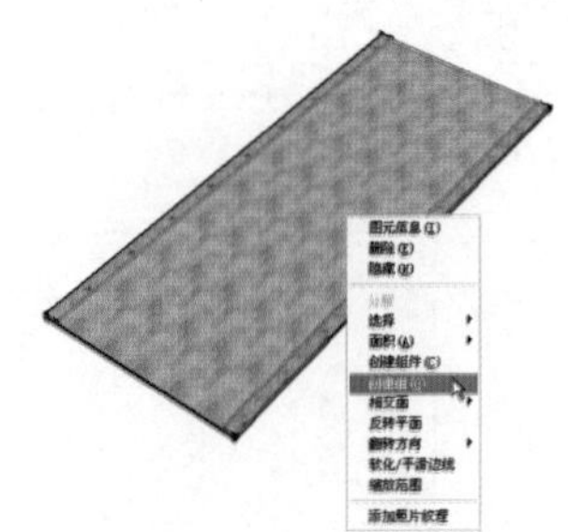

图 5-201　创建组

5.5.2 制作廊架支柱

01 廊架的底部平台制作完成后，接下来创建支柱模型构件。显示辅助线，启用【矩形】创建工具，创建一个矩形平面，如图 5-202 所示。

02 启用【推/拉】工具，将平面向上推/拉出 2920 的厚度，如图 5-203 所示。

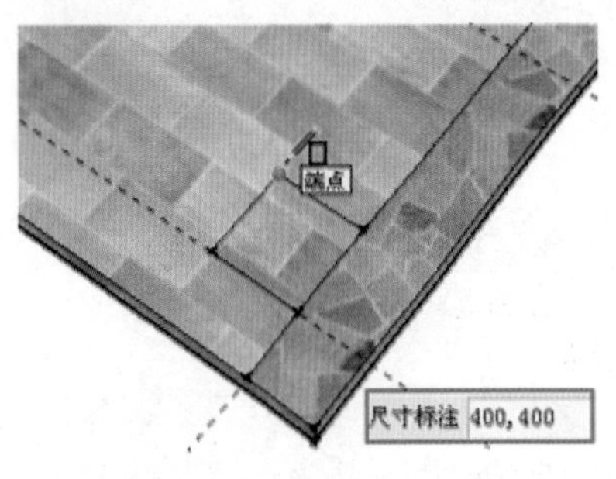

图 5-202　绘制矩形平面

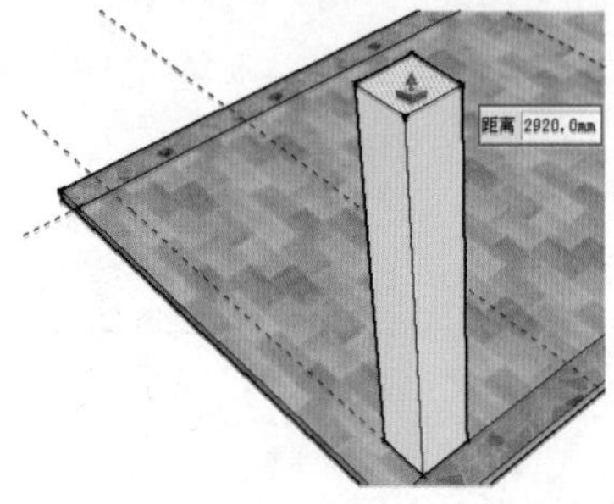

图 5-203　启用推/拉工具

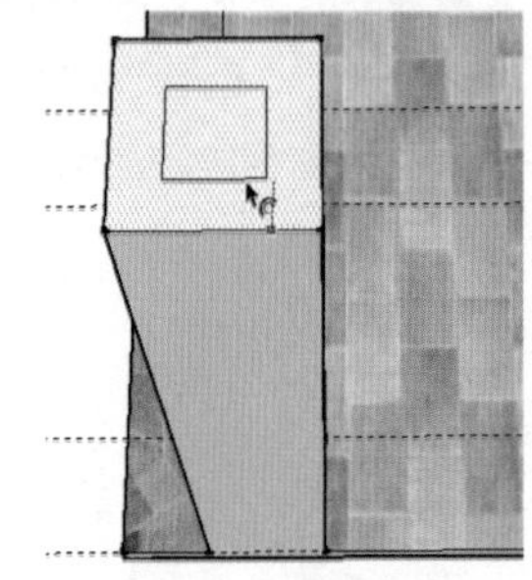

图 5-204　启用偏移复制工具

03 启用【偏移】工具，将平面向内偏移 100，如图 5-204 所示。再向上拉出 80 的高度，如图 5-205 所示。

04 单个柱体创建完成后，启用【移动】工具并捕捉辅助线的交点，将其往右复制一份，如图 5-206 所示。

05 创建支柱间的木方结构。启用【矩形】创建工具，绘制一个边长为 100 的正方形平面，如图 5-207 所示。

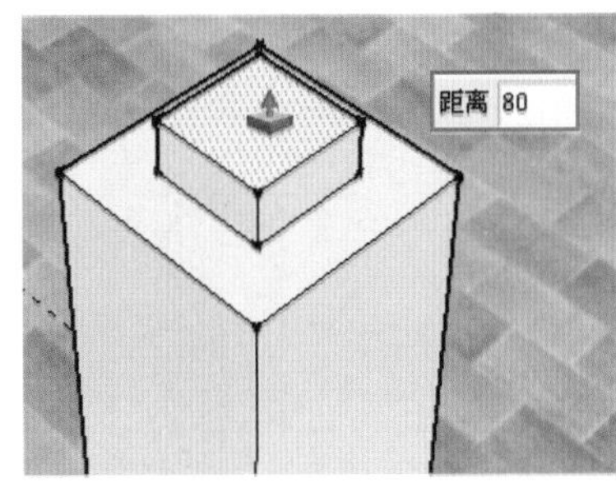

图 5-205　启用推/拉工具

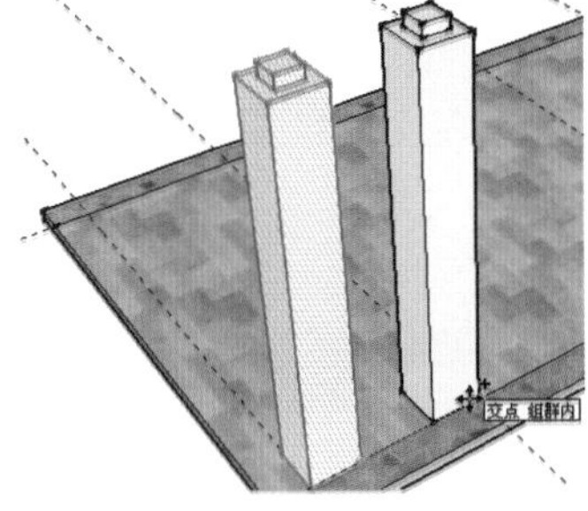
图 5-206　移动复制柱体

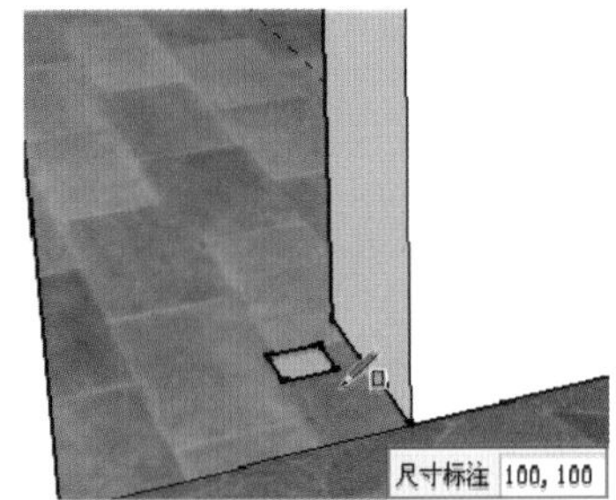

图 5-207　创建矩形平面

06 将正方形平面与支柱在 XY 平面上中心对齐，然后进行复制与对位，如图 5-208 所示。

07 启用【推/拉】工具，将其中一个正方形平面拉高至 3000，然后双击另外两个平面进行同样的操作，完成效果如图 5-209 所示。

08 支架模型各部件创建完成后，为其赋予相应材质。进入【使用层颜色材料】面板，为支柱赋予“层列粗糙石头”材质，如图 5-210 与图 5-211 所示。

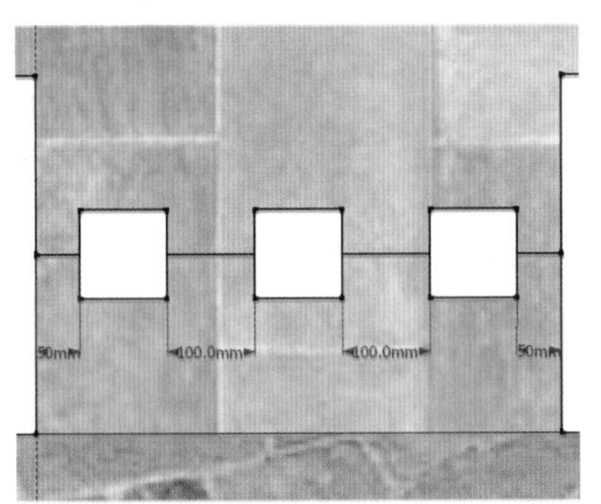
图 5-208　复制并调整矩形平面

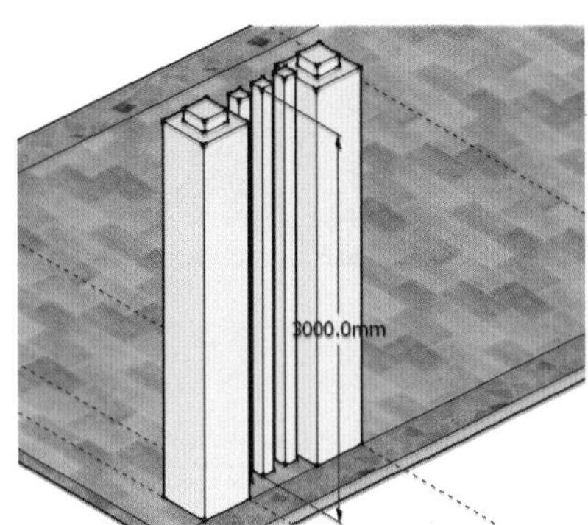

图 5-209　拉伸

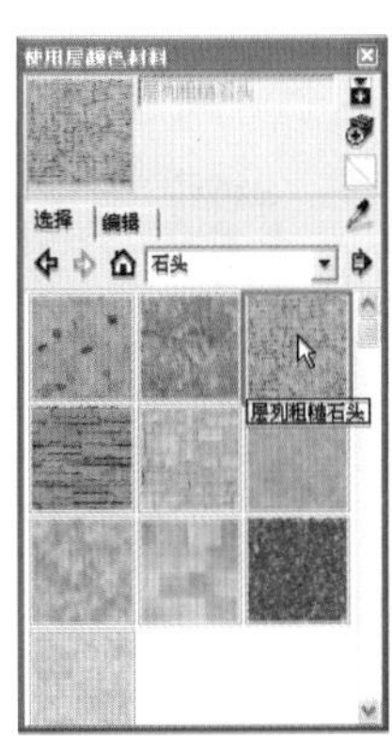

图 5-210　进入材质面板

09 选择“原色樱桃木质纹”材质，将其赋予木方模型，如图 5-212 与图 5-213 所示。

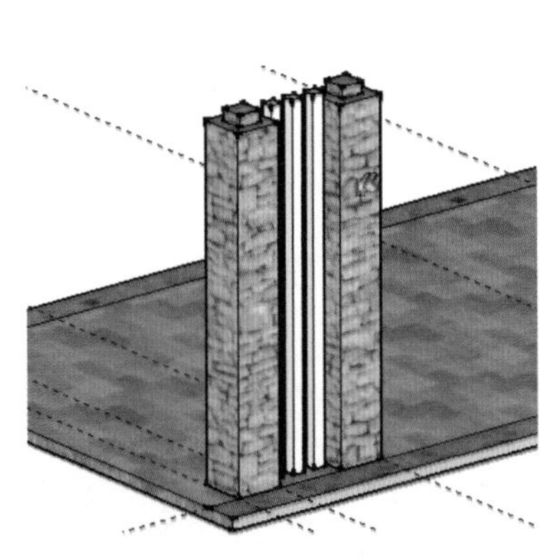
图 5-211　赋予支柱材质

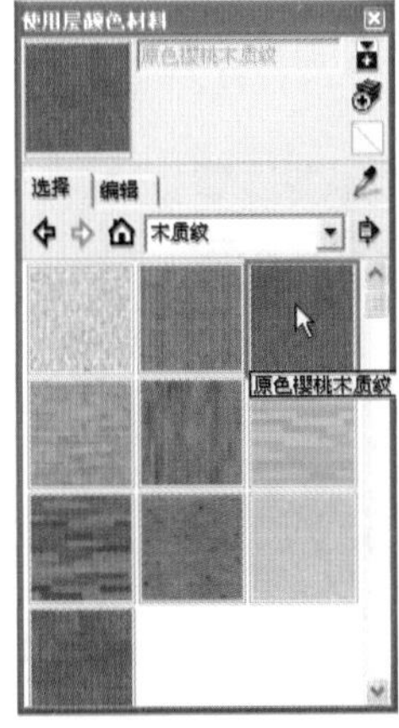

图 5-212　进入材质面板

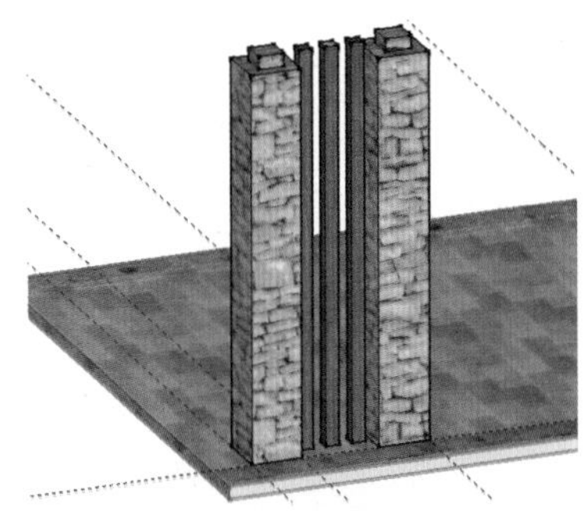
图 5-213　赋予木方材质

10 支柱模型材质制作完成后，将其创建为【组】。然后启用【移动】工具，并按 Ctrl 键，捕捉辅助线的交点，将其往右整体复制一份，如图 5-214 与图 5-215 所示。

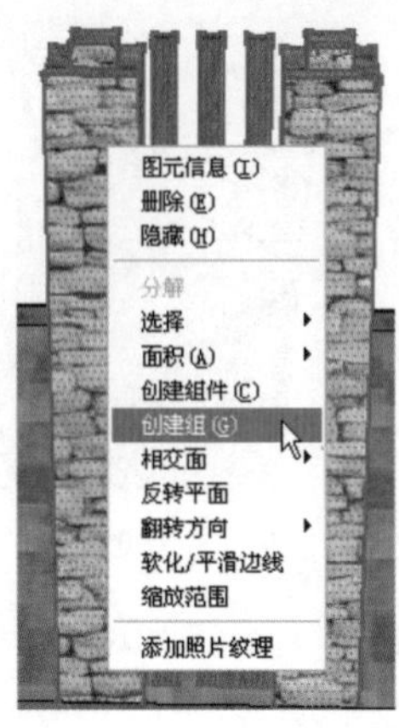

图 5-214 创建组

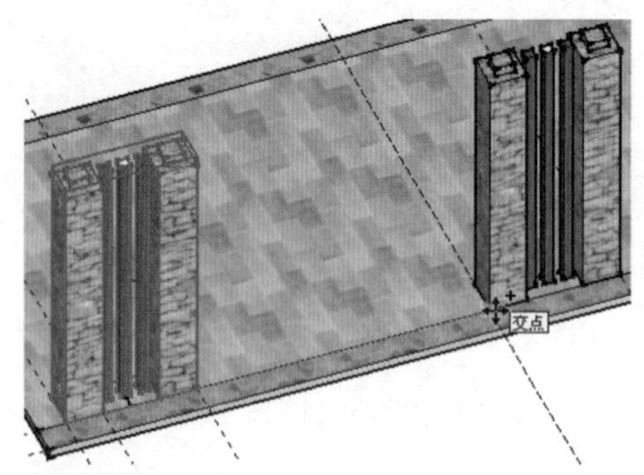

图 5-215 移动复制支柱

11 选择支架模型重复移动复制，如图 5-216 所示。接下来制作座椅模型。

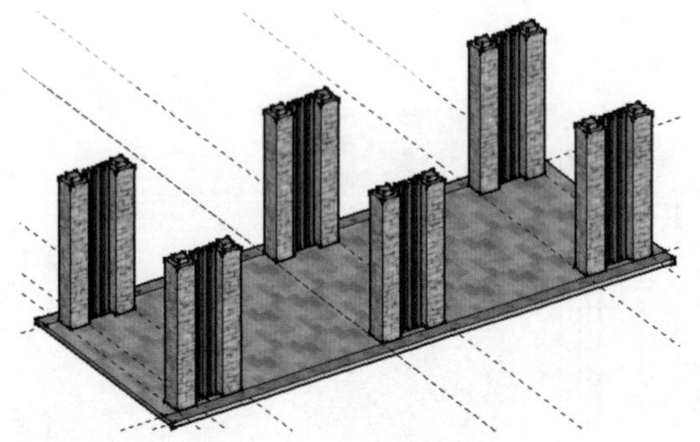

图 5-216 支柱复制完成效果

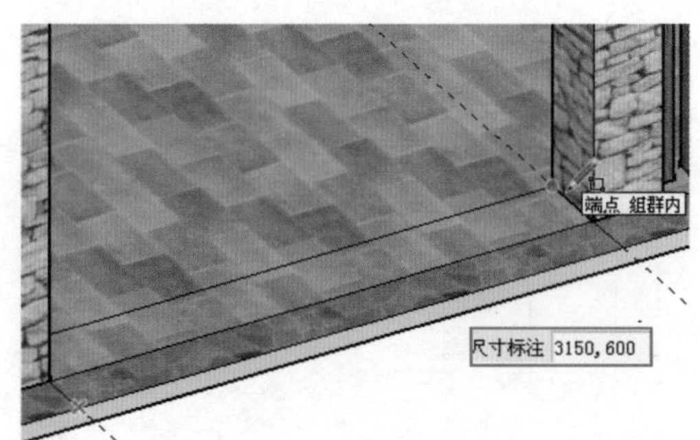

图 5-217 创建矩形平面

5.5.3 制作廊架座椅

01 启用【矩形】创建工具，捕捉支柱端点创建第一个角点，如图 5-217 所示，然后输入尺寸创建一个指定大小的矩形。

02 选择创建好的矩形平面，启用【推/拉】工具将其向上推/拉 210 的厚度，如图 5-218 所示。

03 启用【偏移】工具，将矩形上方的平面向内偏移 100，如图 5-219 所示。

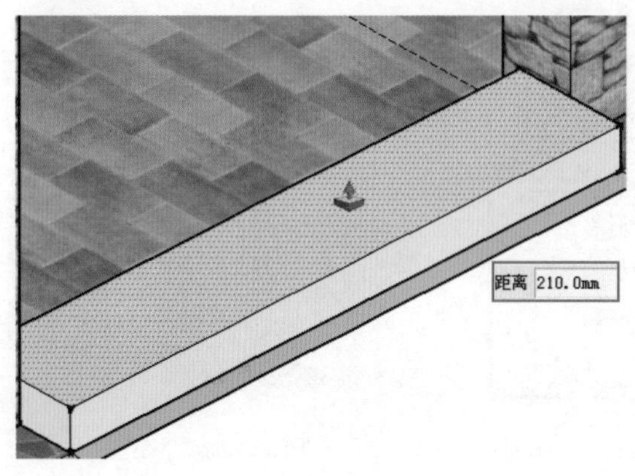

图 5-218 启用推/拉工具

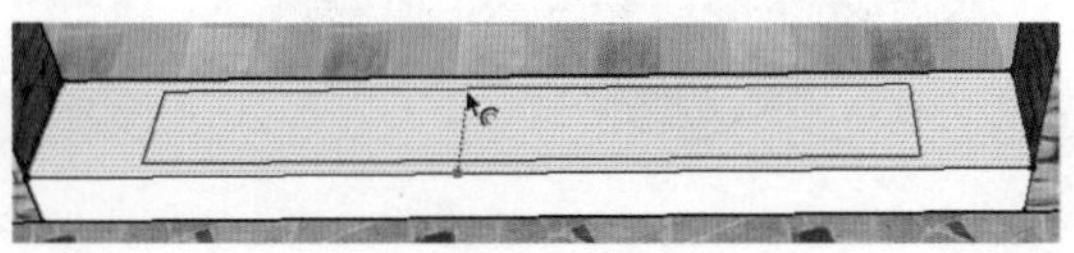

图 5-219 偏移复制平面

04 启用【卷尺】工具与【线条】创建工具，再细化分割矩形表面如图 5-220 所示。

05 旋转视图至座椅模型的正面，启用【线条】创建工具对模型侧面进行分割，如图 5-221 所示。

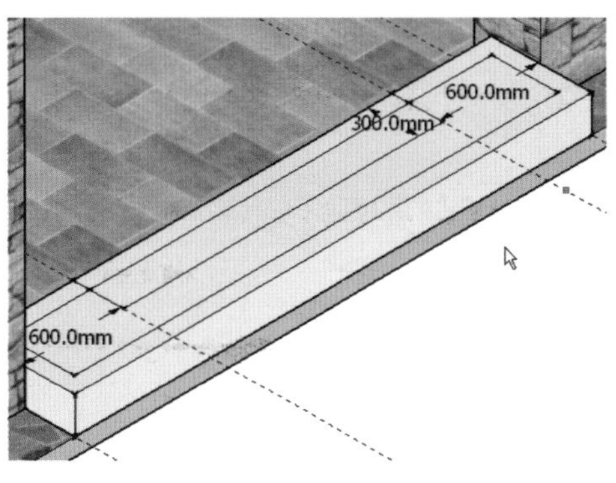

图 5-220　细化分割平面

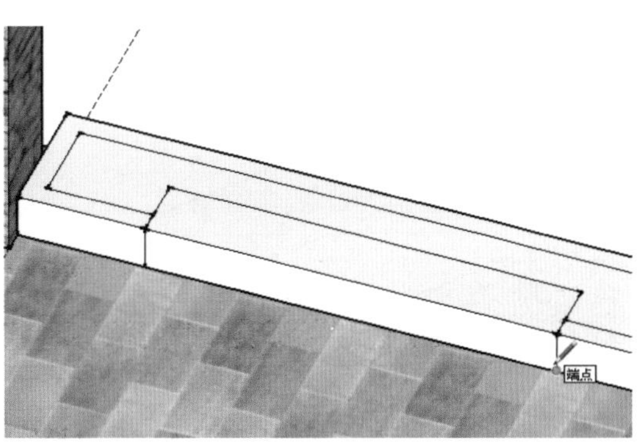

图 5-221　分割侧面

06 分割完成后，启用【推/拉】工具，如图 5-222 与图 5-223 所示进行推/拉，创建出座椅的雏形。

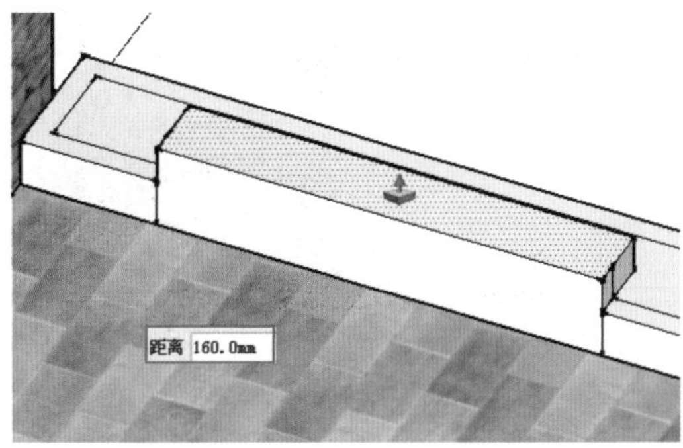

图 5-222　启用推/拉工具

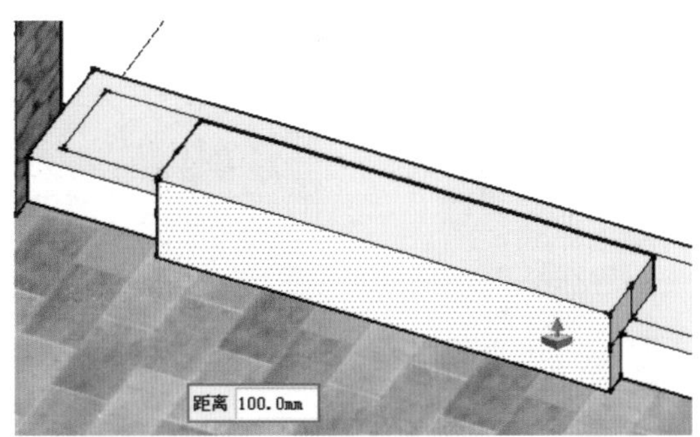

图 5-223　再次推/拉

07 推/拉完成后，选择左右两侧的多余边线进行删除，如图 5-224 所示。

08 启用【移动】工具，并按 Ctrl 键，选择移动底部边线，移动至后方交点，形成斜面效果，如图 5-225 所示。

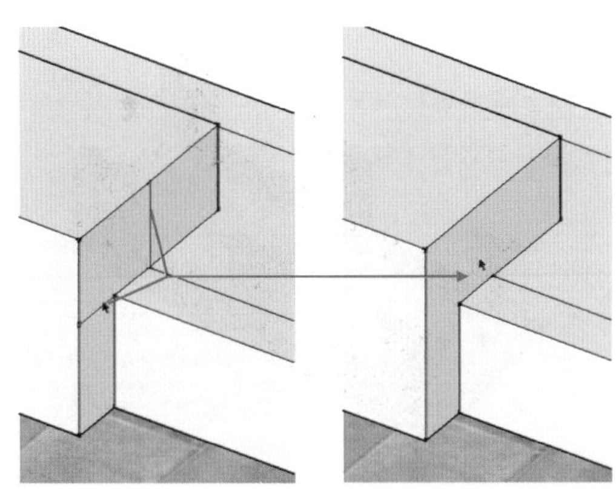

图 5-224　删除多余边线

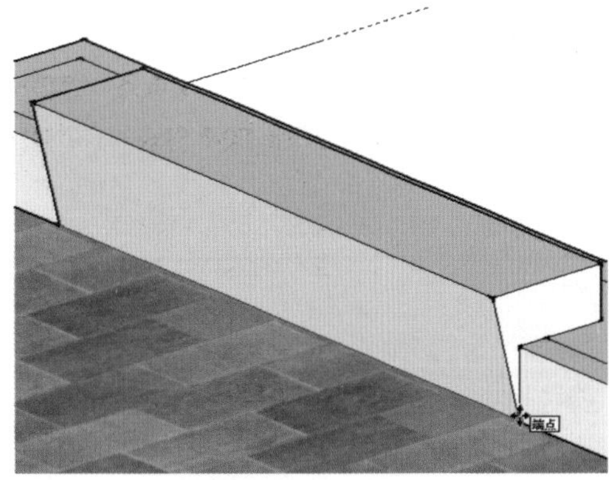

图 5-225　移动底部边线

09 选择顶部模型面，启用【移动】工具，并按 Ctrl 键，向上移动复制 60，创建出坐垫模型，如图 5-226 所示。

10 将视图旋转回后方，使用【推/拉】工具制作出凹槽细节，如图 5-227 所示，完成座椅模型的制作。

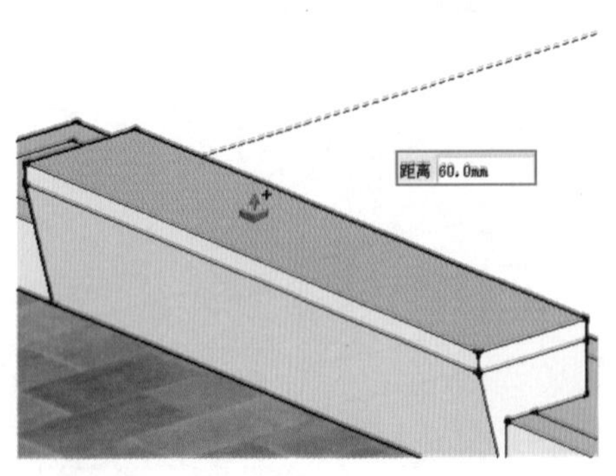

图 5-226　移动复制

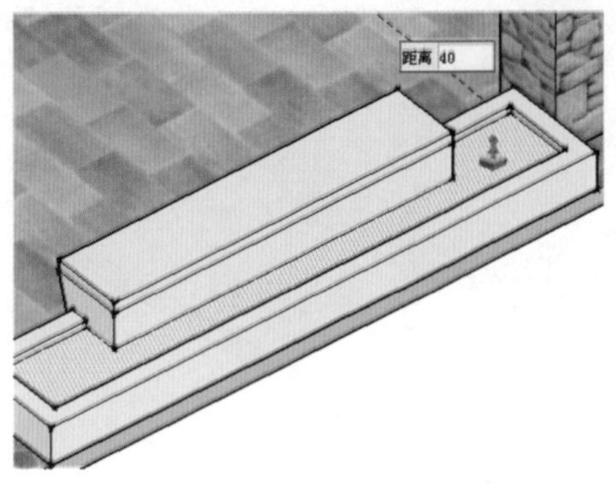

图 5-227　再次推/拉

11 进入【使用层颜色材料】面板，选择“草皮植被 1”材质，将其赋予凹槽中的平面，然后将之前的木纹与石料材质赋予其他部件模型，最后创建相应的组，如图 5-228 与图 5-229 所示。

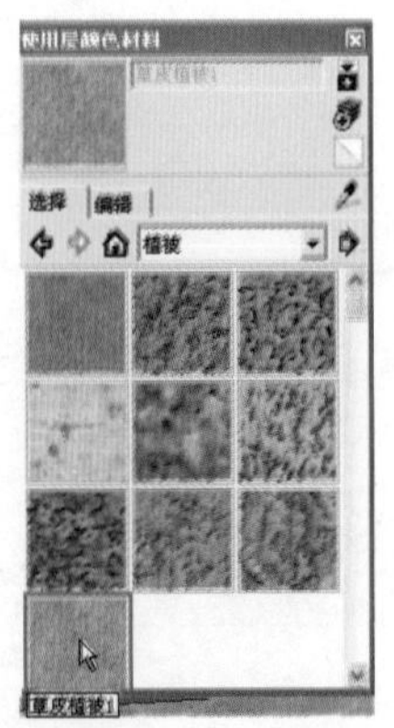

图 5-228　进入材质面板

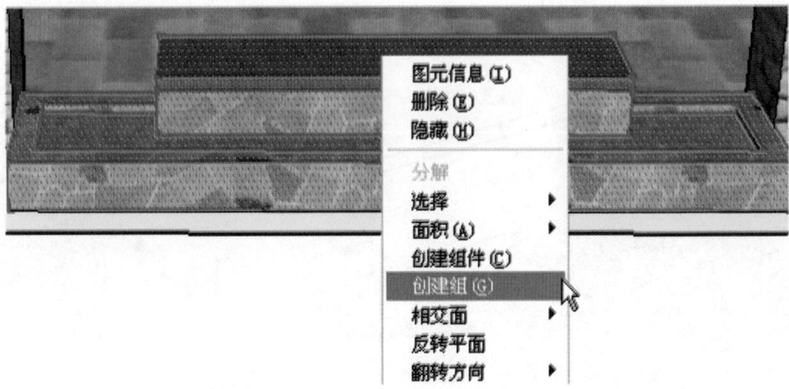

图 5-229　赋予草地材质

12 材质赋予完成后，启用【移动】工具并捕捉辅助线交点，复制出其他位置的座椅模型，如图 5-230 与图 5-231 所示。

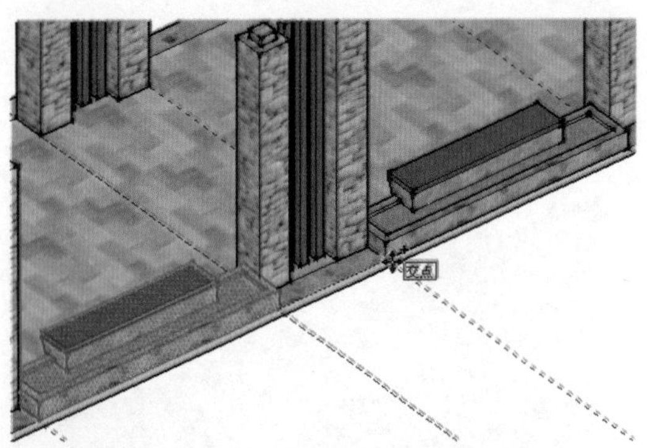

图 5-230　移动复制座椅模型

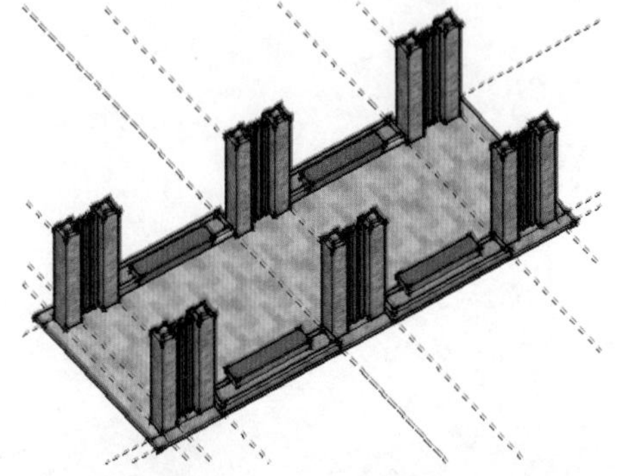
图 5-231　座椅模型复制完成效果

5.5.4 制作廊架顶部支架

01 创建如图 5-232 所示的顶部支架结构，启用【线条】创建工具，参考如图 5-233 所示尺寸创建连续的线段。

02 启用【圆弧】创建工具，通过捕捉之前的线段端点，创建出如图 5-234 所示的线形。参考廊架的整体长度，通过移动复制以及【线条】创建工具，制作出如图 5-235 所示的平面。

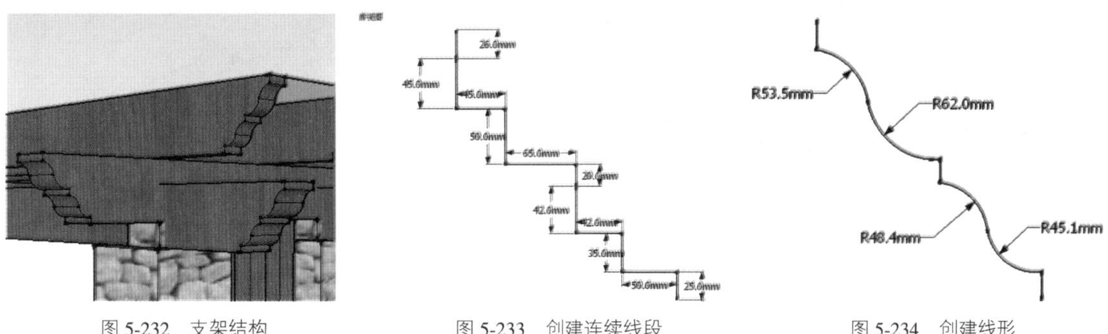

图 5-232　支架结构　　图 5-233　创建连续线段　　图 5-234　创建线形

03 启用【推/拉】工具，将平面推/拉出 160 的厚度，启用【移动】工具复制出另一侧的支架，如图 5-236 与图 5-237 所示。

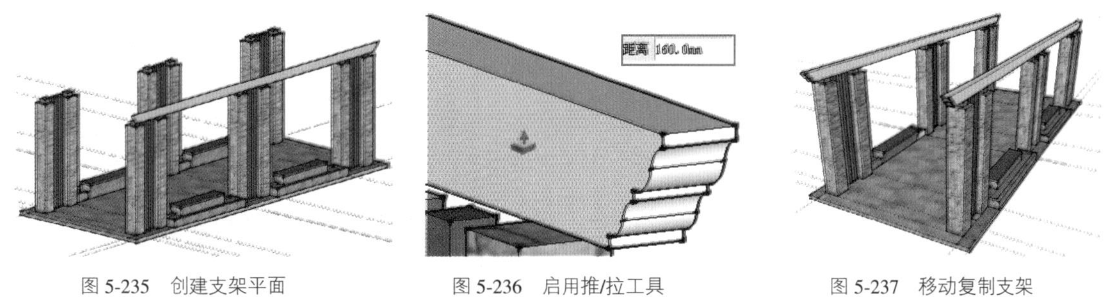

图 5-235　创建支架平面　　图 5-236　启用推/拉工具　　图 5-237　移动复制支架

技 巧

该层支架与支柱紧贴，并在 XY 平面中心对齐。

04 选择其中一根支架模型，启用【移动】工具，并按 Ctrl 键，以模型自身的中点为中心进行旋转复制，制作出纵向的支架模型，如图 5-238 所示。

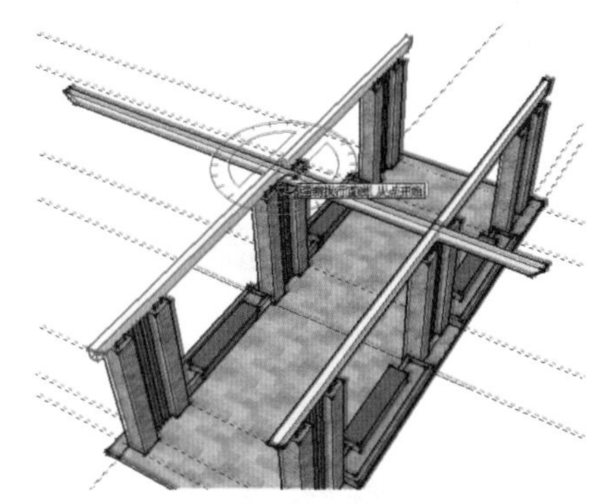

图 5-238　旋转复制支架

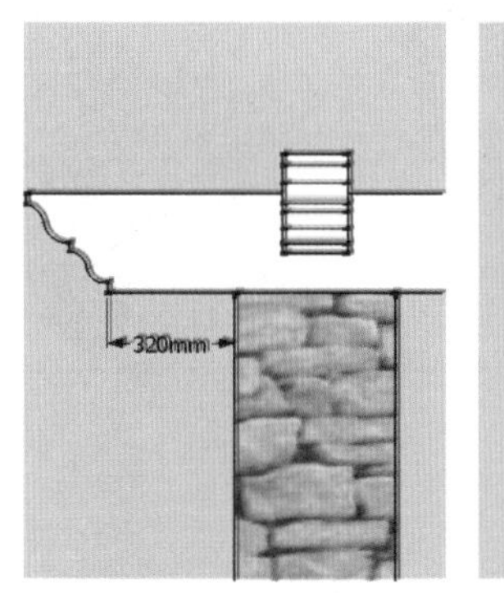

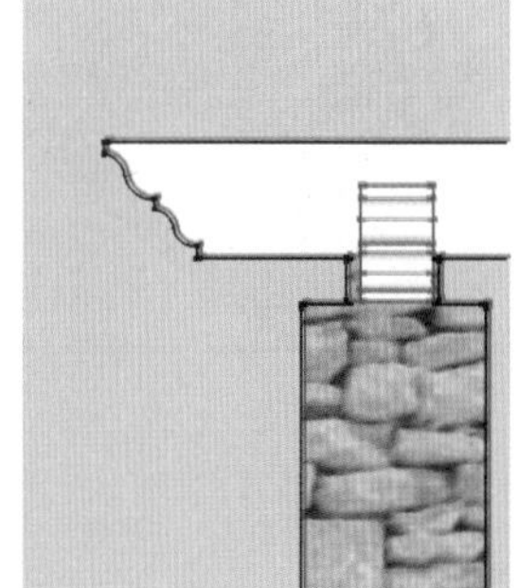

图 5-239　对齐支架与支柱

05 通过【拉伸】工具调整支架长度，使其两侧各突出支柱 320 即可，如图 5-239 所示。

06 长度与位置调整完成后，启用【移动\复制】工具进行复制，得到其他位置的纵向支架，如图 5-240 所示。

07 制作最上层的支架模型。将纵向支架向上移动 350 并复制，如图 5-241 所示。

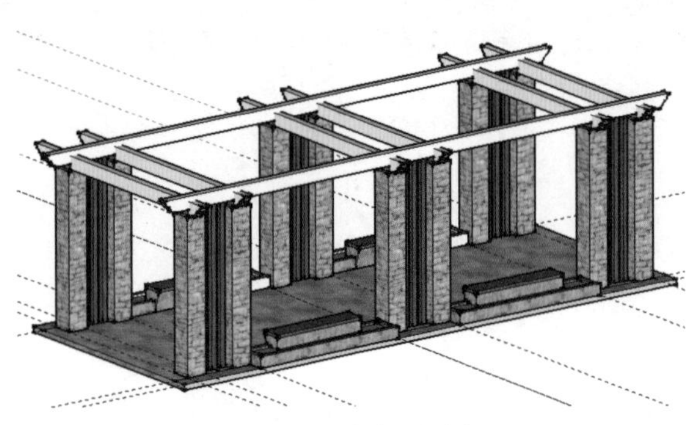

图 5-240 移动复制支架

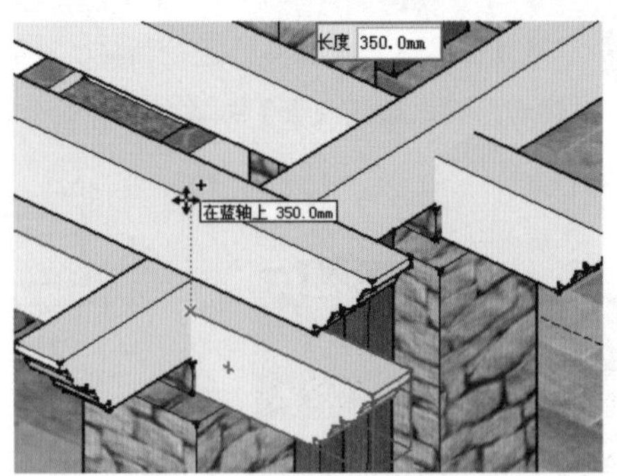

图 5-241 向上复制支架

08 启用【拉伸】工具并按下 Ctrl 键，将支架厚度减半（在 X 轴向拉伸），如图 5-242 所示。

09 复制得到其他上层支架，如图 5-243 所示，全选所有顶部支架，赋予“原色樱桃木质纹”材质，如图 5-244 所示。

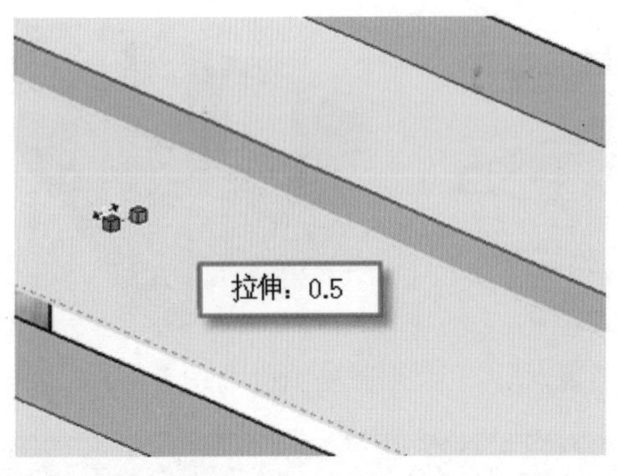

图 5-242 在 X 轴上拉伸

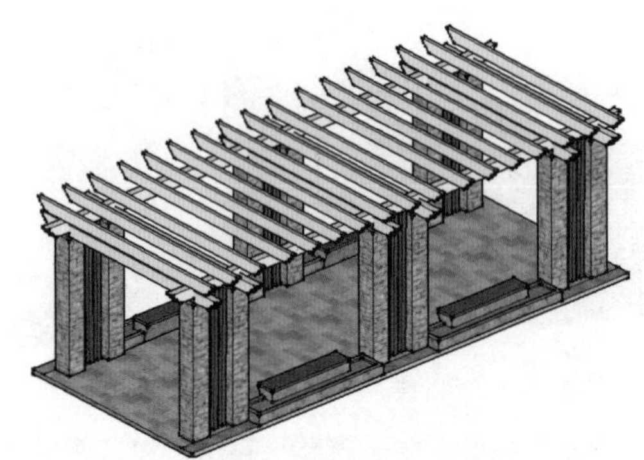

图 5-243 移动复制支架

10 启用【矩形】创建工具，创建顶部阳光板模型，如图 5-245 所示。为其赋予半透明材质，最终得到如图 5-246 所示的廊架模型效果。

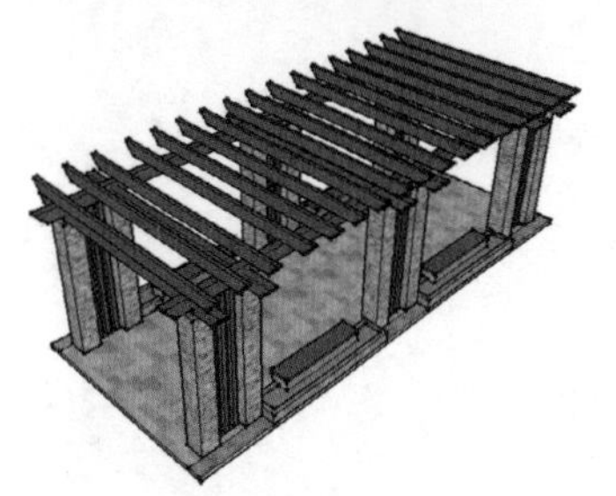

图 5-244 赋予支架材质

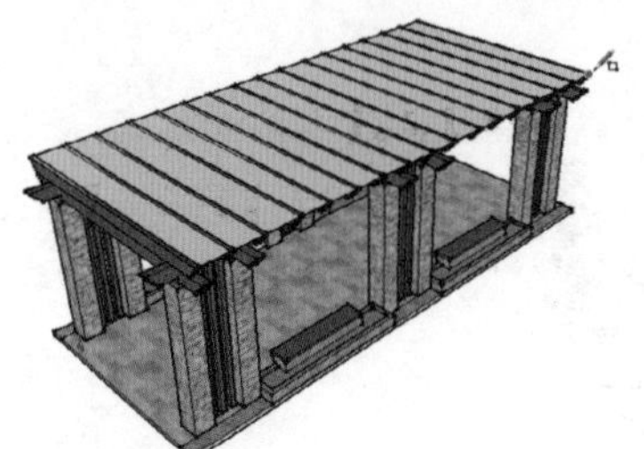

图 5-245 创建阳光板

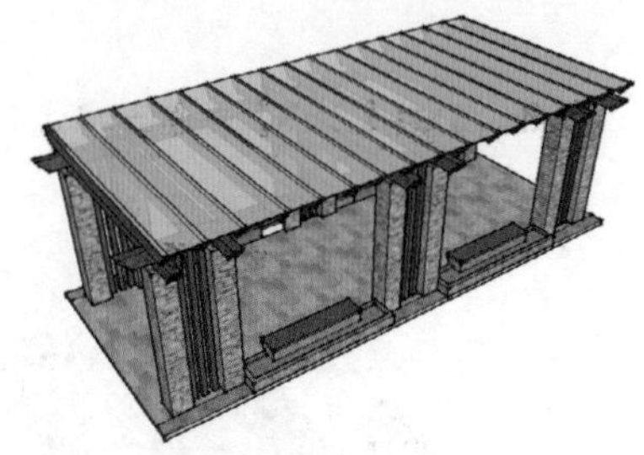

图 5-246 廊架模型完成效果

5.6 制作景观塔模型

本节将制作如图 5-247 所示的景观塔模型，主要使用了【矩形】、【圆弧】、【推/拉】、【实体工具】等工具，其中【实体工具】的使用方法是本节的学习重点。

5.6.1 制作景观塔底部平台与支柱

01 启动 SketchUp，进入【模型信息】面板，选择【单位】选项卡，设置【长度】参数组如图 5-248 所示。

图 5-247 景观塔

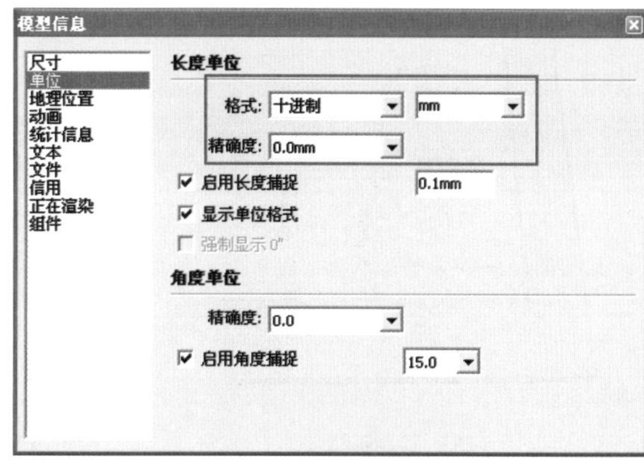

图 5-248 设置场景单位

02 启用【矩形】工具，通过输入数值创建一个边长为 4200 的正方形，如图 5-249 所示。启用【拉伸】工具，拉出 100 的厚度，作为景观塔的基座模型，如图 5-250 所示。

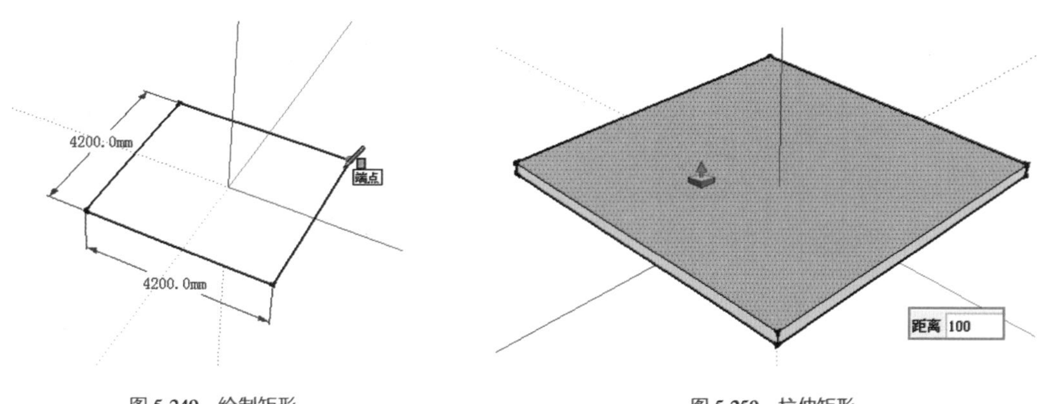

图 5-249 绘制矩形

图 5-250 拉伸矩形

03 启用【偏移】工具，将平面向内偏移 300，如图 5-251 所示。启用【拉伸】工具，将偏移得到的内部平面向上拉伸 150，完成基底台阶的制作，如图 5-252 所示。

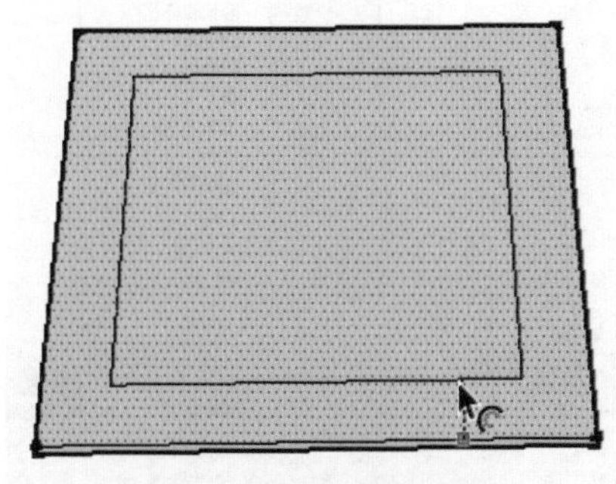

图 5-251 启用偏移复制工具

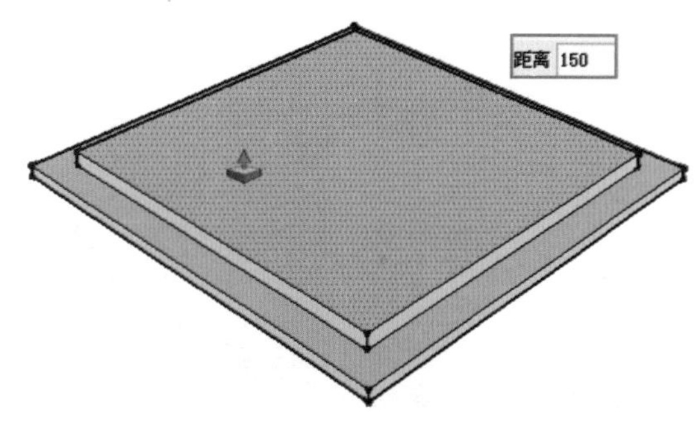

图 5-252 启用推/拉工具

04 制作塔身柱体模型。启用【卷尺】工具，创建出定位辅助线，如图 5-253 所示。

05 启用【线条】创建工具，捕捉辅助线，创建出柱体的轮廓平面，如图 5-254 所示。启用【推/拉】工具，将创建的平面向上推/拉 2430 的高度，如图 5-255 所示。

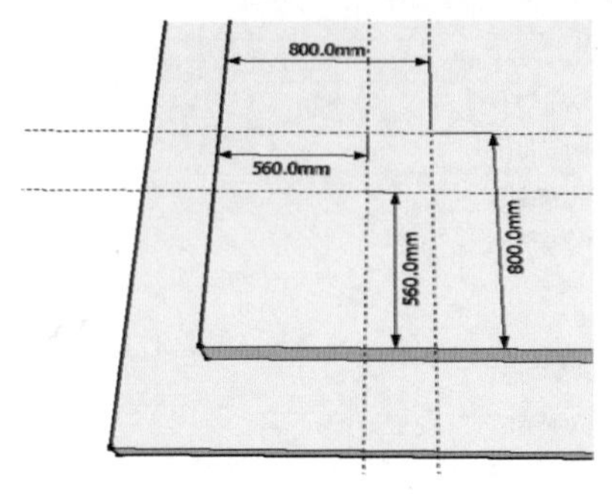

图 5-253 绘制辅助线

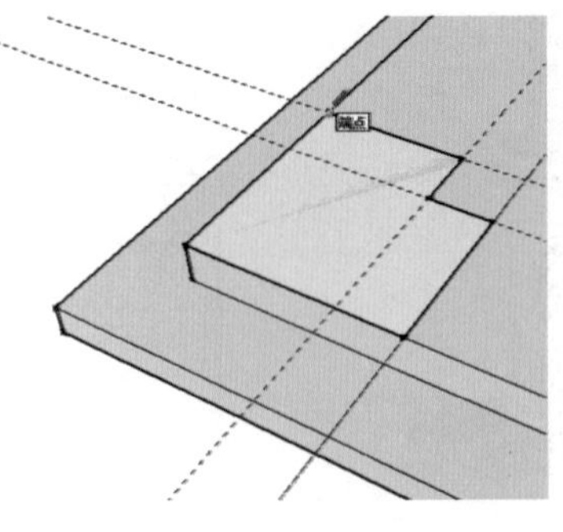

图 5-254 绘制轮廓平面

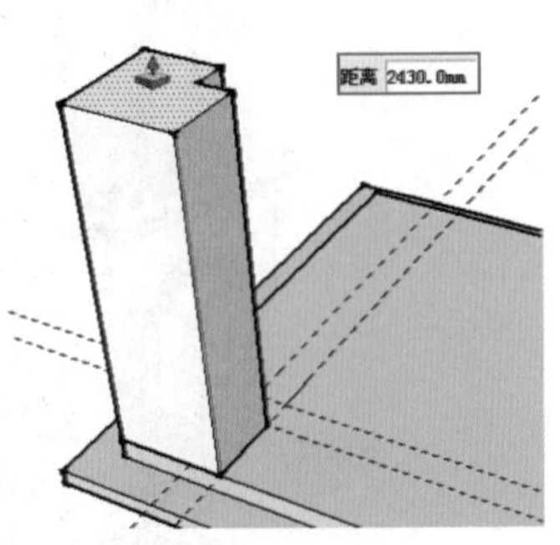

图 5-255 推/拉柱体

06 进入【使用层颜色材料】面板，为创建好的模型分别赋予石头材质，如图 5-256~图 5-258 所示。

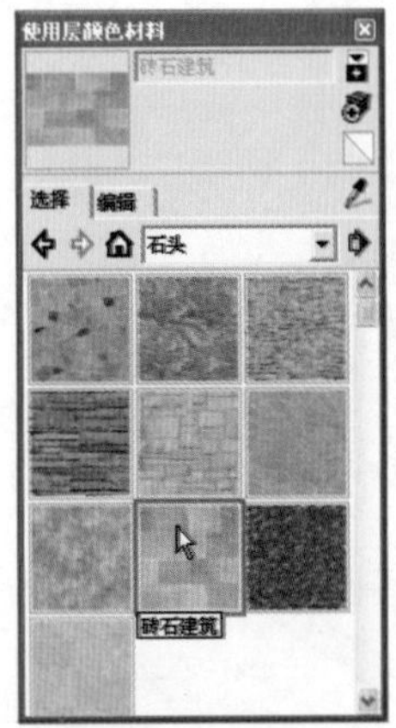

图 5-256 进入材质面板

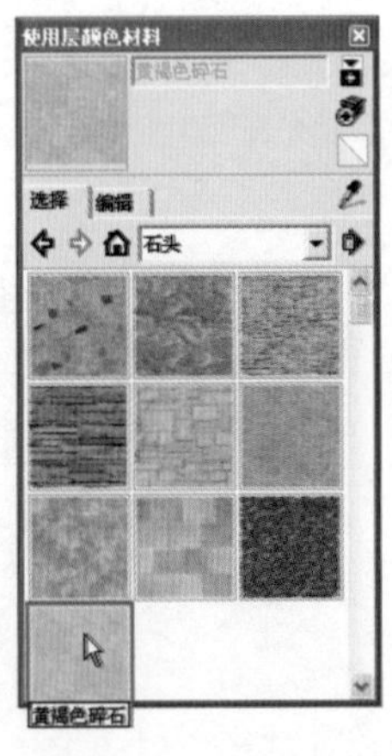

图 5-257 选择石材

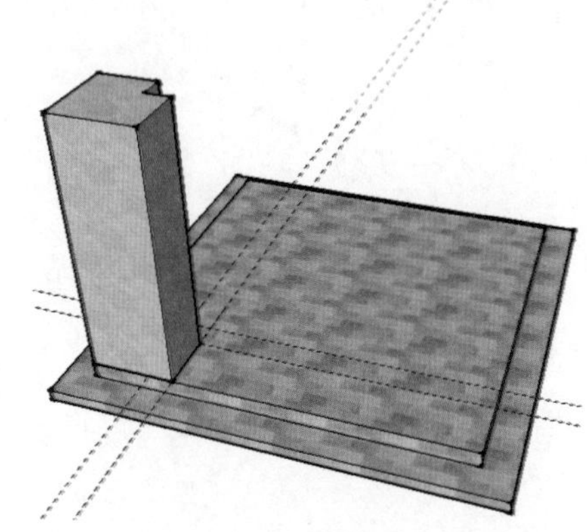

图 5-258 赋予材质

07 材质赋予完成后，将柱体创建为【组】，如图 5-259 所示。启用【移动】工具进行移动复制，如图 5-260 所示。

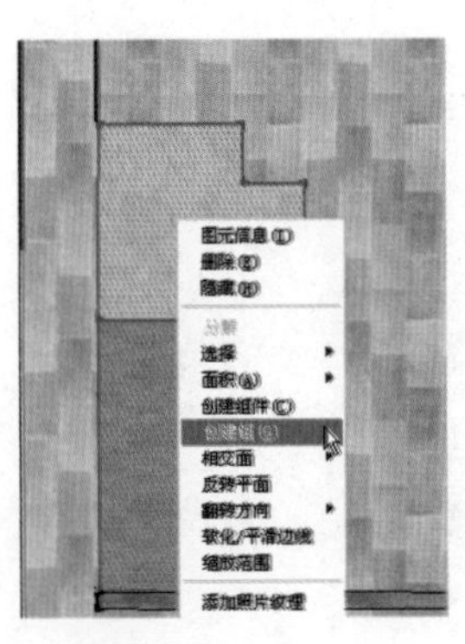

图 5-259 创建组

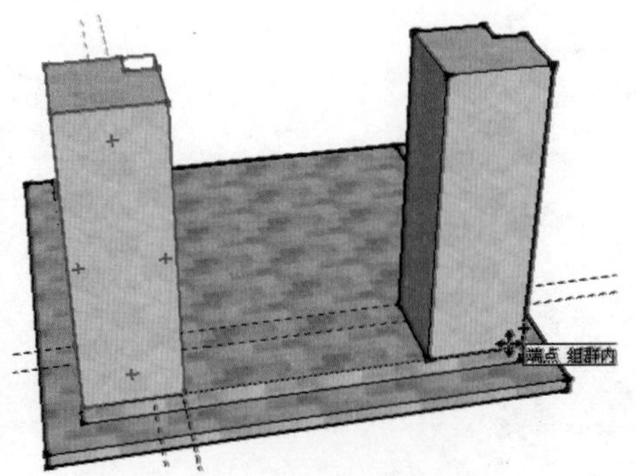

图 5-260 移动复制柱体

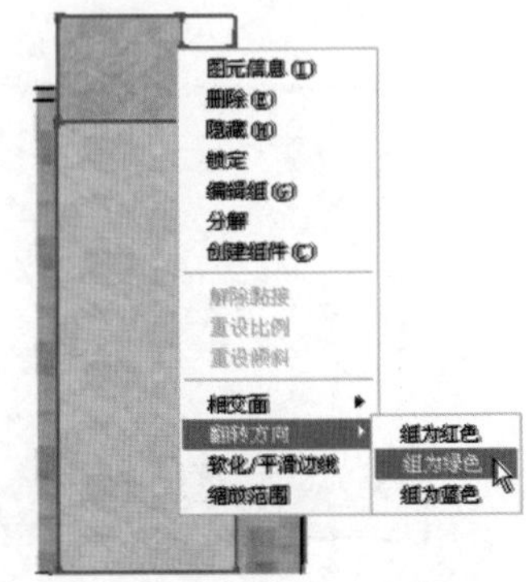

图 5-261 沿轴镜像

08 在模型上单击鼠标右键，选择【翻转方向】命令调整方向，如图 5-261 所示。然后使用相同的方法制作出另外两根柱体，如图 5-262 所示。

5.6.2 制作塔身

01 所有柱体制作完成后，启用【矩形】创建工具，捕捉柱体的端点创建一个平面，用于塔身的制作，如图 5-263 所示。

02 启用【推/拉】工具，将平面拉伸 1575 的高度，如图 5-264 所示。

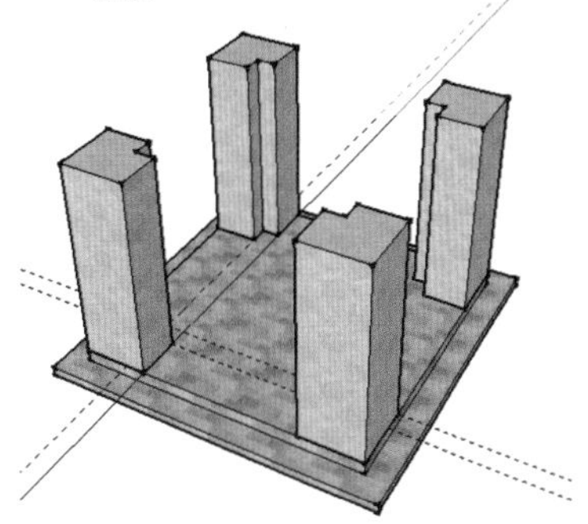
图 5-262 制作完成的柱体

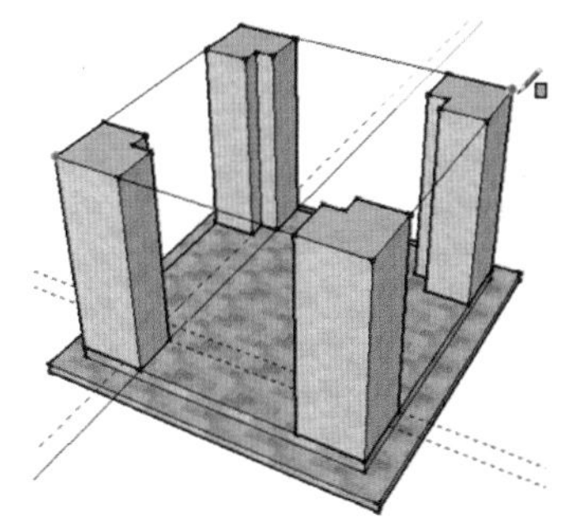
图 5-263 绘制矩形

图 5-264 推/拉矩形

03 结合使用【线条】与【圆弧】创建工具，绘制出如图 5-265 的封闭平面，使用【推/拉】工具创建贯穿塔身模型，如图 5-266 所示。

04 将创建的对象进行创建【组】，如图 5-267 所示。启用【旋转】工具，以塔身中心为旋转轴将其复制一份，如图 5-268 所示。

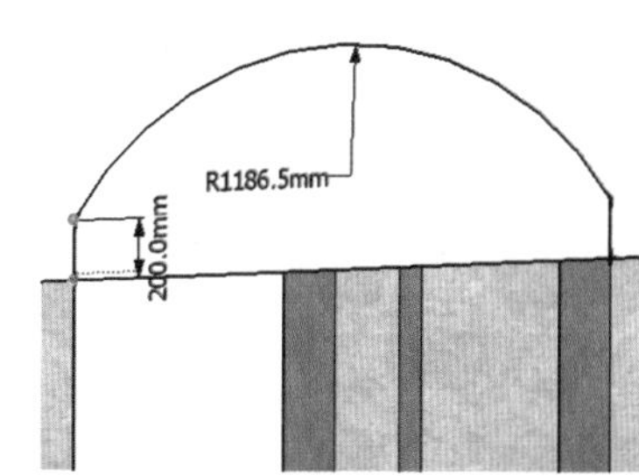

图 5-265 绘制弧形平面

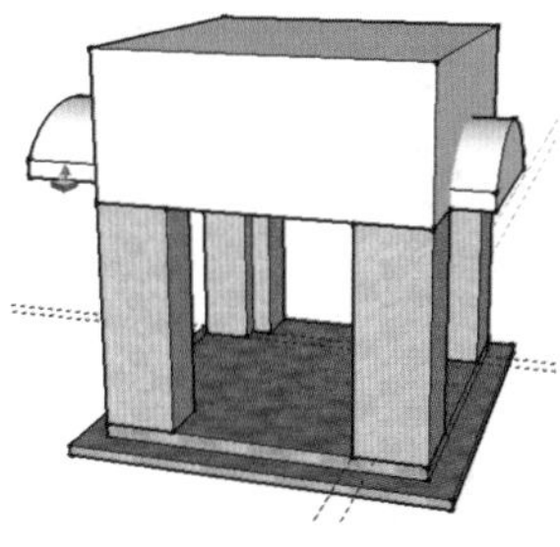
图 5-266 拉伸平面

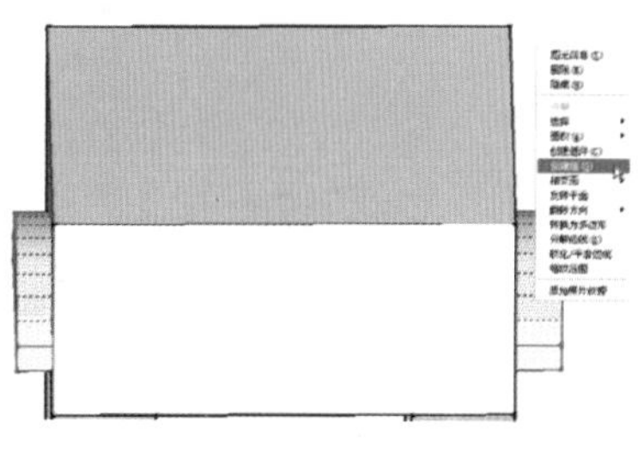
图 5-267 创建组

05 旋转复制完成后，单击【实体工具】中【联合】按钮，将两者组成一个实体，如图 5-269 所示。

06 单击【实体工具】中【减去】按钮，选择塔身模型，通过差集运算制作出门洞与穹顶，如图 5-270 所示。

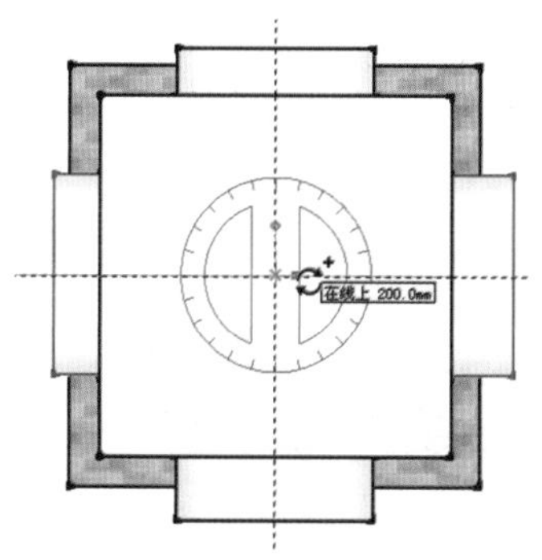

图 5-268 旋转复制

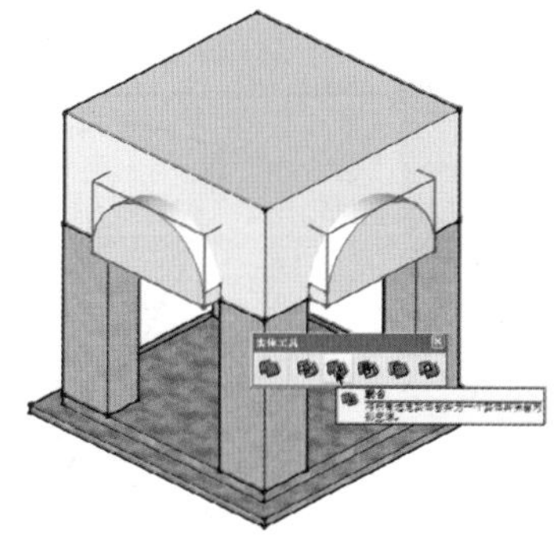
图 5-269 启用联合工具

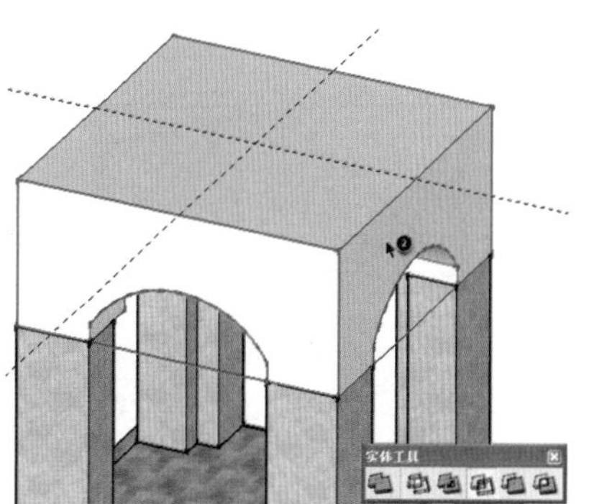

图 5-270 减去完成效果

5.6.3 制作景观塔底层装饰细节

01 塔身造型如图 5-271 所示，接下来制作塔底装饰细节。启用【线条】创建工具，捕捉柱体端点，创建如图 5-272 所示的花坛轮廓平面。

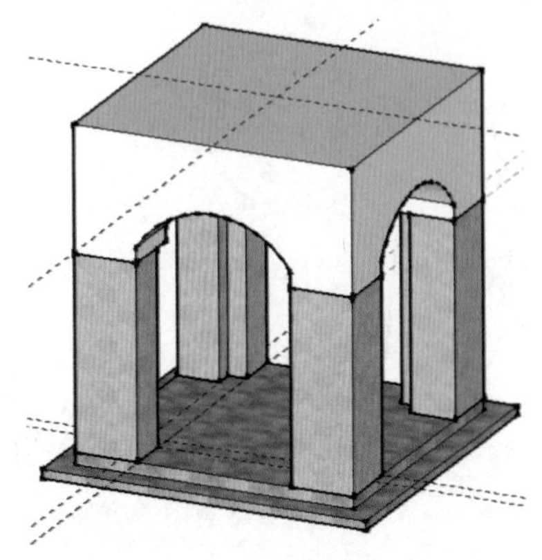

图 5-271 当前塔身模型

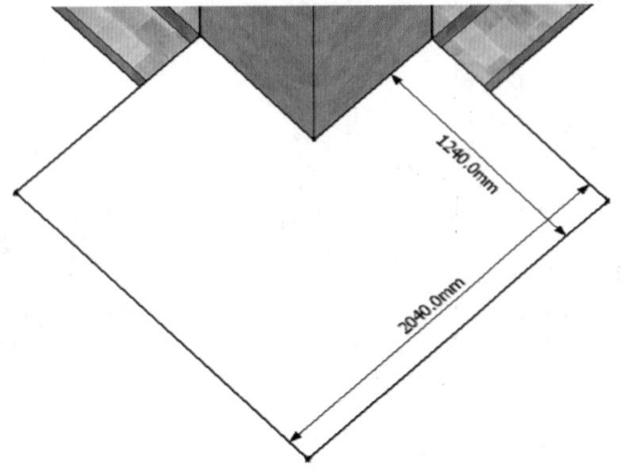

图 5-272 绘制花坛轮廓平面

02 启用【推/拉】工具，制作出 150 的厚度。启用【线条】创建工具，捕捉台阶轮廓分割平面底部，如图 5-273 与图 5-274 所示。

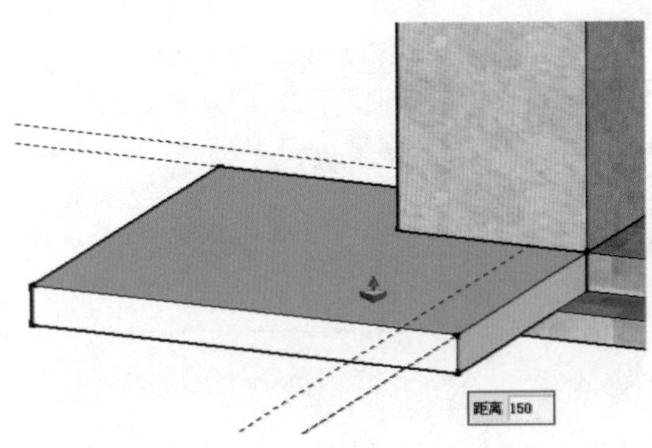

图 5-273 启用推/拉工具

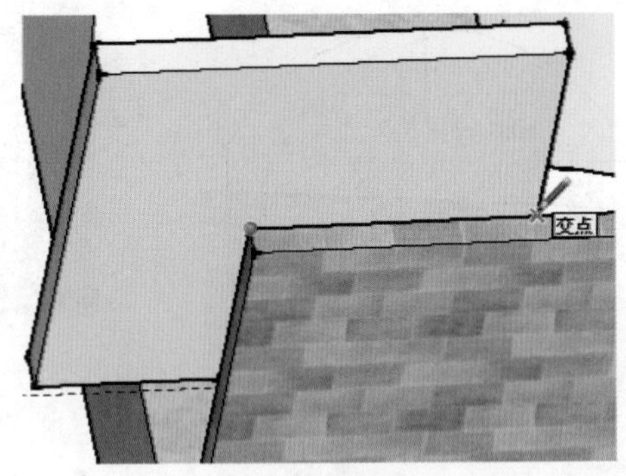

图 5-274 分割底部平面

03 选择平面底部切割后的面，使用【推/拉】工具向下推/拉 100，使其与地面持平，如图 5-275 所示。

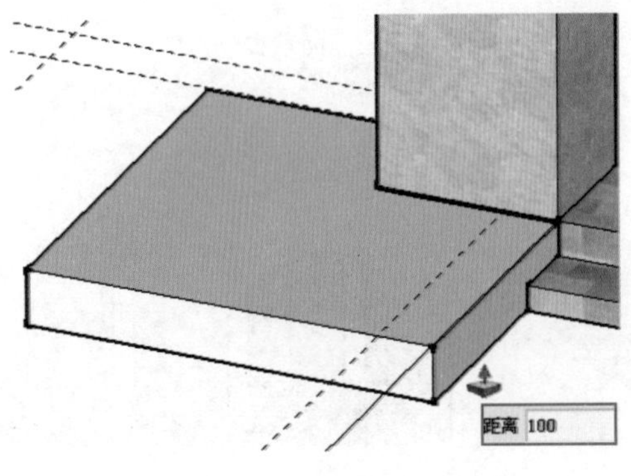

图 5-275 推/拉底部平面

图 5-276 启用偏移复制工具

04 启用【偏移】工具，将顶部平面向内偏移 150，如图 5-276 所示。启用【推/拉】工具将内部平面向下推/拉 120，形成凹槽，如图 5-277 所示。

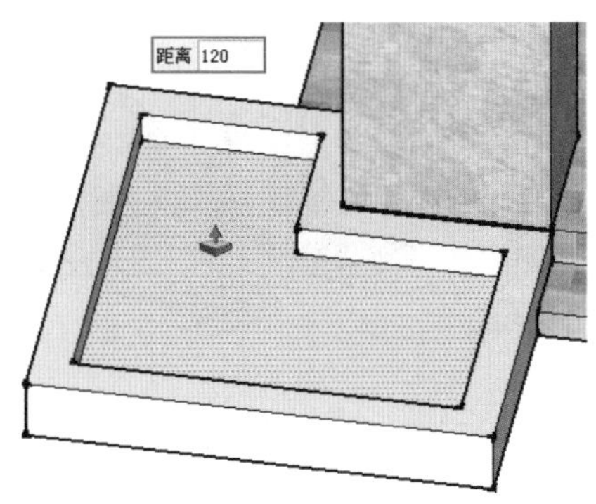

图 5-277　启用推/拉工具

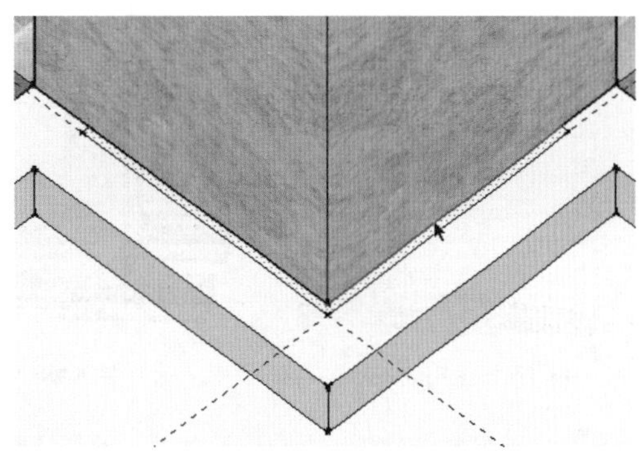

图 5-278　分割角线平面

05 制作角线细节。首先分割出如图 5-278 所示的细分平面（宽度为 20），然后启用【推/拉】工具将其向上推/拉 125，如图 5-279 所示。

06 花坛模型制作完成后，将其赋予石头与草地材质，并创建为【组】，如图 5-280 所示。

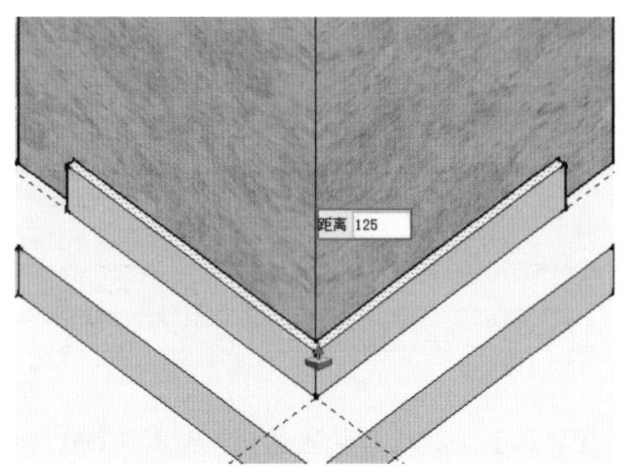

图 5-279　推/拉角线

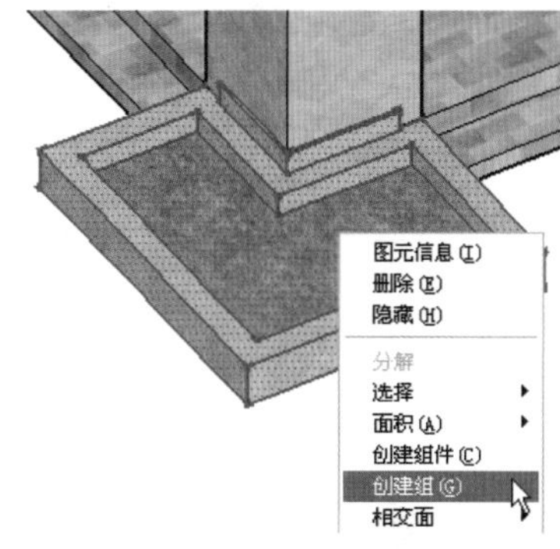

图 5-280　创建组

07 接下来制作门洞装饰线模型，首先启用【线条】创建工具绘制如图 5-281 所示的截面，然后绘制如图 5-282 所示的弧形平面。

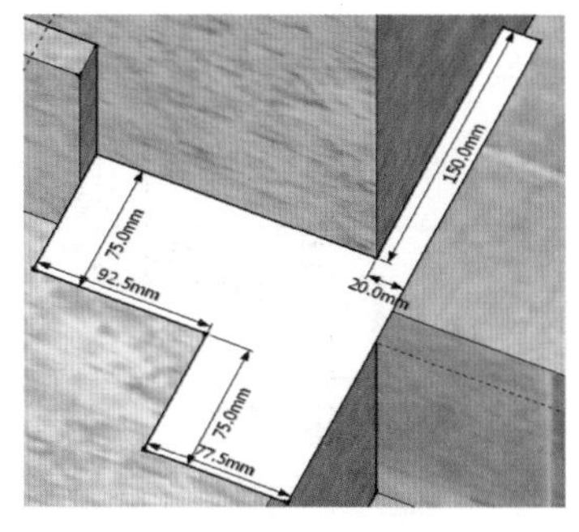

图 5-281　绘制装饰线轮廓平面

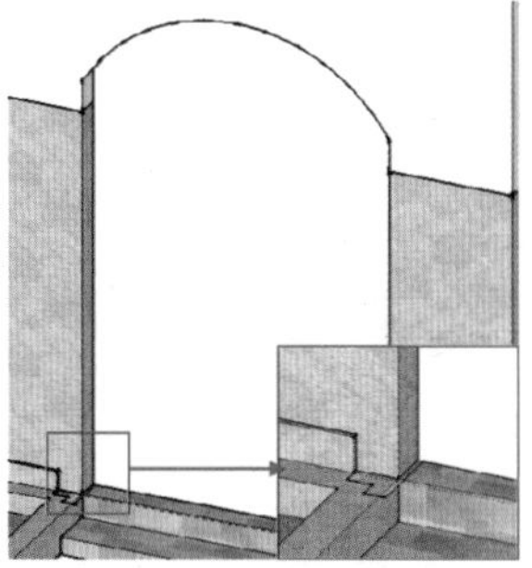

图 5-282　启用路径跟随

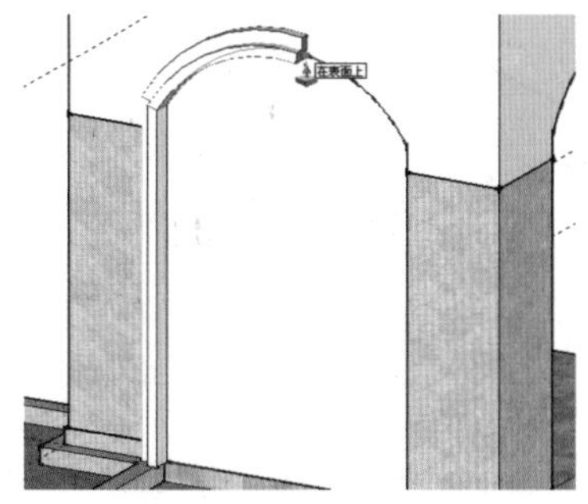

图 5-283　跟随弧形平面边线

08 启用【路径跟随】工具，选择截面后捕捉弧形轮廓进行路径跟随，如图 5-283 所示，完成装饰线模型的制作如图 5-284 所示。

09 门洞装饰线模型制作完成后，删除弧形平面，将装饰线创建为【组】，如图 5-285 所示。

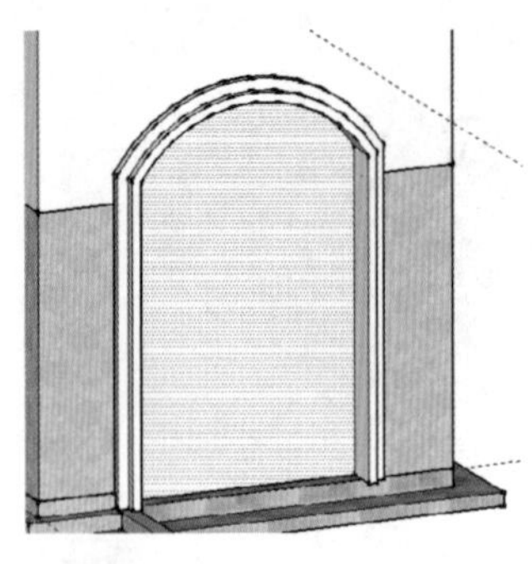
图 5-284　装饰线完成效果

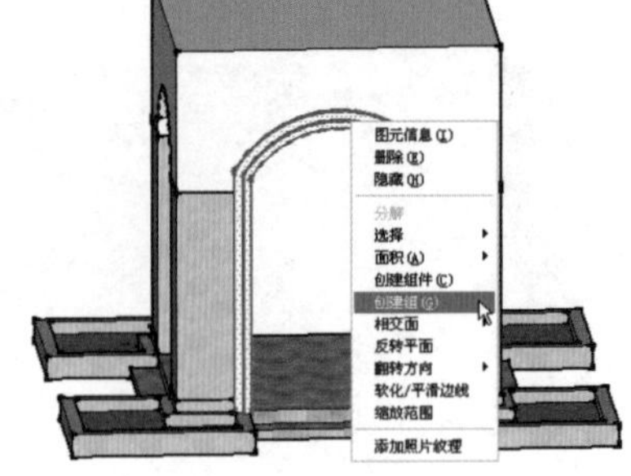
图 5-285　创建组

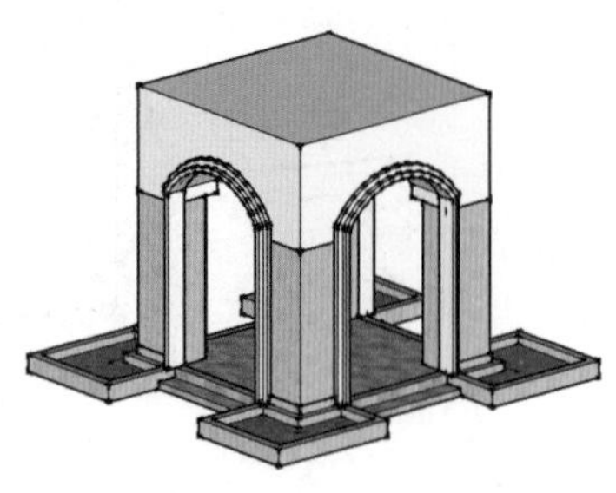
图 5-286　复制花坛与装饰线

10 选择创建好的花坛与门洞装饰线，启用【旋转】工具进行旋转复制，景观塔一层模型制作完成，如图 5-286 所示。

11 制作景观塔塔身的装饰角线，参考塔身轮廓线绘制如图 5-287 所示的线形，启用【移动】工具将其往右复制 18 份，如图 5-288 所示。

12 利用【线条】创建工具进行封闭，启用【推/拉】工具，将封闭得到的平面向外推/拉出 40 的厚度，如图 5-289 所示。

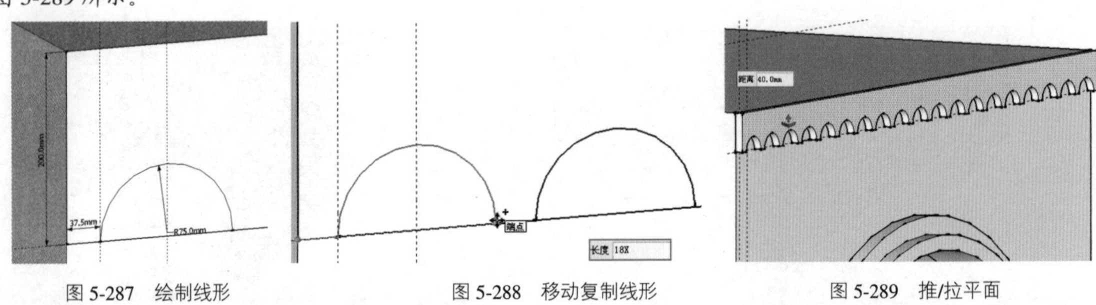

图 5-287　绘制线形　　图 5-288　移动复制线形　　图 5-289　推/拉平面

13 将创建好的装饰角线创建为【组】选项，启用【旋转】工具进行旋转复制，如图 5-290 所示。

注 意

旋转复制四周角线后，角线之间并未完全对齐，此时可以启用【推/拉】工具进行拉伸对齐，如图 5-291 所示。

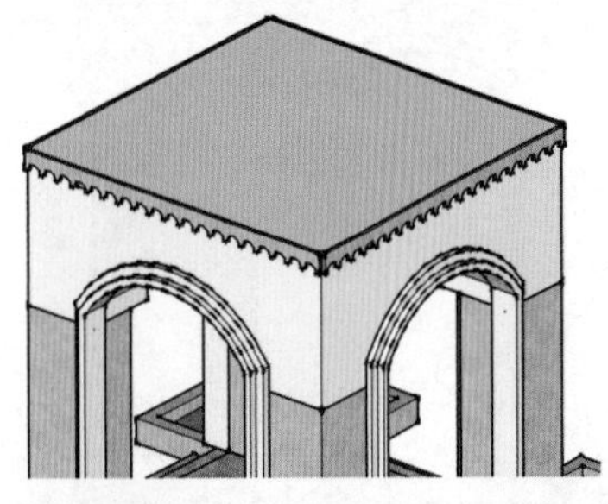
图 5-290　旋转复制装饰线

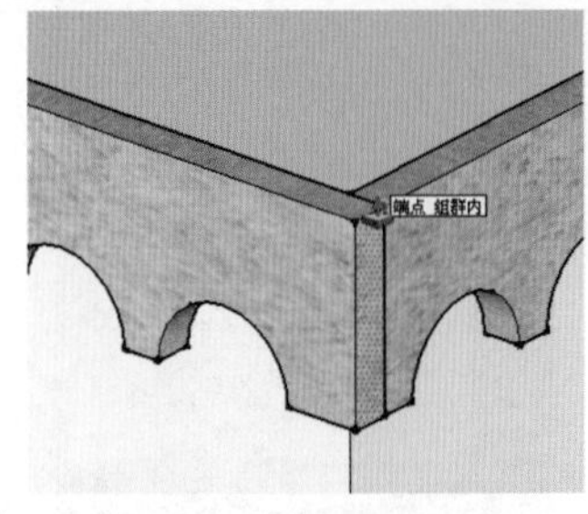
图 5-291　推/拉对齐角线

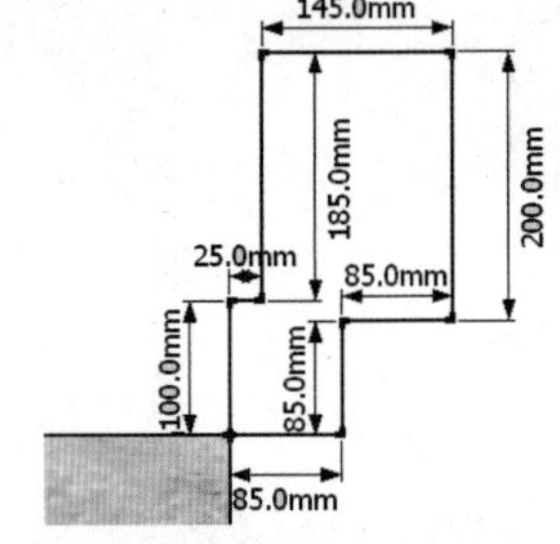

图 5-292　绘制轮廓平面

5.6.4 制作景观塔第二层模型

01 制作景观塔一、二层之间的角线。启用【线条】创建工具，绘制如图 5-292 所示的截面。启用【矩形】创建工具，捕捉装饰角线端点，创建如图 5-293 所示的矩形平面。

02 启用【路径跟随】工具，选择截面后捕捉矩形边线进行路径跟随，完成模型的制作如图 5-294 所示。

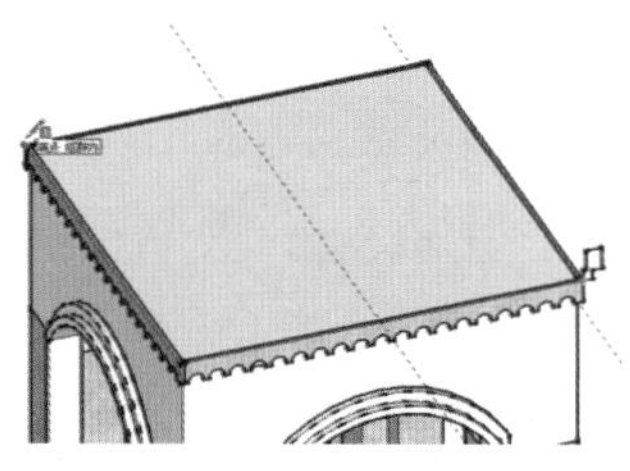

图 5-293　绘制矩形平面

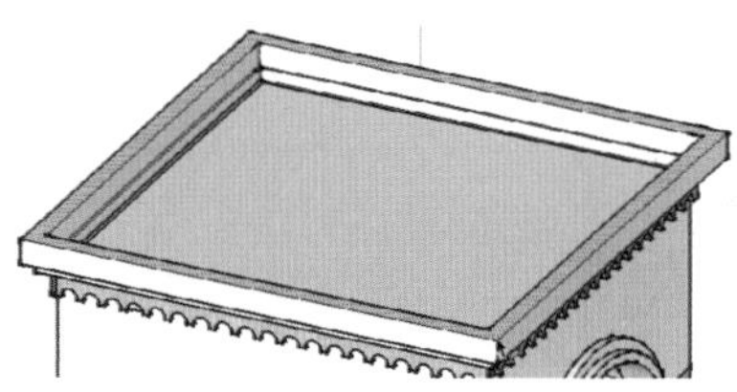
图 5-294　路径跟随完成效果

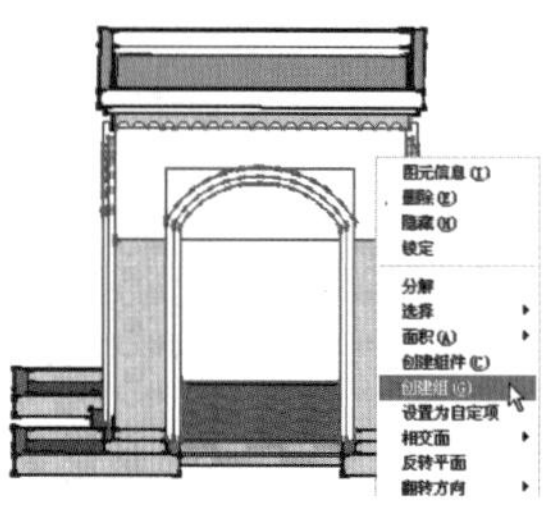
图 5-295 创建塔身组

03 由于景观塔一、二层造型类似，只是大小比例不同，因此在将一层整体组成【组】后，启用【移动】工具，并按 Ctrl 键，将其向上复制一份，如图 5-295 和图 5-296 所示。

04 选择复制得到的二层塔身，启用【拉伸】工具，按下 Ctrl 键以 0.85 的比例进行等比拉伸，如图 5-297 所示。

05 拉伸完成后，将二层塔身底面移动至一层塔身顶面，如图 5-298 所示。

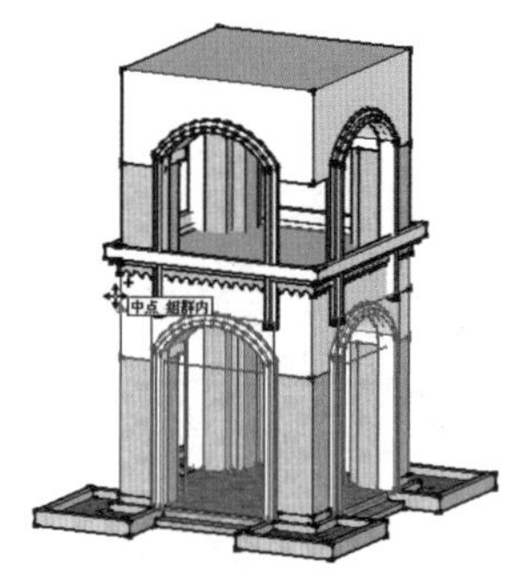
图 5-296　移动复制塔身

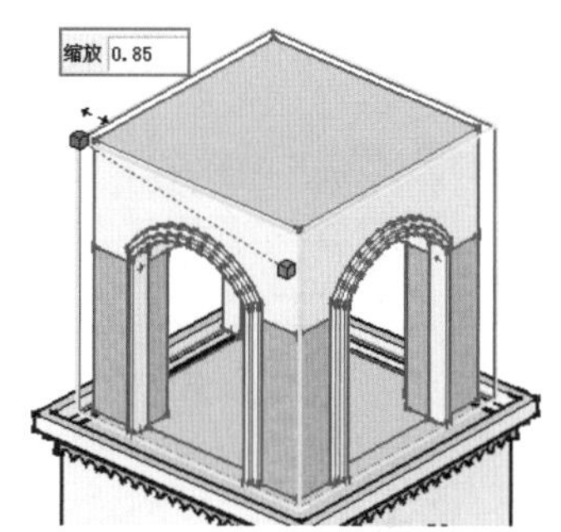

图 5-297　中心等比拉伸

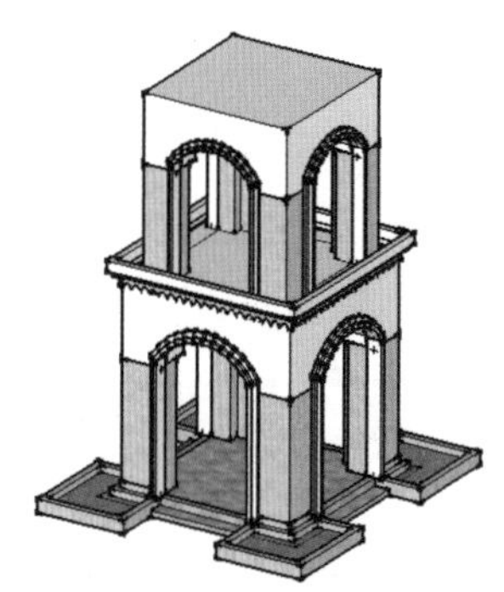
图 5-298 调整二层塔身位置

5.6.5 制作景观塔塔顶

01 制作塔顶模型。启用【线条】创建工具，绘制如图 5-299 所示的截面。隐藏角线等模型，启用【矩形】创建工具，捕捉塔身创建一个矩形平面，如图 5-300 所示。

02 启用【路径跟随】工具，选择截面，沿矩形平面进行路径跟随，最终完成效果如图 5-301 所示。

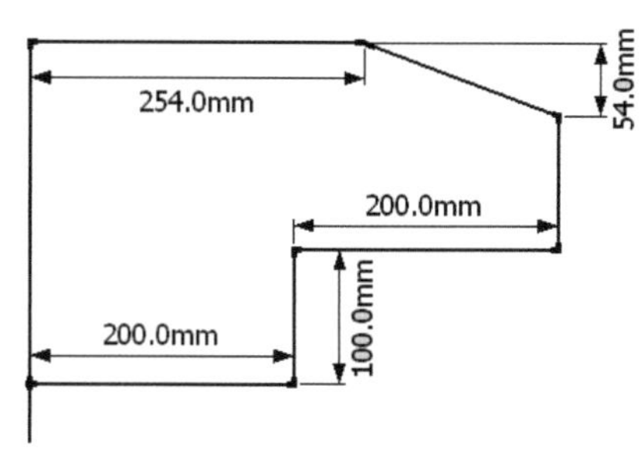

图 5-299　绘制轮廓平面

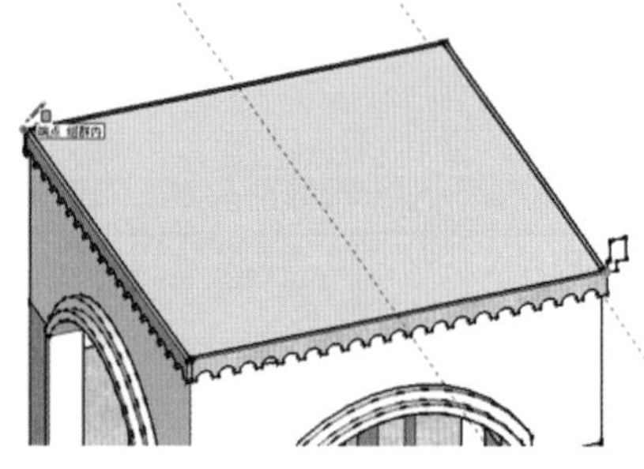
图 5-300　创建矩形

03 启用【线条】创建工具，绘制如图 5-302 所示的屋顶截面，使用【路径跟随】工具完成如图 5-303 所示的屋顶模型的制作。

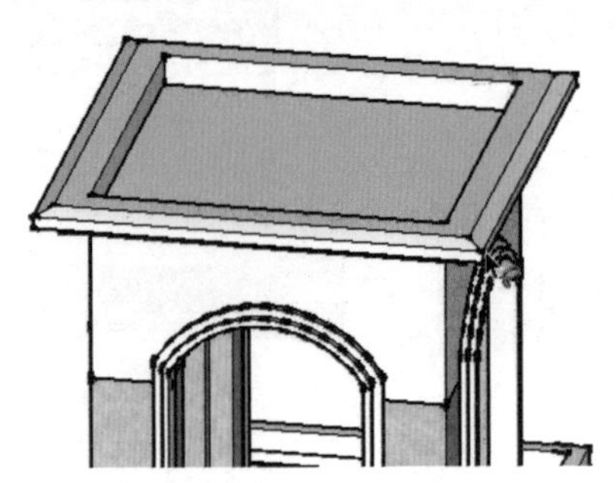
图 5-301　跟随路径完成效果

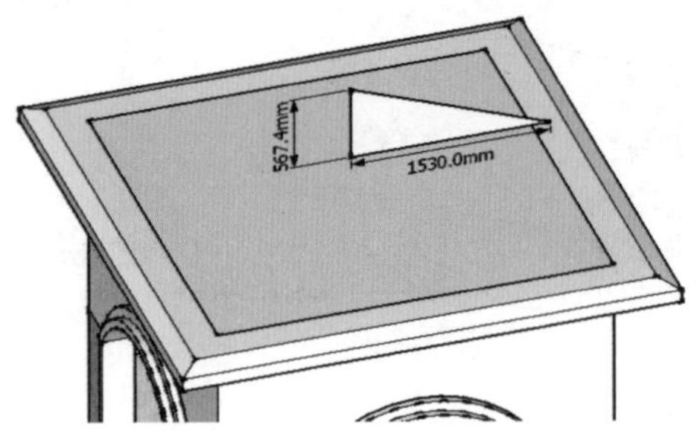

图 5-302　绘制屋顶轮廓平面

04 屋顶模型制作完成后，进入【使用层颜色材料】面板，选择【屋顶】材质类型中的“木质木瓦屋顶”材质，将其赋予屋顶模型，如图 5-304 所示。

05 最终完成景观塔模型效果如图 5-305 所示。

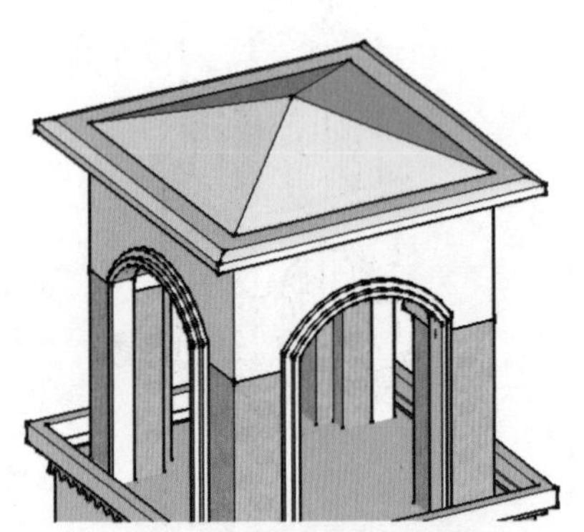
图 5-303　跟随路径完成效果

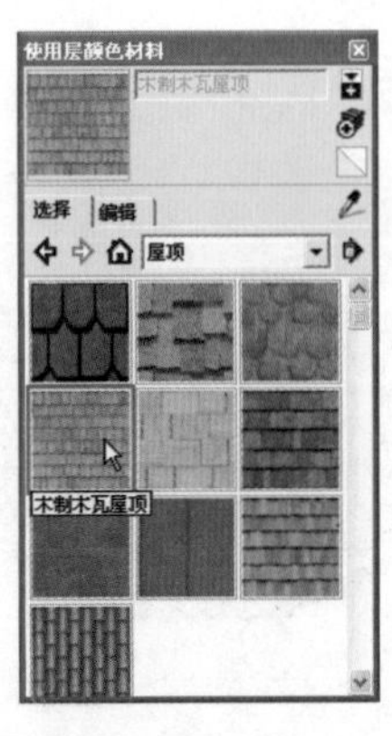

图 5-304　选择木质木瓦屋顶材质

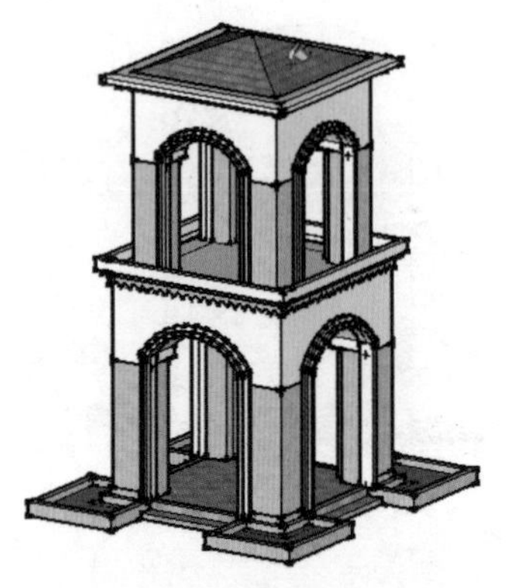
图 5-305　景观塔完成效果

第6章

室内户型图设计

本章重点：

- 制作户型框架
- 布置门窗
- 细化客厅与茶室
- 细化厨房
- 细化主卧
- 细化其余空间
- 户型图最终完善

户型图是房地产开发商向购房者展示楼盘户型结构的重要手段。本章将学习户型图建模方法和技巧。SketchUp 注重整个设计的推敲过程，本例户型图创建以一张户型布置图为参考，然后根据室内设计中的常规标准，通过逐步推敲与细化，最终完成户型图模型制作，如图 6-1 ~ 图 6-4 所示。

图 6-1　原始图纸

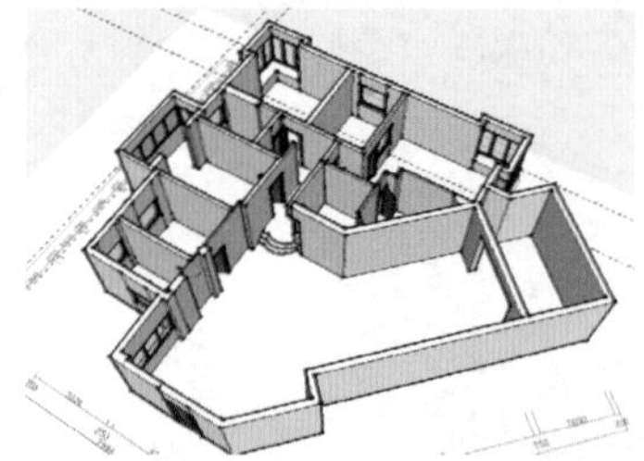
图 6-2　建立框架

图 6-3　细化空间

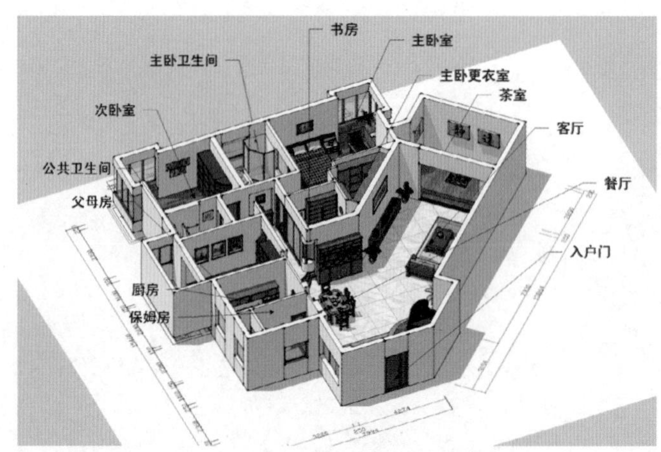

图 6-4　户型图完成效果

6.1 制作户型框架

6.1.1 制作户型基本墙体

01 启动 SketchUp 软件，进入【模型信息】面板，设置场景单位为 mm，如图 6-5 与图 6-6 所示。

图 6-5　打开 SketchUp

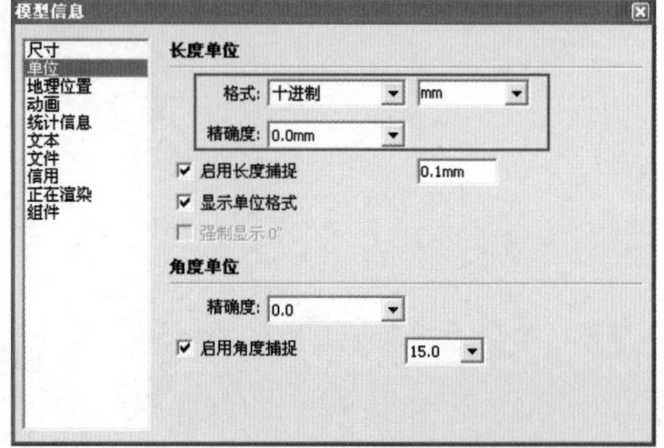

图 6-6　设置场景单位

02 执行【文件】/【导入】菜单命令，如图 6-7 所示，在打开的“打开”面板中选择“所有支持的图片类型”选项，导入配套光盘“第 06 章\四居室内布置.jpg”图片，如图 6-8 所示。

图 6-7　执行文件/导入命令

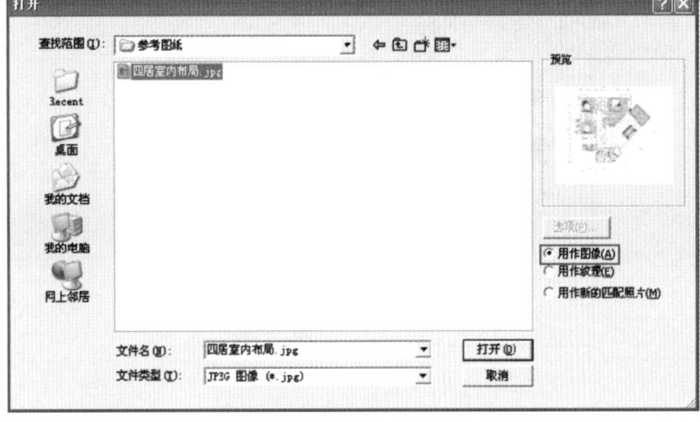
图 6-8　选择导入平面布局图

03 图片导入场景后，按住 Ctrl 键，移动鼠标将图片中心与原点对齐，如图 6-9 所示。

04 导入的图片尺寸通常与实际不符，如图 6-10 所示，平面布置图中标注为 3194 的距离实际长度为 269593.4，下面进行校正。

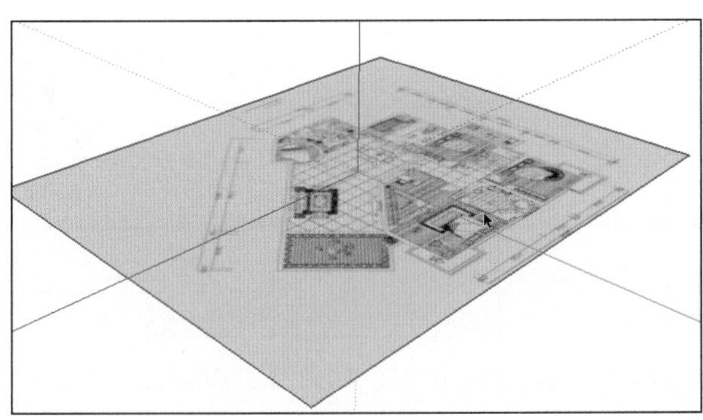
图 6-9　对齐坐标原点

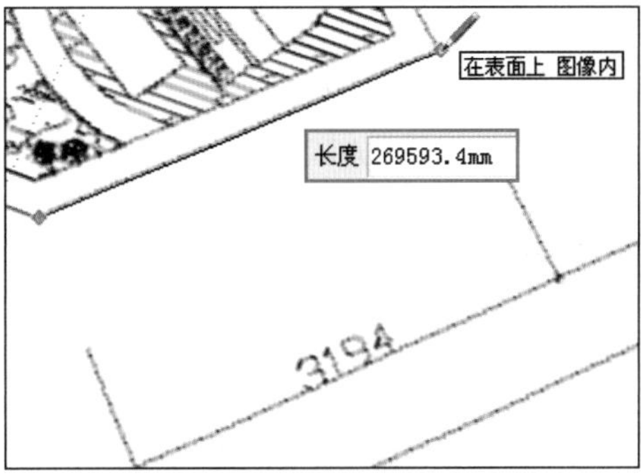

图 6-10　当前导入长度

05 启用【卷尺工具】工具，在标注长度为 3194 的线段上确定起点与终点，单击鼠标后输入目标数值 3194，如图 6-11 所示。

06 输入目标数值后按下 Enter 键，将弹出如图 6-12 所示的对话框，提示是否重置模型大小，此时单击【是】按钮。

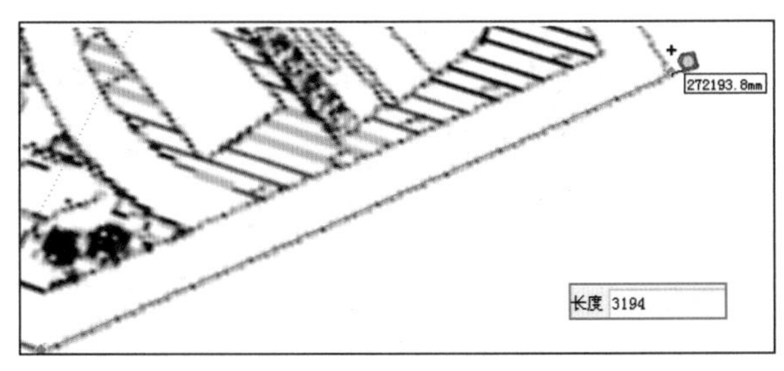

图 6-11　启用测量距离工具

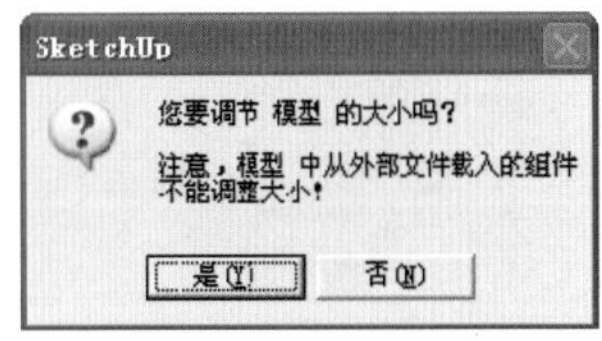

图 6-12　确认重置模型大小

07 重置模型后，再次对长度为 3194 的线段进行丈量，可以发现其已经十分接近标注长度，如图 6-13 所示。

08 启用【线条】创建工具，捕捉图片中外侧墙体线条绘制出外部墙体，如图 6-14 所示。

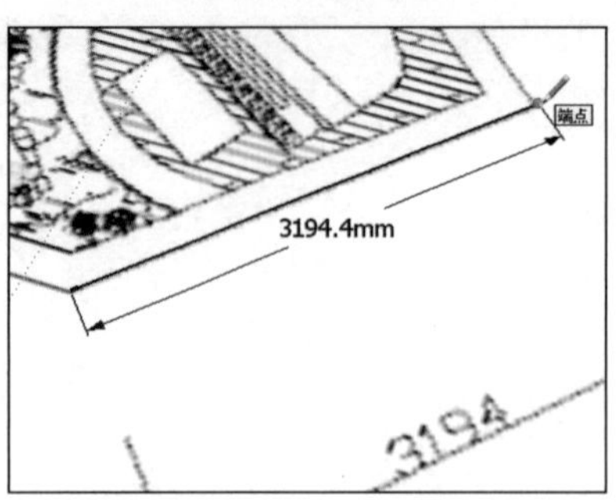

图 6-13　调整后的图片尺寸

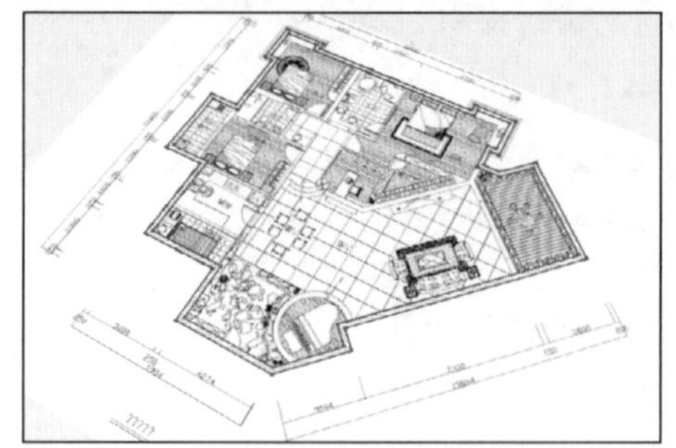

图 6-14　绘制外部墙体

注 意

为了方便确定窗洞与门洞的位置，在绘制墙体线时，应该在开洞两侧位置单击鼠标预留位置参考点，如图 6-15 所示。

图 6-15　预留门窗参考线

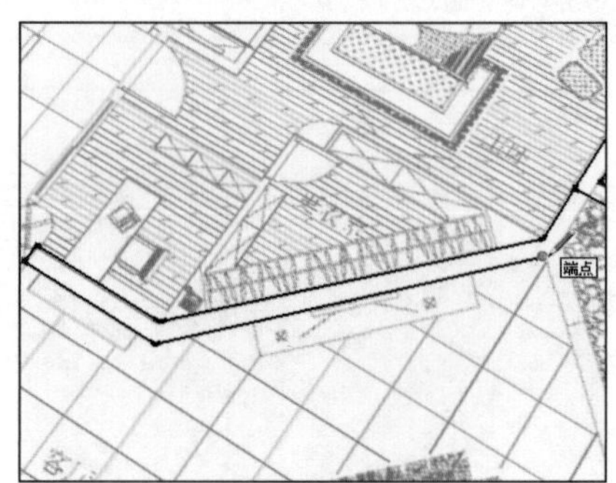

图 6-16　绘制内部墙体

09 外部墙体绘制完成后，放大显示图，如图 6-16 所示绘制内部墙体线，绘制完成的墙体轮廓平面如图 6-17 所示。

10 启用【推/拉】工具，选择所有绘制好的轮廓线，将其向上推出 2700 的高度，如图 6-18 所示。

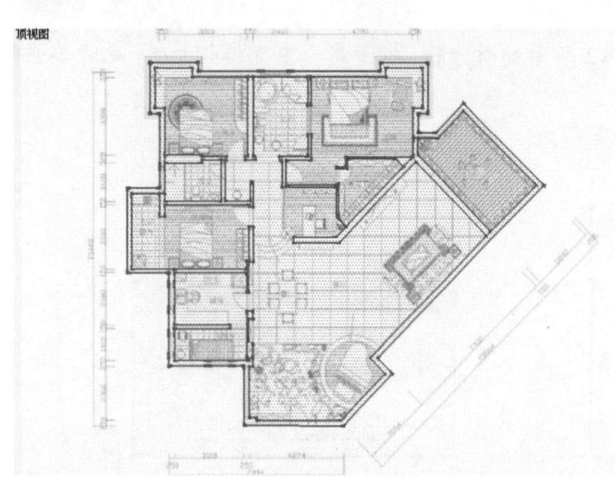

图 6-17　墙体绘制完成

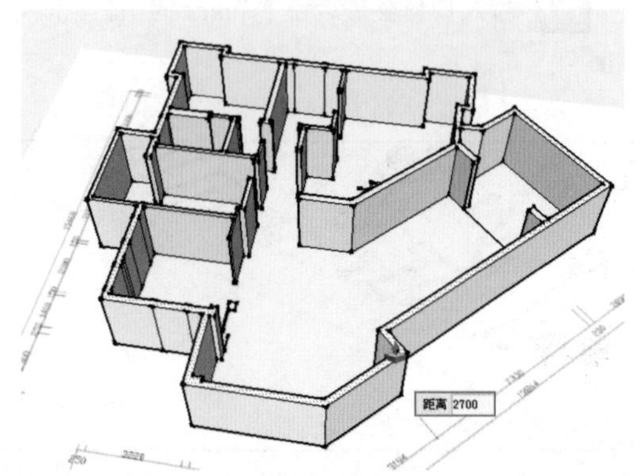

图 6-18　拉伸墙体

11 执行【视图】\【正面样式】\【X 射线】菜单命令，如图 6-19 所示，将墙体调整为透明效果，以便创建门洞与窗洞，如图 6-20 所示。

12 为了避免辅助定位等操作分割墙面，选择所有墙体，将其创建为【组】，如图 6-21 所示。

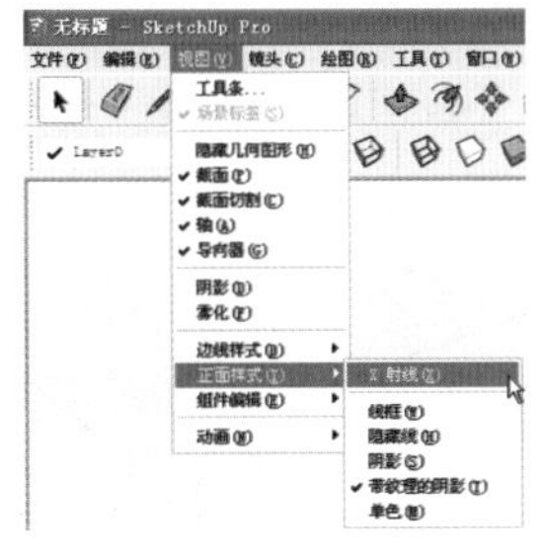

图 6-19　选择 X 射线模式

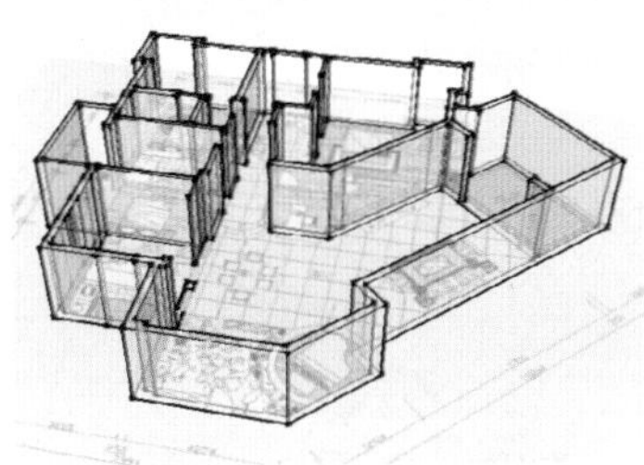
图 6-20　X 射线模式显示效果

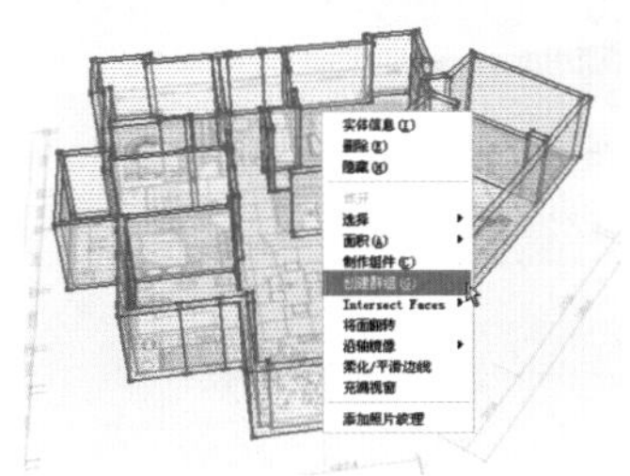
图 6-21　将墙体创建组

6.1.2 创建窗洞与门洞

01 启用【矩形】创建工具，在场景内绘制一个矩形，使其能覆盖整个户型图区域，如图 6-22 所示。

技 巧

窗台高度通常在 800～1200 之间，多层建筑窗台标准高度为 900。为了快速定位窗台高度，这里创建一个平面进行参考。

02 启用【移动】工具，将创建的矩形平面在 Z 轴上移动 900，如图 6-23 所示。

03 启用【线条】创建工具，在墙体边线上进行捕捉，即可捕捉到距离地面 900 的交点，如图 6-24 所示。

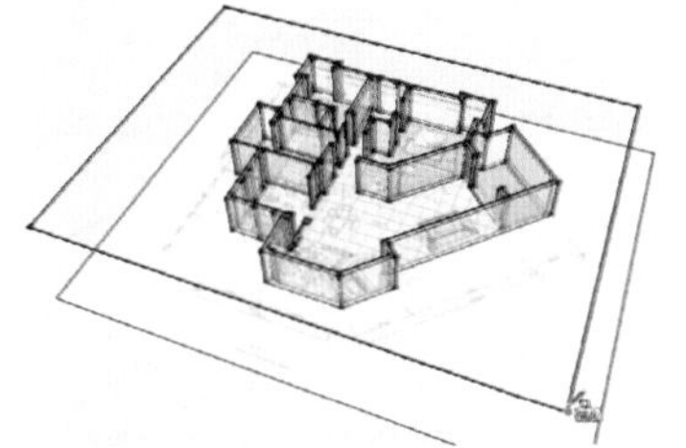
图 6-22　创建参考平面

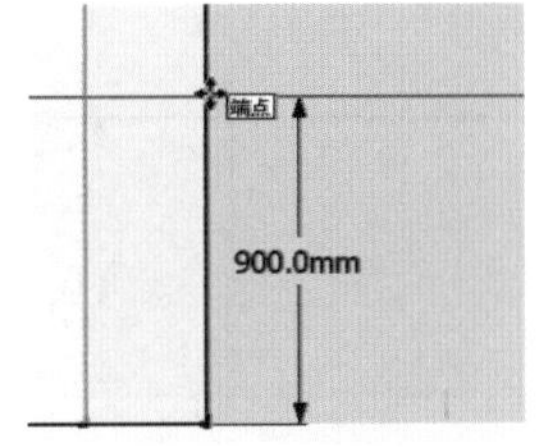

图 6-23　调整平面高度

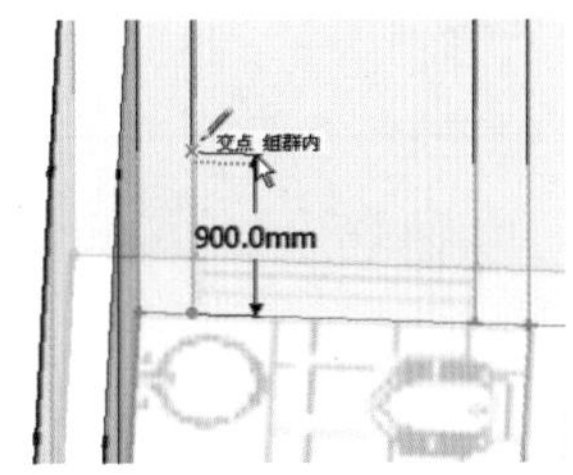

图 6-24　捕捉墙体交点

注 意

在建筑设计中，窗户的尺寸并没有标准的高度，可以根据采光、通风以及美观等因素进行灵活调整。

04 启用【线条】创建工具，捕捉交点，连接墙体上预留的窗户定位线创建出窗台线，然后启用【移动】工具，按 Ctrl 键，将其向上以 1200 的距离复制一份，如图 6-25 所示。

05 启用【推/拉】工具，打通分割面创建窗洞，如图 6-26 所示。使用同样方法，打通场景中其他位置的窗洞，如图 6-27 所示。

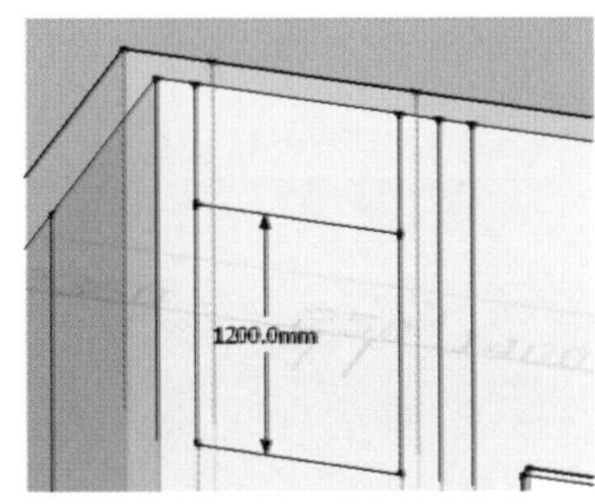

图 6-25　向上偏移直线

图 6-26　启用推拉工具

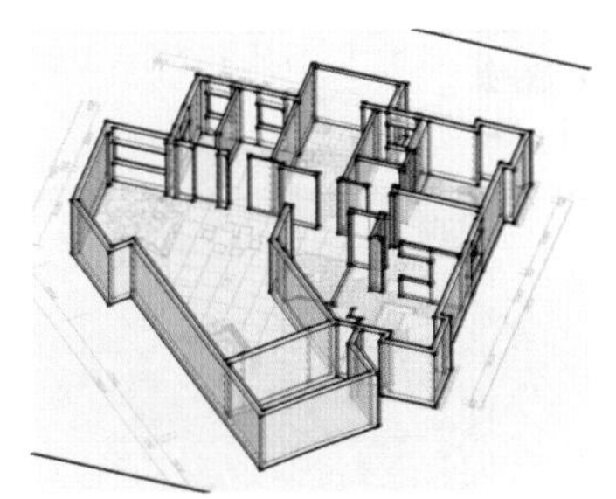
图 6-27　窗洞制作完成

06 制作门洞。启用【移动】工具，将参考平面移动距地面 2000 处，如图 6-28 所示。

07 启用【线条】创建工具，捕捉交点连接好边线，如图 6-29 所示，启用【推/拉】工具闭合墙体形成门洞，如图 6-30 所示。

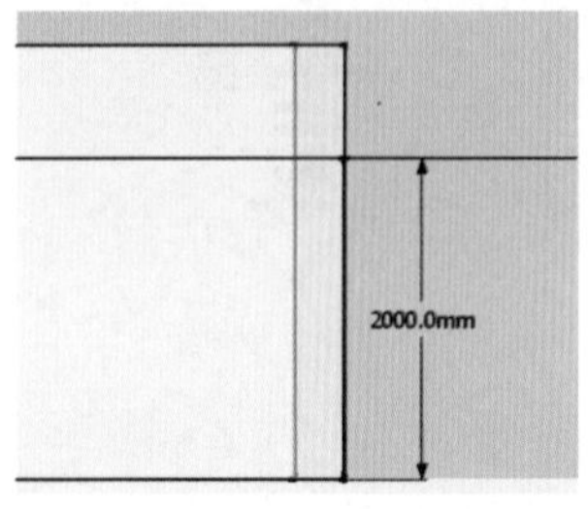

图 6-28 移动参考平面

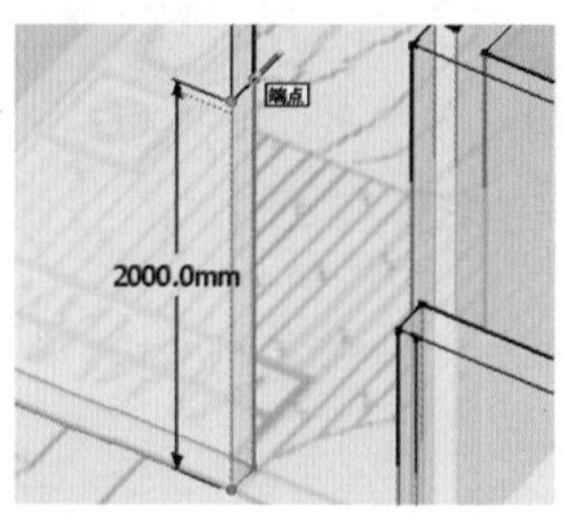

图 6-29 绘制门洞分割线

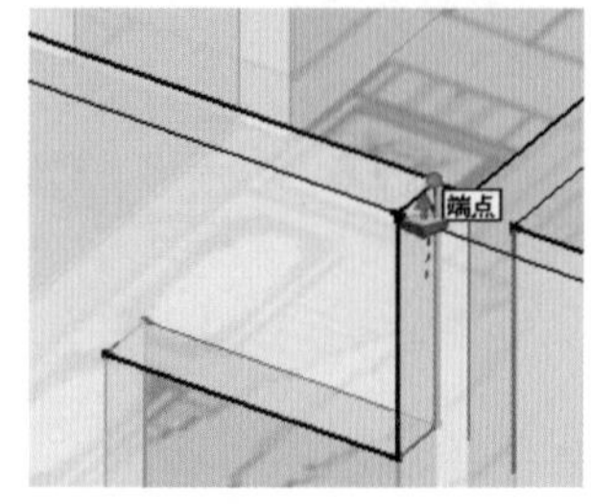

图 6-30 启用推拉工具

注 意

居室门高度一般为 2m，入户门高度一般为 2.1m。

08 使用上述方法，完成户型图其他门洞的制作，如图 6-31 所示。接下来制作飘窗窗洞，启用【移动】工具，将参考平面移动至距地面 600 处，如图 6-32 所示。

09 启用【线条】创建工具，捕捉交点在墙面上画出窗台分割线，如图 6-33 所示。

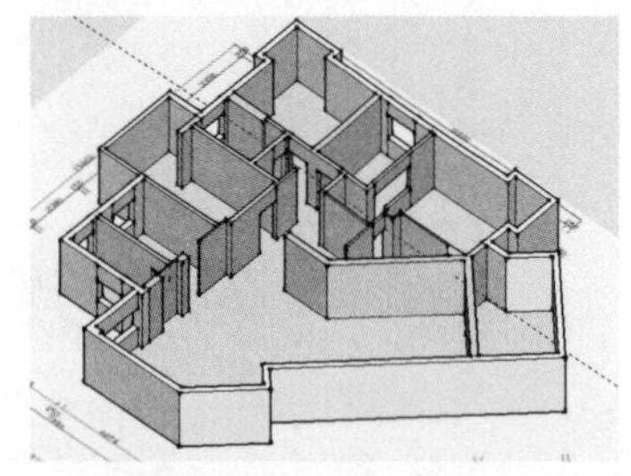

图 6-31 门洞制作完成

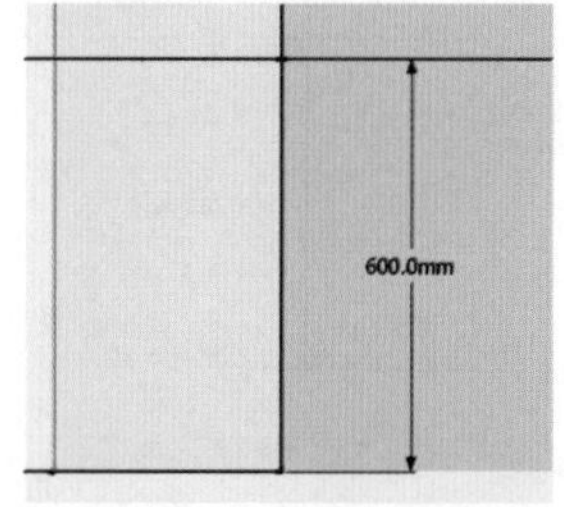

图 6-32 移动参考平面

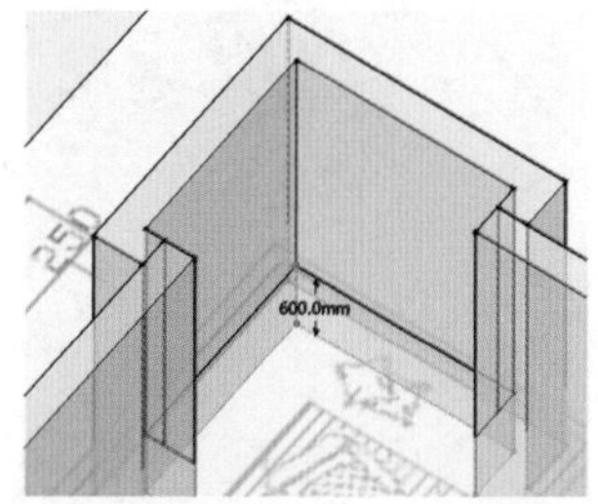

图 6-33 绘制飘窗窗台高度分割线

注 意

飘窗由于面积大、视野开阔，在具有采光通风功能的同时，也增加了室内的有效使用面积，用途非常广泛，其窗台高度比普通窗台要矮一些，通常为 50～60。

10 启用【移动】工具，将创建的分割线向上以 1600 的距离复制一份，完成飘窗空洞分割面的制作，如图 6-34 所示。

11 启用【推/拉】工具，将飘窗窗洞打通，如图 6-35 所示。将飘窗下方墙体向内拉伸，制作出飘窗窗台，如图 6-36 所示。

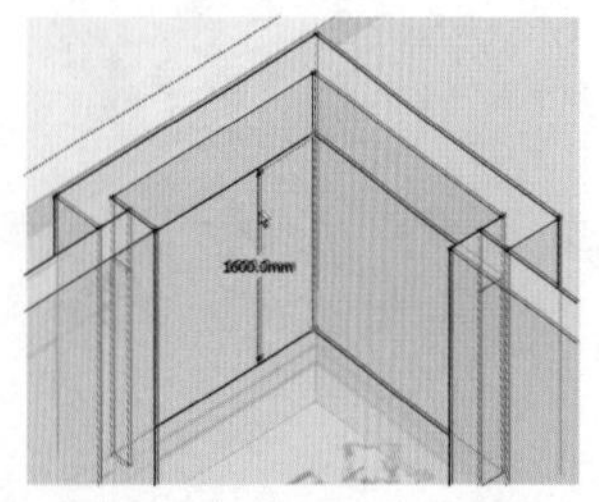

图 6-34 移动复制出飘窗高度

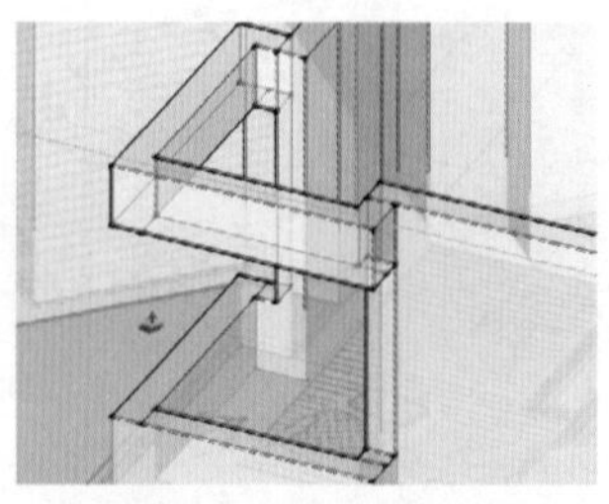

图 6-35 打通墙体

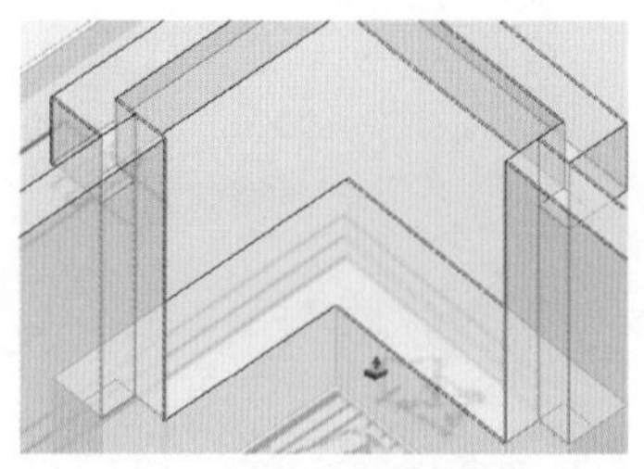

图 6-36 推拉出飘窗窗台

12 使用同样的方法，制作出另一侧的飘窗空洞，如图 6-37 所示。户型图窗洞与门洞全部制作完成，如图 6-38 所示，接下来制作下沉式客厅。

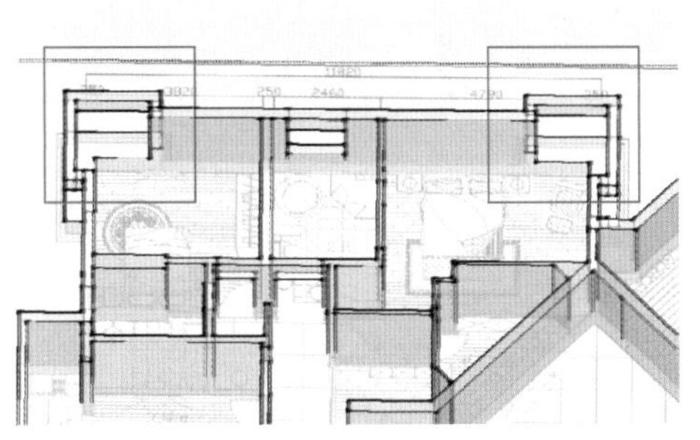

图 6-37　完成两侧飘窗窗沿

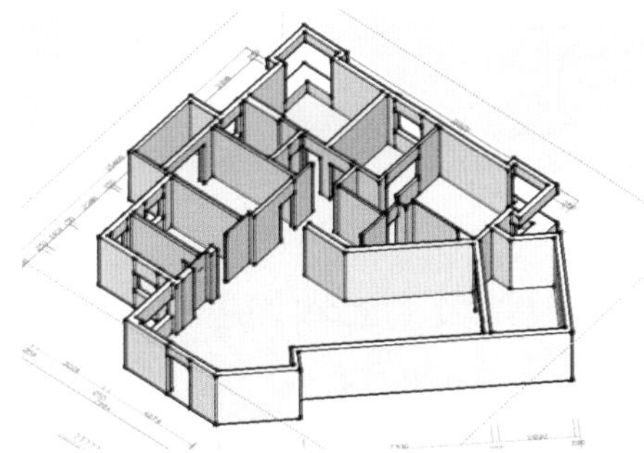

图 6-38　窗洞与门洞完成效果

6.1.3 制作下沉式客厅

01 启用【线条】创建工具，参考布置图台阶位置，分割模型底面，如图 6-39 所示

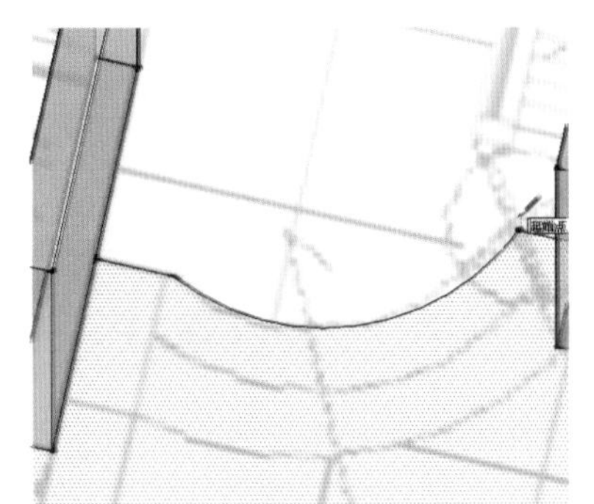

图 6-39　分割客厅地面

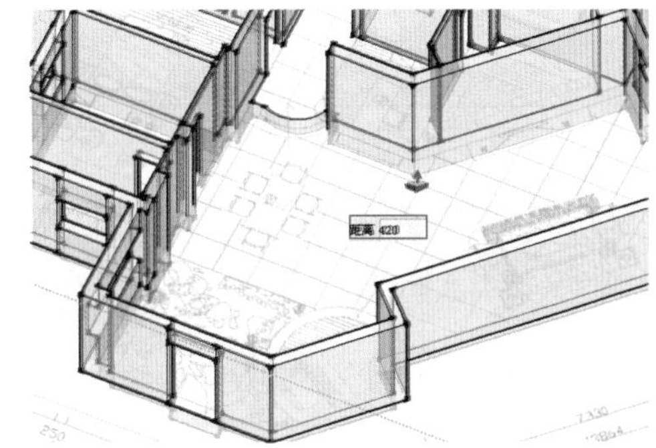

图 6-40　启用推拉工具

02 启用【推/拉】工具，将划分的客厅等空间底面向下推拉 420，如图 6-40 所示。

03 此时客厅地面被布局图平面遮挡，如图 6-41 所示，因此选择墙体模型，将其整体向上移动 420，如图 6-42 所示。

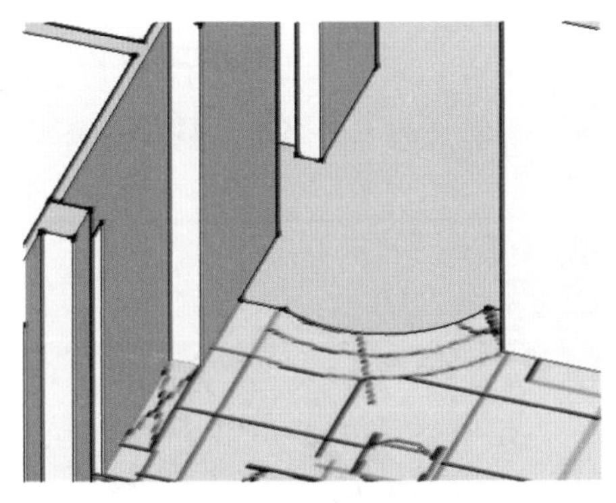

图 6-41　下沉空间被阻拦

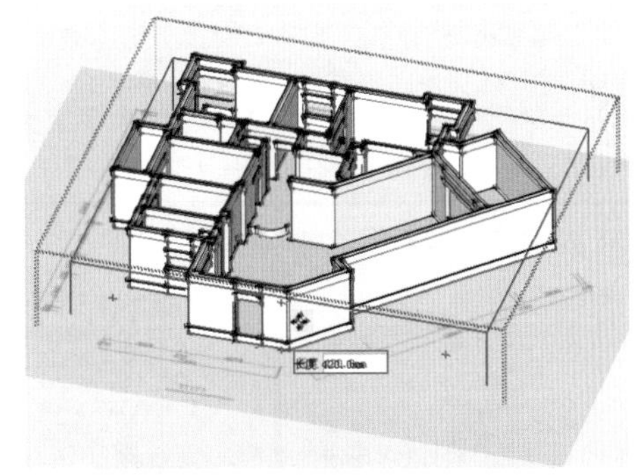

图 6-42　整体移动墙体

04 接下来制作客厅到走廊的台阶，启用【移动】工具，选择弧形边线进行复制，如图 6-43 与图 6-44 所示。

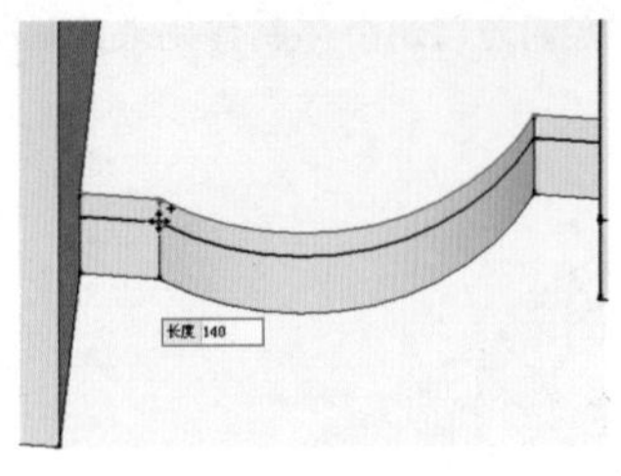

图 6-43　分割台阶面

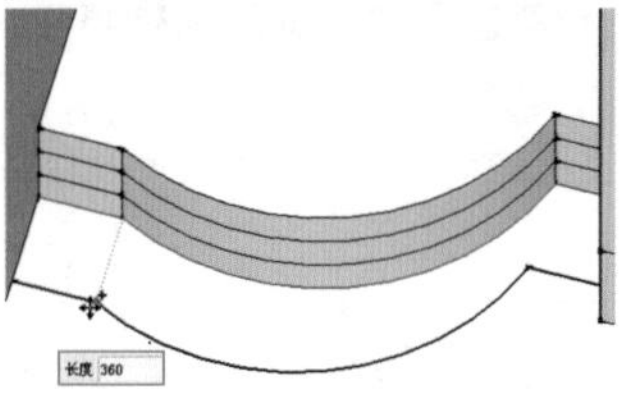

图 6-44　移动复制台阶面

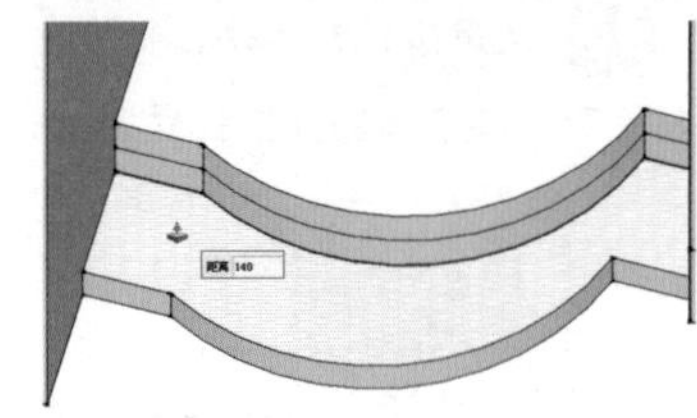

图 6-45　推拉出台阶模型

05 启用【线条】创建工具，封闭复制得到的边线以形成面，如图 6-45 所示。使用【推/拉】工具制作出台阶初步效果，如图 6-46 所示。

06 使用类似的方法制作出台阶的细节，如图 6-47-图 6-50 所示。

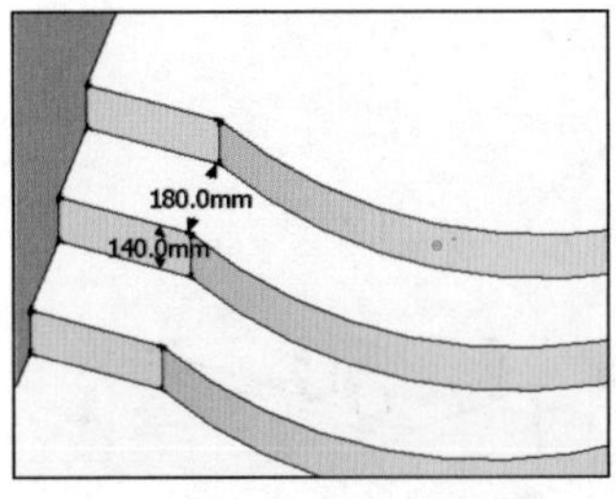

图 6-46　台阶初步效果

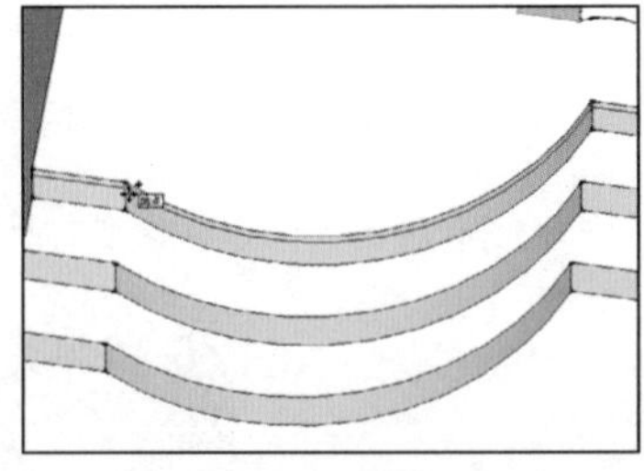

图 6-47　移动复制弧形边线

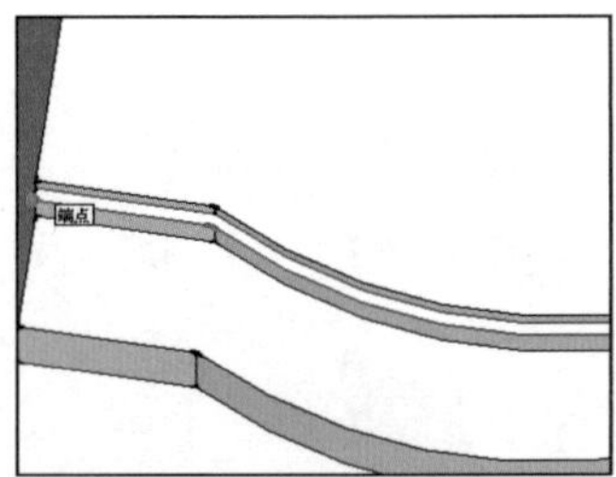

图 6-48　封闭边线

技巧

在封闭得到弧形面后，将其创建为【组】，可以避免与台阶模型交接，方便选择与移动复制。

07 启用【移动】工具，复制出另外两处压边线条细节模型，如图 6-51 所示。

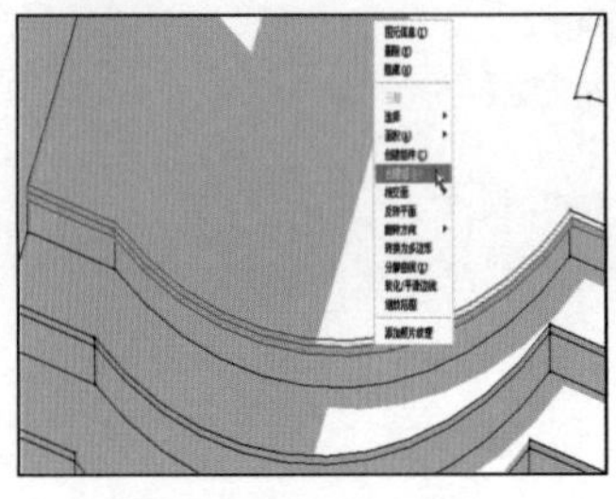

图 6-49　创建组

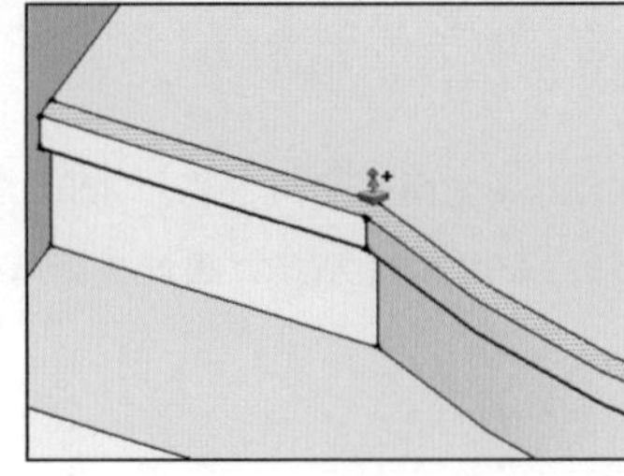

图 6-50　启用推拉工具

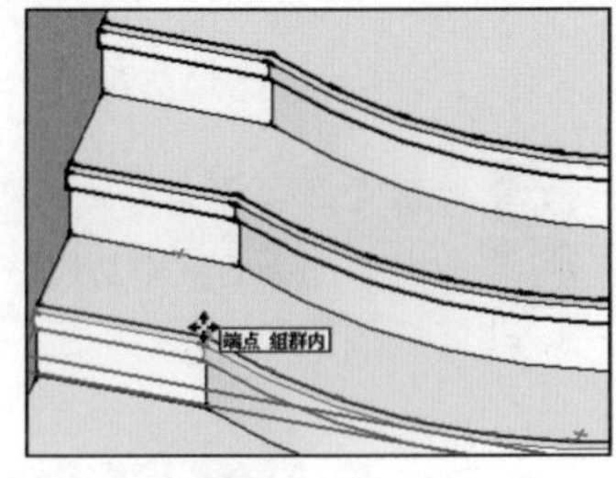

图 6-51　复制模型

08 台阶模型制作完成后，选择删除由于空间下沉产生的多余边线，如图 6-52 所示。接下来调整窗台与窗户高度。

09 启用【移动】工具，选择窗台平面，将其向下移动 420，如图 6-53 所示。

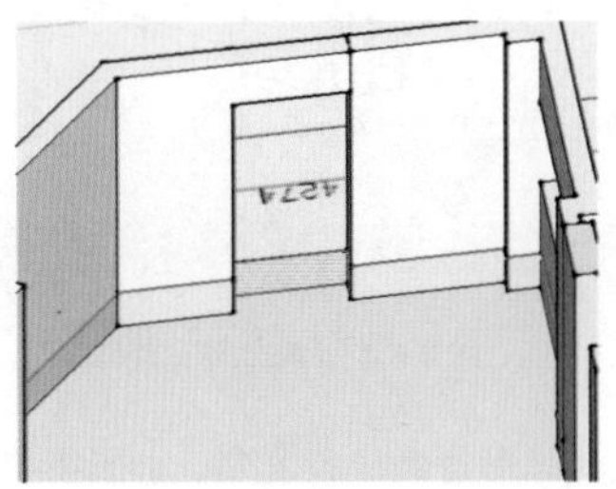

图 6-52　删除多余线段

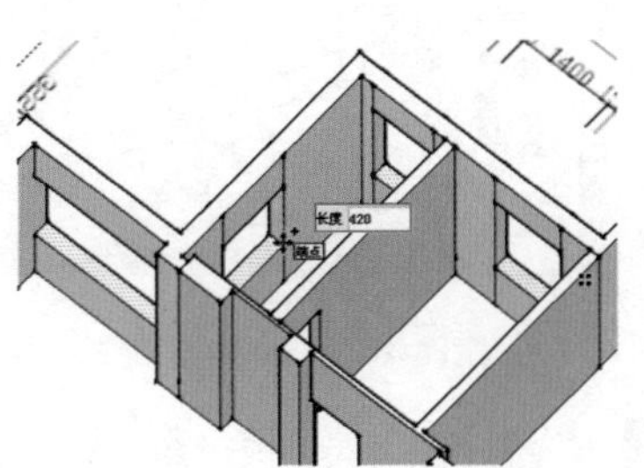

图 6-53　向下推拉窗台平面

10 旋转视角，选择窗户上沿平面，同样将其向下移动420，如图6-54所示。

11 户型图的框架与基本结构制作完成，如图6-55所示。接下来制作场景门窗模型。

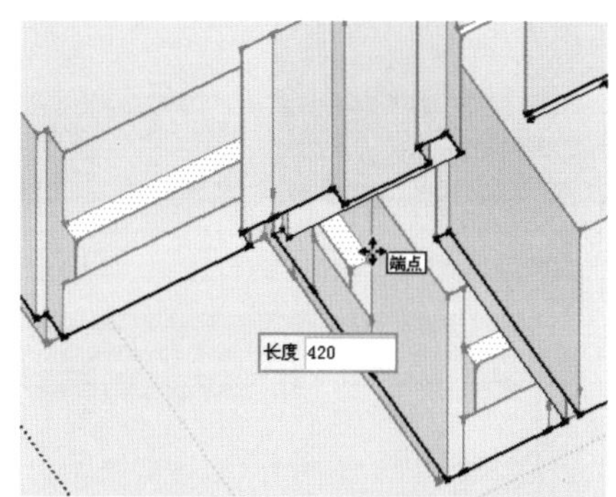

图6-54 向下推拉窗台上沿

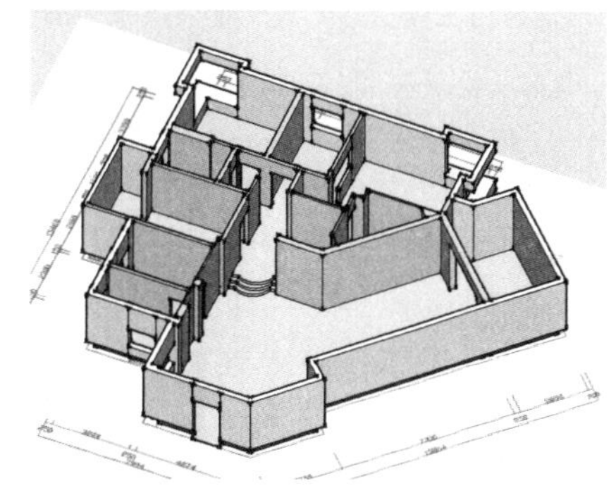
图6-55 户型图框架完成效果

6.2 布置门窗

6.2.1 布置门模型

01 制作入户门，根据平面布局图可以判断其为“子母门”，如图6-56所示。

02 启用【矩形】创建工具，参考门洞创建一个矩形平面，如图6-57所示。启用【偏移】工具，将其向内偏移55，如图6-58所示。

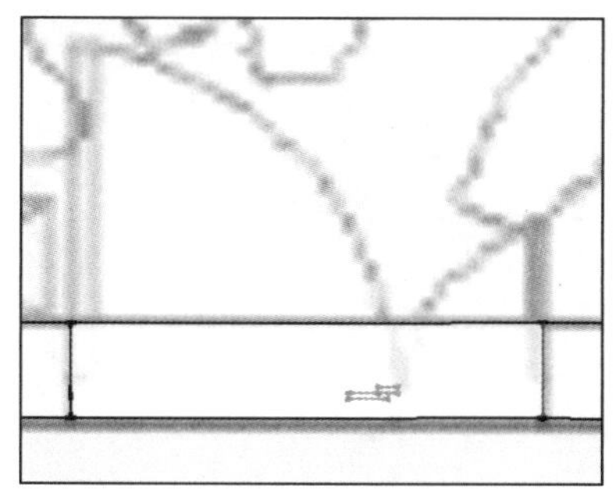
图6-56 平面布局中的子母门

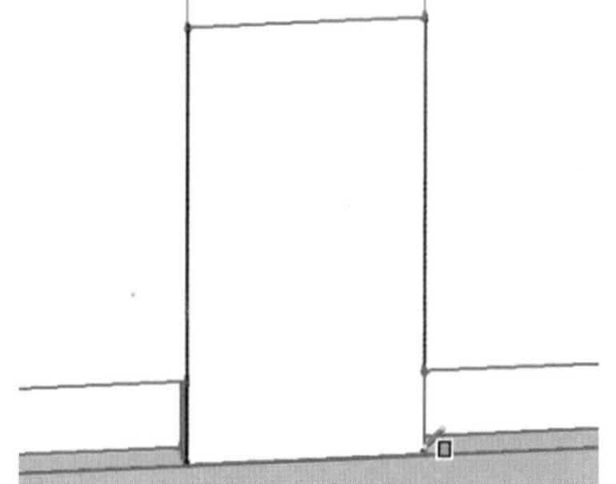
图6-57 创建矩形平面

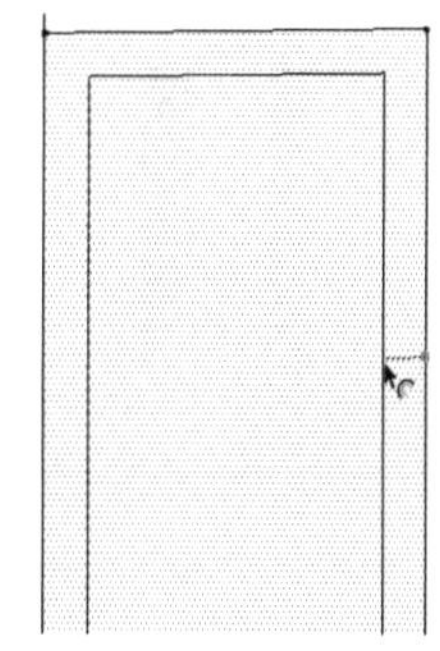
图6-58 启用偏移工具

03 启用【推/拉】工具，将偏移得到的内部平面向内推拉75，如图6-59所示。启用【线条】创建工具。对平面进行分割，如图6-60所示。

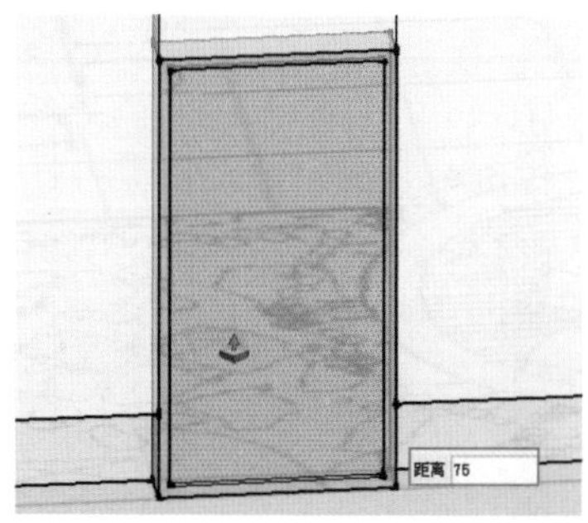

图6-59 启用推拉工具

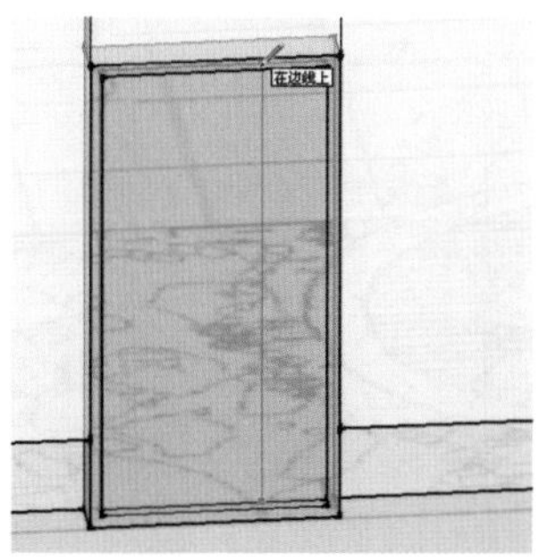

图6-60 分割平面

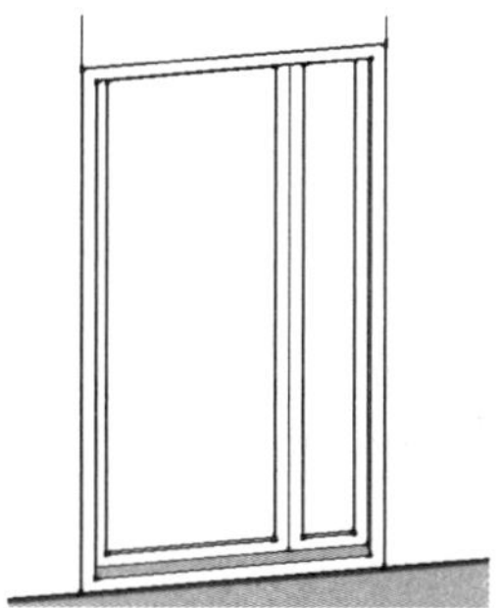
图6-61 制作子母门细节

04 结合使用【偏移】与【推/拉】工具，制作“子母门”模型细节如图 6-61 所示。进入【材质】面板，为其赋予“原色樱桃木质纹”材质，如图 6-62 所示。

05 制作好门把模型，完成子母门效果如图 6-63 所示。

技 巧

在室内设计中，门页与门框的厚度都有相应的标准，但在户型图制作中，由于视角的原因难以观察到这些细节，因此在制作时以效果美观为主。

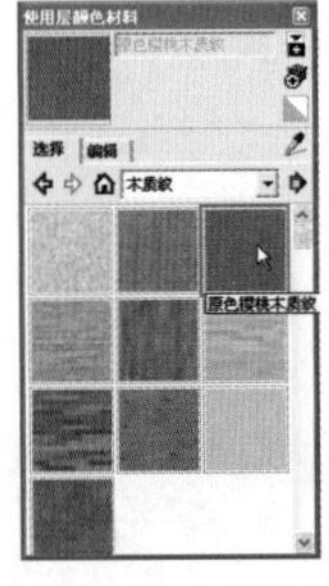

图 6-62 赋予材质

图 6-63 入户门子母门完成效果

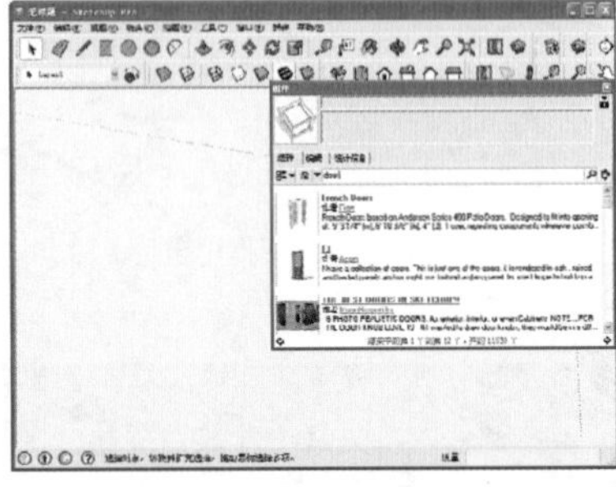

图 6-64 使用组件

06 户型图其他空间门模型的制作，可以直接调入配套光盘中附带的组件，或在 Google 模型库中搜索查找，如图 6-64 ~ 图 6-67 所示。

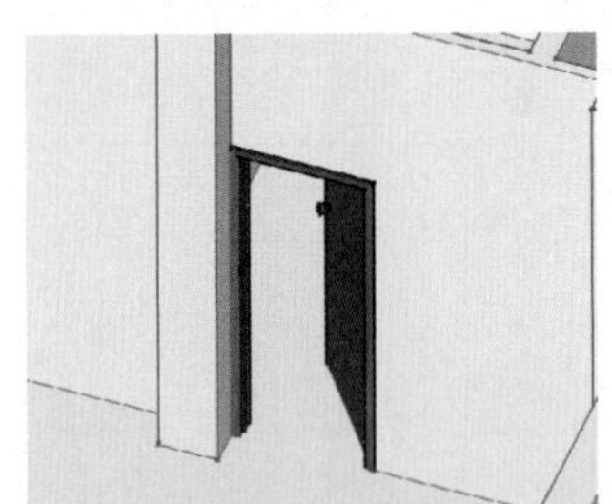

图 6-65 调入卧室门组件

图 6-66 调入卫生间门组件

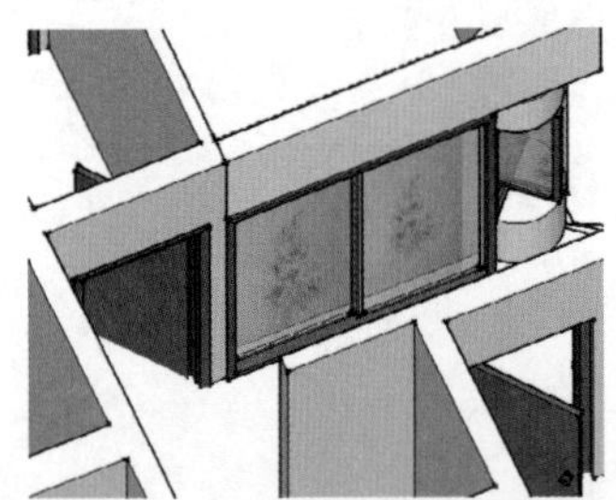

图 6-67 调入书房推拉门组件

注 意

不同空间的门，宽度和样式会有较大的区别，如卫生间的门通常要窄一些，一般会有磨砂玻璃进行装饰。

6.2.2 布置窗户

01 制作入户门左侧的窗户。结合使用【矩形】、【偏移】与【推/拉】工具，完成窗框模型制作，如图 6-68 ~ 图 6-70 所示。

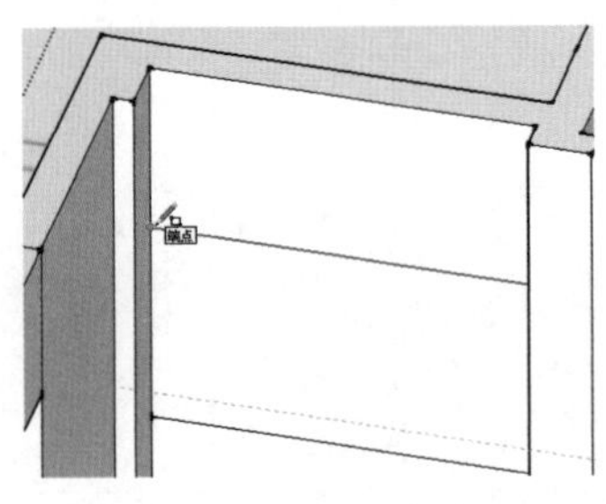

图 6-68 绘制窗户轮廓平面

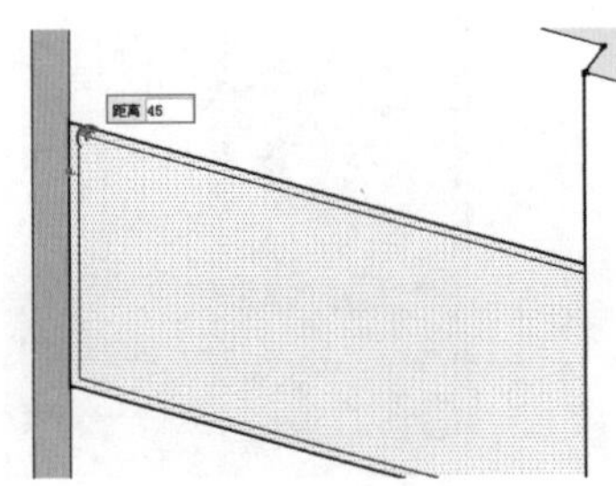

图 6-69 启用偏移工具

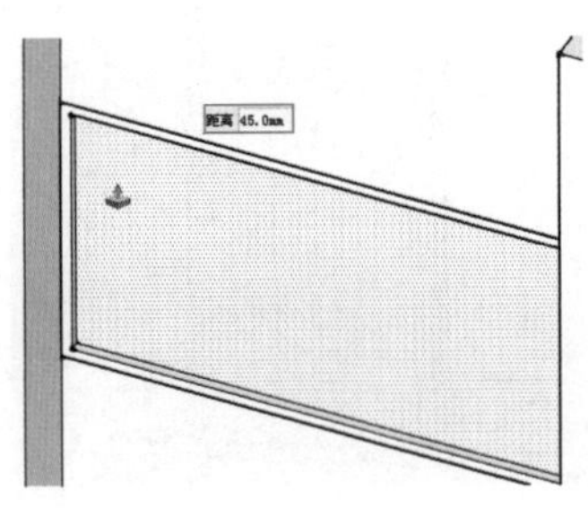

图 6-70 启用推拉工具

02 制作窗户细节，选择底部边线如图 6-71 所示。单击鼠标右键，将其等分成三段，如图 6-72 所示。

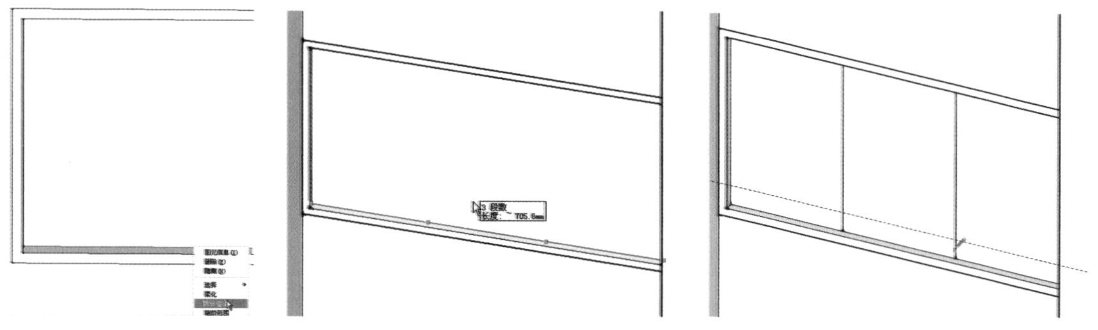

图 6-71 选择边线进行等分　　图 6-72 三等分线段　　图 6-73 分割平面

注 意

该窗洞的长度为 2360，将其划分为三段制作三个窗页比较合理，如果制作二个则太大，制作四个则太小。

03 启用【线条】创建工具，分割出三个平面，如图 6-73 所示。启用【偏移】工具，制作窗页轮廓，如图 6-74 所示。

04 启用【推/拉】工具，对窗页分割面进行推拉，制作出窗页的细节，如图 6-75 所示。注意不能将所有的窗页制作在同一平面上，而应该形成推拉窗的前后层次，如图 6-76 所示。

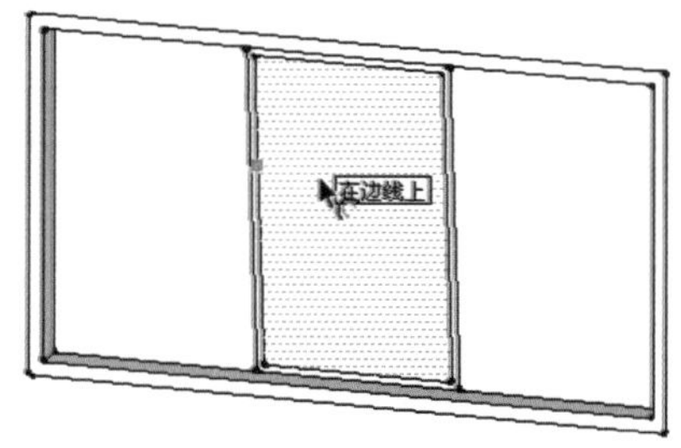

图 6-74 启用偏移工具

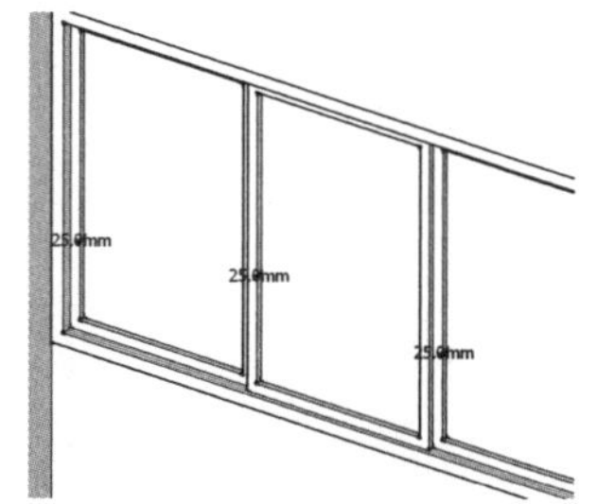

图 6-75 完成窗框模型

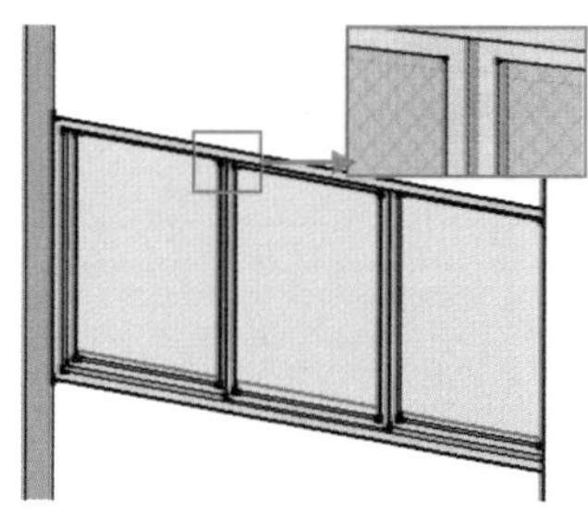

图 6-76 窗框细节

05 窗户模型制作完成，全选模型，为其赋予金属材质，如图 6-77 所示。选择玻璃模型面，为其赋予半透明材质，如图 6-78 所示。

06 使用类似的方法，制作出其他位置普通窗户模型，如图 6-79 所示，接下来制作飘窗窗户模型。

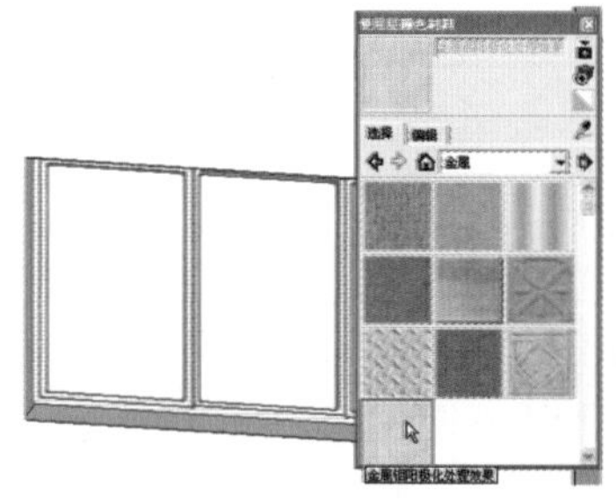

图 6-77 赋予窗框金属材质

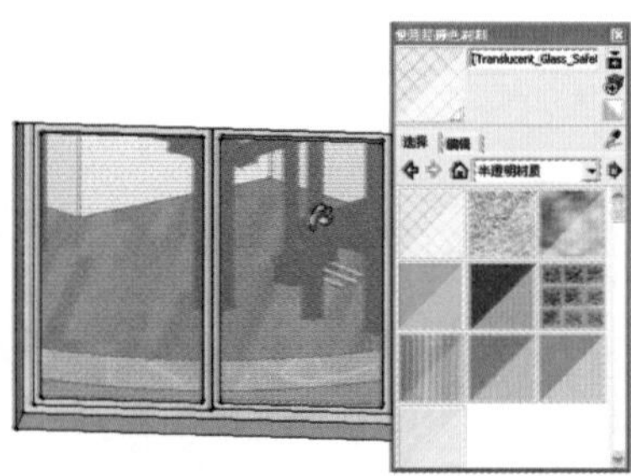

图 6-78 赋予玻璃半透明材质

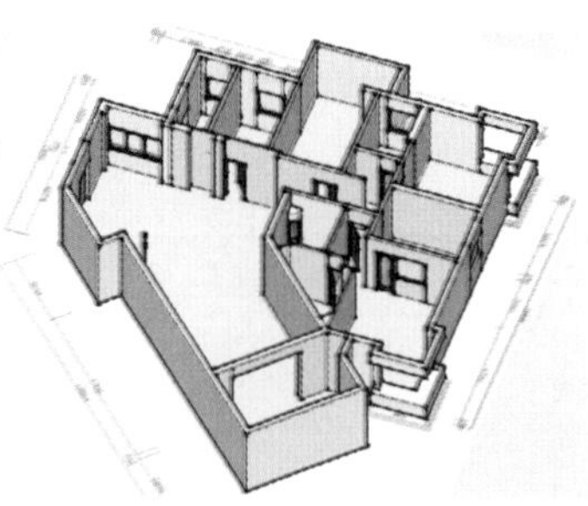

图 6-79 场景部分窗户完成效果

6.2.3 制作飘窗模型

01 启用【偏移】工具，选择飘窗窗台外侧边线，如图 6-80 所示，连续进行两次偏移，如图 6-81 所示。

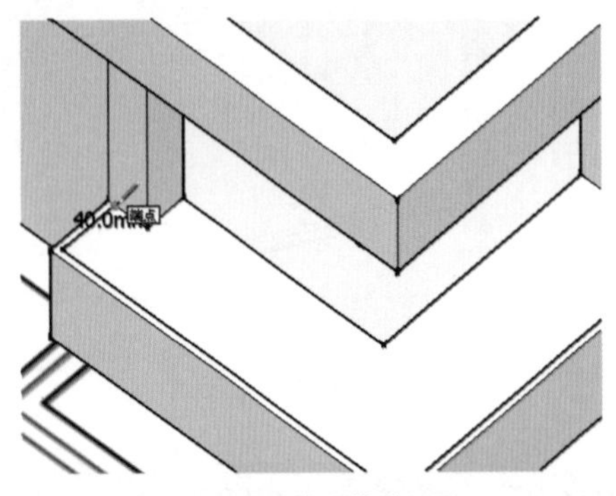

图 6-80　启用偏移工具

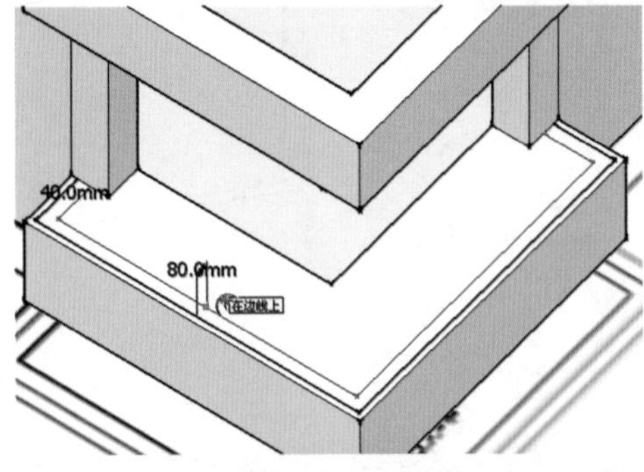

图 6-81　连续偏移

技巧

第一次偏移用于制作飘窗窗框与外侧窗沿的距离，第二次偏移则制作飘窗窗框轮廓平面。

02 启用【拉伸】工具，选择飘窗窗框平面，将其拉伸至顶部窗沿，如图 6-82 所示。

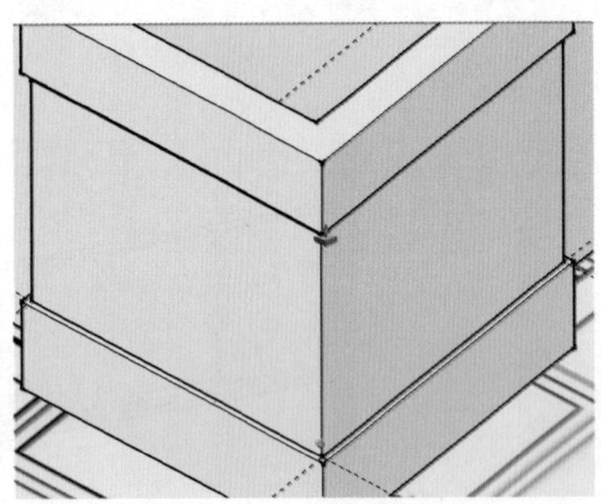

图 6-82　启用拉伸工具

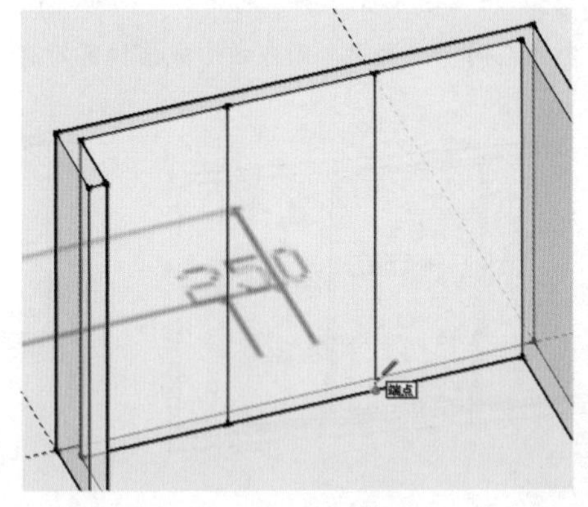

图 6-83　分割内部平面

03 通过细化飘窗内部平面制作细节效果，首先细化出三个窗页轮廓，如图 6-83 与图 6-84 所示。

04 使用【推/拉】工具制作窗页厚度与位置细节，如图 6-85 所示。

05 进入【材质】面板，为其赋予对应的金属与半透明材质，完成效果如图 6-86 所示。

06 将制作好的飘窗模型复制至另外一侧，并镜像调整好位置，最后制作阳台窗户模型。

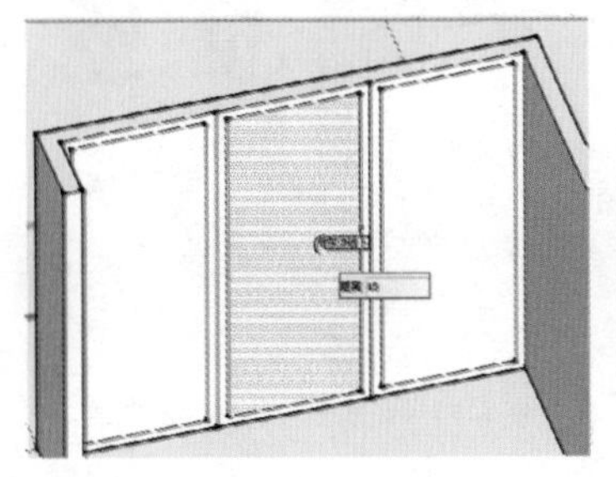

图 6-84　启用偏移工具

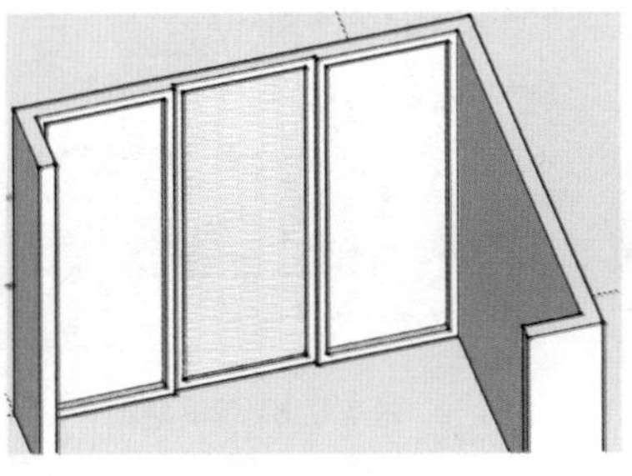

图 6-85　飘窗部分完成效果

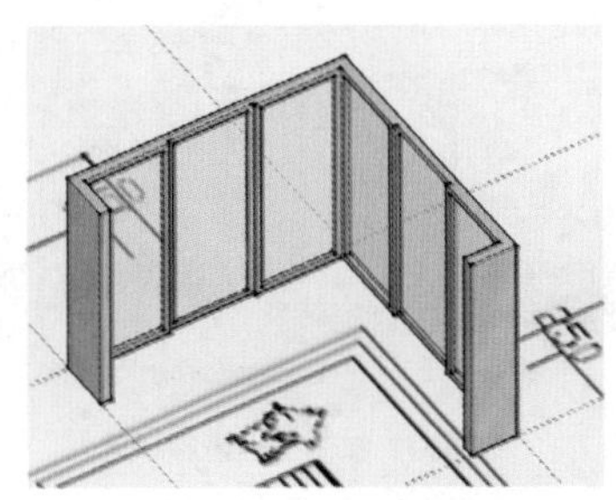

图 6-86　飘窗模型完成效果

6.2.4 制作阳台窗户

01 启用【线条】创建工具，分割阳台内部墙体，定位阳台窗户高度，如图 6-87 所示。

02 细化阳台窗户细节，为其赋予金属与半透明材质，如图 6-88 ~ 图 6-90 所示。

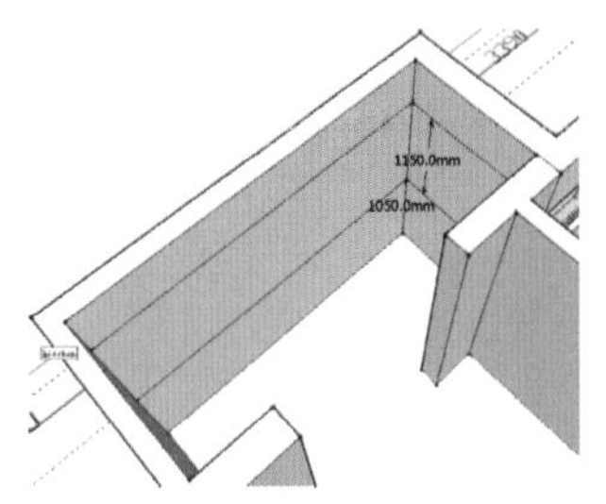

图 6-87 定位阳台窗户高度

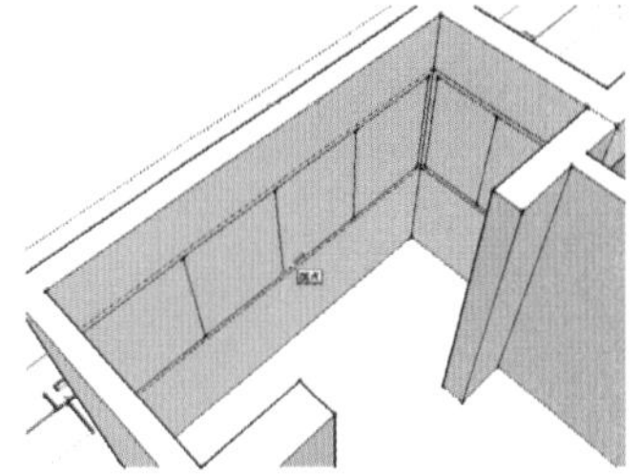
图 6-88 分割内部平面

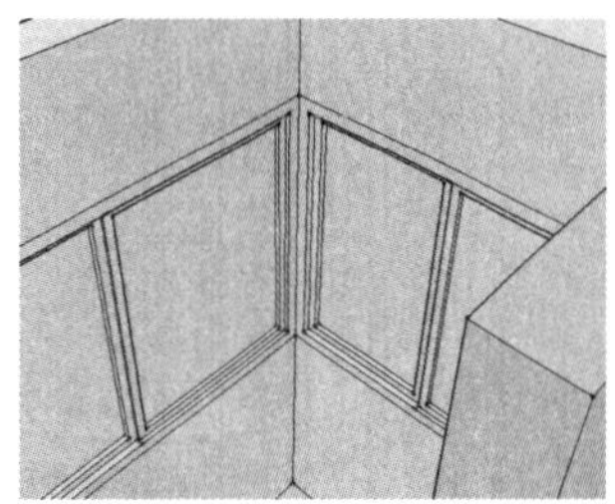
图 6-89 制作阳台窗户模型细节

注 意

低层、多层住宅的阳台栏杆净高不应低于 1.05m，中高层、高层住宅的阳台栏杆净高不应低于 1.10m。

03 阳台窗户模型制作完成，效果如图 6-91 所示。接下来细化各个空间，制作家具和装饰，体现出各个空间的使用功能。

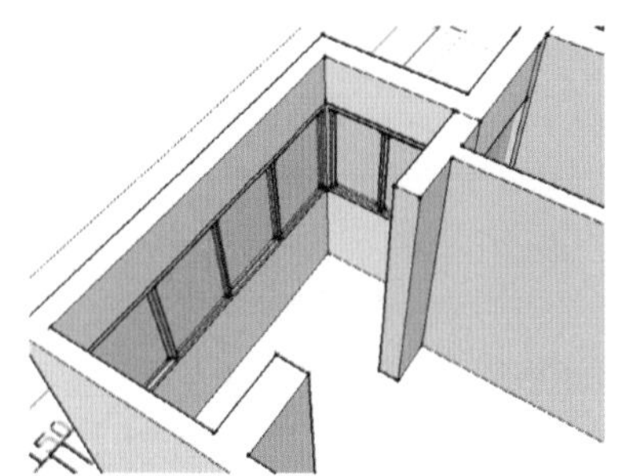
图 6-90 赋予阳台窗户模型材质

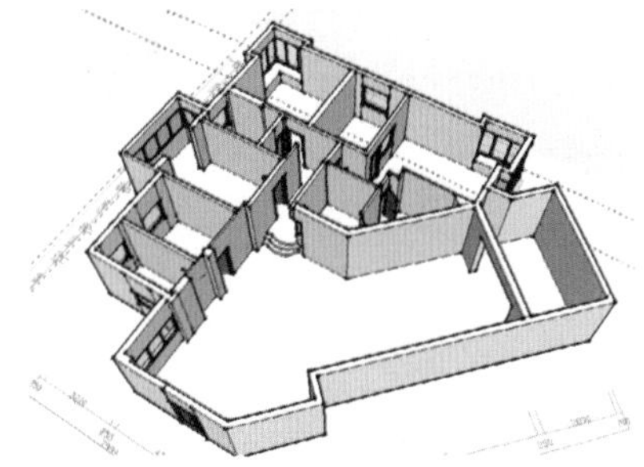
图 6-91 场景门窗完成效果

6.3 细化客厅与茶室

一套完整的户型应有客厅、卧室、书房、卫生间、厨房等日常生活必需的空间，这些功能空间的划分主要通过摆放的室内家具、地面和墙面装饰材料进行体现。本户型客厅与茶室没有硬性的墙体分隔，如图 6-92 所示。

01 分割客厅、茶室及厨房等空间地面。启用【线条】创建工具，捕捉各空间墙体与地面的交点，分割地面如图 6-93 所示。

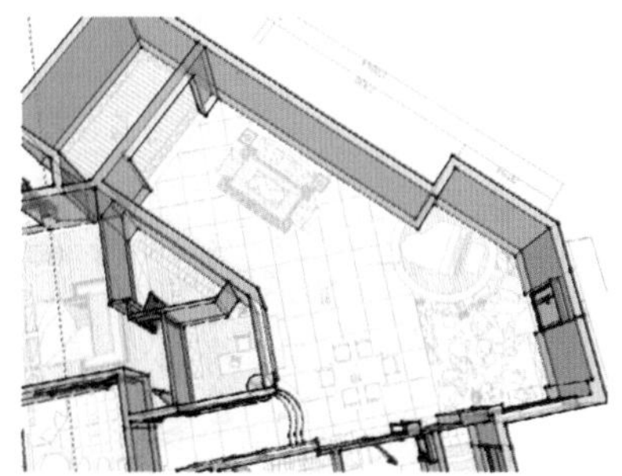
图 6-92 客厅与餐厅布局

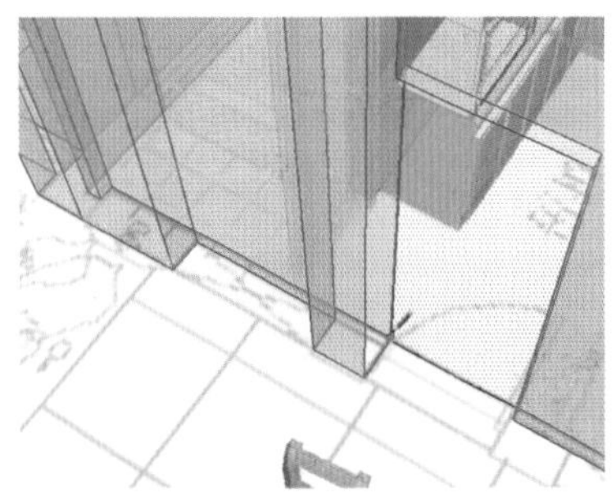
图 6-93 分割独立的客厅地面

02 地面分割完成后，结合使用【圆弧】创建工具与【推/拉】工具，制作出客厅内的钢琴平台，如图 6-94 所示。

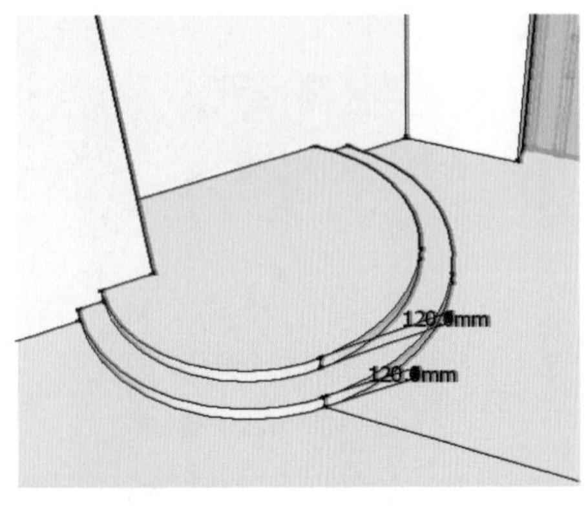

图 6-94　制作钢琴平台

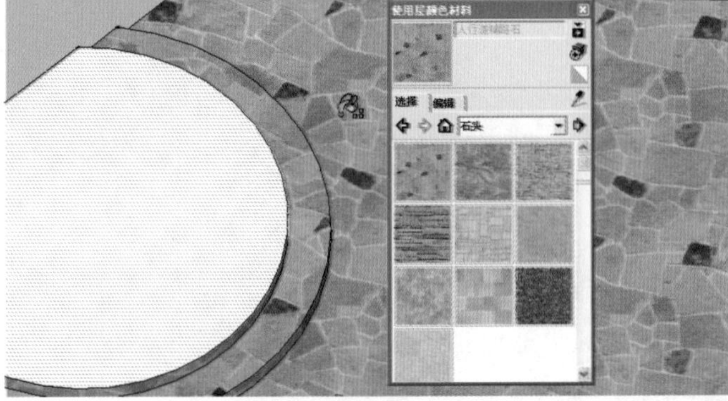

图 6-95　赋予石头地面材质

03 进入【材质】面板，为入户花园、平台及客厅地板制作并赋予对应的材质效果，如图 6-95 ~ 图 6-97 所示。

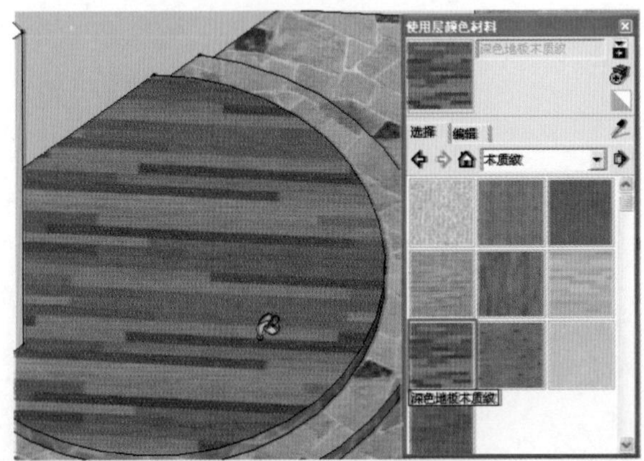

图 6-96　赋予平台木纹材质

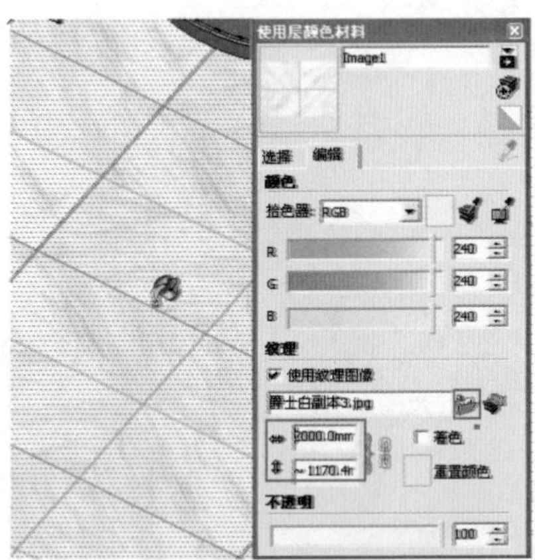

图 6-97　赋予大理石地面材质

04 结合使用【偏移】与【推/拉】工具，完成茶室平台的制作，如图 6-98 所示。进入【使用层颜色材料】面板，为其制作并赋予实木材质，如图 6-99 所示。

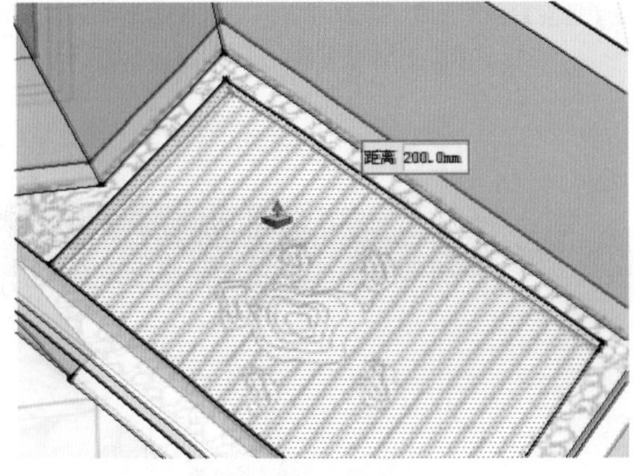

图 6-98　制作茶室平台面

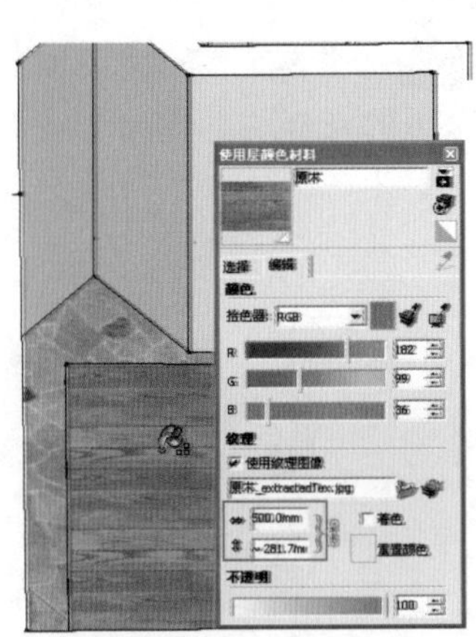

图 6-99　赋予木纹材质

05 为门槛指定蓝黑色花岗石材质，如图 6-100 所示。

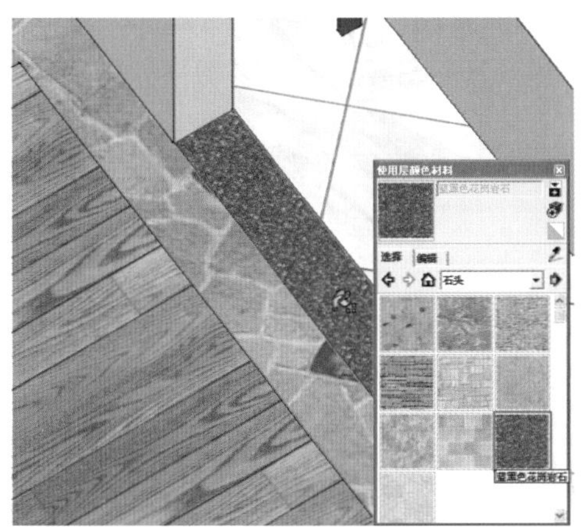

图 6-100　制作门槛材质

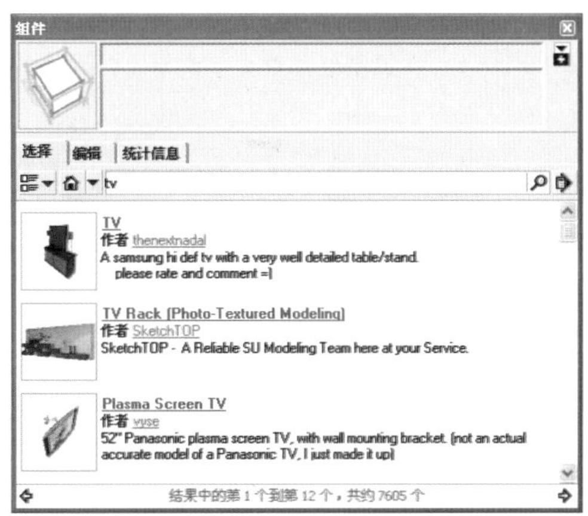

图 6-101　合并家具组件

06 调用配套光盘中家具组件，如图 6-101 所示，参考平面布局图的设计，完成客厅与茶室的家具布置，如图 6-102 ~ 图 6-104 所示。

图 6-102　餐厅区域效果

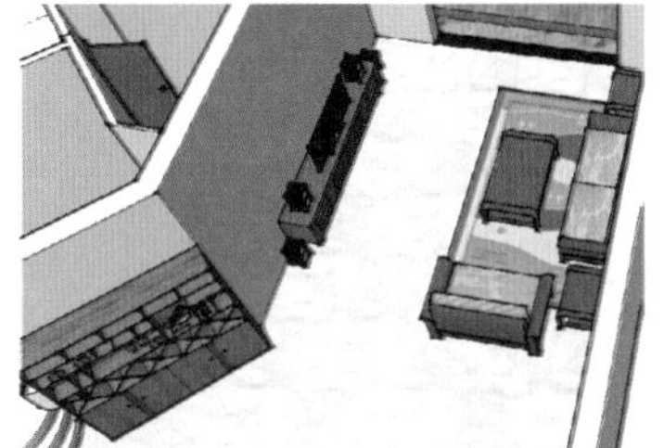

图 6-103　客厅区域效果

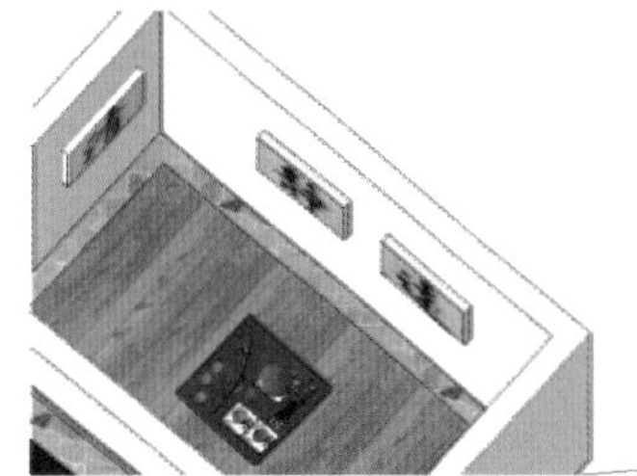

图 6-104　茶室区域效果

6.4 细化厨房

厨房区域空间布置如图 6-105 所示，主要由 U 形橱柜组成。

01 选择厨房地面，进入【材质】面板，为其制作并赋予防滑地砖材质，如图 6-106 所示。

图 6-105　厨房区域空间布置

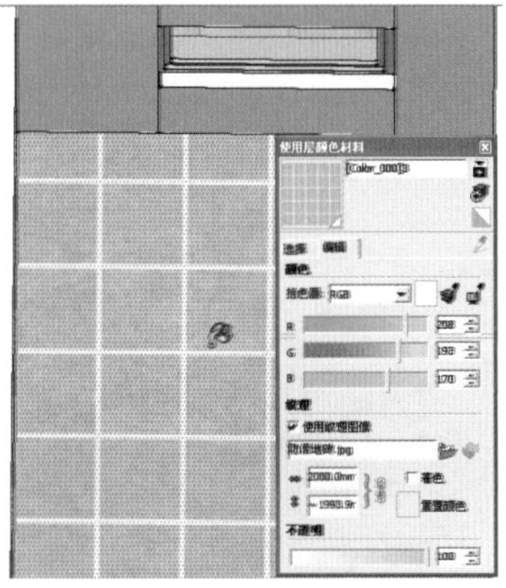

图 6-106　赋予厨房地面防滑地砖

注 意

材质贴图默认大小和位置通常都不理想，此时可以通过【位置】快捷菜单命令进行调整，如图 6-107～图 6-109 所示。在调整过程中要注意两点，第一，砖块的大小与形状要合适，第二，砖块的接缝应与墙面紧贴。

图 6-107 材质贴图默认效果

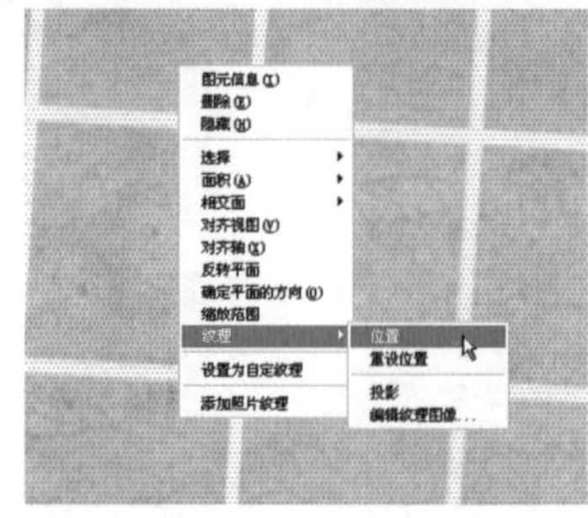

图 6-108 选择位置菜单命令

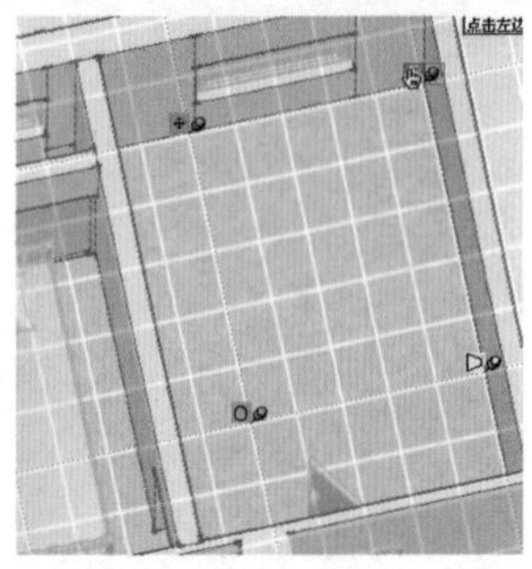

图 6-109 调整效果

02 启用【线条】创建工具，参考平面布局图绘制出厨柜轮廓，启用【拉伸】工具，制作出 800 的高度，如图 6-110 与图 6-111 所示。

图 6-110 绘制厨柜平面

图 6-111 启用拉伸工具

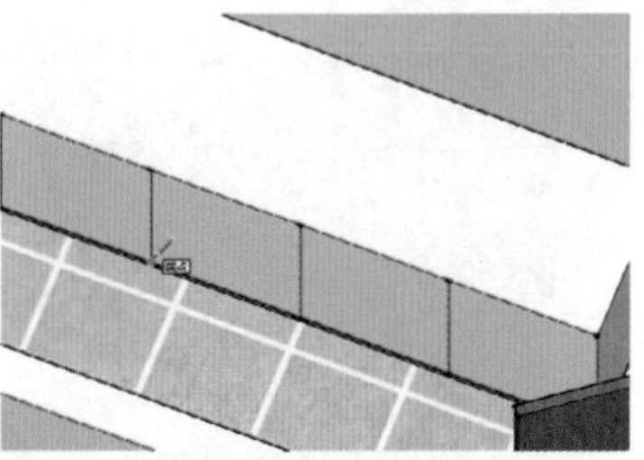

图 6-112 分割柜面

注 意

厨柜台面标准高度为 810～840，考虑到厨柜上还需要安放大理石平台，因此这里制作 800mm 的高度。

03 结合使用【线条】、【偏移】及【推/拉】工具，完成柜面细节的制作，如图 6-112 与图 6-113 所示。

04 制作出大理石台面，赋予柜体与台面对应材质，如图 6-114 所示。

05 合并洗菜盆、煤气灶等厨房常用厨具、电器组件，然后制作出吊柜模型，如图 6-115 与图 6-116 所示。

图 6-113 细化柜面

图 6-114 赋予材质

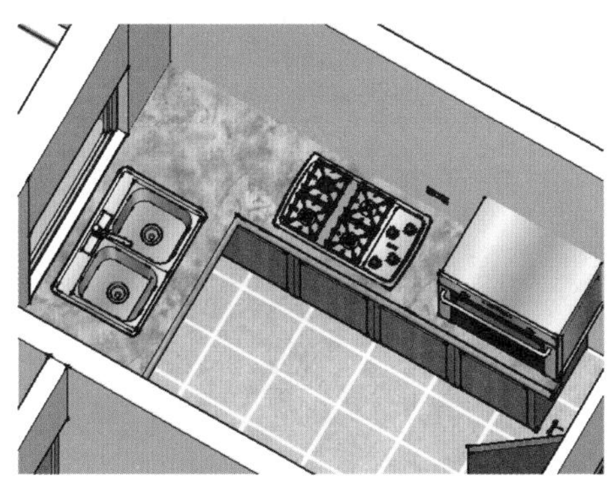

图 6-115　合并组件

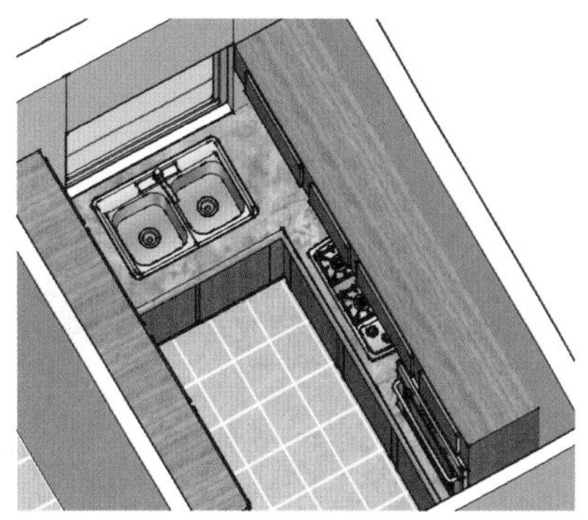

图 6-116　厨房空间完成效果

技 巧

在合并洗菜盆等模型时，需要在台面与柜体上开洞，此时可以先启用【矩形】创建工具，在表面绘制一个分割面，再启用【偏移】工具调整出合适的分割面大小，最后删除分割面即可，如图 6-117~图 6-119 所示。

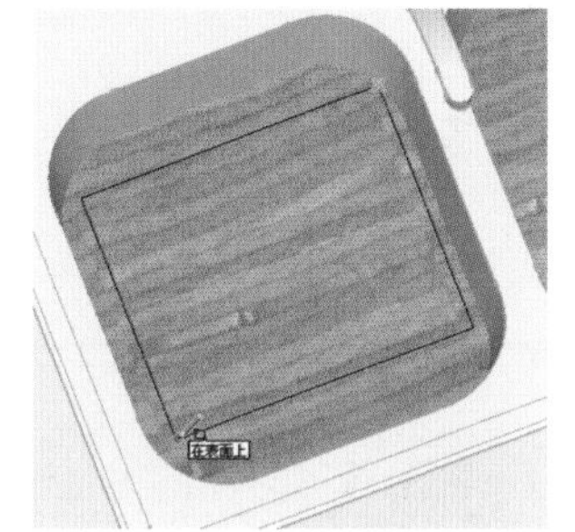

图 6-117　绘制矩形切割面

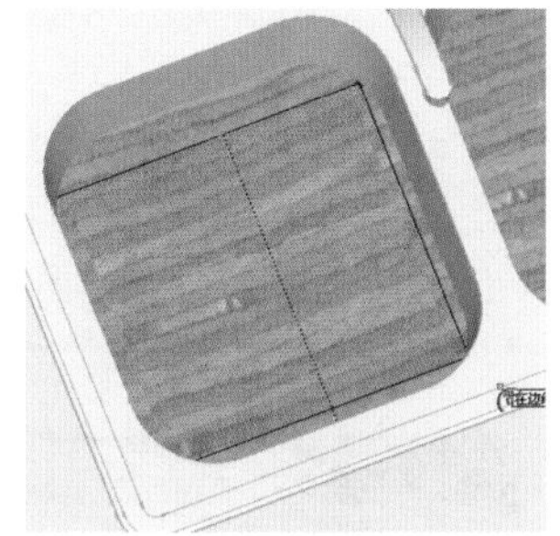

图 6-118　启用偏移工具

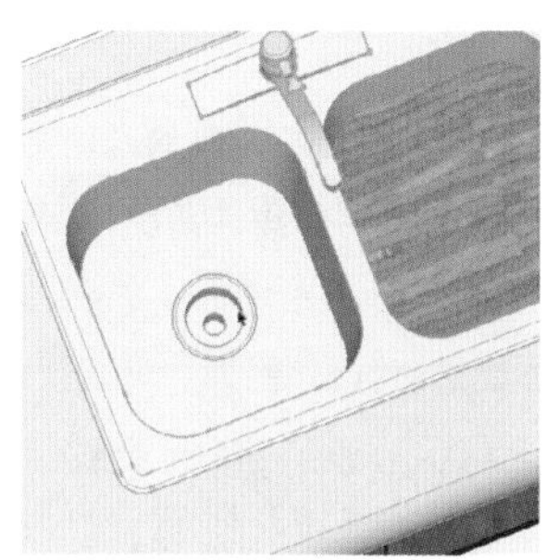

图 6-119　删除切割面

6.5 细化主卧

6.5.1 细化主卧卧室

01 本例户型主卧由卧室、更衣室及卫生间三个空间组成，如图 6-120 所示。首先细化主卧室空间，分割地面后，为其赋予木地板材质，如图 6-121 所示。

02 进入 X 射线模式，参考平面布局图，布置主卧室常用的家具组件，完成效果如图 6-122 所示。

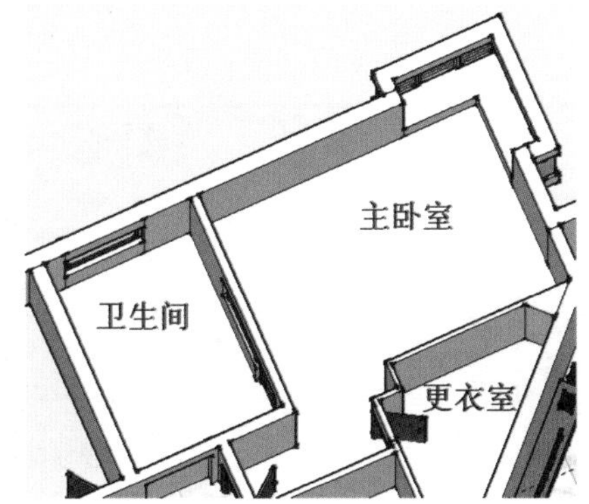

图 6-120　主卧空间构成

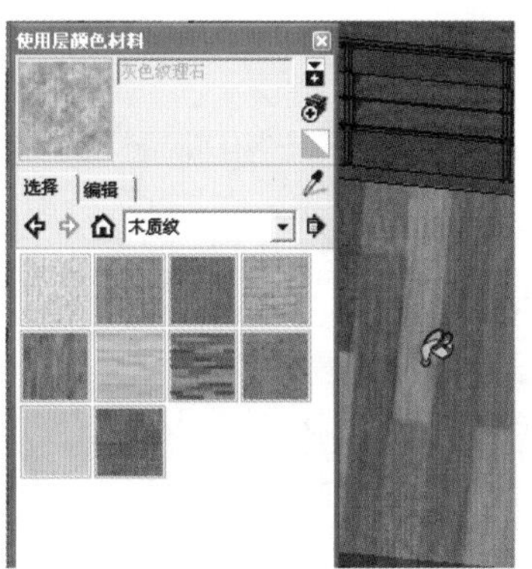

图 6-121　指定主卧地面材质

注 意

飘窗平台使用与茶室平台一样的实木材质。

03 创建一个合适大小矩形作为地毯，如图 6-123 所示，为其赋予地毯贴图，如图 6-124 所示。

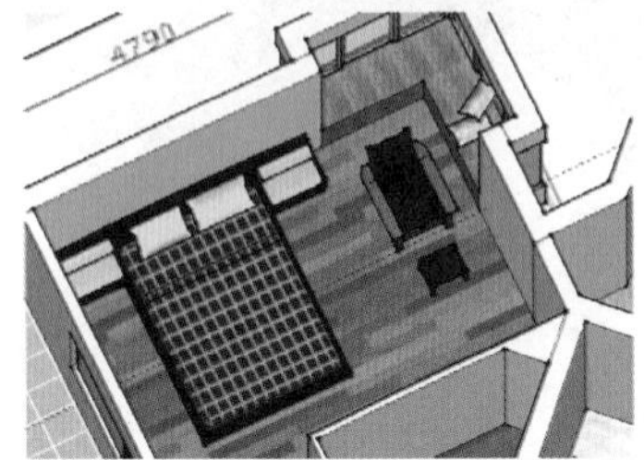

图 6-122 合并卧室常用家具

图 6-123 创建矩形平面

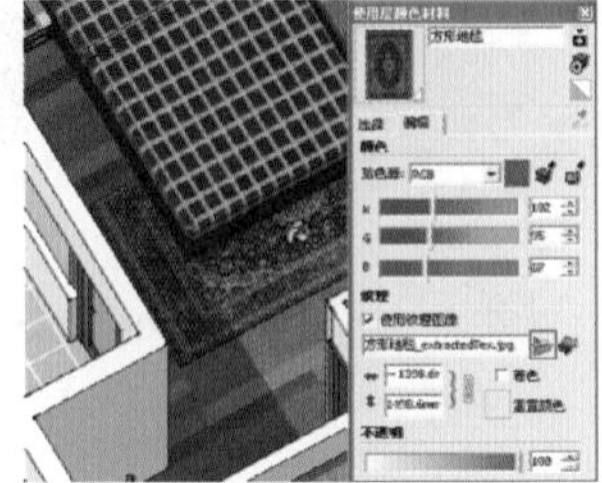

图 6-124 赋予整块地毯贴图

6.5.2 细化主卧更衣室

客厅、卧室等空间家具都可以选用现成的组件，但更衣室、书房等空间需要根据空间形状和大小设计相应的家具。

01 进入 X 射线模式，启用【线条】创建工具，参考平面布局图绘制出衣柜平面，如图 6-125 所示。启用【推/拉】工具制作其高度，如图 6-126 所示。

02 由于在观察视角中，衣柜只有一面可以观察到细节，因此只需制作该面细节即可，读者可参考图 6-127 所示效果进行制作。

图 6-125 绘制更衣室衣柜平面

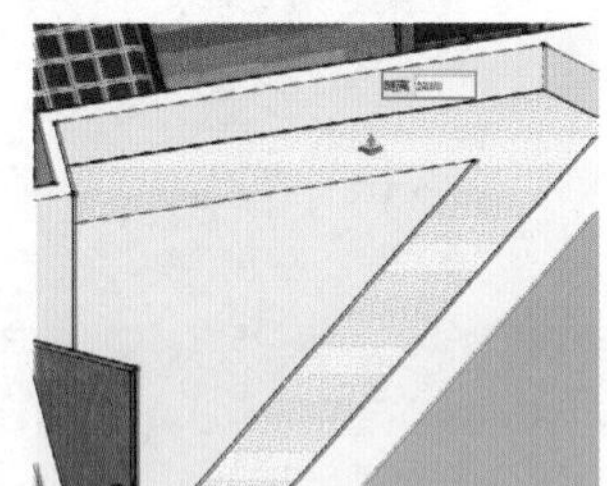

图 6-126 启用推拉工具

图 6-127 细化衣柜正对视角细节

03 进入【材质】面板，为衣柜制作并赋予木纹材质，如图 6-128 所示。接下来进行主卧卫生间的细化。

6.5.3 细化主卧卫生间

01 主卧卫生间的平面布局效果如图 6-129 所示，可以看到其功能十分齐全。首先为地面制作并赋予防滑地砖材质，如图 6-130 所示。

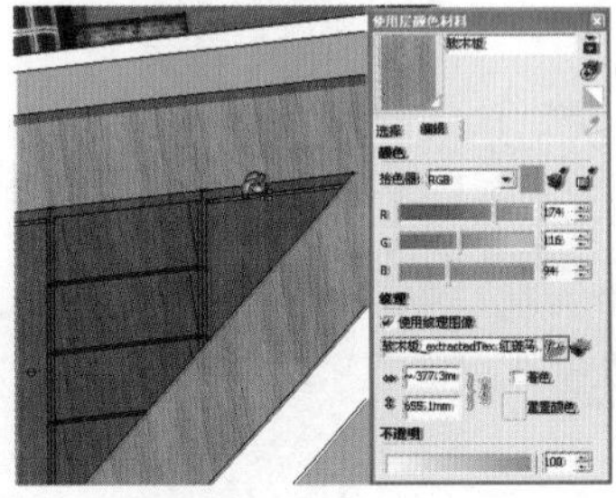

图 6-128 赋予衣柜材质

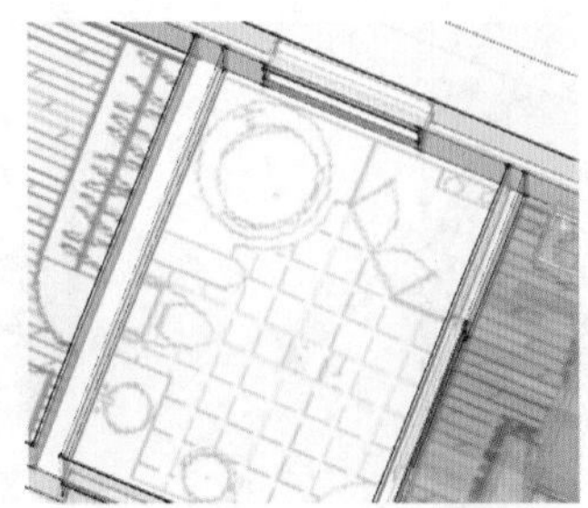

图 6-129 主卧卫生间平面布局效果

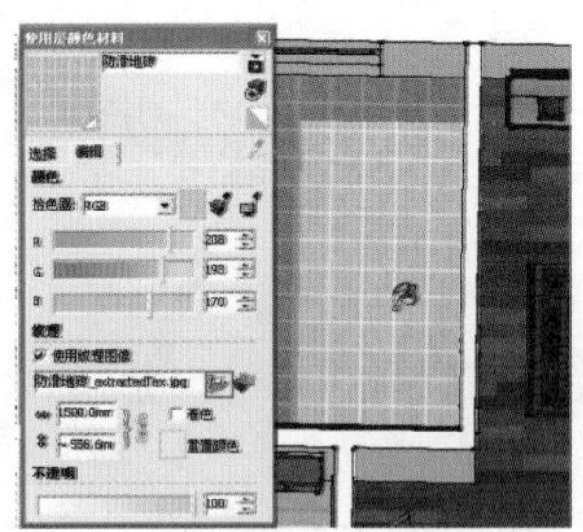

图 6-130 指定地面材质

02 结合使用【线条】创建工具与【推/拉】工具，制作出卫生间盥洗平台以及镜子模型，并赋予材质，如图 6-131 所示。

03 合并进卫生间常用组件，得到主卧室卫生间效果如图 6-132 所示。

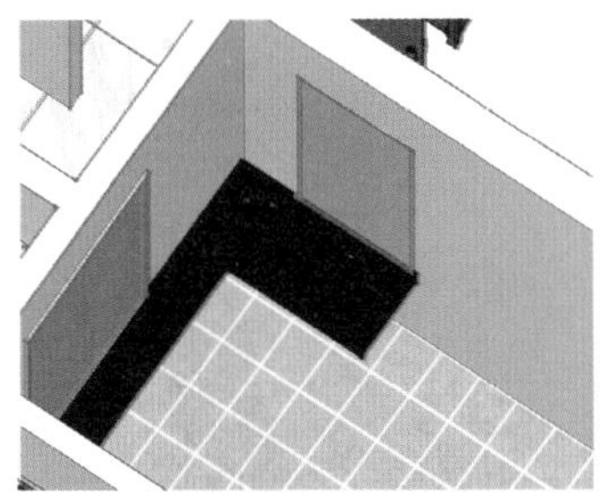

图 6-131 制作盥洗平台与镜子

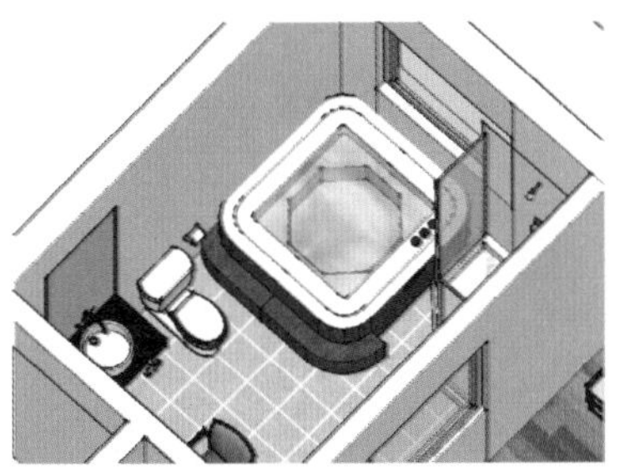
图 6-132 合并卫生间常用组件

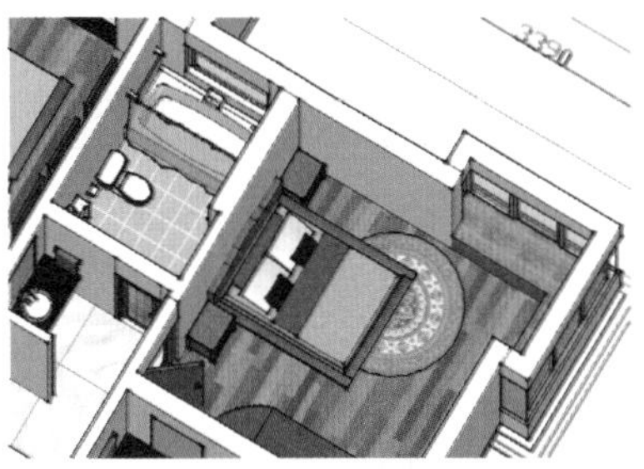
图 6-133 次卧及客卫完成效果

6.6 细化其余空间

通过类似的方法，分别细化客卧、卫生间以及书房，具体效果图 6-133～图 6-136 所示。

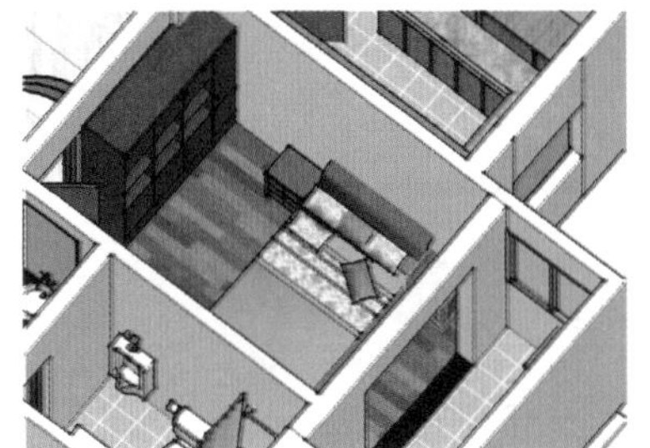
图 6-134 父母房完成效果

图 6-135 书房完成效果

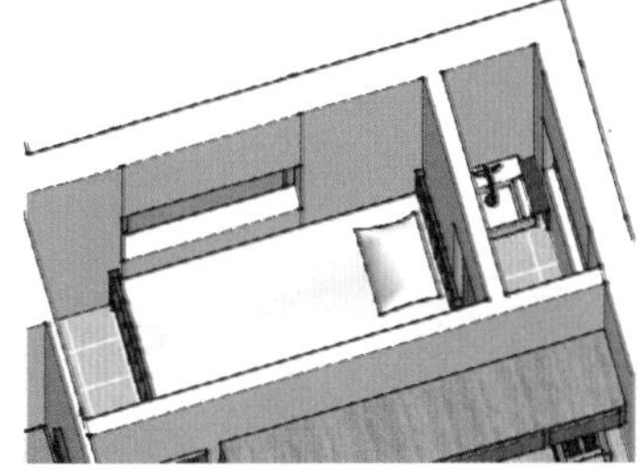
图 6-136 保姆房完成效果

6.7 户型图最终完善

6.7.1 布置空间装饰物

各空间细化完成后，接下来布置一些室内植物及装饰物，增强空间的层次感，使户型图更逼真。

01 在客厅电视柜两侧添加盆栽，在客厅和主卧墙面布置挂画，如图 6-137 和图 6-138 所示。

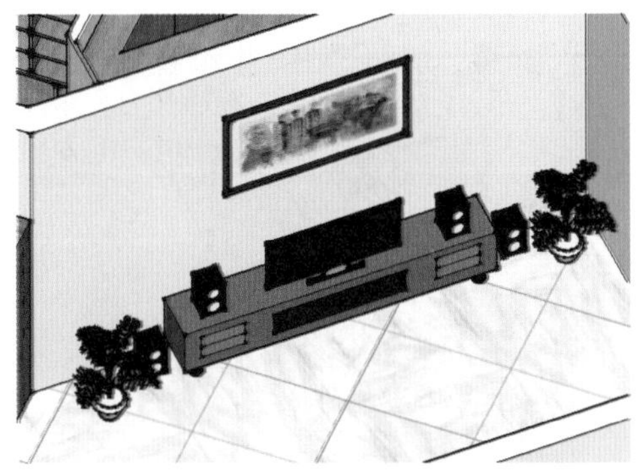
图 6-137 布置客厅画框与植物细节

图 6-138 布置主卧室细节

02 同样在各个卧室调入植物与画框，以及一些相框、书籍等常用物品，如图 6-139 ~ 图 6-140 所示。

技巧

在布置画框时，只需要布置观察视角内可见的墙面即可。

图 6-139 布置父母房及公共卫生间画框

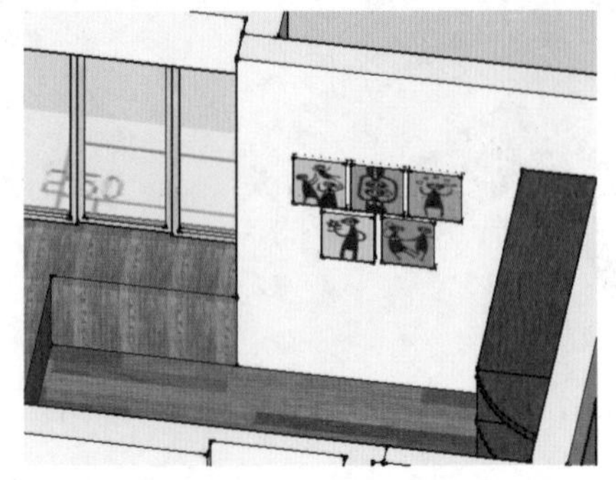

图 6-140 布置次卧画框

6.7.2 标注功能空间

01 添加装饰物品的最终效果如图 6-141 所示，接下来启用【文本】工具进行空间的标注。

02 为了便于视图旋转等操作，首先选择样式工具栏中【单色】按钮，将场景切换到单色显示，减轻显示负担，如图 6-142 所示。

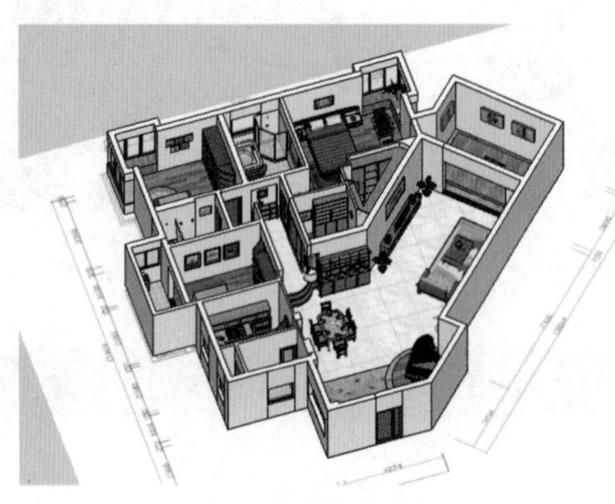

图 6-141 空间布置完成效果

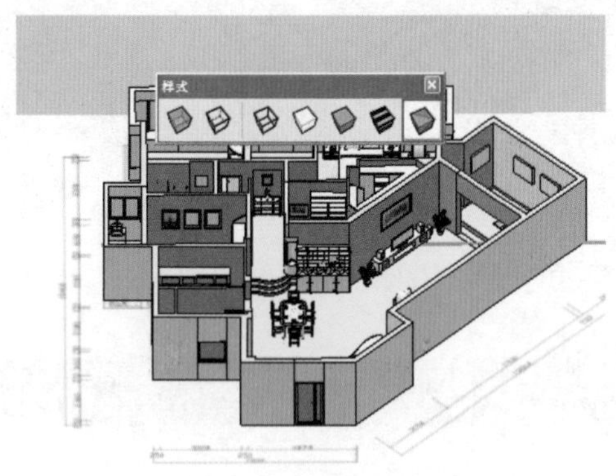

图 6-142 切换到单色显示

03 启用【文本】工具，在客厅空间内单击鼠标引出引线，然后将其拖动至墙体外侧，如图 6-143 与图 6-144 所示。

图 6-143 启用【文本标注】工具

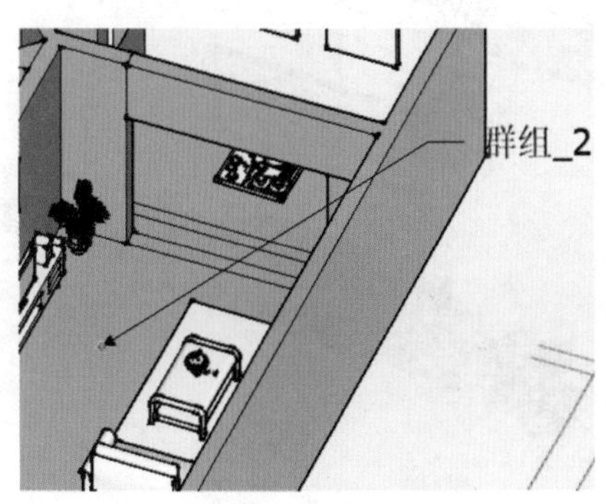

图 6-144 拉出引线

04 确定好标注放置位置后单击鼠标，修改文字内容为“客厅”，如图 6-145 所示。

05 重复相同的操作，完成整个场景空间的标注，如图 6-146 所示。最后进行阴影效果的制作，使户型图更富立体感。

图 6-145 修改标注文字

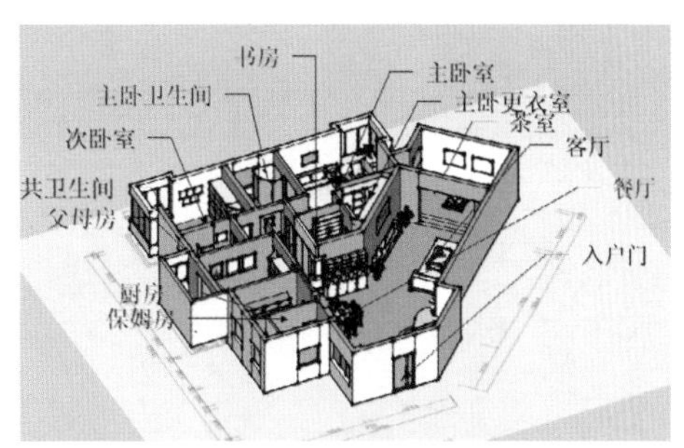

图 6-146 空间标注完成效果

6.7.3 制作阴影效果

01 执行【视图】/【工具条】菜单命令，在弹出的工具栏选项板中，勾选【阴影】工具栏，按下【显示/隐藏阴影】按钮，显示场景当前阴影效果，如图 6-147 所示。

02 本场景不需要考虑阴影的真实性，因此直接滑动【日期】以及【时间】滑块，调整得到所需阴影效果即可，如图 6-148 所示。

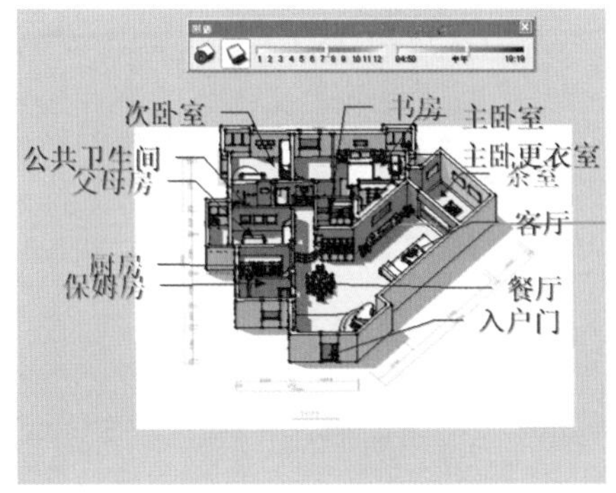

图 6-147 打开阴影工具栏

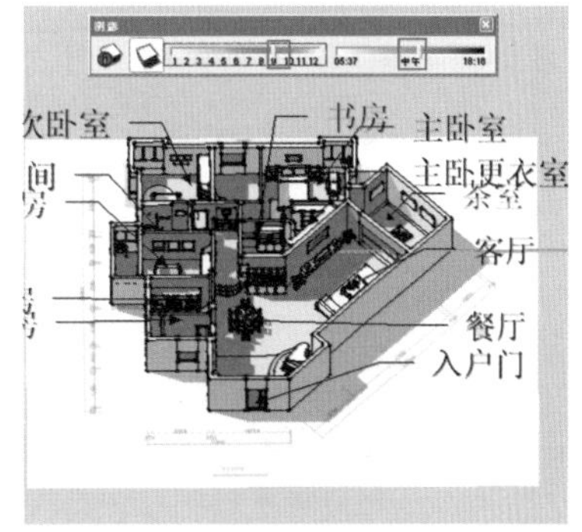

图 6-148 调整日期

03 调整好阴影参数后，取消之前设置的【单色】显示，完成本例户型图模型效果如图 6-149 所示。

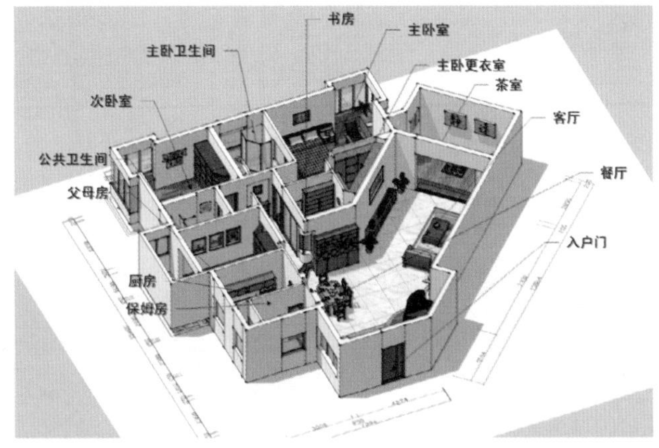

图 6-149 户型图完成效果

第7章

欧式别墅客厅室内设计

本章重点：

- 制作空间框架
- 细化客厅模型
- 制作过道
- 合并常用家具

室内户型图主要用于表现室内各功能空间的划分和整体布局，而室内设计重点表现的是各个空间的具体设计细节，包括墙面和天花造型设计、照明设计、家具设计、色彩设计及材料设计等。

本章制作的是欧式别墅客厅室内设计，其平面布置图为图 7-1 所示的圆圈范围，模型完成效果如图 7-2~图 7-4 所示。

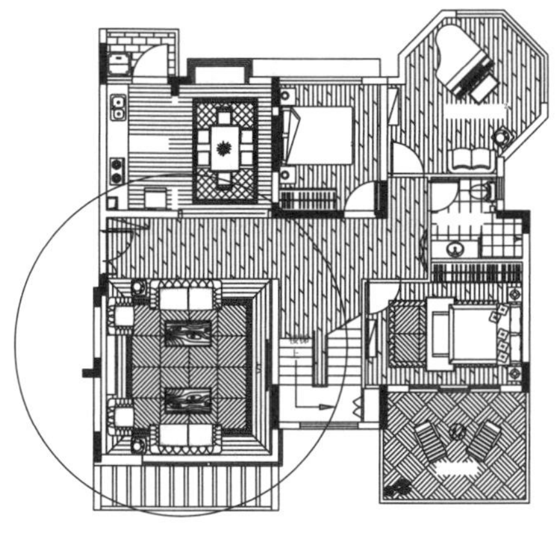

图 7-1 户型图纸

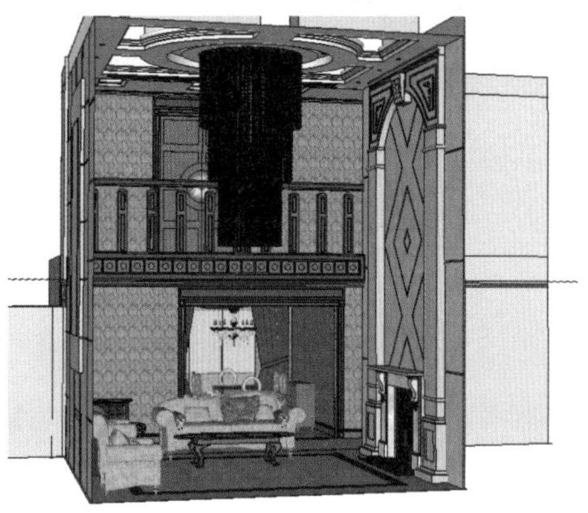

图 7-2 客厅模型效果

图 7-3 栏杆及双开门细节

图 7-4 吊顶及背景墙细节

在使用 SketchUp 进行室内效果图表现时，首先建立空间的墙体框架，然后制作地面铺地、立面装饰及吊顶等模型细节，最后合并常用的家具和陈设，如图 7-5~图 7-8 所示。

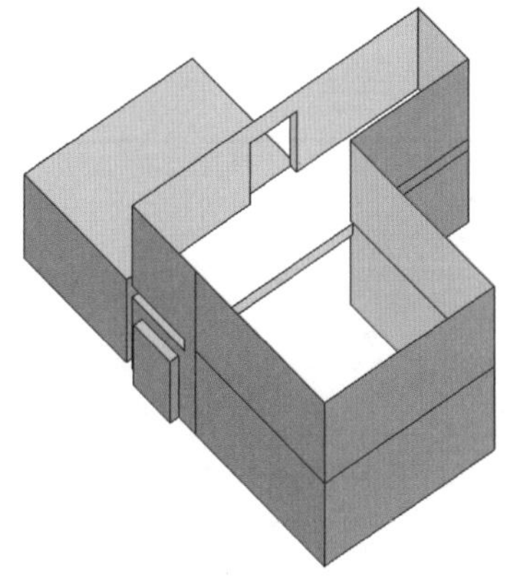

图 7-5 制作空间框架

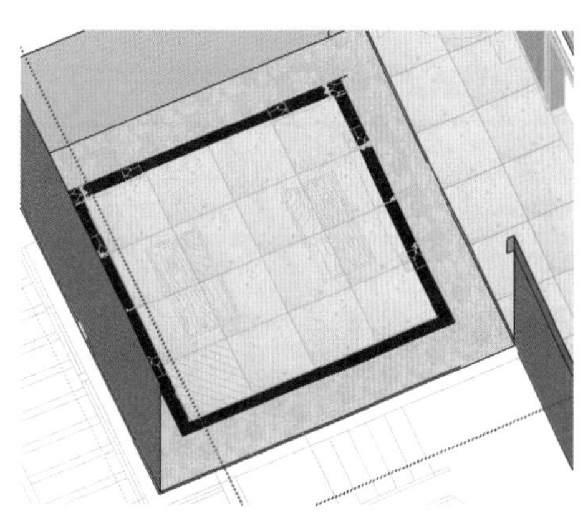

图 7-6 细化铺地

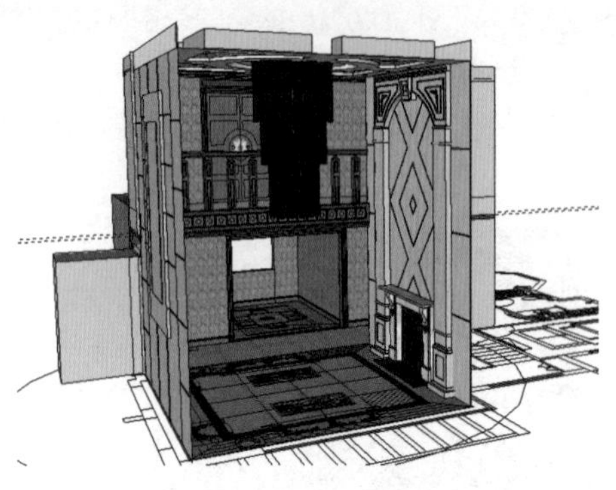

图 7-7 细化立面及吊顶

图 7-8 合并常用家具

7.1 制作空间框架

7.1.1 建立空间墙体

本节导入 AutoCAD 的 DWG 格式平面布置图辅助建模。

01 启动 SketchUP，如图 7-9 所示。进入【模型信息】面板，设置场景单位为 mm，如图 7-10 所示。

图 7-9 打开 SketchUP

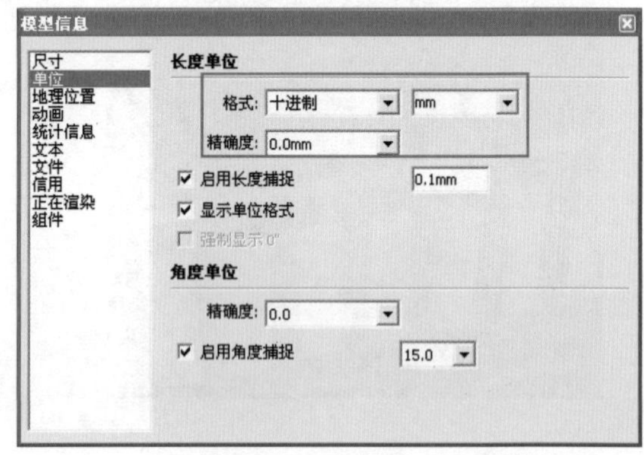

图 7-10 设置场景单位

02 执行【文件】/【导入】菜单命令，如图 7-11 所示。选择“AutoCAD 文件”文件类型，导入配套光盘“平面.dwg”文件，如图 7-12 所示。

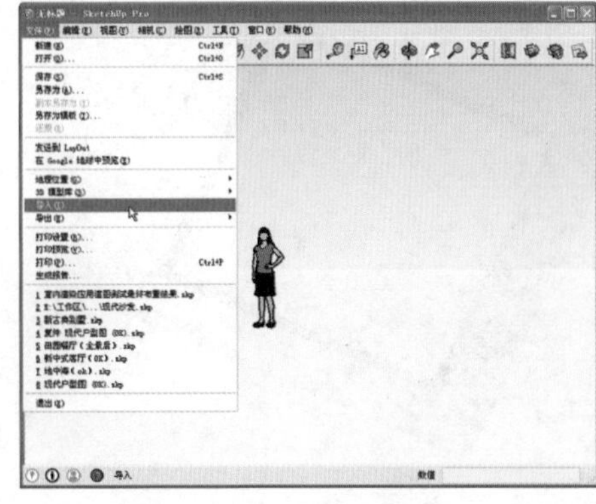

图 7-11 执行文件/导入命令

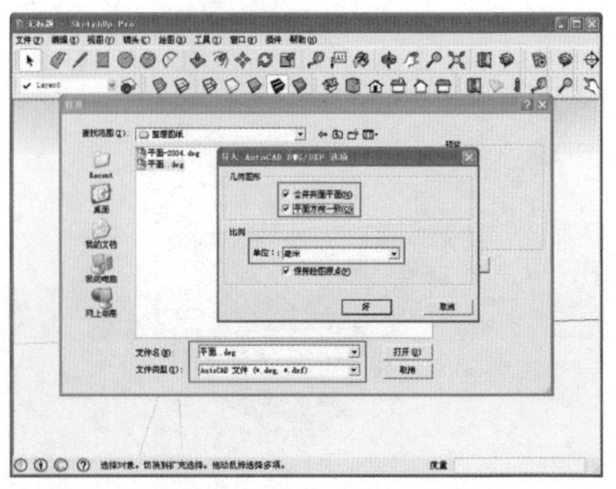

图 7-12 导入 CAD 图纸

03 图纸成功导入 SketchUP 后的效果如图 7-13 所示，接下来进行图纸尺寸的检验。

04 启用【卷尺】工具，测量出图纸中沙发模型的长度，对比原始 CAD 图纸中的数值，如图 7-14 与图 7-15 所示，以确定图纸的比例与尺寸没有发生改变。

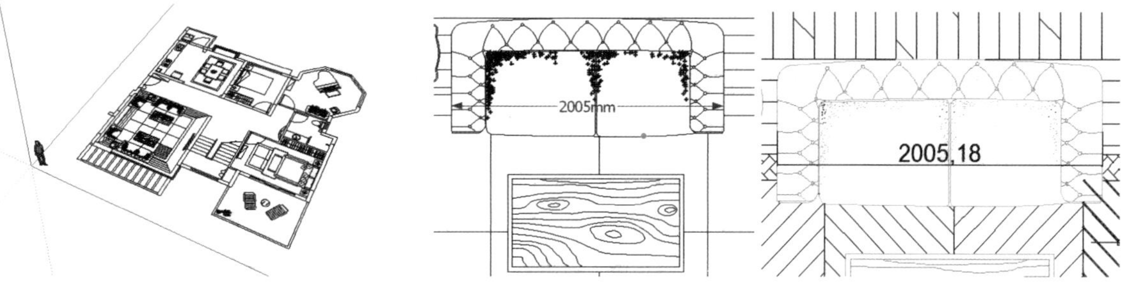

图 7-13　导入 CAD 图纸效果　　图 7-14　测量导入图纸长度　　图 7-15　原始 CAD 图纸长度

05 启用【线条】创建工具，捕捉图纸内墙创建封闭平面，如图 7-16 与图 7-17 所示。

06 启用【推/拉】工具，向上推拉出 3000，以制作出第一层墙体，如图 7-18 所示。

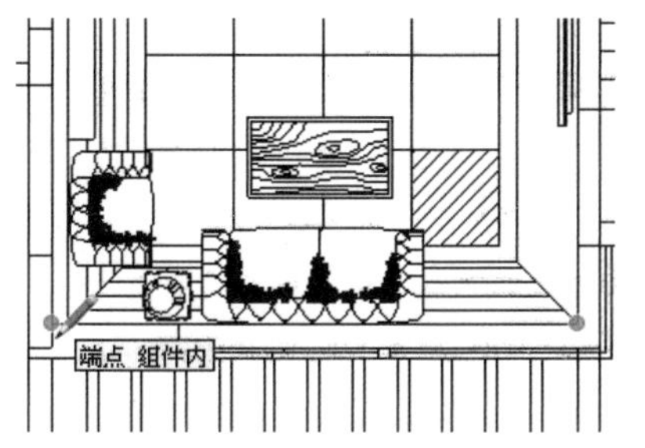

图 7-16　捕捉图纸内墙画线

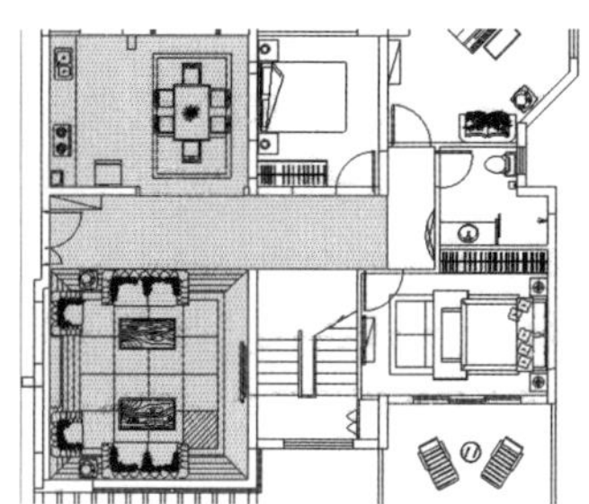

图 7-17　形成封闭平面

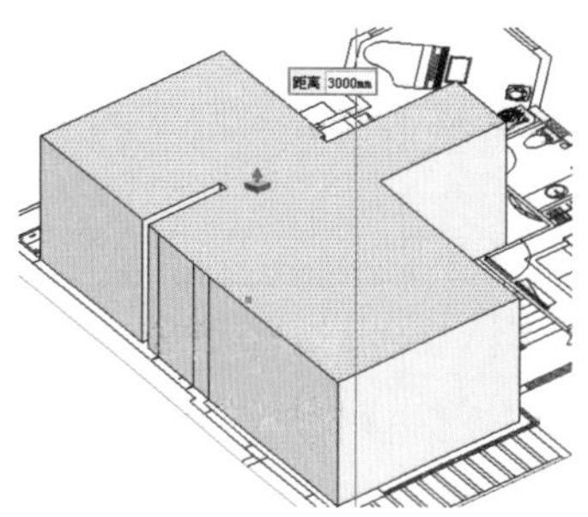

图 7-18　制作第一层层高

07 按住 Ctrl 键再次进行推拉，制作出第二层墙体，如图 7-19 所示。

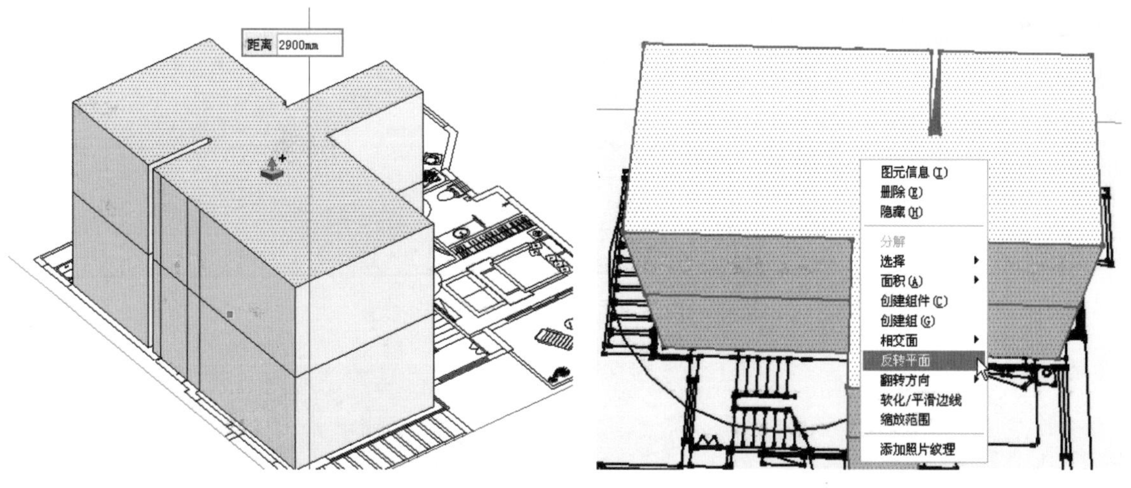

图 7-19　制作第二层层高　　图 7-20　反转平面

08 将创建的轮廓模型【反转平面】，然后隐藏顶面，以观察模型内部效果，如图 7-20~图 7-22 所示。客厅墙体创建完成后，接下来制作室内空间门（窗）洞以及过道平台。

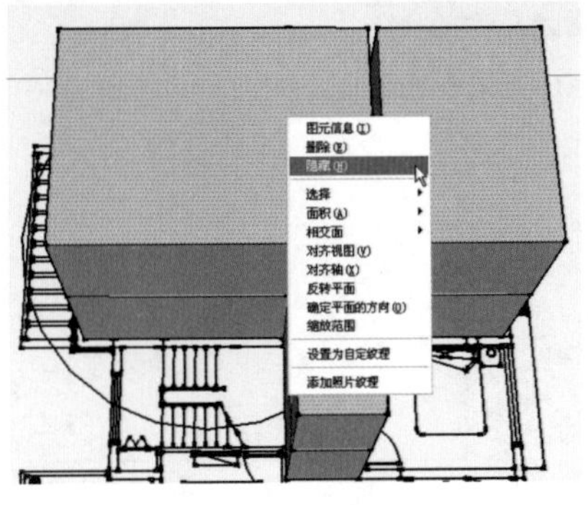

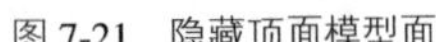
图 7-21　隐藏顶面模型面

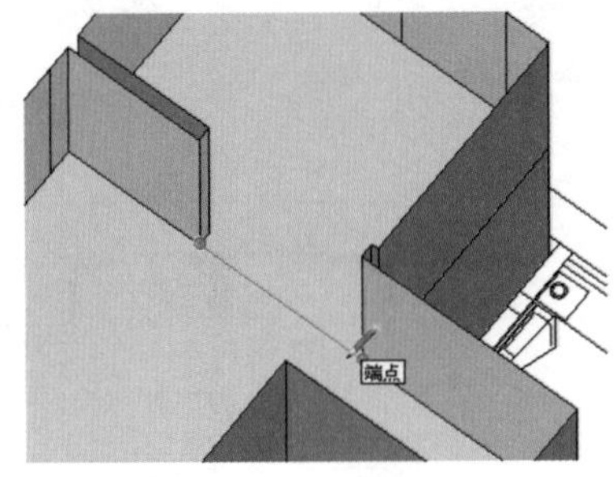

图 7-22　模型内部空间效果

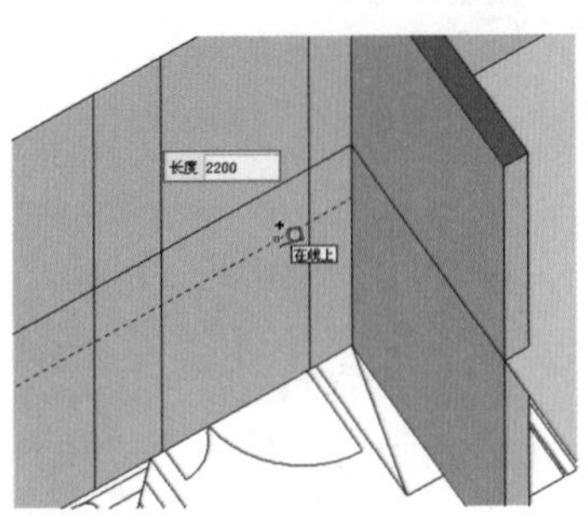

图 7-23　创建门洞位置参考线

7.1.2 创建门（窗）洞与过道平台

01 启用【卷尺】工具，参考左侧墙体底部边线，制作出高度为 2200 的门洞参考线，如图 7-23 所示。

02 结合使用【线条】与【推/拉】工具，制作出一层左侧门洞，如图 7-24 与图 7-25 所示。使用同样的方法完成一层餐厅门洞的制作。

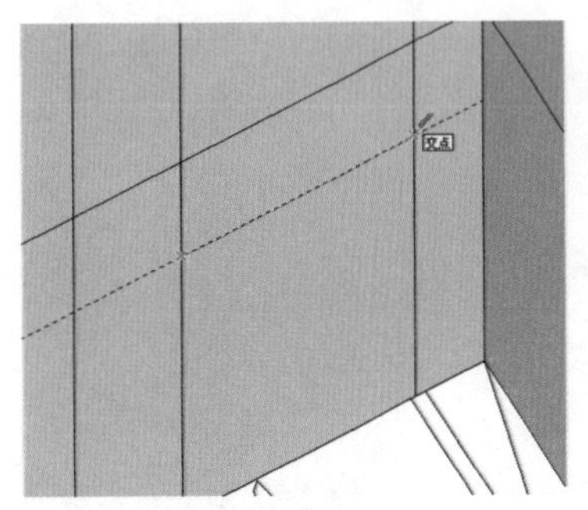

图 7-24　启用线创建工具

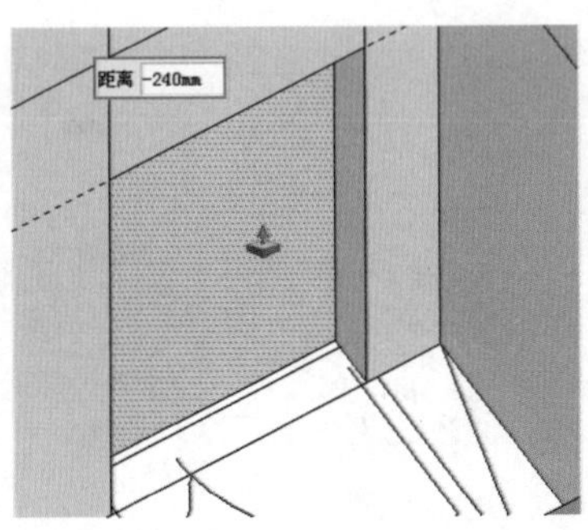

图 7-25　启用推拉工具

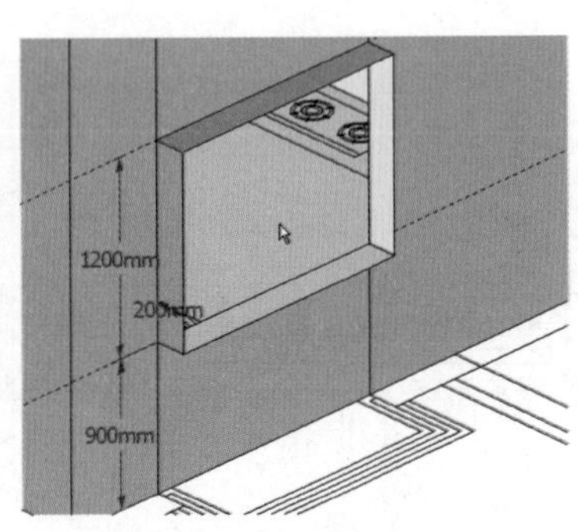

图 7-26　一层餐厅门洞

03 使用类似的方法，完成一层餐厅后侧墙体窗洞与二层门洞的制作，如图 7-26 与图 7-27 所示。接下来制作过道平台

04 启用【卷尺】，参考过道底部边线，创建一条 2600 参考线，启用【线条】创建工具，分割出过道平台侧面，如图 7-28 所示。

05 启用【推/拉】工具，向前推出 1650，如图 7-29 所示。

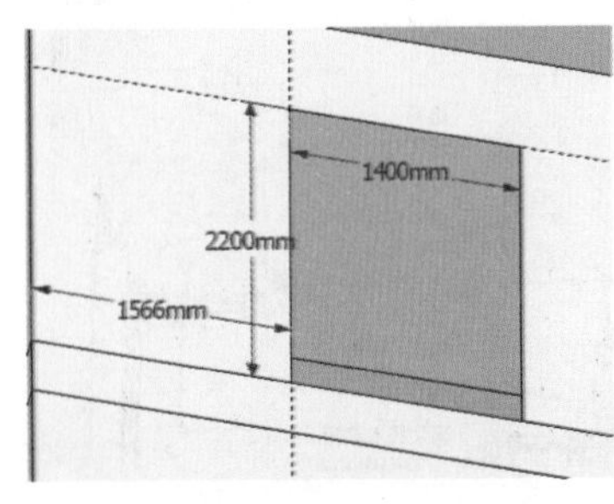

图 7-27　二层门洞

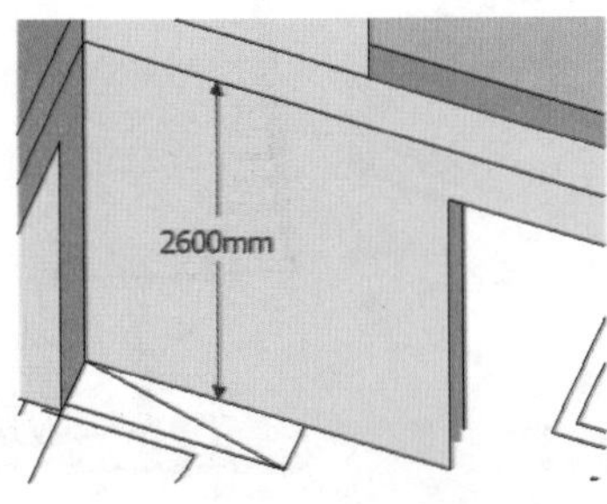

图 7-28　分割出过道平台侧面

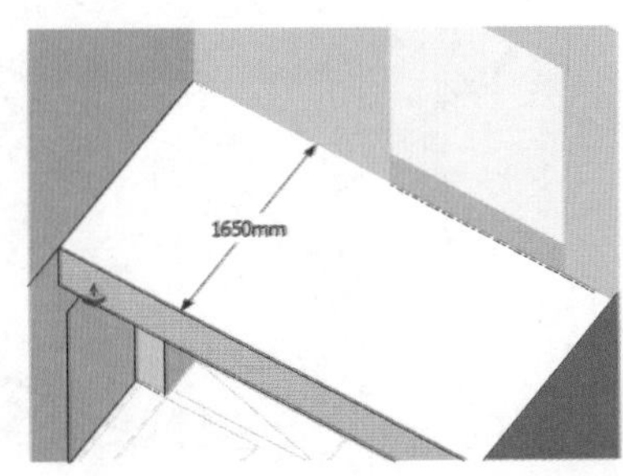

图 7-29　启用推拉工具

06 启用【线条】创建工具，捕捉过道与右侧墙体的交点进行分割，再推拉出 100，完成过道平台的制作，如图 7-30 与图 7-31 所示。

07 客厅空间模型框架制作完成，当前效果如图 7-32 所示。接下来制作场景的踢脚线与门套线细节。

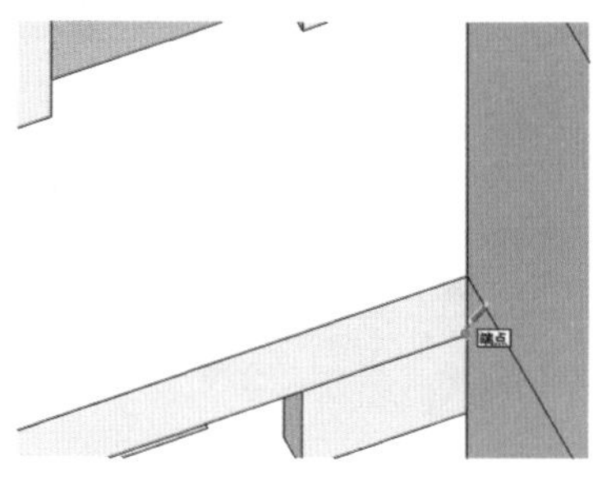

图 7-30 启用线创建工具

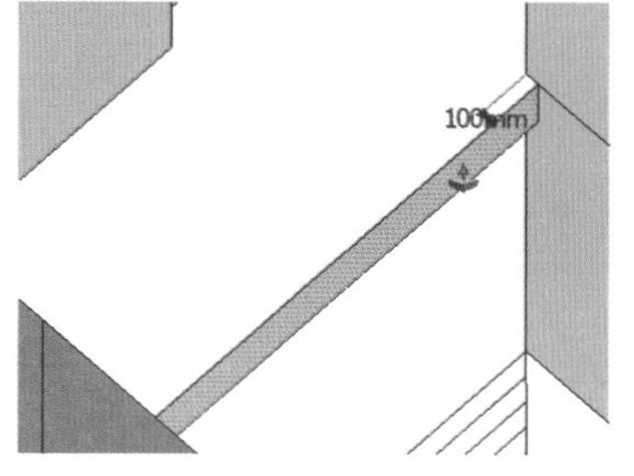

图 7-31 过道平台制作完成

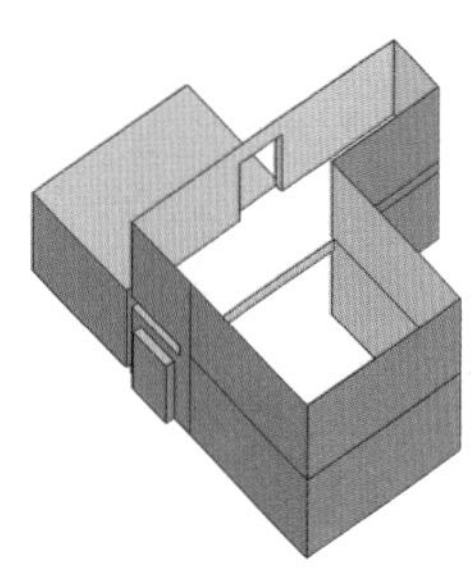

图 7-32 模型框架完成

7.1.3 制作踢脚线与门套线

01 启用【线条】创建工具，在墙角处绘制踢脚线截面，如图 7-33 所示。

02 绘制跟随路径，如图 7-34~图 7-36 所示。由于踢脚线与门套线存在完全连接的细节，因此需要绘制弯曲的跟随路径。

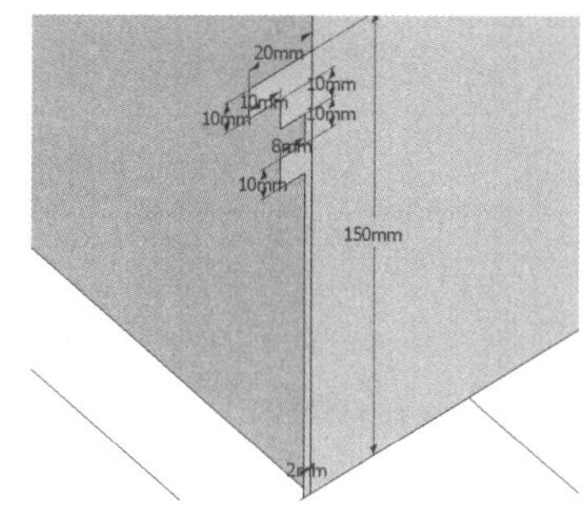

图 7-33 绘制踢脚线截面

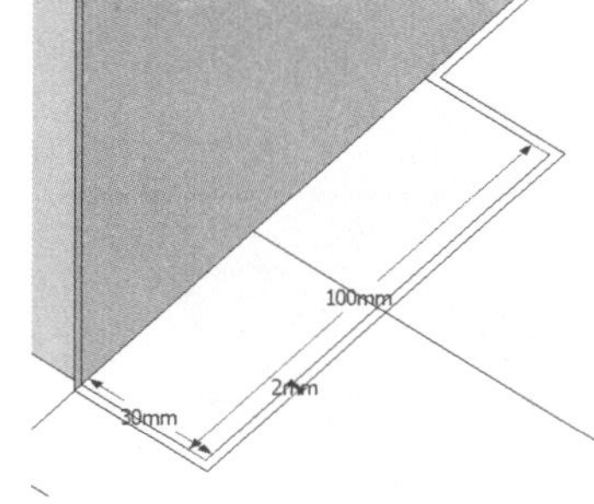

图 7-34 绘制踢脚线跟随路径

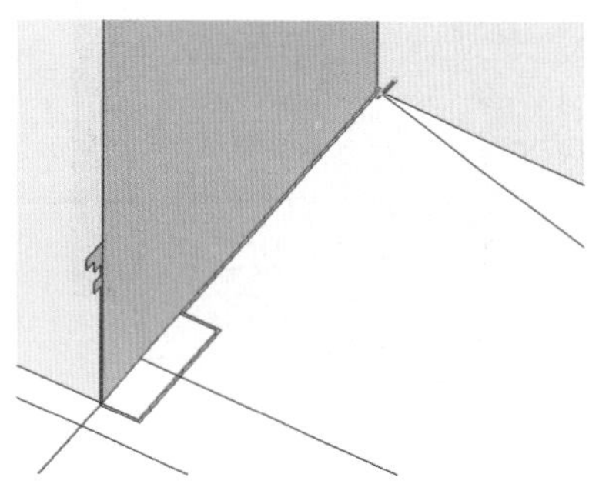

图 7-35 踢脚线跟随路径细节

03 启用【跟随路径】工具，选择踢脚线截面，跟随绘制好的路径平面制作出踢脚线模型，如图 7-37 所示。

04 进入【使用层颜色材料】面板，为创建好的模型赋予"原色樱桃木质纹"材质，并修改贴图尺寸，如图 7-38 所示。

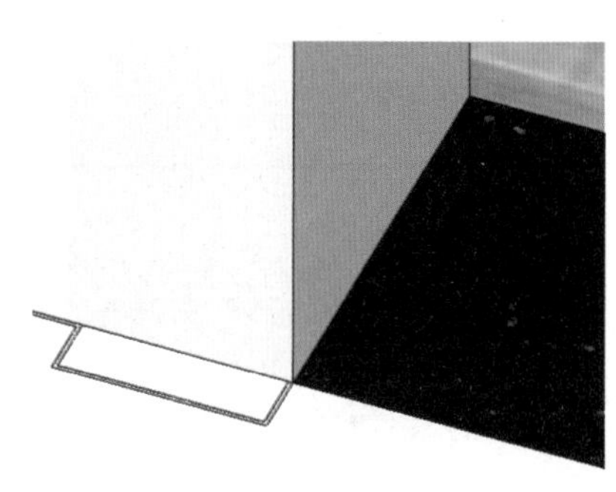

图 7-36 踢脚线跟随路径细节

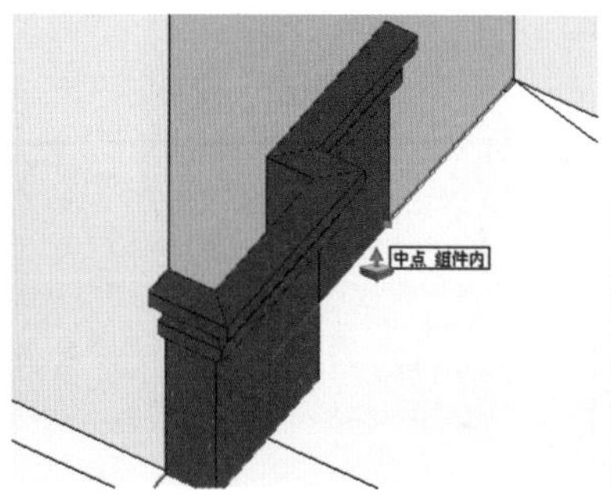

图 7-37 启用路径跟随工具

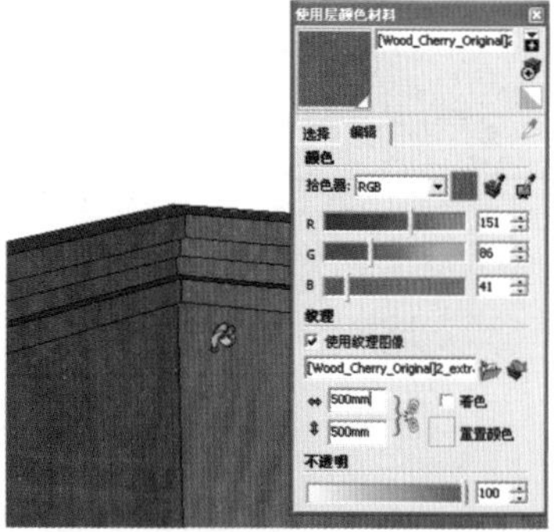

图 7-38 赋予踢脚线材质

05 制作门套线底部模型细节。启用【偏移】工具，往内偏移 15，如图 7-39 所示。

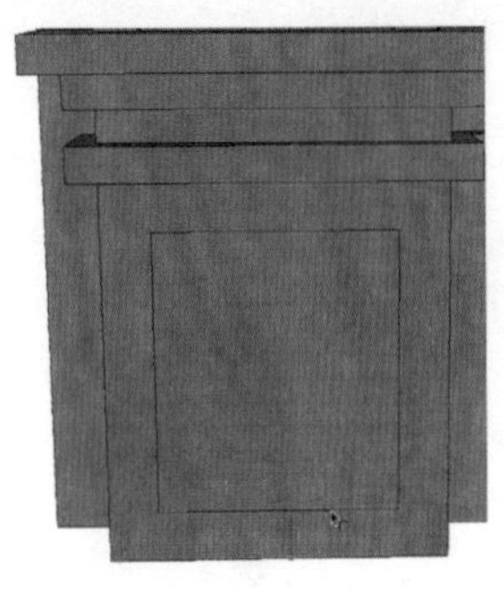

图 7-39 启用偏移工具

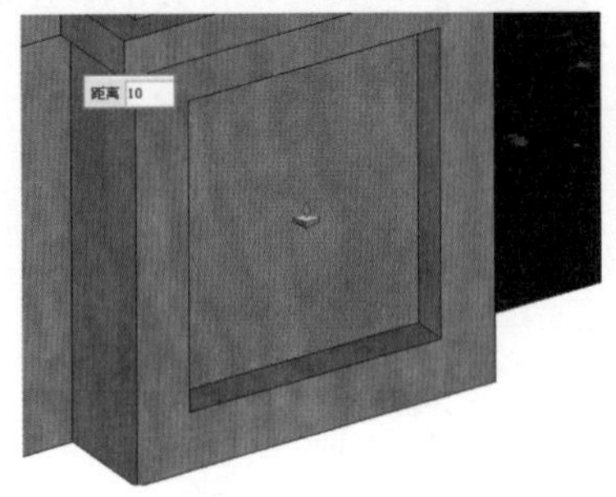

图 7-40 启用推拉工具

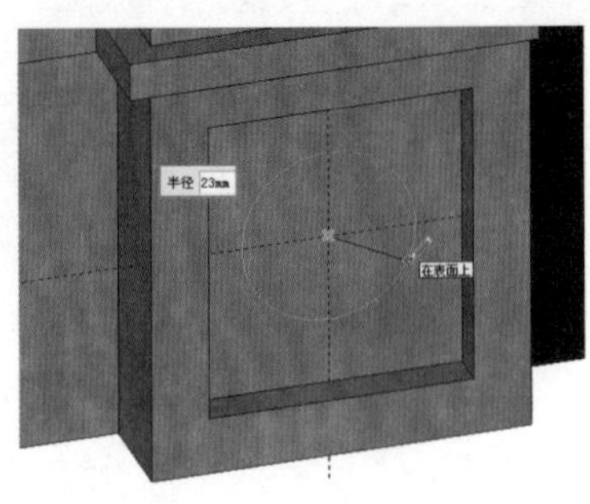

图 7-41 绘制圆形

06 结合使用【推/拉】以及【圆】创建工具，制作出门套线底部模型装饰细节，如图 7-40~图 7-42 所示。

07 制作竖向的门套线模型。启用【线条】创建工具，创建截面如图 7-43 所示。

08 启用【推/拉】工具，将截面推至门洞上侧边缘，完成竖向门套线的制作，如图 7-44 所示，再选择复制之前制作的装饰细节，如图 7-45 所示

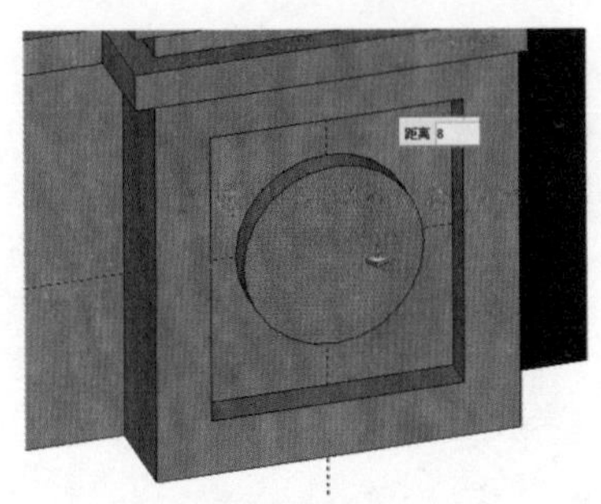

图 7-42 推拉出圆形装饰

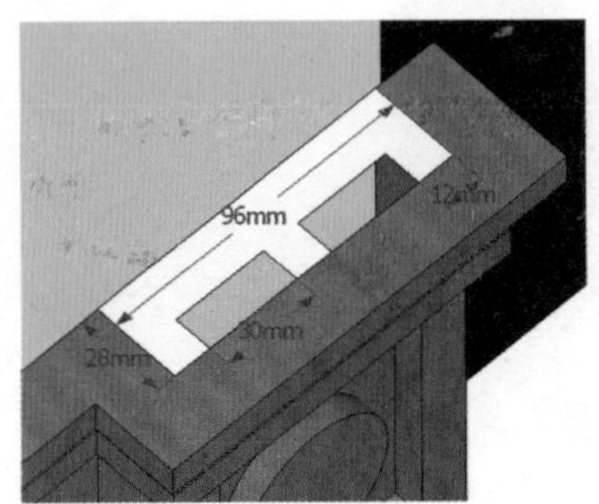

图 7-43 绘制门套线截面

图 7-44 推拉出门套线

09 捕捉竖向门套线的端点，对位装饰细节，然后旋转复制出顶部横向门套线，并使用【拉伸】工具调整好长度，如图 7-46~图 7-48 所示。

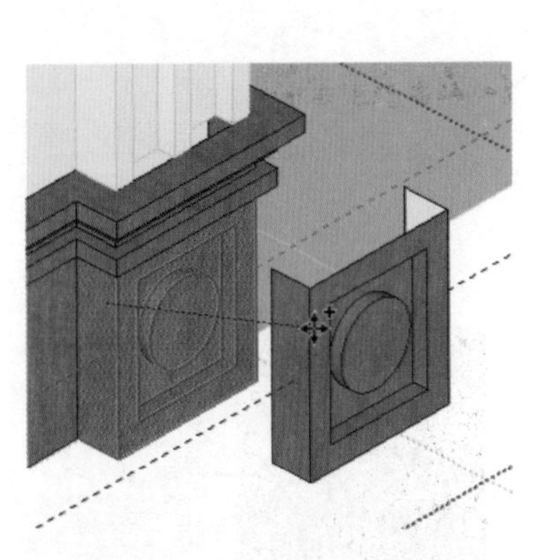

图 7-45 移动复制

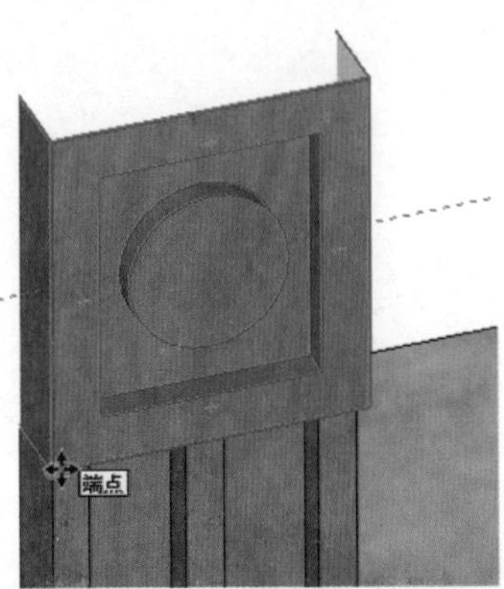

图 7-46 对位装饰细节

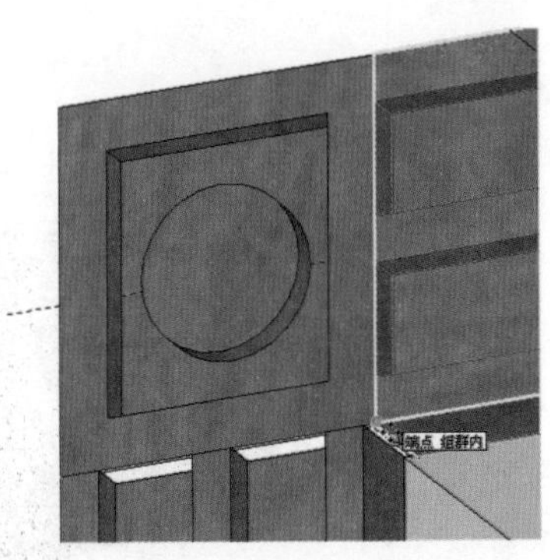

图 7-47 复制门套线并对位

10 使用同样方法制作对侧相同的模型，如图 7-49 所示。接下来制作门头装饰细节。

11 启用【矩形】创建工具，绘制门头装饰平面轮廓，如图 7-50 所示。

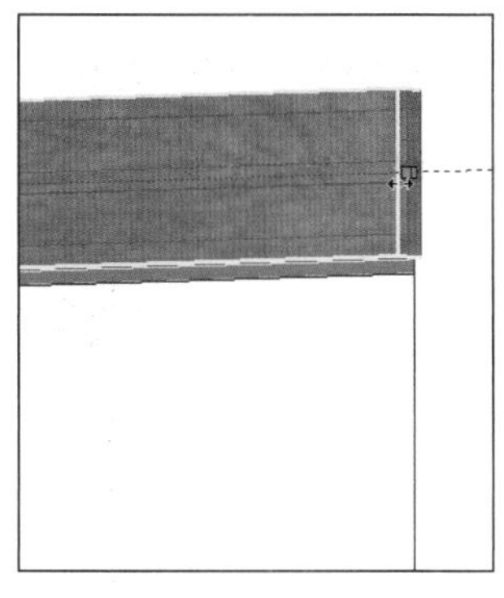
图 7-48　调整横向门套线长度

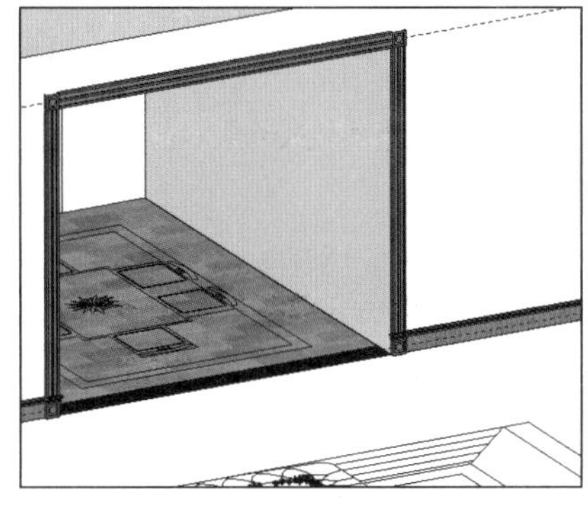
图 7-49　餐厅外层门套线效果

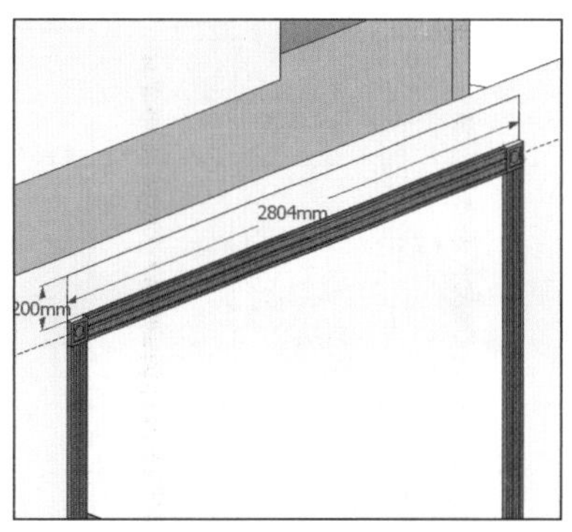

图 7-50　绘制门头装饰平面

12 结合使用【偏移】与【推/拉】工具，制作出门头凹凸细节，如图 7-51 与图 7-52 所示。

13 进入【使用层颜色材料】面板，为门头部分模型赋予“原色樱桃木质纹”材质，如图 7-53 所示。

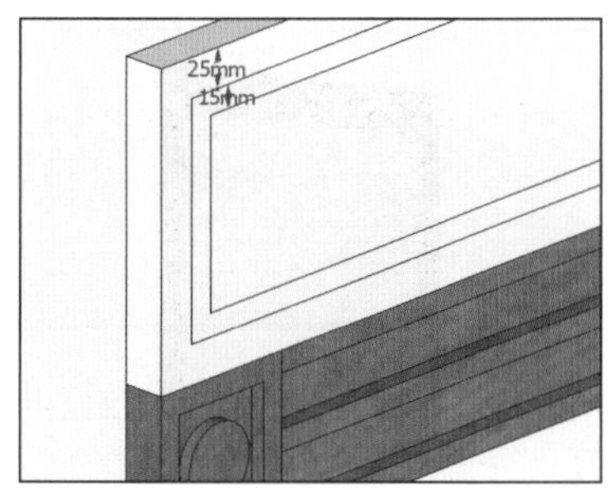

图 7-51　门头装饰尺寸

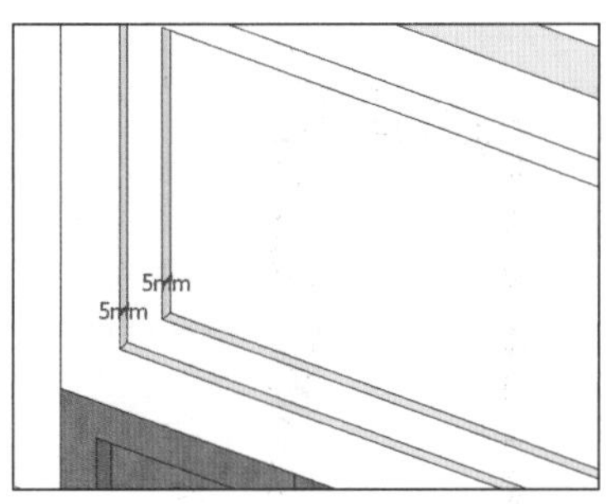

图 7-52　推拉出门头装饰细节

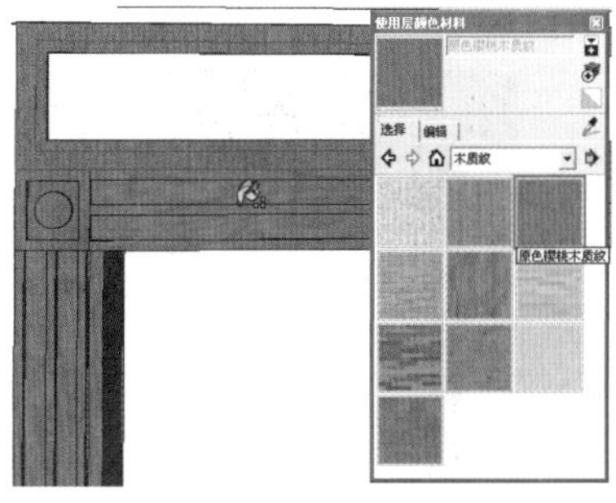
图 7-53　绘制原色樱桃木质纹材质

14 制作木雕花材质并赋予模型，使用贴图快速模拟出门头雕花细节，如图 7-54 所示。

15 启用【推/拉】工具，直接选择门洞侧面制作出门套侧板，如图 7-55 所示。

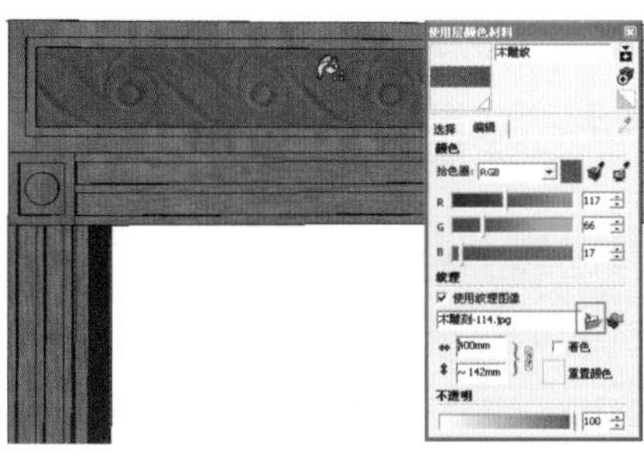
图 7-54　赋予木纹雕刻材质

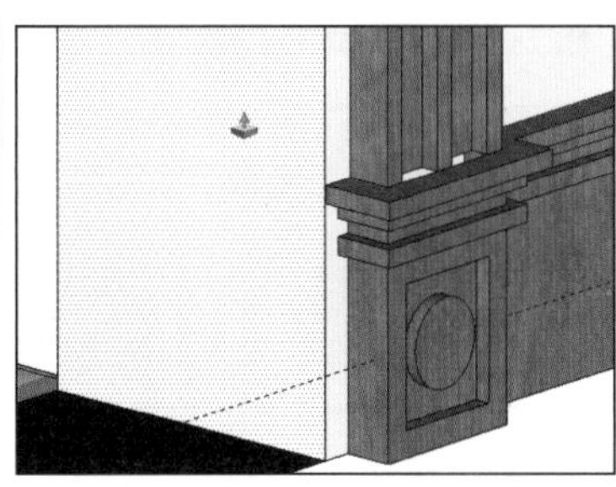
图 7-55　启用推拉工具

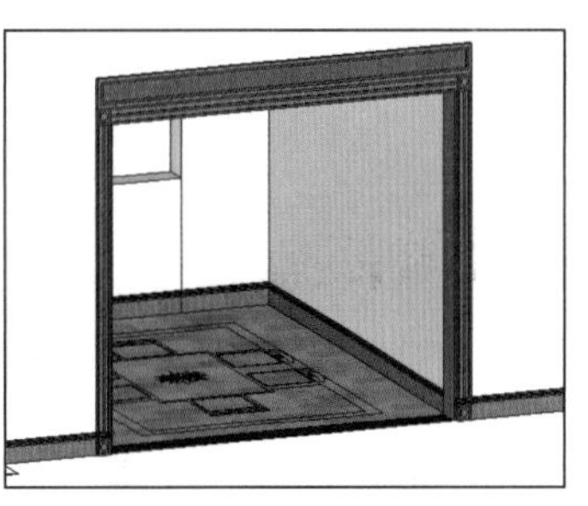
图 7-56　餐厅门套完成效果

16 完成餐厅门套线的制作后，启用【移动】工具，按 Ctrl 键将制作好的模型进行移动复制，如图 7-56 与图 7-57 所示。

17 将复制的门套线进行对位，然后复制出其他门套线，并启用【拉伸】工具调整好长度，如图 7-58 与图 7-59 所示。

18 复制出对侧的门套线，完成一层过道左侧门套的制作，如图 7-60 与图 7-61 所示。

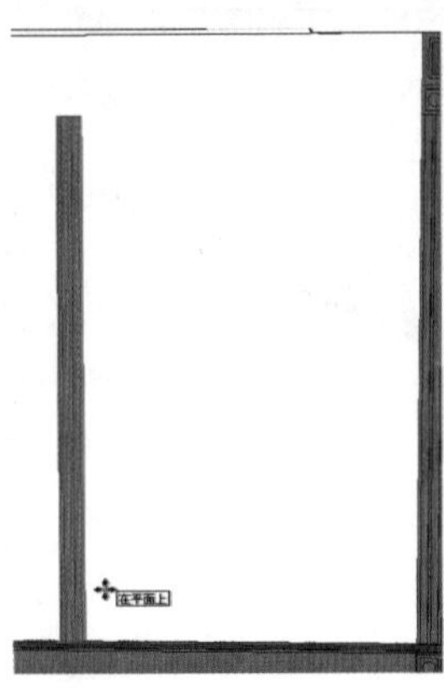

图 7-57　移动复制门套线

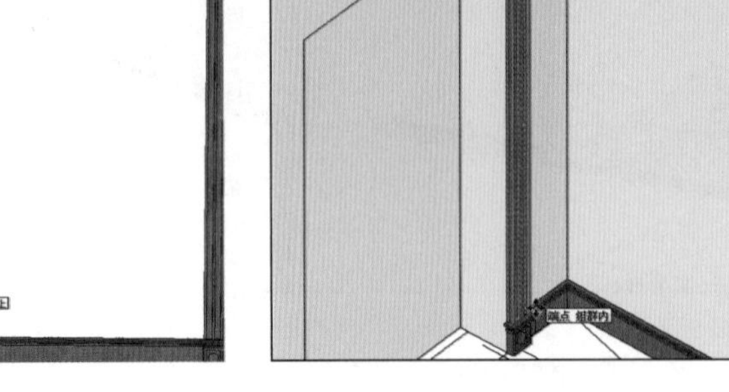

图 7-58　对位门套线

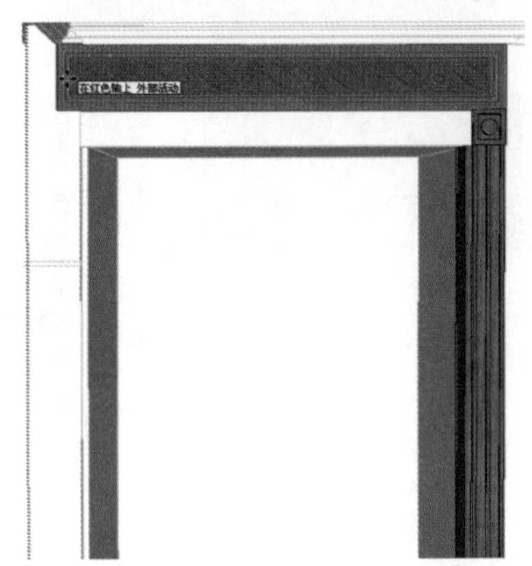
图 7-59　调整尺寸

19 使用类似的方法，完成二层过道中间的门套线的制作，如图 7-62 所示。由于最终视角中二层踢脚线不相见，因此这里可以省略。

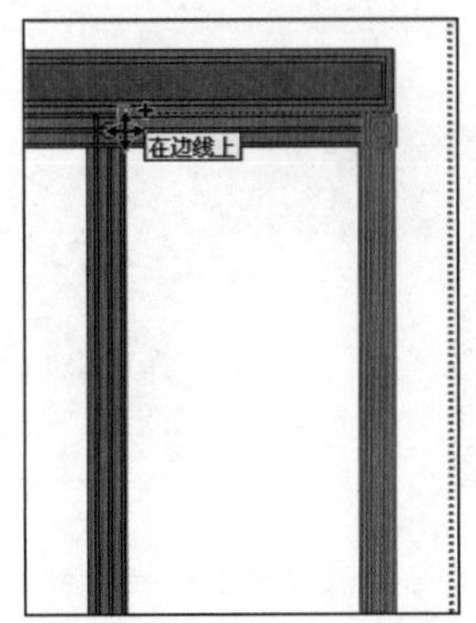

图 7-60　复制另一侧门套线

图 7-61　过道门套完成效果

图 7-62　二层收藏室门套完成效果

7.2 细化客厅模型

空间细化通常按照从下至上的顺序进行，首先制作地面铺地，然后逐步往上完成立面与吊顶创建。

7.2.1 细化铺地

01 为了方便观察与操作，首先在【俯视图】中隐藏正面墙体，如图 7-63 所示。

02 启用【线条】创建工具，参考 CAD 图纸，首先分割客厅与过道地面，如图 7-64 所示。

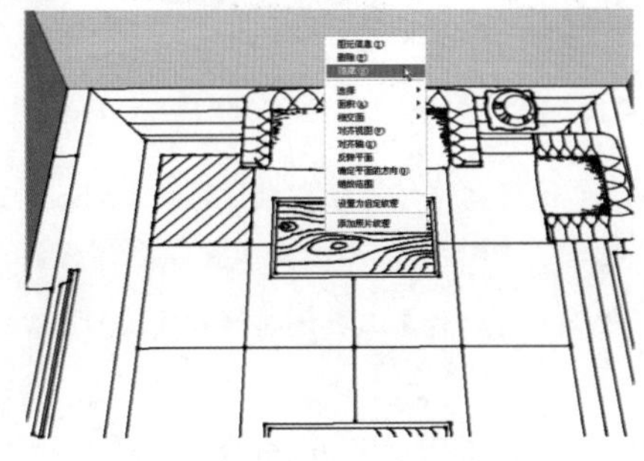
图 7-63　隐藏部分墙体

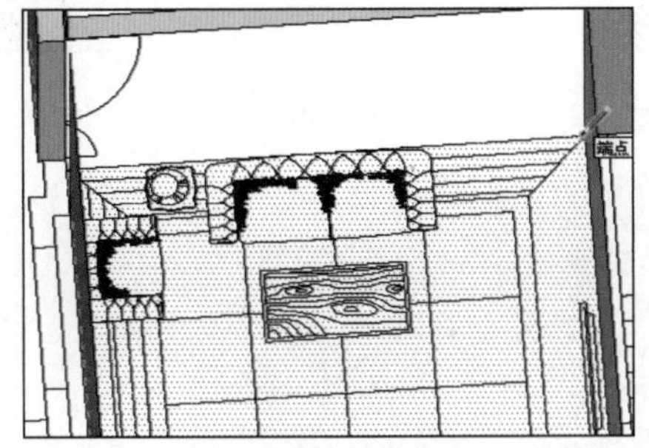

图 7-64　分割地面

03 启用【偏移】工具，选择分割好的客厅地面向内进行偏移，分割出客厅地面铺贴细节，如图 7-65 与如图 7-66 所示。

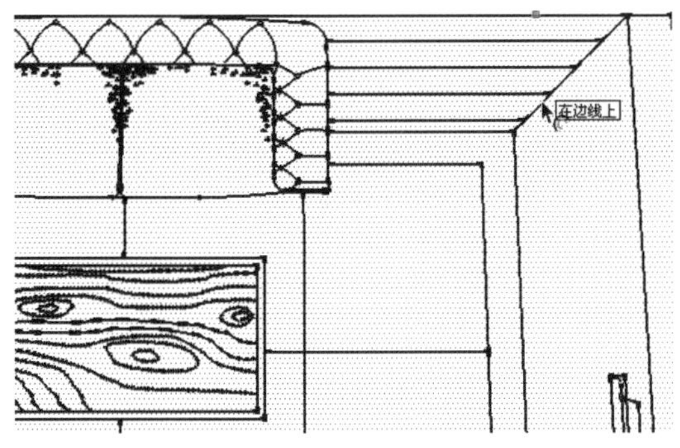

图 7-65 启用偏移工具

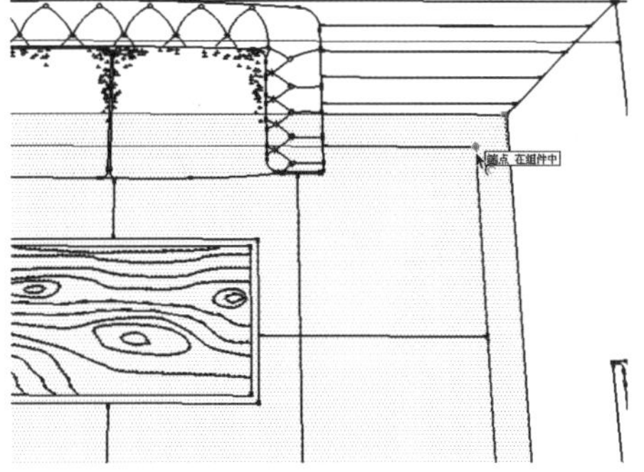

图 7-66 制作铺地分割细节

04 进入【使用层颜色材料】面板，分别为最外侧的地面赋予对应的石材，如图 7-67 与图 7-68 所示。

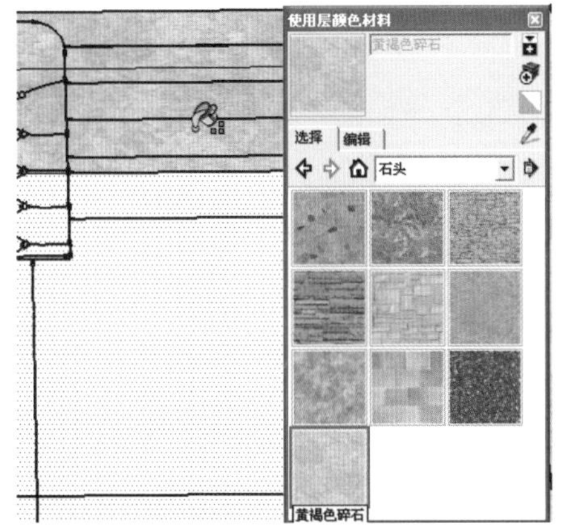

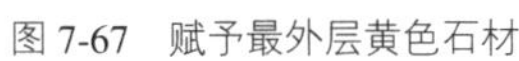

图 7-67 赋予最外层黄色石材

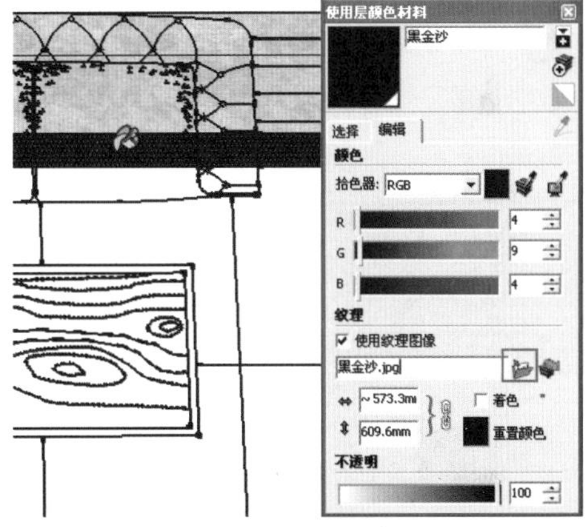

图 7-68 赋予中间层黑金砂

05 为客厅地面中间部分赋予带有接缝的石材材质，并调整好贴图拼贴效果，如图 7-69 与图 7-70 所示。

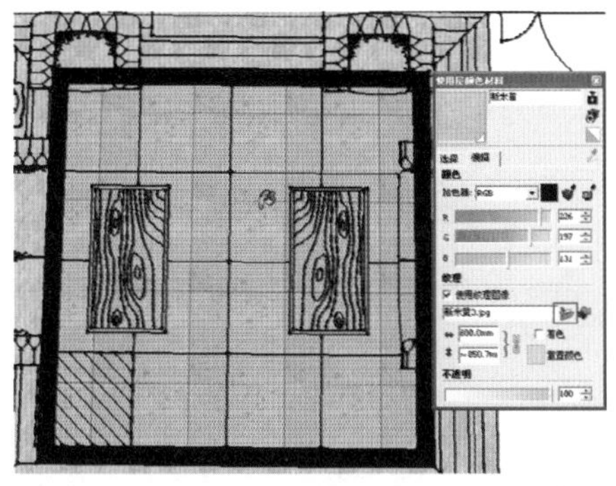

图 7-69 赋予内层米黄石材

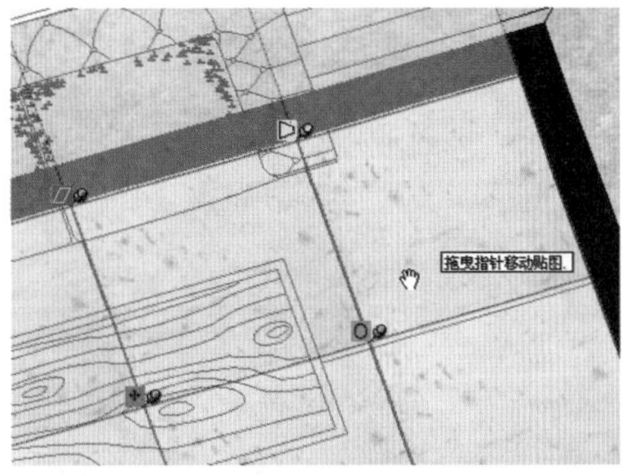

图 7-70 调整贴图铺贴效果

06 客厅地面铺地制作完成后，使用类似方法完成过道与餐厅地面的制作，如图 7-71 与图 7-72 所示。

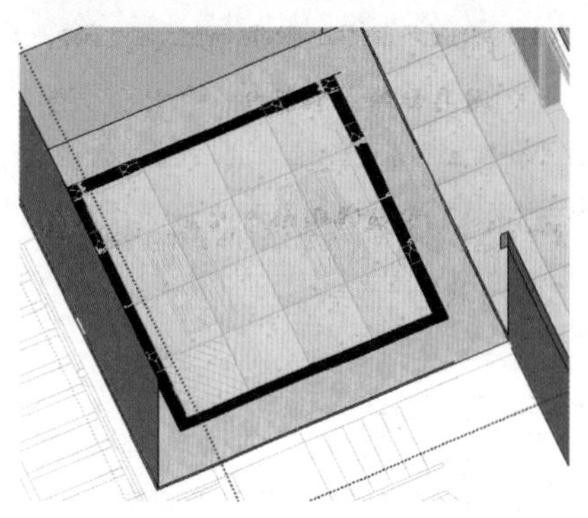

图 7-71 客厅与过道铺地完成效果

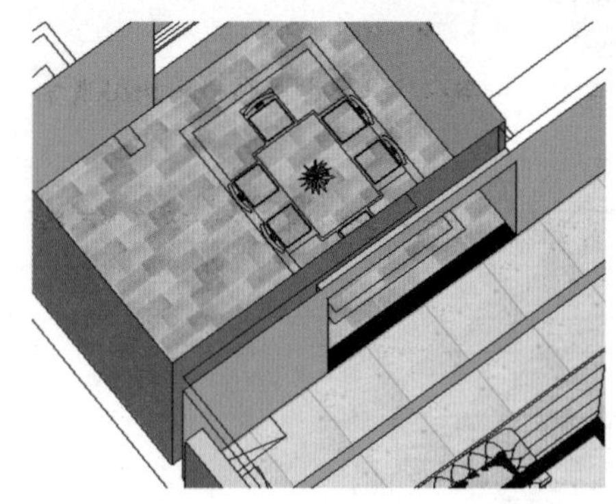

图 7-72 餐厅铺地效果

7.2.2 细化客厅右侧立面

01 制作如图 7-73 所示的客厅壁炉立面模型。选择右侧墙体模型，将其单独创建为【组】，如图 7-74 所示。启用【卷尺】与【线条】创建工具，对其进行初步划分，如图 7-75 所示。

02 划分各个装饰构件的细分区域，如图 7-76 所示。

03 启用【圆弧】创建工具，创建立面装饰弧形，完成客厅右立面装饰平面的划分，如图 7-77 与图 7-78 所示。

图 7-73 客厅右侧立面完成效果

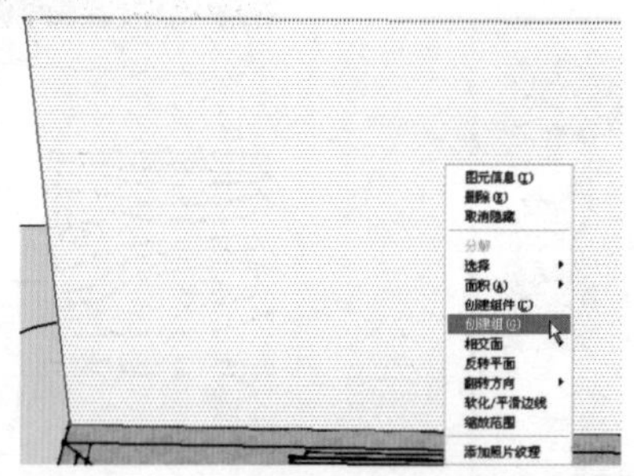

图 7-74 将墙面独立创建为群组

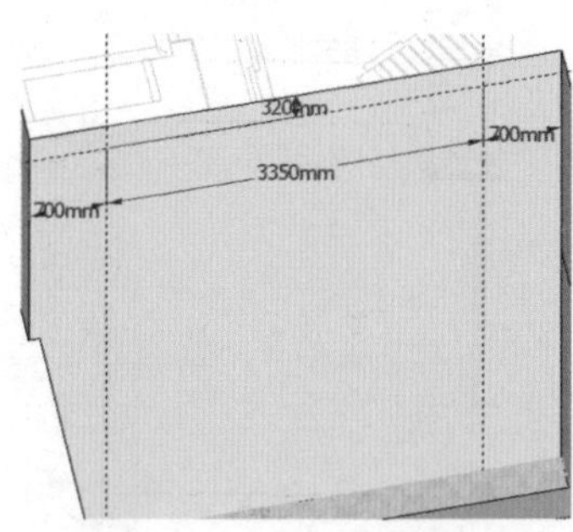

图 7-75 初步分割右侧墙面

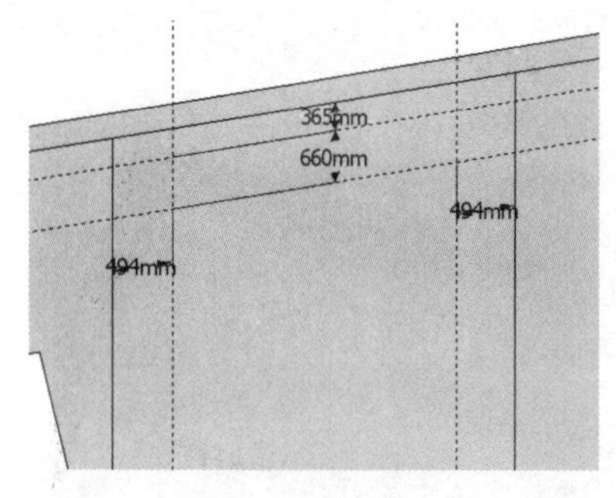

图 7-76 创建细节参考线

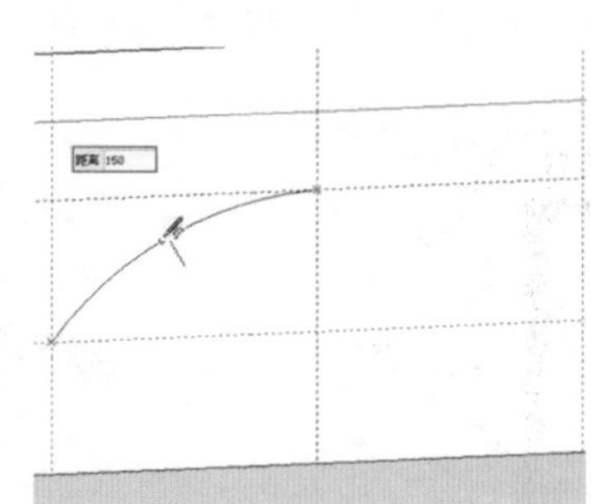

图 7-77 绘制圆弧

图 7-78 客厅右侧立面分割效果

04 根据划分平面创建三维模型。结合使用【矩形】以及【线条】创建工具，绘制立面装饰柱底座截面，如图 7-79 所示。

05 启用【矩形】创建工具绘制路径平面，启用【路径跟随】工具制作出装饰柱底座，如图 7-80 与图 7-81 所示。

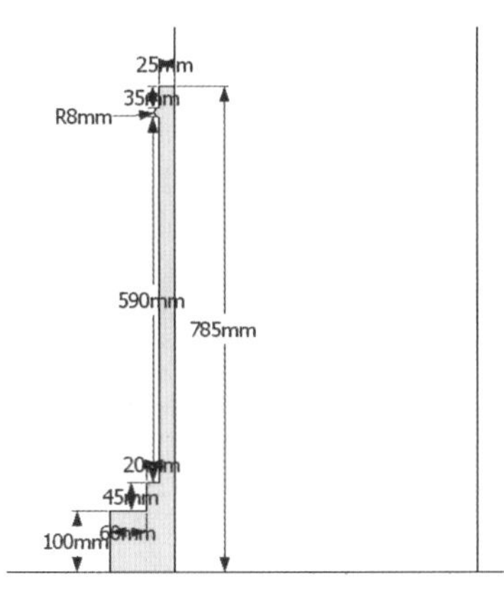

图 7-79　绘制装饰柱底部截面

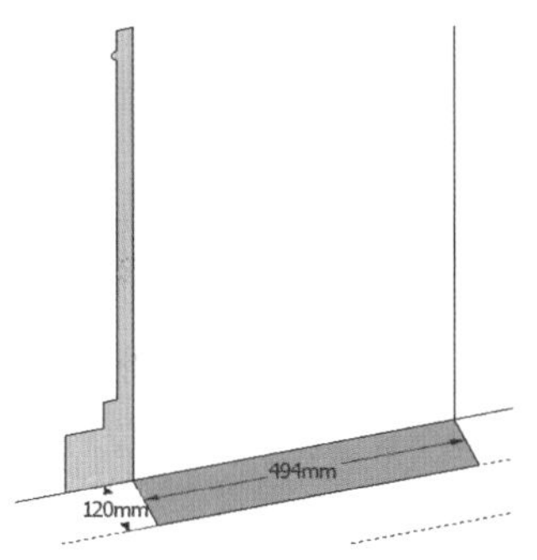

图 7-80　绘制路径跟随平面

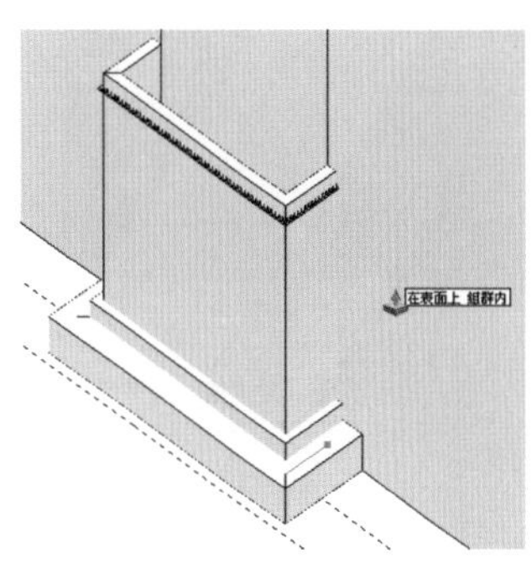

图 7-81　启用路径跟随工具

06 结合使用【偏移】与【推/拉】工具，制作出装饰柱底座细节，如图 7-82~图 7-84 所示。

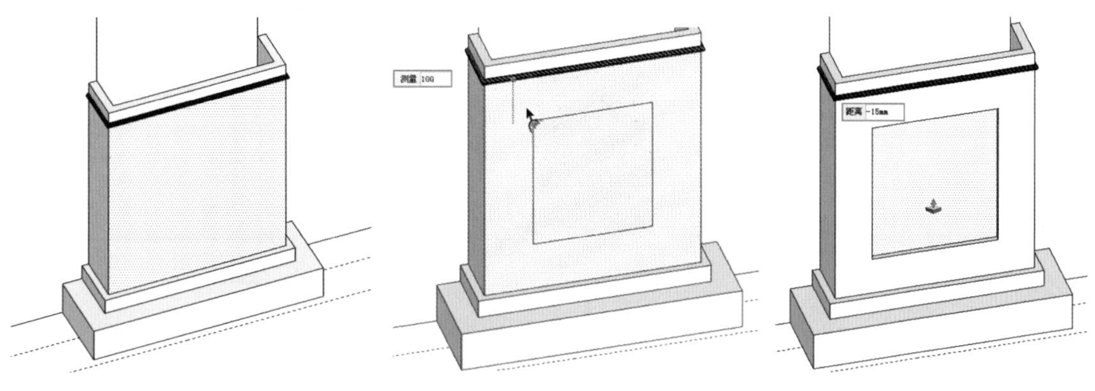

图 7-82　选择细化面　　图 7-83　启用偏移工具　　图 7-84　启用推拉工具

07 使用同样的方法，制作出装饰柱底部连接细节，如图 7-85~图 7-87 所示。

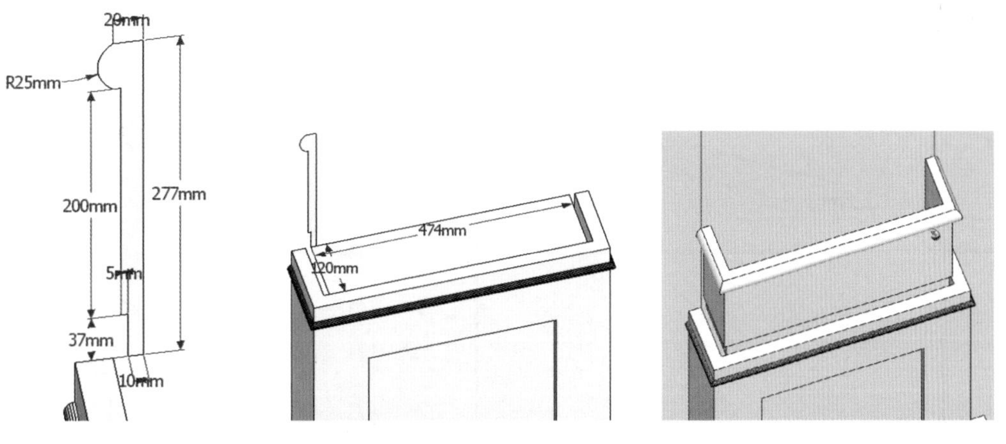

图 7-85　绘制连接截面　　图 7-86　绘制路径跟随平面　　图 7-87　启用路径跟随工具

08 启用【矩形】创建工具，封闭连接面，然后删除多余边线，如图 7-88 与图 7-89 所示。

09 启用【推/拉】工具，选择 U 形平面向上推拉 3190，制作出装饰柱柱身，如图 7-90 所示。

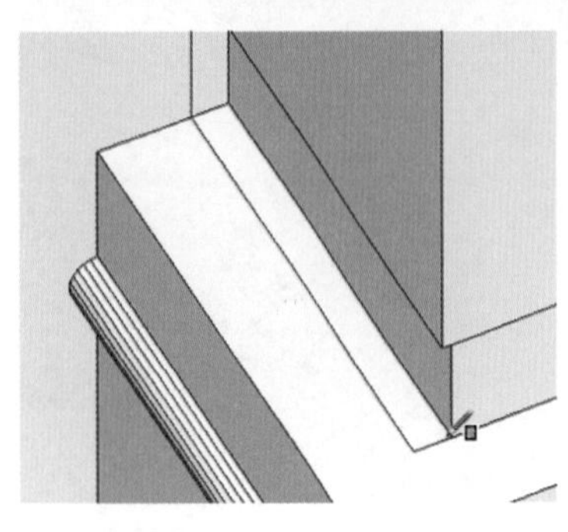

图 7-88　封闭连接面

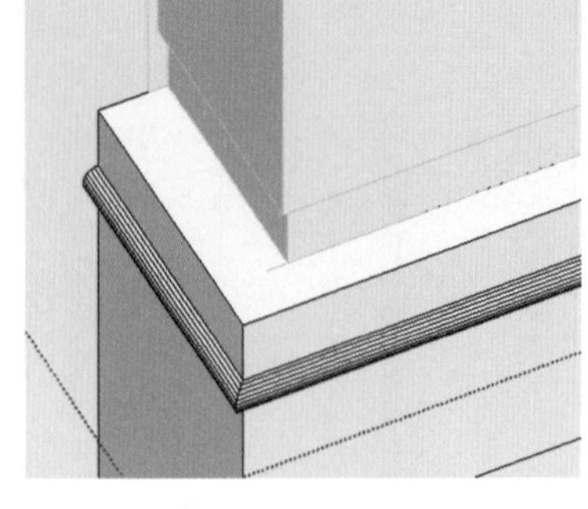

图 7-89　删除多余边线

图 7-90　启用推拉工具

10 结合【线条】、【圆弧】创建工具，绘制出装饰柱柱头截面，启用【路径跟随】工具创建出柱头模型，如图 7-91~图 7-93 所示。

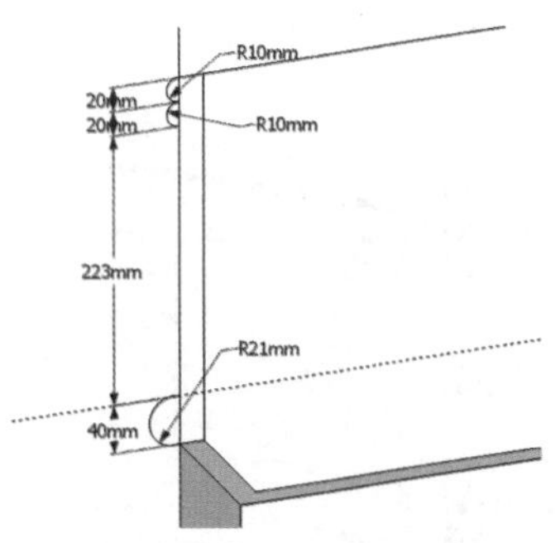

图 7-91　绘制柱头截面

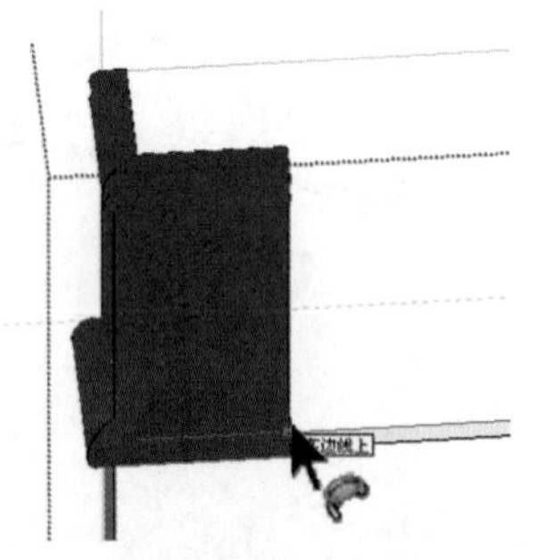

图 7-92　启用路径跟随工具

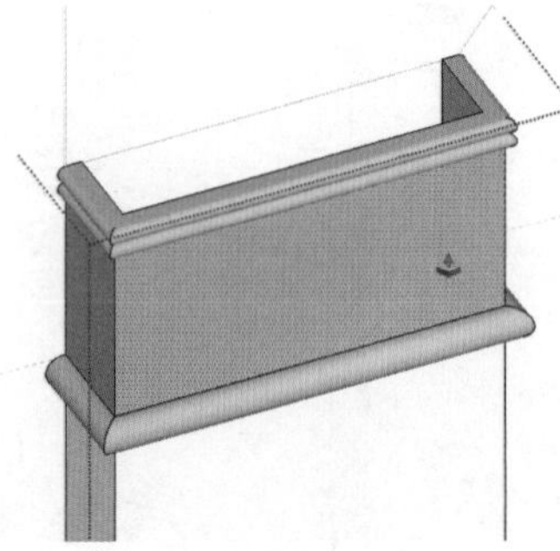

图 7-93　柱头完成效果

注 意

如果在已有平面上直接进行路径跟随，所得到的模型面可能出现反面，此时选择对应模型面，单击右键，选择【反转平面】命令即可。

11 结合使用【圆弧】与【线条】创建工具，绘制出弧形装饰构件，启用【推/拉】工具，制作出三维轮廓，如图 7-94 与图 7-95 所示。

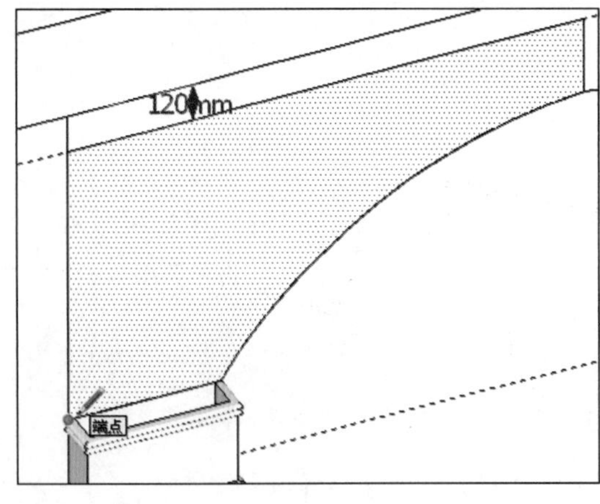

图 7-94　绘制弧形平面

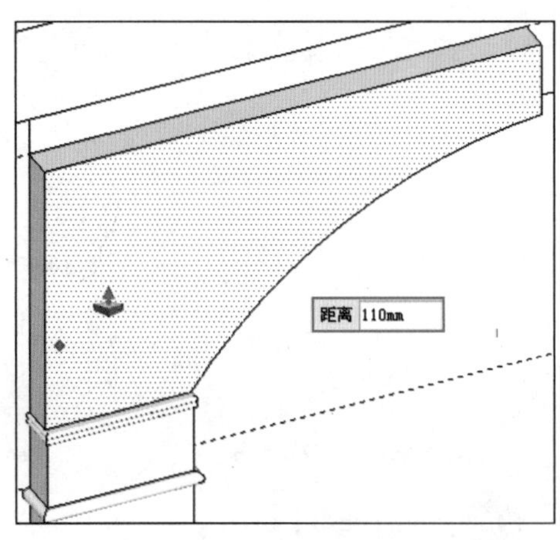

图 7-95　启用推拉工具

12 结合使用【偏移】与【线条】创建工具，制作出弧形装饰上的细节线条，如图 7-96~图 7-98 所示。

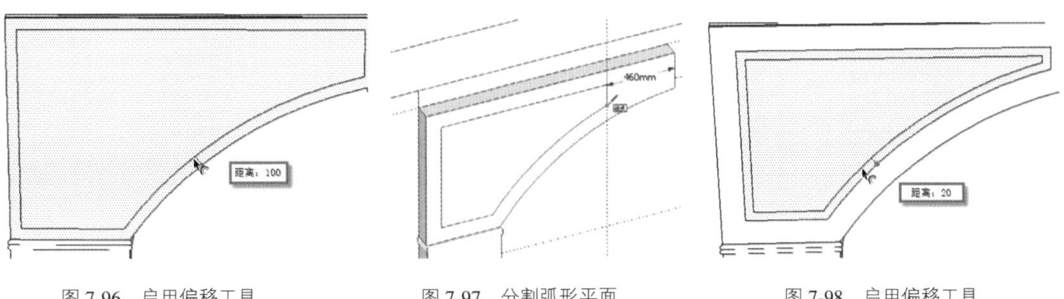

图 7-96 启用偏移工具　　图 7-97 分割弧形平面　　图 7-98 启用偏移工具

13 完成装饰线条的细化后，启用【线条】创建工具，划分出右侧的区域，以制作其他细节，如图 7-99 与图 7-100 所示。

14 启用【推/拉】工具，制作出弧形装饰线条细节，如图 7-101 所示。

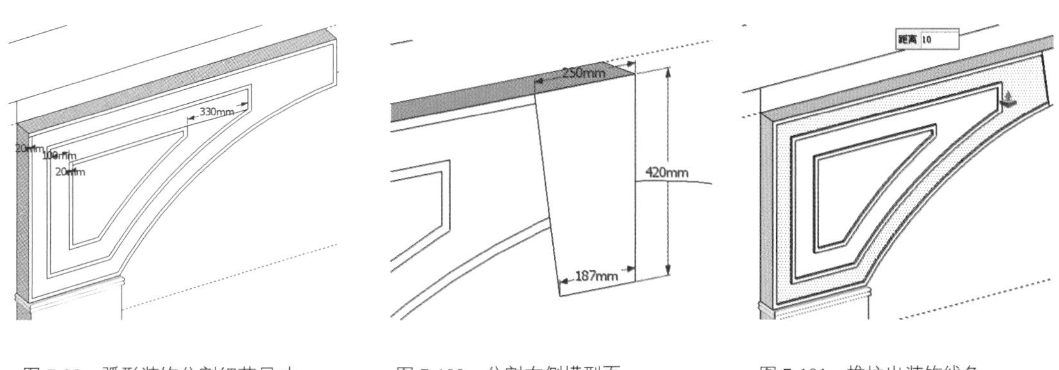

图 7-99 弧形装饰分割细节尺寸　　图 7-100 分割右侧模型面　　图 7-101 推拉出装饰线条

15 通过【组件】面板调入雕花装饰组件，调整好位置与大小，如图 7-102 与图 7-103 所示。

图 7-102 调入装饰线组件

图 7-103 调整装饰线组件大小

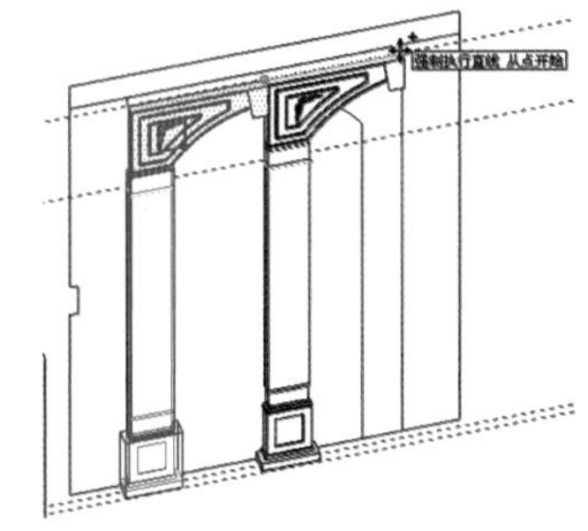

图 7-104 移动立面复制装饰模型

技 巧

有些门头雕刻装饰可以采用贴图进行模拟，但较大的立面雕刻装饰最好使用实体模型，以得到理想的细节效果。

16 移动复制制作好的右侧立面模型，通过【翻转方向】菜单命令调整朝向，如图 7-104 与图 7-105 所示。

17 将复制的模型剪切至原始模型【组】内，然后删除交接处的边线，形成完整的模型，如图 7-106 所示。

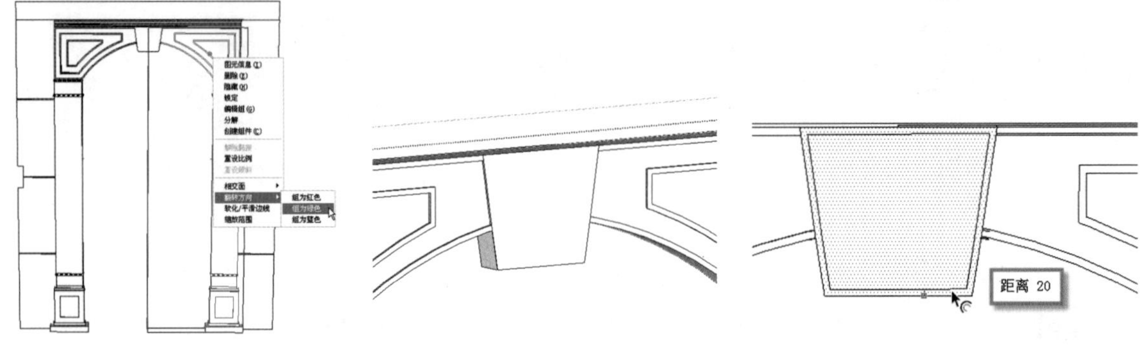

图 7-105　镜像模型　　图 7-106　合并模型　　图 7-107　启用偏移工具

18 结合使用【偏移】和【推/拉】工具，制作模型中部轮廓，然后调整边线形成斜面，如图 7-107~图 7-109 所示。

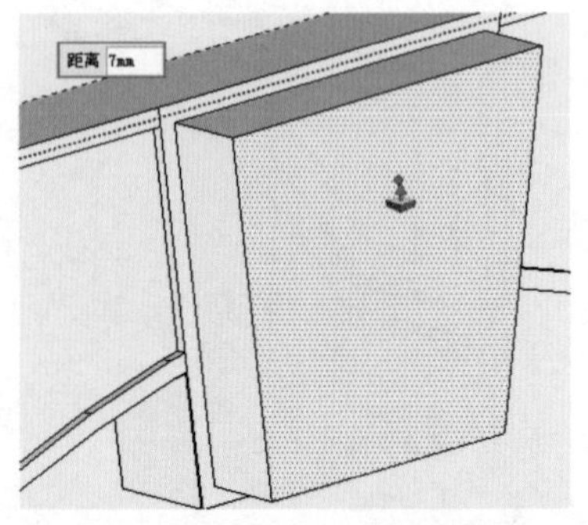

图 7-108　启用拉伸工具

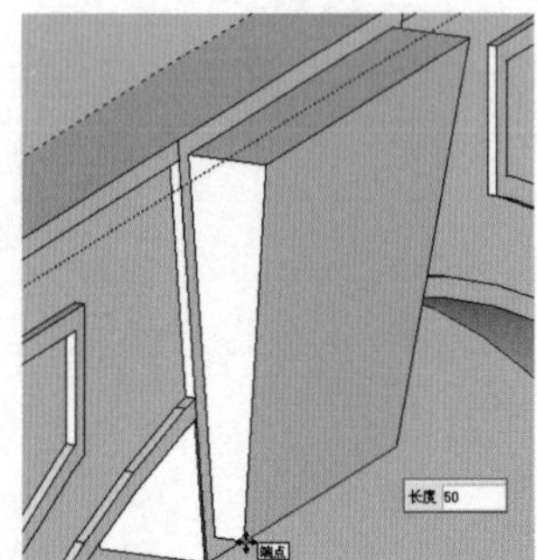

图 7-109　向后移动边线

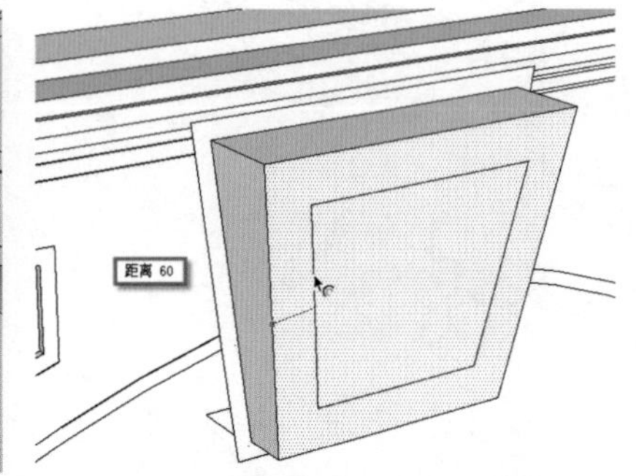

图 7-110　启用偏移工具

19 结合使用【偏移】、【推/拉】以及【圆形】创建工具，制作出装饰细节，如图 7-110~图 7-112 所示。

图 7-111　启用推拉工具

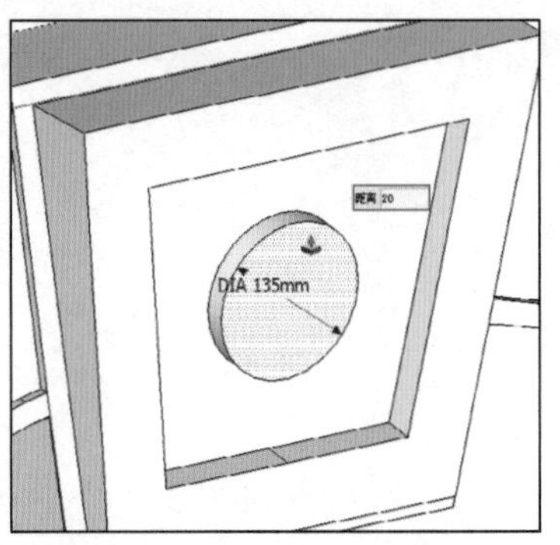

图 7-112　完成装饰细节

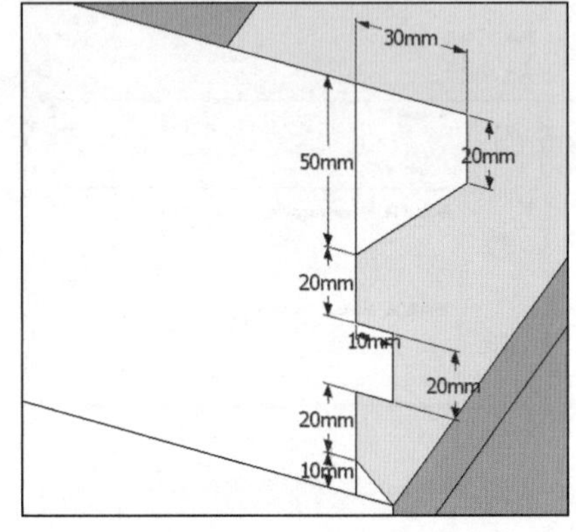

图 7-113　绘制装饰角线平面

20 启用【线条】创建工具以及【推/拉】工具，完成顶部装饰线的制作，如图 7-113 与图 7-114 所示。

21 模型制作完成后，进入材质面板，为其制作并赋予米黄色石材，并调整好贴图尺寸，如图 7-115 所示。

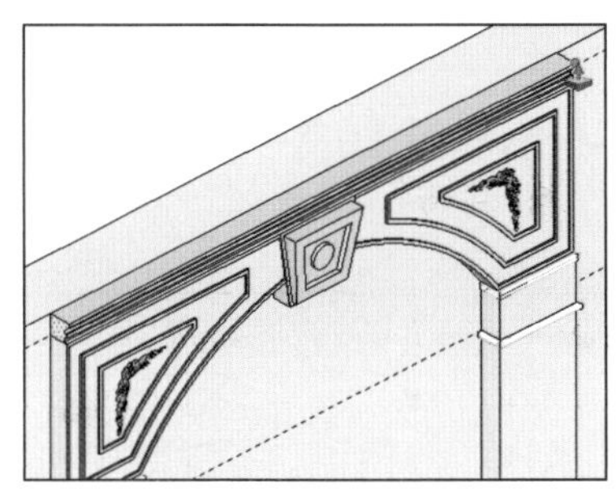

图 7-114　启用推拉工具

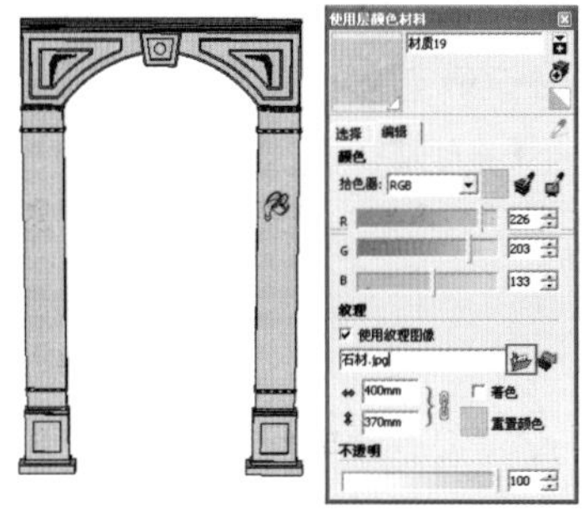

图 7-115　赋予石材材质

22 进入【组件】面板，调入“壁炉”模型组件并调整好位置与大小，如图 7-116 所示。接下来制作墙面菱形花纹。

23 启用【线条】创建工具，绘制一条中心线，然后将其拆分为五段，如图 7-117~图 7-119 所示。

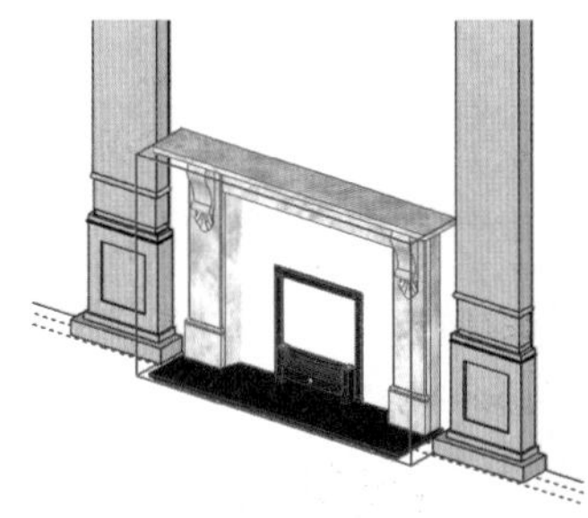

图 7-116　调入壁炉模型组件

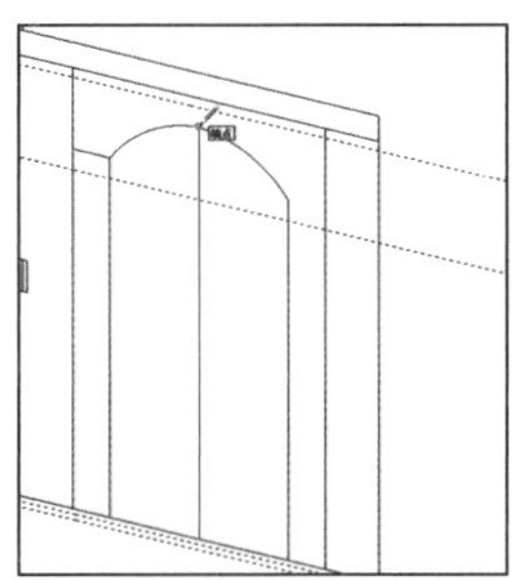

图 7-117　绘制中心分割线

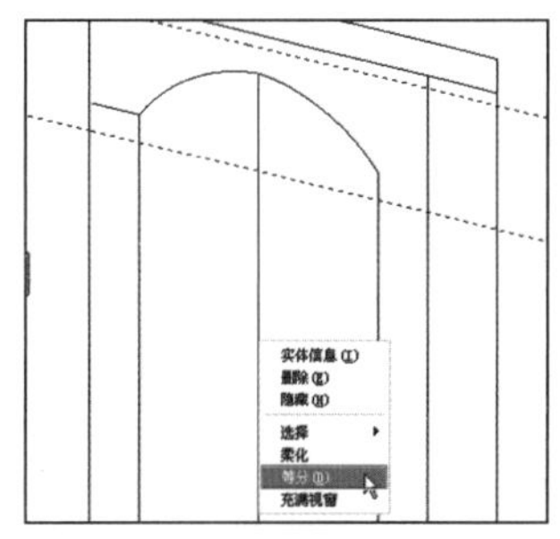

图 7-118　启用拆分菜单命令

24 捕捉拆分点划分墙体，然后再次对划分形成的拆分线段进行拆分处理，如图 7-120~图 7-122 所示。

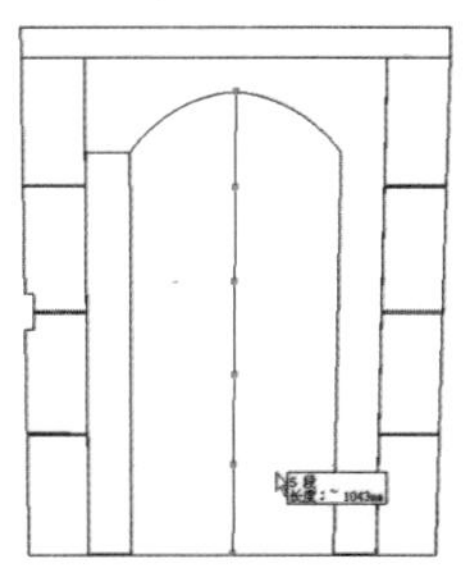

图 7-119　拆分中心分割线

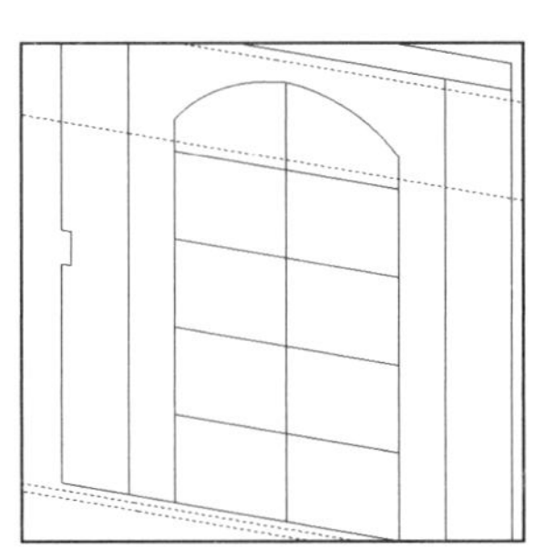

图 7-120　分割墙体立面

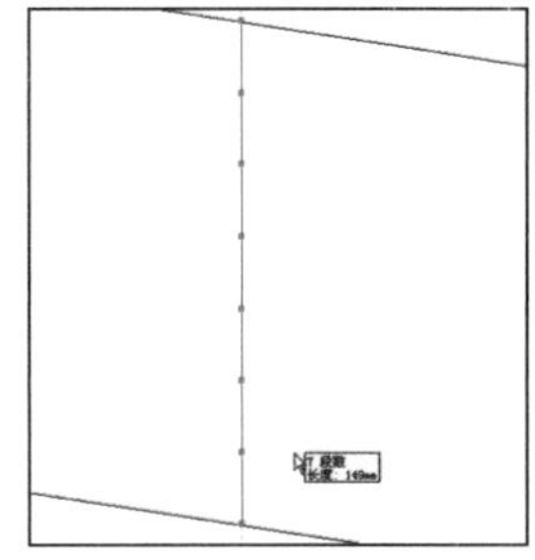

图 7-121　拆分竖向分割线

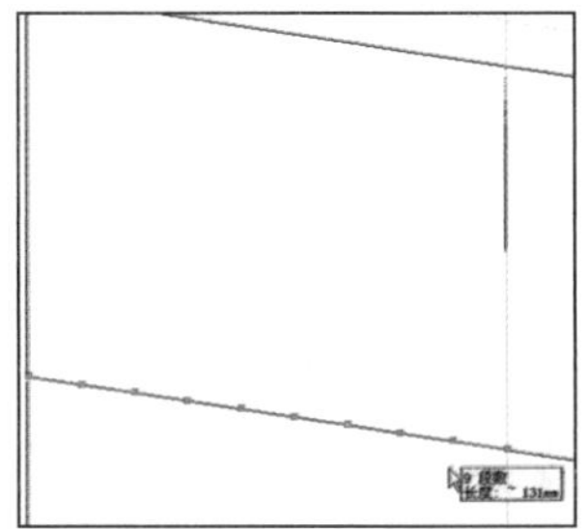

图 7-122　拆分横向分割线

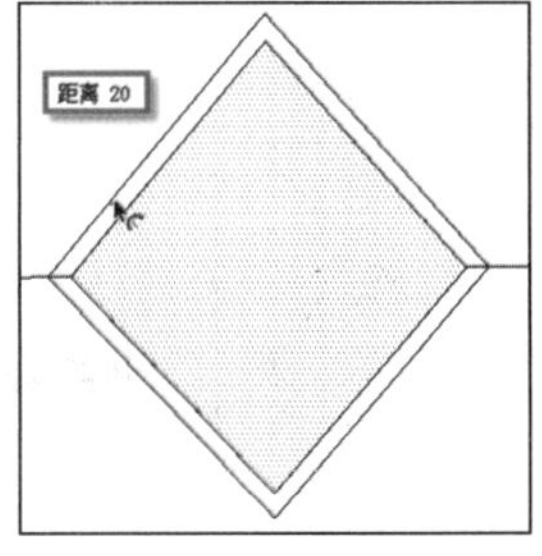

图 7-123　创建菱形分割面

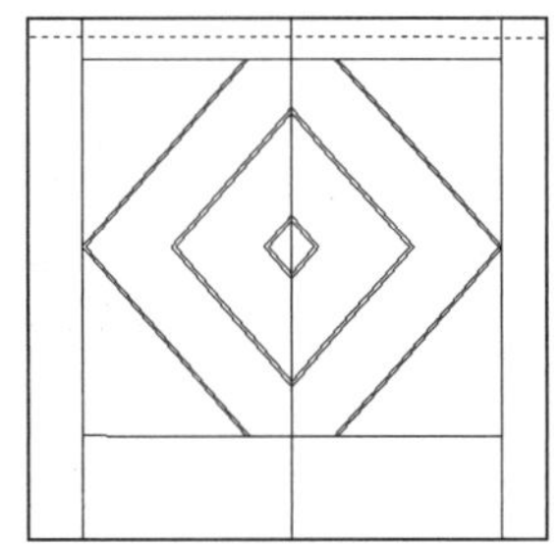

图 7-124　完成部分分割面

25 连接拆分点，在中间创建一个菱形分割面。启用【偏移】工具，捕捉横向线段的中间与右侧端点，逐步制作出整个墙面细节，如图 7-123~图 7-125 所示。

26 启用【推/拉】工具，选择菱形分割面交接的分割面向内进行推拉，制作出拼缝模型细节，如图 7-126~图 7-127 所示。

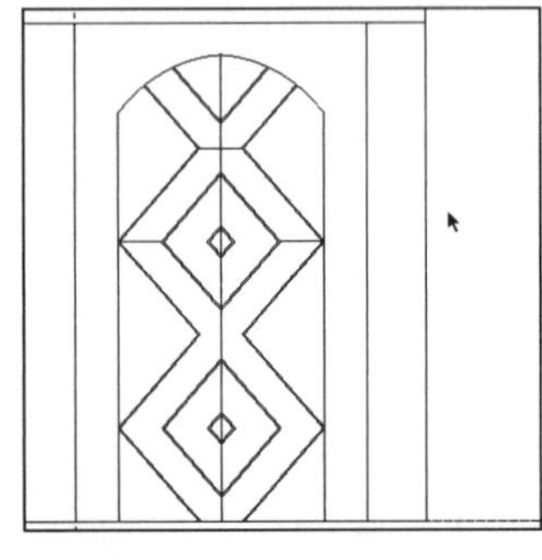

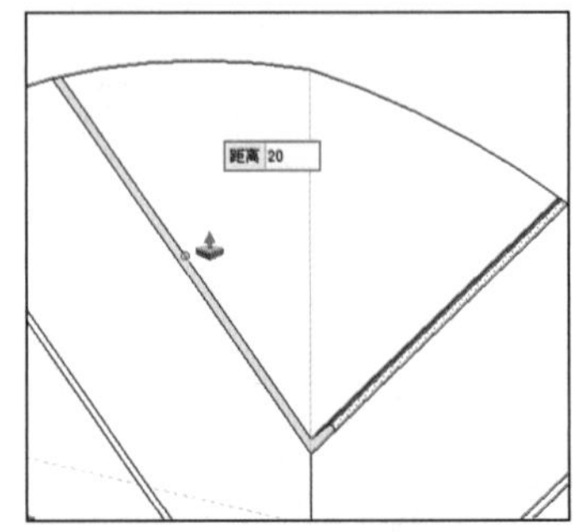

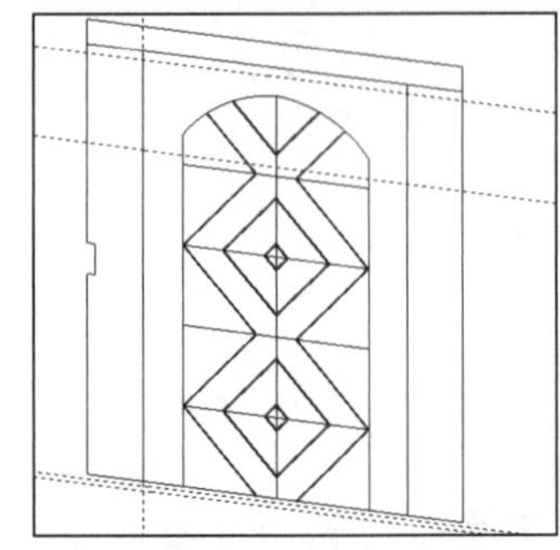

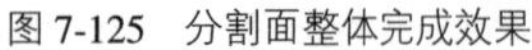
图 7-125 分割面整体完成效果

图 7-126 启用推拉工具

图 7-127 完成墙壁装饰细节

27 启用【矩形】创建工具，捕捉壁炉端点，在墙面上创建一个等大的分割面，然后将分割面删除，以显示出壁炉内部模型，如图 7-128~图 7-130 所示。

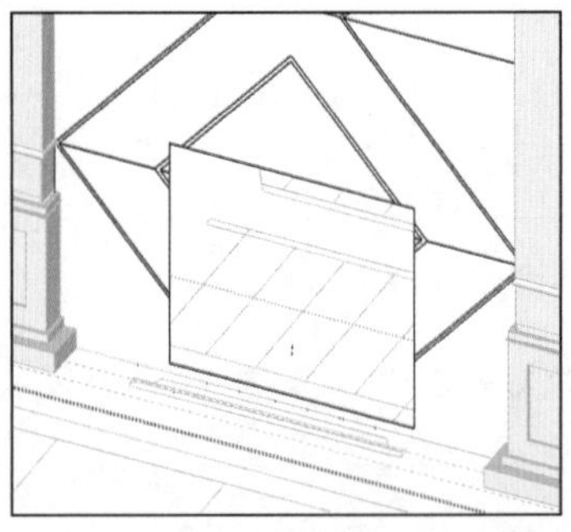

图 7-128 参考壁炉创建分割面

图 7-129 删除分割面

图 7-130 壁炉模型效果

28 进入【使用层颜色材料】面板，为制作好的墙壁模型赋予米黄色石材，如图 7-131 所示。接下来制作两侧的银镜装饰面细节。

29 选择右侧边线，利用【拆分】菜单命令将其拆分为 4 段，制作出宽度与深度均为 20 的银镜拼缝细节，如图 7-132 与图 7-133 所示。

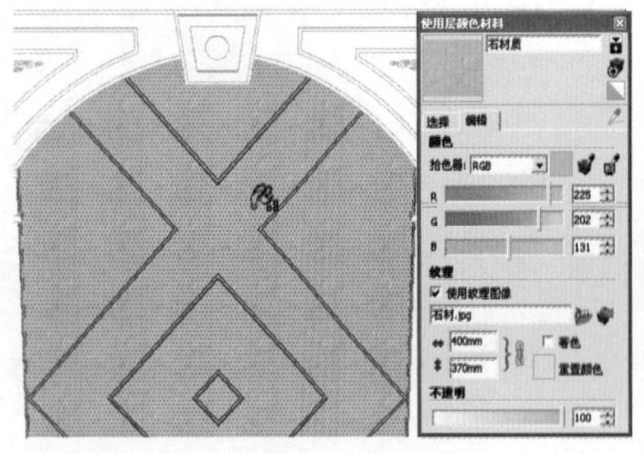

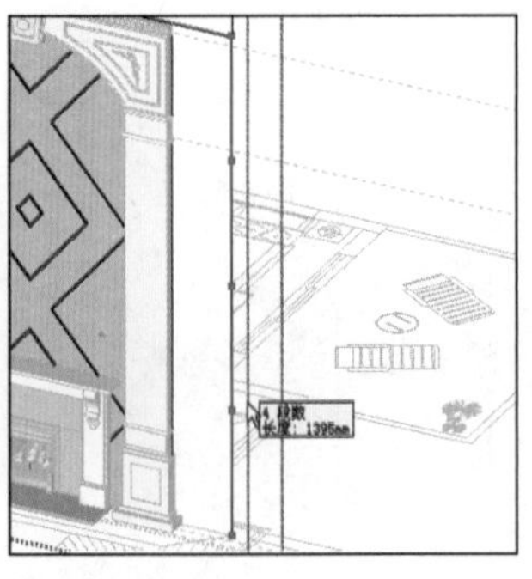

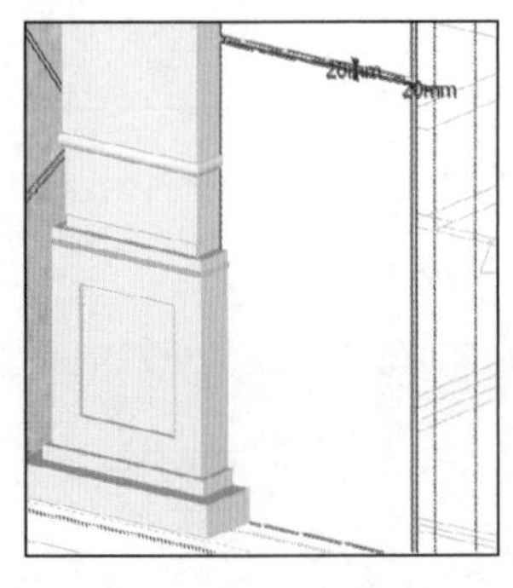

图 7-131 绘制装饰面石材

图 7-132 拆分右侧边线

图 7-133 制作玻璃拼缝

30 使用同样方法完成左侧银镜模型制作，然后为其赋予“金属铝阳极化处理结果”材质，如图 7-134 所示。

31 客厅右侧立面创建完成，效果如图 7-135 所示。接下来制作客厅左侧的立面模型。

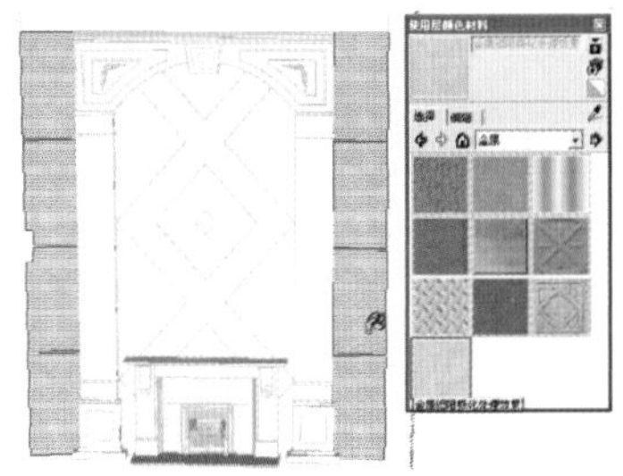

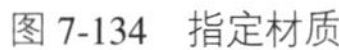

图 7-134 指定材质

图 7-135 客厅右侧立面完成效果

图 7-136 客厅左侧立面效果

注 意

SketchUP 不能直接制作出具有反射效果的材质，这里先赋予光亮的金属材质进行区分，在后期渲染时再添加反射细节。

7.2.3 细化客厅左侧立面

01 客厅左侧立面主要由两侧的装饰银镜与中间背景墙构成，完成效果如图 7-136 所示。

02 选择左侧墙面，单独创建为【组】如图 7-137 所示。对其进行初步分割，与图 7-138 所示。

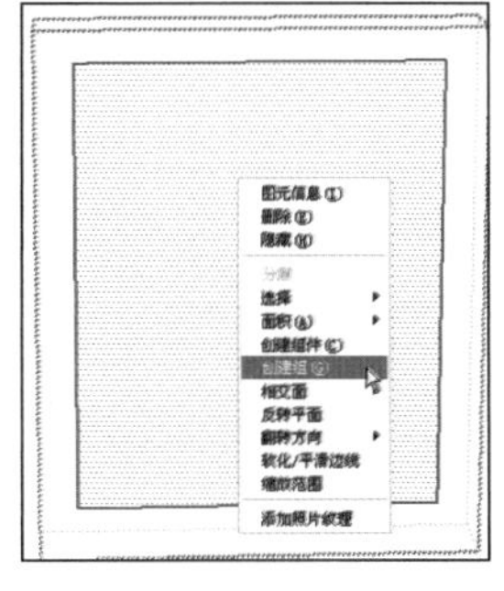

图 7-137 创建群组

图 7-138 初步分割墙面

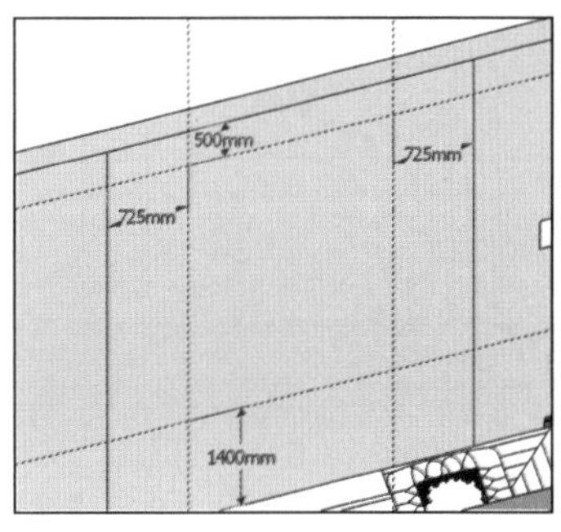

图 7-139 进一步分割墙面

03 选择墙体面进行进一步分割，如图 7-139 所示，使用【推/拉】工具制作墙面中部凹凸细节，如图 7-140 所示。

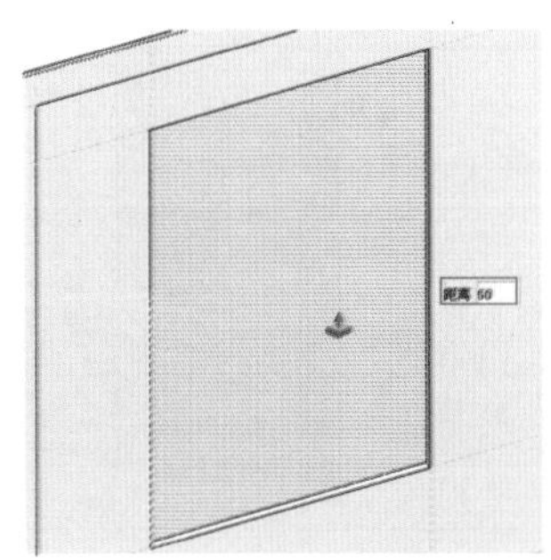

图 7-140 启用推拉工具

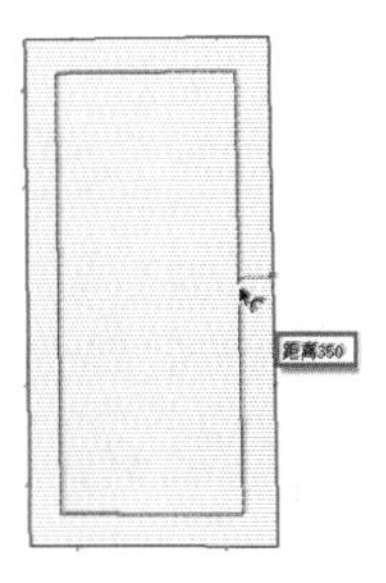

图 7-141 启用偏移工具

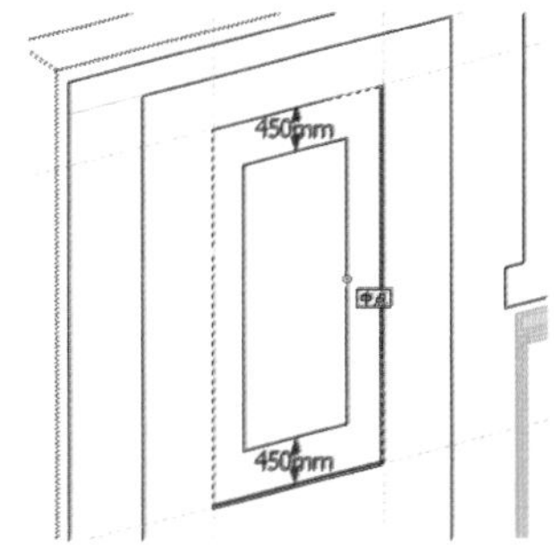

图 7-142 调整出画框平面

04 结合使用【偏移】与【推/拉】工具，完成模型其它凹凸细节制作，如图 7-141~图 7-143 所示。

05 进入【使用层颜色材料】面板，为中央区域制作并赋予花卉油画材质，为外侧银镜模型赋予“金属铝阳极化处理结果”材质，如图 7-144 与图 7-145 所示。

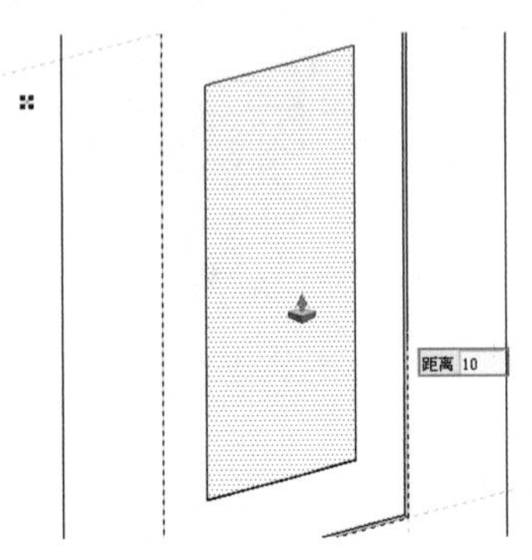

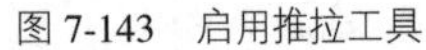

图 7-143 启用推拉工具

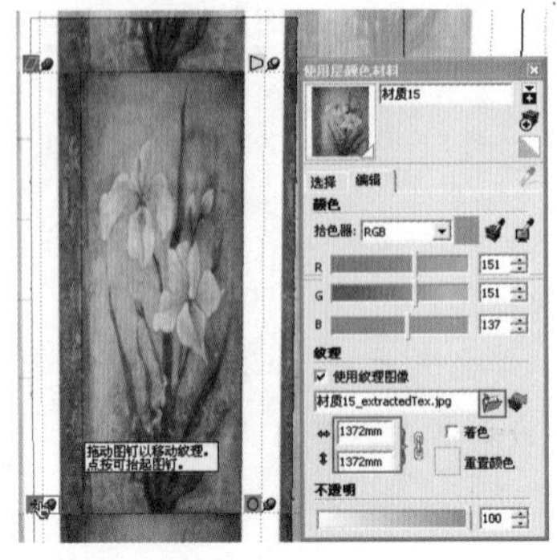

图 7-144 赋予油画材质

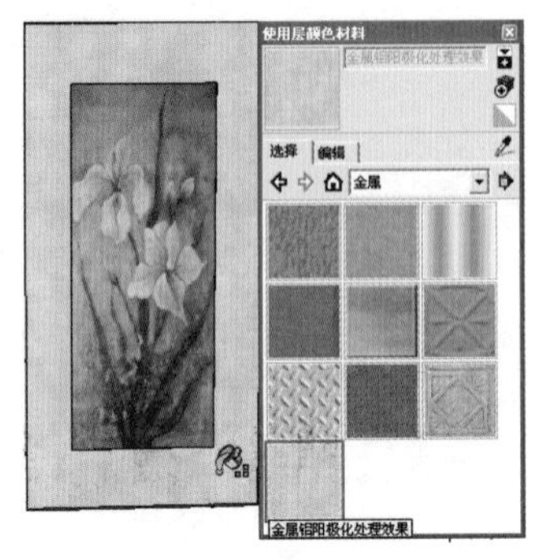

图 7-145 赋予铝材质

06 启用【卷尺】工具，绘制分割参考线，启用【线条】创建工具进行分割，如图 7-146 与图 7-147 进行制作。

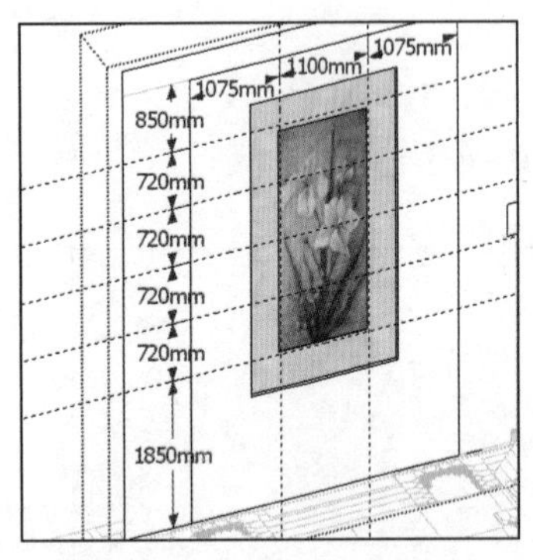

图 7-146 装饰墙外围分割尺寸

图 7-147 分割中部平面

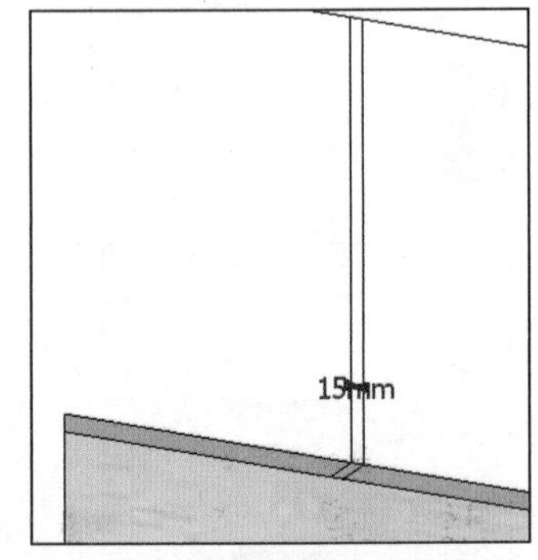

图 7-148 移动复制出缝隙大小

07 选择分割的边线，启用【移动】工具，按 Ctrl 键以 15 的宽度进行复制，然后启用【推/拉】工具制作石材拼缝，如图 7-148 与图 7-149 所示。

08 为接缝墙面赋予石材材质，如图 7-150 所示。接下来制作两侧的装饰银镜细节。

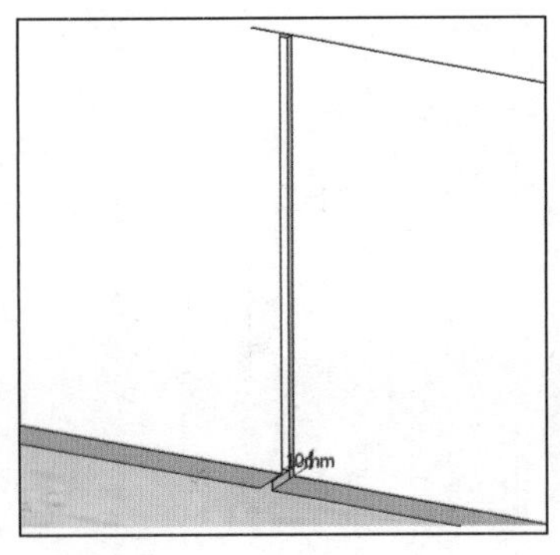

图 7-149 推拉出缝隙深度

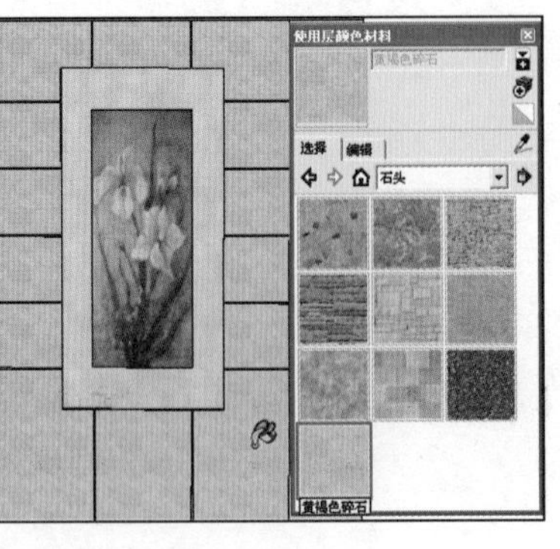

图 7-150 绘制石材

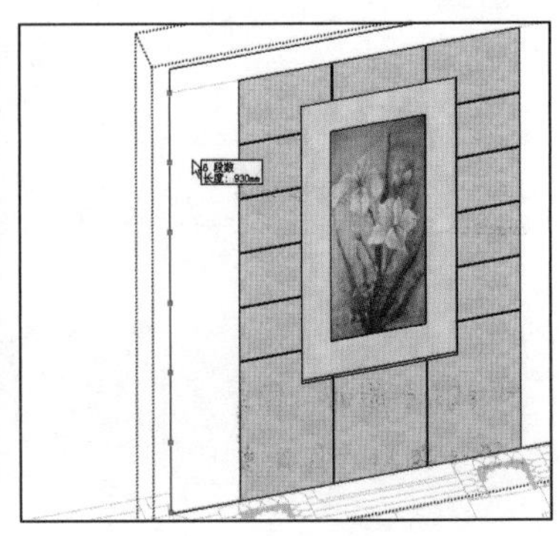

图 7-151 拆分外侧边线

09 选择边线，将其拆分为 6 段，启用【线条】创建工具进行分割，如图 7-151 与图 7-152 所示。

10 结合使用【移动】与【推/拉】工具，制作出银镜的拼缝细节，如图 7-153 所示。

11 进入【使用层颜色材料】面板，为装饰银镜赋予“金属铝阳极化处理结果”材质，如图 7-154 所示。至此，客厅左侧立面模型细化完成，接下来细化客厅吊顶。

图 7-152　分割两侧平面

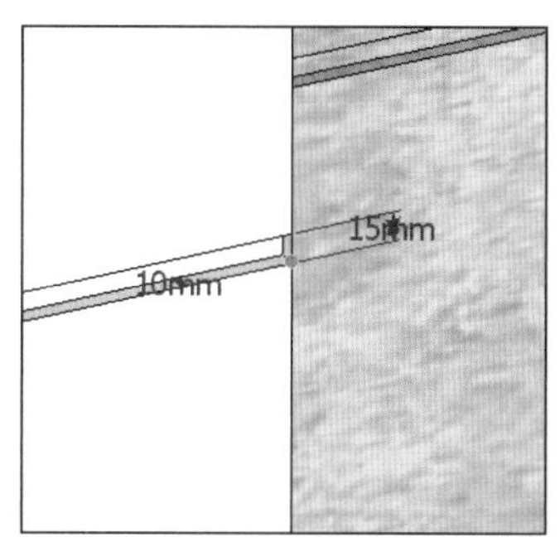

图 7-153　制作银镜缝隙

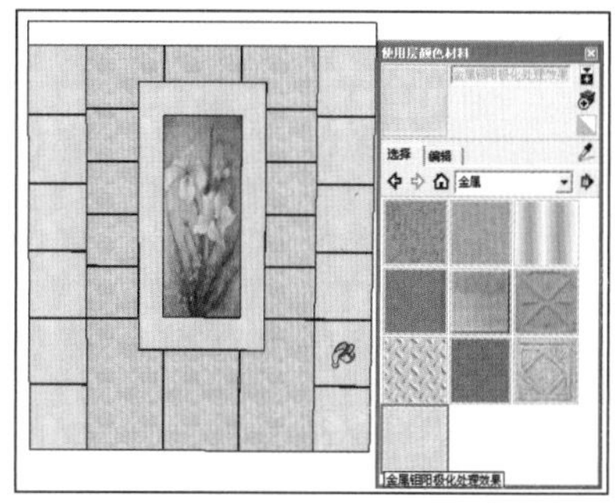

图 7-154　赋予铝材质

7.2.4 细化客厅吊顶

01 启用【线条】创建工具，分割出客厅吊顶平面，如所示。启用【偏移】工具，向内偏移 450mm，如所示。

02 启用【卷尺】工具，绘制吊顶分割参考线，结合使用【矩形】与【圆形】创建工具，分割吊顶平面，如与图 7-158 所示。

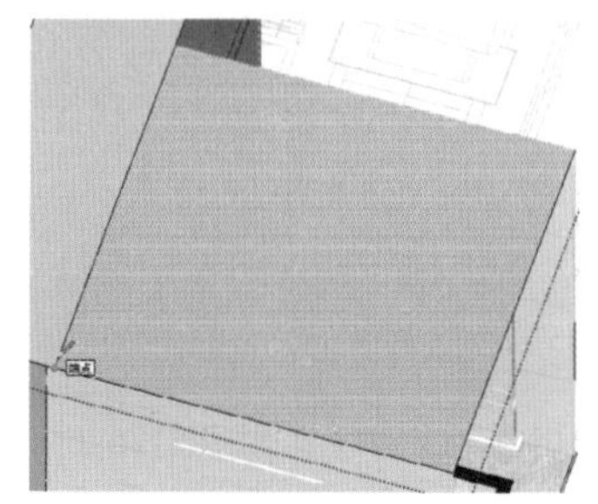

图 7-155　分割出客厅吊顶

图 7-156　启用偏移工具

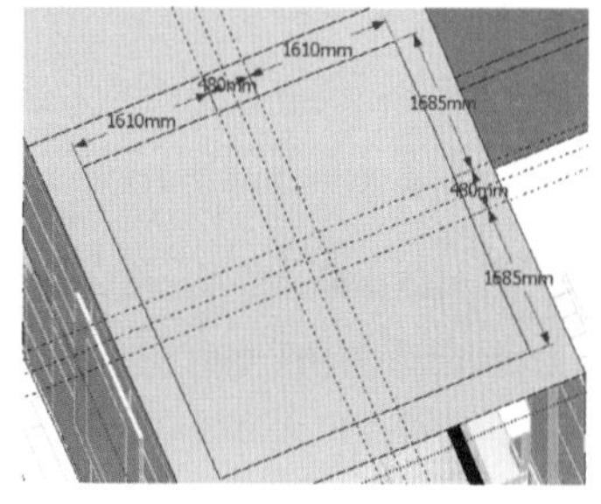

图 7-157　对平面进行细分割

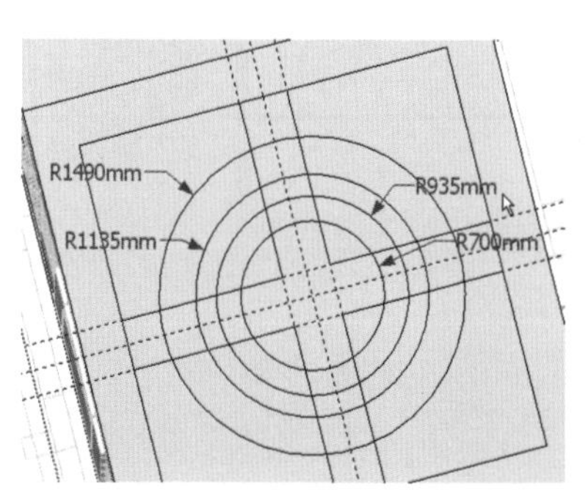

图 7-158　绘制中部圆形分割

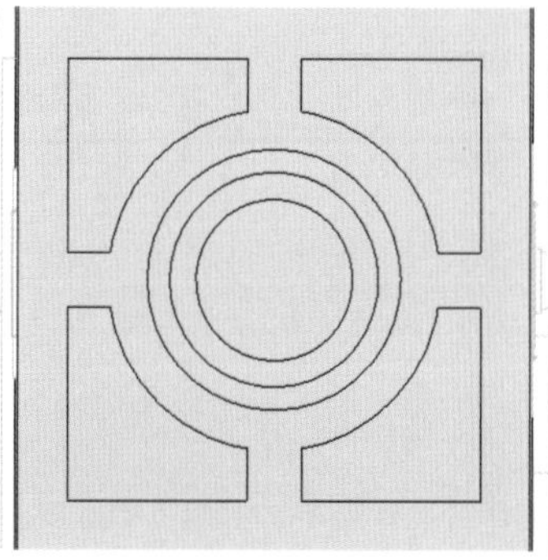

图 7-159　最终分割效果

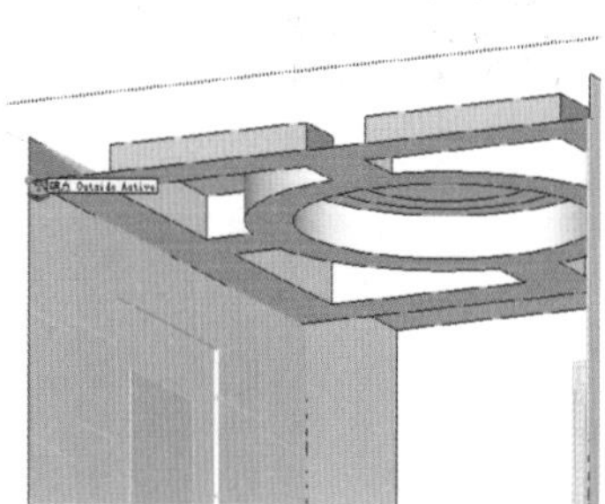

图 7-160　启用推拉工具

03 删除多余边线形成最终分割效果，启用【推/拉】工具完成吊顶层次效果，如图 7-159~图 7-161 所示。

04 结合使用【线条】与【圆弧】创建工具，绘制吊顶角线截面，启用【跟随路径】工具制作角线模型，如图 7-162 与图 7-163 所示。

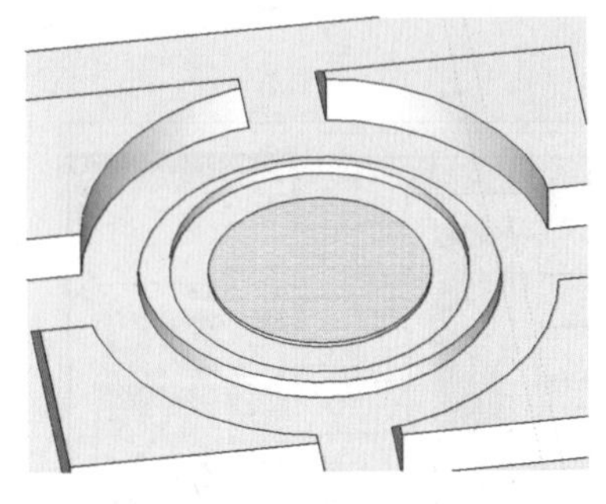

图 7-161　客厅吊顶初步效果

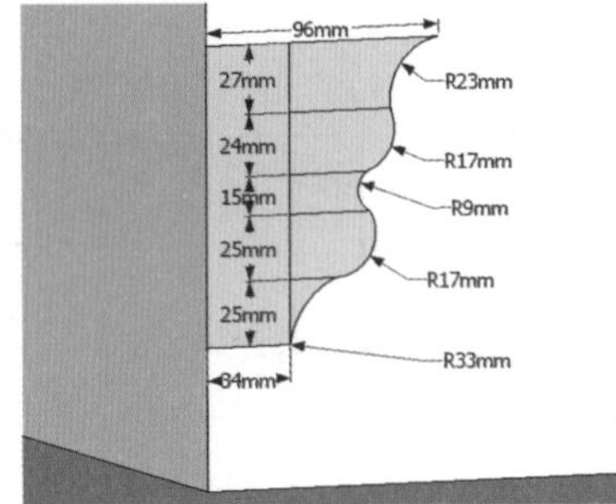

图 7-162　制作吊顶角线截面

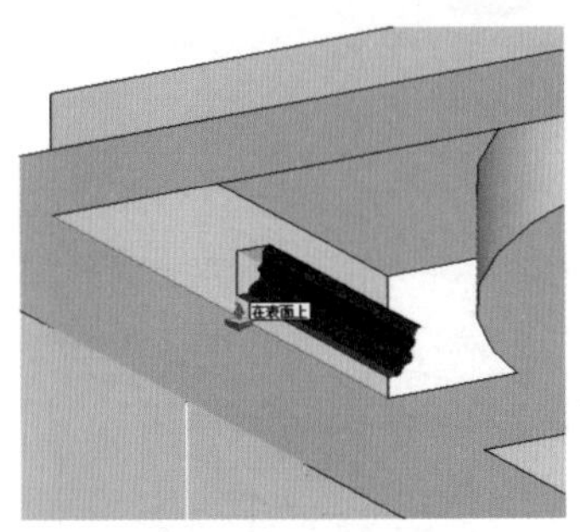

图 7-163　启用路径跟随工具

05 选择制作好的角线进行移动复制，通过【翻转方向】菜单命令调整模型朝向，如图 7-164 与图 7-165 所示。

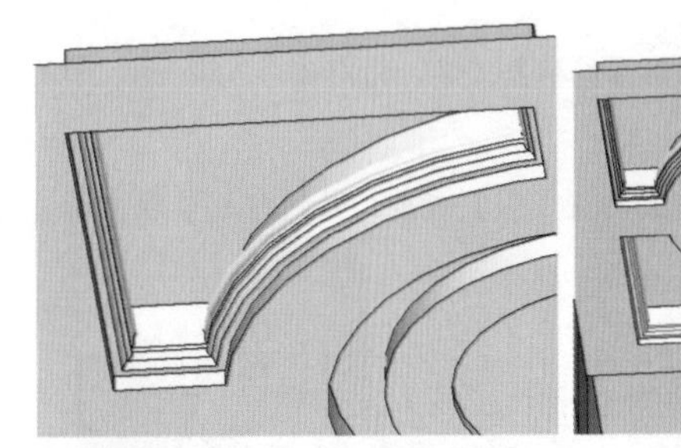

图 7-164　吊顶内部角线完成效果

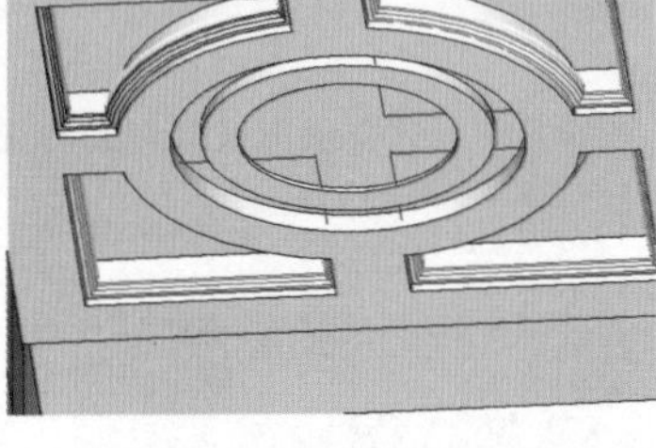

图 7-165　复制内部角线

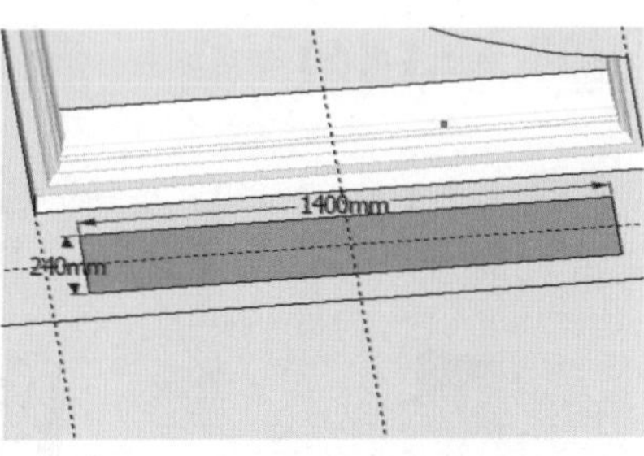

图 7-166　分割出风口平面

06 制作出风口模型。结合使用【矩形】、【偏移】及【推/拉】工具完成其模型的制作，赋予黑色金属材质，如图 7-166 与图 7-167 所示。

07 使用类似方法制作吊顶【筒灯】模型，赋予发光金属材质，如图 7-168 与图 7-169 所示。

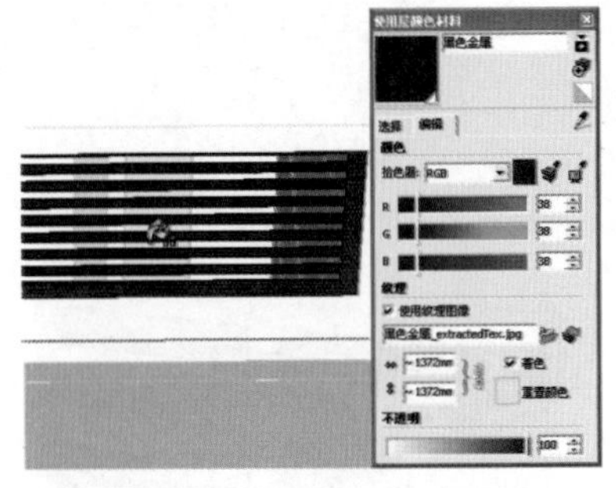

图 7-167　完成出风口模型

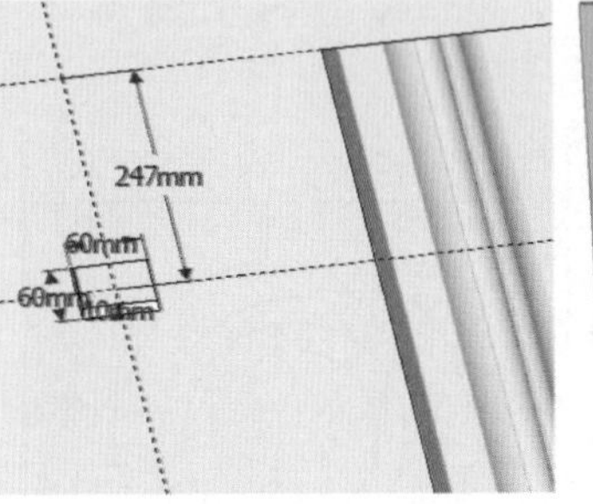

图 7-168　分割筒灯平面

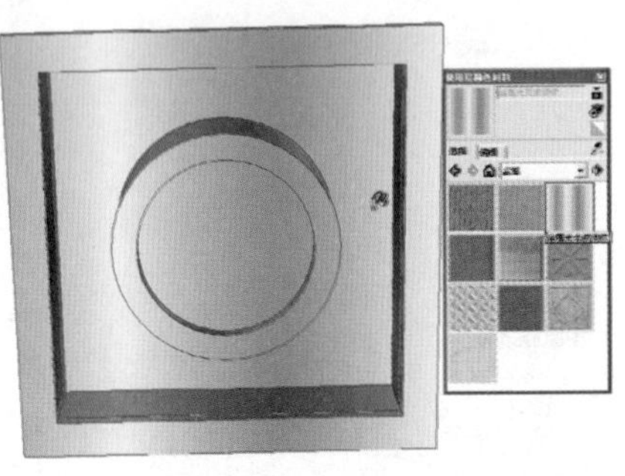

图 7-169　完成筒灯效果

08 复制出吊顶上其它位置的出风口与筒灯模型，如图 7-170 所示。进入【组件】面板，调入水晶灯模型，如图 7-171 所示。

完成客厅立面以及吊顶模型的制作后，接下来制作过道细节。

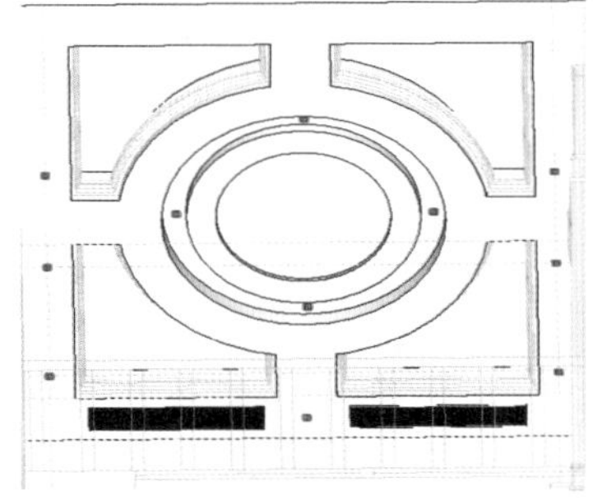
图 7-170 复制筒灯与出风口

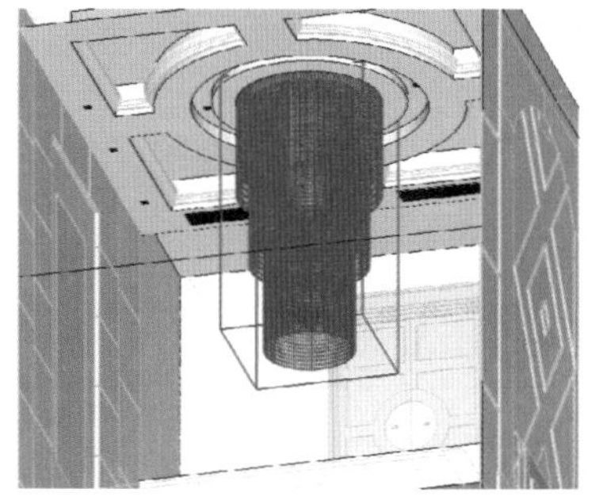
图 7-171 合并水晶灯模型组件

图 7-172 过道装饰栏杆与吊顶效果

7.3 制作过道

过道主要由栏杆装饰、过道吊顶以及双开门组成，完成效果如图 7-172 与图 7-173 所示。

7.3.1 制作过道装饰与栏杆

01 启用【偏移】工具，选择过道侧面向内偏移 80，如图 7-174 所示。

02 使用【偏移】工具制作出 20 的线宽，启用【推/拉】工具制作 15 深度装饰线，如图 7-175 所示。

图 7-173 过道双开门效果

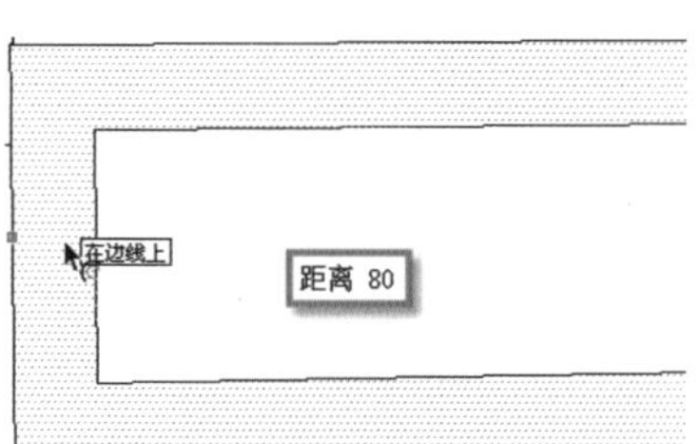

图 7-174 过道模型完成效果

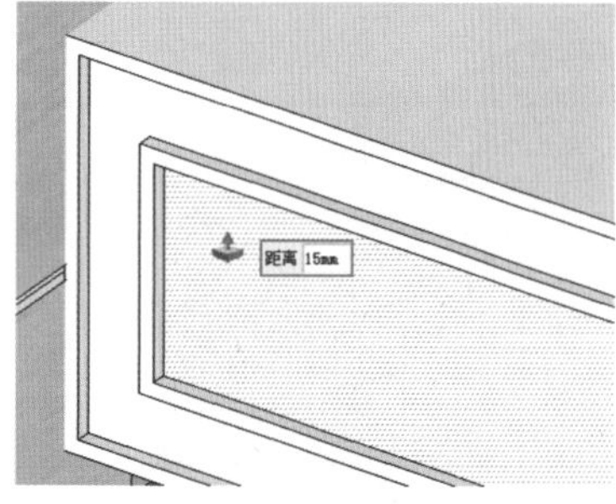

图 7-175 启用推拉工具

03 为模型面分别赋予“原色樱桃木质纹”与“木雕刻”装饰材质。然后将内侧边线拆分为 21 段，图 7-176 所示。

04 启用【线条】创建工具，完成左侧的分割，启用【偏移】工具向内偏移 15，如图 7-177 所示。

05 启用【卷尺】工具，找到装饰面中心点，结合使用【圆】与【推/拉】工具，完成圆形装饰细节，如图 7-178 所示。

图 7-176 选择边线进行拆分

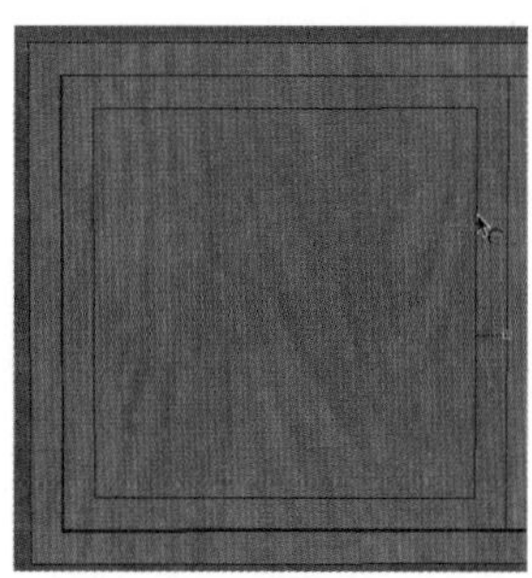
图 7-177 启用偏移工具

图 7-178 完成装饰细节

06 选择完成的装饰细节进行移动复制，完成该处的模型细节效果，如图 7-179 与图 7-180 所示。

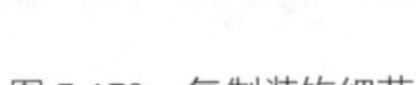

图 7-179　复制装饰细节

图 7-180　过道装饰细节完成效果

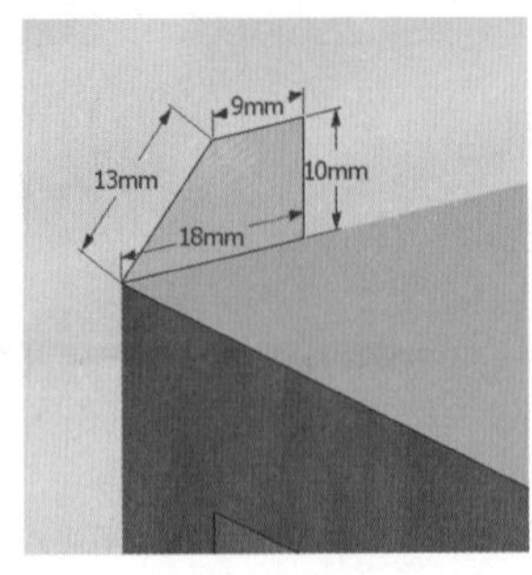

图 7-181　绘制收边线截面

07 启用【线条】创建工具，绘制收边线条截面，启用【拉伸】工具创建出模型，如图 7-181 与图 7-182 所示。

08 赋予收边线条“原色樱桃木质纹”材质，将其移动复制至下端，并进行【翻转方向】调整，如图 7-183 所示，接下来制作上方的栏杆模型。

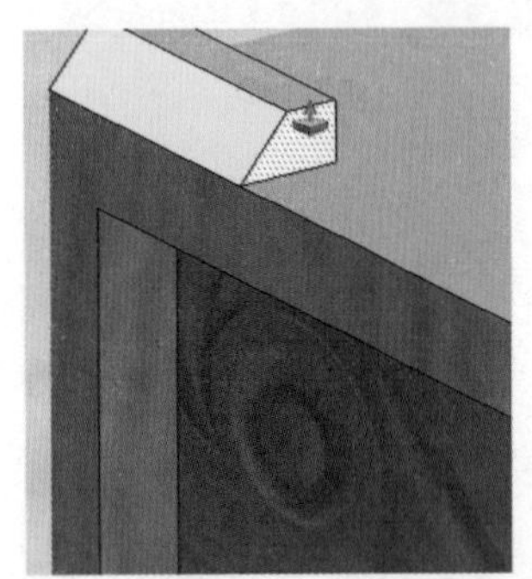

图 7-182　启用拉伸工具

图 7-183　复制收边线

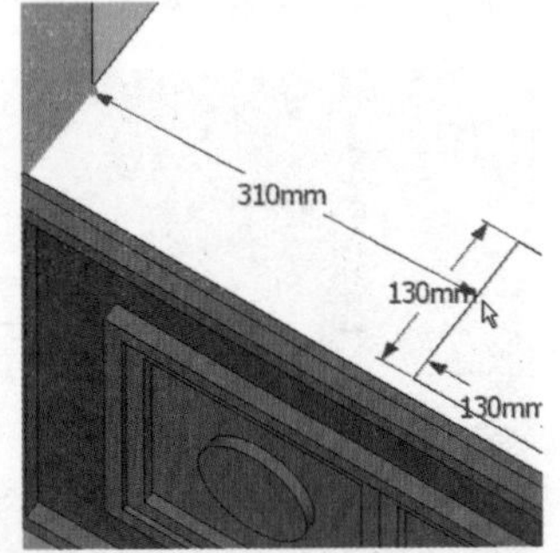

图 7-184　绘制栏杆平面

09 启用【矩形】创建工具，在距离左侧墙体 310 的位置绘制一个矩形平面，如图 7-184 所示。

10 启用【推/拉】工具，为其制作 910 的高度，将其正面以 2:1 的比例进行分割，如图 7-185 与图 7-186 所示。

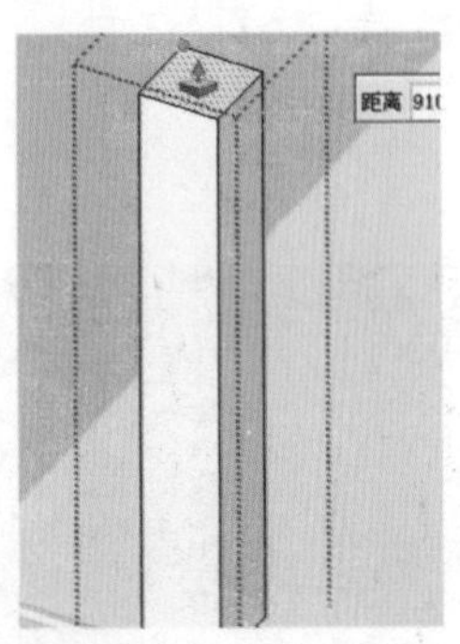

图 7-185　启用推拉工具

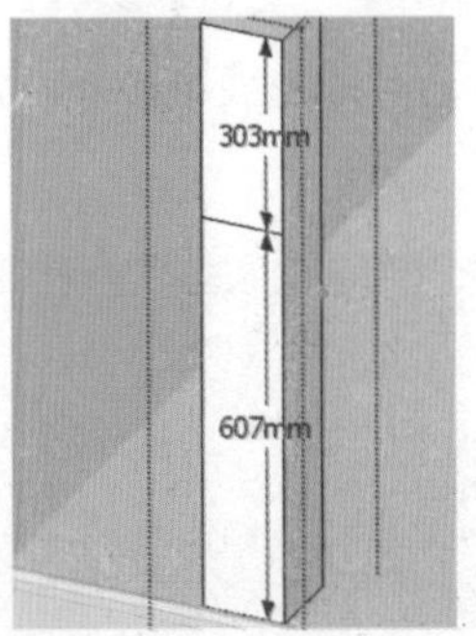

图 7-186　分割正向栏杆面

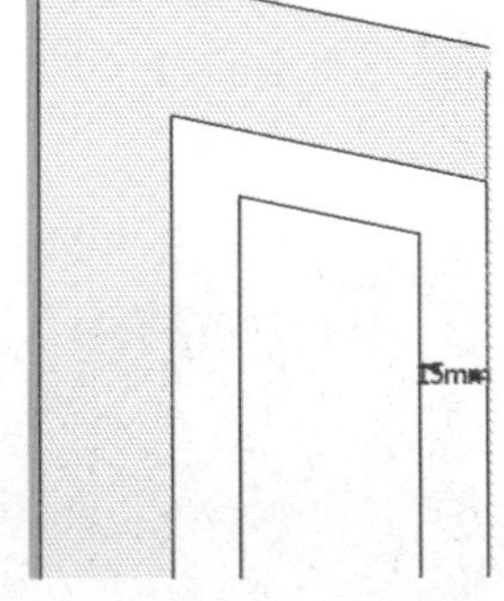

图 7-187　制作线条细节

11 结合使用【偏移】与【推/拉】工具，完成栏杆正面的线条细节，如图 7-187~图 7-189 所示。

12 制作栏杆柱头细节，首先绘制出两个相连接的柱头截面，如图 7-190 所示。

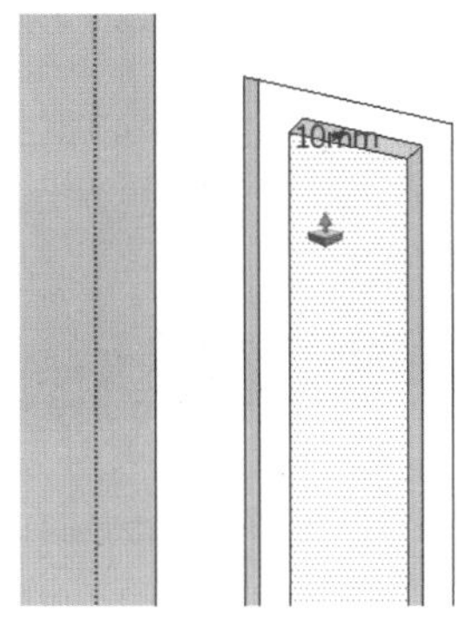

图 7-188 启用推拉工具

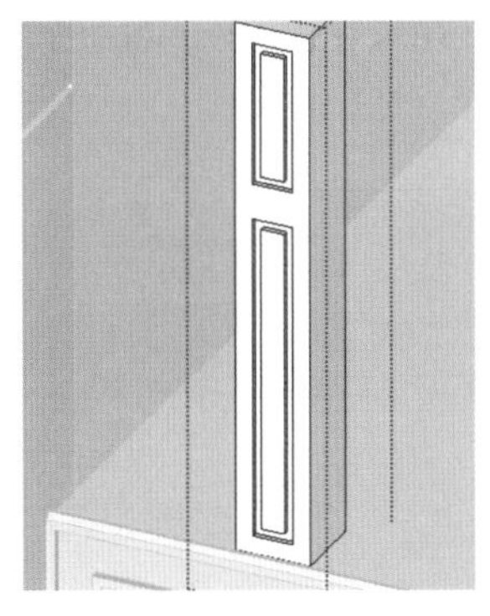
图 7-189 栏杆主体完成效果

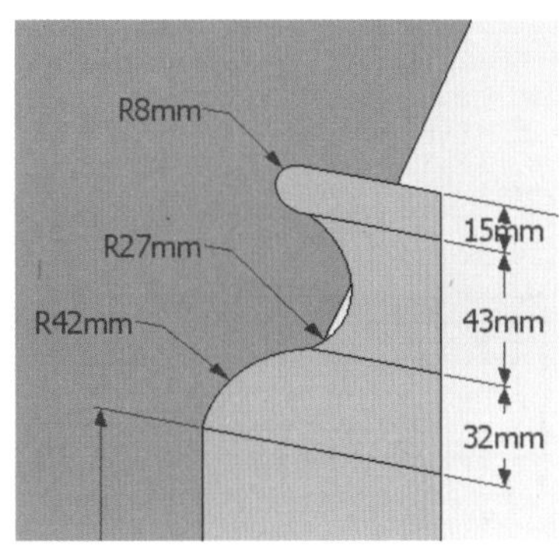

图 7-190 绘制柱头截面

13 将两个截面分别以矩形与圆形进行路径跟随，制作出柱头模型效果，如图 7-191 与图 7-192 所示。

14 赋予栏杆模型“原色樱桃木质纹”材质，然后以间隔 310 的距离复制 9 份，如图 7-193 与图 7-194 所示。

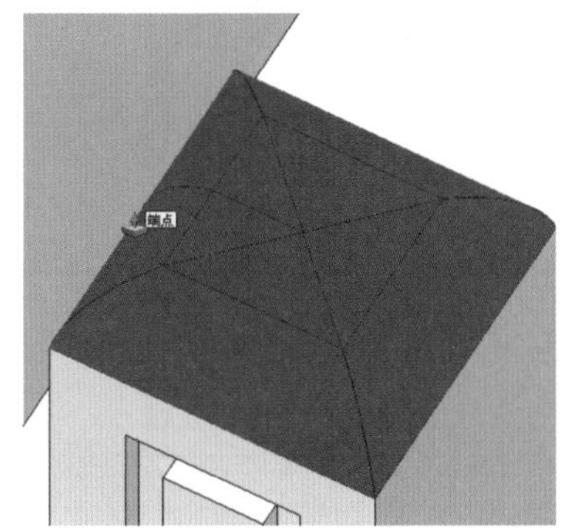
图 7-191 完成连接细节

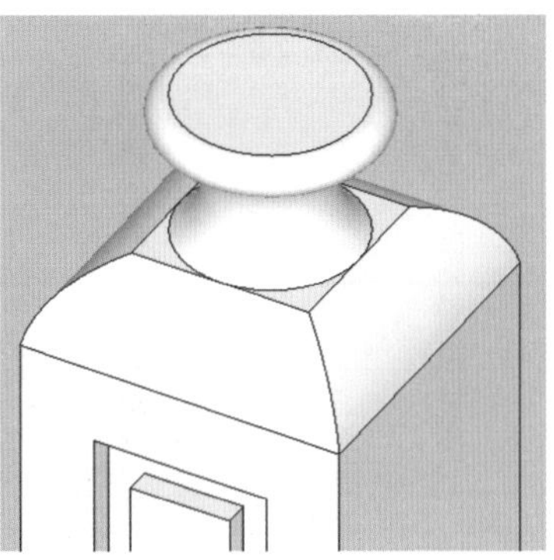
图 7-192 单个栏杆模型完成效果

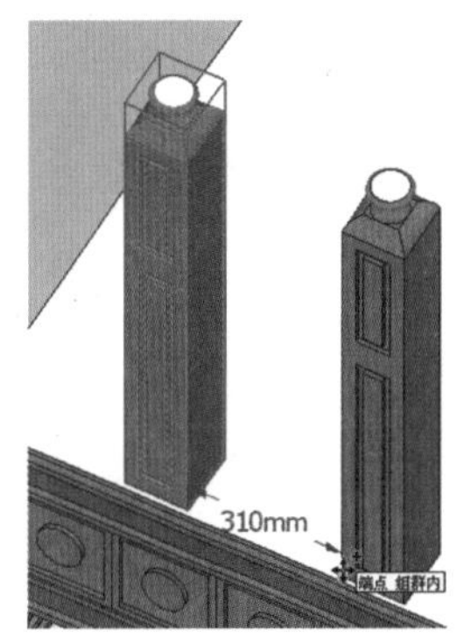

图 7-193 移动复制栏杆

15 制作栏杆上端扶手模型，首先启用【矩形】工具绘制扶手截面，如图 7-195 所示。

16 启用【推/拉】工具，将截面拉伸至右侧墙体交接处，如图 7-196 所示。接下来制作表面细节。

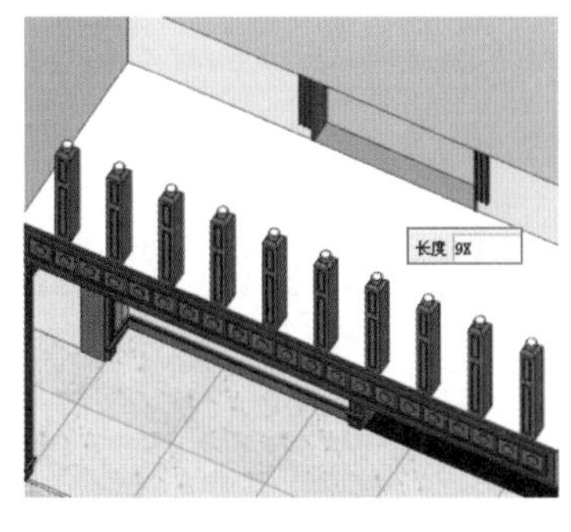

图 7-194 栏杆复制完成效果

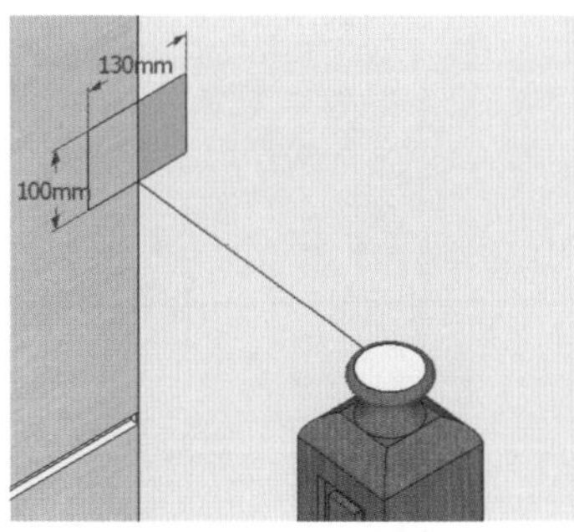

图 7-195 绘制矩形

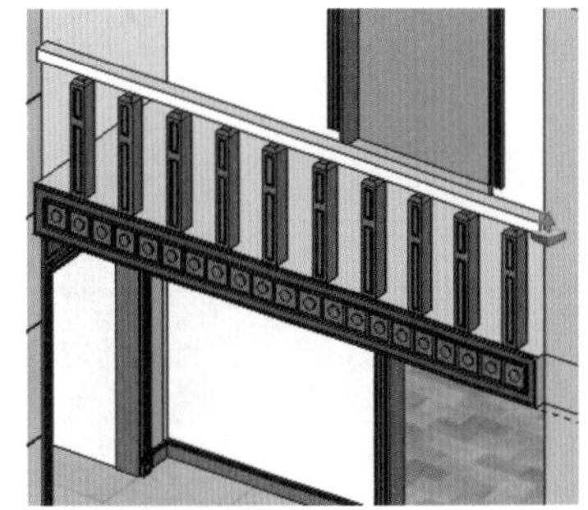
图 7-196 启用拉伸工具

17 启用【偏移】工具，向内偏移 20，启用【推/拉】工具向内凹陷 10，模型完成后对应赋予材质即可，如图 7-197 与图 7-198 所示。

18 此时过道效果如图 7-199 所示。接下来制作二层过道处的双开门模型。

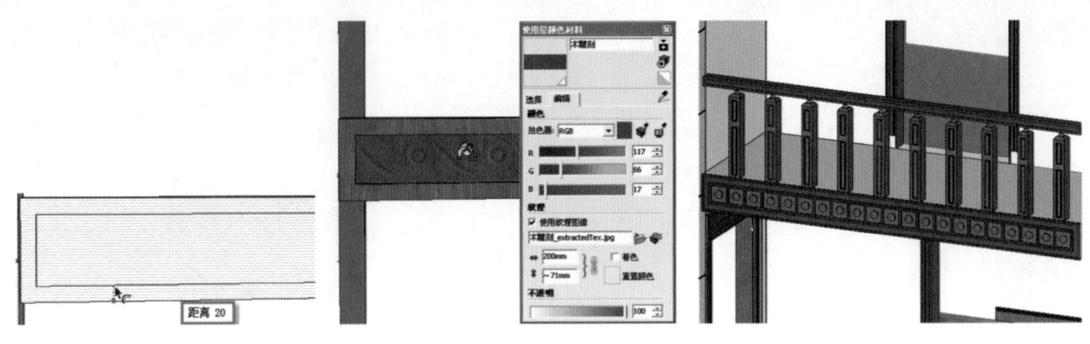

图 7-197 启用偏移工具　　图 7-198 赋予材质　　图 7-199 过道当前模型效果

7.3.2 制作双开门

01 启用【矩形】创建工具，捕捉门套创建等大的矩形平面，然后拆分并删除一侧模型平面，如图 7-200~图 7-202 所示。

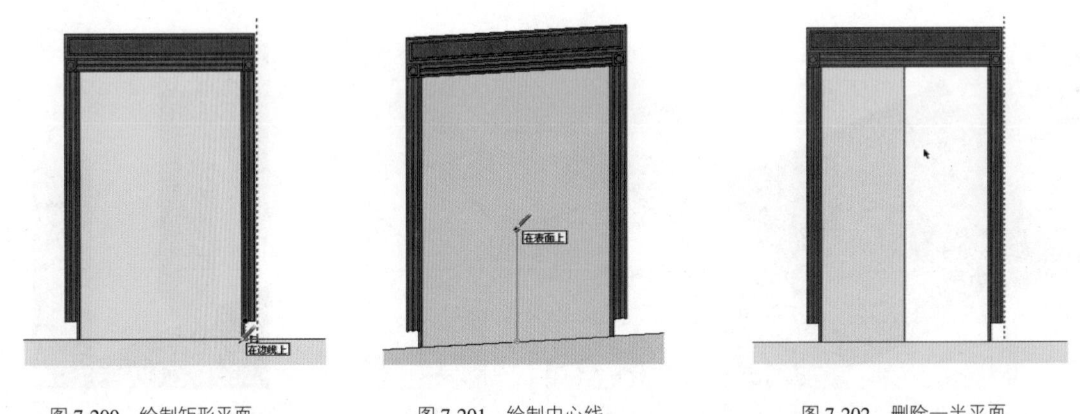

图 7-200 绘制矩形平面　　图 7-201 绘制中心线　　图 7-202 删除一半平面

02 启用【卷尺】工具，绘制门页分割参考线。启用【偏移】工具，向内偏移 40，如图 7-203 与图 7-204 所示。

03 启用【线条】创建工具，对中部细分面进行再次分割，完成效果图 7-205 所示。

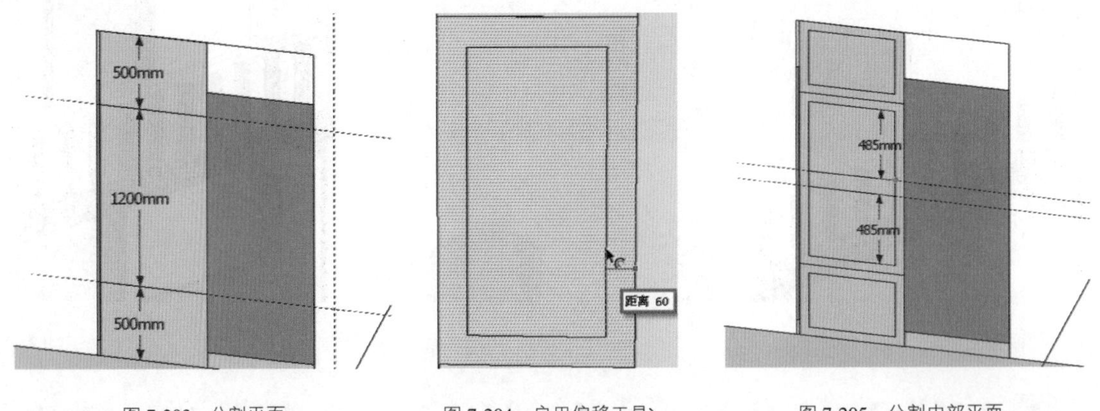

图 7-203 分割平面　　图 7-204 启用偏移工具`　　图 7-205 分割中部平面

04 启用【圆】绘制工具，捕捉右侧边线中点，创建一个半径约为 375 的圆形，启用【偏移】工具，向内偏移 120，如图 7-206~图 7-208 所示。

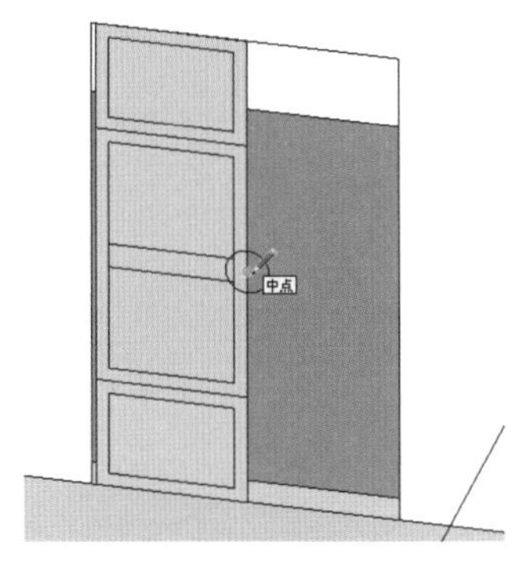

图 7-206　捕捉中点

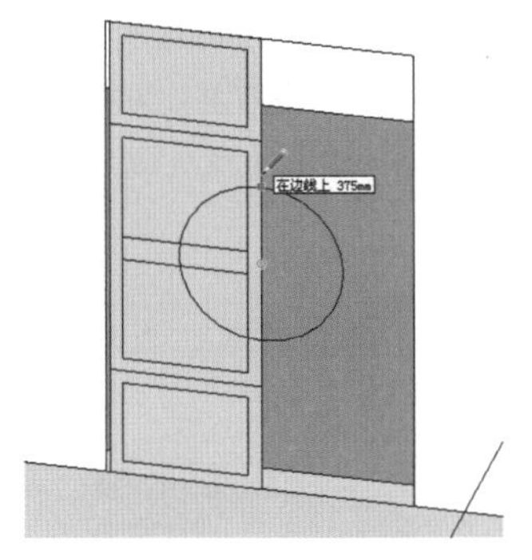

图 7-207　绘制圆形平面

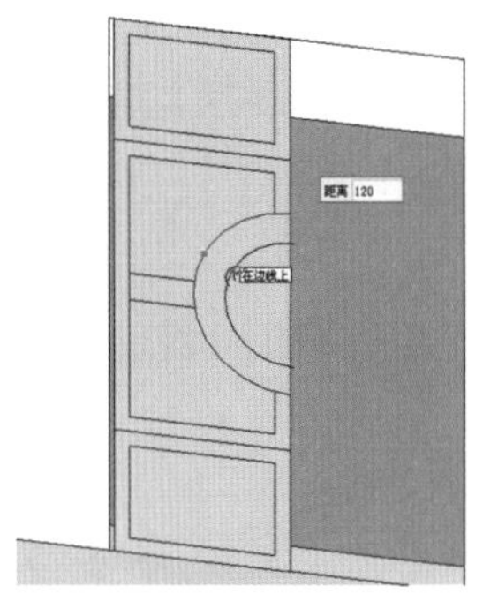

图 7-208　启用偏移工具

05 删除多余边线，启用【推/拉】工具将细分面向内推拉 5，制作门页细节，如图 7-209 所示。赋予部分模型“原色樱桃木质纹”材质，如图 7-210 所示。

06 为门页中部的半圆形平面制作并赋予“门花纹”材质，注意调整贴图拼贴效果，如图 7-211 所示。

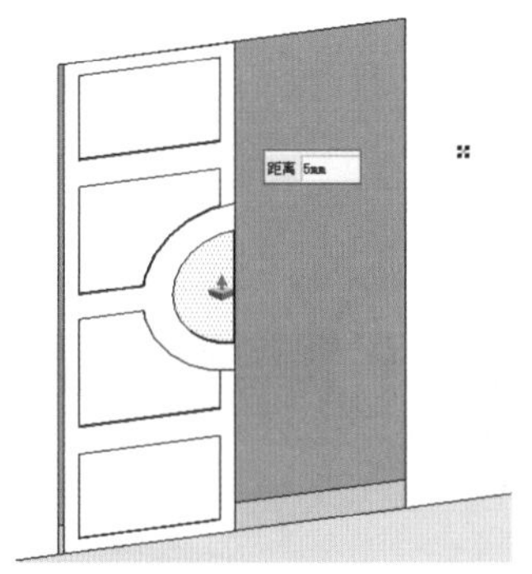

图 7-209　启用推拉工具

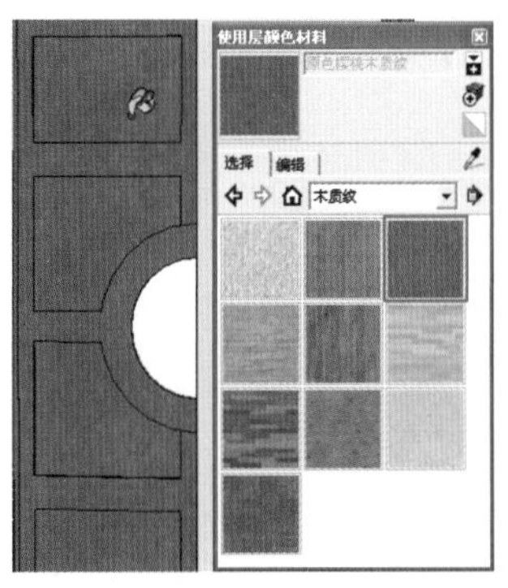

图 7-210　赋予部分门页原色樱桃木质纹材质

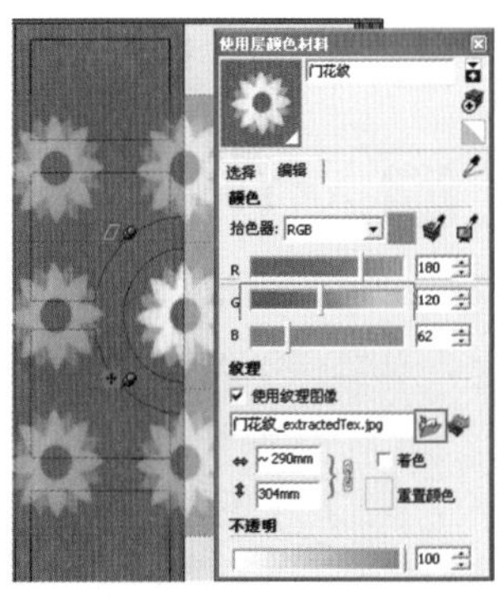

图 7-211　赋予圆形面花纹质

07 启用【移动】工具，复制制作好的门页模型，使用【翻转方向】命令调整朝向，如图 7-212 所示。

08 调入“拉手”模型组件，完成双开门模型制作，如图 7-213 与图 7-214 所示。接下来制作过道吊顶模型。

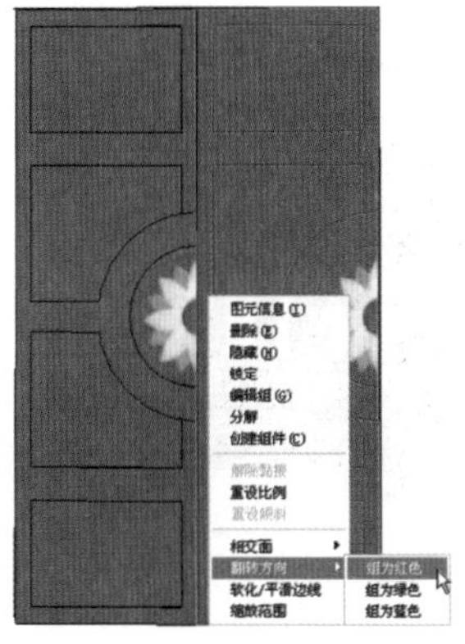

图 7-212　复制并镜像调整门页

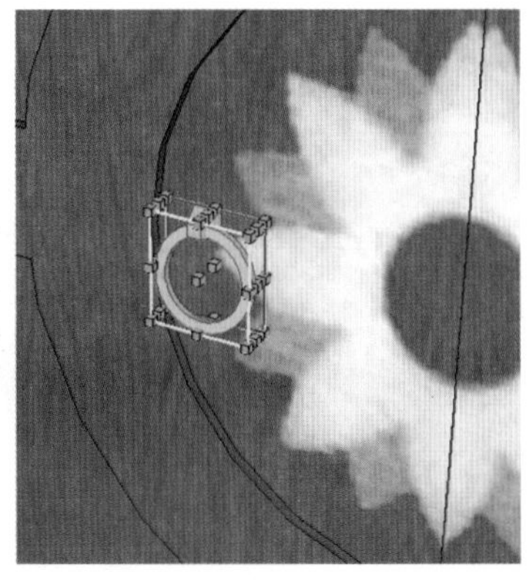

图 7-213　调入接手模型组件

图 7-214　双开门完成效果

7.3.3 制作过道吊顶

01 过道吊顶主要包含天花角线与矩形灯槽模型细节，如图 7-215 所示。接下来首先制作天花角线模型。

02 结合使用【线条】与【圆弧】创建工具，绘制角线截面，捕捉墙体与门头绘制跟随路径平面，如图 7-216 与图 7-217 所示。

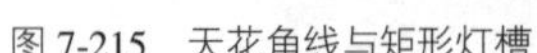

图 7-215 天花角线与矩形灯槽

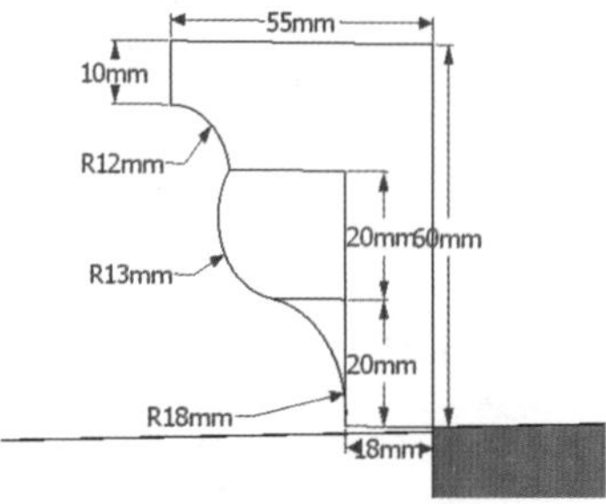

图 7-216 绘制天花角线截面

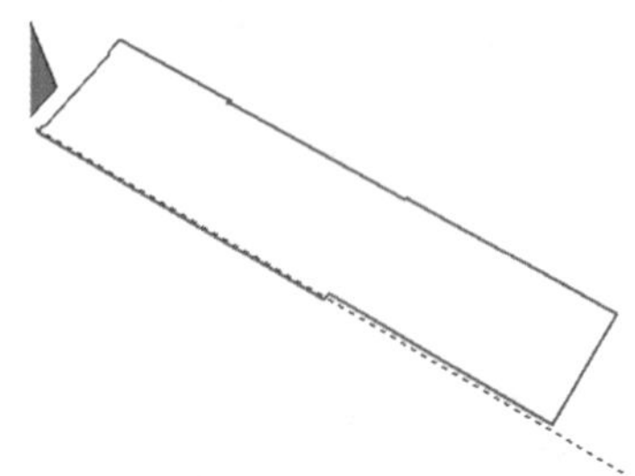

图 7-217 绘制跟随路径平面

03 启用【路径跟随】工具，完成天花角线制作如图 7-218 所示。接下来制作吊顶灯槽。

04 结合使用【卷尺】与【矩形】工具，对一层过道顶面进行分割，分割出三个矩形灯槽平面，如图 7-219 所示。

05 启用【推/拉】工具，将灯槽平面向上推拉出 200 的深度，然后制作出内部角线，如图 7-220 与图 7-221 所示。

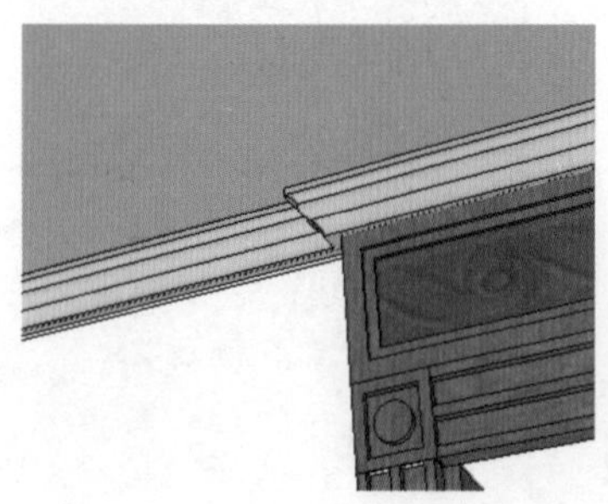

图 7-218 天花角线完成效果

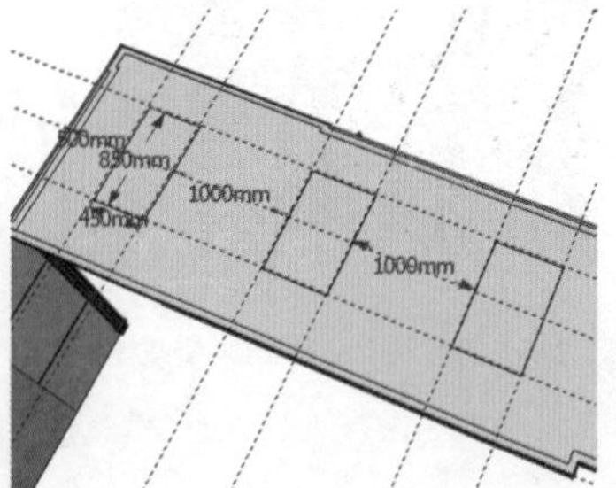

图 7-219 分割过道吊顶平面

图 7-220 使用推拉工具

06 将角线模型移动复制至二层过道上方，如图 7-222 所示。

图 7-221 制作吊顶内部角线

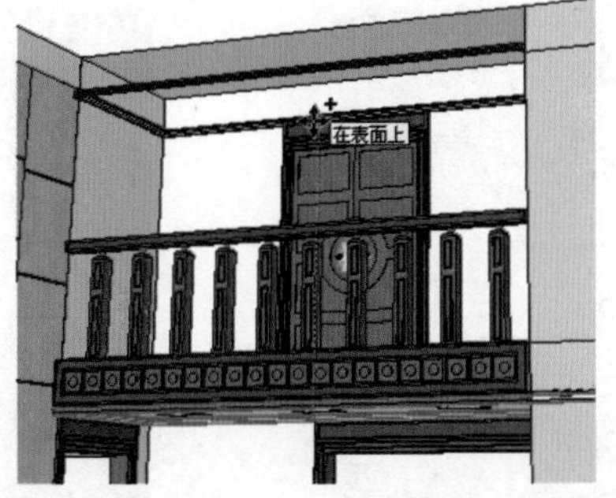

图 7-222 移动复制吊顶角线

07 选择天花角线与门头连接的边线，启用【移动】工具进行对位，如图 7-223 所示。

08 移动复制吊顶模型至二层过道上方，并捕捉天花角线进行对位，如图 7-224 所示。

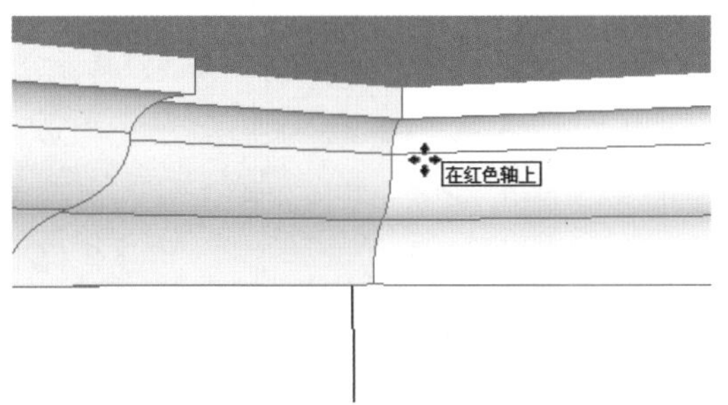

图 7-223　调整角线位置

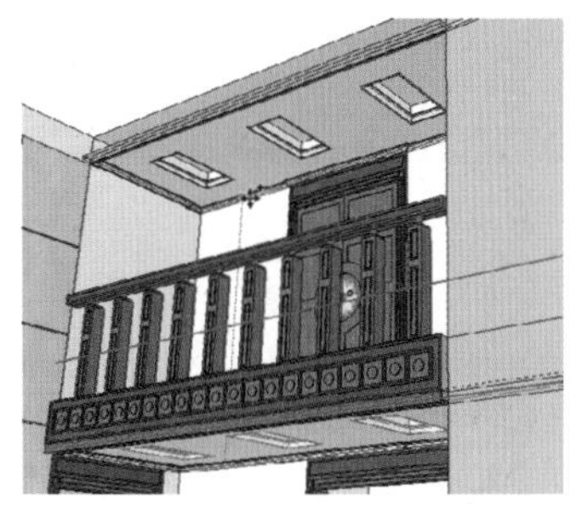

图 7-224　复制吊顶模型

09 进入【使用层颜色材料】面板，为过道及餐厅墙面制作并赋予“红色墙纸”材质，如图 7-225 所示。

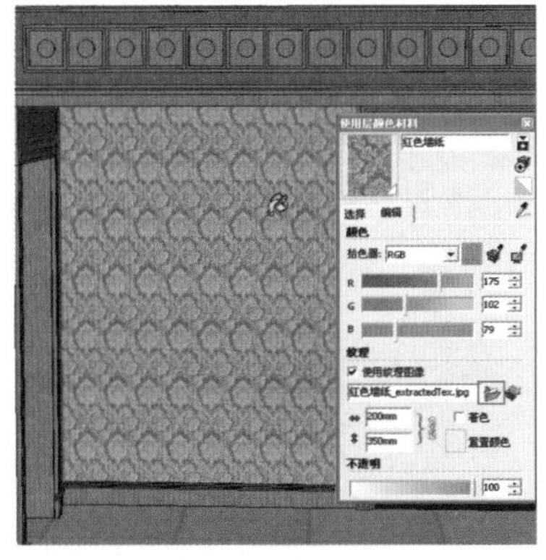

图 7-225　赋予墙体花纹壁纸

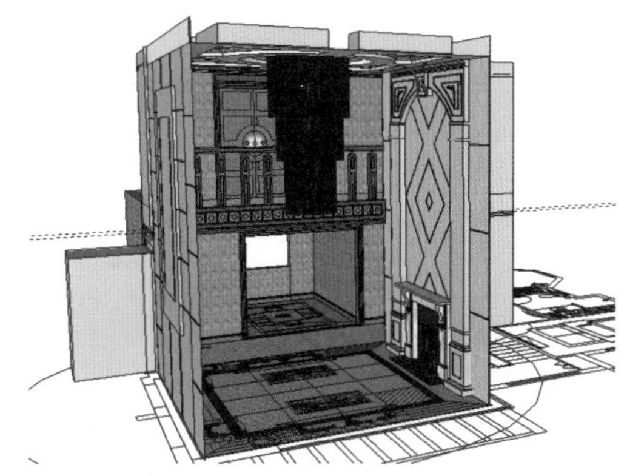

图 7-226　模型立面完成效果

过道模型制作完成后，当前场景的结构与各个立面细节制作完成，效果如图 7-226 所示，最后再根据 CAD 图样合并常用家具模型即可。

7.4 合并常用家具

01 本别墅客厅家具布置如图 7-227 所示，首先进入【组件】面板调入双人沙发组件，如图 7-228 所示。

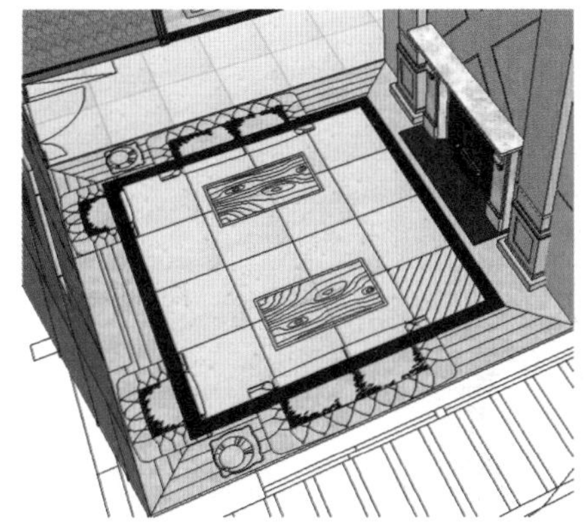

图 7-227　图样家具布置

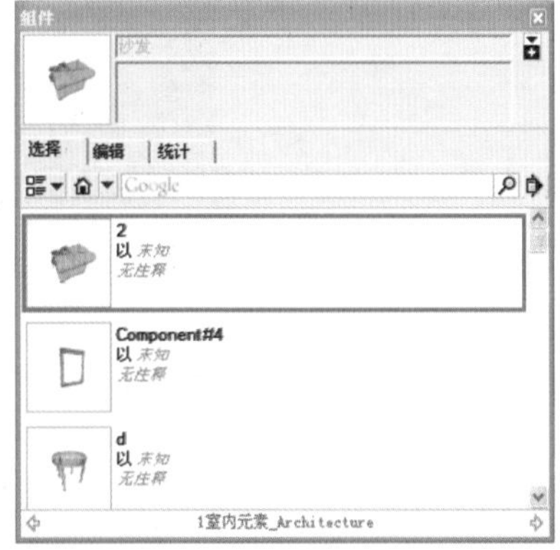

图 7-228　进入组件面板

02 参考 CAD 图样，调整沙发模型的大致位置，启用【拉伸】工具调整好造型大小，如图 7-229 与图 7-230 所示。

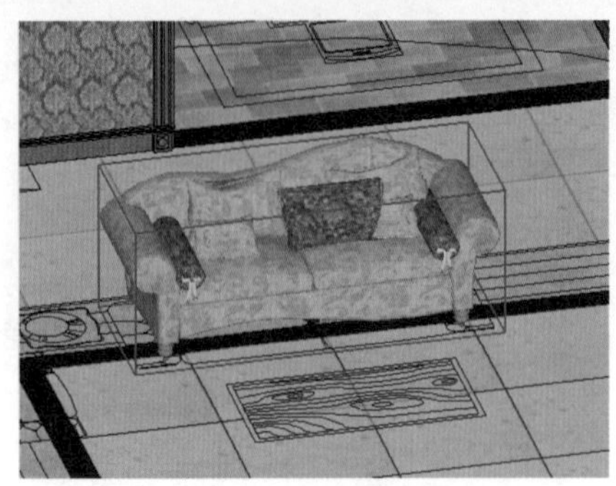

图 7-229　布置双人沙发

图 7-230　调整沙发大小

03 使用类似的方法完成客厅及餐厅其它基本家具的布置，如图 7-231 与图 7-232 所示。

图 7-231　客厅布置完成效果

图 7-232　餐厅布置效果

04 欧式客厅室内设计全部完成，最终效果如图 7-233 所示。

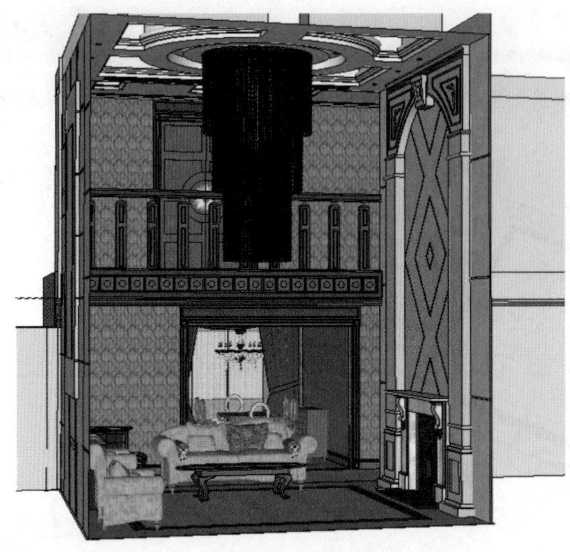

图 7-233　模型完成效果

第 8 章

室外别墅建筑照片建模

本章重点：

- SketchUp 照片建模基础
- SketchUp 图片建模实例

根据二维图片创建三维实体模型，是 SketchUp 一个非常强大且极具特色的功能。在 Google 的三维地图上，众多的 SketchUp 爱好者通过现有的二维照（图）片，完成了许多标志性建筑三维模型的制作，如图 8-1 和图 8-2 所示。

图 8-1 Google 地球中的世博中国馆三维模型

图 8-2 Google 地球中的鸟巢三维模型

本章将首先讲解 SketchUp 照片建模的基本技术，然后通过将图 8-3 所示的别墅图片，建立出如图 8-4 所示的三维模型实例，学习 SketchUp 照片建模的方法、流程与相关技巧。

图 8-3 建筑原始图片

图 8-4 SketchUp 图片模完成效果

8.1 SketchUp 照片建模基础

8.1.1 如何导入图片

在 SketchUp 中有两种导入图片进行匹配建模的方法，一种通过【镜头】菜单导入，另一种则通过【文件】菜单导入，如图 8-5 与图 8-6 所示。

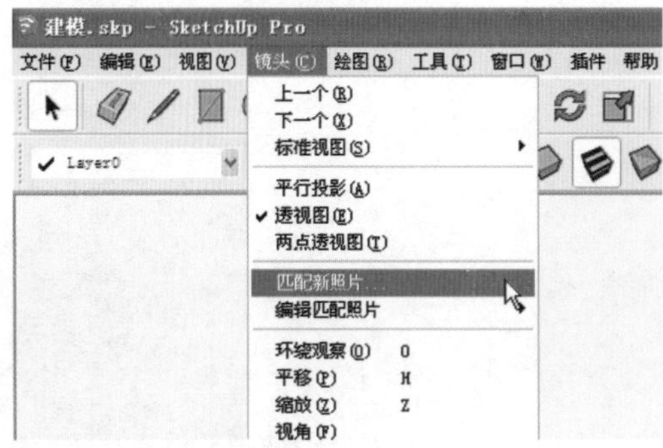

图 8-5 通过镜头菜单新建照片匹配

图 8-6 通过导入新建照片匹配

8.1.2 匹配图片

将图片以匹配建模的用途导入到 SketchUp 后，将出现如图 8-7 所示的照片匹配界面，以及如图 8-8 所示的【照片匹配】面板。

选择照片匹配界面坐标轴，可以定位坐标原点位置，如图 8-9 所示。通过将坐标原点定位于建模主体在图片中最近端的位置，有利于模型的准确创建。

图 8-7 照片匹配界面

图 8-8 照片匹配面板

图 8-9 确定坐标原点

照片匹配界面中有两根红绿两色的轴向定位线，其中绿色定位线用于定位 Y 轴，参考照片中建模主体纵向边线匹配好其位置即可，如图 8-10 与图 8-11 所示。

而红色定位线用于定位 X 轴，参考照片中建模主体横向边线匹配其位置，通常前两根定位线可以选择与原点相交，如图 8-12 所示。

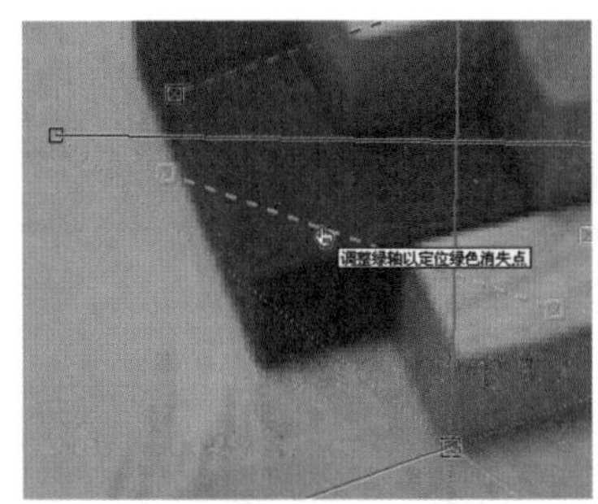

图 8-10 选择绿（Y）轴参考线

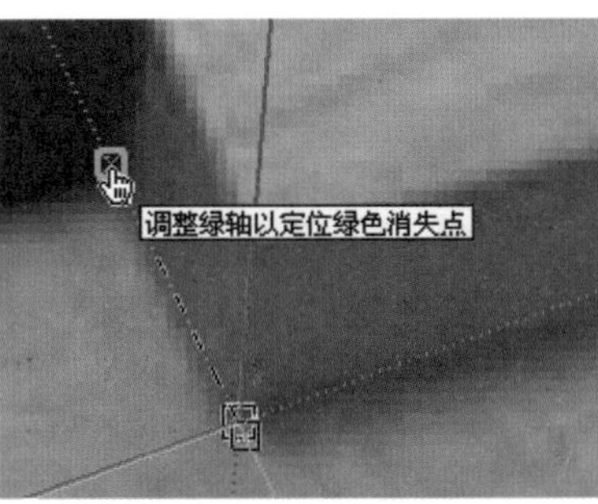

图 8-11 定位绿（Y）轴参考线

图 8-12 定位红（X）轴参考线

技 巧

在放置的过程中，应实时注意坐标轴各个轴线是否与照片主体中的对应边线相切合。

旋转好前两根定位轴线后，再使用同样的方法找到建模主体中对应走向的其他边线，放置另外两根轴线即可，最后单击【照片匹配】面板中的【确定】按钮完成匹配，如图 8-13 与图 8-14 所示。

注 意

确定完成匹配效果后如果发现坐标轴线与图片中模型主体对应边线不太切合，可以执行【镜头】/【编辑照片匹配】菜单命令继续进行调整。

图 8-13　定位另外两条轴线

图 8-14　定位完成

图 8-15　从原点开始绘制线段

8.1.3 建立模型

完成照片匹配后，接下来即可利用匹配好的坐标轴建立模型，启用【线条】创建工具，捕捉原点创建第一条线段，如图 8-15 所示。

在线段的绘制过程中，为了得到水平或垂直的线段，需要捕捉对应方向坐标轴进行绘制，并最终封闭形成平面，图 8-16~图 8-18 所示。

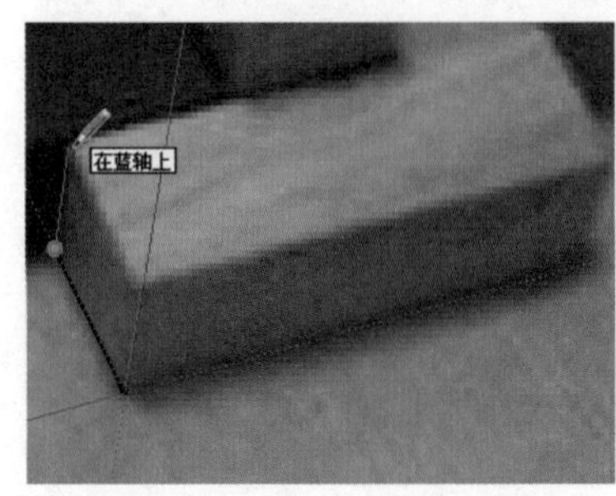

图 8-16　捕捉蓝轴绘制垂线

图 8-17　捕捉绿轴绘制平行线

图 8-18　封闭形成平面

绘制好平面后，启用【推/拉】工具，参考图片中模型进行拉伸，拉伸完成后转动视图，即可发现已经创建好实体模型，如图 8-19 与图 8-20 所示

图 8-19　参考照片进行推拉

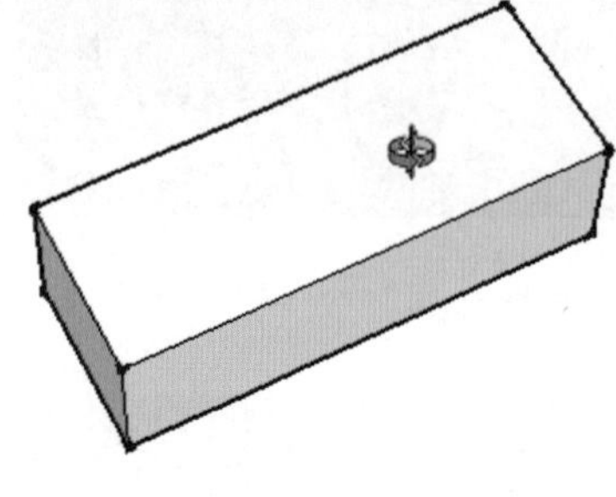

图 8-20　推拉完成效果

图 8-21　返回照片匹配视图

如果要再次回到照片匹配的视图，只需单击当前的页面名称即可，如图 8-21 所示。回到照片匹配视图后，以创建好的模型为参考创建出其他的模型，如图 8-22 与图 8-23 所示。

技 巧

创建初步模型后，其他模型可以根据位置关系在透视图中进行快速创建，如图 8-24 所示。

图 8-22 绘制其他模型

图 8-23 复制出模型

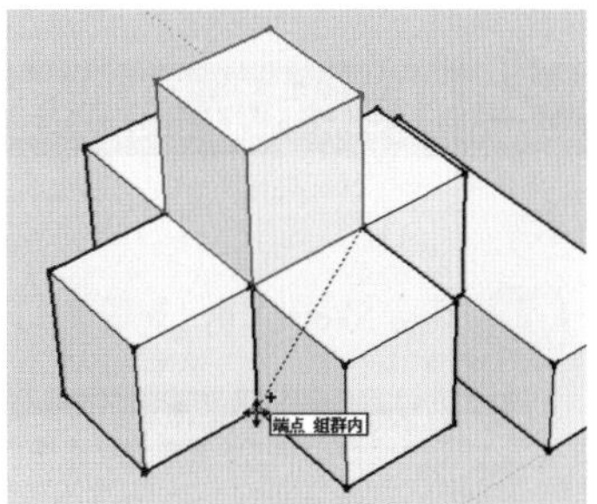

图 8-24 在透视图中创建模型

根据上述方法创建模型效果如图 8-25 所示，最后删除当前页面，即可得到纯模型效果，图 8-26 与图 8-27 所示。

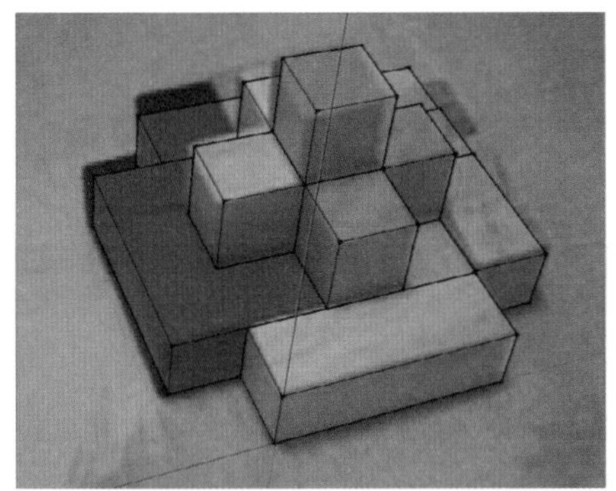

图 8-25 模型完成效果

图 8-26 删除页面

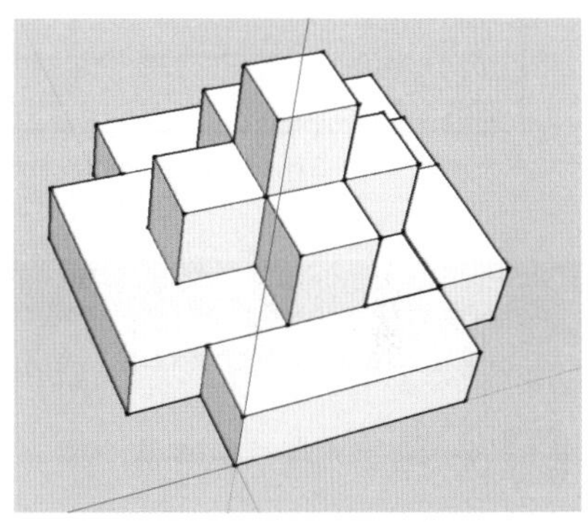

图 8-27 去除匹配照片背景

注 意

SketchUp 照片建模有时并不能完全匹配照片模型大小与位置，原因通常有如下三点：

第一：用于匹配的照片经过不等比的调整，透视关系已经改变。

第二：用于匹配的照片在拍摄时使用产生透视扭曲的镜头。

第三：由于参考的是二维图片，在建立三维模型时要去主观推测一些效果，因此会造成一些必然的误差。

模型建立完成后，参考照片为其赋予对应材质，如图 8-28 所示。此外，在【照片匹配】面板中如果单击【从照片投影纹理】按钮，系统将自动指定匹配照片投影位置的材质，如图 8-29 与图 8-30 所示。

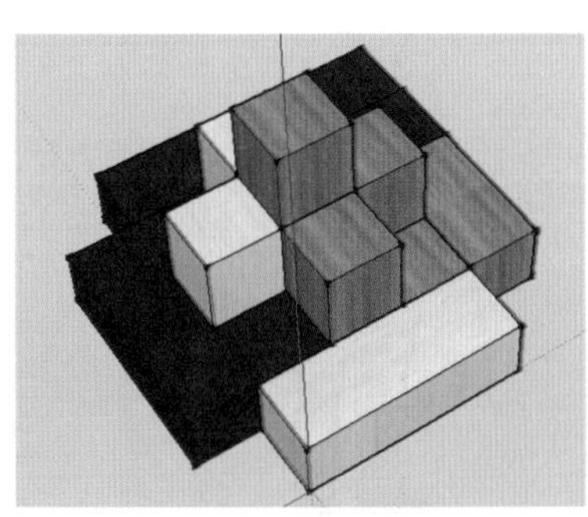

图 8-28 赋予模型材质

图 8-29 选择从照片投影纹理

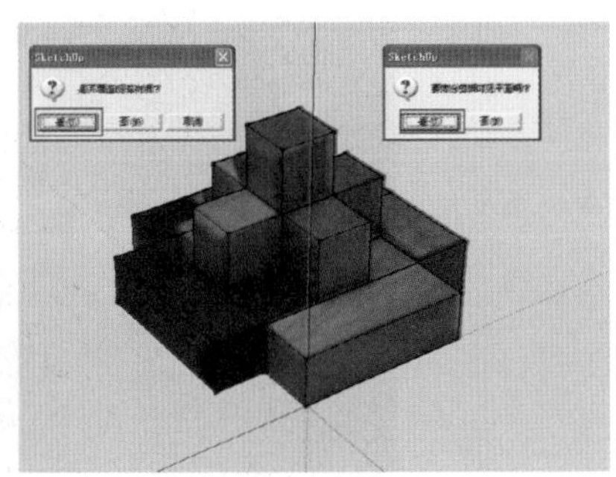

图 8-30 材质投影效果

8.2 SketchUp 图片建模实例

8.2.1 匹配图片

01 启动 SketchUp，如图 8-31 所示。进入【模型信息】面板，设置场景单位为毫米，如图 8-32 所示。

图 8-31 打开 SketchUp

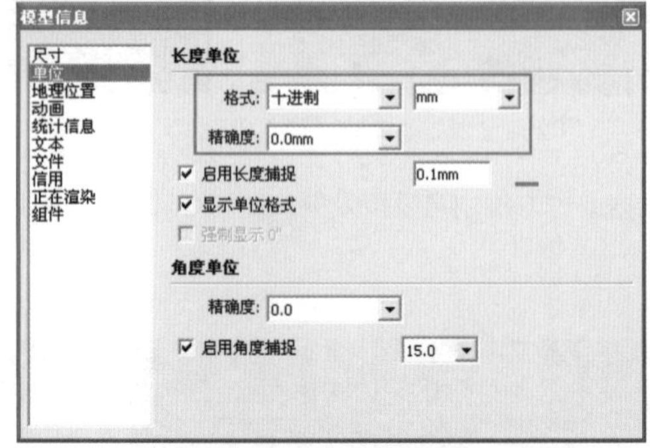

图 8-32 设置场景单位

注 意

由于本例创建的是建筑模型，系统默认的人物模型可以用于参考建筑尺寸，因此可以将其保留。

02 导入配套光盘“第 08 章\别墅.jpg”文件，作为匹配背景，如图 8-33 所示，导入效果如图 8-34 所示

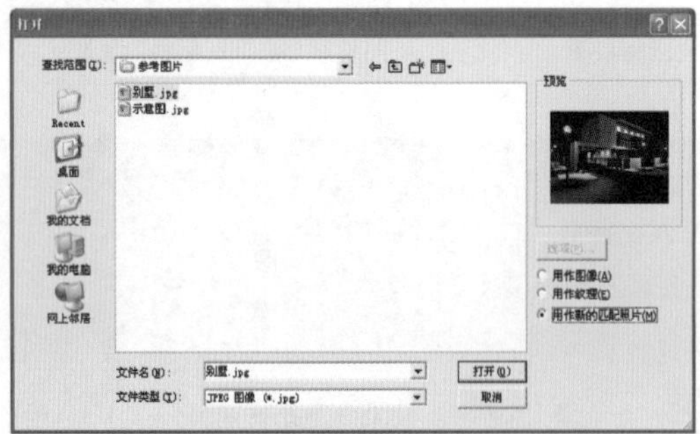

图 8-33 导入别墅背景图片

图 8-34 照片匹配默认效果

03 首先定位好坐标轴原点，然后参考图片调整好各条定位轴线，如图 8-35 所示。

图 8-35 调整好照片匹配关系

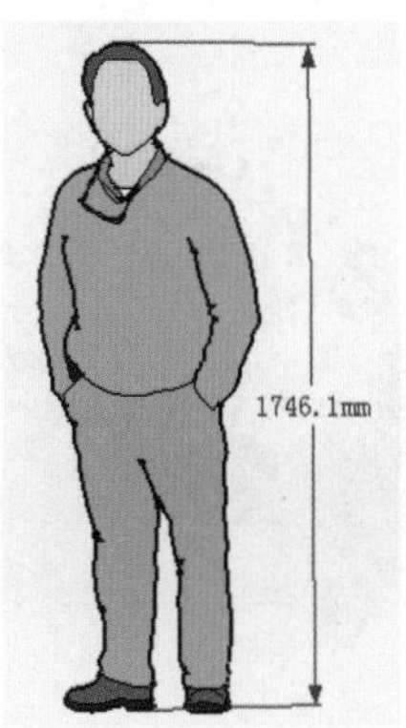

图 8-36 人物高度

04 调整匹配尺寸。SketchUp 默认的人物高度约 1.75m，如图 8-36 所示。因此可以将鼠标置于蓝轴，待出现“拉伸”提示时推动鼠标调整其大小，如图 8-37 与图 8-38 所示。

图 8-37 拉伸网格

图 8-38 拉伸完成效果

提 示

在匹配图片中，车库大门顶部略高于第一层别墅，因此可推断其高度约为 3m，以其为参考对人进行拉伸，即可得到比较接近的模型尺寸。

8.2.2 建立建筑主体轮廓

01 启用【线条】创建工具，捕捉坐标原点创建线段起点，如图 8-39 所示。然后捕捉绿轴向创建水平线段，如图 8-40 所示。

技 巧

通过二维图片匹配创建出形态一致的三维模型较容易，但必须同时考虑到模型间的前后及层次关系，因此在创建模型时必须层层推进。本例首先通过捕捉原点以及轴向创建大门模型，然后以其为参考创建其他模型。

02 捕捉蓝轴并参考图片，创建垂直向上的线段，如图 8-41 所示。通过类似的方法封闭该平面，如图 8-42 和图 8-43 所示。

图 8-39 捕捉坐标原点

图 8-40 向后捕捉绿色轴

图 8-41 向上捕捉蓝色轴

03 启用【推/拉】工具参考图片制作好大门的轮廓，如图 8-44 所示。启用【线条】创建工具分割好模型面，如图 8-45 所示。

图 8-42　向前捕捉蓝色轴确定长度

图 8-43　捕捉坐标原点封闭平面

图 8-44　启用推拉工具

04 启用【推/拉】工具打通分割面形成大门框架，如图 8-46 所示，然后将其创建为组，如图 8-47 所示。

图 8-45　参考图片分割平面

图 8-46　推空分割面

05 大门模型创建完成后，即可以其为参考，制作其他模型。观察匹配图片，可以发现别墅二层与其直接相连，因此首先启用【线条】创建工具，捕捉其边线向后创建一条线段，如图 8-48 与图 8-49 所示。

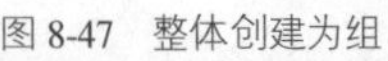

图 8-47　整体创建为组

图 8-48　捕捉线段起点

注 意

在创建别墅二层时，捕捉大门边线创建线段起点，可以保证别墅二层模型与大门的层次关系，否则创建好的模型在形态上能与图片保持一致，但旋转视图即可发现创建的模型与大门模型距离相隔甚远。

06 通过各个轴向的捕捉，绘制出构成平面的其他线段，并最终形成封闭平面，如图 8-50~图 8-52 所示。

图 8-49 参考图片向后绘制线段

图 8-50 捕捉蓝轴向上画线

图 8-51 捕捉蓝轴向下画线

07 启用【推/拉】工具，参考图片制作好别墅二层模型轮廓，完成后转动视图，可以发现其与大门的位置关系适合现实中的常规设计，如图 8-53 与图 8-54 所示。

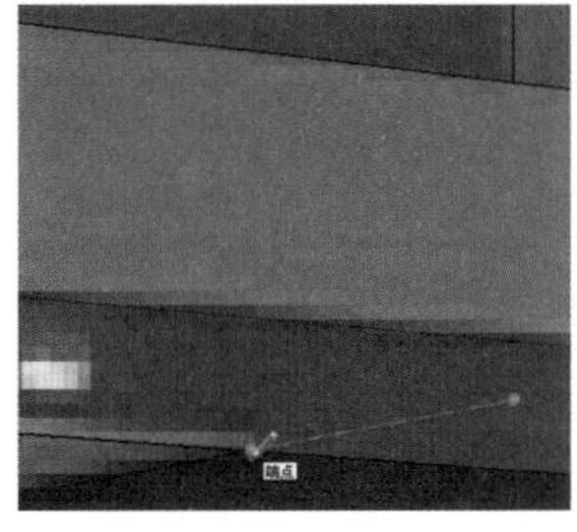

图 8-52 捕捉绿轴连接形成平面

图 8-53 启用推拉工具

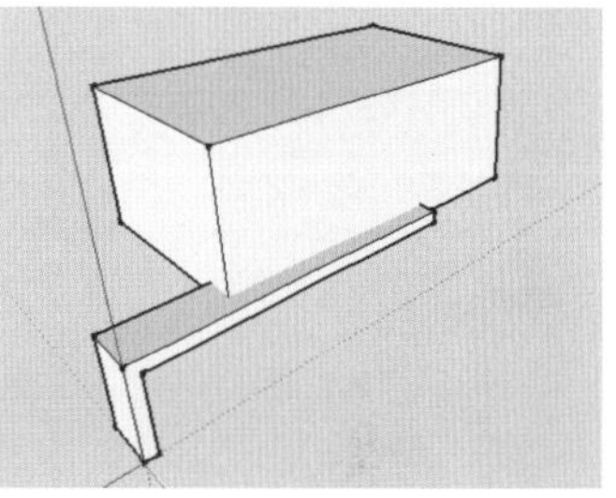
图 8-54 当前模型效果

08 参考当前创建的别墅二层模型，结合使用【线条】创建工具与【推/拉】工具，制作好屋檐初步效果，如图 8-55 所示。

09 由于屋檐一直延伸至右侧屋面，因此选择当前模型右侧边线，启用【移动】工具，参考图片调整好其位置，如图 8-56 所示。

图 8-55 制作正面屋檐

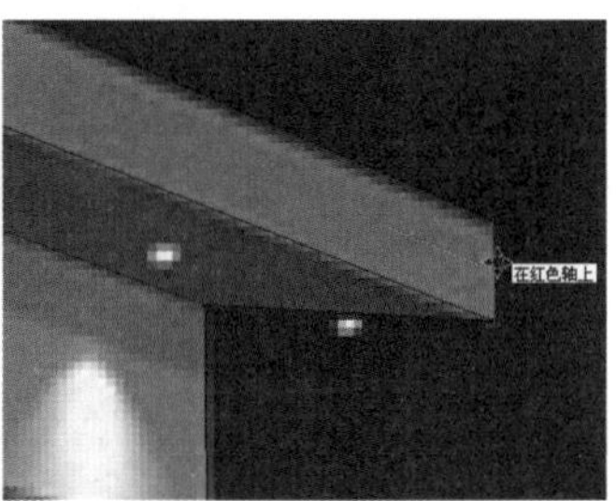

图 8-56 参考照片移动右侧边线

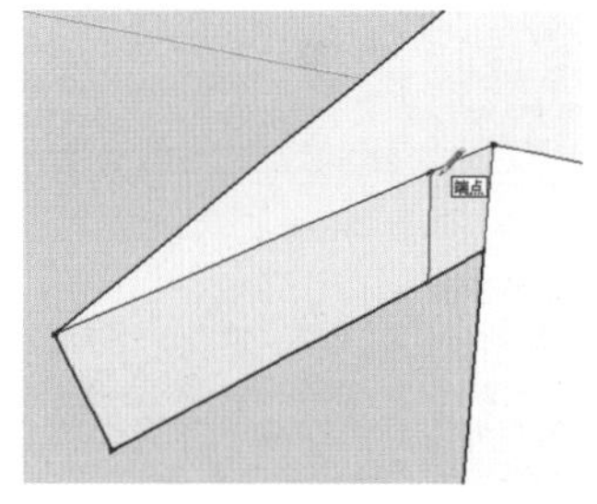

图 8-57 在透视图中创建边线

10 转动至透视图，通过之前调整好的边线位置完成右侧屋檐模型的制作，如图 8-57~图 8-59 所示。

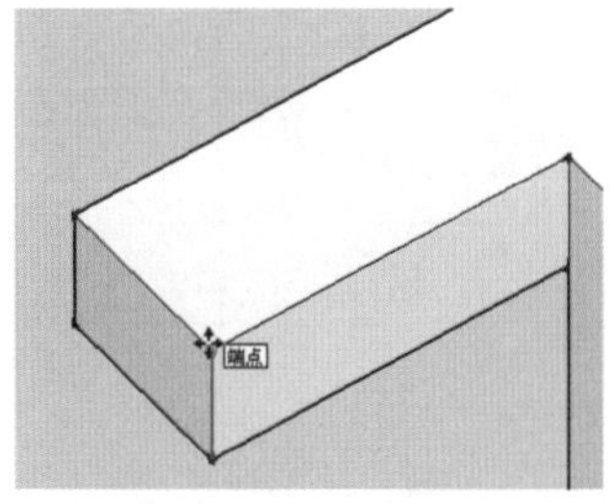

图 8-58 移动对齐边线

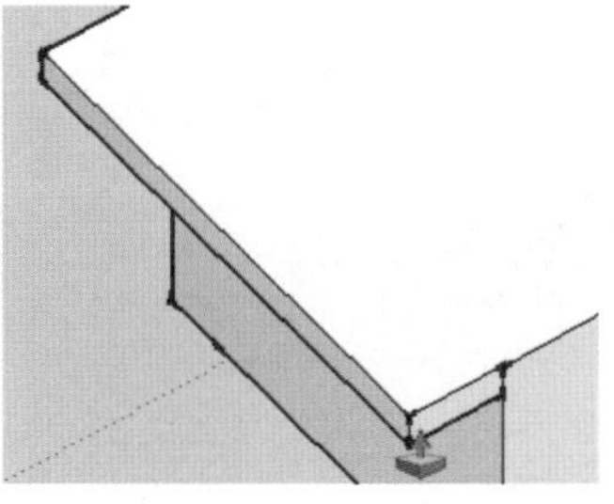
图 8-59 推拉出侧面屋檐

图 8-60 强制相交平面画出左侧分割线

11 屋檐模型完成后，结合使用【线条】创建工具与【推/拉】工具，参考匹配图片完成别墅二层正面门洞与窗洞的制作，如图 8-60~图 8-63 所示。

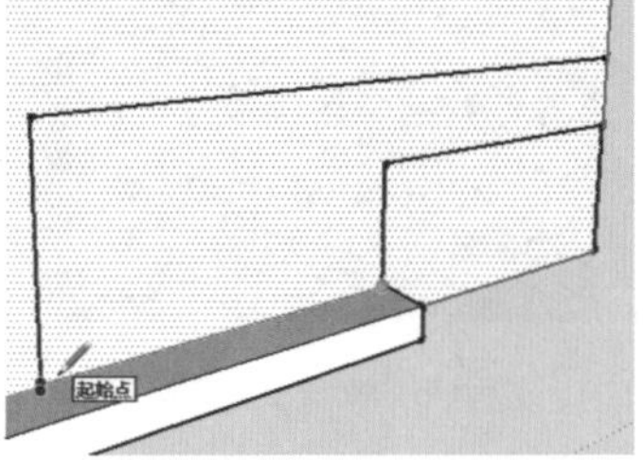

图 8-61 强制相交平面画出右侧分割线　图 8-62 封闭形成分割平面　图 8-63 参考图片推拉出深度

12 旋转至透视图，对齐大门与窗台边沿，然后删除模型中多余的线段，如图 8-64~图 8-66 所示。

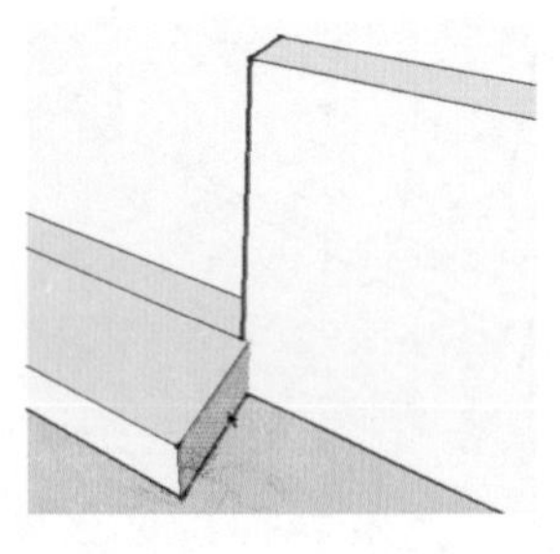

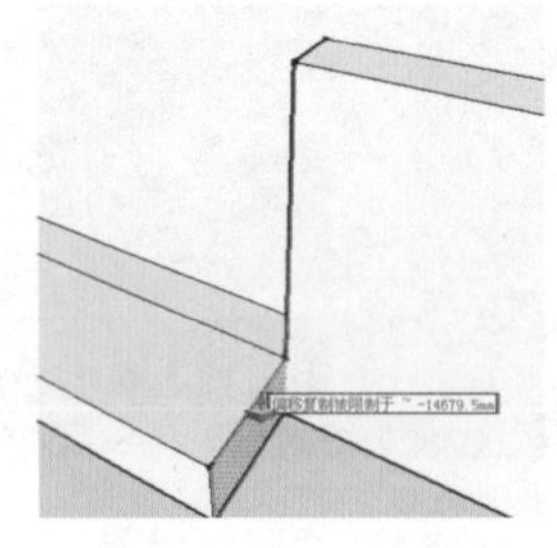

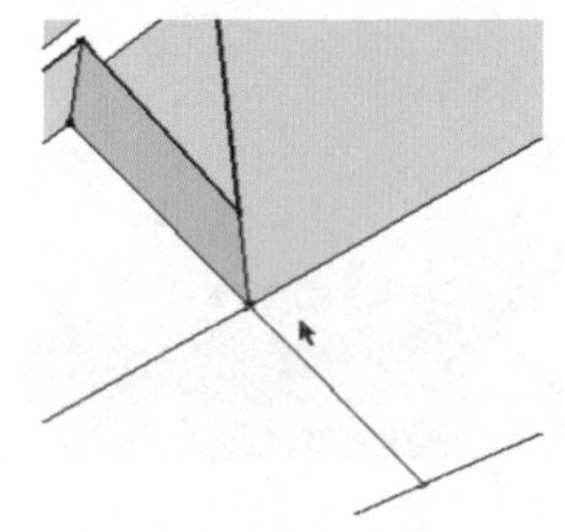

图 8-64 选择平面　图 8-65 推拉对齐平面　图 8-66 删除多余边线

13 结合使用【线条】创建工具与【推/拉】工具，完成别墅二层左侧窗洞的制作，如图 8-67 所示。接下来制作别墅一层轮廓。

14 启用【线条】创建工具，捕捉别墅二层底部边线，参考匹配图片位置创建线段起点，如图 8-68 所示。

图 8-67 绘制左侧墙洞　图 8-68 捕捉边线创建线段起点　图 8-69 参考图片绘制线段

15 捕捉绿轴参考图片向后创建线段，然后逐步形成封闭平面如图 8-69~图 8-71 所示。

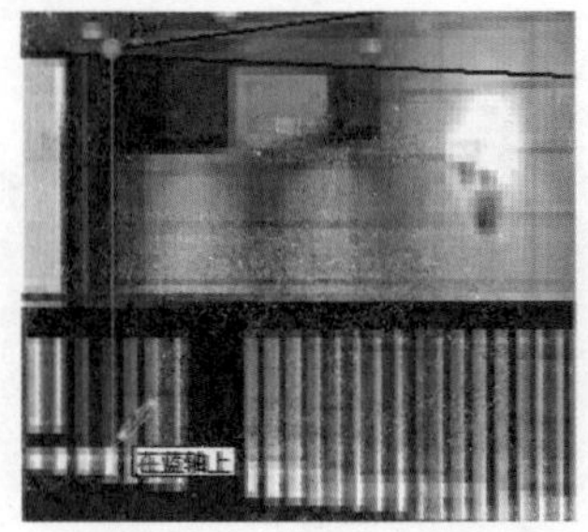

图 8-70 捕捉蓝轴向下画线　图 8-71 封闭平面　图 8-72 启用推拉工具

16 启用【推/拉】工具，参考图片制作好别墅一层轮廓模型，如图 8-72 所示。接下来进行正面门洞的制作。

17 为了保证一、二层门洞处于同一垂直线段，启用【卷尺】工具，绘制一条辅助线如图 8-73 所示。

图 8-73 捕捉二层边线拉出辅助线

图 8-74 参考辅助线绘制线段

图 8-75 捕捉边线绘制线段端点

18 启用【线条】创建工具，结合轴向捕捉与图片位置，制作好别墅一层门洞，注意在最右侧保留墙体厚度，如图 8-74~图 8-77 所示。

图 8-76 参考图片绘制封闭分割面

图 8-77 启用推拉工具

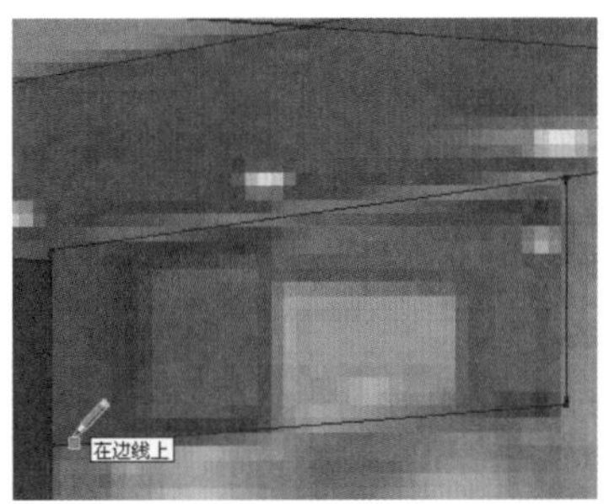

图 8-78 绘制右侧窗户分割面

19 别墅一层正面门洞制作完成后，平移视图至左侧，结合使用【线条】创建工具与【推/拉】工具完成窗洞的制作，如图 8-78 与图 8-79 所示。

20 别墅一、二层轮廓模型创建完成后，将其创建为【组】，如图 8-80 所示。接下来制作别墅后方模型轮廓。

21 为了准确创建出后方模型的层次，首先捕捉一层墙体，并在红色轴上向左创建一条线段做辅助线，如图 8-81 所示。

图 8-79 启用推拉工具

图 8-80 将楼体模型创建为组

图 8-81 捕捉红轴绘制水平线参考线

22 捕捉二层底部边线，并参考匹配图片中位置，绘制一条垂直向下的线段与之前的辅助线相交，如图 8-82 所示。

23 启用【线条】创建工具，捕捉交点绘制线段起点，捕捉绿轴并匹配图片，向后绘制一条线段，如图 8-83 所示。

24 捕捉蓝轴并参考匹配图片，向上绘制一条垂直线段确定好轮廓高度，如图 8-84 所示。

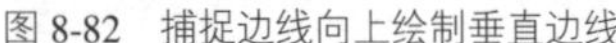

图 8-82 捕捉边线向上绘制垂直边线

图 8-83 捕捉绿轴向后绘制线段

图 8-84 捕捉蓝轴向上绘制线段

25 由于背面模型无法从匹配图片中得到参考，因此接下来旋转视图至模型背面，通过推断封闭该平面，如图 8-85 与图 8-86 所示。

26 启用【推/拉】工具完成背面模型的制作，如图 8-87 所示。然后参考匹配图片，完成其正面门洞的制作，如图 8-88 所示。

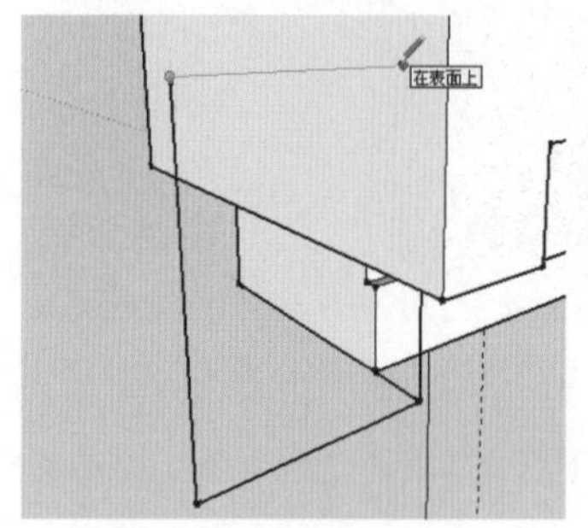

图 8-85 在透视图中绘制水平线

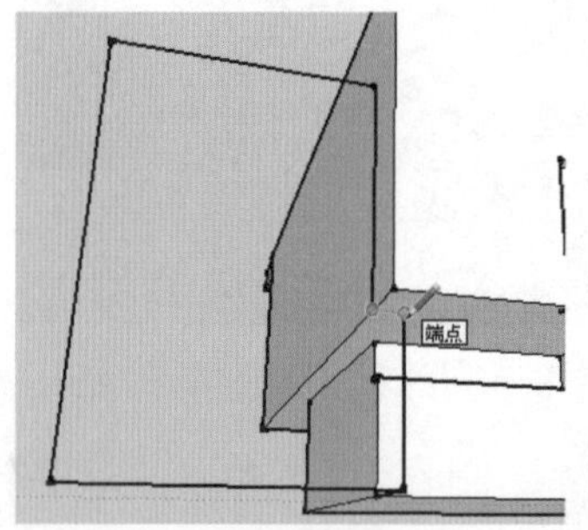

图 8-86 在透视图中封闭形成平面

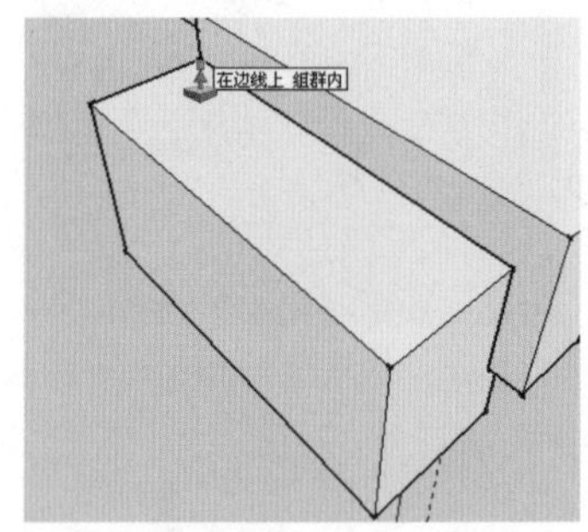

图 8-87 启用推拉工具

27 将制作好的模型创建为【组】，然后删除多余边线，如图 8-89 与图 8-90 所示。

图 8-88 制作门洞

图 8-89 创建为组

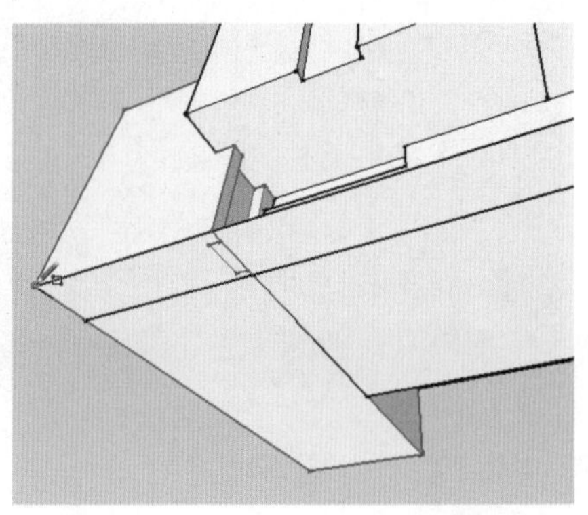

图 8-90 删除多余线段

28 如图 8-91 与图 8-92 所示绘制出走廊与地基模型，最终得到如图 8-93 所示的别墅轮廓模型效果。接一来进行门窗等模型的细化。

图 8-91 绘制出走廊平台

图 8-92 向下移动复制出地基

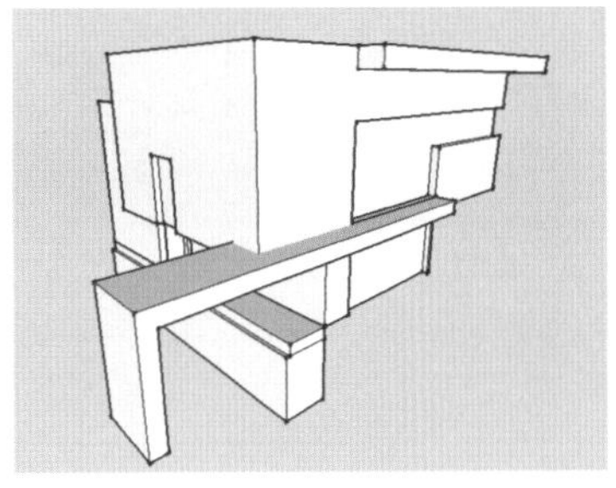

图 8-93 建筑轮廓完成效果

8.2.3 制作建筑细节模型

01 细化出别墅二层的门窗模型，启用【卷尺】工具拉出辅助线。启用【线条】创建工具初步分割模型面，如图 8-94 与图 8-95 所示。

图 8-94 创建辅助线

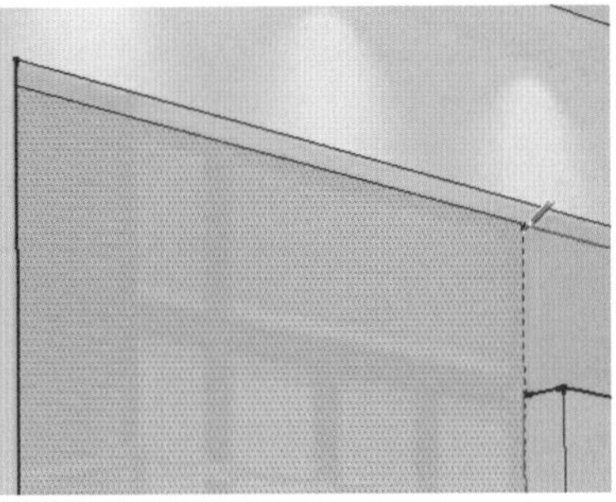

图 8-95 分割平面

图 8-96 细化平面

02 使用【线条】创建工具参考图片分割平面细节，如图 8-96 所示。然后删除分割产生的多余线段，如图 8-97 所示。

03 细节分割完成效果如图 8-98 所示。选择相关模型面将其创建为【组】，以便于独立编辑，如图 8-99 所示。

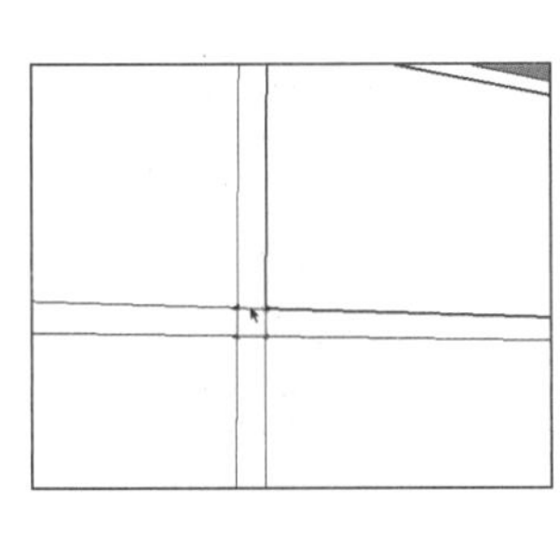

图 8-97 删除多余线段

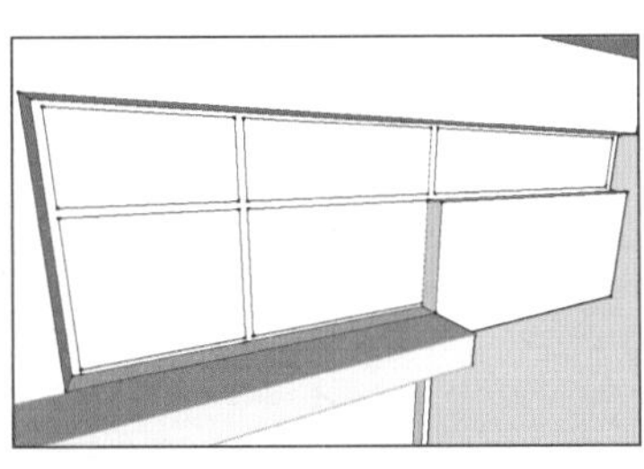

图 8-98 细化完成

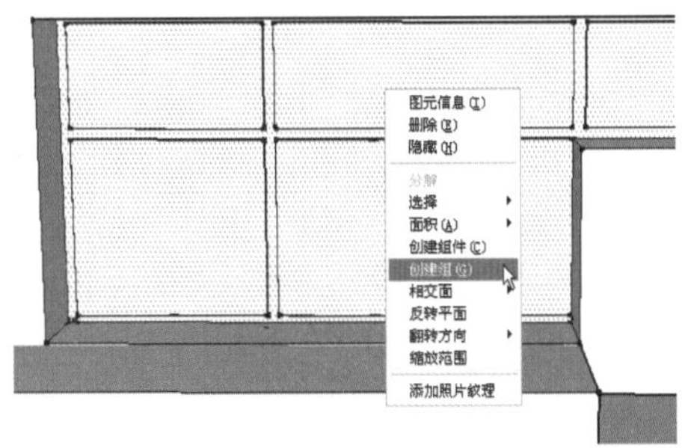

图 8-99 创建为组

04 启用【推/拉】工具，参考匹配图片中的深度制作出窗框细节，如图 8-100 所示。然后在其他分割面上逐个双击，完成其他窗框制作，如图 8-101 所示。

图 8-100　推拉出窗框厚度

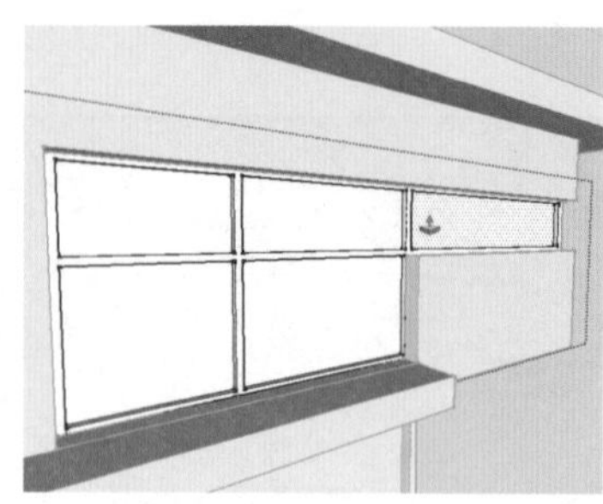

图 8-101　窗框制作完成

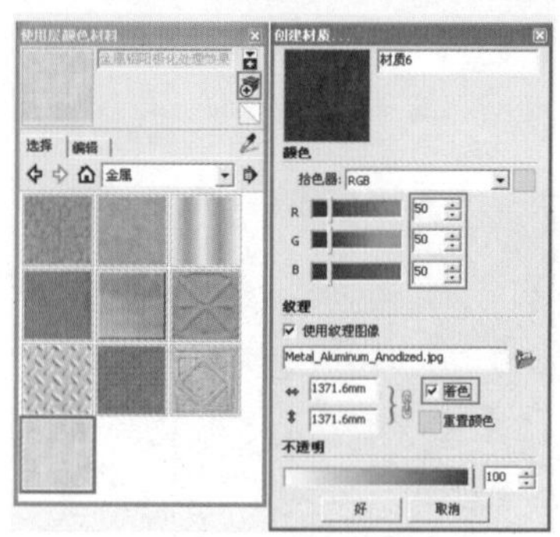

图 8-102　编辑窗框材质

05 制作材质效果。首先进入【使用层颜色材料】面板，选择“金属铝阳极化处理效果”材质，将其贴图颜色调整为深灰色后赋予模型，如图 8-102 与图 8-103 所示。

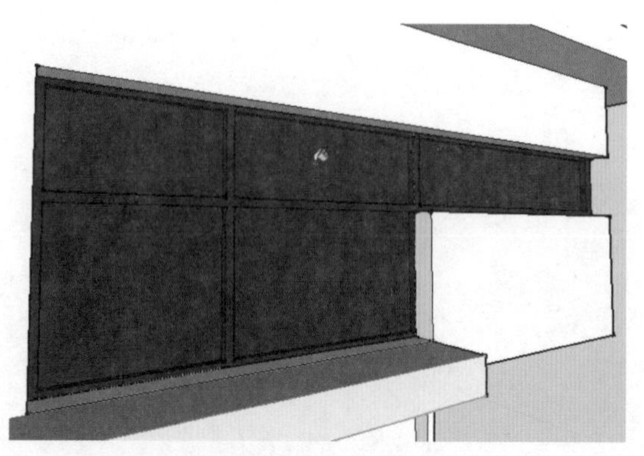

图 8-103　赋予窗框材质

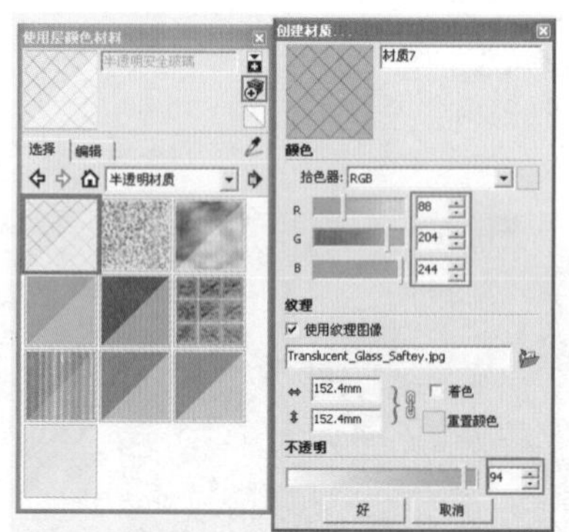

图 8-104　编辑半透明材质

注 意

除了该处的门框外，场景中的围栏、路灯等模型使用的也是该金属材质。

06 选择“半透明玻璃”材质，将其不透明度数值调整为 94，如图 8-104 所示。将其赋予玻璃模型，如图 8-105 所示。

图 8-105　赋予玻璃材质

图 8-106　当前显示效果

07 返回照片匹配视图，观察当前效果如图 8-106 所示。为了便于参考匹配图片，将玻璃材质不透明度暂时调整为 0，如图 8-107 所示。

08 制作装饰栅格模型，首先启用【卷尺】工具，如图 8-108 所示创建一条辅助线。

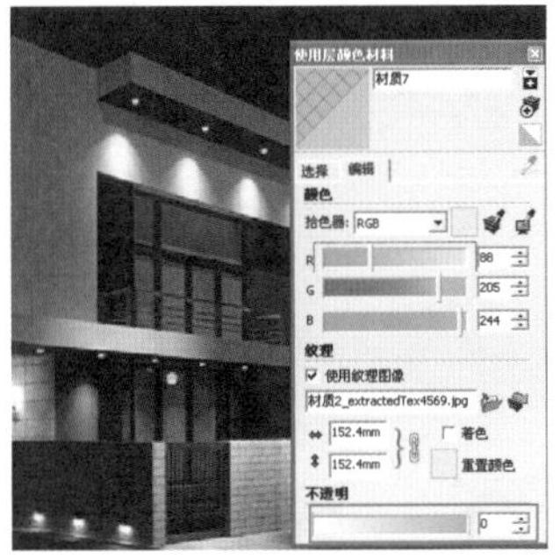

图 8-107　调整为完全透明

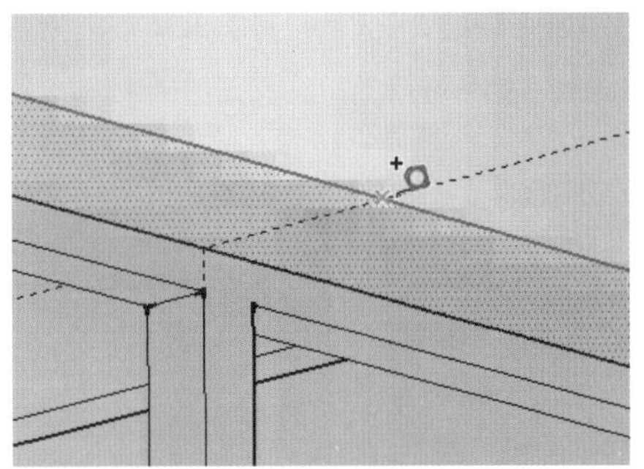

图 8-108　绘制辅助线

09 以辅助线中点为起点，向下绘制一条垂直线段与窗台相交，如图 8-109 所示。

10 参考匹配图片绘制好封闭平面，然后启用【推/拉】工具制作好整体轮廓，如图 8-110 所示。

11 细化栅格模型。启用【偏移】工具，如图 8-111 所示制作出边框。

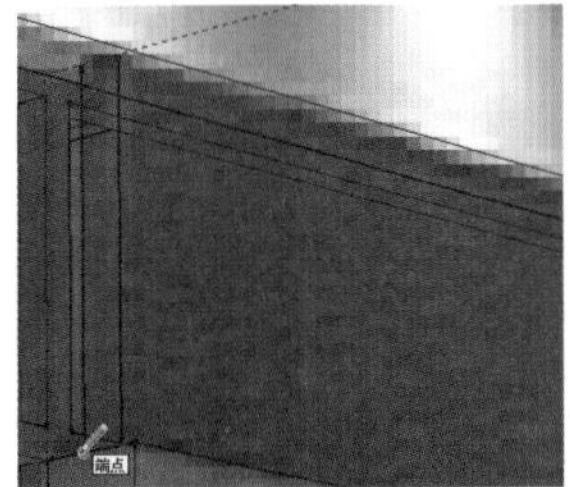

图 8-109　绘制木栅格平面

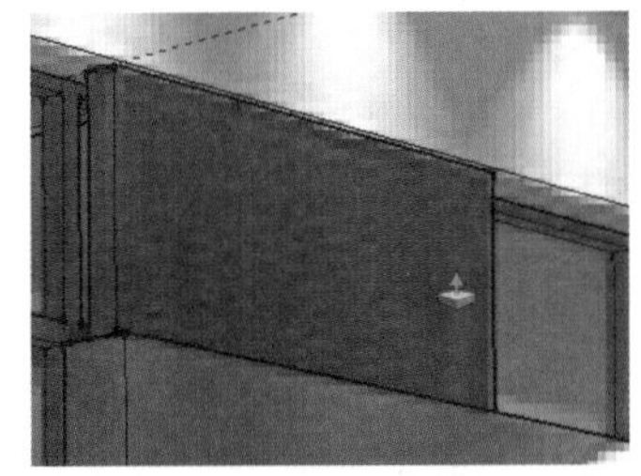

图 8-110　启用推拉工具

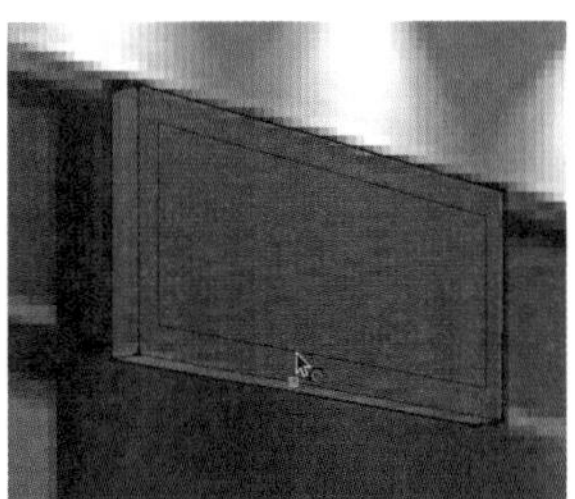

图 8-111　启用偏移工具

12 启用【推/拉】工具，制作出些许厚度，然后对其表面进行细节，分割制作出内部分隔木条，如图 8-112~图 8-114 所示。

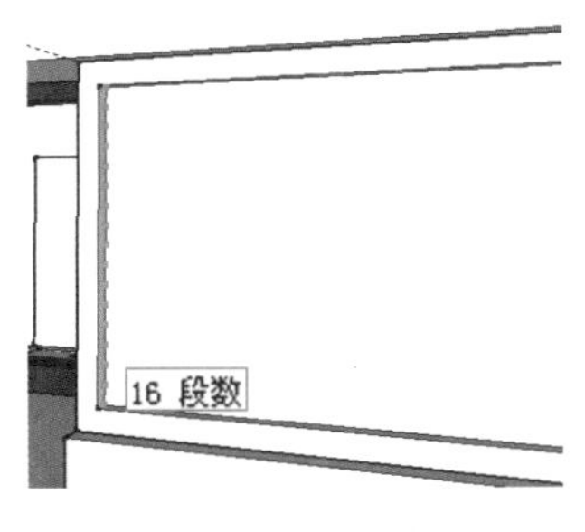

图 8-112　等分边线

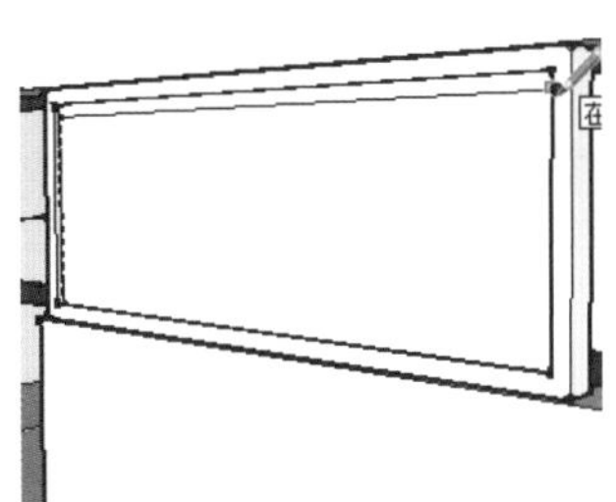

图 8-113　绘制分割线

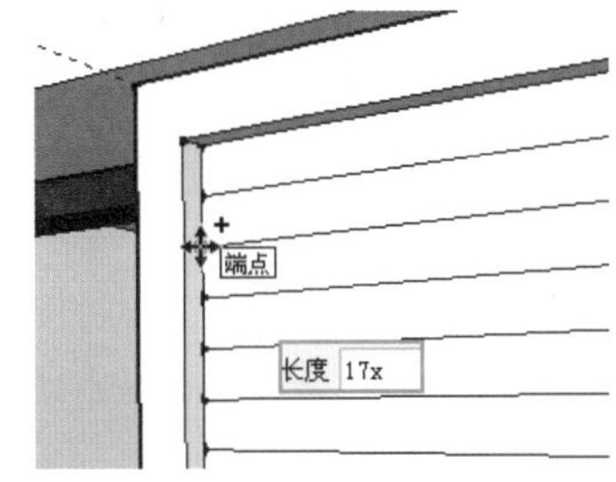

图 8-114　移动复制分割线

13 分割完成后，启用【推/拉】工具打通内部分割面间隔。旋转至模型背面，删除不可见面，如图 8-115~图 8-117 所示。

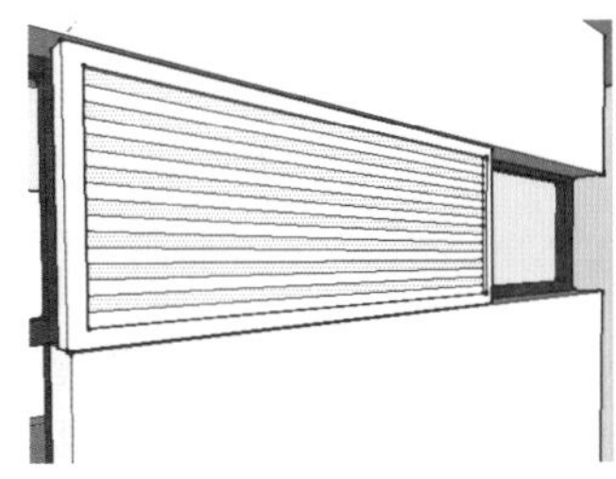

图 8-115　间隔推拉分割面

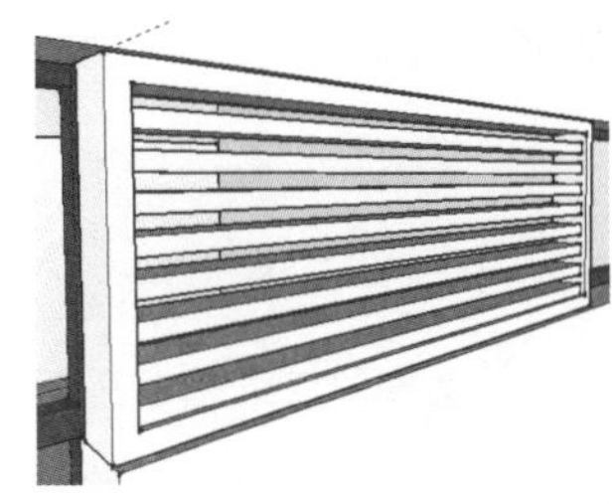

图 8-116　栅格完成效果

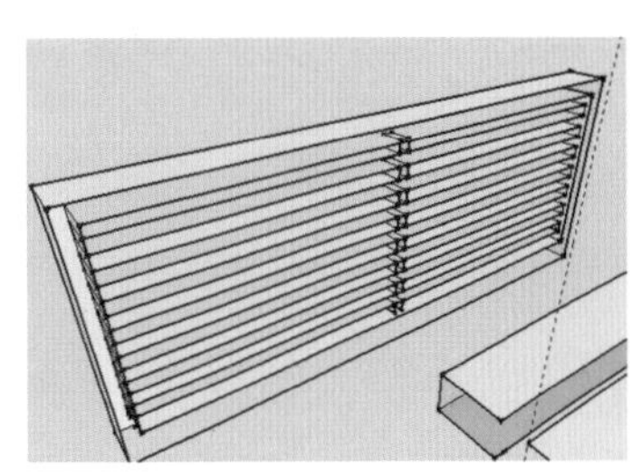

图 8-117　删除背面模型面

14 进入【使用层颜色材料】面板，选择“原色樱桃木质纹”材质赋予模型，然后将其创建为【组】，如图 8-118 与图 8-119 所示。

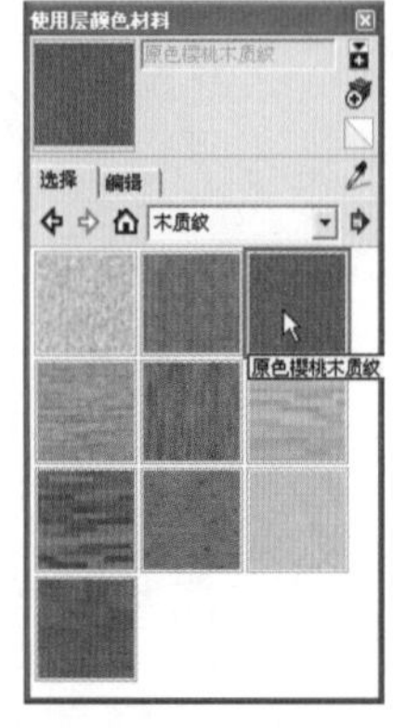

图 8-118 选择原色樱桃木质纹

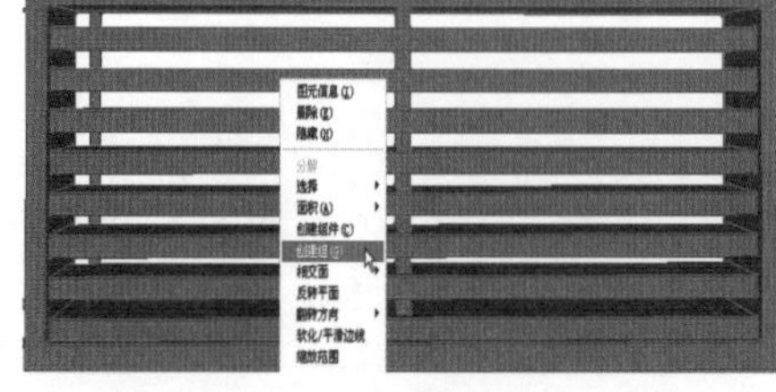

图 8-119 赋予材质创建组

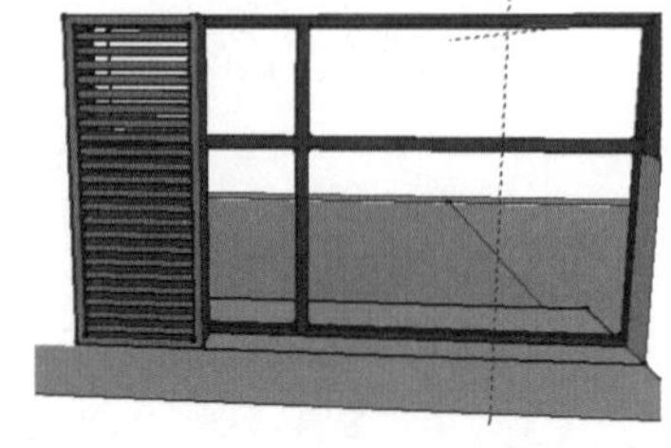

图 8-120 绘制左窗栅格

15 使用类似的方法制作好左侧竖向栅格，完成推拉门模型的制作，如图 8-120 与图 8-121 所示。

16 制作栏杆模型，参考匹配图片绘制出平面，然后启用【推/拉】工具制作好其轮廓，如图 8-122 所示。

17 启用【线条】创建工具分割栏杆平面，形成栏杆细节如图 8-123 所示。

图 8-121 绘制门框完成细化

图 8-122 绘制栏杆轮廓

图 8-123 分割栏杆平面

18 启用【推/拉】工具，制作出栏杆的厚度，并同时制作出玻璃效果，如图 8-124 所示。对应为其赋予相应材质，如图 8-125 所示。

19 使用相同的方法完成别墅二层右侧栏杆模型制作，如图 8-126 所示。

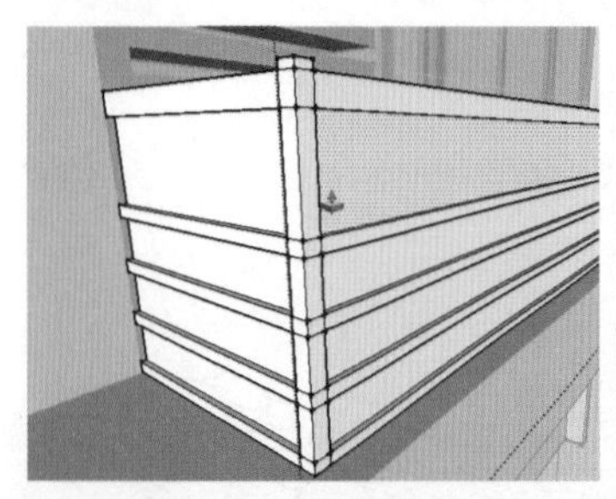

图 8-124 细化栏杆模型

图 8-125 赋予栏杆材质

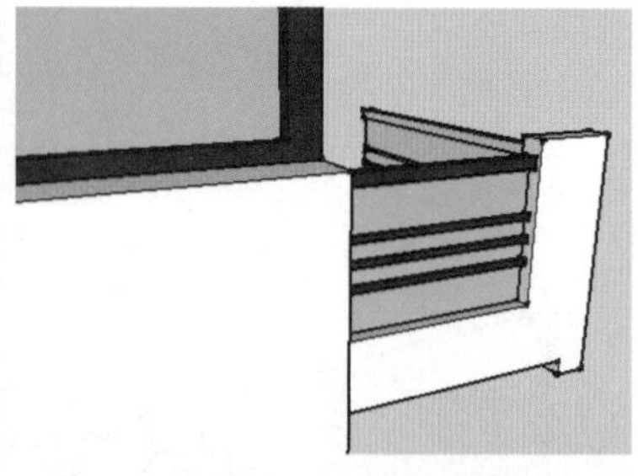

图 8-126 制作出右侧栏杆

20 别墅二层正面门窗细化完成，当前照片匹配视图效果如图 8-127 所示。接下来细化别墅一层推拉门模型。

图 8-127　当前模型效果

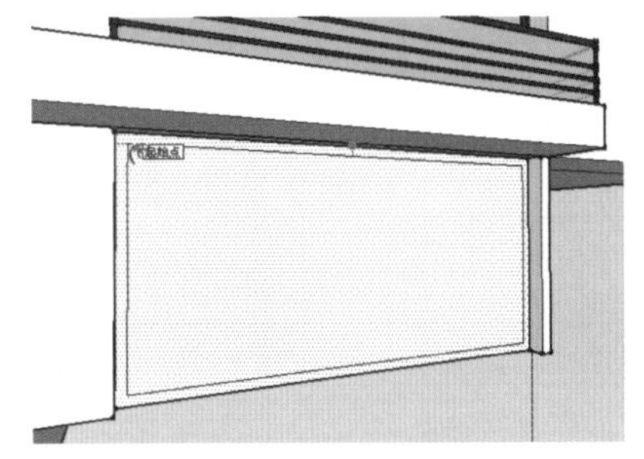

图 8-128　绘制一层门框平面

21 启用【偏移】工具，向内偏移出门框，然后选择底部边线等分为 5 段，如图 8-128 与图 8-129 所示。

22 启用【线条】创建工具，捕捉等分点进行分割，然后启用【偏移】工具，向内偏移出单个推拉门页，如图 8-130 与图 8-131 所示。

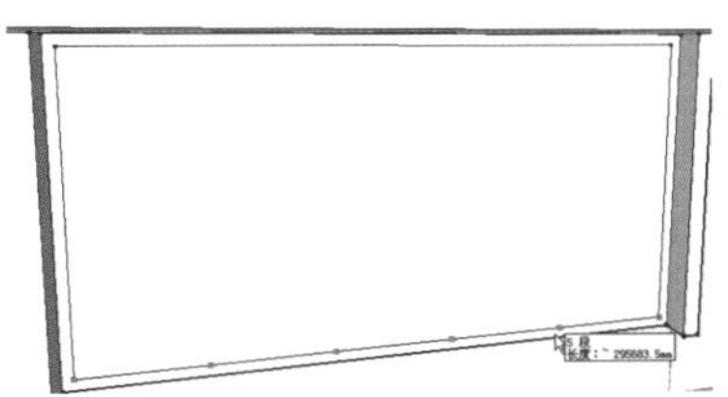

图 8-129　等分边线

图 8-130　分割平面

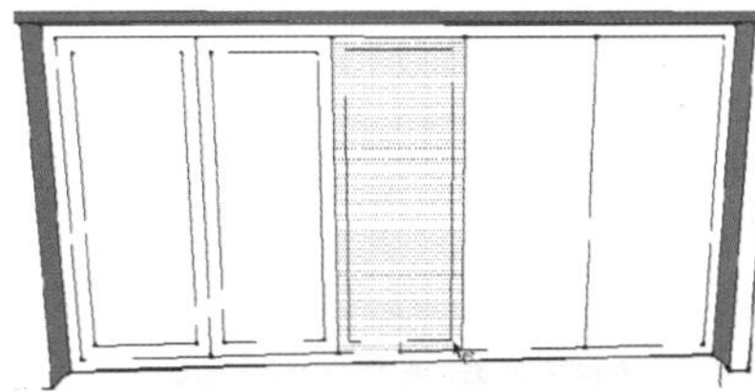

图 8-131　启用偏移工具

23 启用【推/拉】工具，制作出门页厚度以及玻璃，然后进入【使用层颜色材料】面板，赋予相应材质，如图 8-132 与图 8-133 所示。

24 启用【移动】工具，将之前制作好的栅格模型移动复制至第一层，然后删除多余木条，如图 8-134 与图 8-135 所示。

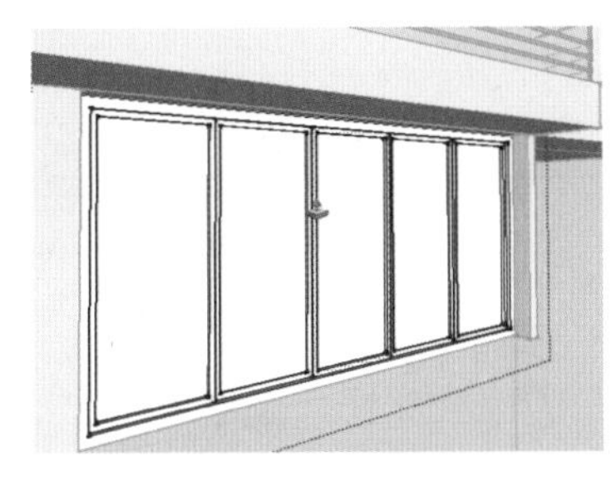

图 8-132　启用推拉工具

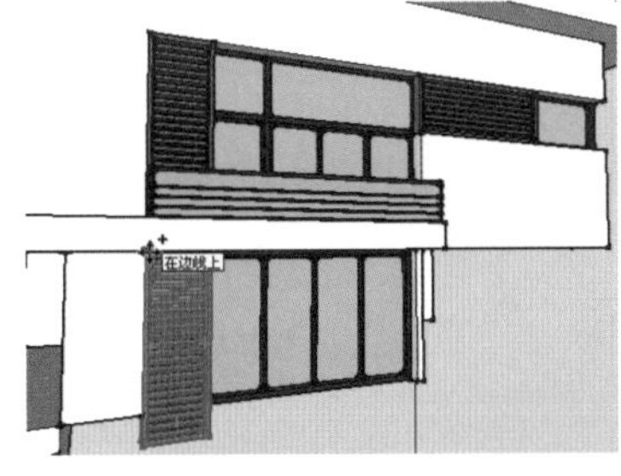

图 8-133　赋予材质并复制栅格

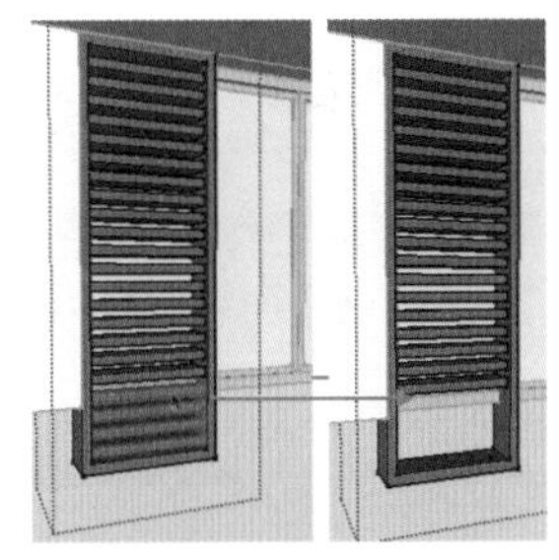

图 8-134　删除多余栅格

25 调整栅格至右侧门框，如图 8-136 所示。然后转动视图至模型右侧，完成其他门窗效果的制作，如图 8-137 所示。

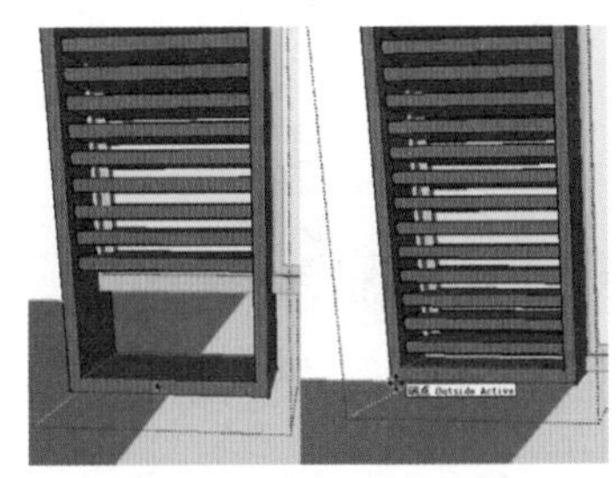

图 8-135　选择底部边线调整栅格高度

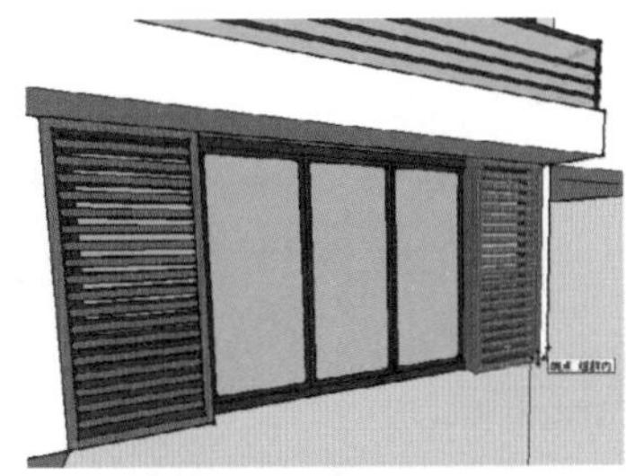

图 8-136　复制栅格

图 8-137　绘制侧面门窗模型

26 别墅门窗模型制作完成后，参考匹配图片为模型主体制作并赋予材质，如图 8-138 与图 8-139 所示。

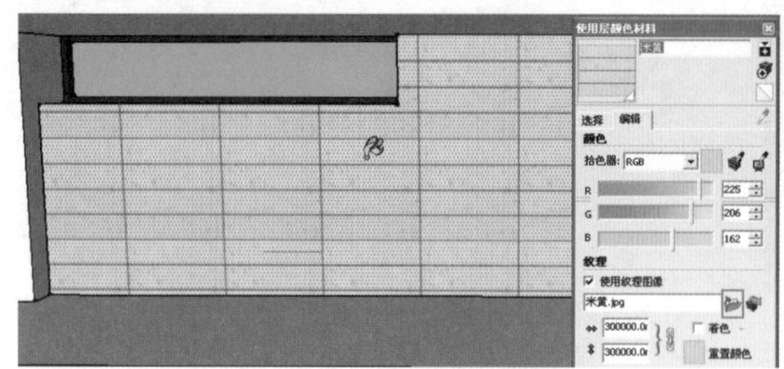
图 8-138 制作并赋予墙面石材

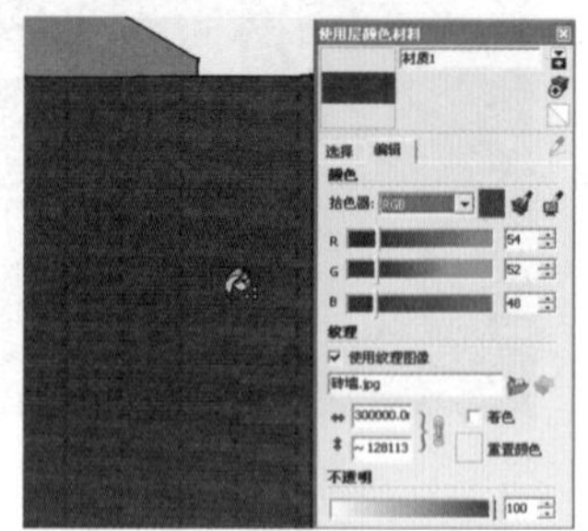
图 8-139 制作并赋予砖墙材质

27 制作别墅主体各种灯具，首先制作筒灯模型，如图 8-140~图 8-142 所示。

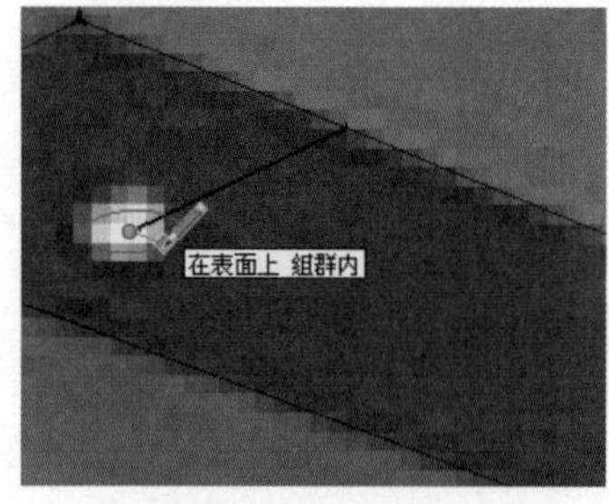

图 8-140 绘制射灯圆形平面

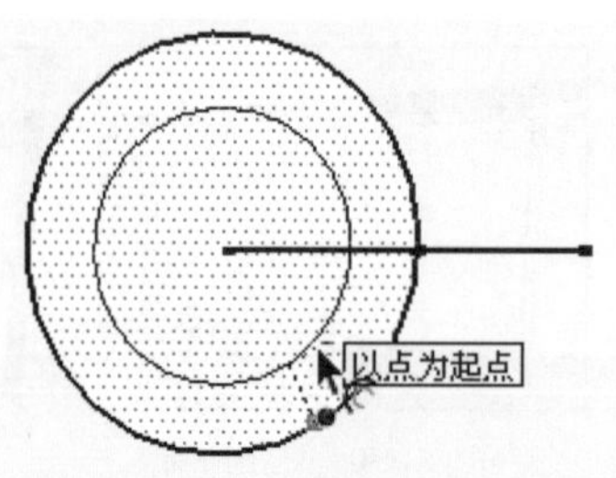

图 8-141 启用偏移工具

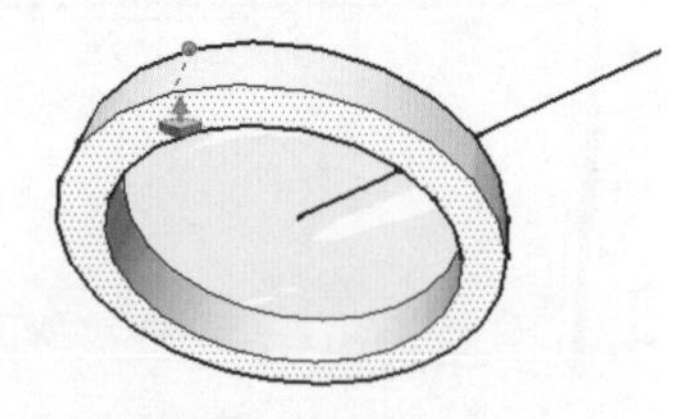
图 8-142 启用推拉工具

28 筒灯模型创建完成后，进入【使用层颜色材料】面板为其赋予对应材质，然后参考匹配图片进行复制，如图 8-143 与图 8-144 所示。

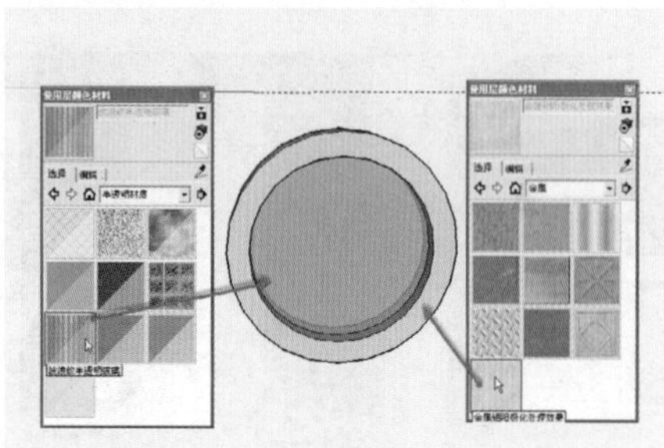
图 8-143 赋予灯具材质

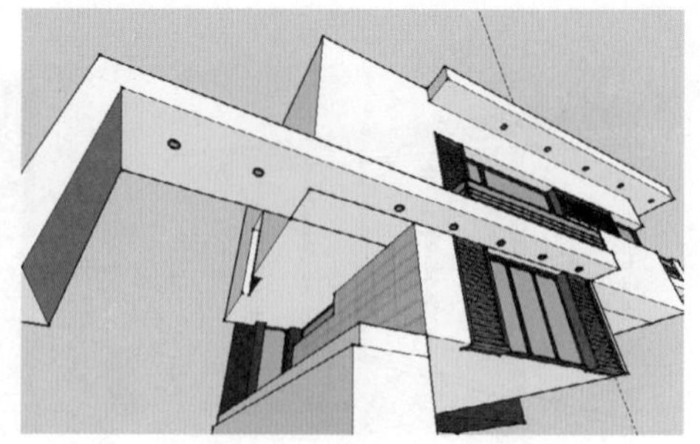
图 8-144 灯具复制完成效果

29 在匹配图片中无法观察细节的壁灯模型，则可以直接调用类似组件，如图 8-145 与图 8-146 所示。

图 8-145 调用壁灯组件

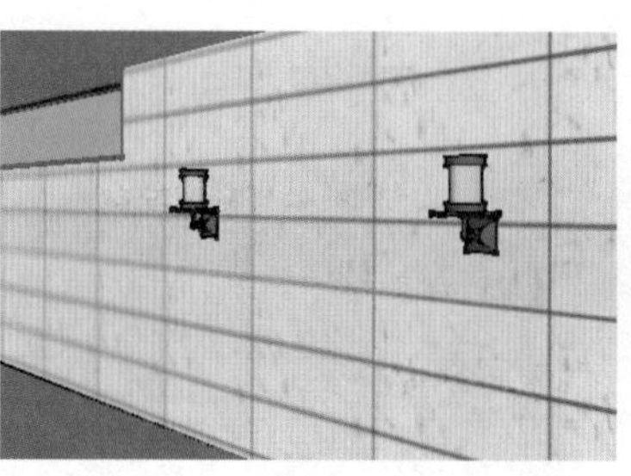
图 8-146 壁灯完成效果

图 8-147 完成建筑建模

30 制作别墅周围的栅栏等模型，完成建筑模型的制作，如图 8-147 与图 8-148 所示。

8.2.4 制作周边设施及环境

建筑主体模型制作完成后，接下来创建建筑周边人行道、马路、灯具以及树木等附属设施。

01 制作与建筑围栏相连的人行道，启用【线条】创建工具，捕捉围栏端点创建线段起点，如图 8-149 所示。

图 8-148 建筑模型照片匹配效果

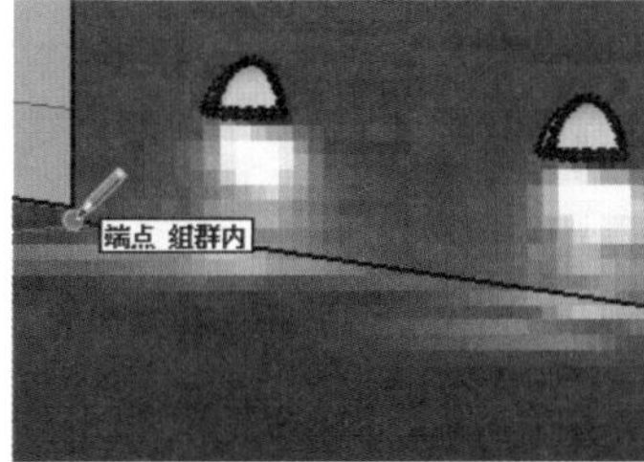

图 8-149 捕捉围墙交点为线段起点

图 8-150 参考照片确定线段长度

02 捕捉绿轴并参考匹配图片完成线段绘制，如图 8-150 所示。捕捉绘制的线段，并参考匹配图片绘制出另一条线段，如图 8-151 与图 8-152 所示。

03 绘制两条相交线段后，启用【圆弧】创建工具创建路沿圆角效果，如图 8-153 所示。然后参考匹配图片封闭形成平面。

图 8-151 捕捉边线创建线段起点

图 8-152 绘制线段至照片外

图 8-153 创建圆弧

04 启用【偏移】工具，将平面向外偏移分割路沿细节，如图 8-154 所示。然后启用【推/拉】工具制作好路沿效果，如图 8-155 所示。

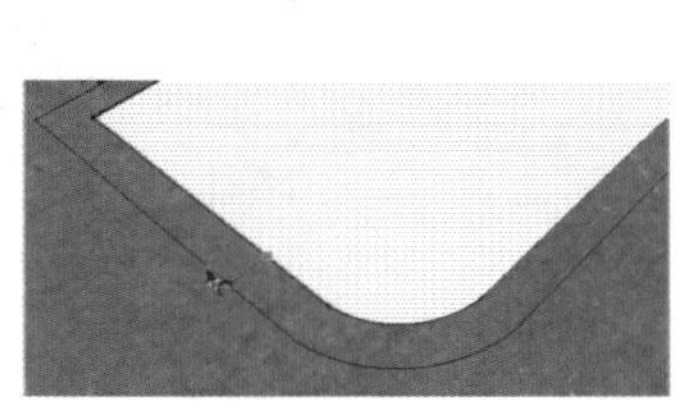

图 8-154 启用偏移工具

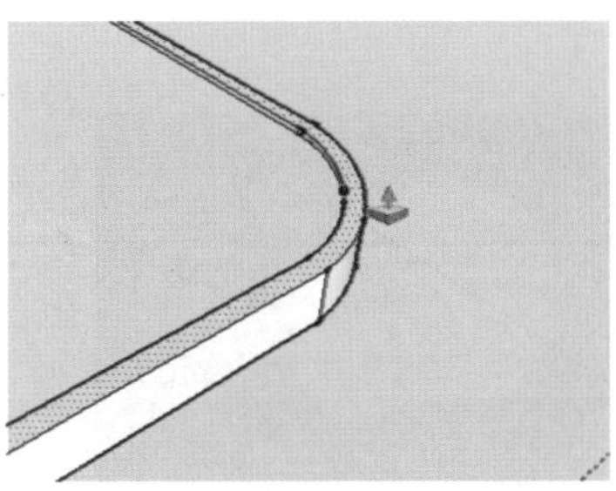

图 8-155 启用推拉工具

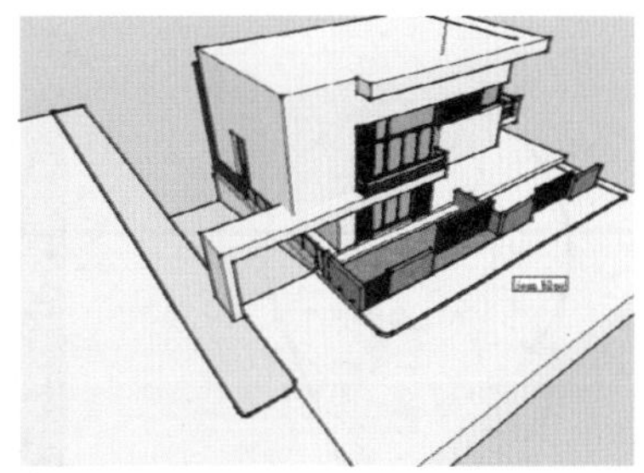

图 8-156 环境模型完成效果

05 使用类似的方法，完成其他路面效果的制作，然后进入【使用层颜色材料】面板，制作并赋予对应材质，如图 8-156 与图 8-157 所示。

06 路面效果制作完成后，结合使用【线条】、【偏移】、【推/拉】工具及【拆分】等菜单命令，制作出大门以及左侧围栏模型，如图 8-158 所示。

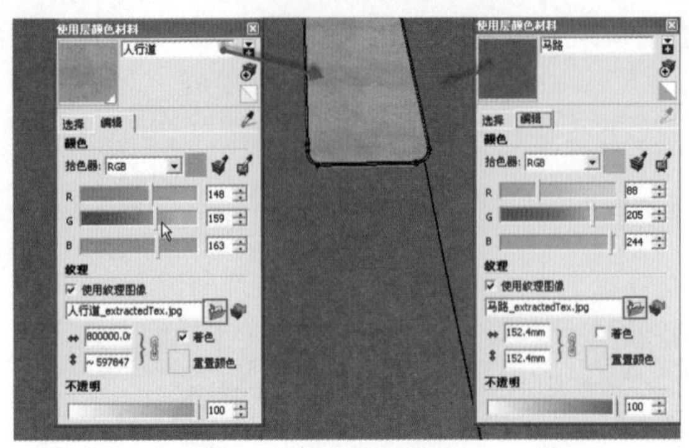

图 8-157　赋予地面与人行道材质

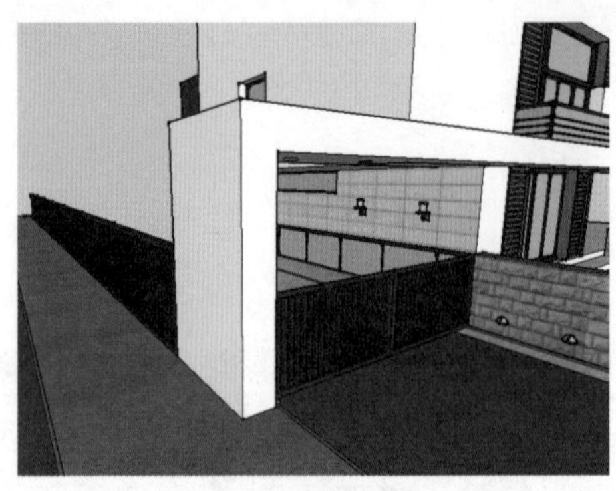
图 8-158　绘制大门与左侧栏杆模型

07 制作匹配图片中如图 8-159 所示路灯模型，进一步学习匹配图形中球体、圆形等模型制作技巧。

08 选择【圆】创建工具，捕捉路面模型表面，并参考配套图片创建一个圆形平面，如图 8-160 所示。推拉出第一段灯杆高度，如图 8-161 所示。

图 8-159　照片中的路灯模型

图 8-160　捕捉表面绘制灯杆平面

图 8-161　启用拉伸工具

09 旋转到透视图，启用【偏移】工具向内偏移出第二段灯杆平面，如图 8-162 所示。启用【拉伸】工具制作出第二段灯杆的高度，如图 8-163 所示。

10 灯杆模型制作完成后，结合使用【圆弧】、【线条】创建工具以及【路径跟随】工具，制作出底部托盘，如图 8-164 与图 8-165 所示。

11 返回匹配视图，启用【拉伸】工具对其大小进行调整，如图 8-166 所示。注意在拉伸时按住 Ctrl 键进行中心拉伸，避免模型位置产生偏移。

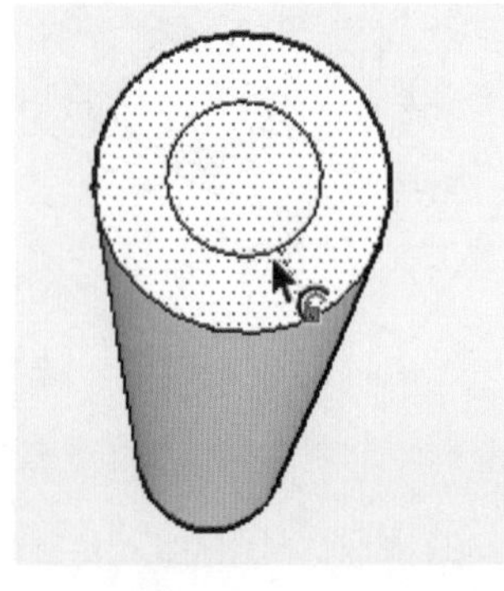
图 8-162　启用偏移工具

图 8-163　选择顶部边线移动至顶点

图 8-164　绘制弧形平面

12 使用类似的方法完成球体灯罩的制作，如图 8-167 所示。接下来制作环形构件。

13 视图切换至【俯视图】，调整为【平行投影】显示、创建一个比球体灯罩略大的圆形平面，如图 8-168 所示。

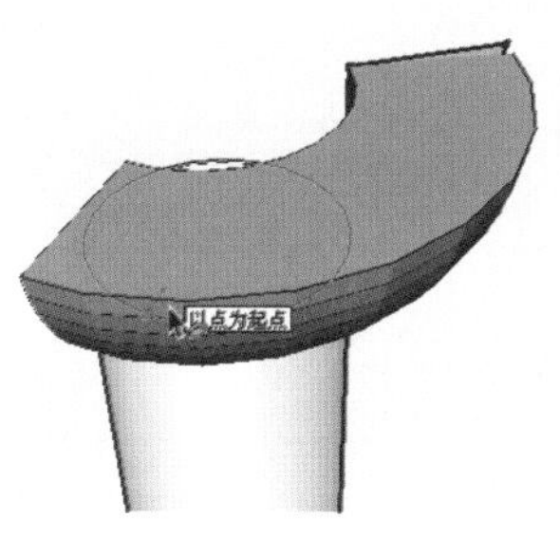

图 8-165 路径跟随

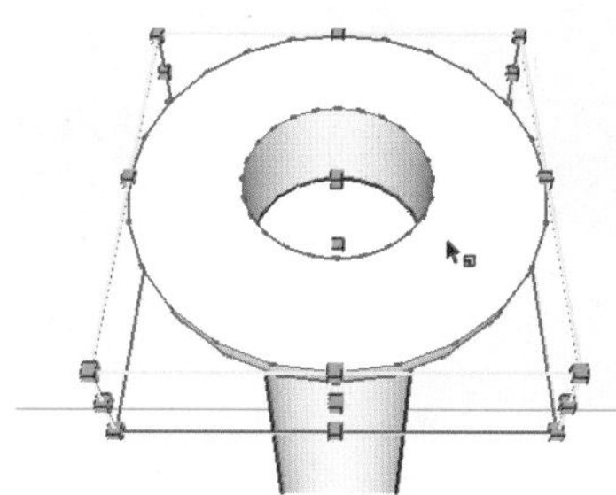
图 8-166 参考照片调整大小

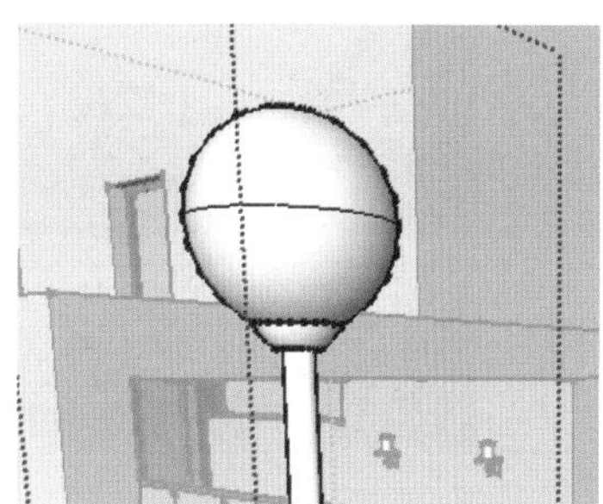
图 8-167 绘制球体灯罩

14 结合使用【偏移】与【推/拉】工具完成环形构件的制作，然后参考匹配图片调整好位置与大小，如图 8-169 与图 8-170 所示。

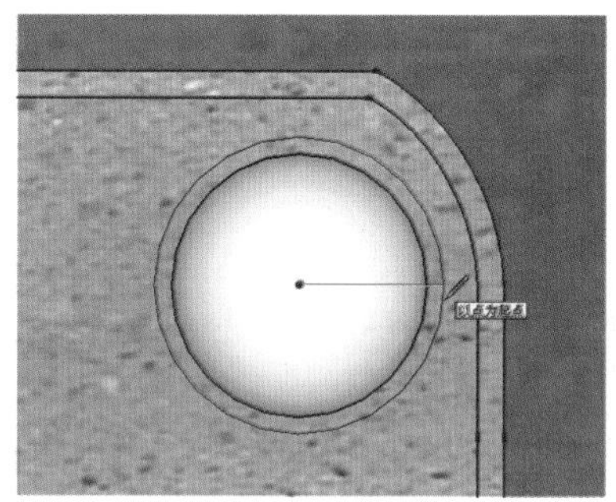
图 8-168 绘制圆形

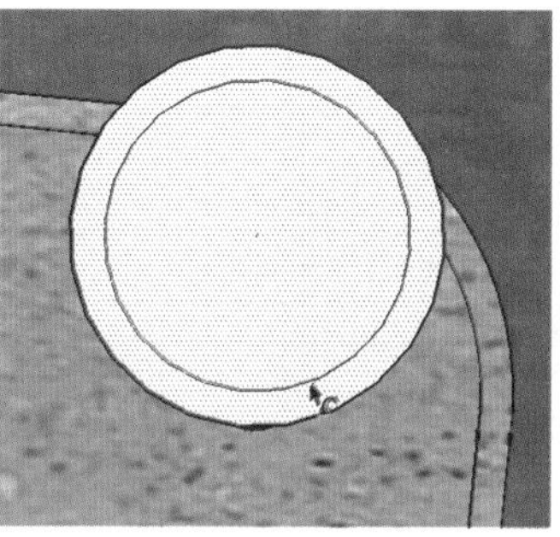
图 8-169 启用偏移工具

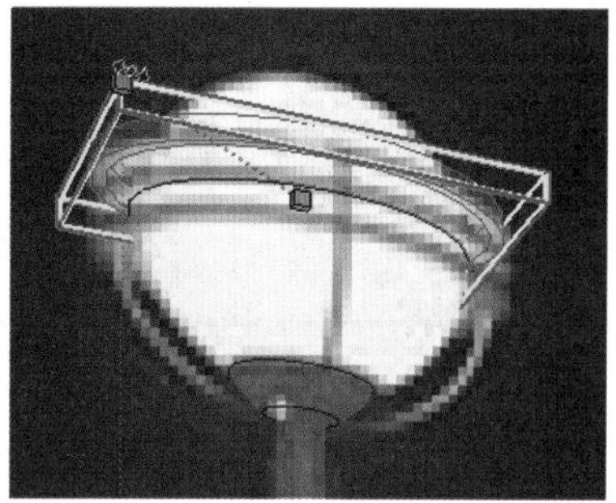
图 8-170 在匹配视图调整大小

注 意

将视图调整为【平行投影】显示，在【俯视图】创建圆形平面才能与所见到的效果等大。

15 启用【移动】工具复制出其他环形构件，然后使用类似的方法制作好半环状构件模型，如图 8-171 与图 8-172 所示。

16 所有路灯构件制作完成后为其赋予材质，然后参考匹配图片复制出其他位置的路灯模型，如图 8-173 与图 8-174 所示。

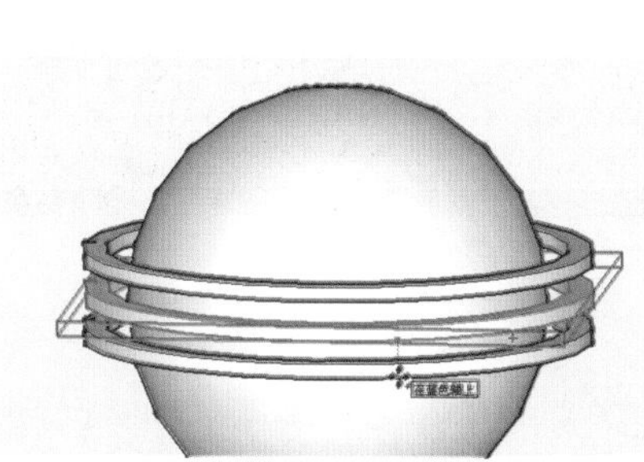
图 8-171 参考照片调整大小

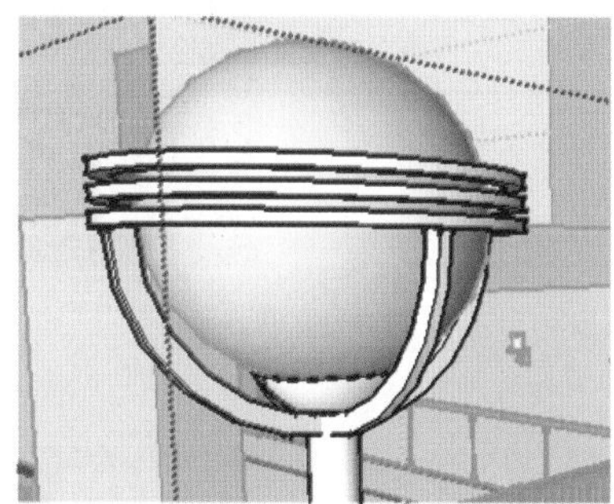
图 8-172 启用移动复制

图 8-173 路灯细节完成效果

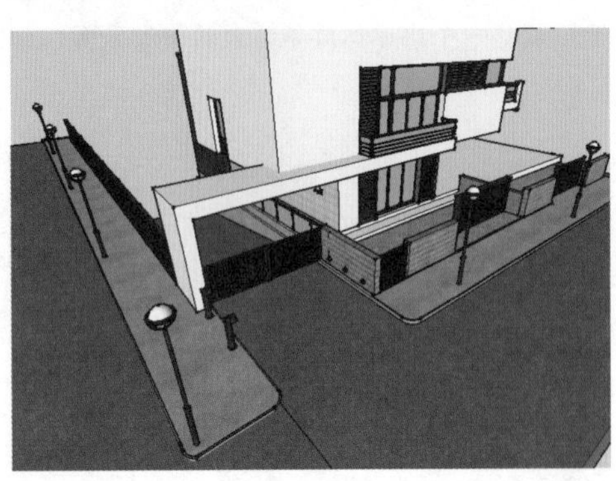

图 8-174　路灯完成效果

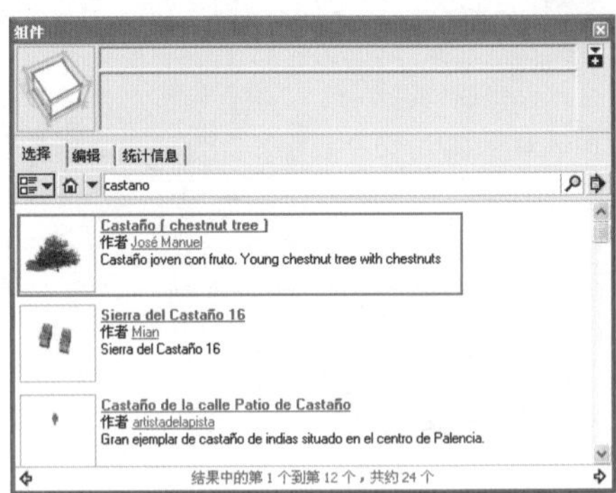

图 8-175　打开组件面板

17 调用植物组件，参考匹配图片制作好场景中树木的效果，如图 8-175~图 8-177 所示。

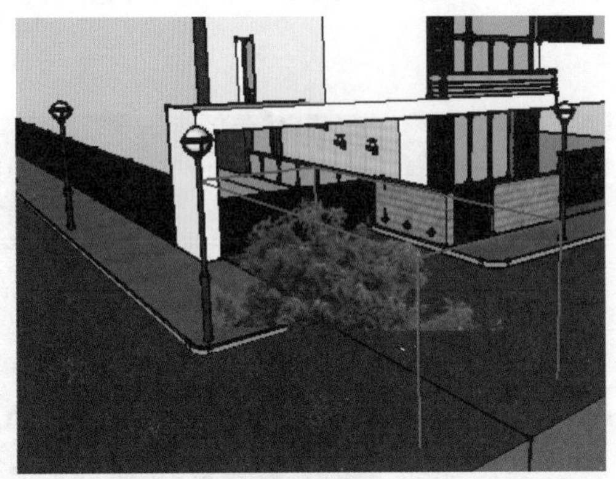

图 8-176　调用植物组件

图 8-177　调整植物组件大小与位置

18 调整好植物组件大小与位置后，勾选组件【总是朝向镜头】参数，然后复制出其他位置的树木，如图 8-178 与图 8-179 所示。

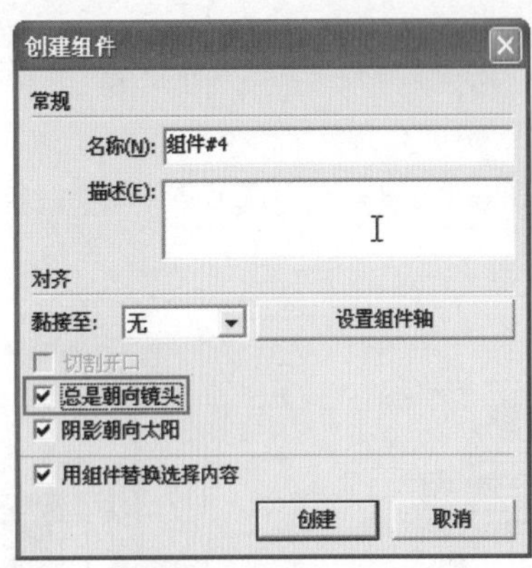

图 8-178　设置组件参数

图 8-179　调用植物组件

注 意

本例中调用的植物组件为二维片面模型，如果场景需要进行写实渲染，可以根据细节表现的需要调入不同精度的三维模型，如图 8-180 与图 8-182 所示。不同精度的植物组件除了材质与模型细节的区别外，其投影的细节也有所区别。

图 8-180　照片植物组件效果

图 8-181　中等精度植物组件效果

图 8-182　高精度植物组件效果

19 室外建筑图片建模全部完成，删除页面，即可得到如图 8-183 所示的模型效果。

图 8-183　模型完成效果

第9章

欧式办公楼建筑设计

本章重点：

- 正式建模前的准备工作
- 建立建筑轮廓模型
- 制作主入口
- 制作正立面
- 制作侧立面
- 制作背立面
- 制作屋顶及细节

欧式风格建筑外形优美典雅，风格雍容华贵，由于有较多的华丽装饰和精美造型，因此建模有一定的难度，需要掌握一定的方法和技巧。

本章通过一个复杂的欧式建筑的绘制，讲解 SketchUp 欧式建筑的绘制方法和流程，制作完成的模型效果如图 9-1~图 9-4 所示。

图 9-1　欧式建筑模型正面效果

图 9-2　欧式建筑模型背面效果

图 9-3　欧式建筑模型侧面效果

图 9-4　欧式建筑模型细节效果

9.1 正式建模前的准备工作

施工图通常附带大量的图块、标注以及文字等信息，这些信息导入 SketchUp 后，都会占用大量资源，也不便于图纸的观察，因此首先应该在 AutoCAD 中对其进行简化整理。

9.1.1 在 AutoCAD 中简化整理图纸

01 启动 AutoCAD，打开配套光盘“第 09 章\欧式建筑图纸.dwg”，如图 9-5 所示。可以看到当前的图纸中包含许多标注与图块等信息，如图 9-6 所示。

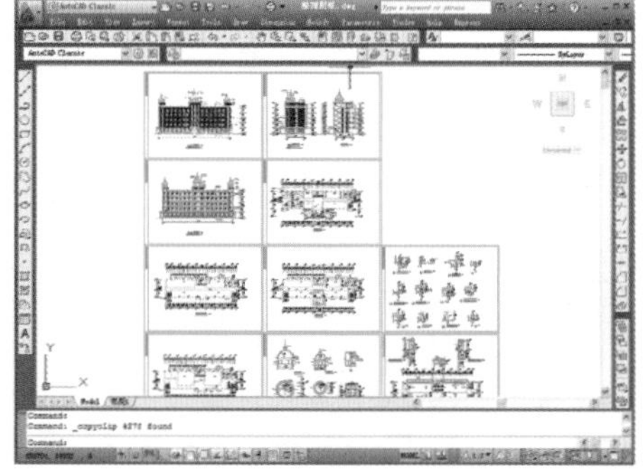

图 9-5　启动 AutoCAD

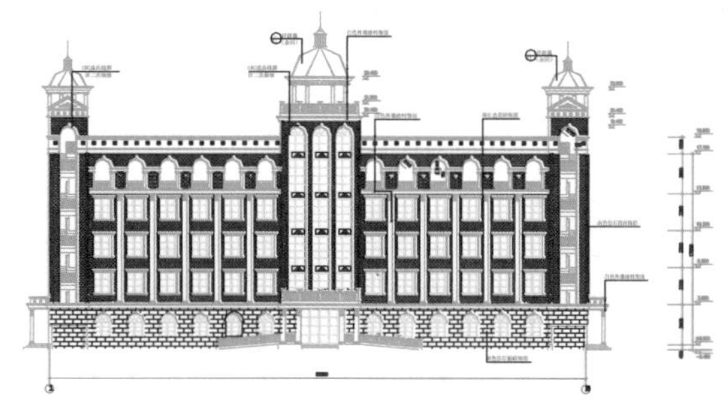

图 9-6　当前 AutoCAD 图纸

技 巧

成套的AutoCAD建筑施工图纸通常包含多个平面和立面图，这些图形可以在SketchUp建模时直接利用。而图纸中的节点图和大样图，则一般不导入SketchUp，只用于数据读取和结构参考。

02 单击 AutoCAD【图层】下拉列表按钮，单击图层前的💡图标，关闭标注、文字等不需要的图层，如图 9-7 与图 9-8 所示。

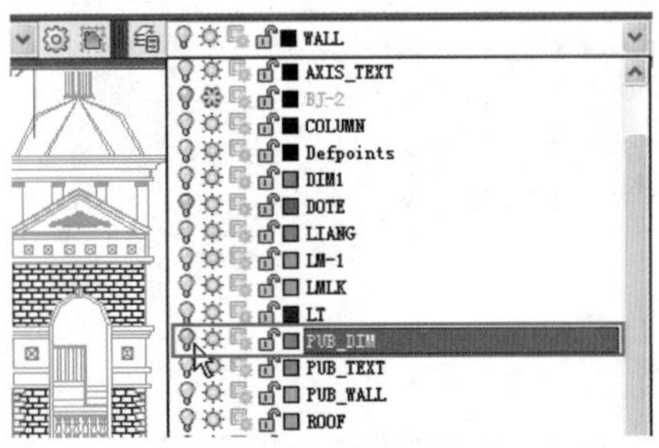

图 9-7 关闭标注图层

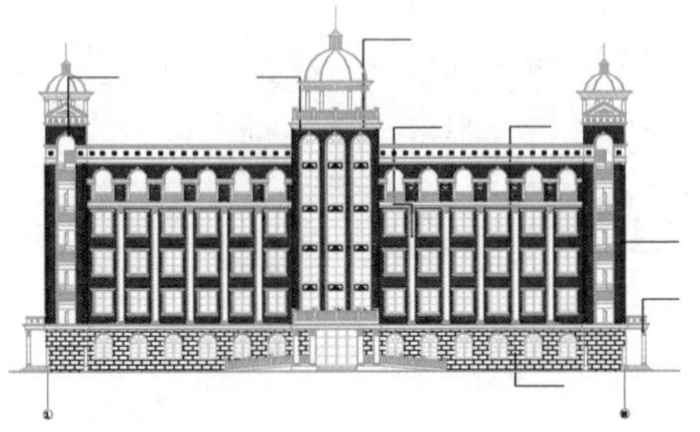

图 9-8 标注图层关闭效果

03 使用相同方法，关闭图纸中其他多余图层，只显示建筑基本信息，如图 9-9 所示。

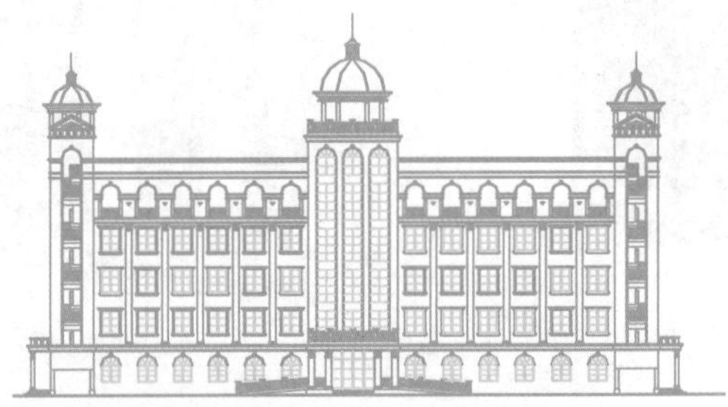

图 9-9 简化后的图纸

04 选择整理好的单个图纸，按下 Ctrl+C 键进行复制。然后新建一个空白的 CAD 文档，按下 Ctrl + V 键粘贴，以分开保存。

05 按下 M 键启用【移动】工具，选择整理图纸，然后输入“0,0,0”，将其移动至坐标原点，以方便导入 SketchUp 中进行定位，最后将该图纸进行保存。

注 意

建筑图纸中包含许多重复元素，如门窗、栏杆等，如图 9-10 所示。如果使用的计算机配置不高，还可以继续删除这些重复的元素，如图 9-11 所示。

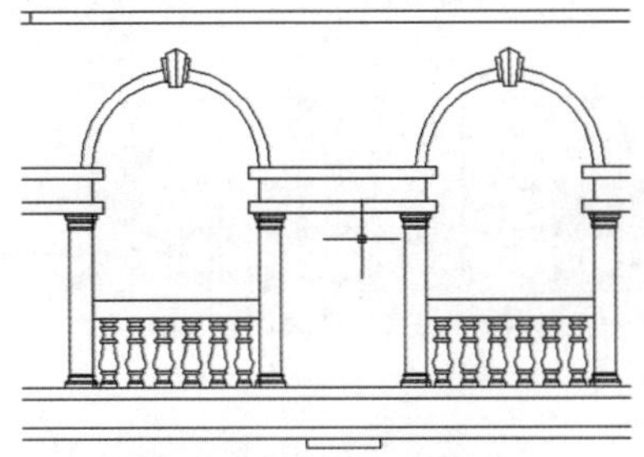

图 9-10 图纸中的重复元素

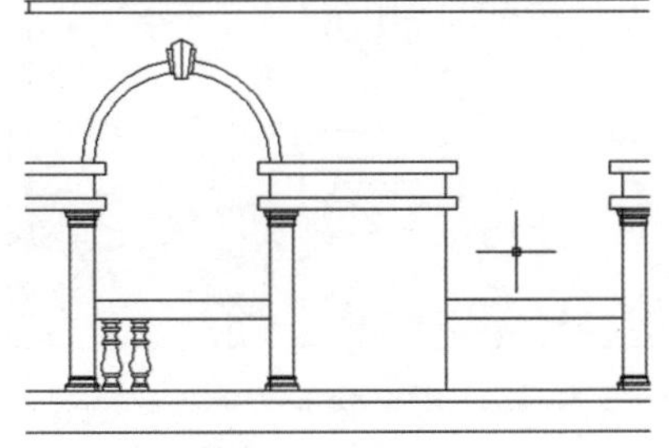

图 9-11 删除重复元素

06 通过相同的方法整理其他立面图以及平面图，并分开保存，如图 9-12 ~图 9-15 所示。

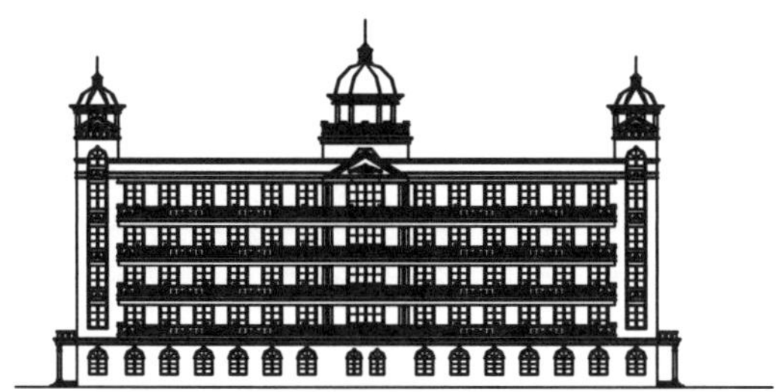
图 9-12 单独保存背立面图

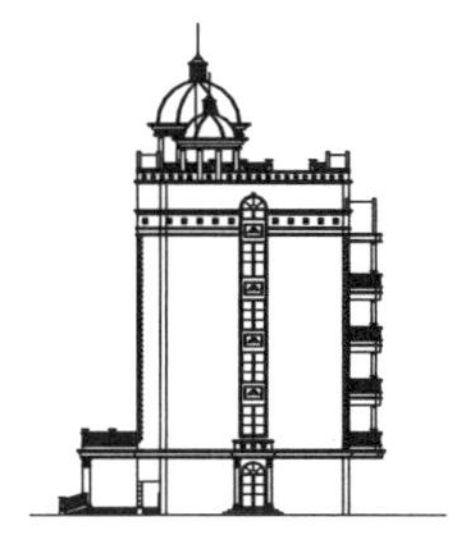
图 9-13 单独保存侧立面图

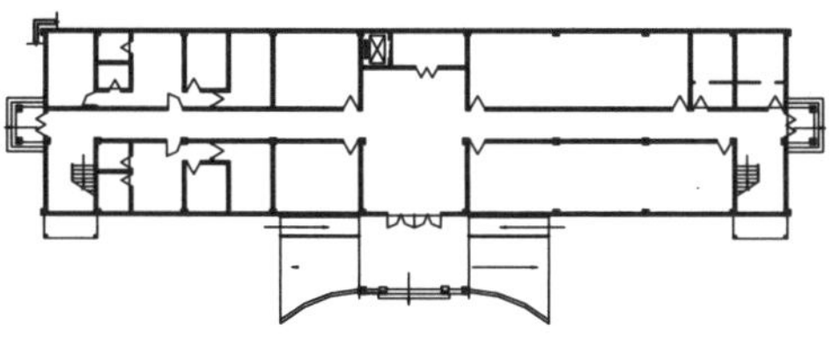
图 9-14 单独保存一层平面图

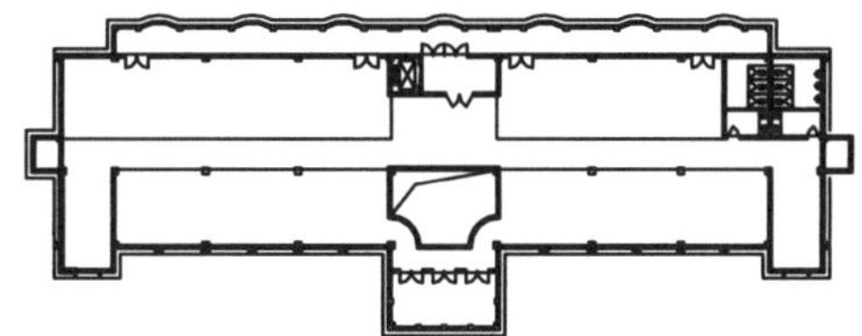
图 9-15 单独保存其他层平面图

9.1.2 导入整理好图纸至 SketchUp

在 AutoCAD 中整理好图纸后，接下来将其导入 SketchUp，并整理图层和位置对齐。

01 打开 SketchUp，进入【模型信息】面板，设置场景单位如图 9-16 所示。

02 执行【文件】/【导入】菜单命令，在弹出的【打开】面板中选择 AutoCAD 文件类型，设置 AutoCAD 导入选项，如图 9-17 所示。

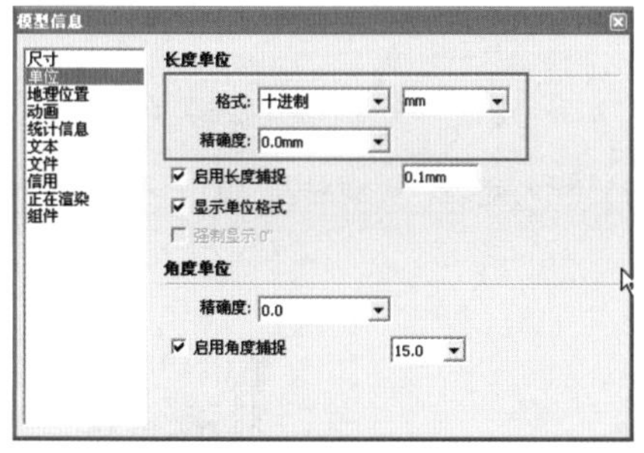
图 9-16 设置场景单位

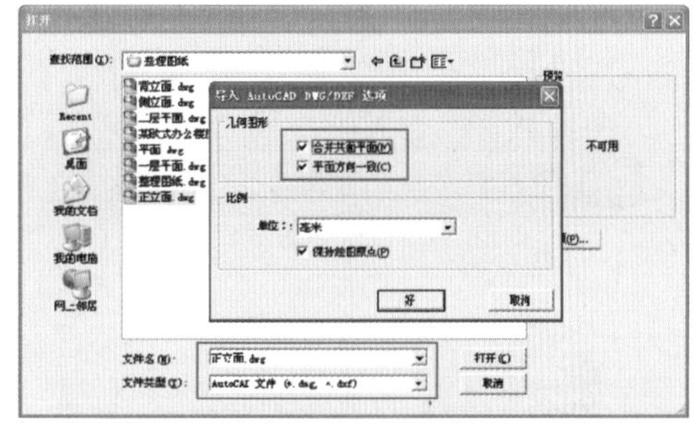
图 9-17 设置 AutoCAD 导入选项

03 选择导入整理后的正立面，导入完成的效果如图 9-18 所示。

04 执行【窗口】/【图层】菜单命令，打开【图层】工具栏，如图 9-19 所示。

05 单击【图层】工具栏【图层管理】按钮，在弹出的【图层】面板中删除多余图层，如图 9-20 所示。

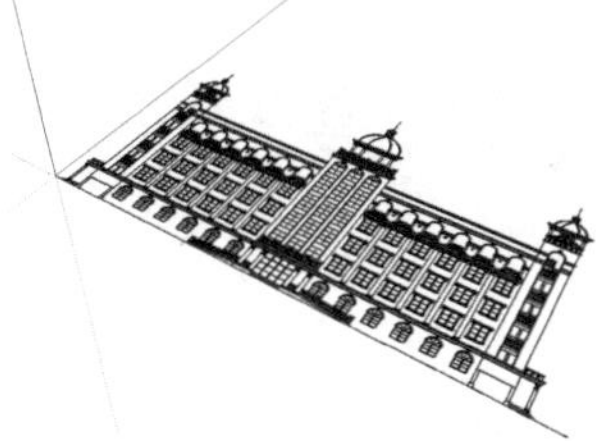
图 9-18 导入正立面图

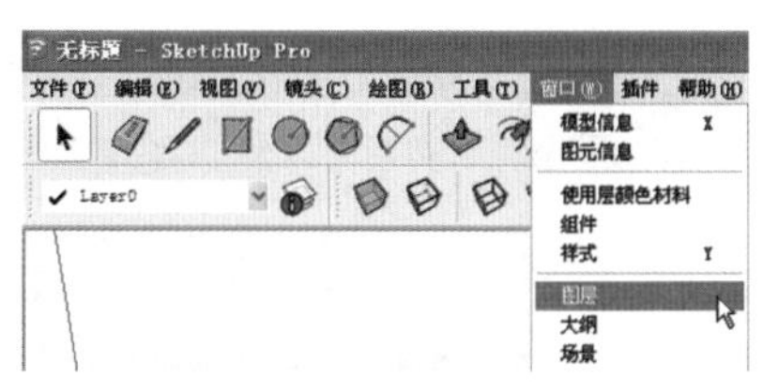
图 9-19 打开图层工具栏

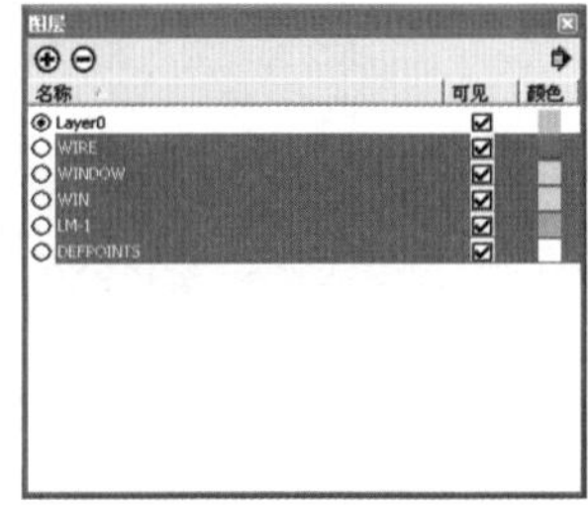
图 9-20 删除多余图层

注 意

观察图 9-18 可以发现，导入的图纸恰好位于原点附近，这是由于之前在 AutoCAD 中已经将图纸移动至原点的原因。

06 为当前导入的正立面图新建“正立面”图层，如图 9-21 所示。

07 全选场景中的正立面图，将其创建为【组】，如图 9-22 所示。进入【图元信息】面板，将其图层更改为“正立面”，如图 9-23 所示。

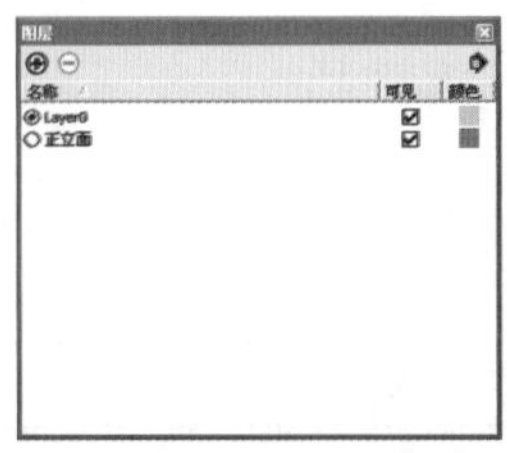
图 9-21 创建正立面图层

图 9-22 将导入图纸创建为群组

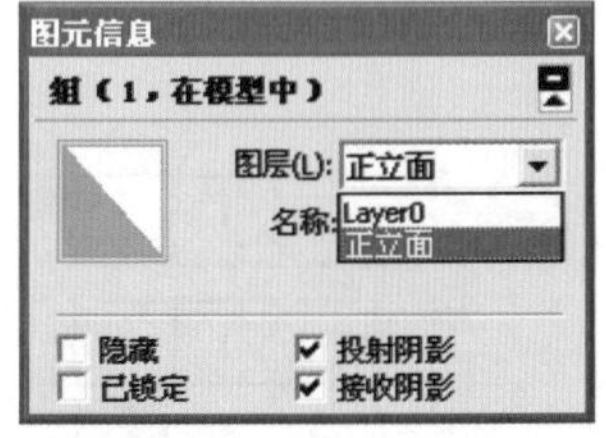

图 9-23 设置图纸所在图层

08 启用【旋转】工具，将正立面图竖立，如图 9-24 所示。启用【移动】工具，将其中心与 Z 轴进行对齐，与图 9-25 所示。

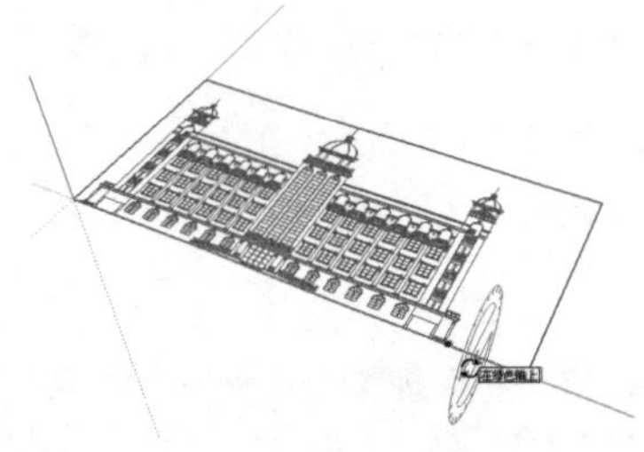
图 9-24 旋转图纸

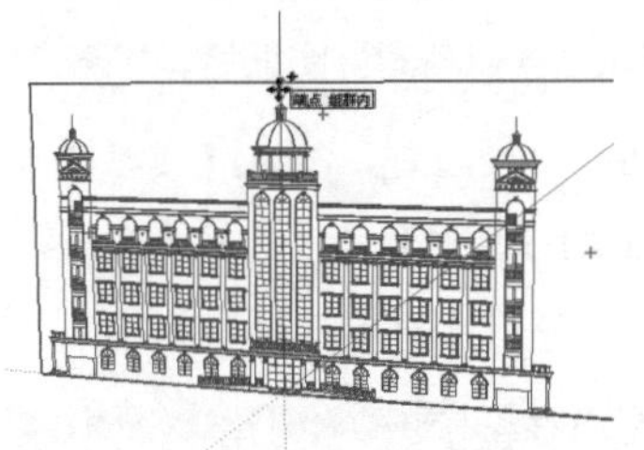
图 9-25 对齐图纸至 Z 轴

09 导入侧立面、背立面及一层平面图，对其图层进行同样的处理，并旋转与对位，如图 9-26~图 9-28 所示。

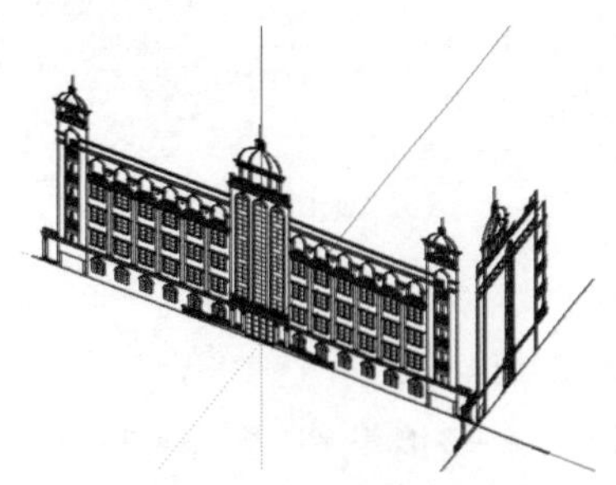
图 9-26 导入侧立面图

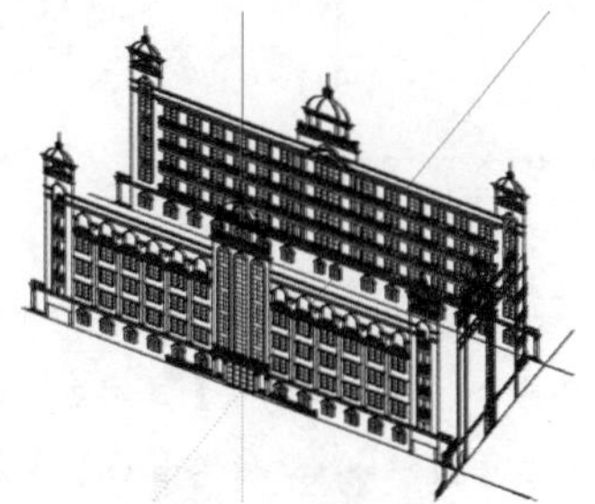
图 9-27 导入前立面图

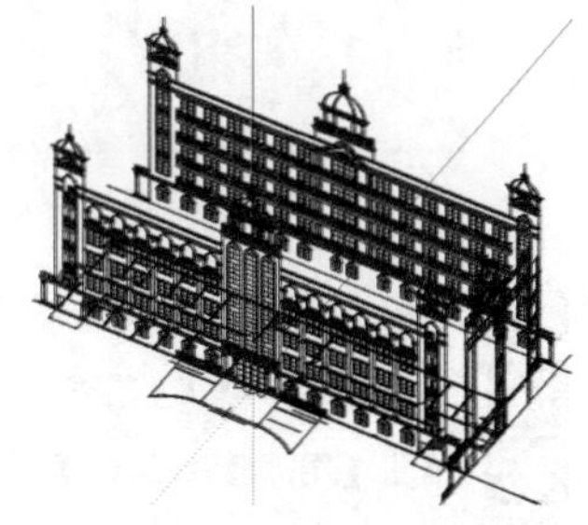
图 9-28 导入一层平面图

注 意

平面图通常导入一层平面即可，其他层平面图可以根据建模需要再适时导入。

9.1.3 通过图纸分析建模思路

在正式创建模型前，观察图纸分析出建筑的特点，从而形成明确的建模思路，从而提高模型创建的效率。本欧式建筑的特点主要如下：

第一、建筑整体呈对称结构，左右两侧模型效果完全一致，如图 9-29 与图 9-30 所示。

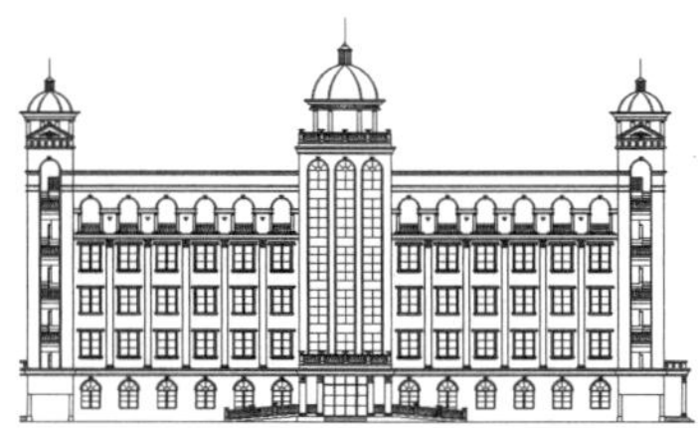

图 9-29　建筑正立面图

图 9-30　建筑背立面图

第二、建筑各个立面都存在大量重复的元素，如门窗、廊柱、栏杆等，如图 9-31 与图 9-32 所示。

图 9-31　正立面上重复的门窗

图 9-32　正立面与侧立面类似的构造

结合以上两个主要建筑特点，本例将选择以“面”为单位进行建模的方法。首先建立建筑模型轮廓，然后细化包括主入口在内的“正立面”模型。接着逐步制作其他立面细节，相同的建筑元素可以复制得到，快速完成其他立面模型的制作。

9.2 建立建筑轮廓模型

01 为了创建准确的建筑轮廓，启用【移动】工具，以平面图的边角以准，选择各个立面图进行对位，如图 9-33 所示。

02 为了便于平面图的观察与捕捉，选择隐藏场景中的立面图，如图 9-34 所示。

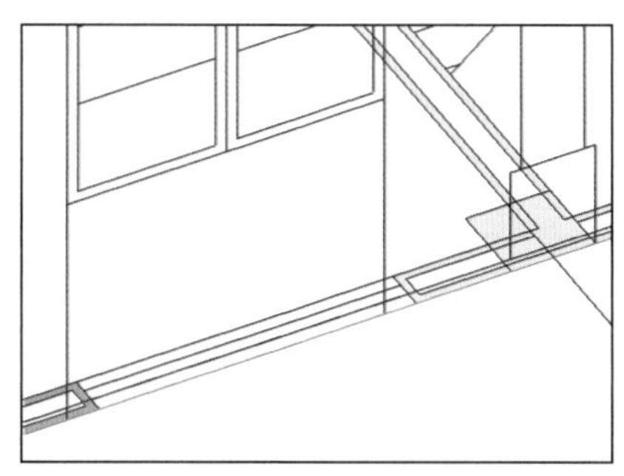

图 9-33　移动对齐图纸

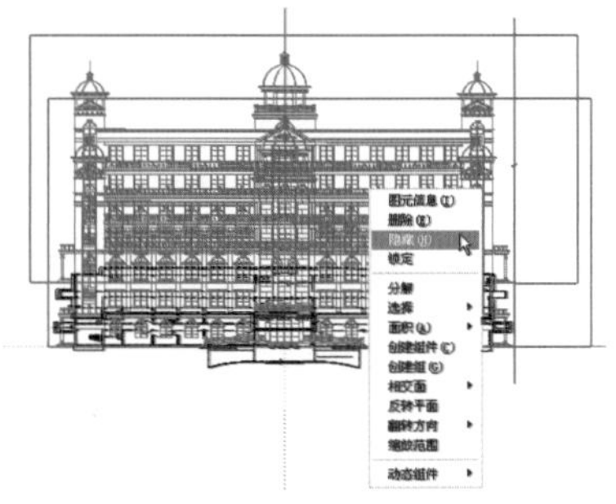

图 9-34　隐藏立面图

注 意

在对位立面图与平面图时，有可能会发现两者门窗等位置不能对齐，此时只要注意将图整体对齐即可，门窗等位置通常以立面为准。

03 启用【矩形】创建工具，捕捉平面图对角的端点创建一个矩形，如图 9-35 与图 9-36 所示。

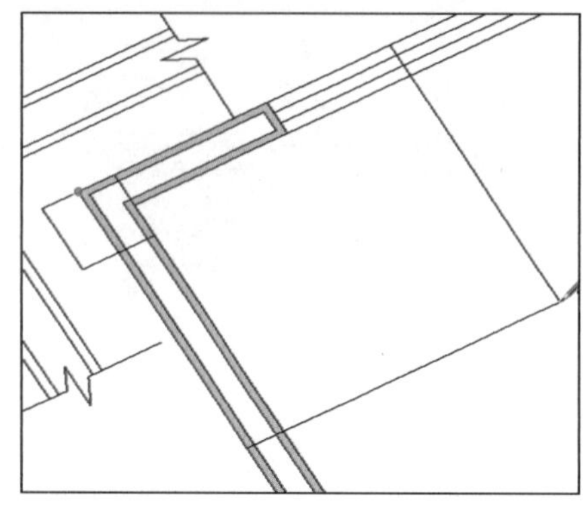

图 9-35 捕捉平面创建矩形

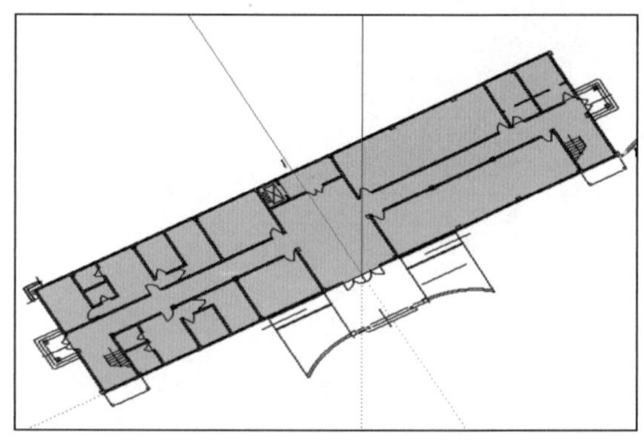

图 9-36 矩形平面创建完成

04 切换至 AutoCAD 窗口，查看图的标高，如图 9-37 所示。然后返回 SketchUp，启用【推/拉】工具准确创建出建筑下层高度，如图 9-38 所示。

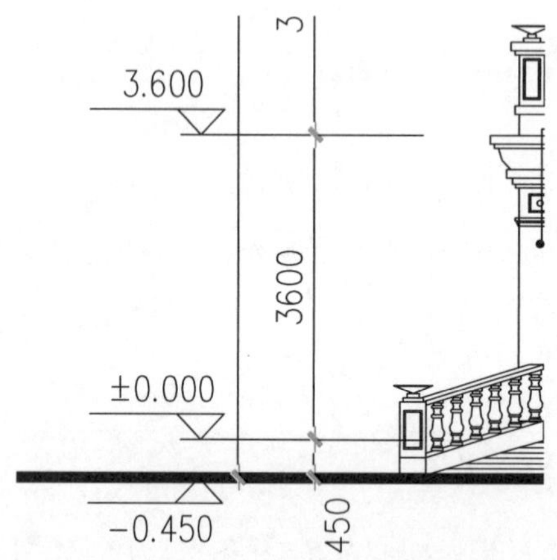

图 9-37 在 AutoCAD 中观察标高

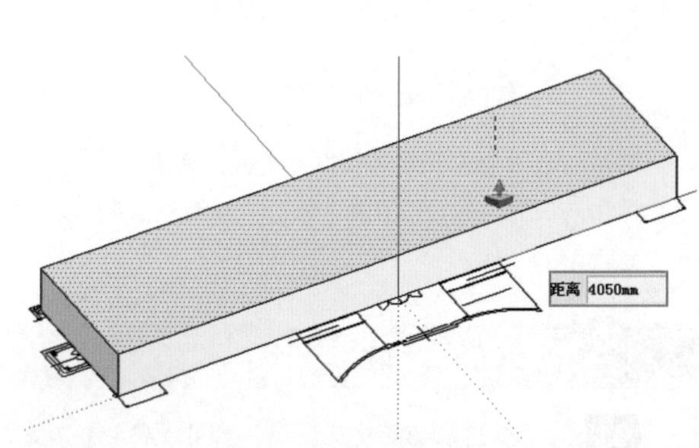

图 9-38 创建底层高度

05 查看建筑二至五层的标高，如图 9-39 所示，并创建层高如图 9-40 所示。

06 建筑整体高度创建完成后，显示立面图，观察所创建的模型高度与图的高度是否吻合，如图 9-41 所示。

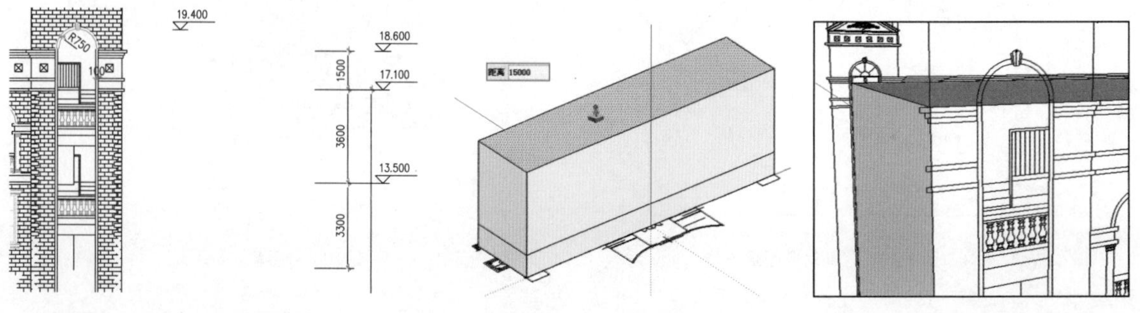

图 9-39 观察 CAD 图纸标高

图 9-40 创建其他层高度

图 9-41 观察模型高度是否对齐

07 通过观察导入图纸可以发现，建筑正立面中央与两侧均存在向外突出的部分，如图 9-42 所示。因此再导入建筑二层平面图并进行对齐，如图 9-43 所示。

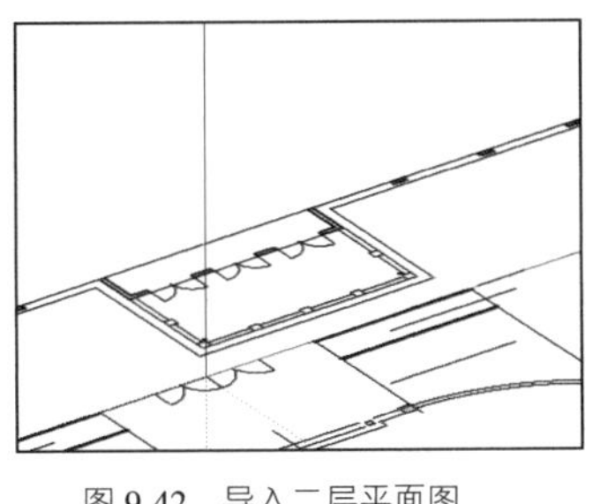

图 9-42　导入二层平面图

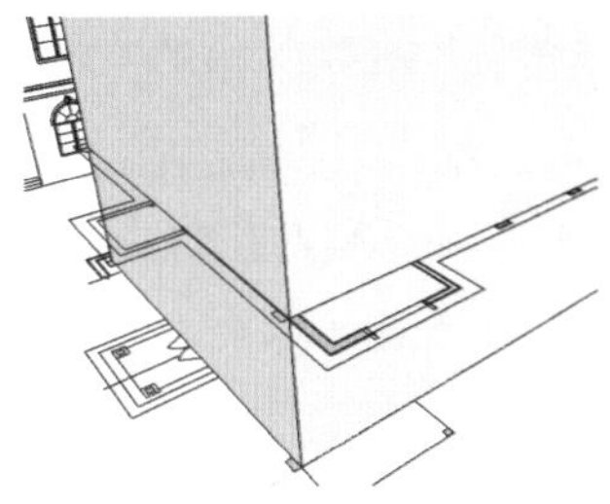
图 9-43　对导入图纸进行对位

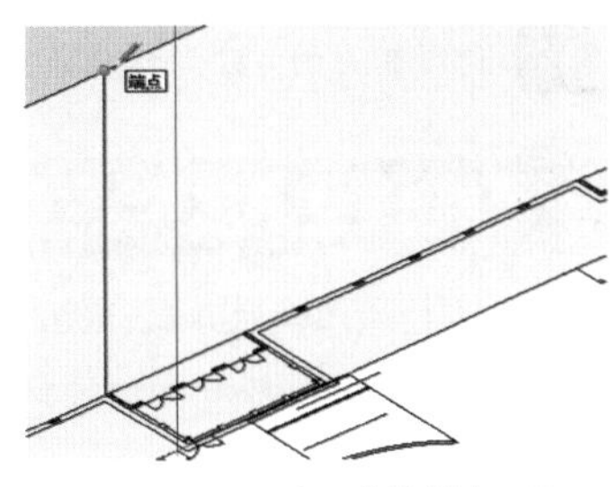

图 9-44　启用直线创建工具

08 参考导入的二层平面图，启用【线条】创建工具进行正立面中央区域的分割，如图 9-44 与图 9-45 所示。

09 启用【推/拉】工具，参考二层平面图制作出该处的突出部分，如图 9-46 所示。

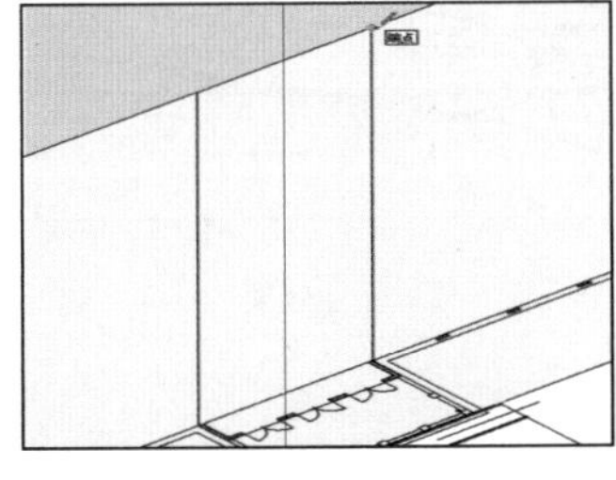

图 9-45　分割正立面

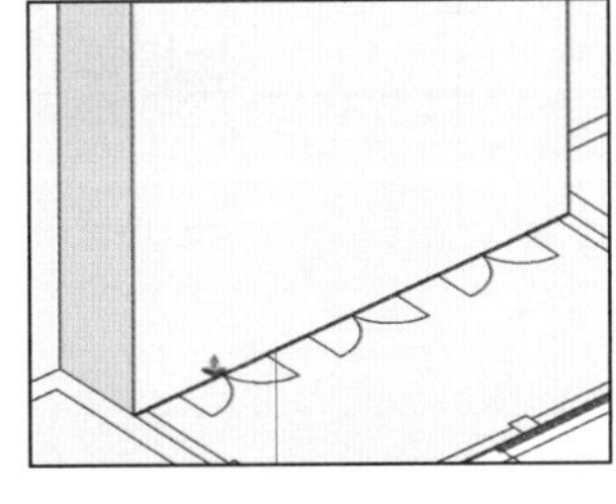
图 9-46　启用推拉工具

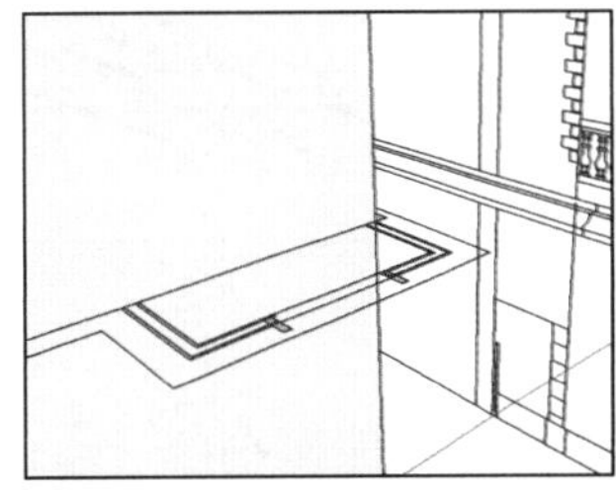
图 9-47　观察二至四层平面图右侧

10 移动视图至模型右侧，启用【线条】创建工具，参考二层平面图分割出右侧的突出空间，如图 9-47 与图 9-48 所示。

11 启用【推/拉】工具，参考二层平面图制作出该处的突出部分，如图 9-49 所示。观察右侧立面图，可以发现该处突出空间一直延伸至一层中间区域，如图 9-50 所示。

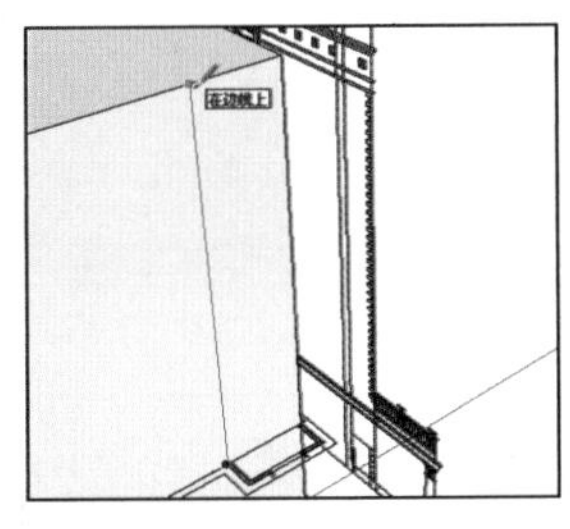
图 9-48　分割右侧正立面

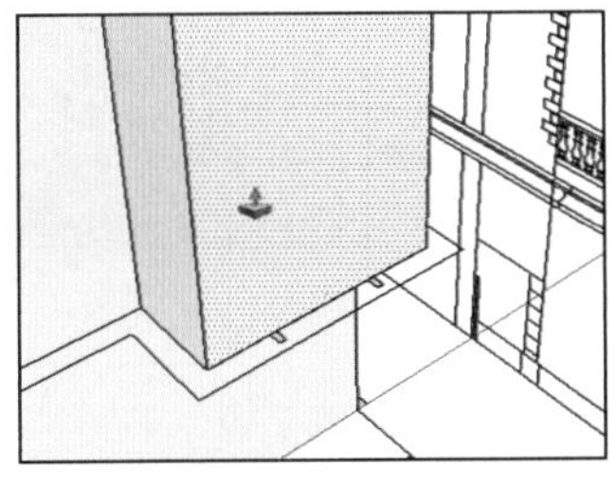
图 9-49　启用推拉工具

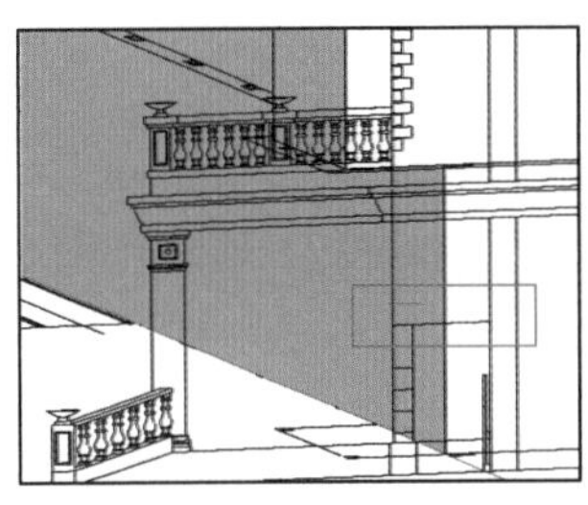
图 9-50　观察侧立面图

12 启用【推/拉】工具，选择底部分割平面制作一定的厚度，如图 9-51 所示。选择底部边线，在【右视图】中参考侧立面图将其移动到准确的高度，如图 9-52 和图 9-53 所示。

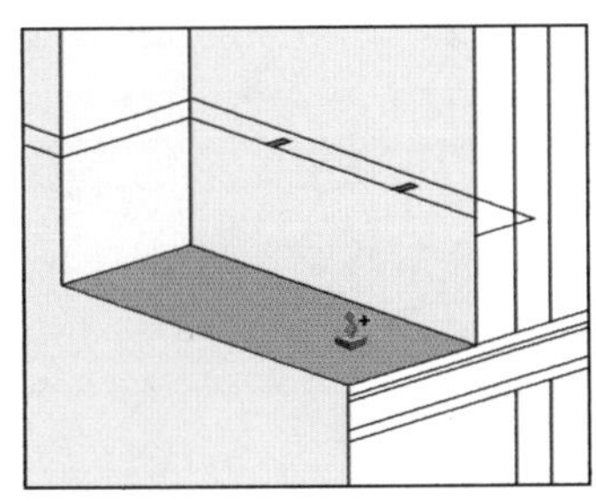
图 9-51　启用推拉工具

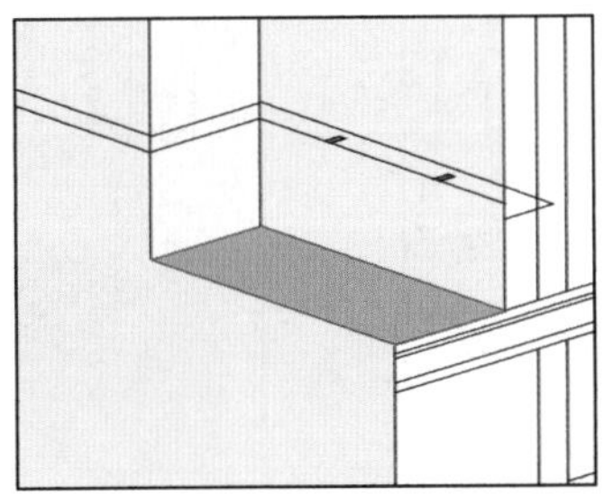
图 9-52　选择底部边线

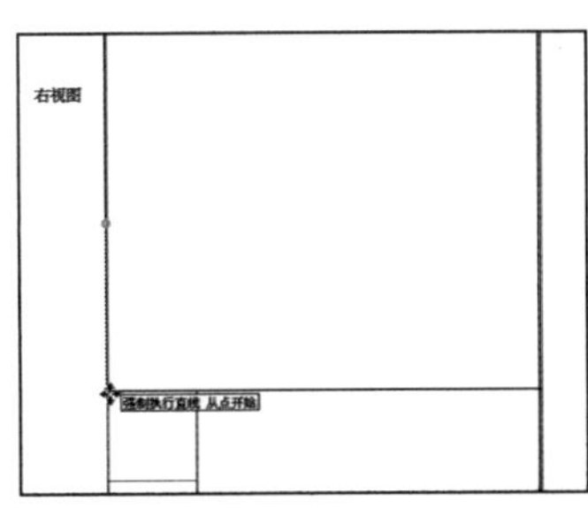

图 9-53　使用移动工具进行对齐

13 使用相同的方法制作出正立面左侧突出空间，完成建筑整体框架的制作，如图 9-54 所示。

9.3 制作主入口

建筑主入口由平台与两侧对称的斜坡组成，如图 9-55 所示。首先制作一侧的斜坡与平台，然后通过移动复制与翻转方向，完成整个主入口的制作。

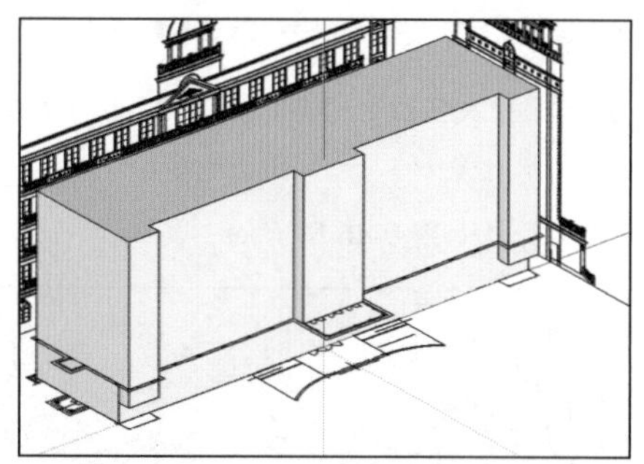

图 9-54 建筑框架创建完成

图 9-55 主入口立面图效果

9.3.1 制作斜坡与平台

01 启用【线条】创建工具，捕捉正立面图创建三角形的斜坡平面，如图 9-56 所示。启用【推/拉】工具制作出人行坡道，如图 9-57 所示。

图 9-56 创建人行斜坡平面

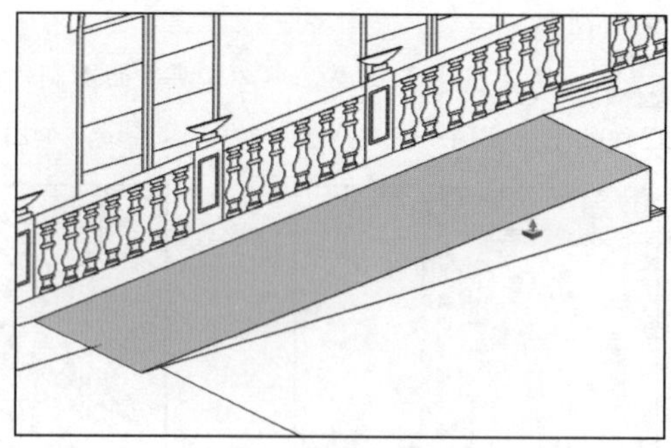

图 9-57 推拉出人行斜坡

02 启用【矩形】创建工具，捕捉正立面图创建平台平面，如图 9-58 所示。启用【推/拉】工具制作出平台模型，如图 9-59 所示。

图 9-58 创建入口平台平面

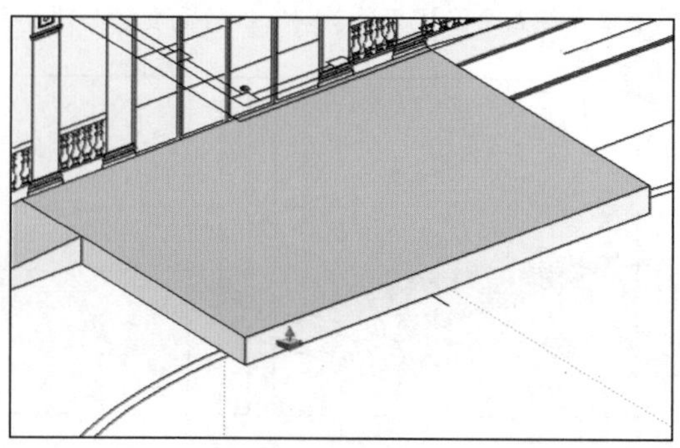

图 9-59 推拉出平台

03 结合使用【线条】与【推/拉】工具，捕捉一层平面图，绘制车行斜坡平面，然后选择左侧上方边线，利用【移动】工具制作出斜面效果，如图 9-60~图 9-62 所示。

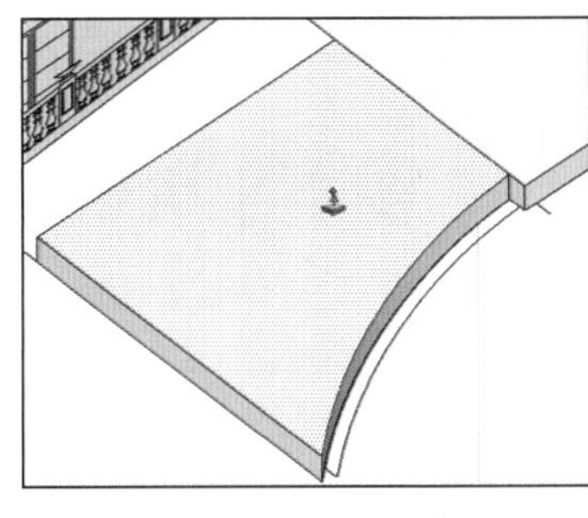

图 9-60 制作车行斜坡

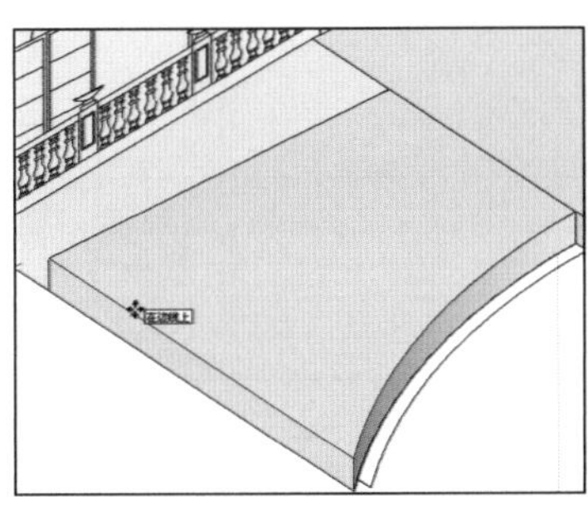
图 9-61 选择边线

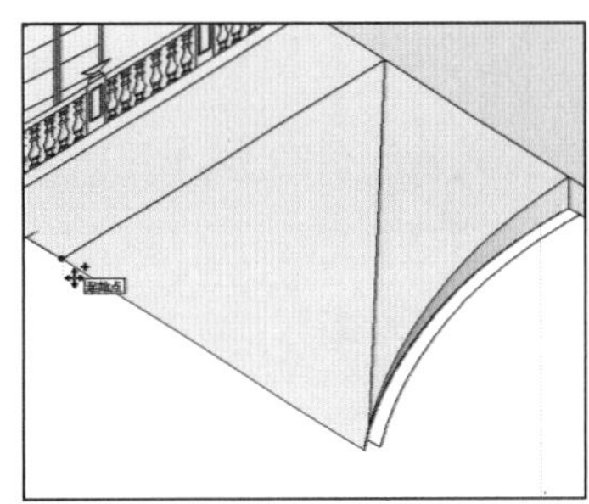
图 9-62 制作斜坡效果

04 结合使用【线条】、【圆弧】创建工具，捕捉一层平面图绘制出车行斜坡栏杆平台，选择上部边线，在【右视图】中通过【移动】工具调整好高度形成斜坡，如图 9-63~图 9-65 所示。

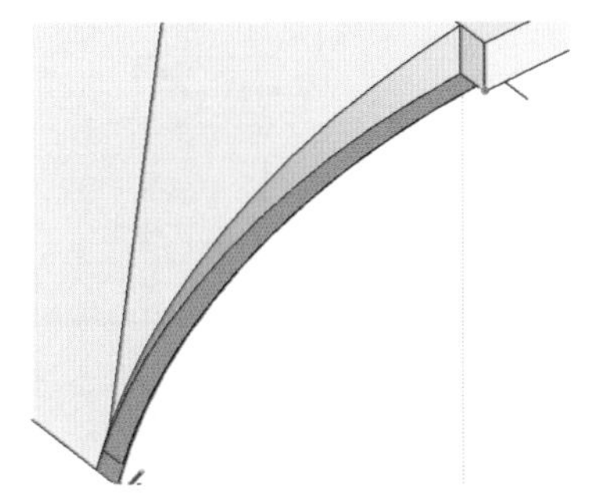
图 9-63 绘制斜坡栏杆平台平面

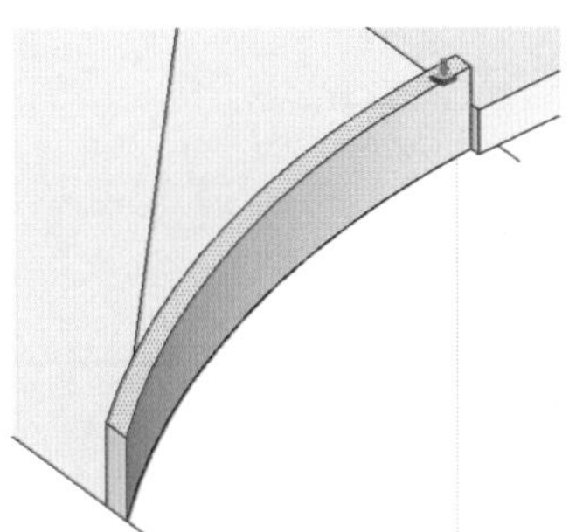
图 9-64 推拉出栏杆平台

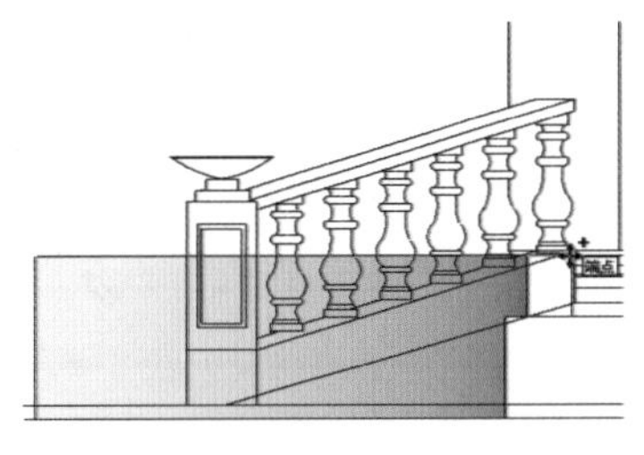
图 9-65 在立面视图中调整高度

05 使用类似的方法，制作出人行坡道与车行坡道的分隔线，完成斜坡与平台模型的制作，如图 9-66 与图 9-67 所示。接下来制作主入口石柱以及栏杆等细节模型。

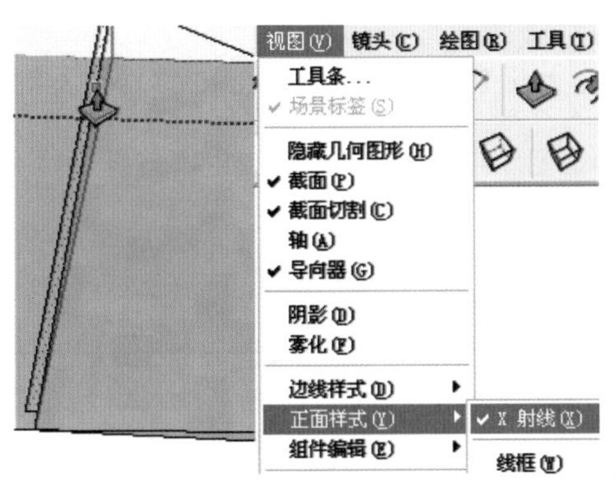

图 9-66 制作斜坡分隔

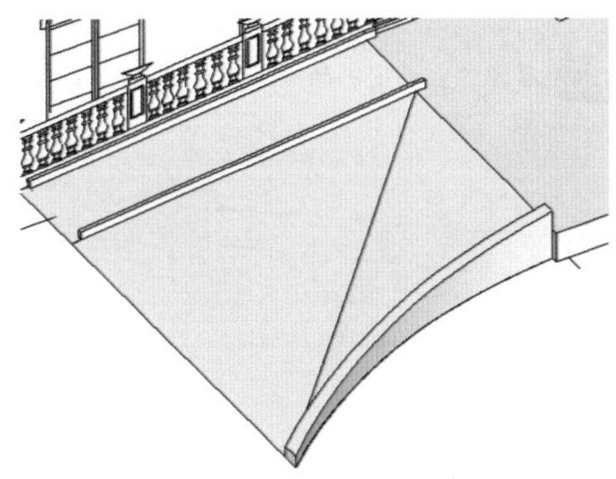
图 9-67 斜坡与平台完成效果

9.3.2 制作石柱与栏杆

01 启用【线条】创建工具，直接在正立面图上捕捉石柱图形中点向上进行分割，如图 9-68 所示。

02 删除石柱中间多余线段形成平面图形。启动【移动】工具，将其向外复制并调整好位置，如图 9-69 与图 9-70 所示。

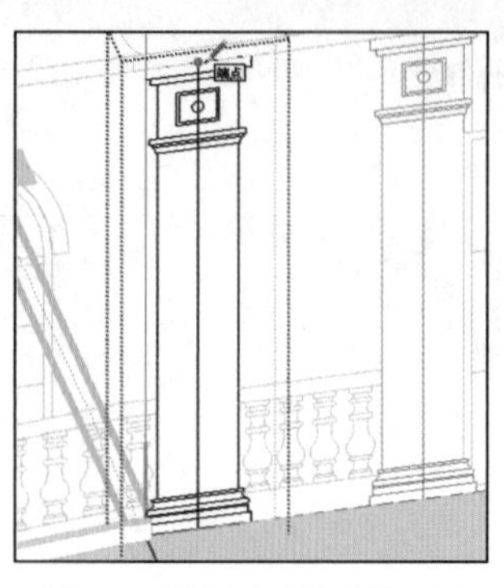

图 9-68　创建中心线分割图纸

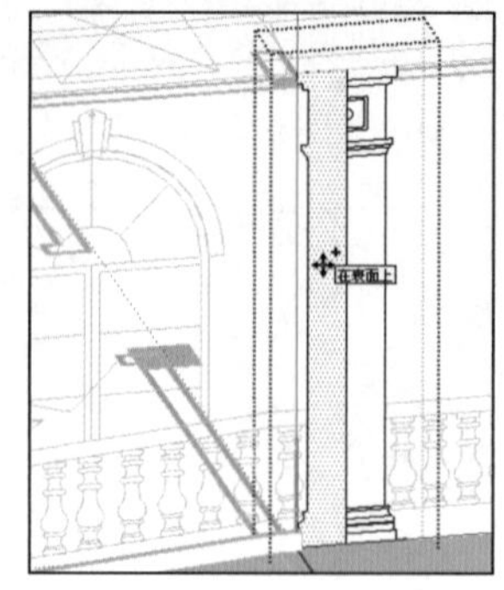

图 9-69　删除多余线段形成平面

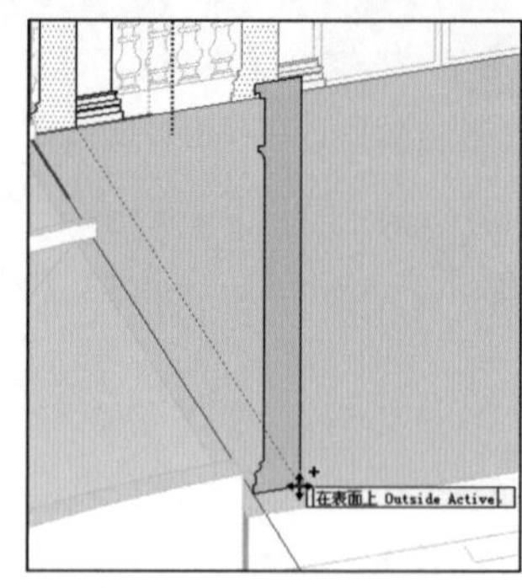

图 9-70　移动复制石柱平面

03 观察 CAD 图纸可以发现该石柱为方柱，如图 9-71 所示。启用【矩形】创建工具，创建一个等大的矩形平面，与图 9-72 所示。

04 启用【路径跟随】工具，选择石柱平面后捕捉矩形平面，完成石柱模型的制作，如图 9-73 所示。接下来制作石柱柱头的细节。

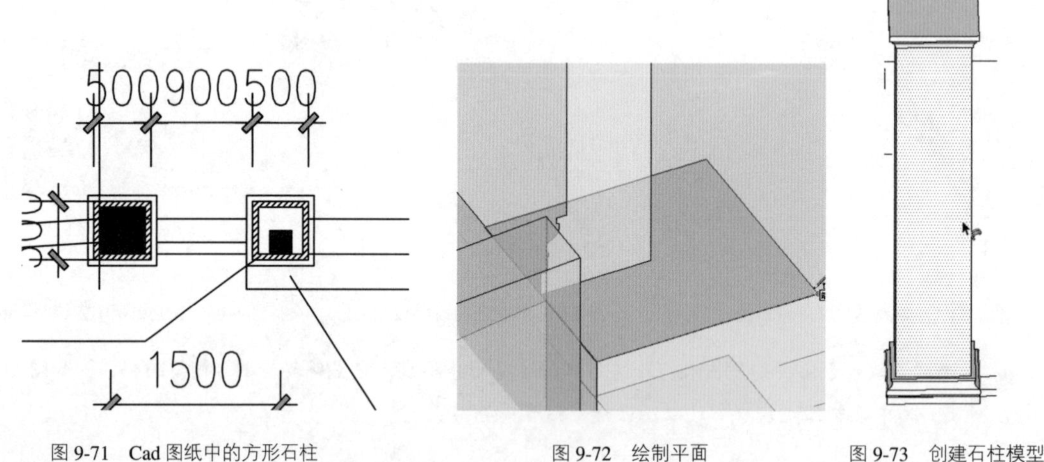

图 9-71　Cad 图纸中的方形石柱　　图 9-72　绘制平面　　图 9-73　创建石柱模型

05 参考正立面图中的效果，结合使用【偏移】、【圆】以及【推/拉】工具制作好柱头细节，如图 9-74~图 9-76 所示。

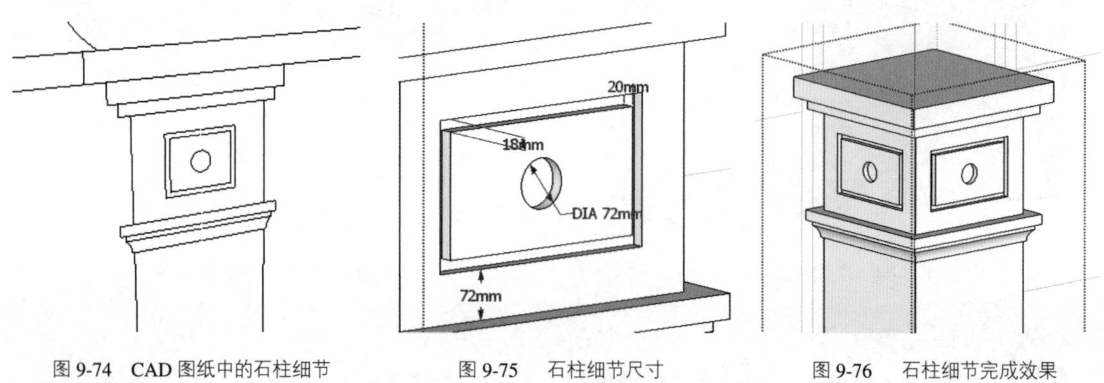

图 9-74　CAD 图纸中的石柱细节　　图 9-75　石柱细节尺寸　　图 9-76　石柱细节完成效果

06 将制作好的石柱模型创建为【组】，启用【移动】工具，参考一层平面图进行复制，如图 9-77 与图 9-78 所示。

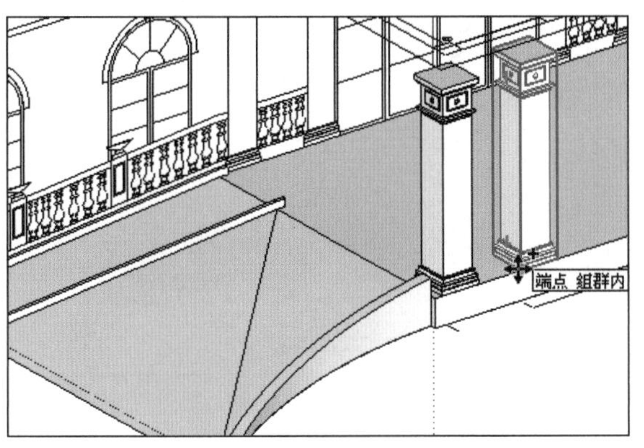

图 9-77 复制石柱

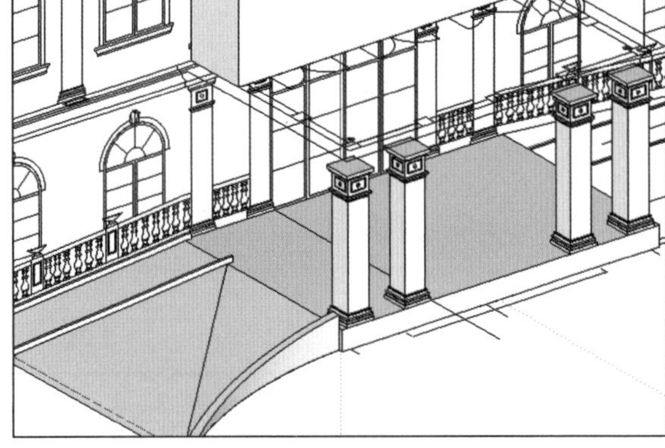

图 9-78 石柱完成效果

07 细化平台台阶，首先参考正立面图，对平台侧面进行对应的分割，如图 9-79 与图 9-80 所示。

08 启用【推/拉】工具，制作出台阶踏步细节，如图 9-81 所示。此时应注意在台阶右侧进行相同的处理。

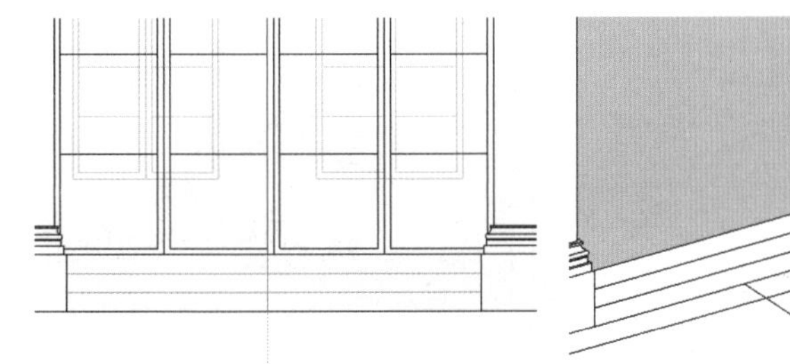

图 9-79 在前视图观察台阶级数

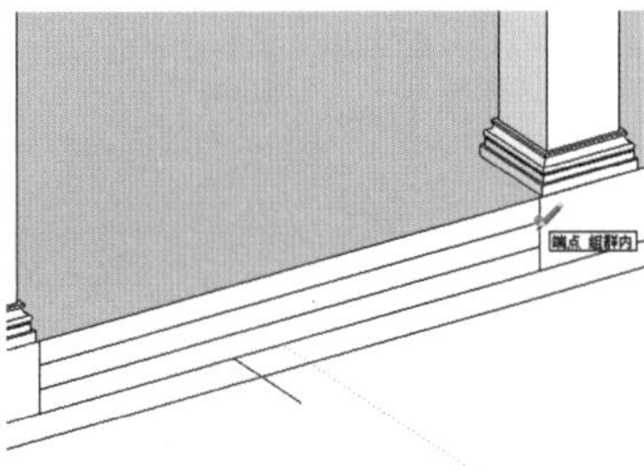

图 9-80 分割台阶平面

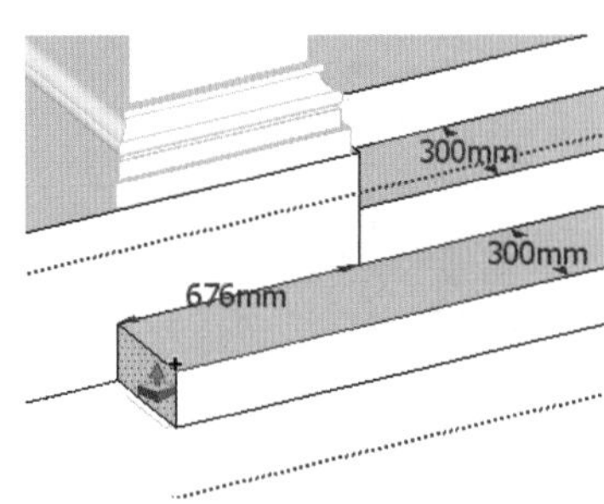

图 9-81 台阶细节尺寸

09 使用类似的方法，制作正立面图中的栏杆立柱与栏杆图形，完成斜坡栏杆模型的制作，如图 9-82 与图 9-83 所示。

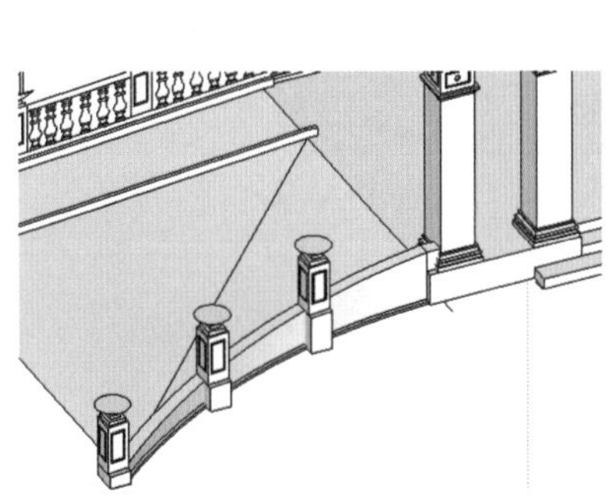
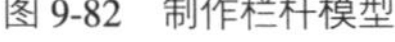

图 9-82 制作栏杆模型

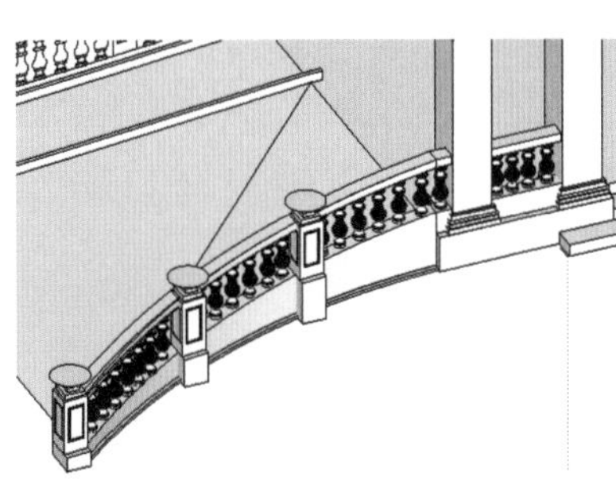

图 9-83 栏杆模型完成效果

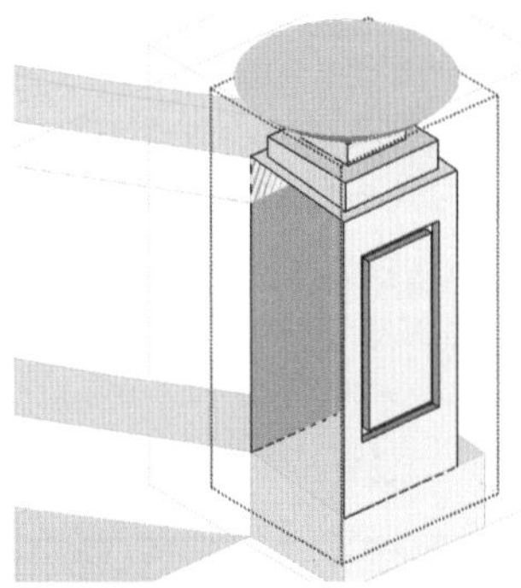

图 9-84 删除背面模型面

注 意

立柱及栏杆等模型将在场景中进行大量复制，如果计算机配置不高，必须进行省面处理。省面最为常用的方法就是将背面模型面删除，如图 9-84 所示。需要注意的是，有些建模人员为了省事，直接利用 CAD 图形作为建模平面，此方法虽然快捷，但由于 CAD 图形存在许多细分线，会造成生成的模型面数过多。因此，如果要想模型省面，制作时必须重新绘制，并可以只制作正面模型，如图 9-85 与图 9-86 所示。

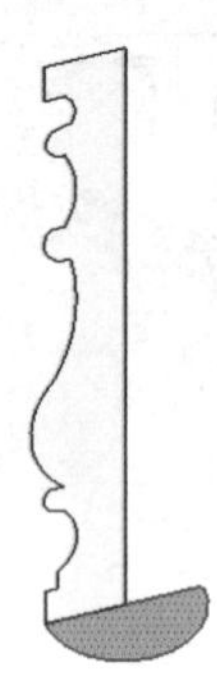
图 9-85 重新绘制面进行路径跟随

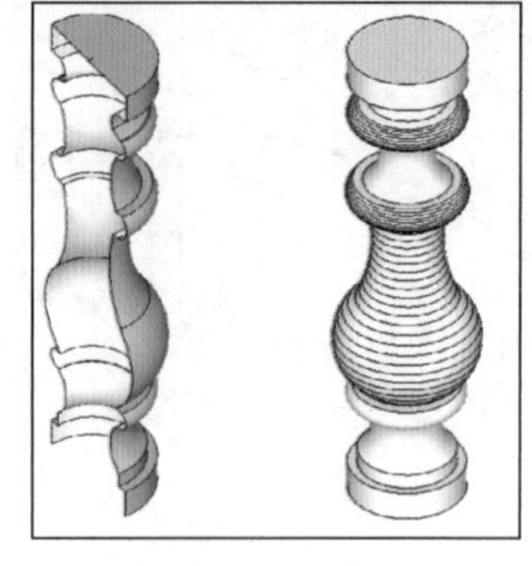
图 9-86 模型省面的比较

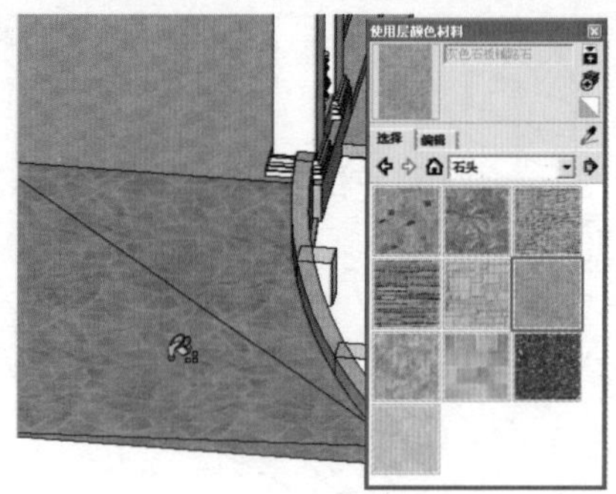
图 9-87 赋予斜坡材质

10 主入口模型制作完成，进入【使用层颜色材料】面板，为斜坡以及平台分别赋予对应的材质，如图 9-87 与图 9-88 所示。

11 赋予材质的主入口效果如图 9-89 所示，接下来细化建筑正立面。

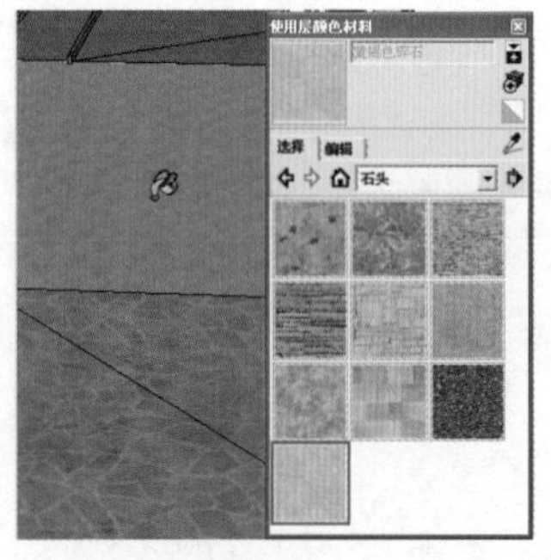
图 9-88 赋予平台材质

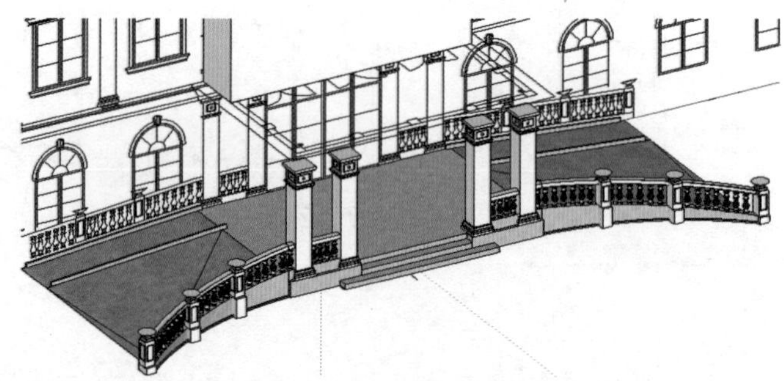
图 9-89 主入口模型完成效果

注 意

在建筑施工图中，石柱标明为白色涂料，因此保持其为默认的材质效果即可。

9.4 制作正立面

本幢欧式办公楼建筑正立面从门窗等立面造型上进行区分，可分为三个层次，如图 9-90 ~图 9-91 所示，下面分别进行创建。

图 9-90 底层

图 9-91 二至四层

图 9-92 第五层

9.4.1 制作大门

01 制作底层大门模型，如图 9-93 所示。启用【矩形】创建工具，参考立面图分割出大门平面，如图 9-94 所示。

图 9-93　CAD 图纸中的大门图形

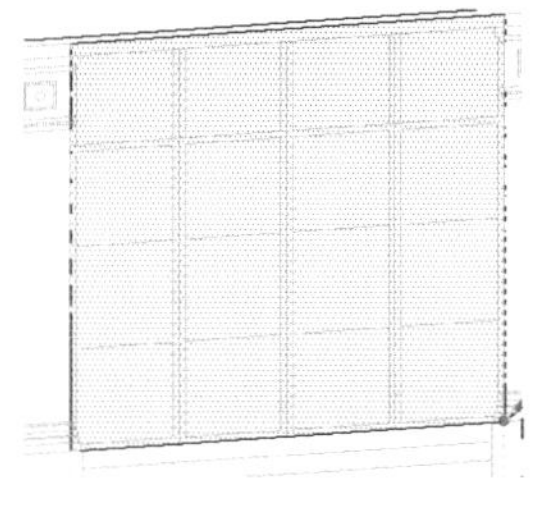

图 9-94　创建大门平面

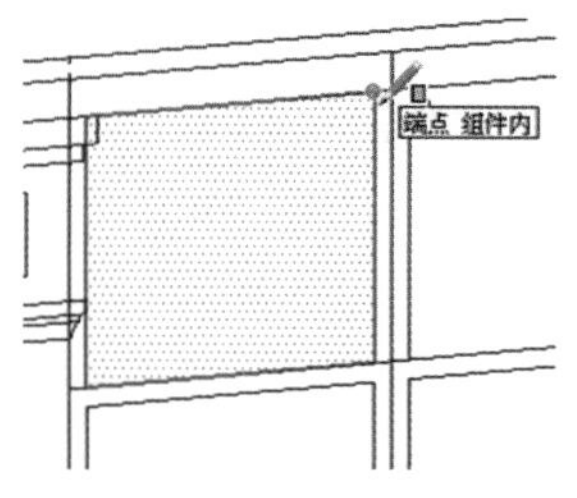

图 9-95　参考图纸分割平面

02 参考立面图，继续使用【矩形】创建工具细化出门框平面，细化完成后创建为【组】，如图 9-95 与图 9-96 所示。

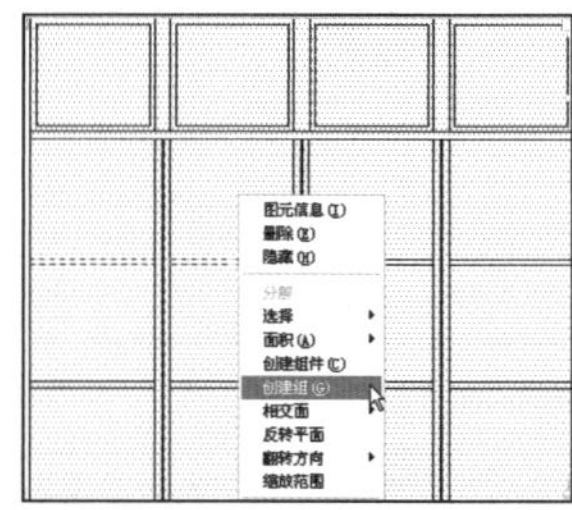

图 9-96　创建为群组

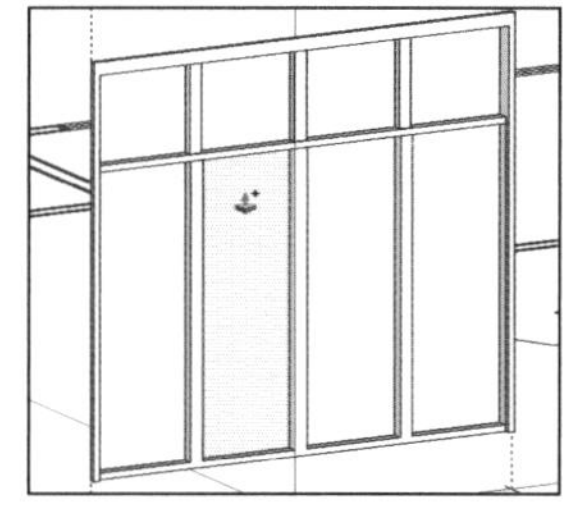

图 9-97　推拉出门框厚度

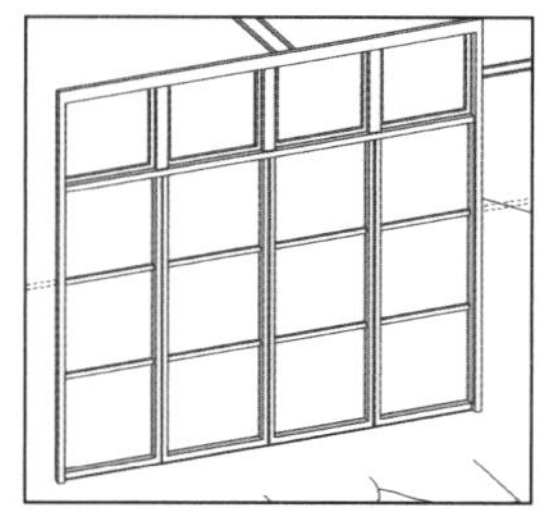

图 9-98　大门模型完成效果

03 使用【推/拉】工具制作出门框厚度，再结合使用【偏移】等工具制作出大门的细节，如图 9-97 与图 9-98 所示。

04 调入大门拉手组件，为门框与玻璃分别赋予对应材质，如图 9-99 所示。接下来制作底层窗户。

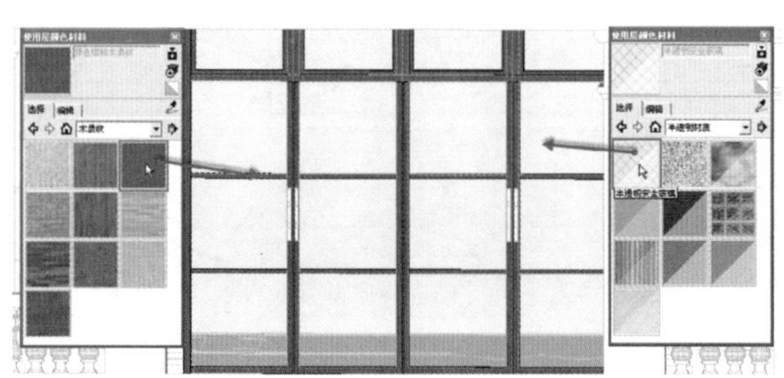

图 9-99　调入接手组件并赋予大门材质

图 9-100　绘制窗户平面

9.4.2 制作底层门窗

01 结合使用【线条】与【圆弧】工具，参考立面图逐步制作出底层门窗与装饰线模型，如图 9-100~图 9-102 所示。

02 进入【使用层颜色材料】面板，分别为窗框与玻璃赋予对应材质，如图 9-103 所示，然后创建为【组】。

图 9-101　细化窗框模型

图 9-102　制作窗户装饰细节

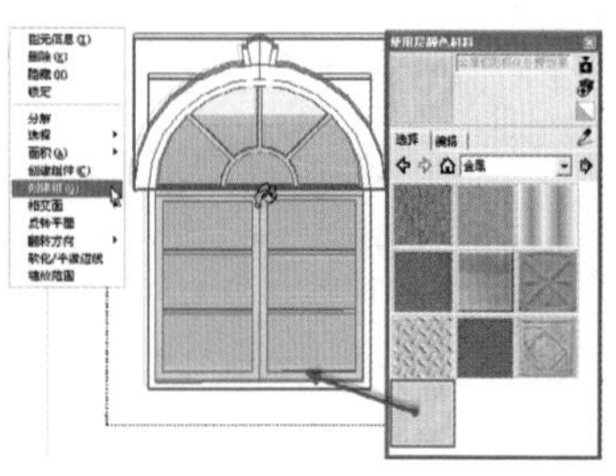

图 9-103　赋予窗户材质并创建为组

03 制作底层墙体窗洞。捕捉正立面图，绘制出窗洞轮廓。

04 启用【推/拉】工具，将其向内推拉，制作出窗洞，删除多余模型面之后，将其创建为【组件】，如图 9-104 所示。注意勾选"切割开口"复选框。

05 选择组件参考立面图进行移动复制，每复制一处则会自动形成窗洞效果，如图 9-105 所示。

06 参考立面图，完成底层所有窗洞的制作，复制出所有窗户完成底层门窗效果的制作，如图 9-106 所示。接下来制作底层与二层交接处的阳台模型。

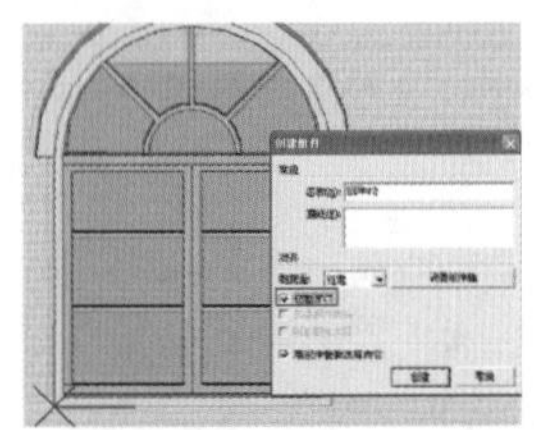

图 9-104 制作窗户掏空组件

图 9-105 复制掏空组件形成空洞

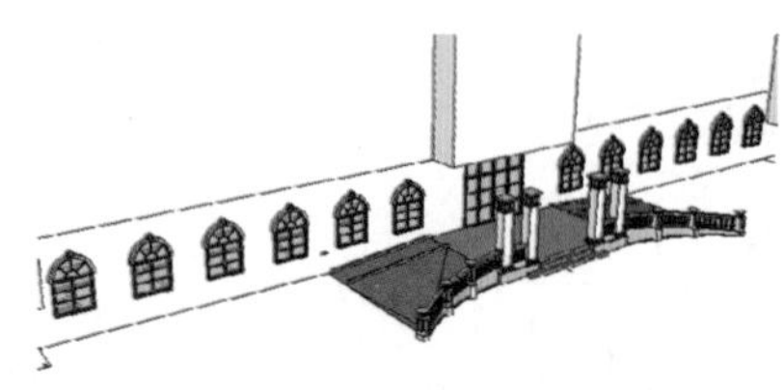

图 9-106 复制底层窗户模型

9.4.3 制作阳台

01 参考立面图，启用【线条】工具绘制出阳台角线平面，启用【移动】工具，将其复制并对位，如图 9-107 与图 9-108 所示。

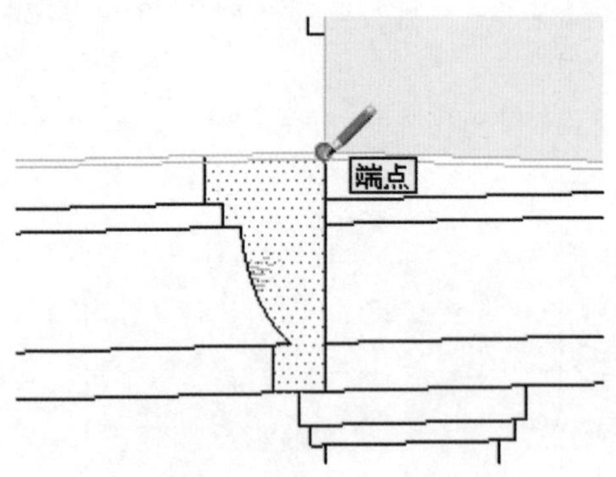

图 9-107 利用图纸快速创建角线平面

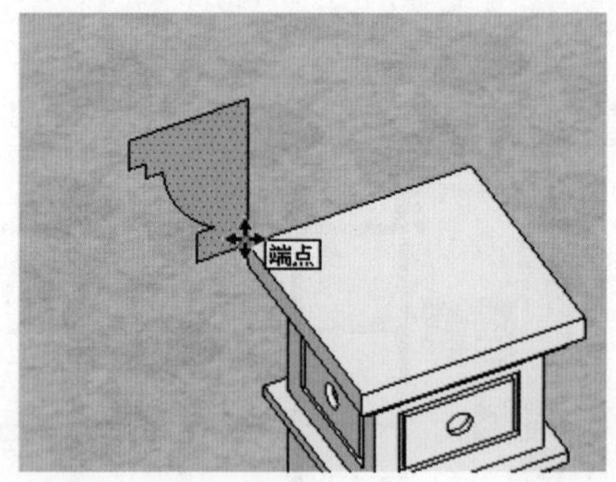

图 9-108 复制并调整角线平面位置

02 隐藏正立面图，参考二层平面图绘制角线路径跟随平面。启用【跟随路径】工具制作角线模型，如图 9-109 与图 9-110 所示。

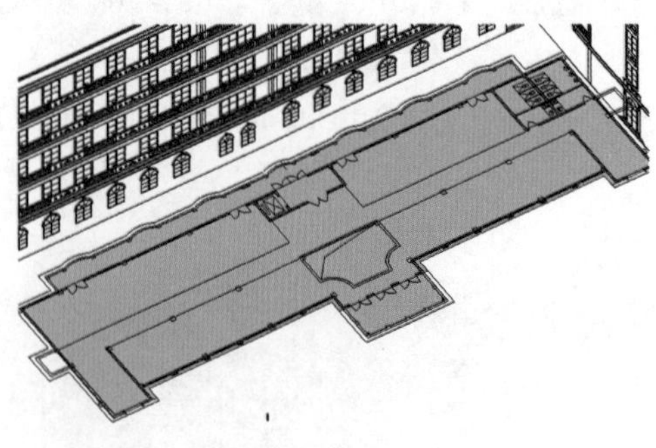

图 9-109 绘制角线跟随平面

图 9-110 角线完成效果

03 启用【移动】工具，在右视图中参考侧立面对位好石柱与角线，如图 9-111 所示。

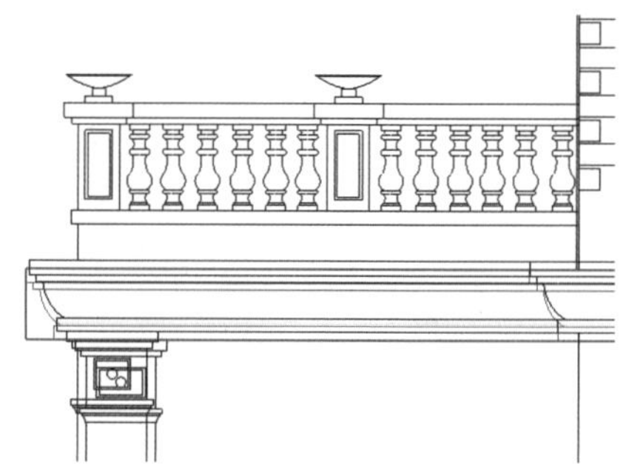
图 9-111　在侧立面中对齐角线高度

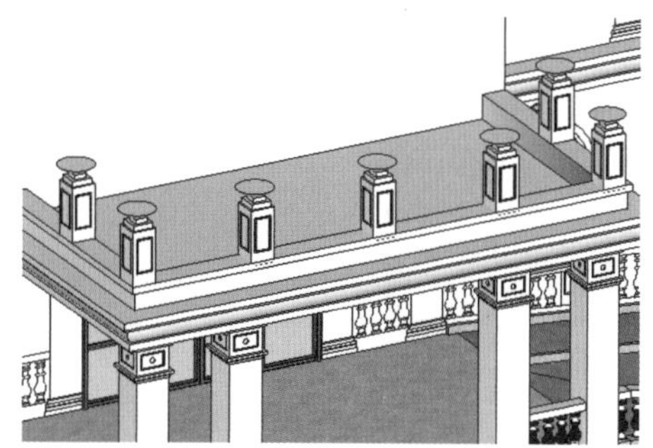
图 9-112　复制阳台栏杆

04 选择之前创建好的栏杆立柱等模型，参考 CAD 图纸复制与摆放模型，制作好阳台模型，如图 9-112 与图 9-113 所示。

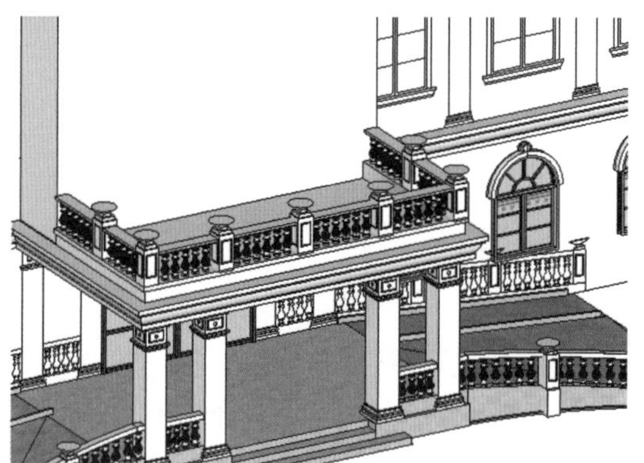
图 9-113　阳台创建完成效果

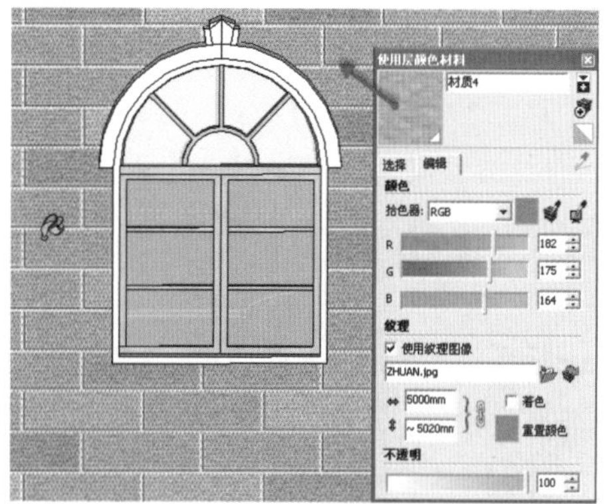

图 9-114　赋予底层墙面材质

05 选择底层墙体，进入【使用层颜色材料】面板，为其赋予材质，完成正立面底层模型的制作，如图 9-114 与图 9-115 所示。接下来制作二至四层立面。

图 9-115　正立面底层完成效果

9.4.4 制作中间楼层立面

建筑二至四层立面主要由窗户以及装饰立柱构成，具体模型创建步骤如下：

01 参考正立面图，绘制出单个的窗户模型，并创建为【组】，使用【组件】快速完成窗洞的制作，如图 9-116 与图 9-117 所示。

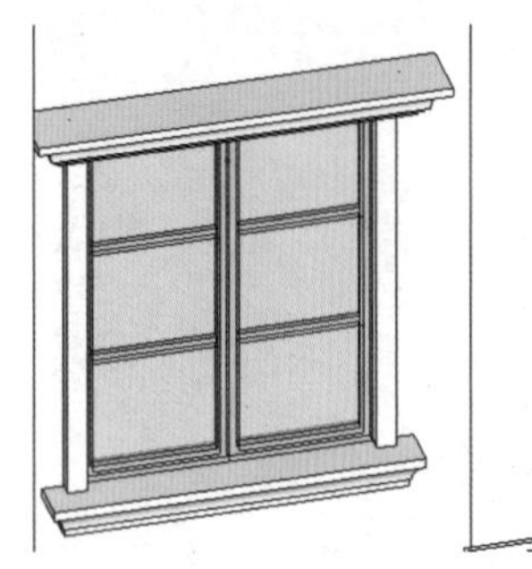

图 9-116 制作立面窗户组件　　图 9-117 制作立面窗洞　　图 9-118 复制完成正立面左侧窗户

02 通过【移动】工具制作出立面左侧的窗户，然后将其整体往右复制，并通过【翻转方向】菜单命令调整好位置，如图 9-118 与图 9-119 所示。

03 启用【移动】工具，将之前制作的主入口石柱模型复制至正立面墙体，然后参考图纸调整好其位置，如图 9-120 所示。

04 双击进入石柱【组】，选择上部柱头边线，参考立面图调整其高度，如图 9-121 与图 9-122 所示。

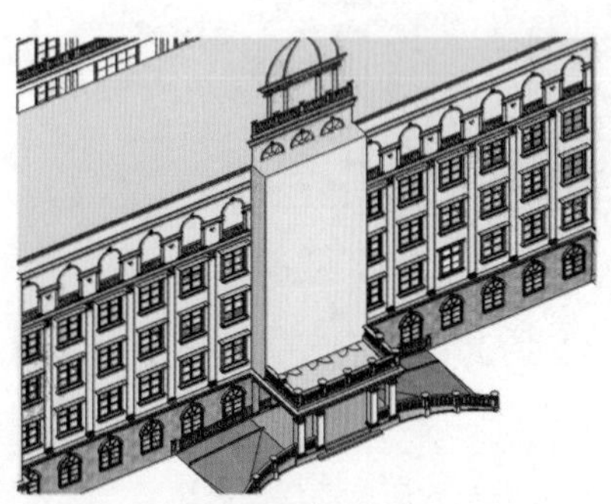
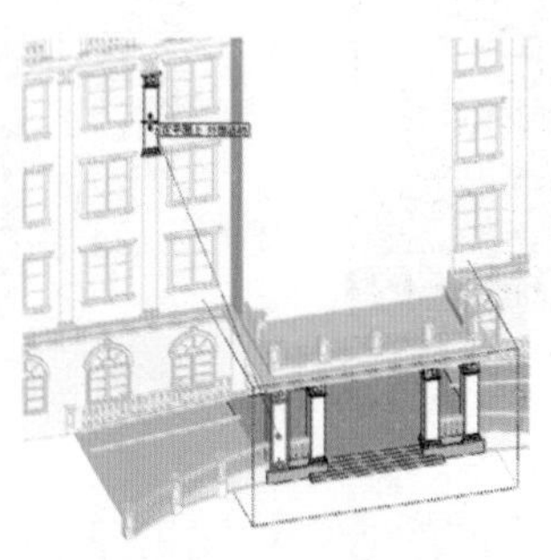
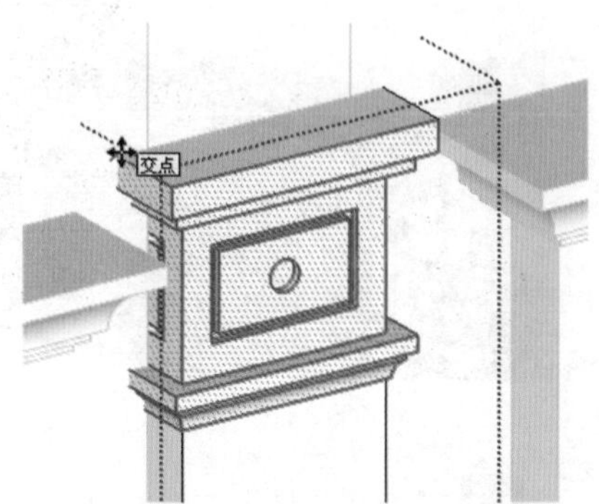

图 9-119 复制并翻转方向调整出正立面右侧窗户　　图 9-120 移动复制石柱至墙面　　图 9-121 选择石柱上部边线

05 立面装饰柱部分嵌入至墙体内，考虑到省面，可以利用【减去】实体工具去除嵌入墙体的部分模型，然后删除多余线段，如图 9-123 与图 9-124 所示。

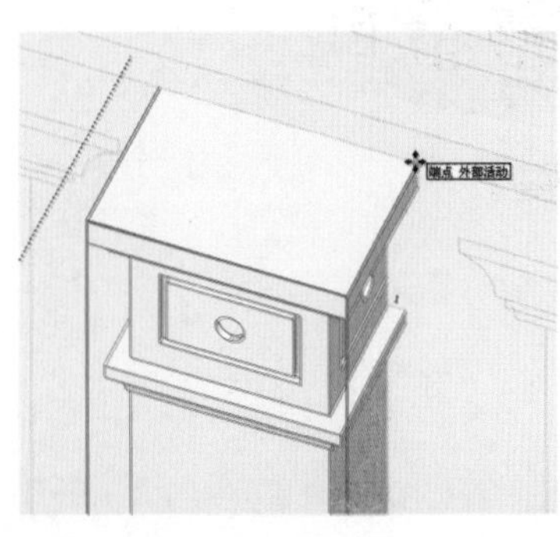
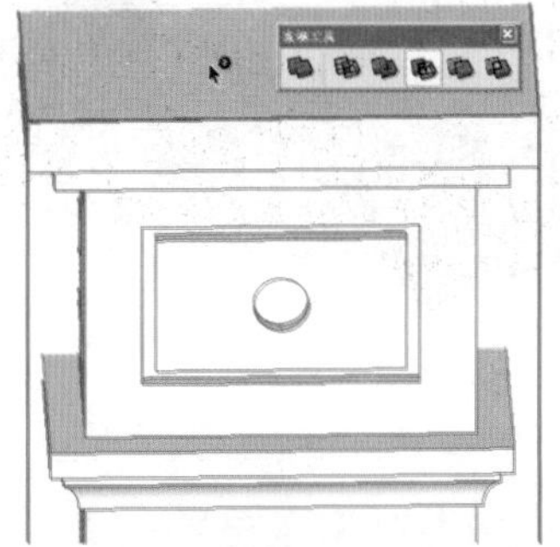
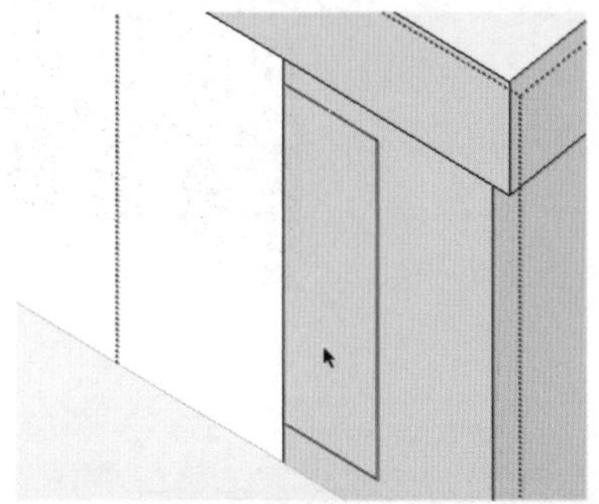

图 9-122 参考立面图调整石柱高度　　图 9-123 使用交集删除石柱背面多余模型　　图 9-124 删除石柱侧面多余边线

06 单个立面装饰柱制作完成后，启用【移动】工具，参考立面图进行复制，完成正立面二至四层模型的制作，如图 9-125 与图 9-126 所示。接下来制作顶楼的立面模型。

图 9-125 移动复制左侧其他装饰石柱

图 9-126 复制并翻转方向调整右侧装饰石柱

9.4.5 制作顶楼立面

观察五层平面图可以发现，建筑正面顶楼有走廊及过道等空间，如图 9-127 所示，因此其制作方法会有所区别。

01 启用【线条】创建工具，参考立面图中四层与五层的角线，对平面进行分割，如图 9-128 所示。

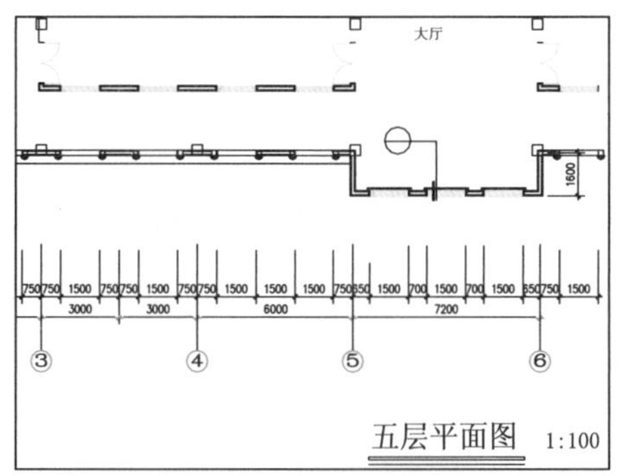

图 9-127 CAD 五层平面图

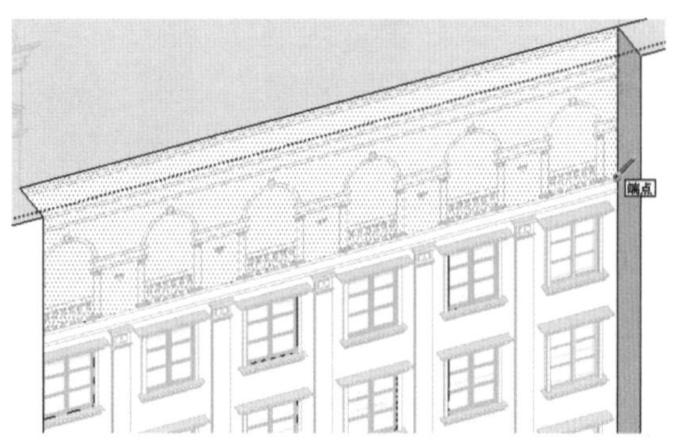

图 9-128 对应分割正立面

02 启用【推/拉】工具，将分割出的平面向内推拉 2400 形成走廊，如图 9-129 所示。用同样的方法，制作左侧过道等空间，如图 9-130 所示。

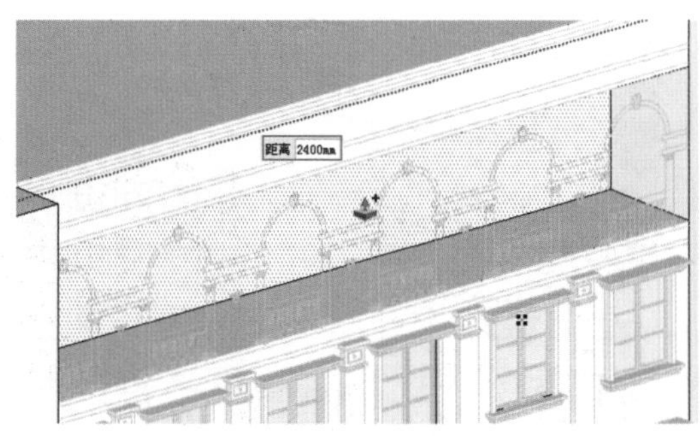

图 9-129 推拉出走廊

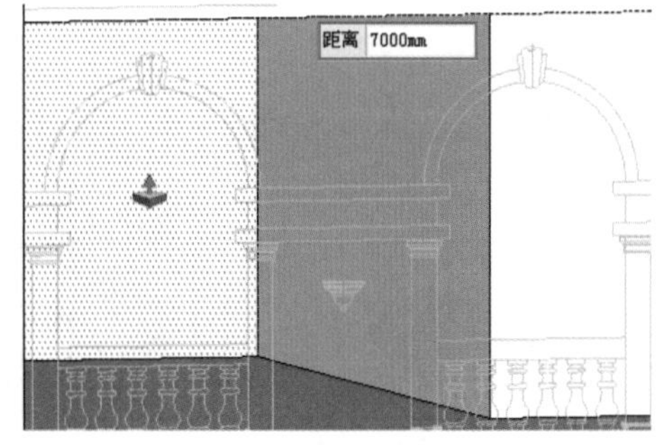

图 9-130 推拉出过道

03 绘制立面墙体。结合使用【线条】与【圆弧】创建工具，参考立面图绘制部分线段，如图 9-131 所示。

04 启用【移动】工具，参考立面图选择线段进行复制，启用【线条】创建工具，最终形成封闭平面，如图 9-132 与图 9-133 所示。

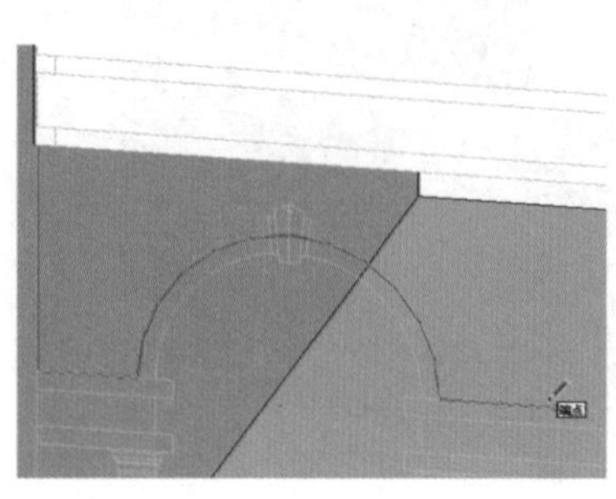

图 9-131 绘制线段

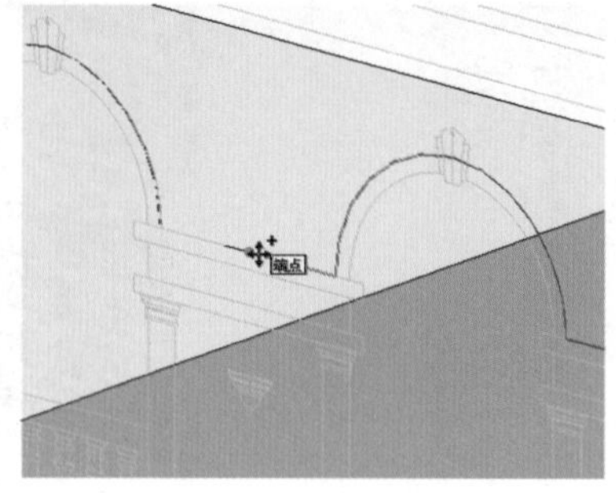

图 9-132 复制线段

图 9-133 封闭形成平面

05 启用【推/拉】工具，将平面向内推拉出 240 的厚度，制作出墙体，如图 9-134 所示。

06 参考立面图，绘制出该处的角线以及石柱等装饰构件，然后对应进行移动复制，如图 9-135 与图 9-136 所示。

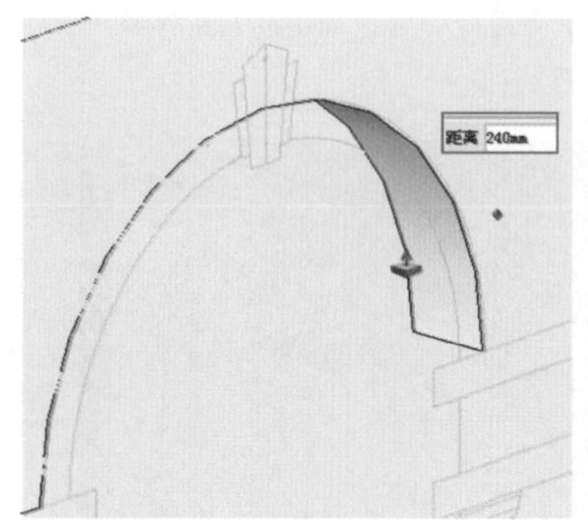

图 9-134 推拉出墙体厚度

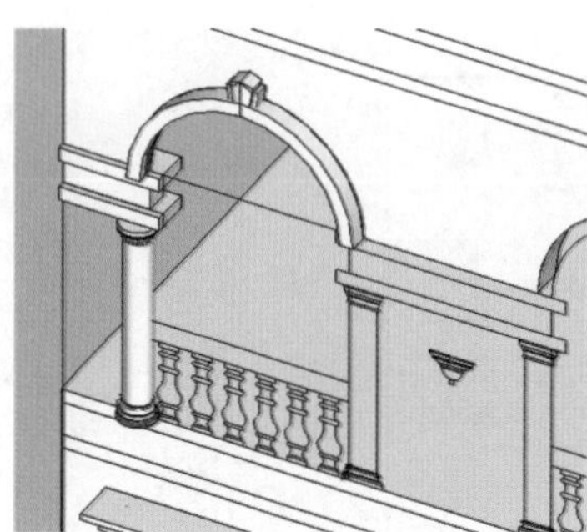

图 9-135 制作石柱与装饰角线

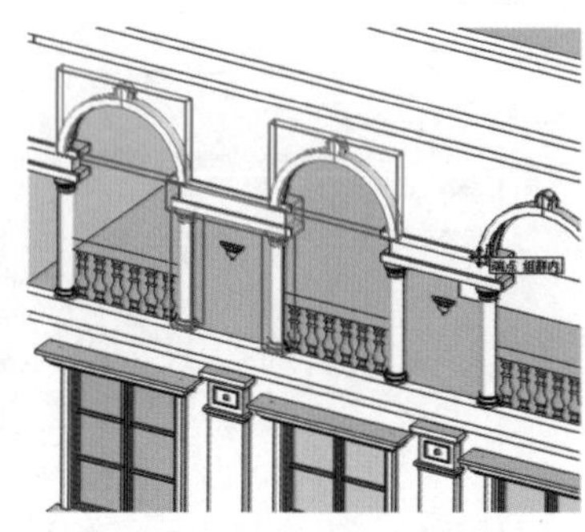

图 9-136 复制石柱与装饰角线

07 复制之前创建好的栏杆模型，完成五层过道栏杆模型的制作，然后制作其他细节装饰模型，完成正立面左侧对应楼层模型的制作，如图 9-137 所示。

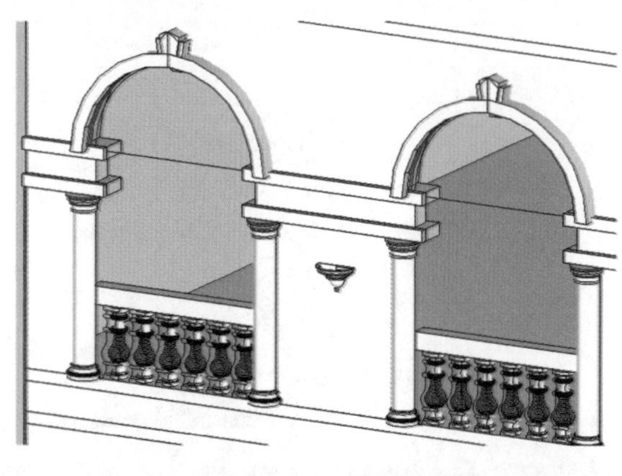

图 9-137 制作栏杆并创建装饰细节

图 9-138 翻转方向复制

08 选择创建好的模型向右进行移动复制，通过【翻转方向】菜单命令调整好位置，如图 9-138 所示。

09 进入【使用层颜色材料】面板，为正立面墙体制作并赋予红色砖墙材质，如图 9-139 所示。当前正立面模型效果如图 9-140 所示，接下来细化正立面突出部分。

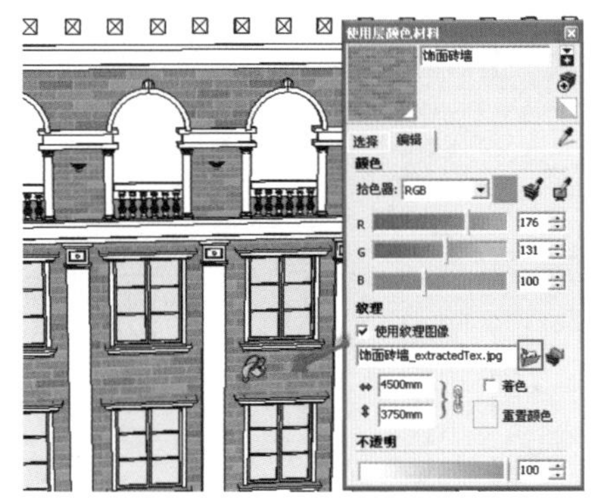

图 9-139　赋予正立面墙面砖墙材质

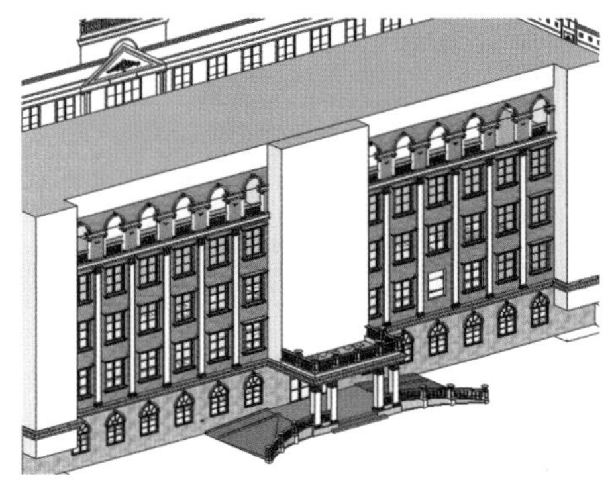

图 9-140　当前模型效果

9.4.6 完成正立面其他细节

01 启用【推/拉】工具，参考正立面图，调整中央突出模型面的高度，如图 9-141 与图 9-142 所示。

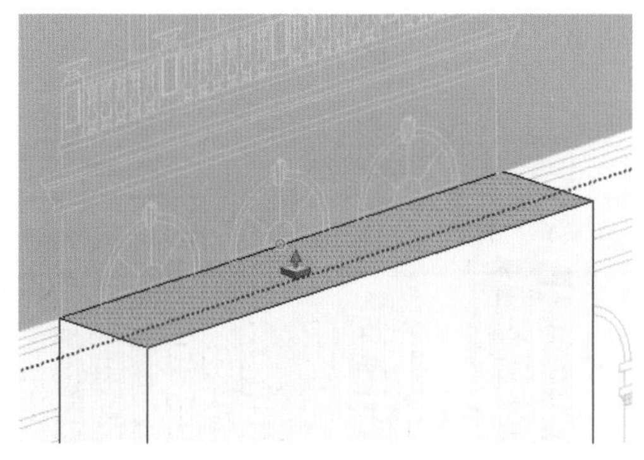

图 9-141　选择顶部分割面

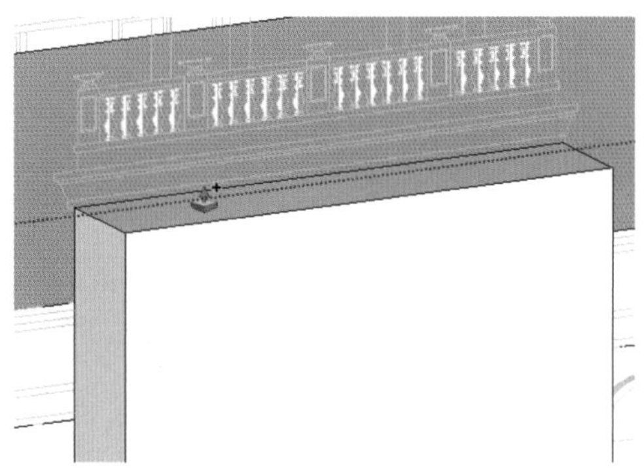

图 9-142　参考图纸进行高度对位

02 启用【移动】工具，选择正立面图，将其与模型面外侧进行对位，方便图纸的观察，如图 9-143 所示。

图 9-143　向外移动正立面图

图 9-144　绘制窗洞分割面

图 9-145　推拉出窗洞

03 结合【线条】与【圆弧】创建工具，参考立面图分割出窗洞平面，使用【推/拉】工具制作出窗洞，如图 9-144 与图 9-145 所示。

04 启用【移动】工具，选择底部创建好的窗户进行移动复制，然后参考正立面图进行对位，如图 9-146 与图 9-147 所示。

图 9-146　移动复制底层窗户

图 9-147　参考图纸进行对位

图 9-148　选择窗框底部边线

05 双击进入窗户模型【组】，选择窗框底部边线，参考立面图将其移动至窗洞下沿，如图 9-148 与图 9-149 所示。

06 根据立面图完成该处窗户模型的制作，并移动复制出另外两排窗户模型，如图 9-150 和图 9-151 所示。

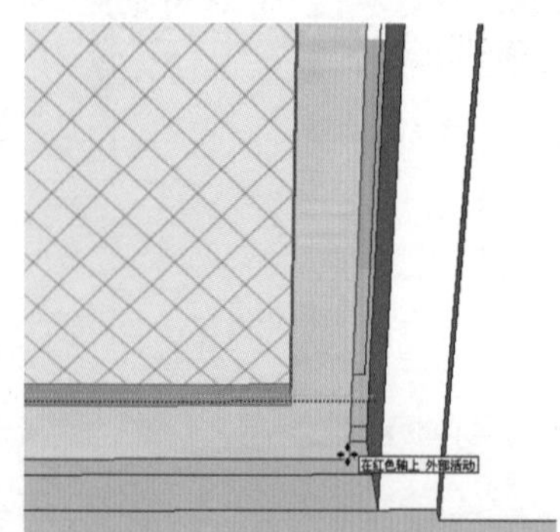

图 9-149　移动边线至窗洞底部

图 9-150　制作好单排窗户

图 9-151　复制窗户并赋予墙面材质

07 通过类似的操作，完成左侧突出空间立面细节的制作，如图 9-152~图 9-154 所示。接下来制作顶层的装饰角线。

图 9-152　进行高度对位

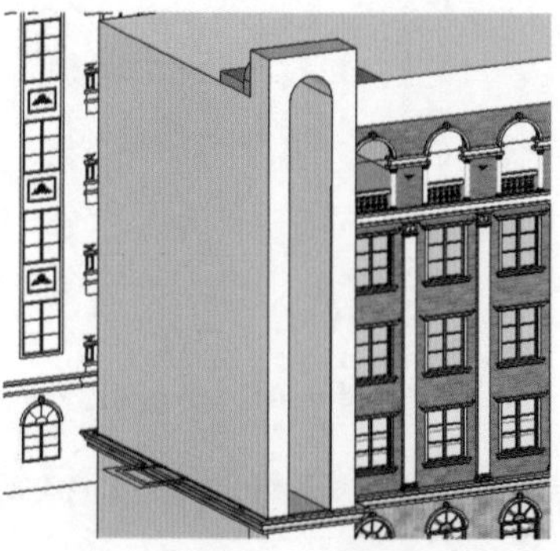

图 9-153　打通墙体

图 9-154　通过复制及调整制作好细节

08 参考立面图与侧面图，绘制角线截面与跟随路径，启用【路径跟随】工具制作好左侧的角线，如图 9-155~图 9-157 所示。

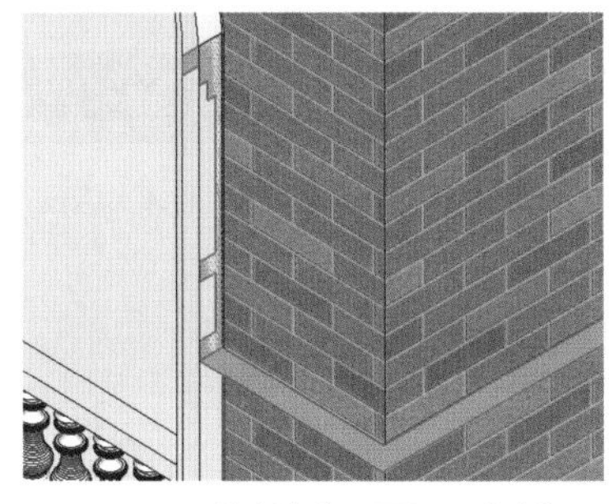

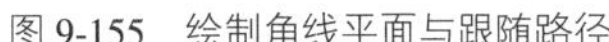

图 9-155 绘制角线平面与跟随路径

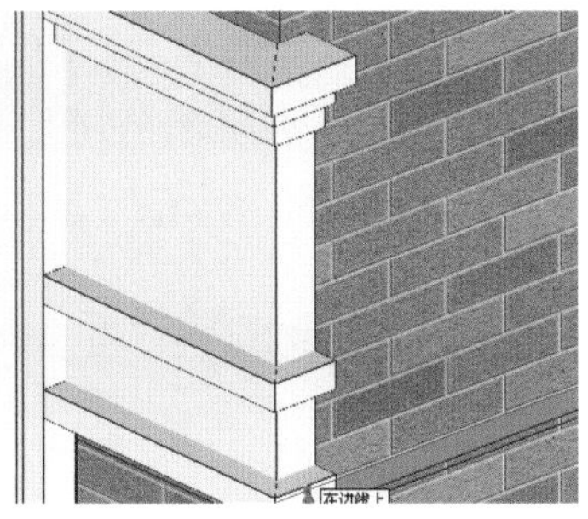

图 9-156 进行路径跟随

图 9-157 制作顶部左侧角线

09 参考 CAD 图纸，制作出顶部角线上的尖角装饰块，参考立面图进行移动复制与对位，如图 9-158~图 9-160 所示。

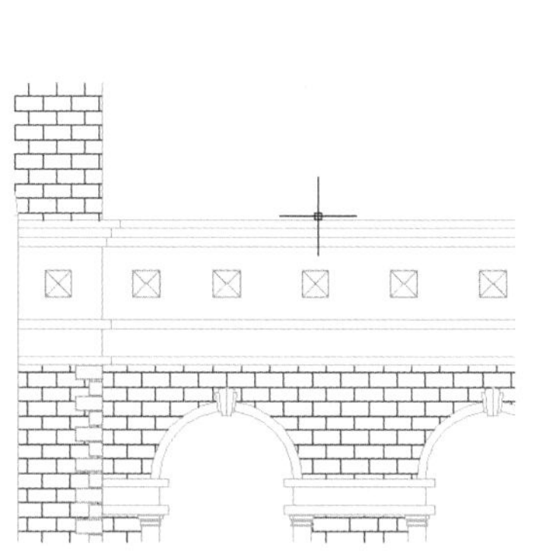

图 9-158 CAD 图纸中的装饰块

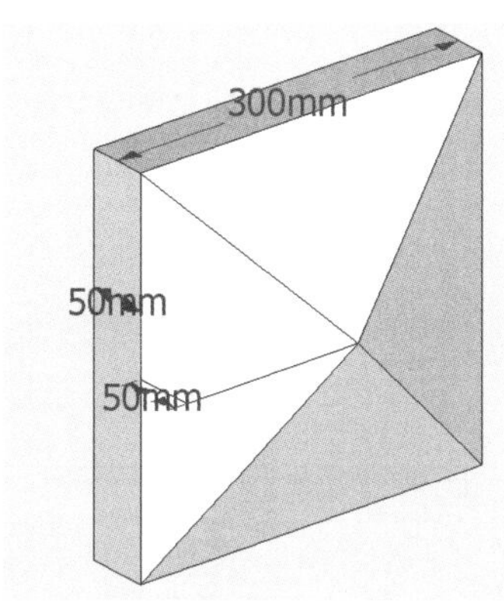

图 9-159 制作装饰块模型

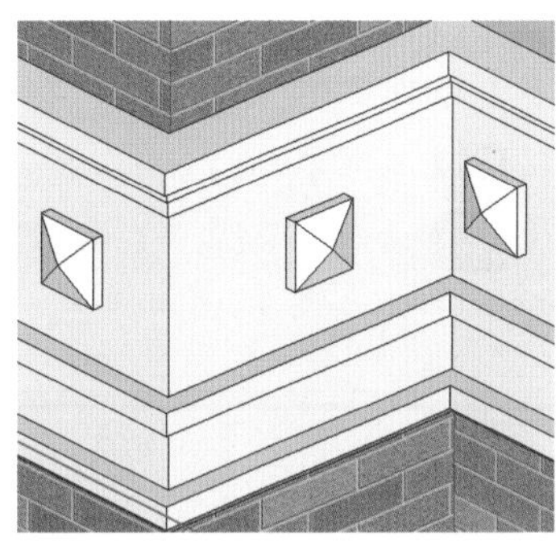

图 9-160 复制对位装饰块

10 完成左侧模型制作后，使用【移动】工具与翻转方向菜单命令，制作出右侧对应的门窗与角线等模型，完成正立面模型效果如图 9-161 所示。

图 9-161 正立面完成效果

9.5 制作侧立面

办公楼侧立面图如图 9-162 所示，主要由底部入口、窗户以及角线装饰构成，如图 9-163 和图 9-164 与所示。

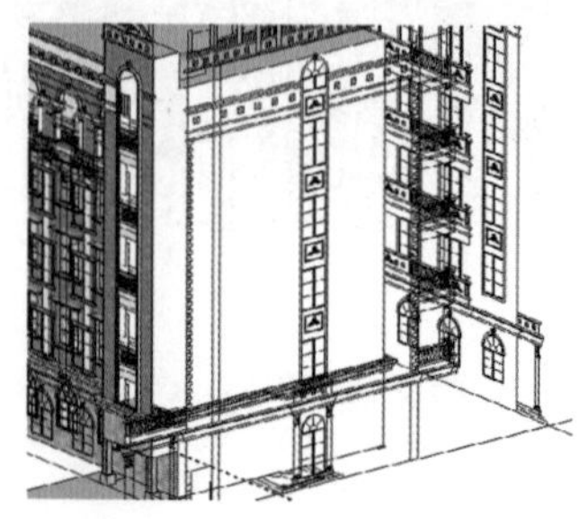

图 9-162　侧立面图

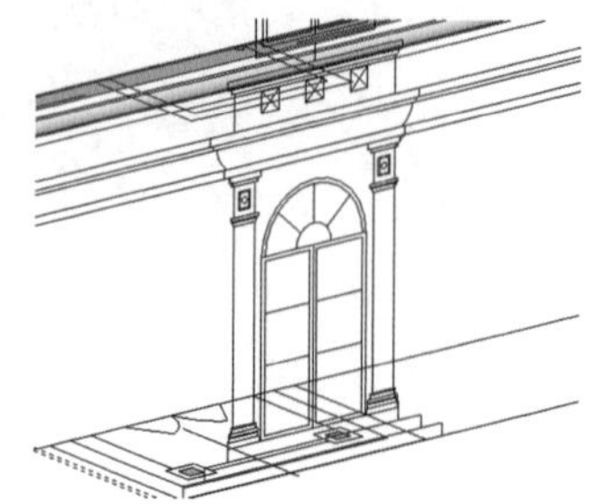

图 9-163　侧立面入口细节

图 9-164　侧立面门窗与角线细节

侧立面有很多模型与正立面完全一致或相似，因此可以通过复制或缩放的方法快速创建。

9.5.1 制作侧面入口

01 启用【移动】工具，选择侧立面图进行对位，使其紧贴模型，以方便模型的创建，如图 9-165 所示。

02 结合使用【线条】与【圆弧】创建工具，参考侧立面图分割出底部门洞平面，然后启用【推/拉】工具制作出门洞，如图 9-166 所示。

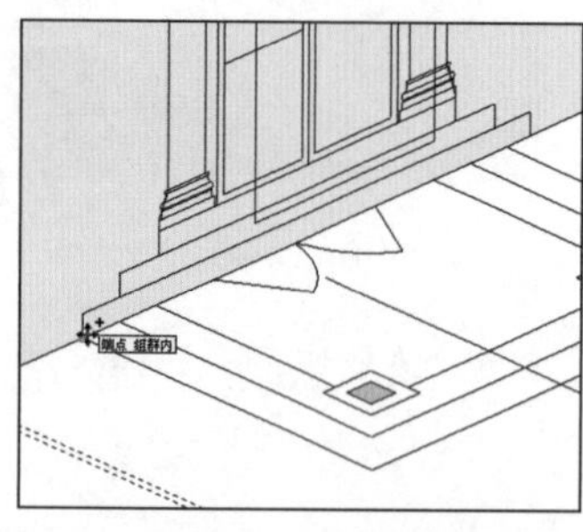

图 9-165　对位侧立面图

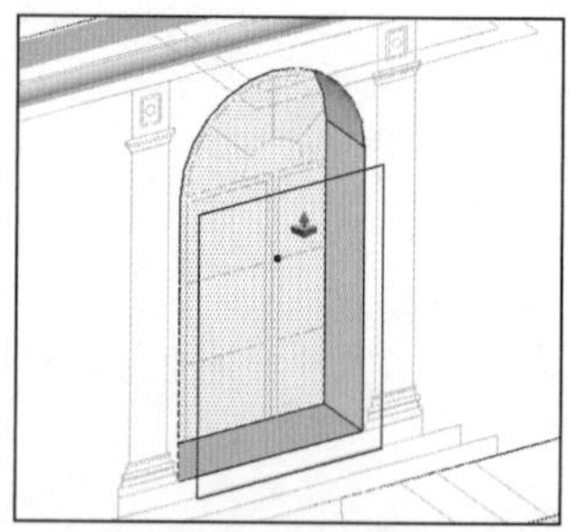

图 9-166　制作门洞

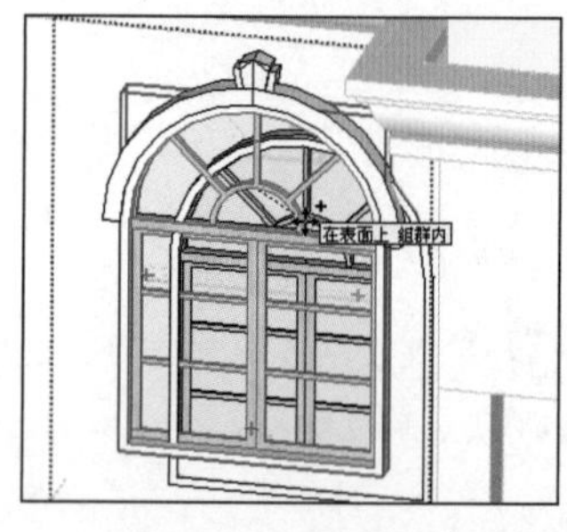

图 9-167　启用移动复制

03 双击进入底层窗户模型群组，选择窗框模型进行移动复制，并在侧立面中进行对位，如图 9-167 与图 9-168 所示。

04 在右视图中参考侧立面图调整好造型，然后复制并旋转好门把模型，完成侧门模型的制作，如图 9-169 与图 9-170 所示。

图 9-168　在侧立面进行对位

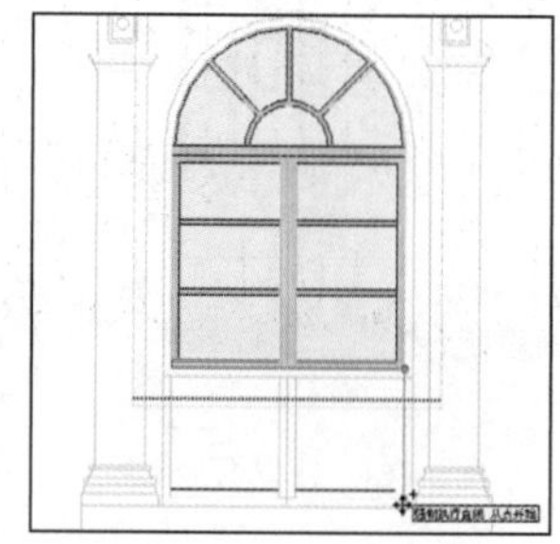

图 9-169　参考侧立面图调整

图 9-170　侧门完成效果

05 结合使用【矩形】与【推/拉】工具，完成侧门台阶的制作，如图 9-171~图 9-172 所示。

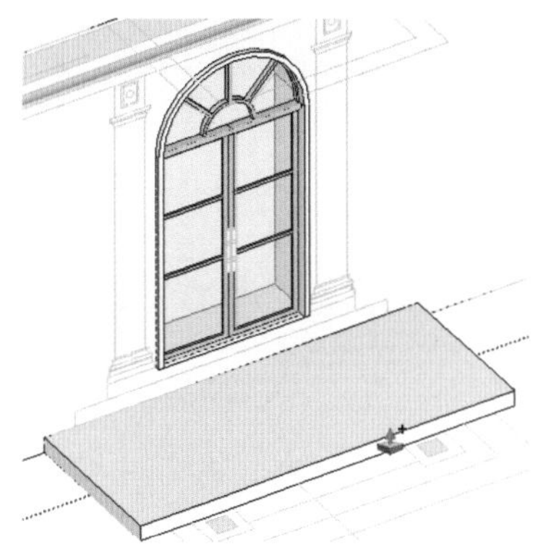
图 9-171　制作侧门台阶

图 9-172　侧门台阶完成效果

06 选择主入口的石柱进行移动复制，将其在侧面对位，参考侧立面图调整大小与高度，如图 9-173~图 9-175 所示。

图 9-173　移动复制主入口石柱

图 9-174　参考侧立面调整大小

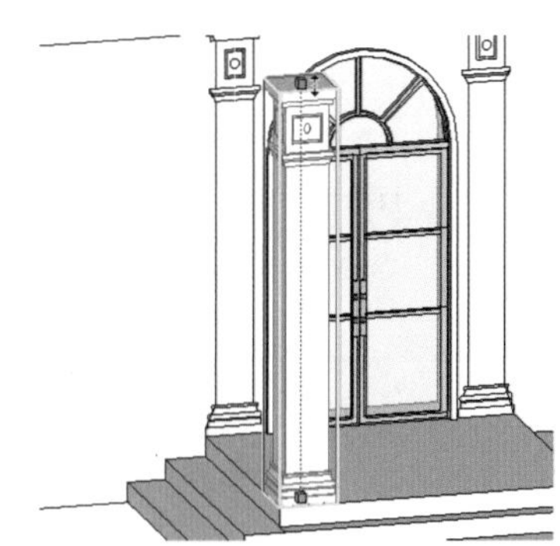
图 9-175　调整石柱模型高度

07 启用【移动】工具，完成另一侧石柱的制作，参考图纸完成侧面入口其他模型效果，如图 9-176 与图 9-177 所示。接下来制作侧立面窗户及角线模型。

图 9-176　移动复制石柱

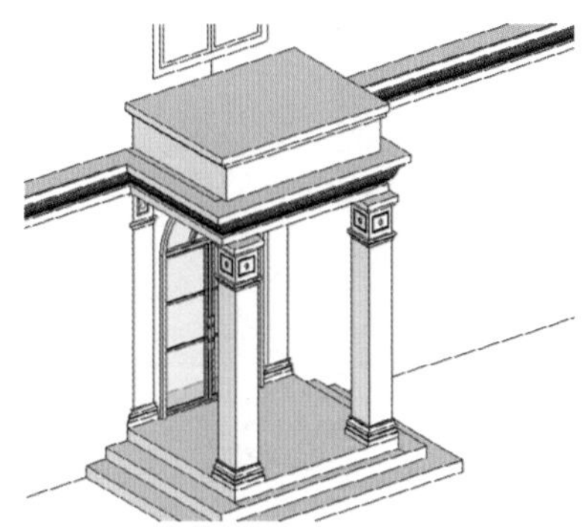
图 9-177　侧面入口模型完成效果

9.5.2 制作侧面窗户与角线

01 参考侧立面图，结合使用【矩形】与【推/拉】工具制作出窗洞，然后移动复制正立面中央的窗户并进行对位，如图 9-178~图 9-180 所示。

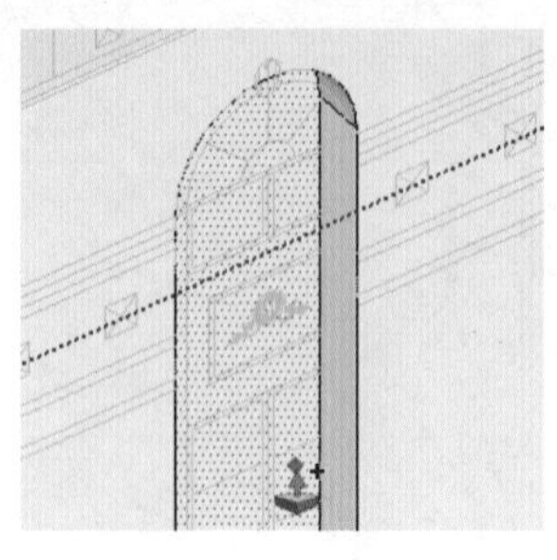

图 9-178　制作窗洞

图 9-179　移动复制窗框

图 9-180　在右视图中对位窗框

02 在右视图中参考侧立面图调整窗格大小等细节，完成侧立面窗户的制作，如图 9-181 与图 9-182 所示。

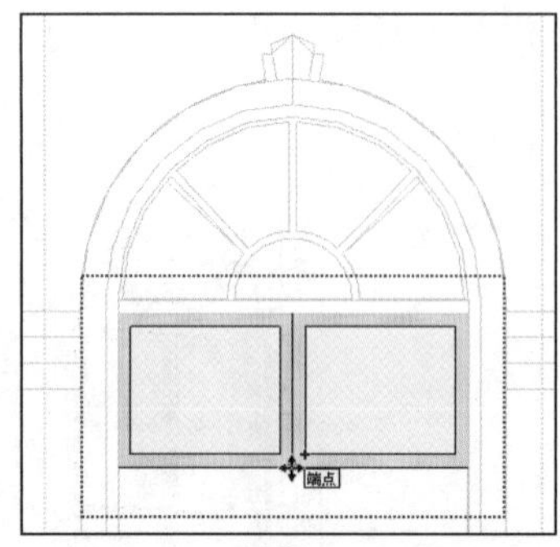

图 9-181　参考侧立面图调整窗户

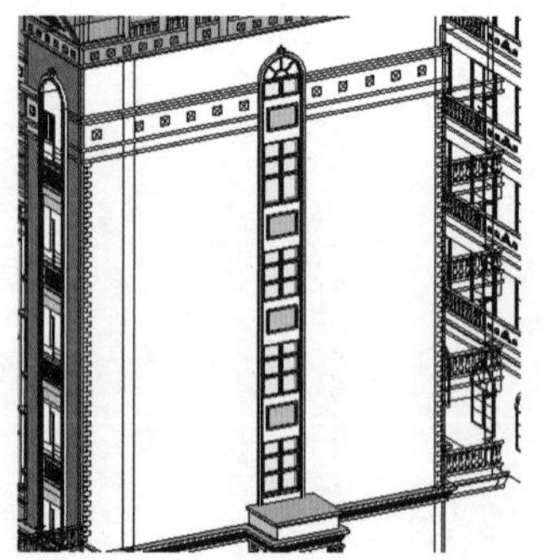
图 9-182　侧立面窗户制作完成效果

03 选择正立面部分角线模型进行移动复制，将其在侧面对位后参考图纸进行延长，如图 9-183 与图 9-184 所示。

04 复制装饰块，参考侧立面图进行移动复制，如图 9-185 所示。

图 9-183　选择部分角线进行复制

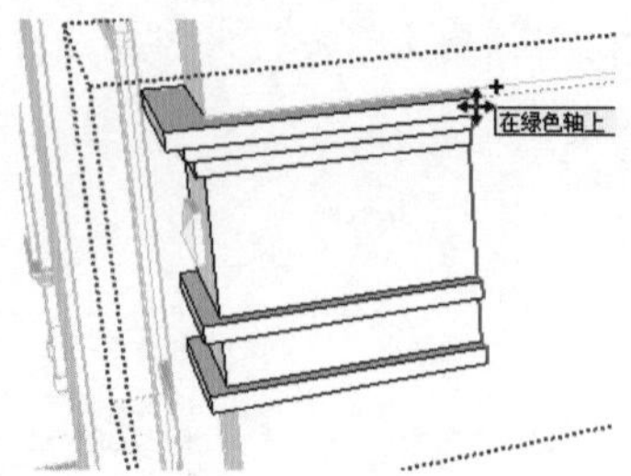

图 9-184　参考图纸延长角线

图 9-185　侧面角线制作完成效果

05 分别为入口台阶赋予石材与砖墙材质，如图 9-186 与图 9-187 所示。

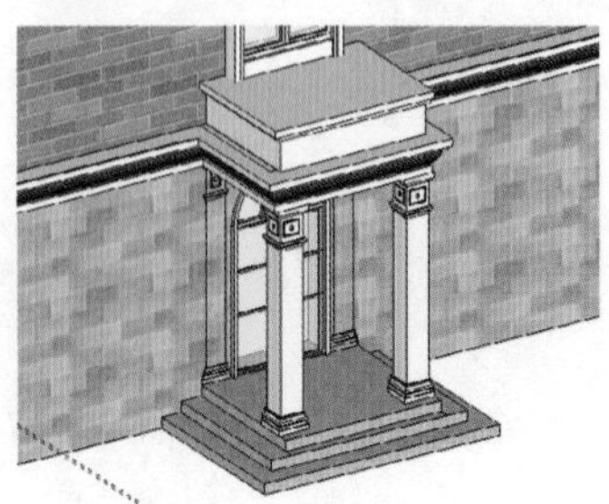
图 9-186　赋予台阶石材

图 9-187　赋予侧立面墙体砖墙材质

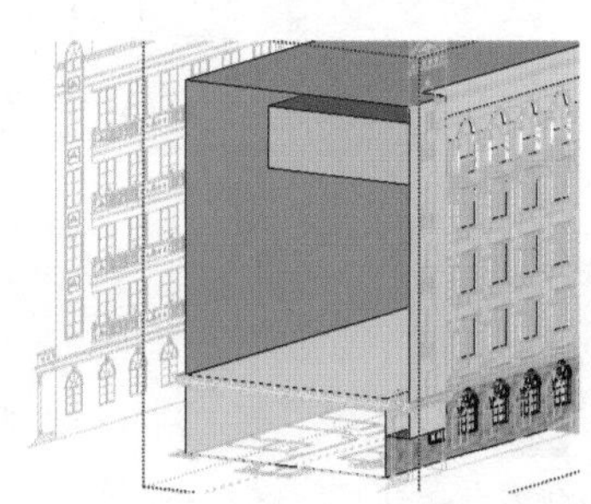
图 9-188　删除左侧墙面

06 删除建筑左侧墙面，启用【移动】工具，选择右侧墙面进行移动复制，如图 9-188 与图 9-189 所示。

07 使用翻转方向菜单命令调整墙面方向，然后进行位置对齐，如图 9-190 所示。

08 右侧立面墙体其他模型通过类似方法制作，最终效果如图 9-191 所示。接下来创建背立面模型。

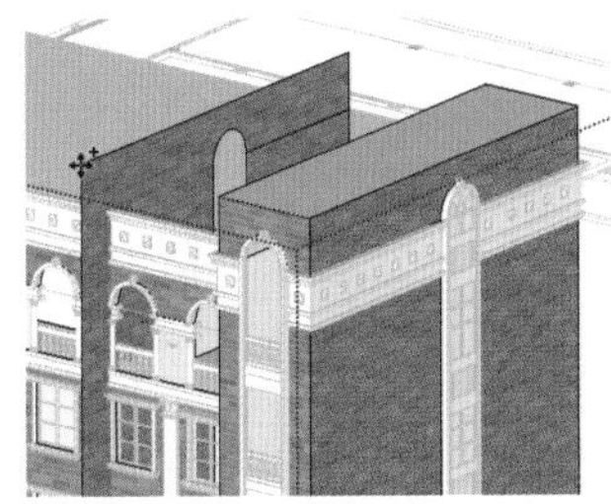

图 9-189 复制侧立面墙体

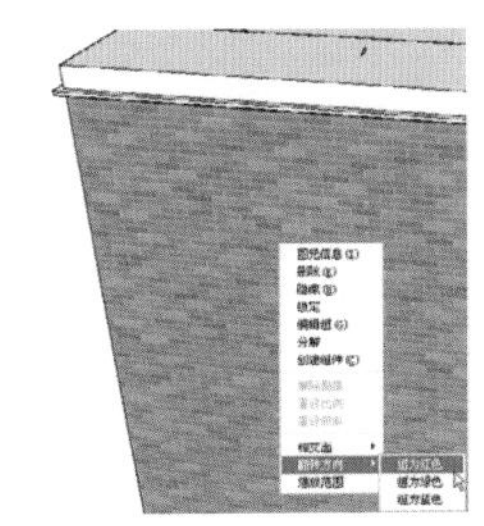

图 9-190 通过翻转方向菜单调整位置

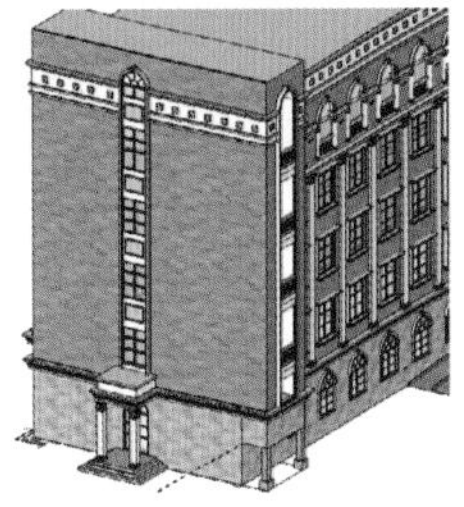

图 9-191 左侧面完成效果

9.6 制作背立面

背立面图如图 9-192 所示，主要由底层窗户、二至五层门窗阳台以及装饰圆组成，如图 9-193~ 图 9-195 所示。

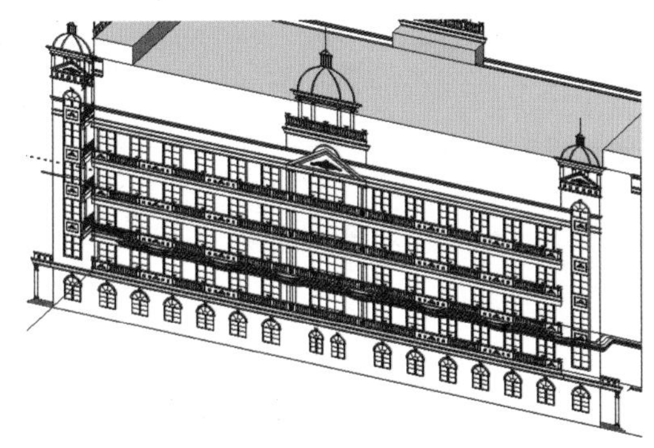

图 9-192 背立面图效果

背立面中窗户、阳台栏杆等构件也存在相似的模型，因此可以通过快速复制创建，首先绘制背立面底层门窗。

图 9-193 背立面底部窗户

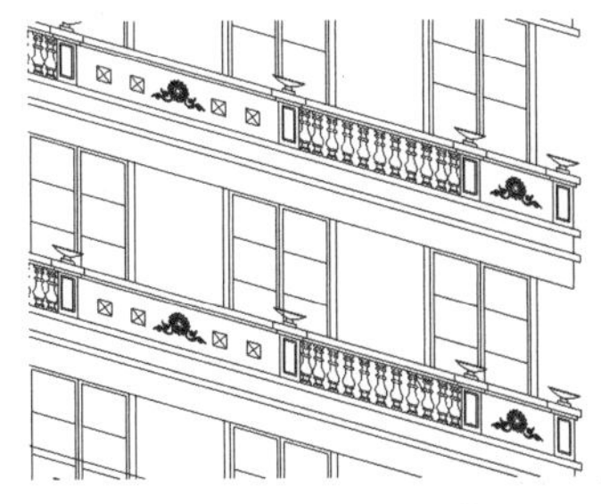

图 9-194 背立面其他层门窗与阳台

图 9-195 背立面装饰圆柱

9.6.1 制作背面底部窗户

01 启用【移动】工具，对位背立面图，以方便直接在模型上分割窗洞，如图 9-196 所示。

02 结合【线条】与【圆弧】创建工具，分割好窗洞平面，启用【推/拉】工具制作出窗洞，如图 9-197 与图 9-198 所示。

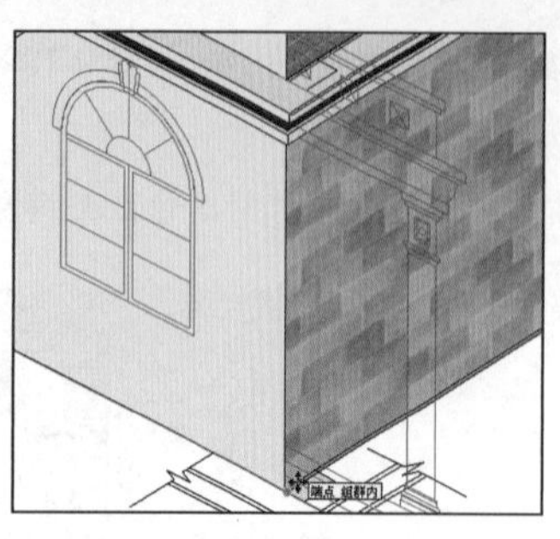
图 9-196　对位背立面图

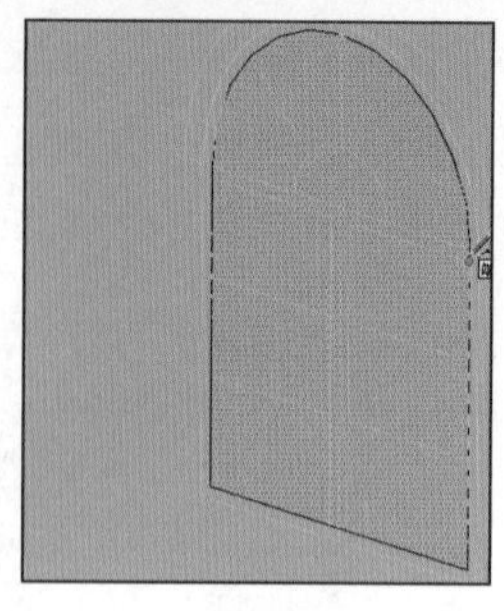
图 9-197　分割窗洞平面

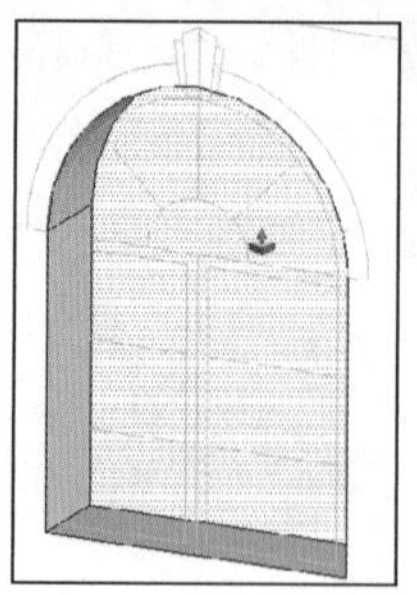
图 9-198　制作窗洞

03 将制作好的窗洞创建为【组件】，如图 9-199 所示。移动复制出底层其他窗洞，如图 9-200 所示。

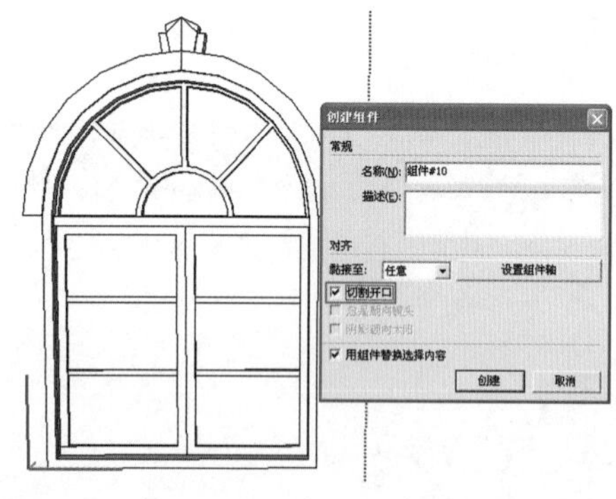
图 9-199　创建窗洞组件

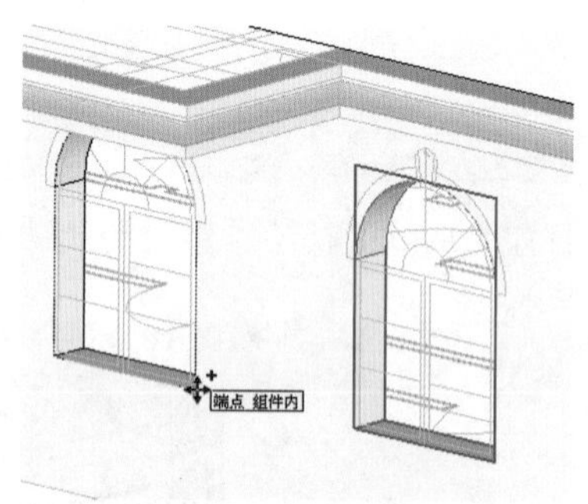
图 9-200　移动复制出其他窗洞

04 启用【移动】工具，选择复制正立面底层门窗，在背立面中调整位置和方向，并参考背立面图调整大小，如图 9-201~图 9-203 所示。

图 9-201　移动复制正立面窗户

图 9-202　对位窗户至背立面

图 9-203　调整窗户大小

05 复制出背立面底层其他窗户，然后赋予对应的墙体材质，如图 9-204 与图 9-205 所示。接下来绘制背立面其他层门窗。

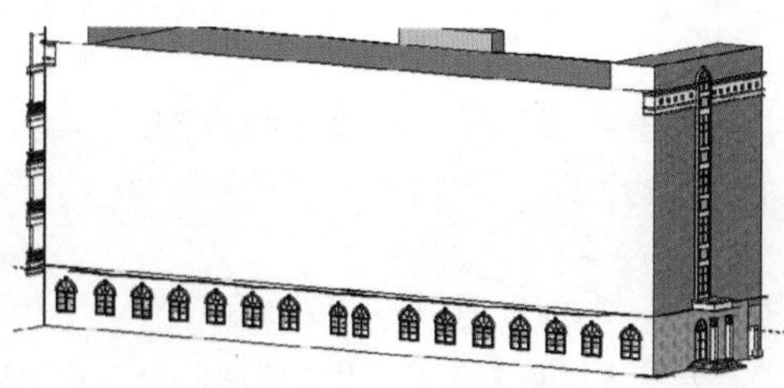
图 9-204　复制背立面其他窗户

图 9-205　赋予背立面底层墙体材质

9.6.2 制作背立面其他门窗

01 制作其他层大门模型，启用【矩形】创建工具，参考背立面图分割平面，如图 9-206 与图 9-207 所示。

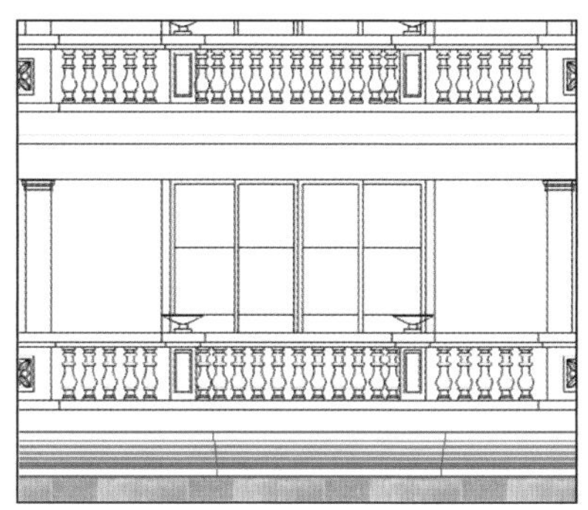
图 9-206　背立面大门图形

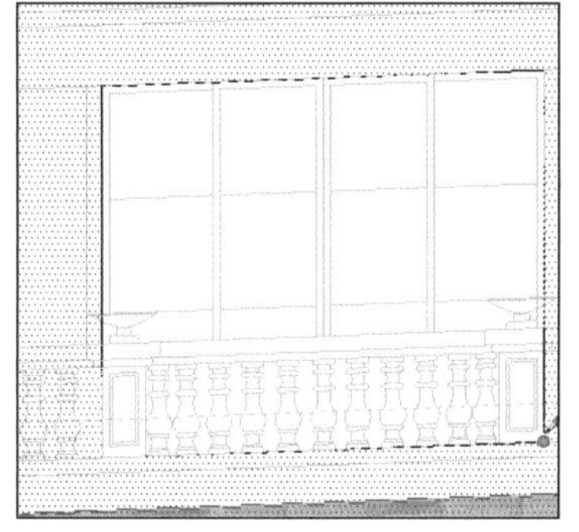
图 9-207　启用矩形创建工具分割大门平面

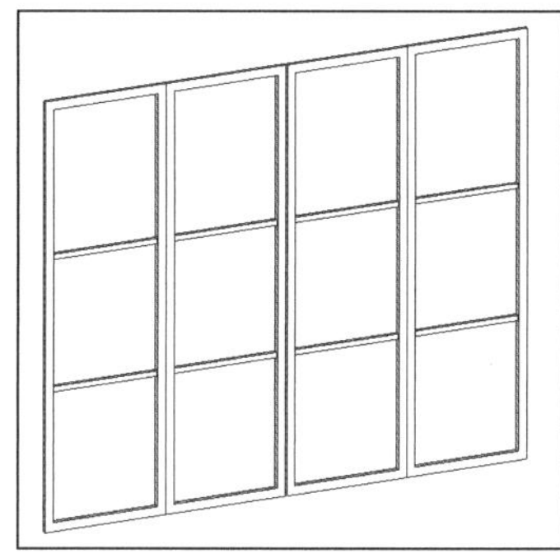
图 9-208　细化大门模型

02 参考背立面图细化大门造型，然后复制门把模型并赋予对应材质，如图 9-208 与图 9-209 所示。

03 启用【移动】工具，参考背立面图进行复制与对位，如图 9-210 所示。接下来进行门窗的制作。

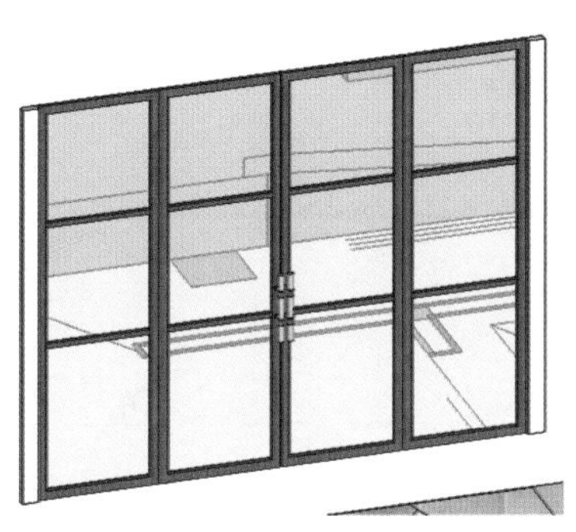
图 9-209　复制拉手并赋予材质

图 9-210　移动复制窗户

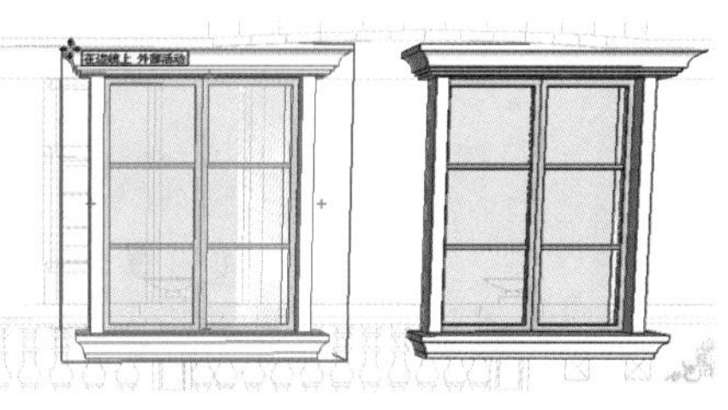
图 9-211　移动复制正立面窗户

04 选择正立面对应的门窗进行移动复制，在背立面参考图纸进行对位，如图 9-211 与图 9-212 所示。

05 启用【矩形】创建工具，捕捉窗框内侧对角点，在平面上分割出等大的矩形平面以制作窗洞，如图 9-213 所示。

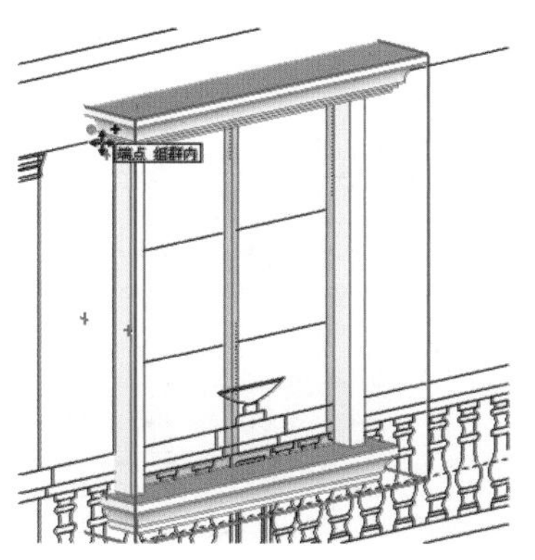

图 9-212　参考背立面图进行窗户对位

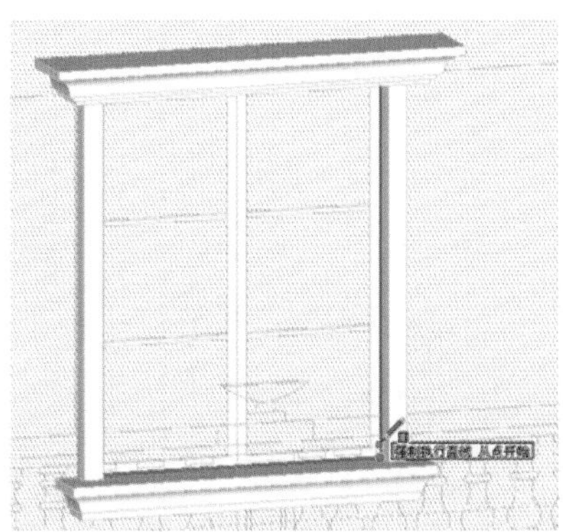
图 9-213　启用矩形工具分割窗洞

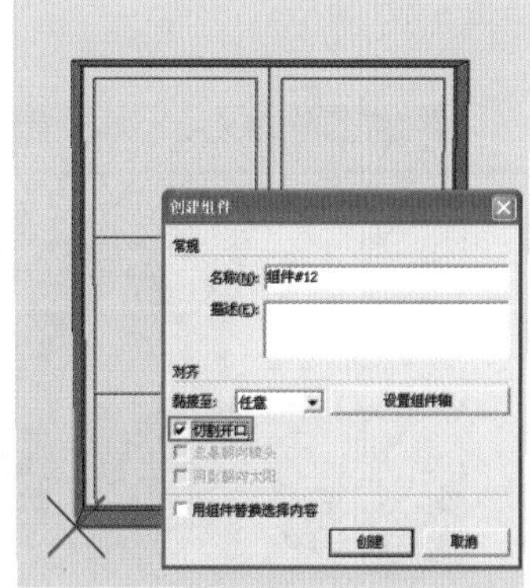

图 9-214　将窗洞创建为组件

技 巧

前面介绍了制作窗洞组件快速创建窗户空洞的方法，这里介绍另一种方法，即将窗洞组件与窗户创建为【组】，然后同时进行移动复制。

06 启用【推/拉】工具，向内推出窗洞，将其制作为【组件】，然后将其与窗户模型整体组成【组】，如图 9-214 与图 9-215 所示。

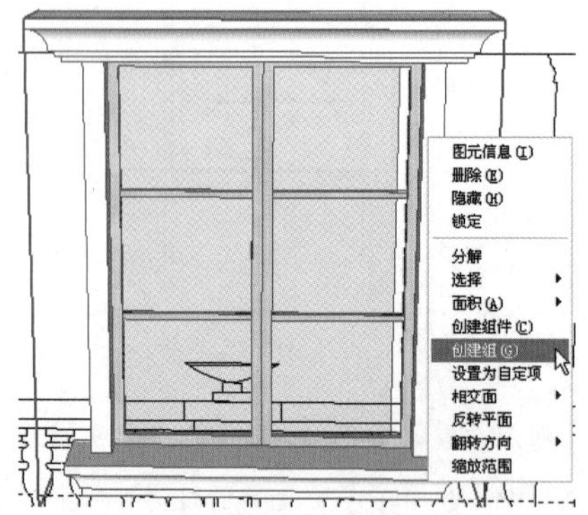

图 9-215 将空洞与窗户整体创建群组

图 9-216 移动复制窗户与窗洞

07 启用【移动】工具，参考背立面图进行移动复制，完成背立面其他窗户的制作，如图 9-216 与图 9-217 所示。

08 制作背立面两侧的窗户模型，首先参考背立面图制作出窗洞，如图 9-218 与图 9-219 所示。

图 9-217 背立面门窗完成效果

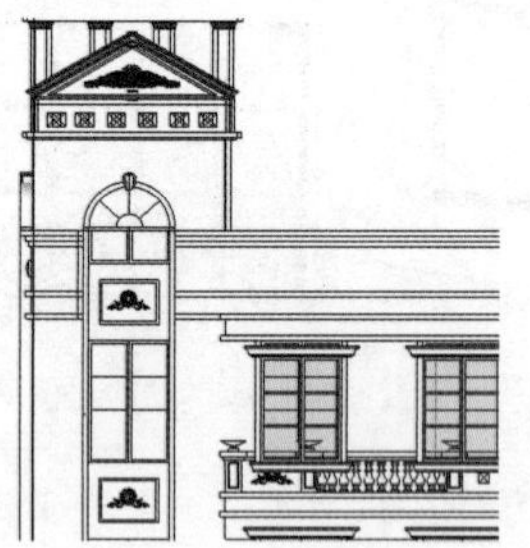

图 9-218 绘制左侧墙洞

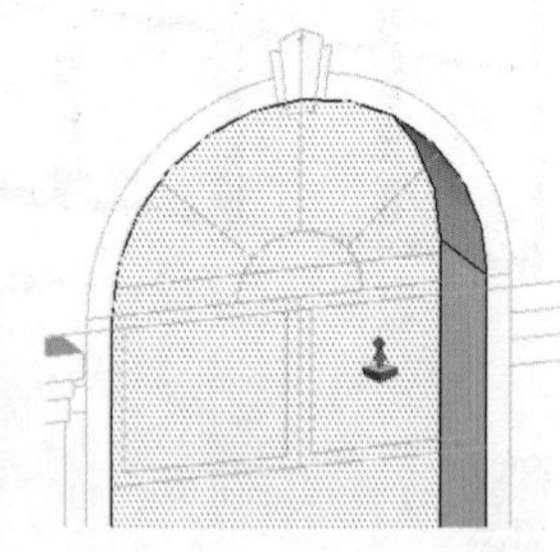

图 9-219 捕捉边线创建线段起点

09 启用【移动】工具，移动复制正立面中造型接近的模型，在背立面中参考图纸进行对位，如图 9-220 与图 9-221 所示。

图 9-220 复制正立面中造型相似窗户

图 9-221 在背立面中对位窗户

图 9-222 背立面窗户图纸造型

10 根据背立面图，修改复制的窗户长度与造型细节，如图 9-222 与图 9-223 所示

11 使用移动复制与翻转方向的方法完成右侧窗户的制作，然后为背立面墙体赋予砖墙材质，得到如图9-224所示的模型效果。接下来绘制背立面阳台与角线。

图9-223　调整出对应的窗户细节造型

图9-224　背立面窗户完成效果

9.6.3 制作背立面阳台与角线

01 背立面的阳台角线效果比较复杂，其中第一层与其他层在细节上又有所区别，如图9-225与图9-226所示。

图9-225　背立面阳台与角线效果

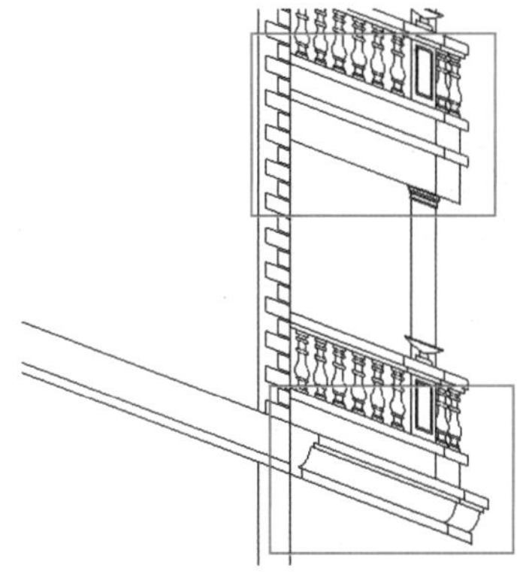
图9-226　第二层与其他层不同的角线细节

02 第一层阳台角线最下端细节在制作正立面阳台时已经制作完成，此时可以直接启用【矩形】创建工具制作出阳台板，如图9-227与图9-228所示。

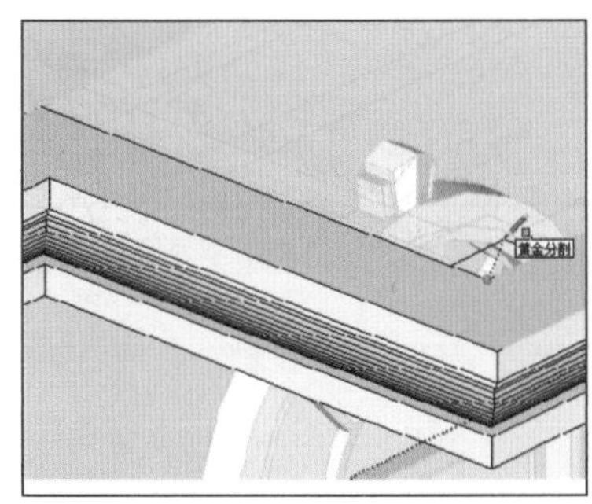
图9-227　启用矩形创建工具

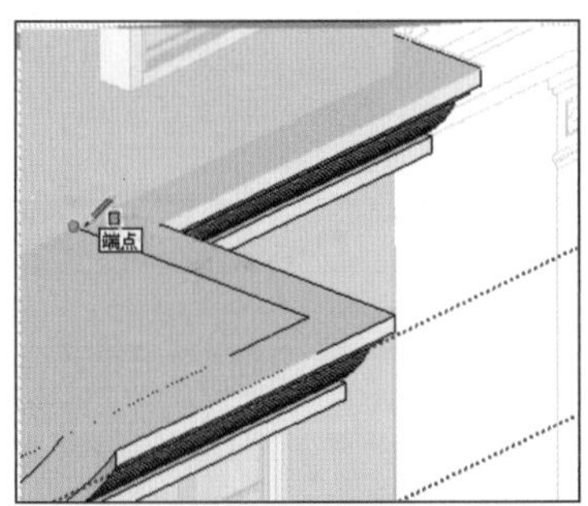

图9-228　绘制矩形

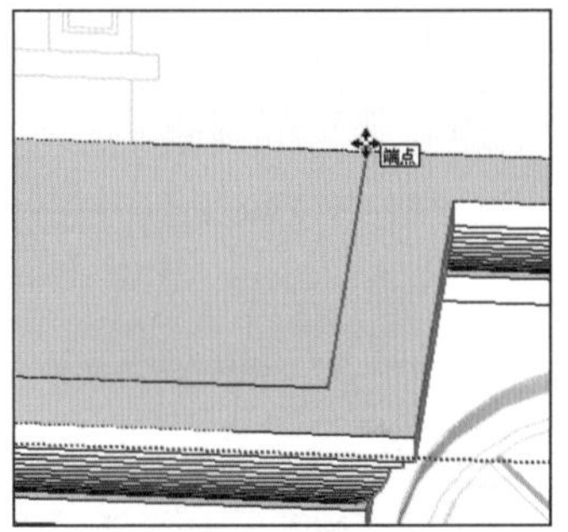

图9-229　选择部分角线边线

03 封闭完成后，逐步选择各个转角的部分边线，参考立面图进行对位，如图9-229与图9-230所示。

04 直接利用立面图制作阳台底部其他角线的截面，启用【偏移】工具，利用创建好的阳台板平面制作出跟随路径平面，如图 9-231 与图 9-232 所示。

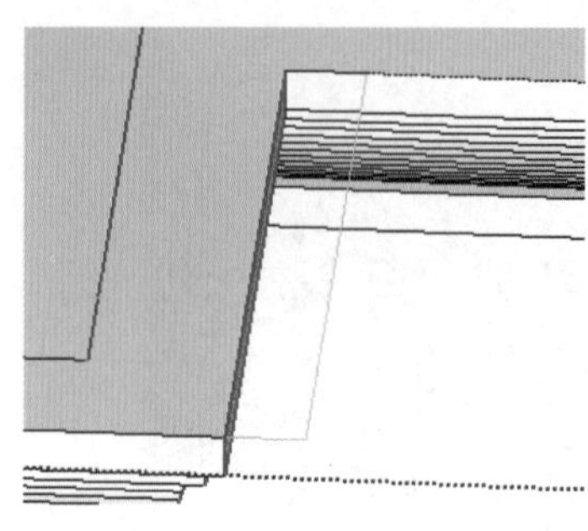

图 9-230　参考立面图进行对位

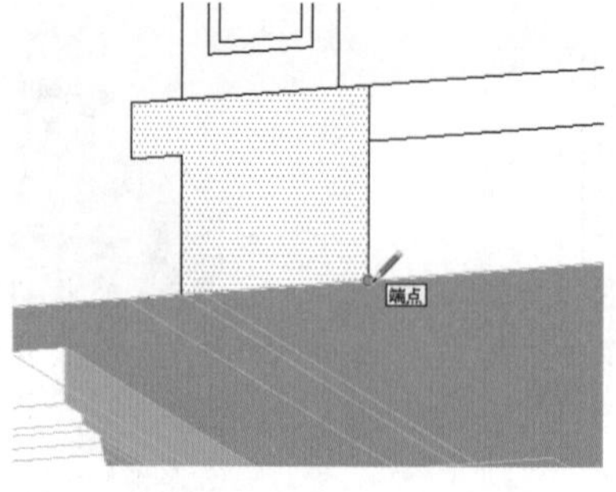

图 9-231　绘制其他层角线截面

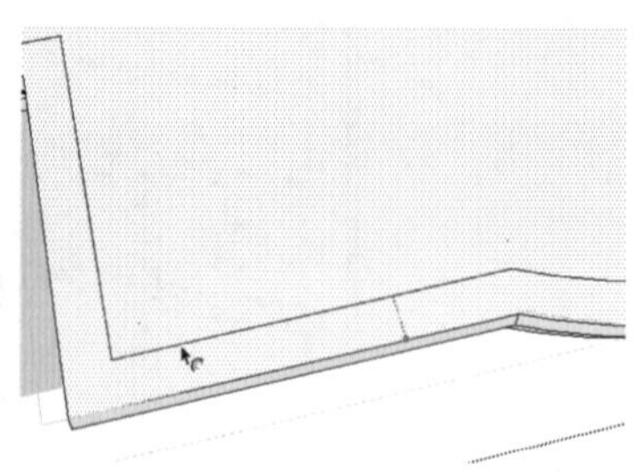

图 9-232　启用偏移复制绘制路径平面

05 启用【路径跟随】工具制作角线模型，完成第一层阳台板模型的制作，如图 9-233 与图 9-234 所示。

06 启用【移动】工具，选择前一步制作好的角线模型参考立面图向上进行移动复制，如图 9-235 所示。

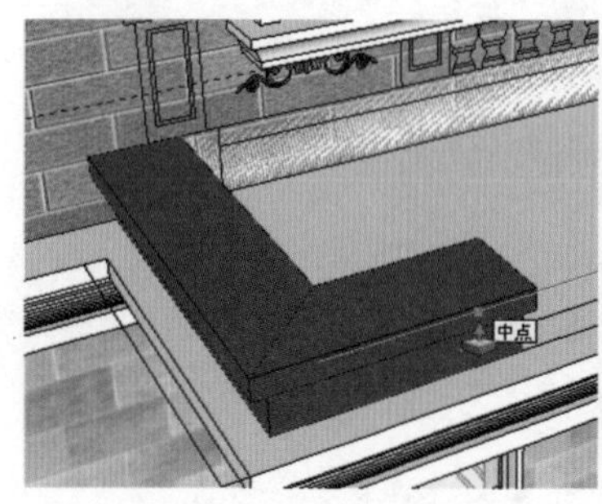

图 9-233　启用路径跟随工具

图 9-234　第二层阳台角线完成效果

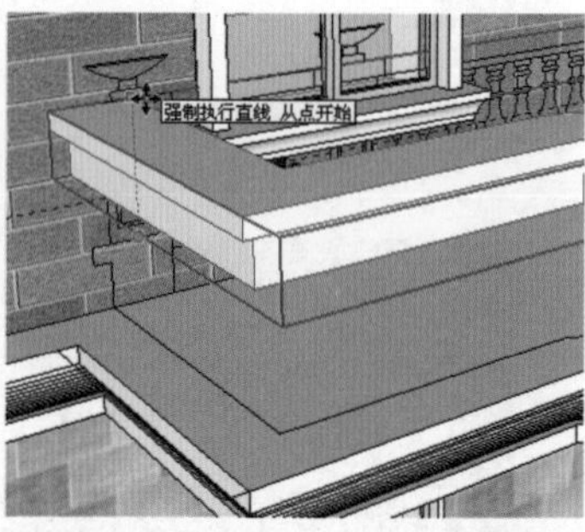

图 9-235　向上移动复制创建好的角线

07 进入右视图选择角线下部边线，参考侧面图纸向上调整厚度，制作出阳台栏杆面，如图 9-236 与图 9-237 所示。

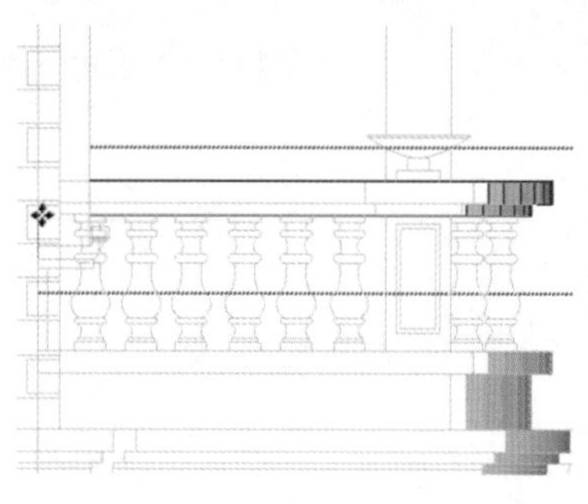

图 9-236　参考侧立面调整造型

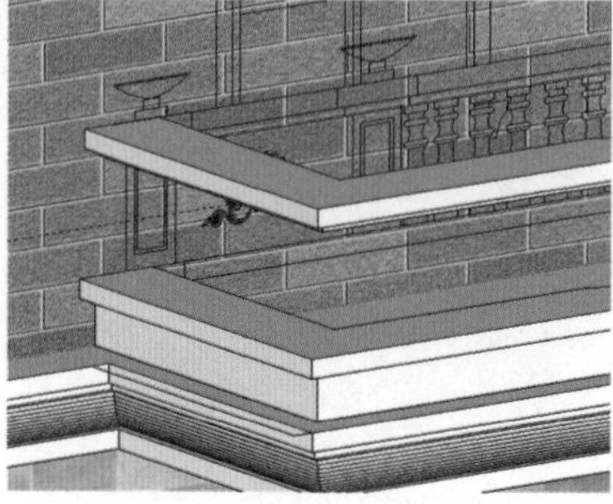

图 9-237　栏杆台面完成效果

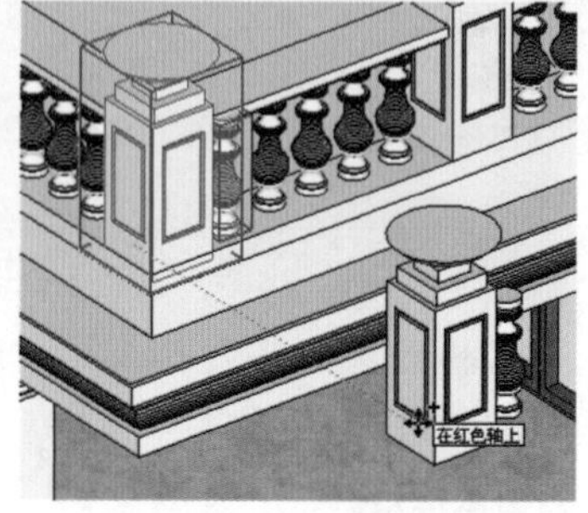

图 9-238　移动复制立柱与栏杆

08 启用【移动】工具，选择正立面阳台立柱与栏杆模型进行复制，然后参考相关图纸完成背面栏杆制作，如图 9-238~图 9-240 所示。

09 结合使用【圆】以及【路径跟随】工具，参考背立面图制作背立面的圆形装饰柱，然后进行移动复制，如图 9-241 与图 9-242 所示。

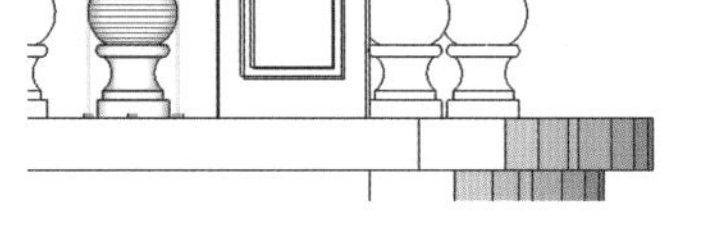

图 9-239　参考侧立面图进行对位与调整

图 9-240　阳台模型局部完成效果

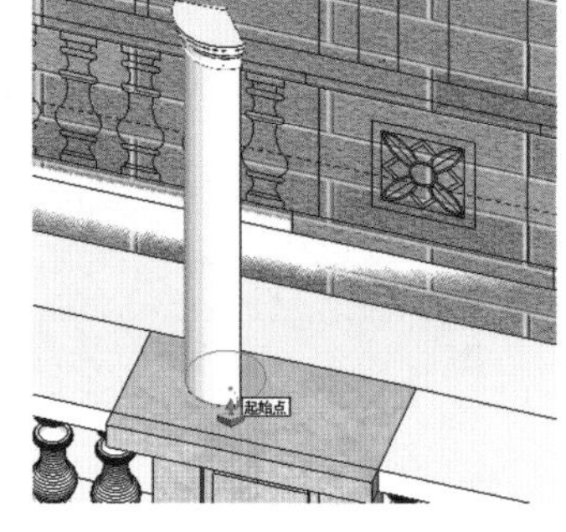

图 9-241　绘制背立面装饰圆柱

10 复制出对侧的圆形装饰柱，完成第二层阳台模型的制作，如图 9-243 所示。

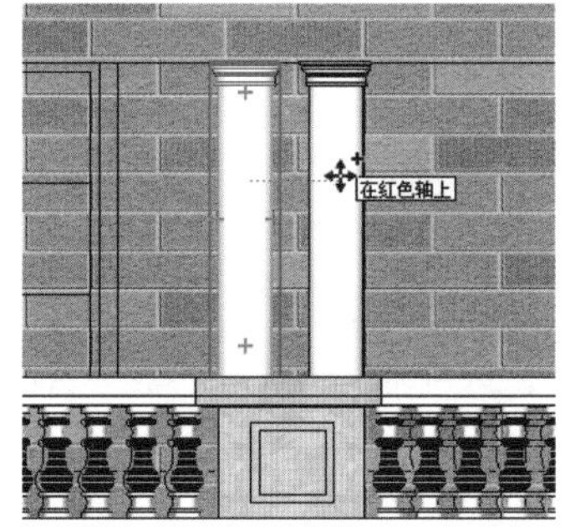

图 9-242　移动复制装饰圆柱

图 9-243　第二层阳台完成效果

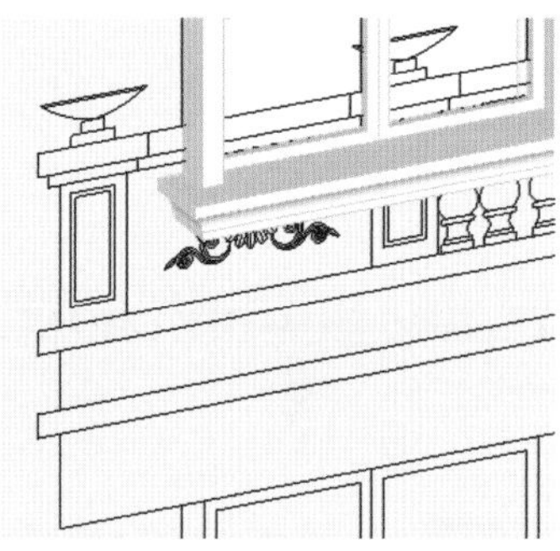

图 9-244　三至五层阳台角线细节

11 参考背面图纸中三至五层阳台角线图形，使用【路径跟随】工具制作出阳台角线，如图 9-244 与图 9-245 所示。

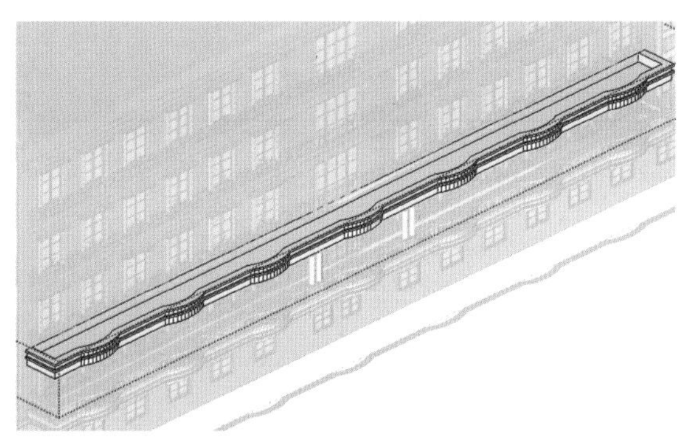

图 9-245　使用路径跟随制作阳台角线

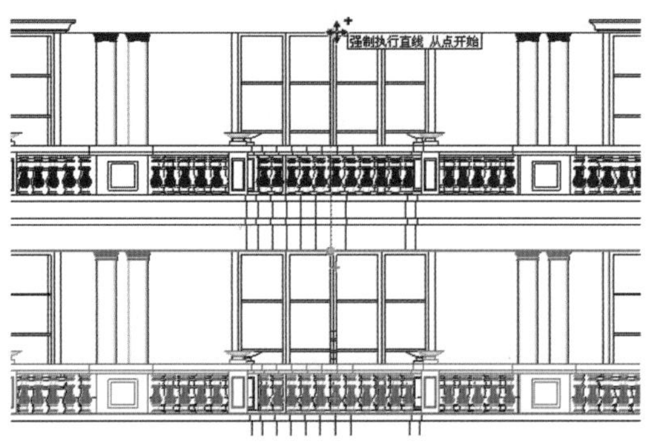

图 9-246　整体复制阳台栏杆与装饰柱

12 移动复制第二层阳台中创建的栏杆与装饰圆柱，组成第三层阳台模型，然后再复制出其他层阳台模型，如图 9-246 与图 9-247 所示。

13 由于阳台模型面数庞大，为了便于以后操作，在制作完成后将一至四层阳台进行隐藏，如图 9-248 所示。仅保留第五层阳台装饰圆柱，以参考进行背立面装饰构件与角线的制作。

14 选择第五层阳台装饰圆柱上方边线，参考立面图调整好其高度，如图 9-249 所示。

15 参考 CAD 侧立面图，结合使用【线条】与【拉伸】工具，制作出背立面坡顶轮廓，如图 9-250 图 9-251 所示。

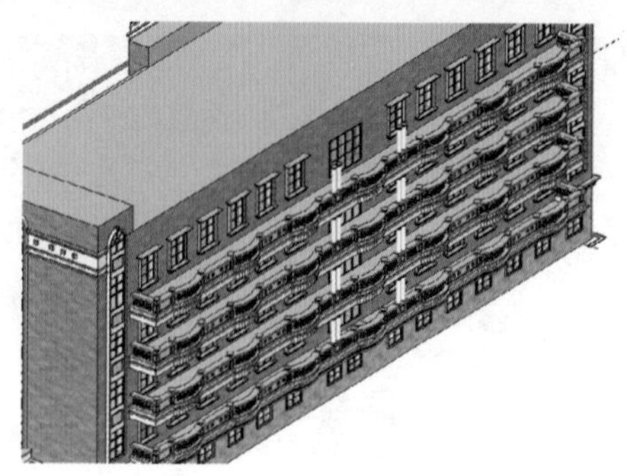
图 9-247　背立面阳台完成效果

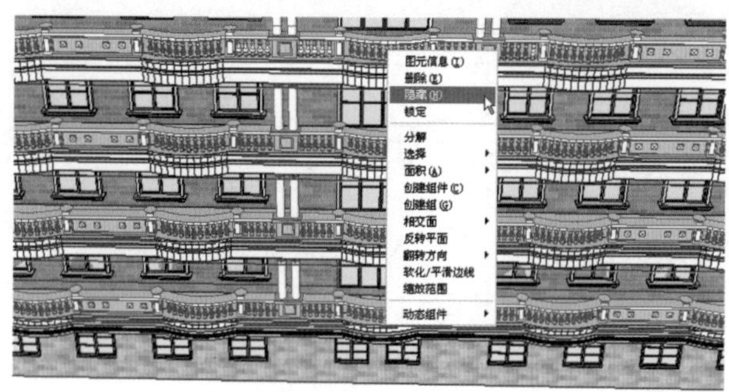

图 9-248　隐藏一至四层阳台模型

图 9-249　调整第五层装饰柱高度

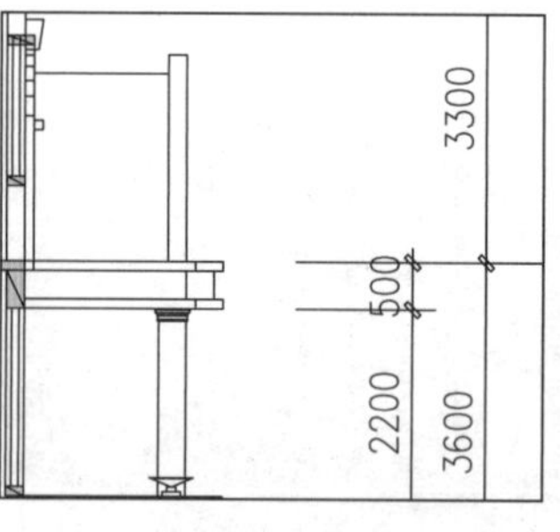

图 9-250　绘制平面

图 9-251　观察 Cad 图纸

16 结合使用【偏移】与【拉伸】工具，完成坡顶细节的创建，如图 9-252~ 图 9-255 所示。

图 9-252　启用拉伸工具

图 9-253　启用偏移复制工具

图 9-254　进行细节推拉

17 参考背立面阳台顶板图纸，使用【路径跟随】工具完成阳台顶板模型的制作，如图 9-256 和图 9-257 所示。

图 9-255　模型细节完成效果

图 9-256　顶层阳台板角线细节

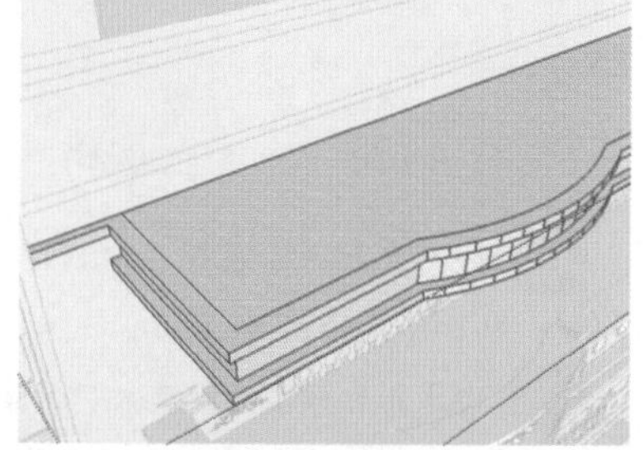
图 9-257　制作出顶层阳台板

18 参考侧立面图，绘制出背立面顶部角线截面，启用【推/拉】工具制作出背立面顶部角线，如图 9-258~ 图 9-260 所示。

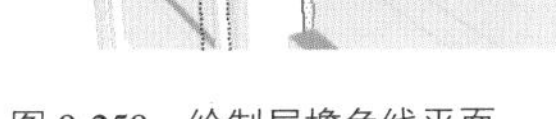

图 9-258 绘制屋檐角线平面

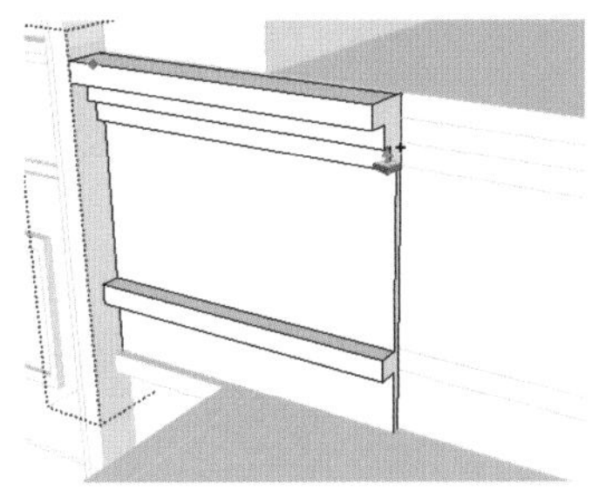

图 9-259 启用推拉工具

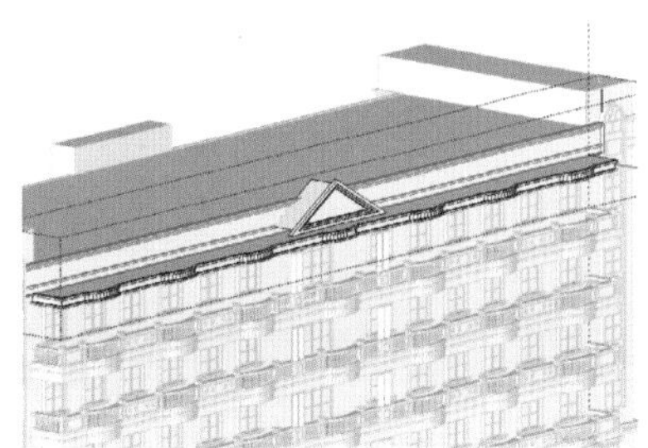

图 9-260 完成背立面装饰角线

19 启用【移动】工具，选择侧立面中的装饰块复制至背立面，并参考图纸进行对位与复制，如图 9-261 与图 9-262 所示。

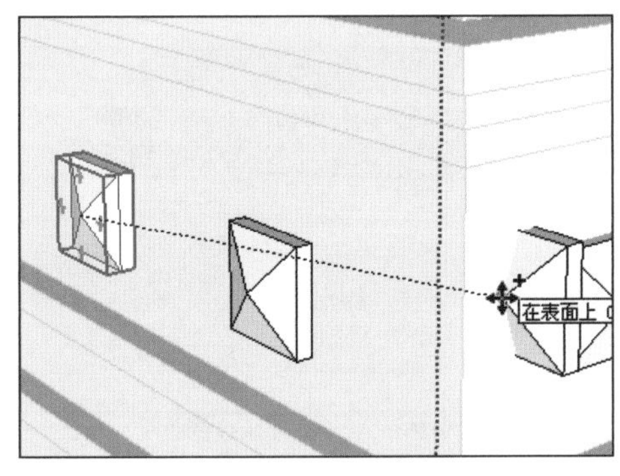

图 9-261 移动复制装饰块细节

图 9-262 装饰块完成效果

20 建筑背立面模型完成效果如图 9-263 所示，最后进行屋顶模型的制作。

图 9-263 背立面完成效果

9.7 制作屋顶及细节

本办公楼建筑的屋顶由欧式凉亭与装饰角线组成，如图 9-264 与图 9-265 所示。本书第 5 章已经练习了圆形凉亭模型的绘制，因此这里只介绍装饰角线的创建，然后直接调用组件，即可完成屋顶模型的创建。

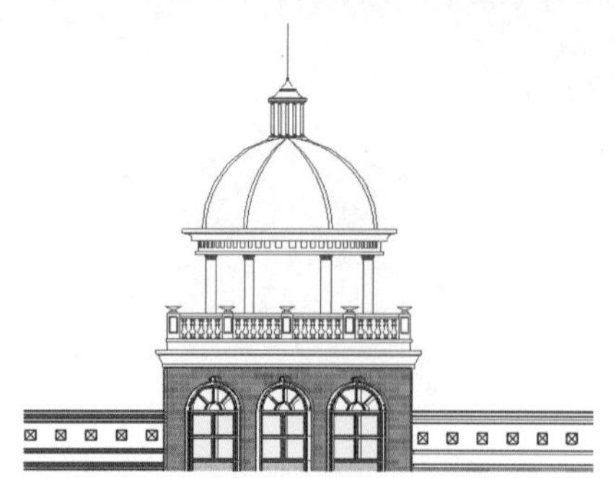

图 9-264　中间屋顶图纸效果

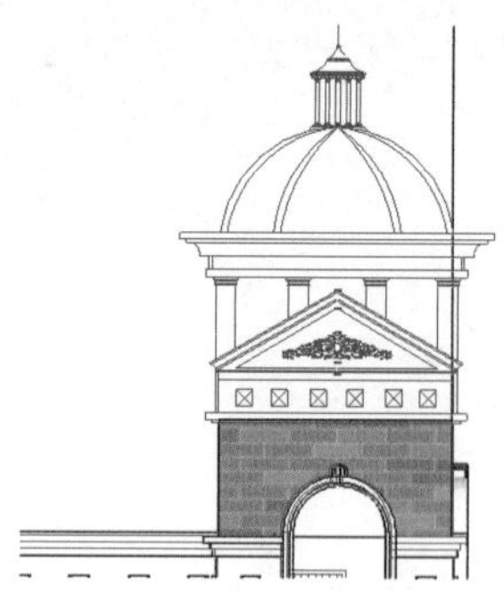

图 9-265　两侧屋顶图纸效果

01 启用【推/拉】工具，制作中间屋顶轮廓，使用正立面图绘制好角线截面，如图 9-266 与图 9-267 所示。

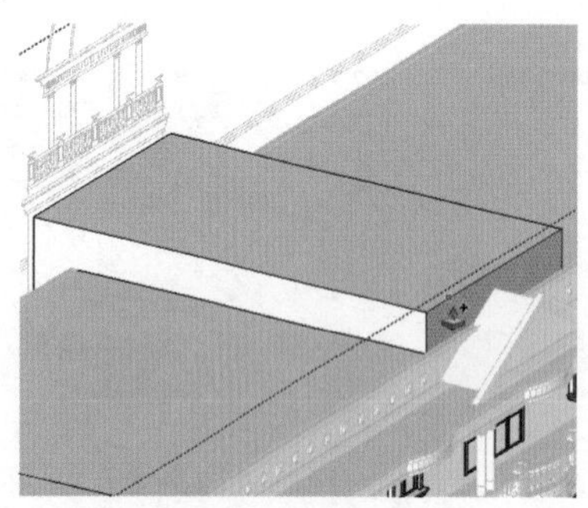

图 9-266　启用推拉工具

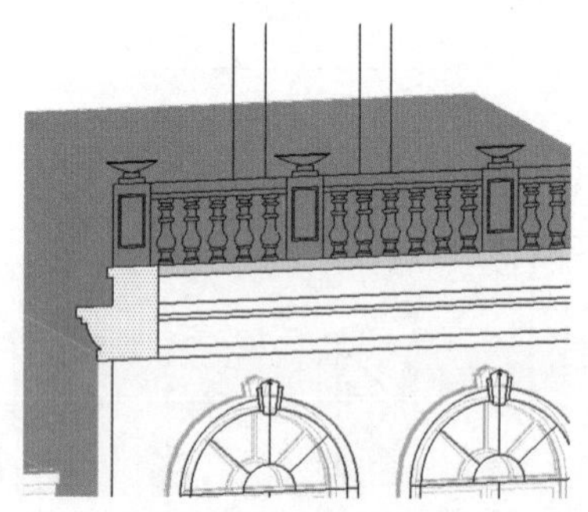

图 9-267　绘制屋顶角线截面

02 启用【矩形】工具绘制路径平面，启用【路径跟随】工具制作中间屋顶角线，如图 9-268 与图 9-269 所示。

图 9-268　路径跟随

图 9-269　屋顶中央角线完成效果

03 启用【移动】工具，将之前创建好的立柱与栏杆复制至中间屋顶，如图 9-270 所示。

图 9-270　复制立柱与栏杆

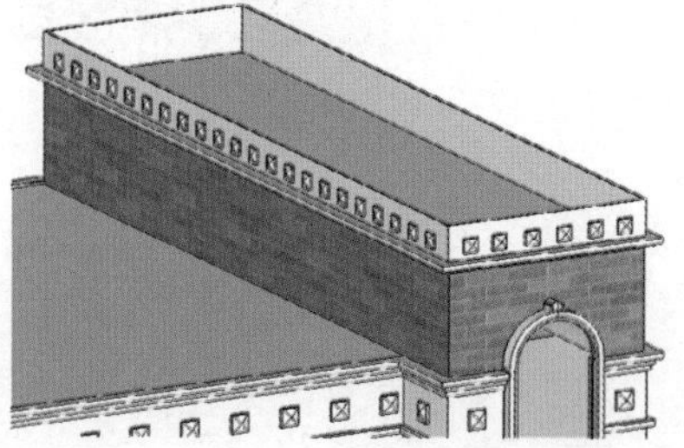

图 9-271　制作屋顶两侧角线

04 使用类似的方法，完成左右两侧屋顶的角线与装饰细节绘制，如图 9-271 与图 9-272 所示。

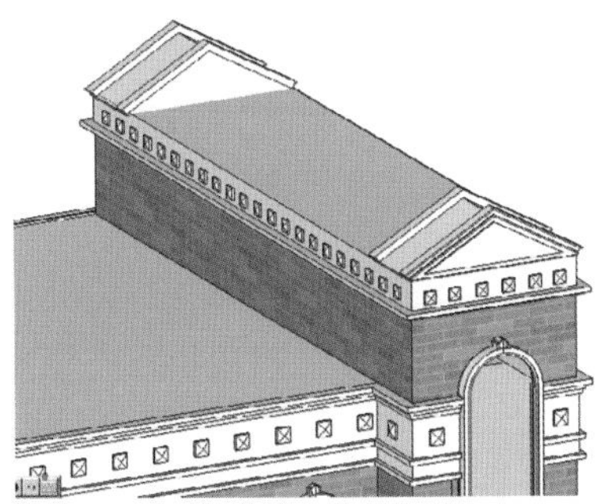

图 9-272　屋顶两侧装饰构件

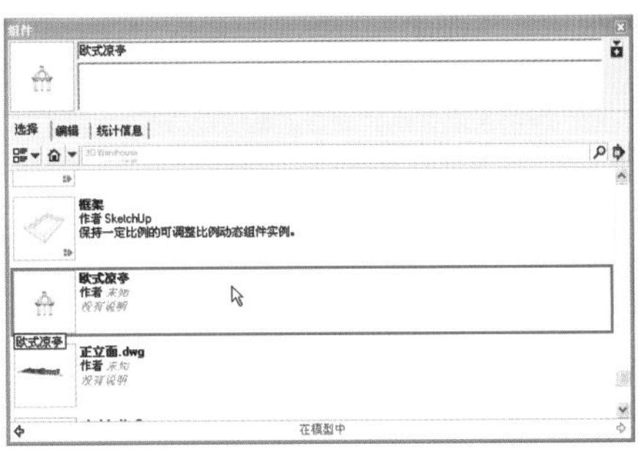

图 9-273　调用欧式凉亭组件

05 进入【组件】面板，调入之前创建好的欧式凉亭模型，根据各个立面图进行对位与大小调整，如图 9-273~图 9-275 所示。

图 9-274　参考图纸进行对位

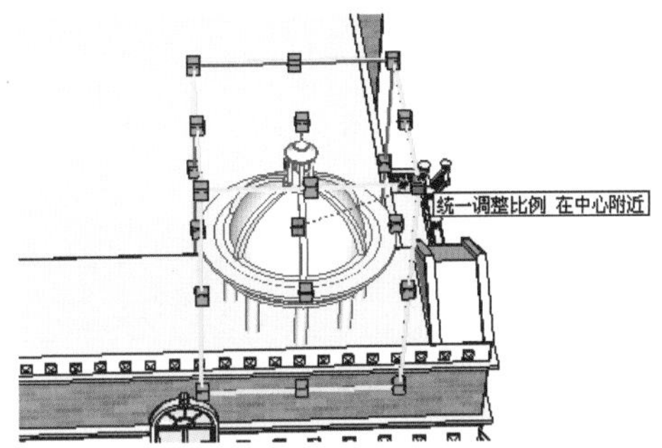

图 9-275　缩放调整凉亭大小

06 本幢欧式办公楼建筑模型创建完成，最终效果如图 9-276 所示。

图 9-276　最终完成效果

第 10 章

广场景观方案设计

本章重点：

- 正式建模前的准备工作
- 建立入口及周边景观模型
- 制作中心广场
- 制作后方汀步及水景
- 制作建筑及环境
- 细化景观节点效果

“景观设计”是指在建筑设计或规划设计的过程中，对周围环境要素的整体考虑，使得建筑(群)与自然环境产生呼应关系，使其使用更方便、更舒适，提高其整体的艺术价值。在人们日益向往大自然、渴望回归大自然的今天，景观设计越来越受到人们的重视。

本章设计的是一个政府办公楼广场景观，通过 CAD 平面布置图和彩色平面图（彩平图）完成广场景观方案制作，如图 10-1 与图 10-2 所示。

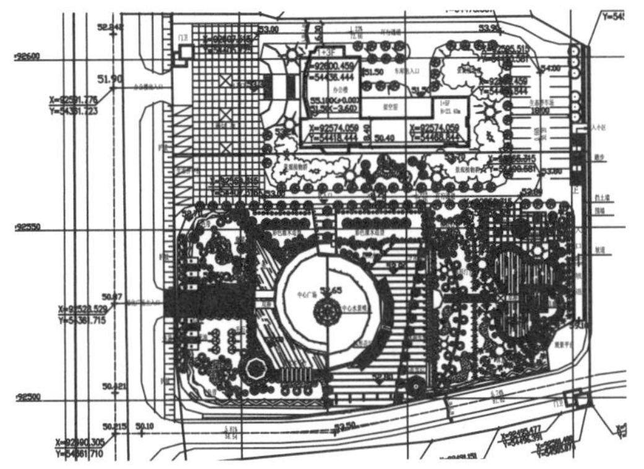

图 10-1　景观平面布局 CAD 图

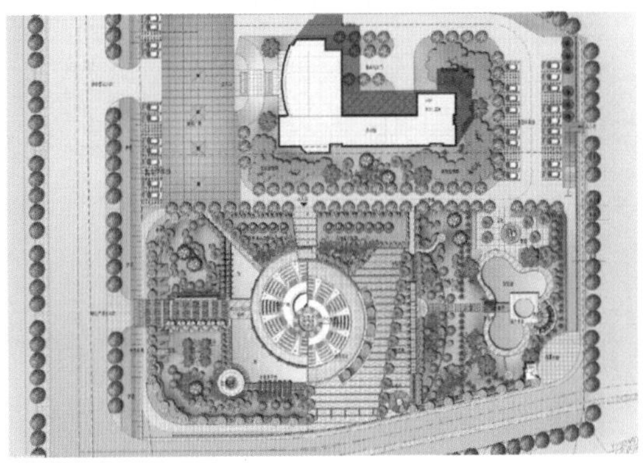

图 10-2　景观平面布局彩平图

最终完成的景观鸟瞰效果及相关的景观节点效果如图 10-3~ 图 10-6 所示。

图 10-3　景观鸟瞰效果

图 10-4　入口节点景观效果

图 10-5　广场节点景观效果

图 10-6　水景节点景观效果

10.1 正式建模前的准备工作

10.1.1 在 Photoshop 中裁剪彩平图纸

01 启动 Photoshop，按 Ctrl+O 快捷键，打开配套光盘“第 10 章\景观彩平图.jpg”，如图 10-7 所示。

02 按C键启用【裁剪】工具，剪切掉右侧及上方多余部分，如图 10-8 所示。

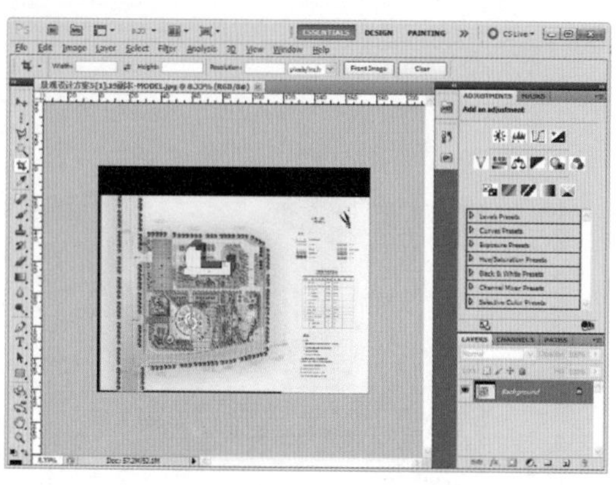
图 10-7 打开彩平图

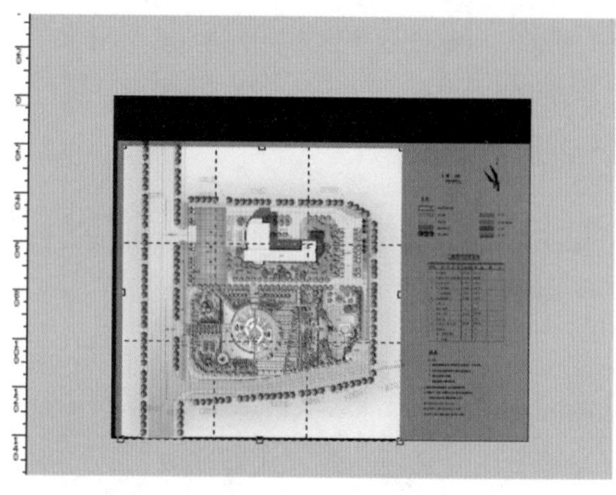
图 10-8 裁剪彩平图

03 按 Ctrl + Shift + S 快捷键，以另一个文件名进行保存，与图 10-9 所示。

10.1.2 导入整理图纸至 SketchUp

01 启动 SketchUp，进入【模型信息】面板，设置场景单位如图 10-10 所示。

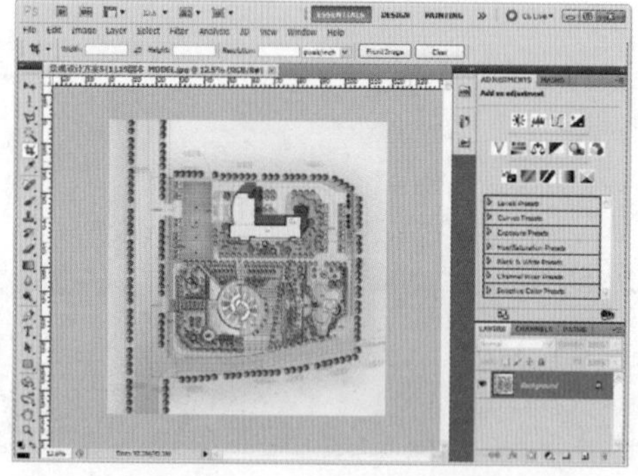
图 10-9 裁剪后的彩平图

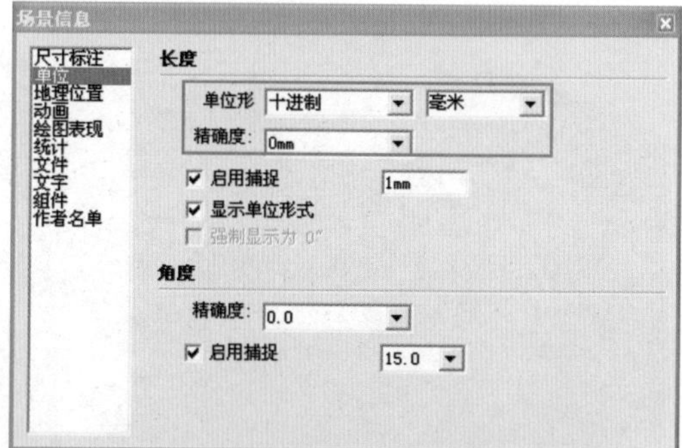

图 10-10 设置场景单位

02 执行【文件】/【导入】菜单命令，在弹出的【打开】面板中选择裁剪后的景观彩平图，如图 10-11 所示。

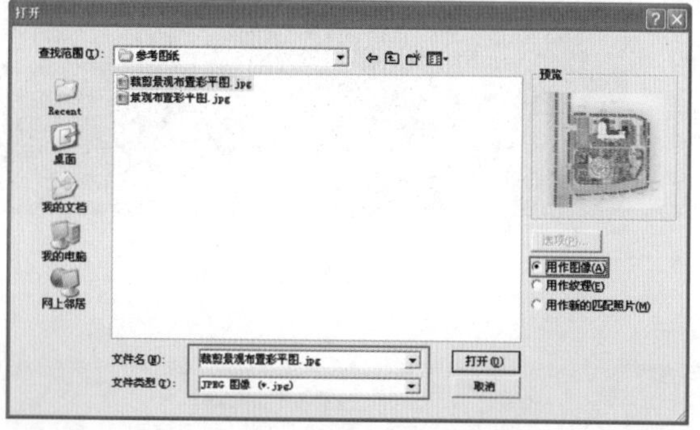

图 10-11 选择彩平图进行导入

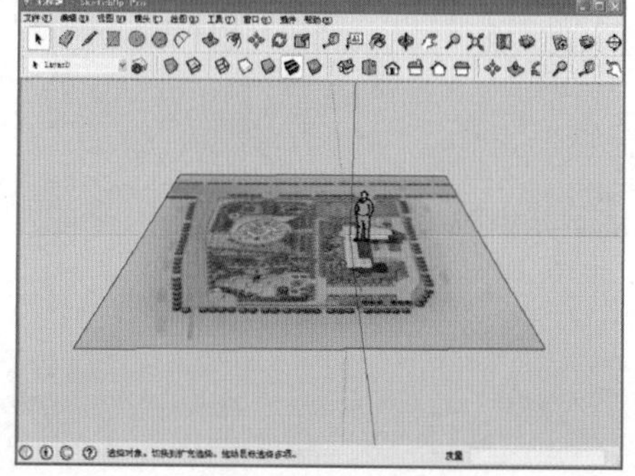
图 10-12 彩平图导入效果

03 彩平图导入效果如图 10-12 所示。接下来参考 CAD 图纸设置导入图纸尺寸，首先测量出 CAD 图纸中主入口台阶宽度，如图 10-13 所示。

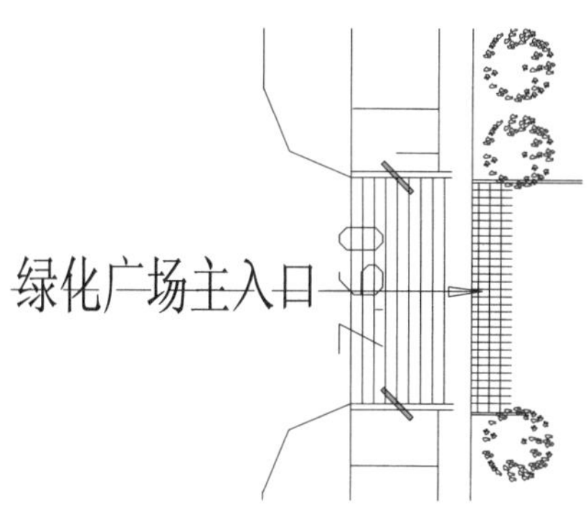

图 10-13　测量入口台阶宽度

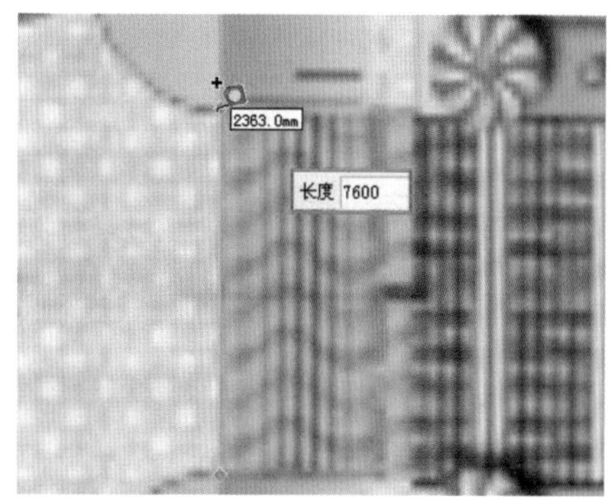

图 10-14　重设图纸中入口台阶宽度

04 根据 CAD 图纸中的尺寸，启用【卷尺】工具重设图纸尺寸，如图 10-14 与图 10-15 所示。

图 10-15　确定重设图纸尺寸

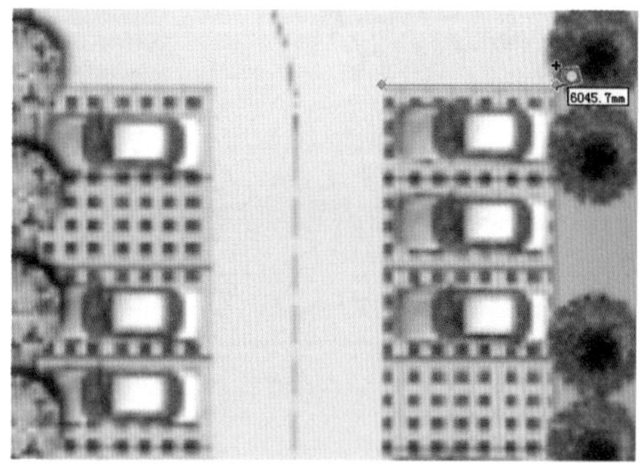

图 10-16　测量停车位宽度

05 图纸重设完成后，再测量图纸中一些部位验证尺寸，确保彩平图尺寸正常，如图 10-16 与图 10-17 所示。

06 调整后的彩平图最终效果如图 10-18 所示。

图 10-17　验证停车位宽度

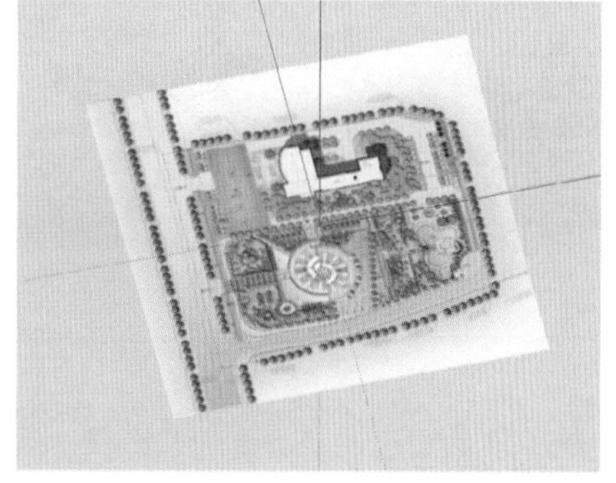

图 10-18　重设尺寸后的彩平图

10.1.3 通过图纸分析建模思路

在建立模型前分析景观设计内容，确定大致的建模思路，可以有效加快模型创建的准确度，提高工作效率。

01 通过分析彩平图可以发现，本景观图主要分景观区域与建筑区域两大部分，如图 10-19 所示。

02 本方案设计重点是广场景观区域，由左至右可以分为三个部分：广场主入口、中心广场和水景景观，如图 10-20 所示。

图 10-19　景观区域与建筑区域

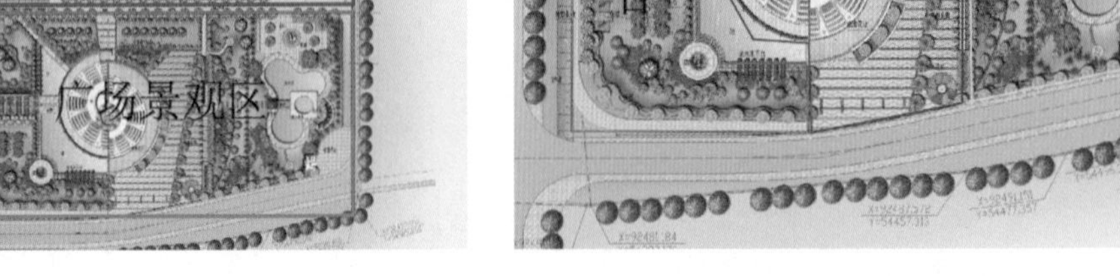

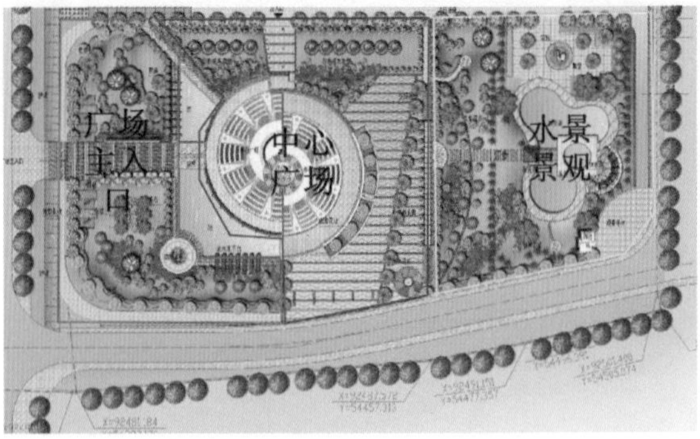

图 10-20　景观区域主要划分

03 本案例模型绘制将以三个主要的景观区域展开，过程如图 10-21~图 10-23 所示。。

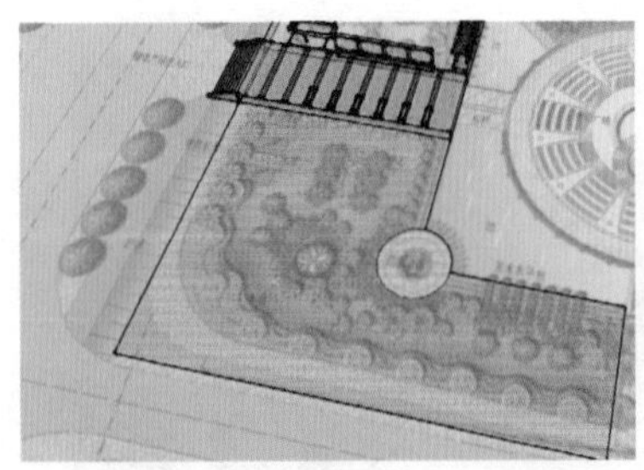

图 10-21　制作主入口及周边景观

图 10-22　制作中心广场及周边景观

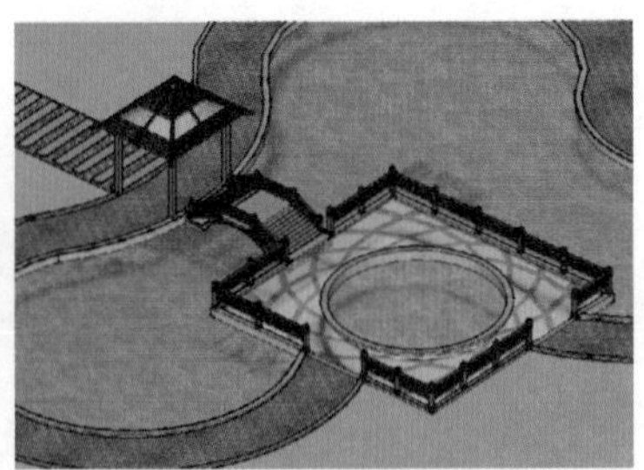

图 10-23　制作水景及周边景观

04 在完成景观区域模型创建后，再制作出建筑及周边配套设施，然后添加树木及人物细节，完成整个效果的制作，如图 10-24 与图 10-25 所示。

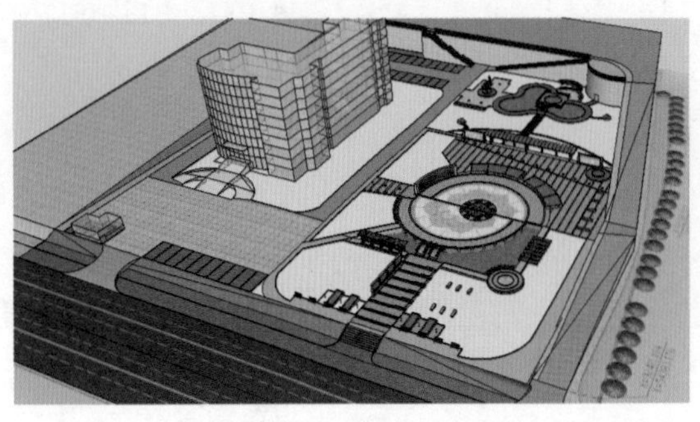

图 10-24　制作建筑及周边设施

图 10-25　完成景观场景细化

10.2 建立入口及周边景观模型

10.2.1 创建台阶及中心景观通道

01 执行【视图】/【正面样式】/【X 射线】命令，将彩平图以透明方式显示，如图 10-26 所示。

02 制作主入口台阶模型。观察 CAD 图纸中的标高，得到台阶整体的大概高度，如图 10-27 所示。

03 结合使用【矩形】与【线条】创建工具，通过拆分绘制出台阶的细分平面，如图 10-28~图 10-30 所示。

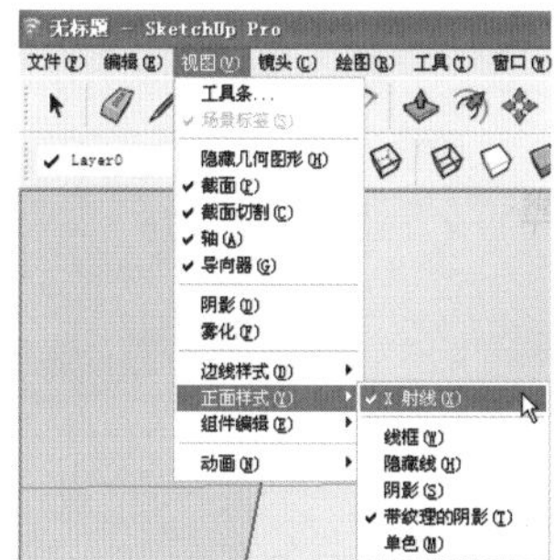

图 10-26　调整至 X 光显示模式

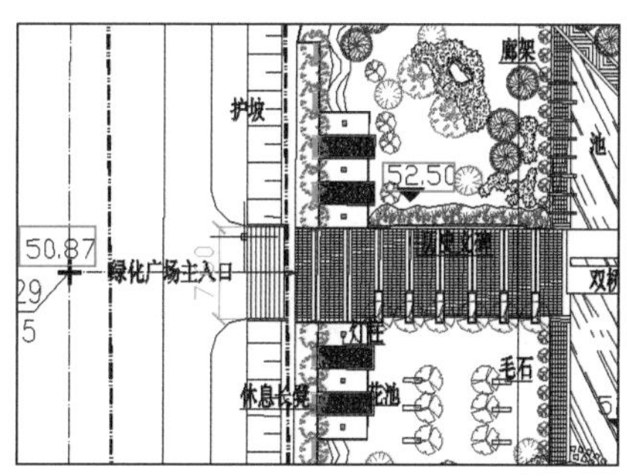

图 10-27　查看 CAD 图纸中的标高

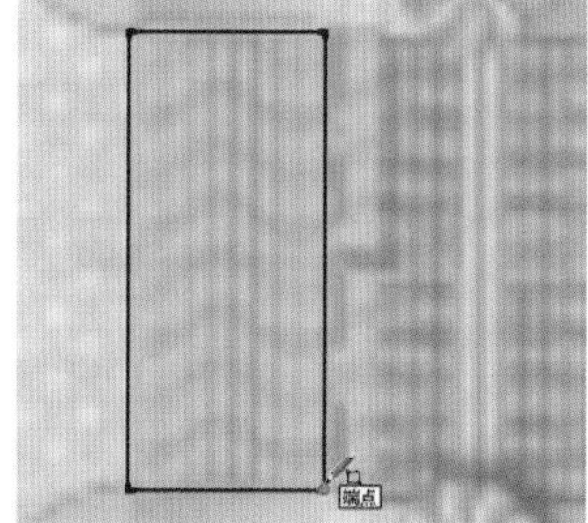

图 10-28　分割台阶面

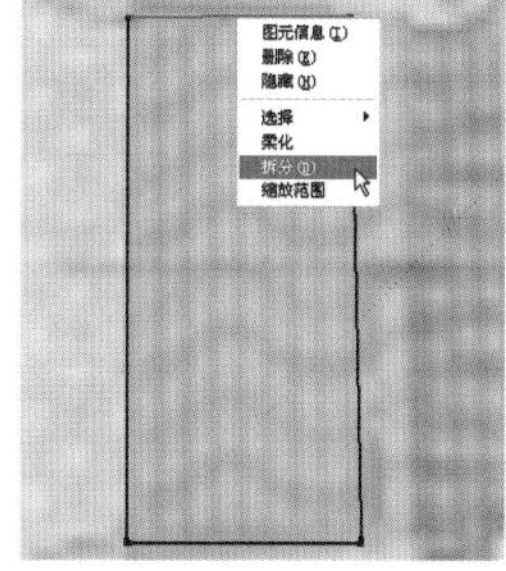

图 10-29　拆分线段

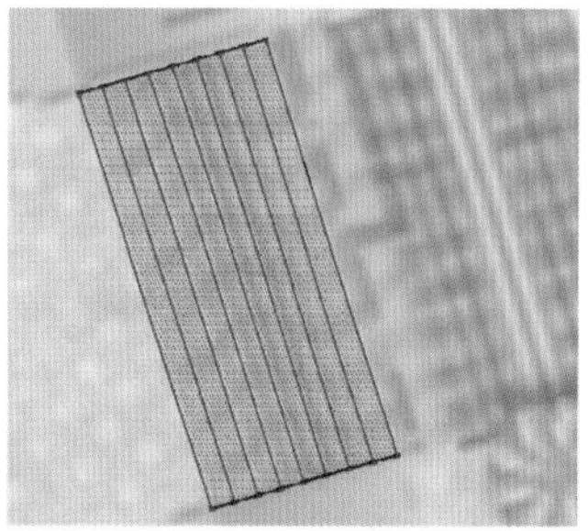

图 10-30　细分台阶面

04 启用【推/拉】工具，创建出台阶的细节造型，然后删除两侧平面并将其创建为【组】，如图 10-31 与图 10-32 所示。

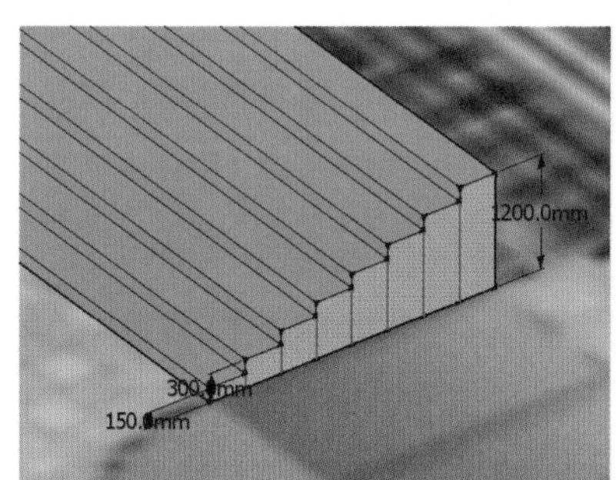

图 10-31　推拉出台阶造型

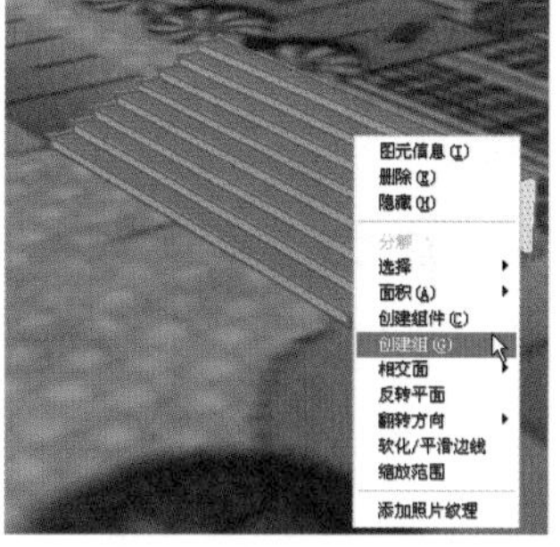

图 10-32　删除侧面并创建组

05 启用【线条】创建工具，绘制台阶收边平面，启用【推/拉】与【移动】工具完成整体造型，如图 10-33 与图 10-34 所示。

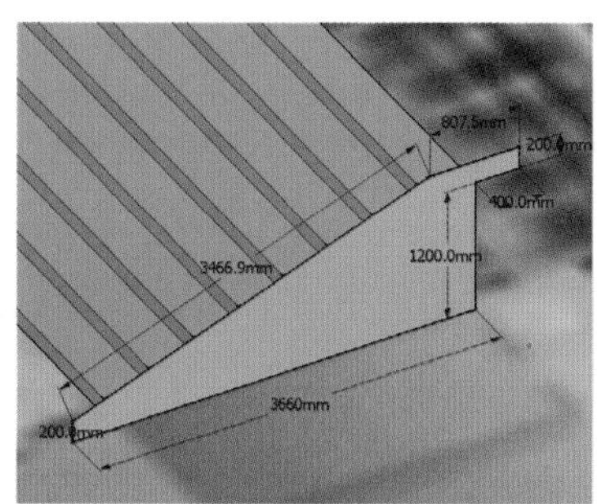

图 10-33　绘制台阶侧面截面

图 10-34　完成台阶模型

06 进入【使用层颜色材料】面板，为台阶赋予石材，完成主入口台阶模型的制作，如图 10-35 所示。

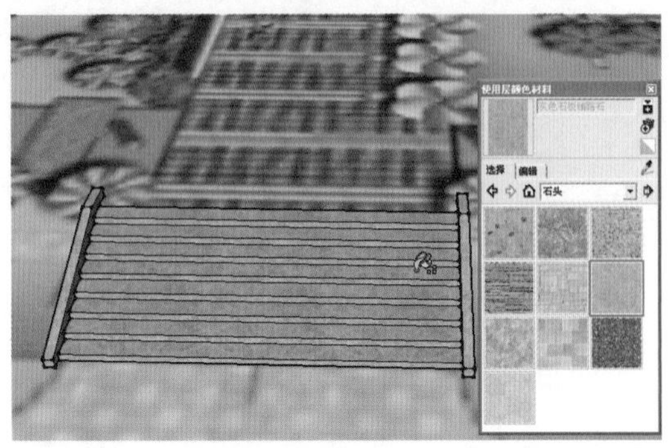

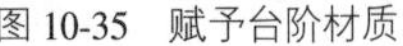

图 10-35 赋予台阶材质

图 10-36 推拉中心景观通道

07 制作中心通道。进入台阶【组】，选择后方的平面，启用【推/拉】工具，推拉出中心通道轮廓，如图 10-36 所示，

08 选择中心通道相关的面与边线进行剪切，退出台阶【组】后进行粘贴与对位，如图 10-37~图 10-39 所示，以移出台阶组。

图 10-37 选择中心通道创建组

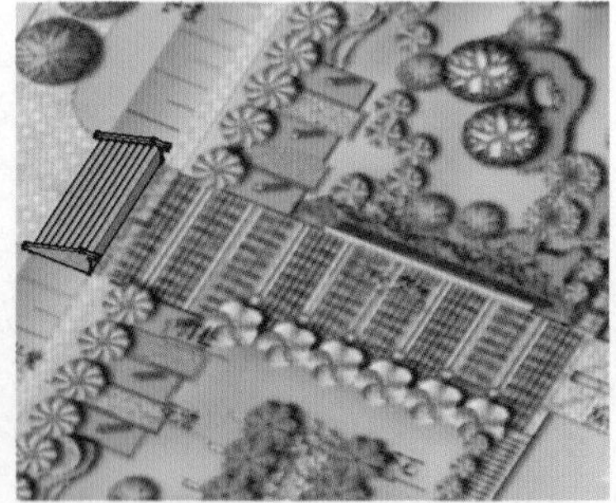

图 10-38 剪切出台阶组

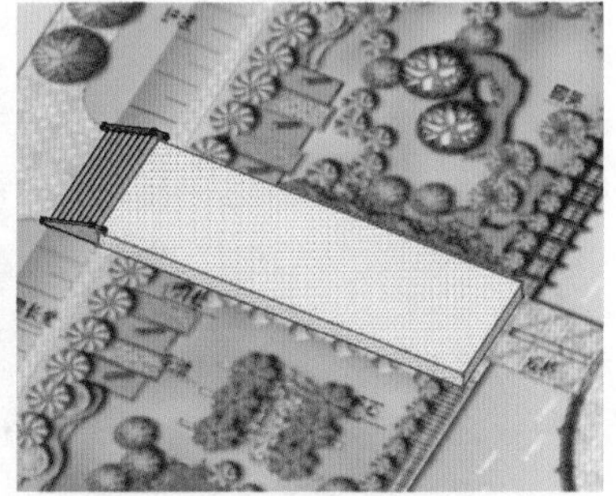

图 10-39 粘贴回场景

09 启用【线条】创建工具，参考彩平图分割中心通道地面，如图 10-40 与图 10-41 所示。

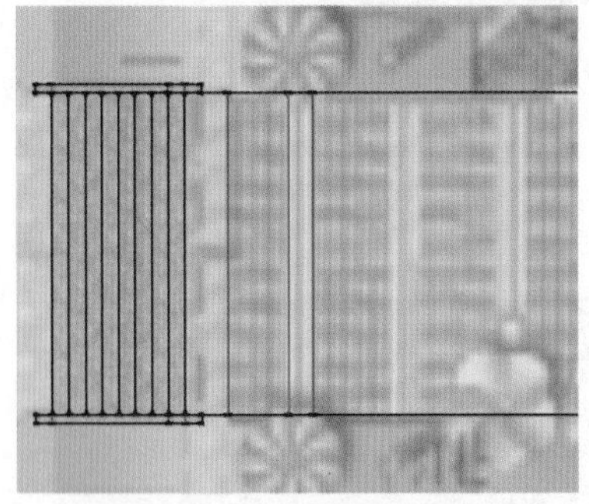

图 10-40 分割中心通道平面

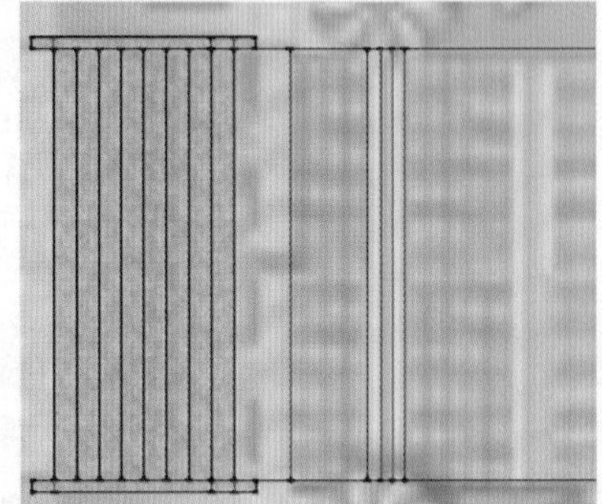

图 10-41 细分中心通道平面

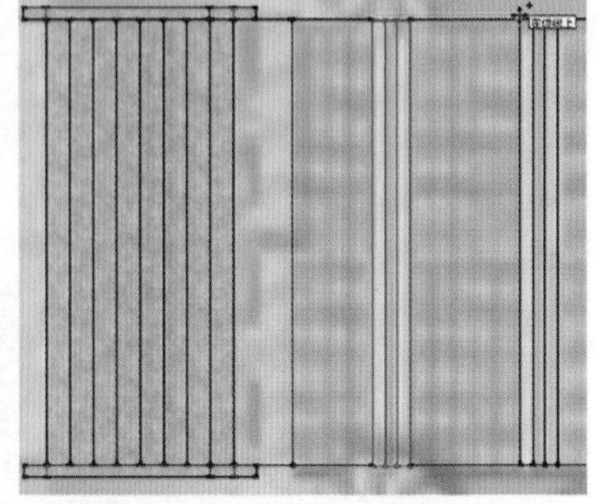

图 10-42 移动复制分割线段

10 选择分割好的线段，启用【移动】工具，复制出其他位置的分割线，如图 10-42 与图 10-43 所示。

11 参考彩平图制作右侧的树池，如图 10-44 所示。

12 启用【线条】创建工具，参考彩平图分割出右侧树池所在平面，如图 10-45 所示

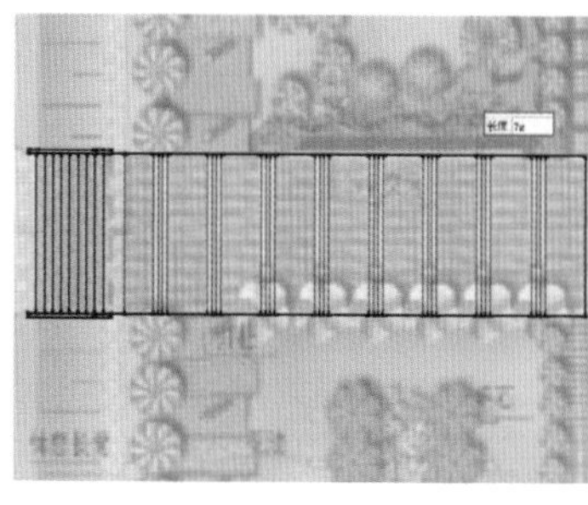

图 10-43 多重复制分割线段

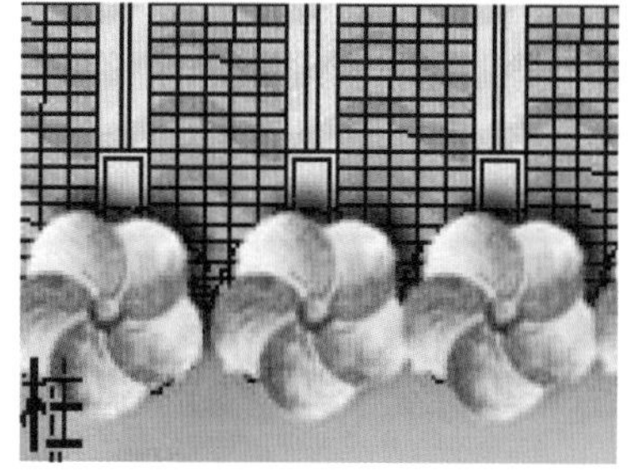

图 10-44 彩平图中心通道树池

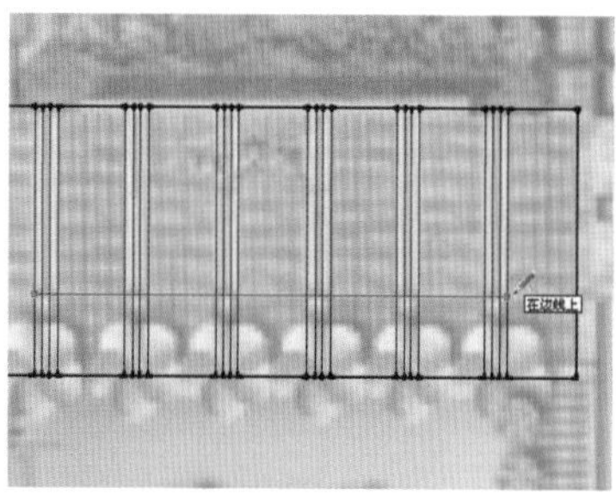

图 10-45 绘制分割线

13 删除多余边线，结合使用【偏移】与【推/拉】工具制作出单个树池的轮廓，如图 10-46~图 10-48 所示。

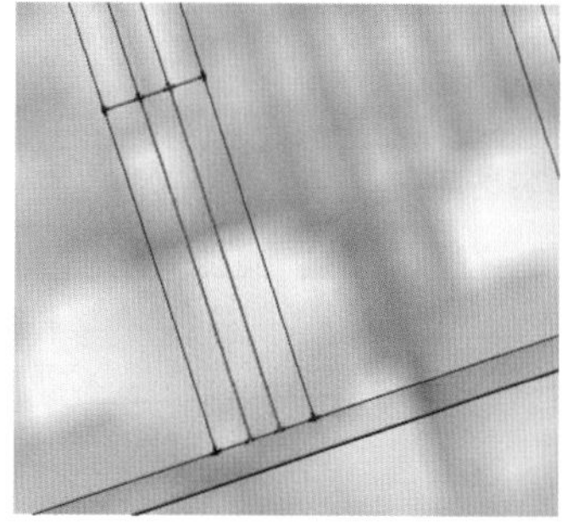

图 10-46 删除多余边线

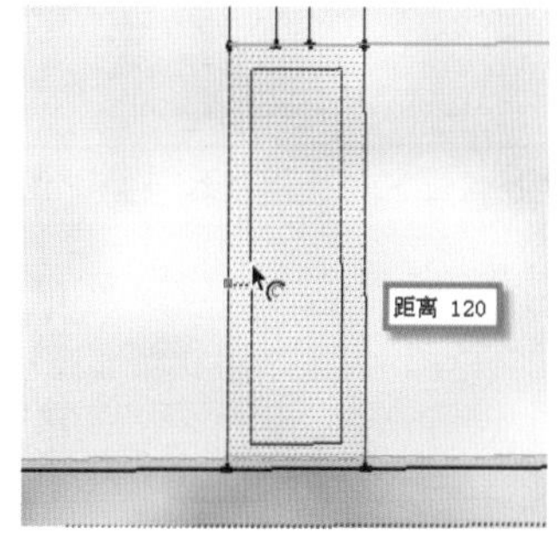

图 10-47 启用偏移复制工具

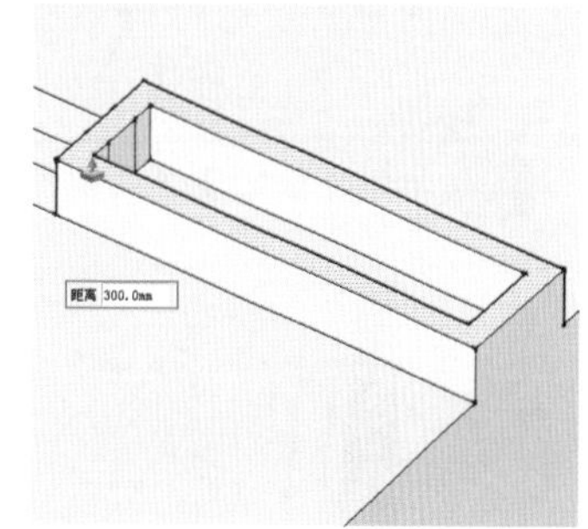

图 10-48 启用推拉工具

14 调整树坛内草皮高度，进入【使用层颜色材料】面板为其赋予对应材质，然后创建为【组】，如图 10-49~图 10-51 所示。

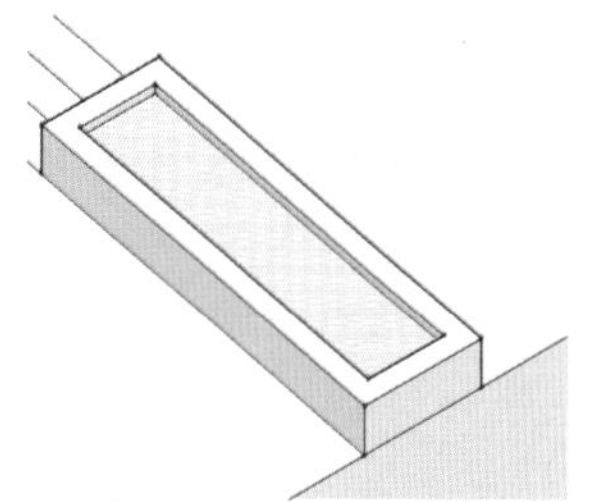

图 10-49 推高草皮平面

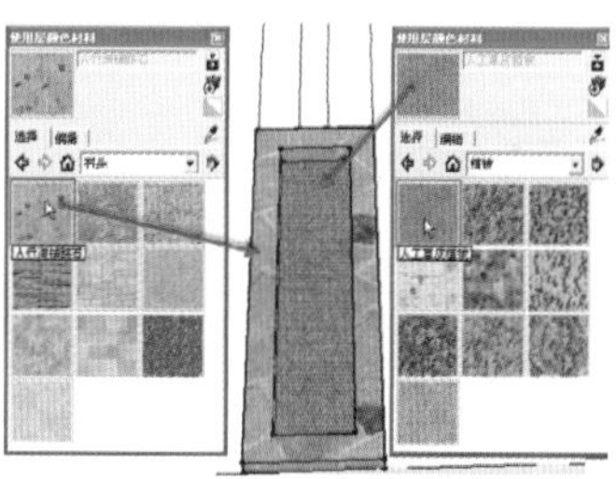

图 10-50 赋予草皮材质

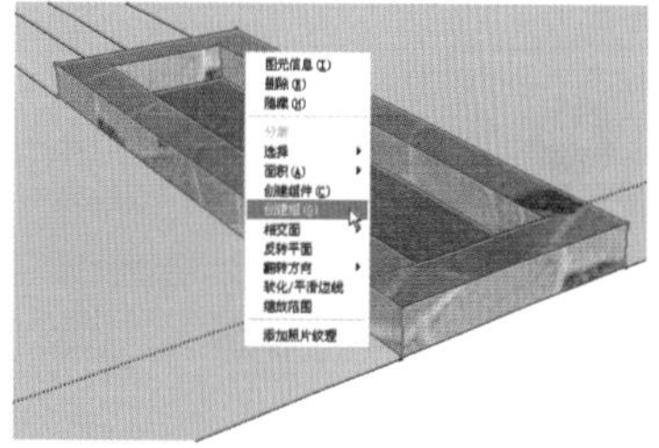

图 10-51 创建为组

15 选择创建的树池【组】，启用【移动】工具复制出其他位置的树池，如图 10-52 所示。

16 进入【使用层颜色材料】面板，为中心通道分割地面赋予石材，如图 10-53 所示。接下来制作中心通道右侧的历史文碑模型。

图 10-52 多重复制树池模型

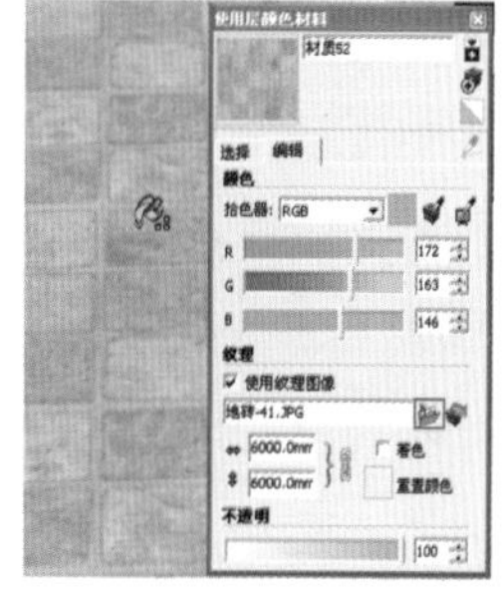

图 10-53 赋予中心通道地面石材

17 启用【矩形】创建工具，参考彩平图绘制好石碑平面，如图 10-54 所示。结合使用【推/拉】与【线条】工具进行分割，如图 10-55 所示。

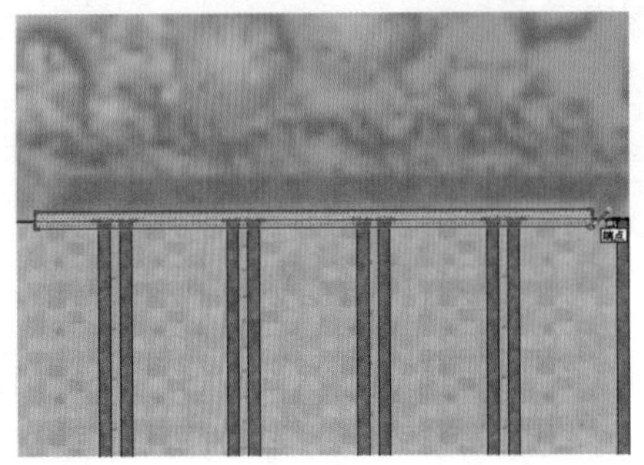

图 10-54 绘制历史文碑平面

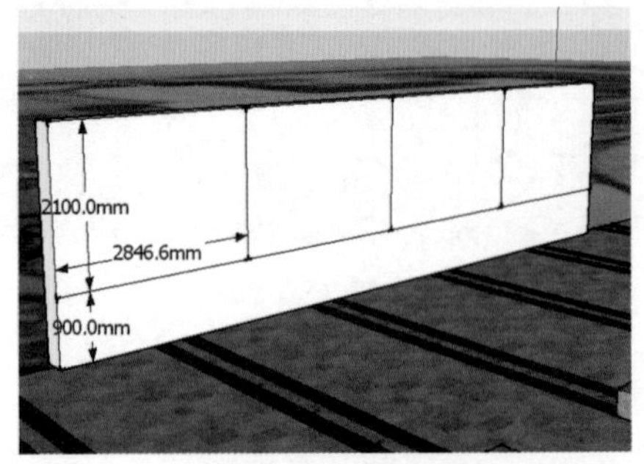

图 10-55 分割历史文碑

18 启用【推/拉】工具制作出石碑上部与下部的模型细节，如图 10-56 与图 10-57 所示。

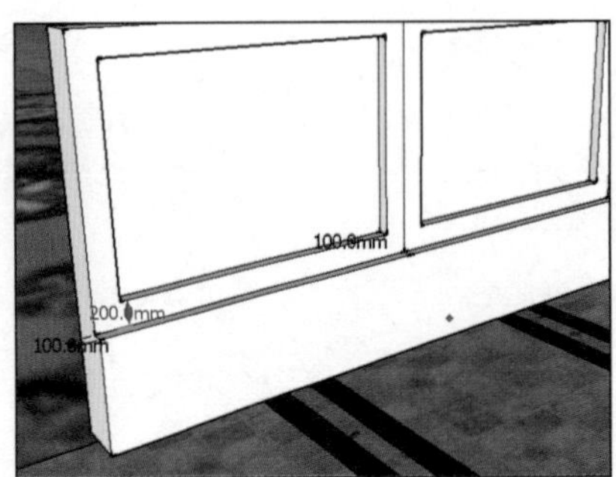

图 10-56 制作石碑上部细节

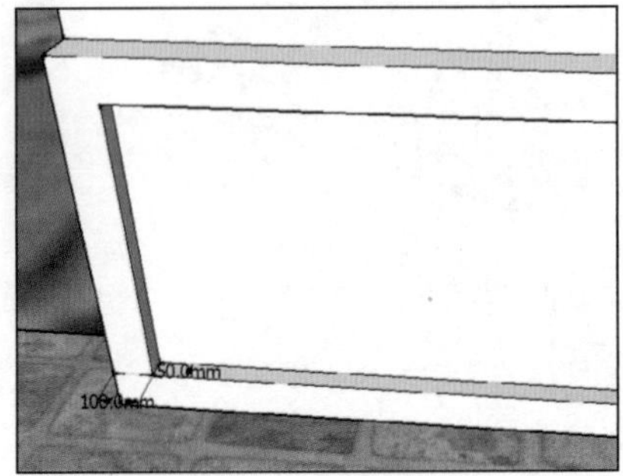

图 10-57 制作石碑下部细节

19 进入【使用层颜色材料】面板，通过贴图分别模拟出石碑上、下的造型细节，如图 10-58 与图 10-59 所示。

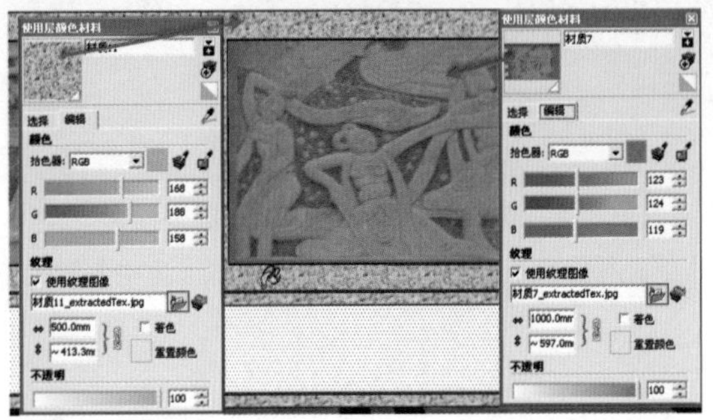

图 10-58 赋予上部浮雕材质

图 10-59 赋予下部浮雕材质

20 中心通道景观模型制作完成，效果如图 10-60 所示。接下来制作中心通道左右两侧的景观模型。

10.2.2 建立右侧小道景观

01 制作主入口右侧小道的景观。启用【推/拉】工具，参考彩平图制作出右侧整体轮廓模型，如图 10-61 所示。

02 启用【线条】创建工具，参考彩平图分割出道路平面，如图 10-62 与图 10-63 所示。

图 10-60 中心通道景观模型完成效果

图 10-61 推拉出中心通道右侧平面

图 10-62 分割道路平面

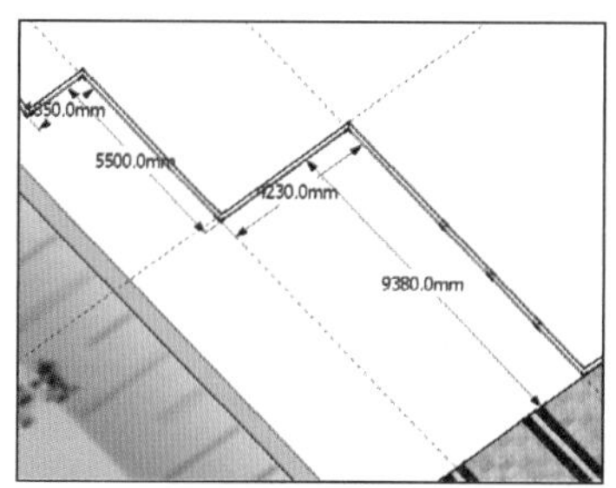

图 10-63 主入口右侧细节尺寸

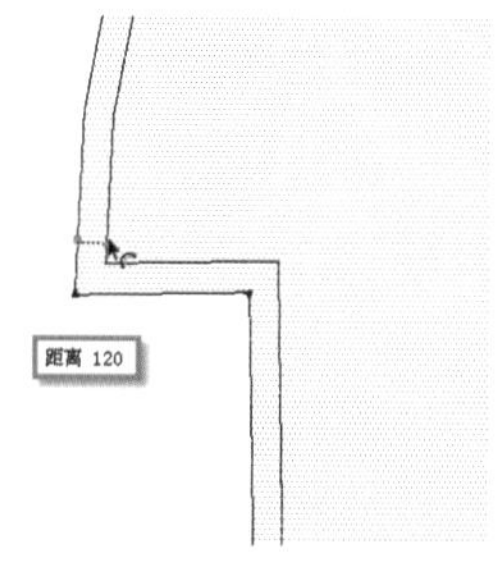

图 10-64 小道尺寸细节

03 结合使用【偏移】与【推/拉】工具制作路沿细节，如图 10-64 与图 10-65 所示。

04 制作小道处的花坛细节，首先选择内侧的线段 5 拆分，在第二分段处制作出花坛模型。如图 10-66 与图 10-67 所示。

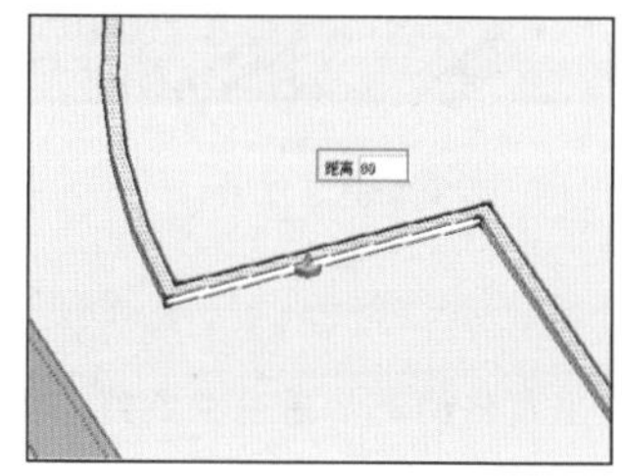
图 10-65 推拉出路沿细节

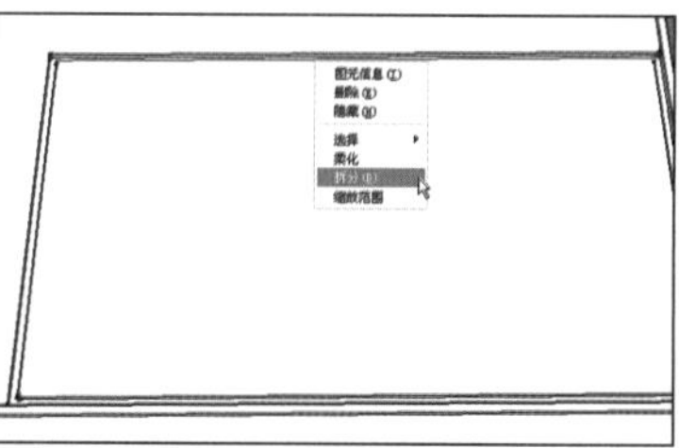
图 10-66 拆分线段

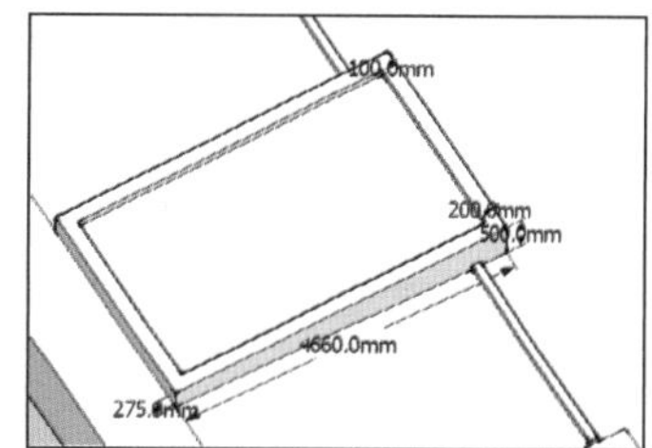

图 10-67 制作花坛模型

05 进入【使用层颜色材料】面板，为花坛赋予对应材质，然后将其创建为【组】。并复制一份至第 4 分段处，如图 10-68 与图 10-69 所示。

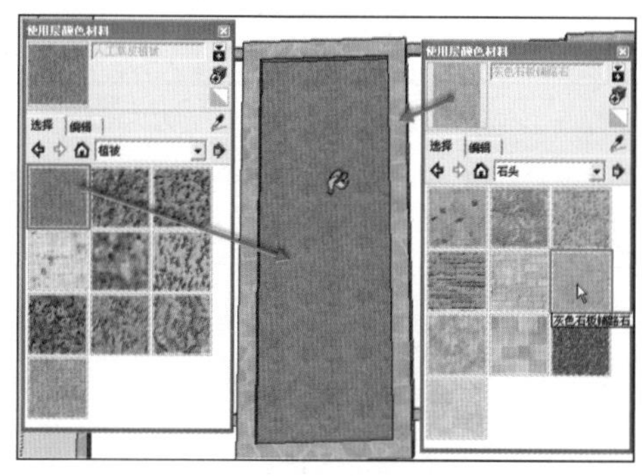

图 10-68 赋予花坛材质

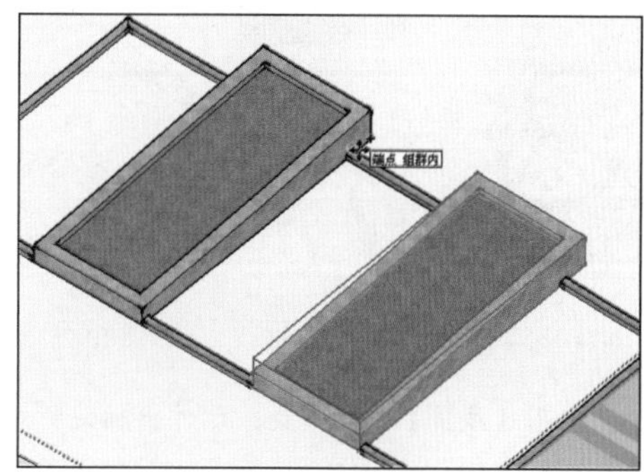
图 10-69 复制组

06 合并长椅及草地灯模型组件，完成右侧小道的模型制作，如图 10-70 与图 10-71 所示。

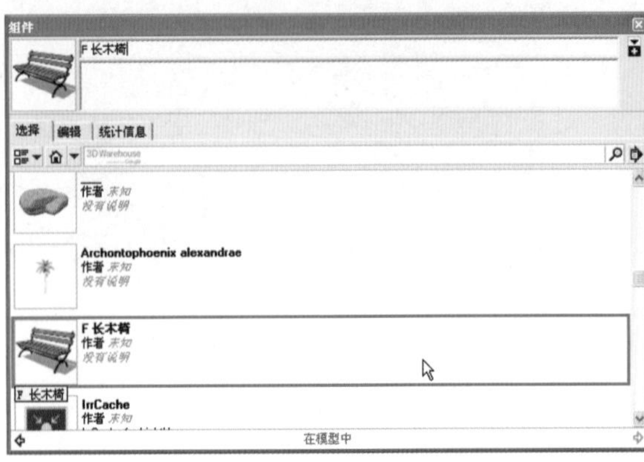

图 10-70 选择长椅模型组件

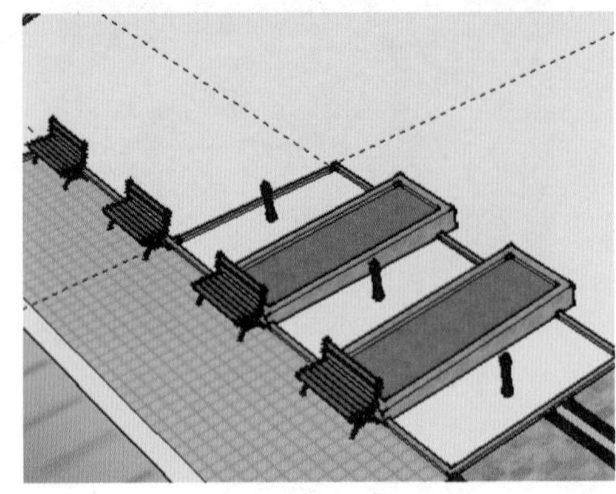

图 10-71 长椅及草灯合并效果

07 进入【使用层颜色材料】面板，为小道地面赋予石材，完成右侧通道制作，如图 10-72 与图 10-73 所示。接下来制作后方的廊架。

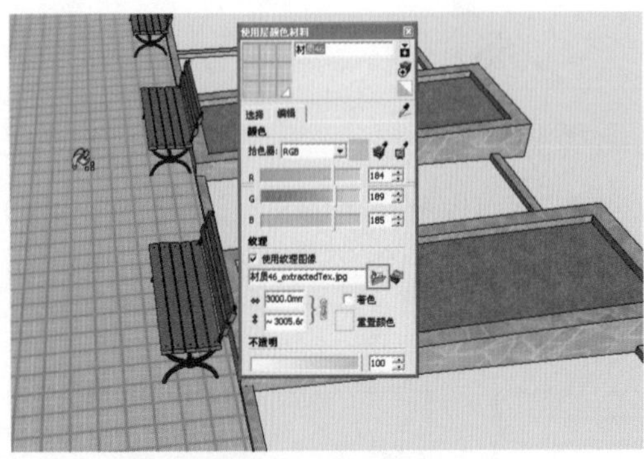

图 10-72 赋予地面石材

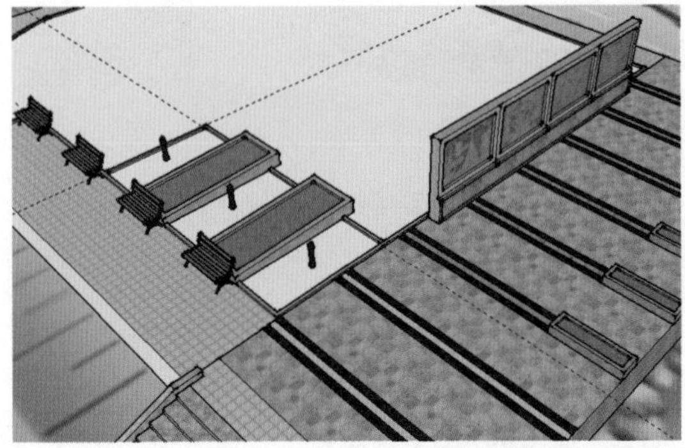

图 10-73 右侧通道及花坛完成效果

10.2.3 制作廊架

01 彩平图中廊架效果图 10-74 所示，启用【线条】创建工具，制作出右上角斜向走廊通道分割线，如图 10-75 所示。

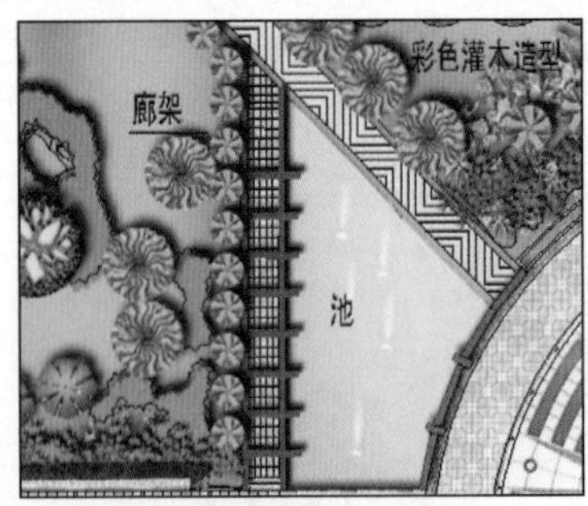

图 10-74 彩平图中的廊架景观

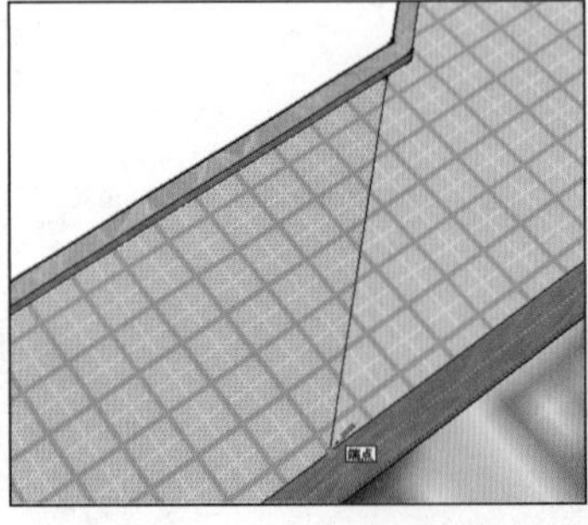

图 10-75 分割廊架所处平面

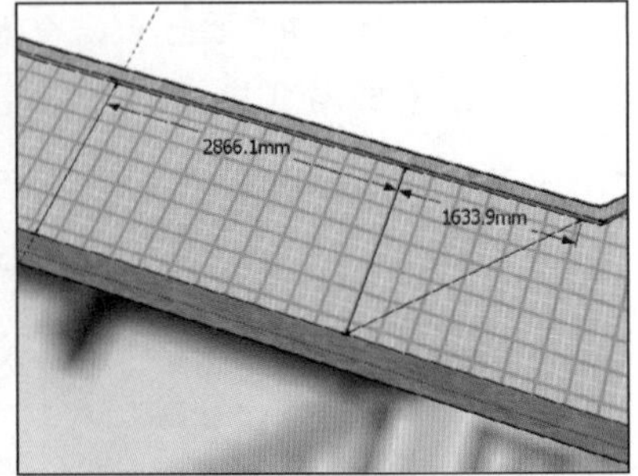

图 10-76 细分割廊架所在平面

02 启用【线条】创建工具，制作出廊架所处平面的斜坡分割线，如图 10-76 所示。

03 启用【推/拉】工具拉出斜坡高度，如图 10-77 所示。选择边线调整出斜坡效果，如图 10-78 所示。

04 使用类似的方法制作出左侧入口处的台阶效果，如图 10-79 所示。

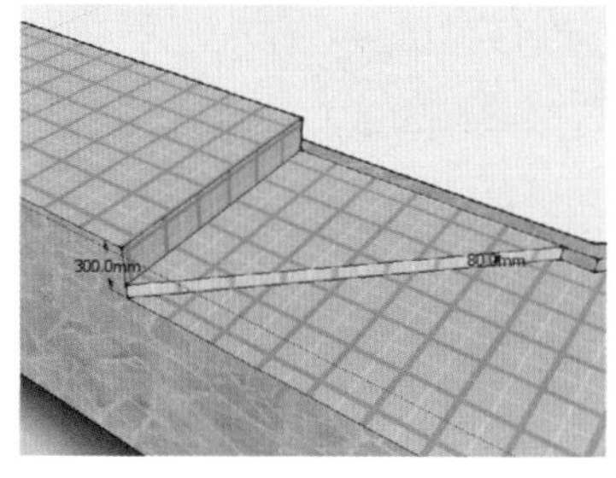

图 10-77 推拉出台阶及坡道平面

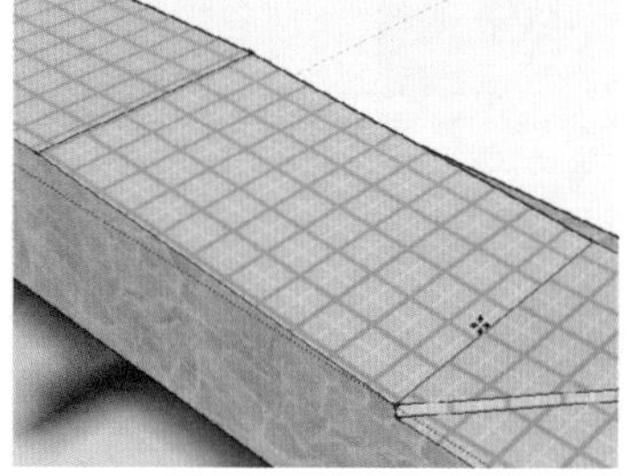
图 10-78 移动线段形成坡道

图 10-79 制作廊架左侧入口台阶

05 根据台阶与斜坡完成路沿效果的修改，如图 10-80 与图 10-81 所示。

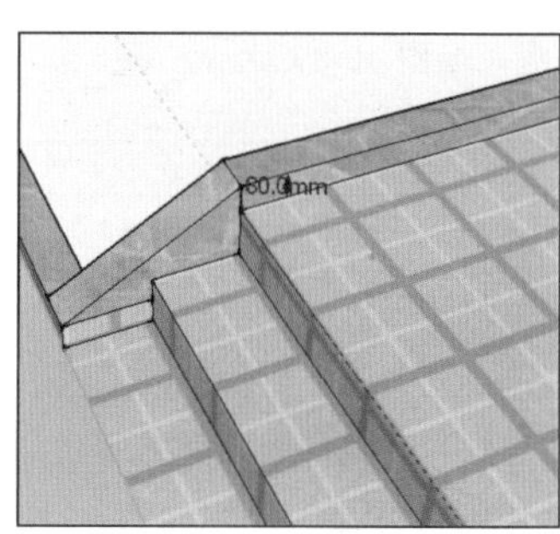

图 10-80 廊架台阶的路沿细节

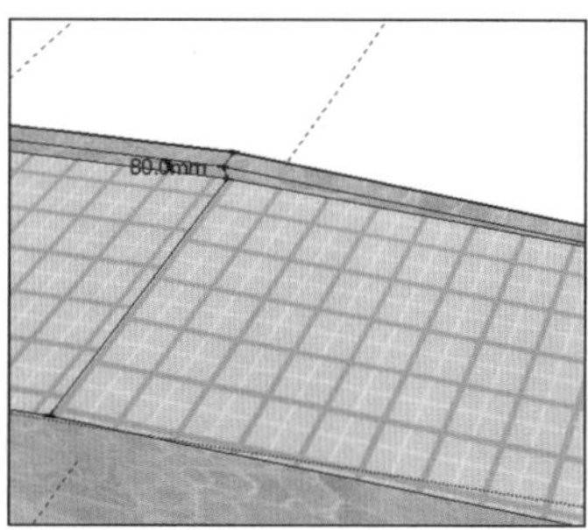

图 10-81 廊架斜坡路沿细节

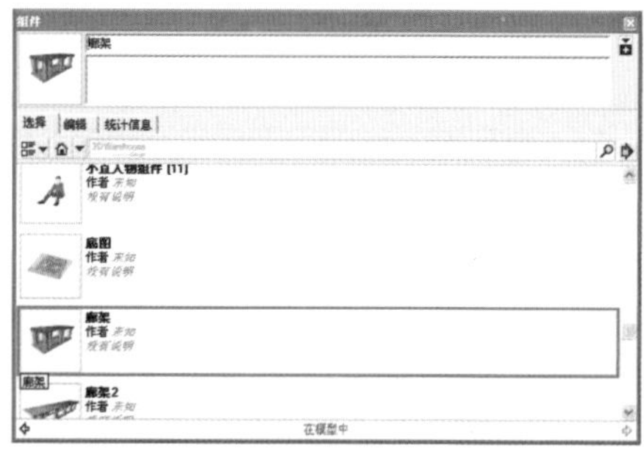

图 10-82 合并制作好的廊架组件

06 合并第 5 章创建的“青砖廊架”模型组件，根据当前场景修改造型，完成廊架效果的制作，如图 10-82 与图 10-83 所示。接下来制作中心通道右侧的景观模型。

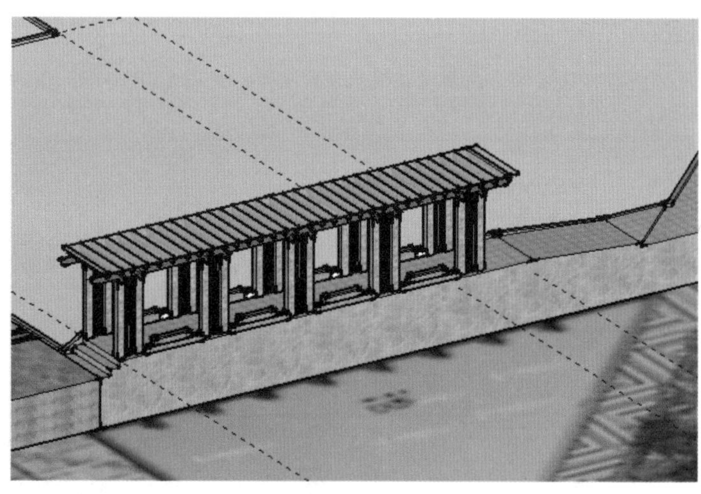
图 10-83 廊架组件调整完成效果

10.2.4 建立曲水流觞及亲水木平台

01 彩平图中心通道右侧景观布置如图 10-84 所示，除了有与左侧类似的花坛外，主要有曲水流觞与亲水木平台两处景观。

02 结合使用【线条】与【圆】创建工具，参考彩平图绘制右侧轮廓平面，如图 10-85 所示，然后进行推高处理，如图 10-86 所示。

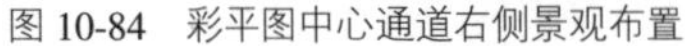

图 10-84 彩平图中心通道右侧景观布置

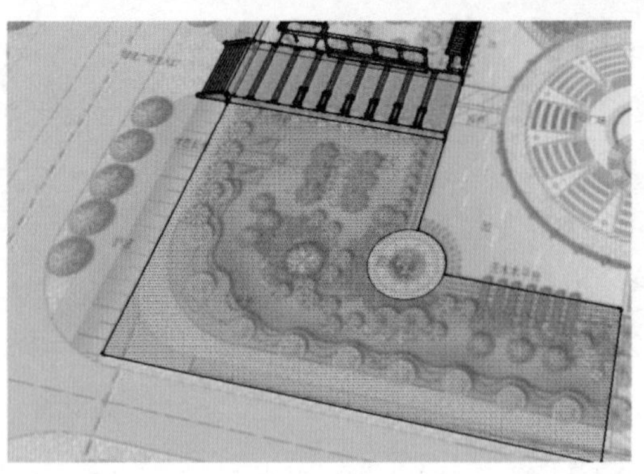

图 10-85 绘制相关平面

03 参考彩平图复制左侧制作好的花坛与长椅等模型，赋予小道对应的材质，如图 10-87 所示。

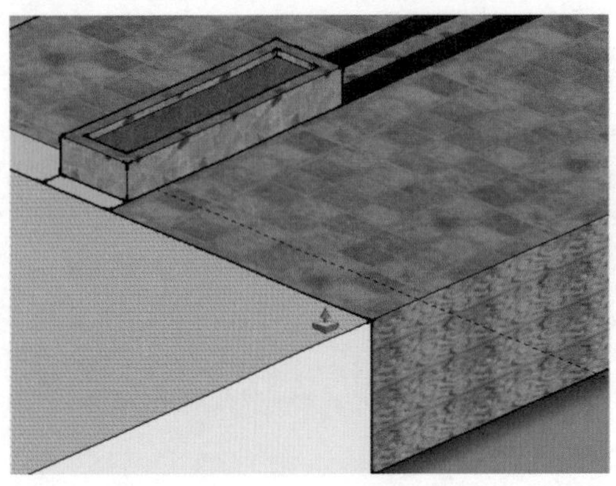

图 10-86 启用推拉工具

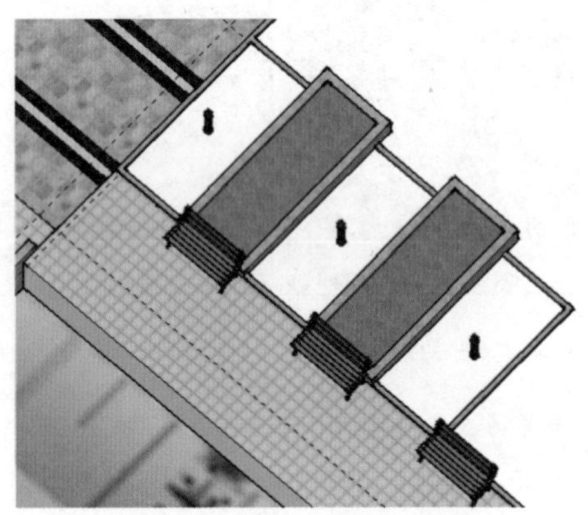

图 10-87 制作右侧花坛与路沿等细节

04 制作中部的毛石模型以及右侧通往曲水流觞的台阶细节，如图 10-88 与图 10-89 所示。

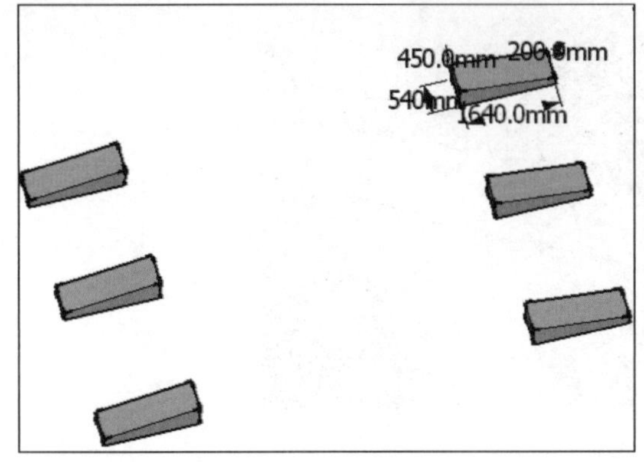

图 10-88 制作毛石

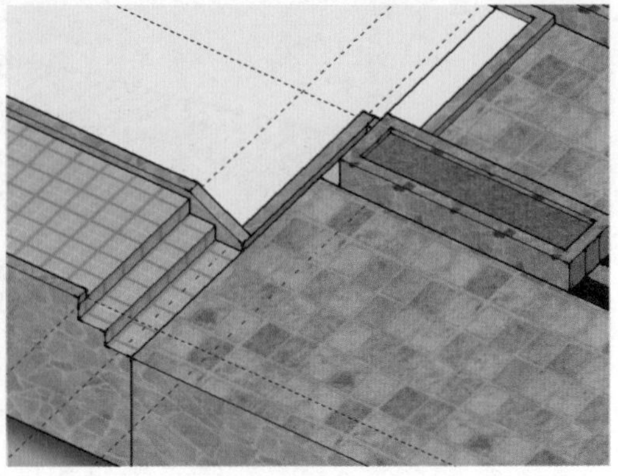

图 10-89 制作台阶

05 选择曲水流觞所在的圆形平面，进入【使用层颜色材料】面板为其赋予一张地花贴图，如图 10-90 所示。

06 结合使用【偏移】与【推/拉】工具，制作出曲水流觞的细节造型，如图 10-91 与图 10-92 所示。

07 参考曲水流觞的实景照片，选择中心圆形平面，使用贴图模拟出该效果，如图 10-93 ~图 10-95 所示。

接下来制作亲水木平台等模型。

图 10-90 赋予曲水流觞平面贴图

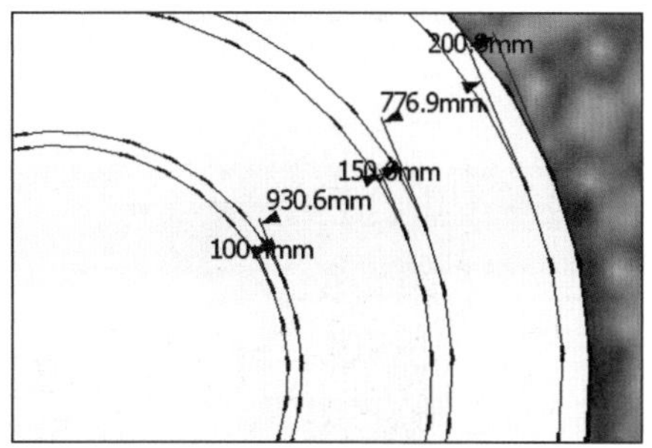

图 10-91 细分曲水流觞平面

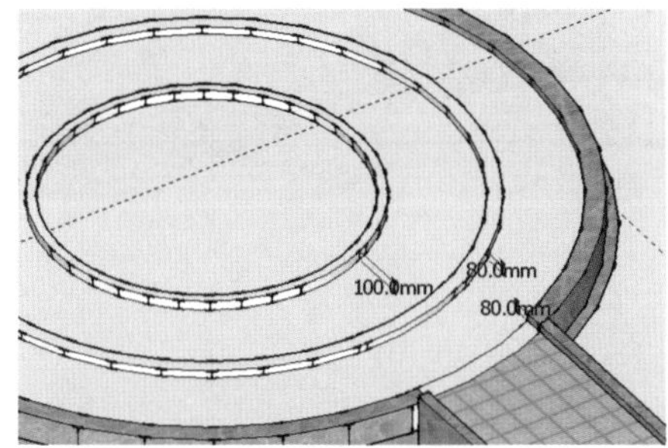

图 10-92 启用推拉工具

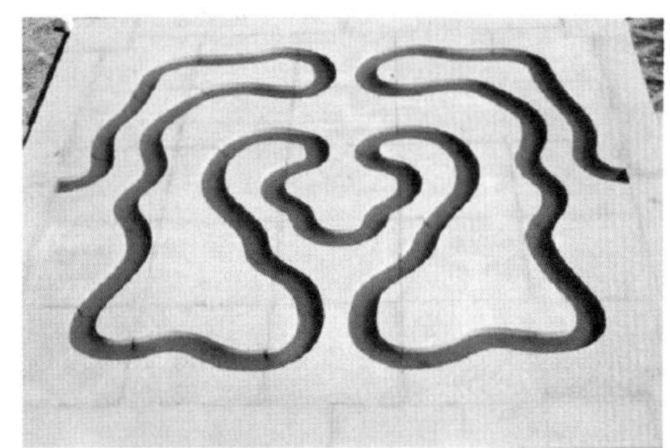

图 10-93 曲水流觞实景照片

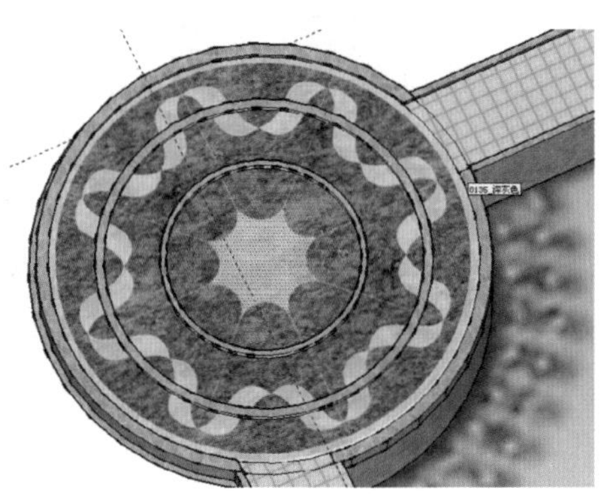

图 10-94 选择中心圆形平面

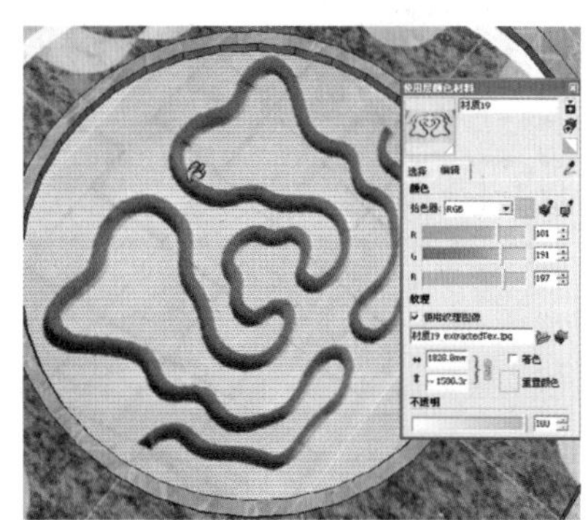

图 10-95 赋予实景贴图

08 亲水木平台与周边相关的景观布置如图 10-96 所示。首先制作曲水流觞外侧位于水面内的石柱模型。

09 启用【矩形】创建工具，参考彩平图绘制石柱平面，如图 10-97 所示。

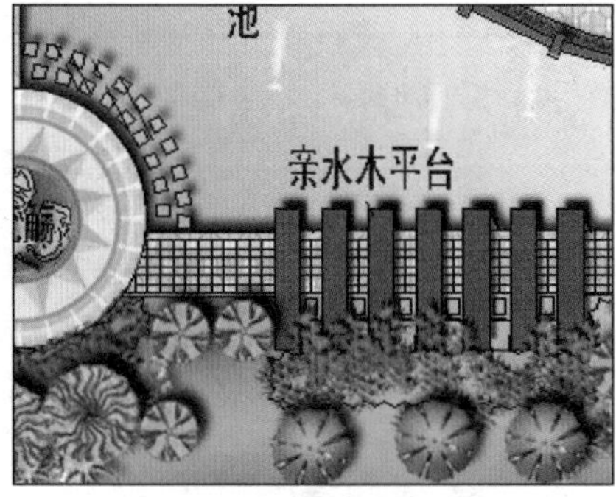

图 10-96 彩平图中的亲水木平台细节

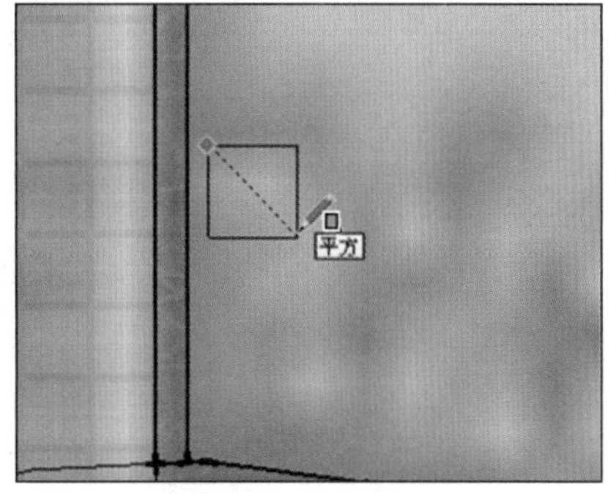

图 10-97 绘制矩形平面

10 启用【推/拉】工具制作出石柱高度，为其赋予对应材质，如图 10-98 所示。

11 将创建好的石柱创建为【组】，参考彩平图进行移动复制，如图 10-99 与图 10-100 所示。接下来制作亲水木平台。

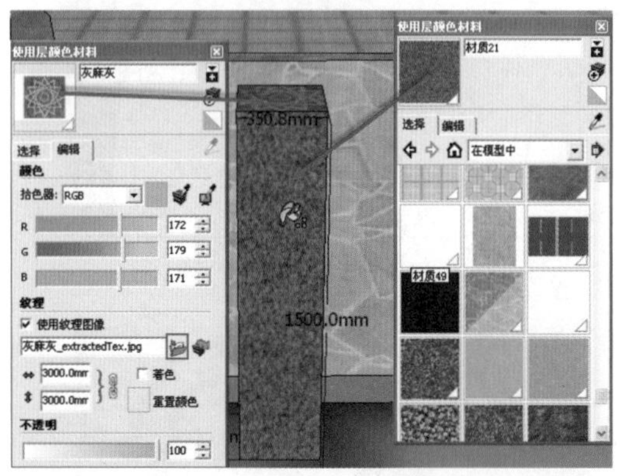

图 10-98 制作石柱并赋予材质

图 10-99 复制石柱

12 启用【矩形】创建工具，参考彩平图绘制亲水木平台平面，如图 10-101 所示

13 结合使用【线条】以及【推/拉】工具，制作亲水木平台细节，并赋予对应材质，如图 10-102 所示。

图 10-100 石柱复制完成效果

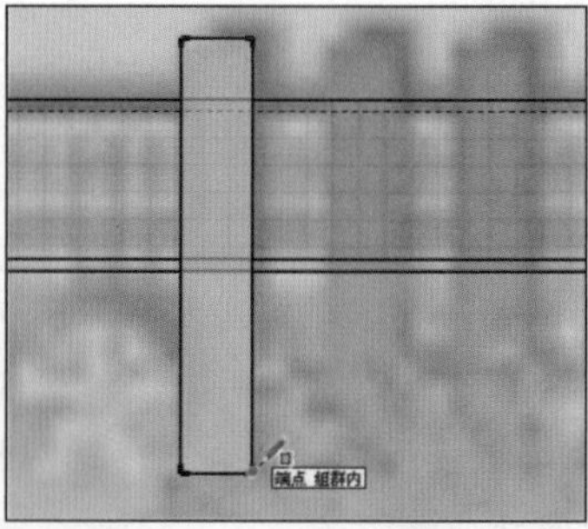

图 10-101 绘制亲水木平台平面

图 10-102 完成亲水木平台并赋予材质

14 制作平台内侧的小花坛模型，并赋予对应材质，如图 10-103 所示。

15 将亲水木平台与小花坛模型共同创建为【组】，通过【移动】工具进行复制，如图 10-104 所示。完成整体效果如图 10-105 所示。

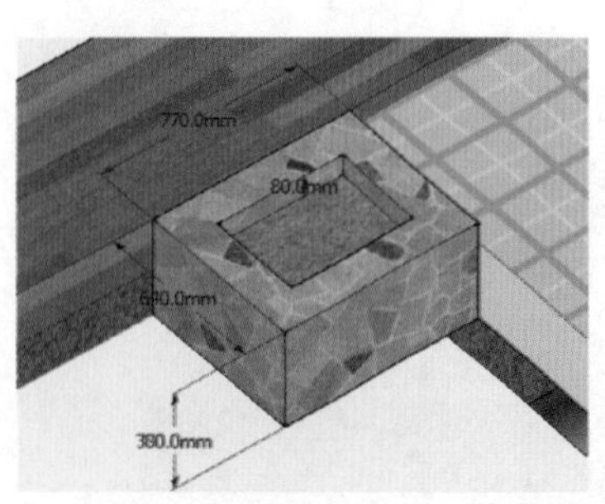

图 10-103 制作小花坛

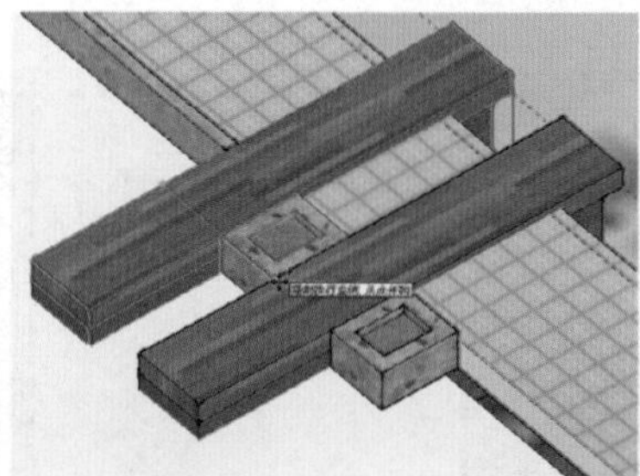

图 10-104 复制水平台与花坛

图 10-105 亲水木平台完成效果

至此，中心通道与周边相关的景观均制作完成，接下来制作中心广场及周边的景观模型。

10.3 制作中心广场

中心广场彩平图及其周边景观效果如图 10-106 所示，除了制作中心广场的喷泉、花坛等模型外，还应处理好模型间的连接细节。

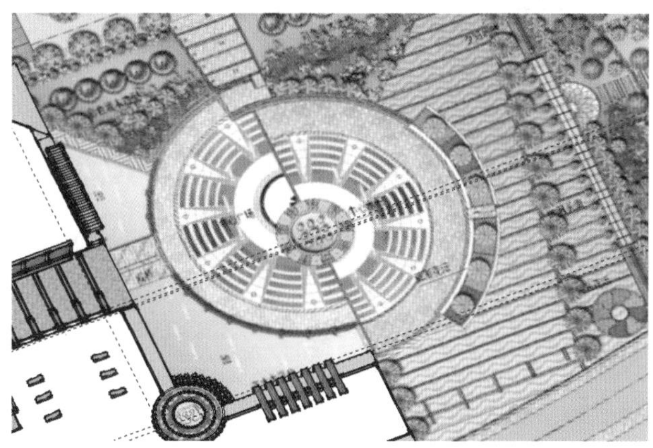

图 10-106 中心广场景观分布

10.3.1 建立轮廓并处理连接细节

01 结合使用【线条】与【圆】创建工具，参考彩平图制出中心广场的平面轮廓，如图 10-107~图 10-109 所示。

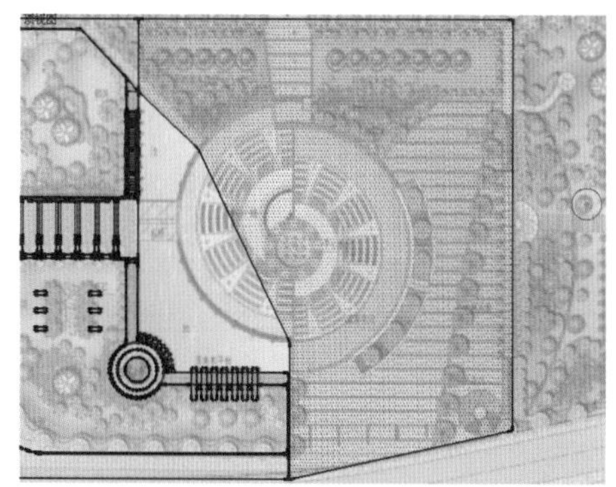

图 10-107 启用线创建工具绘制初步平面

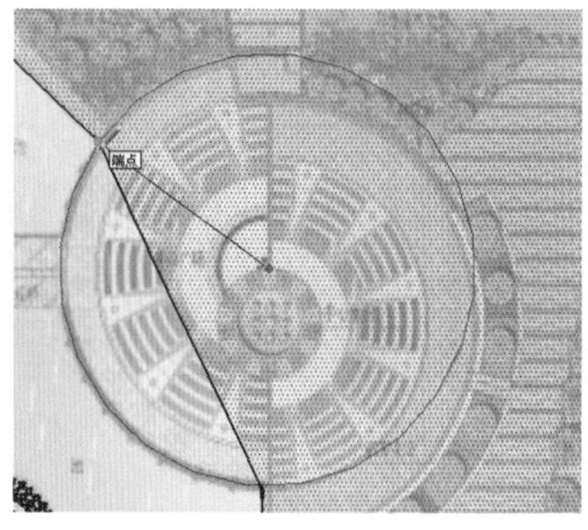

图 10-108 启用圆创建工具绘制广场细节

02 启用【推/拉】工具，推高平面至与之前创建的地面齐平，如图 10-110 所示。

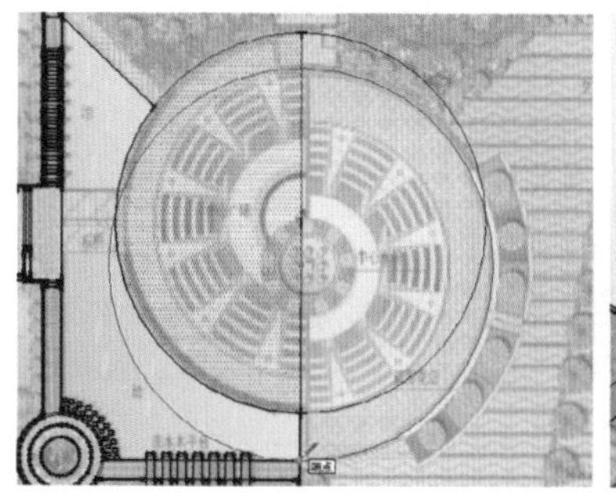

图 10-109 广场平面细节完成效果

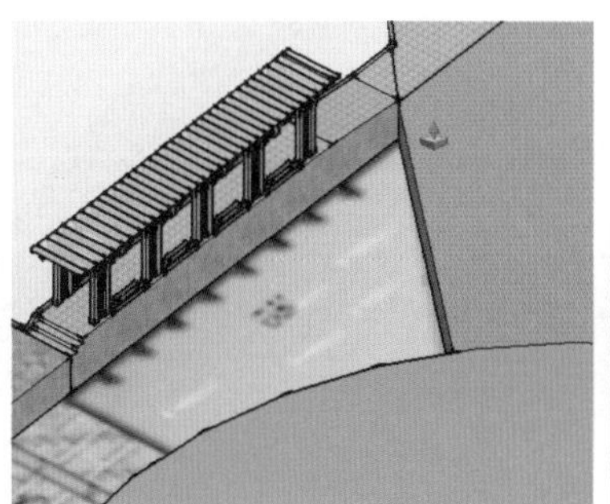

图 10-110 启用推拉工具

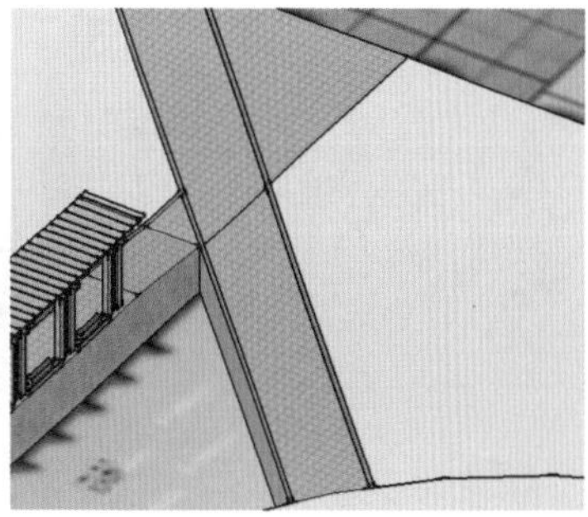

图 10-111 处理小道模型

03 处理好两个区域连接的小道模型，制作中间的水面效果，如图 10-111 与图 10-112 所示。

04 合并之前创建的木桥模型组件，参考彩平图调整其位置和大小，然后复制出双桥效果，如图 10-113 与图 10-114 所示。

图 10-112 制作水面效果

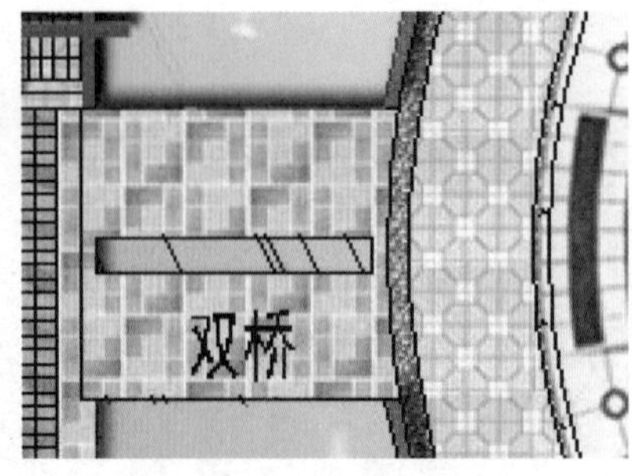

图 10-113 彩平图中的双桥

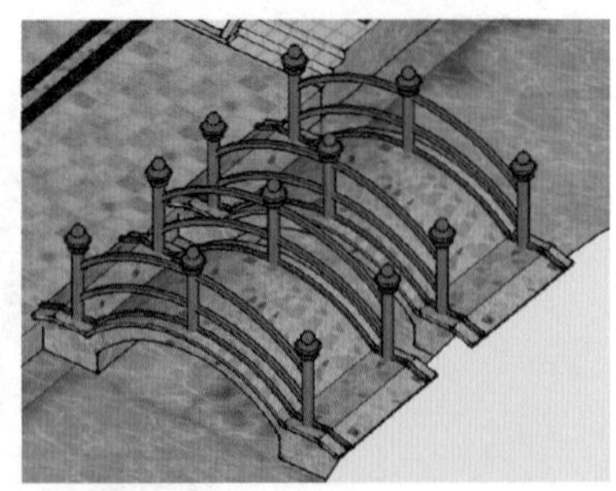

图 10-114 合并小桥模型并进行修改

10.3.2 建立中心广场及喷泉

01 启用【线条】创建工具，参考彩平图分割出中心广场与入口等平面，如图 10-115 所示。

02 结合使用【偏移】与【推/拉】工具，制作出各处的路沿细节，如图 10-116 所示。

03 进入【使用层颜色材料】面板，为中心广场赋予地花贴图，如图 10-117 所示。

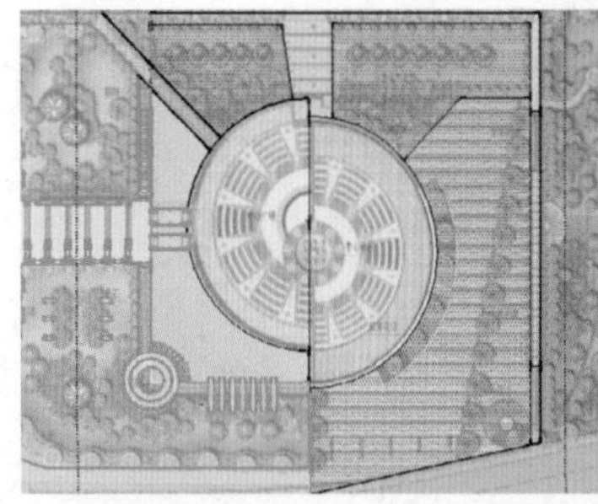

图 10-115 分割中心广场平面

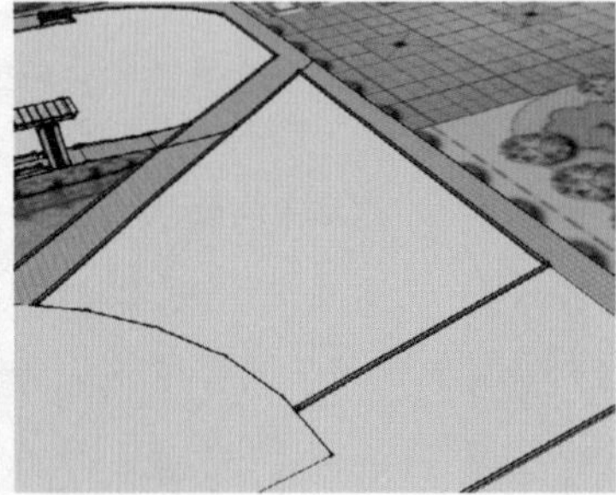

图 10-116 制作路沿细节

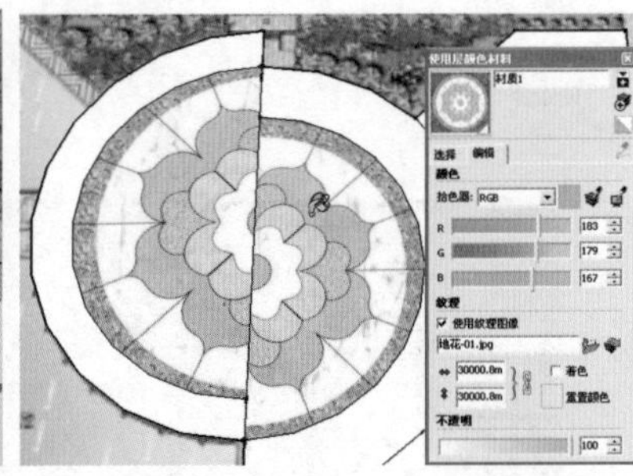

图 10-117 赋予中心广场地花贴图

04 参考 CAD 图纸，启用【线条】创建工具分割出水槽细节，如图 10-118 与图 10-119 所示。

05 启用【推/拉】工具，制作出 50 的水槽深度。进入【使用层颜色材料】面板，为水槽赋予“浅水池”材质，如图 10-120 所示。

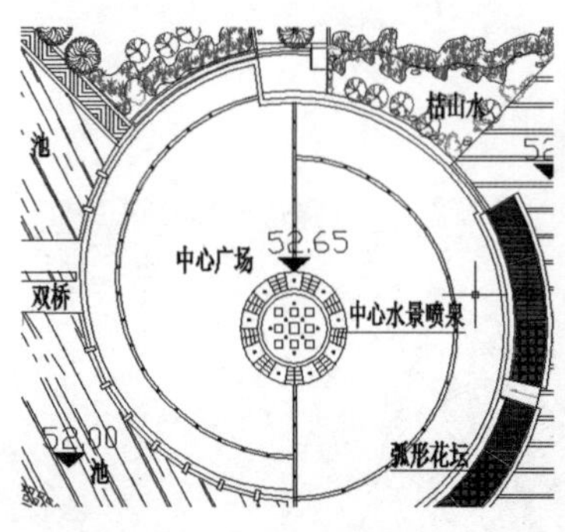

图 10-118 中心广场细节

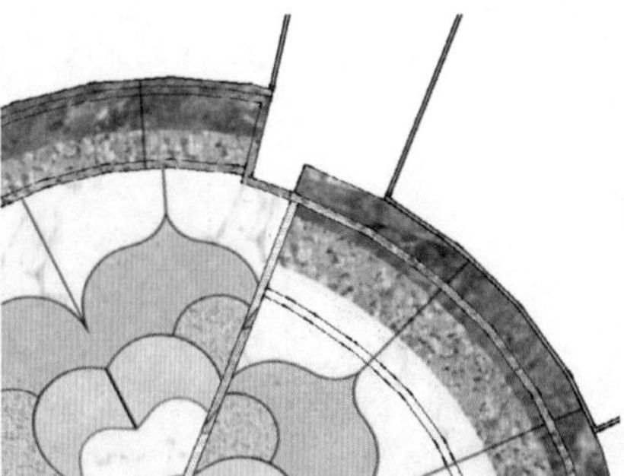

图 10-119 分割广场中心水槽

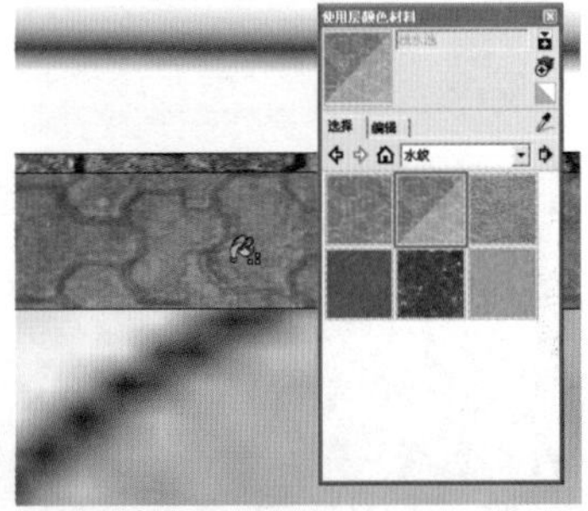

图 10-120 推拉出水槽深度并赋予材质

06 为广场外侧弧形地面赋予花纹地砖材质，完成中心广场水槽与铺地效果制作，如图 10-121 与图 10-122 所示。

07 结合使用【圆】与【偏移】创建工具，参考彩平图绘制出中心喷泉初步细节，如图 10-123 与图 10-124 所示。

08 启用【线条】创建工具，对喷泉进行进一步细分，启用【旋转】工具，以 45° 进行复制，如图 10-125 与图 10-126 所示。

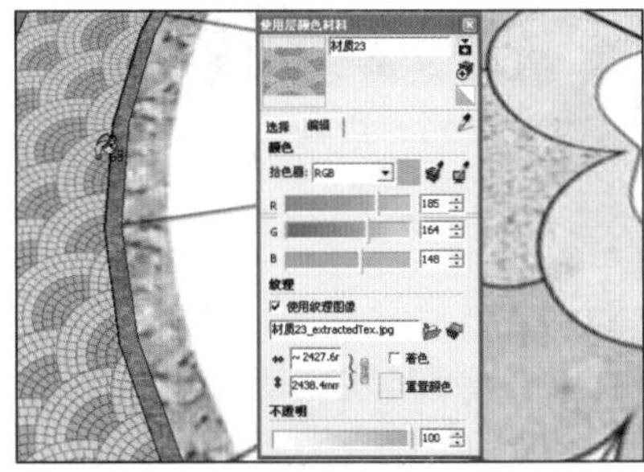

图 10-121　赋予方场周边地面铺贴贴图

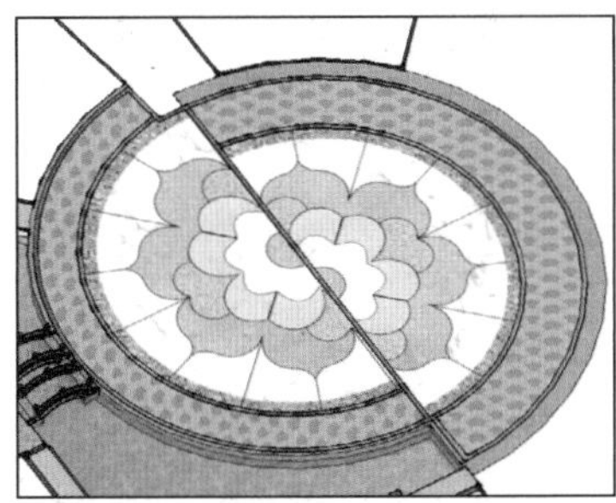
图 10-122　广场铺地及水槽完成效果

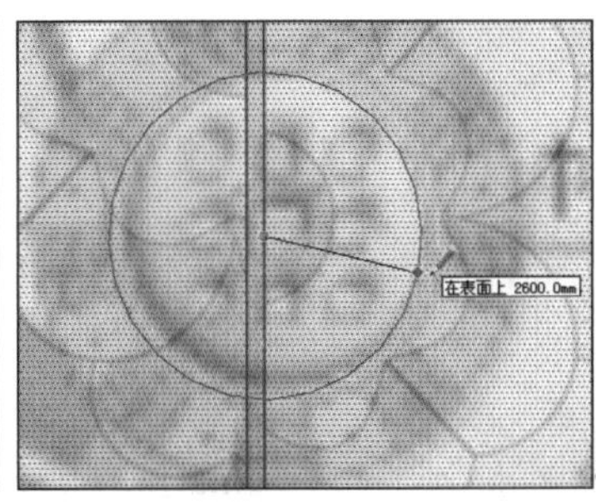

图 10-123　分割中心喷泉圆形平面

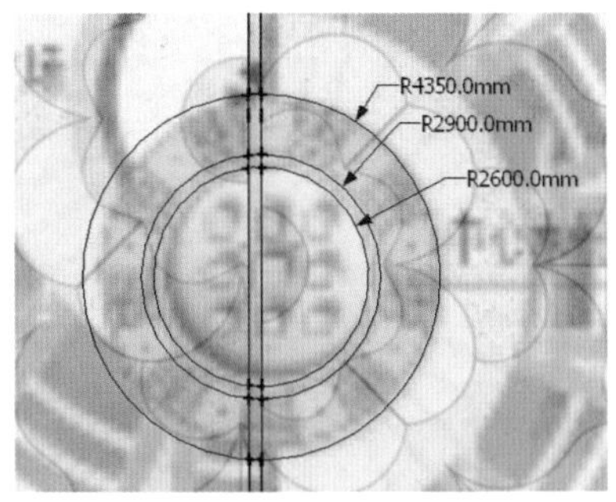

图 10-124　对中心喷泉进行初步分割

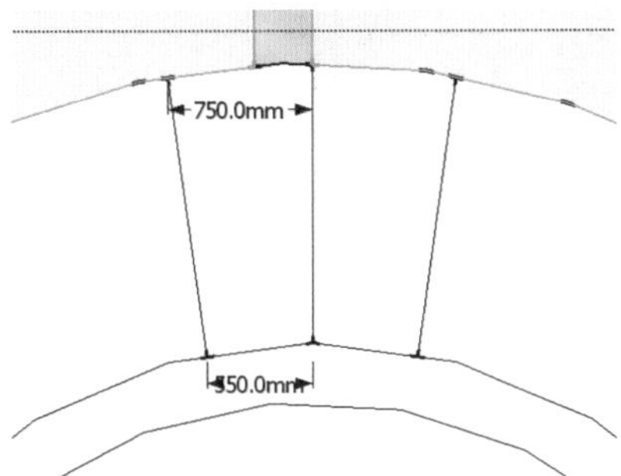

图 10-125　细分中心喷泉

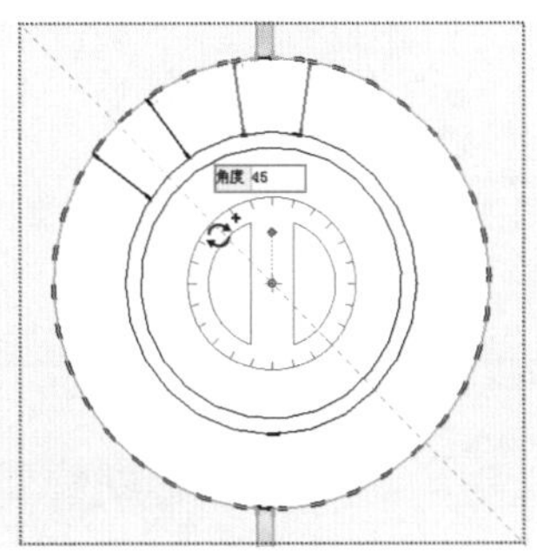

图 10-126　旋转复制分割线

09 5 拆分复制的线段，结合使用【线条】、【偏移】及【推/拉】工具制作出中心水槽模型，如图 10-127 与图 10-128 所示。

10 启用【旋转】工具，选择水槽以 45° 进行多重旋转复制，完成其余水槽模型的制作，如图 10-129 所示。

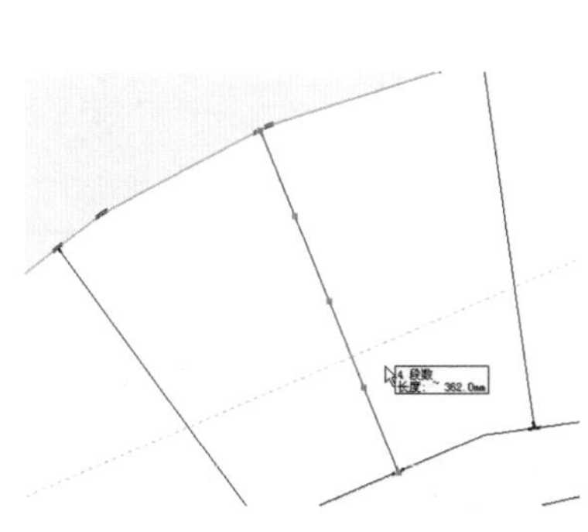
图 10-127　拆分分割线

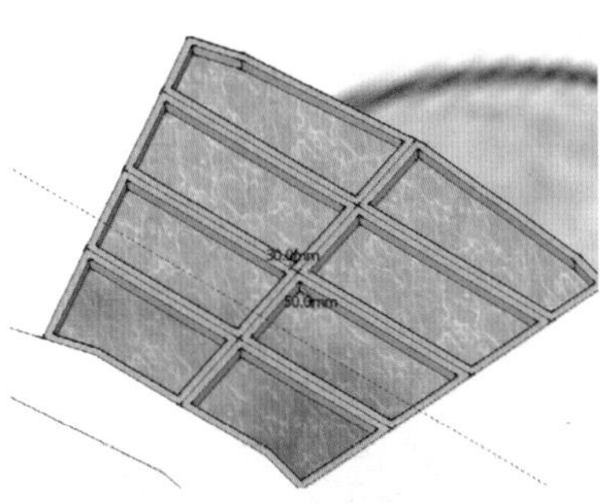

图 10-128　制作水槽模型细节

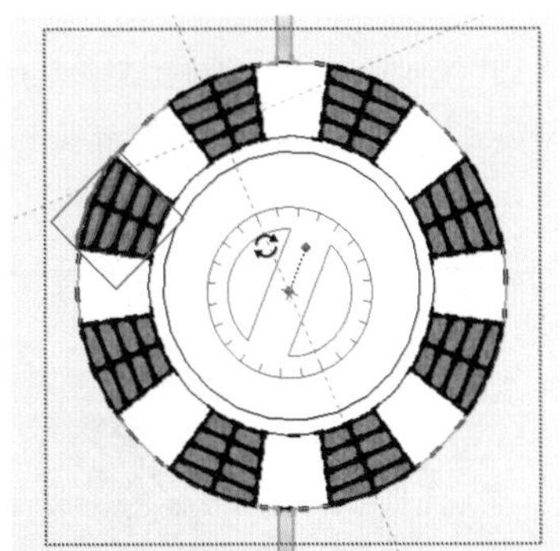
图 10-129　旋转复制水槽

11 进入【使用层颜色材料】面板，为水槽中间平面赋予地花贴图，如图 10-130 所示。

12 结合使用【圆】、【偏移】及【推/拉】工具，制作出喷嘴模型，然后进行多重旋转复制，如图 10-131~图 10-133 所示。

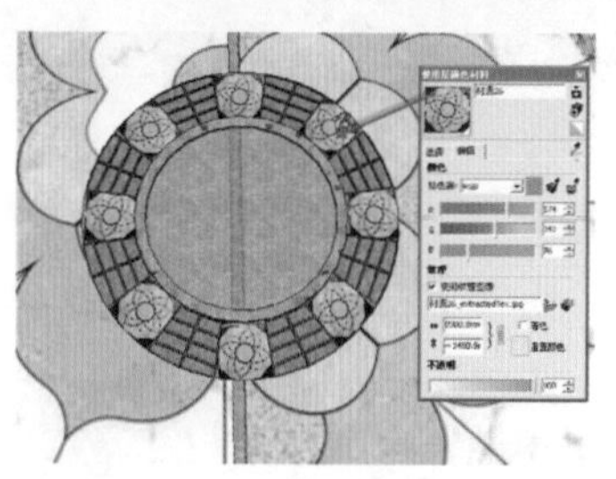
图 10-130　赋予地花贴图材质

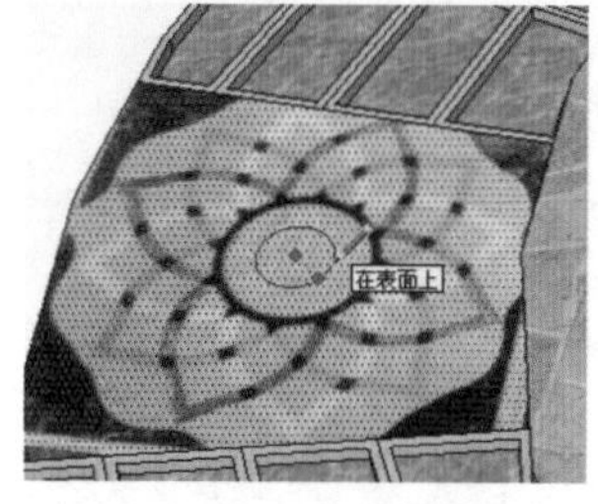

图 10-131　绘制喷嘴圆形平面

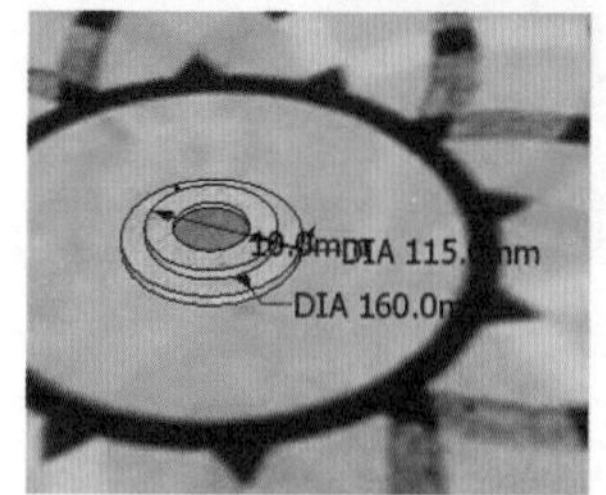

图 10-132　制作喷嘴模型

13 选择制作好的石柱模型进行移动复制，参考彩平图调整位置与大小，制作中间较大的石柱，如图 10-134 与图 10-135 所示。

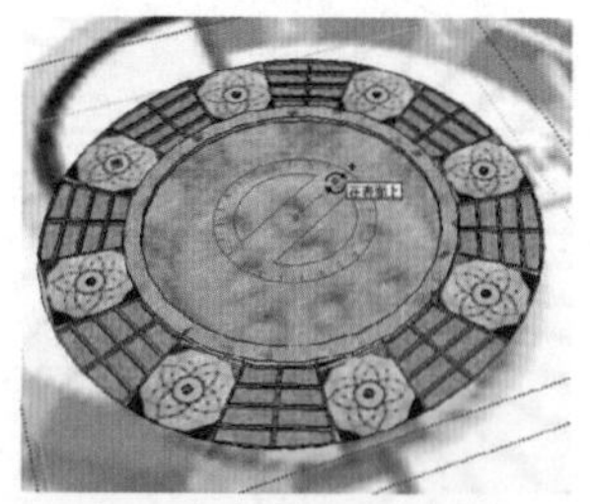
图 10-133　旋转复制喷嘴模型

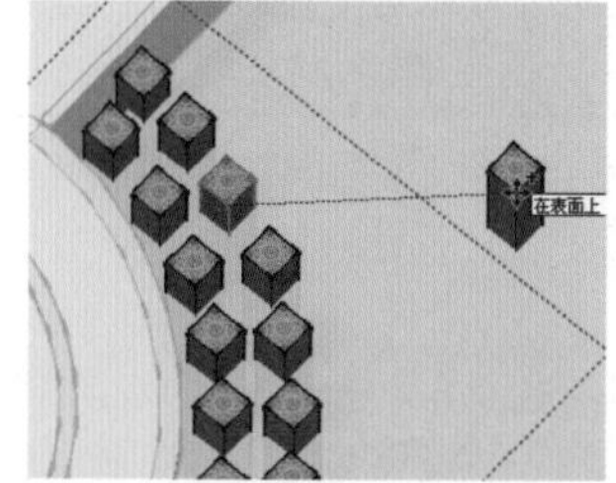

图 10-134　移动复制石柱

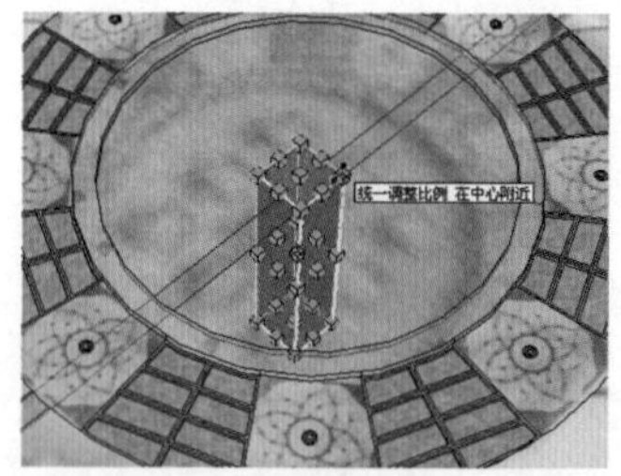
图 10-135　对位并调整石柱大小

14 选择复制好的石柱，参考彩平图继续复制出中心喷泉中的其他石柱，完成中心喷泉整体效果，如图 10-136 与图 10-137 所示。

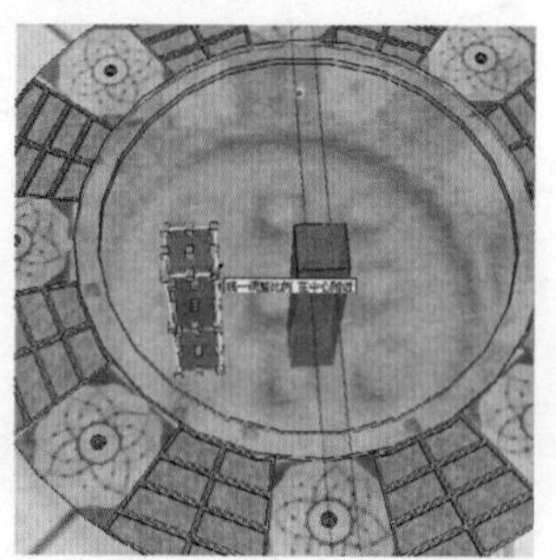
图 10-136　移动复制石柱并调整大小

图 10-137　中心喷泉完成效果

广场以及中心喷泉模型制作完成后，接下来制作广场周边的配套设施与景观模型。

10.3.3 完成中心广场其他细节

01 制作广场外沿的出水石柱，启用【矩形】创建工具，参考彩平图绘制石柱平面，如图 10-138 所示。

02 结合使用【线条】与【推/拉】工具，制作出水石柱的造型，赋予对应材质如图 10-139 所示。

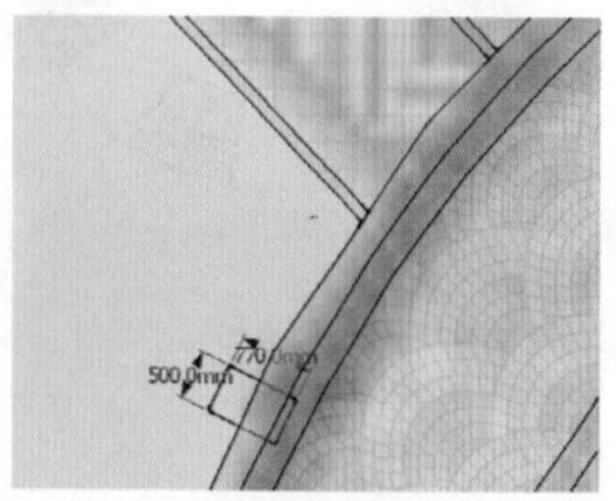
图 10-138　创建平面

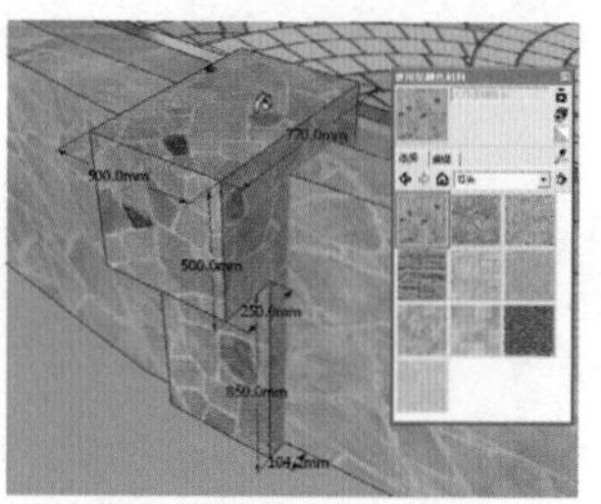
图 10-139　制作好出水石柱

图 10-140　旋转复制出水石柱

03 选择制作的出水石柱，参考彩平图进行旋转复制，完成外沿效果的制作，如图 10-140 与图 10-141 所示。

04 结合使用【偏移】与【推/拉】工具，制作广场左上角的小型花坛，然后赋予对应材质，如图 10-142 与图 10-143 所示。

图 10-141 出水石柱完成效果

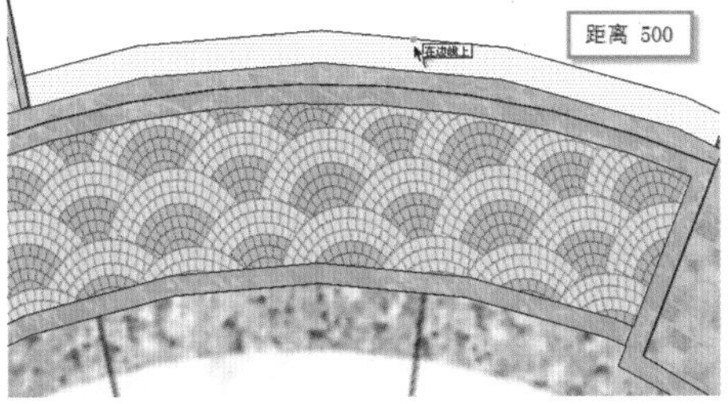

图 10-142 制作花坛平面

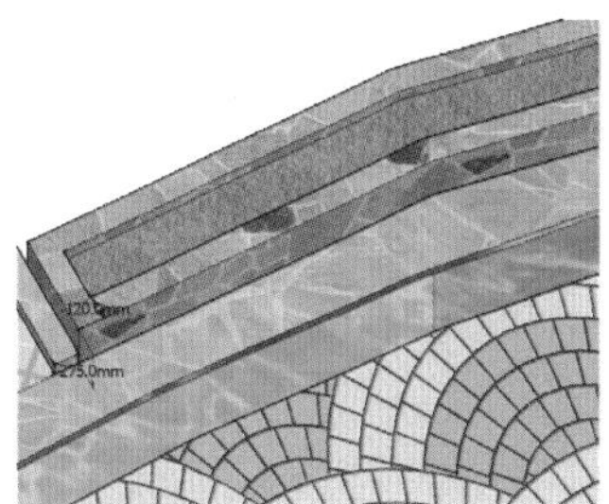

图 10-143 完成花坛模型

05 使用类似的方法，制作出广场正上方的弧形石碑并赋予对应材质，如图 10-144 所示。

06 为了在弧形平面上形成理想的贴图效果，首先在其正前方绘制一个矩形平面然后赋予诗文贴图，如图 10-145 所示。

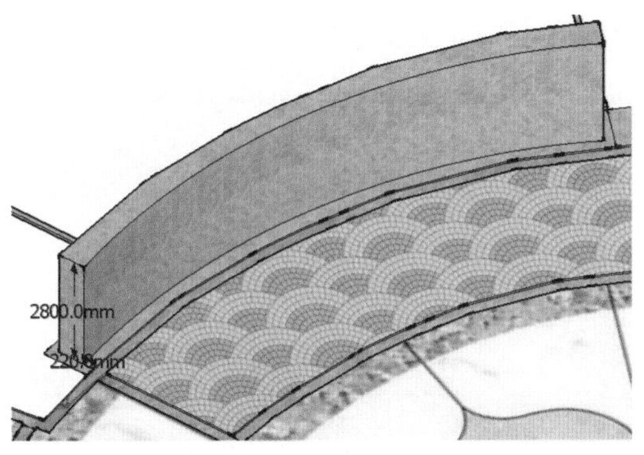

图 10-144 制作弧形文碑模型

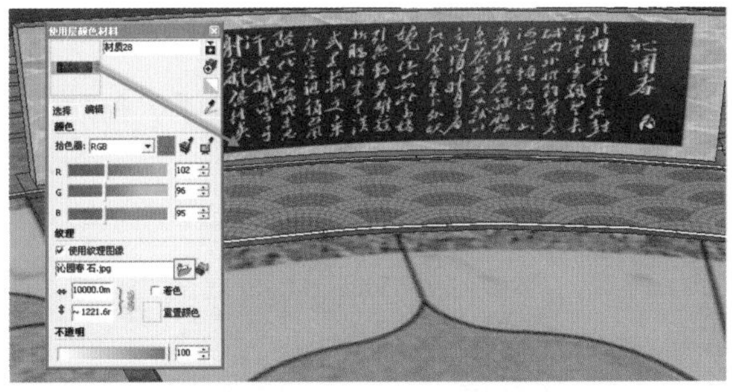

图 10-145 绘制矩形平面并赋予贴图材质

07 选择矩形平面进行贴图投影处理，将贴图效果投影至后方弧形平面后删除矩形平面，如图 10-146 与图 10-147 所示。

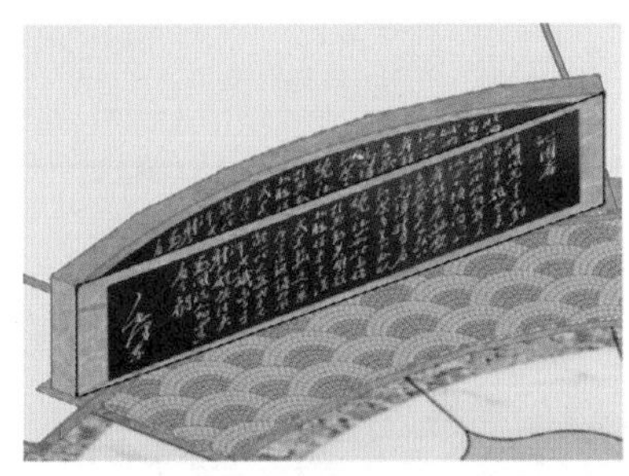

图 10-146 通过贴图投影制作弧形平面贴图

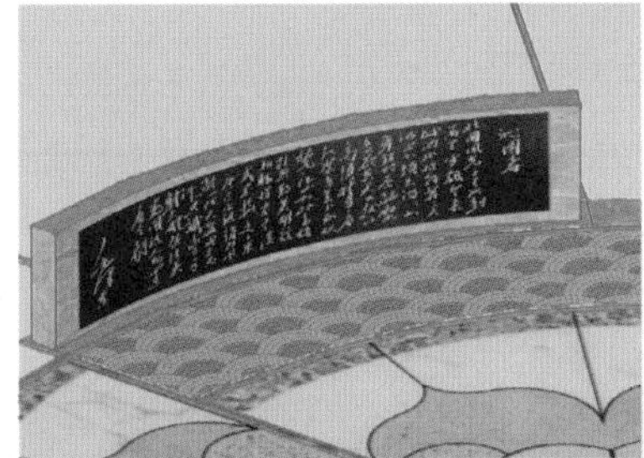

图 10-147 弧形文碑完成效果

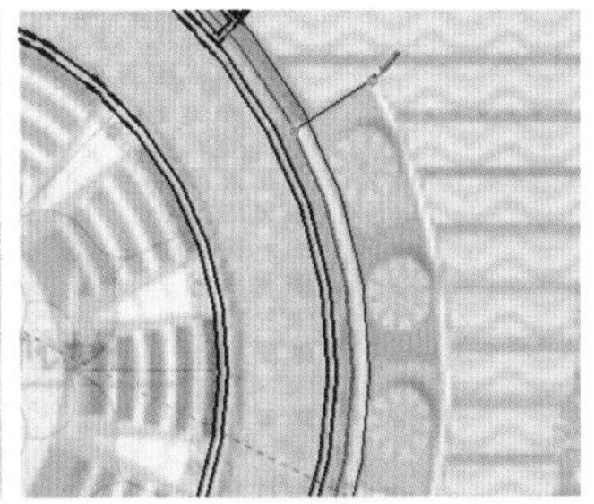

图 10-148 绘制大型花坛平面

08 结合使用【偏移】与【推/拉】工具，制作广场右侧大型花坛，参考彩平图进行旋转复制，如图 10-148~图 10-150 所示。

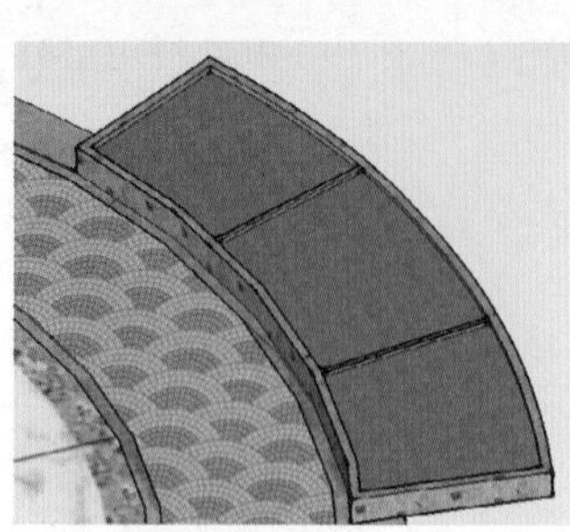
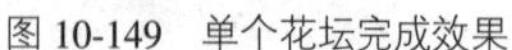

图 10-149　单个花坛完成效果

图 10-150　旋转复制花坛模型

图 10-151　分割中心广场入口地面

09 制作广场上方入口处铺地细节。启用【线条】创建工具，参考彩平图进行分割，如图 10-151 与图 10-152 所示。

10 进入【使用层颜色材料】面板，为分割地面分别赋予对应的材质贴图，如图 10-153 所示。

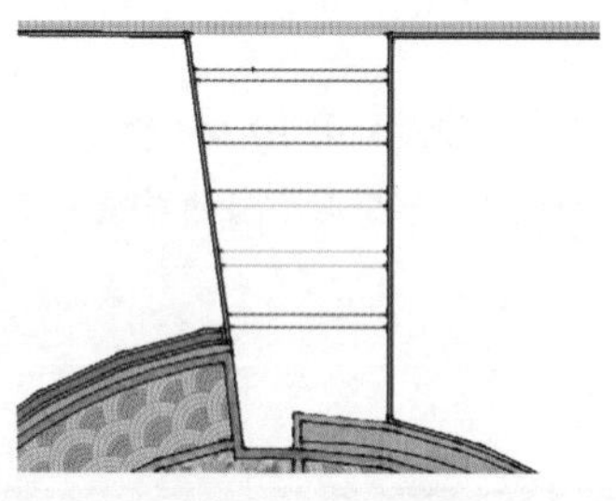

图 10-152　地面分割完成效果

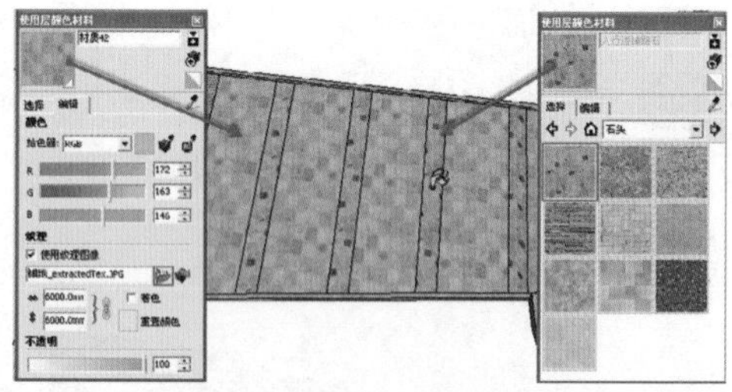

图 10-153　赋予地面材质

11 结合使用【矩形】与【推/拉】工具，参考彩平图制作出入口处的树池模型，然后赋予对应材质，如图 10-154 所示。

12 参考彩平图，移动复制出其他位置的树池，完成入口处树坛效果如图 10-155 所示。

图 10-154　制作入口树池模型

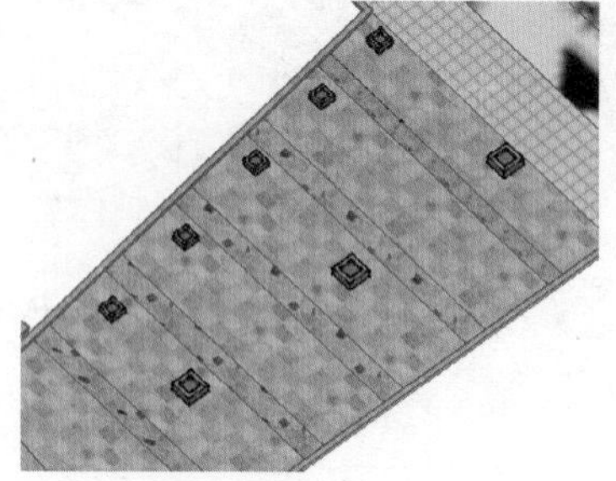

图 10-155　复制入口树坛模型

13 使用类似的方法，完成广场右边地面横向的分割并赋予对应材质，如图 10-156 与图 10-157 所示。

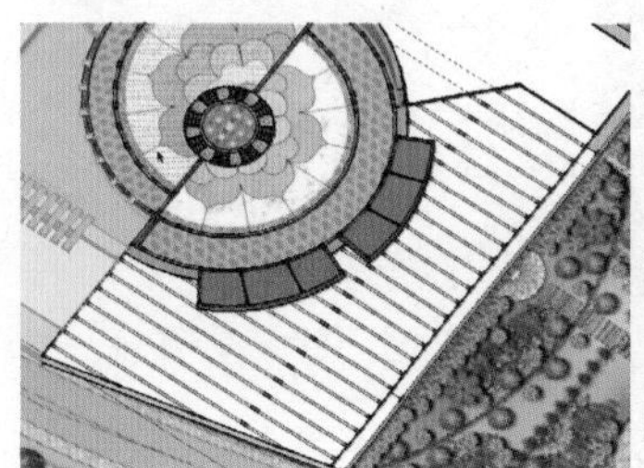

图 10-156　横向分割广场右侧地面

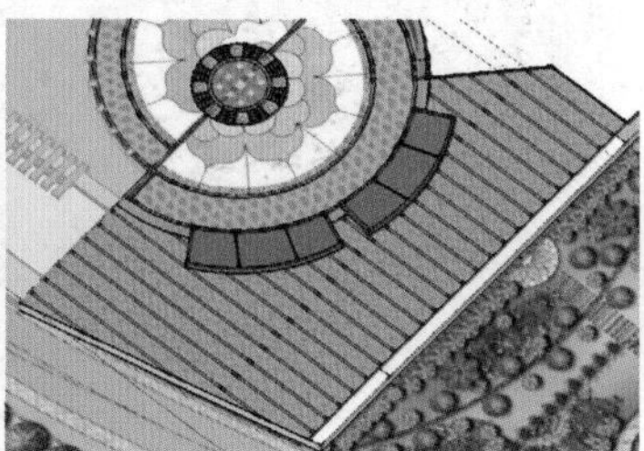

图 10-157　赋予分割地面材质

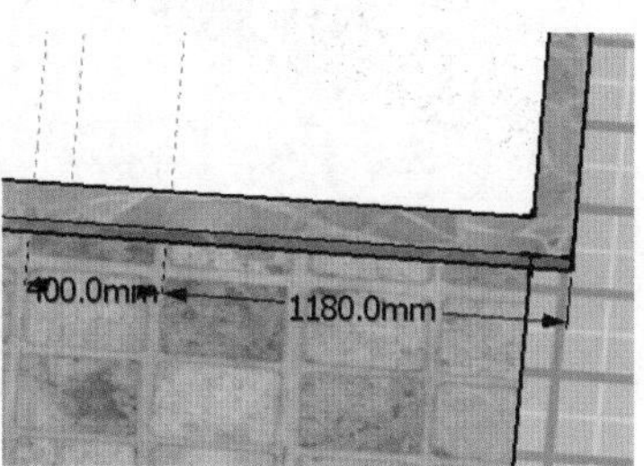

图 10-158　创建斜向分割上部参考线

14 进行斜向分割。首先创建参考用的辅助线，如图 10-158 与图 10-159 所示。

15 启用【线条】创建工具，连接辅助线完成地面的斜向分割，赋予对应石材进行区分，如图 10-160 所示。

16 结合使用【线条】与【推/拉】工具，制作出广场下方的毛石，然后复制出树池模型，如图 10-161 所示。

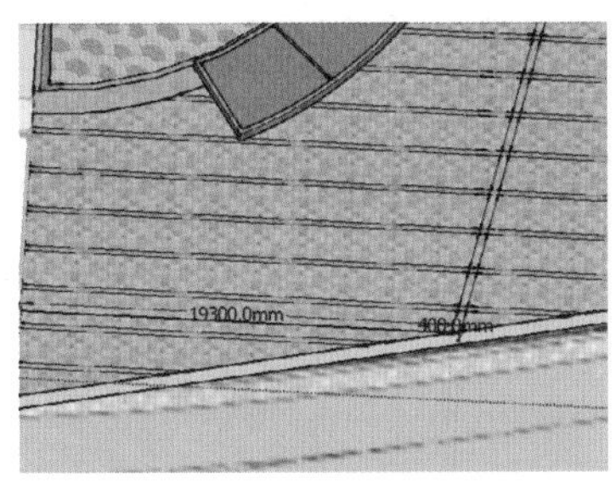

图 10-159 创建斜向分割参考线

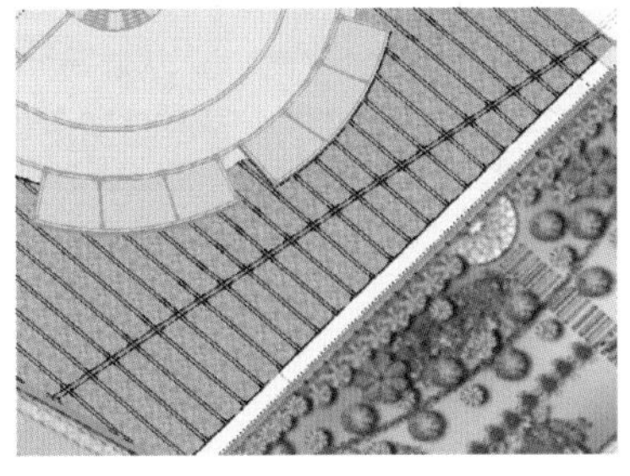
图 10-160 广场斜向分割完成效果

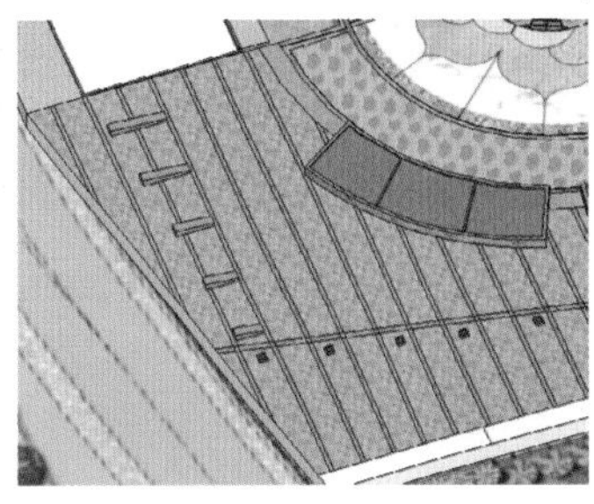
图 10-161 创建广场毛石并复制树池

17 创建广场右下角的花坛模型。参考彩平面位置，绘制一个半径为 3150 的圆形平面，如图 10-162 所示。

18 结合使用【偏移】与【推/拉】工具，制作出圆形花坛模型，然后赋予对应材质，如图 10-163 与图 10-164 所示。

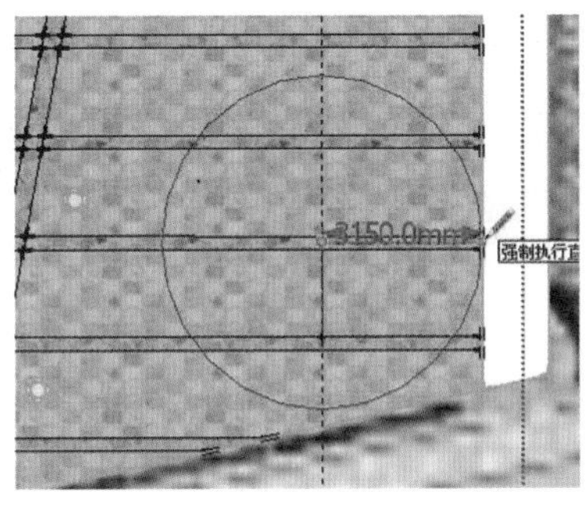

图 10-162 绘制广场右下角花坛平面

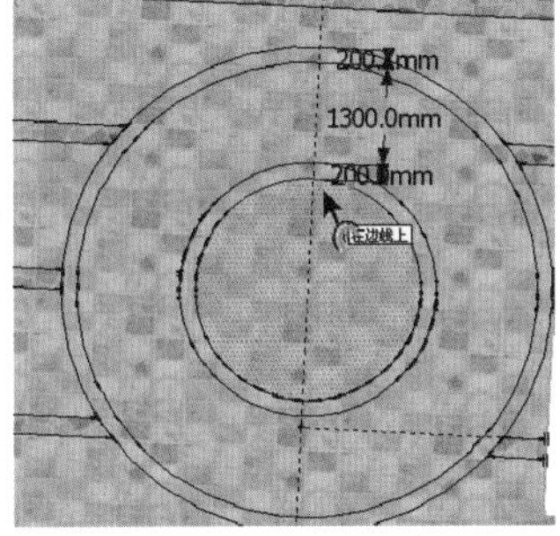

图 10-163 分割花坛平面细节

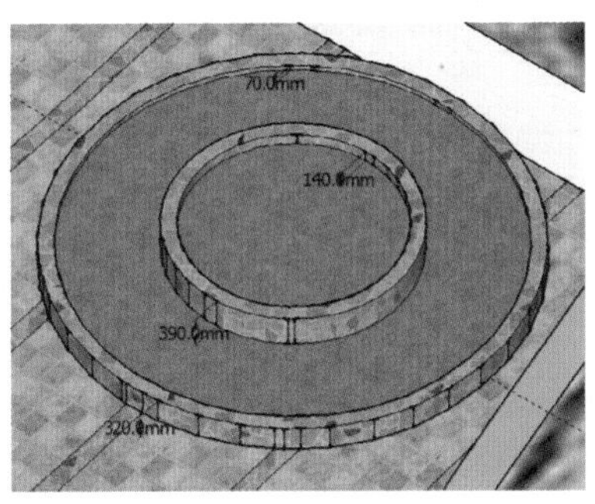

图 10-164 花坛完成效果

19 制作花坛右侧的矩形石碑。结合使用【偏移】与【推/拉】工具，制作出石碑初步细节，如图 10-165 与图 10-166 所示。

20 结合使用【线条】与【推/拉】工具制作出石碑细节，为其赋予对应贴图材质，如图 10-167 与图 10-168 所示。

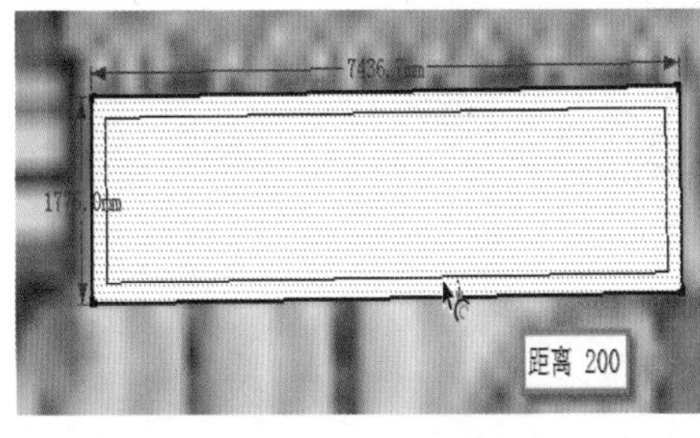

图 10-165 绘制石碑平面

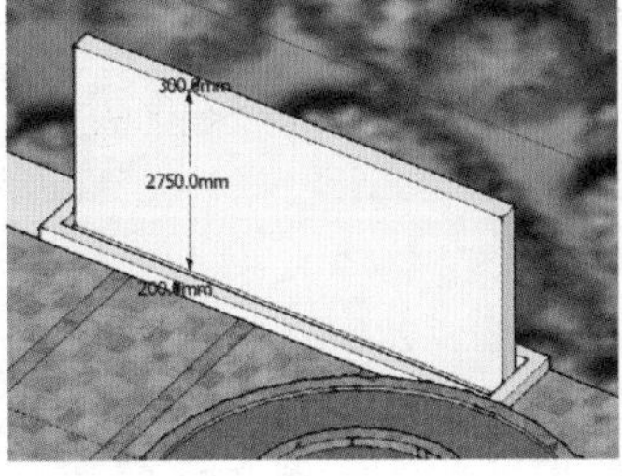

图 10-166 制作石碑初步细节

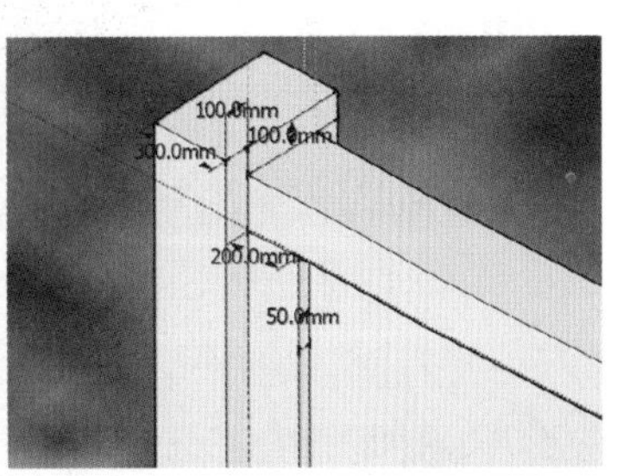

图 10-167 完成石碑细节

21 参考彩平面，移动复制石碑至广场右上角，然后更改贴图效果，如图 10-169 所示。

图 10-168　赋予石碑贴图效果

图 10-169　完成另一侧石碑效果

22 合并“休闲长廊”模型组件，参考彩平图进行造型调整与复制，如图 10-170~图 10-172 所示。

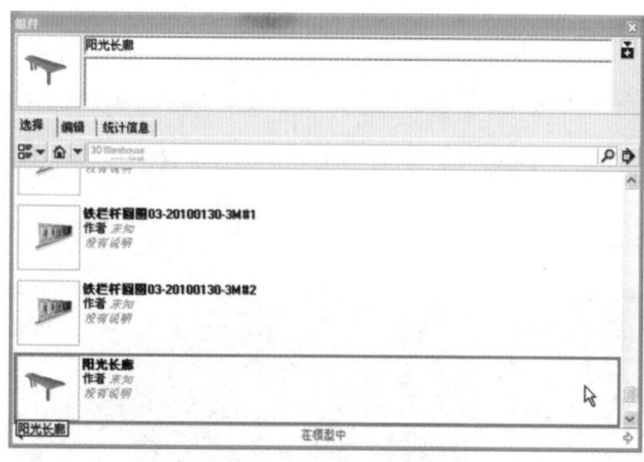

图 10-170　合并休闲长廊模型组件

图 10-171　调整休闲长廊大小

至此，中心广场及周边的景观模型全部制作完成，当前的效果如图 10-173 所示。接下来制作后方汀步以及水景等景观。

图 10-172　移动复制休闲长廊

图 10-173　中心广场完成效果

10.4 制作后方汀步及水景

彩平图中广场后方水景及汀步效果如图 10-174 所示，除了中心水景以及汀步等主要模型外，还有正上方的入口广场与右下角的弧形休息廊，接下来一一进行制作。

图 10-174 彩平图中的后方水景及汀步效果

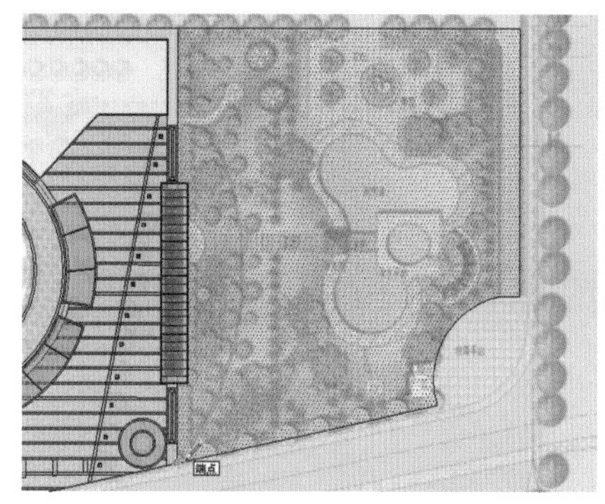

图 10-175 绘制区域平面

10.4.1 建立水景轮廓

01 参考彩平图，结合使用【线条】与【圆弧】创建工具，建立轮廓平面并完成初步分割，如图 10-175~图 10-177 所示。

02 启用【推/拉】工具，制作后方整体轮廓与水景初步层次，完成效果如图 10-178 所示，接下来制作汀步模型。

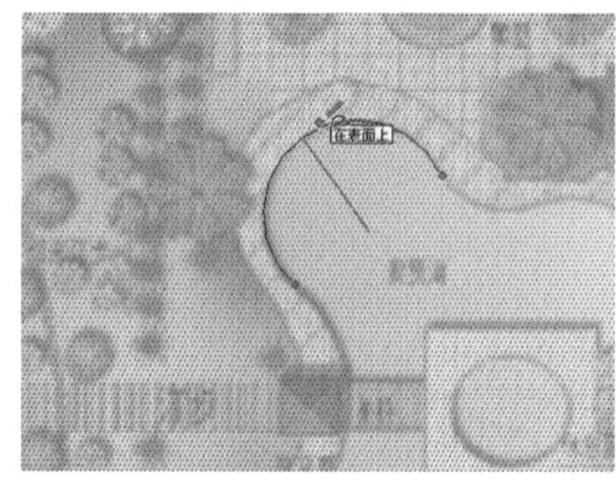

图 10-176 参考彩平面分割平面

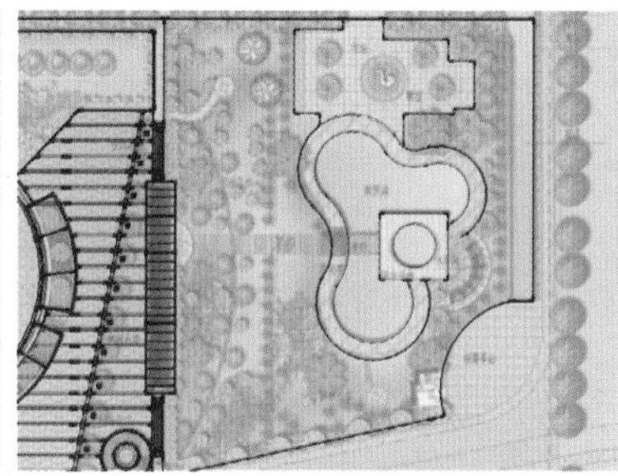

图 10-177 平面初步分割效果

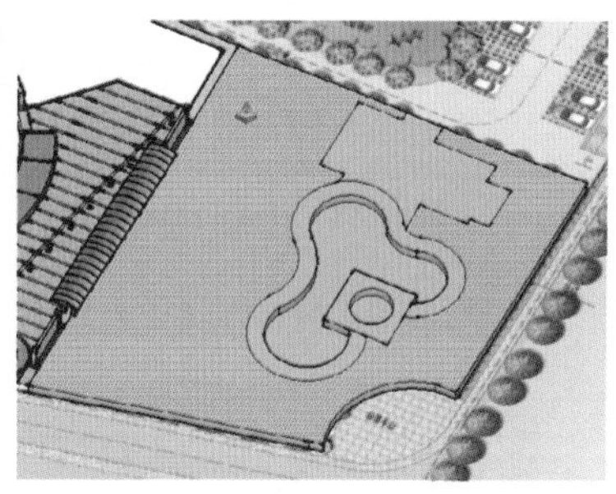

图 10-178 启用推拉工具

10.4.2 制作汀步及小广场

01 参考彩平图，结合使用【圆】与【圆弧】创建工具，分割出左上角汀步通道平面，图 10-179 与图 10-180 所示。

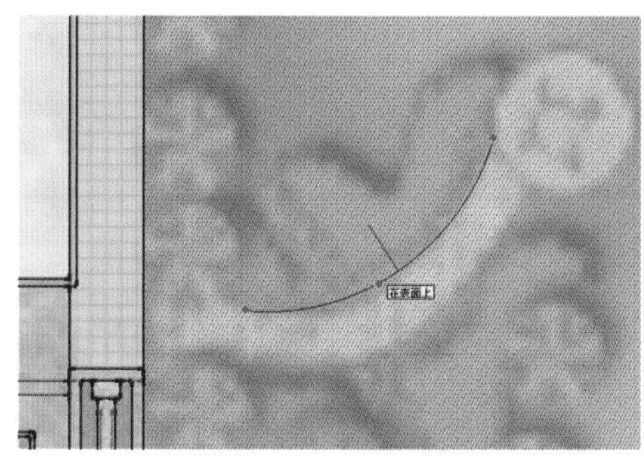

图 10-179 分割汀步通道

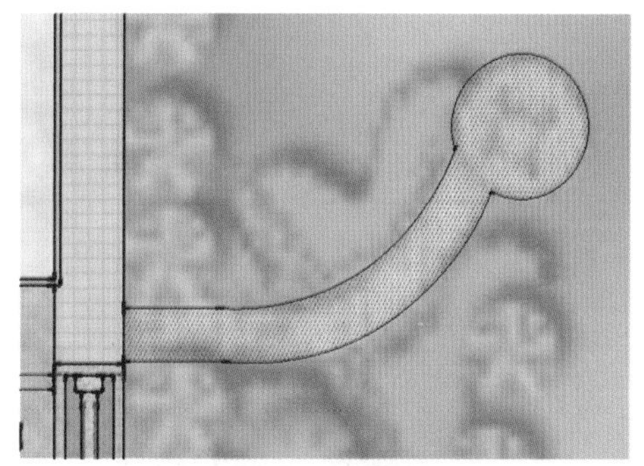

图 10-180 汀步通道分割完成效果

02 进入【使用层颜色材料】面板，为汀步通道赋予“鹅卵石”贴图，完成效果图 10-181 所示。

03 启用【推/拉】工具制作出 20 的汀步通道深度，使用【矩形】与【推/拉】工具制作出汀步石板，如图 10-182 所示。

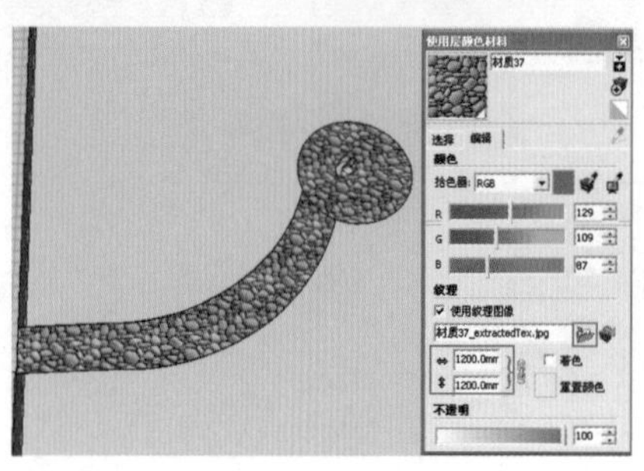

图 10-181　赋予通道鹅卵石贴图

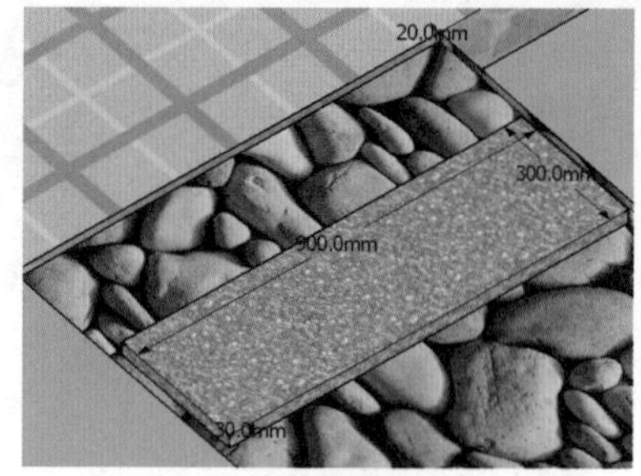

图 10-182　制作通道尝试与汀步石板

04 参考彩平图，选择汀步石板进行移动复制，完成通道末端圆形平台制作，如图 10-183 与图 10-184 所示。

05 通过【组件】面板合并石桌凳模型组件，完成该处汀步效果的制作，如图 10-185 所示。

图 10-183　复制汀步石板

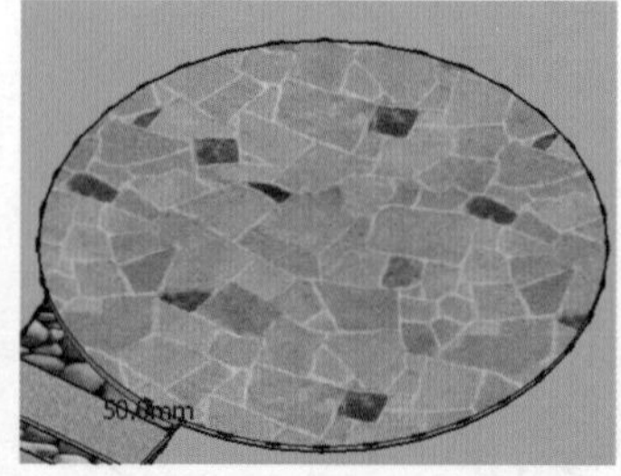

图 10-184　制作圆形平台

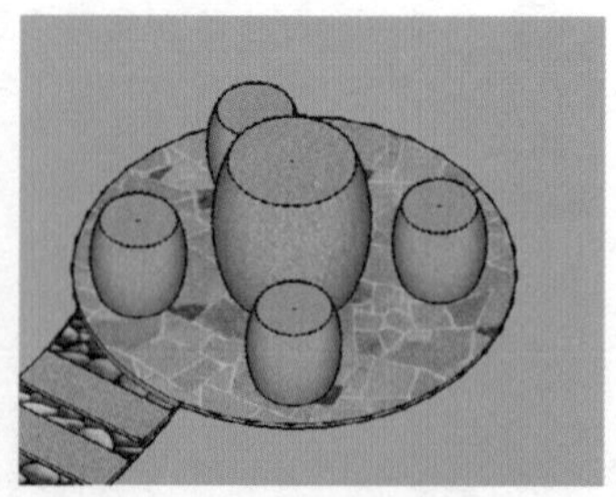

图 10-185　合并石桌凳模型组件

06 使用类似的方法，制作出中部的直线汀步石板与通道，如图 10-186 与图 10-187 所示。

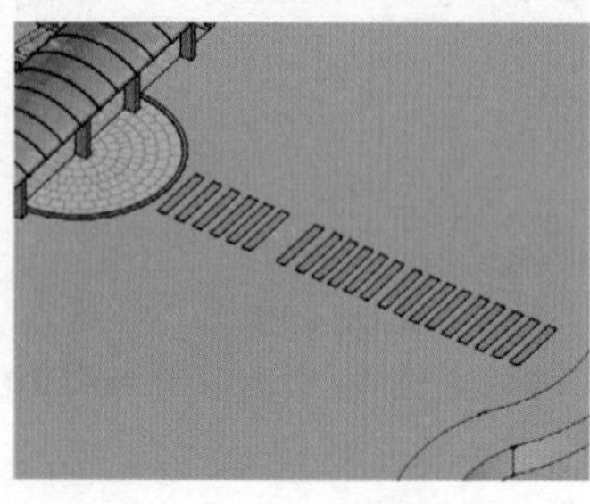

图 10-186　复制中心区域汀步石板

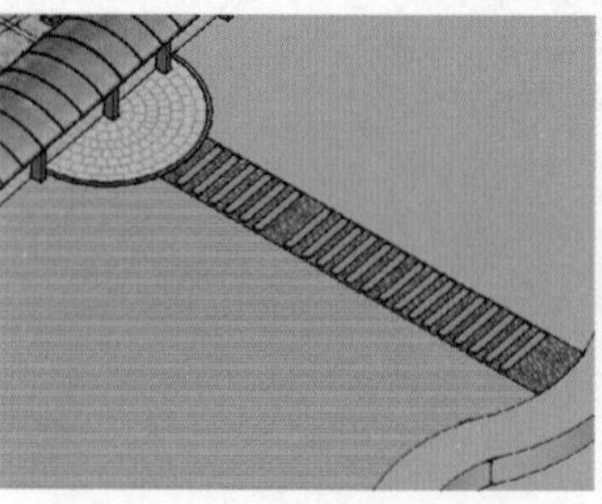

图 10-187　制作中部汀步通道

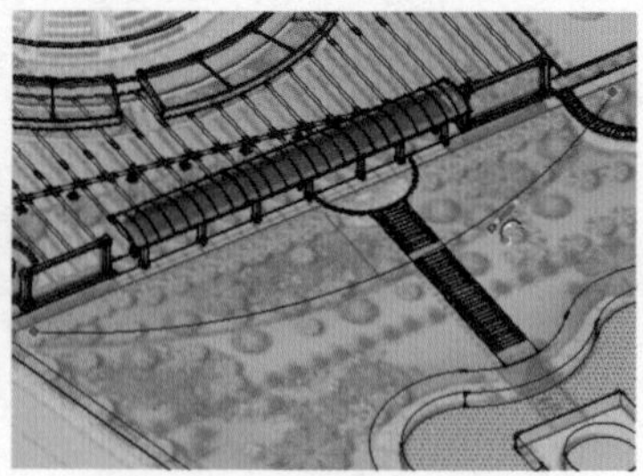

图 10-188　分割弧形汀步通道

07 参考彩平面完成弧形汀步效果制作，如图 10-188 与图 10-189 所示。

08 所有汀步制作完成效果如图 10-190 所示，接下来制作水景入口广场模型。

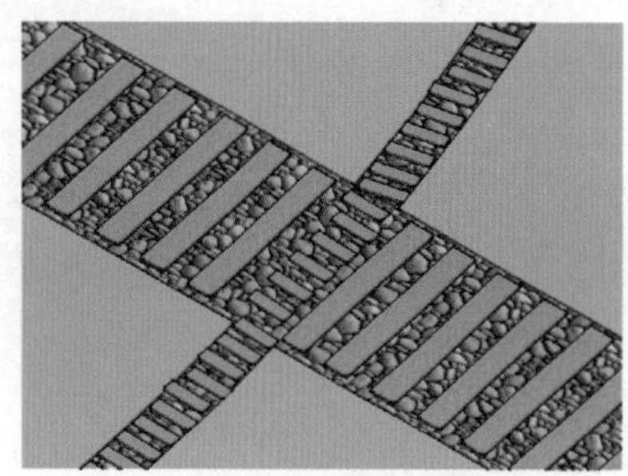

图 10-189　制作弧形汀步效果

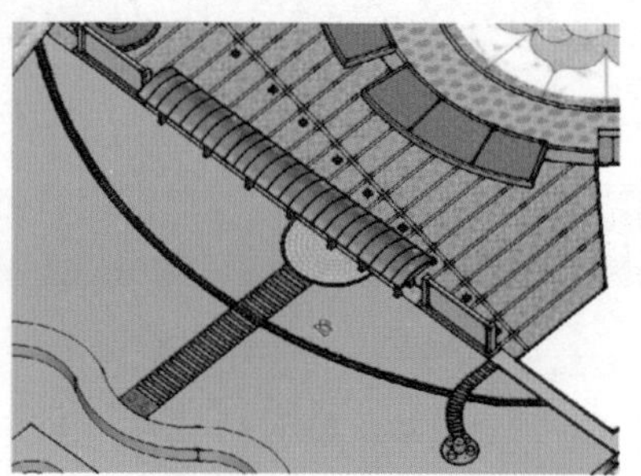

图 10-190　汀步完成效果

09 进入【使用层颜色材料】面板，为水景入口广场制作铺地效果，如图 10-191 所示。

10 结合使用【偏移】与【推/拉】工具，制作出入口广场左侧的花坛模型，然后赋予对应材质，如图 10-192 与图 10-193 所示。

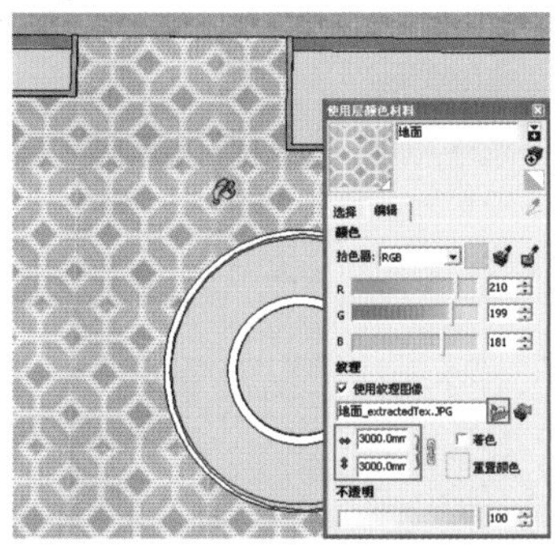
图 10-191 赋予水景入口广场铺地贴图

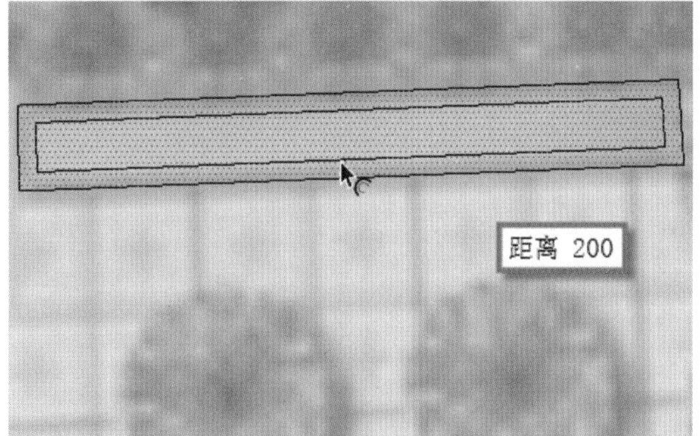

图 10-192 绘制广场左侧花坛平面

11 结合使用【偏移】与【推/拉】工具，制作出广场周边的路沿细节，如图 10-194 所示。

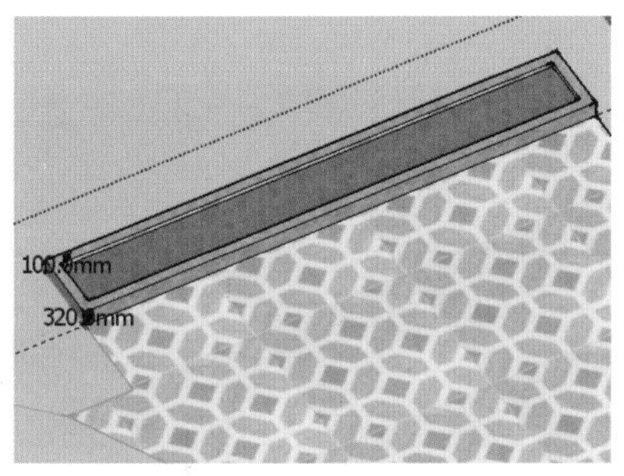
图 10-193 花坛制作完成效果

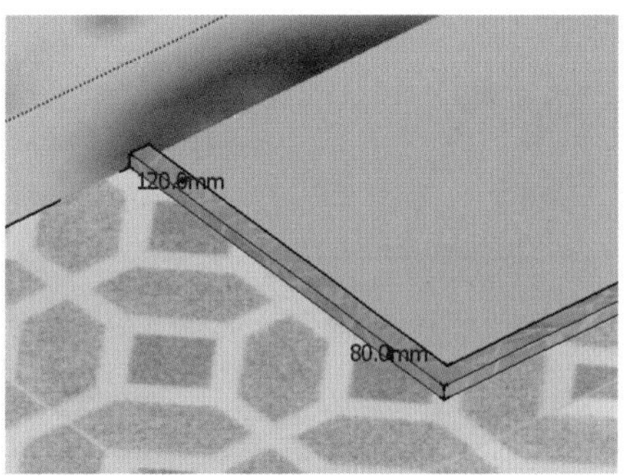

图 10-194 制作广场周边路沿

12 参考彩平图，移动复制树坛至水景广场，然后合并雕塑模型组件，完成广场效果如图 10-195 所示。接下来制作水景。

10.4.3 制作水景

01 结合使用【偏移】与【推/拉】工具，制作出水景环形路面内外两侧的路沿细节，如图 10-196 与图 10-197 所示。

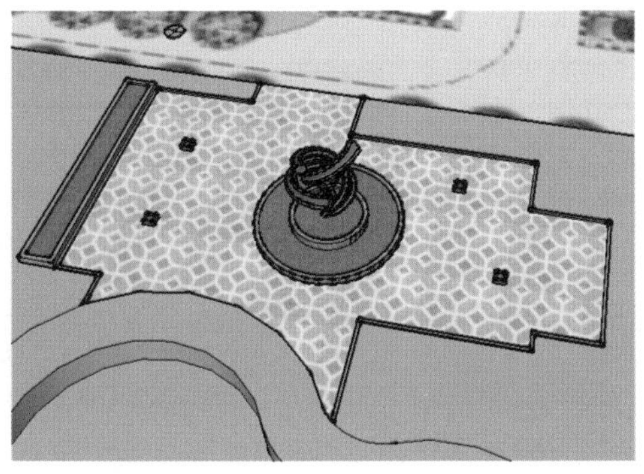
图 10-195 复制树坛并合并雕塑模型组件

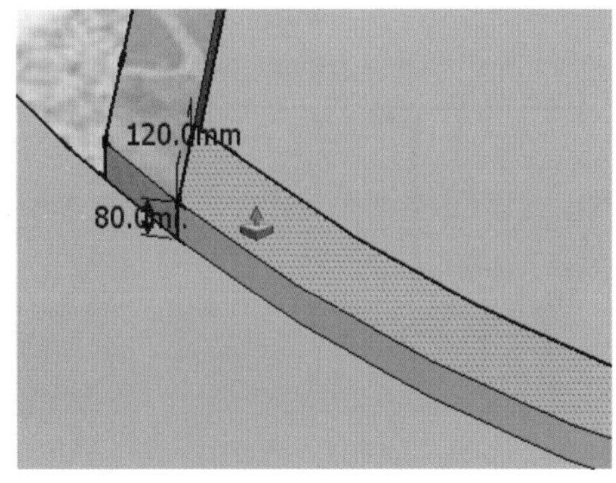

图 10-196 完成水景外侧路沿细节

02 进入【使用层颜色材料】面板，为水景环形路面赋予铺地贴图，如图 10-198 所示。

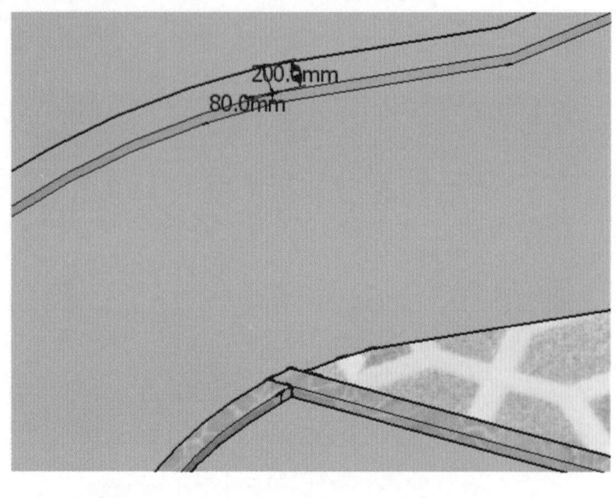

图 10-197　完成水景内侧路沿细节

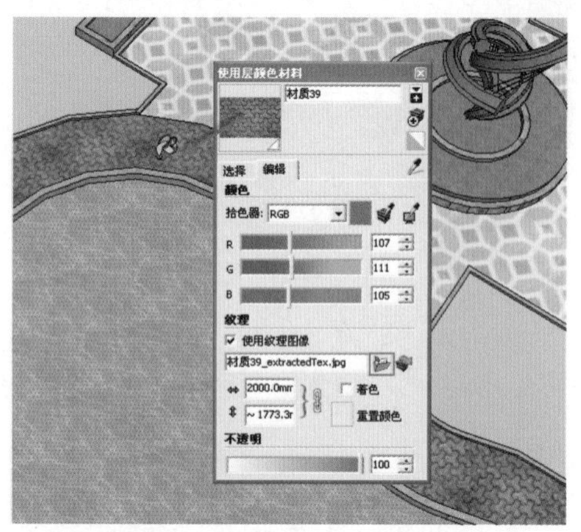

图 10-198　赋予水景路面铺地贴图

03 参考彩平图水景配套设施，调入相关的组件完成对应模型制作，如图 10-199 与图 10-200 所示。

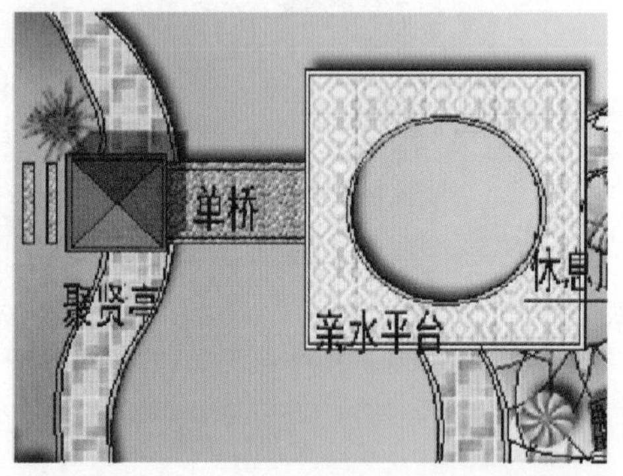

图 10-199　彩平图中水景配套景观

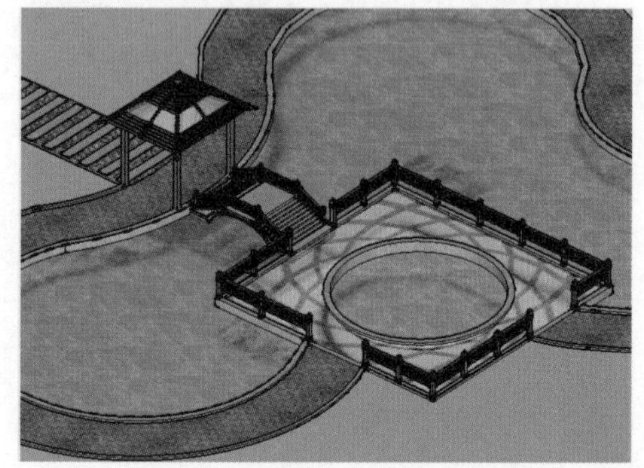

图 10-200　调入相关组件完成水景效果

10.4.4 完成其他细节

01 参考彩平图，分割出右下角的弧形休息廊平面，如图 10-201 所示。

02 结合使用【偏移】与【推/拉】工具，制作弧形休息廊后方的弧形花坛，然后赋予对应材质，如图 10-202 和图 10-203 所示。

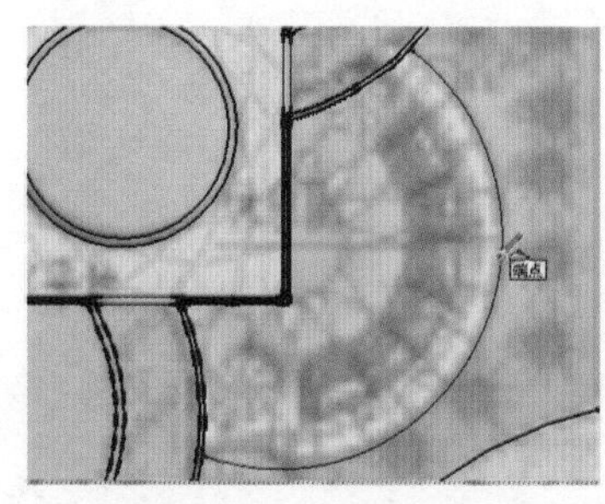

图 10-201　细分割弧形平面

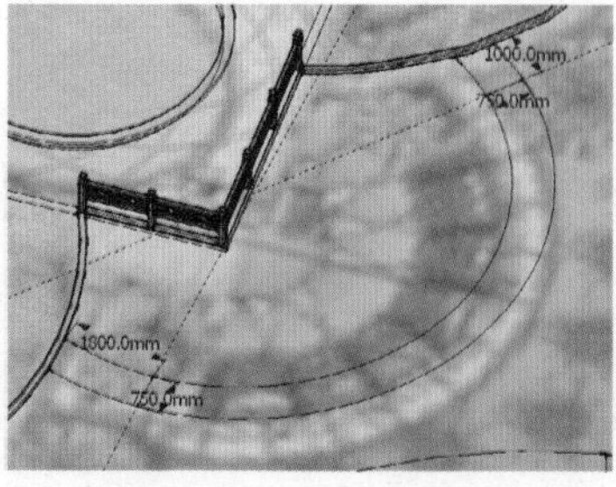

图 10-202　制作弧形花坛模型

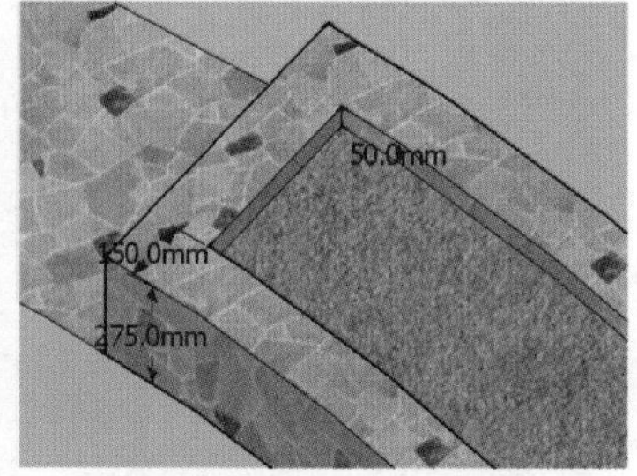

图 10-203　制作弧形花坛模型

03 为弧形平面赋予地砖贴图，调入弧形休息廊模型组件，如图 10-204 与图 10-205 所示。

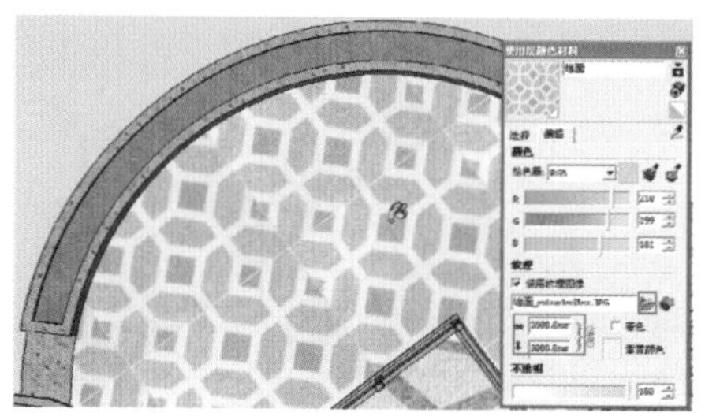
图 10-204　赋予弧形平面铺地贴图

图 10-205　合并弧形休闲廊架模型组件

04 参考彩平图，使用之前介绍过的方法，完成图右下角汀步制作，如图 10-206 与图 10-207 所示。

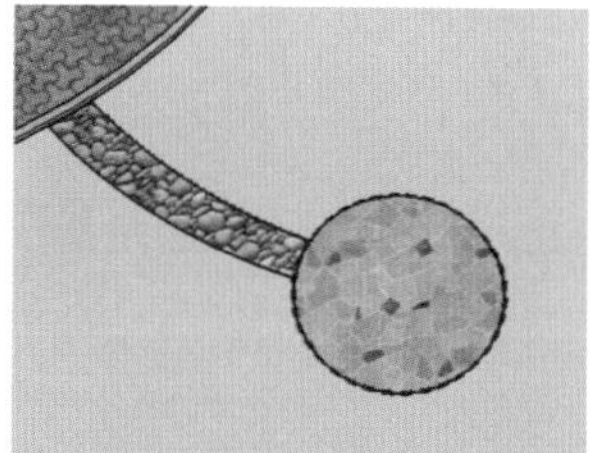
图 10-206　绘制右下角汀步通道及平台

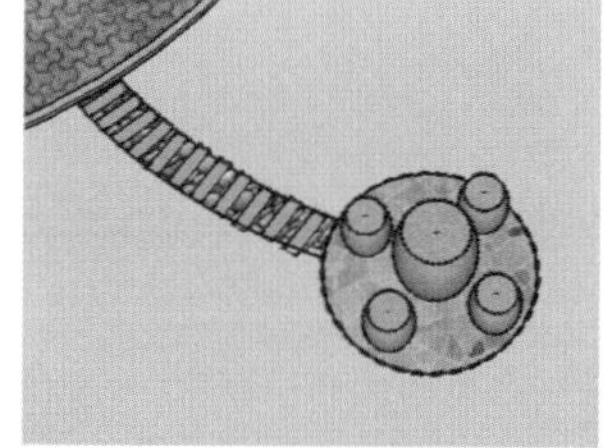
图 10-207　复制汀步与石桌凳

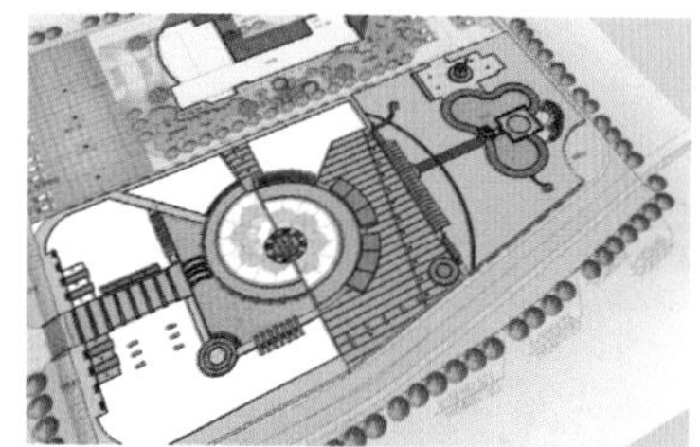
图 10-208　后方水景及汀步完成效果

至此，景观区域效果制作完成，如图 10-208 所示。接下来制作建筑及环境模型效果。

10.5 制作建筑及环境

10.5.1 制作建筑模型

01 参考彩平图，绘制出建筑以及周边的平面，然后进行细节分割，如图 10-209 与图 10-210 所示。

图 10-209　绘制建筑及周边配套平面

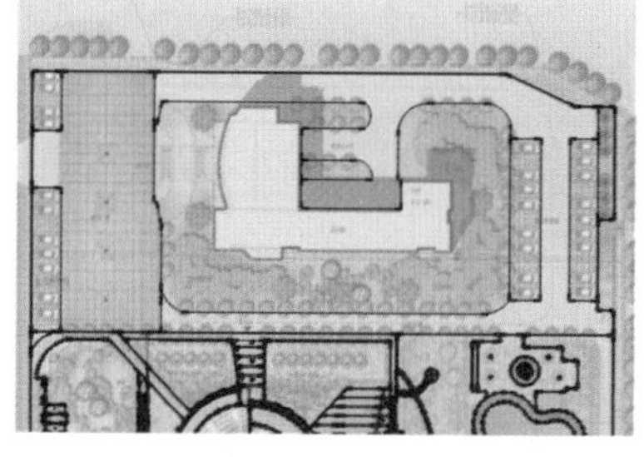
图 10-210　参考彩平图分割平面

02 制作出建筑周边的广场、停车场等配套模型，然后通过复制拉伸操作制作建筑主体轮廓，如图 10-211 与图 10-212 所示。

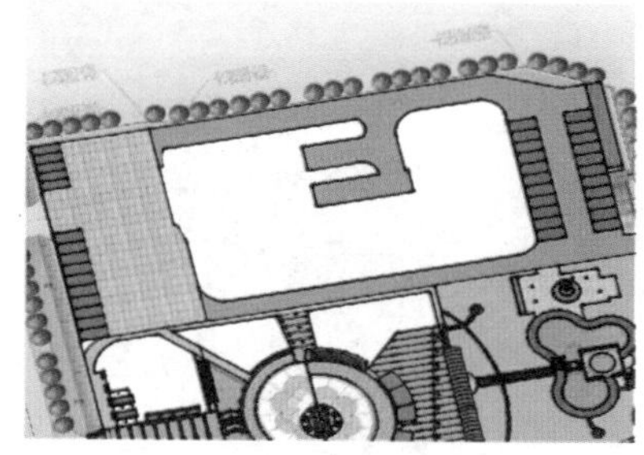
图 10-211　制作出建筑周边配套模型

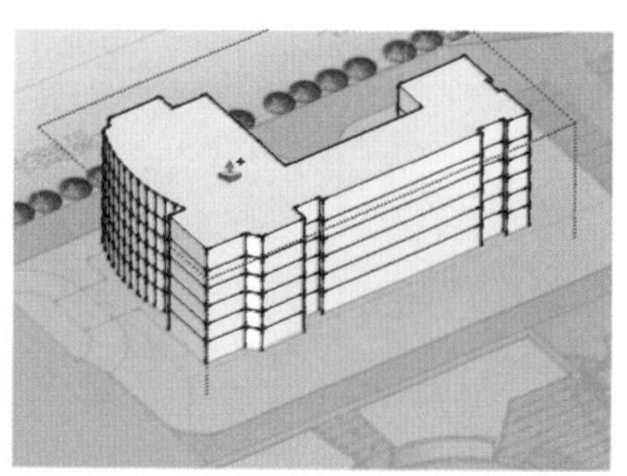
图 10-212　通过复制拉伸制作建筑主体轮廓

03 参考彩平图制作出建筑入口轮廓，并与建筑主体一起赋予半透明材质，如图 10-213 与图 10-214 所示。

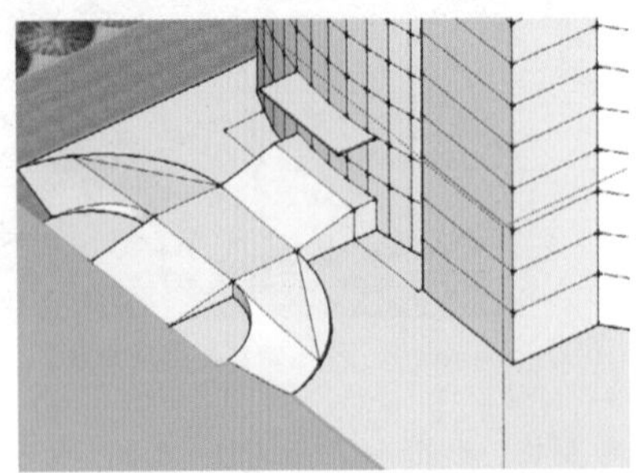
图 10-213 制作建筑入口轮廓

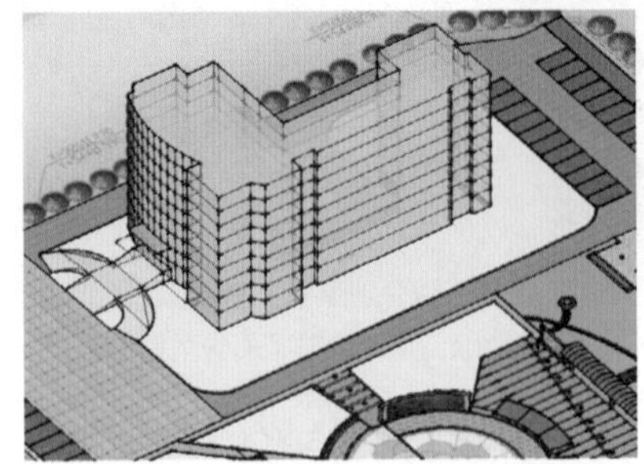
图 10-214 赋予建筑及入口半透明效果

10.5.2 制作环境

01 参考 CAD 图纸中公路与入口的造型及标高，完成相关模型制作，如图 10-215~图 10-217 所示。

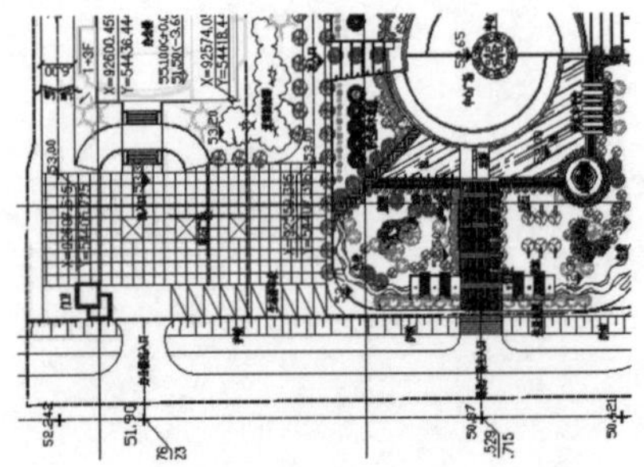
图 10-215 CAD 图纸公路及入口效果

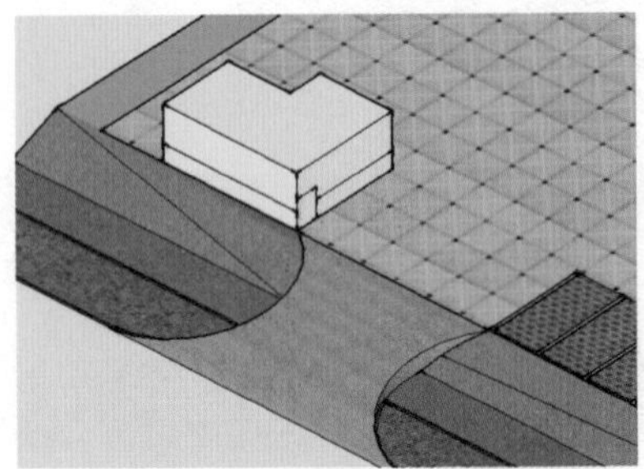
图 10-216 制作车辆入口坡道

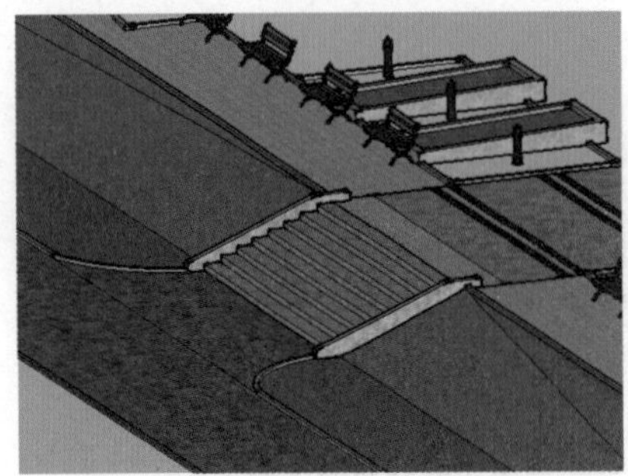
图 10-217 制作人行道与护坡

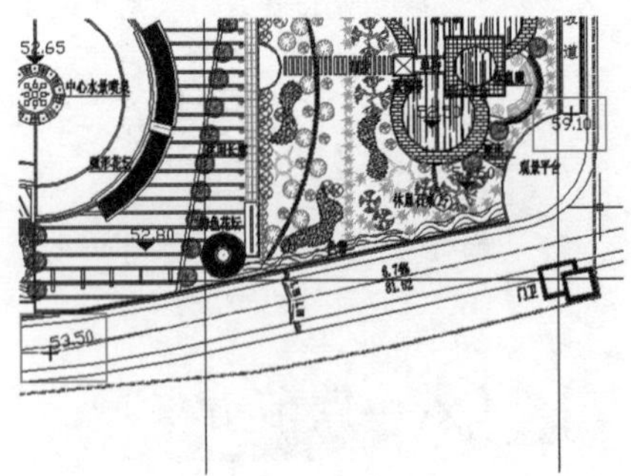
图 10-218 CAD 图纸上行坡道

02 参考 CAD 图纸中外围上行坡道造型与标高，完成相关模型的制作，如图 10-218 与图 10-219 所示。

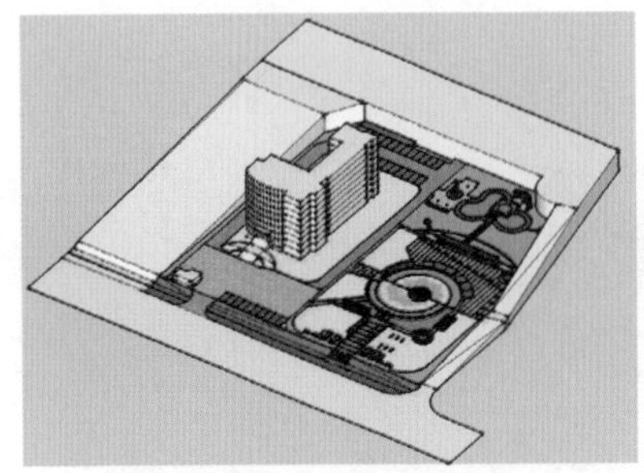
图 10-219 制作上行坡道及周边路面

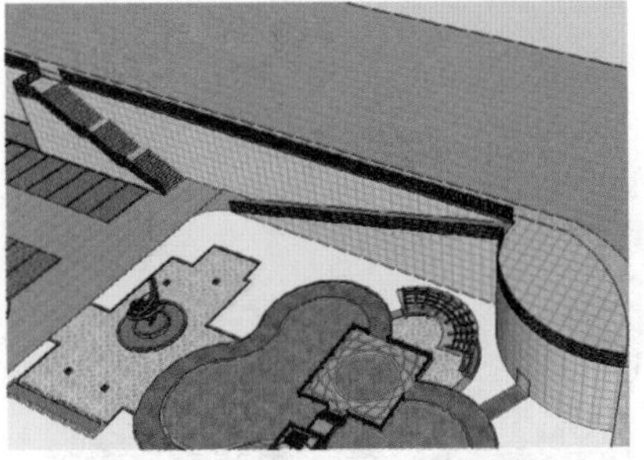
图 10-220 绘制后方楼梯及坡道

03 结合彩平图制作后方的楼梯及坡道，完成场景整体模型的制作，如图 10-220 与图 10-221 所示。接下来制作景观节点细节。

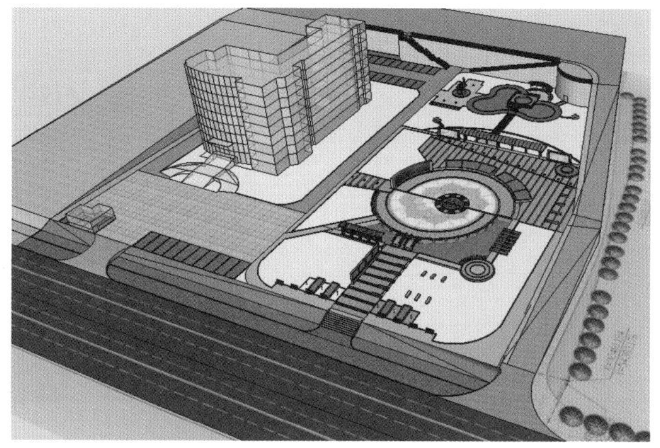

图 10-221 建筑及周边环境模型完成效果

10.6 细化景观节点效果

本节重点介绍场景主入口以及中心广场景观节点的细化，两处完成效果如图 10-222 与图 10-223 所示。

图 10-222 入口节点细化效果

图 10-223 中心广场节点细化完成效果

10.6.1 细化入口景观节点

1. 创建场景

调整视图如图 10-224 所示，进入【场景】面板，创建“入口节点”场景，以保存当前的观察视角，如图 10-225 所示。

图 10-224 调整入口观察角度

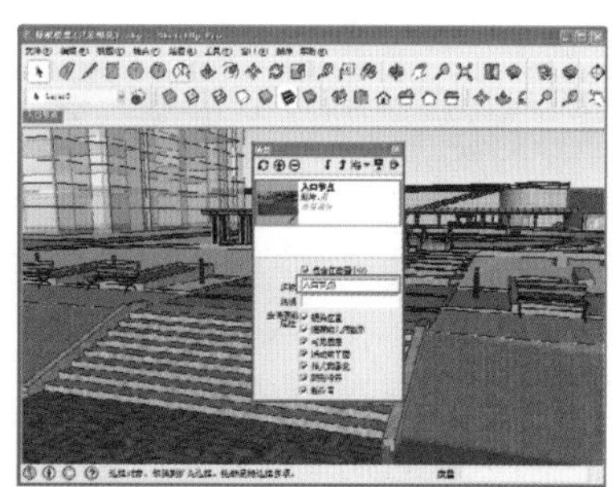

图 10-225 创建入口节点场景

2. 添加植物及石头

01 进入【组件】面板，调入树木组件，通过捕捉端点放置位置，如图 10-226 与图 10-227 所示。

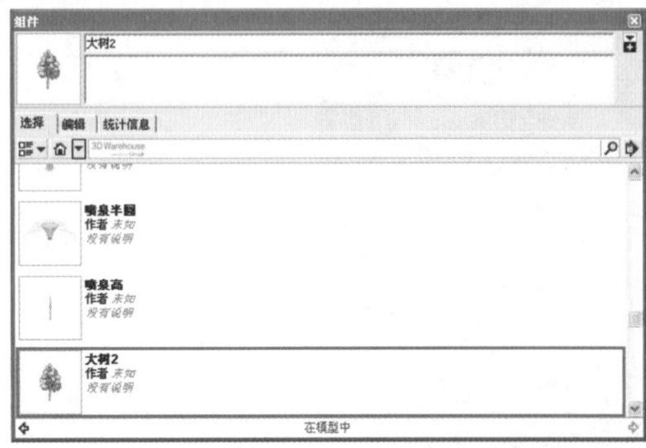

图 10-226 调入树木模型组件

图 10-227 布置树木模型组件

02 植物组件放置好后，勾选“总是朝向镜头”复选框，使其产生正对摄影机的效果，如图 10-228 所示。

图 10-228 树木组件放置完成效果

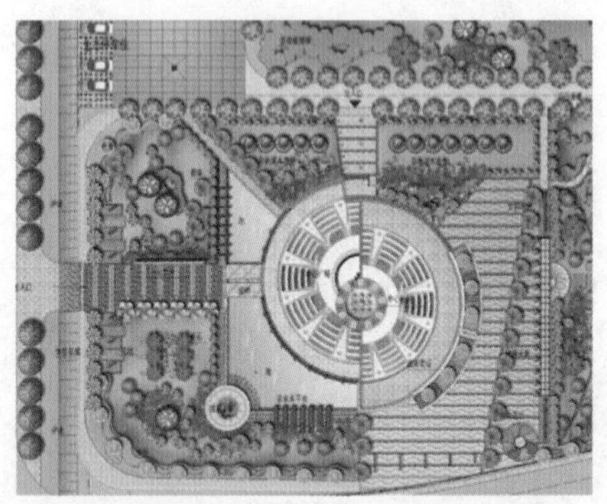

图 10-229 参考彩平图布置植物

03 参考彩平图纸，布置入口周边的树木效果，如图 10-229 与图 10-230 所示。

图 10-230 中心通道右上角植物布置效果

图 10-231 选择将组件设置为自定项

技 巧

调入的植物组件通常颜色都比较单调，此时可以先将某些组件设置为自定项，然后修改其颜色，以达到美化的效果，如图 10-231 和图 10-232 所示。

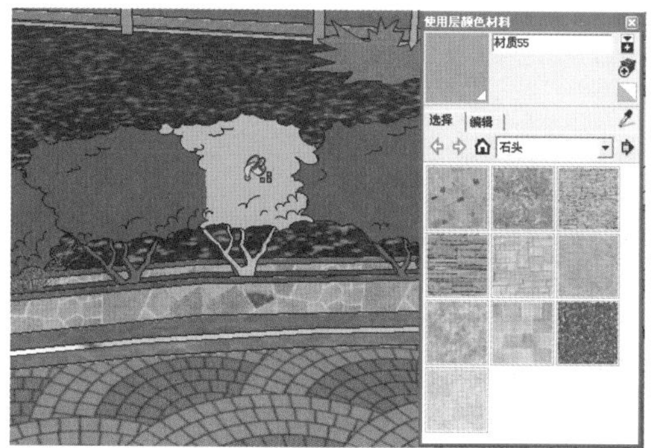

图 10-232 调整灌木色彩

图 10-233 推拉花丛平面

04 树木及灌木通常通过调入组件完成，花丛等模型则通常通过推拉出花丛轮廓，然后指定花丛贴图模拟，如图 10-233 与图 10-234 所示。

05 通过合并组件及贴图的方式，完成石块与草地效果的制作，如图 10-235 所示。

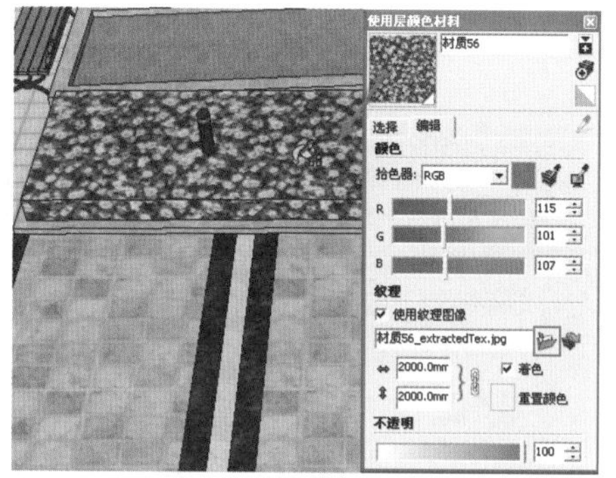

图 10-234 赋予花丛贴图

图 10-235 合并石块并完成草地贴图

3. 添加人物

01 进入【组件】面板调入人物模型，参考景观位置合理放置，如图 10-236 与图 10-237 所示。

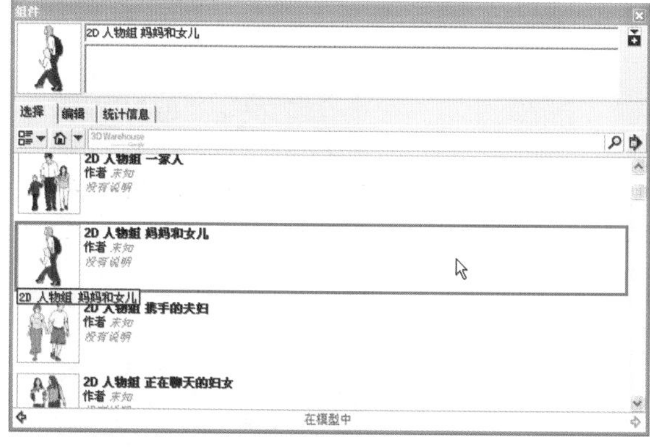

图 10-236 选择人物组件模型

图 10-237 布置人物模型组件

02 根据中心通道以及入口台阶模型的特点，继续布置其他人物模型效果如图 10-238 与图 10-239 所示，完成入口节点效果的制作。

图 10-238　中心通道人物模型布置效果

图 10-239　入口处人物模型布置效果

10.6.2 细化中心广场景观节点

1. 创建场景

01 参考彩平图，选择当前布置好的植物、石头等模型组件，通过移动复制与缩放制作完成整体效果，如图 10-240 所示。

02 调整视图如图 10-241 所示，创建“中心广场节点”场景。接下来完善中心喷泉及水池细节。

图 10-240　复制与缩放

图 10-241　创建中心广场场景

2. 完善喷泉及水池细节效果

01 进入【组件】面板，调入喷泉水柱组件，将其移动至喷嘴位置，并启用【拉伸】工具调整大小，如图 10-242 与图 10-243 所示。

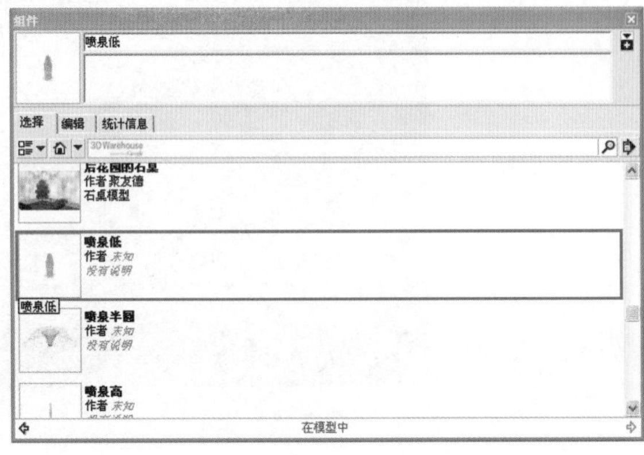

图 10-242　选择喷泉水柱组件模型

图 10-243　布置水柱并调整造型

02 使用【旋转】工具进行旋转复制，如图 10-244 与图 10-245 所示。

图 10-244　选择细水柱造型

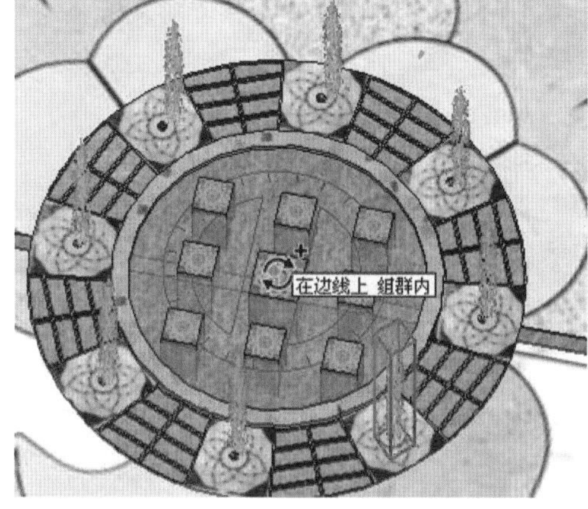

图 10-245　旋转复制细水柱

03 通过类似的操作，完成中心喷泉的造型制作，如图 10-246 所示。然后合并出水口模型组件，如图 10-247 所示。

图 10-246　中心喷泉水柱完成效果

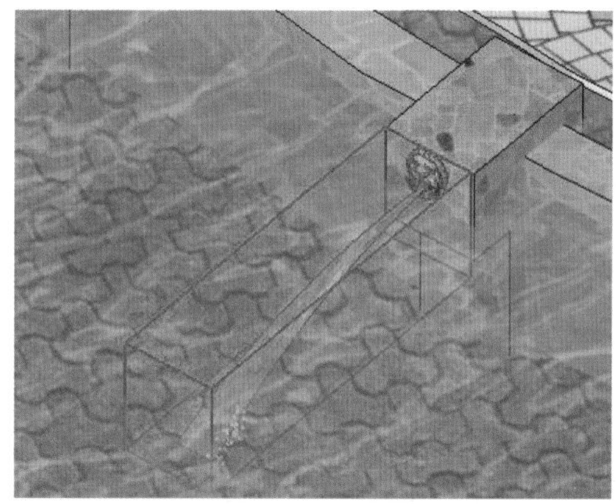

图 10-247　合并出水口模型组件

04 旋转复制出水口模型组件，合并荷花组件至水池，完成喷泉及水池细节，如图 10-248 与图 10-249 所示。

图 10-248　旋转复制出水口并调入荷花组件

图 10-249　广场细节完成效果

3. 添加人物与动物

01 进入【组件】面板，调入人物组件，逐步完成广场中心及周边相关景点人群的布置，如图 10-250~图 10-252 所示。

图 10-250 布置中心喷泉周边人群

图 10-251 布置亲水木平台周边人群

图 10-252 布置广场左侧人群

图 10-253 布置广场中心白鸽模型组件

02 调入白鸽以及小狗等动物组件，完成中心广场节点效果，如图 10-253 与图 10-254 所示。

图 10-254 中心广场节点细化完成效果

10.6.3 完成其他节点效果的细化

使用类似的步骤，完成场景中其他效果制作，如图 10-255~图 10-257 所示。

图 10-255　后方水景细化效果

图 10-256　后方停车坪完成效果

图 10-257　场景最终鸟瞰效果

第 3 篇 渲染输出篇

第 11 章

VRay for 3ds max 渲染表现

本章重点：

- 导入 3dsmax 并创建摄影机
- 编辑场景材质
- 布置场景最终模型效果
- 布置场景灯光
- 光子图渲染
- 最终渲染

与强大的建模功能相比，SketchUp 本身的渲染功能相对比较薄弱，但通过一些渲染插件或其他渲染软件，可以将 SketchUp 文件渲染输出，直接生成高质量的效果图文件，让设计构思得以完美呈现。

本章介绍将 SketchUp 模型导入到 3ds max 中进行 VRay 渲染的方法，如图 11-1 与图 11-2 所示。

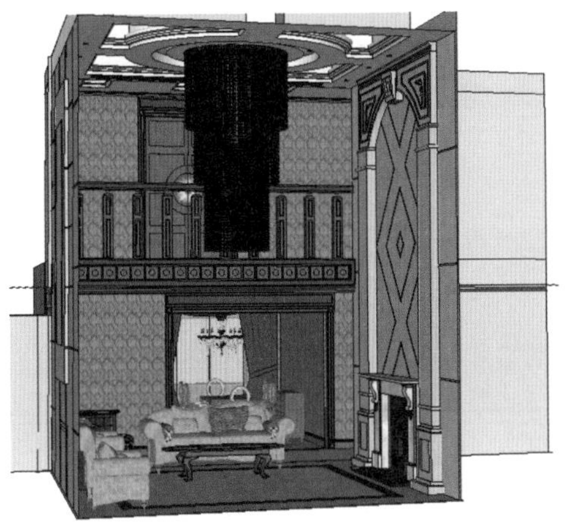

图 11-1　SketchUp 模型效果

图 11-2　VRay 渲染效果

11.1 导入 3ds max 并创建摄影机

11.1.1 导出为 3ds 文件

01 启动 SketchUp 软件，打开本书第 7 章绘制的别墅室内模型文件，显示所有模型组件，如图 11-3 所示。

02 选择用于参考定位的 CAD 图纸并将其删除，如图 11-4 所示。

03 执行【文件】/【导出】/【三维模型】菜单命令，在【导出模型】面板中新建一个导出文件夹，如图 11-5 所示。

图 11-3　显示所有模型

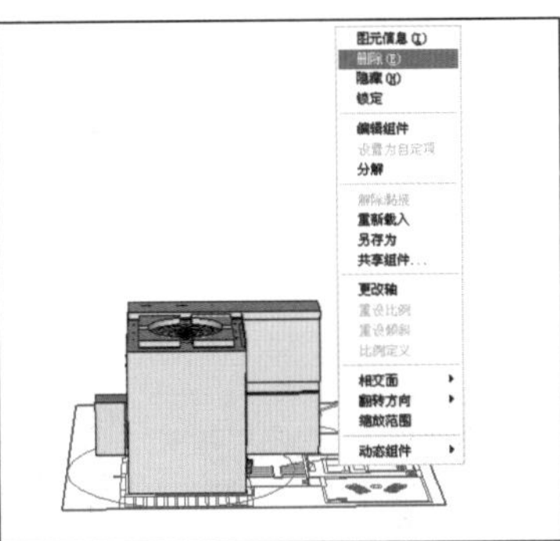

图 11-4　删除参考 CAD 图纸

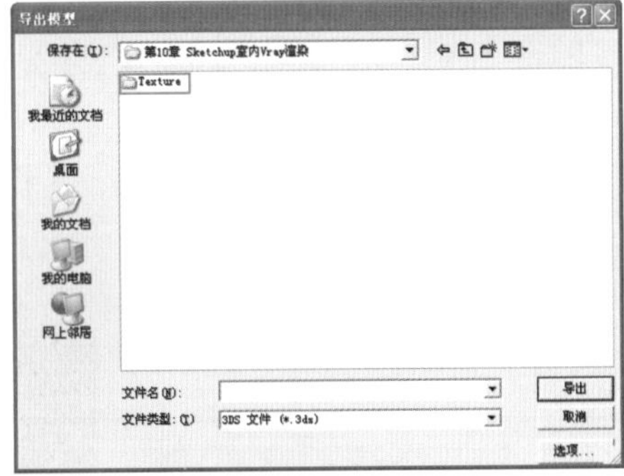

图 11-5　建立文件夹并以字母命名

04 进入新建的文件夹，将导出文件以英文字母命名，单击【导出】按钮即可进行输出。

05 导出完成后将弹出【3DS 导出结果】面板，如图 11-6 所示，显示导出的相关信息。

注 意

SketchUp 模型导出为 3ds 格式文件时，会自动将模型中所含的贴图进行分开保存，因此需要新建一个文件夹进行保存。

11.1.2 在 3ds max 中导入 3DS 模型

01 启动 3ds max，执行【自定义】/【单位设置】菜单命令，在弹出的【单位设置】面板中设置系统单位与显示单位均为【毫米】，如图 11-7 所示。

02 执行【文件】/【导入】菜单命令，在打开的【选择要导入的文件】面板中选择 SketchUp 导出的 3DS 模型文件，如图 11-8 所示。

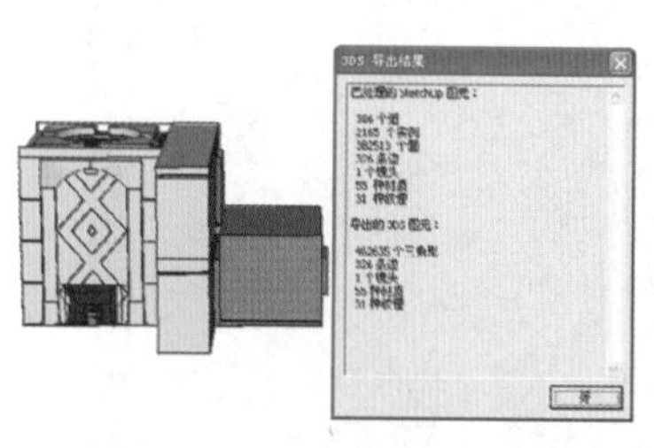
图 11-6 3ds 模型导出完成

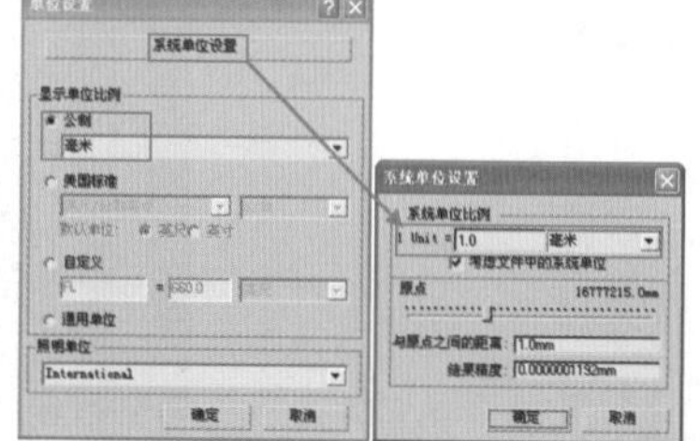
图 11-7 设置单位

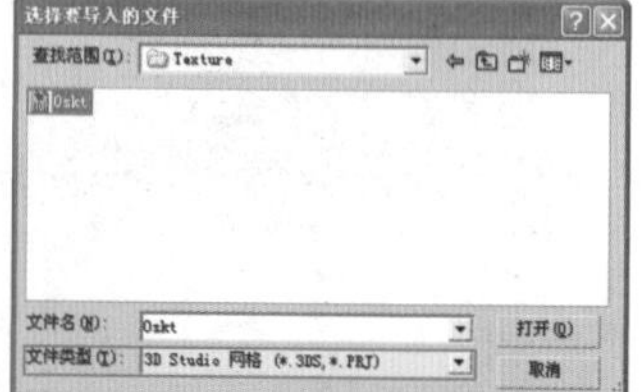
图 11-8 导入 3ds 模型文件

03 3ds 文件导入 3ds max 后的效果如图 11-9 所示，删除默认摄影机与背面墙体，可以发现此时的模型材质丢失，如图 11-10 所示。

04 按下 Shift + T 快捷键，打开【资源追踪】面板，选择丢失的贴图并单击鼠标右键，选择【设置路径】命令，如图 11-11 所示。

图 11-9 3DS 模型文件导入完成

图 11-10 材质贴图丢失

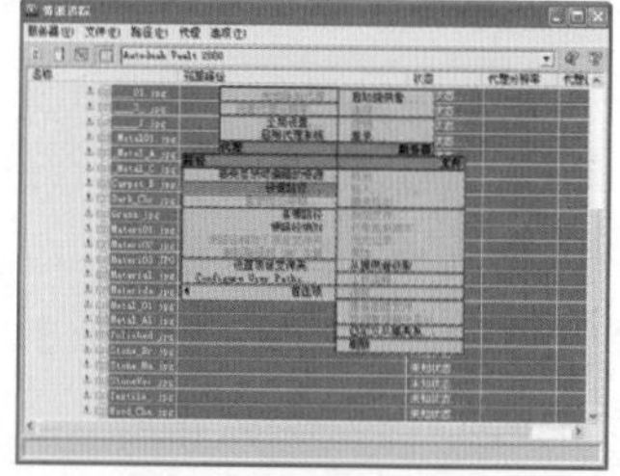
图 11-11 进行资源追踪

05 在弹出的【选择新的资源路径】面板中设置贴图文件所在文件夹，单击【使用路径】按钮，如图 11-12 所示。

06 按 M 键打开【材质编辑器】，在未显示贴图的模型面上吸取材质显示贴图，完成场景所有模型贴图的显示，如图 11-13 与图 11-14 所示。

图 11-12 选择导出文件夹

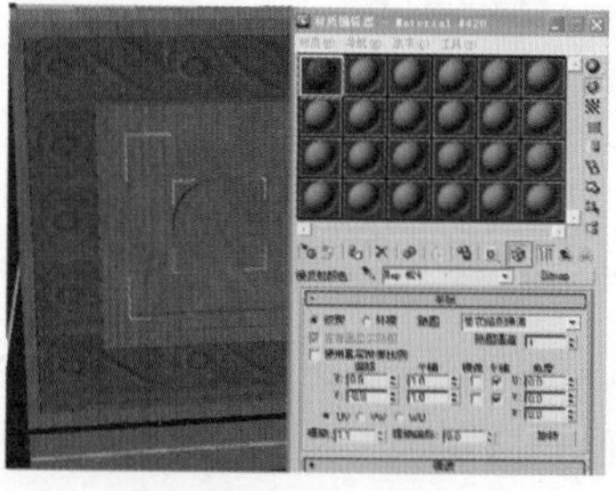
图 11-13 显示贴图

图 11-14 贴图显示完成效果

11.1.3 创建摄影机

01 按 T 键切换到【顶视图】，进入【摄影机】面板，单击【目标】按钮，如图 11-15 所示。

02 在视图左下角单击，创建摄影机，向右上角拖动光标指定摄影机目标点，如图 11-16 所示。

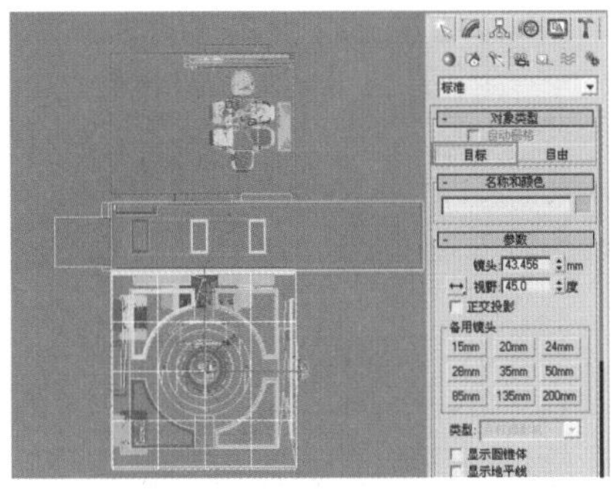

图 11-15　单击目标摄影机创建按钮

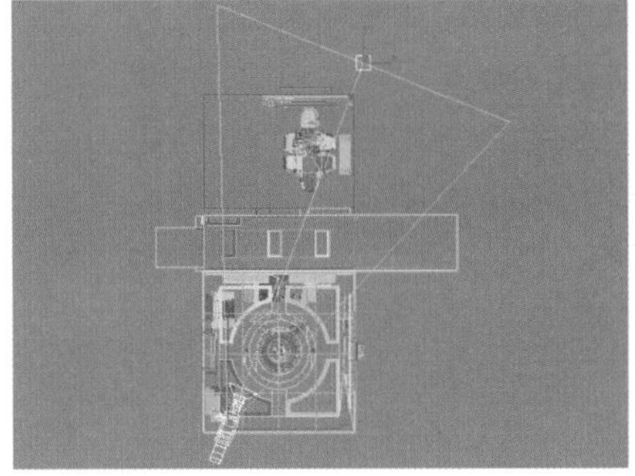

图 11-16　创建目标摄影机

03 按 L 键进入【左视图】，分别选择摄影机与目标点调整高度，具体数值如图 11-17 所示。

04 调整完成后，按 C 键切入当前的【摄影机视图】。当前摄影机视图效果如图 11-18 所示，此时透视与视野均有不足，接下来进行校正与调整。

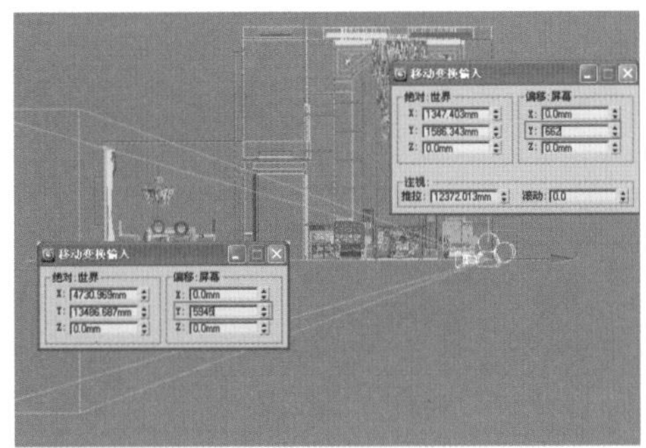

图 11-17　调整摄影机与目标点高度

图 11-18　当前摄影机视图效果

05 选择摄影机并单击鼠标右键，在弹出的菜单中选择【应用摄影机校正修改器】命令，如图 11-19 所示。

06 此时摄影机视图透视得到了校正，修改摄影机【镜头】数值为 35，增大摄影机视野范围，如图 11-20 所示。

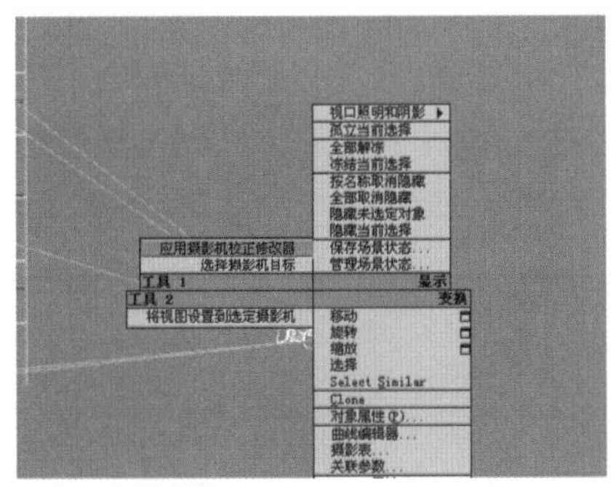

图 11-19　应用摄影机校正修改器

图 11-20　调整镜头值

07 按 F10 键进入【渲染设置】面板，在【输出大小】参数中调整渲染输出的【宽度】与【高度】尺寸，如图 11-21 所示。

08 按下 Shift + Q 快捷键进行默认效果渲染，在渲染窗口中设置为【区域】方式，调整好渲染范围，如图 11-22 所示。

图 11-21　调整输出尺寸

图 11-22　进行渲染区域调整

11.1.4 检查模型

创建场景摄影机后，为了保证当前的模型没有漏光、破面等缺陷，接下来进行模型检查，具体操作步骤如下：

01 按 F10 键进入【渲染设置】面板，进入【指定渲染器】卷展栏，设置当前渲染器为 VRay 渲染器，如图 11-23 所示。

02 进入【VRay:全局开关】卷展栏，取消【默认灯光】与【隐藏灯光】复选框勾选，图 11-24 所示。

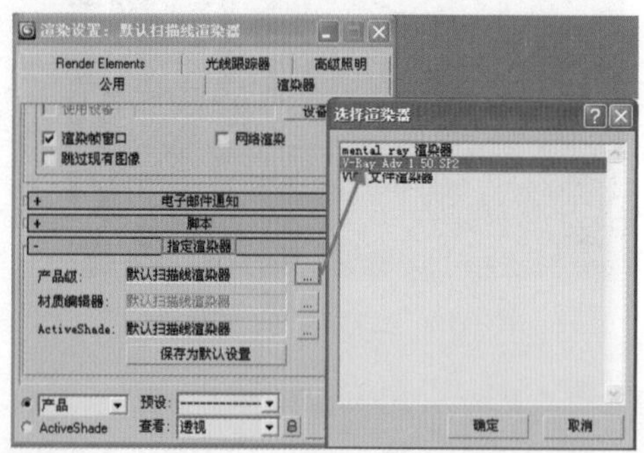

图 11-23　指定渲染器为 VRay

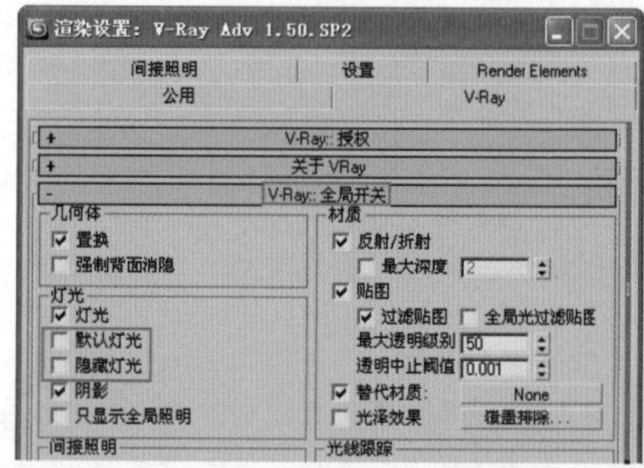

图 11-24　设置全局开关卷展栏

03 进入【VRay:环境】卷展栏，打开【全局照明环境（天光）覆盖】，并保持其强度为 1，如图 11-25 所示。

04 进入【VRay:间接照明】卷展栏，勾选【开】复选框，设置反弹引擎为【发光贴图】与【灯光缓冲】，如图 11-26 所示。

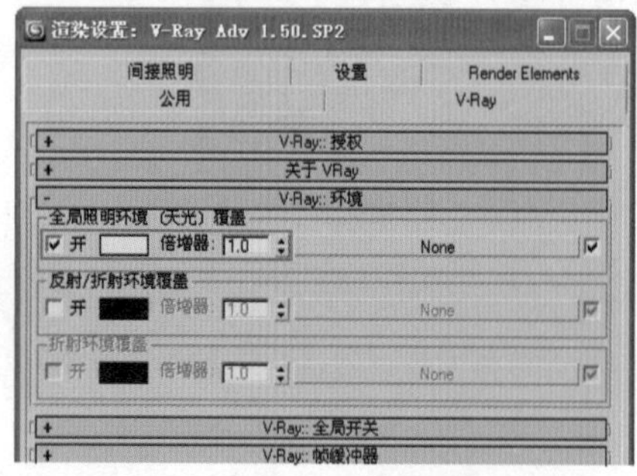

图 11-25　设置天光

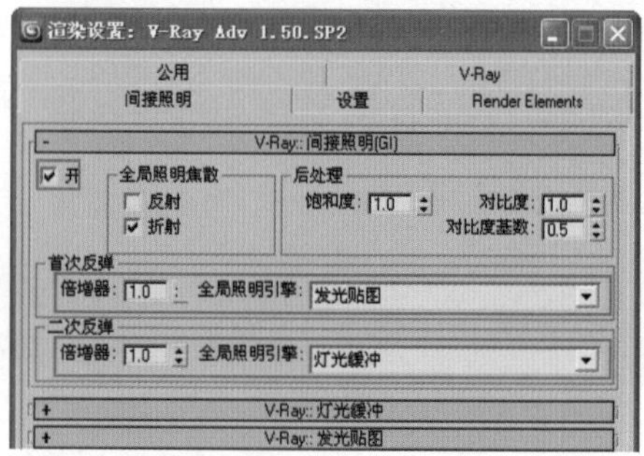

图 11-26　调整间接照明卷展栏

05 进入【VRay:发光贴图】卷展栏，选择当前预置为【非常低】，设置【半球细分】与【插补采样值】参数，如图 11-27 所示。

06 进入【VRay:灯光缓冲】卷展栏，设置较低的【细分】值即可，如图 11-28 所示。

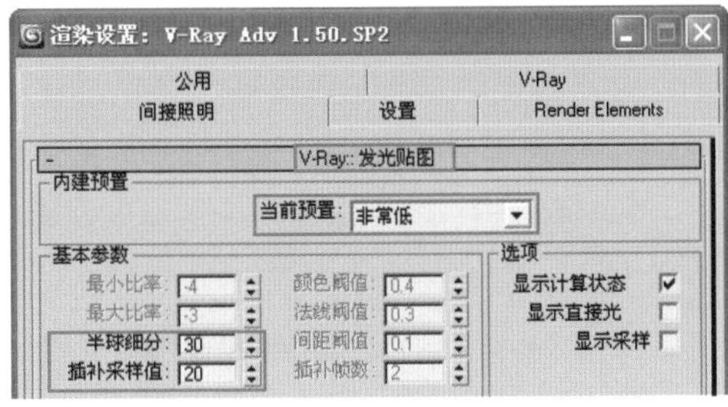

图 11-27　设置发光贴图参数

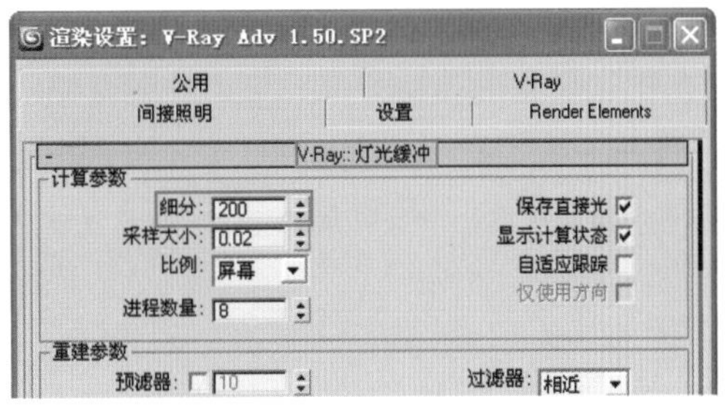

图 11-28　设置灯光缓冲参数

07 按 M 键打开【材质编辑器】，选择一个空白材质并单击【Standard(标准)】材质按钮，将材质类型转换为 VRayMtl，如图 11-29 所示。

08 设置 VRaymtl 材质【漫反射】RGB 颜色值均为 255，拖动复制至【VRay:全局开关】卷展栏中的【替代材质】按钮上，如图 11-30 所示。

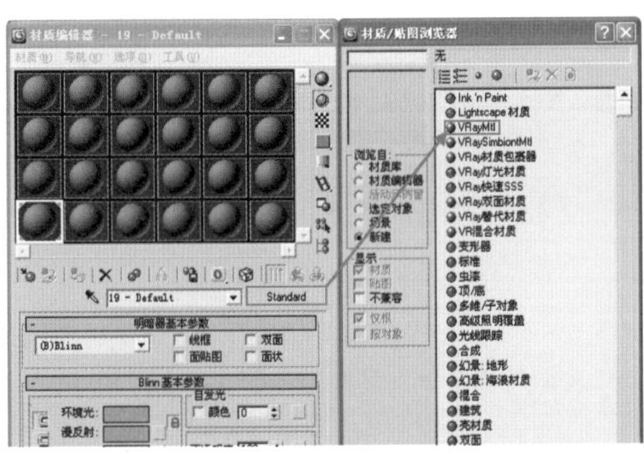

图 11-29　转换空白材质至 VRayMtl

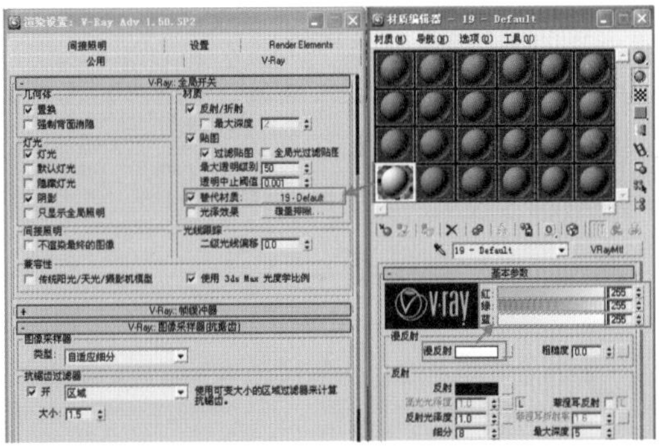

图 11-30　设置全局替代材质

09 按下 Shift+Q 键进行测试渲染，观察渲染效果，可以发现当前场景没有出现漏光、破面等现象，如图 11-31 所示。

图 11-31　模型检查渲染效果

图 11-32　场景材质编号

11.2 编辑场景材质

本节将按照如图 11-32 所示的顺序，逐个编辑场景材质，在材质的编辑过程中，会穿插介绍各种 VRay 材质参数的调整方法，也会讲解如何避免材质错赋与漏赋的操作技巧。

11.2.1 吊顶乳胶漆材质

01 由于在导入 3DS 模型时，系统并不会在材质编辑器中创建相关材质球，为了能对场景材质进行编辑，需要将场景材质逐个吸取至材质球。打开【材质编辑器】，单击【吸取材质】按钮，吸取吊顶材质至当前材质球，如图 11-33 所示。

02 为了确认指定该材质的模型对象，单击【材质编辑器】右侧工具栏【按材质选择】按钮，选择所有指定该材质的模型，如图 11-34 所示。

图 11-33 吸取吊顶当前材质

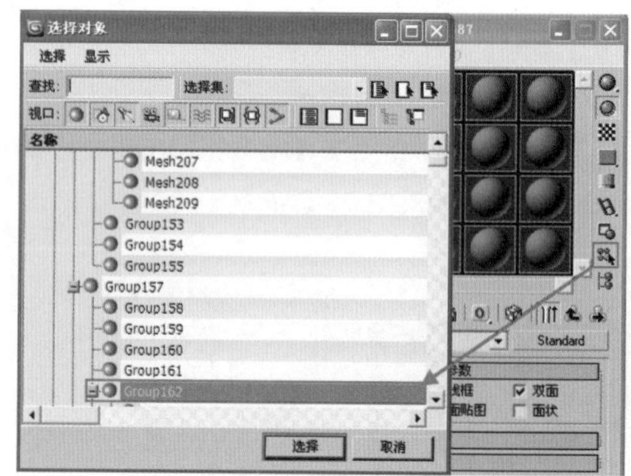

图 11-34 通过材质选择对象

03 单击鼠标右键，选择【孤立当前选择】菜单命令，将选择的模型独立显示，如图 11-35 与图 11-36 所示。

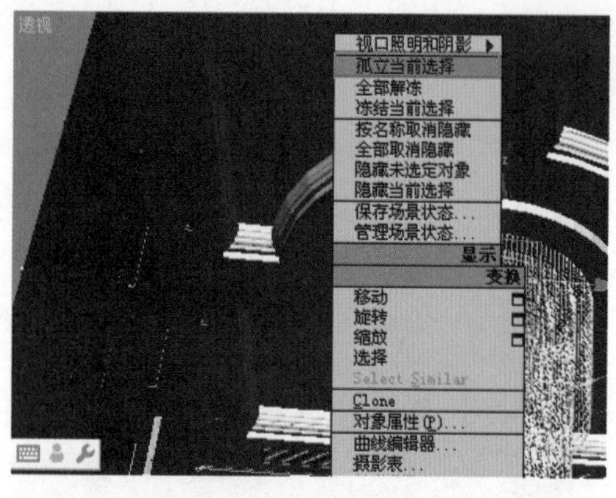

图 11-35 独立显示当前选择对象

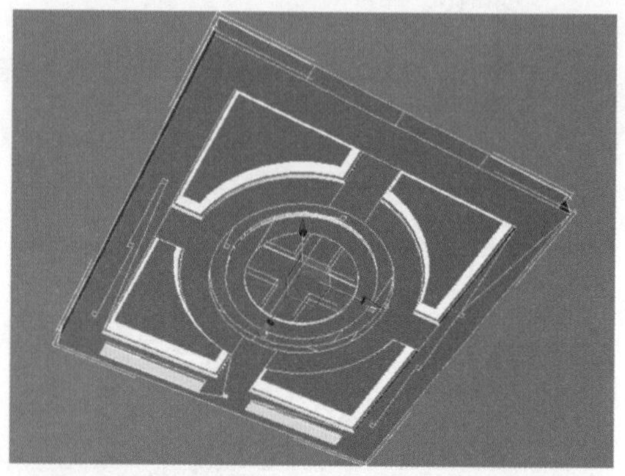

图 11-36 吊顶独立显示效果

04 将吊顶材质转换为 VRayMtl 材质类型，调整其【漫反射】颜色 RGB 值均为 248，如图 11-37 所示。

05 材质制作完成后，选择当前独立显示的模型，单击【材质编辑器】下方的【将材质指定给选定对象】按钮赋予材质，如图 11-38 所示。

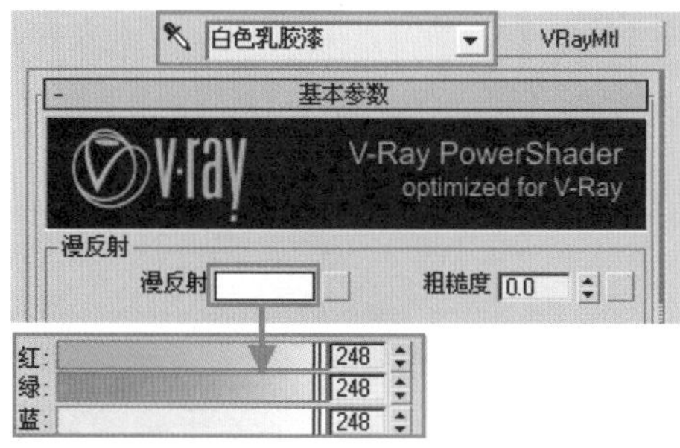

图 11-37　调整 VRayMtl 漫反射颜色

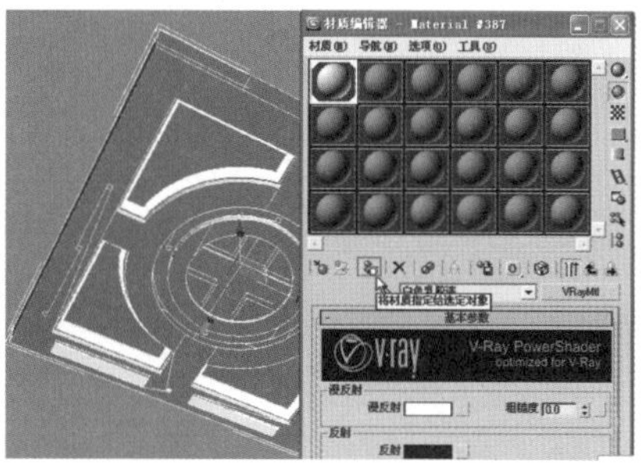

图 11-38　赋予吊顶材质

06 白色乳胶漆材质指定完成后，选择右键菜单【冻结当前选择】菜单命令，将已经制作材质的模型冻结，以避免材质的错赋，如图 11-39 所示。

07 退出独立显示模式，进入【显示面板】勾选【隐藏冻结对象】复选框，将已经赋予材质并冻结的模型隐藏，方便其他模型的选取与观察，如图 11-40 所示。

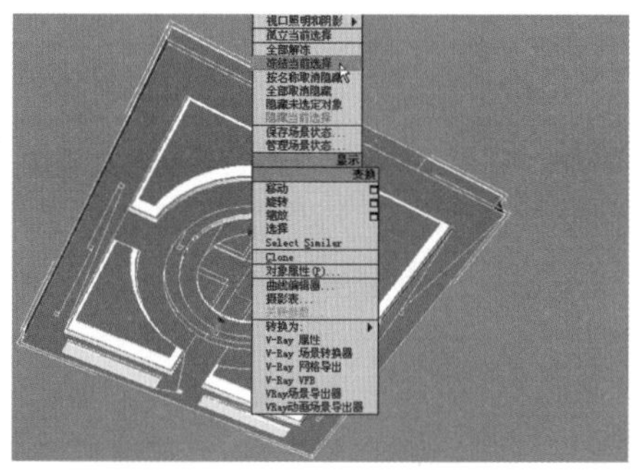

图 11-39　冻结已赋予材质模型

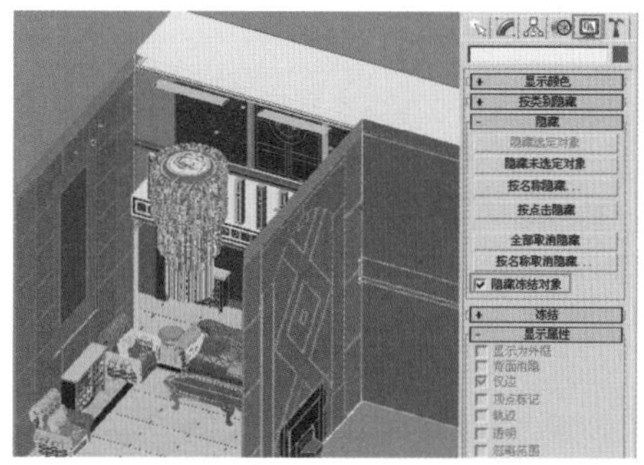

图 11-40　隐藏冻结对象

注 意

场景其他材质的制作与指定都应按照如上的步骤完成，限于篇幅下面就不一一讲述这些过程了。

11.2.2 墙体壁纸材质

01 单击【吸取材质】按钮，吸取得到当前的墙体壁纸材质。

02 在【漫反射】贴图按钮M上单击鼠标右键，选择复制当前贴图，然后将材质转换为 VRayMtl 类型，如图 11-41 所示。

03 在 VRayMtl 的【漫反射】贴图按钮上单击鼠标右键，选择粘贴复制的贴图，如图 11-42 所示。

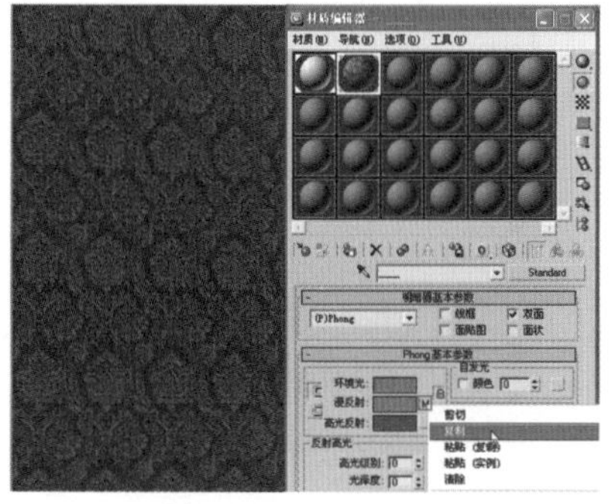

图 11-41　复制墙纸漫反射贴图

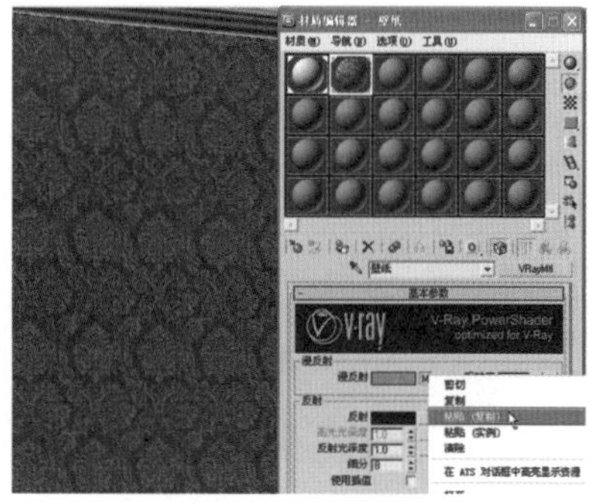

图 11-42　粘贴漫反射贴图

04 进入【反射】颜色通道，将 RGB 值均调整为 54，然后调整【反射光泽度】为 0.45，以产生明显的高光效果，如图 11-43 所示。

05 光滑的壁纸材质表面存在高光但不具反射能力，因此进入【选项】卷展栏，取消【跟踪反射】复选框勾选，材质设置与最终材质球效果如图 11-44 所示。

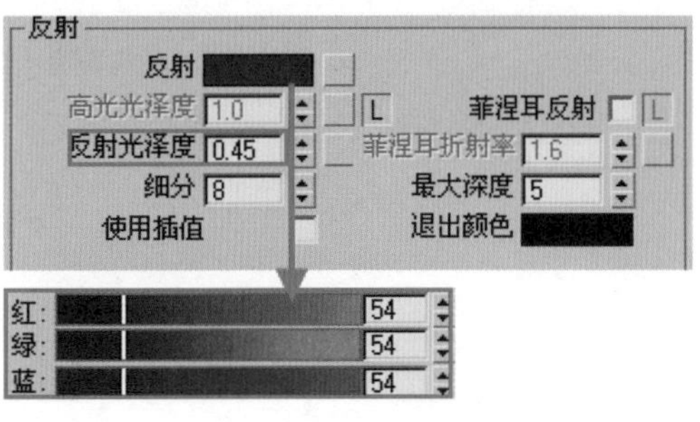

图 11-43 设置反射参数组

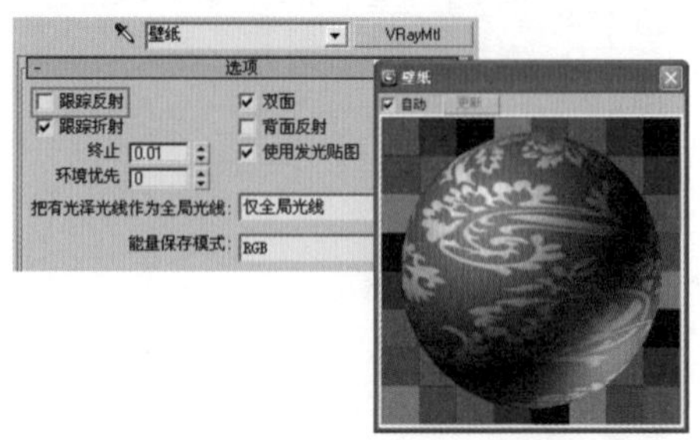

图 11-44 调整选项参数后的材质球效果

11.2.3 墙壁装饰石材

01 单击【吸取材质】按钮，吸取得到当前的墙壁装饰石材。

02 复制当前的【漫反射】贴图，将材质类型转换为 VRayMtl，再将其粘贴至【漫反射】贴图通道，如图 11-45 所示。

03 进入【反射】颜色通道，调整 RGB 值为 88，调整【反射光泽度】为 0.85，以产生模糊反射的效果，勾选【菲涅尔反射】复选框，以产生真实的反射细节，如图 11-46 所示。

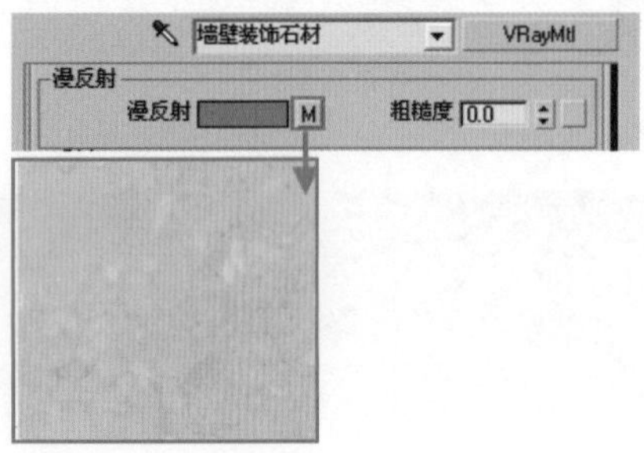

图 11-45 墙壁装饰石材漫反射贴图

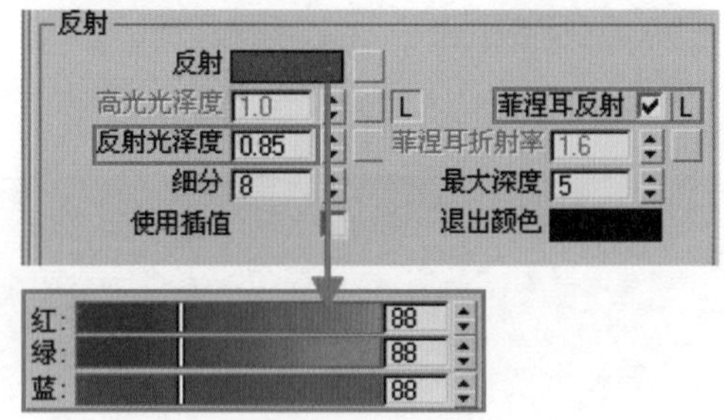

图 11-46 调整墙壁装饰石材反射参数

04 进入【贴图】卷展栏，拖动复制【漫反射】贴图至【凹凸】贴图通道，修改【凹凸】数值为 15，如图 11-47 所示，此时材质球效果如图 11-48 所示。

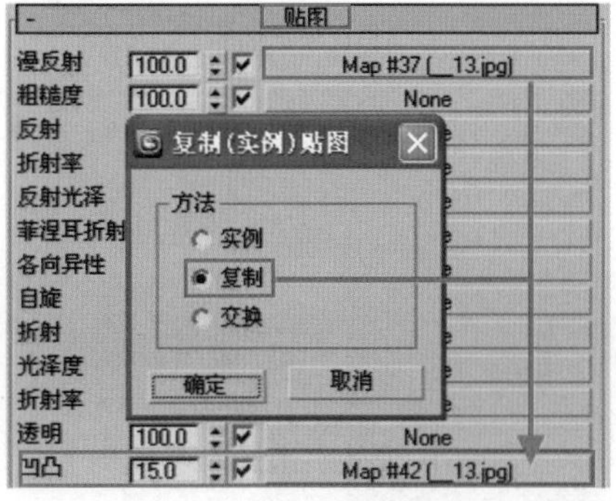

图 11-47 复制漫反射贴图

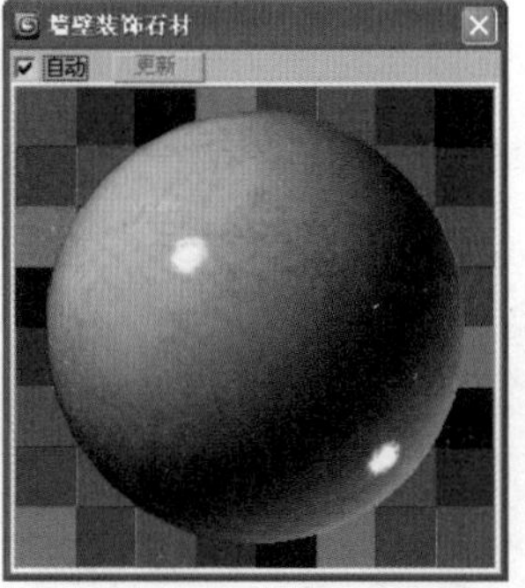

图 11-48 装饰石材材质球效果

11.2.4 装饰银镜材质

01 单击【吸取材质】按钮，吸取得到装饰银镜材质。

02 转换材质类型为 VRayMtl，设置【反射】颜色 RGB 值为 255，如图 11-49 所示，以产生全反射效果，材质球效果如图 11-50 所示。

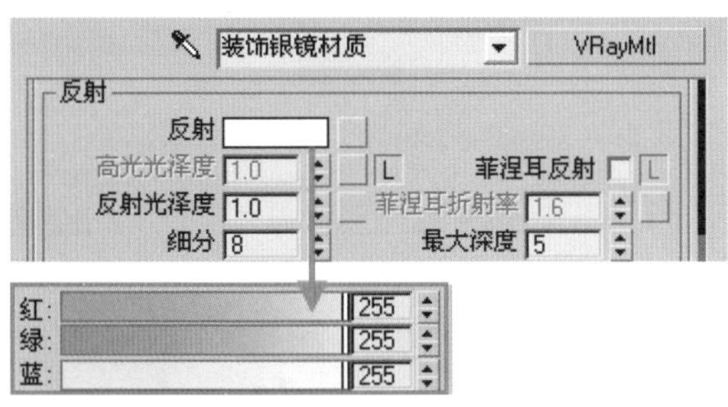

图 11-49 装饰银镜材质参数

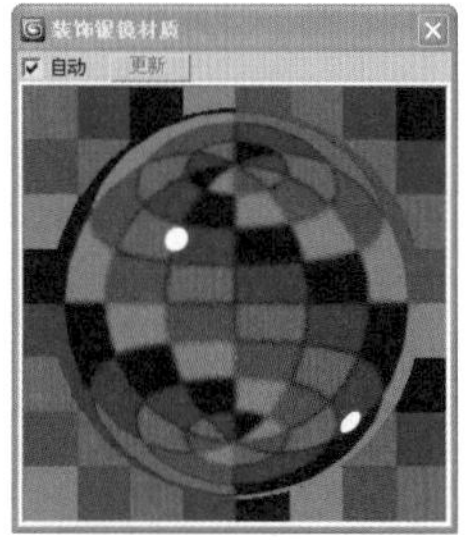

图 11-50 装饰银镜材质球效果

11.2.5 栏杆樱桃木材质

01 单击【吸取材质】按钮，吸取得到樱桃木材质。

02 复制当前的【漫反射】贴图，转换材质类型为 VRayMtl，再将其粘贴至【漫反射】贴图通道，如图 11-51 所示。

图 11-51 复制樱桃木漫反射贴图

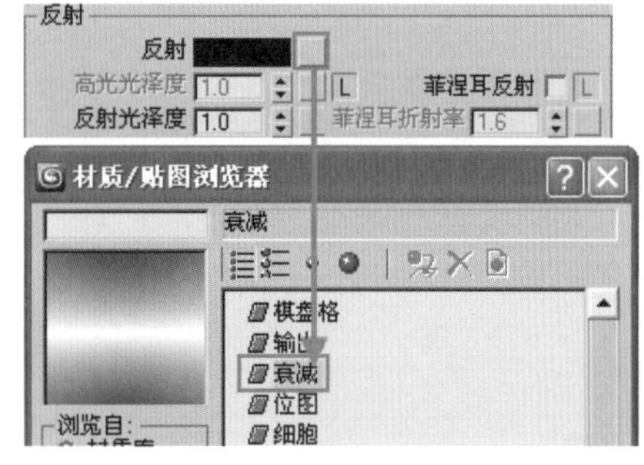

图 11-52 在反射通道内添加衰减程序贴图

03 进入【反射】贴图通道，为其添加【衰减】程序贴图，如图 11-52 所示，设置衰减参数如图 11-53 所示。

04 返回【反射】参数组，调整【反射光泽度】参数为 0.85，调整完成的栏杆樱桃木材质球效果如图 11-54 所示。

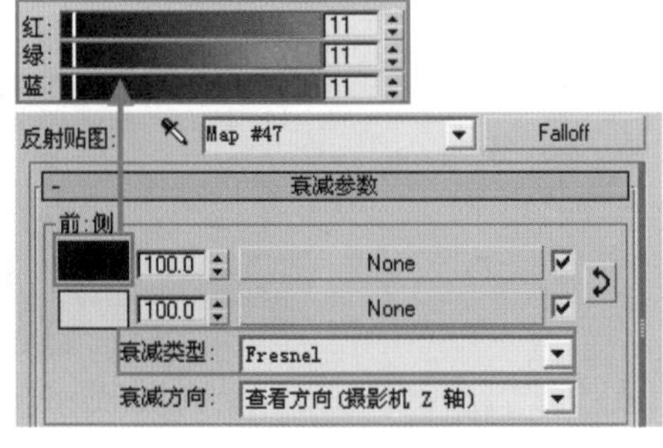

图 11-53 调整衰减程序贴图参数

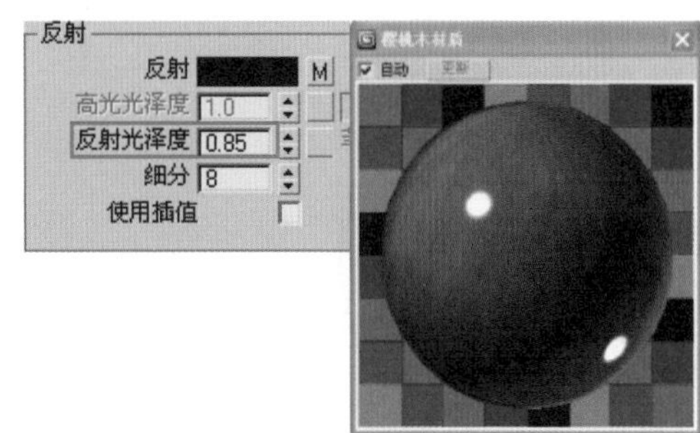

图 11-54 樱桃木材质球效果

11.2.6 水晶灯玻璃材质

01 单击【吸取材质】按钮，吸取得到水晶灯玻璃材质。

02 转换材质类型为 VRayMtl，设置【漫反射】颜色 RGB 值为 255，如图 11-55 所示。

03 进入【反射】颜色通道，调整 RGB 值为 67，使材质具备一定的反射能力，如图 11-56 所示。

图 11-55　调整玻璃材质漫反射颜色

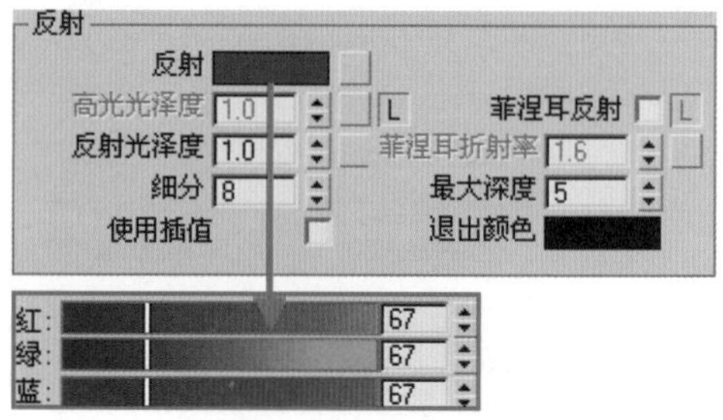

图 11-56　调整反射颜色通道

04 进入【折射】颜色通道，调整 RGB 值为 221，产生材质透明的效果，其他参数调整如图 11-57 所示，最终材质球效果如图 11-58 所示。

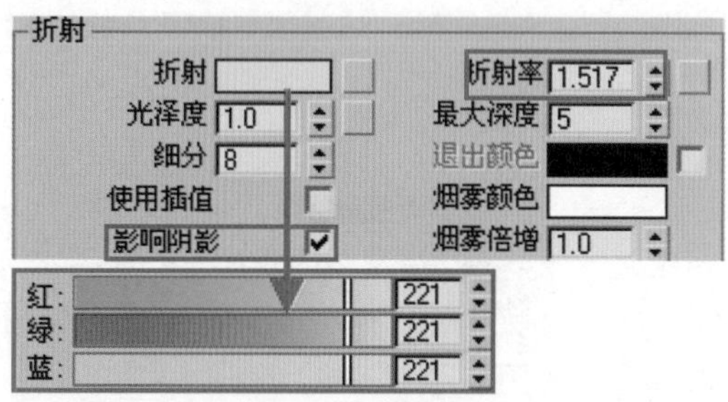

图 11-57　调整折射参数组

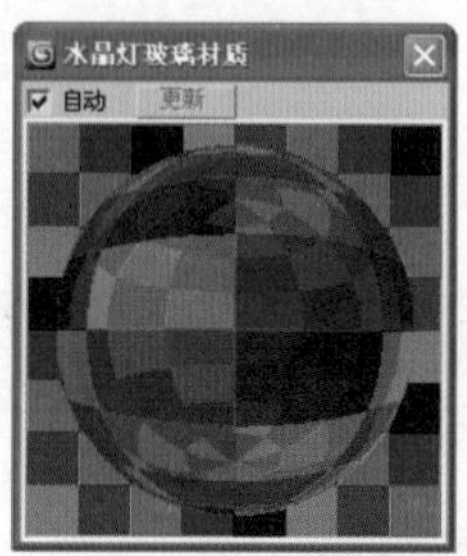

图 11-58　玻璃材质球效果

11.2.7 客厅玻化砖材质

01 单击【吸取材质】按钮，吸取得到客厅玻化砖材质。

02 复制当前的【漫反射】贴图，转换材质类型为 VRayMtl，将其粘贴至【漫反射】贴图通道，如图 11-59 所示。

03 进入【反射】参数组，制作模糊反射与【菲涅尔反射】效果，具体参数调整与最终材质球效果如图 11-60 所示。

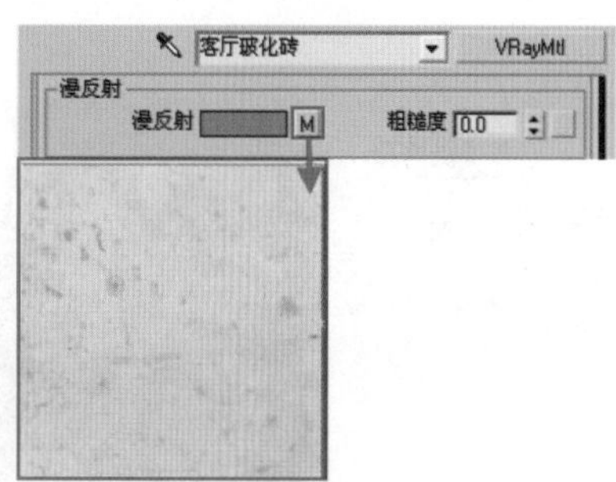

图 11-59　添加玻化砖漫反射贴图

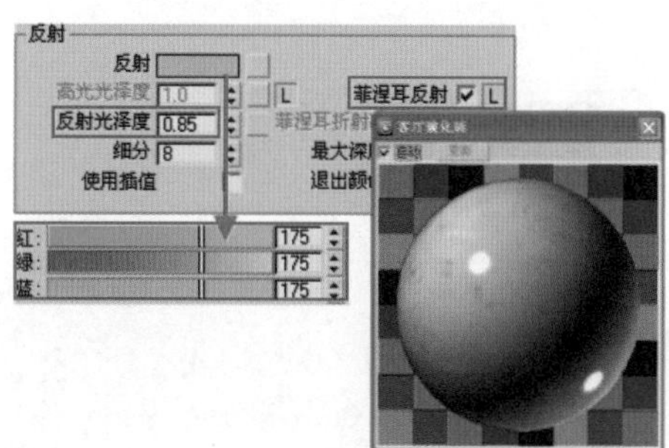

图 11-60　调整反射参数后的材质球效果

11.2.8 沙发布纹材质

01 单击【吸取材质】按钮，吸取得到当前沙发布纹材质。

02 保持当前的材质类型与【漫反射】贴图，在【明暗器基本参数】卷展栏内将类型调整为“Oren-Nayar-Blinn”，如图 11-61 所示。

图 11-61 调整明暗器类型

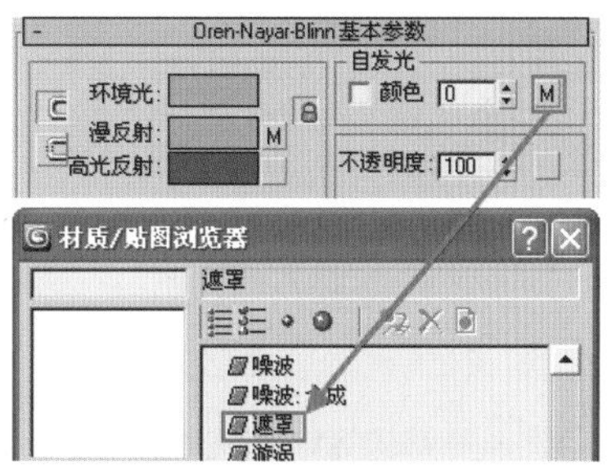

图 11-62 添加遮罩程序贴图

03 进入【自发光】贴图通道，为其添加【遮罩】程序贴图，如图 11-62 所示。

04 进入【遮罩（Mask）】程序贴图，在其两个通道均设置【衰减（Falloff）】程序贴图，具体的参数设置如图 11-63 与图 11-64 所示。

图 11-63 设置遮罩程序贴图参数

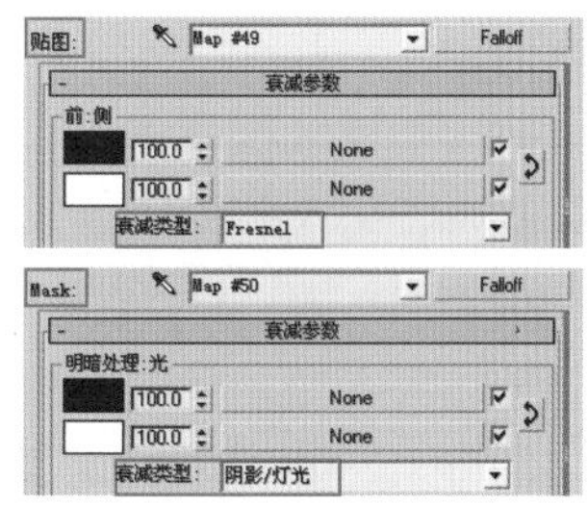

图 11-64 设置衰减贴图参数

05 进入【贴图】卷展栏，将【漫反射】贴图复制至【凹凸】贴图通道，具体参数与最终材质球效果如图 11-65 与图 11-66 所示。

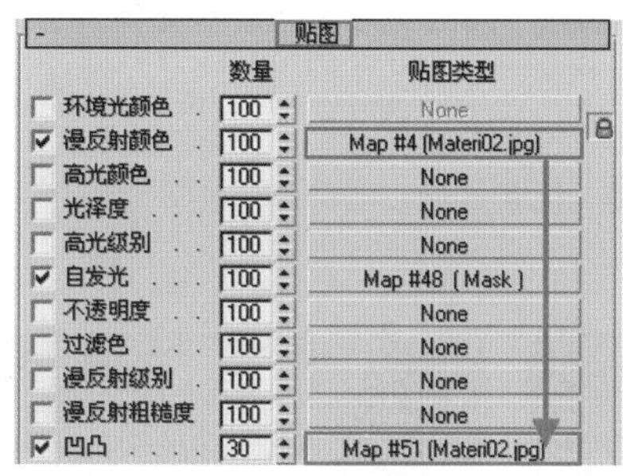

图 11-65 复制贴图

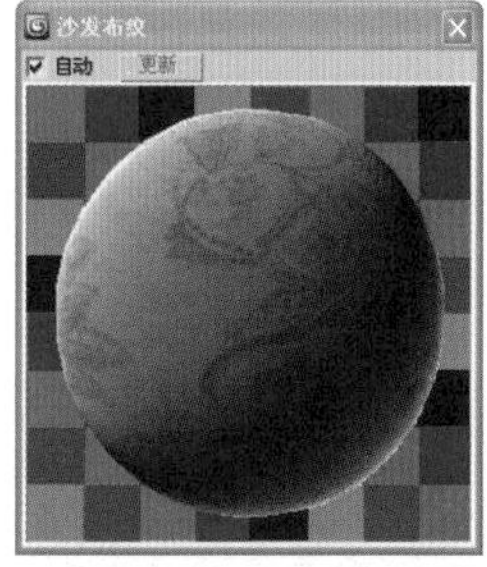

图 11-66 布纹材质球效果

11.2.9 半透明纱帘材质

01 单击【吸取材质】按钮，吸取得到当前半透明纱帘材质。

02 转换材质类型为 VRayMtl，设置【漫反射】颜色 RGB 值为 255，如图 11-68 所示。

03 进入【折射】颜色通道，将其 RGB 值均调整为 150，产生半透明的效果，其他参数的调整与最终材质球效果如图 11-68 所示。

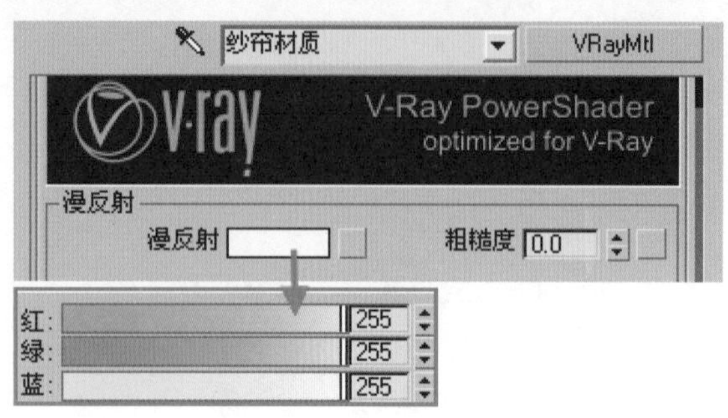

图 11-67　设置纱帘漫反射颜色

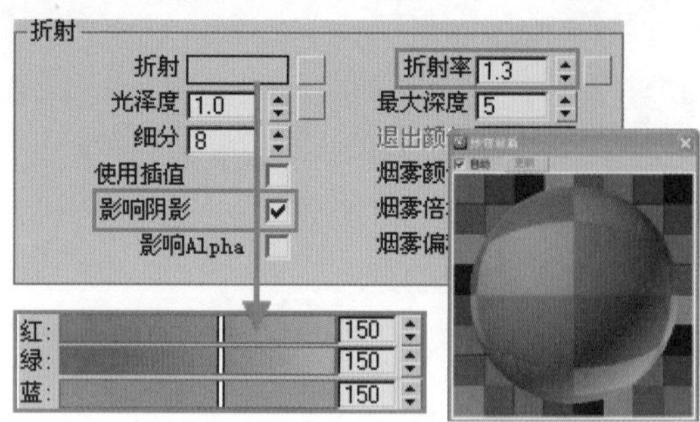

图 11-68　设置折射参数组后的材质球效果

至此，本别墅客厅主要场景材质制作完成，其他材质读者可使用类似的方法进行设置。

11.3 布置场景最终模型效果

由于三维模型从 SketchUp 转换至 3ds max 需要消耗一定的时间，同时还要重新编辑材质，因此一些复杂的模型未在 SketchUp 中添加，如高油画框以及盆栽等。将这些模型在 3ds max 渲染输出时合并，可以节省转换时间及调整材质等繁琐操作。

01 执行【文件】/【合并】菜单命令，选择模型库模型进行合并，首先合并欧式壁画框，如图 11-69 所示。

02 画框模型合并到场景后，通过【移动】与【缩放】工具调整好其位置与大小，如图 11-70 所示。

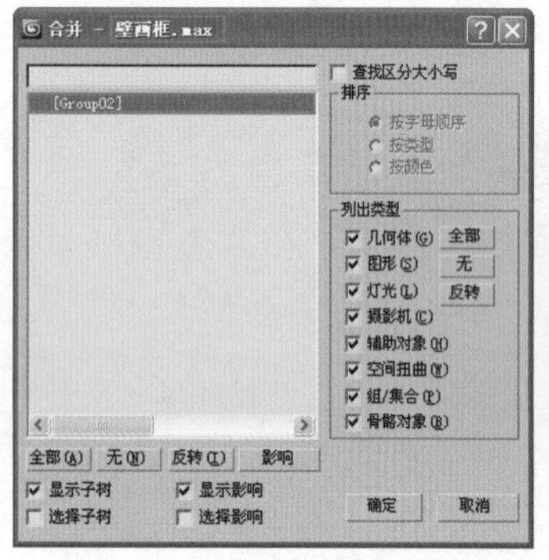

图 11-69　选择合并壁画框

图 11-70　调整壁画框大小

图 11-71　合并过道墙壁装饰挂画

03 合并过道装饰挂画以及餐厅挂画与盆栽，如图 11-71 与图 11-72 所示。

04 完成客厅与一层过道相关模型合并，得到最终场景模型效果，如图 11-73 与图 11-74 所示。

图 11-72　场景最终模型效果

图 11-73　客厅模型效果

图 11-74　最终场景效果

11.4 布置场景灯光

场景模型制作完成后，接下来布置场景灯光，为了快速察看布置灯光照明效果，首先必须设置渲染参数，以提高测试渲染的速度。

11.4.1 调整测试渲染参数

01 进入【VRay:图像采样与抗锯齿】卷展栏，调整类型为【固定】，关闭【抗锯齿过滤器】，如图 11-75 所示。

02 进入【VRay:环境】卷展栏，关闭【全局照明环境（天光）覆盖】，避免天光影响场景灯光照明，如图 11-76 所示。

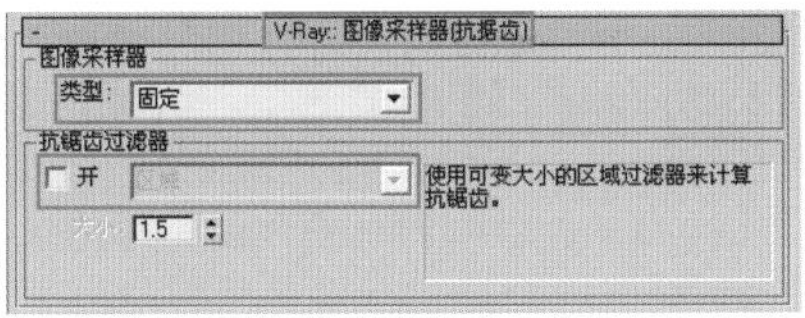

图 11-75　图像采样器卷展栏参数设置

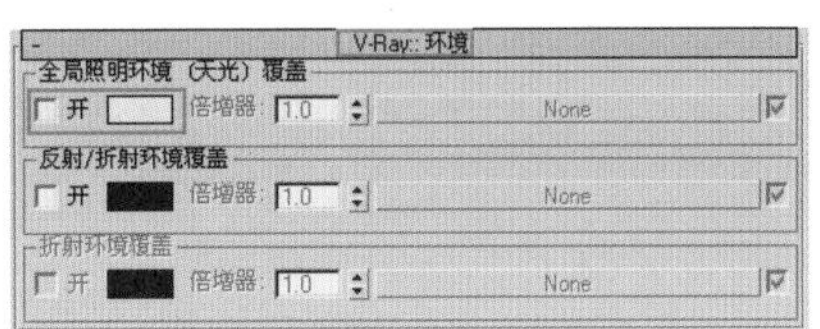

图 11-76　环境卷展栏参数设置

11.4.2 布置室外灯光

考虑到本例场景为欧式设计风格，同时整个空间的进深与开间都比较大，为了突出各个空间的材质与室内自身灯光效果，这里将采用阴天的室外灯光氛围。

01 按 F 键切换至【前视图】，进入【灯光】创建面板，单击"VRay"灯光类型下的【VRay 灯光】创建按钮，参考场景大小创建一盏 VRay 片光，如图 11-77 所示。

02 按 T 键切换至【顶视图】，选择创建的 VRay 片光调整灯光位置，如图 11-78 所示。

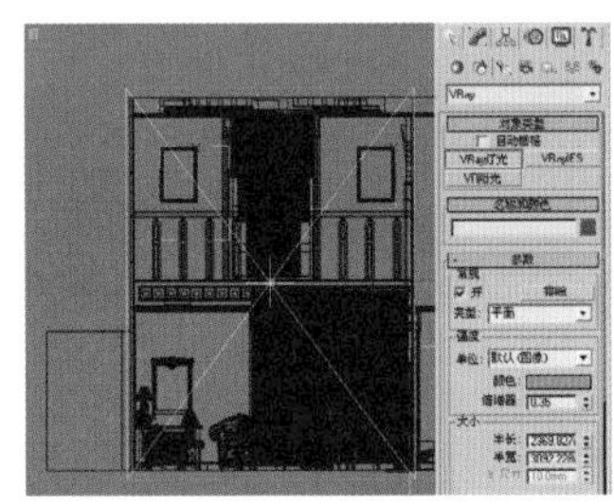

图 11-77　创建 VRay 片光

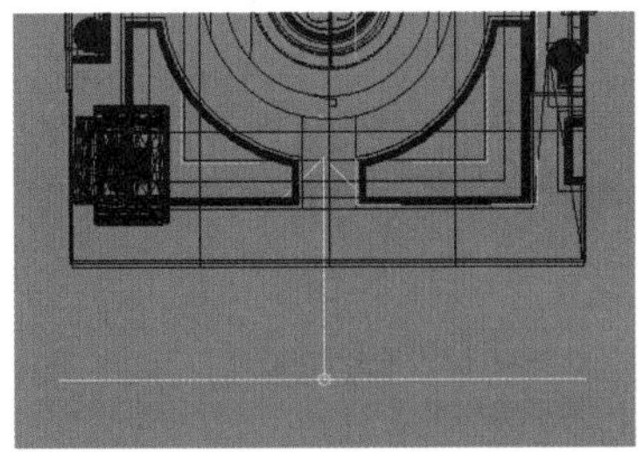

图 11-78　调整灯光位置

03 选择 VRay 片光，按住 Shift 键向后拖动，复制一盏灯光形成叠光效果，如图 11-79 所示。

04 调整处于前方的 VRay 片光参数，使其模拟微弱的室外日光效果，具体参数设置如图 11-80 所示。

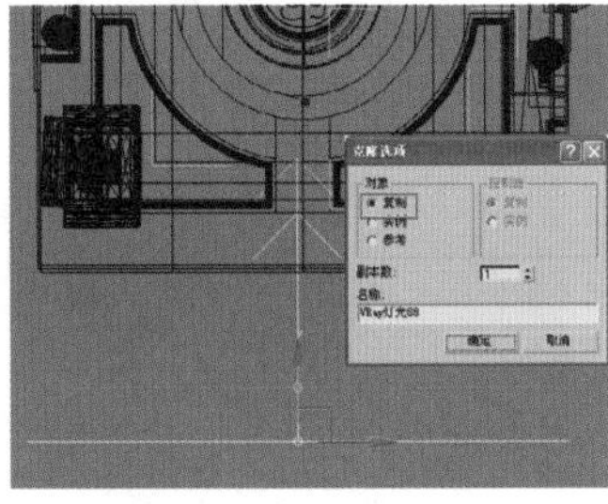

图 11-79　向后复制灯光

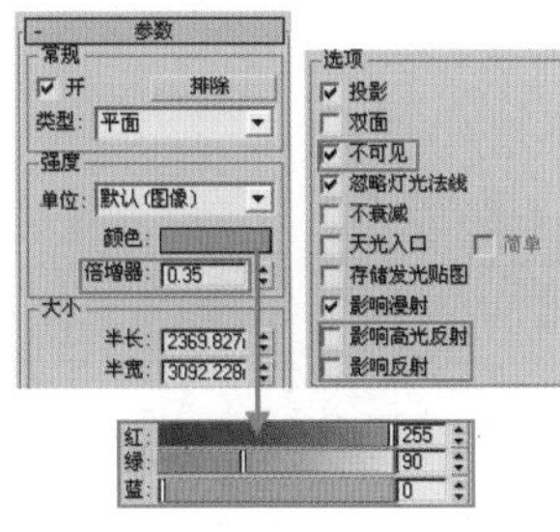

图 11-80　调整前方灯光参数

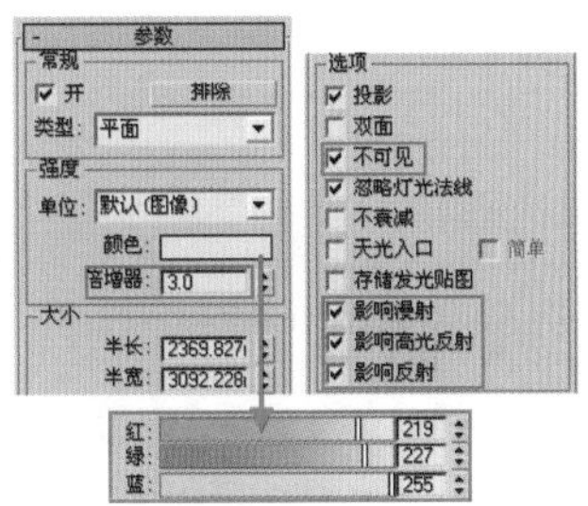

图 11-81　调整后方灯光参数

05 调整处于后方的 VRay 片光参数，使其模拟阴天较强的室外环境光效果，具体参数设置如图 11-81 所示。

06 设置两盏片光参数后，进入【摄影机视图】进行测试渲染，渲染结果如图 11-82 所示。可以看到当前客厅及过道空间得到了理想的环境光照明效果，接下来在餐厅后方的窗口处布置一盏 VRay 片光。

07 餐厅后方窗口处 VRay 片光的具体位置如图 11-83 所示，参数设置如图 11-84 所示。

图 11-82 测试渲染效果

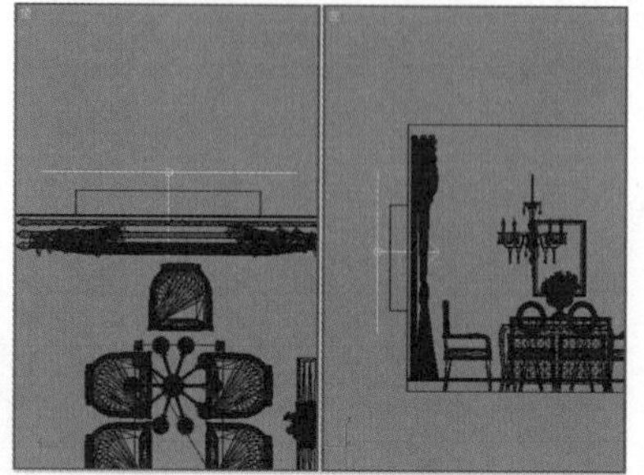

图 11-83 布置餐厅窗口处的灯光

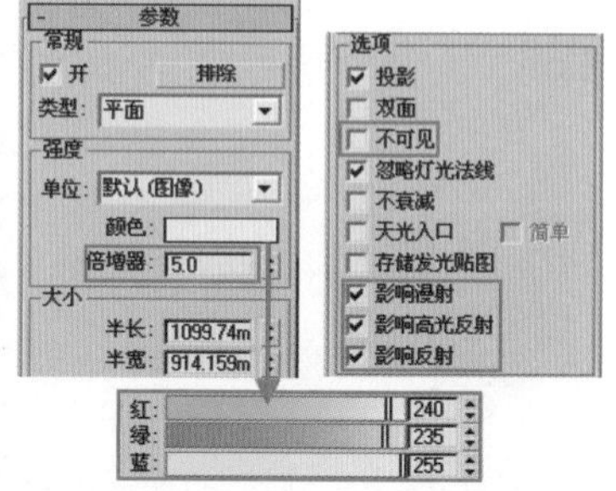

图 11-84 餐厅灯光参数设置

08 按 C 键返回【摄影机视图】，再次进行测试渲染，结果如图 11-85 所示，可以看到餐厅空间也有了较理想的环境光照明效果，接下来制作客厅吊顶光槽灯光。

图 11-85 测试渲染结果

图 11-86 布置灯槽 VRay 片光

11.4.3 布置客厅吊顶光槽

01 按 F 键切换至【前视图】，进入【灯光】创建面板，单击“VRay”灯光类型下的【VRay 灯光】创建按钮，参考光槽大小创建一盏 VRay 片光，如图 11-86 所示。

02 按 L 键切换至【左视图】，调整灯光的位置与照射角度，如图 11-87 所示。

03 按 T 键切换至【顶视图】，选择创建好的灯光进行复制，如图 11-88 所示。

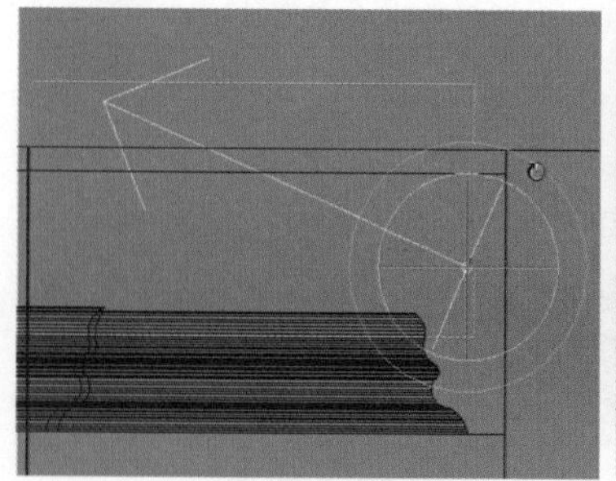

图 11-87 调整位置并旋转

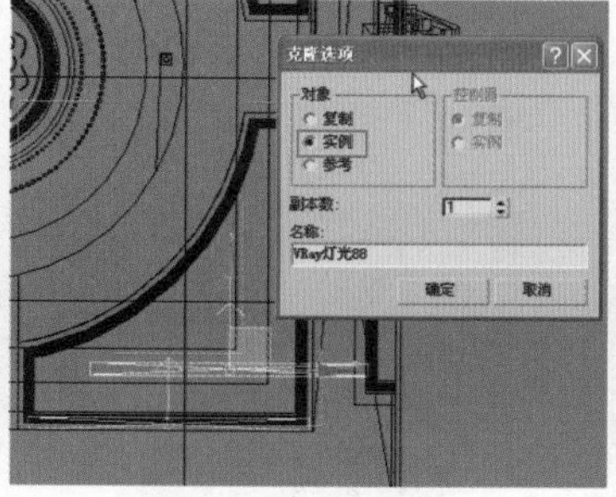

图 11-88 实例复制灯光

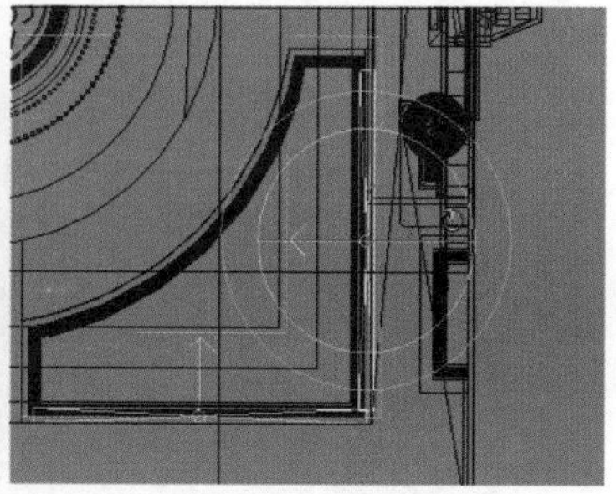

图 11-89 旋转灯光

04 参考灯槽的走向与长度，利用【旋转】与【缩放】工具调整好灯光方向与长度，如图 11-89 与图 11-90 所示。

05 使用相同操作方法，完成灯槽灯光的布置图 11-91 所示，接下来创建弧形灯槽灯光。

06 选择一盏较短的 VRay 片光，调整其位置与朝向，如图 11-92 所示。

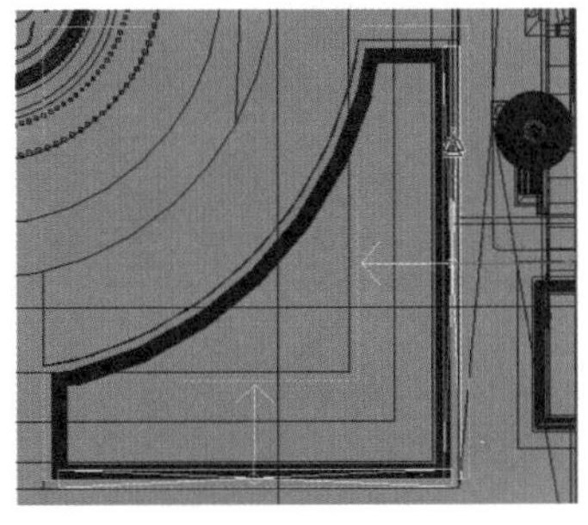

图 11-90　缩放灯光

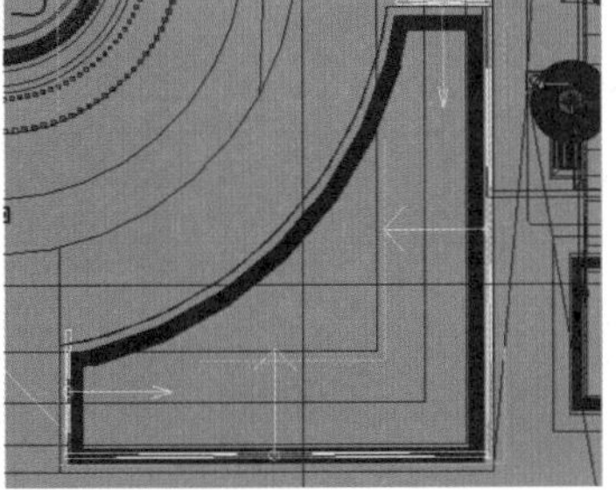

图 11-91　复制其他灯光

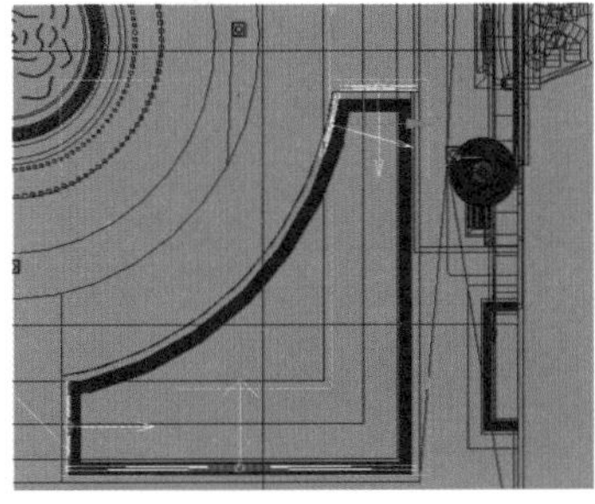

图 11-92　布置弧形灯光

07 选择灯光并进入【层级】面板，按下【仅影响轴】按钮，选择灯光轴心，将其调整至吊顶中心处，如图 11-93 所示。

08 退出【层级】面板，再次选择该盏灯光，按住 Shift 键对其进行旋转复制，具体参数设置如图 11-94 所示。

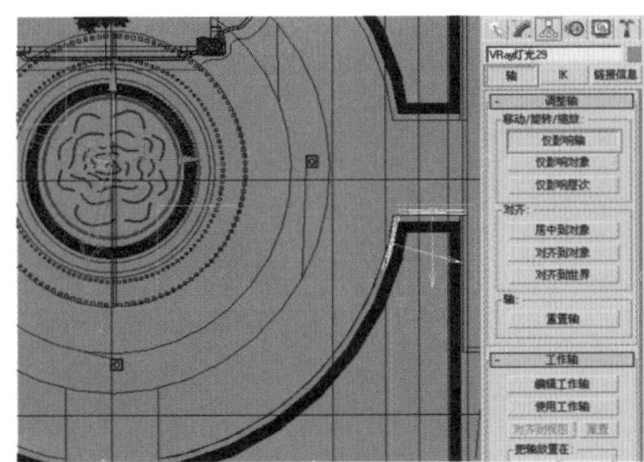

图 11-93　调整灯光轴心点位置

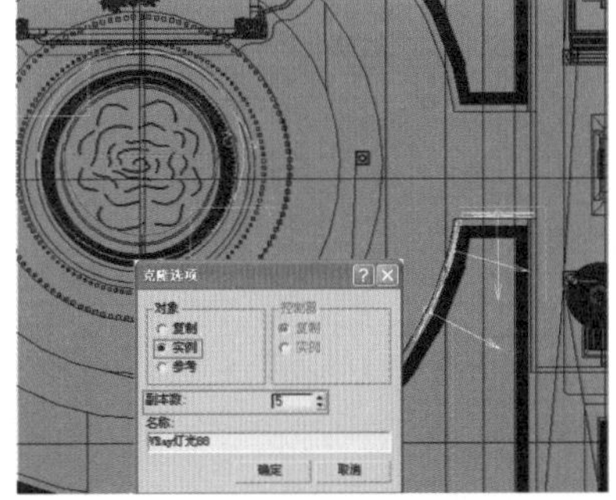

图 11-94　进行旋转复制

09 右下角灯槽灯光制作完成后，全选该处所有灯光，执行【组】/【成组】菜单命令将其成组，如图 11-95 所示。

10 灯光成组后，利用移动复制与【镜像】，完成灯槽其他灯光的复制，如图 11-96 所示。使用类似方法，完成中间圆形灯槽灯光的制作，如图 11-97 所示。

图 11-95　灯光成组

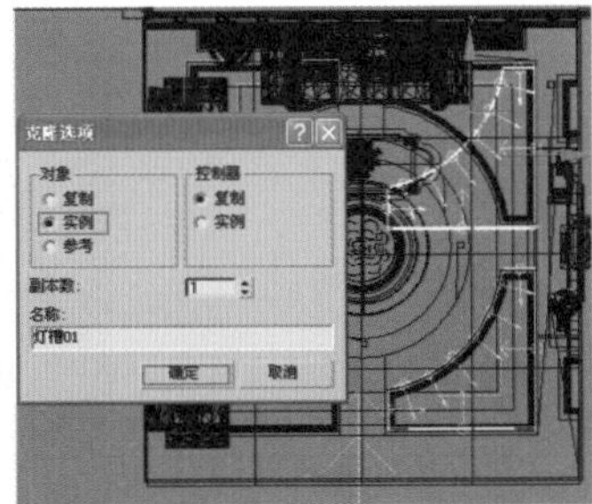

图 11-96　复制灯光组

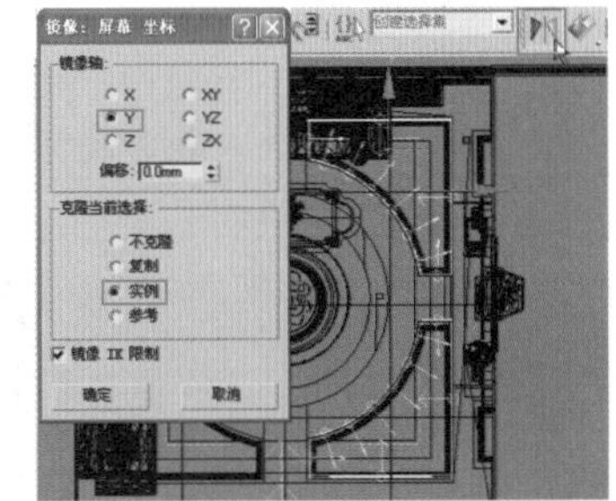

图 11-97　镜像调整灯光

11 客厅吊顶光槽布置完成后，返回【摄影机视图】进行测试渲染，渲染结果如图 11-98 所示。接下来制作客厅筒灯灯光，渲染结果如图 11-99 所示。

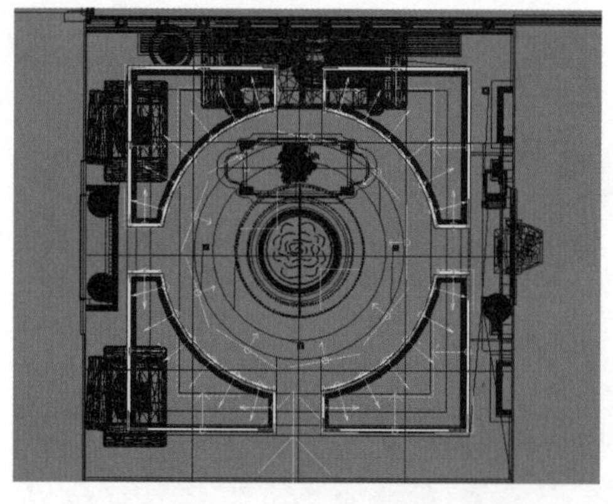

图 11-98 客厅吊顶灯光布置完成效果

图 11-99 测试渲染结果

11.4.4 布置客厅筒灯灯光

01 按 F 键切换至【前视图】，进入【灯光】创建面板，单击“光度学”灯光类型下的【目标灯光】创建按钮，参考筒灯位置创建一盏目标点光源，如图 11-100 所示。

02 按 T 键切换至【顶视图】，根据筒灯模型调整好灯光的位置，如图 11-101 所示。

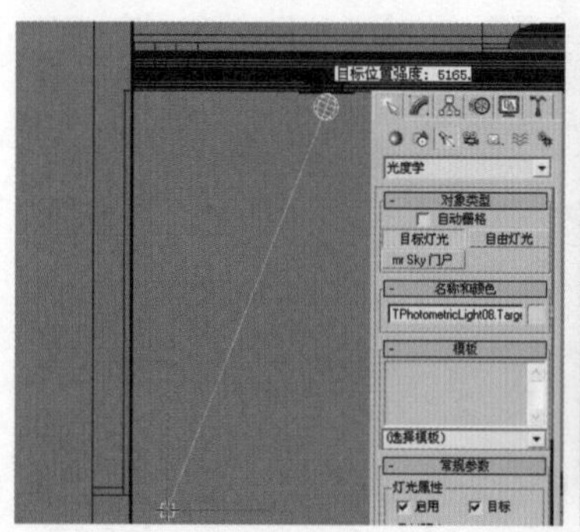

图 11-100 创建目标点光源

图 11-101 调整灯光位置

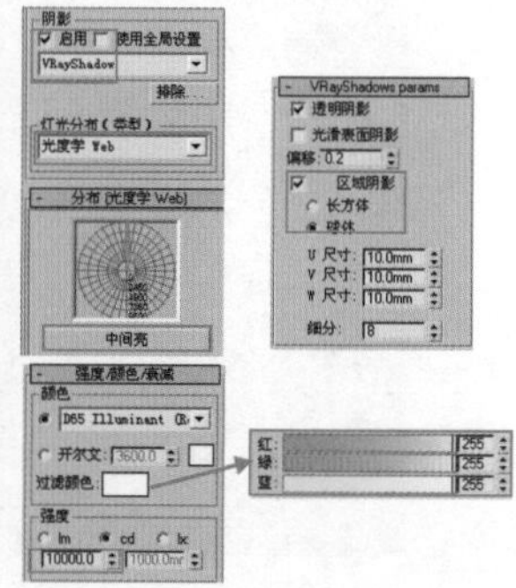

图 11-102 调整灯光参数

03 选择灯光进入修改面板，调整灯光参数如图 11-102 所示，然后根据其他筒灯模型位置进行复制，如图 11-103 所示。

04 按 C 键切换至【摄影机视图】，测试渲染如图 11-104 所示。接下来进行过道吊顶灯光的布置。

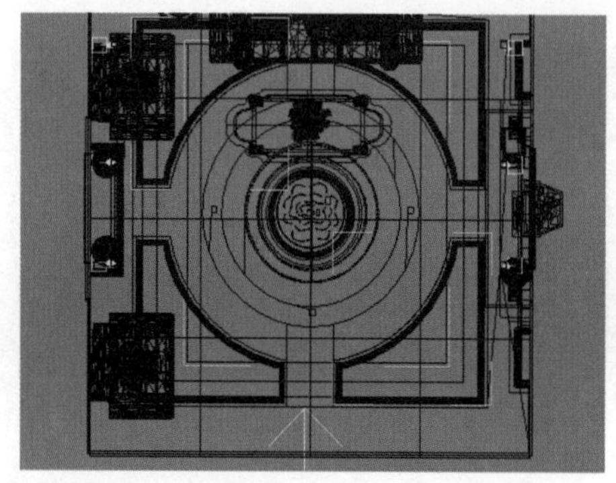

图 11-103 复制其他筒灯灯光

图 11-104 测试渲染结果

11.4.5 布置过道吊灯灯光

01 按 F 键切换至【前视图】，参考过道吊顶光槽大小，创建一盏 VRay 片光，调整灯光的位置与朝向，如图 11-105 与图 11-106 所示。

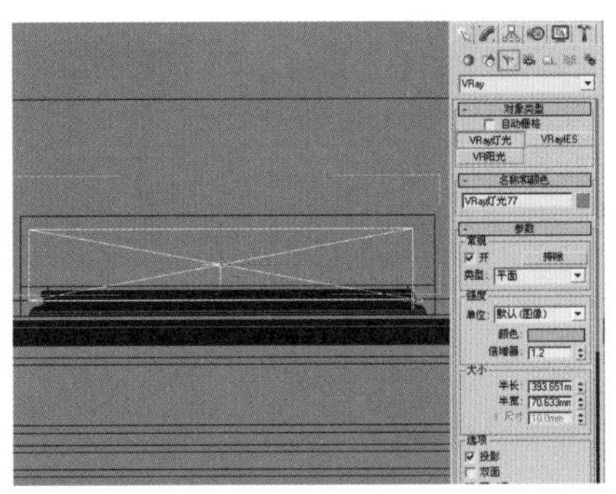

图 11-105　创建过道光槽灯光

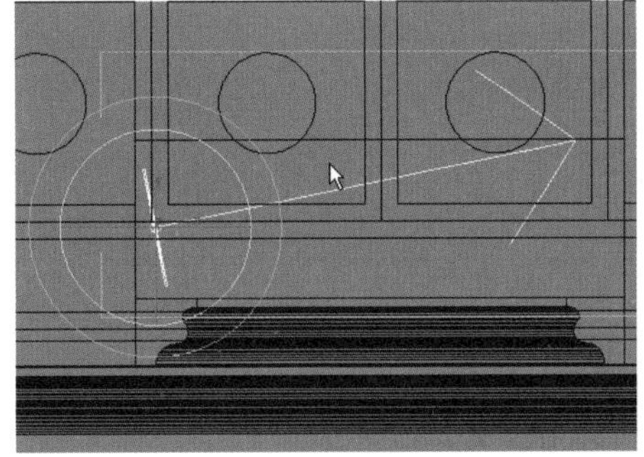

图 11-106　调整灯光位置及朝向

02 按 T 键切换至【顶视图】，关联复制出其他位置的三盏片光，并调整好灯光长度，如图 11-107 与图 11-108 所示。

03 选择其中任意一盏灯光，进入修改面板调整灯光参数，如图 11-109 所示。

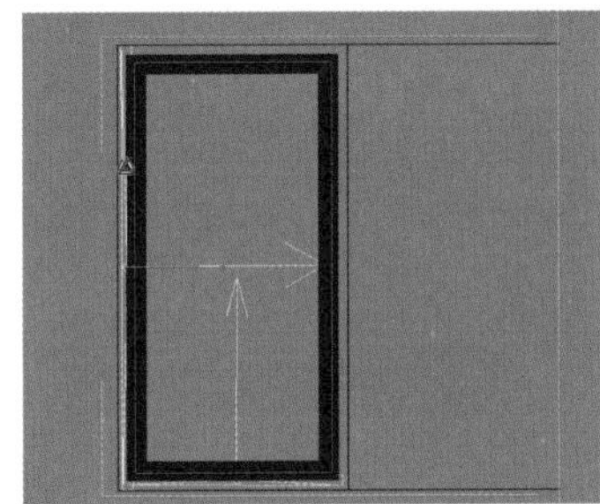

图 11-107　复制灯光

图 11-108　光槽灯光完成

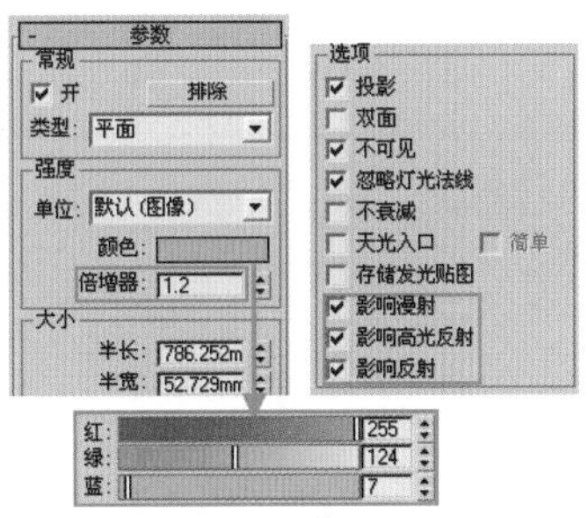

图 11-109　调整灯光参数

04 为了使过道得到充足的照明效果，在吊顶光槽中间创建一盏 VRay 片光并调整好高度，如图 11-110 与图 11-111 所示。

图 11-110　创建 VRay 片光

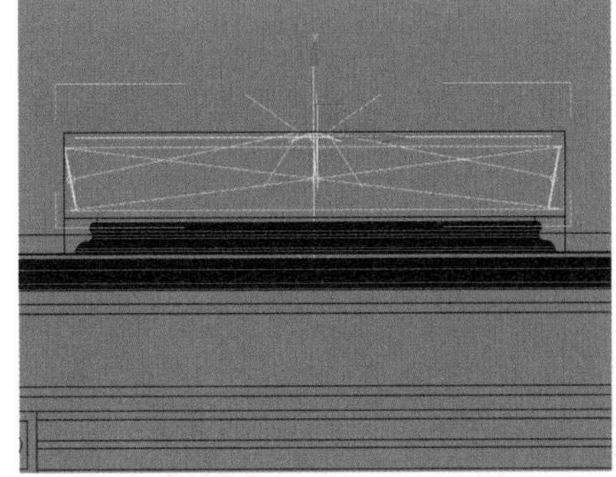

图 11-111　调整灯光位置与朝向

05 进入灯光修改面板，调整该盏灯光的具体参数如图 11-112 所示。

06 将该处创建好的 5 盏灯光成组，然后往右进行移动复制，如图 11-113 所示。完成一层过道吊顶灯光的制作。

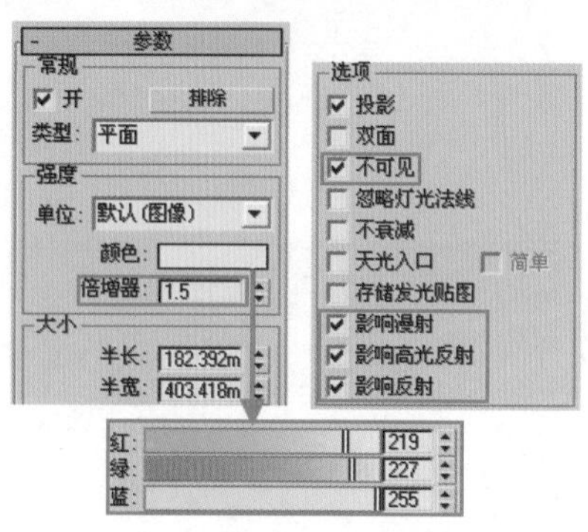

图 11-112 设置灯光参数

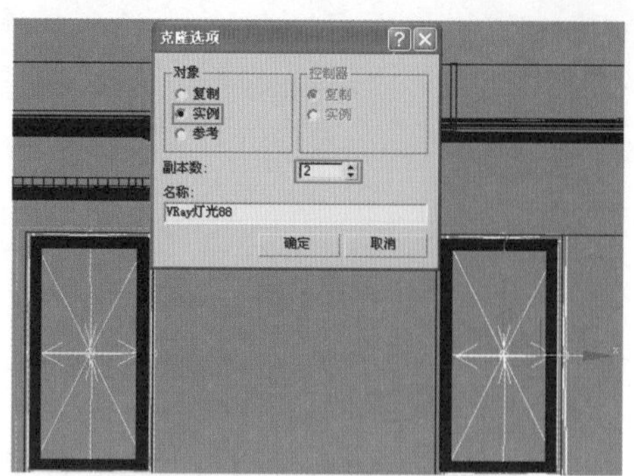

图 11-113 向右移动复制灯光

07 选择当前创建好的过道灯光，向上进行移动复制，制作出第二层过道吊顶灯光，如图 11-114 所示。

08 灯光复制完成后，按 C 键返回【摄影机视图】进行测试渲染，渲染完成的效果如图 11-115 所示，可以看到此时过道与餐厅灯光强度不够，还需要进行补充，接下来即布置补光。

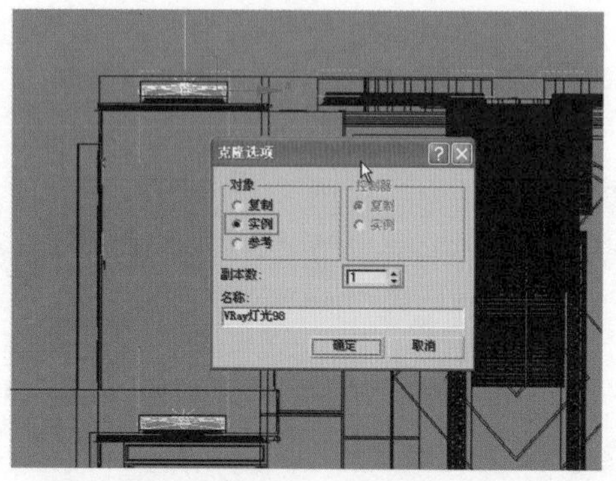

图 11-114 向上移动复制灯光

图 11-115 测试渲染结果

11.4.6 布置室内补光

01 按 L 键切换至【左视图】，参考一层过道空间创建一盏 VRay 片光，如图 11-116 所示。

02 选择灯光向上进行移动复制，制作出二层过道的补光，如图 11-117 所示。

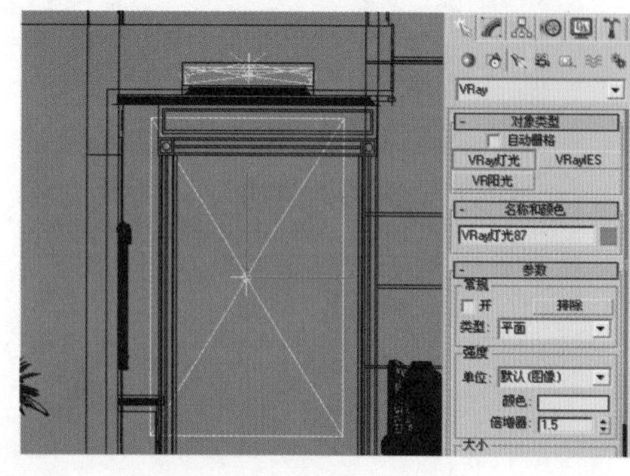

图 11-116 布置过道补光

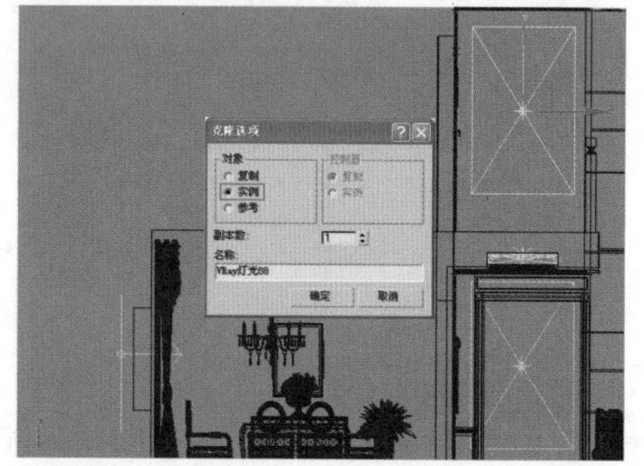

图 11-117 向上复制灯光

03 按 T 键切换至【顶视图】，选择两盏补光调整好灯光位置，如图 11-118 所示。

04 选择其中任意一盏灯光进行参数调整，具体参数设置如图 11-119 所示，接下来布置餐厅的补光。

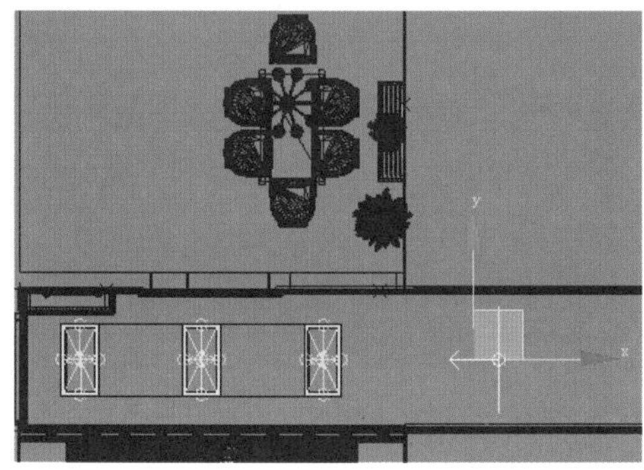

图 11-118 调整灯光位置

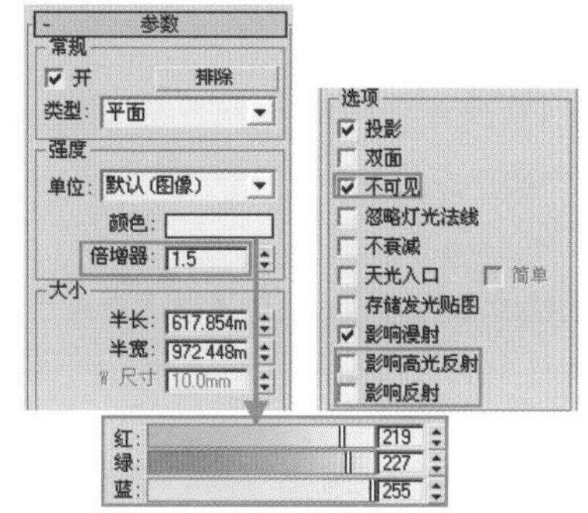

图 11-119 调整灯光参数

05 在【左视图】根据餐厅空间大小创建一盏 VRay 片光，在【后视图】调整灯光的位置朝向，如图 11-120 与图 11-121 所示。

图 11-120 布置餐厅补光

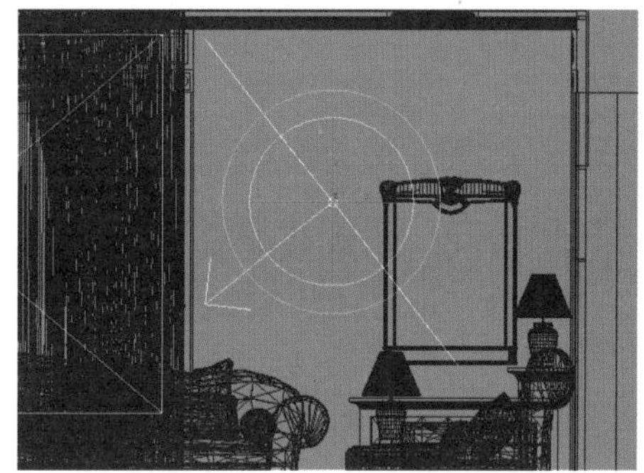

图 11-121 调整灯光位置与朝向

06 选择灯光进入修改面板，调整该盏灯光的参数如图 11-122 所示。

07 按 C 键返回【摄影机视图】进行测试渲染，渲染结果如图 11-123 所示。至此，场景灯光创建完成，接下来进行场景的光子图渲染。

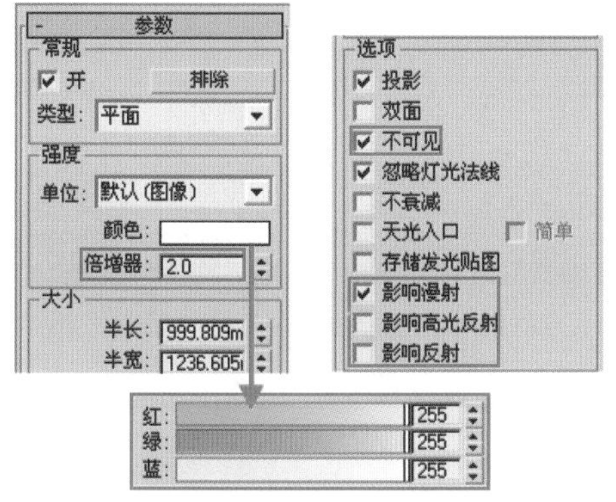

图 11-122 调整灯光参数

图 11-123 测试渲染结果

11.5 光子图渲染

灯光测试完毕后，需要把灯光和渲染的参数值提高来完成最后的渲染工作。当成图尺寸比较大时，直接进行渲染速度会比较慢，所以通常先渲染小图的光子图，然后调用小图光子图测试材质并渲染输出大图，以提高渲染速度，这也是 VRay 的特色功能之一。

11.5.1 提高材质细分值

材质细分值的高低主要由该材质在场景的面积大小，及距离摄影机的远近而定。模型在场景中占有的面积大，距离摄影机越近，为了得到精细的渲染效果，必须增大其细分值保证渲染质量，反之则可以有所降低，以提高渲染速度。

提高 VRayMtl 材质的【反射】或【折射】参数组的【细分】值，可以减少材质表面的噪点等渲染品质问题，如图 11-124 与图 11-125 所示。

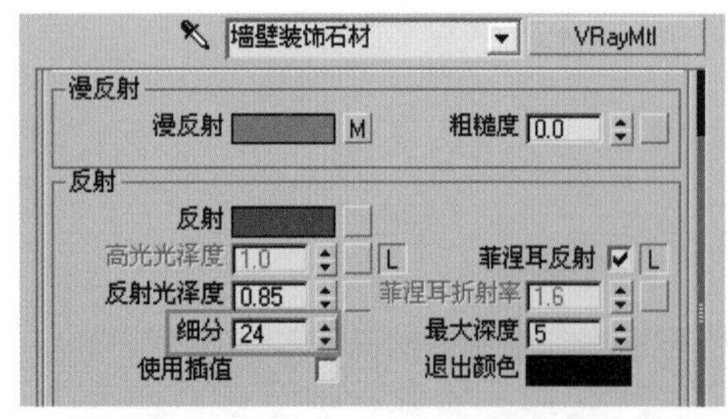

图 11-124　反射细分值

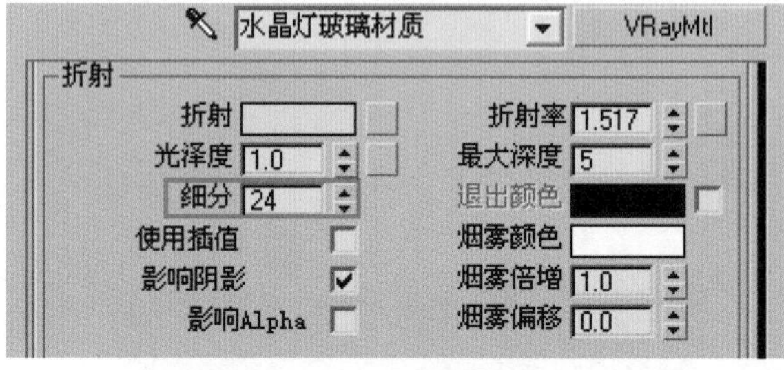

图 11-125　折射细分值

本场景中调整“白色乳胶漆”、墙面石材以及“装饰银镜”材质的细分值至 24，其他材质的细分值则控制在 16~20 之间。

11.5.2 提高灯光细分值

VRay 渲染器提供的 VRay 类型灯光可以直接调整细分值，3ds max 自带的灯光类型则可以选择 VRay 阴影调整细分值，如图 11-126 与图 11-127 所示。

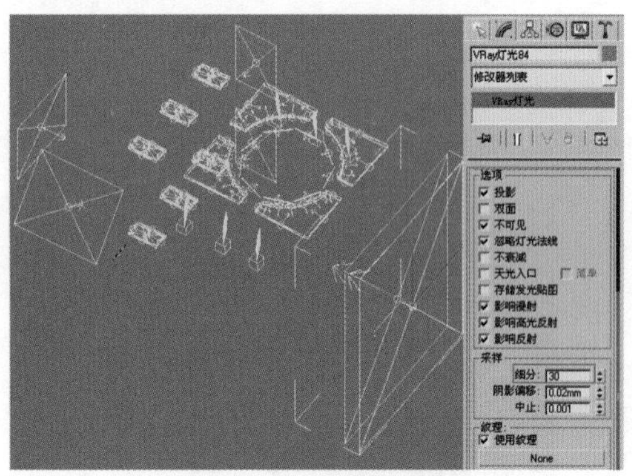

图 11-126　VRay 灯光细分值

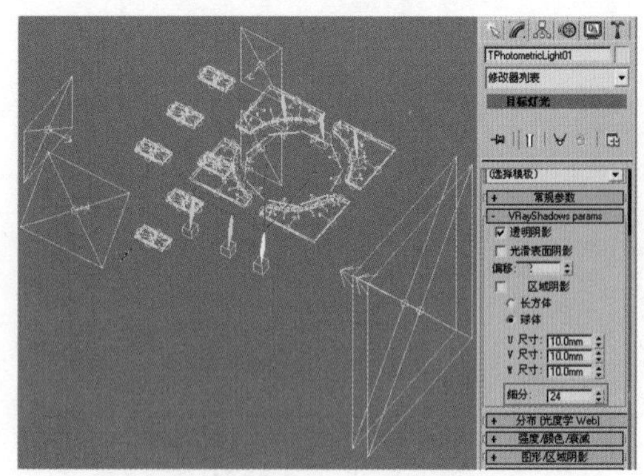

图 11-127　目标点光源 VRay 阴影细分值

灯光细分值的高低主要由灯光在画面中的照明范围而定。为了得到细腻的光影效果，范围越大，则细分设置得高些，反之则可以降低，以提高渲染速度。

本场景中设置模拟室外灯光以及过道补光的 VRay 片光细分值至 24，其他灯光的细分值则控制在 16~20 之间。

11.5.3 设置光子图渲染参数

01 进入【VRay:全局开关】卷展栏，勾选【光泽效果】复选框，使材质表面产生真实的模糊反射与折射效果，如图 11-128 所示。

02 进入【VRay:图像采样器（抗锯齿）】卷展栏，将图像采样器类型调整为【自适应细分】，如图 11-129 所示。

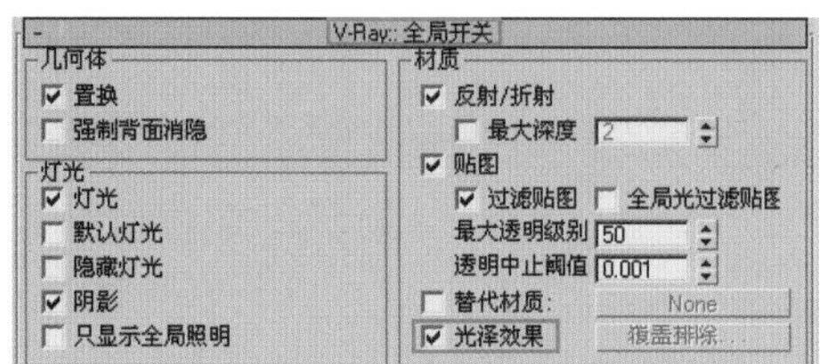

图 11-128 设置全局开关卷展栏

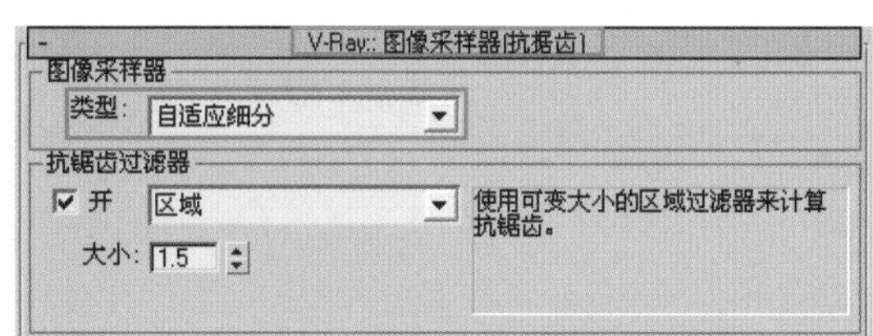

图 11-129 设置图像采样器卷展栏

03 进入【VRay:发光贴图】卷展栏，调整当前预置为【中】，然后提高【半球细分】与【插补采样值】数值，最后设置自动保存路径，如图 11-130 所示。

04 进入【灯光缓冲】卷展栏，提高【细分】值，设置光子图自动保存路径，如图 11-131 所示。

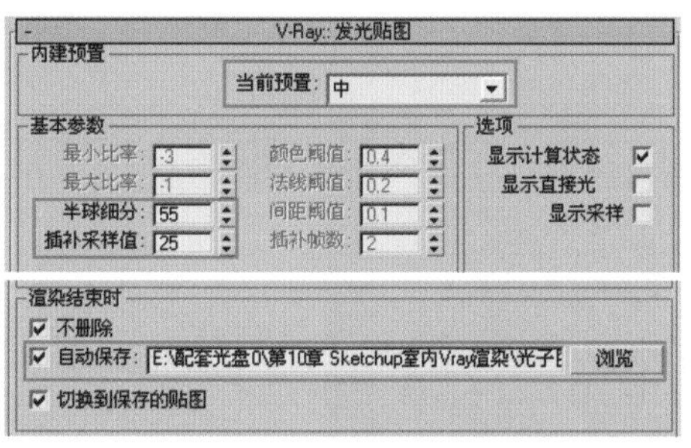

图 11-130 设置发光贴图参数

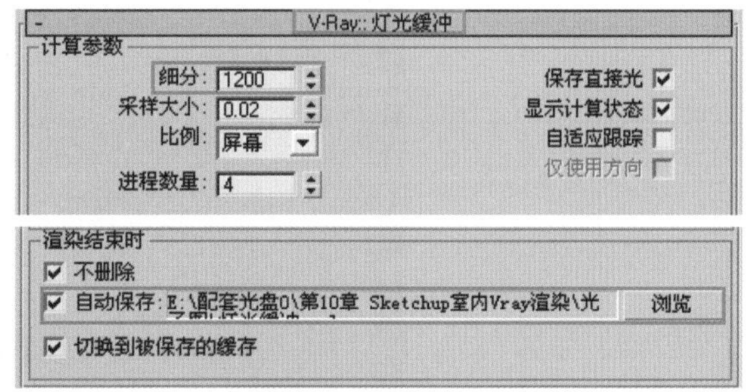

图 11-131 设置灯光缓冲参数

05 进入【VRay:DMC 采样器】卷展栏，调整【噪波阈值】与【最小采样值】参数，以整体提高采样精度，如图 11-132 所示。

06 返回【摄影机视图】进行“光子图渲染”，经过较长时间的渲染过程，渲染效果如图 11-133 所示。

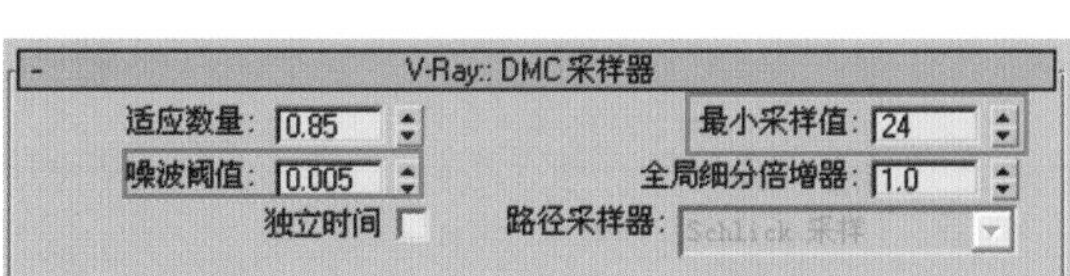

图 11-132 设置 DMC 采样器参数

图 11-133 光子图渲染结果

11.6 最终渲染

01 经过“光子图渲染”，获得高品质的光子图后，在最终渲染时只需调整最终成品图的出图尺寸，如图 11-134 所示。以及设置【抗锯齿过滤器】参数即可，如图 11-135 所示。

图 11-134　设置最终成品图输出尺寸

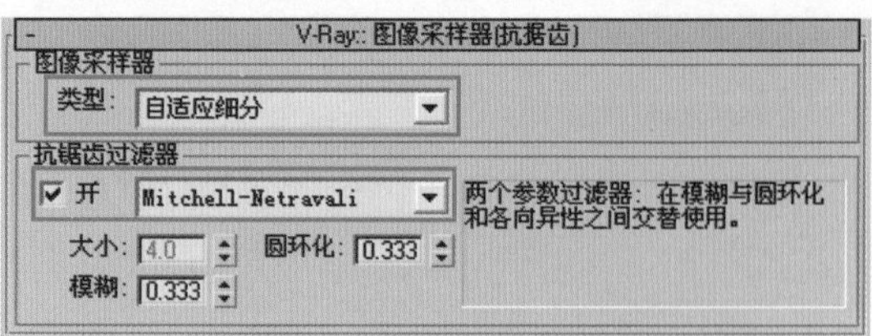

图 11-135　调整抗锯齿过滤器

02 返回【摄影机视图】进行最终渲染，经过较长时间的渲染，得到最终图像效果如图 11-136 所示。

图 11-136　最终渲染效果

第 12 章

彩绘大师 Piranesi 后期表现

本章重点：

- 在 SketchUp 中导出 Epx 文件
- 导入彩绘大师并调整构图
- 处理树木与护坡
- 处理景观模型
- 处理建筑与天空
- 最终细节处理

SketchUp 的设计方案不但可以通过 V-Ray 渲染器表现出十分真实的效果，通过彩绘大师（Piranesi）还可以表现出个性鲜明的彩绘效果，如图 12-1 与图 12-2 所示。

图 12-1 SketchUp 方案原始效果

图 12-2 彩绘大师处理后效果

彩绘大师（Piranesi）主要通过笔刷与纹理两种方式进行图像色彩、质地的调整，从而加强图像的色彩表现力与层次感，图像调整前后的细节对比效果如图 12-3~图 12-6 所示。

图 12-3 SketchUp 中方案的原始细节 1

图 12-4 通过彩绘大师处理后的细节 1

图 12-5 SketchUp 方案的原始细节 2

图 12-6 通过彩绘大师处理后的细节 2

12.1 在 SketchUp 中导出 Epx 文件

要将 SketchUp 中的方案效果导入彩绘大师（Piranesi）进行处理，首先需要将模型导出为 EPX 文件，具体操作步骤如下：

01 启动 SketchUp 软件，打开本书第 10 章绘制的广场景观方案文件，选择入口节点页面，如图 12-7 所示。

图 12-7　选择入口页面

图 12-8　缩放视图效果

02 调整视图效果，显示出较为完整的建筑与入口细节，如图 12-8 所示。进入【样式】面板，调整天空背景为纯白色，如图 12-9 所示，此时显示效果如图 12-10 所示。

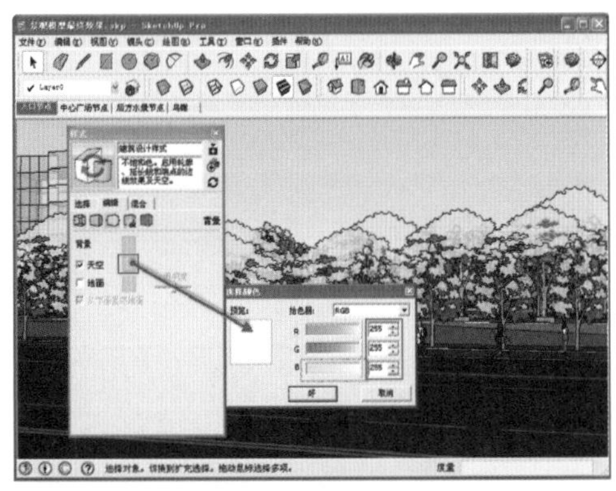

图 12-9　调整天空为纯白色

图 12-10　调整完成效果

03 调整好视图效果后，执行【文件】/【导出】/【二维图形】菜单命令，在弹出的【导出二维图形】面板中选择 EPX 格式和相关参数，如图 12-11 所示。

04 单击【导出】按钮进行导出，如图 12-12 所示。

12.2 导入彩绘大师并调整构图

01 启动彩绘大师（Piranesi），如图 12-13 所示。执行【文件】/【打开】菜单命令，选择上一步导出的 Epx 文件打开，与图 12-14 所示。

02 由于 SketchUp 摄影机调整功能有所欠缺，因此还需要在彩绘大师（Piranesi）中进一步调整构图，如

图 12-15 所示。

图 12-11　设置导出选项

图 12-12　确定导出

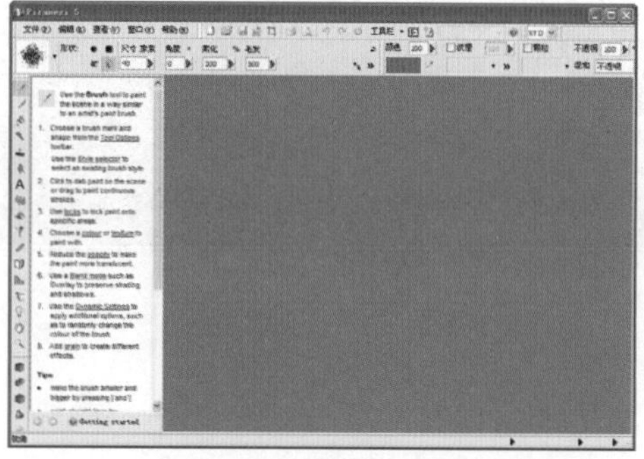

图 12-13　打开彩绘大师

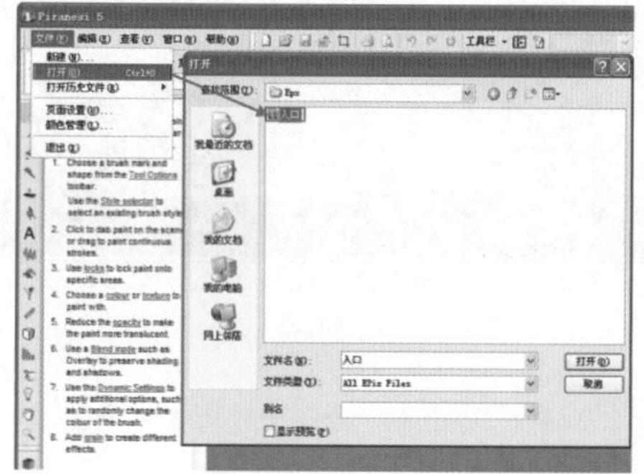

图 12-14　打开导出的 Epx 文件

03 单击彩绘大师（Piranesi）中的【图像范围】按钮，然后在弹出的【图像范围】面板中选择【拾取】按钮，如图 12-16 与图 12-17 所示。

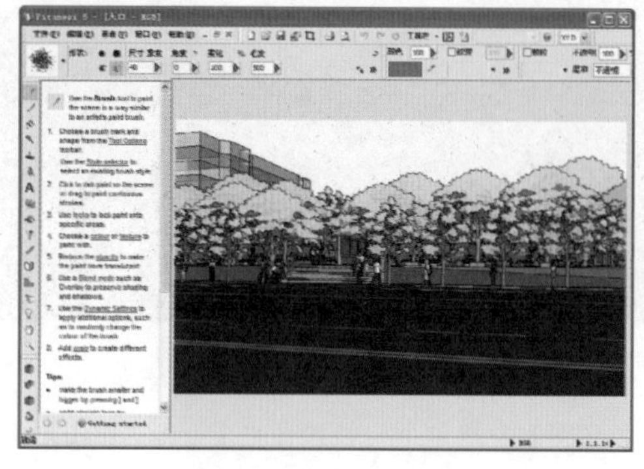

图 12-15　Epx 文件打开效果

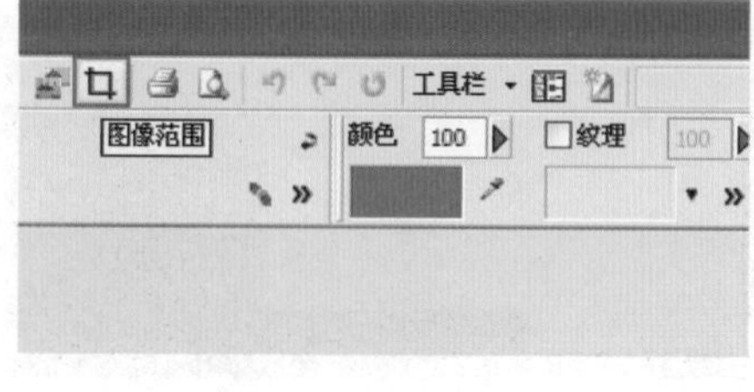

图 12-16　单击图像范围工具

04 在图像左上角按住鼠标左键往右下进行拖动，选择建筑与入口的主要画面，如图 12-18 所示。

05 选择完成后，单击【图像范围】面板中的【确定】按钮，如图 12-19 所示，裁剪图像调整构图，如图 12-20 所示。

注 意

彩绘大师（Piranesi）中图像范围的操作不可撤销，因此调整时需确认效果后再进行确定操作。有时为了得到比较理想的构图效果，也可以进行多步裁剪。

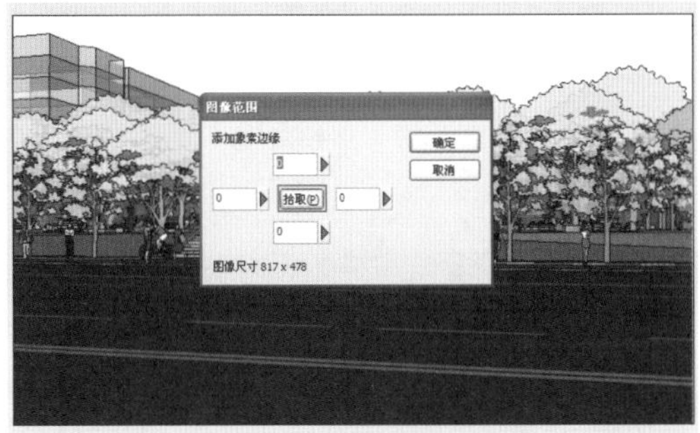

图 12-17 选择拾取

图 12-18 拾取图像范围

图 12-19 确认剪切

图 12-20 调整后的构图

12.3 处理树木与护坡

在彩绘大师（Piranesi）中调整好图像的构图后，接下来正式调整图像质感与色彩等细节，首先调整画面中的树木与护坡效果。

12.3.1 处理树木

01 彩绘大师（Piranesi）中大部分效果都是通过“笔刷”完成，因此首先单击【样式管理器】面板，选择一个具有渐变效果的笔刷，如图 12-21 与图 12-22 所示。

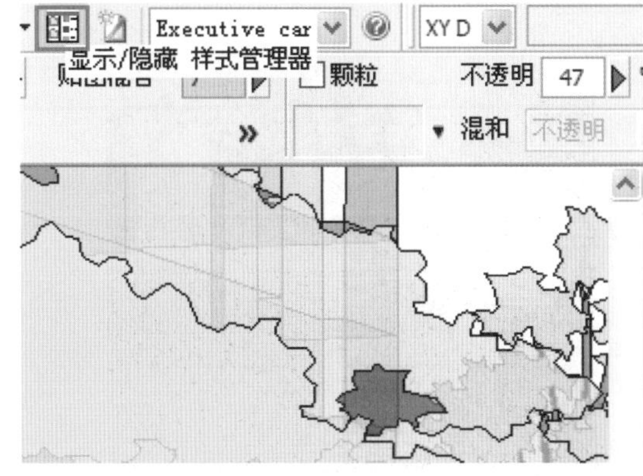

图 12-21 单击样式管理器

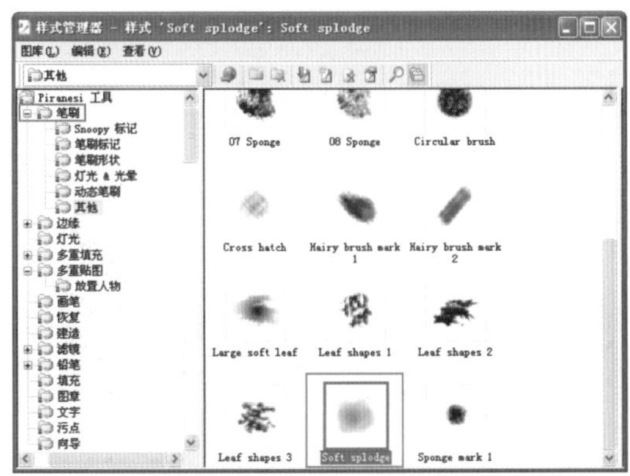

图 12-22 选择笔刷

02 双击目标笔刷，在界面左上角即可看到应用样式以及笔刷【尺寸】、【角度】等控制参数，如图 12-23 所示。

03 笔刷形状决定涂刷的样式效果，接下来在【样式管理器】面板中选择一种树木表皮纹理贴图，如图 12-24 所示。

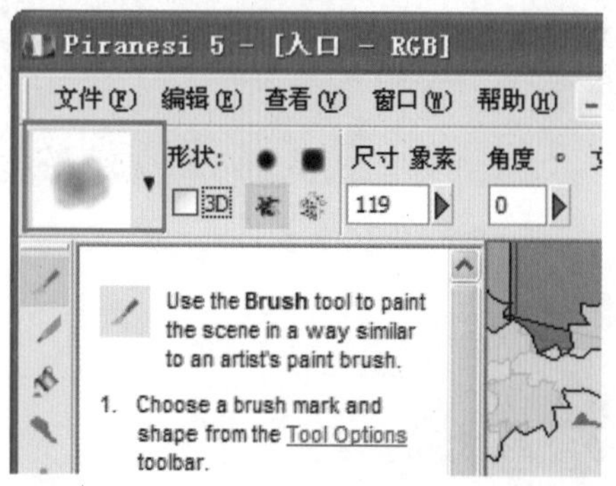

图 12-23 笔刷控制参数

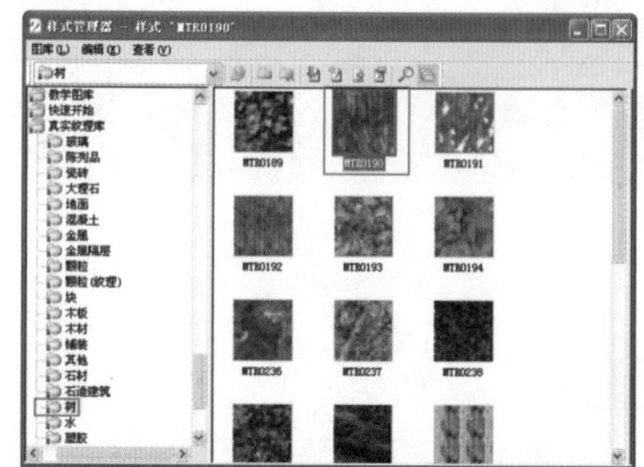

图 12-24 选择纹理贴图

04 双击目标纹理贴图，在界面上方即可看到应用纹理以及【不透明度】、【混合】等控制参数，如图 12-25 所示。

05 确定笔刷与纹理后，在图像树干上单击鼠标进行涂刷，可以发现所应用的效果超出树干范围，如图 12-26 所示。

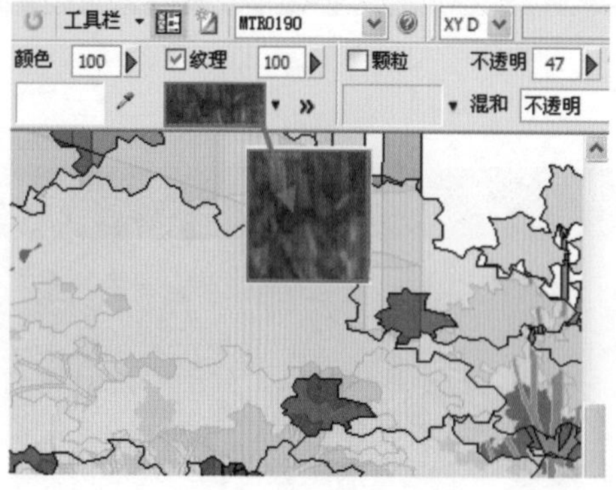

图 12-25 纹理贴图控制参数

图 12-26 默认涂刷效果

06 在界面左下角开启锁定，再进行涂刷，即可得到比较理想的涂刷范围，如图 12-27 与图 12-28 所示。

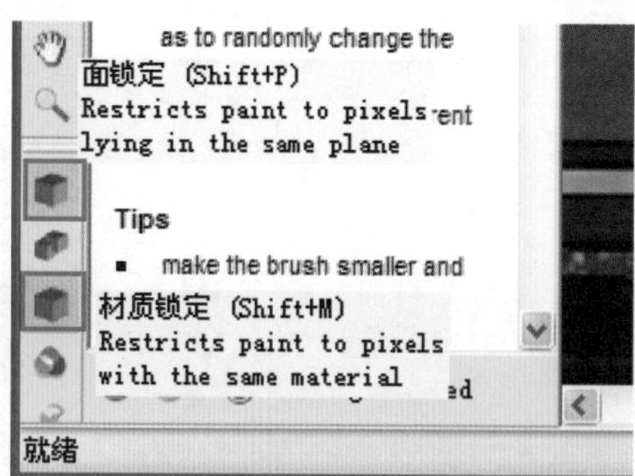

图 12-27 面锁定与材质锁定

图 12-28 进行锁定后的涂刷效果

07 默认的涂刷纹理尺寸比较大，此时可以进入【颜色与纹理】面板调整纹理比例，如图 12-29 所示。

08 调整好纹理比例后，即可正式进行树干纹理效果的涂刷，底部树干需要涂刷较深的颜色，如图 12-30 所示。

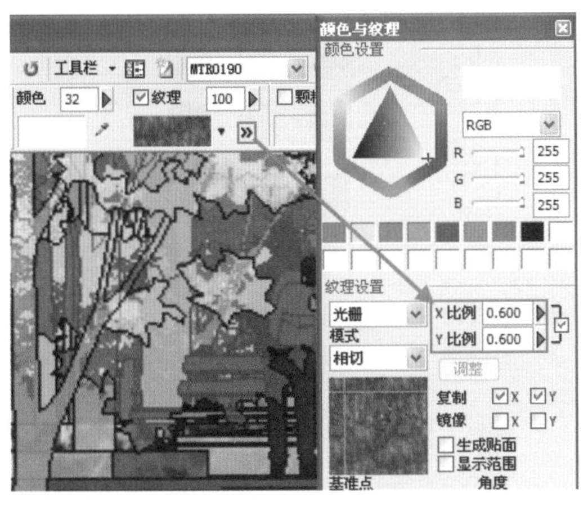

图 12-29 控制纹理比例

图 12-30 按住鼠标左键涂刷效果

09 顶部树干则应不连续单击鼠标左键，进行逐步涂刷，以得到浅色的纹理效果，如图 12-31 所示。

10 使用该种方法处理最外侧行道树的树干效果，完成效果如图 12-32 所示。

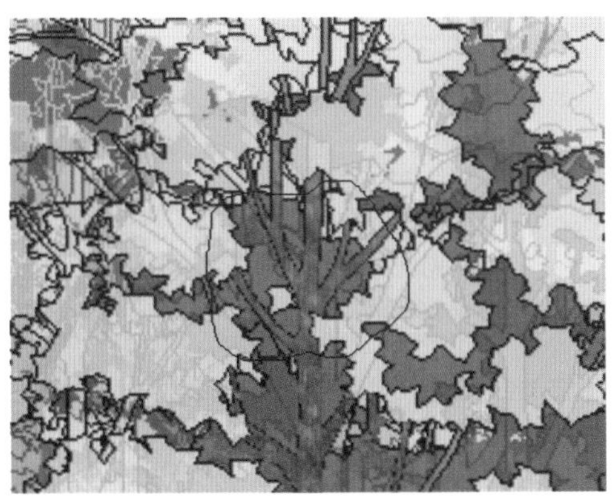

图 12-31 不断续单击鼠标左键涂刷效果

图 12-32 行道树干涂刷完成效果

11 更改其他树干贴图纹理，完成其他树木树干效果的处理，如图 12-33 与图 12-34 所示。

图 12-33 调整纹理涂刷其他树干

图 12-34 树干处理完成效果

12 处理树叶效果，首先更换笔刷开关与纹理贴图，如图 12-35 与图 12-36 所示。

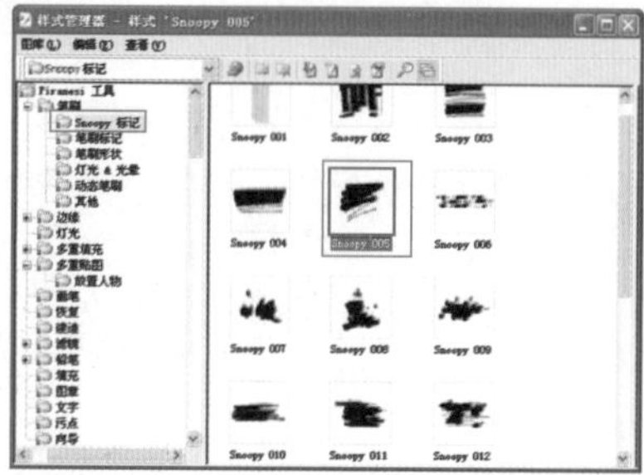

图 12-35　更换用于处理树叶的笔刷

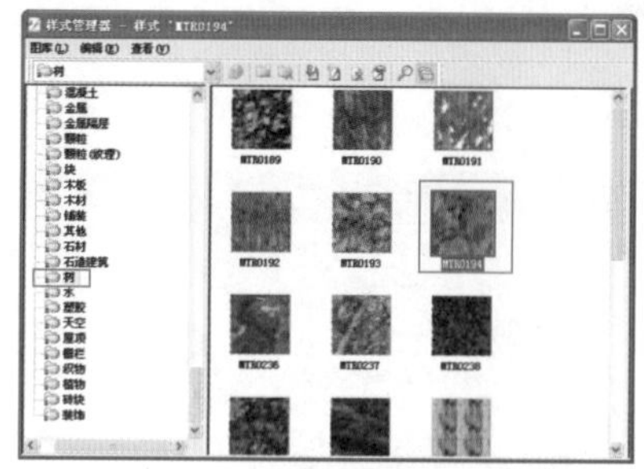

图 12-36　更换纹理至树叶贴图

13 调整好笔刷与纹理贴图的控制参数，然后在树冠上进行涂刷，如图 12-37 与图 12-38 所示。

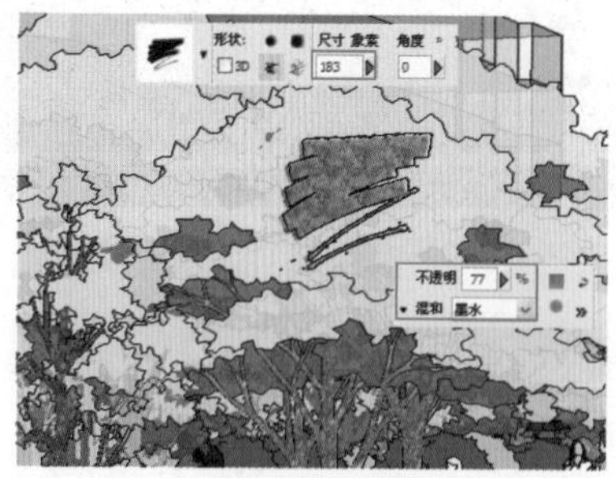

图 12-37　调整纹理参数进行涂刷

图 12-38　控制涂刷交叉细节

14 在涂刷的过程中可以切换锁定，然后调整笔刷大小与角度，以制作出丰富的涂刷笔触效果，如图 12-39 与图 12-40 所示。

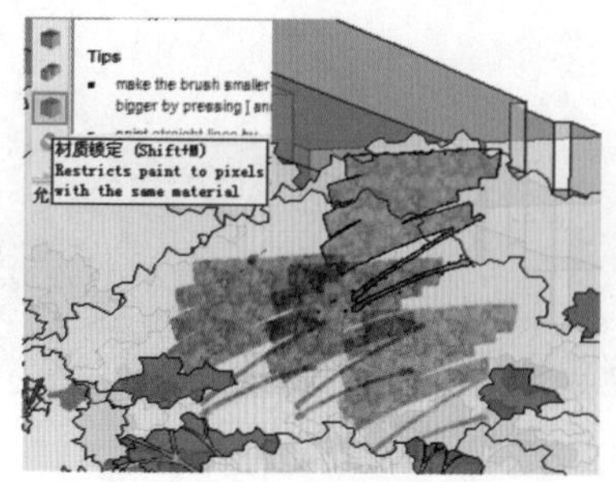

图 12-39　控制锁定效果

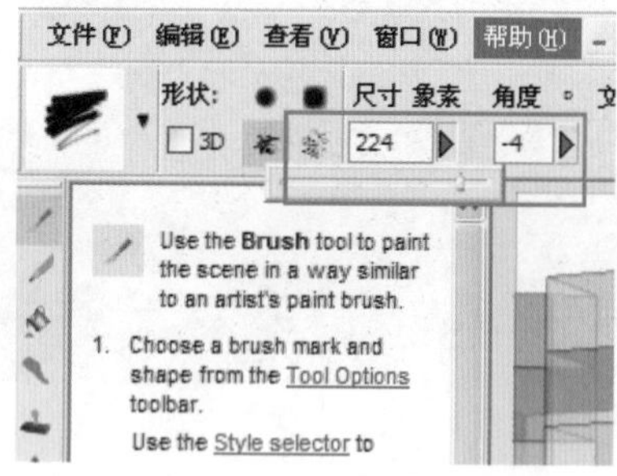

图 12-40　调整笔刷大小与角度

15 经过细心涂刷，最终完成树木的整体效果如图 12-41 所示。接下来进行护坡细节的处理。

图 12-41　树木处理完成效果

12.3.2 处理护坡

01 默认的护坡仅有草绿色的颜色，不够形象和生动，如图 12-42 所示。在【样式管理器】面板中选择一种植物纹理贴图，如图 12-43 所示。

图 12-42 当前护坡草皮效果

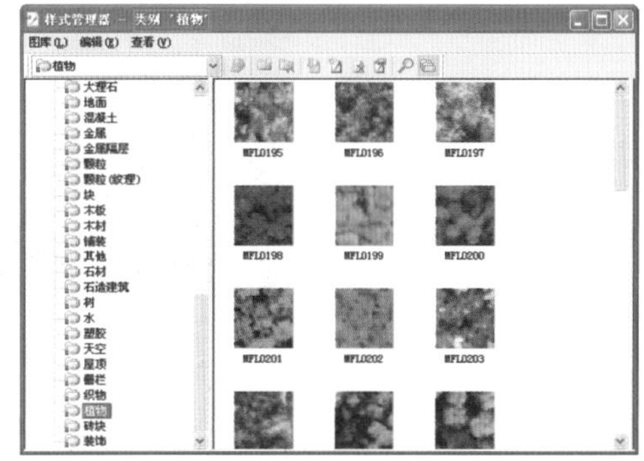

图 12-43 选择植物纹理贴图

02 更换之前具有渐变效果的笔刷对护坡进行涂刷，产生一些隐约的贴图效果，如图 12-44 与图 12-45 所示。

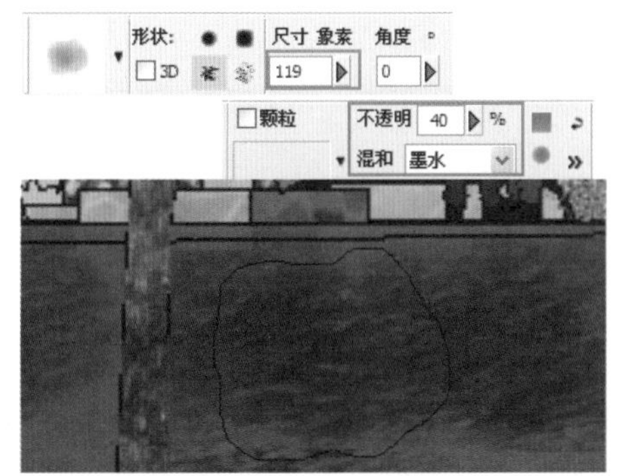

图 12-44 调整笔刷与纹理进行涂刷

图 12-45 护坡初步处理效果

03 更换笔刷并调整好控制参数，然后关闭纹理，在护坡上处理出一些纯色的笔触细节，如图 12-46 与图 12-47 所示。

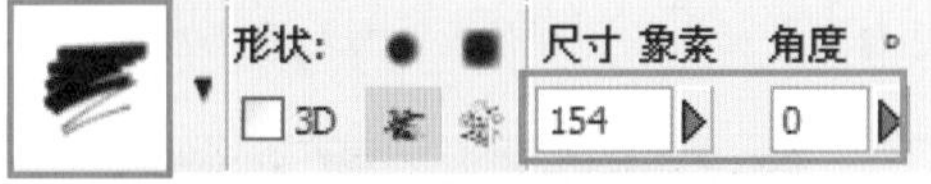

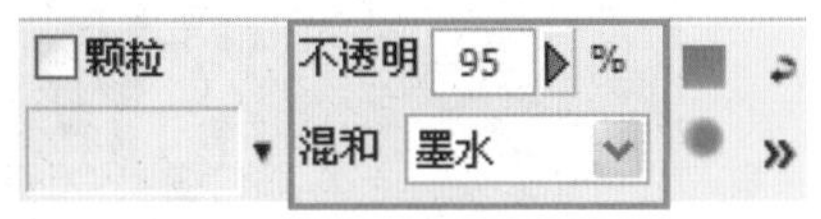

图 12-46 调整为纯色笔刷

图 12-47 添加色彩变化细节

04 经过细心涂刷，树木与护坡整体的效果如图 12-48 所示。接下来处理入口石碑、台阶等模型表面。

图 12-48　植物与护坡处理完成效果

12.4 处理景观模型

石碑、台阶等模型表面在 SketchUp 中都赋予了比较明显的纹理贴图，因此通常只需要处理出一些色彩亮度的变化，然后添加一些时光流逝产生的磨损细节即可。

12.4.1 处理石碑

01 当前石碑表面的纹理与颜色十分统一，缺少变化的细节，如图 12-49 所示。

02 进入【样式管理器】面板，选择一个具有喷溅效果的笔刷，然后选择一张具有磨损细节的石材纹理，如图 12-50 与图 12-51 所示。

图 12-49　当前石碑效果

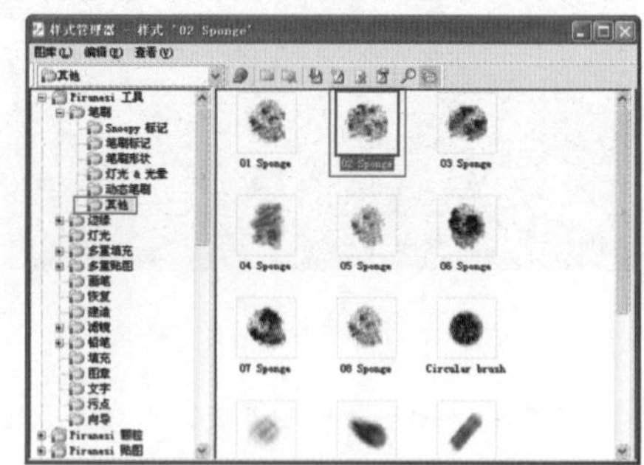

图 12-50　选择具有喷溅效果的笔刷

03 在石碑侧面及底部进行较深的涂刷，然后在正面进行浅色的涂刷，制作出细节效果如图 12-52 所示。

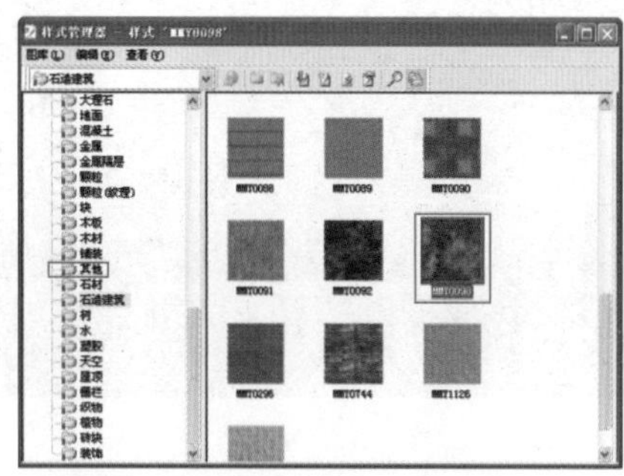

图 12-51　选择具有磨损效果的石材贴图

图 12-52　涂刷石碑效果

12.4.2 处理长椅与花坛

01 当前长椅表面木纹质感与色彩都比较平淡，如图 12-53 所示。接下来处理出一些细节效果。

02 进入【样式管理器】面板，选择一张木材纹理，在长椅表面进行涂刷，如图 12-54 与图 12-55 所示。

图 12-53　当前长椅效果

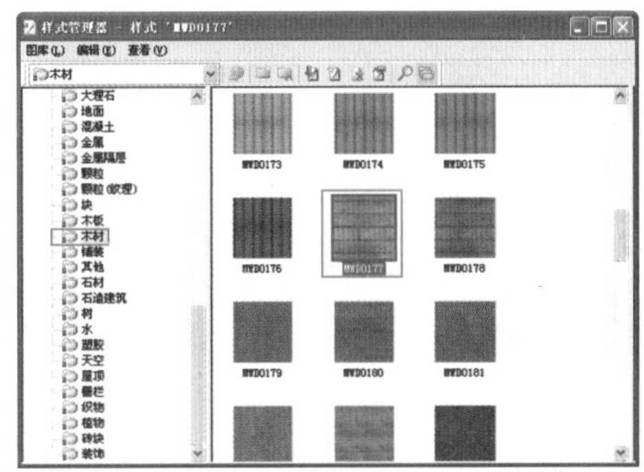

图 12-54　选择木材贴图

03 使用类似的方法涂刷出花坛表面的细节，如图 12-56 所示。接下来处理台阶与道路的细节。

图 12-55　涂刷后的长椅效果

图 12-56　涂刷花坛

12.4.3 处理台阶及道路

01 采用与石碑处理类似的手法，涂刷出台阶表面的初步细节，如图 12-57 所示。

图 12-57　涂刷台阶

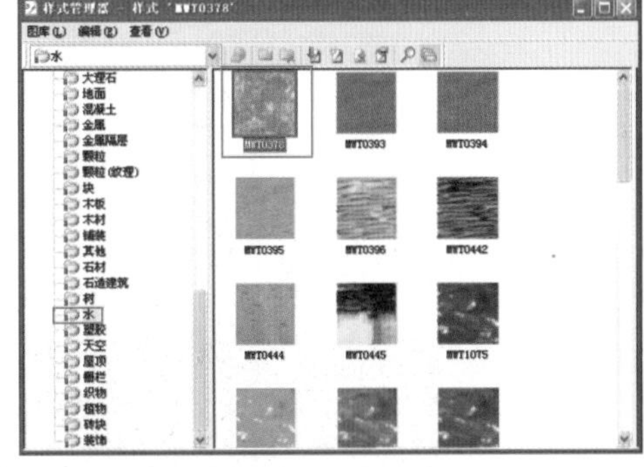

图 12-58　选择水纹贴图

02 进入【样式管理器】面板，选择一张冷色的水纹贴图，在台阶表面涂刷出一些对比细节，如图 12-58

与图 12-59 所示。

图 12-59　增加台阶亮度与色彩细节

图 12-60　单击颜色拾取器按钮

03 台阶细节处理完成后，关闭纹理的使用，单击【颜色拾取器】吸取石碑、花坛附近的色彩制作出一些颜色接近的笔触效果，如图 12-60 与图 12-61 所示。

图 12-61　增加石碑笔触效果

图 12-62　增加花坛与长椅笔触

04 经过以上调整，当前画面的效果如图 12-63 所示。接下来处理上方的建筑与天空效果。

图 12-63　处理细节笔触后的整体效果

12.5 处理建筑与天空

12.5.1 处理建筑

01 当前图像中建筑的效果十分简单，只有简单的轮廓与层次关系，如图 12-64 所示。

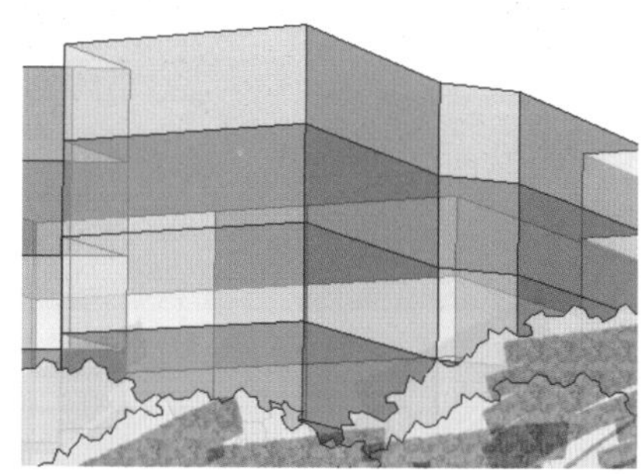

图 12-64 当前建筑效果

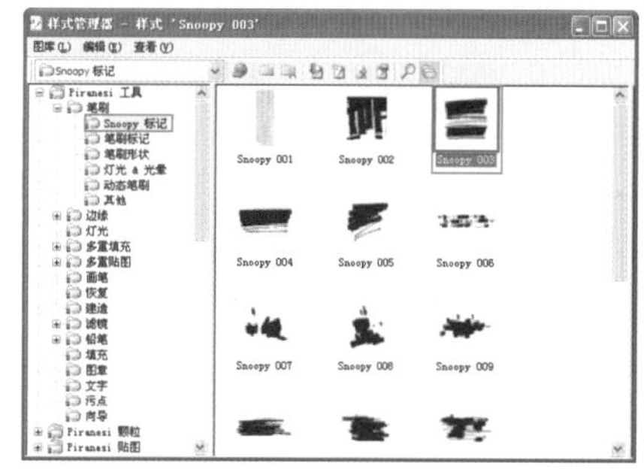

图 12-65 更换平行笔刷

02 考虑到建筑的走向与常规效果，进入【样式管理器】，选择一个横向的平行笔刷与砖纹理贴图，如图 12-65 与图 12-66 所示。

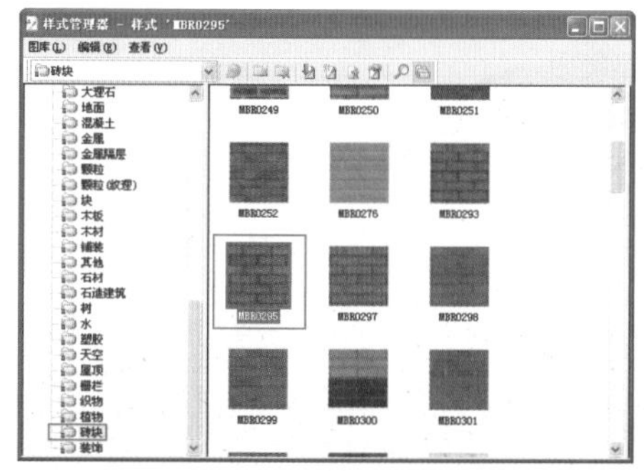

图 12-66 更换砖纹理贴图

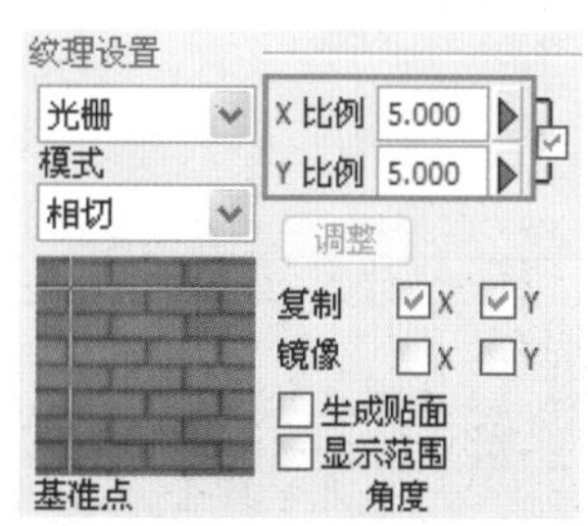

图 12-67 增大纹理比例

03 进入【颜色与纹理】面板，调整好贴图的比例，然后设置好笔刷与贴图的控制参数，如图 12-67 与图 12-68 所示。

04 通过断续单击鼠标左键，涂刷出建筑表面的砖纹理效果，如图 12-69 所示。注意在中间留白用于制作玻璃的效果。

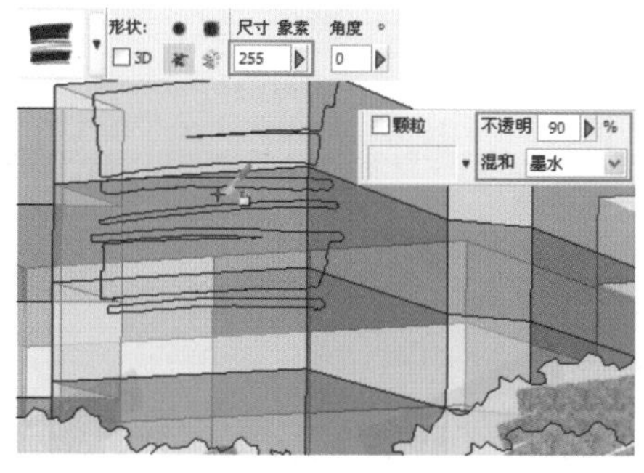

图 12-68 控制笔刷与贴图进行涂刷

图 12-69 建筑墙体涂刷效果

05 取消纹理的应用，调整淡蓝色笔刷色彩，在墙面留白处涂刷出玻璃的感觉，如图 12-70 与图 12-71 所示。

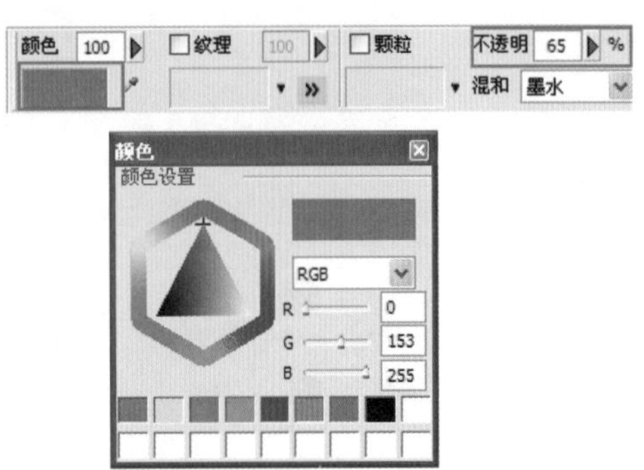

图 12-70　调整为蓝色笔刷

图 12-71　涂刷出玻璃的感觉

12.5.2 处理天空

01 完成建筑表面处理后效果如图 12-72 所示，接下来制作天空效果。

02 根据当前的构图效果，启用【图像范围】工具，将天空留白区域向上扩大些，如图 12-73 所示。

图 12-72　当前天空效果

图 12-73　调整天空大小

03 单击界面左侧的【填充】工具，如图 12-74 所示。进入【样式管理器】中的“背景”文件夹，如图 12-75 所示。

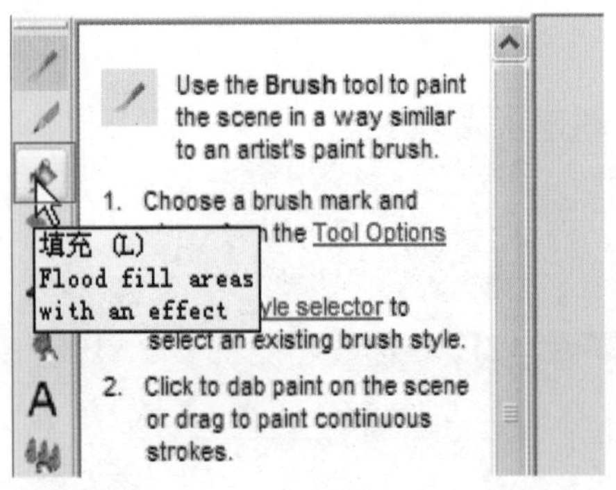

图 12-74　选择填充工具

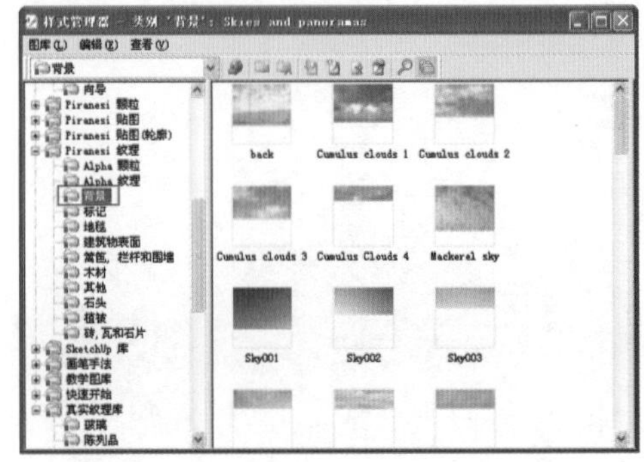

图 12-75　进入背景贴图文件夹

04 选择一些天空背景图片在天空留白处填充，产生不同的氛围效果，如图 12-76~图 12-78 所示。

图 12-76 天空效果 1

图 12-77 天空效果 2

图 12-78 天空效果 3

12.6 最终细节处理

制作好场景的天空效果后，最后还需要根据天空所表现出的光线氛围，对图像进行一些反射以及明暗细节的处理。

01 切换回【画笔】工具，选择之前的天空贴图做为纹理，在玻璃上涂刷出天空的反射细节，如图 12-79 与图 12-80 所示。

图 12-79 以天空纹理在玻璃上进行涂刷

图 12-80 增加玻璃反射细节

02 调整笔刷为纯白色，在树冠和台阶位置进行涂刷，以产生明暗的变化，如图 12-81 与图 12-82 所示。

图 12-81 处理出树木亮部细节

图 12-82 处理台阶亮部细节

03 经过以上的处理，得到最终效果如图 12-83 所示。

图 12-83 最终处理效果

第 13 章

VRay for SketchUp 渲染表现

本章重点：

- VRay 渲染器概述
- VRay 渲染器详解
- 实战——室内客厅效果图渲染

13.1 VRay for SketchUp 渲染器概述

SketchUp 虽然建模功能灵活，易于操作，但渲染功能非常有限。在材质上，只有贴图、颜色及透明度控制，不能设置真实世界物体的反射、折射、自发光、凹凸等属性，因此只能表达建筑的大概效果，无法生成真实的照片级效果。此外 SketchUp 灯光系统只有太阳光，没有其他灯光系统，无法表达夜景及室内灯光效果。仅提供了阴影模式，只能对阳面、阴面进行简单的亮度分别。而 VRay for SketchUp 渲染插件的出现，弥补了 SketchUp 渲染功能的不足。VRay 渲染插件具有参数较少、材质调节灵活、灯光简单而强大的特点。只要掌握了正确的渲染方法，现在使用 SketchUP 也能做出照片级的效果图，如图 13-1~图 13-2 所示。

图 13-1　室内渲染效果

图 13-2　室外渲染效果

总的来说，VRay 渲染器具有如下特点。

- VRay 拥有优秀的全局照明系统和超强的渲染引擎，可以快速计算出比较自然的灯光关系效果，并且同时支持室外、室内及机械产品的渲染。
- VRay 还支持其他主要三维软件，如 3ds max、Maya、Rhino 等，其使用方式及界面相似。
- VRay 以插件的方式存在于 SketchUp 界面中，实现了对 SketchUp 场景的渲染，同时也做到了与 SketchUp 的无缝整合，使用起来最为方便。
- VRay 支持高动态贴图（HDRI），能完整表现出真实世界中的真正亮度，模拟环境光源。
- VRay 拥有强大的材质系统，庞大的用户群提供的教程、资料、素材也极为丰富，遇到困难通过网络很容易便可找到答案。
- 开发了 VRay 与 SketchUp 的插件接口的美国 ASGVIS 公司，已经在 2011 年被 ChaosGroup 收购，相对于 FRBRMR 等渲染器来说，VRay 的用户群非常大，很多网站都开辟了 VRay 渲染技术讨论区，便于用户进行技术交流。

13.2 VRay for SketchUp 渲染器详解

在初步了解了 VRay 渲染器的特点后，下面将详细讲解 VRay for SketchUp 渲染器的具体使用方法。

13.2.1 VRay 的安装与卸载

VRay 虽然是独立的安装软件，但安装后，便可在 SketchUp 软件中自动作为渲染插件存在，同时拥有自己的独立工具栏，方便调用。

下面通过实例介绍 VRay for SketchUp 的安装与卸载方法。

01 双击光盘附带软件图标，此时将弹出安装提示框如图 13-3 所示，单击【下一步】继续安装。

02 在弹出的【最终用户许可协议】对话框中，选择【我同意该许可协议的条款】选项，单击【下一步】按钮继续安装，如图 13-4 所示。

图 13-3　开始安装

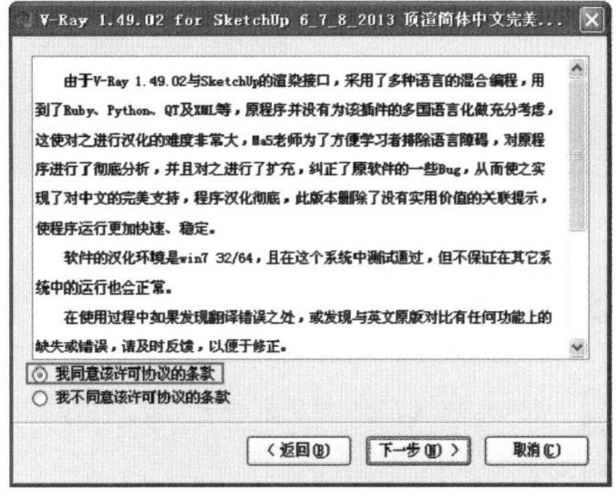

图 13-4　接受许可协议

03 在弹出的【选择安装版本】对话框中，系统将自动识别当前计算机中已安装的 SketchUp 版本，并进行勾选，如图 13-5 所示。单击【下一步】按钮继续安装。

04 系统默认将软件安装至 C 盘中，以使软件正常运行，如图 13-6 所示。单击【下一步】继续安装。

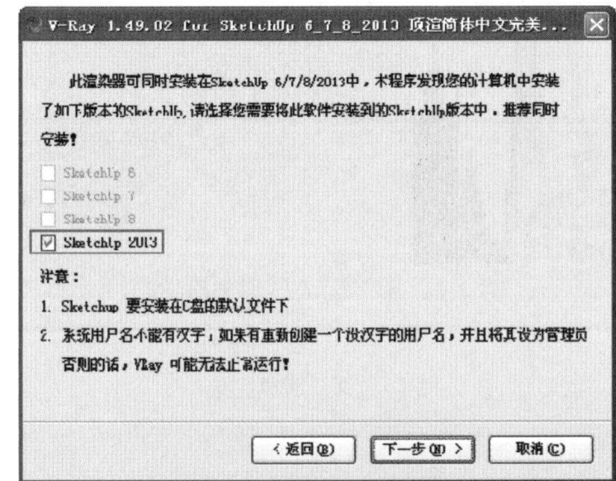

图 13-5　选择安装版本

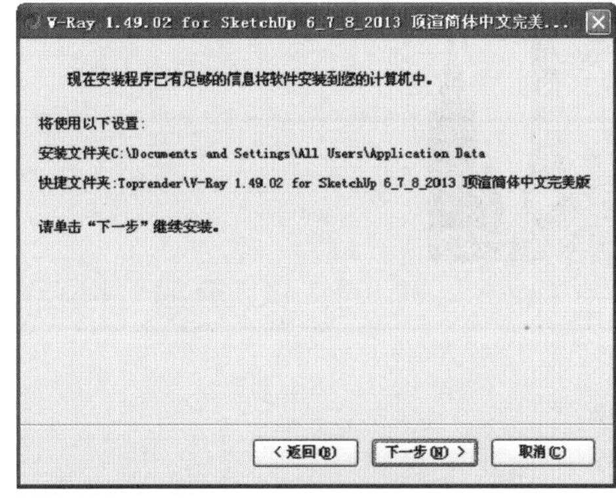

图 13-6　确认安装文件夹

05 确定安装文件夹后，将开始安装文件到计算机中选定文件夹，如图 13-7 所示，安装过程需几分钟。

06 文件安装完成后，将弹出安装成功提示信息，如图 13-8 所示，单击【完成】按钮完成安装。

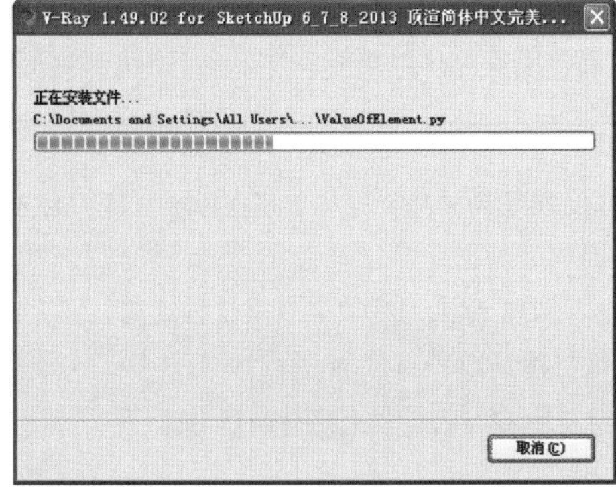

图 13-7　安装文件

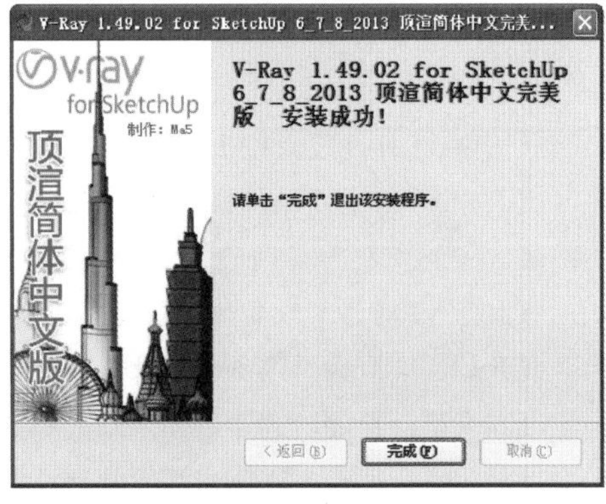

图 13-8　完成安装

07 VRay 安装完成后，SketchUp 的菜单栏将会增加【插件】菜单项，如图 13-9 所示。

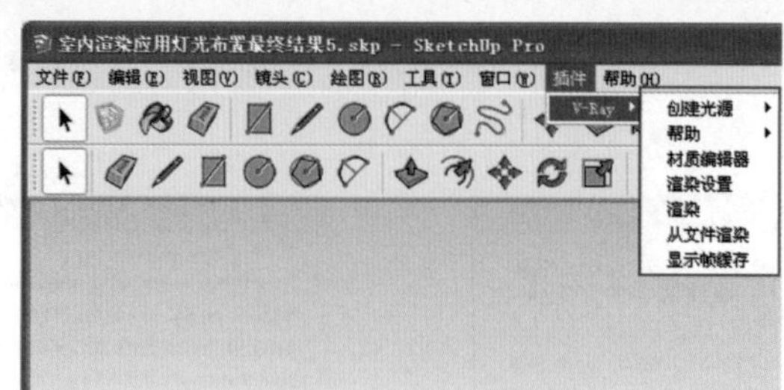

图 13-9　插件菜单栏

08 当不需要 VRay 渲染插件时，可以将其轻松卸载。执行【开始】|【控制面板】|【添加/删除程序】命令，在程序列表中选择 VRay for SketchUp 一项，单击对话框中的【删除】按钮。

09 系统弹出【确认卸载】提示框，如图 13-10 所示，单击【下一步】继续卸载，系统将开始移除软件及其附带的文件。

10 文件卸载完成后，将弹出卸载完成提示，如图 13-11 所示，单击【完成】按钮即可完成卸载。

图 13-10　确认卸载

图 13-11　卸载完成

13.2.2 VRay 工具栏

在 SketchUp 软件中安装好 VRay 插件后，会在界面上出现 VRay 渲染工具栏，如图 13-12 所示。

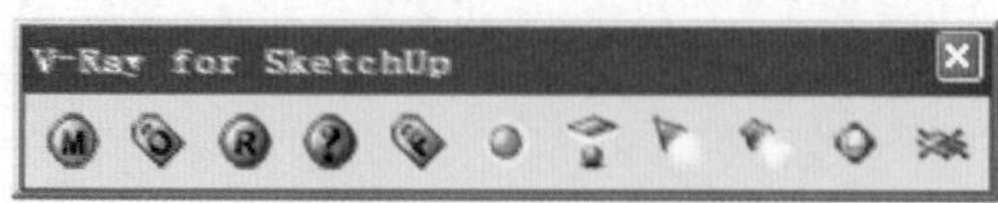

图 13-12　VRay for SketchUp 工具栏

该工具栏中共有 11 个工具按钮，各按钮的功能如下：

- 【打开 VRay 材质编辑器】：此工具用于打开 VRay 材质编辑器，对场景中 VRay 材质进行编辑设置。
- 【打开 VRay 渲染设置面板】：用于打开 VRay 渲染设置面板，对渲染选项进行设置。
- 【开始渲染】：单击该按钮，即开始对当前场景进行渲染。
- 【在线帮助】：用于打开 VRay 在线帮助网页，网页中有 VRay 常见问题的解答。
- 【打开帧缓存窗口】：用于打开帧缓存窗口。
- 【点光源】：用于在场景中指定位置创建一盏 VRay 点光源。
- 【面光源】：用于在场景中指定位置创建方形面光灯。

- 【聚光灯】：用于在场景中指定位置创建聚光灯。
- 【光域网光源】：用于在场景中指定位置创建一盏可加载光域网的 VRay 光源。
- 【VRay 球】：用于在场景中指定位置创建 VRay 球体。
- 【VRay 平面】：用于在场景中创建一个平面物体，不管这个平面物体有多大，VRay 在渲染时都将它视为一个无限大的平面来处理，所以在搭建场景时，可以将其作为地面或台面来使用。

13.2.3 VRay 材质编辑器

材质编辑器用于创建材质和设置材质的属性。单击 VRay 工具栏【打开 VRay 材质编辑器】按钮，可以打开【VRay 材质编辑器】对话框，如图 13-13 所示。

材质编辑器由三个部分组成，左上部为材质预览视窗，左下部为材质列表，右部为材质参数设置区，在材质列表中选择任意一种材质后，对话框右侧将会出现材质参数设置区。

1. 材质预览视窗

单击材质预览视窗下方【预览】按钮 预览，材质编辑器将根据材质参数的设置，自动生成材质的大概效果，以便观察材质是否合适，如图 13-14 所示。

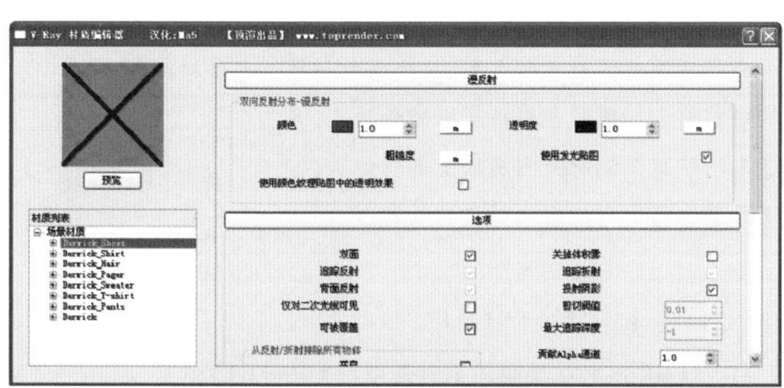

图 13-13 VRay 材质编辑器对话框

图 13-14 材质预览

2. 材质列表

材质列表主要用于查看和管理场景材质，如创建、改名、保存、调入、删除、设置材质层等。以场景材质/材质名/材质层三级的方式组织，可通过单击其前面的十字图标，以查看附加的子材质。

在【场景材质】项目上单击鼠标右键，将出现如图 13-15 所示的右键菜单，各选项含义如下：

- 创建材质：用于创建新材质，并拥有 5 种材质类型可供选择。选取一种材质类型后单击，会在材质管理区的最下面出现自动命名的材质。这 5 种材质类型的用途及其使用方法将在本章后面详细进行讲解。
- 载入材质：用于将保存磁盘上的材质读入到场景中，如果重名，将自动在材质名后加上序号。
- 载入某文件夹内全部材质：用于将某选定文件夹中的材质全部载入到场景中。
- 清理没有使用的材质：用于清理场景中没有使用到的材质，加快软件运行速度。
- 按字母名排序材质：用于将场景中所有材质进行排序，排序按字母顺序，方便查找到需要处理的材质。

在材质列表任意材质上单击鼠标右键，将出现如图 13-16 所示的右键菜单。

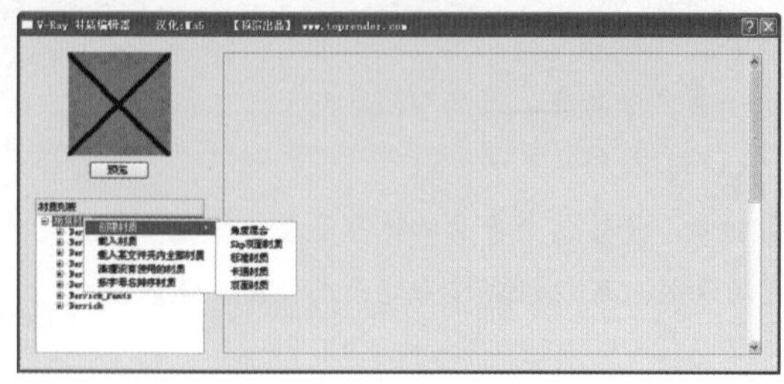
图 13-15　场景材质右键菜单

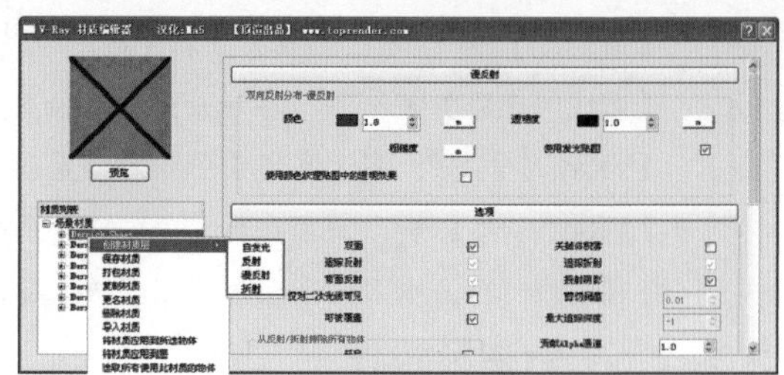
图 13-16　材质右键菜单

材质右键菜单中各选项含义如下：

- 创建材质层：在 VRay 材质中，物体的属性是分层管理的，除了基本的漫反射、选项及贴图层外，还可增加额外的漫反射、反射、折射、自发光 4 种材质层，来合成具有不同属性的各类材质。
- 保存材质：用于将当前选定材质保存在磁盘上，以供其他场景中使用。
- 打包材质：用于将当前选定材质保存在磁盘上，并且以 ZIP 压缩包的格式保存，方便与其他人进行材质交换。值得注意的是，材质打包必须使用英文名，且其保存路径也不能包含汉字。
- 复制材质：用于将当前选定材质进行复制，并且在其后自动添加序号，方便在此材质基础上创建新材质。
- 更名材质：用于对材质重新命名，方便查找和管理。
- 删除材质：用于删除不需要的材质。
- 导入材质：用于将保存在磁盘中的材质导入【材质列表】，替换当前材质，并保持材质名称不变。
- 将材质应用到所选物体：用于将当前选定材质赋予当前选择的物体。
- 将材质应用到层：用于将当前选定材质赋予到所选图层的全部物体。
- 选取所有使用此材质的物体：用于全选场景中使用此材质的物体。

13.2.4　创建 VRay 材质流程

在了解了材质编辑器之后，本节通过具体操作讲解材质的创建过程。

01 在 VRay 工具栏上单击Ⓜ按钮，打开【VRay 材质编辑器】对话框，如图 13-17 所示。

02 在【场景材质】上单击右键，创建标准材质，创建过程如图 13-18 所示。

图 13-17　VRay 材质编辑器对话框

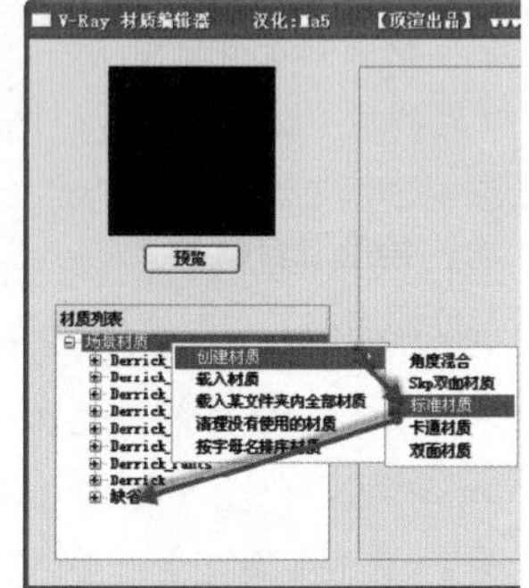
图 13-18　新建材质过程

03 在【缺省】上单击鼠标右键，可以进行更名、复制、保存等一系列操作，同时右边出现新建材质的相关设置参数，如图 13-19 所示。

04 在材质的层名上单击鼠标右键，将出现如图 13-20 所示的右键菜单，可以对材质属性层进行更改和删除操作。

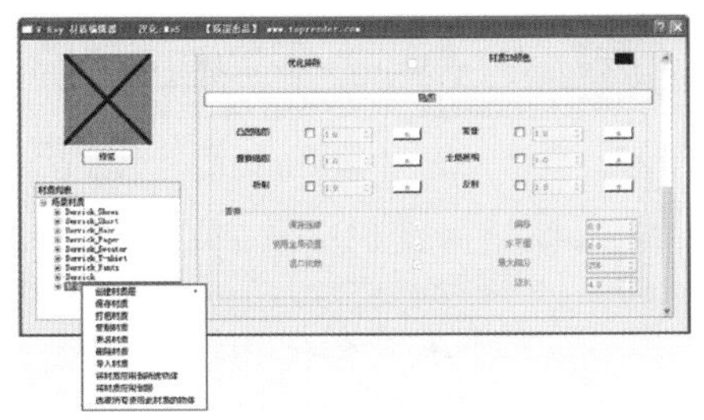

图 13-19　新建材质相关设置参数

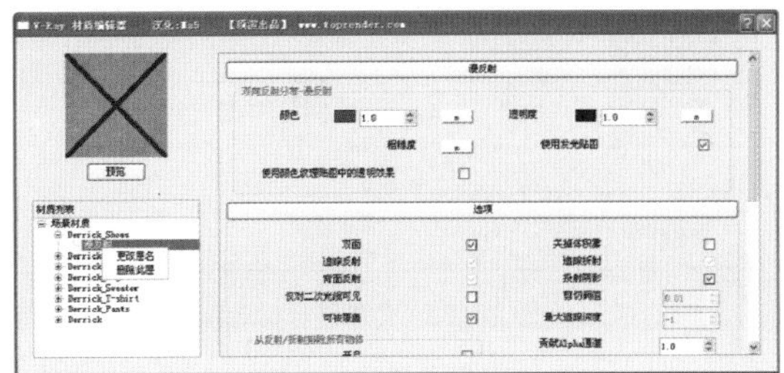

图 13-20　材质层右键菜单

注 意

材质参数设置区主要包括【漫反射】、【选项】和【贴图】三个卷展栏，需要时可通过材质的右键菜单添加相应的选项，如图 13-21 所示为添加反射的效果。

13.2.5 VRay 材质类型

VRay for SketchUp 材质包括：角度混合材质、Skp 双面材质、标准材质、卡通材质、双面材质，如图 13-22 所示，本节对常用的几个材质进行介绍。

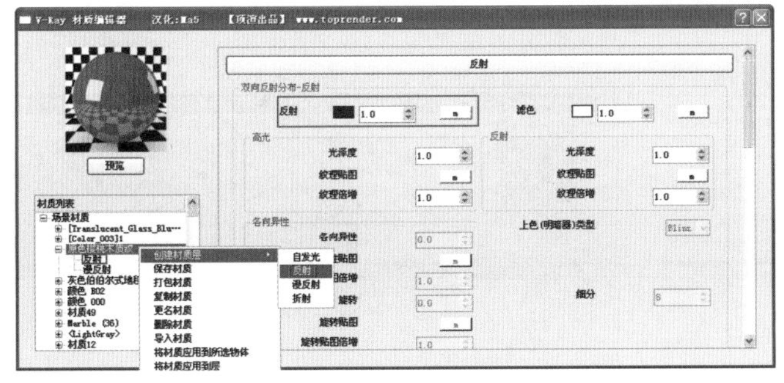

图 13-21　添加【反射】参数卷展栏

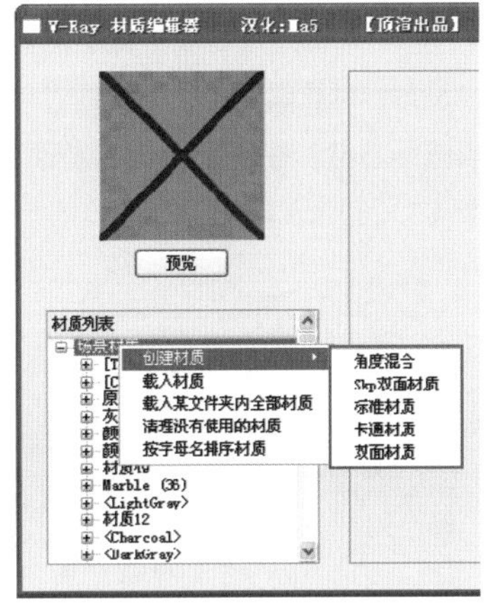

图 13-22　材质样式

1. 角度混合材质

角度混合材质是两个基本材质的混合，主要用于模拟天鹅绒、丝绸、高光镀膜金属等材质效果，角度混合材质参数如图 13-23 所示。

注 意

在制作车漆材质和布料材质时，常常基于菲涅耳原理来设置材质的漫反射颜色，让材质表面随着观察角度的不同而发生反射强弱变化。VRay 提供了一种新的【角度混合材质】来模拟这种效果，并且它的功能更强大，控制效果的参数更丰富。

2. 标准材质

标准材质是最常用的材质类型，可模拟出多数物体的属性，其他几种材质类型都是以标准材质为基础。【标准材质】中包含【自发光】、【反射】、【折射】、【漫反射】、【选项】和【贴图】6 个子选项，前面三个选项需要用户根据需要自行添加，后面三个选项为系统默认选项，如图 13-24 所示。

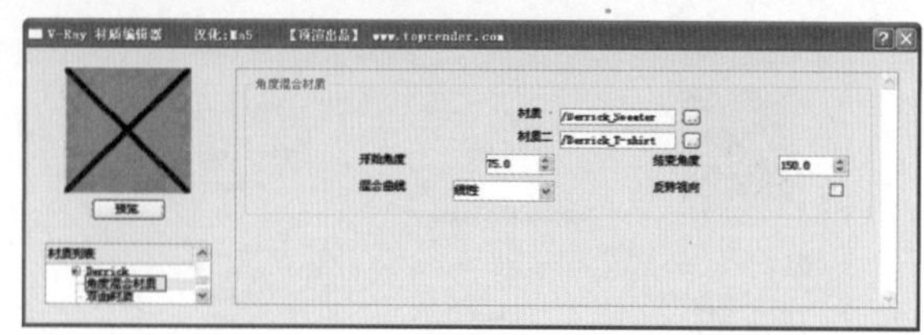

图 13-23　角度混合材质参数

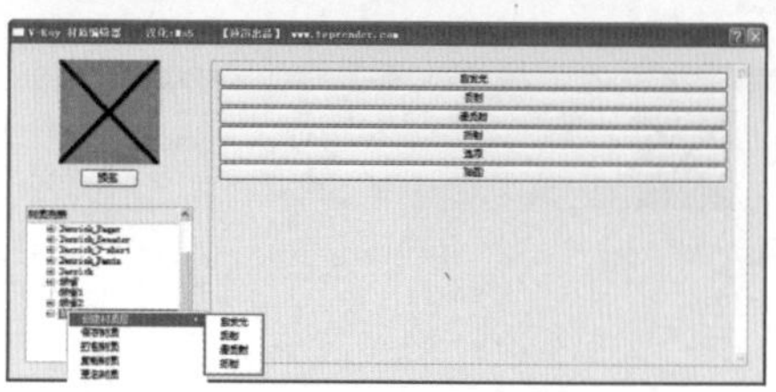

图 13-24　标准材质参数

标准材质各参数卷展栏含义如下：

自发光：现实生活中的物体，有很多物体具有发光的能力，比如灯具、荧光制品等，物体的这种属性就称为自发光。VRay 自发光材质是通过发光层实现的，可通过此材质制作发光灯带、发光的灯罩、显示屏、电视机的效果。自发光材质层位于漫反射材质层的上面，可通过改变透明度将底下的漫反射层显示出来。【自发光】卷展栏各项参数如图 13-25 所示。

【自发光】卷展栏参数含义如下：

➢ 颜色：此参数确定自发光材质的发光颜色，如果物体所发出的光线是单色，可在此直接设置发出光线的颜色。
➢ 透明度：通常使用灰度色，越白越透明，纯黑色为不透明，纯白色为全透明。如果此参数使用了颜色，则除此颜色的亮度影响透明度外，此颜色还会影响自发光颜色及漫反射层的颜色。
➢ 亮度：自发光亮度倍增值。仅增加自发光亮度强度值，而对自发光纹理贴图的亮度没有影响。
➢ 双面：勾选后，场景中模型面的正面和背面都将拥有发光功能。

反射：材质的反射效果是通过使用材质的反射层实现的。要在材质上增加反射层，可以在材质列表的名称上单击鼠标右键，在快捷菜单中选择【创建材质层】|【反射】选项，即可在材质上加入反射层，【反射】卷展栏如图 13-26 所示。

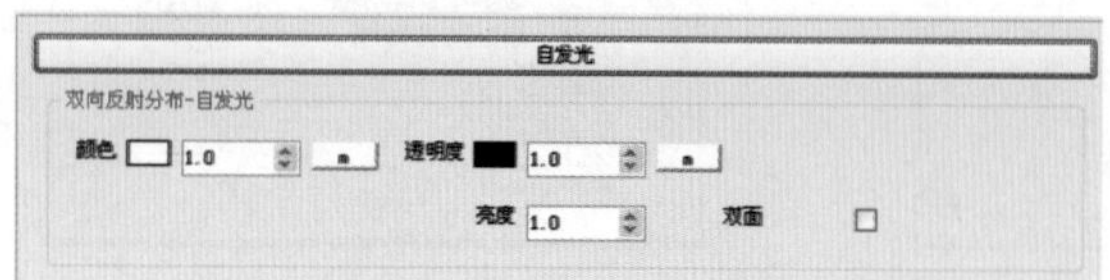

图 13-25　自发光卷展栏

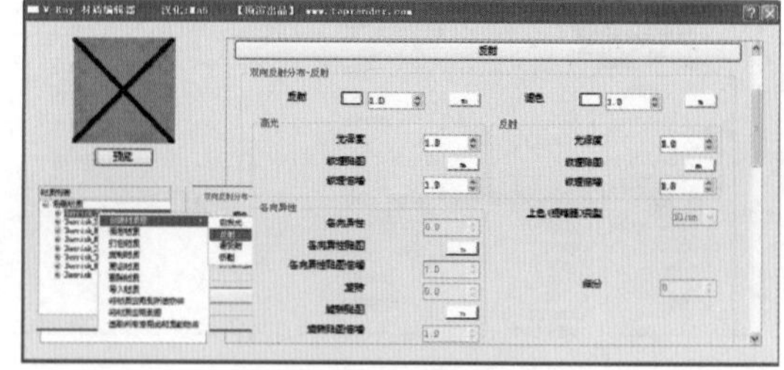

图 13-26　反射卷展栏

【反射】卷展栏包含【双向反射分布-反射】、【高光】、【反射】和【各向异性】等选项组。这里介绍几个主要参数的含义。

➢ 反射（双向反射分布-反射）：该参数控制反射的整体强度。材质的反射强弱是通过颜色的亮度来实现的。一般使用灰色，颜色越亮反射越强烈，纯白色形成全反射效果，黑色则不产生反射效果。
➢ 滤色（双向反射分布-反射）：此参数用于对反射结果进行颜色过滤，仅对反射结果中的指定颜色进行保留，而将其他颜色过滤掉。
➢ 光泽度（高光）：用于控制高光的集中程度，数值越大越集中，高光区越小；数值越小高光区越大，高光光泽越模糊。
➢ 纹理贴图（高光）：用贴图控制高光区的范围及亮度，可形成随贴图案变化的高光区。
➢ 纹理倍增（高光）：此参数控制纹理贴图高光光泽度强度。
➢ 光泽度（反射）：此参数控制反射影像的清晰程度，数值越小越模糊，而且会需要更多的渲染时间。

- 纹理贴图（反射）：用贴图控制反射的光泽度，贴图越亮的部分反射越清晰，越暗的地方反射越模糊。
- 各向异性：使用数值来控制高光异性的强度。
- 各向异性贴图：使用贴图来控制高光区的变形。
- 各向异性贴图倍增：此参数控制高光区贴图的强度。
- 旋转：对高光区的形状进行旋转。
- 旋转贴图：使用贴图来控制高光区的旋转。
- 旋转贴图倍增：控制高光区的旋转贴图的强度。
- 上色(明暗器)类型：选取用于计算高光区及反射的算法，共用三种 Blinn 、Phong 及 Ward，只有光泽度小于 1 才有效。此三种算法的区别是：在其他参数不变的情况下，Blinn 适合于比较硬的材质如金属，模糊适中。Phong-适合于塑料类的材质，模糊最轻；Ward 适合于粗糙的材质，如水泥类，模糊最为强烈。
- 细分：此参数控制模糊的精度，细分值越大图像越精细，值越小越模糊，当高光光泽度或反射光泽度小于 1 时可用。增加此参数可提高渲染质量，但会增加渲染时间。

【漫反射】：材质漫反射是通过漫反射图层实现的，其中还包括了物体的透明度及光泽度。漫反射卷展栏如图 13-27 所示，各项参数含义如下：

- 颜色：适用于单色物体，此参数确定了物体的本色，也就是漫反射区域的颜色。
- 透明度：可通过颜色或纹理控制材质的透明度，右侧的数值框可以设置透明的程度。
- 粗糙度：此参数仅支持贴图，会将纹理贴图叠加在物体的漫反射区，不会叠加在阴影区及背光区。
- 使用发光贴图：选取时，可使用全局光计算中的发光贴图的亮度来控制漫反射区的亮度，从而减少重复计算，加快运算速度，渲染时建议将此项选上。
- 使用颜色纹理中的透明效果：如果颜色纹理贴图的图像有透明部分，选取时透明部分将保持透明，否则透明部分的颜色为漫反射的颜色。

【折射】：折射用来设置物体的透明或半透明属性。在 VRay 材质中，折射是以折射层的方式实现的，折射层在漫反射层下面，是材质的最底层。实现该功能需要设置透明参数，也就是折射颜色的亮度，否则折射效果是无法表现出来的。【折射】参数卷展栏如图 13-28 所示。

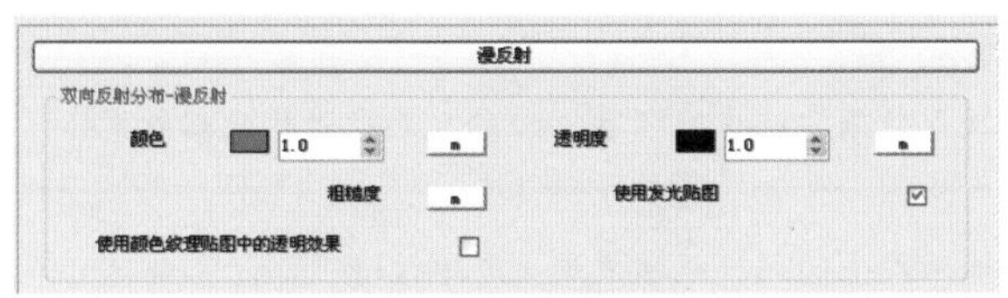

图 13-27　漫反射卷展栏

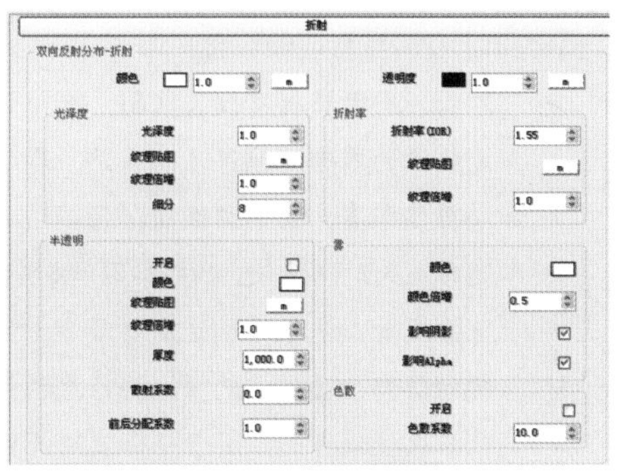

图 13-28　折射卷展栏

【折射】卷展栏主要参数含义如下：

- 光泽度：用于控制折射影像的清晰程度及渲染质量。可用于制作磨砂玻璃类的效果。
- 纹理贴图：指定贴图以控制材质各区域的光泽度。
- 纹理倍增：用于控制折射纹理贴图的强度。
- 细分：用于控制折射效果的渲染质量，值越大渲染质量越好，但渲染也越耗时。
- 折射率：用于设置材质的折射率。

- 半透明：用于模拟半透明物体，如石蜡、牛奶、皮肤、奶酪、玉石等具有透光性的物质属性。
- 厚度：用于设定能穿透的最远距离。
- 散射系数：数值为 0 时，进入到物体内部的光线将向各个方向分散，数值为 1 时，光线按入射光线的方向前行。
- 前后分配系数：用于控制在半透明物体内部有多少散射光线沿着原进入该物体内部的光线的方向继续向前传播或向后反射。数值为 1.0 时，表示所有散射光线将继续向前传播；数值为 0.0 时，表示所有散射光线将向后传播；数值为 0.5 时，表示向前和向后传播的散射光线的数量相同。
- 雾：用于模拟透明物体内部的颜色，如同充满烟雾的效果。
- 影响阴影：选中该选项，雾将影响阴影效果。
- 影响 Alpha：选中该选项，雾的透明效果将增加到 Alpha 通道。
- 色散 | 开启：选中该选项，将开启色散功能。
- 色散系数：与材料有关，典型值为 20。

技 巧

常用物质折射率：金刚石 2.42；二硫化碳 1.63；玻璃 1.5 ~ 1.9；水晶 1.55；岩盐 1.55；酒精 1.36；水 1.33；空气 1.00028。

【选项】：该卷展栏相当于材质的选项开关，可关掉或开启材质的某些属性，如图 13-29 所示。

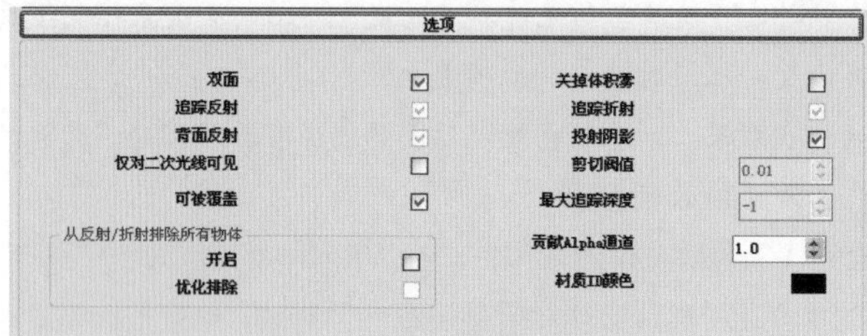

图 13-29 选项卷展栏

【选项】卷展栏主要参数含义如下：

- 双面：用于将材质设为双面。选中该选项，光线被面的另一侧挡住，不会进入物体的内部，否则可进入物体的内部。值得注意的是，在构建半透明材质时，不要选中此项。
- 关掉体积雾：选中该选项，将不渲染透明材质层的中的体积雾。
- 追踪反射/折射：选中该选项，将关掉反射/折射效果。
- 背面反射：如果添加了反射层，并且设置了反射效果，选中此项后，面的反面也产生反射效果。
- 投射阴影：选中该选项，将产生阴影。
- 仅二次光线可见：用于分析使用此材质的物体所产生的间接照明效果。选中该选项，计算全光时不参于首次计算，仅参与二次计算，一般正常渲染时不需要勾选此项。
- 剪切阈值：此阈值确定反射或折射光线被忽略的阈值，值越小计算结果越精细，也更耗费时间。
- 可被覆盖：选中该选项，此材质可被渲染设置中全局开关所设置的覆盖材质所覆盖。
- 最大追踪深度：最大折射追踪深度，如设为-1 则使用全局设置。
- 贡献 Alpha 通道：此参数用来设置质材中的透明区域在渲染帧缓存 Alpha 通道中强弱。大于 1 时增强在 Alpha 通道的亮度，小于 1 时减小在 Alpha 通道中的亮度；小于或等于 0 时，在 Alpha 通道中变成黑色。

- ➢ 材质 ID 颜色：设置此材质在帧缓存渲染输出通道中的材质 ID 通道中的颜色。
- ➢ 从反射/折射中排除所有物体：选中该选项，使用此物体的材质将对场景中的组件/群组不起作用。勾选优化排除后，将对排除计算进行优化处理，如不出现错误，一般将其勾选。

【贴图】:【贴图】卷展栏是对漫反射、反射、折射图层的扩充。此图层是将材质中那些共用的且仅需一个的贴图的汇总。【贴图】卷展栏如图 13-30 所示。

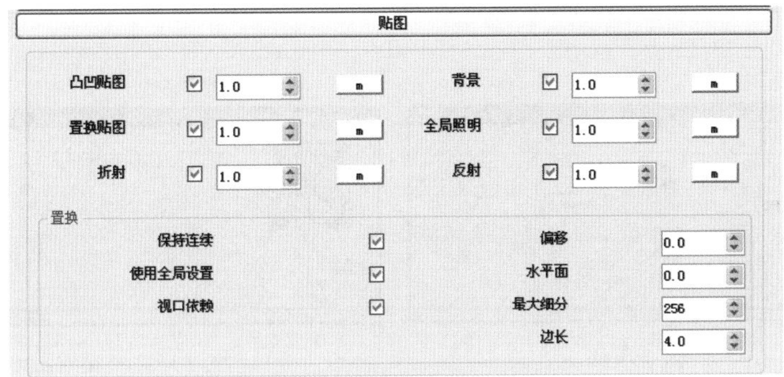

图 13-30 贴图卷展栏

【贴图】卷展栏主要参数含义如下：

- ➢ 凸凹贴图：用于表现材质表面凸凹不平的效果，如柚子皮、皮革、浮雕等，此效果是通过对贴图进行浮雕处理以实现凹凸贴图。凸凹贴图开关☑用于开启凸凹贴图；强度倍增 1.0 用于控制凸凹贴图的强度；凸凹贴图 m 用于打开【纹理贴图编辑器】，设置凸凹贴图类型。
- ➢ 背景：设置用于反射及折射背景，如此处不设置，材质将使用全局的背景设置。
- ➢ 置换贴图：用于设置背景贴图类型。只有勾选此项后，才能激活【贴图】卷展栏下半部分的置换选项。
- ➢ 全局照明：用于对使用此材质的物体添加一个额外的全局照明贴图。
- ➢ 折射/反射：用于对使用此材质的物体指定一个折射/反射背景贴图。
- ➢ 置换：是在渲染前使用转换贴图进行细分及凸凹处理，从而形成强烈的不平效果，小到真实的树干，大到高山丘陵，都可通过置换贴图实现。
- ➢ 保持连续：选中该选项，可使相邻的面置换后基本能连接在一起。
- ➢ 使用全局设置：选中该选项，置换参数将使用置换全局设置中的参数；不勾选时，使用本地转换参数。
- ➢ 视口依赖：此参数用来确定进行置换细分的计算方式。
- ➢ 偏移：置换之前将使用此材质的平面沿面的法线方向进行移动，数值大于 0 时向正面的方向移动，小于 0 时，沿面的反面方向移动。对于封闭的物体，偏移大于 0 时产生放大效果，小于 0 时，产生缩小效果。
- ➢ 水平面：通过设置此数值，可对置换后模型的高度小于此数值的模型剪切掉。
- ➢ 最大细分：设置对模型进行置换计算时，每条边能被细分的最大次数。
- ➢ 边长：此参数的实际含义及单位依赖视口参数决定，其参数设置了边的细分最小长度，当边长小于此数值后，此边将不再被细分。

3. 双面材质

用于模拟半透明的薄片效果，如纸张、灯罩等。VRay 的双面材质是一个较特殊的材质，它由两个子材质组成，通过参数（颜色灰度值）可以控制两个子材质的显示比例。这种材质可以用来制作窗帘、纸张等薄的、半透明效果的材质，如果与 VRay 的灯光配合使用，还可以制作出非常漂亮的灯罩和灯箱效果，如图 13-31 所示为双面材质设置面板。

4. Skp 双面材质

Skp 双面材质用于对单面模型的正面及反面使用不同的材质，或者对厚度不明显的物体，用简单的单面表现来简化模型。

VRay 的 Skp 双面材质与双面材质有些类似，拥有正面和背面两个子材质，但要更简单一些，没有颜色参数来控制两个子材质的混合比例。这种材质也不能产生双面材质那种透明效果，它主要用在概念设计中来表现一个产品的正反两面或室内外建筑墙面的区别等。VRay 的 Skp 双面材质的使用方法与双面材质的使用方法相同，【Skp 双面材质】设置面板如图 13-32 所示。

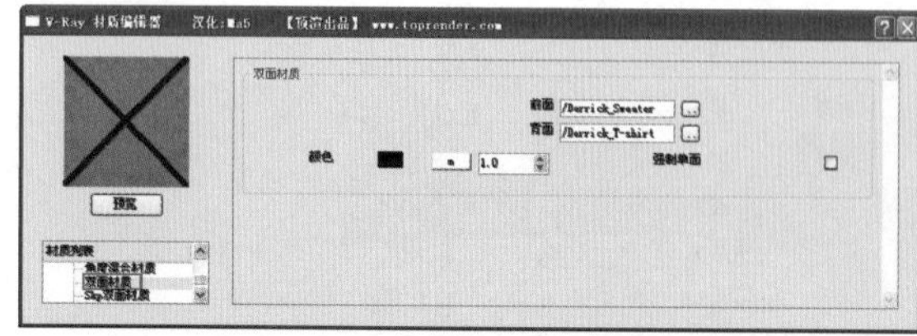

图 13-31　双面材质参数

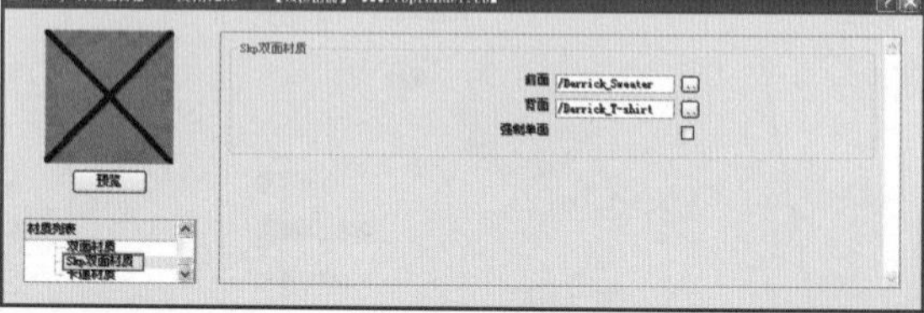

图 13-32　Skp 双面材质参数

5. 卡通材质

卡通材质用于将物体渲染成卡通效果。VRay 的卡通材质在制作模型的线框效果和概念设计中非常有用，其创建方法与角度混合材质等材质的创建方法相同，创建好材质后，为其设置一个基础材质就可以渲染出带有比较规则轮廓线的默认卡通材质效果，【卡通材质】面板如图 13-33 所示。

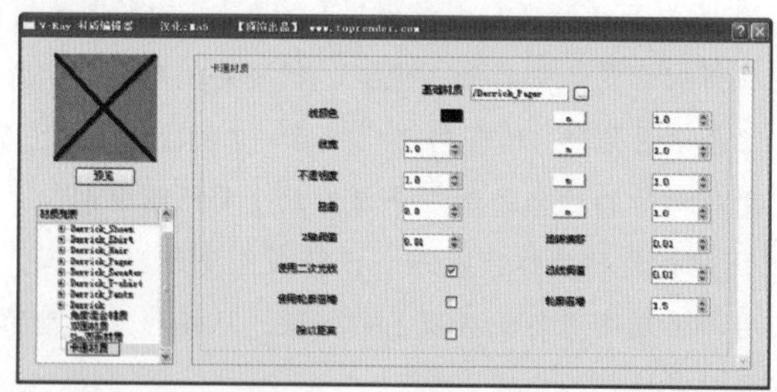

图 13-33　卡通材质参数

【卡通材质】面板的各参数含义如下：

- 基础材质：用于指定卡通材质的基本材质，这种基础材质必须是已存在于材质列表中的材质。
- 线颜色：用于设置轮廓线的颜色。
- 线宽：用于设置轮廓线的宽度。
- 不透明度：用于设置轮廓线的透明度。
- 扭曲：用于设置轮廓线的扭曲变形程度。值越大，变形效果越明显；值为 0 时，不产生扭曲。
- Z 轴阀值：用于决定是否创建一个物体表面的内部轮廓线。当该值为 0 时，表示只有在两个面之间的角度大于或等于 90°时才渲染出轮廓线；该值越大，即使两个平滑过度的表面也会渲染出轮廓线（注意该值不能为 1，否侧轮廓线会填充所有曲面）。如果曲面的曲率较低，往往要将该值设为非常接近 1 才能渲染出内部的轮廓线。
- 使用二次光线：选中该选项后，轮廓线会出现在反射和折射中，这样也会增加渲染时间。
- 轮廓使用材质：选中该选项后，材质的轮廓将使用基础材质。
- 区分远近：选中该选项后，材质按远虚近实的关系渲染。
- 法线阀值：当两个面相交时，该参数控制是否渲染出相交线。值越大，越容易渲染出交线。值得注意的是，法线阀值的数值不能为 1。

➢ 轮廓材质倍增：调整轮廓材质的倍增强度。

❑ 案例：创建反射材质

01 在绘图区调用矩形工具和 VRay for SketchUp 工具栏上的 VRay 球，绘制如图 13-34 所示的模型。

02 调用【材质】工具，选择木质纹和颜色中相应的材质和颜色赋予刚才绘制的模型，如图 13-35 所示。

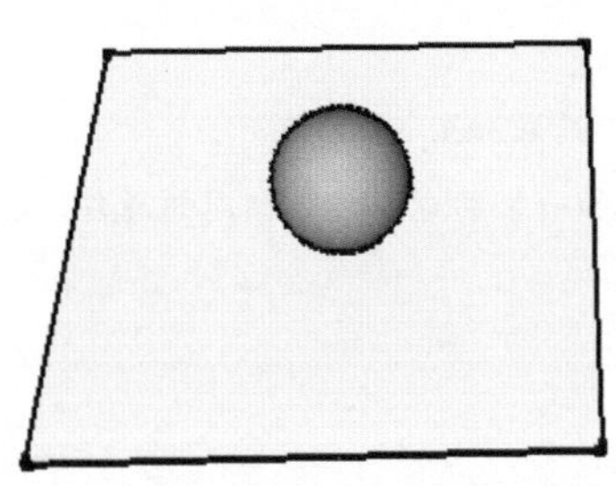

图 13-34 绘制模型

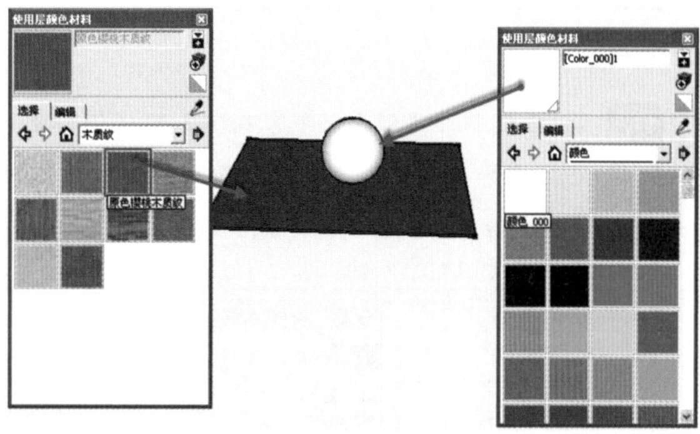

图 13-35 设置材质

03 创建木纹材质反射，反射颜色设置为灰色，如图 13-36 所示。

04 选择新建的【缺省】材质，单击右键选择【将材质应用到所选物体】，如图 13-37 所示。

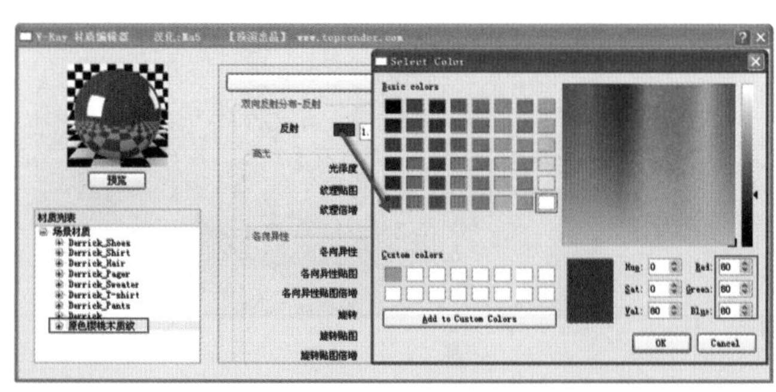

图 13-36 设置反射参数

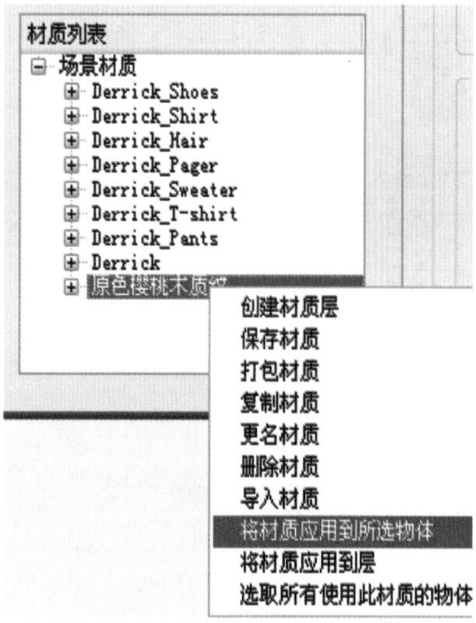

图 13-37 将材质应用到所选物体

05 单击 VRay for SketchUp 工具栏上的 Ⓡ 渲染按钮，创建的反射效果如图 13-38 所示。

❑ 案例：创建自发光材质

06 按 Ctrl+O 组合键，打开随书光盘“第 13 章/创建自发光材质.skp”素材，如图 13-39 所示。

图 13-38 反射渲染效果

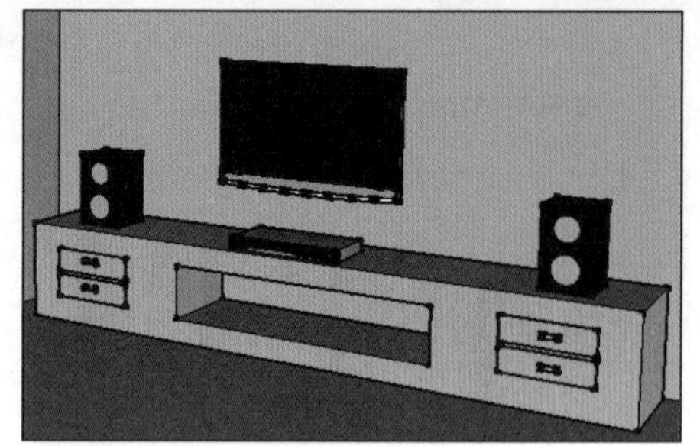

图 13-39 素材

07 按 B 键打开【使用层颜色材料】对话框，赋予电视屏幕贴图，结果如图 13-40 所示。

08 创建自发光。单击自发光颜色右侧的“m”按钮选择位图，添加一张和电视屏幕相同的图片，亮度设置为 20，勾选双面（勾选后两面发光），如图 13-41 所示。

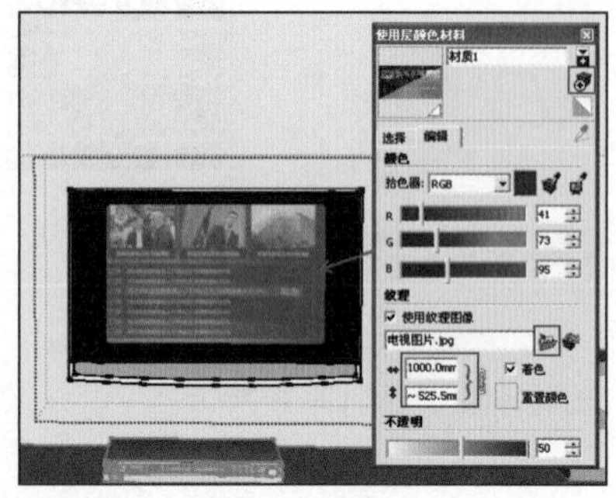

图 13-40 赋予材质贴图

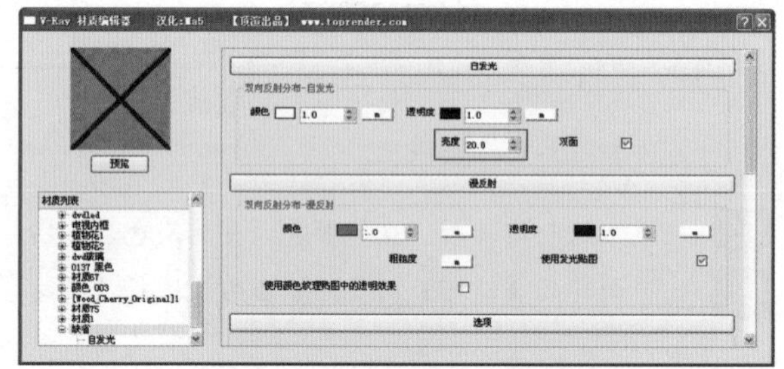

图 13-41 设置自发光参数

09 选择新建的【缺省】材质，单击鼠标右键，选择【将材质应用到所选物体】选项，如图 13-42 所示。

10 单击 VRay for SketchUp 工具栏上的 Ⓡ 渲染按钮，渲染自发光效果如图 13-43 所示。

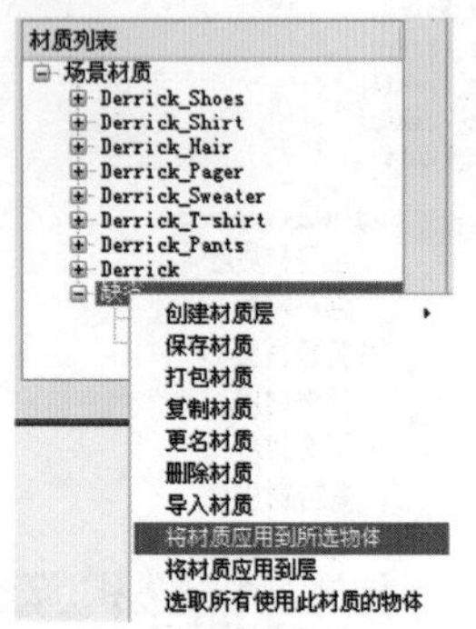

图 13-42 将材质应用到所选物体

图 13-43 自发光渲染效果

13.2.6 VRay 灯光系统

VRay for SketchUp 工具栏提供了【点光源】、【面光源】、【聚光灯】和【光域网光源】等光源类型，如图 13-44 所示。

图 13-44 灯光工具

1. 点光源

VRay for SketchUp 提供了点光源，在 VRay 工具栏上有相应的点光源创建按钮，在绘图区域单击就可以创建出点光源，如图 13-45 所示。

点光源像 SketchUp 物体一样，以实体形式存在，可以对它们进行移动、旋转、缩放和复制等操作，点光源的实体大小与灯光的强弱和阴影无关，也就是说任意改变点光源实体的大小和形状都不会影响到它对场景的照明效果。

若要调整灯光的参数，可在灯光物体上单击右键，然后在弹出的菜单中选择【VRay for SketchUp】|【编辑光源】选项，打开【VRay 光源编辑器】参数设置面板，如图 13-46 所示。

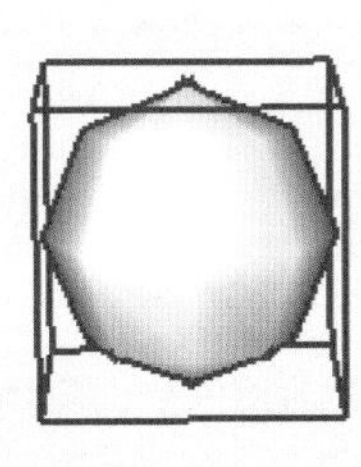

图 13-45　点光源

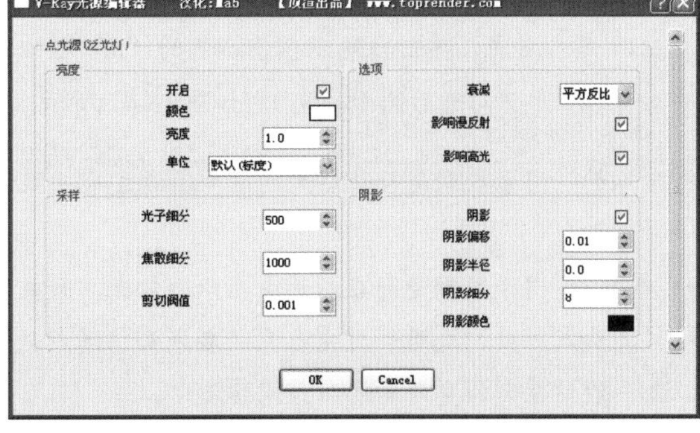

图 13-46　点光源参数设置

点光源参数设置面板中各选项含义如下：

- 开启：用于控制是否开启灯光。
- 颜色：用于设置灯光的颜色。
- 亮度：用于设置灯光的亮度值。
- 单位：用于设置灯光的物理单位，使用物理灯光单位有助于在使用物理相机时获得正确的照明强度，单位共有默认、光功率、亮度、辐射功率、辐射率 5 个选项。
- 衰减：用来指定灯光的衰减方式，有线形、倒数和平方反比 3 种方式可供选择。由于倒数和平方反比两种方式对灯光的衰减很快，为了保证能给物体提供足够的照明，要么让灯光足够靠近物体，要么加大灯光的倍增参数。
- 影响漫反射：用于控制是否用灯光的颜色来影响物体表面的漫反射颜色。
- 影响高光：用于控制是否用灯光的颜色来影响物体表面高光区域的颜色。
- 光子细分：用于控制采样光子细分的大小。
- 焦散细分：用于控制采样焦散细分的大小。
- 剪切阈值：用于控制采样剪切阈值的大小。
- 阴影：用于控制是否让灯光产生阴影。
- 阴影偏移：用于设置阴影偏离物体的量。
- 阴影半径：用于设置阴影边缘模糊的范围。值越大，阴影边缘越模糊。
- 阴影细分：用于设置阴影质量的细分参数。值越大，阴影质量越好，但会影响渲染速度。
- 阴影颜色：用于设置阴影的颜色。

2. 面光源

VRay for SketchUp 提供了面光源，在 VRay 工具栏上有相应的面光源创建按钮，在绘图区单击即可创建出面光源，如图 13-47 所示。

调整灯光的参数，可在灯光物体上单击鼠标右键，然后在弹出的菜单中选择【VRay for SketchUp】|【编辑光源】选项，打开灯光参数设置面板，如图 13-48 所示。

图 13-47　面光源

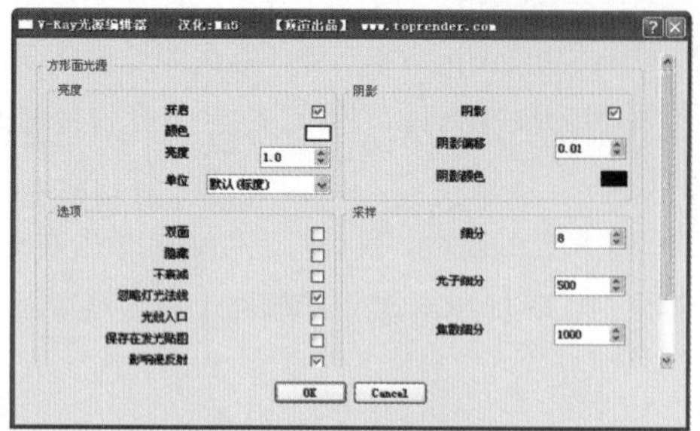

图 13-48　面光源参数

面光源部分参数设置含义如下：

- 双面：用于控制是否让灯光的两个面都发光。默认情况下没有勾选该选项，勾选后，面光源两面都会发光。
- 隐藏：用于控制是否在场景中显示出灯光。如果关闭该选项，渲染出来的图像会出现灯光物体。
- 光线入口：勾选后，灯光自身的颜色和倍增参数会被忽略，而由 Environment（环境）参数来替代，一般用在制作室内场景和封闭环境中。
- 保存在发光贴图：勾选后，VRay 会将灯光的计算结果保存到 Irradiance Map（发光贴图）中，这会使计算速度变慢，但在渲染图像时会提高渲染速度。
- 影响漫反射：用于控制是否用灯光影响材质的漫反射效果。
- 影响高光：用于控制是否用灯光影响材质的高光效果。
- 影响反射：用于控制是否用灯光影响材质的反射效果

注 意

面光源的照明精度和阴影质量要明显高于点光源，但其渲染速度较慢，所以不要在场景中使用太多的高细分值的面光源。

3. 聚光灯

VRay for SketchUp 提供了聚光灯，在 VRay 工具栏上有聚光灯创建按钮，单击就可以创建出聚光灯，如图 13-49 所示。

若要调整灯光的参数，可在灯光物体上单击鼠标右键，然后在弹出的菜单中选择【编辑光源】命令，打开灯光参数设置面板，如图 13-50 所示。

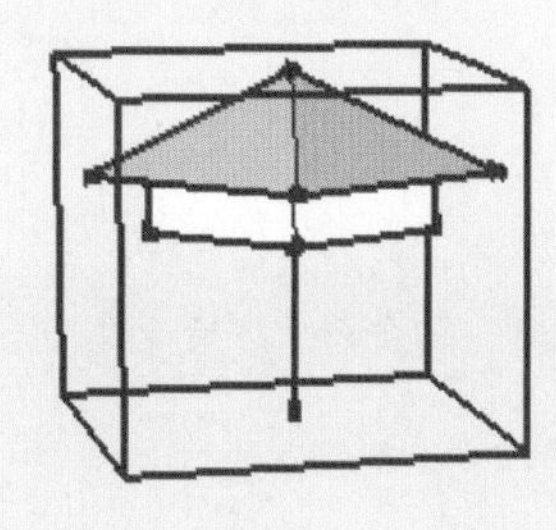

图 13-49　编辑聚光灯光源

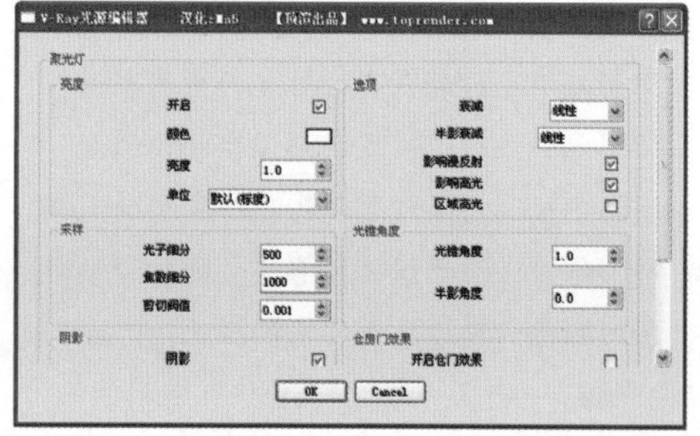

图 13-50　聚光灯参数

4. 光域网光源

VRay for SketchUp 提供了光域网光源，在 VRay 工具栏上有光域网光源创建按钮，单击该按钮在视图区单击，就可以创建出光域网光源，如图 13-51 所示。

若要调整灯光的参数，可在灯光物体上单击鼠标右键，然后在弹出的菜单中选择【 VRay for SketchUp】|【编辑光源】命令打开灯光参数设置面板，如图 13-52 所示。

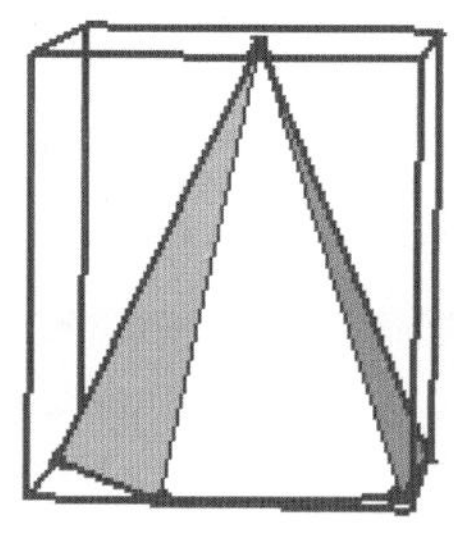

图 13-51 光域网光源

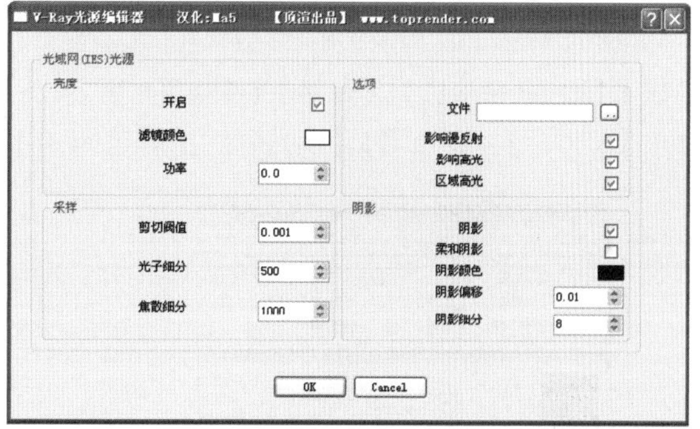

图 13-52 光域网光源参数

5. 环境灯光

除了前面介绍的 4 种光源，SketchUp 也可以创建环境灯光，用于模拟环境对物体的间接照明效果。

全局光参数可在 VRay“渲染设置”对话框中的【环境】卷展栏的【全局照明（GI）设置】选项组下设置。该选项组可控制是否开启环境照明，同时还可以设置环境灯光的颜色和环境光的强度，如图 13-53 所示。

6. 默认灯光

VRay 的默认灯光即为【全局开关】渲染面板中的【缺省光源】，如图 13-54 所示，勾选该选项后，VRay 即将 SketchUp 的阳光应用于场景中照明。

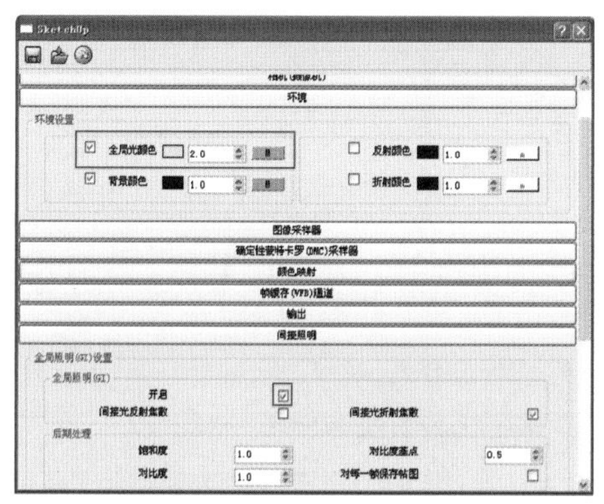

图 13-53 环境灯光参数

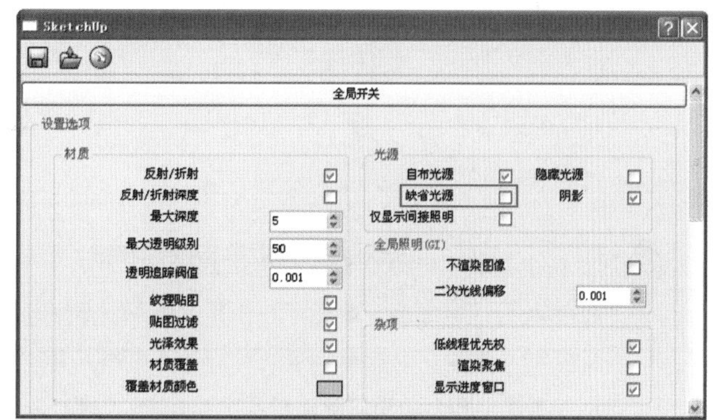

图 13-54 默认灯光

7. 太阳光

VRay 提供的 VRay 太阳光可以模拟真实世界中的太阳光，若需在场景中使用 VRay 太阳光，则需在环境卷展栏下的“全局光颜色”选项中添加天空贴图，设置【纹理贴图编辑器】中太阳的贴图类型设置为【天空 | 太阳 SunLight】，才可以渲染出 VRay 的阳光效果，如图 13-55 所示。VRay 太阳光主要用于控制季节（日期）、时间、大气环境、阳光强度和色调的变化。

注 意

VRay 太阳光与缺省的默认灯光有着本质的区别，默认灯光只是一个简单的阳光效果，并不具有真实阳光的物理特性，照明和阴影的精确度也较差，也无法控制色调，所以一般关闭缺省灯光，而使用 VRay 的点光源或 VRay 太阳光来模拟阳光效果。

13.2.7 VRay 渲染面板

激活【打开 VRay 渲染设置面板】工具，将弹出 VRay 渲染设置面板，如图 13-56 所示。

VRay for SketchUp 大部分渲染参数都在【渲染设置】对话框中完成，共有 14 个卷展栏，分别是【全局开关】、【系统】、【相机（摄像机）】、【环境】、【图像采样器】、【蒙特卡罗（DMC）采样器】、【颜色映射】、【帧缓存（VFB）通道】、【输出】、【间接照明】、【发光贴图】、【灯光缓存】、【焦散】和【置换】。

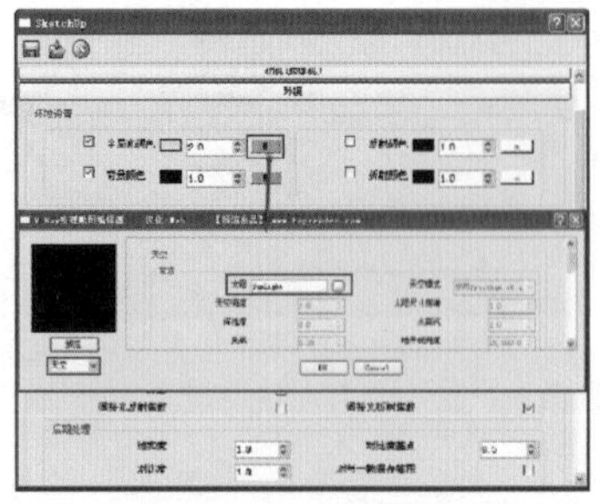

图 13-55 太阳光

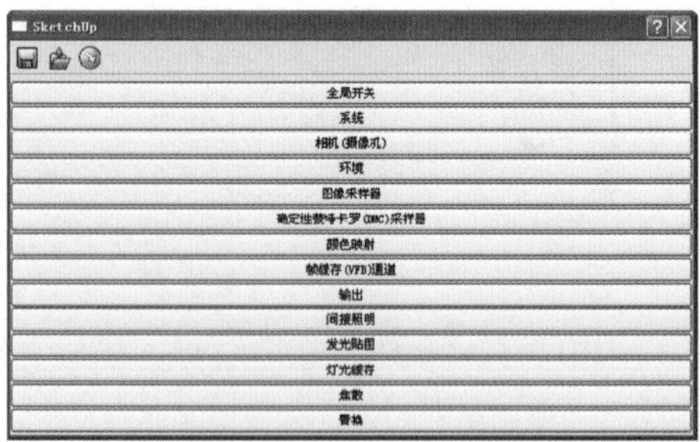

图 13-56 VRay 渲染设置面板

1. 全局开关

VRay 的【全局开关】卷展栏主要通过对材质、灯光和渲染等的整体控制来满足特定的要求，其参数设置卷展栏如图 13-57 所示。

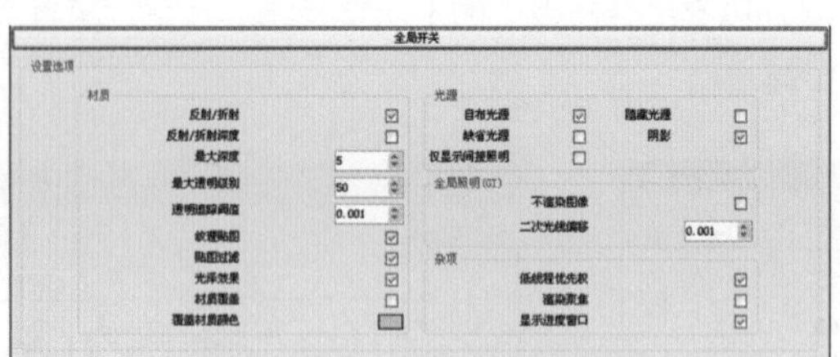

图 13-57 全局开关卷展栏

【全局开关】卷展栏中的主要参数含义如下：

- 反射/折射：勾选后，渲染时将计算贴图或材质中的光线的反射/折射效果。
- 反射/折射深度：勾选后，渲染时将计算贴图或材质中的光线的反射/折射深度效果。
- 最大深度：用于设置贴图或材质中的反射/折射的最大反弹次数。勾选此项，所有的局部参数设置将会被它所取代；不勾选此项，反射/折射的最大反弹次数将通过材质/贴图自身的局部参数来控制。
- 最大透明级别：用于控制透明物体被光线追踪的最大深度。
- 透明追踪阈值：用于终止对透明物体的追踪。当光线透明度的累计低于该参数设定的极限值时，将停止追踪。
- 纹理贴图：勾选后，将使用纹理贴图。
- 贴图过滤：勾选后，将使用纹理贴图过滤功能。
- 光泽效果：勾选后，将使用场景中光泽的效果。

- 材质覆盖：勾选后，可通过色块打开【颜色编辑器】，设置颜色材质进行渲染，常用于制作复杂场景替代材质，在渲染时可节约渲染时间。
- 材质覆盖颜色：用于设置材质覆盖的颜色。
- 自布光源：是 VRay 场景中的直接灯光的总开关，勾选此项后将使用灯光；不勾选此项，系统将不会渲染手动设置的任何灯光效果。
- 缺省光源：指 SketchUp 默认阳光。
- 隐藏光源：勾选后，灯光不会出现在场景中，但渲染出来的图像中仍然有光照效果。
- 阴影：勾选后，将开启灯光的阴影效果。
- 仅显示间接照明：勾选后，直接光照将不包含在最终渲染的图像中。
- 全局照明（GI）：是全局照明的控制参数。
- 不渲染图像：勾选后， VRay 将只计算相应的全局光照贴图，即光子贴图、灯光缓存贴图和发光贴图。
- 二次光线偏移：用于设置光线发生二次反弹时的偏移 距离。
- 杂项：用于设置其他的选项参数。
- 低线程优先权：勾选后，VRay 渲染将处于低优先级别，此时可使用计算机进行其他工作。
- 渲染聚焦：用于控制渲染聚焦。
- 显示进度窗口：勾选后，将显示渲染的进度窗口。

注 意

全局开关在灯光调试阶段特别有用，例如可以关闭反射 /折射选项，这样在测试渲染阶段就不会计算材质的反射和折射，因此可以大大提高渲染速度，一般情况下都要关闭缺省灯光选项，因为无法调节它的强度和阴影等参数。

2. 相机（摄像机）

在使用相机拍摄景物时，可通过调节光圈、快门或使用不同的大小的感光度 ISO 以获得正常的曝光照片。相机的自平衡调节功能还可以对因色温变化引起的相片偏色现象进行修正。

VRay 也具有相同功能的相机。可调整渲染图像的曝光和色彩等效果，达到真实相机效果，其参数设置卷展栏如图 13-58 所示。

渲染过程中需要使用 VRay 物理相机时，只需在【相机（摄像机）】卷展栏中将【物理设置】选项开启即可。相机的【镜头设置】和【物理设置】与真实相机设置无异。

【景深设置】：VRay 中支持渲染景深，在渲染中需要景深效果，只需在【景深设置】中勾选【开启】选项即可，如图 13-59 所示。

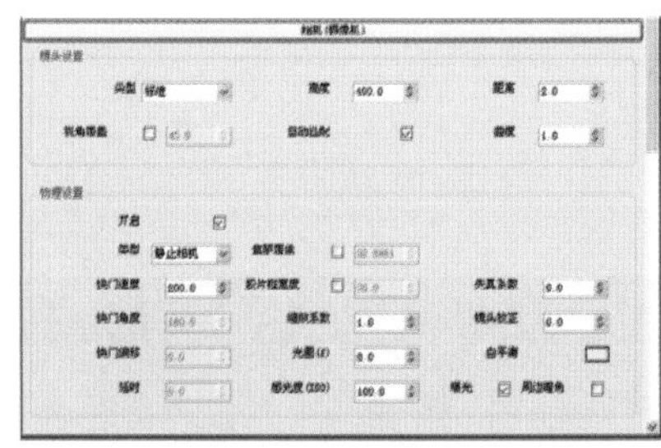

图 13-58 相机卷展栏

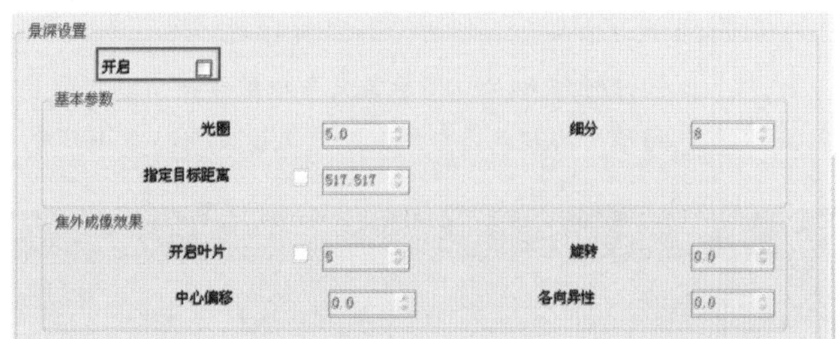

图 13-59 景深设置选项

景深设置选项组各参数含义如下：

- 光圈：光圈值越小，景深模糊效果越弱；光圈值越大，景深模糊效果越强。
- 细分：用于控制景深效果的质量。数值越大，得到的效果越好，同时渲染时间将增加。
- 开启叶片：设置多边形光圈的边数。
- 旋转：用于指定光圈形状的方位。
- 中心偏移：用于决定景深效果的一致性。正值表示光线向光圈边缘集中；0 表示光线均匀通过光圈；负值表示光线向光圈中心集中。
- 各向异性：用于设置焦外成像效果各向异性的数值。

注 意

物理相机有 3 种类型，分别是静止相机、电影摄相机和视频摄相机，通常在制作静帧效果图时使用静止相机，另外两种相机主要用于动画渲染中。若需设置相机的焦距，则需在【物理设置】中勾选【焦距覆盖】选项，再在旁边的数值框中调节即可。在相机焦点上的物体，渲染出来会清晰，焦点以外的物体将会被模糊。

3. 图像采样器

VRay 的图像采样器主要用于处理渲染图像的抗锯齿效果，主要包括【图像采样器】和【抗锯齿过滤】两部分参数，如图 13-60 所示。

【图像采样器】有 3 种类型，分别是固定比率、自适应确定性蒙特卡罗和自适应细分，选择不同的类型，其参数也会发生相应变化。

【固定比率】是 VRay 中最简单的采样器，对每个像素它使用一个固定数量的样本，适于用在拥有大量模糊效果或具有高细节纹理贴图的场景中。参数设置如图 13-61 所示。

- 细分：用于确定每个像素使用的样本数量，是固定比率采样器的唯一参数。取值为 1 时，表示每个像素使用一个样本；取值大于 1 时，将按照低差异的蒙特卡罗序列来产生样本。数值越高，图像质量越好，渲染速度越慢。

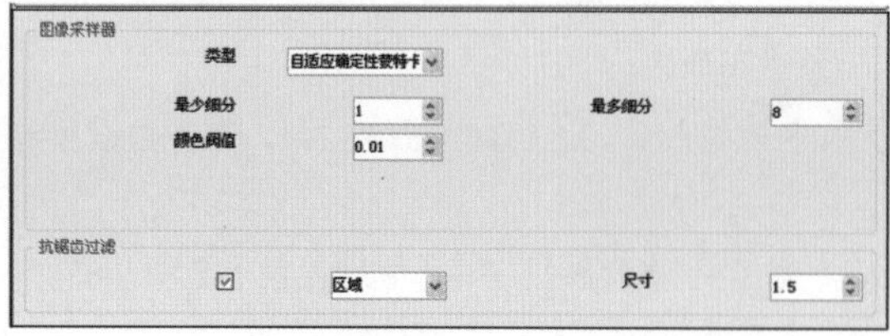

图 13-60 图像采样器面板

图 13-61 固定比率采样器

【自适应确定性蒙特卡罗】采样器可根据每个像素和它相邻像素的亮度差异来产生不同数量的样本，如在转角等细分位置会使用较高的样本数，在平坦区域会使用较低的样本数量。适用于具有大量微小细节的场景或物体，所占内存较其余两项都要少，参数设置如图 13-62 所示。

- 最少细分/最多细分：用于定义每个像素使用的样本的最小/大数量。
- 颜色阀值：用颜色的灰度来确定平坦表面的变化。

注 意

一般情况下，最少细分的参数值都不能超过 1，除非场景中有一些细小的线条。

【自适应细分】是具有负值采样的高级采样器，使用较少的样本就可以得到很好的品质，适用于没有模糊特效的场景。所占内存较其余两项都要多，参数设置如图 13-63 所示。

图 13-62 自适应确定性蒙特罗卡采样器

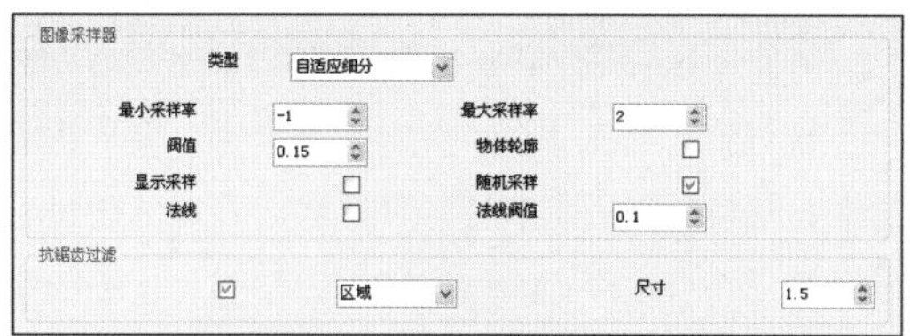

图 13-63 自适应细分

自适应细分各参数含义如下：

- 最小采样率：定义每个像素使用的样本的最小数量。值为 0 时，表示 1 个像素使用 1 个样本；值为-1 时，表示两个像素使用 1 个样本；值为-2 时，表示 4 个像素使用一个样本，依次类推。值越小，渲染质量越差，但渲染速度更快。
- 最大采样率：定义每个像素使用的样本的最大数量。值为 0 时，表示 1 个像素使用 1 个样本；值为 1 时，表示每个像素使用 4 个样本；值为 2 时，表示每个像素使用 8 个样本，依次类推。值越大，渲染质量越好，但渲染速度越慢。
- 阈值：用于确定采样器在像素亮度改变方向的灵敏度。较低的值可产生较好的效果，但会耗费更多的渲染时间。
- 显示采样：勾选后，将显示样本分布情况。
- 法线：勾选后，法线阈值方可使用，当采样达到这个设定值后将会停止对物体表面的判断。

【抗锯齿过滤器】用于选择不同的抗锯齿过滤器。VRay for SketchUp 提供了 Sinc、Lanczos、Catmull Rom、三角形、盒子和区域 6 种抗锯齿过滤器，一般都采用 Catmull Rom 过滤器，因为它可得到锐利的图像边缘。

4. 确定性蒙特罗卡（DMC）采样器

DMC 是 Deterministic Monte-Carlo 的缩写，即确定性蒙特卡罗。确定性蒙特罗卡采样器是 VRay 的核心部分，用于控制场景中的抗锯齿、景深、间接照明、面光源、模糊反射/折射、半透明、运动模糊等，其参数设置面板如图 13-64 所示。

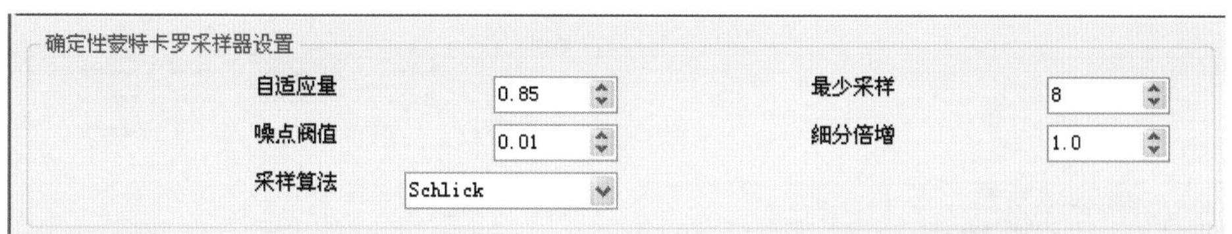

图 13-64 DMC 采样器选项

确定性蒙特卡罗（DMC）采样器的各参数含义如下：

- 自适应量：用于控制早期终止应用的范围。值为 1 时，表示早期终止算法被使用之前所使用的最小可能的样本数量，值为 0 时，表示早期终止不会被使用。
- 最少采样：确定在早期终止算法被使用之前必须获得的最少样本数量，较高的取值将会减慢渲染速度，但同时会使早期终止算法更加可靠。
- 噪波阈值：在评估一种模糊效果是否足够好的时候，该参数控制 VRay 的判断能力，然后在最后的结果中直接转化为噪波，较小的取值可产生较少的噪波。
- 细分倍增：在渲染过程中，该选项会倍增任何地方任何参数的细分值，因此可以使用该参数来快速提高或降低所有地方的采样品质。
- 采样算法：设置采样器的算法包括旧式、拉丁超立方采样法和 Schlick 三种。

注 意

样本的实际数量由 3 个因素来决定：用户指定模糊效果的细分值；评估效果的最终图像采样，例如，暗部平滑区域的反射需要的样本数就比亮部区域的要少，原因在于最终的效果中反射效果相对较；从一个特定的值获取的样本的差异，如果这些样本彼此之间有些差异，那么可以使用较少的样本来评估；如果是完全不同的，为了得到更好的效果，就必须使用较多的样本来计算，在每一次进行新的采样后，VRay 会对每个样本进行计算，然后决定是否继续采样。如果系统认为已经达到了用户设定的效果，会自动停止采样，这种技术被称为“早期性终止”。

5. 颜色映射

VRay for SketchUp 中提供了【线性相乘】、【指数】、【指数（HSV）】、【指数（亮度）】、【伽马校正】、【亮度伽马】和【莱因哈特（Reinhard）】7 种颜色映射方式，不同的色彩映射方式最终所表现出来的图像色彩也有所不同。颜色映射也可以看作是曝光控制方式，其参数设置如图 13-65 所示。

各颜色映射方式含义如下：

- 线性相乘：是还原色彩最好的一种曝光控制方法，将基于最终图像色彩的亮度来进行简单的倍增，但同时可能导致靠近光源的点曝光过度。
- 指数：将基于亮度来使图像更加饱和，适用于预防非常明亮的区域的曝光控制。
- 指数（HSV）：类似于【指数】颜色映射，不同的是【指数（HSV）】会保护色彩的色调和饱和度。
- 莱因哈特（Reinhard）：是介于【线性相乘】颜色映射和【指数】颜色映射之间的一种方式，其效果由亮色倍增参数来控制。亮色倍增值为 1 时，相当于【线性相乘】颜色映射；当亮色倍增值为 0 时，相当于【指数】颜色映射。

6. 输出

输出卷展栏主要是控制图像的输出尺寸大小，用户可以通过自定义选择不同的输出尺寸，以及渲染图像输出时保存的路径。【输出】卷展栏如图 13-66 所示。

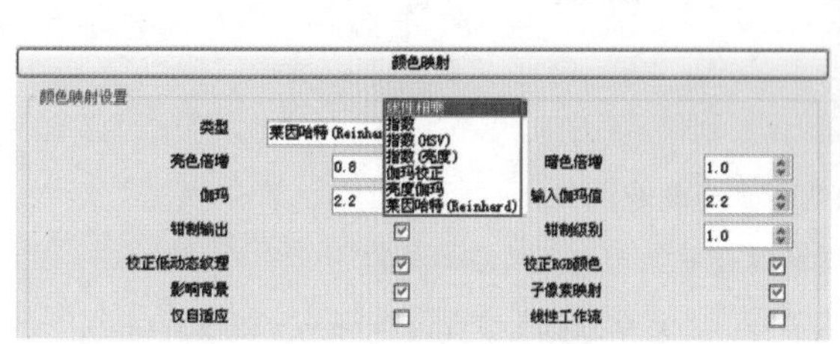

图 13-65 颜色映射卷展栏

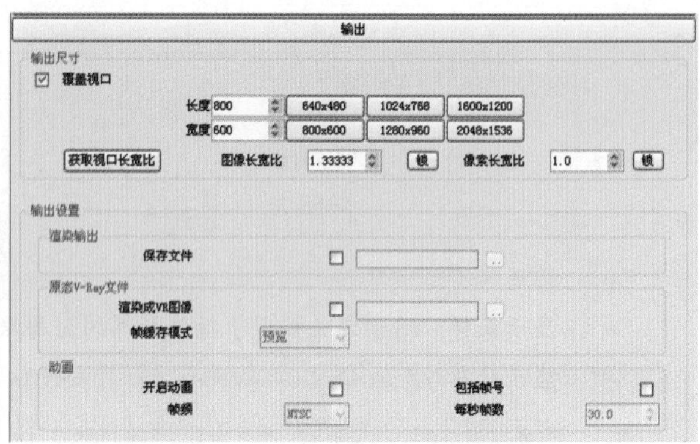

图 13-66 输出卷展栏

7. 间接照明

VRay 中的间接照明是计算全局光照明（GI）的核心，它描述的是光线从光源发出后，当它碰到一个物体的表面时，一部分光线会被物体吸收，而一部分光线会被反弹出去。当反弹出去的光线遇到另外的表面时又会继续被反弹和吸收，如此反复就产生了 GI 全局光照明效果。光线在反弹的过程中会不断被吸收和衰减，靠近直接光线的位置，由于受到较强的初次反弹光线的照明，所以它比远离直接光线的位置要亮，这和真实世界中的光照情况是一致的。反弹出去的光线所起到照明效果就是间接照明，如果没有这部分间接光的照明，在没有被直接光线照射到的地方是全黑的，这种现象就不符合真实效果，如图 13-67 所示。

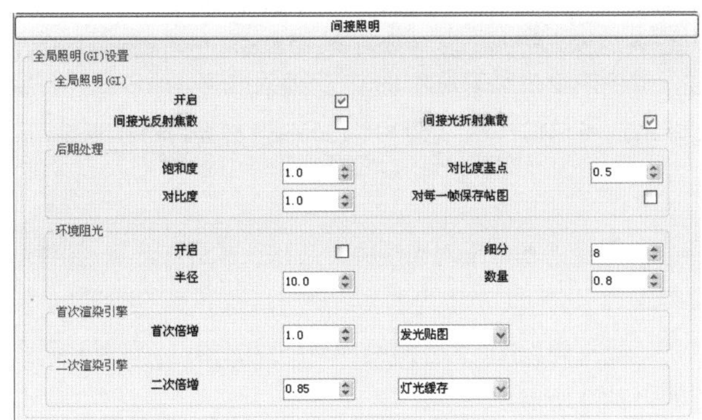

图 13-67　间接照明卷展栏

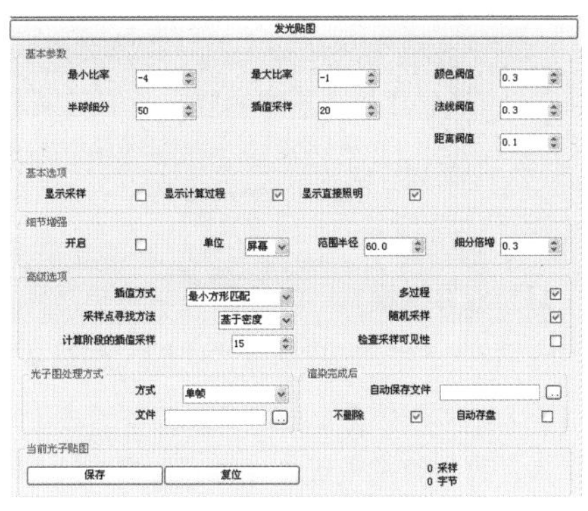

图 13-68　发光贴图卷展栏

8. 发光贴图

发光贴图是一种基于光子缓存技术，它先计算场景中的一些特定采样点，然后对其余的点进行近似的插值计算，这样有利于提高计算度。当光线接触场景中物体的表面时，VRay 会判断在发光贴图里面是否存放有其他类似的点，接着会将计算过的点存放在发光贴图中。如果没有类似的点，VRay 会对该点的间接光照进行计算，并保存到发光贴图中；如果有类似点，则需要根据已有点的信息进行插值计算。

【发光贴图】卷展栏如图 13-68 所示。发光贴图的部分设置参数含义如下：

- 最小比率：用于控制场景中平坦表面的采样数。值为 0 表示每个像素使用一个采样点，与最终渲染图像的分辨率相同；值为-1 表示使用最终渲染图像的一半分辨率，即两个像素使用一个采样点；值为-2 表示 4 个像素使用一个采样点。通常需要将【基本参数】中的最小比率设置为负值，以便快速地计算出平坦区域的间接光照。
- 最大比率：用于控制场景细节区域的采样数。值为 1 表示 1 个像素使用 4 个采样点；值为 2 表示 1 个像素使用 8 个采样点。由此可见，值越大，采样精度越高，效果就越精确，但会增加渲染时间。
- 半球细分：用于决定单个全局照明采样点的品质。较大的值会模糊一些细节，最终效果会光滑一些，而较小的值会产生更锐利的细节，但是也可能会产生黑斑。
- 插值采样：勾选后，VRay 将在帧缓存（VFB）窗口中以小圆点形态直观地显示出在发光贴图中使用的采样点情况。
- 颜色阈值：用于用颜色的灰度来确定平坦表面的变化。
- 法线阈值：用于确定发光贴图算法对表面法线变化的敏感程度。
- 距离阈值：用于确定发光贴图算法对两个表面的距离变化的敏感程度。
- 显示采样：用于定义被用于插值计算的全局照明样本的数量。
- 显示计算过程：勾选后，VRay 在计算发光贴图的时候将显示发光贴图的计算过程。
- 显示直接照明：勾选后，VRay 在计算发光贴图时会显示直接照明的作用。
- 细节增强：细节增强是针对在不加大采样密度的情况下，专门针对物体的边缘和转角等位置进行单独处理，以增强这部分的细节。
- 开启：控制是否开启细节增强功能。
- 单位：计算时所使用的单位依据，有【屏幕】和【世界】两种方式。【屏幕】方式以渲染图像尺寸作为依据；【世界】使用场景单位作为计算依据。
- 范围半径：表示在场景中使用多大区域来进行细节增加计算。值越大，细节增强的区域也越大，渲染速度越慢。

注 意

当单位使用屏幕方式时，如果范围半径为 60，最终渲染的图像则为 600，这就表示有 1/10 的区域使用细节增强计算；当单位使用世界方式时，场景单位使用 mm，当范围半径为 60 时，表示细节部分的半径为 60mm。

9. 灯光缓存

灯光缓存主要建立在追踪相机可见范围内的若干光线路径的基础上对光线的传递和衰减进行计算，并将灯光信息存储在一个三维数据结构中的一种算法。灯光缓存只对相机可见范围内的光线进行追踪计算，因此在计算速度上具有一定的优势。灯光缓存通常只用于计算光线的二级反弹，有时为了得到快速的灯光预览，可以将两个光线反弹计算引擎都设置灯光缓存，灯光缓存卷展栏如图 13-69 所示。

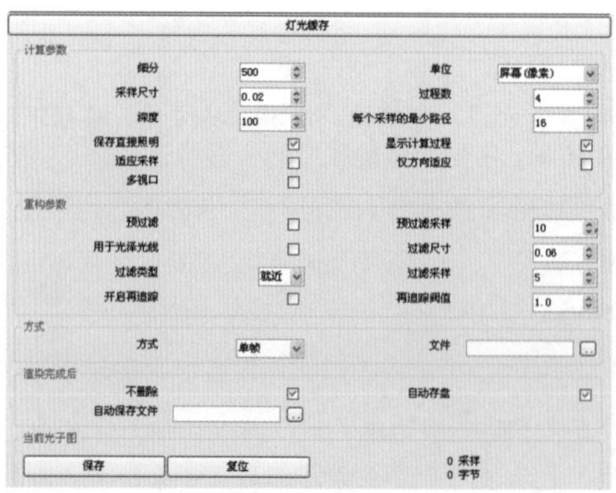

图 13-69 灯光缓存卷展栏

灯光缓存的部分设置参数含义如下：

- 细分：确定有多少条来自相机的光线传输路径被追踪。值越大，被追踪计算的光线数量越多，图像质量越好。不过值得注意的是实际路径的数量是这个参数的平方值，例如当该值为 800 时，那么被追踪的路径数量就是 800×800 = 640000。
- 单位：主要用于确定用什么单位来确定采样的大小，有世界和屏幕两个单位可供选择。
- 采样尺寸：决定采样点的大小。较小的值可以获得锐利的细节效果，不过可能会产生噪波效果，并且会占用较多的内存；反之会得到更平滑的效果，但会损失一些细节。
- 过程数：设置计算灯光缓存的次数。
- 深度：设置计算灯光缓存的深度值。
- 每个采样的最少路径：设置每个采样的最少路径值。
- 保存直接照明：勾选该选项后，灯光缓存中将储存和插补直接光照明的信息。该选项适用有许多灯光的场景。
- 显示计算过程：该参数对灯光缓存的计算结果没有影响，仅仅显示灯光缓存的计算过程。
- 适应采样：开启或者关闭自适应采样选项。
- 仅方向适应：开启或者关闭仅自适应直接照明选项。
- 多视口：开启或者关闭多视口选项。
- 预过滤：勾选后，在渲染前灯光贴图中的样本会被提前过滤掉。
- 预过滤采样：设置渲染时候的预过滤的模糊程度。
- 用于光泽光线：是 VRay 的一个新的计算灯光缓存方式。通常，VRay 在渲染计算场景时，渲染窗口中会向用户显示渲染过程，但这个过程中的图像在最终完成图像处理前是没办法使用的，而光泽光线是不需要进行完整的计算就可以利用中间的结果，在计算过程中如果觉得计算结果已经足够好，可随时终止这个计算过程。

- 过滤尺寸：设置过滤渲染时候的尺寸大小。
- 过滤类型：在渲染计算完成后对样本3个选项：选择“无”方式，即不使用过滤器；选择“就近”方式，过滤器会搜寻最靠近着色点的样本，并取平均值，从而得到一个较模糊的效果。该选项后面的过滤采样用于设置模糊的程度；选择“固定”方式时，过滤器会搜寻距离着色点某一确定距离内的灯光缓存的所有样本，并取其平均值，固定过滤器可以产生比较平滑的效果，其搜寻距离是由它后面的过滤尺寸参数来决定的，较大的值可以获得较模糊的效果。
- 过滤采样：选择完过滤类型以后可以对其过滤采样的大小进行设置。
- 开启再追踪：勾选该选项时，灯光缓存会将模糊效果一同进行计算，这样有助于加快模糊反射效果的计算速度。
- 再追踪阀值：设置追踪的数值。
- 方式：确定灯光缓存的渲染方式，有单帧、漫游、从文件、路径跟踪4个方式选择，并且在后面可以将文件按路径保存。
- 不删除：勾选以后渲染完成的图不删除。
- 自动存盘：勾选以后渲染完成的图自动存盘。
- 自动保存文件：可以按指定路径保存渲染完成后的文件。
- 当前光子图：是指已经计算并保存在内存中的发光贴图数据。单击保存按钮可以保存发光贴图数据；单击复位按钮可清除内存中的发光贴图数据。

10. 置换

在设置渲染参数时，置换参数一般情况下保持默认即可。【置换】参数卷展栏如图13-70所示。

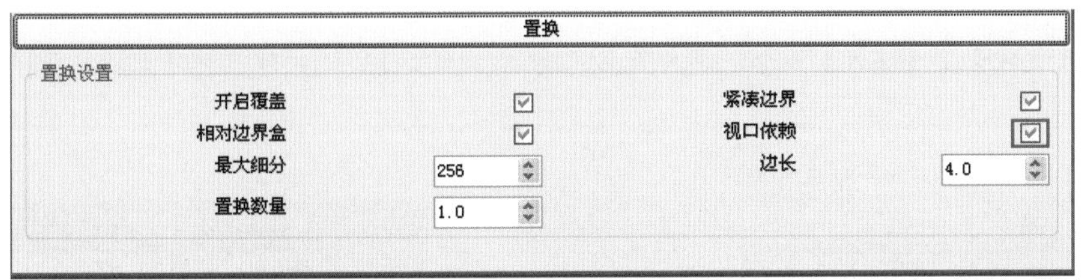

图13-70 置换参数卷展栏

置换卷展栏的各参数含义如下：

- 开启覆盖：此参数在SketchUp中不起作用。
- 相对边界盒：此参数在SketchUp中不起作用。
- 最大细分：用于设置对模型进行置换计算时，每条边能被细分的最大次数。
- 置换数量：用于转换贴图中置换量的倍增值。
- 紧凑边界：此参数在SketchUp中不起作用。
- 视口依赖：用于确定进行置换细分的计算方式。勾选后，将按渲染分辨率，根据物体在渲染视口的位置及其边所占用的像素数量来确定是否细分，此时边长单位为像素。否则将按场景中物体的实际尺寸进行细分，边长单位为英寸。
- 边长：其实际含义及单位由视口依赖的参数决定，其参数设置了边进行细分的最小长度，将边长小于此数值后，此边将不再被细分。

注 意

开启视口依赖，可对近处的模型进行更多的细分，而远离的模型进行更少的细分，从而加快渲染速度。

13.3 实战——室内客厅效果图渲染

在了解了 VRay for SketchUp 的材质、灯光和渲染的基本知识之后，本节将通过客厅案例，讲解如何使用 VRay 渲染器渲染室内效果图。

13.3.1 布置家具

要进行室内效果图的设计，首先要布置家具，客厅家具包括沙发、茶几、餐桌、电视、灯具等。

01 按 Ctrl+O 组合键，打开随书光盘“素材\第 13 章\客厅初始模型.skp”，如图 13-71 所示。

02 选择天花板，单击右键将其进行隐藏，如图 13-72 所示，隐藏后结果如图 13-73 所示。

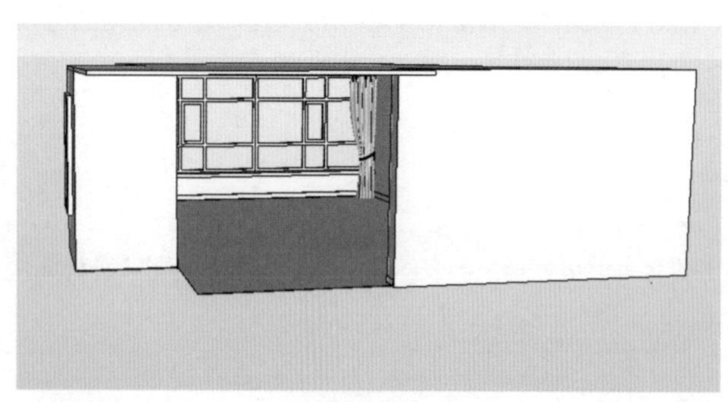

图 13-71 打开素材

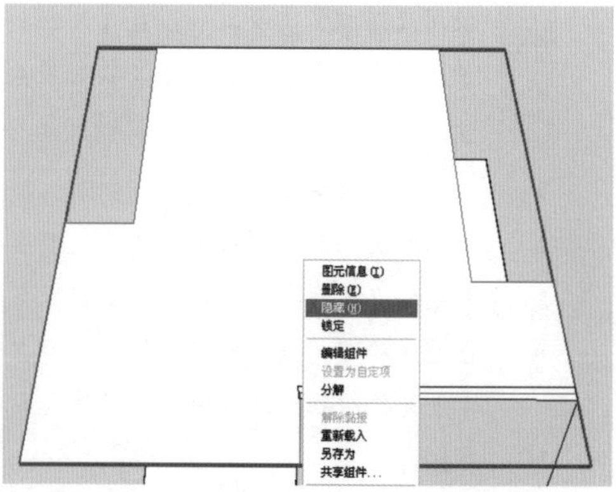

图 13-72 隐藏天花板

03 调用【文件】|【导入】命令，导入随书光盘“素材\第 13 章\组件”文件夹的家具模型，如图 13-74 所示。

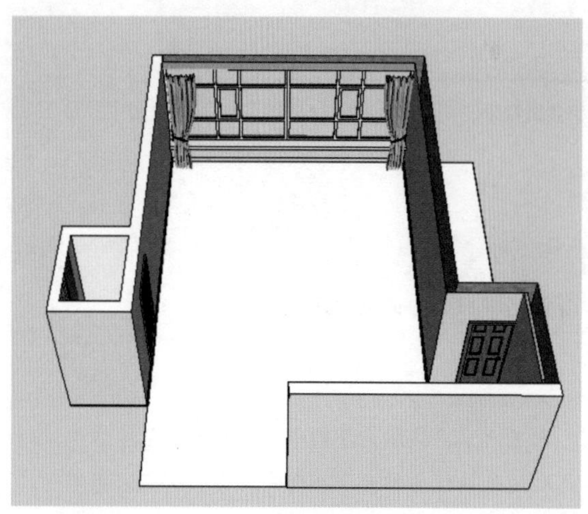

图 13-73 隐藏结果

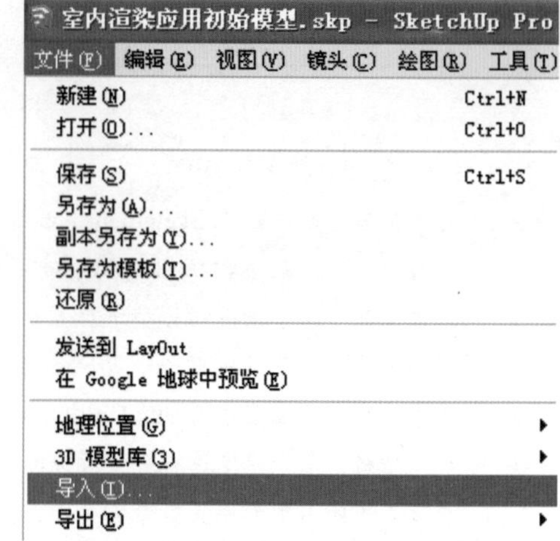

图 13-74 执行导入命令

04 系统弹出【打开】对话框，如图 13-75 所示。

05 选择组件中的餐桌模型进行导入，如图 13-76 所示。

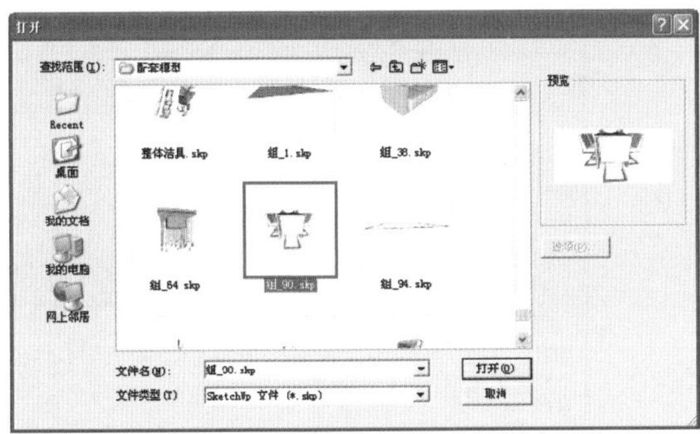

图 13-75 【打开】对话框

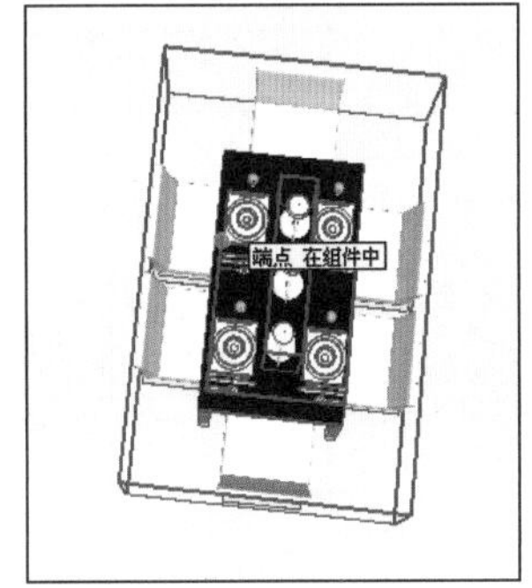

图 13-76 导入餐桌

06 使用【缩放】工具，将餐桌等比例缩放到合适的大小，结果如图 13-77 所示。

07 使用【移动】和【旋转】工具将餐桌放置到合适的位置。如图 13-78 所示。

08 使用相同的方法将其他家具进行导入，结果如图 13-79 所示。

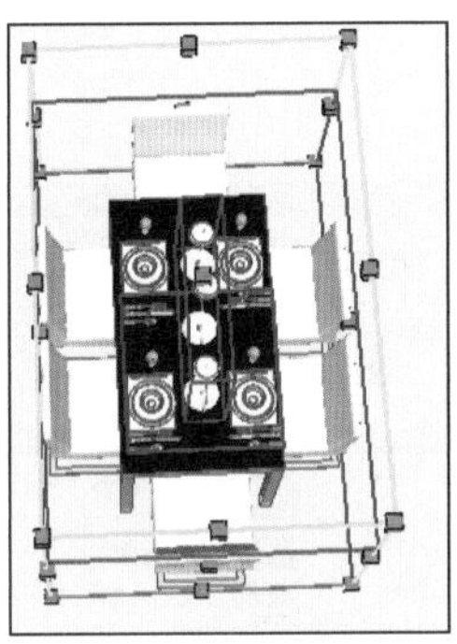

图 13-77 调整餐桌比例

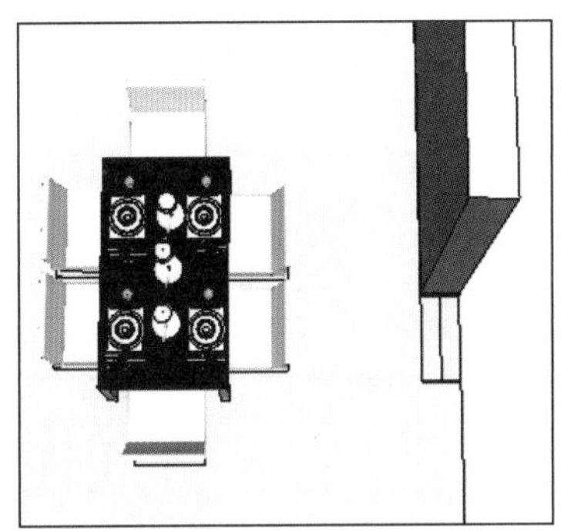

图 13-78 调整餐桌位置

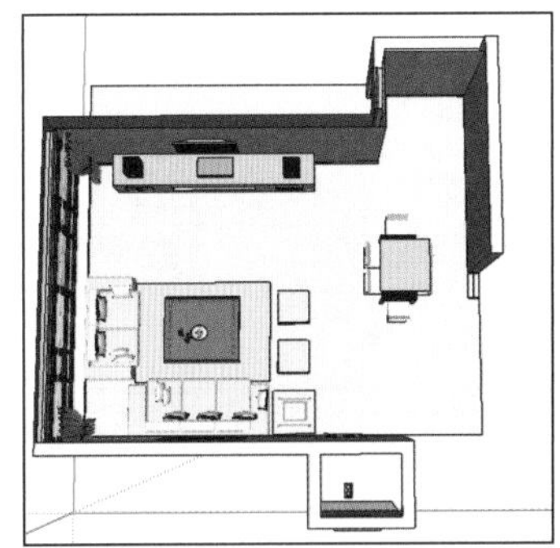

图 13-79 布置主要家具

13.3.2 添加材质

在主要家具布置完成后，接下来赋予场景模型材质。

01 按下 B 键，弹出【使用层颜色材料】面板，如图 13-80 所示。

02 单击【使用层颜色材料】面板上的创建材质按钮，在弹出的对话框中选择随书配送光盘中的贴图，操作过程如图 13-81 所示。

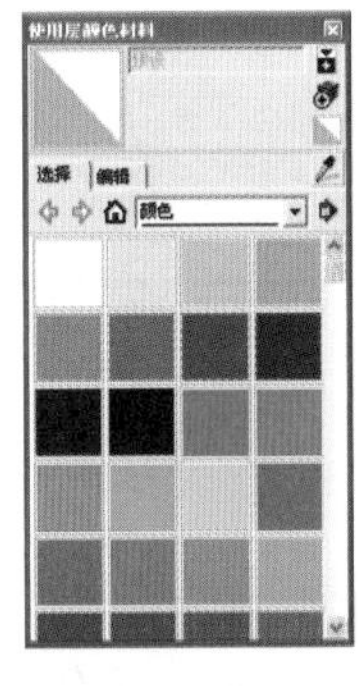

图 13-80 【使用层颜色材料】对话框

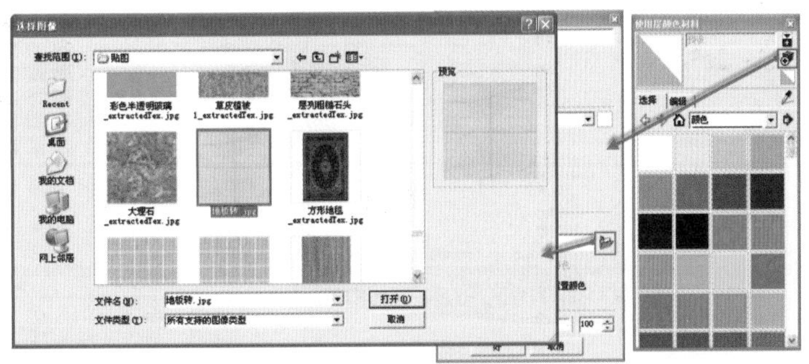

图 13-81 创建材质

03 将创建好的材质赋予地板，结果如图 13-82 所示。

04 调整地板贴图的尺寸，结果如图 13-83 所示。

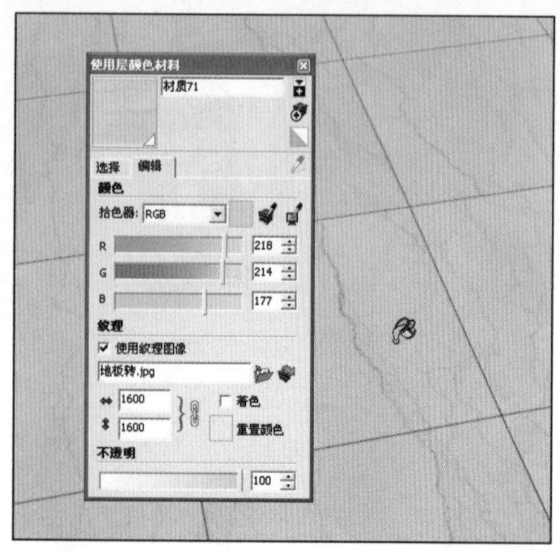
图 13-82　赋予地板材质

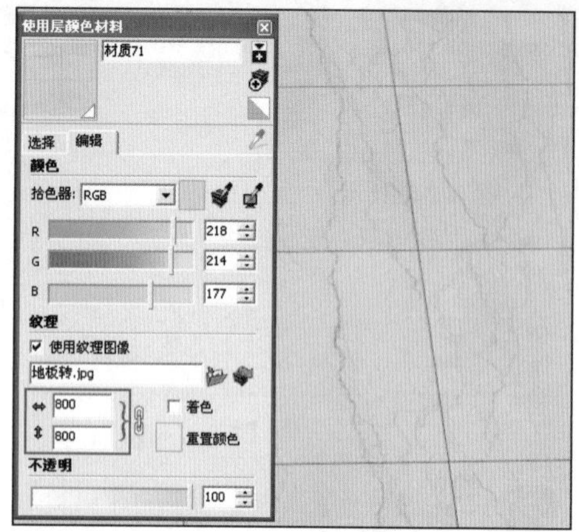
图 13-83　调整尺寸大小

05 在地板上单击右键，选择【纹理】|【位置】命令，调整纹理的位置如图 13-84 所示。

06 选择地板，打开材质编辑器，如图 13-85 所示。

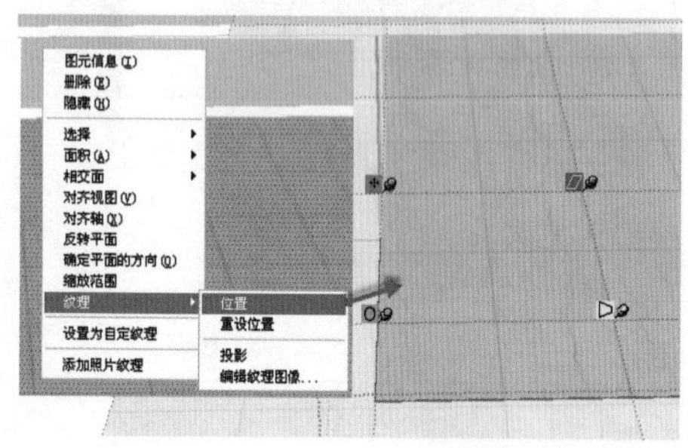
图 13-84　调整纹理

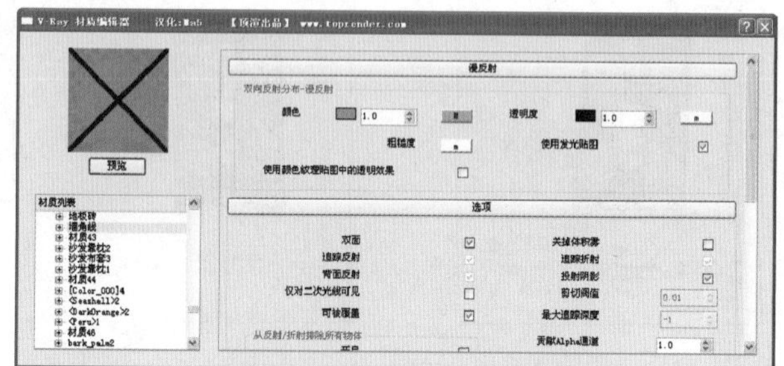
图 13-85　打开材质编辑器

07 使用【材质】面板中的吸管工具，找到地板材质，并在地板材质中创建一个反射层，操作过程如图 13-86 所示。

08 在【反射】设置面板中单击后面的颜色按钮，设置如图 13-87 所示的颜色作为反射颜色。

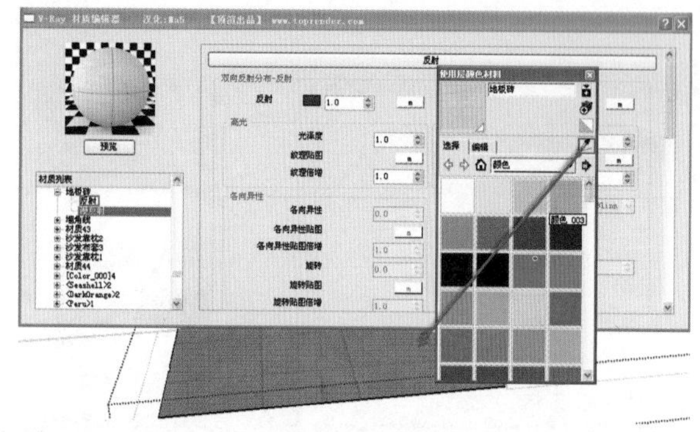
图 13-86　创建反射层

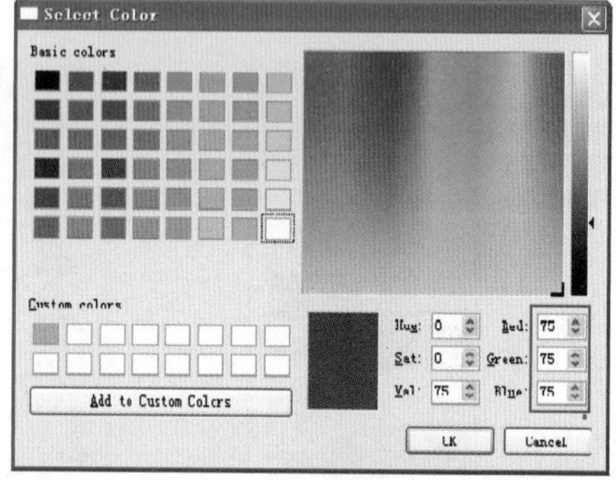
图 13-87　设置反射颜色

09 设置完反射层参数后，单击【预览】按钮，可以查看地板的反射效果，如图 13-88 所示。

10 使用同样的方法，为沙发材质设置反射效果，如图 13-89 所示。并设置反射颜色为“40,40,40”，其他的参数设置如图 13-90 所示。

图 13-88 预览反射效果

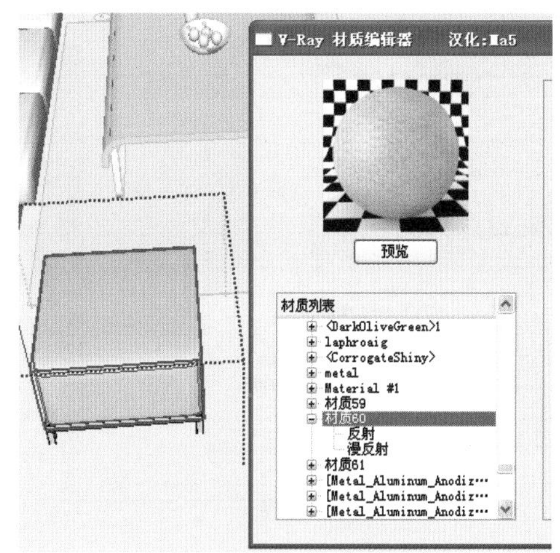

图 13-89 增加反射层

11 将沙发组套中的桌子玻璃加上反射效果，如图 13-91 所示。并设置反射的颜色为“25,25,25”，其他的参数保持默认，如图 13-92 所示。

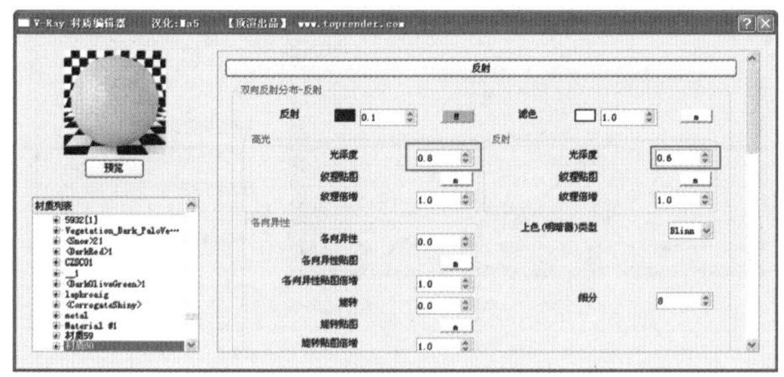

图 13-90 设置反射颜色

图 13-91 增加反射层

12 使用同样的方法编辑指定内墙壁墙纸材质，如图 13-93 所示。

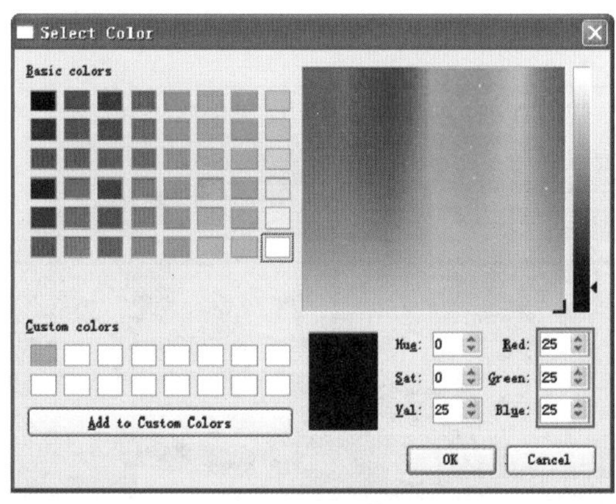

图 13-92 设置反射颜色

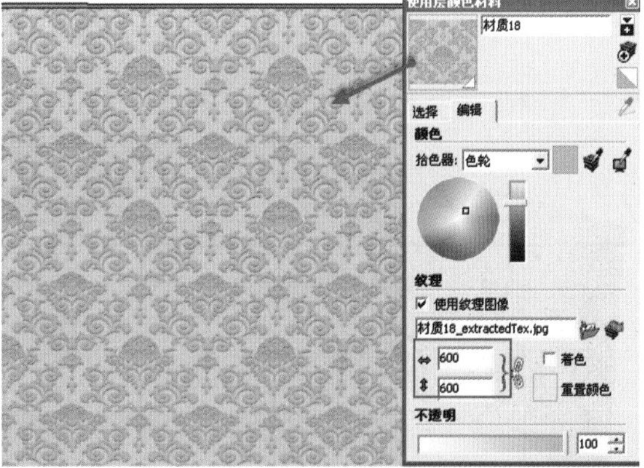

图 13-93 指定内墙壁材质

13 使用同样的方法赋予外侧墙材质，如图 13-94 所示。

14 使用同样的方法赋予电视屏幕材质，如图 13-95 所示。

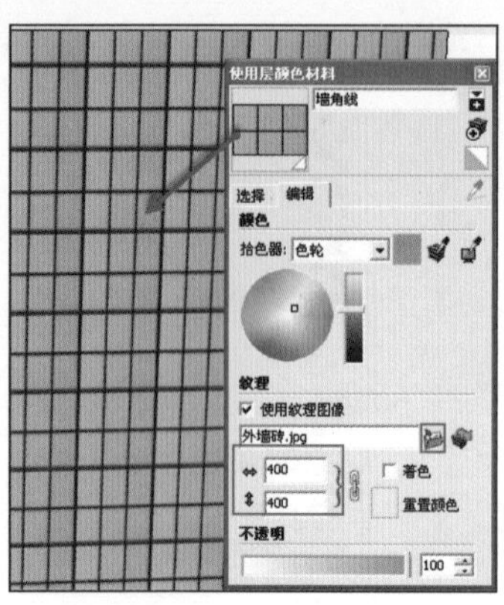

图 13-94 指定外侧墙材质

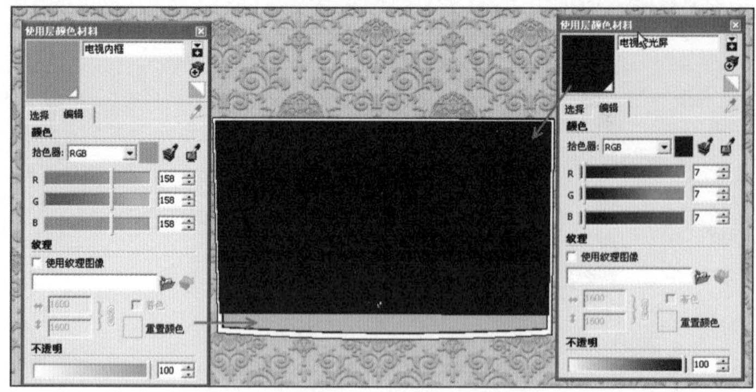

图 13-95 指定电视屏幕贴图

15 使用同样的方法赋予窗帘材质，结果如图 13-96 所示。

16 使用同样的方法赋予壁画贴图，结果如图 13-97 所示。

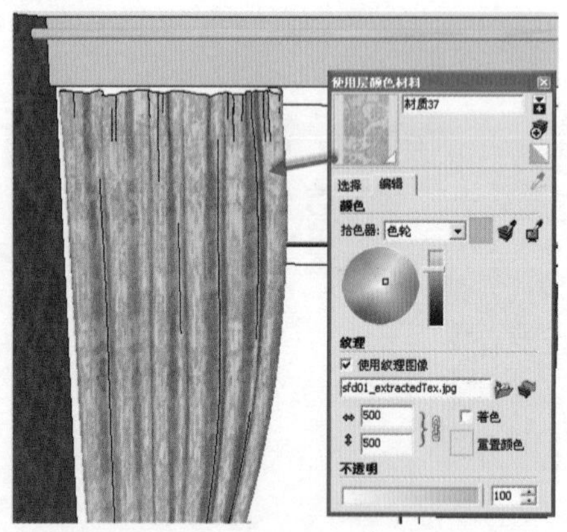

图 13-96 指定窗帘材质

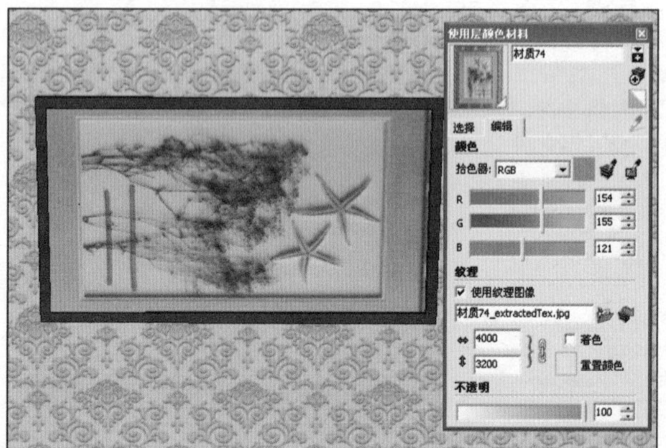

图 13-97 指定壁画贴图

17 在窗户外使用矩形工具绘制一个矩形并指定环境贴图，如图 13-98 所示。

18 材质赋予完成后，结果如图 13-99 所示。

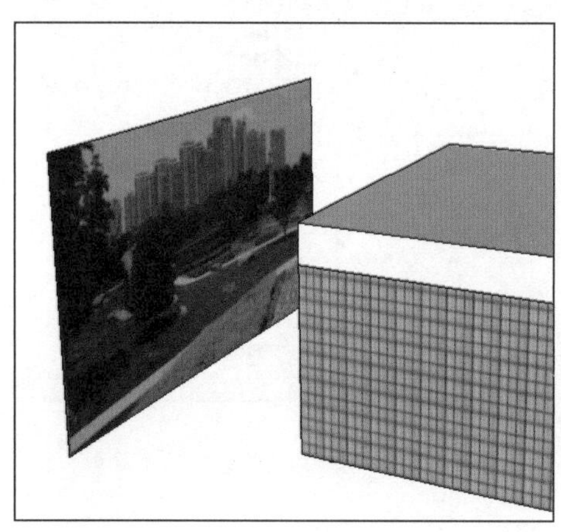

图 13-98 赋予环境贴图

图 13-99 指定材质完成结果

13.3.3 布置灯具

赋予材质完成后，需要在场景中布置灯具，通过渲染表现出灯光的效果，使效果图更加的真实。

01 执行【绘图】｜【矩形】命令，在天花板上绘制一个矩形，并结合推/拉工具向下推出如图 13-100 所示吊顶造型。

02 在 VRay for SketchUp 面板上，选择面光源，在天花板内侧的灯带凹槽处创建 4 个面光源，如图 13-101 所示。

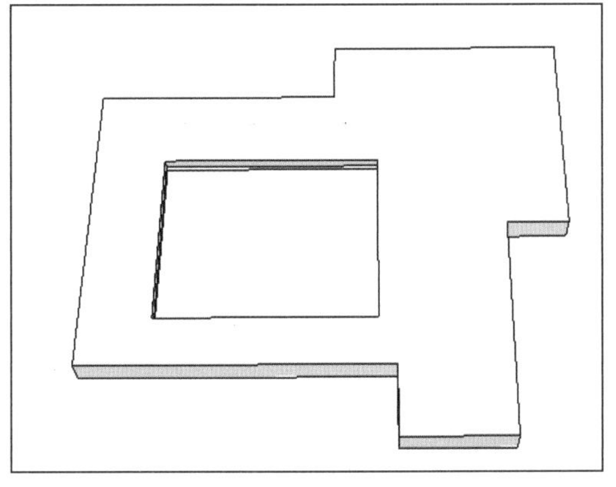

图 13-100 推出灯槽造型

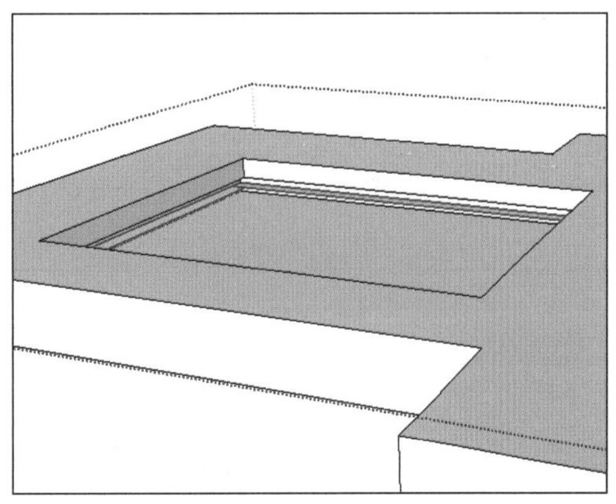

图 13-101 创建面光源

03 选择面光源，单击鼠标右键，选择快捷菜单的【VRay for SketchUp】|【编辑光源】命令。

04 在弹出的【VRay 光源编辑器】面板上设置如图 13-102 所示参数，设置灯光光源颜色如图 13-103 所示。

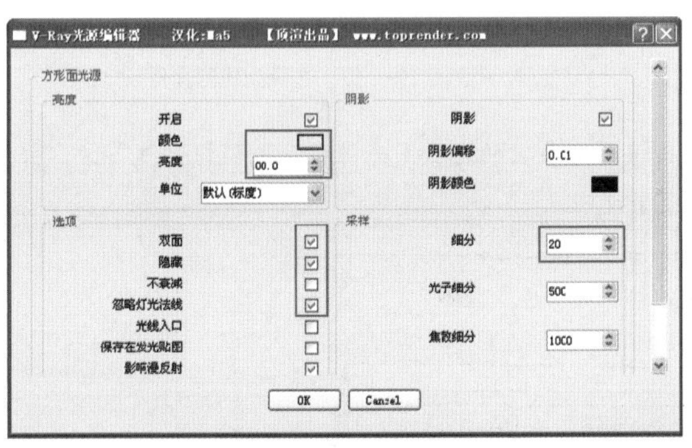

图 13-102 设置面光源参数

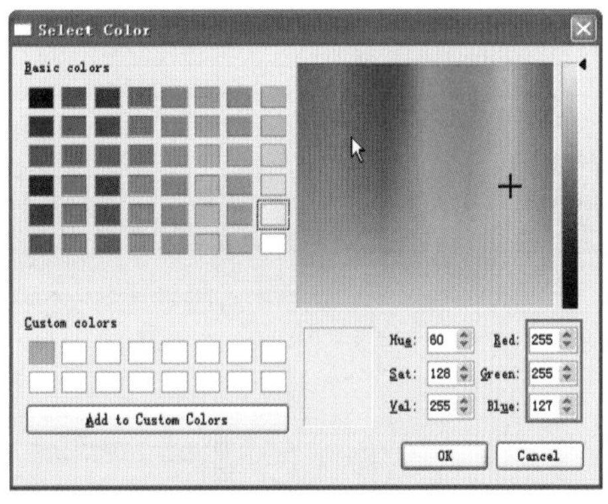

图 13-103 设置光源颜色

05 执行【文件】｜【导入】命令，导入配套光盘提供的【筒灯】组件，如图 13-104 所示。

06 单击 VRay for SketchUp 工具栏光域网光源按钮，在绘图区单击，创建光域网光源，如图 13-105 所示。

07 选择光域网光源，单击鼠标右键，选择快键菜单【VRay for SketchUp】|【编辑光源】命令，在弹出的【VRay 光源编辑器】面板上设置如图 13-106 所示参数。

08 单击【VRay 光源编辑器】的【选项】选项组【文件】按钮，选择配套光盘提供的光域网文件，如图 13-107 所示。

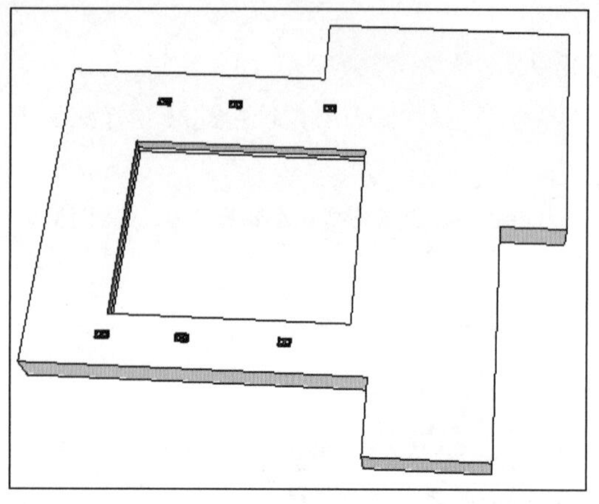

图 13-104　导入筒灯模型

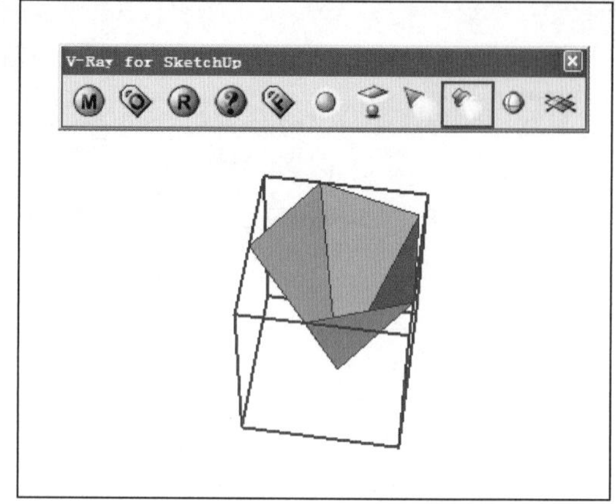

图 13-105　创建光域网光源

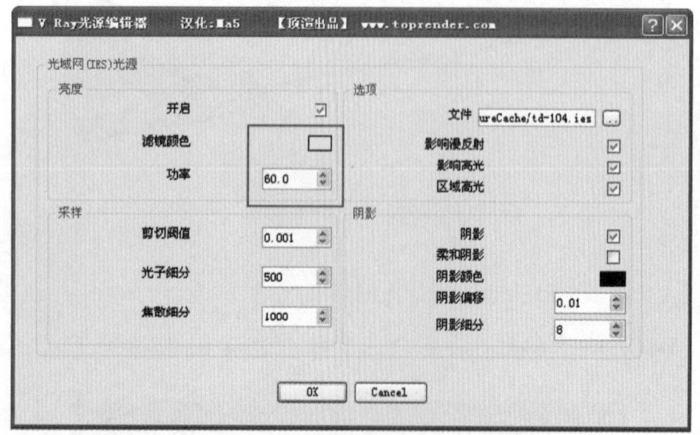

图 13-106　设置光域网光源参数

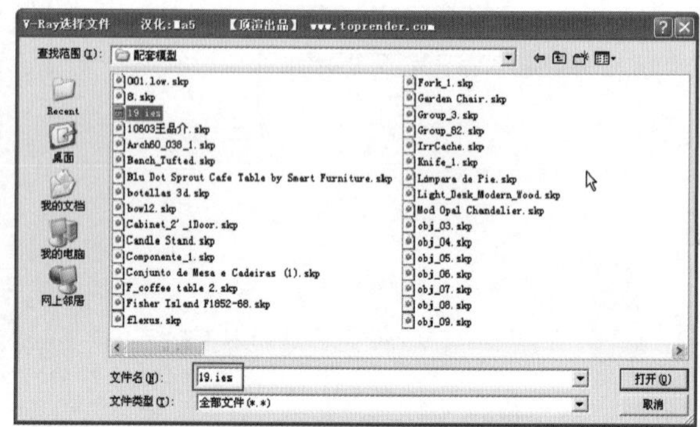

图 13-107　选择光域网文件

09 选择光域网光源，按 M 键激活移动工具，将设置好参数的光域网光源移动到筒灯位置下方，并使用移动复制的方法，将光域网光源复制多个，结果如图 13-108 所示。

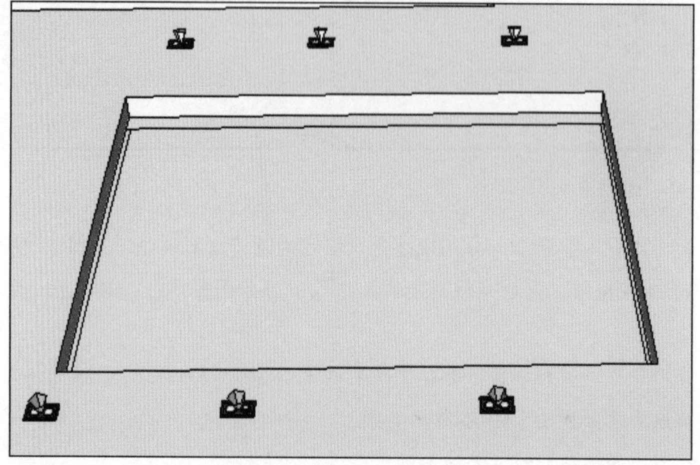

图 13-108　移动复制光域网光源

10 单击 VRay for SketchUp 工具栏上点光源按钮，在筒灯内部创建一个点光源，结果如图 13-109 所示。

11 选择【缩放】工具，对点光源进行等比例缩放和上下缩放，结果如图 13-110 所示。

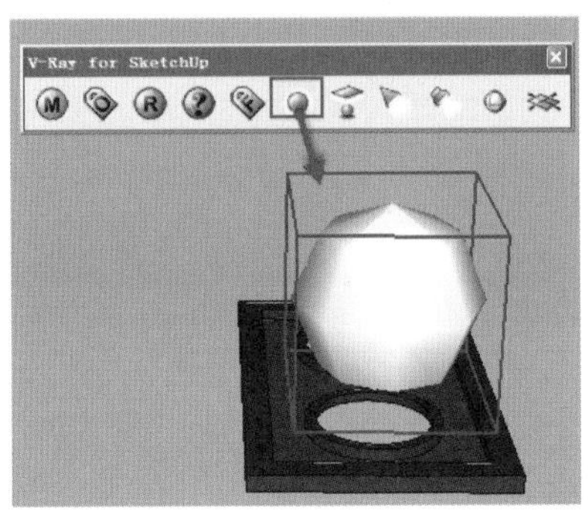

图 13-109　创建点光源

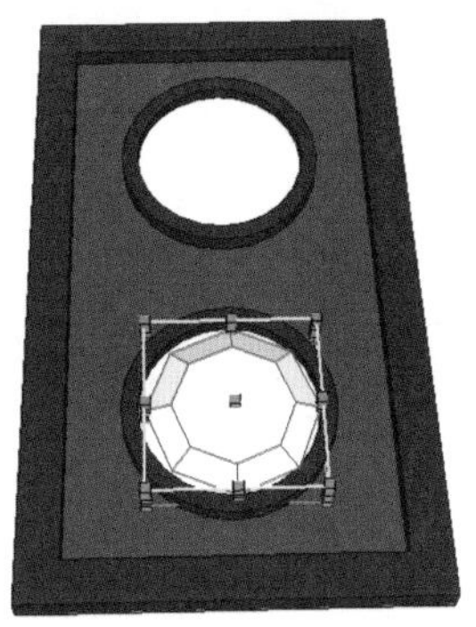

图 13-110　调整点光源

12 选择点光源，单击右键，执行【VRay for SketchUp】|【编辑光源】命令，如图 13-111 所示。

13 系统弹出【VRay 光源编辑器】对话框，单击颜色图块，设置灯光颜色为深黄色，设置亮度为 150，如图 13-112 所示。

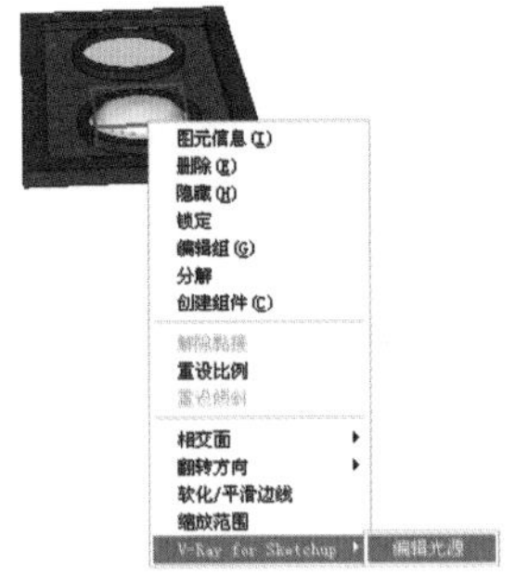

图 13-111　编辑光源

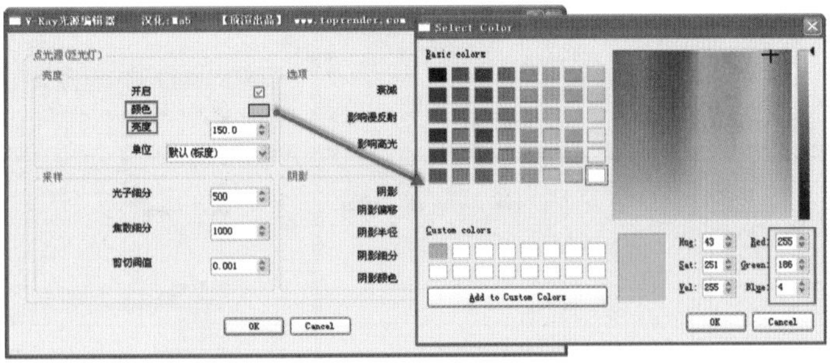

图 13-112　设置灯光颜色和亮度

14 将调整好的点光源复制到其他的筒灯下，如图 13-113 所示。

15 使用同样的方法，在其他筒灯下放置点光源，结果如图 13-114 所示。

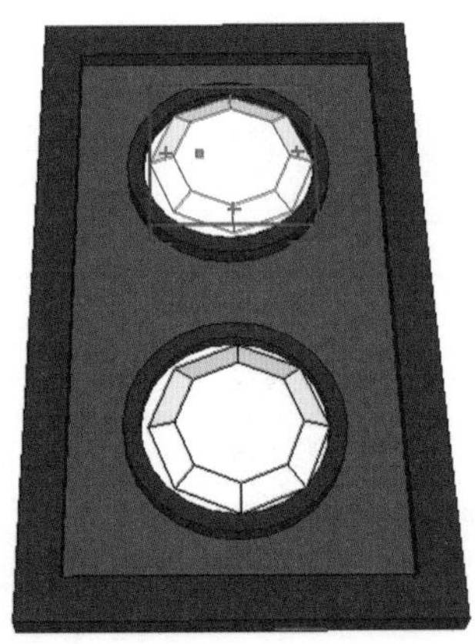

图 13-113　复制点光源

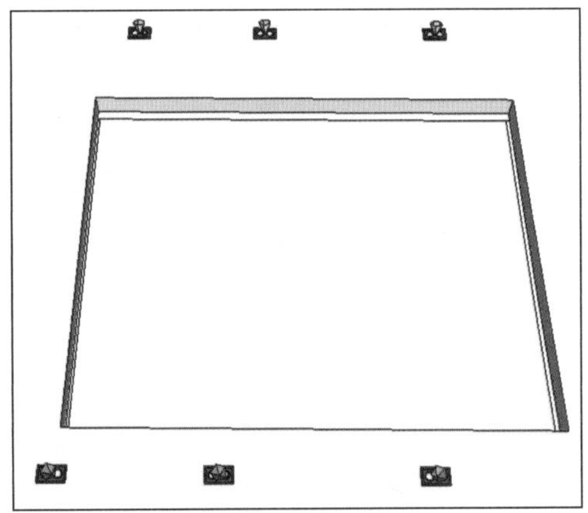

图 13-114　复制点光源

16 取消天花板的隐藏，执行【文件】|【导入】命令，导入素材中的客厅吊灯，如图 13-115 所示。

17 调整导入吊灯的位置，结果如图 13-116 所示。

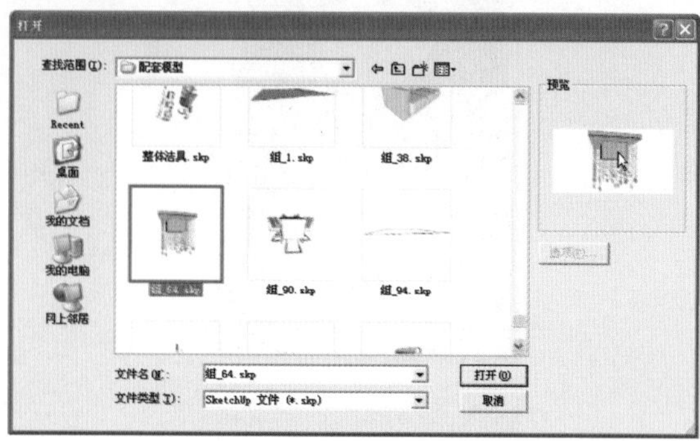
图 13-115 导入客厅吊灯

图 13-116 调整位置

18 在 VRay for SketchUp 工具栏中单击 VRay 材质编辑器按钮Ⓜ，用使用层颜色面板上的吸管单击吸取吊灯材质，此时可快速地在材质编辑器面板材质列表下方找到相应的材质，如图 13-117 所示。

19 找到材质后单击右键，创建自发光材质，并设置如图 13-118 所示参数。

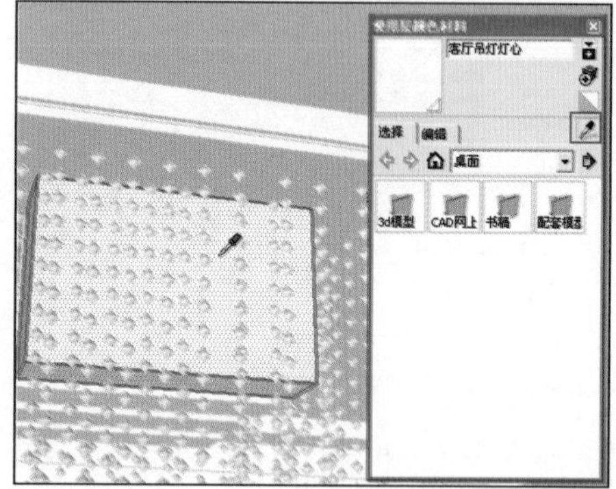
图 13-117 创建自发光材质

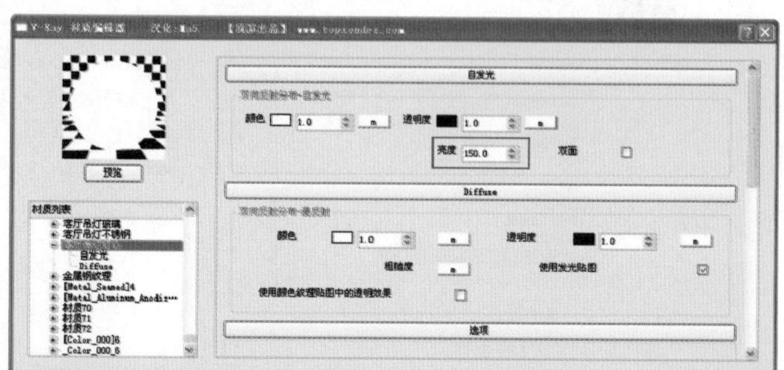
图 13-118 设置自发光材质参数

20 单击 VRay for SketchUp 工具栏上的Ⓡ按钮，进行简单的渲染，效果如图 13-119 所示。

图 13-119 渲染结果

21 使用同样的方法，在餐桌和沙发旁放置灯具，结果如图 13-120 所示。

22 在放置的沙发灯具下方放置面光源，如图 13-121 所示。

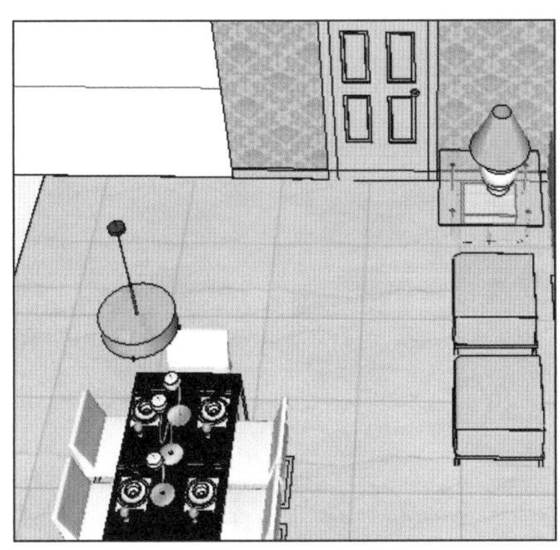

图 13-120　布置灯具

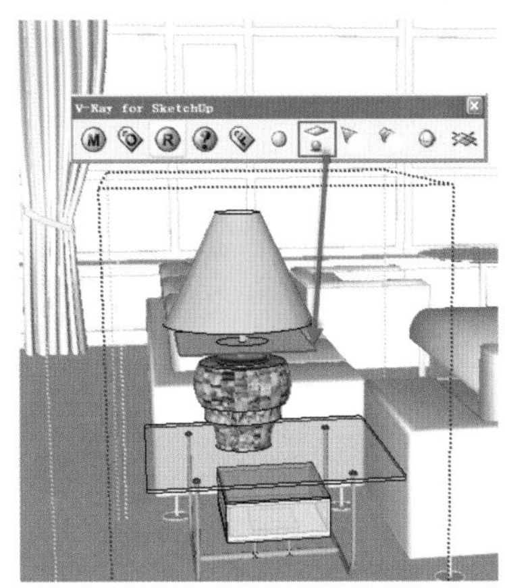

图 13-121　创建面光源

23 选择面光源，单击右键，执行【VRay for SketchUp】|【编辑光源】命令，如图 13-122 所示。

24 在弹出的设置面板中设置如图 13-123 所示参数。

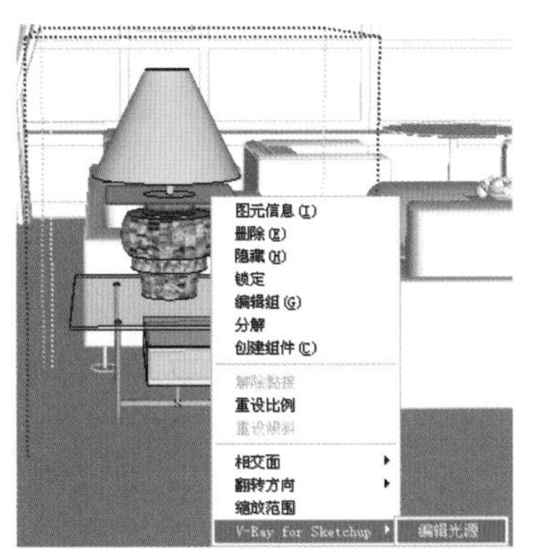

图 13-122　执行编辑光源命令

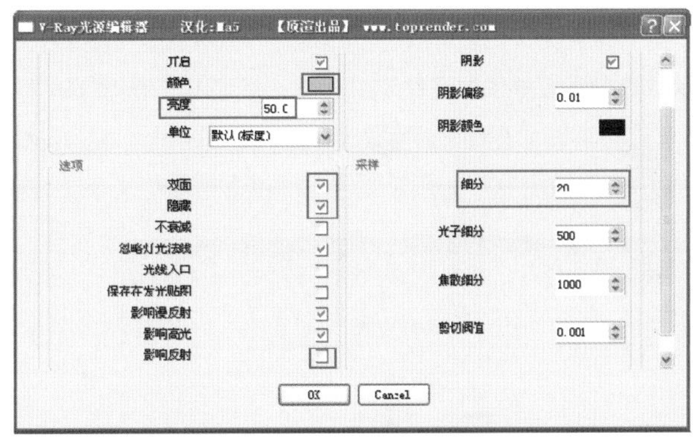

图 13-123　设置面光源参数

25 使用同样的方法在餐桌上方的吊灯处创建面光源，并设置如图 13-124 所示参数。

26 选择面光源，单击右键，执行【VRay for SketchUp】|【编辑光源】命令，在弹出的设置面板中设置如图 13-125 所示参数。

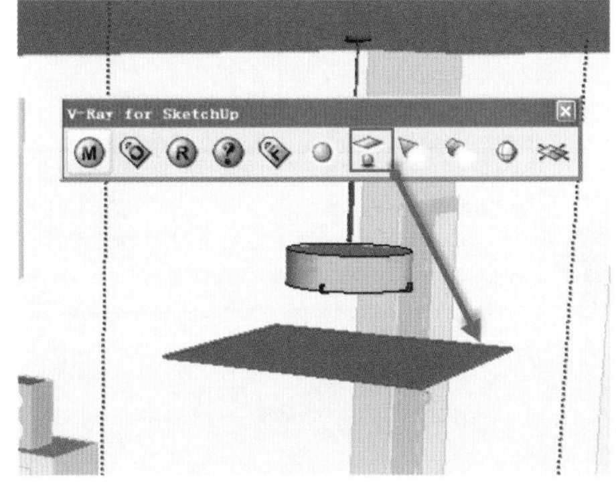

图 13-124　创建面光源

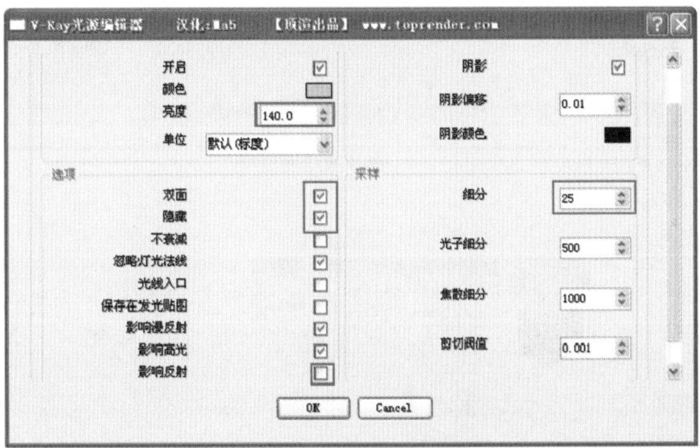

图 13-125　设置面光源参数

27 在沙发左边的落地灯上增加自发光层，并设置【亮度】为 50，并勾选【双面】选项，如图 13-126 所示。设置透明度颜色为 "80,80,80"，如图 13-127 所示。

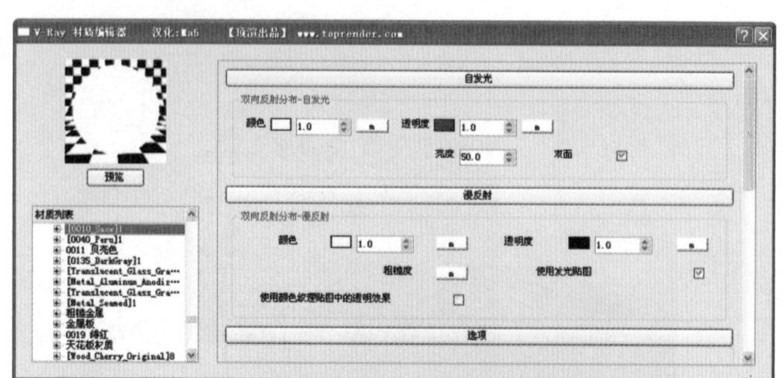

图 13-126 增加自发光层

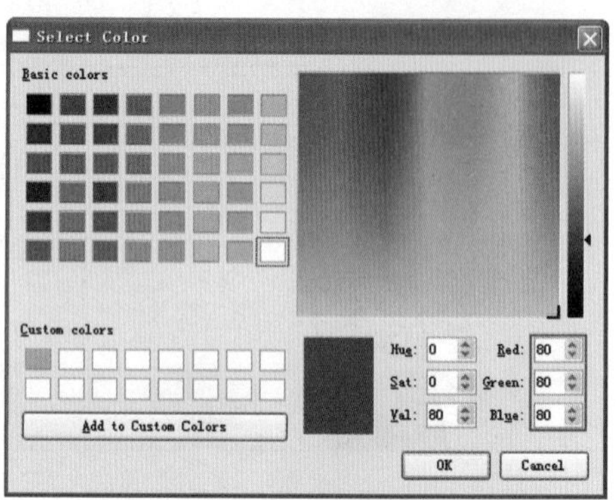

图 13-127 设置透明度颜色

28 灯光布置完成。

13.3.4 添加装饰

灯光布置完成后，可以在室内增加一些装饰，如盆栽、餐具等，使室内效果更加真实。添加室内装饰时，既可以从随书光盘提供的组件库中查找，也可以在 SketchUP 网上 3D 模型库下载。

01 单击工具栏中的按钮，打开 3D 模型库，如图 13-128 所示。

02 在搜索栏中输入盆栽，可以搜索到模型库中盆栽模型，如图 13-129 所示。

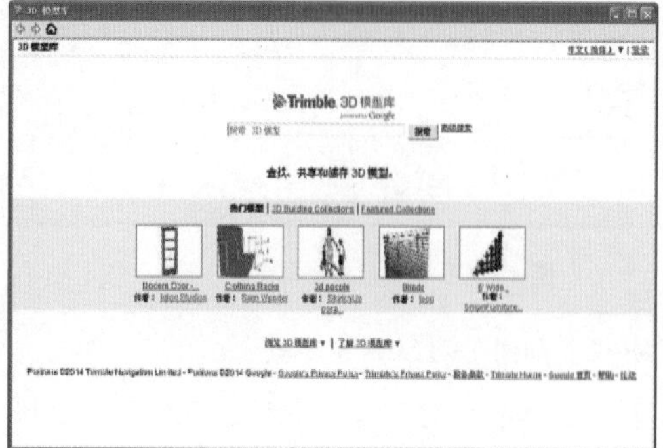

图 13-128 3D 模型库

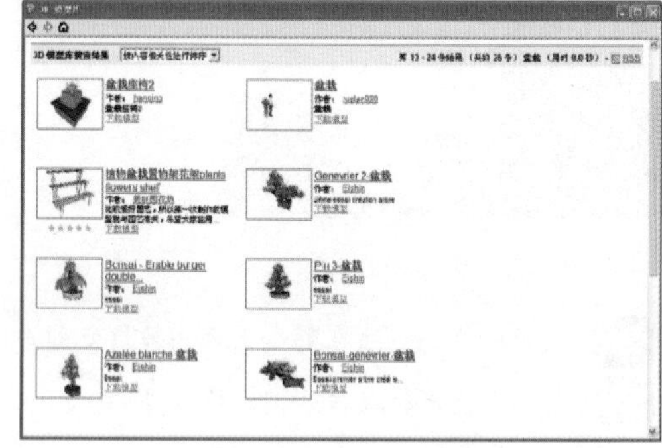

图 13-129 搜索模型

03 选择需要的模型，如图 13-130 所示，单击【下载】即可进行导入，如图 13-131 所示。

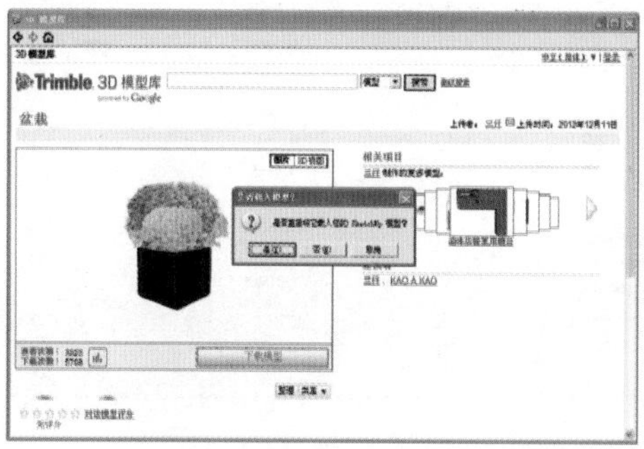

图 13-130 下载模型

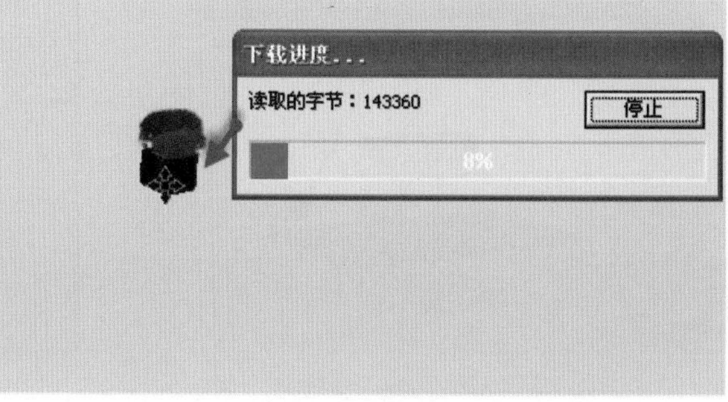

图 13-131 导入模型

04 将下载的模型放置在阳台合适的位置，如图 13-132 所示。

05 使用同样的方法放置其他盆栽及装饰，结果如图 13-133 所示。

图 13-132 放置盆栽

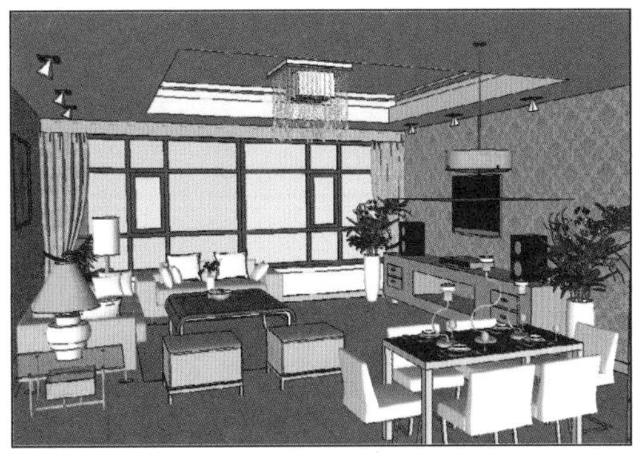

图 13-133 布置其他装饰

13.3.5 最终渲染

布置好室内装饰后，接下来设置相机的拍摄角度，具体操作如下：

01 单击工具栏上的定位镜头按钮，在图中适当的位置进行放置，如图 13-134 所示。

02 放置到合适的位置后单击，结果如图 13-135 所示，此时的相机拍摄高度为系统默认的高度 1676。

图 13-134 放置相机位置

图 13-135 单击定位镜头

03 输入 980，并按回车键调整相机的高度，如图 13-136 所示。

04 单击阴影工具栏上的显示/或影藏阴影按钮，打开阴影显示，对阴影进行适当的调整，结果如图 13-137 所示。

图 13-136 调整相机拍摄高度

图 13-137 调整阴影

05 在 VRay for SketchUp 工具栏上单击渲染设置按钮，如图 13-138 所示。

06 在系统展卷栏下设置【高度】为 60，【宽度】为 60，如图 13-139 所示。

图 13-138 单击渲染设置按钮

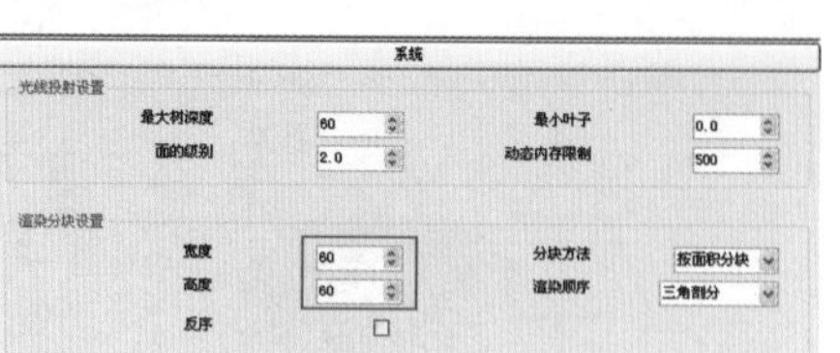

图 13-139 设置系统参数

07 在【环境】展卷栏下设置【全局光颜色】强度为 2，如图 13-140 所示。

08 在【图像采样器】展卷栏下，设置图像采样器类型为【自适应确定性蒙特卡罗】，【最多细分】为 16，【抗锯齿过滤】选择【Catmull Rom】，如图 13-141 所示。

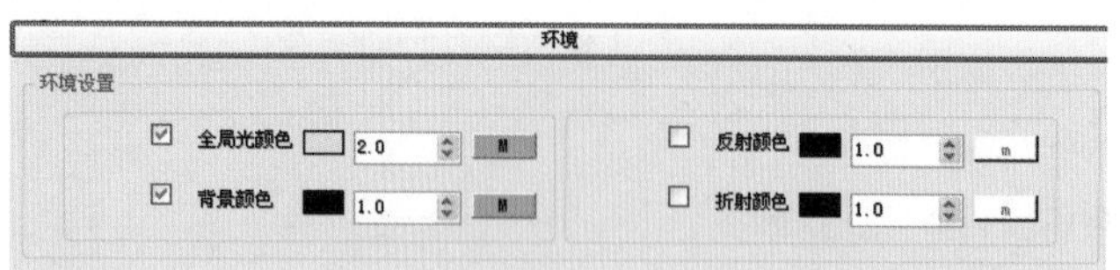

图 13-140 设置环境参数

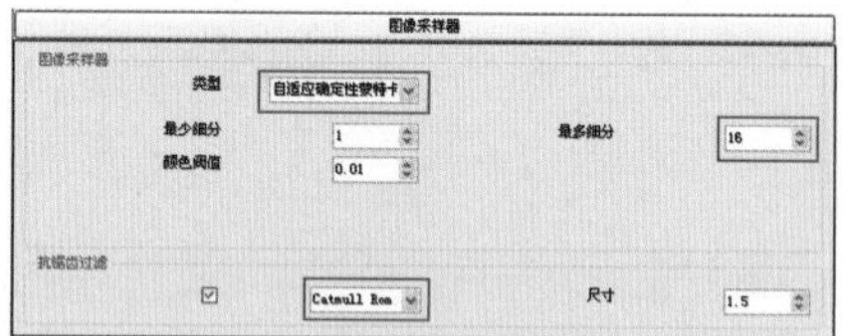

图 13-141 设置图像采样器参数

09 打开【输出】展卷栏，勾选【覆盖视口】复选框，设置【长度】为 1600，【宽度】为 1200，并设置渲染文件保存的路径，如图 13-142 所示。

10 在【间接照明】展卷栏中设置【首次渲染引擎】为【发光贴图】，【二次渲染引擎】为【灯光缓存】，如图 13-143 所示。

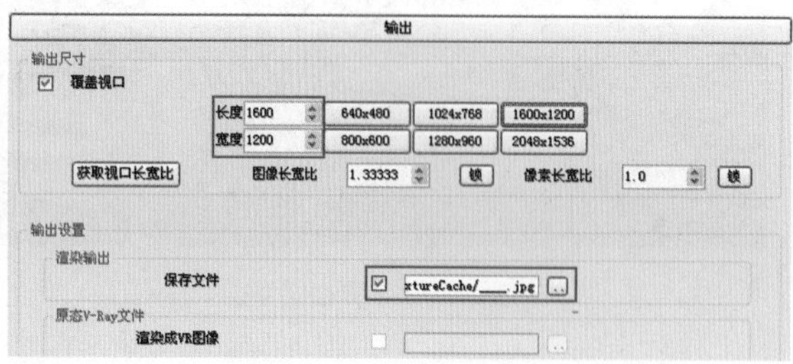

图 13-142 设置输出参数

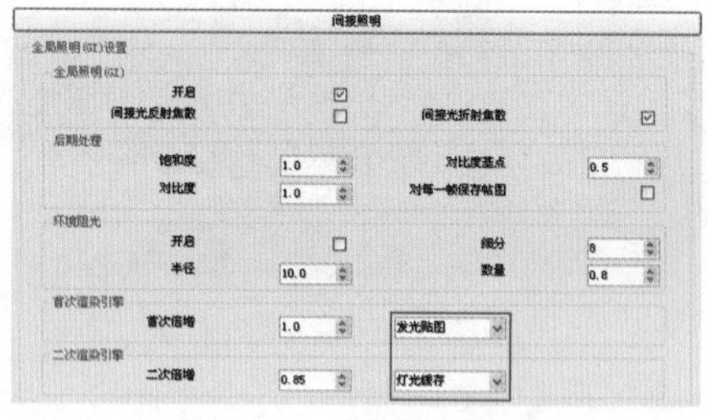

图 13-143 设置间接照明参数

11 在【发光贴图】展卷栏中设置【最小比例】为-2，【半球细分】为 80，如图 13-144 所示。

12 在【灯光缓存】展卷栏中设置【细分】为 1200，【过程数】为 6，如图 13-145 所示。

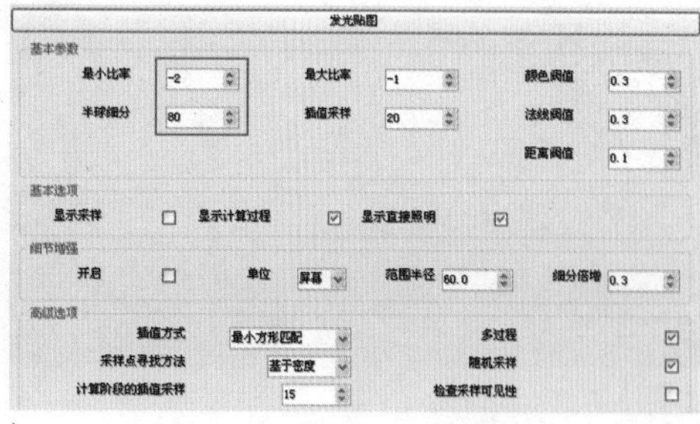

图 13-144 设置发光贴图参数

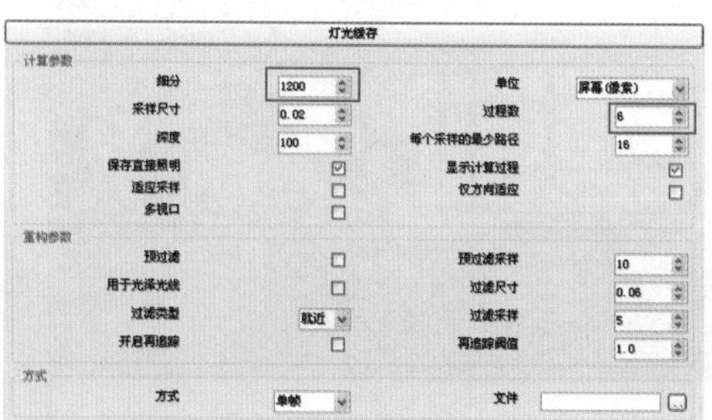

图 13-145 设置灯光缓存参数